Über Mobilität

Studien zur Geschichte von Technik, Arbeit und Umwelt

herausgegeben von
Marcus Popplow und Torsten Meyer

begründet von Günter Bayerl

Band 42

1996 erschien der erste Band der „Cottbuser Studien zur Geschichte von Technik, Arbeit und Umwelt", herausgegeben von Günter Bayerl, Inhaber des Lehrstuhls für Technikgeschichte an der BTU Cottbus. Nach 41 Bänden markierte die Emeritierung Bayerls 2014 das vorläufige Ende dieser wichtigen Plattform der technik- und umwelthistorischen Forschung. Seit 2022 führen Marcus Popplow und Torsten Meyer als Herausgeber die Reihe mit „Grünem Licht" von Günter Bayerl fort – allerdings nicht mehr von Cottbus aus. Der neue Titel „Studien zur Geschichte von Technik, Arbeit und Umwelt" stellt sich jedoch ganz bewusst in die dort begründete Tradition.

Seit den Anfängen der Reihe haben sich Technik- und Umweltgeschichte zu Teildisziplinen mit jeweils eigenen Communities entwickelt. Mit Spezial- und Querschnittsthemen wollen die „Studien zur Geschichte von Technik, Arbeit und Umwelt" zur Debatte in den namensgebenden Forschungsfeldern beitragen.

Kurt Möser

Über Mobilität

Historisches zu Techniken, Kulturen und Utopien der Fortbewegung

herausgegeben von
Marcus Popplow und Torsten Meyer

Waxmann 2022
Münster • New York

Autor und Herausgeber haben sich bemüht, alle Inhaber von Urheberrechten ausfindig zu machen. Sollten dabei Fehler unterlaufen sein, werden diese entsprechend der Benachrichtigung des Verlages in den nachfolgenden Auflagen berichtigt und die Rechtsansprüche im üblichen Rahmen abgegolten.

Bibliografische Informationen der Deutschen Nationalbibliothek
Die Deutsche Nationalbibliothek verzeichnet diese Publikation in der Deutschen Nationalbibliografie; detaillierte bibliografische Daten sind im Internet über http://dnb.dnb.de abrufbar.

Studien zur Geschichte von Technik, Arbeit und Umwelt, Bd. 42

ISSN 2749-9901
E-ISSN 2749-991X

Print-ISBN 978-3-8309-4493-5
E-Book-ISBN 978-3-8309-9493-0
https://doi.org/10.31244/9783830994930

Steinfurter Straße 555, 48159 Münster

www.waxmann.com
info@waxmann.com

Umschlaggestaltung: Pleßmann Design. Ascheberg
Satz: Timo Lomuscio, Karlsruhe
Druck: CPI Books GmbH, Leck

Gedruckt auf alterungsbeständigem Papier, säurefrei gemäß ISO 9706

Dieses Buch wurde klimaneutral produziert.

MIX
Papier aus verantwortungsvollen Quellen
FSC www.fsc.org FSC® C083411

2022 Klimaneutraler Druck firstclimate

Printed in Germany

Vorwort der Herausgeber

Der hier vorliegende Neustart der „Studien zur Geschichte von Technik, Arbeit und Umwelt“ macht Kurt Mösers verstreut publizierte Aufsätze zur Geschichte der Mobilität anlässlich seiner Pensionierung einem breiteren Publikum zugänglich. Mösers Texte bieten zahllose Anregungen aus drei Jahrzehnten des Nachdenkens über die Geschichte der Mobilität in musealen wie in universitären Kontexten. Sie stehen für eine ebenso individuelle wie thesenfreudige Art des Schreibens von Technikgeschichte, die gerade auch die Aufmerksamkeit für das historische Detail und seine vielfältigen Interpretationsmöglichkeiten schärft.

In Zeiten, in denen mit guten Gründen für eine tiefgreifende Verkehrswende plädiert wird, lohnt gerade der Blick auf die emotionalen und unbewussten Aspekte des Umgangs von Menschen mit Mobilitätsmaschinen, auf deren langfristige Etablierung seit dem 19. Jahrhundert Kurt Möser immer wieder hinweist. Wer heute kurzfristig einschneidende Verhaltensänderungen und neue Wertsetzungen im Bereich der Mobilität erreichen möchte, wird nicht darum herumkommen, sich mit diesen langen historischen Linien auseinanderzusetzen. Dafür bieten Mösers Texte einen hervorragenden Ausgangspunkt.

Gegenüber den Originalfassungen wurden nur kleinere stilistische und orthografische Änderungen vorgenommen, ohne die Texte inhaltlich zu verändern. Das betrifft in Abstimmung mit Kurt Möser auch den Verzicht auf eine nachträgliche Aktualisierung hinsichtlich einer gendergerechten Schreibweise. Internetlinks in den Fußnoten wurden ebenfalls nicht aktualisiert. In Fällen, wo der Zugriff leider nicht mehr möglich ist, wurden sie als historisches Zitat beibehalten.

Marcus Popplow (Karlsruhe)
Torsten Meyer (Bochum)

Inhalt

Automobilität seit der Massenmotorisierung

Design und Museum

Einleitung

Als ich Mitte der 1980er Jahre auf dem Feld der Autogeschichte zu arbeiten begann, war dies in Deutschland über weite Strecken eine Domäne von historisch interessierten Journalisten, von Privatsammlern, die sich für die Kontexte ihrer Autoklassiker interessierten, und von Autoherstellern, die ihren Ort in der Geschichte selbst bestimmen wollten. Ich begann als Konservator für Straßenverkehr im neu gegründeten Landesmuseum für Technik und Arbeit in Mannheim mit der Erarbeitung eines Konzepts für die Dauerausstellung mit dem Arbeitstitel „Das Automobil verändert Arbeit, Leben und Umwelt". Das war ein neuer Anspruch: nicht nur Technikikonen des deutschen Südwestens auszustellen, sondern gerade auch die sozialen Zusammenhänge und das Verhältnis von Mensch und Technik zu verdeutlichen. Darüber hinaus vertraten der Gründungsdirektor, Lothar Suhling, und der Leiter des wissenschaftlichen Diensts, Rainer Wirtz, mit den Konservatoren und Restauratoren das Konzept eines „forschenden Museums" im Rahmen einer stärker objektbezogenen, gleichwohl akademisch orientierten Technikgeschichte. Dabei stellten wir fest, dass dieser Anspruch, der sich gezielt von traditionellen Technikmuseen absetzte, fundamentaler Forschungsarbeit bedurfte. Mehr noch: Neue Formen der musealen Präsentation mussten erarbeitet werden, die über ein bloßes Aufstellen von Maschinen weit hinausgingen; und die historischen Objekte einer neu aufzubauenden Sammlung sollten anders, vergangenheitsadäquater, konserviert, dokumentiert und restauriert werden, um über ihre Verwendung zu erfahren und Spuren des Gebrauchs zu bewahren. Dies war also ein dreifacher Innovationsanspruch: wissenschaftliches museumsbezogenes Arbeiten jenseits, aber mit der akademischen Technikgeschichte; adäquate Präsentationsformen und neue Vermittlungsideen; und ein Neuansatz der Rolle der Objekte.

Für das wissenschaftliche und restauratorische Team provozierte dies einen Forschungsanreiz. Die Automobilgeschichte war hier besonders gefragt. Ich habe mit Neugier Zeitschriften wie Technology and Culture und das Journal of Transport History gelesen, bin in die populäre Oldtimerkultur eingetaucht, habe britische Museen angeschaut und technikhistorische Gedenkorte besucht – und nicht zuletzt sehr anregende und oft kontroverse Diskussionen mit den Kollegen geführt. Dies, und auch Tagungen zur Autogeschichte, die meistens außerhalb der akademischen Welt organisiert wurden, war der stimulierende wissenschaftliche Hintergrund. Und es wurde rasch klar: Dieses Feld hatte Lücken, blinde Flecke, noch wenig Methodik, kaum umfassendere Fragestellungen und dazu stabile, kaum angezweifelte Erzählungen – es war ein offenes, der Bearbeitung harrendes Forschungsfeld. Und die meisten Konservatorenkollegen machten ähnliche Erfahrungen.

Dass angesichts der vielfältigen, oft belastenden Alltagsarbeit ein Teil der Ansprüche der Frühphase der Mannheimer Museumsgründung nicht realisiert wurde, dass der propagierte Typus des forschenden Museums keine wirkliche Konkurrenz zur Universität wurde, dass relativ wenige substantielle Forschungsbeiträge zur Objektrelevanz aus dem konservatorischen Dienst des Landesmuseums für Technik und Arbeit kamen, dass nicht durchwegs die hohen Ansprüche an neue Restaurierungsstandards und kontextualisierenden Artefaktinszenierungen erfüllt wurden, führte nach der Museumseröffnung 1990 zu einer gewissen Ernüchterung. Ich selber nahm nach einem Lektorat in New Delhi die Gelegenheit wahr, die mir 2007 der Kommisarische Direktor des Museums, Hans Selmayr, und die damalige Universität Karlsruhe (TH) boten, wechselte dorthin und habilitierte mich mit einer Monographie über individuelle Mobilitätsmaschinen 1880 bis 1930. Meine Museumserfahrungen sehe ich nach wie vor als außerordentlich wichtig für den wissenschaftlichen Blick auf Autos, Flugzeuge oder Schiffe an, weil sie mir die Bedeutung des Verstehens von technischen Funktionen und die Unverzichtbarkeit der Befassung mit Objekten beibrachten – schon vor der Bekundung eines „material turn". Meine „Lehrzeit" in den Restaurierungswerkstätten des Landesmuseums hat mir Respekt vor der Materialität technischer Artefakte gelehrt. Danke an das Restauratorenteam!

Es wurde schon in den 1990er Jahren deutlich, dass sich das Feld der Verkehrsgeschichte wandelte. Auch die Automobilgeschichte wurde akademischer, breiter aufgestellt, thematisch anregender, auch intellektuell mutiger. Was sie eigentlich sei – ein Teil der Technikgeschichte, oder methodisch und thematisch unterschiedene Transport-, Verkehrs- oder Mobilitätsgeschichte –, wurde nun debattiert (mein Beitrag steht auf S. 589). Und sie wurde ansatzweise in einer breiteren multimodal und international orientierten Geschichte der Mobilität verortet. Eine Zäsur war die Gründung der International Association for the History of Traffic, Transport and Mobility im Jahr 2003. Kurz darauf wurden zwei Zeitschriften, „Mobilities" und „Transfers – Interdisciplinary Journal of Mobility Studies" ins Leben gerufen. Während darin der Mobilitätsansatz stark ausgeweitet wurde und etwa Information mit einschloss, gibt es in der engeren, physisch verstandenen Mobilitätsgeschichte Überlappungen zur allgemeinen Technikgeschichte und eine Interferenz mit ihren Themen und Methoden, wie beispielsweise die Untersuchung von Nutzungsformen und Nutzern, der Alltags- und Kulturgeschichte, der Geschlechterspezifik und den Verlierern der Mobilitätsrevolutionen.

All das kann nur kurz skizziert werden. Die hier wieder abgedruckten Aufsätze und Beiträge aus rund fünfunddreißig Jahren haben vielfache Bezüge auf wichtige Fragestellungen und Konfliktfelder ihrer Entstehungszeit, vor allem auf neue Verhandlungen zwischen den Akteuren: den Museen, staatlichen wie privaten; der akademischen Technikgeschichte; dem populären Interesse einer autoaffinen Öffentlichkeit; und nicht zuletzt den mächtigen institutionellen Playern der Automobilindustrie, die „history marketing" einsetzen, um ihre Narrative zu stärken. Die Texte sind vielleicht für künftige Historiker der Mobilitätsgeschichtsschreibung eine Quelle per se. Leserinnen und Leser werden wahrscheinlich viel – zu viel? – Zeitbezogenes entdecken, hier und da auch Überschneidungen und Wiederholungen. Wir haben uns aber entschlossen, die Aufsätze unverändert nachzudrucken, um nicht als rückwärtsgewandte Besserwisser inhaltliche Korrekturen anbringen zu müssen.

Ich bedanke mich recht herzlich bei Marcus Popplow für seine Anregung und vielfältige Unterstützung dieses Sammelbandes, und auch bei Torsten Meyer als Mit-Reihenherausgeber. Für die Herstellung aus einem Konglomerat von Texten, die anfangs noch mit der Schreibmaschine, dann mit wahrscheinlich sechs Generationen von Textverarbeitungs-Software geschrieben worden sind, danke ich sehr Timo Lomuscio. Seine Kompetenz, Sorgfalt und Geduld bei der Herstellung des Sammelbandes hat mich beeindruckt. Ebenfalls ganz herzlichen Dank an Klaudija Ivok für das sorgfältige Lektorat, für die Entdeckung stilistischer Mängel, und für ihre stets sinnvollen Vorschläge für Korrekturen.

Und: Wissenschaft ist Dialog; ich hatte das Privileg, daran lange Jahre teilzunehmen. Dank also an Freunde, Kollegen, Kontrahenten, Anreger, Sparringspartner, Unterstützer und Kritiker, und besonders auch an die Studierenden meiner Seminare. Sapienti sat.

Mobilität und Krieg

Fliegerblick 1914

Auch wenn man schon vor 1900 bei Ballonaufstiegen die Welt von oben sah, beschrieb und interpretierte, beginnt die populäre Faszination des Blicks hinunter auf die Erde doch erst mit der Fliegerei, also mit dem mobilitätsrevolutionären „annus mirabilis“ 1909 und seiner Massenbegeisterung. Seitdem bemerken Piloten – und zunehmend auch Fluggäste – Seltsames und irritierend Neues. Dazu gehört etwa die scheinbare Zweidimensionalität des Erdbodens, wenn man ihn aus großer Höhe sieht. Sie wundern sich über den Verlust von Orientierung im Raum und das veränderte Beschleunigungsgefühl in den drei Dimensionen. Sie beschreiben und bewundern in Erzählungen, journalistischen Artikeln und Romanen die neuen Wolkenlandschaften und die veränderten Anblicke des Firmaments. Diese neuen Raumerfahrungen, die Wahrnehmung von oben und der revolutionär neue, immer auch medial kommunizierte Blick sind die vielleicht merkwürdigste Erscheinungen der Mobilitätsrevolution von 1900.

Ganz neu waren manche der sensorischen und visuellen „sensations“ durch Mobilität – so der oft direkt ins Deutsche übertragene englische Ausdruck –, für viele der Flieger nun aber doch nicht: Die meisten Piloten hatten schon zuvor fundamentale Irritationen des Blicks und der Empfindungen erfahren. Das Erleben hoher Geschwindigkeiten, das Verwischen der Wahrnehmung, die körperlichen Sensationen des Schwingens durch Kurven, des Balancierens, eines weitgehend unvertrauten Raumgefühls und der raschen Änderung durch g-Kräfte – solche Irritationen waren Radfahrern, Seglern kleiner Boote oder Kanufahrern im Strom durchaus bekannt. Bevor Piloten Loopings flogen, waren Radfahrer auf „Überschlagbahnen“ unterwegs. Doch der Blick von oben und das Empfinden des Fluges erzeugen nun eine viel nachhaltigere Verfremdung, als ssindie Radfahrer erleben, die sich Gefällestrecken hinunterstürzen, oder Automobilrennfahrer, die sich Kurvenkräften entgegenstemmen und nur aus dem Augenwinkel ihre Umgebung erhaschen.

Nur wenig Vorbereitung für die neue Erfahrung kann auch die Fotografie leisten. Bilder, die zunächst aus Ballonen, dann aus Luftschiffen, „geschossen“ werden, beginnen zwar die neue Perspektive im öffentlichen Bewusstsein zu verankern, als die ersten Luftbilder in den Medien veröffentlicht werden. Doch die bewegte, hochmobile Perspektive der Luftfahrer ist anders. Sie erzeugt tiefe Verfremdung. Schon der statische Photographenblick hat mehrere Effekte: Die Erde erscheint geometrischer, distanzierter und abstrakter. Wälder, Felder und Flüsse werden ihrer Vertrautheit entkleidet. Sie wirken als farbige Flächen und Linien und verlieren alle Bezüge auf die vorgängige Erfahrung der Perspektive aus Boden- und Augenhöhe.

Der neue Blick von oben wird in der Forschung immer wieder als Inspiration für die abstrakt werdende Kunst und die dynamisierenden wie zweidimensionalisierenden künstlerischen Verfahren der Kunstrevolution identifiziert, für Futurismus und Kubismus.[1] Doch eine solche Beobachtung wird auch schon von Zeitgenossen, hier von einem Kriegsflieger, formuliert: „[...] wie glühende Ketten einander gegenüber die Mündungsfeuer der beiderseitigen Artillerien, Hunderttausende von Leuchtkugeln aller Farben wie in Sekt tanzende Perlen. Dazwischen unsere Sternsignale an die eigene Artillerie [...] – und dann die zahllosen Scheinwerfer! Dort oben liegen die Wurzeln für das Verständnis von Kubismus und Expressionismus", so der deutsche Inspekteur der Fliegertruppe, Major Wilhelm Siegert, 1921.[2] Und schon 1919 argumentiert der Avantgardekünstler und Pilot Stanton Macdonald-Wright in seinem Aufsatz „Influence of Aviation on Art", dass der Pilotenblick „would make inevitable the triumph of abstract art".[3] Seitdem ist der Zusammenhang der Entstehung der abstrakten Kunst mit dem Blick von oben und der mobilen Dynamik zum kulturellen Allgemeingut geworden.[4] Doch wie eng ist der Zusammenhang mit literarisch-künstlerischen Verfahren zur Thematisierung von mechanischer Mobilität, – konkret, den durch die Bewegung in der Landschaft generierten Sinneserfahrungen – tatsächlich?

Dass der Futurismus in der Malerei die Intention hatte, Bewegung bildnerisch umzusetzen, und dabei das Automobil paradigmatisch nutzte, ist bekannt.[5] Tatsächlich gibt es bei

---

1 Siehe z.B. bei Ingold, Felix Philipp, Literatur und Aviatik. Europäische Flugdichtung 1909–1927. Frankfurt/M. 1980 (= st 576); Mantura, Bruno, Futurism in Flight. „Aeropittura" paintings and sculptures of Man's conquest of space. Rom 1990.

2 Zit. nach Neumann, Georg Paul (Hg.), In der Luft unbesiegt. Erlebnisse im Weltkrieg erzählt von Luftkämpfern. 7.–11. Tausend München 1923, S. 26.

3 Corn, Joseph J., The Winged Gospel. America's Romance with Aviation, 1900–1950. New York 1983, S. 36f.

4 Siehe dazu Martin, Rupert, The View from Above. 125 Years of Aerial Photography. Ausstellungskatalog. London 1983.

5 Vgl. Zenone, Daniela, „Ein Rennwagen ist schöner als die Nike von Samothrake". Das Automobil als Verkörperung idealer Perfektion in der Ästhetik des italienischen Futurismus. In: Canzler, Weert / Schmidt, Gert (Hg.), Das zweite Jahrhundert des Automobils. Technische Innovationen, ökonomische Dynamik und kulturelle Aspekte. Berlin 2003, S. 191–208; Möser, Kurt, „Knall auf Motor" – Die Liebesaffäre von Künstlern und Dichtern mit Motorfahrzeugen 1900–1930. In: Landesmuseum für Technik und Arbeit in Mannheim (Hg.), Mannheims Motorradmeister. Franz Islinger gewinnt die Deutsche Motorradmeisterschaft 1926. Ausstellungskatalog. Mannheim 1996, S. 18–29.

den Künstlern und Künstlerinnen, die sich dieser Strömung verpflichtet fühlen, künstlerische Verarbeitungen und Umsetzungen von Sinneserfahrungen wie dem Spiralflug. Tatsächlich wollten die futuristischen Maler beides ins Bild bringen: den dynamischen Blick aus den Mobilitätsmaschinen, und den Blick von außen auf die Dynamik der Mobilitätsmaschinen. Während zunächst eine Betrachterperspektive von außen auf bewegte Objekte und Personen vorherrscht, entsteht vor allem in der späten Phase des Futurismus eine verstärkte Tendenz zur Gestaltung aus einer aktivierten und dynamisierten Nutzerposition. Ein aus der Statik heraus betrachteter bewegter Gegenstand wird selber dynamisiert.

Zu nennen ist hier besonders die „Aeropittura“[6], so der Titel eines Buches, das Marinetti 1929 herausgibt. Künstler, die den Pilotenblick umsetzen, sind etwa Gerardo Dottori und Fillia (Luigi Colombo). Allessandro Bruschetti gestaltet beispielsweise einen Spiral- oder Sturzflug, während Tullio Cralli aus der subjektiven Perspektive des Besatzungsmitgliedes eines Bombers einen aggressiven Blick aus dem Cockpit in die Großstadt darstellt. Raumerfahrungen eines Luftakrobaten, der Loopings fliegt, oder eines Fallschirmspringers werden zu Gestaltungsgegenständen der Aeropittura. Ohne hier auf die politischen Kontexte des Faschismus und der faschistischen Luftfahrtästhetisierung einzugehen, bleibt festzuhalten, dass es nun zu statisch-malerischen Umsetzungen der kombinierten Dynamisierung des Blicks, der veränderten Landschaftswahrnehmung und der Integration des Flugzeuges und der Wahrnehmungs-Subjektivität des Piloten kommt.

Doch der neue Blick ist nur ein Teilaspekt. Der zeitweise Verlust des Blickes bringt neue Irritationen. Neben dem „normalen“ Schauen aus der Maschine potenziert sich beim schnellen Fliegen, der kombinierten Erfahrung des Mobilitätsvorgangs und der Wahrnehmung aus dem Cockpit, die Irritation: „Es ist kein Vergnügen, in pechschwarzer Nacht eine Maschine ohne Instrumente zu fliegen. Gegen jedes Vibrieren des Motors wird man überempfindlich, man neigt zur Panik, glaubt, die Maschine gehe kopfüber, sacke durch, rutsche rechts oder links ab, und man hat das Gefühl, als läge die Erde unendlich tief unter einem“[7], so Cecil Lewis. Wortley bestätigt dies:

> „Now I must tell you that when flying in a cloud one loses all one’s sense of balance; the reason being, I imagine, that one is surrounded by upon all sides by the same impenetrable grey mass which obscures both earth and sky. There is no ‚horizon‘ by which to judge the angle at which the machine is travelling, either fore-and-aft, or laterally“[8]

Nicht einmal Instrumente schützen vor dieser Irritation durch sensorische Depravierung. Die Präzision, die Fluginstrumente in die neue Mobilitätsform hineinzubringen versprechen, erweist sich als trügerisch. Ein Topos in der Fliegerliteratur vor 1914 ist etwa die

6 Zur Aeropittura siehe Duranti, Massimo, Aeropittura e aeroscultura futuriste. Firenze 2002; Mantura, Bruno, Futurism in Flight. „Aeropittura“ paintings and sculptures of Man’s conquest of space. Rom 1990.

7 Lewis, Cecil, Schütze im Aufstieg. Eine autobiographische Erzählung. Berlin 1930, S. 222.

8 Wortley, Rothesay Stuart, Letters from a Flying Officer (1928). Gloucester 1982, S. 155.

Unzuverlässigkeit der magnetischen Kompassanzeige. Dies ist nicht unbegründet, da das Metall der Zelle, und hier vor allem die drehende Masse der Rotationsmotoren, die Magnetnadel ablenkt. Ein besonderes Problem tritt aber dann auf, wenn man in die Wolken fliegt. Dann scheint sich der Kompass unkontrolliert zu drehen, obwohl der Pilot das Gefühl hat, geradeaus zu fliegen.[9] Die zeitgenössische Interpretation dieser „verrückt spielenden", „versagenden", „kreiselnden" Kompassanzeige verlegt zunächst den Irrtum in das Instrument: Wolken scheinen auf nicht recht erklärbare Weise – vielleicht durch eine Ansammlung von Magnetismus? – den Kompass zu beeinflussen.

Natürlich führt aber nicht das Instrument, sondern das Flugzeug eine unerkannte und unvertraute Relativbewegung aus, die in der Wolke nicht erkannt werden kann, da zentrifugale Kräfte und Beschleunigungsvorgänge im dreidimensionalen Raum ohne Referenz auf und Rückkoppelung an die visuelle Bezugsebene des Horizonts nicht erkannt werden können. Gefährlich scheint den Piloten das Fliegen in der „Waschküche" vor allem deswegen, weil in den Wolken beide Orientierungsformen, die unmittelbaren Sinnesdaten und die instrumentelle Hilfe, unzuverlässig zu werden drohen.

Die Dynamisierung der Landschaft und die Irritation der Wahrnehmung wirken sich auf die „konventionelleren" Mobilitätsmaschinen aus, etwa auf das Automobil. Die Fliegerperspektive wird auf den Boden rückübertragen. Marcel Proust bemerkt beim Autofahren eine

> „wechselseitige Verschiebung der Perspektive, durch die beim Näherkommen ein Schloß mit einem Hügel, einer Kirche und dem Meer Bäumchenverwechseln spielt, [...] sowie die immer engeren Kreise, die das Automobil um eine (nachdem sie zuvor nach allen Seiten zu entschlüpfen versuchte) wie gebannt daliegende Stadt beschreibt, um schließlich pfeilgerade in der Tiefe des Tals, in der sie geduckt am Boden liegt, auf sie niederzustoßen [...]."[10]

Das ist eine Hybridisierung des Blickes von oben, aus den perspektivdynamisierten Aeroplanen der Kunstflieger, mit dem des schnell fahrenden Automobilisten. Prousts „Umkreisen" und „Niederstoßen" als automobile Perspektive verdankt dem Pilotenblick seine Pointierung und ist durch ihn vermittelt.

Ein weiterer Irritationsfaktor des Blicks von oben, nach der Zweidimensionalisierung, der Dynamisierung und dem visuellen Datenverlust ist die Miniaturisierung. Menschen und identifizierbare Gegenstände werden, so der verbreitete Topos, von oben gesehen zu „Spielzeug". Sie verlieren an Bedeutung; der Flieger geht auf Distanz zur „normalen" Welt drunten und erhebt sich über sie. Typisch Richthofens Schilderung seines ersten

---

9 Siehe dazu Otto, Friedrich, Hans der Flieger. Eine Erzählung aus dem Weltkrieg. Stuttgart o.J. (1916), S. 20.

10 Proust, Marcel, Auf der Suche nach der verlorenen Zeit, zit. nach Grivel, Charles, Automobil, Zur Genealogie subjektivischer Maschinen. In: Stingelin, M. / Scherer, W. (Hg.), HardWar / SoftWar. Krieg und Medien 1914–1945. München 1991, S. 171–196, S. 183.

Fluges, noch als Passagier: „Die Menschen winzig klein, die Häuser wie aus einem Kinderbaukasten, alles so niedlich und zierlich. Im Hintergrunde lag Köln. Der Kölner Dom ein Spielzeug. Es war doch ein erhabenes Gefühl, über allem zu schweben. Wer konnte mir jetzt was anhaben? Keiner!“[11] Distanz und Macht durch Höhe – dieses argumentative Muster des Über-Hebens wird dann nach 1914 militärisch wirksam, als symbolische Überlegenheit des Fliegers über die Bodentruppen und deren Anonymisierung.

Kontrastiert wird der unbedeutend gewordene, distante, entrückte Erdboden mit den kühlmenschenleeren Landschaften des Himmels, in denen neue Schönheiten entdeckt und gefeiert werden. Die Klarheit des Firmaments, die unverschleierte, grellere Sonne, vor allem auch die ätherischen Landschaften der Wolken sind Komponenten einer neuen Idealnatur, die der Flieger betrachtet und ästhetisch konstruiert. Zusätzlich zum Blick auf die Erde ist eine neue Dimension des Erlebens der Wolkengebilde möglich:

> „Hoch türmten sich Wolkenberge auf, bildeten Gassen und winkelige Ecken, anzusehen wie eine Stadt aus dem Mittelalter. Rosig angehaucht von der schon tiefstehenden Sonne waren die einen, in Schatten getaucht, wie verträumte Plätzchen, die anderen. Und zwischen hindurch flogen wir gleich verirrten Faltern [...].“[12]

Sind es hier Anspielungen auf Romantizismen mittelalterlicher Städtchen, so rekurriert der Flieger Hellmuth Hirth bei der Beschreibung seines ersten Flugs durch die Wolken, ohne Sichtverbindung mit der Erde, auf Sprachbilder der schwarzen Romantik:

> „Es überkam mich eine Art Stimmung, als wäre alles nur ein Märchen [...]. Die Spitzen der Türme waren noch weiß von der sinkenden Sonne, die Wolkentäler aber zeigten alle Schattierungen eines Violett, das die tiefsten Stellen wie mit einer dunklen Flüssigkeit angefüllt hatte.“[13]

Der Rückflug erfolgt dann „[...] mit einem angenehm schaurigen Gefühl, einem Gruseln und einer freudigen Erwartung zugleich“, bei dem sich der Pilot „eine der dunklen Wolkengrüfte aussucht, in deren Schlund ich scheinbar untergehen sollte“.[14] Die Empfindungs-Versatzstücke der Schauerromantik finden sich vor dem Krieg immer wieder bei Flügen durch die „Wolkenburgen“ und „schauerlichen Klüfte“, während im Krieg die Anblicke der Front während großer Artilleriebeschießungen diese romantisch-bedrohliche Wahrnehmungsfolie immer wieder aktivieren.

Die zunächst eher kontemplative Betrachtung der Himmelslandschaften aus der sicheren Distanz wird bald schon dynamisiert; der Flieger begibt sich hinein. Die Wolkenwelt, als zweite Landschaft über der eigentlichen am Boden, wird durch Beschleunigung und dreidimensionale Bewegung erst richtig erschließ- und genießbar. Sie ist nun weder einem

11 Richthofen, Manfred von, Der rote Kampfflieger. Eingeleitet und ergänzt von Bolko Freiherr von Richthofen. Berlin 1933, S. 63.

12 Pfleger, Arthur, Franz im Feuer. Vier Jahre Flugzeugbeobachter. Regensburg 1930, S. 67.

13 Hirth, Hellmuth, 20.000 Kilometer im Luftmeer. Berlin 1913, S. 189.

14 Ebd., S. 190.

Verlust des Geschwindigkeitsgefühls unterworfen, noch zweidimensionalisiert, sondern wird als „fliegergerechte“ Natur konstruiert. So werden Wolken durchwegs als Spielmaterial des Fliegers geschildert: Man kann unmittelbar an ihrem Rand entlang fliegen, kurz in ihre „Watte“ eintauchen und gleich wieder in das gleißende Sonnenlicht hinaustreten. Wenn man so mit ihnen ein hochmobiles Spiel spielt und schließlich über ihnen fliegt, entziehen sie den Erdboden der Sicht. Dann erst kann der Flieger eine Einheit mit „seinem Element“ ohne störenden Bodenkontakt empfinden. Dann erst befindet er sich mit den von der Erde abgehobenen autonomen Formen der Himmelslandschaften buchstäblich auf gleicher Höhe. Im erdfernen Umkreisen kann er in sie eintauchen und sie im Flug multiperspektivisch zerlegen und dynamisiert genießen. Sogar in Luftkampfsituationen sind Wolken willkommen, denn man kann sich in sie flüchten und sich so bedrohlichen Situationen entziehen.

Immer wieder faszinieren die frühen Flieger zwei Phänomene: der Sonnenuntergang, vom Flugzeug aus betrachtet, und der Nachtflug. In der Dunkelheit zu fliegen galt, vergleichbar dem Wolkenflug, lange Zeit als kaum möglich. Wahrscheinlich fand der erste geplante Nachtflug erst im Sommer 1911 statt.[15] Doch die ästhetischen Reize des Fliegens in der Dunkelheit werden bald schon einem Publikum kommuniziert, und dies auch im Kontext von Kriegsliteratur. Ein anonymer Kriegsflieger berichtet:

> „Die Straße leuchtet kreidig. Die Ferne geht unmerklich in die veilchenblaue Höhle der Himmelskuppel über, in welcher die volle Bogenlampe des Mondes strahlt. Die Luft ist ruhig [...]. Ein Ozean an Ruhe. Keine Welle wiegt uns. Von Zeit zu Zeit hüllt uns der warme Atem eines Obstgartens ein, haucht uns die gestellte Kühle der Wiesen an.“[16]

Eine weitere landschaftsästhetisierende Passage, die die Schilderung eines nächtlichen Bombenfluges im Jahr 1917 einleitet: „Hinter uns versinkt der Flugplatz im Zwielicht. Es ist, als flögen wir durch dichte Wolken von Blütenstaub. Nebel wallen wie lange Züge von Nonnen über das weinrote Land. Der Himmel blüht wie eine mystische Blume über dem veilchenblauen Rauch des Horizonts.“[17] Oder auch „Es ist nichts so köstlich, als oben im reinen Ozon das Versacken der Sonne unter die Staub-Dunst-Schichten der niederen Höhen zu erleben und darüberhin zu wandeln, bis der Erdkreis nach rosigen Schauern fahl und grau gleichsam verwest.“[18]

Beide Blicke auf die Natur hatten natürlich eine lange Tradition: Nachtwanderungen und Sonnenuntergänge waren in der romantischen Literaturtradition fest verankert, und nicht erst seit Eichendorff zu einem fixierten kulturellen Topos geworden, der jeweils aktualisiert werden konnte. Die letzte Passage hat aber deutliche Bezüge auf eine näher am Welt-

---

15 Vgl. Supf, Peter, Das Buch der deutschen Fluggeschichte. Bd. 1: Vorzeit – Wendezeit – Werdezeit. Berlin 1935, S. 299.

16 Fuchs, Otto, Wir Flieger. Kriegserinnerungen eines Unbekannten. Leipzig (3) 1933, S. 94.

17 Ebd., S. 90f.

18 Euringer, Richard, Fliegerschule 4. Buch der Mannschaft. Berlin 1929, S. 43.

krieg liegende künstlerische Tradition, nämlich die impressionistische Literatur der Jahrhundertwende, wie sie etwa durch Max Dauthendey repräsentiert wird. Ihr Merkmal ist ein intensiver Gebrauch von Synästhesien und Farbsemantik. Aktualisierbare literarische Traditionen spielen hier, wie bei der Wahrnehmung und Darstellung innerhalb der Mobilitätskultur, eine bedeutende Rolle. Weil Sonnenuntergänge in den literarisch- künstlerischen Traditionen längst topisch geworden sind, eignen sie sich insbesondere als Kontrastfolie für die Darstellung der Destruktion in der Materialschlacht,[19] während Sonnenuntergänge zwar ihre Unschuld bewahren können, aber in den Kreis einer zunehmend bedrohlichen Bildlichkeit geraten.

Doch die Landschaftswahrnehmung der Himmel ist nur eine Komponente des ästhetisierenden Pilotenblicks. Sinnlichkeiten, die die neue Mobilität freisetzt, werden in Kombination genossen und literarisch thematisiert. Der Motor steht als Quelle ästhetischer Reize immer wieder im Vordergrund. So formuliert der anonyme Kriegsflieger seine Wahrnehmungen kurz nach dem Anlassen des Motors:

> „Ich liebe den Atem und die Geräusche des warmwerdenden Motors; den Geruch des reinen Metalls, die Schwüle der Öldämpfe, die Flüchtigkeit der Auspuffgase, das Mahlen der Zahnräder, das Sausen des Vergasers. Das alles bildet eine Atmosphäre des Lebendigen, es übersetzt in die Sinne die transzendentale Kraft der Konstruktion.“[20]

Auch extreme akustische Eindrücke, wie das „Hetzwutgeräusch der Treibschraubenflügel“[21], können nun in eine synästhetische Gesamtwahrnehmung integriert werden.

Solche Zeugnisse des Pilotenblicks haben eine dreifach geschichtete ästhetische Wahrnehmung: Die genießende Betrachtung der Himmelslandschaft, rekurrierend auf den mobilisierten Naturgenuss älteren Typs; dann der Genuss der neuartigen Sinneserfahrungen, die nur die „Apparate“ zu vermitteln vermögen; und schließlich die ästhetischen Reize der Artefakte selber. Alle drei Ebenen werden gleichrangig nebeneinandergestellt. Insbesondere die Futuristen beschreiben einen Typ ästhetischer Erfahrung, die aus dreidimensionalem hochmobilem Ich, neuer Landschaft und dem Reiz von Mobilitätsmaschinen komponiert ist.

Im Komplex dieser Rekombinationen von Naturgenuss mit Selbstgenuss, mit der Lust an den eigenen mobilitätsgenerierten Emotionen, spielen also als dritter Faktor die Maschinen selbst und ihre technoide und zugleich doch wieder technikferne Ästhetik eine zentrale Rolle. Eine durchaus typische Schilderung eines nächtlichen Fluges zeigt, wie eng verschränkt visuelle Reize und Lust an den Bewegungspotenzialen der eigenen Mobilitätsmaschine werden:

---

19 Hynes interpretiert den Blick britischer Kriegsmaler auf die zerstörte Natur in Hynes, Samuel, A War Imagined. The First World War and English Culture. London 1990, S. 195–197.

20 Fuchs, Otto, Wir Flieger, S. 38.

21 Dehmel, Richard, Gebet im Flugschiff, zit. nach Korber, Tessy, Technik in der Literatur der frühen Moderne. Wiesbaden 1998, S. 154.

„Aus dem düsterglühenden Auspufftopf züngelt eine armlange schwefelblaue Flamme. In der glatten, zitternden Haut der Flügel spiegelt sich der Mond. Jetzt, wie ich leicht in die Kurve gehe, stürzt ein Wasserfall von blauem Mondsilber über uns her, zerstiebt im blitzenden Propeller, rollt und schlittert wie ein Sack von Talern über Rumpf und Flächen. Es ist eine Lust, wie ein ausgelassener Seehund ein wenig mit den Flossen zu schnicken, zu tauchen, wieder hochzuschnellen und Flügel, Bauch und Rücken des Flugzeuges in kühler Mondmilch zu baden“.[22]

Das technische Gerät „spiegelt“ die Mondlandschaft, und wird zugleich selbst zum Gegenstand ästhetischen Genießens. William Robson beschreibt 1916 dieses dreifach kombinierte Spektrum der ästhetischen Genüsse beim Fliegen: „the wonderful panorama spread beneath and all round, the exhilarating rush of air in the face, the consciousness of speed, [...] the extraordinary sensation of buoyancy“[23]. Das Vergnügen am Erleben von Natur, technisch vermittelten Sinnlichkeiten und technischen Artefakten ist miteinander verschränkt. Es entsteht ein mobil generiertes sensorisches Gesamtwerk. Sowohl das Flugzeug – ein hochtechnisiertes Artefakt, das aber gleichwohl und paradoxerweise seine eigene Technizität vergessen lassen will – als auch die Wolkenlandschaften werden für den Flieger zu einem scheinbar kultural unbeeinträchtigten Naturidyll, das er mit „interesselosem Wohlgefallen“ hochmobil und spielerisch genießen kann.

Dieser Raum aus Naturgenuss, de-technisiertem Fluggerät und historisierenden Reminiszenzen ist hochgradig semantisiert: Unten ist Kleinheit, Bürgerlichkeit, oft Düsternis; darüber das natursymbolisch umgesetzte Ideal von Phantasie und ungetrübtem Genuss, das sich in Helle und Klarheit zeigt. Entsprechend wird das Wieder-auf-die-Erde-Kommen als doppelter Abstieg gesehen: die Landung erscheint als Aufgeben-Müssen des ästhetischen Ideals, das sich nur „ad astra“, im Streben nach Höhe, verwirklichen kann.

Während des Krieges bekommt nun die Konstruktion des Oben als Ideal eine weitere semantische Dimension. Der Autor und Kriegspilot Richard Euringer: „Für uns sind blutersäufte Großkampfnester nichts als glimmende Köhlerhaufen, schwelend im Zigarettenrauch“.[24] Der Autor kann 1929 auf diese Opposition von Oben und Unten schon als Stereotyp anspielen: „Sie müssen ja alle neidisch werden auf die silbernen Ritter da oben, die so fürstlich zum Turnier reiten, während unten der Vulkan speit.“[25] Die Materialschlacht, betrieben von scheinbar miniaturisierten, nicht allein visuell bedeutungslos gewordenen Akteuren, macht den Erdboden zu einem sowohl hässlichen wie auch bedrohlichen Todesort, der als „Feuerlandschaft“ oder auch naturmetaphorisch als „Vulkan“ beschrieben wird. Unten: das ist die lebensfeindliche und im Grunde unnatürliche Natur. Aus ihr kommt für den Flieger die Bedrohung der Flugabwehr, und unten ist der Ort des Absturzes und des eigenen Todes.

---

22 Fuchs, Otto, Wir Flieger, S. 94f.

23 Robson, William, Aircraft in War and Peace. London 1916, zit. nach Kern, Stephen, The Culture of Time and Space, 1880–1918. London 1983, S. 246.

24 Euringer, Richard, Fliegerschule 4, S. 21.

25 Ebd., S. 215f.

In der Schilderung des Gegensatzes zwischen den schönen Himmelslandschaften und der bedrohlichen, hässlichen und hochgefährlichen Kriegslandschaft auf dem Boden wird eine typische Opposition aufgerufen, die auf eine lange Linie der Naturwahrnehmung während der Industrialisierung zurückging. „Die intakte, gewachsene Natur konnte jetzt gegen die als zerrissen erfahrene Kultur ausgespielt werden“[26], so Rolf Peter Sieferle. Die intakte Natur war nun in den Lüften verortbar, die bedrohliche Kultur, die alles Natürliche zerstört und den Menschen bedroht, ist nun die des mechanisierten Bodenkrieges. Die Flieger können den durch die Materialschlacht hervorgerufenen „death of landscape“[27] aber immerhin durch ihren ästhetisierenden Blick auf die Himmelslandschaften auffangen. Im Kontrast dazu steht die weiterhin als „rein“ konstruierte Himmelsumgebung des Luftkrieges, in der sich der Flieger bewegt und seinen scheinbar unabhängigen Krieg führt. Dort „jagt“ er, „balgt“ sich mit den Gegnern, kämpft befreit im dreidimensionalen Raum mit „Überschlagen“ und „Rollen“, wobei er aber auch den „besorgten Blick auf die Messuhren“ nicht vergessen darf.[28]

Andererseits ist für die Piloten die Semantik des befriedigenden Oben und des bedrohlichen Unten, der „Hölle“ der Materialschlacht, nicht immer eindeutig. Denn auch die Höhe wird nun gefährlich. Aus dem schönen Himmel, speziell auch von oben aus der Sonne heraus, kann jederzeit ein Angriff einer feindlichen Maschine erfolgen. Das Oben bleibt eben nicht unschuldig und ideal: Aus der Höhe kommt der Feind, im Sturzflug mit überlegener Geschwindigkeit, und um ihm auszuweichen, muss man sich in die ungeliebte Tiefe begeben. Auch die Himmelslandschaften werden ambivalenter: In den Wolken kann man sich zwar verstecken, aber auch mit anderen Maschinen kollidieren, und man verliert seine Orientierung.

Doch der Kriegsflieger will offenbar mit diesen Irritationen und Bedrohungen „arbeiten“, er will sich an die Bedeutungen des neu konstruierten Mobilitätsraumes anpassen. Nur so vermag er sich als „neuer Mensch“ – ein expressionistisches Schlagwort – oder mindestens als neuer Kriegertypus selber zu konstruieren. Er trägt, so Ernst Jünger, einen „kühlen Kopf über heißem Herzen“. Im Krieg wie im Frieden manifestiert sich in den „Wolkenfernen“, in denen „die Propeller trommeln“, die Spezifik der modernen Zeit, die von dem expressionistischen Dichter Wilhelm Klemm 1917 als „namenlos zerrissen“ beschrieben wird[29], die aber trotzdem und deswegen beträchtliche Faszination ausübt. Der dreidimensionale Raum voller Sensationspotenzial wird durch Mobilitätsmaschinen erst erschlossen und erlebbar gemacht.

---

26 Sieferle, Rolf Peter, Entstehung und Zerstörung von Landschaft. In: Smuda, Manfred (Hg.), Landschaft. Frankfurt/M. 1986, S. 238–265, S. 247.

27 So Hynes, Samuel, A War Imagined. The First World War and English Culture. London 1990, S. 189–202.

28 Jünger, Ernst, Werke. Bd. 1: Tagebücher 1, Das Wäldchen 125. Stuttgart, o.J.

29 Klemm, Wilhelm, Meine Zeit. Gesammelte Verse. Wiesbaden 1961, S. 124.

Damit wird die technisierte Himmelslandschaft als einer der Orte der Moderne[30] konstruiert. Der Pilotenblick wird zwischen 1910 und 1918 zu einer Komponente des neuen Typs eines „technoromantischen Abenteuers“, wie Karl Kraus formulierte. Die techno-hybride ästhetische Wahrnehmung, prekär, spannend und bedrohlich, entsteht – und damit entsteht eines der Muster für unsere eigene, längst schon in die Normalität des Alltags abgeglittene Mobilitätserfahrung.

30 Vgl. Geisthövel, Alexa / Knoch, Habbo (Hg.), Orte der Moderne. Erfahrungswelten des 19. und 20. Jahrhunderts. Frankfurt / New York 2005.

Technische Zukunftskriege vor dem Großen Krieg

Dynamisierung der technischen Rüstung und Kriegsphantastik

Zwischen 1900 und dem Beginn des Ersten Weltkrieges gab es auf dem Gebiet der militärischen Rüstung eine beträchtliche Dynamisierung. Neue Waffensysteme, neue militärisch verwendbare Technologien wurden anwendungsreif und erlebten eine Diffusion. In den beiden Jahrzehnten vor 1914 implementierten die Industriestaaten Maschinengewehre, Rohrrücklaufgeschütze mit Hochexplosivmunition, aber auch funktionalere Tarnuniformen oder Grabenspaten. LKWs, „Funkenstationen", Luftschiffe und Flugmaschinen wurden in die Armeestrukturen integriert. All dies geschah zusätzlich zu Heeresvermehrungen, einer Ausweitung des Rekrutierungspotenzials und einem beispiellosen Wettrüsten zur See. Die Marine führte Unterseeboote und „automobile" Torpedos ein. Die europäischen Mächte hatten bei Kriegsbeginn einen unerhörten Modernisierungsschub der Rüstung hinter sich, ohne dass das schon einen Niederschlag im antizipierten Kriegsbild gefunden hätte. Das Militär bekam einen erhöhten Stellenwert in den Gesellschaften vor allem Frankreichs, Großbritanniens und Deutschlands.

Parallel zu diesen konkreten Erscheinungen der quantitativen und qualitativen Hochrüstung verbreiterte und radikalisierte sich die gesellschaftliche Reflexion über die Gestalt künftiger militärischer Auseinandersetzungen. Der „Zukunftskrieg", ein viel gebrauchtes Schlagwort, wurde zum Thema. Wie künftige Machtkoalitionen und Entscheidungsschlachten aussähen, welche Technologien entscheidend werden würden, und wie die Schlachterfahrung der technisch gerüsteten Massenheere sich wandeln würde, wurde breit diskutiert – neben und jenseits konkreter Kriegsplanungen, die ebenfalls in öffentliche Debatten gerieten. Es waren weniger militärische Profis, die über die Konsequenzen der technisch-industriellen Dynamik für künftige Kriege und über die Folgen der politischen Antagonismen zwischen den sich verfestigenden Bündnissystemen nachdachten, sondern viele Laien – Techniker, Literaten, Journalisten. Offiziere, die sich beteiligten, hielten sich meistens in der Anonymität. Hier sollen nun die technisch-militärischen Utopien und Konzeptionen im Kontext der Technikutopien der Periode, aber auch im Kontext der konkreten Rüstungsanstrengungen der Großmächte behandelt werden. Nur solche Konzepte sollen berücksichtigt werden, die von den Zeitgenossen formuliert und debattiert wurden.[1]

Damit ist eine hoch signifikante Problemstellung umrissen: nämlich die Beziehung zwischen der antizipierenden gesellschaftlichen Reflexion von Technologien und diesen Technologien selbst. Für methodische Fragen des Zusammenhangs von Antizipationen, Utopien und Erwartungen und konkreten systemisch-technischen Entwicklungen ist die Betrachtung der Rüstungsdynamik vor 1914 und der Formulierung der Erwartungen über einen künftigen „Weltkrieg" ein bedeutsames exemplarisches Feld. Wie weit gesellschaftlich debattierte Erwartungen, Gedankenspiele, militärische Planungen, Rüstungsentscheidungen, Szenarien und ihre militärinterne und -externe mediale Reflexion die „Urkatastrophe des 20. Jahrhunderts" – so George Kennan über den Ersten Weltkrieg – vorausgedacht, vorbereitet, vorgeplant oder begleitet haben, ist bisher in der historischen Forschung zwar diskutiert worden und fand dort einen Niederschlag,[2] wobei Dieter Storz eine ausgezeichnete und reflektierte Gesamtdarstellung vorlegte.[3] Die Rolle technischer Utopien und Ideen eines technologiegetriebenen Zukunftskrieges ist vor allem in einer populären Arbeit des DDR-Historikers Claus Ritter kenntnisreich, aber mit

1 Dies fordert Niall Ferguson für jede historiographische Beschäftigung mit alternativen Geschichtsreflexionen: Niall Ferguson, Virtual History: Towards a ‚Chaotic' Theory of the Past. In: Ders. (Hg.), Virtual History. Alternatives and Counterfactuals. London 1998, S. 1–90, S. 87: „[...] we can only legitimately consider those hypothetical scenarios which contemporaries not only considered but also committed to paper".

2 Siehe Boemeke, Manfred F. / Chickering, Roger / Forster, Stig (Hg.), Anticipating Total War. The German and American Experiences, 1871–1914. Cambridge 2006; Antulio J. Echevarria II, Imagining Future War: The West's Technological Revolution and Visions of Wars to Come, 1880–1914. Praeger 2007; Ignatius F. Clarke, Voices Prophesying War. Future Wars, 1763–1984. London u.a. 1966.

3 Vgl. Dieter Storz, Kriegsbild und Rüstung vor 1914. Europäische Landstreitkräfte vor dem Ersten Weltkrieg. Herford / Berlin / Bonn 1992 (= Militärgeschichte und Wehrwissenschaften Bd. 1).

ideologischer Stoßrichtung behandelt worden.[4] Neben den immer wieder untersuchten konkreten Kriegsplanungen der Militärs, dem „Schlieffenplan“ oder dem französischen „Plan XVII“, sind gerade diejenigen zahlreichen und breit gefächerten Denkspiele von Militärs und Zivilisten, die immer wieder die neuen Technologien umkreisten, wenig zum Thema gemacht worden. Das soll nun hier geschehen. Dabei möchte ich zwei Genesestränge verfolgen. Zunächst wird es um die beträchtlich zunehmende Zahl populärer technischer Utopien gehen, die nach 1900 tendenziell militarisiert wurden; danach betrachte ich die ebenfalls stark anwachsende Zahl der Kriegskonzeptionen und „Zukunftskriegs“-Texte, in deren Szenarien immer stärker technische Komponenten eingebaut wurden.

Die Fusion beider Stränge war die utopische Antizipation eines militärtechnisch entscheidend geprägten künftigen Krieges. Das schwierige Umgehen der Militärs mit neuen technischen Systemen und mit den möglichen Folgen für künftige Kriege ist ebenfalls zu untersuchen. Ichwerde danach versuchen, die Typen dieser Kriegsphantasien zu identifizieren, und schließlich wird die Verzahnung zwischen utopischen Konzepten und konkreten Implementierungen militärtechnischer Systeme thematisiert. Das vorhandene Quellenmaterial für die Betrachtung utopischer Kriegsszenarien ist beträchtlich; Romane und populäre Schriften über den Zukunftskrieg, sei er konventionell oder durch neue technische Systeme geprägt, ist kaum überschaubar. In allen späteren kriegführenden Gesellschaften gab es eine Fülle von Szenarien unterschiedlicher Zielrichtung – Luftkriege zwischen Industriestaaten, neue Landkriegsformen, Invasionen, Bedrohungen der Zivilbevölkerungen. Ihre Betrachtung muss die medialen Bedingungen der meist fiktionalen Texte ebenso einschließen wie ihre Träger und Verfasser, und auch mit Intertextualität rechnen, denn Szenarien wurden häufig aufgegriffen, weitergeschrieben, modifiziert oder dementiert. Militärisch-technische Utopien in der Phase konventioneller wie auch militärtechnisch innovativer Rüstungsdynamik vor 1914: das ist ein komplexes Feld zwischen Gesellschafts-, Kultur-, Militär- und Technikgeschichte, und daher für Historiker außerordentlich lohnend.

Die Technisierung der Kriegsantizipationen und die Militarisierung der technischen Phantastik um 1900

Es gibt nun zwei Implementierungsstränge, die zur militärischen Utopie führen. Der erste Strang ist der utopische Kriegsroman vor 1914, der künftige Großauseinandersetzungen zwischen Nationen, oft um die Weltherrschaft, imaginiert und narrativ verarbeitet. Der zweite Strang besteht aus technisch-utopischen Texten, die auf neuartige Technologien zielen, auf deren Erfindung, Anwendung und oft genug Problematik.

Nicht immer sind beide Stränge scharf geschieden; im ersten Strang spielt die militärische Technologie, ihre Implementierung und ihr erfolgreicher Einsatz oft eine wichtige Rolle,

4 Vgl. Claus Ritter, Kampf um Utopolis oder die Mobilmachung der Zukunft. Berlin (O) 1987.

während im zweiten Strang nicht selten gewaltorientiertes Handeln beschrieben wird. Typisch dafür ist Jules Vernes indischer Kapitän Nemo, der einen Rachefeldzug gegen die europäischen Mächte vollzieht und deren Schiffe versenkt. Auch Robur (le conquerant), die Hauptfigur in zwei Romanen Vernes, ist gewaltbereit. Er fordert die Industriestaaten heraus und vermag mittels einer innovativen Technologie, die nur ihm zur Verfügung steht, als (nahezu) Einzelner den Disziplinierungsanstrengungen der Staaten zu entgehen. Ein wesentlicher Teil utopisch-technischer Texte ist gewalthaltig, und die oft anarchisch-individualistischen Protagonisten stellen das Gewaltmonopol der Staaten in Frage. Beim späten Jules Verne – „Maître du monde" erscheint 1906 – schon wird die Grenze zu einer asymmetrischen Kriegssituation überschritten.

Aber erst im militärisch-utopischen Roman wachsen beide Stränge zusammen. Es entsteht eine Textart, die die Technisierung des Krieges imaginiert, und vor allem die militärischen, politischen und sozialen Folgen innovativer Technikkriegführung mittels neuer Waffensysteme durchspielt.

Der erste Strang ist zunächst kaum technisiert. Ein wesentlicher Teil der Szenarien eines künftigen europäischen oder Weltkrieges hat keine narrativ relevante technisch-utopische Dimension. Typisch dafür ist die Gruppe der Romane, die sich mit einer Invasion Großbritanniens durch Deutschland befassen. Mitten im maritimen Rüstungswettlauf zwischen den beiden Staaten erscheinen viel gelesene Texte, die eine „Offensiv-Operation gegen England"[5] beschreiben und einen „deutsch-englischen Krieg"[6] durchspielen. Das literarische Highlight des gerade auch in England außerordentlich verbreiteten Typus des alarmistischen Invasionsromans, der heute noch viel gelesene Roman „Riddle of the Sands" von Eskirne Childers, hat wenig mit innovativer Technik zu tun. Das technische „Werkzeug" des Protagonisten ist ein kleines, motorloses Segelboot,[7] das als „persönliches Artefakt" gerade nicht technisch-systemisch konnotiert ist.[8] Mitunter wird gerade versucht, den Zukunftskrieg an die bisherigen Erfahrungen ohne Brüche anzubinden und alle Ideen abzuwehren, die von einer Veränderung des Krieges durch technische Innovationen ausgehen.

Typisch dafür ist der utopische Roman von Major Julius Hoppenstedt, „Ein neues Wörth". Hier findet ein tatsächliches Re-Enactment der Schlacht vom September 1870 statt, wobei nur ein neuzeitliches Kriegsmittel eingeführt wird, ein Zeppelin, der als Aufklärer vom Grafen selbst gesteuert wird: „[...] nahe lag es, den genialen Erfinder, den zur Zeit Volkstümlichsten aller Deutschen, selbst sein Linienschiff der Luft dorthin zu Kampf und Sieg steuern zu lassen, wo er 1870 bei kühnem Erkundungsritt schon einmal seine

5 Karl Bleibtreu, Die Offensiv-Operation gegen England. Eine Phantasie. Berlin 1907.
6 Beowulf, Der deutsch-englische Krieg. Vision eines Seefahrers. Berlin 1906. Vgl. auch Graf Bernstorff, Deutschlands Flotte im Kampf. Eine Phantasie. Minden in Westfalen 1909.
7 In Großbritannien ist „Dulcibella", der Name des kleinen Wattkreuzers, ein populärer Bootsname.
8 Vgl. Kurt Möser, Fahren und Fliegen in Frieden und Krieg. Kulturen individueller Mobilitätsmaschinen 1880–1930. Heidelberg u.a. 2009 (= Technik und Arbeit 13).

Klinge mit dem Feinde gekreuzt."[9] Formuliert wird die Utopie eines kurzen Krieges, wobei die französischen „Abwehrgedanken", die von einer Technisierung ausgehen, lächerlich gemacht werden. Die französische Technikbasierung erscheint wirkungslos: „Unsere Parade gegen Euer Massenfeuer war ‚Leere des Schlachtfeldes', ‚Scheinverteidigung', ‚Vervielfältigung der Ziele', ‚Spatenarbeit', ‚Maschinenfeuer', ‚Mimikrykunst' [...]."[10] Gegen diese innovativen Kriegsmittel, die Hoppenstedt schlagwortartig evoziert, werden die deutschen Tugenden des „Stürmen, Sterben, Auferstehen" mobilisiert und der „Offensivkult", der die militärische Planung der europäischen Großmächte dominierte, einmal mehr bestätigt.[11]

Doch dieses Dementi der militärischen Revolutionierung durch Technik liegt nicht im Trend. Nach 1900 findet verstärkt eine Auffüllung und Umdeutung eines bestehenden, soziokulturell schon stabilisierten Großszenarios statt. Der erwähnte Texttypus um die britische Invasionsfurcht wird nun technisiert, durch die Einkreuzung innovativer Waffentechnik modifiziert, und dadurch verschärft. Ein Muster besteht darin, dass ein bestehender Konflikt durch eine neue Technik aggressiv gelöst wird. So findet sich bei deutschen Autoren die Idee, dass Zeppeline ein wirksames Gegengewicht zur britischen Flotte bilden könnten, dass die britische quantitative Überlegenheit zur See qualitativ in der Luft kompensiert werden könnte. Ein technisch innovativer Rüstungssprung wäre damit ein letztlich defensiver Konter in der quantitativen Seerüstung.

Szenarien künftiger Kriegstechnik

Eine Zeichnung der fiktiven „Schlacht bei Petrolewna" zeigte satirisch, wie eine einfache Mechanisierung der Waffengattungen Infanterie und Kavallerie hätte aussehen können, wenn Fahrradfahrer als leichte Kavallerie oder Automobile in unmittelbarer Weise als Schlachtfahrzeuge eingesetzt würden.[12] Zuvor schon, nämlich 1874, hatte es karikaturistische „suggestions for Light Dragoons" auf Hochrädern gegeben[13] – offenbar eine Anspielung auf die „Charge of the Light Brigade" im Krimkrieg. Die Illustration der „Schlacht von Petrolewna" erschien kurioserweise im offiziellen Programmheft des Gordon-Bennett-Rennens. Dass in einem Programm für ein internationales Automobilrennen, das einerseits für die internationale und friedenserhaltende Verflechtung des Automobilismus stand, andererseits aber nationalistisch aufgeladen war, diese gewalthaltige Utopie vertreten war, legt es hier nahe, dass eine Verschränkung von „Rennschlachten" mittels Automobilen und satirisch-fiktiven automobilisierten Schlachten bestand.

9 Major Julius Hoppenstedt, Ein neues Wörth. Ein Schlachtenbild der Zukunft. Berlin 1909, Vorwort, S. IV.
10 Ebd., S. 230.
11 Zum Offensivkult siehe Stephen van Evera, The Cult of the Offensive and the Origins of the First World War. In: Miller, Steven E. (Hg.), Military Strategy and the Origins of the First World War. An International Security Reader. Princeton 1985, S. 58–107.
12 Abbildung im offiziellen Programm des Gordon Bennett-Rennens im Taunus. Berlin 1906, o.S.
13 John Woodforde, The Story of the Bicycle. London / Boston / Henley (reprinted) 1980, S. 2.

Die „Schlacht bei Petrolewna“ als satirische Verarbeitung von Militärtechnologie war nicht typisch für militärische Mobilitätsutopien. Diejenige Kriegstechnik, die in den Konzeptionen vor 1914 am intensivsten reflektiert wurde, war der künftige Luftkrieg. Das trendsetzende Buch war hier Herbert G. Wells' „The War in the Air“. Noch vor der öffentlichen Wahrnehmung des ersten gesteuerten Motorflugs „schwerer als Luft“[14], aber nach den vielpublizierten Fahrten der ersten deutschen Zeppelin-Luftschiffe spielte Wells die Konsequenzen der Einführung des neuen technischen Großsystems auf die Kriegführung zwischen den Großmächten durch. Seine Idee eines „Weltkrieges in den Lüften“ wird auch von dem deutschen Autor Martin Rudolf aufgegriffen.[15] Der Luftkrieg und Luftinvasionen bleiben danach als Nahutopie, eng verzahnt mit den technischen Fortschritten der Zeit, das zentrale Thema von Konzepten des Technikkrieges. Im Bereich der Seerüstung wurden die Konsequenzen von neuen Waffensystemen wie dem selbstbeweglichen Torpedo und vor allem dem Unterseeboot verarbeitet. Auch der imaginierte unterseeische Krieg war eine Nahutopie, auch wenn die Konsequenzen und der Einfluss der neuen Waffensysteme meistens sehr viel radikaler erscheinen als in den konkreten und in Manövern geübten Einsatzkonzepten der Militärs. Damit nehmen die Zukunftskriegskonzepte „revolutions in military affairs“, wie sie von Max Boot analysiert werden,[16] vorweg und spielen ihre möglichen Folgen durch. Und dadurch lösen sich solche Konzepte dann doch von zeitnahen Technologien und bekommen eine mittlere Reichweite, denn die „Kriegsmaschinen“ der dritten Dimension entwickeln sich zu schlachtfelddominierenden Waffensystemen. Angelegt ist dabei oft auch die Idee eines „Maschinenkrieges“, in dem Menschen Opfer selbsttätiger Waffensysteme werden. Angeregt wurde dies durch Versuche mit „pilotlosen“ Fluggeräten[17] und selbststeuernden Über- und Unterseewaffen. Szenarien der Folgen der Technisierung militärischer Konflikte nach 1900 beschäftigen sich immer wieder auch mit einer Technisierung der älteren Typen technischer Rüstung, die oft mit Strukturveränderungen verbunden werden. Typisch dafür sind Rudolf Martins Ideen einer Flugausbildung jedes einzelnen Infanteristen, in „Fliegende Rekruten“. Im ersten Jahrzehnt nach dem Weltkrieg kulminierte die Technisierung in militärisch begründeten Konzepten a) einer radikal neuen Panzerkriegführung, b) des strategischen Bombenkrieges, getragen von einer „nation of flyers“[18], oder c) einer vollständig kraftfahrenden Armee.

---

14 Die Gebrüder Wright hatten nach ihren ersten erfolgreichen Flügen im Dezember 1903 zunächst eine Phase der Geheimhaltung eingeschoben, in der sie ihr Gerät an die Militärs verkaufen und vor Patentverletzungen schützen wollten. Nach dem ersten Motorflug in Europa durch Alberto Santos-Dumont 1906 beginnt die breite öffentliche Wahrnehmung des „Menschenfluges“ erst 1908 und erlebt im „Aeronautikjahr“ 1909 einen Höhepunkt.

15 Rudolf Martin, Der Weltkrieg in den Lüften. Leipzig-Gohlis 1909.

16 Max Boot, War Made New. Technology, Warfare, and the Course of History, 1500 to Today. New York 2006.

17 Siehe Thomas P. Hughes, Die Erfindung Amerikas. Der technologische Aufstieg der USA seit 1870. München 1991.

18 Peter Fritzsche, A Nation of Flyers. German Aviation and the Popular Imagination. Cambridge / London 1992.

Während hier eine Angleichung konkreter militärischer Planungskonzeptionen an vorgängige utopische Ideen stattfand, ist durchwegs ein Typ von Konzeptionen präsent, der den Einsatz und die Wirkung von „Wunderwaffen“ zeigen will. Hier sind es insbesondere Strahlenwaffen, mit ungeheurer Fernwirkung und ohne Verteidigungsmöglichkeit, die Szenarien wie das von Karlhans Strobl in Gang setzen.[19] Gekoppelt werden kann dies mit Phantasien eines künftigen Weltraumkrieges. Ein Text über friedliche Kontakte mit anthropomorphen Planetenbewohnern hat hier nachdrücklich gewirkt: Kurd Lasswitz’ Roman „Auf zwei Planeten“ von 1897. Wie zuvor erwähnt, können solche zunächst friedlich orientierten Szenarien militarisiert werden.

Typen und Funktionen technisch-militärischer Phantastik

In den Jahren vor dem Beginn des Weltkrieges kommt es in der Öffentlichkeit zu einer Amalgamierung von Kriegsbegeisterung, auch Kriegsfurcht, Nationalphantasien, Militarismus und Technikbegeisterung. Das Bewusstsein für die sozialen und auch politischen Potenziale des Neuen in der Technik bildet sich diskursiv aus. Für die Bewertung der Technik ist es vor allem die Erfüllung des jahrhundertealten Traums des Fliegens, die eine Stimmung eines technikbezogenen „anything goes“ erzeugt, insbesondere seit dem „Aviatikjahr“ 1909. Vieles, was die Empfindung einer beschleunigten Technisierung kennzeichnete, passierte in den „vertigo years“[20] vor Kriegsbeginn, oder wurde erst in diesen Jahren breit wahrgenommen und diskutiert.

In der Fülle von Antizipationen, die quer durch nationale Grenzen die Textart des technischen Zukunftskrieges ausmachen, lassen sich einige wiederkehrende Typen identifizieren. Einmal ist dies die Idee, dass mittels neuer technischer Waffensysteme der breit antizipierte Kampf um die Weltherrschaft besser bestanden werden kann. Militärisch-sozialdarwinistisches Handeln kann mit neuen technischen Mitteln ausgetragen und optimiert werden. „Im kriegerischen Kampf ums Dasein spielt die technische Überlegenheit einer Nation eine bedeutende Rolle“[21], schrieb der Offizier Daule 1906 programmatisch, als er sich für den „Kampfwagen der Zukunft“ einsetzte.

Auch die Auseinandersetzung zwischen den jungen, aufstrebenden Nationen und den müden, alten bekommt durch Technisierung eine neue Dimension. Neue Formen von Technikkriegen können dabei sowohl für die offensivenals auch für die defensiven Erfordernisse dienstbar gemacht werden. Für Großbritannien spielt der defensive Aspekt eine wichtige Rolle. Dort gibt es zunehmend Befürchtungen, dass die Nation ihre imperiale Reichweite überspannt hätte – das Thema von Rudyard Kiplings berühmtem Gedicht „Recessional“ – und gar nicht mehr erfolgreich defensiv handeln könne. Manche Autoren begannen, die gezielte Forcierung einer Technisierung des Krieges ins Kalkül zu ziehen.

---

19 Siehe Karlhans Strobl, Die gefährlichen Strahlen. Berlin 1906.
20 Philip Blom, The Vertigo Years. Change and Culture in the West, 1900–1914. London 2009.
21 S. Daule, Der Kriegswagen der Zukunft. Leipzig 1906, S. 2.

Großbritannien als scheinbar alte, von Abstieg, Schrumpfung und Verfall bedrohte Nation, mit einem möglicherweise zustark ausgeweiteten Kolonialreich, konnte anscheinend den Verfall der imperialen Potenz qua Technik aufhalten, vielleicht auch umkehren. Gerade auch die Nationen, die vor 1914 eine zunehmende Verschlechterung des kampffähigen „Menschenmaterials" durch den Industrialisierungs- und Verstädterungsprozess fürchteten, wozu ebenfalls Großbritannien gehörte, wollten diese gefürchtete Dekadenz der Soldaten durch innovative technische Waffensysteme kompensieren. Dies lag der Gegenüberstellung von siegreichen städtischen Technikersoldaten mit konventionellen, gut ausgebildeten, aber erfolglosen Kämpfern in Wells' „Land Ironclads" zugrunde.

Es bildete sich ein Konsens heraus, dass in den zu erwartenden massiven Auseinandersetzungen zwischen hochtechnisch gerüsteten Supermächten nur derjenige Staat erfolgreich sein kann, der erstens neue militärische Technologien am raschesten einführt und adaptiert, zweitens quantitativ am besten rüstet, also die neue Technologie massenhaft und militärisch funktional in die Streitkräfte integriert, und dessen Soldaten drittens am besten an die neue Technologie angepasst sind. Das sind dreifache Voraussetzungen für die Implementierung der Werkzeuge des künftigen Erfolges im nationalen sozialdarwinistischen Kampf, der nun eine ganz wesentliche militärisch-technische Dimension bekommt.

Eine weitere Folge der Reflexion über neue Militärtechnologien war die Befürchtung, es bestünde die Möglichkeit, dass die jeweilige Gegenseite „Wunderwaffen" besitze. Solche entscheidend überlegenen Waffensysteme, deren Verwendungspotenzial in utopischen Texten fiktional ausgetestet wurde, sahen Autoren in den Industriestaaten als Bedrohung, weil sie die quantitative Machtbalance störten und das Wettrüsten von der Heeres- und Flottenvermehrung auf eine andere, technisch basierte, qualitative Ebene zu heben schienen. Damit wurde ein weiterer militärbezogener Innovationsdruck erzeugt.

Neben diesen Risiken neuer Technologien reflektierten Szenarien immer wieder auch die Chancen solcher technischer Wunderwaffen. Ein Muster bestand darin, dass mittels neuer Technik imperiale Ambitionen erfolgreicher als bisher unterstützt werden konnten. Rudolf Martin, einer der aktivsten literarischen Phantasten der Luftfahrttechnik vor 1914, publizierte 1907 „Berlin-Bagdad: Das deutsche Weltreich im Zeitalter der Luftschiffahrt 1910–1931"[22]. Hier wird eine neue Verbindung von Technisierung, Modernisierung und Weltmachtstreben geknüpft. Imperialistisch ausgerichtete Gruppen, etwa solche, die in Deutschland im „Alldeutschen Verband" organisiert waren, und die nicht unbedingt Träger technischer Modernisierungsideen waren, bekamen damit das Potenzial der Technik für die bessere Durchsetzung ihrer Ziele vor Augen geführt. Aggressive Technik, als konkretes, aber auch symbolisches Machtmittel wurde zum Instrument der Prestigepolitik und des nationalen Selbstbewusstseins – und das nicht nur in Deutschland. Es entstand

22 Rudolf Martin, Berlin-Bagdad: Das deutsche Weltreich im Zeitalter der Luftschiffahrt 1910–1931. Stuttgart 1907.

ein politischer Konnex von technischen Modernisierern mit politisch imperial, „alldeutsch“ oder annexionistisch denkenden Kräften. Forderungen nach beschleunigter Technisierung der Streitkräfte waren eingebettet in die verschiedenen radikalen „Militarismen“ des Kaiserreichs und der europäischen Mächte vor 1914. Doch nicht nur die nationalistischen „Alldeutschen“ entdecken die Technik über die Attraktionen ihrer militärischen Anwendung. Im längerfristigen Prozess einer Integration der Technik und der Erzeugung von Technikakzeptanz auch innerhalb der Akademiker und eher traditionell orientierter bürgerlicher Schichten bekommt daher eine aggressiv und militärisch gewendete Technik eine wesentliche Funktion.

Ein recht signifikanter Nebenaspekt der beschleunigten und militärisch wirksamen Technisierung ist auch der Revanchegedanke. Gerade benachteiligte, besiegte oder für den imperialen „Lebenskampf“ zu kleine Nationen schienen durch forcierte technische Rüstung ihre Nachteile auszugleichen. So übt in einem Roman Frankreich Rache für 1870/71 durch neue Kampfmittel, wodurch Elsass-Lothringen zurückgewonnen werden kann. Und auch das immer noch gedemütigte Dänemark, konkret: ein dänischer Ingenieur und Erfinder, rächt sich mittels eines neuartigen destruktiven Fluggeräts an Deutschland. Der Roman „Die vierte Waffe“ von Wilhelm Hansen, 1913 ins Deutsche übersetzt, handelt von dem Flugzeugkonstrukteur Astrup. Er stellt seine Maschine, die eine revolutionäre „automatische Abbalanzierung“[23] besitzt, den Franzosen zur Verfügung. Durch seine eigenen Angriffe auf das wehrlose Deutschland, die Blockade des Nord-Ostsee-Kanals und die Bombardierung deutscher Schlachtschiffe demütigt Astrup das Reich und nimmt, verbündet mit den Franzosen, „Rache für Düppel“, für die Niederlage 1864.

Paul Scheerbart reflektierte dieses Potenzial, das sich kleineren Nationen durch künftige Technik erschließt, ironisch:

> „Bei derartiger Kriegführung kann natürlich der kleinste Staat auch dem allergrössten sehr gefährlich werden. Fällt es den Serben mal ein, die Oesterreicher anzugreifen, so brauchen sie nur drei Lenkbare mit 300 Zentner Dynamit nach Wien zu schicken – dort werden die 300 Zentner nachts ausgeworfen – und Wien ist ein Trümmerhaufen; der Stephansturm wird nicht stehen bleiben.“[24]

Auch ein anscheinend notwendig werdender Konflikt zwischen den „abendländischen“ (Industrie-)Nationen und den bedrohlichen Mächten des Orients kann mit innovativen Kriegsmitteln besser geführt werden. Die „Völker Europas“ könnten damit ihre „heiligsten Güter wahren“, so Kaiser Wilhelm II, wobei sie ihr technisch-industrielles Potenzial aktivieren müssten. Verbunden ist dies mitunter mit der Befürchtung, dass „die gelbe Gefahr“ noch bedrohlicher werden würde, wenn neue technische Waffensysteme in ihre

23 Wilhelm Hansen, Die vierte Waffe. Zukunfts-Roman. Leipzig 1913, S. 21.

24 Paul Scheerbart, Die Entwicklung des Luftmilitarismus und die Auflösung der europäischen Land-Heere, Festungen und Seeflotten. Berlin 1909.

Hände fielen. Ein solches Bedrohungsszenario durch Proliferation der Flugtechnik an außereuropäische Mächte, oder auch durch Eigenentwicklungen industrieller „Schwellenländer", wurde 1911 publiziert.[25]

Auffällig ist, dass die Wirkung der technischen Aufrüstung ein Standard-Kriegsszenario, das vor 1914 die Debatten um den künftigen Krieg dominierte, bestätigte. So, wie die Planer des Seekrieges, vor allem die in Deutschland, eine marine Entscheidungsschlacht („der Tag!") erwarteten und vorbereiteten, so schilderten viele Luftkriegsphantasien eine Luftschlacht als „set piece", die die kriegerische Auseinandersetzung wenn nicht entschied, so doch auf eine Entscheidung zuführte. Die Idee einer solchen kriegsentscheidenden Schlacht, eines „Super-Cannae", schien durch Technisierung der Armeen und durch eine Implementierung von Luftflotten eher betätigt zu werden. Typisch dafür ist der utopische Roman „Der Weltkrieg" von August Niemann,[26] in dem ein alles entscheidender Zusammenstoß bei der Auseinandersetzung zwischen Deutschland und Großbritannien um Indien erfolgt. Neue technische Waffen ermöglichten nun anscheinend einen „short sharp blow", der in kurzer Zeit den Krieg entscheiden könne. Der nach dem Ersten Weltkrieg viel diskutierte „Douhetismus", die Vorstellung, dass Bomberflotten mit Gas und Sprengbombenangriffen auf die großen Bevölkerungszentren und industrielle „Kraftquellen" die Kriegführungsfähigkeit der Industriestaaten in kürzester Zeit brechen könnten,[27] kündigt sich vor 1914 schon an.

Damit bestätigen technische Kriegsutopien den Erwartungsvektor künftiger Auseinandersetzungen. Das Szenario des Technikkrieges ist damit nicht nur in die kollektive Phantasie eines kurzen Krieges eingebettet, die nach Kriegsbeginn das Denken der Militärs und der Zivilisten dominieren sollte, sondern verstärkt dieses Szenario noch. Die gemeinsamen Grundlagen der professionellen militärischen Denker und der literarisch-journalistisch geprägten Phantasten künftiger Kriege werden hier deutlich, eine Abhängigkeit der Phantasien von impliziten oder expliziten Ideen, die in den jeweiligen Gesellschaften einen Konsens darstellten. Eine Beschränkung des Grades der phantastischen Übersteigung der Gegenwart wird bei diesen Kriegskonzeptionen evident. Kontrastiv dazu gewinnt die Idee einer Verlängerung und Radikalisierung des Krieges durch Technisierung weniger Publizität. Langwierige Abnutzungskriege, Schlachten ohne kriegsentscheidende Ergebnisse, auch mögliche gesellschaftsverändernde Wirkungen langer Kriege zwischen ähnlich mobilisierten und entschlossenen Opponenten wurden allenfalls von Außenseitern mitreflektiert. Prominentestes Werk war hier die Projektion eines künftigen Krieges, der zum Bankrott der Mächte und zu einer entscheidungslosen Schlächterei führte, durch den polnischen Bankier Ivan Bloch. Er prognostizierte in dem 1897/98 publizierten sechsbändigen Werk „La guerre future", das vor allem in der englischen Version „Is War Now

25 Siehe Anonym (wahrscheinlich Hans Schmidt-Kestner), „Die gelbe Gefahr". Der fliegende Tod. Von einem deutschen Offizier. Wiesbaden 1911.

26 August Niemann, Der Weltkrieg. Berlin 1904.

27 Zur Verarbeitung von Giulio Douhets Ideen siehe Martin van Creveld, Technology and War. From 2000 B.C. to the Present. London u.a. 1991.

Impossible?“ diskutiert wurde,[28] eine Gestalt des Zukunftskrieges, die verblüffend den Erscheinungen des Großen Krieges entsprach. Auch wenn seine Thesen stark rezipiert wurden – so verteilte er etwa sein Buch an die Delegierten der Haager Friedenskonferenz 1899 –, lehnten die meisten doch seine Schlussfolgerungen ab.[29]Eine Durchmilitarisierung und -mobilisierung des Lebens in künftigen Krieg fehlte. Ideen einer Reorganisation der deutschen Wirtschaft und Gesellschaft in einem künftigen Technikkrieg schlossen aber auch die radikalen Kriegsphantasien nicht ein. Nicht vorweggenommen wurde die Entstehung eines „militärisch-industrielle Komplexes“ (Dwight Eisenhower), wie überhaupt die industrielle Basis der neuen kriegsbestimmenden Technologien nicht thematisiert wurde.

Immerhin zeigt sich in einigen Texten eine Furcht vor dem durch neue Technologien noch furchterregenderen „großen Kladderadatsch“, vor der Zivilisationszerstörung durch einen künftigen Technikkrieg. Exemplarisch dafür ist Michael Wagebalds Roman „Europa in Flammen“.[30] Dass Schlachten zwischen gleichermaßen hochgerüsteten Industriestaaten mit hoch destruktiven innovativen Waffensystemen nicht nur zu einer Steigerung von Verlusten und Zerstörung führen könnten, sondern zu einem militärischen Patt und zu einem langwierigen Abnutzungkrieg, wird weitaus weniger durchreflektiert. Herbert G. Wells’ phantasischer Luftkrieg gehört eher in dieses Muster. Im Extremfall kann das Patt durch Technikwaffen zu einer Konzeption der Abschaffung des Krieges durch den rüstungstechnisch gesteigerten Kriegsschrecken mutieren; davon wird noch die Rede sein. Ein beeindruckendes literarisches Szenario, dass Waffenwirkungen von Mehrladegewehren und neuzeitlicher Schnellfeuerartillerie auf Soldatenkörper sehr drastisch vor Augen führt, ist Lamszus’ „Menschenschlachthaus“[31]. Dies ist eine der wenigen Kriegsphantasien, die nicht in einem Überblick oder aus einer mittleren Distanz heraus erzählt, sondern die Wirkung des technisierten Krieges „unten“, bei den Betroffenen und Leidenden schildert. Der Autor baute sein erschreckendes Szenario auf politisch linken, pazifistischen Grundlagen auf, ohne dass er damit durchschlagende politische Auswirkungen erzielen konnte.

Politische Dimensionen des künftigen Technikkrieges

Eine Komponente, die durchwegs die Szenarien technisierter Kriege mitbestimmte, betraf die politischen und gesellschaftlichen Verortungen und Folgen. In den meisten Fällen

---

28 Jan (Ivan) Bloch, Is War Now Impossible? Paris 1898. Die erste deutschsprachige Ausgabe: Johann von Bloch, Der Krieg, Bd. 1–6, Berlin 1899.

29 Siehe die Rezension von Michael Welch, The Centenary of the British Publication of Jean de Bloch’s Is War Now Impossible? (1899–1999). In: War in History 7/3 (2000), S. 273–294. Verfügbar unter https://doi.org/10.1177/096834450000700302.

30 Michael Wagebald, Europa in Flammen. Der deutsche Zukunftskrieg von 1909. Berlin 1908.

31 Wilhelm Lamszus, Das Menschenschlachthaus. Bilder vom kommenden Krieg. Hamburg / Berlin 1913.

wurde beides mitreflektiert: zu welchen Zwecken und Zielen technische Waffen eingesetzt werden konnten und sollten, und welche gesellschaftlichen Konsequenzen dies haben würde. Ein wichtiger Faktor war hier die potenzielle soziale Sprengkraft, die ein Technikkrieg entwickeln könnte. Die Kombination von hochtechnisiertem Zukunftskrieg und sozialer Revolution findet sich recht oft – und zwar als Hoffnung wie als Befürchtung. Dass ein künftiger technisch-totaler Krieg die Gesellschaft so durcheinanderbringen müsse, dass man danach kaum mehr so weitermachen könne, wurde immer wieder geäußert, und je nach politischer Position unterschiedlich bewertet. Der Auslöser war hier die russische Revolution von 1905 nach dem Japankrieg. Kaum eine relevante politische Gruppe sehnte allerdings den Technikkrieg als Revolutionsagenten wirklich herbei, auch wenn der technisierte Krieg von links reflektiert wurde.

Das Argumentationsmuster ist von Friedrich Engels aus seinen militärwissenschaftlichen Schriften bekannt: Der bürgerlich-imperialistische Staat mit seinen Anachronismen sei gar nicht in der Lage, das moderne Kriegsinstrumentarium adäquat und effizient zu gebrauchen. Erst im Sozialismus könnten die Produktivkräfte, vor allem die Technik, und gerade die Militärtechnik, zur vollen Entfaltung gebracht werden. Innovative militärische Mittel sind daher spezifisch für den Sozialismus. In der Konsequenz hieß das: Erst die sozialistische Gesellschaft versteht es, einen Technikkrieg richtig zu führen. Erst eine Gesellschaft, die planmäßig durchorganisiert ist, kann die personalen und wirtschaftlichen Reserven der Industrialisierung richtig mobilisieren.

Eine durchaus ähnliche Haltung findet sich bei Technikern und Ingenieuren. Gerade auch unter den akademischen Trägern des naturwissenschaftlich-technischen Fortschritts gab es Personen, die revolutionäre Ideen eines durchtechnisierten Krieges offensiv vertraten. Auch sie sehen in technischen Waffensystemen die entscheidenden militärischen Vorteile; auch sie sehen sich als die Vertreter und Protagonisten eines notwendigen und funktionalen Technisierungsschubs, aber ohne dies in einer linken Gesellschaftsutopie zu verorten.

Einige der technischen Kriegsutopien vor 1914 haben deswegen ein eminent militärkritisches Moment, das aber nicht immer politisch eindeutig im sozialistischen Spektrum verortet werden kann. Man wirft den Militärs vor, einen Modernisierungsschub zu verpassen. So warf die SPD dem wilhelminischen Militarismus eine schädliche antimoderne Haltung vor; er sei bloßer „Dekorationsmilitarismus“, und nicht funktional für die Herausforderungen des neuzeitlichen Krieges.[32]

Doch ein künftiger Technikkrieg schien nicht notwendigerweise in einen Widerspruch zur Politik der Herrschenden zu geraten. Ein technisierter Krieg von rechts schien ebenso

32 Bernhard Neff, „Dekorationsmilitarismus“. Die sozialdemokratische Kritik eines vermeintlich nicht kriegsgemäßen Militärwesens (1890–1911). In: Wette, Wolfram (Hg.), Schule der Gewalt. Militarismus in Deutschland 1871–1945. Berlin 2005, S. 91–110.

gut möglich. Typisch dafür ist die öffentliche Wahrnehmung und Darstellung des Zeppelin, der vor allem nach dem Echterdinger Unfall eine heute kaum vorstellbare Begeisterung auslöste und in der Folge eine Welle der militärischen und imperialen Anwendungsphantasien initiierte.[33] Der „Staatsphallus der verspäteten Nation" (Karl Clausberg) wurde zur Prestigetechnologie, die durch den Druck der Öffentlichkeit stärker durchgesetzt wurde als durch die politischen und militärischen Entscheider.

Prestigewaffensysteme wie Zeppelin oder Superdreadnoughts („Überfürchtenichts") sorgten dabei für Technikakzeptanz. Der bürgerliche Militarismus, getragen von Teilen des Bildungs- und Wirtschaftsbürgertums, die die Träger der „deutschen Ideen" waren,[34] schien durchaus offen für eine Technisierung imperialistisch und sozialdarwinistisch geprägter Kriegsantizipationen. Der „Militarismus der kleinen Leute", der Kriegervereine setzte zwar, wie der „Alldeutsche Verband", auf klassische imperialistische Instrumentarien und deren quantitative Ausweitung, auf „mehr vom Gleichen", durch Heeresausweitung und eine immer stärkere Flotte. Doch sie konnten ebenfalls für eine technisierte Modernisierung gewonnen werden, wenn sie die politischen Ziele voranzubringen schien. Wie schon oben formuliert, wurde über die scheinbaren Attraktionen einer militärisch wirksamen Technisierung eine neue Technikakzeptanz auch bei den konservativen, nationalen, oder auch bürgerlichen Gruppen erzeugt, die zuvor der Technik ferngestanden hatten.[35]

Die Technikakzeptanz via innovativer Militärtechnik mit radikalen Zukunftsszenarien ist somit als Faktor der „geistigen Kriegsvorbereitung" in der „Zeit des nationalen Bellizismus und bellizistischen Nationalismus"[36] nicht unterzubewerten. Man kann somit zu den „Militarismen" auf verschiedenen Ebenen und getragen von unterschiedlichen Gruppierungen, die in der historischen Forschung identifiziert worden sind, eine weitere Form des Militarismus hinzufügen: den innovativen Typus der Aufrüstungspropaganda und der Stärkung der „Kriegsmentalität"[37] mittels Technikenthusiasmus; eine Modernebegeisterung, die sich vor allem auf die forcierte Technisierung der Streitkräfte richtet.

Aus den unterschiedlichen Instrumentalisierungen von technischen Kriegsantizipationen folgt, dass technische Utopien sozial und politisch höchst dependent waren. Sie bekamen

---

33 Vgl. Karl Clausberg, Zeppelin. Die Geschichte eines unwahrscheinlichen Erfolges. München 1990; Guillaume de Syon, Zeppelin! Germany and the Airship, 1900–1939. Baltimore / London 2002.

34 Wolfram Wette, Militarismus in Deutschland. Geschichte einer kriegerischen Kultur. Frankfurt/M. 2008, S. 58f; S. 106–111.

35 Vgl. Rolf Peter Sieferle, Fortschrittsfeinde? Opposition gegen Technik und Industrie von der Romantik bis zur Gegenwart. München 1984.

36 Jörn Leonhard, Bellizismus und Nation. Kriegsdeutung und Nationsbestimmung in Europa und den Vereinigten Staaten, 1750–1914. München 2008, S. 3. Verfügbar unter https://doi.org/10.1524/9783486707281.

37 Thomas Rohkrämer, August 1914 – Kriegsmentalität und ihre Voraussetzungen. In: Michalka, Wolfgang (Hg.), Der Erste Weltkrieg. Wirkung, Wahrnehmung, Analyse. München / Zürich 1994, S. 759–777.

den Charakter eines „Werkzeuges" für politisch-soziale Hoffnungen oder Befürchtungen, und erwiesen sich als Projektionsfläche für Erwartungen und Befürchtungen. Die Kulturen der antizipierten Technikkriege waren durchaus politisch ambivalent.

Subversive künftige Technikkriege

Militärische Innovationen waren also semantisch offen: sie konnten von links und von rechts funktionalisiert werden. Dazu kommt, dass sie sowohl als Verteidiger wie auch als Angreifer des status quo verstanden werden konnten. Ein beliebtes Gedankenspiel bestand darin, besonders in der Luftfahrt neue Chancen für die Revolution zu sehen. So bewirken revolutionäre „Drachenflieger" in Martins Erzählungssammlung „Luftpiraten"[38] in Russland nach der Revolution von 1905 eine buchstäbliche „Revolution von oben". Die umstürzlerischen, den status quo tangierenden Leistungen der kleinen Flugmaschinen dienen in einer anderen Erzählung Martins als Waffen im Geschlechterkampf: „Fliegende Suffragetten" führen das Matriarchat in Europa ein.[39] Zu diesem Komplex gehörte auch die Furcht vor neuen Chancen irregulärer Kriegsformen. So warf ein deutsches Fliegerbuch den Franzosen vor, eine Gruppe von gefährlichen „Luft-Freischärlern" gegründet zu haben.[40]

Ein signifikanter Text, der das Anarchische und das gesellschaftsverändernde Potenzial neuer Militärtechnologien buchstäblich durchspielt, ist Paul Scheerbarts im „Aeronautikjahr" 1909 erschienene „Flugschrift", deren Ernsthaftigkeit oder auch fiktionaler Status schwer zu bestimmen ist,[41] „Die Entwicklung des Luftmilitarismus und die Auflösung der europäischen Land-Heere, Festungen und Seeflotten." Für ihn ist der „Luftmilitarismus [...] eben stärker als die Landheere, Festungen und Seeflotten.":

> „Ein lenkbarer Luftkreuzer kann 200 Centner tragen – d.h. 100 Dynamit-Torpedos, wenn jedes 1½ Centner schwer ist. Damit kann man eine Stadt so beschädigen, dass nicht viel Ganzes übrig bleibt. Nun kann aber ein Staat in Jahresfrist ein paar hundert derartiger Luftkreuzer herstellen. Wer will nun im Ernste behaupten, dass solche Luftflotten den Landheeren, Festungen und Seeflotten nicht überlegen sind? Das Dynamit braucht ja nur runtergeworfen zu werden. [...] Man wird die Kasernen, Parlamentsgebäude und Paläste in erster

38 Vgl. Rudolf Martin, Luftpiraten und andere Fluggeschichten. Berlin 1910, S. 266–279.

39 Vgl. ebd., S. 228–238.

40 Vgl. Hanns Floerke / Georg Gärtner, Deutschland in der Luft voran! Fliegerbriefe aus Feindesland. München (2) 1915, S. 5f.

41 Siehe Karl Riha, Science Fiction und Phantastik. Zur unterschiedlichen literarischen Reaktion auf den technischen Prozeß um die Jahrhundertwende. In: Grossklaus, Götz / Lämmert, Eberhard (Hg.), Literatur in einer industriellen Kultur. Stuttgart 1989, S. 239–257, hier S. 247–256.

Linie angreifen. Lassen sich Truppen irgendwo sehen, so werden sie gleich von einem Torpedohagel begrüsst werden. Und da möchte ich wissen, wie es zu einer Landschlacht kommen soll. Die Landtruppen sind eben gänzlich überflüssig."[42]

Scheerbart meint, es müsse letztlich zur Abrüstung kommen, mit einer entsprechenden Verbesserung sozialer Verhältnisse – Pferde würden abgeschafft; Wiesen „können für den Ackerbau da sein – die sozialen Verhältnisse werden ganz erheblich gebessert, wenn die Kavallerieregimenter verschwinden." Ironisch präsentiert er seine Ideen für Umnutzung und „Konversion": Durch Terrassen und große Treppenanlagen lassen sich die Festungen leicht in imposante Baulichkeiten umwandeln, wenn man sie durch herrliche Staatsgebäude krönt. Es ist aber nicht nötig, auf allen Festungsanlagen Staatsgebäude zu errichten – man kann auch prächtige Restaurants und Hotels auf ihnen erbauen – und man kann sie auch in einen Stadtpark verwandeln und die glatten, schrägen Rasenflächen durch Blumenbeete ornamental beleben. Die Konsequenz ist eine Abschaffung des Krieges durch Technik: Er argumentiert mit einer dialektischen Volte, der Militarismus werde durch den technisierten Zukunftskrieg und seine Schrecken abgeschafft:

„Der Antimilitarismus hat garkeine Existenz-Berechtigung mehr; sein Ende ist da, das sollten die Friedensfreunde recht bald einsehen. Ihre Bemühungen sind ganz nutzlos. Man kann alles ruhig der Entwicklung des Luftmilitarismus überlassen; der wird uns Dynamitkriege bescheeren, und die werden derart wirken, dass man auf allen Seiten vor den Kriegen Angst bekommen wird."[43]

Immer wieder argumentieren Autoren ähnlich, wenn sie von einem pazifizierenden Effekt destruktiver moderner Technologien ausgehen.Das Oxymoron „Frieden durch Abschreckung" im Atomzeitalter antizipierend, wird die destruktive und demoralisierende Wirkung etwa eines Luftkrieges gegen die Zivilbevölkerung so eingeschätzt, dass ein Einsatz undenkbar ist, dass also solche Destruktionstechnologien nur vorgehalten werden müssen, als „fleet in being" sozusagen. Nicht eine überstaatliche Übereinkunft vermag danach die Anwendung neuer destruktiver technischer Waffensysteme zu beschränken, sondern nur eine – vielleicht nur einmalige – Demonstration ihrer Destruktivität. So bestreitet Paul Scheerbart die Möglichkeit der Eindämmung durch Verträge, und kritisiert damit implizit die Ansätze der Haager Landkriegsordnung von 1907. Typisch für eine solche pazifizierende Wirkung militärischer Hochtechnologie findet sich in Rudyard Kiplings Erzählungen „As Easy as A.B.C." und „With the Night Mail"[44], in der die Gewaltanwendung durch Kriegsluftschiffe zu einem Ende der zwischenstaatlichen Kriege und zu einer Weltregierung geführt hat. Das „Aerial Board of Control" (A.B.C.) des Titels ist von einer

---

42 Paul Scheerbart, Die Entwicklung des Luftmilitarismus und die Auflösung der europäischen Landheere, Festungen und Seeflotten. https://scheerbart.de/bucher-sortierseite/die-entwicklung-des-luftmilitarismus/, S. 1.

43 Ebd., S. 11.

44 Rudyard Kipling, With the Night Mail. A Story of 2000 A.D. In: Kipling, Rudyard, Actions and Reactions. London 1910, S. 111–152.

Regulierungsorganisation der Luftfahrt zu einer technokratischen supranationalen Weltregierung mutiert; eine Pazifizierung durch Abschreckung funktioniert langfristig und führt zu einer technokratiedominierten Welt ohne Krieg.

Rüstungsinnovationen, Szenarien und Technikbewertung: Das Dilemma der Militärs

Die Militärs der Industriestaaten standen um 1900 vor einem immensen Problem: dem der Technologiewahl.[45] Neue militärisch relevante Technologien wurden zunehmend entwickelt und ihnen offeriert. Neue Waffensysteme wie Maschinenwaffen, neue Kommunikationstechnologien wie „Feldfunkenstationen", neue Transportsysteme wie geländegängige Transportfahrzeuge standen nun als einigermaßen praxistaugliche Technologiesysteme zur Verfügung und harrten der Bewertung und der Analyse der militärischen Verwendbarkeit.

Signifikante Merkmale eines beschleunigten qualitativen Rüstungswettlaufs der europäischen Mächte in den beiden Dekaden vor 1914 gab es auf allen Feldern der Rüstung. Ein Muster war erkennbar: Nachdem ein Waffensystem erprobt und eingeführt worden war und zum Feld quantitativen Wettbewerbs wurde, erschien ein neues, das alte überbietendes System, das die älteren Systeme ins Abseits rückte, die mit großem Aufwand massenhaft eingeführt worden waren. Mit einem neu gesetzten Nullpunkt schien der Wettlauf wieder zu beginnen.

Die bekannteste Erscheinung dieses Obsoleszenzmusters war die Einführung des „all big gun"-Schlachtschiffs, der „Dreadnought-Sprung". Die neue Nullpunktsetzung lag hier 1906 mit dem Erscheinen eines neuen marinen Waffensystems, das in der entscheidenden Waffe, der schweren Artillerie, die dreifache Stärke des bisherigen Einheits-Schlachtschiffstyps hatte. Nur etwa 15 Jahre, nachdem sich dieser ältere Schlachtschiffstyp herausgebildet hatte, der in vergleichsweise hohen Stückzahlen mit beträchtlichem Aufwand von den Marinen der Industriestaaten eingeführt worden war, erschien ein neues Standardmuster, das die bisherigen Schlachtflotten obsolet machte.

Eine andere Erscheinungsform des rüstungstechnischen Überholens, mit der Gefahr des investitionsübersteigernden „Totrüstens", findet sich bei der Feldartillerie. Kurz nachdem das deutsche Reich eine neue Standard-Feldkanone eingeführt hatte, begann Frankreich mit der Ausstattung der Artillerie mit einem schnellfeuernden 75mm-Rohrrücklaufgeschütz, dessen innovative Merkmale wie die Hydropneumatik und die technisch-taktischen Parameter, die die deutsche Waffe vergleichsweise obsolet machten. Die schnelle

45 Siehe dazu auch Michael Salewski, Geist und Technik in Utopie und Wirklichkeit militärischen Denkens im 19. und 20. Jahrhundert. In: Foerster, Roland G. / Walle, Heinrich (Hg.), Militär und Technik. Wechselbeziehungen zu Staat, Gesellschaft und Industrie im 19. und 20. Jahrhundert. Herford / Bonn 1992, S. 73–97.

Nachrüstung der deutschen Feldkanone mit einem Rücklaufsystem zum Modell „96(n.A.)“[46] holte zwar etwas vom waffentechnischen Abstand zur französischen Artillerie auf. Doch der Prozess machte klar, dass Entscheidungen über waffentechnische Implementierungen und teure Rüstungsprojekte angesichts beschleunigter Technisierung und ständig drohender Obsoleszenzgefahr immer riskanter wurden.

Verschärft wurde dies durch den Zwang zur Technologiewahl, wenn es Alternativen gab. Dies war im Fall der Flugtechnik „schwerer“ und „leichter als Luft“ eklatant – sollte den Lenkluftschiffen oder den „Drachenfliegern“ der Vorzug bei den Rüstungsinvestitionen gegeben werden? An der anfänglichen Bevorzugung des statusträchtigen, majestätischen, viel offenkundiger machtprojizierenden Zeppelin gegenüber den „Drachenfliegern“ wird dies deutlich.

Deutlich wird an diesem Beispiel auch, dass die Militärs bei ihrer Technologiewahl immer wieder nichtmilitärischen Faktoren – und nichtmilitärischen Agierenden – unterworfen waren; sie wurden durchwegs externem Druck ausgesetzt. Dazu wurden nicht selten öffentlich unterstützte Offerten von kreativen Laien, pensionierten Offizieren, „Erfindern, Geschäftsleuten, Industriellen und Glücksrittern aller Art an sie herangetragen, [...] deren Wert sich oft erst nach langer Zeit herausstellte“[47]; auch Graf Zeppelin gehörte zu dieser Gruppe. Artikel in Fachzeitschriften oder der allgemeinen Presse reflektierten neue technische Ideen und fragten kritisch nach Verzögerungen oder ausbleibenden Implementationen von anscheinend vielversprechenden neuen Technologien. Oft divergierten die Vorstellungen der Militärs oder der rüstungspolitischen Entscheider und die Vorstellungen der interessierten Öffentlichkeit beträchtlich. Massenbegeisterung, politische Einflussnahmen, vor allem auch persönliche Interventionen des Grafen selber waren wirksame Instrumente, um eine Innovation, die von den Militärs eher skeptisch beurteilt wurde, trotzdem „durchzudrücken“. Außermilitärische Technikfaszination mit hoher medialer Reichweite war letztlich für den Aufbau einer militärischen Luftschiffsflotte in Deutschland entscheidend.

Mit diesem externen, sehr erfolgreichen Druck zur Einführung des Waffensystems „leichter als Luft“ standen die rüstungsplanenden Militärs vor den eigentlichen Problemen: vor allem der Technologiewahl, der Auswahl zwischen konkurrierenden technisch-operativen „Systemen“ wie starr oder halbstarr, deren technischer Implementierung, der Anpassung an eigene Vorstellungen und Anforderungen, der Integration in die bestehenden Organisationsstrukturen und logistische Systeme, und last, not least, der Entwicklung und pragmatischen Umsetzung von Einsatzkonzepten und operativem Potenzial. Ebenfalls erforderlich war eine Einbettung in das, was kurz nach dem Ersten Weltkrieg als „Gefecht der verbundenen Waffen“ kodifiziert wurde, aber auch schon vor 1914 praktiziert wurde und sich auf die Zusammenarbeit von sehr unterschiedlichen Einzelwaffen und ihren

46 D.h. „neuer Ausführung“, siehe Hans Linnekohl, Vom Einzelschuß zur Feuerwalze. Koblenz 1996, S. 48.

47 Dieter Storz, Kriegsbild, S. 304.

Kräften und Mitteln bezieht. Häufig genug wichen die operativen Verwendungsideen der Militärs und die Reflexionen der Öffentlichkeit über die militärischen Potenziale voneinander ab. Typisch hierfür waren Luftschiffe: Während die Militärluftschiffer von einer Verwendung als Fernaufklärungsinstrumente ausgingen, plante der Graf seine Luftschiffe als Träger einer 1000 kg schweren Superbombe, die die Londoner Docks zu treffen vermochte.

Um 1900 waren die Militärs mit der Bewertung nicht nur dieser, sondern auch anderer komplexer innovativer Waffentechnik überfordert. Sie hatten Probleme in der Beurteilung neuer technischer Systeme, die noch außerhalb ihres organisatorischen, operativen und technischen Erfahrungsbereichs lagen. Das, was dann schließlich die Bundeswehr in den 1960er Jahren, gezwungen durch Neuausrüstung in einer durchaus vergleichbaren Phase eines waffentechnischen Beschleunigungsschubes, als extern eingekaufte „Systemberatung" durch spezialisierte Firmen institutionalisierte, fehlte der Kaiserlichen Armee. Sie versuchte aber, – und dies wohl gar nicht so erfolglos – mit dem Innovationsschub um 1900 und mit einigen Konsequenzen der beschleunigten Modernisierung durch neue Mobiltechnologien zurechtzukommen und daraus Konsequenzen zu ziehen. Dass sie die Beschleunigung des militärisch relevanten technischen Fortschritts nicht immer in der Geschwindigkeit nachvollzog, die Teile der Öffentlichkeit erwarteten, heißt nicht, dass die Heeresleitung „technikfeindlich" war. Dieser Vorwurf wurde nach den Erfahrungen des verlorenen technikgeprägten Weltkrieges formuliert,[48] ist aber für die Phase bis 1914 kaum legitim.[49] Bezüglich innovativer Waffensysteme waren die Antizipationen der Militärs ebenso unklar wie ihr gesamtes Bild eines künftigen Krieges, wodurch ihre Wahl von Mustern, an deren Weiterformulierung sie sich halten wollten – 1870/71 statt des „War between the States" oder des russisch-japanischen Krieges –, aus heutiger Perspektive fragwürdig scheinen muss.

Das Dilemma der Militärs war evident: Eine Ablehnung neuer Waffensysteme barg das Risiko der Einführung innovativer Waffensysteme durch den Gegner; vorschnelle Akzeptanz hingegen erzeugte das Risiko eines Investments von Geld und militärischen Ressourcen in eine potenziell wenig nützliche Technologie, die unter Umständen Ressourcen von militärisch sinnvoller scheinenden Technologien abzog. Verschärft wurde dies noch durch das Obsoleszenzproblem: Die wirkliche Schwierigkeit der Technisierung in Phasen beschleunigten technischen Wandels bestand, neben oft fehlender technischer Kompetenz in den Einheiten zur Pflege, Wartung und Reparatur der technisch oft komplexen Technologien, im schnellen Veralten, nachdem neue Hardware mit hohem Investitionsaufwand eingeführt worden war. Das Beispiel der Heeresmotorisierung macht dies deutlich: Der rasche Fortschritt der Lastkraftwagen-Technik nach 1905 führte dazu, dass angeschaffte Fahrzeuge schnell technisch überholt waren. Man fand einen Ausweg darin,

48 Vgl. Max Schwarte (Hg.), Die Technik im Weltkriege. Berlin 1920.
49 Vgl. Kurt Möser, Fahren und Fliegen.

dass die Militärs sich die Fahrzeuge im Konfliktfall ausliehen. So entstand in vielen europäischen Staaten ab 1906 ein Subventionsmodell für LKW.[50]

Um es kurz zu sagen: Europäische Militärs hatten vor 1914 oft schon viele der Probleme erkannt, die Technisierung erforderlich machten, wie etwa die evidenten Nachschubschwierigkeiten bei einer Umsetzung des Schlieffenplans, oder genereller auch jeder Versorgung der Massenarmeen neuartigen Typs.[51] Aber bei den Lösungsversuchen scheiterten sie mitunter an der Finanzierung, mitunter an der Unflexibilität der militärischen Organisationsstrukturen, mitunter – und das ist besonders signifikant – auch an der Fülle der technischen Optionen, und an einer raschen Obsoleszenz der implementierten Technologien in einer Phase beschleunigten technischen Fortschritts.

Technische Kriegsutopien als konkrete Anreger?

Wie weit diese militärische Technikbewertung auf außermilitärische Szenarien, Ideen und Konzepte reagierte, ist nicht einfach zu beantworten. Die Anwendungskonzepte der Militärs und die Anwendungsutopien der Gesellschaft differierten in vielen Fällen beträchtlich. Die Fliegerei als technischer Fokus vieler Kriegsutopien ist hierfür ein Beispiel: Während die deutschen Militärs Flugzeuge als Aufklärungsmaschinen, als fliegende Rekogniszierungs-Kavallerie verstanden und sozial konstruierten, wurden außerhalb der Militärs die Potenziale eines künftigen Luftkrieges und die Leistungsfähigkeit einer Fliegerei als künftige Hauptwaffe durchgespielt. Ein größerer Kontrast zwischen den zurückhaltenden und funktionsrestringierten Einsatzkonzepten der Fliegertruppe und Scheerbarts Ideen lässt sich kaum vorstellen. Ob nun die Ausdifferenzierung der Funktionen der Flugwaffe und die Entwicklung offensiver Bomberunternehmungen in den Jahren 1914/15 durch die Vorkriegs-Utopien des Luftkrieges geprägt oder mitgeprägt worden ist, kann schwer generalisiert werden.

Zu den vielfältigen Interferenzen und Interdependenzen zwischen realen Rüstungsentwicklungen und Imaginationen des Zukunftskrieges – wie auch generell zwischen Utopien und Anwendungen von Technologien in dieser Phase[52] – gehören auch terminologi-

---

50 Vgl. Kurt Möser, World War One and the Creation of Desire for Cars in Germany. In: Strasser, Susan / McGovern, Charles / Judt, Matthias (Hg.), Getting and Spending. European and American Consumer Societies in the Twentieth Century. Washington D.C. (Cambridge University Press) 1998, S. 195–222.

51 Vgl. Martin van Creveld, Supplying War. Logistics from Wallenstein to Patton. Cambridge / New York (Cambridge University Press) 2004; Kurt Möser, Fahren und Fliegen.

52 Vgl. Kurt Möser, Amphibien, Landschiffe, Flugautos – utopische Fahrzeuge der Jahrhundertwende und die Durchsetzung des Benzinautomobils. In: Hertner, Peter / Schott, Dieter (Hg.), Jahrbuch für Wirtschaftsgeschichte. Zukunftstechnologien der letzten Jahrhundertwende: Intentionen – Visionen – Wirklichkeit. Berlin 1999, S. 63–84. Verfügbar unter https://doi.org/10.1524/jbwg.1999.40.2.63.

sche Übertragungen. Die Begriffe der Seerüstung, wie Kreuzer und Schlachtschiffe, erfuhren eine Übertragung in die dritte Dimension und auf das Land. „Landpanzerkreuzer" oder „Luftkreuzer" waren durchwegs gebräuchliche Bezeichnungen.

Wie nahe mitunter konkrete militärtechnische Innovationen phantastischen Entwürfen waren, zeigt sich auch an Graf Zeppelins ursprünglichem Luftschiffsprojekt. Sein Lenkballon sollte etwa, so schrieb er in seinen ersten Eingaben, zwei Wochen in der Luft bleiben können, und, analog zur Eisenbahn, die Betriebsstoffvorräte auf einer Art fliegendem Tender mit sich führen können. Dies ähnelte stark der phantastischen Illustration eines „Mond-Zuges", die Jules Vernes Roman „Von der Erde zum Mond" begleitete. Die Nähe von Zeppelins Projekt zur populären literarischen Phantastik verlieh seinem Vorschlag eine Unsolidität, Unkonkretheit und Distanz zum Machbaren, die die anfangs ablehnende Haltung der Militärs durchaus verständlich erscheinen lässt. In diesem Fall hat eine Nähe von Erfindungen zu technischen Utopien eine eher blockierende und Skepsis erzeugende Wirkung.

Formten, prägten, beeinflussten Phantasien des technischen Krieges aber die Rüstung und/oder das Kriegsgeschehen in stärkerer als bloß teminologischer Weise? Gab es in dieser Phase und in diesem Segment der Technik konkrete Verbindungen zwischen Erwartungen und technischen Entwicklungen? Mitunter zogen die Protagonisten neuer Waffensysteme selber eine Traditionslinie zu Anregern oder zu militärexternen Vorbildern. Dies taten etwa die miltärischen Führer des Royal Tank Corps 1919; sie feierten Herbert G. Wells bei einem Besuch ihrer Einheit. Seine „Land Ironclads" wurden von den Vertretern der Waffe selbst als Vorläufer der Tank-Entwicklung deklariert. Auch Churchill betonte die Bedeutung des Textes für die Tankentwicklung: „[Wells] practically exhausted the possibilities of imagination in this sphere"[53]. Wie weit aber Kriegsphantasien um künftige „Landpanzerkreuzer" tatsächlich die Entwicklung der Tanks und der Mobilitätswaffen prägten, ist nicht eindeutig zu beantworten.[54]

Sicherlich haben etwa die vielfältigen Ideen für gepanzerte, geländegängige Mobilität, die vor und nach Wells' Text formuliert wurden, die Entwicklung der Panzerwaffe mitgeprägt und die Umwandlung landwirtschaftlicher Gleiskettenschlepper in Kampffahrzeuge angeregt. Auch die vielfältigen Ideen der Transformation von Luftfahrzeugen in strategische Bomberwaffen wurden durch Erwartungsformatierungen vor den tatsächlichen Einsätzen mitgeprägt. So beriefen sich die italienischen Piloten, die im Abessinienkrieg wohl erstmals in einem bewaffneten Konflikt Bombardierungseinsätze durchführten, direkt auf Gabriele d'Annunzio.

---

53 Winston S. Churchill, The World Crisis, 1911–1918. 2 Bd., Bd. 1, London o.J., S. 514.

54 Zu dem komplexen Verhältnis zwischen Konzepten und der britischen Tankentwicklung siehe David J. Childs, A Peripheral Weapon? The Production and Employment of British Tanks in the First World War. Westport, Ct. 1999; Patrick Wright, Tank. The Progress of a Monstrous War Machine. London 2000.

Ein anderer Typ eines direkten praktischen Einflusses von Kriegsphantasien auf militärische Rüstung ebenso wie auf die Wahrnehmung von Einsätzen während des Krieges lässt sich anhand der Wahrnehmung von Luftschiffen durch die britische Öffentlichkeit feststellen. Die sogenannte „Zeppelin scare", das breite und aufgeregt debattierte Szenario einer Bedrohung Englands durch deutsche Luftschiffe,[55] das vor allem durch den „Sheerness Incident" von 1912 in Bewegung gebracht wurde, erzeugte in Großbritannien beträchtlichen Druck zur Beschleunigung der Luftrüstung. Eine Ursache dafür war sicherlich, dass die Bedrohung durch deutsche Militärzeppeline nun nicht bloß im Bereich literarisch-journalistischer Szenarien blieb, sondern dass sie konkret wurde, dass es zu zahlreichen Sichtungen von Luftschiffen, zu anscheinendem Absetzen von Agenten und zu Landungen kam.

Wie weit all dies tatsächlich passierte – die deutsche Luftschiffertruppe beteuerte, dass keines ihrer Schiffe vor 1914 über England fuhr –, ist schwer nachzuvollziehen. Die „Zeppelin scare" ist mit der Welle der UFO-Sichtungen der 1950er und 60er Jahre in Beziehung gesetzt worden.[56] Für die Phase vor Kriegsbeginn wesentlich ist die anscheinende Transformation eines vertexteten Konfliktszenarios in anscheinende konkrete Erfahrung, wodurch das Szenario neue Plausibilität und neue Bedrohlichkeit bekam. Und dies beeinflusste politische Entscheidungen und setzte sich in konkrete Rüstungsplanungen um. So erklärte das britische „Committee of Aerial Defence" 1913: „[...] aerial navigation is the greatest change in the art of war since the discovery of gunpowder."[57] Die britische „Air Panic" dieses Jahres, die zu einer nachholenden Luftrüstung führte, wurde nicht nur im Medium der Sensationspresse gefördert, sondern auch von utopischer Literatur vorbereitet und begleitet. Wenn von „pressure groups" oder von offiziellen Stellen alarmistisch auf die Bedrohung von oben hingewiesen wurde, dann klangen oft die Töne phantastischer Romane an.

Mit-Initiator der wirksamen Propaganda für Luftrüstung, die zu einem öffentlichkeitsgetriebenen Aufrüstungsschub in der Luft wurde, war der britische Autor und Parlamentsabgeordnete Noel Pemberton-Billing. Er versuchte mit einer Kampagne unter dem Titel „Wake Up England", bei der auch Flugmaschinen als Werbeträger eingesetzt wurden, die anscheinend fehlende britische Luftrüstung zu fördern und die britische Öffentlichkeit zu sensibilisieren und zu mobilisieren. Dies ist ein Beispiel für eine erfolgreiche Agitation für die Einführung eines neuen technischen Waffensystems mittels der Artefakte als Werbemittel.

---

55 Nigel Watson, The Scareship Mystery: A Survey of Worldwide Phantom Airship Scares (1909–1918). Corby 2000.

56 Brett Holman, The Next War in the Ari: Britain's Fear of the Bomber, 1908–1941. Diss. Farnham / Burlington (VT) 2014.

57 Nigel Watson, S. 266.

Dieses Muster blieb nicht auf Großbritannien beschränkt: Deutschland, das ursprünglich auf das Luftschiff gesetzt hatte, entdeckte 1911/12 eine „Aeroplanlücke". Man war entsetzt, dass der französische „Erbfeind" in der Flugzeugtechnik führte – offensichtlich hielten französische Piloten die meisten Rekorde. Das führte zu einer beschleunigten Förderung des Fliegens – ebenfalls mit damals hochmodernen Werbemitteln wie Autokorsos. Zusammen mit der Gründung einer National-Flugspende und der jährlichen Verleihung eines Kaiserpreises für Motoren entstand ein Instrumentarium für eine forcierte Luftrüstung, das auch – über die Festlegung von Kriterien – den Vektor der technischen Entwicklung mitbestimmte.[58] Ein „Fenster der Verwundbarkeit" schien sich für fast alle Mächte zu öffnen, sei es, dass die Militärs Überbietungen fürchteten, dass gegen die Zivilbevölkerung neue Bedrohungen auftraten, oder dass auch den Staaten, die bisher geografisch geschützt schienen, nun Invasionen bevorzustehen schienen.

Insgesamt, so kann man generalisieren, führte die Rekombination von literarischen Bedrohungsszenarien und praktischen Entwicklungen zu einer qualitativen und quantitativen Beschleunigung der Rüstungsspirale. Kriegsphantasien, gerade auch technische, wurden zum Element der „geistigen Rüstung" vor 1914. Umgekehrt stimulierten Innovationen und die Demonstration ihrer Leistungsfähigkeit das Interesse und den technischen Vektor der möglichen Zukünfte.

Doch dies war nicht der einzige Faktor, durch den antizipierende Technikkriege einen Platz in der Kriegsvorbereitung bekamen. In einer Phase sich verfestigender Bündnissysteme und der Stabilisierung von Feindbildern wurden die jeweiligen Szenarien in anderen Staaten rezipiert und als weitere Belege für die Feindseligkeit und das Aggressionspotenzial der potenziellen Gegner gewertet. Nicht unbedingt die militärtechnischen Inhalte, sondern vielmehr die als aggressiv intendierte oder wahrgenommene Stoßrichtung der Kriegsideen spielte hier eine Rolle.[59] Einen semi-offiziellen Anstrich, und dadurch politisch noch erhöhte Wirksamkeit, gewannen diejenigen Zukunftskriegstexte, die anonym erschienen oder durch die Verfasserschaft eines „deutschen Offiziers" nobilitiert wurden[60] und plausible künftige Auseinandersetzungen imaginierten. Gerade mit diesen Texten schien man sich auseinandersetzen zu müssen, weil sie für die Gedankenwelt zumindest eines Teils der generischen Stäbe zu stehen schienen. Das erhöhte die Instabilität und Dynamik der militärischen Situation in Europa, die durch ein zunehmendes gegenseitiges Belauern und Misstrauen gekennzeichnet war. Damit ergaben sich militärtechnische Stimulantien für die qualitative Verschärfung des Rüstungswettlaufs. Auf diese Weise wurden technische Kriegsutopien zu prekären Eskalationsinstrumenten im „Zeitalter der Nervosität"[61].

---

58 Vgl. Kurt Möser, Fahren und Fliegen.

59 Siehe Alfred Gollin, The Impact of Air Power on the British People and Their Government, 1909–1914. London 1989, S. 261–290.

60 Siehe Anonym, Die gelbe Gefahr.

61 Joachim Radkau, Das Zeitalter der Nervosität. Deutschland zwischen Bismarck und Hitler. München / Wien 1998.

Ein neuer Kämpfertypus im technisierten Zukunftskrieg

Der britische Autor Robert W. Cole, dessen Roman „The Struggle for Empire" im Jahr 2236 spielt, reflektiert die neuen Kolonialisten, die nötig seien, damit das „Anglo-Saxon Empire" das Sonnensystem beherrschen könne. Die Raumschiffe mit Antigravitationsantrieb und neuen Energieformen wie Dynogen, Pralion, oder Ednogen erfordern Raumfahrer der Zukunft, die kleine Napoleons sein sollten, „with colossal intellect, vast energy, and boundless ambition, each burning to wrest for himself a world from the great Unknown [...] they desired to rule over a planet, a system, a universe [...]. There was present everywhere an intense fever for acquisition"[62]. Cole konstruiert einen Typus superhumaner Raumfahrer-Imperialisten, der evident durch die genutzte Technologie geprägt wird.

Dieses Muster findet sich durchwegs: Der expressionistische Begriff des „neuen Menschen" wird in ganz anderen Kontexten auch für den technisierten künftigen Soldaten beansprucht. Die Idee, dass der künftige Technikkrieg einen technisch geprägten Soldaten erfordere, wurde emphatisch von Herbert G. Wells formuliert. In der Erzählung „The Land Ironclads" besiegen „townsmen" als Besatzung der neuen Kampfmaschinen die perfektionierten Krieger des alten Typs. Als „devitalized" bezeichnete Mechanikersoldaten mit den Attributen der Dekadenz, mit denen der zeitgenössische Leser vertraut war, triumphieren über perfekte Schützen und Reiter, die einer vergangenen Epoche zugerechnet werden.

Mit dem Plädoyer für einen technisch geprägten, städtischen Soldaten und seiner Adaptionsfähigkeit an die technisch-industrielle Moderne klinkt sich Wells in eine breit geführte Debatte der Zeit ein, ob nämlich Rekruten aus ländlichen Gegenden oder aus den Städten „besser", also funktionaler für die Anforderungen des modernen Krieges seien. Während in Großbritannien der Fokus auf der abnehmenden Gesundheit und „Vitalität" des „Menschenmaterials" aus den industriellen Midlands lag, was während des Burenkrieges evident wurde, ging es in Deutschland eher um die sozialistische Infektionsgefahr der Rekruten aus der Ruhr und den städtischen Ballungsräumen des Reiches, gegen die die jungen Männer aus Ostpreußen gesetzt wurden. Diese Debatte bricht aber erst nach 1918, als es um die Identifikation der Ursache der deutschen Niederlage geht, richtig aus. Der Vorwurf, den etwa Max Schwarte in seinem Standardwerk „Die Technik im Weltkriege" formuliert,[63] dass nämlich Deutschland nicht ausreichend technisch-wirtschaftlich mobilisieren konnte, und sich der „technischen Mittel" nur unzulänglich bedient habe, wird auch auf die Technikbezogenheit und -adaptionsfähigkeit der deutschen Weltkriegssoldaten ausgedehnt. Dass ein Modernisierungsvorgang hätte stattfinden müssen, mit dem Ziel eines Typus des „Technikersoldaten", wird gerade auch in der sich formierenden Konservativen Revolution zum Konsens. Als eine der Konsequenzen sollte sich die vormilitärische Jugendbewegung der Technik öffnen und der Sport zum Wehrsport

62 Robert William Cole, The Struggle for Empire. London 1900, S. 14.
63 Max Schwarte, Die Technik im Weltkriege.

wandeln. Nicht nur als Reflex auf die Abschaffung der Wehrpflicht durch den Versailler Vertrag, sondern auch als Reaktion auf die Technisierung des Krieges kam es konsequenterweise zu einem Wandel der Jugendbewegung, zur Ausbildung der technisch ausgerichteten Wehrjugend.

Typisch dafür ist Felix Wankel, der vor seinen Motorenentwicklungen als nationalistischer Wehrjugendführer in Heidelberg eine massive Integration der Technik in die Wehrjugendabteilung betrieb. Pionierähnliche Boote, Scheinwerfer als neue Gefechtskommunikationsmittel und „Lichtmaschinengewehre" entwickelte das selbstbekundete „Technik-Spielkind" mit einem modernisierenden Impetus,[64] der als Fernziel die technisierte Schlacht hatte.

Die Amalgamierung von älteren Soldatentugenden mit industriell-technischen Kompetenzen und Technikbewusstsein zielte auf einen Typus des Technokriegers, wie er beispielsweise später von Ernst Jünger im „Arbeiter" beschrieben wurde. Die Amalgamierungsideen verfestigten sich nach 1918, wobei die Reflexion des Typus des Technikersoldaten als Mittel zur Revanche für Versailles neu kontextualisiert wurde. Aber das Denkmuster war durchaus vor dem Krieg schon angelegt und durchreflektiert worden.

Kriegsutopien, Medien und Protagonisten

Die bisher betrachteten Konzepte des Technikkrieges sind zunächst einmal Texte, deren Gattungszugehörigkeit bestimmt werden muss. Nicht immer ist der Status der hier angesprochenen Texte klar. Manche, wie H.G. Wells' „Land Ironclads", sind eindeutig als Literatur intendiert und zu qualifizieren, als technisch bestimmter Zukunftsroman in der Nachfolge von Jules Verne. Auch auf die meisten der erwähnten britischen „Invasionsromane" und Bedrohungsphantasien trifft dies zu, während manche Texte als nur dünn narrativ getarnte Gedankenspiele von Militärs oder militärisch interessierten Zivilisten gelten können. Mischformen finden sich etwa in Jugendjahrbüchern wie dem „Neuen Universum", in denen oft ein narrativer Rahmen einen wissenschaftlich-technisch fiktionalen Kern umschließt.

Der Breite der erzählerischen Möglichkeiten entspricht die Vielfalt der Verfasser und ihrer Zielrichtungen. Neben Poeten wie Scheerbart und Literaten wie Wells, die auf sozialmilitärische Fragen zielten, waren es auch Texte von Erfindern, mitunter flankiert von journalistischen Texten, die Spekulationen über die Verwendung ihrer neuen Technologie anstellten und diese propagieren wollten. Die meisten der hier zitierten Texte hatten eine außerliterarische Wirkungsabsicht; sie waren niemals nur ästhetisch limitierte „Längere Gedankenspiele", wie sie Arno Schmidt nannte. Die Träger der Innovationen in der

64 Vgl. Kurt Möser, Lili, Flutsch und Teufelskäfer. Die unbekannteren Entwicklungsarbeiten Felix Wankels in Heidelberg 1915–31. In: Blum, Peter (Hg.), Pioniere aus Wirtschaft und Technik in Heidelberg. Aachen 2000, S. 42–53.

Truppe schrieben mitunter anonym oder via „Ghostwriter“ über ihre Ideen. Es waren oft untere und mittlere technisch geprägte Truppenoffiziere, die neue Waffensysteme entwarfen und ausprobierten, und die über gezielte Publikationen das tatsächliche oder empfundene Unverständnis von Vorgesetzten unterlaufen wollten. Technikfiktionale Texte vom Zukunftskrieg waren auch Elemente von technikinnovativen bottom-up-Prozessen, die vor 1914 einsetzten, und dann im Ersten Weltkrieg die Restrukturierung der Luftwaffe in Gang setzten und innovative Waffensysteme implementierten.[65] Die „military intellectuals“[66], Akademiker innerhalb und außerhalb der Armee, reflektierten über militärische Fragen, und insbesondere über die Konsequenzen neuer Formen der Technisierung, und suchten gezielt die Öffentlichkeit, um ihre Ideen durchzusetzen. In der Zwischenkriegszeit waren das etwa Heinz Guderian, Charles de Gaulle oder J.F.C.Fuller für die Panzertruppe, Giulio Douhet oder Billy Mitchell für die Bomberwaffe. Aber schon im Kaiserreich formierte sich dieses Muster. Prototypisch war hierfür Graf Zeppelin: Seine medial sehr wirksame Mobilisierung der öffentlichen Begeisterung bis weit in die sozialistische Arbeiterschaft hinein[67] brachte Behörden und Militärs zu einer Übernahme seines innovativen Waffensystems. Zeppelin und seine Unterstützer bildeten eine wirksame „pressure group“ mit beträchtlicher Mobilisierungswirkung. Die Medien und Instanzen der Öffentlichkeitsherstellung und -nutzung, wie wir sie heute kennen – Presse, Vorführungen, Einladungen von „Multiplikatoren“, Vorträge oder Objektmarketing – wurden von ihnen kompetent genutzt. Die mediale Konstruktion der Zeppelinbegeisterung in der Öffentlichkeit des Kaiserreiches war ein eminent moderner Prozess.

Auffällig ist auch der dialogische Charakter der Konzepte. Viele Utopien technischer Waffen und Kriege sind intertextuell. Hier sind drei Eskalationsstufen zu beobachten: Einmal lassen Autoren ihre technisch geprägten Helden in verschiedenen Texten und unterschiedlichen Szenarien auftreten. Typisch dafür ist Jules Verne: Kapitän Nemo taucht nicht nur in „20.000 Meilen unter den Meeren“, sondern später, gealtert und resignierter, auch in „Die geheimnisvolle Insel“ auf; Robur in „Robur der Eroberer“ ebenso wie in „Der Herr der Welt“. Doch auch andere Autoren können Figuren oder Szenarien aufgreifen, weiterschreiben, modifizieren oder dementieren. Diese Intertextualität kann zur kollektiven Phantasiekonstruktion von kriegstechnischen Entwürfen führen; man beantwortet Szenarien mit konträren Szenarien, löst Fragen, die andere Autoren aufgeworfen haben, bezieht sich explizit auf utopische Entwürfe Anderer oder korrigiert frühere eigene. Das beschreibt etwa Ferdinand Grautoffs Arbeit, der unter dem Pseudonym „Seestern“

65 Vgl. Kurt Möser, Schlachtflieger 1918. Ein technisches Waffensystem im Kontext. In: Technikgeschichte 77 (2010), H. 3, S. 1–47. Verfügbar unter https://doi.org/10.5771/0040-117X-2010-3-185.

66 Robin Higham, The Military Intellectuals in Britain, 1918–1939. Westport 1981.

67 Vgl. Bernd-Jürgen Warnecken, Zeppelinkult und Arbeiterbewegung. Eine mentalitätsgeschichtliche Studie. In: Zeitschrift für Volkskunde 80 (1984), S. 59–80.

einen Weltkrieg imaginierte, der durch Pattsituationen zu Land und zu Wasser gekennzeichnet war.[68] Ein Jahr später setzte er unter dem Pseudonym „Parabellum“ sein alarmistisches, und wohl auch deswegen beim Lesepublikum sehr erfolgreiches „Längeres Gedankenspiel“ als „Bansai!“ fort.[69]

Die Formatierung von Erwartungen

Wenn der direkte Einfluss von Szenarien des Technikkrieges auf die konkrete Rüstung eher skeptisch beurteilt werden muss, so wirkten auf der Ebene der Beobachter und Leser solche technisch geprägten Szenarien direkter. Die konkrete Kriegstechnik wurde nur in einzelnen Fällen, kaum aber in erheblichem Maß von den phantastischen Konzepten des Technikkrieges beeinflusst. Aber diese hatten einen kaum weniger bedeutenden Einfluss durch die Prägung oder „Formatierung“ der Erwartungen.[70] Im Fall des Luftkrieges kann das in zwei sehr unterschiedliche Richtungen gehen: Erstens konnten sich längst vor dem eigentlichen Beginn eines Luftkriegs Zivilisten und die Öffentlichkeit schon mit Spekulationen vertraut machen, wie ein Krieg gegen Städte und Zivilbevölkerungen aus der Luft aussähe. Diese Formatierung war gewaltbetont; die Luftfahrzeuge wurden zu Agenten von Bedrohung und Tod – allerdings nur literarisch-phantastisch. Zum zweitengab es aber auch eine konträre Prägung: Die Öffentlichkeit hatte gelernt, Luftfahrzeuge und Flieger nicht als bedrohlich, sondern als unterhaltend zu betrachten. Der Blick nach oben war neugiergeprägt durch die zahlreichen und außerordentlich populären Flugschauen vor dem Krieg.

Die ersten Bombenangriffe auf Städte waren deshalb durch eine Interferenz beider Blicke gekennzeichnet. Anfangs schaute man noch neugierig nach oben, wenn feindliche Geschwader auftauchten. Dann wurde die eher literarisch-ästhetisch vermittelte, von Neugier und Unterhaltungswünschen geprägte Bedrohung plötzlich konkret. Dies erlebte die Bevölkerung von Paris, als deutsche „Tauben“ bombenwerfend über den Boulevards erschienen und sich Luftkämpfe entwickelten. Geschildert wurde diese „geprägte Erfahrung“ von dem Journalisten Paul Mallet. Sie wurde in Deutschland 1915, aus neutralen Zeitungen zitierend, veröffentlicht:

> „Aller Verkehr hörte auf – eine ganze Stadt starrte diesem Aeroplan entgegen [...] in demselben Augenblick hörten wir ein furchtbares Dröhnen. Der kleine Hügel an dem Boulevard Bonne Nouvelle bot in diesem Augenblickein außergewöhnliches Straßenbild dar. Die Leute wurden so wild, dass sie buchstäblich aufeinanderliefen, und es beruhigte niemand, dass die Bombe augenscheinlich nicht in unserer Nähe heruntergefallen war [...]. Indessen wurden alle Straßen, die dort ausmünden, von Menschen ganz überfüllt, und an dem ganzen Boulevard Magenta sah man ein Meer von nach oben gewandten Gesichtern. Die Spannung

68 Seestern, Der Zusammenbruch der Alten Welt. Leipzig 1907.

69 Parabellum, Bansai! Leipzig 1908.

70 Vgl. Kornelia Konrad, Prägende Erwartungen. Szenarien als Schrittmacher der Technikentwicklungen. Berlin 2004.

> war ungeheuer; denn von ‚Bas Meudon' schossen durch die Luft jetzt vier bis fünf französische Flieger hervor; sie sammelten sich wie Vögel um den deutschen Flieger, und der ‚Kampf in den Lüften', worüber wir in phantastische Werken gelesen haben, entrollte sich uns plötzlich in seltsamer Wirklichkeit. Die Flugzeuge feuerten gegeneinander, die Funken sprangen aus den Mitrailleusen; sie legten sich auf die Seite und wurden in furchtbaren Sprüngen auf- und abgeschleudert."[71]

Dieser medial doppelt gespiegelte Bericht ist nicht nur signifikant, weil er das für den frühen Bombenkrieg sehr typische Umkippen von Schaulust in Panik und vice versa benennt, sondern weil hier zwei verschiedene Vorprägungen und Erwartungshorizonte der betroffenen Pariser Bevölkerung evoziert werden. Der Blick des Publikums auf den deutschen Flieger war zunächst der der Vorkriegs-Luftschauen. Er ist auch durch die neugierige Haltung von Menschenmengen beim Auftauchen von Fliegern über Großstädten geprägt. Die Schaulust weicht zunächst einem Bedrohungsgefühl, bevor eine weitere Wahrnehmungsfolie zum Tragen kommt, die Mallet explizit benennt, nämlich die Luftkampfschilderungen der Kriegsutopien. Die Pariser erleben eine Transformation ihrer literarischen Erfahrungen, ihrer Lektüre der „phantastischen Werk(e)" in eine „seltsam(e) Wirklichkeit" – und diese Wirklichkeit ist eine gefilterte, geprägte und formatierte, die ihre sozusagen natürlichen Angstreaktionen überlagerte. Wenn Paul Fussell die Möglichkeit unmittelbaren Erlebens von Kriegserfahrung negiert, und immer vom Nachwirken vorgängiger, vor allem literarischer Wahrnehmungs- und Darstellungsmuster ausgeht,[72] dann ist das Verhalten der Pariser Bevölkerung ein Beleg für den langen Schatten von Bildern, Antizipationen und kulturellen Wirkungsmustern, die die Welle der Utopien des künftigen Krieges erzeugt hatte.

71 Der Luftkrieg 1914–15. Unter Verwendung von Feldpostbriefen und Berichten von Augenzeugen dargestellt von einem Flugtechniker. Leipzig 1915, S. 48–50.

72 Paul Fussell, The Great War and Modern Memory. London 1979.

Raumpolitik des britischen Empire in der Zwischenkriegszeit und die Rolle der Luftfahrt

Das britische Empire schien aus der „Urkatastrophe des 20. Jahrhunderts“ (George Kennan) gestärkt hervorgegangen zu sein. Nach den Pariser Vorortverträgen, die dem Vereinigten Königreich koloniale Gebiete der Verlierermächte übertrugen, war es so groß wie nie zuvor. Aber nur scheinbar waren am Beginn der 1920er Jahre imperiale Träume, die vor dem Krieg die Vertreter eines „Greater Britain“ hegten, erfüllt. Krisensymptome häuften sich und „imperial entropy“ (Brendon 2002) machte sich bemerkbar. Schon zuvor, um 1900, wurden Befürchtungen immer stärker artikuliert, dass Großbritannien ein „overstretched Empire“ besaß. Diskutiert wurde etwa Rudyard Kiplings Gedicht „Recessional“, das als Gegenposition zu den glanzvollen Feiern zum Regierungsjubiläum von Königin und Kaiserin Victoria formuliert worden war. Die Neudistribution der britischen Flotte, die die bisher starken überseeischen Stationen entblößte, um durch eine Stärkung der Home Fleet die Herausforderung der deutschen Marine zu kontern, wurde als „calling the Legions back“ interpretiert. Nun bekam Gibbons „Decline and Fall of the Roman Empire“ eine neue Aktualität; eine Krise des britischen imperialen Bewusstseins war spätestens um 1920 nicht mehr zu übersehen. Typisch dafür sind die Titel von aktuellen wissenschaftlichen Arbeiten, die über die Zwischenkriegszeit entstanden: „The Twilight Years“ (Overy 2010); „Farewell the Trumpets“ (Morris 1978), „The Dark Valley“ (Brendon 2002); oder „Borrowed Time“ (Hattersley 2009).

Diese Krise äußerte sich in vielfacher Weise. In den Kolonien und Dominions entstanden zunehmend selbstbewusstere indigene Bewegungen; so etwa in Indien, „the Jewel in the Crown“, wo sich die Congress-Party von einer Oberschichtinitiative zu einer Volksbewegung entwickelte und „swaraj“, Selbstherrschaft, zum Programm wurde. Das Irlandproblem entwickelte sich nach den misslungenen Initativen zur „home rule“ zu gewaltsamen

Auseinandersetzungen und zu einem tatsächlichen Krieg. Es gab im Entscheidungsdreieck zwischen den Londoner Ministerien, den kolonialen Verwaltungs- und Regierungsbeamten und den zivilen und militärischen „men on the spot“ selten eine konsistente Linie. Typisch dafür ist das Massaker von Amritsar, bei dem 1919 eine Demonstration durch einen lokalen Militärbefehlshaber, General Reginald E.H. Dyer, ohne Rückendeckung von oben blutig, mit Hunderten von Toten, aufgelöst wurde. Die inkonsistente britische Indienpolitik ist „therefore best summarised in a tripartite formula: repression, concession, procession“ (Brendon 2002, 244). Globalpolitische Verwirrungssymptome und Widersprüche unkoordiniert Handelnder zeigten sich etwa auch in Palästina. Dort versprachen diese Handelnden den jüdischen Immigranten, den indigenen lokalen Herrschern, den gestärkt aus dem Krieg hervorgehenden arabischen Politikern und der kollegialen Kolonialmacht Frankreich ganz unterschiedliche und nicht miteinander vereinbare Lösungen.

Dazu kamen zunehmende finanzielle Restriktionen. Das Mutterland hatte nach dem Krieg Schwierigkeiten, die Kosten des Empire und dessen Kontrolle und Beherrschung zu tragen. Dabei ging der Support der selbstbewusster werdenden Dominions weitgehend verloren. So wurde etwa die Intervention in der Türkei von Kanada und Australien nicht unterstützt und war auch deswegen nicht durchsetzbar. Skeptisch betrachtet wurde auch die Intervention in der jungen Sowjetunion. Zunehmend weniger Unterstützung bekamen der imperiale Gedanke und die imperiale Praxis auch im Mutterland selbst. Geprägt war es durch Unsicherheit und Depressionen, durch Resignation und durch Trauer um die Toten. Der anscheinende verlorene Friede („lost peace“) wurde zu einer negativen „Kultur des Sieges“, als Spiegelbild der Kulturen der Niederlage, wie sie Wolfgang Schivelbusch (2001) analysiert. Die kulturelle Demobilisierung gelang ebenso wenig wie die praktische: Großbritannien erlebte Unruhen, auch hervorgerufen durch das „Gespenst des Bolschewismus“, eine Streikbewegung und industrielles Chaos. Näher als imperiale Probleme schienen also die domestikalen. Die britische Politik wurde verstärkt Innenpolitik, und das hieß: Sozialpolitik. David Llloyd George wollte aus Großbritannien „a land fit for heroes“ machen („What is our task? To make Britain a fit country for heroes to live in.“ David Lloyd George, Rede in Wolverhampton am 23. Nov. 1918, zitiert in The Times, 25. Nov. 1918. „The Oxford Dictionary of Modern Quotations“ by Tony Augarde). Dass die Kolonien ihren Eros verloren, bemerkte sogar ein Imperialist wie Winston Churchill: „I see little glory in an empire which can rule the waves and is unable to flush its sewers“ (nach Brendon 2010, 226). Zu den Konsequenzen gehörte eine Kultur des Selbstzweifels der Imperialisten, wie sie etwa von George Orwell, der als Kolonialpolizist in Burma tätig war, in „Shooting an Elephant“ 1936 artikuliert wurde. In ähnlicher Weise zeigte der Richter, der Mahatma Gandhi nach dem Salzmarsch verurteilte, Verständnis und sogar Sympathie für die Rebellion. Die Rekrutierung derjenigen, die bereit waren, „the dirty work of the Empire at close quarters“ zu leisten, musste einerseits auf nicht unbedingt geeignete Personengruppen zurückgreifen, wie etwa die „black and tans“ in Irland, die man als „dirty tools for a dirty job“ bezeichnete. Andererseits wurden die Auswahlmechanismen der Kandidaten für den verwaltenden Indian Civil Service

(ICS) verfeinert und die Verwaltung professionalisiert (Morris 1978, 308). Das waren schon Versuche, nach der Anamnese und Diagnose der „imperialen Entropie“ und eines überdehnten Empires nun therapeutische Konsequenzen zu ziehen. Im Folgenden sollen kurz die konventionellen Versuche des Gegensteuerns skizziert werden, bevor ein innovatives Feld der britischen Imperialpolitik betrachtet wird.

Zu den Ansätzen, die vielfältigen Probleme eines empiremüden und finanziell restringierten Landes zu lösen, gehörten Sparen, Übergabe von Teilen der politischen Verwaltung an indigene Eliten, und der Abbau konventioneller militärischer Präsenz. Kaum gespart wurde an Repräsentationsformen in den Kolonien selbst; dort wurde Machtsymbolik zwischen Routine und Skepsis praktiziert. Die imperiale und zugleich indigen eingekreuzte Architektur von Sir Edwin Lutyens' New Delhi gehören ebenso dazu wie die Art Deco-Gebäude von Bombays Back Bay. Dazu gehörte auch eine nicht unkomplexe kulturelle Mobilisierung im Inland: „Imperial propaganda grew as Britain declined“ (P. Greenhalgh, nach Brendon 2002, 245). Ein Höhepunkt dieser Mobilisierungskampagne, intendiert für die Massen, war die „British Empire Exhibition“, die 1924 in Wembley stattfand. Die Basis der populären Empire-Propaganda hingegen war eine extensive materielle Kultur von Zigarettenalben, Schokoladedosen, Stereobildern oder Kolonialnippes, grundiert von Paraden, Produktplatzierungen und nicht zuletzt durch gesteigerte Empire-Propaganda in Schulen. Doch die Schwierigkeiten einer gezielten Beeinflussung der öffentlichen Meinung wurden evident: „For it was not a tabula rasa or blank sheet on which the imperial creed could be inscribed; it was a palimpsest of differing opinions and a ‚phantasmagoria‘ of conflicting values [...]. Britains drumbeat sounded louder as its empire grew more hollow“ (Brendon 2002, 331). Zur Fülle der kolonialenthusiastischen Literatur, etwa für (männliche) Jugendliche, wie etwa Edgar Wallaces „Sanders of the River“ und „Bones“-Romane gab es eine kulturell kaum weniger wirksame empire-skeptische Literatur, wozu etwa E.M. Forsters „Passage to India“ gehört.

Die meisten Ansätze zur Lösung der dreifachen fundamentalen Probleme, die das britische Empire zwischen den Kriegen hatte – soziale und kulturelle Unsicherheit und Depression; pragmatische Probleme der Finanzierung, Verwaltung und Kommunikation; militärische Kontrolle eines „overstretched empire“ – erwiesen sich als wenig wirksam. Nun aber entwickelte Großbritannien – im übrigen parallel zu anderen kolonialen Mächten, die nach 1918 mit ähnlich gelagerten Problemen kämpfen mussten – ein Mittel, das versprach, diese widerstreitenden, unter politischen und kulturellen Restriktionen stehenden Politiken und kulturellen Konflikte kombiniert auf moderne Weise zu lösen: die Luftfahrt. Sie bot Auswege aus manchen der Dilemmata eines resignierenden Spätimperialismus – oder versprach dies.

Die Luftfahrt besaß nach dem Ende des Weltkrieges, der das technische System entscheidend weiterentwickelt hatte, Attraktivität auf verschiedensten Feldern: Man konnte dynamische Helden einer emphatisch modern-technischen Kriegführung verehren; diese

Helden führten wagemutige Entdeckungs- und Pionierflüge aus und bereiteten die konkrete Netzbildung von Fracht- und Passagierlinien vor. Luftfahrt – oder genereller: der Sinn für die Luft, „airmindedness" – war dazu emphatisch modern. Luftenthusiasmus und populäre Begeisterung fungierten als Transmissionriemen eines Aufbrechens des für die Zwischenkriegszeit typischen „little Englander"-Geistes und trug dazu bei, globalpolitische Aspekte ins öffentliche Bewusstsein zu rücken. Nicht vergessen sollte man die Anbindung der technisch-militärischen Eliten an ein sich neu aufstellendes Empire. Utopien einer „New Civilization" (Wohl 2005) einer technisch-rationalen Kultur stellten das Bild des Piloten ins Zentrum.

Mit Luftbegeisterung als Problemlöser schien eine müde gewordene Gesellschaft, geprägt durch Diskussionen um eine „lost generation", sich in die Vorderfront der Modernisierung einzuschieben und die verschiedenen Ebenen der Krise zu lösen. Großbritannien schwamm nach 1919 auf der breiten transnationalen Welle der Luftbegeisterung mit und entwickelte eine eigene nationale Codierung der besonderen britischen Luft-Affinität, die sich von den nationalen politischen Codierungen der „airmindedness", wie sie die Sowjetunion, das faschistische Italien oder der Nationalsozialismus ausbildeten, unterschied. Pionierflüge zu den entfernten Gebieten des Empire erlebten eine außerordentliche Publizität. Für die Helden und Heldinnen der „first flights", wie etwa die Gebrüder Smith, die mit einer Vickers Vimy 1919 nach Australien flogen, wurde das geografische Netz des Empire ein Aktions- und Spielfeld. Die Kolonien selbst waren oft pragmatischer orientiert und an der Entwicklung einer Anbindung interessiert. Typischerweise wurde dieser Flug aufgrund eines Preises von 10.000 Pfund unternommen, den die Regierung des Commonwealth von Australien ausgelobt hatte.

In der Wahrnehmung der britischen Öffentlichkeit waren die spektakulären Erschließungsfüge des Empires durch wagemutige Piloten und Pilotinnen mit den Produkten der britischen Luftfahrtindustrie eng verbunden. Flugzeugtypen und Flugmotoren wurden stets prominent genannt und ihrer Leistungsfähigkeit wegen herausgestellt. Insofern passte die Konstruktion eines Komplexes imperial-nationaler Fliegerei in den politischen und wirtschaftlichen Abschottungstrend der Zwischenkriegszeit. Dem Wandel von der britischen Freihandelspolitik zum Aufbau eines sich abschottenden Sterling-Wirtschaftsraums des British Commonwealth, das 1931 gegründet wurde, entsprach der Aufbau der inter-imperialen Zivilluftfahrt.

Die konkrete Entwicklung erfolgte rasch. Schon ab etwa 1925 kam es zu einer Transformation von abenteuerlichen und gefährlichen Pionier- und Erkundungsflügen zu sicherheitsorientierten, ansatzweise effizienten und schnelleren Verbindungen zu den Kolonien (siehe Möser 2009). Dadurch wurde eine neue Raumpolitik des Empire durch Luftlinien möglich. Dabei verfolgten die britischen Luftbehörden eine dreifache Strategie: man setzte auf Luftschiffe, Landflugzeuge und Flugboote. Die prestigeträchtige und fliegerisch ausgesprochen herausfordernde Indien-Verbindung wurde lange „multimodal" bedient. Landflugzeuge und auch Luxuszüge brachten die Passagiere von London ans Mittelmeer. Von dort aus flog man in sieben Tagesetappen via Irak und arabische Wüste nach Karachi, Bombay und New Delhi. Um diese Linie ranken sich bis heute Legenden und Mythen, die von dem Reiseautor Alexander Frater in seinem Buch „Beyond the Blue Horizon“ beschrieben worden sind (Frater 1986).

Spektakulärer war das vorausgehende Konzept eines neuen empireweiten Transportnetzes mit Luftschiffen. Zu Beginn der 1920er Jahre traute man Flugzeugen noch keinen sicheren, wetterunabhängigen und wirtschaftlichen Passagierluftverkehr über lange Strecken zu. Nur Luftschiffe schienen möglich. Das Vorbild waren die deutschen Zeppeline, deren Leistung sowohl durch die Bombenangriffe auf England als auch durch die „Weltfahrten“ und den Beginn des Linienverkehrs bewiesen schienen. Das seit 1923 diskutierte und geplante „Imperial Airship Scheme“ baute auf die Leistungsfähigkeit von Luftschiffen auf langen Strecken. Ein typisch britischer Ansatz war eine konkurrenzorientierte Herangehensweise: Zwei Großluftschiffe wurden in Auftrag gegeben, eines, das „kapitalistische“, R (für „rigid“) 100 bei der Privatfirma Vickers, R 101, das „sozialistische“ bei den staatlichen „Royal Airship Works“. 1930 stürzte das unausgereifte Luftschiff mit prominenten Protagonisten des Imperial Airship Scheme, darunter dem Luftfahrtminister Lord Christopher B. Thomson, ab, das zur Imperial Conference nach Indien fahren sollte. Nach dem Absturz des R 101wurde die weitere Luftschiffsplanung zurückgefahren und das Imperial Airship Scheme nicht verwirklicht.

Für die aeronautische Anbindung der Kolonien und Dominions an das Mutterland waren, kaum anders als für die vorher gehenden Schiffahrtslinien, extensive Infrastrukturinvestitionen erforderlich. Und wie beim Netz von Stützpunkten, Trockendocks, Versorgungs- und Schutzinfrastrukturen, die für die britischen Handels- und Kriegsschiffe gebaut und erhalten werden mussten, entstanden für die Luftnetze ebenfalls aufwendige Infrastrukturen, von geschützten Compounds in der Wüste, in denen Passagiere und Maschinen bei Zwischenlandungen untergebracht wurden, über Versorgungs- und Reparaturnetze, Luftschiffshallen (wie die in Karachi), Landemasten und Navigationshilfen wie die berühmte, Hunderte Kilometer lange Furche, die in die arabische Wüste gepflügt wurde.

Diese Rekombination von Trägern der „airmindedness“, modernen Pilotenhelden, Flugzeugen, Motoren und der Geografie des Empire und der Dominions zu einem Komplex der luftfahrtbezogenen Britishness war nicht unbedingt eine Spezifik Großbritanniens; ähnliche Konstruktionen nationaler und politisch expansiver Luftfahrtkultur und -politik gab es in der Zwischenkriegszeit in den autoritären und totalitären Staaten UdSSR und Italien ebenso wie in den Demokratien USA und Frankreich. Auch in der Weimarer Republik wurde Luftfahrt als symbol- wie als realpolitisches Mittel funktional eingesetzt, bevor die Nationalsozialisten Luftmacht und Flugbegeisterung in ungeahnter Weise beförderten.

Allerdings geht der kulturelle Komplex Luftfahrt nicht in diesen politischen Funktionen auf. Im Fall einer verunsicherten britischen Imperialpolitik eignete sich die Fliegerei aber in besonderer Weise für eine Vereinnahmung, weil hierdurch die Kohärenz der ausgedehnten Territorien sinnfällig gemacht werden konnte. Durch Rekordflüge, die immer wieder das Zusammenrücken der über den Erdball verstreuten Gebiete betonten, konnte die geografische Ausdehnung einerseits hervorgehoben und ins kollektive Gedächtnis eingebracht, andererseits die Nähe der Gebiete zum „mother country“ sinnfällig gemacht werden. Überdies kamen – wie schon die Kriegspiloten des Royal Flying Corps während des Weltkrieges – viele Piloten aus den Dominions und Kolonien oder hatten Verbindungen dorthin. Dies, die gemeinsame „Arbeit“ der Modernisierer via Luft, war noch ein weiterer Faktor, der die Kohärenz des Empire konkret demonstrieren und symbolisch verdeutlichen konnte.

Imperial aufgeladen waren typischerweise auch die Namen der Flugzeugkonstruktionen, etwa der berühmten Firma Short Bros. in Belfast: sie besaßen schon Namen wie Short „Singapore“, „Calcutta“ oder „Rangoon“, schließlich auch „Empire“. Insbesondere die „Calcuttas“ waren typische Maschinen für die frühen Langstrecken-Linienflüge zwischen den imperialen Außenposten. Sie flogen etwa auf dem Streckenteil zwischen dem Mittelmeer und Karachi.

Der Aufbau der Luftlinien im Empire und später im Commonwealth war also Teil einer imperialen Luftpolitik, deren Stellenwert sich etwa in einem eigenen Luftfahrtministerium, das für die Kolonien zuständig war, niederschlug. Auch die Höhe der staatlichen Subventionen, ohne die in der Zwischenkriegszeit keine Luftlinie dauerhaft wirtschaftlich betrieben werden konnte, sprach für den Stellenwert, den die britischen Regierungen der interimperialen Luftfahrt zumaßen. Flugzeuge wurden als Modernisierungsagenten gesehen, die einen schwer beherrschbaren Raum handhabbar machten und vernetzten, wodurch neue Formen von Geopolitik ermöglicht wurden. Das virtuelle Netz der Luftlinien, das in Karten immer wieder medial präsent gemacht wurde, folgte dabei dem Muster der Handelsschifffahrtslinien. Ihre wirtschaftliche Bedeutung für Großbritannien und ihr immenses Prestige waren dabei eine Form der Traditionsbildung. Eine andere Form des Anknüpfens der Luftfahrt an die Seefahrt war natürlich Machtprojektion. Die Royal Air Force und die Zivilluftfahrt waren die Ergänzung, vielleicht sogar, wie manche Theoretiker der Luftherrschaft meinten, der Ersatz der Kriegs- und Handelsmarinen (siehe Edgerton 2013): So, wie Großbritannien die Meere beherrschte („ruled the waves“), sollte es unter den veränderten, krisenhaften Bedingungen des 20. Jahrhunderts auch und insbesondere das Luftmeer beherrschen. Luftstrategie und Seestrategie wurden zu einem geopolitischen Instrument amalgamiert.

Im Grunde war das Muster also nicht neu. Auch die Schiffslinien, die das Empire vernetzten, erlebten eine außerordentliche kulturelle Rezeption. Rudyard Kipling beispielsweise schrieb über die „Liners“ der Kult-Linie P&O (Peninsular and Oriental Steamship Co.), die auf den Routen „east of Suez“ für die Anbindung des Empires an das Mutterland sorgten. Die imperialen Fluglinien waren eine Ergänzung und eine emphatisch modernere Version der P&O. In der Kultur des Reisens folgte man dem Muster der Seefahrt, von den Uniformen und den Gestaltungen der Passagierkabinen bis zu den Union Jacks, mit denen die Standardmaschinen, die Handley Page 42, nach den Landungen Flagge zeigten. Wie bei den imperialen Schiffslinien entstand bei der Luftfahrt der Zwischenkriegszeit eine Symbiose von Transportfunktionalität und kultureller Valorität. Piloten und Passagiere partizipierten, wie auch die britische Öffentlichkeit, an einer technischen Unternehmung, welche die Imagination beschäftigte. Das System der Luftfahrt im Dienst des krisenhaften Spätkolonialismus war symbolisch wie funktional wirksam.

Die in den 1920er Jahren verfolgten Ideen einer imperialen britischen Luftpolitik haben eine längere Ahnherrschaft. Kipling veröffentlichte 1912 eine Erzählung „As Easy as A.B.C." in einer Phase, in der, nach dem spektakulären Kanalflug Louis Blériots 1909, eine Luftinvasion Großbritanniens plausibel schien, und in der sich phantastische literarische Texte und alarmistische journalistische Artikel mit einem künftigen Luftkrieg gegen Großbritannien beschäftigten. In seiner technikphantastischen Zukunftserzählung, die 2065 spielt, hat sich aus einer internationalen Luftfahrt-Regulierungsbehörde „Aerial Board of Control" (A.B.C.) eine Weltregierung entwickelt – anscheinend unter britischer Vorherrschaft. Kiplings Utopie einer rationalen, technokratischen und durchaus undemokratischen Herrschaftsform stellt die Luftfahrt als transnationalen, imperialen Modernisierungsagenten dar und antizipiert dabei die imperiale Rolle einer autoritären Luftpolitik (siehe Stoddard 2011).

Aber der zivile imperialpolitische Aspekt der Luftfahrt blieb nicht allein. Die Kultur der „airmindedness" ist die Basis einer doppelten Praxis des politischen Einsatzes der Luftfahrt für geopolitische Zwecke: Neben zivilen Funktionen bot sie auch spektakuläre militärische. Der militärische Einsatz des Flugzeuges im Inneren des britischen Herrschaftsbereichs – im Gegensatz zu den kursierenden Konzepten eines „totalen Krieges" aus der Luft, wie sie in den USA Billy Mitchell, in Großbritannien Hugh Trenchard und in Italien Giulio Douhet propagierten – bot wiederum Lösungen, nämlich für einige der oben skizzierten Schwierigkeiten. Das „policing" des Empire und die Reaktion auf Aufstände und gewaltsame Konflikte war durch das emphatisch moderne Waffensystem der Fliegerei einfacher und kostengünstiger möglich geworden.

Beim neuen Typ des Polizierens des Empire und der asymmetrischen Kriegführung sollten technische Kampfmittel Bodentruppen ersetzen. Dieses Konzept passte zu den militärischen Erfordernissen einer Gesellschaft, die einen verheerenden Krieg sozial und kollektivpsychisch noch nicht überwunden hatte, und tote Soldaten, begraben „in a corner of a foreign field", nicht ertragen wollte. Die traumatisierte und tendenziell pazifistische britische Kultur der Zwischenkriegszeit fand mit „air control" eine Möglichkeit, koloniale Konflikte und Aufstände mit reduzierten Kosten führbar zu machen. Dieses Konzept – wo bisher blutzollgefährdete Infanterieeinsätze waren, musste nun ein modernes, technisches, Verluste sparendes Waffensystem treten – hatte natürlich Ahnen, symbolisiert in der paradigmatisch kolonialen Waffe des Maschinengewehrs. Aber seitdem ist vor allem die Konzeption und Praxis der militärischen Kontrolle von durch Luftwaffeneinsätze pazifizierten, Verluste fürchtenden westlichen Demokratien rezipiert und aktualisiert worden. Hochtechnologie statt Intervention am Boden wurde als Lösung auch von den USA reflektiert und natürlich praktiziert. Das neue Verfahren, genannt „Air control“ (siehe Omissi 1990; Powers 1976; Towle 1989; Corum 2000; Möser 2009), wurde zum neuen militärischen Mittel des kostengünstigen, an technisch-militärische Experten delegierten „imperial policing“. Dies wurde zur Hauptaufgabe der Royal Air Force der Zwischenkriegszeit, weit wichtiger als der Aufbau des Potenzials für den strategischen Bombenkrieg. Ein Nebenziel war es, der Royal Air Force, deren Selbständigkeit gleich nach ihrer Gründung 1918 in Gefahr war, eine neue Aufgabe zu geben. Ein anderes Ziel war es, die Kosten des „policing“ des Empire entscheidend zu reduzieren, finanziell wie in Truppenstärken. Auch deswegen unterstützten Politiker wie Winston Churchill, der 1921/22 Kolonialminister und ab 1924 Finanzminister und damit für die prekären Finanzen zuständig war, diesen Kriegführungstyp (siehe Corum 2000).

Kontrolle aus der Luft wurde oft ergänzt durch Panzerautomobile, bemannt durch technische Experten kleiner Kriege. Air Control war eine euphemistische Formulierung eines Konzepts für die Führung von Semi-Kriegen, Insurrektionen und kriegerischen Konflikten im Mittleren Osten, im Irak, in Afghanistan und Palästina der 1920er Jahre mit Mobilitätsmaschinen (siehe Möser 2009; Hallion 1989). Panzerautomobile wie „Polizeiflugzeuge“ wurden von der britischen Kolonialmacht regelmäßig als Disziplinierungsinstrumente in parakriegerischen Konfliktsituationen eingesetzt, mitunter aber auch als Mittel zum Steuereintreiben.

Zu den militärischen Argumenten für einen Ausbau der mechanisierten Mobilitätskriegführung, wozu Air Control zählte, waren: schnelles Eingreifen; Vereinfachung der Logistik; Reduzierung der Verluste; außerordentliche Reduzierung der Truppengrößen; symbolische Abschreckung „unzivilisierter“ Aufständischer; und auch (potenziell) geringere Gewalthaltigkeit. Dazu entwickelte die Royal Air Force eigene Organisationsformen, eine Doktrin, eigene Maschinen wie beispielweise die tropentaugliche „Westland Wapiti“, und erwarb sich extensive Einsatzpraxis.

Doktrin und Praxis der kolonialen Para-Luftkriege Großbritanniens identifizierten als Zielgruppe der kolonialen Mobilitätskriegführung vorrangig Zivilisten. Entsprechend der alten Konzeption des britischen Offiziers C.E. Caldwell von 1906 zur Führung „kleiner Kriege“ sollte systematisch gegen die Zivilbevölkerung vorgegangen werden, die die Insurrektionen mittrug oder tolerierte, und nicht vorrangig gegen Kombattanten. Caldwell propagierte „crushing of populace in arms and the stamping out of widespread disaffection“. Man müsse „burn his villages, even if sensitive individuals might find this objectionable“ (Caldwell 1906, 22, 26). Der Analyst der Kulturgeschichte des Bombardierens,

Sven Lindqvist, hat betont, dass das Konzept des programmatischen Terrorbombens gegen Zivilisten eine Ausweitung dieser Kolonialkriegskonzeption auf den Krieg der Industriestaaten untereinander war (vgl. Lindqvist 2001, 20), dann aber im veränderten Kontext europäischer Auseinandersetzungen anders wahrgenommen wurde. Die Propagandisten der „Air Control" sahen, konträr dazu, ihre Art der Kriegführung als human an, da die Stämme und Dörfer vor einem Luftbombardement in der Regel vorgewarnt werden sollten (vgl. Corum 2000, 71). Längst bevor die Bombardierung von Guernica im Spanischen Bürgerkrieg zu einem Symbol der Barbarei wurde, hatten aber die Maschinen der Air Control systematisch Dörfer in Nordafrika und im Mittleren Osten zerstört, ohne dass die Öffentlichkeit dies kommentierte (vgl. Lindqvist 2001, 72f.; Towle 1989). Damit fügte sich der Bomber in ein Muster der Entgrenzung des Krieges ein: als Ausweitung der Verwendung von ursprünglich vor allem gegen „Eingeborene" vorgesehene Waffen, wie dem Maschinengewehr, auf den „großen Krieg" der Industriestaaten untereinander.

Unter den Bedingungen der Abrüstung, der Kriegsunwilligkeit und der finanziellen Knappheit bei gleichzeitiger Zunahme kolonialer „Unruhe" wurden technisch basierte, hochmobile unsymmetrische Kriegführungsformen neu reflektiert. Nach 1918 hieß dies: Motorisierung und eine Erweiterung in die dritte Dimension. Wenige Staffeln der Royal Air Force ersetzten, so schätzte man optimistisch, im Irak ab 1920 51 Bataillone (vgl. Lindqvist 2001, 43). „Kontrolle ohne Besetzung" und ein Krieg ohne Infanteristen schienen nun möglich.

Damit war ein Muster der konkreten wie demonstrativen Ausübung staatlicher Gewalt entstanden, das auf Mobilitätsmaschinen beruhte statt auf massenhaftem, infanteristisch geprägtem Polizeieinsatz. Diese Form der Mobilitätskriegführung schien ein effektives Durchsetzungsinstrument des kolonialherrschaftlichen Gewaltmonopols zu sein, das längst schon auf Maschinisierung und Technisierung gesetzt hatte statt auf Truppenmassen. Die Tradition einer hochtechnisierten Kriegführung gegen außereuropäische Völker ging weit zurück. Selbstladegewehre und Maschinenwaffen gehörten zu den taktisch-technischen Voraussetzungen der kolonialen Expansion in der zweiten Hälfte des 19. Jahrhunderts, bei denen Technik „menschensparend" erfolgreich zur Machtprojektion eingesetzt werden konnte. Nun führten die Erfahrungen des Weltkrieges zu einem abermaligen Lernprozess.

Die Verzahnung zwischen dem außereuropäischen und dem späteren strategischen Bombenkrieg in Europa war auch eine personelle: Arthur „Bomber" Harris war als Geschwaderführer einer der Protagonisten der Doktrin der „Air Control" im Mittleren Osten. Seine Denkschrift „Notes on the Method of Employment of the Air Arm in Iraq" vom März 1924 berichtete über Angriffsmethoden, mit denen Dörfer nach einem Angriff von nur vier oder fünf Maschinen „can be practically wiped out and a third of its inhabitants killed or injured" (Lindqvist 2001, 43). Als Harris ab 1942 die Bombenoffensive gegen Deutschland kommandierte, kannte er seine Untergebenen aus der irakischen Kampagne, und sein direkter Vorgesetzter hatte im Rahmen der Luftkriegsmaßnahmen Aden zerstört.

Das alte Konzept der britischen „Air Control“ ist seit den 1980er Jahren durch eine Reihe von Militärpublizisten, die dem Pentagon oder dem britischen Defense Ministry nahestehen, re-interpretiert und optimistisch, ja idealistisch beurteilt worden. Diese billig, effektiv und human auftretende und dazu scheinbar ohne teure, verwund- und attackierbare Bodentruppen auskommende Konzeption eines Flugzeugeinsatzes für niedrig intensive Kriegsformen erlebte seitdem ein Revival (siehe Corum 2000; Belote 2006; Read 2005). Wenn man die britischen Verfahren der Mobilitäts- und Machtprojektion durch Verkehrs- und Militärfliegerei betrachtet, wie sie in der Zwischenkriegszeit geostrategisch funktional und symbolisch entwickelt und eingesetzt wurden, so ergibt sich durchaus ein „shape of things to come“.

Literatur

Belote, Howard D. (2006), Counterinsurgency Airpower. Air-Ground Integration for the Long War. In: Air & Space Power Journal 20, S. 55–68.
Biddle, Tami D., Rhetoric and Reality in Air Warfare: The Evolution of British and American Ideas about Strategic Bombing, 1914–1945. (2004) Princeton.
Brendon, Piers, The Dark Valley. A Panorama of the 1930s. (2002) London.
Caldwell, Charles E., Small Wars. Their Principle and Practice. (1906) London (EA 1896).
Corn, Joseph J., The Winged Gospel. America's Romance with Aviation, 1900–1950. (1983) New York.
Corum, James S. (2000), The Myth of Air Control. In: Aerospace Power Journal 14, S. 61–77.
Edgerton, David, England and the Aeroplane. Militarism, Modernity and Machines. (2013) Harmondsworth.
Ferguson, Niall, Empire: How Britain Made the Modern World. (2003) London.
Frater, Alexander R., Beyond the Blue Horizon: On the Track of Imperial Airways. (1986) London / Harmondsworth.
Fritzsche, Peter, A Nation of Flyers. German Aviation and the Popular Imagination. (1992) Cambridge / London.
Grayling, Christopher, A Land Fit for Heroes. British Life After the Great War. (1988) London.
Hallion, Richard P., Strike from the Sky. The History of Battlefield Air Attack, 1911–1945. (1989) Washington, D.C.
Hattersley, Roy, Borrowed Time: Story of Britain Between the Wars. (2009) London.
Lindqvist, Sven, History of Bombing. (2001) New York.
Masefield, Peter G., To Ride the Storm: The Story of the Airship R.101. (1982) London.
Morris, Jan, Farewell the Trumpets. An Imperial Retreat. (1978) London.
Möser, Kurt, Fahren und Fliegen in Frieden und Krieg. Kulturen individueller Mobilitätsmaschinen 1880–1930. (2009) Heidelberg u.a. (= Technik und Arbeit 13).
Omissi, David E., Air Power and Colonial Control: The Royal Air Force 1919–1939. (1990) Manchester / New York.
Overy, Richard, Bombing, States and Peoples in Western Europe 1940–1945. (2011) London.
Overy, Richard, The Twilight Years. The Paradox of Britain Between the Wars. (2010) London.

Palmer, Scott W. (2000), Peasants into Pilots. Soviet Air-Mindedness as an Ideology of Dominance. In: Technology and Culture 41, S. 1–26. Verfügbar unter https://doi.org/10.1353/tech.2000.0028

Powers, Barry D., Strategy without Slide-Rule. British Air Strategy 1914–1939. (1976) London.

Pugh, Martin, We Danced All Night: A Social History of Britain Between the Wars. (2009) London.

Read, Robyn (2005), Effects-Based Airpower for Small Wars: Iraq after Major Combat. In: Air & Space Power Journal 19, S. 103–112.

Schivelbusch, Wolfgang, Die Kultur der Niederlage. (2001) Berlin.

Smith, Simon, British Imperialism 1750–1970. (1998) Cambridge.

Stoddard, William H. (2011), Kipling's Political Theme in „As Easy as A.B.C". In: Prometheus. Newsletter of the Libertarian Futurist Society vol. 29. http://lfs.org/newsletter/029/04/Kipling.shtml.

Towle, Philip, Pilots and Rebels: The Use of Aircraft in Unconventional Warfare, 1918–1988. (1989) London.

Wende, Peter, Das Britische Empire. Geschichte eines Weltreichs. (2008) Bonn. Verfügbar unter https://doi.org/10.17104/9783406624599.

Wohl, Robert, The Spectacle of Flight. Aviation and the Western Imagination, 1920–1950. (2005) New Haven / London.

„A Logistician's Dream"?
Logistik der Westfront im Ersten Weltkrieg

Logistik im Bewegungskrieg

Als im August 1914 die mobilgemachten deutschen Massenheere Belgien und Frankreich angriffen, mit Eisenbahnen an die Grenzen transportiert und dort ausgeladen wurden, begann der Vormarsch zu Fuß. Anfängliche Marschleistungen von mehr als 30 Kilometern pro Tag führten aber bald dazu, dass die Truppen dem Nachschub davonliefen. Die Logistik von den Eisenbahn-Ausladeorten nach vorn war, trotz aller Vorplanungen, offenbar nicht adäquat.

Man hatte es also in der Vormarschphase mit zwei Logistik-Teilstrukturen mit unterschiedlichen Geschwindigkeiten, Vorbereitungschancen und Kapazitäten zu tun: erstens die getaktete, relativ schnelle Eisenbahn. Dies war ein Transportmittel, das seit den Kriegen von 1864, 1866 und 1870 eine militärisch-planerische Perfektionierung erlebt hatte.

Eine noch längere Erfahrung besaßen die Stäbe bei der kaum mechanisierten Logistik von Stiefelsohle und Pferdehuf, die als Verteil- und Vormarschlogistik das zweite Geschwindigkeitsfeld im Anschluss an die Schienentransporte bildete. Auch die Planung der Nachschubkolonnen für die Beladung, die Auswahl der Wegstrecken, die Anlage von Zwischendepots und Umladeknoten erfolgte mit erheblichem Arbeitsaufwand der Stäbe. „The impetus of supply was from the rear, through a system of depots that stretched out behind an advancing army like the extensions of a telescope, with continuous shuttling from the rearward depot to the next one forward."[1] Das „Nähren" der Offensive durch ein elaboriertes, verzahntes und zeitgestaffeltes System war von der preußischen Armee vor den Kriegen von 1866 und 1870/71 entwickelt und 1914 weitgehend perfektioniert worden. Es wurde nach und nach von den Armeen der europäischen Staaten imitiert und adaptiert. Doch es brach ausgerechnet während der schnellen Angriffsoperationen der deutschen massierten Truppen Richtung Paris mehr oder weniger zusammen. Faktisch sank die Transportgeschwindigkeit jenseits der Eisenbahn gegenüber derjenigen der napoleonischen Kriege.

Dieser Zusammenbruch adäquater Versorgungsleistungen wird als eine der Komponenten der deutschen Niederlage in der Marneschlacht angesehen. Die Rolle der Logistik bei der Debatte um den Stopp der Offensivoperationen vor Paris hat schon früh, unmittelbar nach dem Waffenstillstand, in Deutschland eine öffentliche Schulddiskussion hervorgerufen, und hat auch in der Forschung großes Interesse hervorgerufen. Das „Versagen" der deutschen Operativpläne gegen Frankreich, des „Schlieffenplans", ist auf logistische Schwierigkeiten und unbedachte Komplexitäten zurückgeführt worden.[2] Ein Kernpunkt der Debatte war die Rolle der Motorisierung, der Ausstattung der deutschen Transportkolonnen mit LKWs. Schon vor Kriegsbeginn wiesen im Kaiserreich Propagandisten der Heeresmotorisierung auf die Aporien der Pferdetraktion hin. Allein die Motorisierung, der LKW für Nachschubzwecke, wurde als Ausweg propagiert. Um aus der Falle hoher Investitionen in eine sich rasch wandelnde Technik heraus zu kommen und LKWs zur Verfügung zu haben, wenn sie für die Mobilmachung gebraucht wurden, legte das Deutsche Reich, ähnlich wie andere Staaten, ein ziviles Beschaffungsprogramm auf. Firmen konnten Subventionen für den Erwerb und den Betrieb von LKWs mit Anhänger bekommen, die bestimmten Anforderungen an Leistung und Transportkapazität entsprachen.

---

1 James A. Huston, The Sinews of War: Army Logistics 1775–1953. Washington, DC 1966, S. 356. Zur Logistik 1914/18 siehe auch P.D. Foxton, Powering War. Modern Land Force Logistics. London 1994; Ian M. Brown, British Logistics on the Western Front. Westport, CT 1998; Christian Mueller-Goldingen, Zur Geschichte und Systematik des Begriffs „Logistik". In: Wissenschaftliche Zeitschrift der Technischen Universität Dresden 58 (2009) Heft 1–2, S. 17–19; Joseph Sinclair, Arteries of War: A History of Military Transportation. Shrewsbury 1992; Sandra Gittins, Between the Coast and the Western Front. Transport and Supply Behind the Trenches. London 2014; Moshe Kress, Operational Logistics: The Art and Science of Sustaining Military Operations. Dordrecht 2002.

2 Martin van Creveld, Supplying War: Logistics from Wallenstein to Patton. Cambridge 1977, streitet die Rolle von logistischen Problemen beim Scheitern des „Schlieffenplans" ab.

Der Umfang des Subventionsprogramms, bei dem ab 1906 ein standardisierter „Regeldreitonner" mit Anhänger bezuschusst wurde, war gering: Deutschland trat mit nur 6.000 Subventions-LKWs in den Krieg ein.[3]

Logistik im Stellungskrieg

Verglichen mit den erheblichen operationshemmenden Problemen langer pferdebasierter Versorgung war der Betrieb von Infrastrukturen im Stellungskrieg zwar aufwendig, aber weniger problembefrachtet: „When the war on the Western Front settled down to stabilized trench warfare, it became in some respects a ‚logistician's dream': regular supply lines and schedules could be set up, depots and even forward railheads could be organized on a semipermanent basis [...]."[4] Der Preis dafür war eine Bindung der Nachschuborganisation an die Schiene:

> „Kein anderes Landtransportmittel war auch nur annähernd imstande, die ungeheuren Mengen an Munition und Verpflegung, an Materialergänzung, Mannschafts- und Pferdeersatz, an Abschub von Kranken und Verwundeten, Beute und Gefangenen zu befördern, kein anderes Transportmittel konnte bei einer Zurückverlegung der Front die Räumung so schnell und zuverlässig bewerkstelligen, wie die Kriegführung es erforderte."[5]

Allein der stabile Versorgungsbedarf einer Armee mit Nahrungsmitteln war gewaltig. „Ein deutsches Armeekorps [...], rund 42.000 Mann und 14.000 Pferde, verzehrt täglich etwa 2600 Kilogramm Brot, 15700 Kilogramm Fleisch, 6800 Kilogramm Zugemüse [...], 1000 Kilogramm Kaffee und Salz, 90000 Kilogramm Hafer [...]"[6]. Konsequenterweise wurde die Rolle der Logistik immer wichtiger: „Die Verhältnisse des Weltkrieges brachten es mit sich, dass das Etappenwesen eine Bedeutung und einen Umfang gewann, wie man es früher nie geahnt hat."[7]

Ausweitung der Logistik

Es lag nahe, die Vorteile des schienengebundenen Systems „nach vorn" zu bringen. Das geschah nach der Verfestigung der Fronten in Form der Feldbahnsysteme: „Von den Ausladestellen der Vollbahnen ging ein fein verästeltes Schmalspurnetz nach vorn, um die Frontbedürfnisse, hauptsächlich Verpflegung, Munition und Material zum Stellungsbau

---

3 Siehe dazu Kurt Möser, The Dark Side of Early ‚Automobilism', 1900–1930: Violence, War and the Motor Car. In: Journal of Transport History 24/2 (2003), S. 238–258. Verfügbar unter https://doi.org/10.7227/TJTH.24.2.7.

4 Huston (Fußnote 1), S. 356.

5 Max Schwarte (Hg.), Die Technik im Weltkriege. Berlin 1920, S. 220.

6 Wilhelm Voss, Wir vom Verkehr. Die Entwicklung der Preußischen Verkehrstruppen. Berlin 1913, S. 2.

7 Schwarte (Fußnote 5), S. 315.

zu den einzelnen Verwendungsstellen zu befördern."[8] So steigerte sich die Zahl der Feldbahn-Betriebskompanien von 6 im Jahr 1915 auf 28 1917, dazu gab es in diesem Jahr 43 Feldbahn-Betriebsabteilungen.[9] Ein System multimodalen, eng verzahnten Transports von hinten nach ganz vorn in das Grabensystem hinein bildete sich aus.

Mit der Übernahme der Obersten Heeresleitung (OHL) durch Erich Ludendorff und Paul von Hindenburg im August 1916 wurde die Logistik stark priorisiert und als kriegsentscheidend bestimmt: „So ergibt sich, dass die Transportfrage jetzt entscheidend ist für die Fortsetzung des Krieges, und dass ihre Bewältigung von allen in Betracht kommenden Stellen in dauerndem gemeinschaftlichem Anteil angestrebt werden muss".[10] Lastkraftwagen standen im Februar 1918, vor dem Beginn der großen deutschen Offensive an der Westfront, deshalb an dritter Stelle der Dringlichkeitsliste, gleich nach U-Booten und Flugzeugen.[11] Während des Krieges wurden die Munitionskolonnen und Trains stark ausgeweitet. Bei Kriegsende waren in der deutschen Armee 507 Munitionskolonnen etatisiert, 758 leichte Kolonnen der Feldartillerie, dazu 18 Proviant-, 444 Fuhrpark-, 19 Tragtier-Kolonnen. Die zahlreichen improvisierten, nichtetatisierten Behelfskolonnen sind dabei nicht mitgezählt.[12] Die komplizierte, den jeweiligen taktisch-operativen Priorisierungen sich anpassende Funktionsgliederung änderte sich häufig. Ursprünglich waren Kraftwagenkolonnen als AKKs Armeen zugeordnet, doch ab Ende November 1917 „zog die OHL eine größere Anzahl von Kolonnen aus den Armeen heraus, um sie bei den Großkämpfen als Transportreserve für den dann gesteigerten Munitionsbedarf und zum schnellen Verschieben von Truppenteilen einsetzen zu können".[13] Im Verlauf des Krieges wurden Funktionstrennungen zwischen spezialisierten Nachschubeinheiten oft aufgegeben, um bedarfsgerecht den Nachschubbedarf bewältigen zu können. So musste oft der allgemeine Train Munition für die Geschütze transportieren.

„Warhorse to Horsepower"?

So lautete der Titel einer Ausstellung im Tank Museum Bovington im Jahr 2014, in der es um die Ablösung des Pferdes und die Motorisierung in der britischen Armee ging.[14] Tatsächlich ist eine Zunahme des Umfangs des LKW-Transports bei allen kriegführenden Armeen zu konstatieren, wobei die deutsche Armee aufgrund des Ressourcenmangels

8 Ebd., S. 221.

9 Vgl. Militärgeschichtliches Forschungsamt (Hg.), Deutsche Militärgeschichte 1648–1939. Bd. 3, Abschnitt 5: Von der Entlassung Bismarcks bis zum Ende des Ersten Weltkrieges 1890–1918. Herrsching 1983, Bd. 3, S. 261.

10 27.10.1917. Erich Ludendorff, Urkunden der Obersten Heeresleitung über ihre Tätigkeit 1916/18. Berlin 1922, S. 166.

11 Vgl. ebd., S. 168.

12 Vgl. ebd., S. 266.

13 Ebd., S. 263.

14 Vgl. http://www.tankmuseum.org/year-news/bovnews38183.

aber nicht die Zuwachsraten der britischen und französischen Motorisierung erreichte.[15] Die noch relativ geringe Bedeutung des LKWs gegenüber den Ententeplanungen hatte aber nichts mit einer Geringschätzung durch die Heeresleitung zu tun, sondern vielmehr mit den Engpässen der Industrieproduktion der Mittelmächte. Zwischen 1905 und dem Kriegsbeginn hatte es schon eine Diskussion um die Vorzüge der Nachschubmotorisierung gegeben. Der Trainoberst S. Daule etwa rechnete 1906 vor, dass durch Motorisierung die Effizienz des Nachschubes um 500 % gesteigert würde.[16] Der Verfasser einer Publikation von 1908 schloss aus möglichen Feldzugsszenarien, es gäbe eigentlich „nur ein Mittel der Abhilfe – die Verwendung der mechanischen Zugkraft auf der Landstraße."[17] Motorwagen versprachen eine viel höhere Umschlaggeschwindigkeit und eine drastische Verkürzung der Marschlängen. Schon vor 1914 war schließlich jede Armee mit einer Armee-Kraftwagenkolonne ausgerüstet worden. Die deutsche Armee hatte bei der Mobilisierung 9.739 LKWs zur Verfügung, zusammen mit etwa 4.000 Stabsfahrzeugen, Ambulanzen und Meldemotorrädern.[18] Einstweilen war der Nachschub weitgehend immer noch von Pferdetraktion dominiert, ebenso wie die Artillerie. Es wird geschätzt, dass im Ersten Weltkrieg 16 Millionen Pferde eingesetzt waren, von denen mehr als die Hälfte umkam.[19] Und es waren nicht nur Pferde: Im Jahr 1917 hatte die britische Armee 591.000 Pferde, 213.000 Maultiere, 47.000 Kamele und 11.000 Ochsen.[20] David Edgerton stellt die These auf, der Große Krieg „saw more horses in battle than any previous war".[21]

Die Pferde im Transportdienst, ihre Leistungen und Leiden während des Krieges, haben inzwischen Aufmerksamkeit der Historikerinnen und Historiker bekommen.[22] Typischerweise ist auch das Kriegspferd in der Weimarer Republik durch einen Kriegsroman aufgewertet worden, in Ernst Johannsens „Fronterinnerungen eines Pferdes".[23] Die heutige Sicht auf das Kriegspferd ist durch Michael Morpurgos Buch „Warhorse" von 1984 und dessen Verfilmung durch Steven Spielberg geprägt. In Londons Hyde Park wurde 2004 schließlich ein Denkmal für „Horses in War" eingeweiht.[24]

---

15 Siehe dazu Sandra Gittins, Between the Coast and the Western Front. Transport and Supply Behind the Trenches. London 2014.

16 Vgl. S. Daule, Der Kriegswagen der Zukunft. Leipzig 1906, S. 9.

17 Georg von Alten, Die Bedeutung der mechanischen Zugkraft auf der Landstraße für die Heerführung. Berlin 1908, S. 12.

18 Vgl. Hans-Christoph von Seherr-Thoss, Die deutsche Automobilindustrie. Eine Dokumentation von 1886 bis 1979. Stuttgart, 2., korr. u. erw. Aufl. 1979, S. 71.

19 Vgl. Simon Butler, War Horses. The Tragic Fate of a Million Horses Sacrificed in the First World War. Wellington 2011, zitiert nach Ulrich Raulff, Das letzte Jahrhundert der Pferde. Geschichte einer Trennung. München 2018, S. 120.

20 Zahlen bei David Edgerton, The Shock of the Old. Technology and Global History since 1900. London 2006, S. 34.

21 Ebd., S. 35.

22 Siehe Raulff (Fußnote 19), S. 420.

23 Hamburg 1929.

24 Siehe https://en.wikipedia.org/wiki/Animals_in_War_Memorial.

Als während des Krieges die Zahl der Kraftfahrzeuge zunahm, wurde das „Kraftfahrwesen" reorganisiert. Es entstand einerseits eine zentralisiertere Struktur unter einem „Feldkraftfahrchef", zum anderen wurden LKWs aber auch kleineren Einheiten zugeteilt und damit dezentraler. Schon vor dem Krieg war dieses Konzept reflektiert worden. Nicht eine einheitlich von oben, den Armeen, geplante Organisation schien sinnvoll, sondern eine Ausstattung bis zu den Divisionen hinunter mit eigenem „Transportraum".[25] Schließlich gab es 236 „Divisions-Kraftfahr-Kolonnen". Im November 1917 wurden größere Einheiten von den Divisionen und Armeen aber abgezogen und direkt der OHL unterstellt, um den großen Frühjahrsangriff vorzubereiten.[26] Eine wirklich konsistente Organisationspolitik des Trains kann also nicht festgestellt werden.

Beim Waffenstillstand waren in Deutschland schließlich etwa 25.000 LKWs, 12.000 Stabsautomobile, 3.200 Sanitätskraftwagen und 5.400 Meldemotorräder vorhanden.[27] Einen besonders wichtigen Anteil hatten LKWs für Spezialzwecke wie etwa den Verwundeten-„Abschub" und den Transport von Elitetruppen und „Stoßtrupps". Diese Kombination von LKWs mit „aufgesessenen" Truppen formierte eine wirksame Ikonografie von Motorisierung und militärischer Gewalt.[28] Aber neben diesen innovationsdominierten Transportverfahren blieb an der unmittelbaren Frontlinie das Alte dominant: Transport durch Menschenkraft.

Tragen

Mit der Ausprägung des Grabenkrieges wurden die logistischen Erfordernisse zwar kalkulierbar, aber vielfältiger. Für den Grabenausbau, für die Trockenhaltung und den Bau tiefer Stollen wurden schwere und sperrige Materialien benötigt: Grubenhölzer und stählerne Stollenrahmen, in den britischen Gräben „duckboards" und „A-frames", Pumpen, Stacheldraht und die dafür erforderlichen Pfosten. Dazu kamen Telefonanlagen, Materialien für Unterkünfte und, selbstverständlich, Waffen und Munition. Auch hier kam es zu einer zunehmenden Diversifizierung und zu steigendem, vielfältigerem Bedarf. Diese Entwicklung hing auch mit der Einführung neuer Waffen zusammen, die im Wirkungsbereich der gegnerischen Artillerie in die vorderen Linien getragen werden mussten.

Die unmittelbare Versorgung der vordersten Kampfzone war also durch die archaische, evident unzulängliche Technik des menschlichen Tragens charakterisiert. In der Regel fiel dies den ablösenden Truppen oder verstärkt eigenen Transporttrupps zu. Hierbei konnte die militärische Einheit zugleich als Transporteinheit zur Front verstanden und

---

25 Vgl. Alfred Meyer, Der Krieg im Zeitalter des Verkehrs und der Technik. Leipzig 1909, S. 7f.

26 Zur Organisationsgeschichte siehe Militärgeschichtliches Forschungsamt (Fußnote 9), Bd. 5, S. 263.

27 Vgl. Seherr-Thoss (Fußnote 18), S. 72.

28 Siehe dazu Friedrich A. Kittler, Il fiore delle truppe scelte. In: Gumbrecht, Hans U. / Kittler, Friedrich A. / Siegert, Bernhard (Hg.), Der Dichter als Kommandant. D'Annunzio erobert Fiume. München 1996, S. 205–226. Zur Ikonografie Kurt Möser, Grauzonen der Technikgeschichte. Karlsruhe 2011, Kapitel: Mobile Machtprojektion, S. 81ff.

quantifiziert werden. Die Truppe trug ihre persönliche Ausrüstung, Verpflegung, „Truppwaffen" wie Maschinengewehre oder Granatwerfer plus deren Munition, Grabenbedarf wie Stacheldraht, Stollenrahmen, Schanzzeug oder Bretter.

Die Lastenkapazität von Infanteristen hing von den Erfordernissen ab. Dies reichte vom relativ leichten „Sturmgepäck" bis zur vollständigen Versorgung der Frontlinie. Stäbe rechneten mit einer Transportkapazität von etwa 20 kg, die ein Soldat neben seiner persönlichen Ausrüstung transportieren konnte. Das bedeutete, dass eine Kompanie von 100 Mann etwa 2 Tonnen bewegte. Dies geschah unter meist schwierigen Umständen, nachts, in unbekannten Grabensystemen, mit sperrigem Transportgut, unter feindlicher Waffenwirkung. Diese grobe Schätzung kann unter besonderen Bedingungen nach oben korrigiert werden, wie die Erfahrung der britischen Truppen auf den Falklands zeigt.[29]

Dass nun Verfahren zur Erleichterung dieser „letzten Meile" eingeführt werden mussten, ist plausibel. Zunächst wurde das „klassische" Marschgepäck in der letzten Kriegsphase aufgegeben oder mindestens reduziert. So kamen individuelle Modifikationen zum Einsatz, etwa der funktionalere Rucksack der Berg- und Wintersportler. Es gab auch von oben, initiiert von den Armeeleitungen, immer wieder kleinere Verbesserungen im Alten. Oft waren es Mikroinnovationen, wie Hilfen zum Tragen, neue ergonomischere, aus der Sportkultur abgeleitete Tornistergestelle, Tragehilfen für sperrige Güter, faltbare Behälter, leichtere Stahl-Stacheldrahtpfosten zum Einschrauben, spezielle dehydrierte Nahrungsmittel, und leichtere, standardisierte Trinkwasserbehälter wie „Billycans", die den „Ameisentransport" an die Front etwas erleichterten. Trotzdem blieb das logistische Transportmittel der Wahl der Sandsack. Er diente nicht nur für die Fortifikation der Gräben, sondern auch zum Transport von Handgranaten, Konservendosen, Post oder Brot. Ihn trugen Stoßtruppsoldaten wie „Schipper"; er diente natürlich, gefüllt mit Erde, für den Stellungsbau, aber auch als Vorhang in Bunkern und Stollen, und sogar als Kleidungsstück. Kurz, er war eine funktionale transnationale „low technology" und muss als eines der Leitfossilien der Logistik des Ersten Weltkrieges gesehen werden.

Engpässe, Knappheit, Verschleiß

Besonders die 3. OHL unter Paul von Hindenburg und dem Generalquartiermeister Erich Ludendorff strebte nach einer Produktionssteigerung technischer Waffen und Systeme als „force multiplier", wie dies im Jargon heutiger Militärs heißt. Das „Hindenburgprogramm" von 1916 und das „Amerikaprogramm" im folgenden Jahr sollte auch zu einer verstärkten Ausrüstung mit Lastkraftwagen führen. Dass dies weit hinter den Planungen

29 „After disembarking from ships at San Carlos on East Falkland, on 21 May 1982, Royal Marines and members of the Parachute Regiment yomped (and tabbed) with their equipment across the islands, covering 56 miles (90 km) in three days carrying 80-pound (36kg) loads." Bernard Fitzsimons (Hg.), Modern Land Combat. London 1987. Zit. nach https://en.wikipedia.org/wiki/Yomp.

zurückblieb, ist auf die Materialknappheit durch die Blockade der Mittelmächte durch die Entente zurückzuführen. „Sparmetalle", fehlende Stahlveredler, eine Bevorzugung der Produktion von Fahrzeugen statt Ersatzteilen führte zu geringerem Produktionsausstoß und zu einem Effizienzverlust der schlechter werdenden, schwieriger reparierbaren, rückständigeren LKWs, wobei auch Treibstoffmangel und dessen schlechtere Qualität oder Gummiknappheit für Reifen eine Rolle spielten. Die LKWs, zunehmend eisenbereift oder auf Stahlketten für Winterfahrten, wurden langsamer und reparaturanfälliger – ein Symptom für die generelle Reduktion der spezifischen Leistungsfähigkeit des deutschen Nachschubs in den letzten beiden Kriegsjahren. Die Versorgungsprobleme stiegen auch, weil die Transportmittel zunehmend ineffizienter wurden.[30] Aufgefangen wurde dies, wie erwähnt, durch Improvisationen und Einsatzflexibilisierung, so etwa durch Austausch zwischen Munitionskolonnen der Artillerie und allgemeinen Transport.

Den Zustand der AKKs im letzten Kriegsjahr beschreibt Erwin Blumenfeld in seiner Autobiografie:

> „Mitte Januar 1918 kam ich zur Hungerkolonne AKK 209, den ‚Kohldämpfern' nach Marcoing, près Cambrai. Mit der ersten Schneeschmelze wurden Stahlketten um unsere Eisenreifen geschweisst, und wir hatten ohne Rücksicht auf Material und Menschen Munition und Kanonenfutter zur endgültigen Frühjahrsoffensive über unbefahrbare Straßen hin und her zu verschieben [...]. Der Benzolersatz war so schlecht, dass man ihn erst in Konservenbüchsen über offenem Feuer anwärmen musste, bevor man ihn in die Düsen neben den Zündkerzen spritzte, um die Karre anspringen zu lassen. Selbstanlasser gab es noch nicht: Drei Mann hatten verzweifelt den Anlasshebel unterm Kühler zu drehn und zu schwingen, bis der Motor endlich zaghaft ansprang, um gleich wieder zu stoppen. Dann ging's von neuem los. Stundenlang. Schlug's zurück, zerbrach's einem die Knochen."[31]

Ein ungelöstes Problem: Schlachtfeldlogistik bei Offensivoperationen

Zentral für den Schlachterfolg oder -misserfolg wurde Logistik auch in anderer Weise: als limitierender Faktor bei Angriffsoperationen. Das „Nachziehen" der Versorgungs-Infrastrukturen über ein zertrommeltes, schwer passierbares, oft sumpfiges Schlachtfeld war eine große Herausforderung. Schwere Artillerie, Munitionsnachschub, Nahrung, Trinkwasser, Feldverbandsplätze konnten nicht im "Ameisentransport" nachgeführt werden und blieben oft im Trichterfeld liegen. Zugleich wurde eine Überforderung der Truppe deutlich, wenn sie alle Ressourcen für längere und räumlich weitere Operationen mitführen sollte. Versorgungsgeschwindigkeit und Angriffsgeschwindigkeit hingen deswegen eng zusammen.

30 Siehe dazu Creveld (Fußnote 2), S. 138–141.
31 Erwin Blumenfeld, Einbildungsroman. Frankfurt/M. 1998, S. 224.

Diese logistischen Schwierigkeiten erwiesen sich bei den großen deutschen Angriffen ab März 1918 als entscheidend: Die Offensive „lief sich tot", nicht nur durch die Erschöpfung der Truppen, sondern auch durch die sich ergebenden Nachschubprobleme, wobei zugleich der Verteidiger durch verkürzte Nachschublinien Vorteile hatte. In den 1960er Jahren wurde dieser entfernungs- und widerstandsabhängige „Loss of Strength-Gradient" (LSG) der Logistik von Angriffsoperationen erstmals beschrieben.[32] Die Offensive versuchte die Vorteile der „inneren Linie" der Verteidigung zu kontern, indem wiederum Depots und Logistikzentren zu Zielen des Vormarschs wurden. Eine logistikzentrierte operative Kriegführung entstand.

Wegebau und Geländefahrzeuge

Die ungelöste Geländelogistik in der Materialschlacht konnte auf zwei Arten gelöst werden: durch den Bau von Infrastrukturen oder durch Geländefahrzeuge. Wegebau im Wegelosen, der erste Lösungsansatz, wurde deshalb bedeutsam. Das erforderte die Bereitstellung von Nichtkombattanten. Im November 1918 hatte beispielsweise die US-Armee in Frankreich 28.000 Mann im Straßenbaueinsatz.[33] Der Wegebau war nicht nur personal-, sondern auch materialaufwendig. Faschinen, Knüppelrollen, Bretter, Baumstämme oder Bleche mussten bereitgestellt, transportiert und oft unter gegnerischem Beschuss effizient eingebaut werden. Typisch dafür war das Überbauen der eigenen Gräben, um Geschütze und Munitionswagen nach vorne bringen zu können, das Aufschütten von Dämmen oder das Planieren von Behelfswegen zwischen den Granattrichtern. Aber auch dann blieb der Infrastrukturbau auf dem Kampfgelände, über das die Materialschlacht hinweg gegangen war, unzulänglich, mühsam und durch gegnerische Maßnahmen verletzlich. Der rollende Verkehr drohte zudem ständig die Straßen zu zerstören Die ständigen Reparaturen und Unterhaltungsarbeiten erforderten deswegen stets Arbeitssoldaten und Materialnachschub. Hier, wie auf dem Gebiet des pferdebasierten Transports, schufen der zunehmende Nachschub und seine Infrastruktur erhöhten Nachschubbedarf.

Der zweite Lösungsansatz bestand im Einsatz von geländegängigen Fahrzeugen. Prinzipiell war Geländegängigkeit schon für Kampffahrzeuge technisch gelöst worden, wobei ein Technologietransfer aus der zivilen Technik erfolgte: Raupenketten, von Landwirtschaftsschleppern der Vorkriegszeit übernommen, waren 1916 in Großbritannien für die „Tanks" und in Frankreich für eigene Panzerkonstruktionen – dem „Saint Chamond" und dem „Char d'assaut Schneider" – weiterentwickelt worden.[34] Zumindest im deutschsprachigen Raum wurden Kettenschlepper zunächst als Fahrzeuge verstanden, die für ihre eigene Infrastruktur sorgten: „Gleiskettenschlepper" wurden anfangs als Geräte interpretiert, die ihr eigenes Gleis auslegten und hinten wieder aufnahmen. Erst in einer Kippfigur wurde das mobile Gleis zu einer Antriebskette mit Boden-Interface.

---

32 Vgl. Kenneth Boulding, Conflict and Defense. A General Theory. New York 1962, S. 262.
33 Vgl. ebd., S. 378.
34 Siehe Patrick Wright, Tank. The Progress of a Monstrous War Machine. London 2000.

Geländegängige Kampfmaschinen standen zunächst im Fokus der Militärs und hatten absolute Priorität. Erst in einem zweiten Schritt entstanden aus den Kampffahrzeugen Logistikfahrzeuge für den Transport über das Kampffeld. In der Regel modifizierte man dafür bestehende Fahrgestelle. Auch der deutsche „Überlandwagen" war ein Derivat des „Sturmpanzerwagens" A7V. Neben dieser Ableitung vom Tank gab es einen zweiten Entstehungspfad, eine Ableitung aus LKWs und Artilleriezugfahrzeugen. Spezialisierte geländefähige, auch schon allradgetriebene „Kraftzugmaschinen", wie sie im deutschen Heer hießen, fertigten unter anderem Krupp, Daimler-Marienfelde, Austro-Daimler und Büssing. Manche Innovationen blieben vereinzelt, wie etwa der von Ferdinand Porsche im k.u.k. Heer eingeführte Hybridzug, genannt „Landwehr-Train", der auf Schienen wie auf Straßen fahren konnte und aus einem Maschinenwagen mit einem verbrennungsmotorgetriebenen Generator bestand, der Strom für elektrische Nabenmotoren lieferte.

Eine entscheidende Breitenrüstung eines straßenunabhängigen, geländegängigen Nachschubsystems gelang den meisten Kriegführenden nicht einmal vor dem nächsten Weltkrieg. Es gibt jedoch eine Ausnahme: eine systemische, geplante und erfolgreiche Einführung eines innovativen Transportsystems.

Der Heilige Weg Verduns: ein neues Transportsystem

Öfter wird der höhere Motorisierungsgrad der Entente als einer der kriegsentscheidenden Faktoren herausgestellt. In Großbritannien wurde, so die These, von Anfang an motorisierter Transport hoch bewertet: Die Berufsarmee „decided to rely primarily on motor transport. Over 1,000 civilian lorries and over 300 buses were requisitioned at the outbreak of hostilities and were hurriedly moved across the Channel".[35] Aber auch dort musste weitgehend auf Pferdetransport zurückgegriffen werden. Doch es gab eine Ausnahme. Ein großer Schritt bei der Entwicklung der Straßenverkehrslogistik und der Motorisierung war die Versorgung Verduns per LKW auf der Straße von Bar-le-Duc ab Frühjahr 1916, um die Abwehr des deutschen Angriffs vom Februar dieses Jahres zu reorganisieren. Ursächlich dafür war das Fehlen einer nutzbaren Eisenbahnlinie – eine der beiden lief durch die deutschen Linien, die zweite lag zu nahe an der Front – und das Abschneiden des Hauptstraßennetzes durch den deutschen Vormarsch. Nach dem Entschluss zum Aufbau eines motorisierten Straßentransportsystems durch General Philippe Pétain hat die französische Armee nicht nur den massenhaften Einsatz von Lastwagen praktiziert, sondern um den LKW herum ein komplexes und sehr effizientes Transportsystem und seine Komponenten organisiert, um Soldaten, Munition und Material hin- und Verwundete und „abgekämpfte" Truppen zurückzubefördern. Die Straße wurde zweispurig mit Richtungsfahrbahnen und limitierten Zufahrten strukturiert, ein Verkehrsrege-

35 http://www.iwm.org.uk/history/transport-and-supply-during-the-first-world-war.

lungssystem eingeführt, Straßeninstandhaltungstrupps und umfangreiche Reparaturkolonnen für die Fahrzeuge bereitgestellt.[36] Im Juni 1916 waren 12.000 LKWs im Einsatz, die wöchentlich 650.000 Meilen zurücklegten. Die technisch-militärische Organisation der Logistik für Verdun wurde nicht nur zum Muster einer modernen militärischen Transportlogistik mit Motorfahrzeugen, sondern auch zur Blaupause für ein künftiges effizientes System des motorisierten Straßenverkehrs.

Die dritte Dimension: Versorgung aus der Luft

Weniger bedeutend, aber einen Vektor künftiger Entwicklungen beginnend, waren die ersten Versuche der logistischen Versorgung militärischer Einheiten durch Flugzeuge. Folgende Faktoren spielten eine Rolle: Von den deutschen Truppen wurde während der Abwehrkämpfe an der Westfront erwartet, hinhaltenden Widerstand zu leisten, auch wenn sie abgeschnitten waren. Die 3. OHL forderte für den „Abwehrkampf im Stellungskrieg"[37] neue Formen der Unterstützung solcher „verlorener" Defensiveinheiten, etwa durch Flugzeuge. Neue Typen von Infanteriefliegern, später auch Schlachtfliegern kooperierten mit angreifenden und verteidigenden Bodentruppen als dritte Dimension des Schlachtfeldes.[38] Dies war der Kontext für Versuche der logistischen Versorgung abgeschnittener oder exponierter Truppen mit Munition, Verbandmaterial und Nahrungsmitteln durch Flugzeuge. Das Verfahren wurde zum Vorbild moderner militärischer logistischer Unterstützung aus der Luft.

Arbeitersoldaten und militarisierte Arbeiter

Welche Personen wurden in der Nachschublogistik eingesetzt? Einmal waren es natürlich die eigentlichen Traintruppen und Transportsektionen von Truppenteilen. Ein Sonderfall waren die speziell ausgebildeten Kraftwagenführer – „Krafter" – der AKKs oder Etappenkraftwagenkolonnen. Dem standen improvisierte Transporte entgegen, etwa der Einsatz von Kampftruppen in Kampfpausen. In Arnold Zweigs Roman „Erziehung vor Verdun" von 1935[39] wird ein Zusammenhang von Soldaten und Arbeitern hergestellt, wobei den Arbeitssoldaten, den „Schippern", die Frontsoldaten als Stellungsarbeiter an der Front gegenübergestellt werden. Eine Interferenz von arbeitenden Soldaten und militarisierten Arbeitern entstand. Aber die Herkunft der hinter der Front eingesetzten Personen war breiter – und prekärer:

---

36 Siehe Major Eric Mankel, Trucks made the Difference at Verdun. http://www.alu.army.mil/alog/issues/SepOct03/Trucks_difference_Verdun.htm.

37 Ludendorff (Fußnote 10).

38 Vgl. Kurt Möser, Schlachtflieger 1918 – ein technisches Waffensystem im Kontext. In: Technikgeschichte 77 (2010), H. 3, S. 185–230. Verfügbar unter https://doi.org/10.5771/0040-117X-2010-3-185

39 Arnold Zweig, Erziehung vor Verdun. Amsterdam 1935.

> „Als militärische und Arbeitskräfte standen der Etappe außer ihren planmäßig aufgestellten Formationen zuerst Landwehrtruppen, einzelne für den Stellungskrieg entbehrliche Formationen der Feldtruppen, feindliche Landeseinwohner und gedungene Zivilarbeiter, zum Teil unter Unternehmern, zur Verfügung. An Stelle der Landwehr traten später Landsturmtruppen. Außerdem wurden ihr Armierungstruppen, Kriegsgefangene in größerer Zahl und Zwangsarbeiter, die als arbeitslos aus den besetzten Gebieten abgeschoben waren, zugewiesen. Kriegsgefangene und Zwangsarbeiter waren unter Landsturmbewachungsmannschaften militärisch organisiert."[40]

Diese heterogene Zusammensetzung von Personengruppen mit sehr differierenden Sozialprestiges führt zu der Frage nach der sozialen und kulturellen Bewertung der Nachschubtruppen und auch der Rolle des Nachschubs generell.

Infrastrukturkriegführung: Verwundbarkeit und Resilienz

Gegnerische Umladepunkte und Depots gerieten zunehmend in den Fokus, wenn es um die Vorbereitung von Angriffen und Verteidigungsoperationen ging. Einerseits versuchte man, Eisenbahnrampen weit nach vorn zu verlegen, um die Leistungsfähigkeit des effizientesten Transportmittels lange auszunützen und den pferdebespannten Wagen oder den Lastkraftwagen kürzere Strecken zuzumuten. Andererseits wurden diese Knoten durch gegnerische Waffenwirkung gefährdet. Die Vernichtung gegnerischer Materialanhäufungen, der Angriff auf Logistiknetze und das Unterbinden von Nachschub wurde zu einem der zentralen Ziele von Angriffen. Als Reaktion darauf wurde die Verteidigung der Knoten und Linien essentiell. Für die Militärs entwickelte sich die logistische Versorgung zunehmend zum Problem des Schutzes und zur Chance wie zur Limitation für Angriffe. In der Phase relativ statischer Kriegführung und zunehmend elaborierter, photobasierter Luftaufklärung wurde das Erkennen von Nachschubvorgängen nahezu in „real time" möglich. Das war relevant nicht nur für die Prognose gegnerischer Operationen und die Rekonstruktion seiner Absichten, sondern auch für die Störung oder Zerstörung der gegnerischen Logistik. Der Kampf um die Sicherung oder Unterbindung von Nachschub entwickelte sich nun zu einer Infrastruktur-Kriegführung. Eine Kombination von militärischen Kräften und Mitteln erreichte das: Aufklärung durch Höhenaufklärer; Bekämpfung mit spezialisierten Flugzeugen, Schutz durch Abwehrstaffeln, oder Unsichtbarmachung durch Tarnung. Dies waren Merkmale infrastruktur- und logistikzentrierter Operationen, wie sie ab 1916 den Offensiven an der Westfront vorausgingen.

Zur vollständigen Geschichte dieser Infrastrukturkriegführung gehören Teilgeschichten der Maßnahmen der Verschleierung und der Tarnung, oder der Interdiktion gegnerischer Aufklärung. Bezeichnend dafür ist 1917 die Ausrüstung der Transportkolonnen mit Maschinengewehren für den Schutz gegen Flieger-Tiefangriffe. So verwischte sich weiter die Grenze zwischen den Angehörigen der Transportkolonnen und der Kampftruppe. Im

40 Max Schwarte (Hg.), Die Technik im Weltkriege. Berlin 1920, S. 316.

Maschinenkrieg wurden solche Differenzierungen irrelevant. Die Handelnden waren gleichermaßen Agierende und Betroffene der Vernichtung im totaler werdenden Krieg.

Logistik und operatives Handeln

Zugleich verschwand die Hierarchie zwischen den eigentlichen Kampfvorgängen und den Hilfsfunktionen des Nachschubs und der Versorgung und kehrte sich sogar um. Zentral wurden: Materialanhäufungen, Vorratsbildung von gewaltigen Munitionsmengen, Transportvorgänge zur artilleristischen Offensivvorbereitung und Offensivabwehr, die tagelangen „Sperrfeuer", „Vernichtungsfeuer", „Trommelfeuer". „To a far greater extent than in the eighteenth century, strategy became an appendix to logistics. The products of the machine – shells, bullets, fuel, sophisticated engineering materials – had finally superseded those of the field as the main items consumed by armies."[41] Zeitplanungen, die Festlegung von Frontbreiten, die Tiefengliederung und andere taktische und operative Planungen von Offensiven wurden durch logistische Restriktionen tatsächlich in hohem Maß determiniert. Alle größeren Offensiven seit 1915 erforderten außerordentliche Planungsarbeit der den Angriffen folgenden Transportvorgänge. Die Denkschrift über den „Angriff im Stellungskriege" betont dies: „Zahlreiche bewegliche Kolonnen, Arbeitstruppen usw. sind daher erforderlich. Der Bedarf hieran muss von Anfang an ebenso in Rechnung gestellt werden wie der Bedarf an Kampftruppen."[42]

Aus der Statik der Grabenfront zur Fluidik der erneuten mobilen Kriegführung überzugehen, forderte Flexibilität aller Ebenen der Logistik. Die hohe Stabilität der logistischen Infrastrukturen erleichterte zwar durchwegs die artilleristisch geprägte Anfangsphase von Offensivoperationen, aber brachte Schwierigkeiten in Verteidigungssituationen, wenn die Logistik des Gegners überrannt und „aufgerollt" wurde, und bei Gegenangriffen, dem „Schlagen aus der Hinterhand". Auch in diesem Fall vermochten die Versorgungseinrichtungen kaum, den Angriffstruppen zu folgen, auch wenn die Gegenangriffe auf die „zurückgerollten" eigenen Nachschub-Infrastrukturen zurückgreifen konnten.

Ein unvollständiges Bild

Die Westfront ist keineswegs typisch für alle Strukturen, Organisationsformen, Kräfte und Mittel der Logistik im Ersten Weltkrieg. An der Ostfront spielten strategische Eisenbahnlinien eine bedeutende Rolle, wie im Wüstenkrieg des Osmanischen Reiches. Auch der Vormarsch im Osten und Südosten 1917–19 vollzog sich entlang der Eisenbahnmagistralen. In den Bergen der Dolomitenfront kamen Seilbahnen und Maultiere zum Einsatz. Im Südosten waren es Kamele, die die Hauptlast des Nachschubs trugen. Wassertransport spielte hinter der Westfront eine Rolle. Über das Meer mussten Fronten wie der

41 Creveld (Fußnote 2), S. 233f.
42 Ludendorff (Fußnote 10), S. 643f.

Landekopf in Gallipoli versorgt werden. Für die Kampfzone in Mesopotamien spielten Euphrat und Tigris eine bedeutende Rolle. Auch diese vermeintlichen Nebenkriegsschauplätze wurden durch Logistikprobleme und den Kampf um Nachschublinien geprägt.

Prestige und Images: „Trainkutscher" versus „Grabenkämpfer"

Nachschschub- und Trainsoldaten litten unter traditionell geringeren Wertschätzungen als die Linieninfanteristen oder gar Gardisten. Ihre rechtliche Stellung im Militärsystem des Kaiserreichs war prekär. Nachschub-Soldaten waren die Proletarier der Armee. Dass sie an der Seite von Kriegsgefangenen und feindlichen Zivilisten eingesetzt wurden, bestätigte ihren niedrigen sozialen Status. Ein Trainangehöriger aus der bürgerlichen Mittelschicht beklagte dies:

> „Als ich damals von der Batterie wegkam, zu einer Munitionskolonne, kam ich mir geradezu schlecht behandelt vor. Ein Krieg, in dem ich nicht schießen sollte, schien mir einfach lächerlich und entwürdigend, und ich schämte mich vor meinen Kameraden. Wie ein Etappenhengst."[43]

Das Verhältnis zwischen Logistiktruppen und den eigentlichen Kampftruppen war prekär; Erstere hatten ein degradierendes Image von Nonkombattanten und gerade nicht die in der Weimarer Republik prestigeträchtige und politisch aufgeladene Kennzeichnung als Frontsoldaten. Das Interpretationsmuster, Nachschubtruppen seien bloße unmilitärische Arbeiter, frontferne „Drückeberger", Pazifisten oder Revoluzzer, blieb lange bestimmend. Im Kontext der Erinnerungsliteratur und der literarischen Aufarbeitung des Weltkrieges entstanden nach 1918 Texte, die sich gegen das Negativimage der Nachschubtruppen wandten und deren Kriegswichtigkeit herausstellten wie Aufklärungsflieger, Pioniere oder Sanitäter. Im Kontext der kulturellen Valorisierung von Nichtkombattanten ist Thor Gootes populärer autobiographischer Kriegsroman „Wir fahren den Tod" angesiedelt. Darin unternimmt der Autor eine Ehrenrettung der Nachschubtruppe und ihres Anteils an Risiken und Leistungen der Front:

> „Wenn wir versagen, sitzen die anderen fest. Wir sind ebenso wichtig wie jeder Infanterist. Zuhause grinsen sie ja meistens über uns, weil wir nicht schießsen. Dafür arbeiten wir aber ohne Deckungsmöglichkeit im Artilleriefeuer [...]. Von uns hat keiner trotz seiner 600 Feuernächte den Pour le mérite."[44]

43 Thor Goote, Wir fahren den Tod. Berlin 1930, S. 50.

44 Ebd., S. 47. Zu militärischen Kulturen auch von Einheiten und Waffengattungen siehe Martin van Creveld, The Culture of War. New York 2008.

Meistererzählung: „Material" versus „Tapferkeit"

Eine Teillegende zur Verarbeitung der Niederlage von 1918 nahm sich die materielle Überlegenheit der Siegermächte vor. Das soldatisch bessere deutsche Heer sei durch die Fülle der Kriegsmittel erdrückt worden, obwohl die militärischen Qualitäten überlegen gewesen seien. Defizite der deutschen Logistik und Materialknappheit wurden somit in der Weimarer Republik zu einem Werkzeug der revisionistischen Kriegsdeutung.[45] Fotografien in populären Kriegsbüchern der Weimarer Republik setzten durchwegs die von Material überquellenden Logistikknoten auf alliierter Seite gegen Bilder der Knappheit auf deutscher Seite. Solche logistikzentrierten Bildkonfrontationen transportierten die Nachricht, dass der tapfere deutsche Frontsoldat durch die erdrückende Übermacht des Materials in einer unfairen Konfrontation besiegt worden sei.

Auffällig ist, dass kühnen nordischen Gesichtern der Frontkämpfer oft Trainangehörige gegenübergestellt wurden, die verdeckt oder offen als Juden gekennzeichnet wurden. Zudem sahen auf vielen Fotos Trainsoldaten eher zivil aus. Sie wurden ohne Uniformjacken, oft in Hosenträgern, oft mit hochgerollten Ärmeln abgebildet. Ein proletarisch wirkender Train wurde ikonographisch gegen die Effizienz der Frontsoldaten gesetzt. Die Nachschubtruppe wurde dabei oft pauschal als „Drückeberger", als korrupt oder unmilitärisch diffamiert, die hinten gut lebte, „schlemmte", „prasste", und so den Grabensoldaten ihre knappen Lebensmittel vorenthielt.

Die Konfrontation von Kämpfern an der Front mit den Bürokraten, Drückebergern und korrupten Trainangehörigen gehört zu den Grundmustern der kollektiven Erinnerung an den Ersten Weltkrieg. Der wirkliche Feind ist „the enemy to the rear", sind die Dienste hinten.[46] Auch britische Frontsoldaten „disliked outsiders in direct proportion to their distance from the wire".[47] Doch in den deutschen Kriegserinnerungen hat diese Abwertung der Nachschubtruppe hinter der Front noch eine ganz spezifische Stoßrichtung: deren Identifizierung mit denjenigen, die durch einen „Dolchstoß in den Rücken" für die Niederlage der deutschen Armee verantwortlich gemacht wurden. Damit konnten die Trainangehörigen mit den jüdischen Schiebern und Kriegsgewinnlern und den bolschewistischen Drückebergern in der Heimat in Verbindung gebracht werden. So verband sich die Erzählung eines versagenden Nachschubs und einer korrupten Etappe mit einer antisemitischen Dolchstoßerzählung: In beiden „stories" fielen materialistische, jüdische, undeutsche Subjekte der bis zum Schluss erfolgreich kämpfenden Front in den Rücken.

45 Vgl. Gustaf von Dickhut-Harrach, Im Felde unbesiegt. München 1921.
46 Paul Fussell, The Great War and Modern Memory. London 2000, S. 89.
47 Richard Holmes, Tommy. The British Soldier on the Western Front 1914–1918. London 2004, S. 335.

Entwicklungsvektoren nach 1918: Kriegslogistik und Modernisierung

Trotzdem wurde auch die deutsche Kriegslogistik als Leistung herausgestellt und bekam Einfluss auf Diskussionen in der Weimarer Republik. Militärintern hieß dies: Konkrete Lernprozesse beim Ausbau und der Optimierung von Logistiklösungen durch Motorisierung. Bis 1939 hat aber keine Armee diese Innovationen umfassend und konsequent durchgeführt, weil es interne Widerstände gab und abweichende Priorisierungen kriegsmüder Gesellschaften, weil die materiellen Voraussetzungen für die Implementierung der Motorisierung unzureichend waren. Keine europäische Armee konnte oder wollte es sich leisten, Pferdetraktion vollständig durch LKWs zu ersetzen, nicht einmal die kleine britische Berufsarmee, obwohl Militärintellektuelle die Vorzüge der Nachschubmotorisierung herausstellten. Typisch dafür waren Aufsätze von Heinz Guderian wie „Die Lebensader Verduns".[48] Hier, wie in „Bewegliche Truppenkörper"[49] reflektierte er die französischen Erfahrungen hinter der Verdunfront als logistische Bedingung für die Möglichkeit der Operationen schneller gepanzerter Verbände. Einer der „forward linkages" der französischen LKW-Logistik betraf zivile Lernprozesse. Die vor dem Krieg verbreitete Automobilfeindschaft verschwand weitgehend; der Krieg erzeugte eine breite Akzeptanz der Motorisierung und bildete eine große Zahl von Kraftfahrern aus; zurückgelassene Militärfahrzeuge wurden zivil verfügbar. Die Motorisierung der europäischen Staaten bekam durch den Großen Krieg einen wichtigen Anschub. Die Logistik des Krieges förderte die zivile Motorisierung stark, beeinflusste sie aber auch durch eine gewalttätige Komponente.[50]

Manche Modernisierungsvorgänge in der Weimarer Republik waren mit der Kriegslogistik korreliert. Motorisierter Transport und die Bewirtschaftung von Ressourcen dienten als Vorbilder oder Anreger. Die Strahlkraft der militärischen Motorisierungsgeschichte beeinflusste die Attraktivität der Automobilität und der Nutzfahrzeuge der Weimarer Republik nachhaltig. Dazu waren der deutsche „Kriegssozialismus" – ein Begriff der Sozialdemokraten Max Adler und Johann Plenge – und „Planismus" der Kriegswirtschaft prägend. Besonders das von Walther Rathenau 1914 gegründete Kriegsrohstoffamt war ein Planungsmuster. Dazu kam, dass ein Logistiker zu einem wichtigen Politiker der Weimarer Republik wurde: Wilhelm Groener war Chef des Feldeisenbahnwesens, und leitete schließlich das Kriegsamt. Mit diesen Organisationserfahrungen war der parteilose „Expertokrat" an Schaltstellen der inneren Weimarer Republik tätig, als Reichsverkehrsminister, dann Reichswehrminister und 1931 zusätzlich Innenminister.[51]

---

48 In: Der Kampfwagen Heft 4 (1925), Beilage zum Militärwochenblatt, Sp. 28–31.

49 In: Militärwochenblatt 112 (1927), Hefte 18–22, Sp. 649–653; 687–694; 728–731; 772–776; 819–822.

50 Siehe dazu Kurt Möser, The First World War and the Creation of Desire for Cars in Germany. In: Strasser, Susan / McGovern, Charles / Judt, Matthias (Hg.), Getting and Spending. European and American Consumer Societies in the Twentieth Century. Washington D.C. 1998, S. 195–222.

51 Vgl. Klaus Hornung, Alternativen zu Hitler. Wilhelm Groener – Soldat und Politiker in der Weimarer Republik. Graz u.a. 2008.

Man kann die im Ersten Weltkrieg sich steigernde Ausprägung der Logistik, der zunehmend expansiven Organisation des Nachschubs als Anregung für systemübergreifende, transpolitische Planungseuphorien der Zwischenkriegszeit identifizieren.[52] Zu diskutieren wäre nun, ob sich die Faszination gerade durch militärische Logistik in diese Planungseuphorie der Zwischenkriegszeit nur einfügt, oder ob sie sie befördert oder angeregt hat. So, wie der „Kriegssozialismus“ die gesellschaftspolitischen Phantasien gerade auch der jungen Sowjetunion beflügelt hat, so hat – dies meine These – das durchgeplante System der Logistik für Front und Graben im Großen Krieg die organisationsorientierte Phantasie von Experten unterschiedlicher politischer Observanz stimuliert. Die komplexe Logistikorganisation der Materialschlacht strahlte weit ins Politische.

52 Vgl. Wolfgang Schivelbusch, Entfernte Verwandtschaft. Faschismus, Nationalsozialismus, New Deal 1933–39. München 2005.

Übergreifendes zum 20. Jahrhundert

Elektroluftschiffe

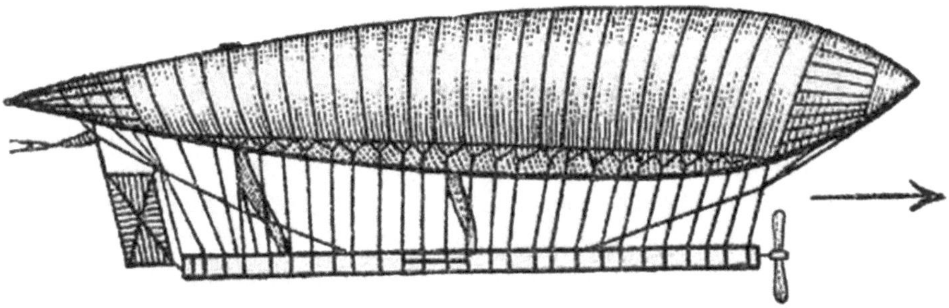

Vom Beginn der bemannten Ballonfahrt an, seit dem späten 18. Jahrhundert, gab es Versuche, diese Luftfahrzeuge zu steuern und anzutreiben. Um nicht mehr den Launen des Windes ausgeliefert zu sein, wollte man Luftruder einsetzen, Segel oder gar gezähmte Adler als Zugtiere. Erfolgreich war keiner dieser Versuche, weil naturale Kräfte offenbar keine Lösung boten.

Man musste also eine Form des „Elementarantriebs" vorsehen. Schon vor 1900 gab es drei praktische und schon bei Booten und Straßenfahrzeugen bewährte Optionen: Dampfmaschinen, Elektromotoren und Verbrennungsmaschinen. Jede dieser Antriebsformen hatte technische Vor- und Nachteile: Die Dampfmaschine war ausgereift, aber hatte ein hohes Leistungsgewicht, erlebte aber am Ende des 19. Jahrhunderts einen beträchtlichen technischen Schub. Leichtbau und neue Kessel, die mit flüssigen Brennstoffen Dampf erzeugten und recht schnell betriebsbereit waren, machten sie zu echten Konkurrenten der Verbrennungsmaschinen. Auch sie wurden leichter und kräftiger, vibrierten aber und blieben störungsanfällig. Elektromotoren waren klein, schnell betriebsbereit und kräftig, aber die Speicherbatterien blieben schwer und hatten geringe Leistungsdichte. Die Wahl eines geeigneten Antriebs für Luftschiffe war also nicht einfach, wenn funktional-technische Kriterien angelegt wurden.

Neben diesen technisch bestimmten Optionen gab es aber auch kulturelle und sogar ästhetische. Trotz der Neukonzeption der Dampfmaschine blieb ihr Image im „rußigen" 19. Jahrhundert verankert, in einer technischen Kultur der Schwerindustrie, der Kohle und des Schmutzes. Verbrennungsmotoren galten als laute, kräftige und eher gewaltsame Kraftquellen und passten in eine Zeit, die sich selbst als vorwärtsdrängend empfand. Dagegen repräsentierten Elektroantriebe eine andere, sanfter scheinende, aber effiziente und nahezu elegante Modernisierung. Typischerweise war Elektrizität durchwegs in utopischen und phantastischen Technikfiktionen der Zeit vertreten; sie schien ganz selbstverständlich die Kraftquelle der Zukunft. Deswegen hatten viele der phantastischen Mobilitätsmaschinen des Erzählers Jules Verne einen elektrischen Antrieb.

Doch das außerordentlich aktuelle, modernistische, zukunftsgewandte Image, das Elektroantriebe so attraktiv für technische Fiktionen gemacht hatte, zeigte in der Praxis Schwächen. Elektrizitäts-Science-Fiction und konkrete Einsatzmöglichkeiten traten auseinander. Elektroboote und Elektroautomobile der Jahrhundertwende von 1900 litten unter schweren Batterien mit relativ geringen Speicherkapazitäten und nachlassender Speicherkapazität nach einigen Ladezyklen. Einige der besten Ingenieure der Zeit arbeiteten mit hohem Optimismus an diesen technischen Herausforderungen, ohne dass es zu einem Durchbruch zur idealen Speicherbatterie gekommen wäre. Die Erwartungen an eine Batterie waren damals, vor fast einhundertfünfzehn Jahren, ebenso hoch wie heute; und auch der Optimismus, kurz vor einem Durchbruch zu stehen, war vergleichbar: „A large number of people interested in stored power are looking forward to a revolution in the generating power of storage batteries, and it is the opinion of many that the long-looked-for, light weight, high capacity battery will soon be discovered“[1].

Verfügbar waren Dampf und Gasmotoren, die aber mit Explosionsgefahr als inhärentem Risiko behaftet waren. Das wurde bei der Katastrophe des Wölfert'schen Luftschiffs im Jahr 1897 deutlich. Die Explosion des Luftschiffs von Wölfert verstärkte eine vorhandene Skepsis gegen den Einbau von Verbrennungskraftmaschinen in wasserstoffgefüllte und daher höchst explosionsgefährdete Lenkballons. Heiße Auspuffgase und elektrische Funken der Zündanlagen erzeugten ein hohes Risiko. Die Verwendung von Elektrizität bot hier einen technischen Ausweg.

Konkret wurde die Elektrifizierung der Luft in Frankreich in Angriff genommen. 1883 erfolgte der erste Flug eines elektrischen Luftschiffs: Gaston Tissandier fuhr mit dem Antrieb durch einen 1,5 kW-Siemens-Motor. Der Akku bestand aus 24 Kaliumbichromat-Zellen mit unbekannter Kapazität. Trotz der problematischen Steuerbarkeit durch den großen Stirnwiderstand und der geringen Motorleistung wurde dies als ein Erfolg gefeiert.

Ein Jahr später hob das französische Armeeluftschiff „La France“, entworfen von Charles Renard und Arthur Krebs, ab, das schon einen Gleichstrommotor mit rund 6 kW besaß und einen Batteriesatz von 435 kg. Das Luftschiff fuhr acht Kilometer in 23 Minuten, und war in der Lage, zu seinem Startpunkt zurück zu kehren – was bis dahin keinem Luftschiff gelungen war.

---

1 Hiscox, Gardner Dexter: Horseless Vehicles, Automobiles, Motorcycles Operated by Steam, Hydrocarbon, Electric and Pneumatic Motors, New York 1901.

Zeitlich genau parallel zu diesem Elektroluftschiff wurden auch rein elektrische Unterseeoder Tauchboote entwickelt. Der Pionier war Dupuy de Lôme, und nach seinem Tod 1885 übernahm das Projekt sein Freund Gustave Zédé. Die Gymnote war das erste Elektro-Unterseeboot der Welt.

Angesichts der damals ungelösten Kapazitäts- und Gewichtsprobleme blieb eine konkrete Fortsetzung der elektrischen Luftmobilität aus. Umso intensiver verarbeitete der Altmeister der technisch-wissenschaftlichen Phantastik, Jules Verne, die konkreten Experimente von Tissandier, Renard und Krebs. Unmittelbar nach deren öffentlichen Vorführungen, im Jahr 1886, publizierte Verne seinen Roman „Robur le Conquerant". Der technische Kern des Romans handelt von zwei elektrisch betriebenen Luftfahrzeugen, dem Multi-Rotor-Hubschrauber „Albatros" und dem Luftschiff „Go a head", die in dramatischer Handlung den zeitgenössischen Konflikt zwischen „schwerer" und „leichter als Luft" austragen. Bezeichnenderweise haben beide Mobilitätsmaschinen Batterien als Energiequelle an Bord.

Typisch für elektrobasierte Phantastik-Flugmaschinen ist auch einer der zahlreichen amerikanischen Jugendbuchromane der „Tom Swift"-Serie, „Tom Swift and his Airship" von 1910[2]. Dieses Gerät zeigte eine Crossover-Technologie von Luftschiff und Doppeldecker, also eine Kombination von statischem und dynamischem Auftrieb.

Diese Idee ist im Verlauf der Luftschiffgeschichte immer wieder vorgeschlagen worden. Ein weiterer „Tom Swift"-Jugendroman erschien fünf Jahre später, im Jahr 1915. In „Tom Swift and the Aerial Warship" wird ein nichtbrennbares Gas zur Auftriebserzeugung genutzt. Es wird zwar von einem Verbrennungsmotor angetrieben, aber Speicherbatterien und ein elektrischer Motor sind ebenfalls an Bord.[3] Auch in der „Frank Reade"-Serie populärer Groschen-Science-Fiction gab es 1892 ein elektrisches Luftschiff.

Kaum näher an der Konkretisierbarkeit als technische Fiktionen bewegten sich manche der zahlreichen Patente rund um Luftschiffe. Eine interessante Idee für ein elektrisch betriebenes Luftschiff – und es blieb leider dabei – wurde 1999 von der damaligen DaimlerChrysler AG zum Patent angemeldet. Das Patent wurde zwei Jahre später erteilt. Die Idee steht im Kontext der um die Jahrtausendwende angeheizten Wasserstoffeuphorie: Es wurde von den Patentanmeldern, darunter auch zwei Industriedesignern, vorgeschlagen, „den Elektroantrieb durch ein im Luftschiff vorgesehenes Brennstoffzellensystem mit elektrischer Energie zu versorgen. Zur Versorgung des Brennstoffzellensystems mit ei-

2 Siehe Appleton, Victor: Tom Swift and His Airship. Or, The Stirring Cruise of the Red Cloud, Auckland 1910.

3 Siehe Appleton, Victor: Tom Swift and His Aerial Warship. Or, The Naval Terror of the Seas Cruise of the Red Cloud, Auckland 1915.

nem Brenngas kann im Luftschiffkörper eine mit dem Brenngas gefüllte Kammer vorgesehen werden."[4] Gedacht wurde offenbar an eine Transformation einer schon in den 1920er Jahren ausprobierten Konzeption. Damals sollten die Verbrennungsmotoren direkt mit dem Traggas betrieben werden. Nun, 1999, sollte das Traggas – also Wasserstoff – in Brennstoffzellen umgesetzt und Strom erzeugt werden. Ob die Anmeldenden dies allerdings kannten, ist nicht klar.

Dieses Konzept eines Brennstoffzellen-Luftschiffs kann als Beispiel für einige der typischen Rahmenbedingungen von Innovationsideen gelten: Sie sind von technisch-gesellschaftlichen Erwartungen geprägt – in diesem Fall der Erwartung einer unmittelbar bevorstehenden Einführung von wasserstoffbasierten Brennstoffzellen. Andere Innovationsfelder ziehen sie mit' – die erwartete Einführung der Brennstoffzelle im Auto ist hier anzuführen. Zudem beleben sie ältere Ideen und modifizieren sie, wie hier die energetische Nutzung des Traggases. Und außerdem hängt ihr Erfolg von vorhandenen, aufzubauenden oder gemeinsam geteilten Infrastrukturen und Energiesystemen ab. Und wenn sie, wie im Fall des Wasserstoff-Brennstoffzellen-Systems, ausbleiben, ist ihr technisches Schicksal erst einmal besiegelt.

Ganz ähnliche Beobachtungen und Generalisierungen sind auch im Fall der Konzepte für Atomluftschiffe zu machen. In den technikeuphorischen, „neophilen" 1950er und 1960er Jahren gab es immer wieder Ideen für eine Neuauflage von Luftschiffen. Selten ging es, wie im Patentanspruch der Stuttgarter Anmelder von 1997, um Personenverkehrsmittel. Ihre Funktionen waren weiter aufgefächert: Man dachte sie als Schwerlasttransporter, wie den späteren erfolglosen Cargolifter (2000 auf Kiel und Aktien gelegt), als zivile und militärische Überwachungsplattformen mit langer Fahrtdauer, wie die „Blimps" des Zweiten Weltkrieges; oder sogar als fliegende Flugplattformen und Luftstützpunkte, wie dies schon in der Zwischenkriegszeit proklamiert worden war[5].

Besonders die Sowjetunion plante eine Neuauflage der Luftschiffe, größer und technisch aufwendiger als je zuvor. Im „Spiegel" wurde 1968 in dem Artikel „Über Taiga und Tundra" über die sowjetischen Konzepte zum Neubau von Luftschiffen berichtet[6]: „‚Die Wiedergeburt des sowjetischen Luftschiffbaus steht auf der Tagesordnung', versprach im Frühjahr der Vizepräsident der Akademie der Wissenschaften der UdSSR, A. Trofimow." Geplant wurden nicht nur Atomantriebe, sondern auch neue technische Lösungen etwa zur Auftriebsregulierung durch Verdichtung und Entspannung des ungefährlichen Traggases Helium. Der hohe Energieaufwand dafür schien bei einem elektrizitätserzeugenden Atomreaktor kaum in Betracht zu kommen. Zwei Konzepte waren für den Atomantrieb

4 Patent DE19753548A1 vom 26.08.1999; http://www.patent-de.com/19990826/DE19753548A1.html. Die Anmelder waren: Panik, Ferdinand, Dr., 73733 Esslingen; Panik, Andreas, Dipl.-Designer, 70190 Stuttgart; Ruhdorfer, Max, Dipl.-Designer, 70736 Fellbach.

5 So baute die US Navy zwei riesige Luftflugzeugträger, die „Macon" und „Akron".

6 Spiegel 49/1968, https://www.spiegel.de/politik/ueber-taiga-und-tundra-a-61c34837-0002-0001-0000-000045876511; Zugriff am 26.05.2021.

erwogen worden: zum einen der direkte Antrieb einer mit den Antriebspropellern mechanisch gekuppelten Turbine über die Wärme des Reaktors, zum anderen – uns hier vor allem interessierend – ein mittelbarer elektrischer Antrieb, wobei der Strom durch eine generatorgekuppelte Turbine erzeugt wurde. Dieses zweite Konzept versprach eine bessere Regelbarkeit und Umsteuerbarkeit auf Rückwärtsbetrieb.

Der Spiegel-Artikel erwähnte auch ein westliches Projekt: „In der Planung waren den Sowjets auch diesmal die Deutschen voraus. Auf Anregung des Atom-Professors Otto Hahn konstruierte der Grazer Ingenieur Erich von Veress das Atom-Luftschiff ‚ALV 1' (Baukosten: 100 Millionen Mark). Es blieb jedoch Modell." Die sowjetischen Konzepte und der Enthusiasmus von Luftschiffbegeisterten – so gab es Ende der 1960er Jahre 20 Luftschiffsclubs in der UdSSR – passte auch in eine Phase, in der die sowjetische Luft- und Raumfahrttechnik führend zu sein schien. Angesteckt wurde auch die DDR: Der DDR-Flugexperte Ulrich Queck sah moderne Zeppeline „bereits auf Hochhäusern und Wasserflächen" starten und landen und rechnete aus: „Mit Atommotor könnte das Schiff über sieben Jahre in der Luft bleiben."[7] Im Neuen Deutschland vom 11.2.1967 erschien ein begeisterter Artikel „Atomluftschiff für den Atlantikverkehr"[8]. Wie oft im Kalten Krieg ähnelten sich die beidseitigen Utopien, Konzepte, Planungen – und Misserfolge. Auch in den USA stand das Atomluftschiff auf dem Programm. Im Jahr 1959 veröffentlichte Goodyear – die Erbauerfirma der beiden erfolglosen und abgestürzten US-Luftschiffe der Zwischenkriegszeit – eine Studie und prognostizierte, dass 1963 ein atombetriebenes Luftschiff zum Einsatz kommen könne[9].

Im Verlauf ihrer hundertfünfzigjährigen Geschichte scheinen Luftschiffe, ähnlich wie Elektrofahrzeuge, eine ständig präsente Zukunftstechnologie, stets kurz vor einem technischen Durchbruch stehend, stets eine ideale Lösung eines Bündels von Transportproblemen. Die mehrfach geschichteten vergangenen Zukünfte des „leichter als Luft"-Transports bewirken seit Jahrzehnten immer wieder neue Prognosen und Erwartungen eines Comebacks. „Neuer Anlauf für ein Comeback der Luftschiffe", titelte die „Welt" am 11.10.2013 und berichtete von einer Worldwide Aeros Corporation, die ein Luftschiff mit dem Namen „Dragon Dream" plant. Immerhin hat das Projekt bereits Gelder der NASA und des US-Verteidigungsministeriums akquirieren können[10].

Bei den Debatten und bei den konkreten Implementierungen von Luftschiffen spielten und spielen die breiten Öffentlichkeiten eine durchweg größere Rolle als bei vergleichbaren anderen Technologien. Schon Zeppelins Luftschiff faszinierte anfangs weniger die

---

7 Ebd.
8 Siehe https://www.nd-archiv.de/artikel/1678701.html.
9 Siehe dazu auch Wikipedia, Act-„Luftschiff".
10 Vgl. http://www.welt.de/wirtschaft/article120812540/Neuer-Anlauf-fuer-ein-Comeback-der-Luftschiffe.html; Bleibler, Jürgen: Die fünfziger und sechziger Jahre – Großluftschiffprojekte in Deutschland und den USA. In: Meighörner, Wolfgang (Hg.): Luftschiffe, die nie gebaut wurden, Friedrichshafen 2002, S. 151–175; Kirschner, Erwin J.: The Zeppelin in the Atomic Age, University of Illinois Press 1957; http://www.airships.net/futurism.

skeptischeren Ingenieure und Militärs, sondern eher Laien. Der Bau eines neuen Zeppelins nach der Katastrophe von Echterdingen wurde durch ein fast als Volksbewegung erscheinendes Engagement möglich gemacht. Der Cargolifter wurde durch Kleinaktionäre finanziert, und bis heute erregen die Geschichte der Luftschiffe wie auch ihre möglichen Zukünfte breites Interesse. Und hier fehlten selten Gruppen faszinierter und engagierter Laien. In den 1970er Jahren existierte typischerweise in Lübeck eine „Fördergesellschaft für Atomluftschiffbau und Atomluftschiffahrt e.V."[11].

Neue Chancen für alte Technologien entstehen stets dann, wenn sich entweder die technischen Voraussetzungen ändern, oder die kulturellen und sozialen, oder alle zusammen. Luftschiffe hatten schon immer eine starke Sympathie in der Bevölkerung und ein faszinationsförderndes Image. Nun, nach der Jahrtausendwende und trotz des gescheiterten „Cargolifter"-Vorhabens, bei der 70.000 Kleinanleger ihr Geld verloren, ist zum sehr positiven Sympathieumfeld noch ein weiteres Potenzial hinzugetreten: Solartechnologie. Dies, und die Chancen moderner hochstabiler Leichtbautechnologien mit Kevlar und Kunststoffen aus dem Flugzeugbau, begünstigen elektrische Luftschiffe, und zwar solarbetriebene. Sie scheinen nun endlich problemlos technisch machbar, und ihr Image einer spektakulären, faszinierenden, gleichwohl aber sanften und umweltschonenden Technologie fördert ihre Akzeptanz.

Das Webjournal „Ecofriend" stellt eine ganze Reihe von Konzepten für öko-freundliche Luftschiffe mit Elektroantrieb und Solarzellen vor, die sich in unterschiedlichen Projektphasen befinden und eine „sustainable" und „eco-friendly future" versprechen[12]. Ein Pionier dafür war Prof. Dr. Bernd-Helmut Kröplin. Zusammen mit seinen studentischen Mitarbeitern entwarfen und bauten sie 1992 das erste solarangetriebene Luftschiff der Welt namens „Lotte". Das 16 m lange Gerät gilt noch heute weltweit als Vorbild für die „Leichter-als-Luft"-Technologie. Ironischerweise hat der Antriebsmotor mit 1,5 kW die gleiche Leistung wie das erste Elektroluftschiff. Es befindet sich heute, nach zahlreichen Flugeinsätzen, im Friedrichshafener Zeppelin-Museum[13]. Inzwischen werden Solarluftschiffe meistens im Kontext einer möglichen elektrischen Luftmobilität, im Zusammenhang mit solarbetriebenen Fluggeräten „schwerer als Luft" diskutiert[14]. Auch über solarangetriebene Hybride von Flugzeug und Luftschiff wird nachgedacht[15].

„Nachhaltige" Luftmobilität und umweltfreundliche Luftschiffe sind aber nur einer der aktuellen Entwicklungsstränge. In der Geschichte der Luftschiffe haben militärische Verwendungsabsichten stets eine Rolle gespielt. Man muss gar nicht so weit gehen wie Graf

11 Siehe Wikipedia, Atomluftschiffe.
12 Vgl. http://www.ecofriend.com/20-sustainable-airships-promising-a-clean-future-of-transportation-and-surveillance.html.
13 Vgl. http://www.tao-group.de/solarluftschiff_lotte.html.
14 Vgl. Electric Air Transport Takes Off; http://sciencewatch.com/articles/electric-air-transportation-takes.
15 Vgl. http://www.golem.de/1110/87284.html.

Zeppelin, der sein Luftschiff als strategischen Bomber gegen die Londoner City eingesetzt wissen wollte. Auch heute sind militärische Anwendungen nie ganz aus dem Blickfeld geraten. Die DARPA – eine Abkürzung für die US-amerikanische Defense Advanced Research Projects Agency – hat viele militärisch verwendbare technische Entwicklungen seit dem „Sputnikschock" angestoßen, so auch das Internet. Das von der DARPA in Kooperation mit Lockheed Martin konzipierte Heliumluftschiff „High Altitude Airship" (HAA) soll als geostationäre Plattform in der Stratosphäre autark bis zu zehn Jahre in der Luft bleiben können, um elektronische Aufklärung und Radaraufklärung betreiben zu können. Betrieben wird es durch ein leichtgewichtiges elektrisches Antriebssystem mit einem 40 kW-Lithium-Ionen-Akkupack, aufgeladen durch ein 15 kW-Solarpanelsystem[16].

Stehen wir also an einer Schwelle des Durchbruchs einer neu sich erfindenden historischen Mobilitätsform, die Faszination, Eleganz und Umweltverträglichkeit – oder auch militärische Anwendbarkeit! – bestens miteinander verbindet? Wenn man als Technikhistoriker die immer wieder aufflammenden Begeisterungen für Luftschiffe betrachtet und sich die Kaskaden der vergangenen Konzepte ansieht, neigt man zur Skepsis. Zwar ist die Luftschifftechnologie nicht inhärent unfallträchtiger als vergleichbare andere Technologien, aber die technischen Probleme des Wetterschutzes, des statischen Gleichgewichts, des Ballasts, des Infrastrukturbedarfs sind bisher starke Hemmnisse einer Verbreitung geworden – es sei denn als Spielzeug: Heute sind fernsteuerbare kleine Elektroluftschiffe zum beliebten Spielzeug geworden.

Verweise

Appleton, Victor: Tom Swift and His Aerial Warship. Or, The Naval Terror of the Seas Cruise of the Red Cloud, Auckland 1915.

Appleton, Victor: Tom Swift and His Airship. Or, The Stirring Cruise of the Red Cloud, Auckland 1910.

Bleibler, Jürgen: Die fünfziger und sechziger Jahre – Großluftschiffprojekte in Deutschland und den USA. In: Meighörner, Wolfgang (Hg.): Luftschiffe, die nie gebaut wurden, Friedrichshafen 2002, S. 151–175.

Kirschner, Edwin J.: The Zeppelin in the Atomic Age, University of Illinois Press 1957.

http://sciencewatch.com/articles/electric-air-trans-portation-takes.

http://www.airships.net/futurism.

http://www.ecofriend.com/20-sustainable-airships-promising-a-clean-future-of-tran-sportation-and-surveillance.html.

http://www.golem.de/1110/87284.html.

http://www.greendiary.com/amazing-futuristic-airships-for-sustainable-air-travel.html.

https://www.nd-archiv.de/artikel/1678701.html.

16 Vgl. http://www.greendiary.com/amazing-futuristic-airships-for-sustainable-air-travel.html.

http://www.patent-de.com/19990826/DE19753548A1.html.
http://www.tao-group.de/solarluftschiff_lotte.html.
http://www.welt.de/wirtschaft/article120812540/Neuer-Anlauf-fuer-ein-Comeback-der-Luftschiffe.html.

„Der Kampf des Automobilisten mit seiner Maschine"

Eine Skizze der Vermittlung der Autotechnik und des Fahrenlernens im 20. Jahrhundert

Fahren von Kraftfahrzeugen ist eine wesentliche Kulturtechnik, die mehr als 1 Milliarde Menschen weltweit beherrschen dürften. Und es ist eine Kompetenz, die wohl eine höhere Qualifikation als 90 % aller industriellen Arbeitsplätze erfordert.[1] Dazu gehören Elemente wie Rundumsicht, komplexe Koordinationsarbeiten, Umgehen mit Geschwindigkeiten, die beim 30fachen der „humanen" Geschwindigkeit liegen, Körperkonditionierung, gleichzeitiges Ausführen unterschiedlicher Handlungen. All dies funktioniert nur mit hohem geistigen und körperlichem Automatisierungsgrad und entsprechendem Training. Der Erwerb und die Schulung solcher Fähigkeiten sind zugleich eines der signifikantesten Beispiele für Vermittlung von Technik an Nutzer.

Mein Interesse an dem Thema begann als museales. Das Landesmuseum für Technik und Arbeit in Mannheim (heute: Technoseum) hat inzwischen eine Sammlung von Objekten des Fahrenlernens: Inventar von Fahrschulen, Fahrlehrfilme, Modelle, Wandbilder, Diaserien, Bücher bis hin zu Spielzeug. Diese Objekte zu interpretieren und zu verstehen ist eine wichtige Aufgabe. Die wichtigsten interpretativen Texte für die Zeit bis zum Ende des 2. Weltkrieges lieferte Dietmar Fack.[2] Für eine Darstellung des Fahrschulwesens und

1 Vgl. Braun, Ingo, Technik-Spiralen. Berlin 1993, S. 15.

2 Siehe Fack, Dietmar, Das deutsche Kraftfahrschulwesen und die technisch-rechtliche Konstitution der Fahrausbildung 1899–1943. In: Technikgeschichte 67 (2000), S. 111–138; sowie ders., Automobil, Verkehr und Erziehung. Motorisierung und Sozialisation zwischen Beschleunigung und Anpassung 1885–1945. Opladen 2000. Verfügbar unter https://doi.org/10.1007/978-3-663-09328-2.

der Diskussionen um die Fahrausbildung im engeren Sinn bis 1945 sind sie unverzichtbar. Ich möchte hier aber die Betrachtung des Lernens des Fahrens und des Umgangs mit Fahrzeugtechnik nicht allein auf die formalisierte Ausbildung beschränken, sondern auf andere Instanzen und Medien eingehen, die „Verkehrssinn" und „mechanischen Sinn" auf dem Feld der Straßenmobilität vermittelten. Bei der Sozialisation zur Nutzung der Mobilitätsmaschine Automobil waren neben der formalen Fahrausbildung und den Fahrschulen eine Reihe weiterer „Agenten" tätig. Zudem kann die Entwicklung der Fahrzeugtechnik nicht außen vor bleiben, denn die erforderlichen Fähigkeiten und Qualifikationen von Fahrern änderten sich im Zusammenspiel mit der Veränderung der Fahrzeugbedienung.

Das Fahrenlernen ist eigentlich ein Lernen der „Beherrschung" von vier getrennten Funktionen:

- das Bedienen einer Maschine;
- das Fahren eines Fahrzeugs;
- die Teilnahme am Straßenverkehr;
- die Navigation.

Die Analogie zum Cockpit im Flugzeug um 1960 ist evident: Hier gab es für jede dieser Aufgaben eine eigene Person: Flugkapitän und Pilot für das Fliegen und die Teilnahme am Flugverkehr, Bordingenieur und Navigator für die verbleibenden Aufgaben. Auch für die frühen Automobilisten war die Trennung – bevor viele dieser Funktionen, die menschliche Bediener ausüben mussten, in das technische Objekt inkorporiert wurden[3] – noch klar: „Das Lenken eines Automobils und die Betreuung des Mechanismus sind zwei grundverschiedene Dinge",[4] hieß es 1922. Zum Bedienen einer Maschine und dem Fahren des Fahrzeuges selbst, etwa beim „Nehmen" einer Kurve, kommt die Teilnahme am Straßenverkehr dazu, etwa das korrekte Überholen, Abstandhalten oder Signale geben. Der vierte Vorgang ist die Navigation, also das Fahren von A nach B mit dem Ziel des Ankommens.[5] Zum Erwerb aller vier Fähigkeiten gehören theoretische und praktische Komponenten, für die Teilnahme am Verkehr spätestens seit dem 1. Weltkrieg zusätzlich auch die Vertrautheit mit einem Set von Regeln und die Fähigkeit, sie in konkreten Situationen rasch zu applizieren.

Das kompetente Ausüben keiner dieser Funktionen war in der Frühzeit selbstverständlich. Alle vier Komponenten waren um 1905 neu und bereiteten Probleme. Die Maschinenbedienung betraf dies vor allem: das komplexe Ausbalancieren mehrerer Motorparameter durch Einstellung der Zündung und Luftregelung für die Vergasung, das Druckgeben auf den Tank für die Förderung des Kraftstoffes, die Schmierung. Viele Funktionen, die heute

3 Siehe dazu Möser, Kurt, Geschichte des Autos. Frankfurt/M. / New York 2002, S. 41–44.

4 Filius, (= Schmal, Adolf), Die Kunst des Fahrens. Praktische Winke, ein Automobil oder Motorrad richtig zu lenken. Wien (3) 1922, S. 2.

5 Siehe dazu Popitz, Heinrich / Bahrdt, Hans P. / Jüres, Ernst A. / Kesting, Hanno, Technik und Industriearbeit. Soziologische Untersuchungen in der Hüttenindustrie. Tübingen (2) 1964.

als ganz selbstverständlich vom Mechanismus Auto selbst erfüllt werden, mussten noch vom „Bediener“ ausgeführt werden. Das Automobil funktionierte nicht „von selbst“; viele Vorgänge liefen nicht ohne Aufmerksamkeit, Eingriffe und ständige Betätigungen während der Fahrt ab. Novizen erschraken „über die große Anzahl von zu actionirenden Oelern, zu schmierenden kleinen Löchern, zu überwachenden Drosselstiften“.[6]

Die Vermittlung der komplex zusammengesetzten Kulturtechnik „Autofahren“ erfolgte an zwei Nutzergruppen. Die frühen Nutzer des Autos kamen zum einen vom Pferd; sie waren vertraut mit dem Reiten und dem Fahren, und es waren Fahrradfahrer. Die erste Gruppe hatte in der Regel größere Probleme mit dem Lernen und mit dem Erwerb des Fahrens als die Fahrradfahrer, weil das Pferd im gewissen Sinn selbständig lenkt, teilweise also selbst der Straße folgt. Dafür waren Fuhrwerke schlechter brems- und wendbar, aber mit einem ausgebildeten Kutschenpferd passieren einfach bestimmte Dinge nicht – es ist etwa sehr schwer an eine Wand zu fahren. Räder dagegen hatten als muskelkraftbetriebene Fahrzeuge in erster Linie ein geringeres Geschwindigkeitspotenzial. Diese zweite Nutzergruppe, aus der sich die frühen Autonutzer rekrutierten, hatte in der Regel schon eine sehr viel größere Kompetenz bei der Verkehrsteilnahme. Eine damals als quasi-artistisch empfundene Körperkontrolle kam dazu. Denn Radfahrer hatten auch, was auch nicht zu unterschätzen ist, bereits eine recht wirksame körperliche Konditionierung erworben: Fähigkeiten wie Balancieren, Koordination von Treten und Lenken, das Einhalten einer Minimalgeschwindigkeit waren vor 1900 viel weniger selbstverständlich als heute; ihr Erwerb bedurfte offenbar größerer Anstrengung. Eine ganze Reihe von Fähigkeiten, deren Erwerb den Autofahrern, oder den motorisieren Zweiradfahrern speziell, noch bevorstand, besaßen sie schon, etwa das Ausüben von Balance mit relativ hohen Geschwindigkeiten, oder den „Sinn“ für Kurvengeschwindigkeiten. Immerhin war schon das Fahrrad ein Eindringling in den Verkehr, weil dessen Geschwindigkeit gegenüber dem sonstigen Verkehr zu hoch war. Dieser „Sinn“ musste frühen Autofahrern erst vermittelt werden.

Selbst die Navigation war ein Problem: das Umgehen mit Karten, das Sich-Zurechtfinden in einem Wegenetz, dessen Ausschilderung meistens nur lokal war, wurde nicht ohne weiteres von Laien beherrscht. In vielen Memoiren der Zeit ist das Navigationsproblem, das „Sich-Verfahren“, ein sehr beliebter anekdotischer Stoff. Kartenlesen war primär eine militärische Fähigkeit, die von Offizieren beherrscht wurde und die erst langsam mit der Ausbreitung automobiler Ausflüge über Land ins Zivile diffundierte.[7]

Doch das Grundproblem war die Maschinenbedienung. Das Auto war die erste komplexe Maschine, die massenhaft auch von Laien (und dazu rechnen muss man eben auch die Kutscher) „bedient“ werden und deren Technik eben auch an Laien vermittelt werden

---

6 Dr. St., Kauf und Behandlung eines Automobils. In: Der Stein der Weisen 28 (1902), S. 44–55, S. 43.

7 Siehe dazu Bertho Lavenir, Catherine, How the Car Conquered the Road. In: Levin, Miriam R. (Hg.), Cultures of Control. Harwood 2000, S. 113–134.

musste. Und zu den Laien zählten auch die frühen Profis, die Chauffeure, die zum Großteil entweder Mechaniker waren und daher das Maschinenbedienen beherrschten, nicht aber das Fahren, oder die Kutscher, die sich zwar eher auf der Straße auskannten, aber meistens nicht Maschinen bedienen konnten. Insbesondere die Kombination war problematisch. Schon der Mannheimer Automobilpionier Carl Benz war, wie er in seinen Memoiren erzählt, durch die gleichzeitige Überwachung des Mechanismus beim Fahren so überfordert, dass er in eine Wand seines Werkhofes fuhr. Beim „normalen" Fahrer war anfangs diese Überforderung eher noch stärker.

Als hauptsächliches Problemfeld empfunden wurde die unzulängliche, als „rebellisch" empfundene Technik, wie sie immer wieder in Erinnerungen der Automobilpioniere beschrieben wurde. Dass neben aufwendigen und Expertenwissen erfordernden Wartungsarbeiten die Fahrzeuge sehr häufig zusammenbrachen, dass ständig Störungen behoben werden mussten, gehörte zum Alltag des Umgehens mit dieser Technik. Dafür gab es offensichtlich beim frühen Auto eine Arbeitsteilung. Rennautomobile wurden meistens von zwei Personen gefahren. Dabei war der Beifahrer tendenziell für die Technik zuständig. Er war der „Ingenieur" an Bord. Im typischen Chauffeurs-Automobil gab es diese Arbeitsteilung ebenfalls: Der „Herrenfahrer" war oft für das Fahren zuständig; sobald aber Komplikationen auftraten, das Auto gewartet werden musste – generell: sobald man sich schmutzig machen musste –, trat der Profi auf den Plan. Demnach war der professionelle Chauffeur eher für das Grobe, Technische, für Krisen und Pannen zuständig, der selbstfahrende Besitzer hingegen für die Lust beim Autofahren, „zuständig" für den aktiven Genuss der Fahrzeugnutzung. Und die dritte Gruppe an Bord schließlich, die männlichen oder weiblichen Fahrgäste oder Passagiere, mit üblicherweise nur wenig Interesse an der Mechanik wie am Fahrvorgang, konnten passiviert die Fahrt genießen.

In der Frühzeit lag also klar der Schwerpunkt auf der Vermittlung des Umgehens mit der problematischen Technik. Fahren und Verkehrsteilnahme galten als sekundär. Nur vereinzelt gab es Ansätze zu einer Vermittlung der Verkehrsteilnahme, in einem signifikanten Fall sogar mit Simulationen der „realen" Verkehrsverhältnisse. Eine Fahrschule in Aubervilliers in Frankreich benützte schon 1898 Silhouetten von Frauen mit Kinderwagen, spielenden Kindern oder Fahrradfahrern, die den Fahrern plötzlich in den Weg geschoben wurden, um ihre Reaktionsfähigkeit zu trainieren – also ein früher Verkehrsübungsgarten. Doch im Allgemeinen galt die Überzeugung, Verkehrsteilnahme sei letztlich von selbst erlernbar. Fahren musste man sich selber beibringen; es schien nebenher zu laufen neben dem „eigentlichen" Problemfeld, der „Beherrschung" des Mechanismus. Das war aber weitgehend eine Illusion. Die Geschichten der frühen Autofahrer stecken voller Schilderungen von Misserfolgen beim eigentlichen Fahrvorgang. Rudolf Diesel etwa fand, als er einmal seinen Chauffeur am Steuer ablöste, die Bremse nicht und brachte seine mitfahrende Familie in Gefahr.[8] Aber solche Erfahrungen hatten noch keineswegs zur Folge, dass eine pädagogische Optimierung des Fahrvorgangs stärker betont wurde.

8 Vgl. Diesel, Eugen, Autoreise 1905. Stuttgart 1941.

Durch die frühen Lehrbücher zieht sich zudem ein Strang der Skepsis, durch Ratschläge und Unterricht überhaupt Fahrer „bilden“ zu können. Angeborene Qualitäten, also „Veranlagung“, oder auch „Charakter“, schienen weit wichtigere Voraussetzungen für einen guten Wagenführer als alle pädagogischen Bemühungen. Typisch hierfür „Dr. St.“ 1902:

> „Alles Weitere lernt man durch Erfahrung und angeborenen mechanischen Sinn besser wie aus schriftlichen Anleitungen. Vorsichtige und geschickt veranlagte Fahrer werden nach zwei oder drei Touren alles auf den Verkehr Bezügliche, Begegnungen mit Pferden, zerstreuten Fußgängern und feindseligen Hunden, wissen. Anderen aber nützen die besten und weitläufigsten Rathschläge nichts.“[9]

Die Vermittlung rationaler und körperlich-sinnlicher Fähigkeiten war also eine Sache, das Vertrauen auf schon vorhandene Qualitäten eine andere.

Aus diesem Umfeld erwuchs schließlich, als insbesondere das Militär einen hohen Bedarf an Kraftfahrern bekam, das Konzept, die Personen mit den erforderlichen, aber schon vorhandenen Qualitäten zu identifizieren und zu Fahrern auszubilden. Mit Psychotests und anderen psycho-physischen Auswahlverfahren wollte man Menschen mit dem geeigneten, prädisponierten Charakter, „scharfen Sinnen“, guten Reaktionen und „Verkehrssinn“ auswählen. Dies ist eine grundsätzlich andere Herangehensweise als in den massenmotorisierten Gesellschaften. In diesen geht man stillschweigend davon aus, dass eigentlich alle zum Fahren geeignet sein müssten, vorausgesetzt, dass sie richtig ausgebildet sind, und dass es in Prüfungen und Tests nur um eine Elimination der völlig Ungeeigneten geht. Dieses pädagogische Konzept – Fahren ist lehr- und lernbar – steht also dem älteren anthropologischen Konzept gegenüber, wonach gute Fahrer von vornherein die erforderlichen Eigenschaften besitzen und nur noch identifiziert werden müssen. Nach dem 1. Weltkrieg wurde die Differenz zwischen diesen beiden Auffassungen virulent: Nachdem schon 1917 bei den Kraftfahrer-Ersatzabteilungen psychologische Prüfungs-Laboratorien eingerichtet worden waren, sollten diese Selektionsinstanzen auch nach Kriegsende weiterarbeiten. Dies wurde aber bald kritisiert; die „experimentellen Psychologen“ „überschätz(en) offenbar weit die Anforderungen, die an die Sinnestüchtigkeit der Kraftfahrer zu stellen sind“. Stattdessen wurde eine „gewissenhaft[e] Anlernung durch verantwortliche, erfahrene und pädagogisch genügend geschulte Fahrlehrer“[10] für sinnvoller erachtet. Die pädagogische Haltung begann die anthropologische zu ersetzen, mit entsprechendem Rückgang psychologischer Selektionsmethoden und Aufwertung des Fahrlehrerberufs.

Generell gilt bei der Vermittlung beim Umgang mit allen frühen Mobilitätsmaschinen – seien es Fahr- oder Motorräder, Segeljollen oder Motorboote, dass recht hoher Wert auf die Körper- und Sinnenkonditionierung gelegt wurde, aber auch auf die „Empfindungen“ bei der Maschinenbedienung, wie etwa beim Einregeln der Motoren oder beim

---

9 Dr. St., Kauf und Behandlung eines Automobils, a.a.O. S. 55.

10 König, Adolf, Die experimentelle Psychologie im Dienste des Kraftfahrwesens. In: Allgemeine Automobil-Zeitung 20 (1919), H. 10, S. 11–13 u. H. 11, S. 15–17, S. 17.

Schaltvorgang, also das, was ich „Maschinensensibilität" genannt habe. Am wohl wichtigsten war in der Frühzeit jedoch die Vermittlung des „Geschwindigkeitssinns" beim verantwortlichen Umgehen mit den hohen Geschwindigkeiten, die ein Motorwagen ermöglichte. Diese hohen Geschwindigkeiten waren das eigentlich Spezifische der neuen Mobilitätsmaschine, ein Merkmal, das sowohl beim Fahrradfahren als auch beim Reiten und Fahren mit Pferden so nicht erlebt wurde. Diese pädagogischen Versuche der Konditionierung für automobiltypische Geschwindigkeiten waren so dominant, dass eine weitere wichtige Konditionierung – die Entwicklung der Rundumsicht – offenbar nicht zugleich zu leisten war. So hieß es 1902: „Während der Fahrt darf sich der Wagenlenker, so geschickt er auch sei, unter keinen Umständen umwenden. Ruft man ihm selbst zu, dass der Wagen brennt, so hat er sofort anzuhalten, aber nicht vorher nach den Flammen zu sehen, sonst ginge das Löschungswerk im Straßengraben vor sich."[11] Noch in den Dreißigerjahren wurde in den Fahrschulen vermittelt, was hinter einem Fahrzeug passiere, habe den Fahrer nichts anzugehen. Erst mit dem Massenverkehr wurde der Rundumblick gelehrt.

Noch eine kurze Bemerkung zu den Instanzen der Vermittlung der Technik bei frühen Autofahrern: Zu differenzieren ist zwischen Technikvermittlung für die beiden Gruppen der Amateure („Herrenfahrer") und der Profichauffeure. Die wiederum differenzieren als solche ohne technische Vorbildung, wie Kutscher, und mit einer solchen, wie Mechaniker. In der Regel wurden Einführungen der Chauffeure bei den Firmen selbst, bei den Werken, durchgeführt. Besonders verbreitet war es, dass Firmenmonteure, die beim Bau der Automobile mitgewirkt hatten, in den „Fahrdienst" bei Privat-Autobesitzern wechselten. Selbständige Verkehrsschulen gab es relativ spät. Die erste Autofahrschule außerhalb eines Autowerks wurde in Berlin 1899 eröffnet. „Verkehrsübungsplatz" war der Friedenauer Sportpark.[12] 1903 schließlich wurde die erste öffentliche Verkehrsschule in Aschaffenburg gegründet. Solche Institutionen wendeten sich an die Zielgruppe professioneller Chauffeure. Aber ein Großteil der Technik wurde immer noch durch Learning by Doing vermittelt, vergleichbar der frühen Fliegerei. Gerade für Herrenfahrer war es üblich, sich probierend und versuchend mit dem Fahren und der Technik auseinander zu setzen, auf Anfangserfahrungen aufzubauen und in die Verkehrsteilnahme hineinzuwachsen. Unterstützt wurde dies durch eine bereits recht umfangreiche populäre Fachliteratur, deren prominentester Vertreter Baudry de Saunier war.[13] Auch in Artikeln populärwissenschaftlicher Zeitschriften, wie etwa im „Stein der Weisen", wurden Grundzüge der Autotechnik und des „Fahrbetriebes" verbreitet, zumeist in Form von Warnungen vor einer zu optimistischen Haltung: „Es wäre ein großer Irrtum, sein neu gekauftes Automobil bei der Uebernahme wie einen alten Bekannten zu betrachten, mit dem man von nun

11 Dr. St., Kauf und Behandlung eines Automobils, a.a.O. S. 55.

12 Vgl. Seherr-Thoss, Hans-Christoph von, Die deutsche Automobilindustrie. Eine Dokumentation von 1886 bis 1979. Stuttgart, 2., korr. u. erw. Aufl. 1979, S. 32.

13 Vgl. Baudry de Saunier, Louis, Das Automobil in Theorie und Praxis. Bd. 2, Wien / Pest / Leipzig 1901, Reprint Leipzig 1990.

ab schöne Tage ungetrübtester Harmonie verleben wird."[14] Der Autor schlug deshalb vor, zum besseren Kennenlernen das Automobil erst einmal völlig zu demontieren.

Das Umgehen mit der Mechanik war dabei für die Herrenfahrer kulturell riskant, denn manuelle Arbeit, bei der man sich schmutzig machte, war nicht prestigeträchtig, im Gegenteil: abwertend. Beim ersten Aussetzen der Bürger der konkreten Technik musste es Anstrengungen geben, Basteln, Pflegen und Reparieren in einen kulturellen Kontext zu platzieren und ihnen Dignität, Würde zu verleihen. Zugewiesen wird ihnen eine erzieherische, „menschenbildnerische" Funktion. Autotechnik erscheint als pädagogische, ja willensbildende Domäne:

> „Die praktischen Kenntnisse der Mechanik, welche der Automobilismus für Viele, die sonst nie hierzu gelangt wären, mit sich bringt, bilden daher auch eine kostbare Mitgift für das ganze moderne Leben [...]. Der Kampf, den der Automobilist manchmal mit seiner Maschine zu bestehen hat, ist gewiß häufig ein bitterer Aerger, eine wahre Sorge, die aber das Gute hat, kostbare Eigenschaften wie: Geduld, Geschicklichkeit, Erfindungsgabe und Muth zu fördern. Er wird deshalb auch alle Widerwärtigkeiten der Straße unverzagt und lachend hinnehmen, denn: das Automobil verleiht Willenskraft."[15]

Mit solchen Vorstellungen konnte eine Integration des Umgehens mit der Autotechnik in das bürgerliche Wertesystem und den kulturell akzeptierten Wertekanon erfolgen. Danach durfte manuelle Arbeit eben nicht als proletarisierend erscheinen, sondern musste als wertvoll und mit bürgerlichen Werten vereinbar dargestellt werden. Technische Widrigkeiten erschienen so als didaktisches Mittel; Umgehen mit Autotechnik als Mittel der Konditionierung für die moderne Welt. Konsequenterweise wurden Fahrenlernen und Mechanikausbildung ein wichtiges Mittel der Emanzipation für Frauen. Insbesondere die amerikanische Suffragettenbewegung wandte sich begeistert dem Automobil zu und lernte, Wagen zu reparieren.[16]

In der Frühphase erscheint konsequenterweise die Pannenanfälligkeit und Unzuverlässigkeit des Automobils als Faktor der Attraktion, nicht als der eines Diffusionshemmnisses. Die Panne wird zum durchaus prestigefördernden Abenteuer, das auch erzählerisch konventionalisiert wird. Das ist nur auf den ersten Blick paradox; denn das kompetente Umgehen mit „störrischer" Technik kann so zu einer Kulturtechnik mit Sozialprestige mutieren, ähnlich wie das „Einfahren" von Pferden; sie erfordert besondere Eigenschaften und Fähigkeiten, die nur zum Teil überhaupt als rational betrachtet und dann didaktisch vermittelt werden können. Als Konsequenz zielte man darauf, beim Fahrenlernen „Maschinensensibilität" zu vermitteln, die aber, wie erwähnt, offenbar nur schwer beigebracht werden konnte, analog zu „Pferdeverstand" oder „Gleichgewichtssinn" beim Fahrradfahren.

---

14 Baudry de Saunier, Louis, Das Automobil in Theorie und Praxis, a.a.O. S. 452.

15 Allgemeines über den Automobilismus (H-n). In: Stein der Weisen 27 (1901), S. 329–334, S. 334.

16 Vgl. Scharff, Virginia, Taking the Wheel. Women and the Coming of the Motor Age. New York 1991.

Die zweite Phase

Die mittlere Phase des Fahrenlernens, also vom Ersten Weltkrieg bis in die späten Fünfzigerjahre, scheint mir gekennzeichnet durch eine Schwerpunktverschiebung auf das Fahren. Das Bedienwissen, das zuvor nötig gewesen war, wurde zunehmend in den Mechanismus integriert und der maschinenbedienende Fahrer davon entlastet. Dazu gehört etwa die automatische Zündzeitpunktverstellung, der „Selbststarter" oder die Synchronisierung des Schaltgetriebes. Die Tendenz der Automobiltechnik in Richtung auf Selbstregulierung und Automatisierung, die Herausbildung von „Benutzeroberflächen" und die geringer werdende Bedienkompetenz entwickelten sich also miteinander.[17] In der Vermittlung nahm die Technik zwar noch einen prominenten Platz ein, aber die Verkehrsteilnahme wurde aufgewertet.

Die Rolle des Militärs ist hier zu betonen. Der Erste Weltkrieg bewirkte nicht allein eine Veränderung durch die Entstehung einer massenhaften Sehnsucht nach Automobilen,[18] sondern auch durch eine außerordentliche Ausweitung der Fahrausbildung für die Kraftfahrer, kurz „Krafter" genannt. Dies erfolgte in Deutschland vor allem mit der Ausweitung des Lkw-Straßentransports mit dem „Amerikaprogramm" 1916. Die motorisierten Truppen, organisiert in Divisions- und Armee-Kraftwagenkolonnen, wuchsen beständig, und bei Kriegsende gab es im deutschen Heer schon 25.000 LKWs, 12.000 Stabs- und Meldeautos, 3.200 Sanitätskraftwagen und 5.400 Meldemotorräder. Schätzungen sind schwierig, aber im Ersten Weltkrieg dürften schon 150.000 Männer Militärfahrschulen durchlaufen haben. Nicht erst die Bundeswehr wurde zur „Fahrschule der Nation", sondern ein beträchtlicher Teil der deutschen Führerscheininhaber in den ersten beiden Dritteln des 20. Jahrhunderts lernte unter militärischer Ägide Fahren. Das Nationalsozialistische Kraftfahrkorps (NSKK) und nach 1935 die Wehrmacht knüpften an die Tradition der militärischen Fahrausbildung an und stellten sie auf eine breitere Basis.[19] Die Fahrausbildung als Qualifikation für eine zukünftige technisch geprägte Schlacht bekam dabei eine wesentliche Funktion für die Kriegsvorbereitung. Gelehrt wurde neben der obligaten Technik nun auch zunehmend Fahren und Verkehrsteilnahme, wenn auch für sehr spezifische Zwecke, nämlich Kolonnen- und Geländefahrten.[20]

Generell erlebt das Fahrenlernen, parallel zur zunehmend systemischen Organisation des motorisierten Straßenverkehrs, in den zwanziger Jahren eine Formalisierung: 1921 wurde

---

17 Siehe Möser, Kurt, The Driver in the Machine: Changing Interiors of the Car. In: Trischler, Helmuth / Zeilinger, Stefan (Hg.), Tackling transport. London 2003, S. 61–80.

18 Vgl. Möser, Kurt, The First World War and the Creation of Desire for Cars in Germany. In: Strasser, Susan / McGovern, Charles / Judt, Matthias (Hg.), Getting and Spending. European and American Consumer Societies in the Twentieth Century. Washington D.C. (Cambridge University Press) 1998, S. 195–222.

19 Vgl. Krenzlin, Hans-Helmuth, Das NSKK. Wesen, Aufgaben und Aufbau des Nationalsozialistischen Kraftfahrkorps, dargestellt an einem Abriss seiner geschichtlichen Entwicklung. Berlin 1939.

20 Siehe Fack, Dietmar, Das deutsche Kraftfahrschulwesen, a.a.O.

die erste reichseinheitliche Ausbildungsverordnung für Kraftfahrschulen erlassen. Neben dieser Institutionalisierung von Fahrschulen erschien immer mehr populäre, oft in Frage- und Antwortform aufgebaute Literatur zum Fahrenlernen im „Selbststudium“, ebenso erschienen eine Fülle von Ratgebern für „first time drivers“. Der Charakter dieser Texte änderte sich gegenüber älteren Werken: Es war nun weniger von einem „Ehrenkodex“ der Fahrer, von Selbstdisziplinierung und -beherrschung die Rede, dafür mehr von formalen Vorschriften und Verkehrsregeln. Die Fahrzeugtechnik – Grundlagen wie praktische Informationen zu Wartung und Pannenbehebung – blieb auch in den Ratgebern wichtig.

Die Rolle dieser Technik begann sich vom gezwungenen zum freiwilligen Warten und Pflegen zu wandeln, als immer mehr Werkstätten die Wartung und Reparatur der Fahrzeuge übernahmen. Je perfekter die Autos wurden, und je mehr Spezialwerkstätten entstanden, desto weniger musste repariert werden. Natürlich war dies auch eine Frage der Finanzen: Volksfahrzeuge auf zwei, drei und vier Rädern wurden oft am Rand der finanziellen Möglichkeiten der Besitzer betrieben, so dass Reparaturen das Budget durcheinanderbrachten und notgedrungen vom Besitzer durchgeführt werden mussten. Die Professionalisierung von Wartung und Reparatur und die Laienaktivitäten entwickelte sich komplementär. Notorisch waren hier insbesondere die Motorradfahrer. Das hatte Konsequenzen für die Technik: Motorräder mussten gegen „die Bastelwut des Halblaien“ resistent werden. Aber auch vom „Normal-Automobilisten“ wurde viel technisches Verständnis erwartet. Noch 1955 schrieb der Bestsellerautor Alexander Spoerl:

> „Sie sollen nicht der Sklave Ihres Autos sein, Sie sind auch kein Monteur [...]. Was Sie zumindest können müssten: Ein Rad wechseln, die Hauptdüse aus dem Vergaser schrauben (wenn Sie sogar bis zur Schwimmernadel dringen, sind Sie schon arrivierter), einen Keilriemen auswechseln, Zündkerzen auswechseln, einen Unterbrecher verstellen, eine Benzinpumpe wechseln, Kabel festmachen. – Dieses kleine Repertoire genügt.“[21]

Nur andeuten lässt sich, dass diese Entwicklung im größeren, das gesamte 20. Jahrhundert durchziehenden Kontext der Do-it-yourself-Bewegung zu sehen ist, des populären Bastelns, der Veränderungen – kurz: der individuellen Aneignung des Industrieprodukts Auto.

Noch eine Besonderheit, die mit der zunehmenden Umstrukturierung der Straße vom multifunktionalen Nutzraum zum Verkehrsraum für Motorfahrzeuge zusammenhängt: Nun wird nicht nur Fahrern das verkehrsgerechte Verhalten beigebracht, sondern auch den „nichtmotorisierten Verkehrsteilnehmern“, wie Kutschern, Fußgängern, Radfahrern, Kindern. Während in der ersten Phase der Automobilist stellvertretend Kompetenzen entwickeln musste, um „torkelnde Radler, spielende Kinder, selbstmörderische Hunde“ (Filius) zu vermeiden, werden nun diese passiven Teilnehmer des motorisierten Verkehrs für die Erfordernisse ebendieses Verkehrs konditioniert und diszipliniert. Dies gehört in

21 Spoerl, Alexander, Mit dem Auto auf Du. München 63.–75. Tsd. 1955, S. 160f.

die Geschichte des physischen und rechtlichen Wandels der Straße durch die Motorisierung.[22] Zwischen den Kriegen kommt es zu einer Neuordnung des öffentlichen Straßenraums durch das Auto, die alle, die sich in diesem technogenen Raum bewegen, erfasst – auch die, die nicht das Auto nutzen. Insbesondere mit dem Kommen der „autogerechten“ Straße wird diesen Risikogruppen beigebracht, wie sie mit dem „maschinisierten“ Verkehr umzugehen haben, der nun die Dominanz errungen hat. Auch diesen Nutzergruppen muss nun autogerechtes Verhalten beigebracht werden. Sie müssen zudem auch zunehmend Kenntnisse über Autotechnik erwerben – z.B. über Brems- und Anhaltewege oder „tote Winkel“. Wiederum neue Instanzen taten sich auf: Verkehrsunterricht an Schulen, Jugendbücher, Lehrfilme, aber auch Artikel in populären Zeitschriften. Zur eigenen Gattung wurden humoristisch-ironische Ratgeber, geschrieben von „Autoritäten“ wie Alexander Spoerl oder Thaddäus Troll, und verbreitet in hohen Auflagen. Deren Tipps waren für Automobilisten und Motorradfahrer gedacht, die schon die Anfangsgründe beherrschten, aber „besser fahren“ lernen wollten – klassische Fortbildungsliteratur also.

Die dritte Phase

Gekennzeichnet war die reife Phase, das Fahrenlernen in der Autogesellschaft seit etwa 1960, durch eine weitere Schwerpunktverschiebung: Die Technik rückte nun noch weiter in den Hintergrund. Wenn vorher das Fahren als ausgelagerter Seitenzweig des „eigentlichen“, also technisch geprägten Umgehens mit Automobilen behandelt wurde, so kehrte sich das nun um. Fahren und Verkehrsteilnahme wurden zu wesentlich wichtigeren Themen. Die speziellere Technikvermittlung von Wartungen und Reparaturen diffundierte in Spezialbereiche und nahm in der „primären“ Fahrschulausbildung immer weniger Raum ein. Entsprechend wandelte sich ein Berufsbild: Fahrlehrer wurde nun endgültig vom technischen zum pädagogischen Beruf. Zum Residuum der alten professionellen Chauffeursausbildung wurde der neue Beruf des „Berufskraftfahrers“, der zum dreijährigen Lehrberuf aufgewertet wurde. Die erste Berufskraftfahrerschule wurde 1952 in Gelsenkirchen eröffnet.[23]

Für die „Amateure“ hatten spezialisiertere, typspezifische technische Ratgeber Konjunktur; die Reihe „Jetzt helfe ich mir selbst“ boomte. Dieser Prozess hatte sein Gegenstück in den Produkten, den Fahrzeugen selbst. Er vollzog sich parallel zur Zunahme der Undurchschaubarkeit der Autotechnik. Längere Wartungsintervalle, tendenziell höhere Zuverlässigkeit und Lebensdauer wurden erkauft durch Erschwerung der Wartung durch Laien und eine von den Fahrzeugkonstrukteuren mitunter absichtlich einkonstruierte „Bastelunfreundlichkeit“. Der Prozess der Inkorporation von Maschinenbedienwissen in

22 Vgl. dazu Möser, Kurt, Geschichte des Autos, a.a.O. Kapitel: Der Wandel der Straße.
23 Vgl. Seherr-Thoss, Hans-Christoph von, Die deutsche Automobilindustrie, a.a.O. S. 547.

die Technik beschleunigte sich dann nochmals nach 1980, als das Auto zunehmend auf Sicherheits-, Ressourcenverbrauchs- und Umweltdebatten reagierte und „aufrüstete".

Auch diese Sicherheits- und Umweltdebatten fanden seit den 70er Jahren Niederschlag in der Fahrausbildung. Energiesparendes und sicheres Fahren wurde gelehrt; Erste-Hilfe-Kurse wurden zur Pflicht. Dabei wurde die Ausbildung länger. Genügten in den Fünfzigerjahren oft nur wenige Fahrstunden bis zur Prüfung, so sind heute mehr als dreißig Fahrstunden üblich – und dies nicht nur, weil obligatorische Nacht- und Autobahnstunden hinzukamen. Als Faustregel gilt heute, dass ein Fahrschüler über diese Pflichtstunden hinaus bis zur Prüfung so viele Stunden nehmen muss, wie er Jahre zählt.[24] Neue Disziplinierungsvorgänge wurden außerdem beim Umgang mit dem Auto und bei dessen Vermittlung nötig. Es musste zunehmend um die Teilnahme am Massenverkehr gehen. Ohne dass das immer explizit gemacht wird, lehren auch die Fahrschulen die Konsequenzen des Endes des narzisstisch-einsamen Fahrens. Die Folgen sind vielfältig: Nicht mehr korrektes Überholen wird ausführlich gelehrt, also die (Wieder-)Herstellung der scheinbaren Autonomie des Fahrens, sondern ein diszipliniertes Fahren in der Kolonne, Abstandhalten, das Einfädeln und Einfädelnlassen, nicht zuletzt das Verhalten im Stau.

Die Fortbildung der Verkehrsteilnehmer – nicht nur an Fahrschulen, in Form von Nachschulungen – blieb bedeutend. Hatten bis etwa 1970 Ratgeber und Informationen von erfahrenen Autoritäten hierbei die Hauptrolle, so traten schon zuvor andere Instanzen auf. Seit den 50er Jahren fand eine Auslagerung in nichtstaatliche, gleichwohl staatlich unterstützte Vereine und Organisationen statt, wie etwa den „Bund gegen Alkohol im Straßenverkehr", oder den „Deutschen Verkehrssicherheitsrat". Auch die Automobilclubs sahen zunehmend ihre Aufgabe in Fortbildung und Informationsversorgung; das Fernsehen, bald das Medium mit der größten Reichweite, nahm sich des Straßenverkehrs an. Erfolgreichste und viele ins Ausland exportierte Sendung war „Der 7. Sinn".

Nicht unbedingt neu, jedoch nun besonders relevant ist die Tatsache, dass mit dem Prozess der „Veralltäglichung" des Fahrenlernens, wie ihn D. Fack beschreibt, nicht erst beim Fahrunterricht Fahren auf der Straße gelernt wird. In der „reifen" Autokultur hat die Vermittlung des Fahrens und der Autotechnik schon viele Voraussetzungen. Autotests etwa können nur richtig verstanden werden, wenn man schon viel über Autotechnik weiß (z.B. Beurteilung der Relevanz von Drehmoment). Schon in den 50er Jahren fand eine Auslagerung der Vermittlung elementaren Verkehrsbewusstseins in „Verkehrsgärten" statt, begann schulische und vorschulische Verkehrserziehung. Die Vermittlung elementaren Verkehrswissens erfolgt zudem immer früher: Gerade auch die Familie wird zur Instanz automobiler Sozialisation. Kinder bekommen heute viele Informationen spielerisch, quasi nebenher, mit, auf Familienfahrten, wenn Mutter oder Vater tanken, Öl kontrollieren oder vielleicht sogar selbst in der Garage Öl wechseln. Kinder nehmen natürlich auch an technisch oder verkehrsbezogen geprägten Dialogen beim Fahren teil. Das ist ein

24 Mündliche Mitteilung von Fahrschulbesitzer Christian Loch, Mannheim.

Resultat des Aufwachsens mit und in Autos in der motorisierten Gesellschaft. Statt der „first-time-users" in den 50er und 60er Jahren dominieren heute längst die mit Technik und Verkehr sozialisierten Nutzer, deren „Verkehrssinn" durch Quartette, Verkehrslernspiele und -programme, durch Autobücher, Baukästen und die Fahrzeuge der Kindermobilität schon lange vor der Jugend entwickelt und geschult wurde. Und die Initiation der Jugendlichen für die aktive Teilnahme am motorisierten Straßenverkehr ist inzwischen obligatorisch, und damit ebenso obligatorisch das frühestmögliche Durchlaufen einer Fahrschule. Das bedeutet eine Verlagerung der Fahrausbildung von der Vermittlung an „reifere" Jahrgänge – dies war in den 50er Jahren noch die Regel – hin zur Vermittlung für 17- bis 18-Jährige. Dass nach amerikanischem Beispiel eine Erteilung der „Fahrerlaubnis" für Pkws schon an 16-Jährige erwogen wird, entspricht einem langen historischen Trend.

Basteln, Schrauben, Warten, Pflegen etablierten sich zudem für eine sehr breite Schicht als wichtige Formen des ästhetischen, lustvollen Umgehens mit Technik. Das ist eine Wiedergewinnung der Laienkompetenz in der Spätphase. Die zuvor boomenden „Jetzt helfe ich mir selbst"-Ratgeber werden zu einer aussterbenden Literaturgattung. Paradoxer- und widersprüchlicherweise wird die Autotechnik zunehmend zur „black box". Der niederländische Autohistoriker Gijs Mom interpretiert die Geschichte des Autos auch als Kampf der Laien mit den Ingenieuren um die Kontrolle dieser „black box". Dazu ist heute das „kleine Repertoire" Spoerls von 1955 für die Masse der Fahrer undenkbar. Neben der einkonstruierten „Bastelresistenz" fand nicht nur eine weitgehende Auslagerung der professionellen Wartung in Werkstätten statt, sondern auch ein professionell organisiertes

Krisenmanagement bei Pannen. Die „Gelben Engel" des Allgemeinen Deutschen Automobilclubs, aber auch Rückhol- und mobile Reparaturservice der Hersteller trugen dazu bei, dass der Umgang mit Automobiltechnik längst obsolet geworden ist.

Die Kompetenzverlagerung von den Bedienerqualifikationen ins Objekt – und damit auch der Wandel der Vermittlung dieser Qualifikationen – wird in Zukunft sicherlich weiter fortschreiten. Die Frage ist, ob das die Autofahrer so mitmachen werden. Einmal ist das kompetente Fahren eine essentielle Attraktion des Autos.[25] Aber auch das „beherrschende" Umgehen mit automobiler Technik oder auch mit deren Krisen (Pannen) kann Befriedigung erzeugen; dass es als Differenzierungsstrategie besonders der männlichen Autonutzer genutzt werden kann, ist evident. Allerdings ist zu beobachten, dass längst Technikkompetenz zur Scheinkompetenz mutiert ist, oder eigentlich eher zur fiktionalen Kompetenz: Wenn beispielsweise in Autos mit automatischem Schaltgetriebe Drehzahlmesser eingebaut werden, dann ist dies überflüssig, kann aber den Fahrern das Gefühl der Kontrolle über die Betriebszustände seiner Mobilitätsmaschine vermitteln.

Es bleibt die Frage, ob sich der lange Trend der Automatisierung aller vier Funktionen, die das Autofahren ausmachen, fortsetzen wird. Nachdem nun tendenziell auch die Komponente der Navigation durch elektronische und satellitengestützte Systeme dem Fahrer entzogen wird, ist nur noch das Fahren und die Verkehrsteilnahme im Kompetenzbereich des Fahrers. Sollte es tatsächlich zur Diffusion von Techniken zum automatisieren Kolonnenfahren, zur elektronischen Spurführung oder zum automatisierten Ausweichen kommen, wird dies gravierende Auswirkungen auf die Vermittlung des Autofahrens haben. Wenn sich wirklich, wie häufig prognostiziert, das Auto zur „mobilkommunikativen Einheit" weiterentwickeln sollte, dann wird die Bedienung dieser elektronisierten Mobilitätsmaschine neue, aber wohl kaum weniger anspruchsvolle Qualifikationen erfordern und neue Vermittlungsformen zur Folge haben.

25 Vgl. etwa Hilgers, Micha, Total abgefahren. Psychoanalyse des Autofahrens. Freiburg/Br. (2) 1992; Spiegel, Bernt, Die obere Hälfte des Motorrads. Vom Gebrauch der Werkzeuge als künstliche Organe. München (2) 1999.

Historische Zukünfte des Verkehrs

Mobilitätsutopien und Antizipationen

So, wie das Feld von Transport, Verkehr und Mobilität innerhalb der Technik eine besondere Aufmerksamkeit in der Öffentlichkeit besaß und besitzt, so kam Mobilitätsutopien im Rahmen technischer Phantastik eine besondere Rolle zu.[1] Die Attraktivität dieses Teilfeldes war die Ursache für die bedeutende Rolle, die der Mobilität innerhalb technischer Fiktionen, Phantasien und Utopien zukam. Die unzweifelhafte quantitative Signifikanz ist das eine; das andere ist die Bewertung der Rolle für die Technikentwicklung. Was kann aus der wissenschaftlichen Betrachtung von Mobilitätsphantastik gewonnen werden? Für diejenigen Disziplinen, die sich mit Science-Fiction in Filmen und Texten befassen, ist die Perspektive eine andere als die von Journalisten, die innovative Zukunftsideen vorstellen. Hier sollen nun Mobilitätsutopien und -projekte aus der Perspektive der sozial- und kulturwissenschaftlich kontextualisierten Technikgeschichte betrachtet werden. In der Natur der Sache liegt es, dass hierbei eine interdisziplinäre Betrachtung unverzichtbar ist. In welchen Medien und Gesellschaften die jeweiligen Projekte und Ideen mit welcher Zielgruppe und welchem Realisierungsgrad präsentiert worden sind, ist für die Interpretation der Einzelfälle jeweils zu rekonstruieren. Denn wir haben es mit Fiktionen zu tun – im Sinn von phantastischen Konzepten, aber auch im Sinn von besonderen Mediengattun-

1 Siehe Dienel, Hans-Liudger / Trischler, Helmuth (Hg.), Geschichte der Zukunft des Verkehrs. Verkehrskonzepte von der Frühen Neuzeit bis zum 21. Jahrhundert. Frankfurt/M. / New York 1997.

gen. Hier sollen nun, nach einigen methodischen Überlegungen, Vorschläge zur Gruppierung phantastischer Mobilitätskonzepte gemacht werden und einige längere Trends solcher Utopien benannt werden.

Zunächst ist die Frage zu stellen nach der Verbindung phantastischer Texte mit konkreten Ausformungen von Verkehr und Mobilität. Das allgemeinere Problem betrifft die wechselseitigen Einflüsse: Waren Utopien technologiegetrieben, oder antizipierten, prägten oder formten phantastische Ideen mobilitätstechnische Entwicklungspfade? Wie weit „prägende Erwartungen“[2] konkrete innovationsstimulierende Relevanz bekamen, kann allerdings kaum generell beantwortet werden, sondern erfordert eine Betrachtung konkreter Einzelfälle.

Diskutiert werden kann dies etwa am Fall der „Tanks“. Schon kurz nach der öffentlichen Vorstellung der britischen Panzerfahrzeuge im September 1916 wurde in einem Zeitungsartikel darauf hingewiesen, dass sie H.G. Wells in seiner Erzählung „The Land Ironclads“ prognostiziert habe; zu diesem Zeitpunkt wäre die Idee „regarded as fantastical“.[3] In der Forschung wird jedoch darauf hingewiesen, dass die konkrete Tankentwicklung dem britischen Autor nichts zu verdanken habe.[4] Dass Wells dann aber doch als „Vater“ des Tanks gefeiert wurde, und zwar von den Soldaten der neuen Waffe selbst, ist eher ein Indiz für das kulturelle und technische Klima, in dem sowohl die technische Utopie als auch die technische Lösung entstanden und die Wahrnehmung der Öffentlichkeit formatiert wurde.

Der Grad und die Genauigkeit, mit der utopische Konzepte die Zukunft des Verkehrs tatsächlich antizipieren, wären demnach nicht der eigentliche Punkt. Technische Phantastik soll hier eher als Indikator für die jeweiligen soziokulturellen Kontexte verstanden werden, in denen sie entstanden. Die verkehrsgeschichtliche Forschung beschäftigt sich aber nicht nur unter diesem Gesichtspunkt mit mobilen Zukunftsvorstellungen.[5] Verkehrsutopien machten durchwegs Aussagen über die Rolle des Transports in den Ursprungsgesellschaften, reflektierten mobilitätsbezogene Wünsche, Erwartungen und Befürchtungen, testeten Pfade technischer Lösungen oder spielten mögliche oder auch gefürchtete Konsequenzen dieser Entwicklungen und ihrer sozialen Implementierungen durch. Sie sind oft interessanter für die Betrachtung der Konsumenten- und Rezipientenseite, als für die Interpretation als Anreger tatsächlicher Innovationen. Für den Historiker sind mobilitäts- und verkehrsbezogene Prognosen und Konzepte ein lohnendes Feld für

---

2 Siehe Konrad, Kornelia, Prägende Erwartungen. Szenarien als Schrittmacher der Technikentwicklungen. Berlin 2004.

3 New York Times, 21.09.1916, S. 4.

4 Vgl. Wright, Patrick, Tank. The Progress of a Monstrous War Machine. London 2000.

5 Siehe Dienel, Hans-Liutger / Trischler, Helmut, Geschichte der Zukunft des Verkehrs. Verkehrskonzepte von der Frühen Neuzeit bis zum 21. Jahrhundert. Frankfurt/M. / New York 1997, S. 243–259.

Analysen der Mobilität in den jeweiligen (Teil-)Gesellschaften, aus denen heraus sie entwickelt wurden. Wenn auch Nutzer, nicht nur Produzenten, für „soziale Konstruktionen" von Technologien (mit)verantwortlich sind,[6] und Ideen für Nutzungsformen formulieren oder abwandeln, dann spielen utopische Konzepte in diesem Prozess der sozialen Verortung von Technik eine wichtige Rolle. An und mit ihnen konnten immer wieder mögliche Verwendungsformen, Chancen, Befürchtungen oder Alternativen projektierter Technologien debattiert werden, bevor sie zu Innovationen wurden. Oft genug substituierten Debatten fiktiver Technologien deren Einführung: Diskussionen um technische Phantastik sind dann Technologiediskurse ohne konkrete Technologiebasis.

Zu berücksichtigen ist allerdings eine Rückbindung technischer Fiktionen an Technik der Entstehungszeit. Beispiele für eine solche Technologiebasiertheit liefert immer wieder Jules Verne: In seinen prototypisch phantastischen Texten erscheinen immer wieder Produkte der Hochtechnologie seiner Zeit, und das mit den Namen der Erfinder oder der Firmen. Dazu gehörten Tauchgeräte, „Reiset et Regnault'sche Apparate", oder Beleuchtungsverfahren, wie die immer wieder vorkommende „Ruhmkorff'sche Gaslampe". Verne verfolgte die aktuellen technischen Entwicklungen seiner Zeit, indem er populäre und fachliche Arbeiten rezipierte und narrativ umsetzte. Solche Formen des Austausches von aktueller und prognostizierter Technik charakterisieren viele literarische Mobilitätsutopien. Tatsächlich überwiegen Interferenzformen von utopischer und jeweils zeitgenössischer Technik. Daraus resultierte, dass einerseits die verfügbaren, realen Produkte die Qualität des Zukunftsbezogen-Innovativen verliehen bekamen, andererseits die phantastischen Schilderungen durch das Auftauchen der zeitgenössischen Hochtechnologie plausibilisiert und so in den Bereich des Möglichen gerückt wurden.

Ästhetisierte Zukunftsmobilität

Obwohl die „weichen", „sekundären Funktionen" der Mobilität – Attraktivität, Mobilitätslust, Prestige und viele mehr – eine außerordentlich hohe Relevanz für die Durchsetzung und Ausbreitung von Individualmobilitätssystemen besaßen,[7] bezog sich die Mehrzahl der phantastischen Entwürfe zukünftiger Mobilität primär auf den Transportcharakter. Über neue Attraktionsformen von Mobilität machte man sich meistens weniger Gedanken als über neue rationale Methoden des Transports von Gütern und Menschen. Mobilitätsrationalität dominierte oft Mobilitätslust. Weiterentwickelt wurde Mobilität eher als zweckfixierter Transport, und weniger als spielerische oder lustvolle Fortbewegung. Das heißt allerdings nicht, dass Entwürfe für neue Transportsysteme ganz ohne

---

6 Siehe Bijker, Wiebe E., The Social Construction of Technology. Eijsden 1990; Bijker, Wiebe E., Of Bicycles, Bakelites, and Bulbs. Towards a Theory of Sociotechnical Change. Cambridge (Mass.) / London 1995.

7 Siehe Möser, Kurt, Transport und Bewegungslust. Die Funktionen der Straßenmobilität heute. In: Robertson-v. Trotha, Caroline (Hg.), Mobilität in der globalisierten Welt. Karlsruhe 2005, S. 29–44.

ästhetische oder nicht zweckrationale Komponenten waren. Ex post gesehen haben sogar nicht wenige Transportphantasien spielerische Elemente, die aber durch vielfache Funktionalitätsvorwände überlagert oder getarnt werden konnten.

Generell ist also stets ein möglicher ästhetischer Charakter utopischer Entwürfe mitzudenken. Wie weit Verkehrsutopien, auch wenn sie als realisierbar intendiert waren oder mindestens deklariert wurden, tatsächlich ernst gemeint waren, ist oft nur unter genauer Berücksichtigung der Entstehungs- und Veröffentlichungskontexte zu entscheiden. Ein Beispiel dafür sind Texte Paul Scheerbarts, die Projekte zur Technik, auch Mobilitätstechnik, zum Gegenstand haben. Trotz der Realisierungsversuche des Textverfassers, in Form von teilweise sehr aufwendigen Basteleien seines „Perpeh“ (= Perpetuum mobile), behalten diese Entwürfe eine poetische Funktion,[8] die eher auf ein Gesamtkunstwerk zielen als auf die Lösung eines technischen Problems. Diese Einschätzung trifft beispielsweise auch auf die „Letatlin“-Flugmaschinenobjekte Tatlins zu.[9] Gattungen und Medien, in denen Utopien formuliert und kommuniziert werden, bestimmen den Grad der Verbindlichkeit und Ernsthaftigkeit, obwohl es immer wieder Grenzfälle gibt. Oft genug haben Mobilitätsutopien sowohl in literarischen als auch in sachlichen Texten ästhetische Qualität, wenn auch nicht immer ästhetischen Anspruch.

Zu ästhetischen Mobilitätsphantasien mit spielerischem Ansatz gehören auch Erzählungen von Mobilität ohne technische Mittel. Ein Beispiel hierfür ist der Text „Montag fängt

8 Siehe Riha, Karl, Science Fiction und Phantastik. Zur unterschiedlichen literarischen Reaktion auf den technischen Prozeß um die Jahrhundertwende. In: Grossklaus, Götz / Lämmert, Eberhard (Hg.), Literatur in einer industriellen Kultur. Stuttgart 1989, S. 239–257.

9 Siehe Tatlin, Vladimir, Retrospektive. Ausstellungskatlog Köln 1993.

am Samstag an“ von Arkadi und Boris Strugatzki. Im Zentrum der Narration steht ein wissenschaftliches Institut der Sowjetmacht, das Elemente der Märchenwelt und der Zauberei in innovative Technik integriert. So kommt darin etwa ein Materietranslator in Form eines Sofas vor oder technisch modifizierte Siebenmeilenstiefel.

Mediale Repräsentation

Die jeweiligen medialen Repräsentationen sind wichtige Analysefelder für die Beurteilung und Einordnung von Mobilitätsutopien. Ob sie in fiktionalen oder literarischen Texten formuliert wurden, in audiovisuellen Medien, in wissenschaftlichen oder populärwissenschaftlichen Kontexten, oder ob sie visuell umgesetzt, konstruiert, gar gebaut wurden, sagt viel über Ernsthaftigkeit oder spielerischen Charakter von Utopien aus, und vor allem auch darüber, ob sie auf eine Realisierung zielten oder in einem ästhetischen Kontext rezipiert werden wollten. Dass der Status der Utopien oft erst dann richtig ermittelt werden kann, wenn der Text, in dem sie formuliert wurden, hermeneutisch gelesen wird, kann am Beispiel von Edgar Allan Poes „Unparalleled Adventures of One Hans Pfaall“ (1836) deutlich werden: Die dokumentarisch-journalistische „Tarnung“ der literarischen Mondreise ließ für die zeitgenössischen Leser den Text als Bericht erscheinen. Ebenso war Poes Schilderung einer transatlantischen Ballonfahrt von 1844 als journalistischer Text verkleidet erschienen. Von den Zeitgenossen wurde sie zunächst als realisierte Utopie gelesen. Doch Poes Text war ein „Balloon Hoax“, eine Irreführung und eine gezielte Provokation der Leichtgläubigkeit des amerikanischen Lesepublikums. Als Resultat wurde der Text unter der Überschrift „The Atlantic Crossed in Three Days“ von einer anderen Zeitung nachgedruckt. Mobilitätsutopien werden somit nicht nur in abgrenzbaren Gattungen wie dem „Zukunftsroman“ oder der „Science-Fiction“ artikuliert, sondern können auch in andere Gattungen integriert werden, wobei sowohl gezielte wie auch unbeabsichtigte Verwirrungen daraus entstehen können.

Ein bedeutender und gesellschaftlich außerordentlich wirksamer medialer Bereich zur Präsentation von innovativen oder phantastischen Konzepten war die populäre Techniklitteratur. In Jahrbüchern wie dem „Neuen Universum“ (seit 1881) oder dem „Guten Kamerad“, und in Zeitschriften wie „Popular Mechanics“, „Science and Mechanics“ oder „hobby“ wurden neue Vehikel oder neue systemische Verkehrslösungen für ein breiteres, nichtfachliches Publikum aufbereitet. Meistens waren es Nah-Utopien, also solche, die den technosozialen status quo fortschrieben, und die als Entwicklungen der unmittelbar bevorstehenden Zukunft präsentiert wurden. Diese Popularisierungsmedien künftiger Mobilität hatten besonders in den 1950er Jahren Erfolg.

Zu den medialen Formen, in denen Verkehrsutopien öffentlich gemacht wurden, gehörten auch Ausstellungen. Weltausstellungen und zukunftsorientierte Technikausstellungen waren Orte, an denen Pfade künftiger technischer Entwicklungen präsentiert wurden. Ein Beispiel dafür ist die „Futurama“-Ausstellung während der New Yorker Weltausstellung von 1939. Dort zeigte General Motors außerordentlich ausdifferenzierte Mobilitätskonzeptionen in einem elaborierten Modell einer künftigen Stadt- und Weltmobilität mittels Privatfahrzeugen. Alfred P. Sloans Marketingkonzept von „cars for every purse and purpose" wurde hierbei erweitert und in die Zukunft projiziert. Die außerordentliche Ausdifferenzierung von Fahrzeugkonzepten und -möglichkeiten, die immer stärker nutzungs- und nutzerspezifisch sein sollten, zielte auf eine „ultrasloanistische" Auffächerung eines zukünftigen Marktes für Privatwagen, die qua Modell in vielem das schon vorwegnahm, was den „Supersloanismus" der Automobilkultur seit den 1980er Jahren[10] charakterisieren sollte.

Zu einem spezifischen Medium für Mobilitätsutopien wurden Computerspiele. Hier können in einem virtuellen Setting Mobilitätsformen einen Konkretheitsgrad annehmen, der in älteren Medien nicht zu erzielen war. Das Besondere daran ist aber die Nutzeraktivität: Phantastische Mobilität kann auf direkte Weise spielerisch erprobt und erfahren werden.

Konjunkturen der Utopien

Im 20. Jahrhundert lassen sich Konjunkturen von Verkehrs- und Mobilitätsutopien klar identifizieren. Besonders in den Dekaden um den 1. Weltkrieg und nach dem 2. Weltkrieg wurden neue Verkehrsmittel phantastisch durchgespielt. Eine Phase verstärkter utopischer Aktivität waren auf dem Feld der Luftmobilität die Jahre vor 1914. Eine Fülle von Texten entstand, in denen verschiedene Nutzungsformen und Verwendungsmöglichkeiten dieser gerade kurz vor dem Durchbruch stehenden oder in der Erprobung befindlichen Technologien durchdekliniert und fiktional ausprobiert wurden. Zu den Autoren der Nah-Science-Fiction des Fliegens gehörten etwa der Franzose Albert Robida, der Brite George Griffith oder der Deutsche Rudolph Martin. Am bekanntesten wurde Herbert G. Wells mit seinem Buch „The War in the Air" von 1898. Der Luftkrieg war ein typischer Fall für ein narratives Ausprobieren einer Nutzungsform der erst am Beginn ihrer Diffusion stehenden Flugtechnik. Solche Narrationen prägten die Erwartungshaltungen des Publikums nachhaltig, wahrscheinlich auch stärker als die Nutzungskonzepte der professionellen Anwender, in diesem Fall der Militärs.

In beiden Phasen reüssierte die Gattung der Science-Fiction, in Form von Texten und als Filme. Einige ihrer Vertreter, wie etwa Hans Dominik, wurden zu Bestsellerautoren. Eine Sub-Gattung waren Weltraumserien wie „Perry Rhodan" oder „Star Trek", die auf eigenen phantastischen Mobilitätstechnologien beruhten. Als Ende der 1960er Jahre eine ungebrochen technikenthusiastische Phase zu Ende ging, vollzogen „Zukunftsromane" eine Wendung zur Sozial-Science-Fiction. Typische Vertreter waren etwa John Brunner

---

10 Siehe dazu Möser, Kurt, Geschichte des Autos. Frankfurt/M. / New York 2002.

(„Stand on Zanzibar“, 1968) oder Philip K. Dick („UBIK“, 1969), bei denen pessimistische gesellschafts- und Mobilitätsutopien vorherrschten und Drogen-„Reisen“ phantastische technisch basierte Mobilität ablösten.

Universelle Erreichbarkeit

Ein Utopiefeld zielt auf entgrenzende, die Mobilität räumlich totalisierende Mobilität. Utopien der Totalerschließung und einer Total-Erreichbarkeit – zunächst der Erde, schließlich auch des Raumes – gehörten zu den durchgängigen Linien von Mobilitätsutopien. Prototypisch hierfür war die Erreichbarkeit des Weltraums und insbesondere der Planeten. Hier kam es zu einer wechselseitigen Befruchtung: Utopisch scheinende wissenschaftliche Texte wie Hermann Oberths „Die Rakete zu den Planetenräumen“ von 1923 regten Utopien der Weltraumeroberung an, die sich in literarischen Texten, vor allem aber auch in Filmen manifestierten. Oberth und andere Raketenpioniere, wie Robert H. Goddard, wurden nach eigenem Bekunden durch literarische Phantasien stimuliert, Weltraumfahrzeuge zu entwickeln und Prognosen über zukünftige Wege der Erschließung abzugeben.

Ein anderes Feld war die Erschließung des „inneren Weltraums“ der Tiefsee. Solche Konzepte gehen davon aus, dass es potenziell keine Grenzen der Erreichbarkeit und Betretbarkeit gibt, und dass qua Mobilität eigentlich die Welt komplett erreichbar ist. Tiefseefahrzeuge und Geräte zum zunächst ästhetischen „Spaziergang auf dem Meeresboden“[11] gehören zu den ältesten Mobilitätsutopien, am besten exemplifiziert durch Jules Vernes „Nautilus“ aus dem Roman „20.000 Meilen unter den Meeren“. Mit den praktischen Lösungen für Tauchboote und „Skaphanders“, also persönlichen Tauchausrüstungen, die „Tiefenerfahrung“ vermittelten[12] und das Arbeiten unter Wasser ermöglichten, gab es wiederum einen Anschub von utopischen Ideen, um die noch bestehenden Grenzen der unterseeischen Exploration wenigstens narrativ zu überwinden. Ein neues Wasserfahrzeug zum Erreichen der noch unerreichbaren Tiefen des Meeresbodens mit einem automatisierten Mechanismus für Ballastabwurf entwarf beispielsweise H.G. Wells in seiner Erzählung „In the Abyss“ von 1896. Später waren es dann Utopien des permanenten Lebens, von „Man in the Sea“, die in den „Sealab“-Projekten der NASA und in Jacques Cousteaus Unterwasserhäusern und -transportmitteln der frühen 1960er Jahre technisch konkretisiert wurden. Eine Teilutopie war der Unterwassermensch, der mittels einer bionisch-technischen „Aqualunge“ unbegrenzt in der Tiefe leben und sich dort mit „Aquascootern“ frei bewegen sollte.

---

11 Kisch, Egon Erwin, Ein Spaziergang auf dem Meeresboden. Der rasende Reporter. Berlin / Weimar 1983, S. 13–17.

12 Siehe Möser, Kurt, Tiefenerfahrung. Zur Geschichte der Tauchtechnik. In: Technikgeschichte 59 (1992), S. 193–216.

Ein verbreiteter Typ phantastischer Mobilität kann als Ultramobilitätsutopien beschrieben werden: Transportmittel einer solchen gesteigerten und entgrenzten Mobilität vermögen sich in mehreren, potenziell sogar allen Dimensionen und Räumen zu bewegen; sie können schwimmen, fliegen, tauchen, im Extremfall sich sogar unter der Erdoberfläche bewegen. Prototypisch dafür ist die von Jules Verne erdachte „Epouvante“ von 1906, ein fliegendes, schwimmendes und tauchendes Rennautomobil von den Dimensionen eines normalen Straßenfahrzeugs. Solche Ultramobilitätsphantasien, die von geländegängigen Fahrzeugen zur vollständigen Erschließung der Fläche bis zu solchen der Totalmobilität im dreidimensionalen Raum und in allen Elementen reichen, hatten vor allem nach 1910 Konjunktur, parallel zur Diffusion von Fahrzeugen mit Verbrennungsmotoren. Die beim Automobil sich zeigenden Flächenerschließungs- und Abenteuerpotenziale wurden hier utopisch weitergetrieben. Ultramobilitätsutopien standen deswegen in engem Zusammenhang mit den Potenzialen individueller Mobilität der Jahrhundertwende, aber auch im Zusammenhang mit konkreten Versuchen mit Fahrzeugprototypen, die nicht zuletzt aufgrund militärischer Mobilitätsanforderungen entstanden.[13]

Zu diesen gehörte die Utopie der absoluten Geländegängigkeit, der Zugänglichmachung der Fläche für die Motorisierung. Um 1900 boomten Versuche mit „Schreitkufen“, mit der Nachrüstung von Rädern, wie sie etwa der britische Ingenieur Bramah J. Diplock konstruierte, und schließlich mit Gleisketten. Die Anforderungen der Militärs, die das stärkste Interesse an Fahrzeugen der räumlichen Totalerschließung hatten, um Motorfahrzeuge von Straßen unabhängig zu machen, führten auch zu Versuchen mit Allradantrieben und der Geländetauglichmachung von Straßenfahrzeugen. Geländegängige „Kriegswagen der Zukunft“[14] und „Land Ironclads“ wurden vor dem 1. Weltkrieg sowohl von Technikern als auch Literaten und Militärs imaginiert, längst bevor der Grabenkrieg und das gesteigerte Defensivpotenzial eine Realisierung in Gestalt der britischen „Tanks“ stimulierte.

Muskelkraftmobilität

Ein signifikanter Typus von phantastischer Mobilität ist um die menschliche Muskelkraft angesiedelt. Um 1900 wurde immer wieder die Idee einer nahezu unbegrenzten menschlichen Leistungsfähigkeit durchdekliniert. Parallel zur „Versportung“ der Gesellschaft und zu der neuen Begeisterung für Rekorde und immer weiter sich steigernde physische Bestleistungen schien muskelkraftbasierte Mobilität ein ungeahntes und unbegrenztes Leistungspotenzial zu bieten. Ein Beispiel dafür ist etwa Alfred Jarrys Fünfertandem in

13 Siehe Möser, Kurt, Amphibien, Landschiffe, Flugautos – utopische Fahrzeuge der Jahrhundertwende und die Durchsetzung des Benzinautomobils. In: Hertner, Peter / Schott, Dieter (Hg.), Jahrbuch für Wirtschaftsgeschichte. Zukunftstechnologien der letzten Jahrhundertwende: Intentionen – Visionen – Wirklichkeit. Berlin 1999, S. 63–84. Verfügbar unter https://doi.org/10.1524/jbwg.1999.40.2.63.

14 Daule, S., Der Kriegswagen der Zukunft. Leipzig 1906.

dem (Nah-)Science-Fiction-Roman „Der Übermann".[15] Die Mannschaft, angetrieben durch strychninhaltiges „perpetual motion food" besiegt auf einem Nonstop-Rennen von Paris nach Wladiwostok eine Dampflokomotive, wobei das Fahrrad einmal sogar vom Boden abzuheben vermag.

Diese Leistung des Rad-Teams gehört zu einem signifikanten Feld der muskelkraftbasierten phantastischen Mobilität. Um 1900 war die Idee des Menschenfluges mittels Muskelkraft eine Nah-Utopie, die mit vielerlei Versuchen und Lösungsansätzen zur Verwirklichung gebracht werden sollte. Als technisches Substrat stand dabei das Fahrrad im Zentrum. Fliegende Räder spielten als phantastische Entwürfe und als konkrete Basteleien die Hauptrolle. Zahlreiche Skizzen, Entwürfe, Patentanmeldungen oder Versuchsräder wurden der Öffentlichkeit vorgestellt oder maßen sich in Wettbewerben, ohne dass das spezifische Mobilitätsversprechen des Muskelkraftfluges eingelöst wurde. Auf einer stark gewandelten technischen Basis geschah dies erst 80 Jahre später. Die Mode der Flugfahrräder und der fahrradbasierten Luftutopien vor dem 1. Weltkrieg basierte auf den Konzepten einer möglichen Entgrenzung des menschlichen physischen Potenzials.

Die dahinterstehende Utopie war eine der menschlichen Leistungsfähigkeit ohne Limit. Bis heute scheinen solche Konzepte attraktiv. Technische Mittel wie „Exoskelette" und Laufmaschinen, die das Sprung- oder Geschwindigkeitspotenzial des menschlichen Körpers außerordentlich steigern, sind heute Instrumente der Figuren und „Avatare" mancher Computerspiele, gehören aber auch zu den Zukunftskonzepten von Militärs. Hier ist es der Soldatenkörper, der, technisch aufgerüstet, unlimitierte Mobilitätsleistungen entwickeln soll.

Automatisierungsutopien

So lange es eine Individualmotorisierung gibt, gibt es auch die Utopie von vollautomatisierten, sich selber steuernden Fahrzeugen.[16] Während der Autopilot letztlich das Resultat der Suche nach einem sicheren, ultrastabilen und selbststabilisierenden Flugzeug ist, einer Suche, die schon unmittelbar nach den ersten praktikablen Flugmaschinen einsetzte, hat das selbstfahrende Automobil weniger Sicherheits- als Bequemlichkeitsaspekte. Fahrer und Passagiere sollten sich zurücklehnen und die Fahrt ohne Anstrengung genießen können. Erforderlich waren dazu entweder intelligente Infrastrukturen – Straßen mit Leit- und Steuersystemen –, oder intelligente Fahrzeuge. Diese sollten mit raffinierter Sensorik und Prozessteuerung, mit Abstandsradar und automatischen Spurführungen auf den vorhandenen Straßen vollautomatisiert zurechtkommen. Dabei sollen sie die erforderlichen

15 Jarry, Alfred, Der Übermann. Moderner Roman. Frankfurt/M. 1987 (= Gesammelte Werke, hrsg. v. Klaus Völker).

16 Siehe Lauinger, Norbert, Das Automobil auf dem Weg zum AUTOmobil. Fahrerassistenz- und Fahrerersatzsysteme im Wettlauf gegen menschliches und technisches Versagen. In: Antal, Anita et al. (Hg.), Verkehrssysteme der Zukunft. Tagungsband Wetzlar 2005, S. 123–130.

Informationen mit anderen Fahrzeugen austauschen. Phantasien automatisierter Straßenmobilität können als Crossover zu spurgeführten Mobilitätssystemen interpretiert werden. Doch diese Ideen, die eine Bequemlichkeit automatisierter Fahrvorgänge bestärken, kollidieren mit den eigentlich diffusionsbestimmenden Vorstellungen von Automobilnutzung, nämlich der „Freude am Fahren" und der Lust an autonomer Mobilität.

Trotzdem ist die Sub-Utopie der Mühelosigkeit des Fahrens, der Eleganz, einer unsichtbaren, aber außerordentlich effizienten Hochtechnologie ein ebenfalls durchgängiger Strang. Dazu gehören auch die Ideen völlig reibungsloser Mobilität, die Abschaffung von Unfällen, das glatte Funktionieren der Systeme. Solche im Grunde ästhetischen Qualitäten von mobilen Innovationen, jenseits von Effizienzerwägungen und ökonomischen Relevanzen, bestimmten die öffentliche Haltung zu manchen Technologiefeldern, wie beispielsweise zum Wankelmotor.[17] Damit verbunden ist oft die Verselbständigung von Mobilitätsutopien, wobei allenfalls funktionale Vorwände vorgebracht werden. Die Ablösung einer Technologie oder eines Systems wird dann um der Ablösung willen propagiert. Resultat ist dann eine nicht mehr unbedingt optimierungsgerichtete Modernisierung, sondern eine sich selbst erhaltende Fortschrittsbegeisterung, bei der Nutzanwendungen eher von oben projiziert als von unten formuliert wurden.

Geschwindigkeitsüberbietung

Geschwindigkeitsphantasien gehören zu den am meisten verbreiteten Zukunftsvorstellungen im 20. Jahrhundert. Formuliert wurde eine Steigerung, die grob den Überbietungen den realen Geschwindigkeitserhöhungen folgt. Vernes „Epouvante" erreicht zu einem Zeitpunkt 250 km/h, als der Geschwindigkeitsrekord für Straßenfahrzeuge etwa bei der Hälfte liegt. Ähnliche Relationen zwischen realen und imaginierten Geschwindigkeiten gibt es in den 1930er Jahren beim Luftverkehr. Mit der Möglichkeit supersonischen Passagiertransports schließlich erfolgt der phantastische Geschwindigkeitssprung durch die Konzeption von Passagierraketen, die eine effizientere „Vernichtung der Zeit und des Raums" beim Reisen versprachen als die schnellsten Flugzeuge. Bezeichnend für die phantastischen Mobilitätsformen des Weltraums war eine weitere exorbitante Geschwindigkeitssteigerung, um die immensen Entfernungen galaktischer Reisen zu bewältigen. Das führte dazu, dass die Limitationen der Lichtgeschwindigkeit phantastisch überschritten wurden. Transport mit Überlichtgeschwindigkeit, im Extremfall das „Beamen", also unmittelbare Materietranslation ohne Zeitverzögerung, oder auch „Teleportation", ist damit ein Spätphänomen von Mobilitätsutopien, das im Schnittpunkt einiger spezifischer Utopietypen steht: zunächst von Ultramobilität, also der Erreichbarkeit unerreichbarer

17 Siehe Popplow, Marcus, Motor ohne Lobby? Medienereignis Wankelmotor. Ubstadt-Weiher / Basel 2003 (= Technik und Arbeit 11).

Räume, dann aber auch von Antriebsutopien, und schließlich von Geschwindigkeitsmaximierung. Teleportation ist damit ein Endpunkt der möglichen Steigerung von Transportgeschwindigkeit.

Komfort und Mobilität

Die Utopie mobiler Hochbequemlichkeit, als Komplementärkonzeption zur Geschwindigkeitssteigerung, hatte zum Zentrum eine im Grunde statische Idee, nämlich diese, innerhalb der Mobilität den Komfort des immobilen Lebens mit sich zu führen und eine befriedigende Koinzidenz der beiden Pole, des Beweglichen und des Statischen, zu erzielen. Auf dem Wasser koppelte etwa die „Propellerinsel" Jules Vernes die maximalen Annehmlichkeiten eines häuslichen Lebens der Superreichen der Erde mit den Möglichkeiten der Mobilität, nämlich immer die optimalen Klimazonen aufsuchen zu können. Für die Mobilität auf der Straße formulierten Reisende wie der Dichter Otto Julius Bierbaum das Verlangen nach einem „home away from home". Nur ein Jahr nach der Formulierung dieser Ideen baute die Firma Panhard einen „Riesenmotor Passe-Partout", der, ausgestattet für eine Fahrt um die Welt, „in der Nacht die Dienste eines Schlafwagens und am Tage als Küche oder als Salon dienen" konnte.[18] Die auch hier deutlich werdende Nähe von Realisierungen zu Konzepten der Mobilität, die zunächst konkretisationsfern schienen, interessierte Historiker bisher am meisten. Doch auch hier ist der Grad der Realisationsmöglichkeiten einzelner utopischer Ideen weniger signifikant als das gesellschaftliche Umfeld, aus dem die Konzepte wie auch konkrete Konstruktionen entstanden. In den genannten Fällen war es die Attraktion einer hochbequemen Häuslichkeit, die durch den Diffusionsschub der Alltagstechnologien um die Jahrhundertwende gestärkt wurde, und die mit Mobilität rekombiniert werden sollte.

Massenmobilität der Zukunft

Ein weiterer utopischer Trend kreist immer wieder um eine Popularisierung von mobiler Hochtechnologie. Zuvor exklusive Mobilitätsformen, solche, die nur Spezialisten oder reichen „Mobilitätseliten" vorbehalten schienen, sollten in die bedienerische wie auch die finanzielle Reichweite der gesamten Bevölkerung gerückt werden. Typisch hierfür ist die Utopie des Volksflugzeuges,[19] das zum einen bezahlbar sein musste, aber auch die Fähigkeiten der künftigen Nutzer nicht überfordern durfte. Konkrete Projekte eines „Luft-Ford", einer Massenmobilisierung der Luft in Analogie zur Massenmotorisierung auf dem Boden, zogen sich von den 1920er bis in die 1960er Jahre. Antizipationen eines

18 Der Riesenmotor Passe-Partout auf seiner Reise um die Welt. In: Schönlein, Hermann (Hg.), Bibliothek der Unterhaltung und des Wissens, Bd. 5. Stuttgart / Berlin / Leipzig 1903, S. 242–244, hier S. 244.

19 Siehe Corn, Joseph J., The Winged Gospel. America's Romance with Aviation, 1900–1950. New York 1983.

möglichen Massenverkehrs auf einem Feld, das gerade erst mobil zugänglich geworden war, erfolgten schon früh. Der individuelle Verkehr im „Luftreich“[20] wurde nicht erst seit dem „annus mirabilis“ 1909 der Fliegerei geplant. Dass die Zukunft im kleinen, leicht zu fliegenden, vielleicht senkrecht startenden und zugleich straßentauglichen „Autoflugzeug“ liegen würde, schien vor 1960 ausgemacht. Sogar ein deutscher Autohersteller, Borgward, kaufte die Expertise eines Hubschrauberkonstrukteurs ein, um für die Zukunft des Individualverkehrs, die notwendigerweise in der Luft zu liegen schien, gerüstet zu sein. Auch diese Idee erwies sich in ästhetischen Kontexten als sehr langlebig: Friedrich Wilhelm Korff spielt beispielsweise in einem Text durch, wie ein Individualluftverkehr mit Ultraleichtflugzeugen aussehen könnte. In dem Science-Fiction-Film „The Fifth Element“ von Luc Besson (1997) erfolgt der Stadtverkehr durch fliegende Limousinen – eine Projektion der alten Volksflugzeug-Idee in die Zukunft.

Transferierte Mobilitätsutopien

Einen weiteren Bereich kann man als transferierte Mobilitätsutopien bezeichnen: Formen der Mobilität, die in einem Bereich funktionieren und sozial etabliert und akzeptiert sind, werden auf einen anderen Mobilitätsbereich übertragen und angepasst. Ein Beispiel dafür ist Felix Wankels durchaus utopische Konzeption eines „Autoboots der Meere“. Um 1970

20 Herwarth, Hans-Waldemar von, Unser Luftreich – unsere Zukunft. Berlin o.J. (um 1910).

formulierte er seine Idee eines Wasserverkehrs mit individuellen Verkehrsmitteln in Analogie zum und im expliziten Rekurs auf den Straßenverkehr.[21] Kernpunkt war ein automobiläquivalentes Boot, das mit der Geschwindigkeit, dem Komfort und der Kapazität eines Automobils bei jedem Wetter die Meere befahren sollte. Das entstehende Wasserverkehrssystem sollte einerseits die Entlastung des an Kapazitätsgrenzen stoßenden Straßenverkehrs bewirken. Andererseits orientierte sich Wankels neues Verkehrskonzept eng am bestehenden Straßenverkehr, seinen Fahrzeugen und seinen Infrastrukturen. Dies war also eine transferierte Mobilitätsutopie. Auf vergleichbare Weise funktioniert Friedrich Wilhelm Korffs in einer Erzählung formulierte Idee eines auf Ultraleichtflugzeugen basierten Individualverkehrssystems.

Crossover-Utopien

Immer wieder in utopische Konzeptionen einbezogen werden Grenzflächen, etwa solche zwischen Wasser und Luft, oder zwischen Luft und Weltraum. So entstanden entsprechende Geräte zur effizienzerhöhenden Nutzung dieser Grenzflächen. Die dafür erforderlichen Crossover-Fahrzeuge, etwa Luftkissen- und Tragflügelboote mit „Flughöhe 0“, oder Raketenflugzeuge mit luftunabhängigen Antriebssystemen oder raketenähnlichen Flugbahnen jenseits der Stratosphäre, rekombinierten Elemente verschiedener Transportmittel. Schon die Pioniere der Tragflügelboote, wie Enrico Forlanini, nutzten Flugzeugtechnik und Flugmotoren für diese Grenzflächenutopien. Ebenso zielte der Flugpionier Alberto Santos-Dumont mit seinem Apparat „No 18“, einem Gleitkatamaran mit Flugzeugmotor, auf eine Nutzung des Oberflächeneffekts. Das Verlassen des Wassers, eines im Vergleich zur Luft 760-fach dichteren Mediums, sollte die Reibung reduzieren und gesteigerte Effizienz ermöglichen. Mit den Luftkissenfahrzeugen des Briten Christopher Cockerell wurde zum einen die ältere Crossover-Utopie des „fliegenden Bootes“ realisiert, zum anderen wurden auch neue Anwendungsideen stimuliert. Ein Grenzflächenfahrzeug ganz anderer Art war der Weltraumgleiter des deutschen Ingenieurs Eugen Sänger. Er schlug vor, die obere Grenze der Stratosphäre als Abprallfläche zu benutzen, und Raumfahrzeuge ähnlich einem Oberflächengleitboot auf der Grenze des Mediums der Lufthülle zu betreiben.

Neue Antriebe, neue Bewegungsformen

Eines der größten Felder für Utopien zielte auf neue Antriebe. Schon die schwebende Insel Laputa in Jonathan Swifts „Gullivers Reisen“ bediente sich starker Magneten als Antrieb. Fahrzeuge „leichter als Luft“ sollten luftleer gepumpte Kugeln benutzen, wie Francesco Lanas Luft-Schiff aus dem späten 17. Jahrhundert, oder innovative Gase oder Gasaufbereitungsanlagen erhalten. Zu letzteren gehörte der Afrika-Ballon in Jules Vernes

21 Siehe Wankel, Felix, Autoboot der Meere. Unpubliziertes Manuskript. Im Felix-Wankel-Nachlass, Technoseum Mannheim.

„Cinq semaines en ballon“ von 1863. Hier nutzte der Romanheld Fergusson ein neuartiges Füllungsverfahren und ein Ballonetsystem, das den Ballon unter konstantem Druck hielt und ihn von externer Gasfüllung völlig unabhängig machte. Phantastische neue Antriebe gehörten dann im 20. Jahrhundert zum Inventar vieler Mobilitätsutopien. Zunächst konnte noch die emphatisch moderne Elektrizität herangezogen werden, wie in Jules Vernes „Epouvante“ von 1906.

Mit dem Abflauen der Elektrizitätseuphorie der Jahrhundertwende gerieten Turbinenantriebe stärker in den Fokus. Zunächst waren es Dampfturbinen, später schien die Gasturbine das größte Zukunftspotenzial zu haben. Nach 1945 erfolgte eine Übertragung des Turbinenantriebs von der Luftfahrt auf das Auto. Auch Raketen wurden zum Vorbild für neue Antriebsideen, nachdem schon in den 1920er Jahren Versuche mit Raketenflugzeugen, -autos und sogar Motorrädern gemacht worden waren.

Parallel dazu stimulierte der Beginn des „Atomzeitalters“ viele Mobilitätsutopien. Während für Über- und Unterwasserschiffe der Atomantrieb realisiert wurde, blieben Atomflugzeuge und Atomautomobile im Bereich der Phantastik. Aber in den ersten beiden Nachkriegsjahrzehnten wurde die Öffentlichkeit mit zahlreichen Vorschlägen für Atom-Transportmittel versorgt. Auch in diesem Fall kam eine ganze Reihe davon nicht von Technikern, sondern aus einer nichtprofessionellen technikbegeisterten Öffentlichkeit, die die Chancen atomarer Energieerzeugung auf verschiedenen Technikfeldern durchspielte und dabei das Fokusthema Verkehr natürlich einbezog. Immer ging es auch um eine gestalterische „Einkleidung“ solcher neuer Antriebskonzepte. Autos sollten nicht nur technisch ins Turbinen-, Raketen- und Atomzeitalter eintreten, sondern zeigten auch durch ein emphatisch modernes Design ihre Zugehörigkeit zur Zukunft, die schon begonnen zu haben schien.

Alternativen zu „normalen“ Bewegungsformen von Verkehrsmitteln gehörten ebenfalls zu den verbreiteten phantastischen Entwürfen. Erwähnt wurden schon „bionische“ Formen des Schreitens, die ebenso wie Imitationen des Vogelfluges durch Flügelschlagapparate für viele Erfinder oder Illustratoren selbst dann noch eine hohe Attraktion behielten, als „technogene“ Realisierungen ihre Überlegenheit über „biogene“ gezeigt hatten. Eine weitere durchgängige Utopie zielte auf einspurige Landfahrzeuge, die oft aber nicht mehr durch die Balancierfähigkeit, sondern durch die technische Stabilisierung eines Kreisels im Gleichgewicht gehalten werden sollten. Die Kreisel-Euphorie der Jahrhundertwende[22] wurde auch auf Mobilitätsmaschinen ausgedehnt. Phantastische Riesen-Einräder sollten nicht nur den Individualverkehr revolutionieren, sondern wurden selbst als Panzerfahrzeuge imaginiert.

22 Siehe Broelmann, Jobst, Intuition und Wissenschaft in der Kreiseltechnik, 1750–1930. München 2002.

Vernetzungen und neue Verkehrs-Großsysteme

Mobilitätsutopien können unter anderem danach differenziert werden, ob eher auf eine Verstärkung individueller Mobilität gezielt wird, oder auf die Schaffung neuer Infrastrukturen und Systeme. Eine grundsätzliche Unterscheidung ist zu treffen zwischen systemfernen oder systemablehnenden Utopien einerseits und gezielt systemischen Utopien andererseits. Zu den ersteren gehört etwa als neues Verkehrsmittel das „Dampfhaus", der stählerne Elefant Jules Vernes aus dem Roman „Maison à vapeur" (1880), der eine Jagdgesellschaft in Britisch Indien in der Isolation vom übrigen Verkehr, aber mit Komfort durch den Dschungel zu bewegen vermag. Oft treten Utopien individueller Verkehrsmittel als antisystemische Utopien eines Ultra-Individualverkehrs auf und basieren auf der Ablehnung großer, kontrollierter und kontrollierbarer Verkehrssysteme. Tatsächlich beruhte die Attraktion des frühen Automobils auf seinem offenbaren Potenzial zum Verlassen von als restriktiv empfundenen Systemen. Zum zweiten Typ von Utopien, den gezielt infrastrukturbasierten, gehört beispielsweise der Eisenbahntunnel zwischen Europa und den USA, den der Ingenieur MacAllan in Bernhard Kellermanns „Der Tunnel" (1913) entwirft und baut, wobei Verkehrstunnel einen Untertyp von Infrastrukturutopien darstellen.[23] Auch die schwimmende Flugplattform im Atlantik in Kurt Siodmaks Zukunftsroman „F.P.1 antwortet nicht" von 1931 ist ein Vertreter dieses Gattungstyps.

In den 1950er Jahren ist ein gesteigertes Interesse und eine verstärkte Lust an infrastrukturbasierten Konzepten, an einer systemischen Eingebundenheit und an einer großtechnischen Vernetzung von Mobilität bemerkbar. Verschiedene Verkehrssysteme und Mobilitätslevels wurden konzeptionell verbunden, Individual- und Kollektivsysteme vernetzt und miteinander gekoppelt. Insbesondere in der „Stadt der Zukunft", wie das Schlagwort lautete, sollten die Verkehre auf verschiedenen Ebenen verlaufen und hocheffizient und pausenlos erfolgen. Imaginiert wurden Rollsteige, Kabinenbahnen, Vertikaltransportgeräte, „Vertical Take-off an Landing (VTOL)"-Fluggeräte und Hochgeschwindigkeitszüge mit neuen Antriebssystemen und auf Fahrwegen, die nichts mehr mit dem alten Rad-Schiene-System zu tun hatten. Typisch dafür ist diese Passage aus einem Jugendbuch von 1959:

> „Die Großstadt der Zukunft wird in mehreren Schichten nach oben wachsen. Der Verkehr wird sich größtenteils hoch über der Erde und unter der Erde abwickeln. Da werden übereinanderliegende Fahrbahnen sein für Omnibusse, für Kraftwagen im Städte-Nahverkehr und Autobahnen für den Fernverkehr. Alweg-Bahnen kreuzen sich mit Röhrenbahnen, und

23 Siehe Bülow, Ralf, „A Transatlantic Tunnel, Hurrah!" Langstreckentunnel in der Science Fiction. In: Antal, Anita et al. (Hg.), Verkehrssysteme der Zukunft. Tagungsband Wetzlar 2005, S. 41–49.

> die Luft wird durchflogen von riesigen Atomflugzeugen, von Raketen, die zum Nachbarplaneten rasen, von Hubschraubern für den städtischen Nahverkehr und von Senkrechtstartern."[24]

Solche hochsystemischen Mobilitätsutopien[25] waren Ausdruck gesteigerter Technikbegeisterung und der technischen Modernisierungsvorstellungen der ersten beiden Nachkriegsjahrzehnte. Hierin manifestiert sich der zweite lange Trend verkehrsutopischer Ideen: Neben einer Hyper-Individualisierung wird eine Hyper-Systemisierung formuliert. Ein Aufgehen des mobilen Einzelnen in großtechnischen, emphatisch modernen Transportsystemen schien einen eigenartigen Reiz auszuüben. Die konkreten Realisierungen blieben dagegen, im Kontrast dazu, sehr oft „ewige Zukunftshoffnungen".[26]

Bemerkenswert ist aber auch die ästhetische Komponente der Verzahnung solcher großsystemischer Verkehrsnetze untereinander und die gar nicht immer funktional orientierte Lust an der utopischen Projektion. Prototypisch dafür waren die phantastischen Ausklappillustrationen in dem populärwissenschaftlichen Jugendjahrbuch „Das Neue Universum". In diesen Bildern der 1950er bis 1970er Jahre, die der Illustrator Klaus Bürgle schuf, kamen immer wieder Verkehrs-Großsysteme vor, sogar solche auf fernen Planeten, oder auch Fahrzeuge für künftige Tiefseestädte. Sie bekamen eine autonome Bildqualität und eine ästhetische Attraktion, die die Frage nach einer Wünsch- und Machbarkeit solcher Ideen zumindest für die rezipierenden Nichtfachleute in den Hintergrund treten ließ.

Auch nach dieser technikeuphorischen Phase hatten Verkehrsvernetzungsutopien Konjunktur, allerdings in veränderten soziokulturellen Kontexten. Im Rahmen der Krisenwahrnehmung des Individualverkehrs und der Kritik am Automobil wurden alternative Transportsysteme konzipiert, die die Vorzüge des öffentlichen und privaten Verkehrs kombinieren sollten. Im Vergleich zu den früheren innovativen Mobilitätssystemen waren die Anwendungsformen nun stärker fokussiert und wurden stärker von der Nutzung her gedacht. Allerdings war der Realisierungsgrad ebenso gering. An solchen alternativen Verkehrskonzepten wird deutlich, dass sich Transport- und Verkehrsutopien sinnvoll nur in gesamtgesellschaftlichen oder auch politischen Rahmen interpretieren lassen – in diesem Fall im Wandel der Haltung zur Technik von den 1950er bis zu den 1980er Jahren.

---

24 Lässig, Theo, Die Großstadt der Zukunft. Überall dabei. Jahrbuch Gütersloh 1959, S. 144–150; S. 145.

25 Siehe dazu Neuhold, Uwe, Träumen Androiden von elektrischen Straßen? Verkehrsvisionen in der Science Fiction-Literatur. In: Antal, Anita et al. (Hg.), Verkehrssysteme der Zukunft. Tagungsband Wetzlar 2005, S. 74–87.

26 Zeller, Thomas, Kombinierter Verkehr – die ewige Zukunftshoffnung. In: Niemann, Harry / Hermann, Armin (Hg.), 100 Jahre LKW. Geschichte und Zukunft des Nutzfahrzeuges. Stuttgart 1997, S. 378–394.

Monumentale Infrastrukturphantastik

Ein Spezialfeld von Infrastrukturphantasien waren staatsbasierte Großprojekte von oft monumentalem Charakter. Während der nationalsozialistischen Herrschaft wurde nicht nur eine gigantische Rekonstruktion der Hauptstadt projektiert, sondern auch ein gewaltiges schienengebundenes Transportsystem. Dieses Netz von Breitspurbahnen kam zwar nicht über elaborierte Konzepte hinaus. Mit der Realisierung begonnen wurden hingegen vor dem Krieg monumentale Straßenbauten, die Autobahnsysteme in Italien und Deutschland und das Interstate-Highway-System in den USA, letzteres das wahrscheinlich größte Bauprojekt, das jemals fertiggestellt wurde. Ebenso gebaut wurden die extensiven, zunächst durchaus utopisch scheinenden Kanalisierungen, Umkehrungen von Flussläufen und künstlichen Kanalsystemen in der Sowjetunion seit den 1920er Jahren. Dies waren nicht nur Transportadern; hier wurde die Grenze neuer Mobilitätsinfrastrukturen zu Projekten einer symbolischen Herrschaft über die Natur überschritten. Es lässt sich zwar nicht behaupten, dass diese Projekte nur innerhalb der auch im Frieden stattfindenden „totalen Mobilmachung" der Gesellschaft entstanden und realisiert werden konnten.[27] Die meisten dieser infrastrukturbezogenen Monumentalutopien waren aber militärisch motiviert, direkt oder indirekt.

Solche naturverändernden Projekte fanden auch immer wieder literarische Reflexe: In Alfred Döblins Roman „Berge, Meere und Giganten" von 1924 etwa wurden die Konsequenzen solcher monumentaler Beherrschungsvorhaben der Natur narrativ durchgespielt: Nach der Niederlage im „Uralischen Krieg" im 26. Jahrhundert wenden sich die westlichen Industriestaaten dem Projekt einer Enteisung Grönlands zu.

Offensive und defensive Mobilitätsutopien

Eine weitere Klassifikationsmöglichkeit besteht darin, offensive von defensiven Verkehrsutopien zu unterscheiden. Defensive Verkehrsutopien zielen, im Gegensatz zu offensiven, darauf, erreichte Levels der Mobilität – quantitativ oder qualitativ – auch angesichts neuer Limitationen, die technischer, sozialer, politischer oder ökonomischer Art sein können, zu erhalten und zu sichern. Solche defensiven Konzepte erlebten einen kräftigen Schub mit dem Neuansatz einer sozialen und ökologischen Kritik am Automobil, die seit den 1960er Jahren von den USA ausging. Die öffentliche Diskussion um stark steigende Zahlen von Verkehrstoten und um die Sicherheit von Serienfahrzeugen, die von Ralph Naders Buch „Unsafe at any Speed" angestoßen wurde, führte zu Experimentalfahrzeugen mit Sicherheits-Features, aber auch zu der Utopie eines völlig unfallfreien Straßenverkehrssystems im Ganzen. In Fall der Sicherheitsutopien kann also der Fokus auf der Verbesserung sowohl des einzelnen Fahrzeugs als auch des Fahrzeugsystems liegen.

27 Fisher, Peter S.: Fantasy and Politics. Visions of the Future in the Weimar Republic, 1918–1933. Ann Arbor, Mich. 1991.

Das Gegenstück dazu, erwachsen aus den Ölkrisen der 1970er Jahre und den darum angesiedelten gesellschaftlichen Debatten, waren Utopien von umweltverträglichen, nicht die Umwelt verschmutzenden Fahrzeugsystemen. Neue, ressourcenschonende Antriebssysteme innerhalb der Individualmotorisierung, aber auch radikalere Alternativen zu diesem Typus der Mobilität wurden ausformuliert.[28] Zu den letzteren gehörten neuartige Mobilitätssysteme, oft zwischen Individual- und öffentlichen Verkehrsmitteln, die die erkannten Defizite des Individualverkehrs, wie Unfallrisiken, Staus und Energieverschwendung, zusammen lösen sollten. Dazu gehörten etwa schienengebundene Kabinentaxis oder koppelungsfähige automatisierte Verkehrsmittel, wie sie in der Technikeuphoriephase der 1950er und 60er Jahre Konjunktur hatten. Utopien dieser Typen sind dabei defensiv nur im sozialen Sinn; sie konnten dabei auch durchaus technisch offensiv sein und qualitativ und quantitativ erhöhten Technik-Input erfordern und nur mit beträchtlichen Innovationen realisierbar sein.

Dystopien künftigen Verkehrs

Mit der außerordentlichen Ausbreitung des Individualverkehrs im 20. Jahrhundert entstanden zunehmend auch Dystopien, die oft auf Verkehrsüberforderungen oder -zusammenbrüche fixiert waren, die in der Zukunft unvermeidbar auftreten würden. Nicht erst in den letzten Jahren gab es immer wieder Visionen zu Ende gekommener, statisch gewordener Mobilität, oft in Form von Super-Staus. Dies geschah parallel zur journalistischen Wahrnehmung von Mobilitätskrisen[29], etwa in Filmen wie Jean-Luc Godards „Weekend" (1967), die natürlich nicht im strikten Sinn utopisch sind, aber auch in Erzählungen wie der des Südamerikaners Julio Cortazar, „Das Feuer aller Feuer" von 1976.

Zu den radikalsten Nah-Dystopien, die mögliche Wirkungen des Straßenverkehrs in einer bevorstehenden Zukunft reflektierten oder prognostizierten, gehörte der Roman „Crash" von J.C. Ballard (1973/74).

Verletzungen durch Autounfälle erscheinen als Quelle erotischer Attraktion, Unfälle stören nicht die außerordentliche emotionale Aufladung des Privatautomobils, sondern tragen sogar noch zu seinen Attraktionen bei. Der provokative Charakter von Ballards Phantastik, die Gewalt und physische Versehrtheit durch Mobilität mit Drogen- und Lusterfahrungen kombiniert, ist in der Romanverfilmung von 1996 kaum geringer geworden.

---

28 Siehe dazu etwa Vester, Frederic, Ausfahrt Zukunft. Strategien für den Verkehr von morgen. Eine Systemuntersuchung. München 1990.

29 Siehe Möser, Kurt, Der Stau Zur Geschichte der Überfüllung des Verkehrssystems. Meyer, Torsten / Popplow, Marcus (Hg.), Technik, Arbeit und Umwelt in der Geschichte. Günter Bayerl zum 60. Geburtstag. Münster u.a. 2006, S. 281–296.

Militär und Gewalt

Ein wesentlicher Teil von Mobilitätsentwürfen waren militärische oder zumindest gewalt- oder aggressionsdominierte Utopien. Typisch für diesen „schwarzen" Strang ist der Komplex von Luftkriegsutopien, die sich schon vor der erfolgreichen technischen Lösung des motorisierten gesteuerten Fluges und parallel dazu herausbildeten. Längst vor den konkreten militärischen Einsätzen von Luftschiffen und Aeroplanen entstand ein eigener literarischer Zweig der Verwendungsutopien,[30] der durch die Imagination von Destruktion in bislang unerhörtem Maßstab gekennzeichnet war. Der bekannteste Text, H.G. Wells' „The War in the Air" von 1903 war dabei weder der erste noch der radikalste. Stets ging es den Autoren der Texte vor 1914 darum, Fahrzeuge „schwerer" und „leichter als Luft" als Transportmittel von Sprengstoffen einzusetzen, wobei als Zielgruppe eher die gegnerischen Zivilbevölkerungen als deren Truppen dienten.

Seltener entstanden Utopien, die eine Welt imaginierten, wie sie nach einem Luftkrieg aussehen würde. Rudyard Kipling stand hier nahezu allein. Seine Phantasie einer Weltherrschaft durch einen internationalen „Aerial Control Board" in den Erzählungen „As Easy as A.B.C." und „With the Night Mail" hat eine via Luftmobilität gewaltsam pazifizierte Welt zum Zentrum.[31] Die funktional orientierte Systemkontrolle des Luftmobilitätssystems übertrifft und ersetzt dabei traditionelle politische und nationale Kontrollmechanismen. Die Utopie eines durchorganisierten expertokratischen Mobilitätssystems mit universalem Anspruch, das unter Umständen mit Gewaltmaßnahmen aus der Luft jeden Widerstand brechen kann, hat dabei durchaus totalitäre Züge. Das luftmobile Herrschaftsverfahren des „Aerial Bord of Control" erinnert dabei an Jonathan Swifts schwebende Insel, die im 5. Buch von „Gulliver's Travels" durch Schattenwurf, Luftbombardierungen bis hin zum physischen Zerquetschen widerständiger Erdbewohner eine Abstufung von Repressionsmaßnahmen aus der Luft auszuüben vermag.

Typischer als solche vorgeblich friedensschaffenden, aber keineswegs aggressionsfreien Kontrollkonzeptionen qua Mobilität waren aber direktere Gewaltutopien: Massenvernichtungsphantasien von Städten, Luftschlachten und Invasionen von Mobilitätsmaschinen, die in der Lage waren, ganze Bevölkerungen auszulöschen. Mit solchen phantastischen Mobilitätsmaschinerien vermochten auch kleine oder in konventionellen Kriegen besiegte Nationen ihre mächtigeren Gegner zu bezwingen. Utopische Destruktionsmobilität, ausgeübt von soldatischen Spezialisten, sollte durchwegs für einen hoch gewaltsamen, aber außerordentlich abgekürzten Kriegsverlauf sorgen.

Die Utopie eines hochtechnologischen Mobilitätskrieges, an der schon vor 1914 kollektiv gearbeitet wurde, schien in mehrfacher Hinsicht attraktiv: Damit konnte der europäische

---

30 Siehe Franke, Henning, Der politisch-militärische Zukunftsroman in Deutschland 1904–1914. Ein populäres Genre in seinem literarischen Umfeld. Frankfurt/M. 1985.

31 Kipling, Rudyard, With the Night Mail. A Story of 2000 A.D. In: Kipling, Rudyard (Hg.), Actions and Reactions. London 1910, S. 111–152.

Rüstungswettlauf auf eine qualitativ andere Ebene gehoben werden; neue Technologien konnten die konventionelle Massenrüstung obsolet werden lassen. Typisch hierfür ist Paul Scheerbarts Text „Die Entwicklung des Luftmilitarismus und die Auflösung der europäischen Land-Heere, Festungen und See-Flotten“ von 1909. Er spielte darin durch, dass „Luftkreuzer“, nicht nur Festungen, sondern auch „Dreadnought-Flotten“, mit einem Mal jede militärische Relevanz einbüßen würden. Solche vor 1914 durchaus weit verbreiteten, den europäischen Rüstungswettlauf oft kritisch kommentierenden Utopien nährten die Erwartung, dass damit auch kleine Nationen, sofern sie technologisch avanciert waren, eine erhöhte Chance in den nationalen Rivalitäten bekamen.

In dieser Phase gewalthaltiger Utopien wurde immer wieder innovative Mobilitätstechnik mit sozialdarwinistischem Gedankengut kombiniert. Militärisch genutzte Mobilitätsmaschinen wurden so zu Werkzeugen im Kampf um den „survival of the fittest“ der Nationen. H.G. Wells’ „The Land Ironclads“ von 1903[32] beispielsweise war eben nicht nur ein Text über zukünftige Panzerfahrzeuge und die Revolutionierung der Kriegführung, sondern auch über einen neuen soldatischen Typus, der diese Form mobiler Kriegführung erfolgreich durchführen sollte. Die „Bediener“ bestanden aus einer neuen Art von Technikersoldaten, die zunächst als bebrillte, körperlich nicht sonderlich fitte „crowd of devitalized townsmen“ diffamiert wurden, die den im traditionellen Kriegshandwerk perfekionierten Gegnern als Individuen unterlegen sein mussten. Doch die Qualitäten dieser Kriegstechniker im mechanisch orientierten Kampfteam der „Landpanzerkreuzer“ trugen zu einer enormen Überlegenheit eines Landes bei, die Mobiltechnik so einsetzt, dass sie einen Vorteil im sozialdarwinistischen „struggle of the nations“ bewirkt.

Generell bekamen Ideen einer neuen Mobilitätskriegsführung nach der Erfahrung des Weltkrieges Konjunktur, und zwar zu Lande – durch J.F.C. Fullers oder Basil Liddell Harts Konzepte gepanzerter Offensivkräfte, und in der Luft, angeregt zum einen durch die konkreten Erfahrungen der deutschen strategischen Luftangriffe auf Großbritannien der Jahre 1917/18 und andererseits durch Giulio Douhets Buch „Luftherrschaft“. Diese Konzepte von mobilitätsbegeisterten „military intellectuals“, die neue Kriegführungsformen von unerhörter Destruktionskraft und außerordentlicher Beschleunigung propagierten, waren Gegenmodelle, die einen befürchteten langen Krieg mit totalem Charakter und der Mobilisierung der gesamten Gesellschaft obsolet werden ließen. Wie weit aber solche „revolutionären“ militärischen Mobilitätskonzepte unter den Begriff der Utopie subsumiert werden können, ist aber durchaus fraglich.

Mitunter erscheinen militärische Großprojekte heute als völlig phantastisch, die von den Militärs während ihres Entstehungszeitpunktes als realisierbar eingeschätzt worden waren und beträchtliche Ressourcen zugewiesen bekommen hatten. Ein Beispiel dafür ist das Projekt des „Supersonic Low-Altitude Missile“ (SLAM), das unter dem Codenamen

32 Wells, Herbert G., The Land Ironclads. The Short Stories of H.G. Wells. London 1927, S. 131–157.

„Pluto" ab 1957 in den USA entwickelt wurde.[33] Es war ein unbemannter Flugkörper zum automatischen Abwurf von Dutzenden von Atombomben, dessen Atomreaktor einen Ram-Jet betreiben sollte, um Mach 3 zu erreichen. Zusätzlich sollte ein letaler Schallkegel erzeugt und große Gebiete verstrahlt werden, bevor der Absturz über einer Stadt erfolgen sollte. Diese „doomsday machine" steht im Schnittpunkt einiger Merkmale „schwarzer" Mobilitätsutopien: der Automatisierung, der aggressiven Geschwindigkeit, der maximalen Destruktivität.

33 Siehe Herken, Gregg, The Flying Crowbar. In: Air & Space magazine 5 (1990), Heft 1, S. 28–34.

Historischer Abriss der Elektromobilität

Erwartungen an das elektrische Jahrhundert

Elektrizität war in den letzten beiden Jahrzehnten des 19. Jahrhunderts nicht nur eine neue Energiequelle oder ein neuer Energieträger. Sie war weit mehr: die neue Kraft stand für eine umfassende Modernisierung; sie wurde zum Symbol für eine technisch-kulturelle und gesellschaftliche Revolution. Elektrizität stand für eine zukünftige, erneuerte Gesellschaft. Die Zeitgenossen selbst suchten nach neuen Ausdrucksformen und Bildern, die die neue Kraft kulturell repräsentieren sollten. In diesem Kontext einer „Elektrizitätsrevolution“, die auch eine Neubewertung des Körpers implizierte, ist die Elektromobilität um die Jahrhundertwende zu sehen und zu bewerten. Elektrizitätsallegorien und Modernisierungserwartungen, eine Elektrizitätsfaszination und neue technische Anwendungsmöglichkeiten verschränkten sich miteinander.[1]

Die konkrete Implementierung der Elektrizität als „Spender“ von Licht und Kraft hatte damit um die Jahrhundertwende eine überaus positive gesellschaftliche Bewertung. Vor allem nach bemerkenswerten Erfolgen bei der Energiefernübertragung, die auch von einer breiten Öffentlichkeit rezipiert wurden, setzte eine Welle der enthusiastischen Zukunftserwartungen an eine elektrizitätsbasierte neue Technik ein. Neben der Begeisterung für eine neue Form von beherrschbarer und ungiftiger Beleuchtung war es vor allem die Entwicklung einer Kraftmaschine, deren Antriebsquelle unsichtbar, schmutz- und emissionsfrei und hochelegant schien. Dagegen schienen die älteren Dampfmaschinen und sogar die neuen Verbrennungsmotoren einem alten, „passatistischen“ Technikstil verhaftet. „Drehen statt stampfen“, rotieren statt oszillieren schien das Zeichen der Zeit, und das schon lange vor der Turbinen- und Wankelmotoren-Euphorie der 1950er und 60er Jahre.

---

1 Siehe Christoph Asendorf, Ströme und Strahlen. Das langsame Verschwinden der Materie. Gießen 1989. Zur politischen Geschichte der Elektrizität in Deutschland: Bernhard Stier, Staat und Strom. Die politische Steuerung des Elektrizitätssystems in Deutschland 1890–1950. Ubstadt-Weiher 1999 (Schriften des Landesmuseums für Technik und Arbeit in Mannheim 10); Rosi Huhn, Kunst und Elektrizität. In: absolut modern sein. Culture technique in Frankreich 1889–1937. Ausstellungskatalog Berlin 1986, S. 329–340.

Elektromotorische Kraft war emphatisch modern, symbolisch aufgeladen als Vorbote einer neuen Zeit, in der die Energieversorgung der Gesellschaft entkörperlicht, vernetzt, unsichtbar, fast virtuell sein sollte. In vielerlei Hinsicht antizipierten Elektrizitätsutopien der 1880er/90er Jahre die Turbinen- und Atomkraftutopien der 1950er/60er Jahre. Beide Male wurden die neuen Energiequellen als revolutionär und emphatisch modern, als unerschöpflich, billig, elegant und ubiquitär dargestellt.

Die elektrofokussierten technischen Phantasien im „Zeitalter der Elektrizität" waren oft genug nicht nur Energieutopien, sondern auch Gesellschaftsutopien. Schon bald überlegte man, wie eine durchelektrifizierte Gesellschaft, gekennzeichnet durch ein Energienetz, das die natürlichen Ressourcen des Landes ausnutzte und an Industrie und Bürger verteilte, aussehen könnte. Sie zielten öfters auch auf eine neue Wirtschaftsform. Die Konnexbildung mit Gesellschaftsutopien wie dem Sozialismus, die Planung, Rationalität und technisch-industrielle Vernetzung kombinierten, ist daher plausibel. Dafür steht Lenins GOELRO-Plan von 1920, der in dem Satz gipfelt, Kommunismus sei Sowjetmacht plus Elektrifizierung des ganzen Landes. Diese Elektrifizierung der Gesellschaft war eine technosoziale Utopie der Sowjetunion, die dort auch tatsächlich umgesetzt wurde. Das Elektroprojekt war symbolisch gleichgesetzt mit der emphatischen Modernisierung, mit einem Weg in eine postkapitalistische Gesellschaft ohne den Umweg der Adaption der „alten" Industrie.

Das war nicht alles: Man erwartete sogar Veränderungen durch Elektrizität, bei denen es nicht nur um ein neues Energiesystem und neue Mobilitätsformen gehen sollte, sondern auch um den Körper selber. Der menschliche Organismus sollte mittels Elektrizität verändert werden – der kranke Körper geheilt, der gesunde fitter gemacht werden. Vielleicht konnte auch die gesamte Lebens- und Spannkraft via Elektrizität erhöht werden. Elektromedizin, physische Behandlungen, elektrische „Hygiene" oder Behandlungen psychischer Krankheiten durch Strom hatten Konjunktur.

Ikonographien und Helden der elektrischen Moderne

Die kulturellen Wahrnehmungen und Darstellungen der Elektrizität zeigten eine merkwürdige Mischung von Altem und Neuem: Die technisch unanschaulichen Entstehungen und Wirkungen wurden zunächst im Gewand zeittypischer Allegorien gefasst. Am meisten verbreitet war die antikisierende Personifikation der Elektrizität durch eine Frauengestalt, die mit Attributen der neuen Energiequelle versehen wurde, und die in den meisten Fällen eine elektrische Lichtquelle hoch hielt. Die Ikonographie der gräcisierenden Siegesgöttin wurde hier weiter verarbeitet. Schon mit der New Yorker Freiheitsstatue wurde eine Bildtradition stabilisiert, die dann von den Elektrizitätsallegorien ausgenutzt und verändert werden konnte. Die Freiheitsfackel wurde elektrifiziert; die Verkünderin einer

Neuen Welt wurde zur Botin eines neuen energetischen Zeitalters. Nicht ohne Grund trugen die elektrischen Frauenfiguren Attribute der Götter, wie Strahlen, Blitze und Funken.[2]

Demgegenüber traten allegorische Repräsentationen einer Gefährdung – durch Hinrichtungsmethoden oder „Vernichtungsstrahlen", durch Gewalt und gesellschaftliche Durchorganisation – zunächst zurück. Die Image-Komponenten der elektrischen Mobilität waren Mühelosigkeit, Sauberkeit, Unbemerkbarkeit, Unsichtbarkeit, auch Unanschaulichkeit und damit Elemente des Un-Technischen, Abstrakten, zwar sinnlich erfahrbar, nicht aber technisch ohne weiteres verstehbar.

Der Imagecluster der euphorischen elektrischen Zukünfte diente auch zur Verarbeitung der Protagonisten. Ingenieure und Erfinder wurden zu Symbolen der neuen Technik, allen voran Thomas Alfa Edison und Nikola Tesla. Besonders der Edisonmythos der Hochstilisierung des amerikanischen „Systembauers" zum „wizard of Menlo Park" förderte durch Personalisierung des innovativen Technikfeldes Interesse und Akzeptanz. Thomas P. Hughes hat diese nahezu Allmachterwartung und die Kombination mit dem spezifisch amerikanischen Pioniergeist untersucht.[3]

Phantasien der Elektromobilität

Die Einführung des Elektroautomobils steht im Kontext einer Öffnung der Energiesysteme und dann speziell einer Öffnung der technischen Möglichkeiten der Mobiltechnologie. Und wie üblich bei technischen Umbrüchen, Innovationen im Alten, Übertragungsvorgängen, Verdrängungen und Konkurrenzkonstruktionen, waren dies um 1900 auch stets technosoziale Revolutionen, bei denen immer die Erwartungen der Öffentlichkeit und die sozialen und kulturellen Positionierungen eine große Rolle spielten. Deshalb ist der Konnex von emphatisch modernen Formen der Mobilität mit der emphatisch modernen Energie in phantastischen Entwürfen von Dichtern, Schriftstellern und Künstlern beider Geschlechter für ein adäquates Verstehen der Elektromobilität unverzichtbar. Phantastische und utopische Mobilitätsformen formatierten und prägten den Erwartungshorizont, auf den konkrete Elektro-Mobilitätsmaschinen[4] trafen und vor dem sie gewertet wurden. Der prototypische technische Phantast des letzten Drittels des 19. Jahrhunderts, Jules Verne, setzte daher immer wieder und fast ausschließlich Elektrizität als Kraftquelle seiner utopischen Fahrzeuge ein. Da ist zunächst die „Nautilus", das Unterseeboot des Kapitän Nemo aus „20.000 Meilen unter den Meeren" von 1870, das als „mobilis in mo-

2 Siehe dazu auch Christoph Asendorff, Ströme und Strahlen, passim.
3 Siehe Thomas P. Hughes, Die Erfindung Amerikas. Der technologische Aufstieg der USA seit 1870. München 1991.
4 Zum Begriff Mobilitätsmaschinen siehe Kurt Möser, Fahren und Fliegen in Frieden und Krieg. Kulturen individueller Mobilitätsmaschinen 1880–1930. Heidelberg u.a. 2009 (= Technik und Arbeit 13).

bili" – so das Motto – selbstverständlich elektrisch angetrieben wird, wobei die Energiegewinnung durch einen näher beschriebenen Prozess aus dem Meerwasser selbst erfolgt. Das phantastische hubschrauberähnliche Luftfahrzeug aus „Robur le Conquerant" ist ebenso elektromotorisch mobil wie das schwimmende und tauchende Flugautomobil „Epouvante" des wiederkehrenden Robur in „Maître du Monde" von 1906, das diese Antriebstechnik auch zu einer Zeit beibehält, als sich die Überbietung der Elektromobilität auf der Straße schon abzeichnete. Vernes kulturell wirksamer und die Erwartungen eines breiten Publikums prägender Elektrizitätsenthusiasmus zeigt sich an vielen Stellen seiner Werke. Kapitän Nemo formuliert: „Die Seele dieses Schiffes ist eine Kraft, die gleichermaßen stark wie anpassungsfähig, schnell, willig, allen Zwecken dienlich und doch alles beherrschend ist. [...] Sie verschafft mir Licht und Wärme, sie treibt die Maschine. Und diese Kraft ist – die Elektrizität!"[5]

Demgegenüber werden die Probleme der Elektromobilität – die ja auch schon in der Frühphase der Anwendungen Aufmerksamkeit erregten –, wie Energieumwandlung, Speicherkapazität und Lebensdauer der Akkumulatoren, eher selten thematisiert. Nemo hat eine Methode der Energiegewinnung aus dem Seewasser, die aber von Verne als nicht weiter schwierig dargestellt wird. Der Antriebsstrang der „Nautilus" ist unproblematisch, weil er aus „Bunsenelementen" mit dem unerschöpflichen Natrium des Seewassers gespeist wird. Nemo hat „für sich schon entdeckt, was die Menschheit erst in Zukunft entdecken wird: die dynamische Kraft, die der Elektrizität tatsächlich innewohnt!"[6]

Moderne elektrische Mobilitätsmaschinen

Bezeichnenderweise ist dieser Konnex zwischen revolutionären Mobilitätsformen und revolutionären Antriebstechniken nicht nur in den literarischen Utopien stabil, sondern wird auch tatsächlich umgesetzt. Ein Startschuss, der die Transformation der Elektro-Phantasien in die Realität signalisierte, war in Deutschland die Elektro-Fernübertragung vom Neckar-Wasserkraftwerk Lauffen nach Frankfurt am Main anlässlich der Frankfurter Elektrotechnischen Ausstellung 1891.[7] Auch die spektakulären neuen elektrischen Mobilitätsformen der „Mobilitätsrevolution" fallen in diesen Zeitraum. Mobilität wird nicht nur zu Lande und auf dem Wasser rekonstruiert und neu erfunden, sondern auch in der Luft und unter Wasser. Luftschiffe und Unterseeboote gehören zu den Mobilitätsmaschinen, die die öffentliche Imagination beschäftigten, und die als Verwirklichung von

---

5 Jules Verne, 20 000 Meilen unter den Meeren. Übers. von Gisela Geisler. Stuttgart / München o.J., Bd. 1, S. 102.

6 Ebd., S. 104.

7 Siehe Jürgen Steen (Hg.): „Eine neue Zeit ..!". Die Internationale Elektrotechnische Ausstellung 1891. Frankfurt am Main 1991 (Ausstellungskatalog Historisches Museum).

Mobilitätsutopien wahrgenommen wurden.[8] Dass Elektrizität als Antrieb revolutionärer Vehikel eine wichtige Rolle spielen musste, schien selbstverständlich.

Konkretisiert wurde die Elektrifizierung der Luft in Frankreich in Angriff genommen. 1883 erfolgte der erste Flug eines elektrischen Luftschiffs: Gaston Tissandier fuhr mit dem Antrieb durch einen 1,5 kW-Siemens-Motor; trotz der problematischen Steuerbarkeit wurde dies als ein Erfolg gefeiert. Ein Jahr später hob das französische Armeeluftschiff „La France", entworfen von Charles Renard und Arthur Krebs ab, das schon einen Gleichstrommotor mit rund 6 kW besaß und einen Batteriesatz von 435 kg. Öffentlich gezeigt wurde es auch auf der Pariser Weltausstellung von 1889. Elektrizität schien nicht nur kulturell adäquat dem Ziel der Luftfahrt als Modernisierung, sondern schien auch praktische Vorteile gegenüber konkurrierenden Antrieben zu haben: Verbrennungsmotoren waren zu gefährlich, um sie an Bord wasserstoffgefüllter Lenkballone einzusetzen. Die Explosion des Wölfert'schen Luftschiffs mit Daimler-Motor im Jahr 1897 schien dies zu belegen.

Neben Luftschiffen waren es die Unterseeboote, die mit elektrischem Antrieb praxistauglich wurden. Auch sie waren emphatisch modern, Exponenten einer Zeit technisch-wissenschaftlicher Revolutionierung, und auch damit optimal geeignet für elektrischen Antrieb. Dampfantriebe, auch solche mit Speichersystemen, hatten sich als unpraktisch erwiesen; das erste praxistaugliche Unterseeboot war die französische „Gymnote" von 1888, an dem der Luftschiffspionier Arthur Krebs mitarbeitete. Zusammen mit „selbstbeweglichen" Torpedos, die die älteren Spierentorpedos ablösten, bildeten die elektrischen – genauer hybridelektrischen – Unterwassergeräte ein neuartiges Waffensystem, das nach 1900 eine neue Bedrohungsqualität in das bisher quantitative Wettrüsten der europäischen Großmächte einführte. Elektroantrieb bekam nun auch eine militärische Nutzungsfunktion durch die Kombination der modernsten Waffe mit der modernsten Kraftmaschine.

Stand bei den Unterwasserwaffen die Emissionsfreiheit im Vordergrund, so profitierte eine andere Nutzanwendung der elektrischen Mobilität vor allem von der Ruhe und Sauberkeit des Elektromotors. „Electric launches" verbreiteten sich nach der Jahrhundertwende bei reichen Nutzern vor allem in Großbritannien und den USA. Für Sportboote, auch für „commuter yachts", mit denen Industrielle täglich von ihren Landhäusern in ihre Arbeitsstätten reisten, hatten Elektroantiebe Vorteile: die gegenüber der konkurrierenden Dampfmaschine kürzere Rüst- und Startzeit und die problemlosere Mechanik. Zwischen den meist kurzen Strecken blieb ausreichend Ladezeit für die Batterien. An Booten zeigten sich schon die beiden Nutzungsformen des elektrischen Antriebs, die sich weitgehend

---

8 Siehe Kurt Möser, Amphibien, Landschiffe, Flugautos – utopische Fahrzeuge der Jahrhundertwende und die Durchsetzung des Benzinautomobils. In: Hertner, Peter / Schott, Dieter (Hg.), Jahrbuch für Wirtschaftsgeschichte. Zukunftstechnologien der letzten Jahrhundertwende: Intentionen – Visionen – Wirklichkeit. Berlin 1999, S. 63–84. Verfügbar unter https://doi.org/10.1524/jbwg.1999.40.2.63.

gegenseitig ausschlossen: die Optimierungsrichtung auf kurze Spurts schneller Sportboote, und auf langsames Dahingleiten luxusbetonter Salonyachten.

Elektrische Landmobilität[9]

Die konkreten Versuche mit Elektroluftschiffen und elektrischen Booten waren schon erfolgreich, als Landfahrzeuge mit elektromotorischem Antrieb erst ihre Leistungsfähigkeit und Modernität zeigten. Zwar hatte es schon früh – vor der Patentierung des selbstfahrenden Fahrzeugs mit Verbrennungsmotor im Jahr 1886 – Versuche mit elektrischen Antrieben von Tricycles gegeben.[10] Das Dreiradfahrzeug von Ayrton und Perry,[11] gebaut 1882, ähnelte nicht zuletzt deswegen Carl Benz' späterem „Patentmotorwagen", weil beide Ingenieure auf die verbreiteten Muskelkraft-Leichtfahrzeuge, die „Trikes" für Radfahrer, zurückgriffen. Dreiräder waren die zivileren Ableger der Hoch- und späteren Niederräder; sie erforderten kein Balancieren und waren der technische Ausgangspunkt für motorgetriebene Landfahrzeuge im Rahmen der dritten Mobilitätsrevolution.[12]

Aber auch zu Lande wird der Konnex von Mobilitätsmoderne und Antriebsmoderne kulturell wirksamer umgesetzt als durch die „zahmen" elektrischen Fahrzeuge der Pionierzeit. Typisch dafür ist das Elektrofahrzeug „La Jamais Contente", mit dem 1899 der Belgier Camille Jenatzky erstmals die Geschwindigkeit von 100 km/h mit einem Motorfahrzeug erzielte.[13] Das Fahrzeug hatte neben dem Elektroantrieb noch weitere hochmoderne Merkmale: es hatte eine Aluminiumkarosserie, und diese war – so krude dieser Versuch uns heute erscheinen mag – unter aerodynamischen Gesichtspunkten durchgebildet. Dass der Landgeschwindigkeitsrekord durch ein Elektrofahrzeug gehalten wurde, passte in den gesellschaftlichen Erwartungshorizont der Jahrhundertwende und wurde als weiterer Beweis der beeindruckenden Leistungsfähigkeit der Elektrizität als neuer Kraftquelle gesehen. Als Ursache für die Systemüberlegenheit des Stroms schien „neben dem billigen Betrieb die große Zuverlässigkeit [...] und die Möglichkeit, sehr große Geschwindigkeiten entwickeln zu können".[14]

---

9 Siehe dazu Gijs Mom, The Electric Vehicle. Technology and Expectations in the Automobile Age. Baltimore / London 2004; Gijs Mom / David A. Kirsch, Technologies in Tension: Horses, Electric Trucks, and the Motorization of American Cities, 1900–1925. In: Technology and Culture 42 (2001), S. 489–518. Verfügbar unter https://doi.org/10.1353/tech.2001.0128.

10 Siehe Michael Robbins, The Early Years of Electric Traction: Invention, Development, Exploitation. In: Journal of Transport History 21 (2000), S. 92–101. Verfügbar unter https://doi.org/10.7227/TJTH.21.1.6.

11 Vgl. Kurt Möser, Geschichte des Autos. Frankfurt / Main / New York 2002, S. 55.

12 Siehe Kurt Möser, Prinzipielles zur Transportgeschichte. In: Sieferle, Rolf Peter / Breuninger, Helga (Hg.), Transportgeschichte im internationalen Vergleich. Europa – China – Naher Osten. Stuttgart 2004, S. 45–86 (= Der Europäische Sonderweg Bd. 12).

13 Vgl. Hans Joachim Klersy, Vor 100 Jahren: Rekordfahrt im Elektroauto. In: FAZ 27/4/1999, S. T6.

14 Meyers Konversationslexikon 1906, S. 192.

Die höhere Zuverlässigkeit elektrischer Antriebe und das weitaus geringere Erfordernis für Nutzer, sich mit der Technik auseinanderzusetzen, wurden immer wieder als Vorteil herausgestellt.[15] Der Autor technisch-phantastischer Romane, Hans Dominik, sah 1904 im Elektroautomobil das de-mechanisierte und gerade dadurch dezidiert moderne Fahrzeug, bei dem man sich auf die eigentliche Mobilität und das Fahren selbst konzentrieren konnte, ohne zum Mechaniker zu werden:

> „Nur noch eine kurze Spanne Zeit wird es bedürfen, bis der intelligente Mechaniker wieder vom Bock seiner Benzinkutsche heruntersteigt und dem einfachen Kutscher Platz macht, der ganz unbekümmert um den Wagenmechanismus sein Elektromobil durch das Straßengedränge steuert."[16]

Dieses de-mechanisierte, nutzerfreundliche und moderne Image wurde auch von den Firmen der Elektroindustrie ausgebeutet, die mit der Förderung der Elektromobilität ihren Stromabsatz auszubauen und zu verstetigen hofften.

Man kann annehmen, dass ein Rekordfahrzeug wie „La Jamais Contente" das Fahrzeug in Jules Vernes spätem Robur- Text angeregt hat. Denn Roburs Amphibium ist schon eine spätere Form der Mobilitätsphantastik, die in einer Phase der mobilitätstechnischen Entwicklung auftritt, in der man schon von einer neuen Mobilitätsrevolution[17] sprechen kann. In dieser Zeit sind hohe Geschwindigkeiten schon Realität, nicht mehr Phantasie; und das Elektrofahrzeug hat sein mobilitätsrevolutionäres Potenzial schon erwiesen. Die Überbietung erfolgt nun auf einer anderen Ebene, der der Ultramobilität. Der Elektroantrieb ist inzwischen schon selbstverständlich.

Eine Zwischenbilanz: Für einen Erfolg der Elektromobilität schien eine ganze Reihe von Komponenten förderlich: Ein außerordentlich positives kulturelles Image der Elektrizität als emphatischer Zukunftstechnologie; technische „Helden" als Protagonisten, die den Fortschritt und das „can do" verkörperten; das offenbare Interesse einer entstehenden Großindustrie, die sich um den Absatz ihres Produkts kümmerte; kulturelle Flankierungen durch Zukunftserwartungen.

Nun musste sich aber das Elektrofahrzeug in einer Systemkonkurrenz bewähren,[18] die um 1900 noch offen schien. Fahrzeuge mit Dampf- und Benzinmotorantrieb begannen ihre Qualitäten auszuspielen, während technische Lösungen wie Azetylen- oder Druckluftantriebe schon als Exoten ausgeschieden waren.

---

15 Vgl. Thomas Köppen, Elektromobilzeit. Die Jahrhundertwende und ihre ganz besonderen Automobile. In: Kultur und Technik 1 (1990), S. 50–55.

16 Zit. nach Joachim Wachtel, Vorwort zu Facsimile Querschnitt durch frühe Automobilzeitschriften, Bern / München o.J., S. 11.

17 Siehe Kurt Möser, Fahren und Fliegen.

18 Siehe Gijs Mom, Das „Scheitern" des frühen Elektromobils (1895–1925). Versuch einer Neubewertung. In: Technikgeschichte 64 (1997), S. 269–285.

Die Bewährungsprobe: Konkurrenz mit Benzin und Dampf

Das Elektrofahrzeug wurde zunächst also im Kontext der Elektrizitäts-Kulturrevolution als emphatisch modernes und den gesamten Verkehr modernisierendes Vehikel interpretiert. Die alternativen Kraftquellen um 1900 wurden symbolisch zugeordnet, wobei das Image des Elektromotors gegenüber der alten, rußigen Kraftquelle Dampf, aber auch gegenüber dem lauten und stinkenden Verbrennungsmotor entschieden Vorzüge zu besitzen schien. Gegen beide obsoleter wirkende Antriebstechnologien musste sich die Elektromobilität aber konkret, im Alltagsgebrauch, durchsetzen.[19] Die mundanere und viele Nutzer enttäuschende Realität der Nutzung von Elektrofahrzeugen führte zu einem Auseinandertreten von Modernisierungserwartungen und Mobilitätspraxis. Im Alltagsbetrieb halfen Geschwindigkeitsrekorde nicht, da die Reichweite bei der hohen Geschwindigkeit sehr gering wurde. Optimierte man hingegen die Reichweite, so konnten aufgrund der relativ geringen Energiedichte der Speicher die Geschwindigkeiten nur gering sein.

Von dem Zeitpunkt, an dem motorisierte Individualfahrzeuge nicht mehr für städtische oder stadtnahe Mobilitätszwecke eingesetzt wurden, verlor die Elektromobilität eine wesentliche Attraktion: nämlich das „freie Schweifen" abseits von Infrastrukturen, das ein zentraler Faktor für Mobilitätsmaschinen war.[20]

Dazu kam, dass die Benzinfahrzeuge einen technischen Wandel durchmachten, der ihnen bestimmte Eigenschaften von Elektrofahrzeugen „einkreuzte". Bei allen drei Technologien fand ein Austausch mit und eine Orientierung an der Konkurrenz statt. Benzinwagen wurden gerade auch durch das Vorbild E-Fahrzeug bedienfreundlicher und für die Nutzer einfacher. Elektrostarter automatisierten das schwierige und gefährliche Anwerfen; für Gangwechsel brauchte man weniger Fähigkeiten eines Mechanikers. Gijs Mom nannte dies den „Pluto-Effekt": So, wie Disneys Hund Pluto eine Wurst vorgehalten bekam und dabei den Karren zog, so wurde dem Benzinwagen die Elektromobilität als technisches Stimulans vorgehalten, die ihn innovatorisch voranbrachte.[21]

Es kam nun zu Konvergenzen und Assimilationen zwischen den drei konkurrierenden Antriebstechnologien, wobei der Benzinwagen sich als ausgesprochen lernfähig und anpassungsfähig erwies. Elektrofahrzeuge mussten hier Aufholarbeit leisten, blieben aber trotz Anstrengungen zur Verbesserung der Reichweitenerhöhung und der Speicheroptimierung unterlegen. Signifikant ist, dass nicht nur eine technische Funktions-, sondern auch eine Gestaltannäherung stattfand: Elektroautomobile sahen bald so aus wie Verbrennungsmotor-Fahrzeuge; sie bekamen etwa „Motorhauben", wie ihre Benzin-Vorbilder.

---

19 Siehe Sheldon R. Shacket, The Complete Book of Electric Vehicles. London 1980; Nick Georgano, Electric Vehicles. Princes Risborough 1996 (= Shire Album 325).

20 Vgl. Kurt Möser, Fahren und Fliegen, passim.

21 Siehe Gijs Mom, Das „Scheitern"; Alan P. Loeb, Steam Versus Electric Versus Internal Combustion: Choosing the Vehicle Technology and the Start of the Automobile Age. Washington, MS 1997.

Wichtige Handelnde bei der Entscheidung über die Zukunftsfähigkeit der konkurrierenden Antriebstechnologien waren nicht nur private Nutzer. Eine Nutzergruppe von Straßenfahrzeugen, die außerordentlich prägend war und der Diffusion eine entscheidende Richtung gab, war das Militär. Als Nachfrage- und als Anforderungsinstanz bestimmte es die Antriebstechnologie entscheidend mit. Über die in Deutschland und den europäischen Hauptmächten fast zeitgleich um 1906 eingeführten Subventionsbestimmungen für Lastkraftwagen, die ausschließlich Benzinmotoren vorsahen, prägten die Militärs den Technikvektor der kommenden Jahrzehnte. Elektroantriebe hatten hierbei nur eine Nischen-Chance, so etwa der Hybridantrieb[22] des Porsche-Landwehr-Zuges für die österreichisch-ungarischen Gebirgstruppen, der für Schienen- und Straßenbetrieb gedacht war.

Festzuhalten ist, dass in der Frühphase der Hybridantrieb anders motiviert wurde als heute: Es ging nicht um Energieeffizienz, sondern eher um Bedieneinfachheit. Der innovative Lohner-Porsche-Wagen erforderte nicht, wie ein Benzinwagen, Kraft und Geschick beim schwierigen Gangwechsel, und hatte doch den Vorzug hoher Reichweite. Der Hybridantrieb nach 1900 gehört nicht zum technischen Vektor der Energieeffizienzsteigerung, sondern zum Vektor der Bedienbequemlichkeit.

Zwei Paradigmen der Straßenmobilität

Um 1900 bildeten sich zwei Paradigmen heraus. Das ältere war das eines Flaneurfahrzeugs: Mit den frühen Automobilen sollte man eher spazieren fahren, in der Stadt Freunde besuchen, und das mit gezähmten Geschwindigkeiten und hoher Zuverlässigkeit. Das änderte sich durch gewandelte Nutzererwartungen, und das gegen die Intentionen mancher Autopioniere wie etwa Carl Benz. Das neue, geschwindigkeitsdominierte Sport- und Konkurrenzparadigma gewann an Dynamik auch außerhalb der eigentlichen Rennen.[23] Autokäufer forderten auch bei Fahrzeugen, die nicht in Wettbewerben zum Einsatz kamen, hohe Geschwindigkeiten. Bei der Nutzung konnte man mit Leistung und Geschwindigkeit renommieren, man konnte andere in spontanen Rennen „in den Staub zwingen". Zugleich nutzte man Automobile zunehmend für weitere Fahrten. Die Romantik und das Abenteuer der „offenen Straße" wurden entdeckt und kommuniziert. Tourenfahrten und Langstreckenkonkurrenzen entstanden. Zuverlässigkeit war zwar erwünscht, aber kein wirklich zentrales Kriterium. Die mechanische Unzuverlässigkeit des Benzinmotorwagens war offenbar kein Hindernis bei der Diffusion, im Gegenteil: Eingriffe in die Technik, die Bewältigung von Pannen und mechanischen Schwierigkeiten wurden als Schule der Selbständigkeit und als Kompetenzdemonstration gesehen. Die De-Mechanisierung

22 Siehe Thomas Köppen, Die Rolle Ferdinand Porsches bei der Entwicklung ziviler und militärischer Elektrofahrzeuge zwischen 1900 und 1945. In: NTM 4 (1993), S. 219–236. Verfügbar unter https://doi.org/10.1007/BF02914123.

23 Siehe Kurt Möser, Fahren und Fliegen, S. 123–138.

des Fahrzeuges, die der Autor von Zukunftsromanen als wesentlichen Systemvorzug herausstellte, war tatsächlich gar nicht so vorteilhaft. Die Nutzer konnten aus der „Beherrschung“ widerspenstiger und anfälliger Technik Prestige gewinnen.

Das auf diese Weise sozial neu bestimmte Automobil musste also zwei Eigenschaften besitzen: hohe Geschwindigkeit und „Überlandfähigkeit“, also Reichweite. Das Elektrofahrzeug konnte die erste für kurze Strecken erfüllen, die zweite nicht. Seine Abhängigkeit von einem elektrischen Versorgungsnetz, von einer aufwendigen technischen Infrastruktur, verhinderte das „freie Schweifen“ und den Einsatz auf langen Strecken. Seine reduzierte Technizität war kein Vorzug, sondern eher schädlich, weil es die „Abenteuerlichkeit“ des Fahrens abwertete. Modernität und geschwindigkeits- wie aggressionskorrelierte Nutzungsformen wurden zunehmend eher beim Benzinautomobil verortet und zunehmend von der Elektromobilität entkoppelt. Auch Hybridfahrzeuge änderten daran wenig. Damit blieb dem Elektrofahrzeug wenig mehr übrig, als sich zum älteren, zahmeren, langsameren Paradigma des Flanierens hin zu orientieren.[24] Das war zunächst eine Defensivstrategie, weil die Konkurrenz auf den Domänen des Benzinwagens, nämlich (relativ) hohe Geschwindigkeit auf (relativ) langen Strecken, zu übermächtig war.

Elektrofahrzeuge wie der Baker Electric wurden demgegenüber als vornehmer, als „aristocrats of motordom“ vermarktet, also als Fahrzeuge für luxuriöse und zivile Mobilitätsformen, für Besuche, für Fahrten vor allem im städtischen Raum, oder als Flanierfahrzeuge. Der Typ „Queen Victoria“ von Baker trug einen entsprechenden Namen. Der nutzergetriebene Vektor der Optimierung individueller Motorisierung waren jedoch Abenteuer und Rennen. Und dieser Vektor war wirksamer als solche zivilisierteren Mobilitätsformen, die ihr Prestige abseits der Abenteuer zu vermitteln versuchten. Schon in dieser Phase konnten Elektrofahrzeuge nur noch eine Nische der Mobilitätsentwicklung besetzen. Eine Rolle gespielt haben auch Preise und Unterhaltskosten: In manchen Parametern, wie etwa Reifenverbrauch, waren Elektrofahrzeuge teurer, aber auch im Anschaffungspreis: Die Massenfertigung von Benzin-, nicht aber von Elektrofahrzeugen setzte um 1910 ein, und spätestens durch die Verbilligung durch fordistische Methoden der Massenfertigung waren Elektroautomobile nicht mehr preislich konkurrenzfähig. Diese Entwicklung ist im Muster von „Aufstieg und Fall“ interpretiert worden.[25]

Auch auf dem Wasser prägten sich beide Mobilitätsparadigmen aus: Auf der einen Seite gab es das schnelle, benzinmotorgetriebene Rennboot, auf der anderen Seite den „zivilisierten“ elektrischen „Launch“, das Boot für die Oberklasse, in dem etwa auch Tee getrunken werden konnte, das nicht auf Geschwindigkeit hin optimiert wurde, und das gerade auch für Frauen attraktiv war. Das führt zur Frage des „gendering“ der verschiedenen

24 Siehe Gijs Mom, Das „Scheitern“.
25 Albert Kloss, Von der Electricität zur Elektrizität. Basel / Boston / Stuttgart 1987, Kap. Der Aufstieg und Fall des Elektromobils, S. 213–233. Verfügbar unter https://doi.org/10.1007/978-3-0348-6037-6_19.

Antriebstechnologien. Welche Rolle hatten Frauen und Männer bei der soziokulturellen Positionierung und bei der Gestaltung der Elektromobilität?

Gendering[26]

Sowohl in der Ikonographie, etwa von Werbeanzeigen, als auch in der konkreten Nutzung wurden zunehmend Frauen die Zielgruppe der Elektroautomobile. Elektrizität schien eher feminin als maskulin. „Weiche“ Faktoren wie Eleganz, Vibrationsfreiheit, Sauberkeit und fehlende Geräuschentwicklung machten sie attraktiv, ebenso wie die scheinbare Unsichtbarkeit der Kraftquelle und die fehlende Notwendigkeit mechanischer Eingriffe. „Perfection of Style“, wie in der Werbung für den Waverley, wurde ein Vermarktungsinstrument. Um 1900 wurde dies in einem populären Werk so ausgedrückt:

> „[...] daß sich aber in einigen Jahren das Elektromobil, wenn erst durch Ladestationen, Garagen usw. die Wagenbesitzer von der Umständlichkeit der Batterieladung und der Wageninstandhaltung befreit sind, doch noch die Gunst der Damen erobern wird, scheint fast gewiß, denn mit dem Benzinautomobil verglichen ist es viel sauberer, sanfter und ungefährlicher. Auch keine unangenehmen Geräusche und Gerüche sind an ihm zu spüren [...]. Es ist das Stadtfahrzeug par excellence, mit dem man rasch und bequem Besuche und Einkäufe machen oder berufliche Pflichten erfüllen kann.“[27]

Diese Vorzüge machten das unproblematischere Elektrofahrzeug auch deswegen bei Frauen beliebt, weil die körperlichen Anstrengungen, resultierend in einer Maskulinisierung der weiblichen Physiognomie, hier auszubleiben schienen: „Die rötliche oder gar rotbraune Färbung des Gesichts beim schnellen Fahren und der angestrengte Gesichtsausdruck, der zur Vermännlichung der Züge führe, müsse jeder eleganten und für ihr Äußeres besorgten Dame ein Gräuel sein“[28] – aber eben nur beim Benzinmotorwagen.

Die Abschließung des Innenraums, der Wandel vom offenen Wagen als Norm, der auch geschlossen werden konnte, zum geschlossenen Wagen, der auch geöffnet werden konnte, war ein zentraler Wandlungsprozess des Automobils[29]. Entscheidend angestoßen wurde er durch Elektrofahrzeuge. „Damen-Coupés“ waren Pioniere geschlossener Fahrzeuge schon im ersten Jahrzehnt des 20. Jahrhunderts; bei Benzinwagen hat sich der geschlossene Innenraum erst in den 1920ern in den USA und noch später in Europa durchgesetzt. Die Opposition von Benzin und Elektrizität wurde als Gegensatz zwischen

---

26 Siehe Virginia Scharff, Gender, Electricity, and Automobility. In: Wachs, Martin / Crawford, Margret (Hg.), The Car and the City. The Automobile, the Built Environment, and Daily Urban Life. Ann Arbor 1992, S. 75–85.

27 Die Dame am Steuer; nach Guichard, A. (Hg.), Die Pionierzeit der Automobilisten. Vorwort von R. v. Frankenberg. Bern / München 1965, S. 74.

28 Ebd.

29 Siehe Kurt Möser, Geschichte des Autos, passim.

abenteuerlichen, schnellen, offenen und lauten einerseits und bequemen, eleganten, geschlossenen Wagen begriffen, zwischen mechanischer Kompetenzerfordernis und Mühelosigkeit.

Doch das, was in der E-Fahrzeug-Vermarktung als Vorzug herausgestellt wurde, war für die maskuline Technikkonstruktion, die sich an „Beherrschung", mechanischer Kompetenz, Wettbewerb und Abenteuerlichkeit orientierte, eher nachteilig. Elektroautos „werden meist von Leuten gefahren, die eigentlich gar keine Autos mögen und auf gar keinen Fall zugeben würden, daß Fahren auch Spaß machen kann"[30], hieß es später. Damit erlitt das Elektrofahrzeug eher einen Prestigeverlust. Das entsportlichte, alltagsorientierte Automobil bedurfte noch einer langen Akzeptanzgeschichte. Die Universalisierung des geschlossenen, einfach zu bedienenden, de-mechanisierten Autos, und die – cum grano salis – „Feminisierung" des Benzinautomobils führte dazu, dass die letzte Nische des privaten Elektoautomobils durch den Verbrennungsantrieb-Wagen besetzt und geschlossen wurde.

Nischen: Flotten, Stadtfahrzeuge, Krieg und Knappheit

Wie Gijs Mom gezeigt hat, erfolgte eine zentrale Nutzung des Elektroautomobils von Anfang an durch Behörden, Firmen und kommunale Einrichtungen.[31] Elektro-Feuerwehrwagen, Taxis und leichte Nutzfahrzeuge hatten auch nach dem Misserfolg von Privatautomobilen mit Elektromotor einen Markt. In diesen Nischen überlebte die elektrische Straßenmobilität länger als für Privatwagen. In den USA, dem Land, in dem elektrische PKWs am verbreitetsten waren, wurden 1919 nur noch 0,15 % der Benzinwagen, etwa 2.500 Einheiten, produziert. 1924 war es praktisch verschwunden: 391 versus 3,19 Millionen.[32] Flottenfahrzeuge konnten leichter und sachgerechter gewartet werden und wurden in den Nischen eingesetzt, in denen sie ihre Vorzüge – Sauberkeit und Geräuscharmut – ausspielen konnten, also vor allem im Nahbereichsverkehr. In Krisenzeiten besann man sich auf die Möglichkeit, heimische Energiequellen zur „Verstromung" auch für Straßenfahrzeuge einzusetzen. So wurden im Ersten Weltkrieg, etwa in der „durchelektrifizierten" Schweiz, Elektrofahrzeuge verstärkt eingesetzt. Auch im Rahmen der Autarkiebestrebungen Deutschlands zur Kriegsvorbereitung, vor allem ab 1935, gab es Ansätze einer Neupositionierung der Elektrofahrzeuge, vor allem für den Nah-Gütertransport, ohne dass dies sonderlich erfolgreich war.

30 Jürgen Scriba, „Motoren riechen anders". Eine lebendige Szene von Enthusiasten in den USA baut Elektroautos der anderen Art. In: Spiegel 25 (1999), S. 186–189; S. 186.

31 Vgl. Gijs Mom, The Electric Vehicle, S. 64–100.

32 Vgl. ebd., S. 264.

Prekäre Zukunftshoffnungen I: E-Fahrzeuge in den Ölkrisen

Versuche, Elektrofahrzeuge in den Mainstream der individuellen Mobilität zurück zu bringen, wurden durchwegs in Krisenzeiten unternommen. Die beiden Öl(preis)krisen von 1973 und 1979 initiierten einen Elektroautomobil-Boom, der noch durch die öffentliche Aufmerksamkeit für die Gefährdungen durch Abgase ergänzt wurde. Elektrofahrzeuge schienen beide Felder der Kritik an verbrennungsmotorgetriebenen Fahrzeugen auszuhebeln: Sie konnten (idealerweise) auf knappe fossile Kraftstoffe verzichten und scheinbar emissionsfrei fahren. (Die Debatte um den Schadstoffausstoß bei der Stromproduktion und um Gesamtenergiebilanzen setzte erst später ein.) Die letztere Qualität, die scheinbare Emissionsfreiheit, war bedeutsam beim kalifornischen „Zero Emission Vehicle"-Programm (ZEV) von 1990, das die virulente Umweltverschmutzung im Ballungsraum von Los Angeles bekämpfen sollte. In den 1990er Jahren beteiligen sich zahlreiche Autohersteller an diesem Programm, das die Autohersteller auf einen bestimmten, öfters revidierten Anteil von E-Fahrzeugen im Verkehr verpflichtete. Rund 5.000 Fahrzeuge wurden in den Verkehr gebracht, bevor das Programm endete und alle Wagen verschrottet wurden. Der Dokumentarfilm „Who killed the Electric Car?" von Chris Paine, der 2006 herauskam, zeichnete die komplexen und kontroversen Entscheidungs- und Beeinflussungsprozesse, die technischen Limitationen und politischen Vorgaben exemplarisch nach. Bis heute ist das ZEV-Programm, sein Ende und die Reaktionen der Automobilindustrie darauf ein Gegenstand politischer Debatten, die vor allem von Befürwortern von „Sustainability" der Mobilität[33], Industriekritikern und ökologisch orientierten Politikern geführt wird.

Eine Nebenlinie der erwarteten Elektroeuphorie, die Pazifizierung und Ent-Abenteuerlichung des Automobils mit Verbrennungsmotor, erzeugte weitere gewünschte Effekte. Denn die Ölkrise war nicht die einzige Krisenkomponente der Straßenmobilität, die um diese Zeit diskutiert wurde. Um 1970 begann eben nicht nur die breite gesellschaftliche Wahrnehmung der Emissions- und Ressourcenverbrauchskrise um das Automobil, sondern auch ein zunehmendes Unbehagen gegen die zunehmenden „Opfer" des Individualverkehrs. Dass etwa allein in der Bundesrepublik im Jahr 1970 21.000 Verkehrsteilnehmer bei Unfällen mit motorisierten Fahrzeugen starben, wurde auch der aggressiven, rücksichtslosen und leistungsorientierten Fahrweise zugeschrieben. Das Elektroautomobil versprach auch hier Abhilfe: Durch seine reduzierte Abenteuerlichkeit, seinen zivileren Charakter schien es eine Krisenlösung anzubieten: In einem verstetigten und weniger aggressiven Straßenverkehr mit Elektrowagen würden wohl weniger Menschen zu Schaden kommen.

33 Siehe Daniel Sperling / Deborah Gordon, Two billion cars: driving toward sustainability. New York 2009.

Prekäre Zukunftshoffnungen II: Brennstoffzelleneuphorie[34]

Ein weiterer, bis jetzt erfolgloser, technischer Entwicklungspfad war das E-Fahrzeug mit Brennstoffzelle. In den späten 1990er Jahren wurde die Brennstoffzelle gerade von deutschen Automobilherstellern intensiv beforscht. Parallel dazu gab es eine journalistische Kampagne, die die Zukunftserwartung der Öffentlichkeit begleitete und formieren half. Autohersteller, Autojournalisten – im Rekurs auf die optimistischen Prognosen der Hersteller –, Experten und populärwissenschaftliche Darstellungen stellten den Durchbruch des Elektroautomobils mit Brennstoffzelle als unmittelbar bevorstehend dar.[35] Der Autoexperte Ferdinand Dudenhöffer sagte 2001, bereits 2025 könnte jedes zwanzigste verkaufte Fahrzeug einen Brennstoffzellen-Antrieb besitzen.[36] Prognosen der Mitte der 1990er Jahre gingen von einem beträchtlichen Bestandsanteil von E-Individualfahrzeugen in den Industriegesellschaften aus.[37] Immer wieder wurden Fahrzeug-Prototypen oder Kleinserienfahrzeuge der Öffentlichkeit im Zusammenhang mit solchen optimistischen Prognosen präsentiert.

Doch dieser Vektor erwies sich wieder als ein Beispiel für einen technikeuphorischen Schub ohne wirkliche praktische Konsequenzen. Wieder einmal waren Diffusionserwartungen und Verbreitungspraxis rasch entkoppelt. Der Abbruch der Brennstoffzelleneuphorie in den ersten Jahren nach der Jahrtausendwende hatte fahrzeugtechnische Gründe, wie etwa die schwierig lösbare Speicherproblematik, aber nicht ausschließlich solche. Die Einpassung eines Elektrofahrzeugs in die Erwartungen der Nutzer, aufgebaut in den letzten Jahrzehnten eines beispiellosen Aufrüstungsschub bezüglich Leistung und Komfort, erwies sich als schwierig. Der Leistungsbedarf von selbstverständlich gewordenen und inzwischen unverzichtbaren „Verbrauchern“ wie Heizung, Klimatisierung und Komfort-Elektrifizierung von Bedienelementen erwies sich als sehr hoch, und die Allwettertauglichkeit der Brennstoffzelle und der Speicherung warf mehr Probleme auf als antizipiert. Dazu kamen die technischen und wirtschaftlichen Probleme eines pfadbestimmenden oder pfaddeterminierenden Infrastruktur-Ausbaus für Wasserstoffspeicherung und -versorgung. Die optimistischen, oft von Innovationsrhetorik begleiteten Prognosen für eine Elektromobilität auf Wasserstoffbasis wurden um 2000 stillschweigend ausgeblendet.[38]

---

34 Siehe Joseph J. Romm, The Hype about Hydrogen: Fact and Fiction in the Race to Save the Climate. New York 2004; dt.: Der Wasserstoff-Boom. Wunsch und Wirklichkeit beim Wettlauf um den Klimaschutz. Weinheim 2006.

35 Vgl. Marcus Efler, Emission Null. Antrieb per Brennstoffzelle: Daimler-Benz befreit das Auto vom Makel des Umweltschädlings. In: Focus 45 (1997), S. 246.

36 Vgl. Focus 8 (2001), S. 262.

37 Vgl. Welchem Auto-Konzept gehört die Zukunft? Test mit Brennstoffzellen-Elektroautos in Kalifornien. In: Stromthemen 6 (1999), S. 4f.; Michael von Klodt, Seltener Saubermann. Die ersten PKWs mit Brennstoffzelle gelangen zu zahlenden Kunden – Pionier ist Honda. In: Focus 35 (2002), S. 116f.; Gerd Rosenkranz, Größte Baustelle – Wann kommt das Brennstoffzellen-Auto? In: Spiegel 37 (2001), S. 126–129; Wasser auf die Mühlen. Die Frage der Zukunft: Brennstoffzelle oder Verbrennungsmotor? In: AutoForum 2 (2000), S. 68–71.

38 Vgl. „Brennstoffzelle zu Beginn überschätzt“. Interview mit Thomas Weber (DaimlerChrysler Forschung und Technologie). In: Auto, Motor und Sport 18 (2003), S. 64.

Die unklare Situation der Antriebswahl und die wieder geöffneten systemischen Alternativen hatten schon zuvor dazu geführt, dass „zukunftsorientierte" Fahrzeuge eingeführt wurden, die Optionen offen halten sollten: Mercedes-Benz A-Klasse und Smart waren schon für eine künftige Elektromobilität vorbereitet worden. So war die Doppelbodenkonstruktion des 1997 eingeführten, auf dem Concept Car A93 basierenden Wagens für die Aufnahme schwerer Batteriepacks in einer tiefen Einbauposition vorgesehen. Gleichzeitig zog man sich bei der Vermarktung des zweiten der beiden Typen von nicht nur einer Zukunftsplanung, sondern gleich von zwei zurück: Der Smart, aus dem von Nicolas Hayek vorgeschlagenen Swatch-Car entstanden, entwickelte sich zum einen von einer Komponente eines neuartigen alternativen Kombi-Mobilitätssystems, wie dies Hayek vorgedacht hatte. Stattdessen kam der Wagen mit konventioneller Antriebstechnik auf den Markt. Die projektierte und konstruktiv vorbereitete Ummotorisierung auf Elektroantrieb blieb stillschweigend aus.

Zukunftshoffnung III: prekär oder nicht?

Bezeichnenderweise ist in der neueren Technikgeschichtsschreibung die problematische Durchsetzung des Elektroautomobils als exemplarisch für ein komplexes Zusammenspiel von zu gewichtenden technischen, sozialen und kulturellen Faktoren, von Nutzererwartungen und Mobilitätskonstrukten analysiert worden. Lange Linien der Geschichte der Elektromobilität sind heute erkennbar, und stabile Muster können identifiziert werden:

Zum einen hat Elektrizität für Mobilitätszwecke nach wie vor ein gutes Image, vielleicht nicht mehr ganz so stark korreliert mit einer emphatischen Moderne wie vor 1910, aber noch existent. Immerhin sind Atom-Unterseeboote letztlich Elektrofahrzeuge, und das Mondauto der NASA, der „Lunar Rover", wird auch elektrisch angetrieben. Und auch die Zukunftserwartungen an Elektrizität haben sich kaum reduziert. Euphorien und optimistische Nahzukunftshoffnungen begleiteten die Elektromobilität durch ihre gesamte Diffusionsgeschichte. Das betraf vor allem den elektrischen Speicher; hier stand der Durchbruch immer kurz bevor, auch schon vor 110 Jahren: „A large number of people interested in stored power are looking forward to a revolution in the generating power of storage batteries, and it is the opinion of many that the long-looked-for, light weight, high capacity battery will soon be discovered."[39] Die These einer „demand induced invention", einer nahezu zwangsläufigen Erfindung einer brauchbaren Batterie durch „necessity" wurde im gleichen Jahr postuliert: „The demand for a proper automobile storage battery is so crying that it soon must result in the appearance of the desired accumulator. Everywhere in the history of industrial progress, invention has followed close in the wake of necessity."[40] Auch Edison, der „wizard of Menlo Park", versprach in diesen Jahren eine rasche Verbesserung der Bleibatterie. Immer wieder wurde vor mehr als 100 Jahren, im

39 Gardner Dexter Hiscox, Horseless Vehicles, Automobiles, Motorcycles Operated by Steam, Hydrocarbon, Electric and Pneumatic Motors. New York 1901, S. 343.

40 Electrical Review, 1901.

ersten Jahrzehnt des 20. Jahrhunderts ein radikaler Durchbruch der Batterietechnik versprochen; ein Versprechen, das in den 1970er Jahren wiederholt wurde: „The consensus among EV proponents and major battery manufacturers is that a high-energy, high power-density battery – a true breakthrough in electrochemistry – could be accomplished in just 5 years."[41] Wir haben es hier offenbar mit einer Konstanz der Engpassformulierung und der scheinbar in unmittelbarer Zukunft zu erzielenden Engpassbeseitigung zu tun.

Und zu beobachten ist auch eine Konstanz der beiden Optimierungsrichtungen, die schon um die Jahrhundertwende präsent waren und die soziotechnische Konstruktion der Elektromobilität bestimmten: Geschwindigkeit versus Eleganz, Abenteuer und Hochtechnologiefahrzeug versus zahmes, edleres Stadtautomobil mit femininen Konnotationen. Heute werden diese beiden soziotechnischen Pfade und Optimierungsrichtungen etwa durch den Sportwagen Tesla auf der einen Seite und den Renault DeZir und den Elektrosmart auf der anderen Seite repräsentiert.

Bemerkenswert ist auch die Konstanz der technischen Lösungen und Lösungsvorschläge, die die mehr als einhundertdreißigjährige Geschichte der Zukunft der Elektromobilität begleitete: kreatives Laden, etwa während der Fahrt, im Konnex mit spezialisierten Versorgungsinfrastrukturen durch Stromkabel oder induktiv; Austausch der Akkus statt Ladung, eine „Autobahn" durch Semi-Zwangsführung. Nicht zuletzt existiert eine jahrhundertelange Geschichte der Hybridantriebe als „range extender" für Verbrennungsmotoren, wie sie etwa im Lohner-Porsche oder in Porsches „Landwehr-Train" Nachschubtruppe zu beobachten sind. Auch zur Erzielung einfacherer Bedienbarkeit und der De-Mechanisierung der Bedienung und des Fahrens wurden Hybridantriebe immer wieder ins Innovations-Spiel gebracht. Kurz: wir sehen eine Konstanz der Prognosen. Elektromobilität erscheint als permanente Zukunftshoffnung, die nie wirklich erfüllt wurde.

Anfang des Jahres 2011, in einer Phase, die zum wiederholten Mal von einer gesellschaftlich breit getragenen Elektromobilitätseuphorie gekennzeichnet ist, wird die individuelle Elektromobilität wieder einmal als singulär zukunftsfähig, als mobilitätsrettend diskutiert und propagiert. Als Technikhistoriker, der die historischen Diffusionserfahrungen und die vergangenen Zukünfte[42] der Elektromobilität rekonstruiert und reflektiert, bin ich allerdings skeptischer. Angesichts der problematischen Durchsetzung trotz positiver gesellschaftlicher Bewertung und der Konstanzen technischer Probleme und Lösungsansätze bin ich wenig geneigt, mich der wieder einmal manifestierenden Zukunftshoffnung prognostisch anzuschließen.

---

41 Machine Design, 1974.

42 Siehe Kurt Möser, Historische Zukünfte des Verkehrs. In: Roth, Ralf / Schlögel, Karl (Hg.), Neue Wege in ein neues Europa. Geschichte und Verkehr im 20. Jahrhundert. Frankfurt/M. / New York 2009, S. 391–414.

Automobilität bis in die 1930er Jahre

Carl Benz und die Erfindung des Automobils

Kontexte und Mythen

Warum ausgerechnet im Jahr 1886 das Automobil mit Benzinmotor patentiert wurde, warum dies in Mannheim geschah, warum dies Carl Benz leistete, der in Karlsruhe ausgebildete Ingenieur und Inhaber einer kleinen mechanischen Werkstätte, – solche Fragen sind ohne Berücksichtigung technischer, kultureller und anderer Rahmenbedingungen ebensowenig zu beantworten wie Fragen des Erfolgs dieses technischen Artefakts. Im Folgenden sollen einige der Kontexte der Innovation, für die Carl Benz' Motorwagen stand, benannt werden. Dies soll nicht die Leistung des Erfinders schmälern, sondern die Rahmenbedingungen, in denen er handelte, besser verständlich machen.

Innovationsstimmung in einer Gesellschaft

Dass das gesellschaftliche und kulturelle Umfeld für technische Innovationen zentral ist, ist unbestritten. Das, was man „Innovationsstimmung" in einer Gesellschaft nennen kann, also Wertschätzung und Respekt für die Industrie, Technik und technische Artefakte, die Bereitschaft für Investitionen und die Schaffung von Märkten, nicht zuletzt auch die Aufnahmebereitschaft von Personengruppen und potenziellen Investoren und Käufern bestimmen wesentlich über das Innovationsklima und die Innovationserfolge. Im Fall der Erfindung des Automobils gab es in diesem Kontextfeld fördernde und hemmende Faktoren: Einerseits erlebte das neu gegründete Deutsche Reich einen technischindustriellen Boom, gekennzeichnet durch erhöhte Investitionen, neue technische Ideen und Neugründungen von Firmen, mitbewirkt durch die französische Kriegsentschädigung. Auf der anderen Seite war das deutsche Bürgertum nach wie vor durch humanistische, eher technikferne bis technikskeptische Vorstellungen geprägt. In den 1880er Jahren bestanden Spannungen zwischen Fortschrittsideen, neuen Aktivitäten wie Sport und individueller Mobilität und konservativer Bürgerlichkeit. Diese Spannungen bestimmten Benz' Ziele und Erwartungen ebenso wie die Rezeption seiner Erfindung. Insofern ist Benz' „Lebensfahrt"[1] auch die Technikbiografie eines typischen Ingenieurs und Kleinunternehmers des frühen Kaiserreichs.

Die Region: Mannheim als technisch-industrielles Stimulans

Selbständigkeit war für Benz ein erstrebenswertes Ziel. Sobald es ihm möglich war, gründete er sein erstes eigenes Geschäft. Mannheim schien ihm dafür der geeignetste Ort. Benz beschrieb, was für ihn Mannheim attraktiv machte: So „[...] trieb mich das technische Interesse wieder zurück nach Mannheim. Diese Stadt mit ihrem lebendigen Arbeitsgetriebe einer erwachenden Industrie zog mich ganz in ihren Bann."[2] Die Wahl seiner Firmengründung war plausibel. Als er 1871 seine „mechanische Werkstätte" gründete, war Mannheim ein Kristallisationspunkt industriellen Wachstums im neu gegründeten Deutschen Reich. Es war ein Ort des, nach zeitgenössischen Aussagen, „amerikanischen" Wachstums, durchaus auch der Ort der negativen Erscheinungen des „Industrialismus" wie Wohnungsnot, Hygieneproblemen und Arbeiterelend, aber zunächst eben ein Ort der Chancen für Auftragsakquisition, für das Angebot an Arbeitern aller Qualifikationsstufen, auch der Verfügbarkeit von Risikokapital und Investoren. Sowohl von der Seite der Organisation der Werkstätte, also produktionsseitig, als auch für die Breite des Marktes und der Produktnachfrage und auch für die Finanzierung bot Mannheim für Benz ein ideales Geschäftsumfeld. Seine Kenntnisse und seine Ausbildung waren dafür eine gute Voraussetzung.

---

1 Siehe die Biografien Winfried Seidel, Carl Benz – Eine badische Geschichte, Weinheim 2005; Mercedes-Benz AG (Hrsg.), Benz & Cie – zum 150. Geburtstag von Karl Benz, Stuttgart 1994.

2 Zit. nach Carl Benz, Lebensfahrt eines deutschen Erfinders. Die Erfindung des Automobils. Erinnerungen eines Achtzigjährigen, Leipzig 1925, S. 39.

Was wusste und lernte Benz?

In seiner Autobiografie legte Carl Benz seine Erinnerungen an seine frühen Technikerfahrungen nieder, an den Vater und seinen Lokomotivführerberuf, an seine sportlichen Erlebnisse und an seine Erfahrungen als Amateur-Uhrenmechaniker. Die vielschichtige Techniksozialisation, die Benz erlebte und schildern ließ, kulminierte in seiner Studienzeit, die er mit 17 Jahren am damaligen Polytechnikum in Karlsruhe begann. Die Vermittlung dort war stark praxisbezogen mit theoretischer Unterfütterung, wobei Benz eindeutig der Praxis, der konkreten Werkstattarbeit, den Vorzug gab: „Nicht das angelernte Buchwissen war für mich das Ziel, sondern das selbsterarbeitete Erfahrungswissen."[3]

Trotzdem hatten Bildung und Kenntnisse, die das Curriculum seiner Ausbildung an der Ingenieursschule Karlsruhe vermittelte, im nationalen und internationalen Vergleich einen sehr hohen Standard, auch wenn einige der Fächer – wie etwa der obligatorische Religionsunterricht – eher auf eine oberrealschul-typische Bildung hindeuteten. Der Typus polytechnischer Bildung im Deutschen Reich wurde zum Vorbild für andere, sich industrialisierende Staaten. Jedenfalls machte nicht nur die Praxisorientierung, sondern auch die technisch-mathematische Grundlagenvermittlung, an der einige der bekanntesten Technikerpersönlichkeiten der Zeit beteiligt waren, Benz Spaß: „Da wurde entworfen, konstruiert, differentiiert und integriert, dass es eine Freude war."[4] Benz verließ das Polytechnikum mit einer spezifischen Kombination von Grundlagenwissen und Praxiskenntnissen.

Was nun allerdings evidentermaßen fehlte: Eine Schule für „Entrepreneurschaft", die Vermittlung betriebswirtschaftlichen Wissens, Unterricht in kaufmännischem Wissen, Vermarktungskomponenten von Technik. Diese Faktoren für den oft mühsamen Transfer von Innovationen in vermarktbare Produkte und in wirtschaftliche Erfolge sind, wie wir heute wissen, sehr wichtig für den Erfolg innovativen technischen Handelns, waren aber zu Benz' Ausbildungszeit längst nicht Gegenstand des Lehrplans. Das sollte Benz später in seiner Karriere zu spüren bekommen.

Wirtschaftliche Selbständigkeit und das technisch-industrielle Umfeld

Dass sich der Absolvent schon bald selbständig machen konnte, lag auch an der ideellen wie materiellen Unterstützung durch seine Frau Bertha, geborene Ringer. Sie setzte ihre Mitgift als Anfangsinvestition ein und trug Benz' unternehmerische Entscheidungen mit. Als anfängliche Kapitalgeberin wie als Partnerin war sie mitverantwortlich für den Erfolg ihres Mannes. Dies gehörte zu den „weichen Faktoren" der Kontexte von Innovationen:

3 Ebd., S. 26.
4 Ebd., S. 29.

Die Rolle von Persönlichkeitsmerkmalen von Erfindern, von Partnerschaften und Unterstützungen sind zwar oft schwer in ihren Wirkungen abschätzbar und quantifizierbar, aber trotzdem höchst relevant. Benz' neu gegründete „mechanische Werkstätte" und seine Nachfolgefirmen waren kleine Handwerksbetriebe, in denen ein sehr weites Spektrum technischer Produkte, von eher einfachen, längst bekannten technischen Gütern bis zu komplexeren, durchaus innovativen Geräten und Maschinen, die an der vorderen Front technischen Fortschritts standen, hergestellt wurden. Trotz einer – nach heutigen Kriterien – bescheidenen Maschinenausstattung konnte Benz mit seinen Mitarbeitern die allermeisten Arbeitsschritte im Betrieb selber herstellen. Von einfachem Guss und dem Blechpressen bis zu spanender Bearbeitung beherrschte man die meisten der anfallenden Arbeitsschritte.

Dass in der Werkstatt das allermeiste selbst gemacht wurde, lag auch am Arbeitsstolz des Besitzers. Zuzugeben, etwas nicht selber machen zu können, wäre das Eingeständnis von mangelnder Kompetenz gewesen. Benz' spezifische Kombination von Praxis und (sub)-akademischer Ausbildung war die Grundlage dieses technischen Selbstbewusstseins. August Horch berichtet von der, unter heutigen Perspektiven, erstaunlichen „Fertigungstiefe", die mit dem Stand der Technik, auch der damals avancierten, mithalten konnte.[5]

Trotzdem muss auch das technische Umfeld in die Betrachtung mit einbezogen werden. Benz' Arbeiten fallen in eine Zeit, in der einerseits ein technischer Wandel stattfand, in der fortschrittliche leichte Technologien implementiert wurden und sich ausbreiteten. Ketten zur Kraftübertragung, dünnwandige Stahlrohre, leichte gepresste Teile wurden verfügbar und schufen einen neuartigen Technikstil, der einerseits auch in Kleinbetrieben beherrschbar war, andererseits auch „off the shelf" verfügbar wurde. Neue Industriezweige wie etwa die Fahrradindustrie lieferten nicht nur fertige Produkte, sondern auch „Halbzeuge" wie Speichenräder. Im Benz'schen Motorwagen sind viele Standard-Maschinenkomponenten seiner Entstehungszeit versammelt; allein für die Kraftübertragungsmethoden – Riemen, Ketten, Kegelräder – ist er ein technisches Schaufenster; man könnte ihn durchaus als Collagetechnologie apostrophieren.

Die Verfügbarkeit von technischen Komponenten, die bedeutsam für die spätere Produktion von Mobilitätsmaschinen wurden, stieg also. Eine Zuliefererindustrie entstand. Diese Reorganisation des technischen Umfeldes macht dann auch plausibel, warum bestimmte Technologien zu einem bestimmten Zeitpunkt überhaupt erst realisierbar und technisch möglich wurden.

Natürlich war der Erfolg von Benz' Innovation auch eine Frage der Investitionsmöglichkeiten. Risikokapital musste zur Verfügung stehen, um an diesem technischen Umfeld

5 Vgl. August Horch, Ich baute Autos. Vom Schlosserlehrling zum Autoindustriellen, Lengerich 1949, S. 30ff.

teilhaben zu können, durch Zukauf von Teilen und Investitionen in die Kraft- und Arbeitsmaschinenausstattung der Werkstatt. Damit nahmen die Kapitalgeber auf die technische Innovationskurve Einfluss; sie bestimmten über den Zeitpunkt ihrer Einführung in den Markt, die Abschätzung des „Reifegrades“ und über Vermarktungsstrategien mit. All dies hat bei Benz eine große Rolle gespielt; seine Firmen waren immer stark kapitalabhängig, und er hat durchweg Schwierigkeiten mit Kapitalgebern und seinen „Verkäufern“ gehabt.

Neue Technologien und ihre Ausstrahlung

Das frühe Automobil nutzte und entwickelte zwei (oder drei) neue Technologien, die beide an der Vorderfront der Technologieentwicklung der Hochindustrialisierung standen: Der Verbrennungsmotor und das Fahrrad und vielleicht auch die neue Kutschentechnik. „In Deutschland fällt es schwer, die Vaterschaft des Fahrrades am Automobil anzuerkennen“, so der Mobilitätsforscher Hans-Ehrhard Lessing. Doch schon der amerikanische Automobilhistoriker James A. Flink stellte die überragende Bedeutung des Rades heraus; gebraucht wurden Erfolgselemente der Automobiltechnik aus der Fahrradindustrie, wie Stahlrohr-Rahmen, Kugellager, Kettenantrieb und Differential (von den Pedal-Tricycles), und ganz besonders der Fahrradpneu.[6] Das leichte, stabile Fahrrad war Referenztechnologie für die erste Generation des Automobils. Benz selbst redet in seiner Patentschrift von einem „kleinen Wagen nach Art der Tricycles“. Die Technologie der leichten muskelkraftgetriebenen Zwei- und Dreiräder strahlte auch auf die Kutschentechnik der Zeit aus, die Leichtbauelemente wie Räder mit zugbelasteten Speichen benutze. Auch wenn Kutschentechnik das frühe Automobil mitbeherrschte, war dies zumeist die rekonstruierte Kutsche mit „eingekreuzten“ Fahrradelementen. Auf die Fahrradindustrie und ihre Halbzeuge konnte nun Carl Benz bauen; er bezog Naben und ganze Räder von der damals größten deutschen Fahrradfabrik Heinrich Kleyer in Frankfurt am Main.

Die zweite Basistechnologie, der Verbrennungsmotor, lag eigentlich im Zentrum von Benz’ technischem Interesse. Er erkannte, dass „neben die Kulturmacht der Dampfmaschine die Kulturmacht des Motors getreten ist“,[7] und beschäftigte sich ab 1878 mit Gasmotoren, da er „in diesen eine große Zukunft für den Antrieb von Arbeitsmaschinen usw. sah“.[8] Der Ausgangspunkt, der ortsfeste Gasmotor, hatte noch viele Züge der Dampfmaschine und nutzte ihren hohen technischen Stand. An Ventil- und Schlitzsteuerungen, an Kinematiken und Methoden der Effizienzsteigerung hatten zuvor mindestens drei Inge-

6 Siehe James J. Flink, The Automobile Age, Cambridge / Mass. / London 1988.

7 Benz, Lebensfahrt (wie Fußnote 2), S. 30.

8 Interview in der Allgemeinen Automobil Zeitung 1913, zit. nach Hans-Ehrhard Lessing, Der Traum vom Selberfahren, in: Landesmuseum für Technik und Arbeit (Hrsg.), Räder, Autos und Traktoren. Erfindungen aus Mannheim – Wegbereiter der mobilen Gesellschaft, Mannheim 1986, S. 8–19, hier S. 14.

nieursgenerationen gearbeitet und erfunden. Zur eigentlichen Problemstellung, der Mobilisierung des Stationärmotors, musste nun, neben der Unabhängigmachung von der festen Infrastruktur der Gasversorgung, der neue „Technikstil" des Leichtbaus genutzt werden. Nur so konnten eine Gewichtsreduzierung und eine Erhöhung der Leistungsdichte in einem kompakteren Motor erzielt werden. Mit seinem stationären Zweitakter verdiente Benz das Investitionskapital für seine technischen Experimente; der Motor war „cash cow" für die wirtschaftlich riskante Risikotechnologie des Motorwagens.

Die Rolle von Patenten

Benz' Arbeiten am Verbrennungsmotor standen im Schatten des Basispatents für den Viertaktmotor, dem berühmten Patent von Nikolaus August Otto Nummer 532.[9] Ottos umfassender Patentanspruch sah sich zahlreichen Angriffen und Einsprüchen der Konkurrenz ausgesetzt, und Benz' Motorenentwicklung ist in diesem durchaus dramatischen „Ringen um den Patentanspruch" situiert. Weil das Patent zäh verteidigt wurde und Ingenieure, deren Konstruktionen Ottos Lösung zu nahe kamen, juristisch verfolgt wurden, kam es zu zahlreichen Umgehungslösungen. Einer dieser Lösungspfade war der Zweitaktmotor, an dem Benz arbeitete: „So blieb mir denn nichts anderes übrig, als mein Glück auf eigene Faust zu probieren und selber eine gute Lösung aufzuspüren. Ich wandte mich dem Zweitaktverfahren zu und hatte Glück".[10] Glück wohl deswegen, weil die Gaswechselvorgänge beim Zweitakter weniger berechenbar waren und der Funktionserfolg eher durch Konstruktionsgefühl und Erfahrungswissen erzielt werden konnte. Dies erlaubte vielfältigere Konstruktionspfade, also eine stärkere Offenheit, damit aber auch die Gefahr von konstruktiven Sackgassen. Benz machte aus seinem Motor, der nach dem Zweitaktverfahren arbeitete, ein vermarktbares, durchaus erfolgreiches Produkt, verfolgte aber zugleich das Viertaktprinzip weiter. Das konnte er aber nur heimlich tun.

Hinter den Patentkämpfen um Ottos Motor steht die systematische Frage, ob Patentansprüche technischen Fortschritt blockieren oder fördern. Zementieren Patente technische Pfade oder provozieren sie vielmehr die Öffnung von Alternativwegen? Im konkreten Fall stimulierte das Patent DRP 532 sicherlich das kreative Umgehen mit der neuen Verbrennungsmotorentechnik und führte zu „Ausweichtechnologien", zu gezielten kreativen Umgehungsformen der Mitnutzungsblockaden. Allein 1884 wurden in der VDI-Zeitschrift unter den Patenten zu „Luft- und Gaskraftmaschinen" 45 Stück aufgelistet.[11] Hier gibt es eine Parallele mit Watts Dampfmaschinenpatent, das ebenfalls Ingenieure zur Entwicklung neuer Technologien zwang, die die Schutzrechte nicht verletzten. Carl

---

9 Siehe dazu und im Folgenden Lothar Suhling, Nikolaus August Otto. Der Kampf um das Patent DRP 532, in: Landesmuseum für Technik und Arbeit (Hrsg.), Räder (wie Fußnote 8), S. 20–29.

10 Benz, Lebensfahrt (wie Fußnote 2), S. 41.

11 Vgl. VDI-Zeitschrift 28 (1884), S. XIIf.

Benz und seine Zweitaktkonstruktionen sind in diesem Rahmen der Patentstreitigkeiten um Ottos umfassende Ansprüche zu situieren.

Nun wurde der Patentanspruch von Nikolaus August Otto in seinen wesentlichen, prinzipiellen Teilen vom Reichsgericht Leipzig „vernichtet". Signifikant ist hier das Datum: Das Urteil wurde am 30. Januar 1886 verkündet. Das ist genau das Datum von Benz' eigenem Patent für seinen Motorwagen. Das ist eine Erklärung für die „Geburtsstunde" des Automobils, denn auch die Stuttgarter Techniker, Daimler und Maybach, konnten nun ohne Furcht vor juristischen Konsequenzen ihre Motorenkonstruktionen öffentlich machen. Das Ende von Patentansprüchen kann also die Ursache dafür sein, dass bestimmte Technologien zu bestimmten Zeitpunkten ihre Emergenz erleben.

Ahnen, Abkömmlinge, konkrete Vorbilder

Viertakt-Stationärmotor und Fahrrad waren also, zusammen mit der Kutsche, die Basistechnologien der ersten Automobilgeneration. Ein Transfer von Ideen und Technologien vollzog sich nun. Wie sehr die Erfinder auf konkrete Vorbilder zurückgriffen, ist umstritten – manchmal sogar revidieren Technikhistoriker selber ihre Position. So formulierte Paul Siebertz im Vorwort zur 2. Auflage seiner Karl-Benz-Biographie, „nachdem er 1947 bei Daimler-Benz die Archivarstelle von Max Rauck und offenbar auch dessen Sprachregelung übernommen hatte", wie Hans-Ehrhard Lessing vermutet:

> „Die früher vielfach, auch von mir vertretene Meinung, der Patent-Motorwagen Benz sei nur ein dreirädriges Veloziped mit einem Motor als Antriebskraft gewesen, ist eine irrige. Denn Karl Benz hatte erstmals das Fahrgestell eines Dreirades mit seinem Motor von ebenso sinnreicher Neukonstruktion zu einer organischen Einheit verbunden".[12]

Dass der Motorwagen vielmehr ein legitimer Abkömmling des Rades, ein „Fahrrad mit Petroleummotor" war, so die Zeitschrift „Radmarkt" 1887, ist heute unbestritten. Doch die Kreuzung von Rad- und Leichtkutschentechnologie und modifizierten Stationärmotoren beschädigt dabei keineswegs die Originalität der Erfinderleistungen.

Der „Stahlradwagen" Daimlers ist ein genuines Produkt des Fahrradherstellers NSU in Neckarsulm, ein Auftragsprodukt einer als Zuliefererindustrie neuen Typs fungierenden Fahrradindustrie. Die 1884 gebaute „Gräfin", ein De-Dion-Bouton-Et-Trepardoux-Dos-A-Dos-Dampfwagen mit drei Rädern, nutzte ebenso selbstverständlich Fahrradtechnologie wie die späteren Dampfautomobile des Grafen Albert de Dion. Dreiräder mit Dampf- und Elektrizitätsantrieben sind älter als Benzinwagen – und alle drei Technologien, die in den kommenden zwanzig Jahren mit durchaus offenem Ausgang konkurrieren sollten, waren technisch Fahrräder.

---

12 Paul Siebertz, Karl Benz. Ein Pionier der Motorisierung, Stuttgart, 2. Auflage 1950.

Dass die Muskelkraftmaschine Fahrrad – vor allem in seiner verbreiteten dreirädrigen Form – sich für eine Motorisierung anbot, war nicht nur eine Beobachtung der deutschen Pioniere. In Paris motorisierte M. Trouvé ein unsymmetrisches Coventry Tricycle, das auf einer Seite ein großes Rad und auf der anderen zwei in einer Spur laufende kleine besaß, mittels eines Elektromotors. Er zeigte dieses Motor-Veloziped öffentlich und fuhr damit anlässlich der Pariser Elektrizitätsausstellung auf öffentlichen Straßen. Kurz darauf, 1882, bauten William E. Ayrton und John Perry in Großbritannien ein ebenfalls dreirädriges Elektrofahrzeug. Es folgte Fred Kimball in Boston, der 1888 ein Elektrodreirad entwickelte.[13] All dies verweist – wenn Priorität das Thema ist – auf die Relevanz der Elektroautomobile, die noch längere Zeit, bis nach 1900, in der Systemkonkurrenz der Antriebe beträchtliche Chancen hatten.[14]

Vor allem Ayrtons und Perrys Automobil zeigt eine doch recht verblüffende Parallele zu Benz' Patentmotorwagen. Die beiden größeren Räder hinten, das kleine gelenkte Vorderrad, die Sitzpositionen, die Dimensionen – all dies könnte auf eine tatsächliche Ableitung hindeuten. Doch es ist nicht bekannt, ob Carl Benz diese drei Elektrofahrzeuge, die vor seinem Patentmotorwagen entwickelt und vorgestellt wurden, tatsächlich kannte.

Wahrscheinlich war es keine Affiliation, die hier zu bemerken ist, sondern eine Ableitung von einem gemeinsamen technischen Vorbild und Muster: den bekannten Muskelkraft-Tricycles. Sie waren Stand der Technik, benutzbar für unterschiedliche technische Lösungspfade der neuen Mobilitätstechnologien.

Das Jahr 1886, das Jahr der Erfindung des Automobils – genauer: des benzinmotorgetriebenen Fahrzeuges –, war eben nicht das Jahr eines automobilen Urknalls, sondern vielmehr das Jahr einer Collageerfindung.

Motivationen für die Bearbeitung des neuen technischen Feldes

Für die erfolgreiche Diffusion einer Innovation ist eine Aufnahmebereitschaft für neue Produkte, eine investitionsbereite Zielgruppe, ein Markt erforderlich. Nur dies kann die Diffusion einer Technologie bewirken. Traf dies für den Motorwagen zu?

In seiner Autobiografie führt Carl Benz seine mobilitätsbezogenen Aktivitäten als Radfahrer und als Sportler an, um die Motivation seiner Beschäftigung mit Individualmobi-

---

13 Siehe http://www.buch-der-synergie.de/c_neu_html/c_11_01_mobile_anwendungen_geschichte_1.htm (16.11.2011).

14 Als Standardwerk hierzu Gijs Mom, The Electric Vehicle. Technology and Expectations in the Automobile Age, Baltimore / London 2004; Kurt Möser, Historischer Abriss der Elektromobilität, in: Reiner Korthauer (Hrsg.), Handbuch Elektromobilität, Frankfurt/M. / Essen, 2. Auflage 2011, S. 15–36.

lität zu erklären: „Wenn ich zurückschaue auf alle meine Sportsfreuden und Sportsliebhabereien, so finde ich wunderlicherweise, daß sie alle miteinander auf einen Strahlungspunkt zulaufen. Und dieser Strahlungspunkt heißt ‚Fortbewegung'".[15] Tatsächlich übte er, nach eigenem Bekunden, bis ins Greisenalter Schwimmen, Rudern, Radfahren und Eislaufen aus.

Diese Bemerkung bezieht sich direkt auf die Stimmung der Mobilitätsrevolution der 1880er Jahre[16], als kleine Boote, Schlitten, Skier, Schlittschuhe, Rollschuhe und als Basis- und Schlüsseltechnologie natürlich das Fahrrad ins Zentrum der gesellschaftlichen Aufmerksamkeit rückten und neue Nutzungsformen generierten. Benz war also zunächst selbst Nutzer im Rahmen der „Mobilitätsrevolution" vor 1900. Und anfangs situierte er auch durchaus sein Fahrzeug in diesem Kontext, also als „Sports-Tricycle". Das „Motor-Velociped" war zunächst ein auf diesen neuen Markt der sportbezogenen Individualmobilität zugeschnittenes Produkt. Im Fall des Motorwagens haben wir es mit einer Ko-Evolution von Mobilitätslust und neuen Technologien und technischen Potenzialen zu tun. Die Innovation passte in die laufende Mobilitätsrevolution.

Faktoren des Innovationserfolges: Marktstrukturen

Kann davon ausgegangen werden, dass Benz eine Vermarktungsstrategie in diese Richtung besaß? Zunächst ist überhaupt seine Zurückhaltung bei der Präsentation eines marktfähigen Produktes zu bemerken. Wie viele Erfinder hielt er sein Artefakt für noch nicht „fertig", noch nicht für ein „Produkt" und noch nicht für bereit, an Kunden verkauft zu werden.

Und zudem wurde der patentierte Motorwagen am Anfang nicht im Markt der neuen Mobilitätsmaschinen präsentiert.[17] Typisch dafür war, dass Benz seinen Wagen bei der Münchner Industriemaschinenausstellung zeigte, also als Maschine. Der Motorwagen war für ihn ein Industrieprodukt. Zwischen Benz' Erkenntnis der populären Faszination neuer Mobilitätsgeräte und seiner eigenen Faszination blieb seine Vermarktung hinter dieser Erkenntnis zurück. Will man Kritik üben, dann müsste man bemerken, dass Benz zunächst keine nutzeradäquate Vermarktung versuchte. Wenig verwunderlich, dass er sich über die anfängliche Erfolglosigkeit beklagte, da er einen falschen Markt bedienen wollte und falsche Zielgruppen im Auge hatte. Eine Aufnahmebereitschaft war wohl da, wurde aber von Benz anfangs kaum exploriert.

---

15 Benz, Lebensfahrt (wie Fußnote 2), S. 145; vgl. auch Paul Siebertz / Karl Benz, Ein Pionier der Motorisierung, Stuttgart, 2. Auflage 1950, S. 309.

16 Siehe Kurt Möser, Fahren und Fliegen in Frieden und Krieg. Kulturen individueller Mobilitätsmaschinen 1880–1930 (= Technik und Arbeit, Bd. 13), Heidelberg u.a. 2009.

17 Vgl. ebd.

Dass die Durchsetzung ein „Kampf“ würde, war Benz klar:

> „Jetzt galt's den Kampf gegen das Lächeln und Lachen der spöttelnden Menschen aufzunehmen. Es galt, sich und seine Verbindung durchzusetzen – trotz aller Verneinung und Ablehnung. Aus dem grübelnden Erfinder mußte der kulturelle Eroberer, aus dem Ringen mit Problemen das Ringen um des Wagens Zukunft werden. Das war die dritte und letzte Stufe, über die schon so mancher große Erfinder nach Überwindung der ersten und zweiten Stufe verzweifelnd zusammengebrochen ist. [...]“[18]

Nationale Marktspezifik

Benz, beziehungsweise sein Ghostwriter, erzählte bei der problematischen Anfangsdurchsetzung eine Geschichte der nationalen Beschränktheit und der nationalen Differenzen bei der Beurteilung und Bewertung von Innovationen: „Selbst die deutsche Fachwelt erkannte – zum Unterschied von der französischen – lange Zeit nicht das fundamental Bedeutsame, Umgestaltende meiner Erfindung für das Verkehrs- und Wirtschaftsleben.“[19] Die national grundierte Diffusionserzählung handelte von den geschäftstüchtigen Franzosen und dem „Mann mit der rückständigen Zipfelmütze zwischen den Ohren“, der „die Hände aus[streckte] nach allem[,] was von außen kam, insbesondre von Paris“. Deutschlands Automobilmarkt wurde von Paris beeinflusst und „gemacht“. Benz' Ursachensuche benannte die

> „grundverschiedene Art, wie die neue Idee in Frankreich aufgenommen und ausgewertet wurde. Da gab's keine abwägende Geringschätzung, keine kühle Verneinung! Beherrscht und hingerissen von der Zukunftsmacht des neuen Ideals, griffen französische Konstrukteure und Techniker mit dem auflodernden Feuer romanischer Begeisterung den deutschen Wagen auf.“[20]

Tatsächlich halfen die gesellschaftlichen und kulturellen Bedingungen in Frankreich, die von Benz polemisch dargestellt werden, etwa der „Reklame- und Rennkultus“, dem Motorwagen in Frankreich zum Durchbruch. Er traf auf eine rezeptive, technikaffine, experimentierende, neugierige Öffentlichkeit. Allerdings passten die positiven Rezeptionsbedingungen,[21] gekennzeichnet durch eine gewisse Unsolidität, mit dem eher solide-bürgerlichen Image, das Benz mit seinem Motorwagen zu bedienen und aufrechtzuerhalten suchte, nicht unbedingt zusammen. Der frühen Automobilkultur war ein gewisses soziales Risiko inhärent, weil sie Elemente des Unbürgerlichen und des Parvenütums besaß und die Automobile als „Neureichenfahrzeuge“ galten. Dies war Benz offenbar unangenehm. Die Vorstellungen des Erfinders über die Marktplatzierung und über seine Käufer-

---

18 Benz, Lebensfahrt (wie Fußnote 2), S. 82.

19 Ebd., S. 83.

20 Ebd., S. 112.

21 Zu Frankreich Helga Reuter, Frankreich – „Mutterland“ des Automobils, in: Landesmuseum für Technik und Arbeit (Hrsg.), Räder (wie Fußnote 8), S. 37–47.

Zielgruppe hatten offenbar wenig zu tun mit der tatsächlichen, erfolgsgenerierenden Marktstruktur, die sozial prekärer war als Benz wünschte und erwartete.

Faktoren des Innovationserfolges: Eingeführte Technologien und öffentliche Wahrnehmung

Eine weitere Frage: Spielten bereits eingeführte Technologien, für die es einen Markt gab, eine Rolle für die Diffusion? Gab es schon Märkte, die dann unter Umständen aufnahmebereit waren für den nächsten Schub des Neuen? Wer schon mal einen Stationärmotor gekauft hat, könnte wahrscheinlich offener für die nächste, neuere und bessere Generation dieser Kraftmaschinen gewesen sein, aber auch offener für neue Objekte, die vom Stationärmotor abgeleitet sind. Nun waren allerdings Stationärmotoren-Kunden nicht die zielgruppenspezifischen Kunden für Motorfahrzeuge. Der mobile Verbrennungsmotor auf Rädern hat zwar die technische Basis des Stationärmotors, bediente aber einen ganz anderen Markt. Benz' Problem und Achillesferse war die Markt-Rekonstruktion und -bedienung. Den mobilen Verbrennungsmotor auf einer Industrieausstellung zu zeigen, ist, wie wir heute feststellen müssen, eine Verkennung der Zielgruppe.

Viel wirkungsvoller für die Diffusion war die Präsentation in der Öffentlichkeit. Dass Benz den Wagen beiläufig auf öffentlichen Straßen fuhr, also als eigenen Werbeträger für eine nicht-fachtechnische Öffentlichkeit einsetzte, die ja seinen Markt bildete, machte viel mehr Sinn. Als Zäsur wird in der Literatur und in der autointeressierten Öffentlichkeit sehr gern die erste „Fernfahrt" von Mannheim nach Pforzheim angeführt, die die Söhne mit ihrer Mutter Bertha im Sommer 1888, angeblich ohne Wissen und gegen die Absichten des Vaters, durchführten. Diese typische Meistererzählung überschätzt sicherlich die Rolle dieser angeblichen Bewährungsfahrt, weil sie erst ex post, in der Autobiographie von Benz, herausgestellt wurde und weil sie in der kritischen Vermarktungsphase überhaupt keine öffentliche und mediale Aufmerksamkeit erzeugte. Viel vermarktungseffizienter waren die öffentlichen Fahrten in Mannheim und dann in München, die doch ein gewisses und durchweg positives Presse-Echo erzeugten. Ihre beträchtliche öffentliche Dynamik als Teilmythos der frühen Automobilgeschichte bekommt die heute zum wichtigen diffusionsbestimmenden Ereignis deklarierte erste „Fernfahrt" erst durch die Zelebrierung und das Nachstellen und Nach-Fahren im Jahr 1988, zwei Jahre nach der aufwendigen Zentenarfeier des Autos. Als tatsächlicher Diffusionsfaktor spielte die Fahrt keine Rolle – wenn sie überhaupt je so stattfand, wie sie Benz Jahrzehnte später aufschreiben ließ. Ganz abgesehen davon, dass Bertha Benz natürlich nicht die erste Fahrerin war, sondern nur Beifahrerin.

Zukunftsideen

Zu fragen wäre im Anschluss, welche implizite und explizite Zukunftsvorstellungen der Erfinder besaß.[22] Seine Nutzungsideen für den Motorwagen waren anfangs recht reduziert. Sie entsprachen etwa den Meinungen in einem Artikel des Generalanzeigers der Stadt Mannheim vom Herbst 1886, für den Benz wahrscheinlich die Stichworte gegeben hatte:

> „Wir glauben, daß dieses Fuhrwerk eine gute Zukunft haben wird, weil dasselbe ohne viel Umstände in Gebrauch gesetzt werden kann und weil es, bei möglichster Schnelligkeit, das billigste Beförderungsmittel für Geschäftsreisende, eventuell auch für Touristen, werden wird.“[23]

Benz nimmt hier eine rationale, transportorientierte Positionierung seiner Innovation vor. Er strebt ein Verkehrsmittel an, nicht ein Sportgerät, und formulierte „zielsicher [einen] Ersatz des Pferdefuhrwerkes durch ein motorisiertes Verkehrsmittel“.[24] Damit sah er seine Erfindung als vernünftige, weil sich rechnende Alternative zu solide-bürgerlichem Transport. Eine weniger rationale, eher spielerisch-sportliche und un-bürgerlichere Verwendung, wie sie sich später entwickelte, war weder im Fokus des Erfinders noch entsprach sie seinen Intentionen.

Benz hatte zudem – in dieser Hinsicht vergleichbar mit Gottlieb Daimler – keine Totalisierung seiner Innovation im Sinn. Daimler wollte bestehende Mobilitätsmittel mittels Verbrennungsmotor motorisieren; Benz dagegen, mit seinem Fokus auf der Einheit von Fahrgestell und Motor, wollte sein Fahrzeug in den bestehenden Verkehr einpassen. Es gibt keine Hinweise, dass er anfangs eine vollständige Substitution intendierte. Benz war zwar stolz auf den „Siegeszug“ seiner Erfindung, aber eine Dominanz des Verkehrs durch „Fahrzeuge mit elementarer Kraft“ war nicht geplant.

Benz und die Transformation seiner reiferen Innovation

Benz war ein typischer praxisorientierter Erfinder, der sowohl dem Übergang in ein marktfähiges Produkt als auch dem Übergang zu größeren Stückzahlen in der Produktion misstrauisch gegenüberstand. Symptomatisch war sein Zögern – oder seine Weigerung –, überhaupt seine Erfindung „loszulassen“.[25] Und hierbei ergaben sich neue Konflikte: Typischerweise interessieren sich Innovatoren seltener für Aspekte und Fragen der Fertigung. Im Gegenteil, für sie ist die notwendige „Stabilisierung“ und fertigungstechnisch erforderliche Fixierung einer einmal gefundenen technischen Lösung höchst unerwünscht.

---

22 Siehe dazu Kurt Möser, Benz, Daimler, Maybach und das System Straßenverkehr. Utopien und Realität der automobilen Gesellschaft (= LTA-Forschung, H. 27), Mannheim 1999.

23 Siebertz, Karl Benz (wie Fußnote 14), S. 86f.

24 Ebd., S. 100.

25 Vgl. Horch, Ich baute Autos (wie Fußnote 5), S. 39.

Das wird auch an Benz sichtbar, in zweifacher Hinsicht: Er wollte kein nach seiner Meinung unfertiges Produkt vermarkten und fertigen; und er sträubte sich gegen die Investitionen in serientaugliche Produktionsanlagen und gegen Fertigungsinnovationen. Dies ist symptomatisch für die zweite, reifere Phase einer Produkteinführung, in der offenbar das Loslassen des Produkts durch seinen Erfinder erforderlich ist.

Konkret zeigt sich das im zweiten Fall in seiner Weigerung, serientaugliche Einzweck-Bearbeitungsmaschinen zu beschaffen, wie dies August Horch forderte. Seine Skepsis gegen einen neuen Schraubenautomat formulierte er so: „Die Arbeider kann m'r aach so beschäfdige, aber der Audomat, der steht do. Do hob' ich kaa Mage dafier."[26] Er bestand auf der Benutzung der Vielzweck-Dreh- und Fräsmaschinen, mit denen er technisch sozialisiert worden war und die höhere technische „skills" erforderten, aber kaum größere Stückzahlen erlaubten. Die ist eine durchaus typische Kollision von Handwerksorientierung und Handwerksethos mit den Erfordernissen einer anlaufenden industriellen Produktion.

Sichtbar wird hier ein verzögerter und nur unter Druck der Investoren, die Rendite erwarteten, überhaupt erzwungener Übergang von der Innovations- in die Diffusionsphase; und der Bremser war dabei der Firmenchef. Die erhöhte, durch den Verkäufer der Firma getriebene Nachfrage irritierte Benz: „[...] der Herr Julius Ganß kommt hereinspaziert und sagt: ‚Guten Morgen, zweihundert Wagen verkauft'. Diesmal sprang Papa Benz empört hinter seinem Schreibtisch auf und rief: ‚Höre Sie mal, Herr Ganß, Sie können einem aber doch die Ruh nehme.'"[27]

Nach der Einführung: Optimierungsrichtungen, technische Vektoren und ihre Bestimmungen

Schließlich verweigerte sich Benz einem weiteren Pfad: Neben der Skepsis gegenüber dem nachfrageorientierten Wandel der Produktion widerstrebte ihm die gewandelte, eher nutzergetriebene Auslegung seiner Erfindung. Denn das Automobil wandelte sich um 1900.[28] In diesen Jahren wurde ein Auseinanderdriften von Entwicklung und Vermarktung in Benz' Firma deutlich. Divergierende Interessen und eine Spannung zwischen Benz und anderen leitenden Mitarbeitern manifestierten sich. Das konnten technische Differenzen sein, wie sie etwa August Horch beschrieb. Dessen Plädoyer, bestimmte

---

26 Siebertz, Karl Benz (wie Fußnote 14), S. 177.

27 Ebd., S. 147.

28 Siehe dazu Kurt Möser, Geschichte des Autos, Frankfurt/M. / New York 2002; Theo Barker, A German Centenary in 1996, a French in 1995 or the Real Beginnings about 1905?, in: Ders. (Hrsg.), The Economic and Social Effects of the Spread of Motor Vehicles. An International Centenary Tribute, Houndmills / London 1987, S. 1–54. Verfügbar unter https://doi.org/10.1007/978-1-349-08624-5_1.

Weiterentwicklungen der französischen Wagen zu übernehmen, traf auf den Widerstand des inzwischen als „Papa Benz“ apostrophierten Ingenieurs.

Dass es dabei nicht nur darum ging, den Verdacht des Plagiats zu vermeiden und auf der eigenen Originalität und Kompetenz, einer „Ingenieursehre“, zu beharren, sondern auch um eine geänderte soziotechnische Auslegung des Autos, wurde bald klar. Das Produkt Automobil war im zweiten Jahrzehnt seiner Existenz in ein Stadium getreten, in dem es die Nutzer anders verwendeten, als der Erfinder ursprünglich wollte. Benz hatte eher ein zivilisierteres, relativ langsames, aber zuverlässiges und bürgerlichkeitskompatibles Nahverkehrsfahrzeug im Sinn. Die Nutzer verwendeten es eher für lange sportliche Touren oder Wettbewerbe, wobei die von Benz favorisierte Geschwindigkeit von 50 km/h längst nicht mehr ausreichte. Die zweite Erfindung des Automobils, hin zur schnellen, langstreckentauglichen „Rennreiselimousine“, geschah um 1900: „La Mercédès“ und „Système Panhard“ oder allgemeiner die französisch-deutsche Weiterentwicklung führte zu funktional wie strukturell differierenden Fahrzeugen.[29] Sie waren länger, niedriger, stärker und schneller, hatten einen längeren Radstand und boten den Passagieren eine „Geschwindigkeitsgemeinschaft“ durch den Blick nach vorn und den Fahrern bessere Ergonomie durch schräge Lenksäule und leichtere Bedienung.

Zunehmend divergierten die Entwicklungen von Produktkonzeption durch den Erfinder und Firmenchef von den Anforderungen eines sich ganz anders entwickelnden Nutzerverhaltens und neuen Nutzererwartungen. Benz’ Geschäftspartner, die die gewandelten Nutzungsanforderungen, charakterisiert durch höhere Geschwindigkeit und stärkere Motorleistungen, erkannten und in Konstruktions- und Produktionsanforderungen umsetzten, waren eine Art Transmissionsriemen zwischen Produktion und Anwendung. Ihre Position musste mit den Verwendungsintentionen des Pioniers Benz kollidieren.

Beim „sozialen Leben“ neuer Produkte ist dies ein durchaus typischer Vorgang – der Eigensinn der Nutzer gewinnt; die Nutzungspräskription der Erfinder und Produzenten zieht den Kürzeren. Als sich eine Kollision von zwei sozialen Konstruktionen des Automobils entwickelte – bürgerliches Flanieren versus provozierende, riskante Rennen –, kam der Erfinder in eine Defensivposition. Benz stemmte sich gegen einen Entwicklungspfad, der teilweise getrieben von der verschärften Konkurrenzsituation, vor allem aber auch durch die Wünsche und Erwartungen der Nutzer, auf höhere Geschwindigkeiten und auf Rennsport zielte.

---

29 Siehe dazu Möser, Geschichte (wie Fußnote 27); Bettina Gundler, La Mercédès: Zur Entstehung des automobilen Leitbilds am Beginn des 20. Jahrhunderts, in: Ulf Hashagen / Oskar Blumtritt / Helmut Trischler (Hrsg.), Circa 1903. Artefakte in der Gründungszeit des Deutschen Museums, München 2003, S. 546–547.

> „Freilich sind die Rennen, bei denen ‚höchste Geschwindigkeit' ausschließlich die Losung war, nie mein Ideal gewesen; auf deutschem Boden konnten sie auch lange nicht recht volkstümlich und heimisch werden – wie in dem geschwindigkeitssüchtigen Frankreich oder dem geschwindigkeitstollen Amerika [...]. Als aber die Geschwindigkeit eine solche Steigerung erfuhr, daß der Rennerfolg neben der Güte des Wagens vor allen Dingen auch von der knochenriskierenden Waghalsigkeit des Wettfahrers abhängig war, da machte sich der ‚Landstraßenwahnsinn' unbeliebt bei Behörde und Bevölkerung, ja sogar auch in der Industrie."[30]

Doch Benz' Versuche zur sozialen Einordnung seiner Erfindung, der Festlegung der Gestalt und der Funktion seines Produkts, waren seit der 2. Hälfte der 1890er Jahre nicht mehr erfolgreich. Eine im Grunde didaktische oder patriarchalische Haltung – der Industrielle oder Techniker weiß im Grunde besser als seine Kunden, was gut und richtig für sie ist – wurde obsolet. In der Kollision zwischen Kundenwünschen nach schnelleren, stärkeren Wagen und den ganz anderen, „zahmeren" Nutzungsvorstellungen des Produzenten musste Benz den Kürzeren ziehen. Und der Erfinder war schon nicht mehr in der Machtposition, seine Ideen gegen die Umsetzung der Kundenwünsche durch seine eigenen Mitarbeiter, gegen Ingenieure wie Horch, gegen am Erfolg interessierte Kapitalgeber und gegen Verkäufer wie Ganß durchzusetzen.

In dem sich entwickelnden Konflikt zwischen dem neuen Verwendungstypus der Nutzer, der von den Firmenteilhabern als neuer Markt erkannt wurde, und den abweichenden Vorstellungen des Firmenchefs und „Patriarchen" hatte dieser das Nachsehen. Als 1903/4 ein französisches Entwicklungsteam um den Ingenieur Marius Barbarou eingekauft wurde, das parallel zur deutschen Konstrukteurstruppe arbeitete, trat Benz aus seiner eigenen Firma aus und zog nach Ladenburg. In seiner neuen Firma Benz und Söhne verwirklichte er sein Ideal eines zivilen, vornehmen, auf Komfort statt auf Geschwindigkeit hin optimierten Wagens.

Carl Benz und die Geschichte des Automobils nach 1900

Benz' Bedenken gegen zu hohe Geschwindigkeiten und seine Zweifel am Pfad der Geschwindigkeits- und Rennorientierung des Automobils kurz vor der Jahrhundertwende waren also weitgehend wirkungslos. Den weiteren Weg des Automobils bestimmten die Firmen, die Produzenten und die Nutzer gemeinsam. Industriegetrieben wie nutzergetrieben wurden Faktoren wie Geschwindigkeit, Zuverlässigkeit und Bedieneinfachheit (die einander teilweise ausschlossen) entwickelt und wurde der Vektor der künftigen technischen Gestalt des Motorwagens bestimmt. Objektiv hatte Benz also seine Funktion in der Geschichte der Mobilität erfüllt.

30 Benz, Lebensfahrt (wie Fußnote 2), S. 118f.

Seit den 1920er Jahren wurde Benz' Rolle eine andere: Er wurde von einem Erfinder und Geschäftsmann zunehmend zu einem Denkmal. Und er geriet in den Fokus von Meistererzählungen, von Innovationsgeschichten, von Biographischem und Anekdotischem. Spätestens seit August Horchs selbstbewusster Autobiographie „Ich baute Autos“ gehört das Bild vom „Papa Benz“ zum historischen Inventar populärer Automobilgeschichte. Und recht schnell wurde die Innovationsgeschichte des Automobils selbst historisiert. Der Patent-Motorwagen bekam seinen Platz im Münchener Deutschen Museum für Meisterwerke der Technik; und da das Original nicht mehr vorhanden war, kam es zu Rückbauten oder einer Re-Konstruktion. Das Deutsche Museum war die zentrale Instanz einer oft sehr nahe an der Erfindung erfolgenden Umwandlung von Innovation in Technikgeschichte, einer Transformation von Zukunftstechnik in eine stolz zurückschauende Historisierung. Und diese technikhistorische Musealisierung transferierte die Pionierleistung von Carl Benz in den Ort der Feier der Vergangenheit der Zukunftstechnik.

„Knall auf Motor"

Die Liebesaffäre von Künstlern und Dichtern mit Motorfahrzeugen 1900–1930

Seit Beginn der Industrialisierung stellte sich für Kunst- und Literaturschaffende immer wieder die Frage, wie sie mit den Produkten der neuen Zeit umgehen sollten – Produkten, für die es keine Vorbilder gab und keine adäquate Sprache. Als die Eisenbahn, die mobile Dampfmaschine, auftauchte und den Anblick von Landschaft und die Wahrnehmung von Geschwindigkeiten und Entfernungen radikal veränderte, war die Poesie erst einmal hilflos. Poeten verstanden natürlich in der Regel nichts von Technik, waren aber in der Lage, mit ihrem dichterischen Inventar und ihrer verfügbaren, längst vorhandenen Bildlichkeit zu arbeiten. Das Resultat war eine heute nicht selten merkwürdig wirkende poetische Verarbeitung technischer Objekte.

Als die ersten Motorfahrzeuge auf den Straßen auftauchten, war die Gesellschaft kaum mehr schockierbar. Man hatte sich daran gewöhnt, neue technische Objekte – Fahrräder, Trambahnen – im Alltag zu erleben. Schneller, sichtbarer technischer Fortschritt war um die Jahrhundertwende zu Alltag geworden. Trotzdem nahm das Auto einen Sonderstatus für eine ganze Reihe von Künstlern und Dichtern ein: Aktive Geschwindigkeitsbeherrschung, im Gegensatz zur passiv erlebten Geschwindigkeit der Eisenbahn, war nun möglich; zur individuellen Mobilität mittels Fahrrad trat die mechanische, explosive Kraft des Motors. Dazu kamen Abenteuer beim Rasen durch die Landschaft und bei der Beherrschung eines gefährlichen, herausfordernden und unzuverlässigen technischen Geräts. Insbesondere nach dem Ersten Weltkrieg, als Fahrzeuge zwar noch längst nicht populär, aber weit alltäglicher geworden waren und auch viele Dichter Zugang zu ihnen hatten, fing eigentlich so recht die Liebesaffäre von Künstlern und Dichtern mit Motorfahrzeugen an.

Parallel dazu passierte kulturell das, was wir heute als „Kunstrevolution“ sehen: eine thematisch wie stilistisch radikale Änderung von Kunst und Literatur, emphatische Neuansätze, Grenzüberschreitungen zwischen den Künsten, neue Töne und neue Haltungen. Man hat diese „Kunstrevolution“ mit der Schockerfahrung durch den Ersten Weltkrieg, mit Großstadterfahrung, den Zumutungen durch die Industrialisierung, aber auch mit der nun individuell verfügbaren hohen Geschwindigkeit in Zusammenhang gebracht.

Motorfahrzeuge bekommen in diesem Zusammenhang konkurrierende, sich ergänzende, mitunter auch einander widersprechende Images:

Das Fahrzeug wird zum Parvenüvehikel: Der Prototyp der Großstadtkultur Pariser Typs, der Flaneur, entdeckt das Auto. Tricycles und Motorwagen werden von den Vertretern der gegenbürgerlichen Kultur begeistert adaptiert. Der Auto-Dandy nutzt das provokative Potenzial mechanischer Vehikel und die Möglichkeit bedenkenlosen Schnellfahrens aus, um antibürgerliche Haltungen zu demonstrieren.

Das Auto ist außerdem das neue Mittel des mechanisierten Sports. Und wir müssen dies nochmals aufspalten. Mit dem Rennfahrzeug wird zum einen der Wettkampf Mann gegen Mann modernisiert, indem er motorisiert wird – das sportliche Duell des 19. Jahrhunderts wird mit Krädern und Autos an das des 20. Jahrhunderts angepasst. Zum anderen: Die mechanisierte Geschwindigkeit erscheint als Wert an sich. Der Fahrer, der Rekorde brechen will, führt nun einen Kampf nicht mehr gegen andere Fahrer, sondern gegen die abstrakte, technisch erfasste Zeit: Der Kampf findet gegen Stoppuhren statt. Das Zeitfahren, schließlich die Rekordfahrt erscheint als „die ziffernmäßige Wertung menschlicher und technischer Leistungen“[1]. Für Jünger bedeutet der moderne Verkehr „die mechanische Überwindung von Entfernung, die die Geschwindigkeit von Geschossen zu erreichen strebt“[2], eine Qualität des modernen Erfahrungstyps, mit dem der Mensch des 20. Jahrhunderts erst einmal umzugehen lernen muss und für den ihn solche Fahrten konditionieren.

Das Motorfahrzeug in den 1920er Jahren ist auch Aggressionsvehikel: Nach dem Ende des Ersten Weltkrieges wird sein mechanisiertes Gewaltimage deutlich. Schon während des Krieges erlebten Hunderttausende von Soldaten erstmals motorisierte Straßenfahrzeuge. Lastwagen, Automobile und Kräder, vor allem aber die ultimativen Aggressionsfahrzeuge, die Tanks, waren an den Brennpunkten der Materialschlachten eingesetzt. Mechanisierter Krieg und mechanisierter Transport verschränkten ihre Images. Dies wirkte auch nach Kriegsende: Truppen, dichtgedrängt auf den Ladeflächen von Lastkraftwagen, wehende Fahnen über sich, prägten die Bilder der bürgerkriegsähnlichen Situation von 1918 bis 1923 ebenso wie die uniformierten Meldefahrer auf rasenden Motorrädern. Interessant ist, dass diese symbolischen Formen aggressiver Motorisierung von rechts wie

1 E. Jünger, Der Arbeiter. Herrschaft und Gestalt. Stuttgart 1981, S. 146.
2 Ebd., S. 99.

von links ausgenützt wurden: Berliner Revolutionäre auf LKWs nutzten es ebenso wie die rechtsradikalen Mörder Walter Rathenaus, die einen schweren Tourenwagen fuhren.

Literarisch ausgenützt wurde dieses Image auch von Hermann Hesse im „Steppenwolf" (1927); die „Hochjagd auf Automobile" partizipiert an dieser Verschränkung von Fahrzeugkultur mit Gewalt. In dieser Episode erscheinen Autos als Allegorie für den Konflikt von Mensch und Maschine im allgemeinen: „[...] es war der Kampf zwischen Menschen und Maschinen, lang vorbereitet, lang erwartet, lang gefürchtet, nun endlich zum Ausbruch gekommen"[3]. Die alte kulturelle Debatte um Akzeptanz und Kritik der modernen Technik findet nun im Straßenverkehr ihr symbolisches Feld und wird dort ausagiert. Die Konversation zwischen einem „Autojäger" und einem der Opfer bringt Geschwindigkeit mit der Zerstörung von Autos, repräsentierend die aggressive Maschinerie, zusammen:

> „‚Warum haben Sie denn auf uns geschossen?' ‚Wegen zu schnellen Fahrens.' ‚Wir sind mit normaler Geschwindigkeit gefahren.' ‚Was gestern normal war, ist es heute nicht mehr, Herr Oberstaatsanwalt. Wir sind heute der Meinung, es sei jegliche Geschwindigkeit, mit welcher ein Auto fahren möge, zu groß. Wir machen die Autos jetzt kaputt, alle, und die anderen Maschinen auch.'"[4]

Die Verbindung von Motorfahrzeugen mit Gefahrlust ist ebenfalls ein wiederkehrendes Bild. Nochmals Ernst Jünger: Er bemerkt Situationen, in denen

> „[...] die Nähe des Todes im Zusammenhang mit hohen Geschwindigkeiten erscheint. Die Geschwindigkeit erzeugt eine Art von nüchternem Rausch, und ein Rudel von Rennfahrern, von denen jeder Einzelne wie eine Puppe am Steuer sitzt, gibt einen Eindruck der seltsamen Mischung von Präzision und Gefahr [...]"[5].

Die Gefährlichkeit hoher Geschwindigkeiten ist ein Kitzel, den das Rennpublikum schon vor dem Ersten Weltkrieg zu goutieren begann, der aber in den zwanziger Jahren massenhaften Charakter bekam. Von Steilwandrennen beispielsweise waren Besuchermassen ebenso fasziniert wie Dichter, die Vergnügen an solchen Erscheinungen populärer Kultur entwickelten.

Vorgeprägt ist dies sicher schon vor dem Krieg bei den italienischen Futuristen: Bei F.T. Marinetti, im „Manifest des Futurismus", heißt es: „Der geliebkoste Tod überholte mich an jeder Kurve, um mir artig seine Pfote zu geben und um sich dann wieder mit einem Geräusch knackender Kinnbacken der Erdoberfläche anzuschmiegen [...]"[6]. Der emphatische Propagandaakt für die moderne Literatur gipfelt in einem Autounfall, der aber willkommen ist und begeistert begrüßt wird. Das eigentliche Manifest des Futurismus wird

---

3 H. Hesse, Der Steppenwolf. Frankfurt/Main 1971, S. 196.
4 Ebd., S. 201.
5 E. Jünger, a.a.O. S. 148.
6 Zit. nach P. Pörtner, Literaturrevolution 1910–1925, hrsg. v. Akademie der Wissenschaften und der Literatur. Bd. 2. Darmstadt 1960, S. 36.

von den heroisch verunglückten Dichter-Automobilisten danach formuliert: „So diktierten wir, mit verbundenen Armen [...] unsere ersten Absichten allen auf dieser Erde lebenden Menschen"[7]. Der Straßenunfall erscheint als heroischer Akt; das ultimative „technoromantische Abenteuer" (Karl Kraus) der schnellen Fahrt gipfelt im Unfall.

Hier findet sich eine Parallele zur Fliegereiliteratur, die, nebenbei gesagt, zwischen 1909 und 1914 Konjunktur hatte und sehr oft motiv- und perspektivgleich mit der Autoliteratur ist. Auch etwa in Gabriele d'Annunzios Roman „Vielleicht, vielleicht auch nicht" (1910) ist der Absturz und der Tod die Krönung einer orgiastischen Einheit von Mensch, Maschine und Geschwindigkeit. Eine der Quellen für die Herkunft solcher Vorstellungen dürfte klar sein: Hier findet eine Besetzung des alten soldatischen Heldentod-Topos durch Motorrad- und Autorennen statt. So, wie der Soldat in der höchsten Begeisterung des Angriffs fällt, so findet der Rennfahrer im höchsten Triumph der Geschwindigkeit den literarisch und poetisch gefeierten Tod.

Die poetische Sehnsucht nach dem „gefährlichen Leben", nach maximal ausgekostetem Risiko als höchster Steigerung der menschlichen Existenz ist in den ersten Jahrzehnten des 20. Jahrhunderts unter expressionistischen, futuristischen und dadaistischen Dichtern weit verbreitet. Ihr „Vitalismus" fand auch in der Kriegsbegeisterung von 1914 Ausdruck und geht nun eine Verbindung mit Technik ein: Das vitalistische Streben nach intensivstem, gefahrvollstem Leben wird mittels Motorfahrzeugen nun noch weiter intensiviert. Ein neuer Typ des mechanisierten Vitalismus entsteht. Motorfahrzeuge können in diesem Kontext zu exemplarischen ästhetischen Gegenständen aufrücken. Nochmals Marinetti:

> „Wir erklären, daß der Glanz der Welt sich um eine neue Schönheit bereichert hat: um die Schönheit der Schnelligkeit. Ein Rennautomobil, dessen Wagenkasten mit großen Rohren bepackt sind, die Schlangen mit explosivem Atem gleichen, ein heulendes Automobil, das auf Kartätschen zu laufen scheint, ist schöner als der ‚Sieg von Samothrake'"[8].

In diesem berühmten Diktum formuliert Marinetti eine emphatische Propaganda für die technische und gegen die klassische Kultur, wie er sie polemisch verstand. Wie so oft in der „Kunstrevolution" um den Ersten Weltkrieg scheint aber das Programm auch bei ihm radikaler als die tatsächliche Dichtung; seine Autodichtung hat viel der Fin de Siècle-Literatur zu verdanken. Neu ist jedoch, dass die Thematisierung von Technik sich als Lieblingssujet den Verbrennungsmotor auswählt, der damit zu dem neuen Repräsentanten der begeistert begrüßten technischen Moderne avanciert.

Eine Konkretisierung der Vorstellung der innigen Verbindung Dichter – Auto ist nun ein Bild, das durchaus nicht vereinzelt auftritt: Das Motorfahrzeug erscheint als Musenross (Hippogryph), als mechanisierter Pegasus, der von dem dekadent-modernen Dichter ge-

7 Ebd., S. 37.
8 Ebd., S. 38.

ritten wird und ihm extreme Erlebnisse verschafft. Die Sehnsucht der Fin de Siècle-Poeten nach unerhörten, faszinierenden Erfahrungen, weitab vom Alltag, wird durch das Auto eingelöst. Die Kombination Motorfahrzeug – Dekadenz – Erotik ist sehr bezeichnend für die Motordichtung der ersten dreißig Jahre des Jahrhunderts. Hier ein Beispiel, das Gedicht „Rapidität" (1912) des Expressionisten Ferdinand Hardekopf:

> „Und voll Bewundrung für den Dichter
> Warf wieder eine Keks ihm zu. –
> Der zündet Rennmaschinen-Lichter
> Und jagt nach der privaten Ruh'.
>
> Er drängt den Leib, den lässig-fetten,
> Ins Röhrenwerk des schmalen Wolfs
> Und gibt sich der rekord-koketten
> Spazierfahrt längs der Wonne-Golfs.
>
> Nie war ein letzter Spurt gewürzter,
> Nie flog die Disziplin so jach,
> Nie war die Renn-Kritik bestürzter,
> Und süßer nah war nie ein Krach.
>
> Es puffen aus dem Zisch-Ventile
> Parfums von Kriminal-Chemie,
> Im Kilometerfresser-Stile
> Skandiert die Gift-Maschinerie.
>
> Dies ist der schnellste Höllenwagen,
> Der schlingernd über Firnen fliegt,
> Torpedo-Fisch mit Buffo-Fragen,
> Der fernsten Graden angeschmiegt.
>
> Am Mix-Benzin freun sich die Sterne,
> Die Welt ist voll vom feinsten Schnaps,
> Ein Sirup-Tank, Absinth-Cisterne;
> Nun gehts durch süßen Felder-Raps.
>
> Und wie er ihn mit Lust beflügelt,
> So stoppt der Dichter seinen Blitz,
> Entsteigt, die Hosen sehr gebügelt,
> Dem eleganten Pneuma-Witz.
>
> Bald lächelt er im Bistro-Reiche,
> Blaß-kompliziert, in dunkler Box,

Erstaunt gebraucht er viele weiche
‚Algériennes' und viele Grogs.

Vor seinem Gott wirft er sich nieder,
Der diesen Hetzreiz ihm geschenkt,
In halb schon kondensierte Lieder
Den Stampf-Rausch dieses Runs gelenkt.

DER faltet ruhig seine Rippen –:
Sieht ein paar Hosen in Berlin,
Die, unter schminkgewohnten Lippen,
Sich inniger zusammenziehn."[9]

Modernes Dichten und Autofahren werden also parallel gesetzt. Beide Male geht es um höchste, konzentrierteste Aktivität; die Lebensform des bohemehaften Dichters – Frauen, Cafés, Genussmittel – wird durch Autofahren weiter gesteigert und um den „Hetzreiz" erweitert. Das Fahrzeug avanciert zur ultimativen Abenteuermaschine. Ein moderner Text, der ebenfalls Erotik und Motorfahrzeuge kombiniert, ist André Pieyre de Mandiargues' Roman „Das Motorrad"[10] („La motocyclette") von 1963: Die erotisch aufgeladene Fahrt einer jungen Frau aus dem Elsass mit einer schweren Harley-Davidson zu ihrem Heidelberger Geliebten endet mit einem Unfall.

Die geschwindigkeitsbewussten Dichter der technisierten Welt machen sich genauso über die Poeten lustig, die langweilige Landschaften besingen, wie sich die Automobilisten und Kradrennfahrer über die beschaulichen Fußgänger erheben[11]. Das zerfetzte, hektische, atemlose moderne Gedicht der zwanziger Jahre soll dem Rhythmus der hyperaktiven Moderne genauso entsprechen, wie das Tempo der modernen Automobile allegorisch dem geschwindigkeitsbeherrschten Zustand der industrialisierten Welt entspricht. Dichten und schnelles Fahren: beides will zeitgemäß sein und „absolut modern". George Grosz' „Gesang an die Welt" von 1917 zeigt schön diese Parallelen von modernem Leben, modernem lyrischen Rhythmus und Fahren:

„Sammelt euch, boys!!!
Ankurbelt den Benz – 150 km (KA-EM)!
Die Straßenbänder bergab!
Knall auf Motor! [...]
Turbulenz der Welt!"[12]

9 F. Hardekopf, Lesestücke. Berlin 1916, S. 17f.

10 A.P. de Mandiargues, Das Motorrad. Reinbek 1984. Verfilmt von J. Cardiff mit Alain Delon und Marianne Faithful.

11 „[...] und plötzlich sind zwei Radfahrer nicht einverstanden, die vor mir wie zwei überzeugende und sich widersprechende Überlegungen torkeln [...]", F.T. Marinetti, a.a.O. S. 36f.

12 G. Grosz, Paß auf! Hier kommt Grosz! Berlin o.J., o.S.

Noch ein weiterer Topos: Mann und Maschine gehen eine erotische Beziehung ein. Oder sie bilden merkwürdige Mischformen: technisierte Menschengestalten, oder vermenschlichte technische Objekte. Typisch hierfür ist der Roman „L'Ève future" von Villiers de l'Isle-Adam: Diese „Eva der Zukunft" ist eine Kreatur aus „Metallteilen, Zylindern und Zählern", ein erotischer, „fahrbarer" Roboter. Auch in Bengt Paul, „Das Hohelied des Kraftfahrers", ist dieser Blick formuliert:

> „O Geliebte, du ziehst mich zu dir – unwiderstehlich
> wie die Mitte der Landstraße meinen Wagen.
> Der tiefe Glanz deiner Augen ist mild und
> achtunggebietend wie die Verkehrslampen der Straßen-
> kreuzungen und ebenso erregend und
> wechselvoll ihre wunderbare Farbe.
> [...]
> Wie die Schutzbleche eines Autos
> (dessen Motor anspringt)
> beben in der Erregung deine Nasenflügel.
> Deine langen Wimpern gleiten ruhig und schattend über
> deine Augen wie der Regenwischer über die Windschutz-
> scheibe vor meinem Platz.
> Deine Haut ist zarter als der Benzinfilter
> Klein und rund sind deine Knie wie die Kugel des
> Schalthebels. Weich und schwellend ist dein Körper wie sanfte
> Ballonreifen, und deine Brüste sind wohlgeformter als
> die kleinen Scheinwerfer.
> Der Duft deines Haares übertrifft einen heißgelaufenen
> Motor an Wohlgeruch.
> [...]
> O laß unsere Herzen zusammenschlagen, harmonisch wie
> das Pochen der Kolben im Achtzylinder.
> Das Kühlwasser nach einer Tagesfahrt ist flüssige Luft gegen die Glut meiner Leidenschaft!"[13]

Die bekannte Verbindung von Eleganz und Auto kommt auch in den Auto- und Modenschauen der zwanziger Jahre zum Ausdruck. Es entstehen symbolische Parallelisierungen und Verzahnungen von Frauenschönheit und Autoästhetik. Jean-Paul Sartre rekurriert auf solche Erotisierungsvorstellungen, wenn er zum Auto bemerkt: „Man kann sich in einen Apparat verlieben, dessen vorübergehende Belebung eine Art Besitzergreifung zuläßt"[14]. Interessant ist hier die Kombination der Erotisierung des Autos mit der Vorstellung von

---

13 In: Jugend, 35. Jg. 1930, Nr. 20, o.S.

14 J.P. Sartre, Die Kindheit eines Chefs, nach Néret, G./ Poulain, H., Bilder einer Leidenschaft. Autos, Frauen, schöne Künste. Stuttgart 1991, S. 8.

Besitzergreifung: Die Autos haben eine Eigendynamik, aber sie sind zugleich auch beherrschbar und werden zu verlängerten Gliedern der Fahrer. Gegenwärtig gerne gebraucht wird eine Metapher, die von einer Extension des Körpers durch das Gerät Auto ausgeht und es als Erweiterung, Spezialisierung – als Körperprothese – versteht. „There are a few objects that we assume to be extensions of our bodies."[15] Diese Anthropomorphisierungsvorstellung, diese Verschränkung von Vermenschlichung der Maschine und Mechanisierung von Körpern, ist in Zusammenhang zu bringen mit der „Prothesentheorie", der Beschreibung des Autos und des Motorrades als Verlängerung des menschlichen Körpers.

Interessant wird es also auch, wenn Straßenverkehr und Motorfahrzeuge nicht mehr allegorisierend oder metaphorisch dargestellt werden, sondern schon selbst zur Allegorie werden. Die Frage ist demnach nicht nur, mit welchen „Filtern" Motorfahrzeuge dargestellt werden, sondern auch umgekehrt – wie können Autos, oder das Fahren, als Allegorie für etwas anderes stehen? Beispiele für diese Auto-Allegorien: Der Wahlkampf für den Reichstag wird in einer „Simplicissimus"-Karikatur von E. Schilling („Um die höchste Würde / Das Reichspräsidentschaftsrennen der Parteien", 1925) als Autorennen abgebildet[16]. Ein noch früheres Beispiel: Schon 1906 wird die übliche allegorische Darstellung für das Deutsche Reich motorisiert – das „Reichsautomobil" wird von einer bebrillten Germania gefahren[17].

Auch B. Brechts Keunergeschichte „Zwei Fahrer"[18] nutzt das metaphorische Potenzial des Fahrens zur Darstellung von etwas anderem, in diesem Fall der Leistung eines Schauspielers. Dies setzt voraus, dass die kollektive Vertrautheit mit dem Straßenverkehr und seinen Merkmalen sehr hoch ist; man muss die Vergleichspunkte kennen, um die Übertragung leisten und ihren Witz schätzen zu können.

In vergleichbarer Weise funktioniert ein Text des Dadaisten Kurt Schwitters, „Mein neues Motorrad" (1926):

> „Ich fahre ziemlich sicher Rad, aber das strengt so an. Man muß in einem fort treten, wenn man weiter will, und da kam ich auf den Ausweg, mir ein Motorrad anzuschaffen. Das Geld hatte ich auch bald zusammen, und da ließ ich mir das Rad erklären. Der Mann sagte, ganz recht, man müsse alles nacheinander lernen und zeigte mir, wie man ankurbelte. Das war ganz einfach, und ich sage: ‚Lassen Sie mich mal probieren, ob ich es recht verstanden habe'. Also ich setze mich auf den Jaul und kurbele an. Und ganz langsam setzt er sich in Bewegung. Ich winke dem Manne noch zu, der ruft was hinter mir her, dann gondle ich ganz gemütlich ab, durch die Stadt und in den Wald. Na, ich denke: ‚Sollst mal ein wenig absteigen!' und da hatte ich doch vergessen, mir das Stoppen erklären zu lassen. Und der Mann hatte es erst noch ganz voll Benzin gefüllt. Ich denke ‚Das kann ja gut werden', denn ich getraute mir nicht, an der Maschinerie so harmlos herumzufummeln. Wie leicht kann

15 G. Silk, Automobile and Culture. New York 1984, S. 13.
16 Vgl. R. Zeller (Hg.), Das Automobil in der Kunst 1886–1986. München 1986, S. 243.
17 Vgl. R. Zeller, a.a.O. S. 238.
18 B. Brecht, Gesammelte Werke in 20 Bänden. Bd. 12, Prosa 2. Zürich 1976, S. 398f.

son Ding explodieren. Und da frage ich erst einen Radfahrer, der neben mir Schritt hält, wo man das Luder abstellen kann. Ja, der meint, an demselben Hebel, an dem ich es angestellt hätte. Ich danke bestens und stelle ab. Da hatten wir die Schweinerei. Das Tempo hätten Sie mal sehen sollen, mit dem der Jaul jetzt durchbrannte. Ein D-Zug hätte bei weitem nicht Schritt halten können. Das Ding begann zu rasen, und ich mußte krampfhaft die Lenkstange festhalten, und das schüttelte in den Händen, und ich hatte eine unbeschreibliche Angst. Aber der Jaul fuhr in einem Bogen weiter. Und weiter und weiter. Ich hatte keine Ahnung mehr, wo ich mich eigentlich befand. Es ging in sausender Fahrt durch Dörfer und Städte, durch Wälder und über schlüpfrige Wege. In jedem Baum sah ich meinen Leichenstein. Autos wichen mir scheu aus, die Leute riefen hinter mir her, und ich sauste und sauste. Das war wirklich knorke. Ich fragte vergeblich die Passanten, ob sie mir nicht sagen könnten, wie ich den Jaul abstellen könnte, entweder hörten die mich nicht, oder ich verstand nicht ihre Antwort. Das war ein unbeschreibliches Elend. Und nun wurde es auch noch dunkel zu allem Elend. Und ich hatte kein Licht. Und in der Dunkelheit schien es mir, als ob ich immer schneller und schneller führe. Ich machte schon mein Testament und vermachte den Jaul meinem Erzfeinde. Ich denke, wenn ich nur nicht jetzt durch eine Großstadt muß. Da kommt schon eine. Überall rufen mir Schupos etwas zu. Ich fahre weiter. Die scheinen sich nun gegenseitig verständigt zu haben, denn überall, aber auch überall treten sie mir in den Weg. Und mit einem Male läßt das Tempo nach. Das Benzin muß dem Jaul wohl ausgegangen gewesen sein. Es röchelt noch, dann legt er sich auf die Seite, und ein Schupo umfängt mich. Ich danke ihm als meinem Lebensretter, nenne ihn: ‚Holder Engel', aber vollständig ohne Gegenliebe. Der schleppt mich zur Wache, und da haben sie mich 14 Tage eingebrummt. Aber dennoch hat sich Bolle ganz vorzüglich amüsiert."[19]

Schwitters' Text über das durchgehende Motorrad kann oberflächlich als Erzählung eines Berliner Kleinbürgers der zwanziger Jahre gelesen werden, der als „first time driver" traumatische Erfahrungen mit einem unvertrauten Gefährt macht. Doch es handelt sich hierbei um Literatur; der kurze Text kann ebensogut interpretiert werden als poetische Gestaltung übermächtiger Mechanik, die nicht mehr beherrschbar ist. In typisch Schwitters'scher Manier die Grenze zur Albernheit streifend, avanciert hier die Motorradfahrt, die in alltags- und umgangssprachlich gefärbter Rollenprosa dargestellt wird, allegorisch zum Ritt auf dem Tiger der autonom gewordenen Technik. Nicht anhalten können scheint hier nicht nur eine kleine bürgerliche Katastrophe, sondern ein Phänomen der gesamten technischen Gesellschaft.

Zu erwähnen ist noch ein anderer wichtiger Gegenstandsbereich der Fahrzeugliteratur der zwanziger Jahre: das Fließband. Nicht das Produkt, sondern die Produktion gerät in den Blick von Autoren wie Ilja Ehrenburg[20] oder Egon Erwin Kisch[21]. Das laufende Band avanciert zum Symbol für „Amerikanismus" und „Fordismus", also auch für die Erscheinungsformen der kapitalistischen Produktionsweise, die die Arbeiter zu Anhängseln eines automatisierten, gnadenlos mechanischen Systems macht. In der Perspektive von Ehrenburgs „Das Leben der Autos" (Originaltitel „10 PS", 1930) verdeckt das attraktive, ersehnte Produkt die dahinterstehende ausbeuterische Fließbandarbeit; sein Roman möchte

19 K. Schwitters, Das literarische Werk. Bd. 2, Prosa 1918–1930, hrsg. v. F. Lach. Köln 1974, S. 269f.
20 I. Ehrenburg, Das Leben der Autos. Stuttgart 1983.
21 E.E. Kisch, Bei Ford in Detroit. Paradies Amerika. Berlin / Weimar (4) 1984.

das gesamte System von Rationalisierung, Produktionsbedingungen, Ausbeutung und Vermarktung thematisieren, das bei einer Fixierung auf das Fahrzeug unsichtbar bliebe.

Aber wieder zurück zur Typologie der Bildlichkeit für die Wahrnehmung und Darstellung von Autos und Motorrädern. Zu den kulturell vorgeprägten Bildern, um schnelles Fahren mit Motorfahrzeugen zu verstehen und zu gestalten, gehört der Rauschtopos: Schnelles Fahren wird beschrieben als Geschwindigkeitsrausch; das Auto verändert – genau wie die Droge – die Psyche und die gesamte Wahrnehmung des Menschen, zwingt ihn zu höchster Konzentration, ruft Zustände hervor, die nicht immer kontrollierbar sind, bewirkt eine Steigerung der Emotionen und konditioniert ihn letztlich für die bislang unerhörten Anforderungen der modernen durchtechnisierten Welt. Rauschartiges Fahren ist Vorbereitung auf die psychischen Zumutungen der Industrialisierung – und deren symbolischer Ausdruck.

Das geht bis ins Physiognomische: die Theorie des konzentrierten „Geschwindigkeitsgesichts", die Maskenhaftigkeit von Kappe und Schutzbrille als Physiognomie der Moderne – und das begegnet einem in der Kunst wieder, etwa in den Figurinen Oskar Schlemmers oder in Hoerles typisierten Menschen.

Dabei kann sowohl das Fahren in der Großstadt als auch über Land die Funktion des „technoromantischen Abenteuers" erfüllen: Abenteuer ist die Teilnahme am quirligen, hektischen Straßenleben der modernen Stadt, oder auch das einsame „Kilometerfressen" auf der Landstraße mit ihren unberechenbaren Geschehnissen. Im ersten Fall ist der Autofahrer der motorisierte Nachfahre des Flaneurs, der sich Kicks und Kitzel im Dschungel der Großstadt verschafft. In Walter Mehrings Gedicht „Berlin Simultan"[22] (1920) z.B. fungiert „im Autodreß ein selfmade-gent" als prototypischer Großstadtmensch.

Im anderen Fall ist der Chauffeur der Nachfahre des „frei schweifenden" romantischen Wanderers, der „fahrende Dichter" mit dreißig PS. Das Auto schafft erst die Bedingung für die Möglichkeit des Naturgenusses; diese Vorstellung wird hier wiederum gekoppelt mit der Vorstellung des Autos als Fabeltier: „dieses sagenhafte Einhorn, das mich stoßgedämpft davonträgt, den Kopf frei, geschärften Blickes für die Schönheiten der Natur"[23]. In einem anonymen Gedicht schon von 1898 heißt es: „Durch die Auen, über Berge / Jaget ihn die eigne Stärke / Sturmesgleich und Wunderwerke / Ohne Zahl er herrlich schafft"[24]. O.J. Bierbaum will den Leser seiner „Empfindsamen Reise im Automobil von Berlin nach Sorrent und zurück an den Rhein" (1902) davon überzeugen,

22 W. Mehring, Chronik der Lustbarkeiten. Die Gedichte, Lieder und Chansons 1918–1933. Frankfurt/Main / Berlin / Wien 1983.

23 O. Mirbeau, zit. nach G. Neret, a.a.O. S. 24.

24 Zit. nach C. Graf v. Klinckowstroem, Knaurs Geschichte der Technik. München / Zürich 1959, S. 333f.

> „daß wir jetzt im Automobil das Mittel an der Hand haben, die Kunst des Reisens aufs neue zu pflegen und noch weiter zu führen, als es ihr in der Zeit der Reisekutschen beschieden gewesen ist, denen unsere Vorfahren Genüsse zu verdanken gehabt haben, wie sie der Eisenbahnreisende nicht einmal ahnt"[25].

Doch es gibt Dichter, die noch einen Schritt weiter gehen und diese Parallelität von Dichten und Fahren aufheben: Motorfahrzeuge sind nun der Dichtung prinzipiell überlegen und viel spannender als Gedichte. Octave Mirbeau etwa spielt das Auto gegen die traditionelle Literatur und Kunst aus und betont dessen Überlegenheit für Anschauung und Genuss: Das Motorfahrzeug, sagt er, ist

> „mir lieber, aufschlußreicher, nützlicher als meine Bibliothek, auf deren Regalen die geschlossnen Bücher schlummern, als meine Bilder, die neuerdings überall um mich herum den Tod an die Wand malen. [...] In meinem Auto habe ich all das und besser, weil beweglich, quirlig, vergänglich, veränderlich, schwindelerregend, unbegrenzt, unendlich"[26].

F.T. Marinettis schon zitiertes Ausspielen eines Autos gegen eine klassische griechische Skulptur ist hier auch signifikant.

Doch die Klassik selbst, oder vielmehr deren populäre und triviale Verarbeitung, hat ein umfangreiches Repertoire zur Darstellung von Vehikeln geliefert. Fragen wir nach der Sprache und Bildlichkeit, die Dichtern für Autos und Motorräder zur Verfügung steht oder auch von ihnen verfügbar gemacht wird, so fällt insbesondere die Mythisierung des Motorfahrzeugs auf: Die Mytheninflation der Jahrhundertwende verschonte auch das Auto nicht. Von den Namen der Vehikel – Benz' „Parsifal" oder „Phoenix" – und den Siegesgöttinnen als Kühlerfiguren zu den lorbeerumkränzten Trophäen der Motorrad-Rennsieger ist das frühe Motorvehikel von historisierenden Götter- und Mythengestalten umgeben, die allerdings Attribute des neuen Verkehrsmittels bekommen. Images vom Fahrer als modernem Ritter, dessen Fahrzeug zum Streitross wird, sind hier ebenso zu finden wie Aktualisierungen klassischer Siegerposen.

Eigentlich ist dies ein paradoxer Vorgang: Das Industrieprodukt Auto, hochmechanisch, hochtechnologisch, neue Geschwindigkeitserfahrungen vermittelnd, wird mit dem Personal und den Requisiten der alten europäischen Allegorien gekoppelt. Doch die Funktion dieser Art von Gestaltung ist klar erkennbar: Durch die altbekannten Nymphen, Göttinnen oder andere Personifikationen versucht man, Motorfahrzeuge kulturell zu integrieren und in die scheinbar gesicherte Normalität und Verstehbarkeit der Jahrhundertwende-Kultur hereinzuholen, in der sie anfangs Fremdkörper waren.

Motorfahrzeuge werden zunehmend auch als Lebewesen dargestellt, als Vertreter der zweiten Natur, in verschiedenen Stadien der Verlebendigung. Nochmals Marinetti: „Wir

---

25 O.J. Bierbaum, Automobilia. Reiseskizzen und Betrachtungen aus den Kindertagen des Automobils. Ausgewählt und mit einem Nachwort versehen von M. Krause. Bonn 1988, S. 10.

26 O. Mirbeau, zit. nach G. Neret, a.a.O. S. 24.

wollen in der Literatur das Leben eines Motors geben, dieses neuen instinktiven Tieres [...]"[27]. Autos und Motorräder sind einmal Pferdersatz: „das Pferd ist tot, und das Glück dieser Erde liegt von nun an auf dem Sitz des Motor-Dreirades von De Dion und Bouton"[28]. Auch Schwitters' „Jaul" ist hier nochmals zu erwähnen. In der Ikonographie des Fahrens erscheinen die Fahrer demnach auch als „moderne Kentauren", die die mechanisierten Reittiere beherrschen und mit ihnen zur organisch-mechanischen Einheit verschmelzen.

Zum anderen aber erscheinen Fahrzeuge als autonome Wesen, die nicht mehr der Vorbilder der Natur bedürfen, die sprechen und beziehungsfähig sind. Anthropomorphisierung findet also statt. Der Bildhauer Alberto Giacometti wurde danach gefragt, ob ein Auto eine Skulptur sei. Er verneinte dies: „The car is [...] functioning with its eyes, its mouth, its heart, its innards, eating and drinking, running until it breaks down, a strange imitation of living beings. But the automobile, like any other mechanical object, has nothing to do with sculpture"[29].

Autos erscheinen, wie erwähnt, auch als Quasi-Menschen, zu denen sogar eine erotische Beziehung eingegangen werden kann. Der italienische Futurist Umberto Boccioni stellte 1913 fest: „Ein Ventil, das sich öffnet und schließt, schafft einen mit dem Lidschlag verglichen genauso schönen, jedoch unendlich neueren Rhythmus"[30]. Zwei Texte, in denen anthropomorphisierte Autos selbst den Leser anreden:

> „Wir fressen Öl, Benzin und Kilometer
> und brechen immer wieder den Rekord.
> Wir dienen dem Geschäft, der Lust und später
> auch noch (in Schwarz) den Leichen zum Transport.
>
> Das Tempo trommelt laut in unsren Flanken.
> Wir haben Augen aus Metall und Glas
> Und wenn wir hungrig sind, läßt man uns tanken.
> Durch unsre Poren rieselt Kraft aus Gas.
>
> Wir sind die losgeschnellten scharfen Pfeile
> der Jagd nach Glück und Geld. Wir ziehn und fliehn.
> Man peitscht uns auf. Wir haben immer Eile
> und sind der Sieg der Zeit und ihr Ruin."[31]

---

27 F.T. Marinetti, Technisches Manifest der futuristischen Literatur, zit. nach P. Pörtner, a.a.O. S. 52.
28 A. Allais, zit. nach G. Neret, a.a.O. S. 14.
29 Zit. nach G. Silk, a.a.O. S. 129.
30 Zit. nach G. Neret, a.a.O. S. 61.
31 H. Strutz, Lied der Automobile. In: Jugend 1930, Nr. 34, S. 310.

Singende Steyrwägen
„Wir stammen
Aus einer Waffenfabrik
Unser kleiner Bruder ist
Der Manlicherstutzen.
Unsere Mutter aber
Eine steyrische Erzgrube.

Wir haben:
Sechs Zylinder und dreißig Pferdekräfte.
Wir wiegen:
Zweiundzwanzig Zentner.
Unser Radstand beträgt:
Drei Meter.
Jedes Hinterrad schwingt geteilt für sich: wir haben
Eine Schwenkachse.
Wir liegen in der Kurve wie Klebestreifen.
Unser Motor ist:
Ein denkendes Erz.

Mensch, fahre uns!!

Wir fahren dich so ohne Erschütterung
Daß du glaubst, du liegst
In einem Wasser.
Wir fahren dich so leicht hin
Daß du glaubst, du mußt uns
Mit deinem Daumen auf den Boden drücken und
So lautlos fahren wir dich
Daß du glaubst, du fährst
Deines Wagens Schatten.“[32]

Manche Dichter gingen so weit, das Auto quasi als Heiligtum zu beschreiben. Schließlich tauchen Motorfahrzeuge poetisch als Gottheiten auf: Für Léger ändert die neue „Gottheit mit ihrer Schleppe aus Rauch und Staub [...] das gewöhnliche Aussehen der Dinge [...] und die Landschaft wird zweitrangig und dekorativ“[33]. Diese Sakralisierung erfordert andächtiges Verhalten vor der Geschwindigkeitsmaschine, wie es – nicht ganz unironisch – im „Gebet der Autobesitzer“ zum Ausdruck kommt: „[...] Gib uns unser tägliches Benzin, vergib uns das Schnellfahren, wie auch wir vergeben den Fußgängern, und erlöse uns von allen Autosteuern“[34].

---

32 B. Brecht, Gesammelte Werke in 20 Bänden. Bd. 8, Gedichte 1. Zürich 1976, S. 318.
33 Zit. nach Neret, a.a.O. S. 62.
34 In: Jugend 1930, S. 311.

Um ein Fazit zu ziehen: Auto- und Motorraddichtung leistet häufig eine Mechanisierung und Motorisierung alter Wertvorstellungen der bürgerlichen Kultur. Auf den Punkt gebracht hat dies Gerald Silk: „What is then the car? It is, I think, the flesh given to that old phantom: personal freedom, individual liberty. It is the twentieth-century realization of the great romantic nineteenth-century dream: personal independence.“[35]

Bisher haben wir ausschließlich Aufwertungs-Bildlichkeit betrachtet; die Relevanz, der Wert und die Wichtigkeit des Motorfahrzeugs war selbstverständlich, zumindest in dieser Frühphase. Zu fragen ist nun, ab wann Autos und Motorräder auch mit negativen gesellschaftlichen Phänomenen wie sozialem Abstieg und Verelendung korreliert werden konnten. Meiner Meinung nach geschieht dies erstmals während der Weltwirtschaftskrise in den USA: Das „Auto für das Existenzminimum“ hatte sich dort so weit durchgesetzt, dass sogar nach der Verarmung bäuerlicher Schichten man sich weiterhin Wagen leisten konnte. Bekannt wurden in den dreißiger Jahren Bilder der „Okies“, durch Preisverfall und Naturkatastrophen vom Land vertriebener Bauern, die mit und in ihren Fahrzeugen lebten. Bilder wie Dorothea Langes „Wandernder mexikanischer Landarbeiter“[36] (1937) zeigten einen Typus motorisierter Verelendung. Hier endet die erste Phase der Verliebtheit der Dichter in Motorfahrzeuge.

Komplexe Formen kultureller Verarbeitung begleiteten also das Motorfahrzeug auf dem langen Weg von der außerordentlichen „Abenteuermaschine“ zum Alltagsgegenstand – doch das Auto war stets mehr als dies. Aus den Zitaten dürfte so recht klar geworden sein, dass Motorfahrzeuge schon in den zwanziger Jahren keine Transportmittel waren, sondern Wunschmaschinen. Wenn man sie als Transportmittel beschreiben möchte, dann nicht nur als Mittel zum Transport von Personen, sondern von Wünschen, Ideen und Images. Autos und Motorräder sind seit ihren Anfängen Maschinen, die die bürgerlichen Träume von Unabhängigkeit, Status, Naturgenuss und Besitz in perfekter Weise zu erfüllen scheinen. Bierbaums etwas rätselhaftes Diktum von 1902, das Automobil bringe uns zurück zu Goethe und es gelte „beim Automobil, mit neuen Mitteln den Anschluß an alte Kultur zu finden“[37], könnte somit verständlich werden. Die massenhafte Erfüllung dieser Wünsche, die Vollausstattung der westlichen Gesellschaften mit der Freiheits- und Abenteuermaschine, hat jedoch, wie wir alle wissen, Hunderttausende Tote gefordert, massenhafte Umweltprobleme hervorgerufen und in den Massenstau geführt.

35 G. Silk, a.a.O. S. 13.
36 R. Zeller, a.a.O. S. 78.
37 O.J. Bierbaum, a.a.O. S. 148.

Zwischen Systemopposition und Systemteilnahme

Sicherheit und Risiko im motorisierten Straßenverkehr 1890–1930

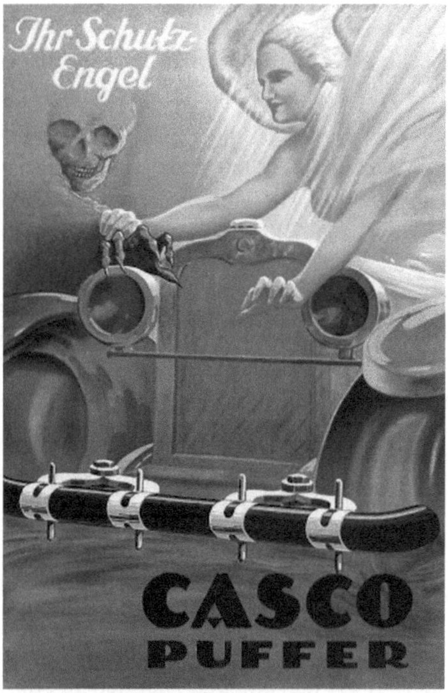

Ich möchte einige Gedanken und Materialien zur Interpretation der Diffusion des frühen Benzinwagens vorlegen, die möglicherweise etwas quer zur Thematik der Tagung liegen mögen. Doch ich denke, dass ich damit eine wichtige Linie verfolge, die für die Durchsetzung des Autos vor 1914 und für seinen unwahrscheinlichen Erfolg mitverantwortlich war. Natürlich ist dies nur einer der Stränge, der jedoch in der – stark aus heutiger Sicht geführten – Diskussion über die Entwicklung der Sicherheit im Straßenverkehr zu kurz zu kommen scheint.

Dass ein wesentlicher Faktor bei der Systemdurchsetzung des motorisierten Straßenfahrzeugs die Distanzierung von einem zeitlich und räumlich restringierenden System, der Eisenbahn, war, dürfte unbestritten sein. Die Konzeption des abenteuerlichen, individuellen Fahrens scheinbar ohne Systemzwänge machte die Attraktivität des frühen Benzin-Motorwagens aus. Diese Faktoren der Durchsetzung eines Verkehrssystems, der Erfolgsgeschichte des Motorfahrzeugs, möchte ich kontextualisieren.

Die Verkehrshistoriker haben das frühe Auto oft nur als technisches Artefakt betrachtet und allenfalls in engere technische Kontexte gestellt. Die Einbettung der Autokultur in umfassendere historische Zusammenhänge steht erst am Anfang. Unberücksichtigt bleibt häufig, auf welche verkehrssystemischen Zustände das frühe Auto traf, aber auch auf welche kulturellen Wertsysteme und politische Situationen. Desiderat bleibt etwa die Betrachtung des frühen Autos im Kontext mit dem frühen Flugzeug und anderen technischen Sportgeräten. Die Forschung zu diesem Thema leidet unter einer Sparten-Beschränktheit der Transporthistoriker, die schon John Ransom beklagt hatte[1]. Die Defizite bei der Einbeziehung der Kulturgeschichte dieser Zeit sind noch evidenter.

Ich möchte einige Kontexte der Autokultur der ersten Jahrzehnte aufzeigen, und zwar unter dem Blickwinkel des Tagungsthemas Sicherheit. Diese Fragestellung ist für das Auto um 1910 eigentlich eine inadäquate, weil moderne. Eine artefaktbezogene Sicherheitsdebatte, wie wir sie kennen, existierte im Kaiserreich kaum, obwohl das Auto gerade von seinen Gegnern als höchst gefährlich, als verkehrsgefährdend beschrieben und diffamiert wurde. Der gefährliche Charakter des Autos in der Einführungsphase, der mit dem systemablehenenden zusammenhängt, soll nun in den Kontext der Gefahrbewertung und -wahrnehmung der europäischen Kultur um 1910 gestellt werden. Ich möchte also einige Bemerkungen zum Thema Motorkultur und Gewaltkultur vor 1914 machen und den Benzin-Motorwagen in den Kontext kultureller Wertvorstellungen, zeitgenössischer Wünsche und Obsessionen stellen. Die Frage des Risikos im Umgang mit dem Automobil soll dabei nicht als individuelle Risikobereitschaft, als Disposition einzelner Fahrer betrachtet werden, sondern in ihren gesellschaftlichen Zusammenhängen.

Einige Stichworte zu der kulturellen Gewalt- und Gefahrfaszination in Deutschland vor dem Ersten Weltkrieg: Auf der kollektiven wie auf der individuellen Ebene war Gewalt und Gefahr keinesfalls, wie heute, verpönt oder gar tabuisiert, sondern eher normal, sogar prestigeträchtig. Duelle standen zwar unter Strafe, waren aber noch verbreitet. Harte militärische Ausbildung – für Mannschaften wie für Offiziere – war obligatorisch, gesellschaftlich unverzichtbar und wurde später in Reservistenvereinen sentimental erinnert. Die Mehrzahl der Akademiker ging durch das Gewaltritual der Mensur. Der „Risikogedanke“ war auch in der großen Politik verbreitet, gekoppelt mit Vorstellungen der Verteidigung der „nationalen Ehre“. Sozialdarwinistisches Gedankengut gehörte, quer durch alle politischen Richtungen, zum Standard der Argumentation. Gewalt galt zudem als legitimes Mittel von Außenpolitik, etwa bei der Gewinnung von Kolonien. Deutschland führte 1904 den blutigen Hererokrieg. Im Krieg selbst sollte die Offensive die einzig ehrenvolle operative Form werden. Der große „Kladderadatsch“, der allgemeine europäische Krieg, wurde längst vor 1914 allgemein erwartet und intensiv vorbereitet. Nicht nur das enorme politische Risikoverhalten der Regierung, etwa durch den Flottenbau, ist hier zu nennen, sondern auch die hohe individuelle Risiko- und Gefahrakzeptanz. Sozial, politisch und individuell war Gewalt normal, ja sogar prestigeträchtig.

Nimmt man an, dass alle diese Faktoren im Zusammenhang stehen mit den sozialen Spannungen der Zeit, mit der wilhelminischen „Aufsteigergesellschaft“, mit der akzeptierten Gesellschaftsideologie des Sozialdarwinismus, die den „Kampf ums Dasein“ pries und die dem verbreiteten individuellen Ellenbogenverhalten Legitimation verschaffte, dann kommt dem Automobil eine hohe Signifikanz zu. Denn in die so gestimmte Gesellschaft fiel die Diffusion des Benzinwagens. Natürlich fand sich diese „Aggressionskultur“ nur

1 Vgl. P.J.G. Ransom, Archaeology of the Transport Reevolution. London 1984, S. 11.

bei bestimmten sozialen Gruppen im wilhelminischen Deutschland, aber – dies ist meine These – eben gerade bei denen, die als Protagonisten, Käufer und Fahrer des neuen Vehikels auftraten. Die soziale Signalwirkung des Autos war durchaus ambivalent: Das frühe Automobil vermittelte seinen Besitzern Status, aber einen spezifischen: Sie konnten sich durch Modernität abheben. Für die Gesellschaft und die Individuen konnte so das Auto zum Symbolobjekt werden. Die wilhelminische Gesellschaft war noch stärker als die anderer europäischer Staaten charakterisiert durch Spannungen zwischen den Vertretern des Alten und den neuen technischen und wirtschaftlichen Eliten, die die eigentlichen Träger des frühen Automobilismus waren.

Diese Korrelation von innovativer technischer Mobilität und sozialer Rücksichtslosigkeit wird nicht nur in der Forschung betont, sondern wurde von vielen Zeitgenossen gesehen. Konkret: Rücksichtslosigkeit auf der Straße wurde von vielen Verteidigern des alten, zivilisierteren, vor „technogenen" Typus des Straßenverkehrs identifiziert mit Arroganz und Durchsetzungsfähigkeit, einhergehend mit aufsteigender sozialer Mobilität, deren Träger „not gentlemen" (The Times 1905) waren. Das Auto war demnach das Medium für Personen mit den aus konservativer Sicht zweifelhaften Qualitäten des Parvenütums, Neureichenverhalten und sozialem Aufsteigertum. Hierin passte sich der Automobilismus in Deutschland dem in Frankreich und Großbritannien an. Dass, wie viele Zeitgenossen kritisch bemerkten, gestandene Bürger zu rücksichtslosen Automobilisten, zu aggressiven Fahrern werden, sobald sie hinter dem Steuer sitzen, bedarf für das frühe Automobil einer Erklärung, die nicht nur – wie oft vorgebracht – individualpsychologisch ist, sondern die die gesellschaftlichen Kontexte einbezieht.

Dieser Aggressionscharakter des neuen Fahrzeugs konnte nun funktionalisiert werden, nicht zuletzt von denen, die provokativ wirken wollten. So wurde das Auto, ausgehend von französischen Vorbildern, europaweit von Vertretern der künstlerischen Moderne zum Schockieren, zum „épater le bourgeois", eingesetzt. Italienische Futuristen, deutsche Expressionisten, aber auch Pariser Flaneure fuhren gern, schnell und gefährlich Auto. Der deutsche Lyriker Ferdinand Hardekopf schrieb 1912:

> „Nie war ein letzter Spurt gewürzter,
> Nie flog die Disziplin so jach,
> Nie war die Renn-Kritik bestürzter,
> Und süßer nah war nie ein Krach."[2]

Und umgekehrt waren Autos anfangs für Bürger, die ein solides Image präsentieren wollten oder mussten, eher suspekt. Rudolf Diesel zögerte aus diesen Gründen lange, ein Automobil zu kaufen.

2 F. Hardekopf, Lesestücke. Berlin 1916, S. 17f.

Dies hatte Rückwirkungen auf die technische Ausgestaltung von Automobilen. Den Druck durch Nutzeranforderungen, Fahrzeuge zu bauen, mit denen schnell, aggressiv und „sportlich" gefahren werden konnte, spürte spätestens nach 1900 jeder Hersteller. Die Firma Benz in Mannheim geriet 1901/02 in eine Absatzkrise, weil sie, gemäß den Überzeugungen des Gründers Carl Benz, an zuverlässigen, bequemen, aber vergleichsweise „zahmen" Fahrzeugen festhielt.[3] Doch sie beugte sich schließlich diesem Käufertrend und baute, nach Einstellung des französischen Konstrukteurs Marius Barbarou, auch „sportliche" Fahrzeuge. Schließlich warb sie ebenfalls, unter Druck der Konkurrenz, mit Rennerfolgen und Geschwindigkeitsrekorden, deren spektakulärster sicher der Weltrekord durch den „Blitzen-Benz" 1909 war. Benz nahm gegen diesen Trend noch später in seiner Autobiographie Stellung:

> „Freilich sind die Rennen, bei denen ‚höchste Geschwindigkeit' ausschließlich die Losung war, nie mein Ideal gewesen [...]. Gewiß hatten die Geschwindigkeitsrennen der reklamefreudigen Franzosen eine ungeheure werbende Kraft. Gewiß haben die Rennen der ersten 10–15 Jahre Schlag auf Schlag umwälzende Fortschritte gezeitigt [...]. Als aber die Geschwindigkeit eine solche Steigerung erfuhr, daß der Rennerfolg neben der Güte des Wagens vor allen Dingen auch von der knochenriskierenden Waghalsigkeit des Wettfahrers abhängig war, da machte sich der ‚Landstraßenwahnsinn' unbeliebt bei Behörde und Bevölkerung, ja sogar auch in der Industrie."[4]

Das Benzinauto steht also für die Möglichkeit, im Alltag die neuen Werte der sozialen Mobilität oder auch des provokativen Künstlertums zu signalisieren und zu symbolisieren und sie tatsächlich auch auszuleben. Es bot die Möglichkeit, als abenteuerliches, gefährliches, individuelles, scheinbar systemfernes Vehikel das optimale Medium neuer sozialer Gruppen zu werden. Die Gefahr durch Geschwindigkeit, das Abenteuer der Landstraße, das Risiko, sind systemopponierende und damit attraktivitätserhöhende Merkmale des frühen Benzinautos. Dessen Gefährlichkeit – oder besser, der riskante Gebrauch – war also kein Hinderungsgrund bei der Technologiediffusion, sondern eher ein bestärkender Faktor, der bei der Ausbreitung mitwirkte. Unsicherheit und inhärentes Risiko konnten als Qualität, nicht etwa als Defizit, verbucht werden. Sie be- oder verhinderten nicht die Diffusion des Benzinautomobils, sondern waren attraktiv.

Der britische Militärhistoriker John Keegan stellt die Frage, warum eine Oberklasse, die nicht arbeiten musste, über Jahrhunderte das tödliche Risiko des Krieges, oder die lustvolle Vorbereitung darauf, als faszinierendste Beschäftigung betrieben hat[5]. Ähnlich versucht der amerikanische Literat Tom Wolfe die Faszination amerikanischer Jungs durch Testpiloten und Trägerjagdflieger in „The Truest Sport" zu erklären. Der Zusammenhang

---

3 „Dennoch weigerte sich Carl Benz, Fahrzeuge mit wesentlich mehr Leistung und Geschwindigkeit zu bauen, weil er darin nach wie vor eine ungute Fehlentwicklung sah". Zit. nach Oswald.

4 C. Benz, a.a.O. S. 118f.

5 Siehe J. Keegan, The Face of Battle. New York 1978.

von Muße, demonstrativem Konsum im Sinn Thorstein Veblens[6], Risiko und Geschwindigkeitsfaszination beim frühen Auto ist noch nicht erforscht.

Ernst Jünger stellte schon in den zwanziger Jahren die generelle Frage zur prinzipiellen Risikohaltigkeit moderner Technik:

> „Auch die Geschichte der Erfindungen stellt uns immer deutlicher die Frage, ob ein Raum der absoluten Bequemlichkeit oder ein Raum der absoluten Gefahr das verborgene Endziel der Technik ist. Ganz abgesehen davon, so daß es kaum eine Maschine, kaum eine Wissenschaft gab, die nicht schon im Weltkriege eine mittelbar oder unmittelbar gefährliche Funktion besaß, haben bereits neue Erfindungen, wie die des Automobilmotors, größere Verluste im Gefolge gehabt als jeder noch so blutige Krieg."[7]

Etwas später, im „Arbeiter" von 1932, identifiziert Jünger den spezifisch modernen Typus des „Arbeiters" mit Risikofaszination und Geschwindigkeitslust:

> „[S]o erscheint das Schicksal [...] in enger Beziehung zur Ziffernwelt. Dies verleiht ihm einen besonderen Anstrich von Notwendigkeit. Man kann dies gefühlsmäßig, sei es an sich selbst oder anderen, feststellen, wo die Nähe des Todes im Zusammenhang mit hohen Geschwindigkeiten erscheint. Die Geschwindigkeit erzeugt eine Art von nüchternem Rausch, und ein Rudel von Rennfahrern, von denen jeder Einzelne wie eine Puppe am Steuer sitzt, gibt einen Eindruck der seltsamen Mischung von Präzision und Gefahr, die für die gesteigerten Bewegungen des Typus eigentümlich ist."[8]

Gefahr – besonders diejenige, die mit der Motorisierung gekoppelt ist – bekommt also eine neue Dimension für die moderne Epoche: Sie wird konstitutiv. Jünger argumentiert, dass vor 1914 nur diejenigen, die eine Beziehung zum „Elementaren" hatten, die Gefahr schätzten, wie Krieger, Verbrecher oder Rennfahrer. Seit dem Ersten Weltkrieg jedoch wird „die Gefahr nicht mehr das Ziel einer romantischen Opposition, sondern [...] Wirklichkeit, und es war nunmehr die Aufgabe des Bürgers, sich dieser Wirklichkeit durch die Flucht in die Utopie der Sicherheit zu entziehen."[9]

Wenn diese gesellschaftskonstitutiv gewordene Gefahr nach Jünger also Kennzeichen der Moderne geworden ist, geht es um ihre „heroische Akzeptanz". Die Gefahren der Motorisierung müssen somit einkalkuliert werden; jeder Versuch ihrer Eindämmung wäre unsinnig oder regressiv. Demnach müsste das, was heute als (aktive) „Sicherheitstechnik", wie bessere Bremsen und Fahrwerk, firmiert, allenfalls als Voraussetzung gelten, um schneller und damit riskanter fahren zu können. Das Entwicklungsziel der Ergonomie, das Entwicklungsziel des „Cyborg", oder, wie Jünger es nennt, den „Kentauren", also die perfekte Mensch-Fahrmaschine-Einheit, hat in der Frühphase erst einmal mit Sicherheit

---

6 T. Veblen, The Theory of the Leisure Class. Bremen 2010.

7 E. Jünger, Über die Gefahr. In: F. Bucholz (Hg.), Der gefährliche Augenblick. Berlin 1931, S. 11–16, S. 15.

8 E. Jünger, Der Arbeiter. Herrschaft und Gestalt. Stuttgart 1982, S. 148.

9 E. Jünger, Über die Gefahr. In: F. Bucholz (Hg.), Der gefährliche Augenblick. Berlin 1931, S. 11–16, S. 12.

nichts zu tun – ganz im Gegenteil: „Dort, wo der Mensch im engen – kentaurischen – Zusammenhang mit seinen technischen Mitteln zu erblicken ist.“[10], wird erst die Bedingung für die Möglichkeit des Näher-Herantastens an die Gefahr gegeben. Dies ist die Januskopfigkeit „ergonomischer“ Optimierung, die in der frühen Phase des Automobils zu einer intimeren Gefahr-Annäherung eingesetzt wurde. Unsicherheit und Risiko beim Auto dieser Periode wären dann nicht akzidenziell, als Normabweichung, zu sehen, sondern als inhärent. Das gesellschaftlich funktionale und hochgeschätzte Risiko wäre dann die eigentliche Normalität.

Nun zu den konkreten Auswirkungen in Stichworten: Der Lehrbuchautor „Filius“ identifizierte um 1920 verschiedene Risikotypen des Straßenverkehrs: vom problematischen Fahrverhalten der Automobile auf problematischen Straßen, über die gefährlichen Verhaltensweisen der Straßenumwelt – Kinder und Tiere, die dem Auto nicht automatisch ausweichen, Fuhrleute, die ihr Recht auf den Straßenraum nicht aufgeben wollen – über Rivalitätsverhalten anderer Automobilisten bis hin zu technischen Pannen. Mit all diesen Risiken und Gefahrtypen entwickelten die frühen Chauffeure einen heroischen Umgangscode: von der „Beherrschung“ des schwer zu fahrenden Fahrzeugs, dem Einstellen auf tückisches Fahrverhalten, dem „Besiegen“ der Gefahren der Straße, über Disziplinierung und erzwungene Unterordnung unmotorisierter Verkehrsteilnehmer, etwa durch „Autopeitschen“, bis zum „Besiegen“ langsamerer Fahrer. In diesem Kontext kann sogar das Bewältigen von Pannen als heroischer Akt gesehen werden, über den stolz berichtet wird, als Teil des spezifischen Fahrerlebnisses[11].

Besonders signifikant ist schließlich das Paradigma des bestandenen Unfalls. Die durch ihn erlittenen Blessuren wurden häufig parallelisiert mit Kriegsverwundungen und partizipieren an ihrem gesellschaftlichen Prestige. Der Unfall mit Auto, Motorrad oder Fahrrad erscheint als selbstverständlicher Preis für den erwünschten fahrerischen Selbstgenuss, die Risikosteigerung erscheint als Voraussetzung für jede Luststeigerung. Der Unfall des „motorisierten Übermenschen“ wird vor 1914 mit verschiedenen zeittypischen Darstellungsmitteln wie Mythisierung, Heroisierung und Sakralisierung präsentiert. Die Toten der Rennen waren die „Opfer“ des technischen Fortschritts. Der französische Bildhauer Aimée-Jules Dalou schuf beispielsweise 1896 „ein Monument für ein Opfer des Automobilismus“, ein allegorisiertes Denkmal für den tödlich verunglückten Autokonstrukteur und Rennfahrer Émile Levassor und holten ihn damit als nationalen Helden des frühen Automobilismus ins französische Pantheon. Hier gibt es Berührungspunkte mit der frühen Fliegerei: Der überlebte Absturz ist ein beliebter Topos in der Literatur. Das Unfallrisiko als Faktor der Gefahrlust wird etwa auch in Filippo Marinettis „Futuristischem Manifest“ von 1912 eingesetzt. Dieser ästhetisierte Unfall steht in der Tradition

10 E. Jünger, Der Arbeiter, S. 126.

11 Vgl. dazu G. Bayerl, Die Erfindung des Autofahrens. Technik als Repräsentation, Abenteuer und Sport. In: G. Bayerl / W. Weber (Hg.), Sozialgeschichte der Technik. Ulrich Troitzsch zum 60. Geburtstag. Münster u.a. 1998, S. 317–329.

der Morbidezza und literarisch überhöhten Todessehnsucht der Jahrhundertwende. Er erscheint nun jedoch auf charakteristische Weise modernisiert und motorisiert: Das Auto wird zum geliebten Todesboten; der willkommene Tod bedient sich des Motors. Der Unfall ist ein heroisches Paradigma der Moderne.

Auch „Sportsleute“ wählten vor 1914 gern die durch ihre Gewalthaltigkeit prestigeträchtigste Sportart. Gefährliche Pferderennen wurden bald durch die „technogenen“ gefährlichen Fahrzeuge Fahrrad und Auto, später auch durch Flugmaschinen ergänzt. Beim frühen Flugzeug ist der Zusammenhang von Attraktion und Risiko besonders evident; virulent wird er etwas später im Bild der Jagdfliegerei des Ersten Weltkrieges. „Schneid“, Risikobereitschaft und bedenkenloses Umgehen mit der Gefahr wurden bei der Royal Air Force während des Weltkrieges etwa durch das Verbot von Fallschirmen gefördert – eine staatlich verordnete Risikomaximierung. Noch nach dem Ersten Weltkrieg war die Vorstellung eines Zusammenhangs von Maskulinität, Automobil und Risiko sehr verbreitet. So sagt Artur Fürst 1924, dass „die Automobilkritiker identisch sind mit Kriegsgegnern und kriegsunfähigen Männern [...]. Am Steuer sitzen also die willensstarken, die energischen, kaltblütigen, kurz: die gesunden Männer.“[12]

12 Zit. nach M. Scharfe, Die Nervosität des Automobilisten. In: R. van Dülmen (Hg.), Körpergeschichte. Frankfurt 1996, S. 200–222, S. 205f.

Auf der Straße ist hier insbesondere das Image des Motorrads zu nennen. Die Sportmaschine und der Typus des risikobereiten Fahrers, der Motorsport auf zwei Rädern, wird, neben der Attraktion des „Kampfes" mit den sportlichen „Gegnern", auch als Spiel mit dem Unfallrisiko verstanden. Allen gemeinsam ist die Möglichkeit des lustvollen Überschreitens der Grenzen, die das (Verkehrs-)System setzt. Dessen Regeln werden als restriktiv verstanden. Die Regeldurchbrechung im Verkehr erscheint als Systembrechung: Die Autorin Marie Holzer beschreibt 1912 das Auto als Anarchist unter den Gefährten.

Eine besondere Gattung des risikofaszinierten und risikobereiten frühen Motorwagennutzers ist der Offizier. Offiziere wurden – trotz offiziellen Zögerns bei der Einführung technischer Transportmittel – in allen europäischen Armeen vor 1914 regelrecht ermuntert, Risiken einzugehen. Nicht nur die Teilnahme etwa an Distanzritten wie „Wien-Berlin" oder den unfallträchtigen Steeplechase-Pferderennen wurde gern gesehen, sondern auch das Ausprobieren der neuen motorisierten Vehikel. Bezeichnenderweise war der erste tote Passagier eines Flugzeuges ein amerikanischer Offizier. Vor und während des Ersten Weltkrieges gibt es in fast allen europäischen Armeen den Typus des jungen Leutnants, der mit den neuen technischen Spielzeugen der Armeen riskant umgeht, von den resultierenden Crashs und gefährlichen Situationen fasziniert ist und durch diese seine gesellschaftliche Identität mit bezieht. Es gibt zahlreiche Beispiele aus der Zeit für die ästhetisierte Wahrnehmung und Darstellung des Unfalls als supremes Resultat technischen Risikos. Nur ein Fall: Der britische Squadron Leader Bartlett zeigt in seinen Memoiren parallel Fotos eines Flugunfalls, bei dem die Offiziere deutlich stolze Posen zeigen, und eines kleineren Autounfalls mit dem „Tender", dem Motorwagen der Flieger-Squadron, einem Lancia[13]. Die gleichen Personen, deren kollektive Gewalt- und Kriegsphantasien in die Kriegsbegeisterung von 1914 mündeten und die als Truppenführer die Träger des geforderten „Offensivgeistes" waren, nahmen das Auto, das „anarchische Vehikel", begeistert an.

Die konkreten Zusammenhänge zwischen Auto und Militarisierung werden noch deutlicher, wenn man die Genese und das Selbstverständnis des Kaiserlichen Automobilkorps untersucht, also jener paramilitärischen Truppe von „Herrenfahrern", die sich im Kriegsfall mit ihren Privatwagen in die reguläre Armee eingliedern sollte[14]. Dabei mussten die Mitglieder auch ihre eigenen Mechaniker mitbringen. Viele frühe Benzinautomobilisten meldeten sich freiwillig zu dieser prestigeträchtigen Formation, die ihren Mitgliedern den begehrten Offiziersstatus sicherte. Gerade in der Anfangsphase des Kriegsenthusiasmus vom Sommer 1914 war das Kaiserliche Automobilkorps besonders aktiv und loyal. Im Krieg hört sich das dann im „Kraftfahrerlied" von 1915 so an:

---

13 Siehe C.P.O. Bartlett, In the Teeth of the Wind. Memoirs of the Royal Naval Air Service in the First World War. Annapolis, MD 1994, Ill. Nr. 13 und 9.

14 Siehe Richard Paweletzki, Das kaiserliche freiwillige Automobil-Corps und das kaiserliche Kraftfahrer-Korps: Spiegelbilder der Automobil- und Militärgeschichte. Magdeburg 1983.

„Nun, Brüder, rückt den Hebel an
Und lasst den Motor brausen,
Bergeinwärts wir und hügelan
Durchs Land der Feinde sausen.
Die neue Waffe heissen wir,
Berühmt schon wie die Alten,
Und Schnelligkeit ist das Panier
Zu dem wir Fahrer halten.“[15]

Doch es gibt zum Typus des Fahrens als Gewaltabenteuer, mit der Akzeptanz von Unfallrisiken und der Faszination des Gefährlichen, natürlich eine Gegentendenz: den Sinn für das Systemische, für die Einpassung in den Verkehr. Zuverlässigkeit und Vorsicht sind für viele Automobilisten unverzichtbar; sie lehnen Risiken ab. Dazu gehören eben auch die schon frühen Versuche, Autos und das Fahren sicherer zu machen. Das alte Ideal von Carl Benz überlebt bei vielen Automobilnutzern. Es gibt demnach um 1910 schon zwei Paradigmen des Autos. Verstehen wir das Auto seit seiner Diffusion als soziales Konstrukt, als Funktionsanforderung realer und potenzieller Nutzer, dem die Technik sozusagen bedürfnisgerecht die Struktur zuliefert, so gibt es vor dem Ersten Weltkrieg eigentlich zwei Typen des Fahrens und des Autos: das zahme, domestizierte Familienfahrzeug, das tendenziell Transportmittel ist, und das Abenteuer- und Sportvehikel. Das heißt allerdings nicht, dass es nicht eine Interferenz beider Typen gibt. Der als „sicher“ intendierte Familienausflug im Automobil kann zum Abenteuer werden, wenn der Vater plötzlich mit der Stoppuhr fährt, wie Eugen Diesel dies in dem Buch „Autoreise 1905“ beschreibt. Das Risiko wird dann plötzlich zur Lust, das Verkehrssystem wird transzendiert.

Die Geschichte der Sicherheitstechnik, der stets verbesserten Fahrzeugsicherheit, muss also ergänzt werden durch eine Geschichte der fahrerischen Risikofaszination im gesellschaftlichen Rahmen. Die Untersuchung der permanenten Risiken des motorisierten Fahrens als Forschungsanreiz und Background für den Druck zu Verbesserungen muss demnach ergänzt werden durch eine Untersuchung der verbesserten Sicherheit als Bedingung für die Möglichkeit des riskanten Fahrens und seiner gesellschaftlichen Rolle.

Ich beschränke mich hier auf die Geschichte des Benzinautomobils bis zum Ersten Weltkrieg und möchte keine langen Linien ziehen. In den zwanziger Jahren und später änderte sich vieles. Mit der verbesserten Alltagstauglichkeit und der breiter werdenden Motorisierungsbasis deutete sich eine Verschmelzung dieser beiden Linien an. Das Erscheinen des geschlossenen Autos und die Innenraumbildung gab der Sicherheitsdiskussion eine andere Richtung, während die Risikofaszination mit den Rennen ein symbolisches Feld besetzte. Aber das ist eine andere Geschichte.

15 NSU-Mitteilungen, Okt / Nov 1915, S. 881.

Amphibien, Landschiffe, Flugautos

Utopische Fahrzeuge der Jahrhundertwende und die Durchsetzung des Benzinautomobils

Um 1900 war das Benzinautomobil in Deutschland, Frankreich und Großbritannien in einer durchaus prekären Position: Zwar hatte es seine technische Tauglichkeit bewiesen, war nicht zuletzt auf den Druck der französischen Nutzer praxisgerechter weiterentwickelt worden, und hatte seine erfolgreiche Markteinführung hinter sich. Diesen Verdienst hatte Frankreich seit etwa 1890: Hier verstand man das Auto eher als zu vermarktendes „Lifestyle"-Objekt und als hochwertiges Konsumgut, anders als in Deutschland, wo es eher als technisches Gerät verstanden wurde und die Markteinführung anfangs praktisch scheiterte.

Doch um 1900 hatte das Benzinautomobil eine dubiose gesellschaftliche Position erworben, die nicht unbedingt von ihren deutschen Erfindern erwartet worden war: Es galt als Parvenüvehikel, als Spielzeug von Neureichen und rücksichtslosen Aufsteigern, deren aggressiver und gefährlicher Fahrstil ihre gesellschaftliche Stellung widerzuspiegeln schien und daher oft Kritik und Entsetzen hervorrief.[1] Die Investition in die Zukunftstechnologie Benzinwagen hatte – in der Wahrnehmung der Zeitgenossen – immer auch einen Stich ins Unsolide, Parvenühafte, Unbürgerliche, selbst dann, wenn reputierliche Bürger das Fahrzeug benutzen. Dies ist auch der Hintergrund für Rudolf Diesels anfängliches Zögern bei der Anschaffung eines Autos, von dem sein Sohn berichtet: „[...] der sehr zurückhaltende Papa schien der Sache zu meiner Verwunderung nicht zu trauen."[2] Um die Jahrhundertwende gab es ein großes Bedürfnis nach einer „Einsamkeits-

1 Siehe dazu L. Diehl, Tyrannen der Landstraße. Die Automobilkritik um 1900. In: Kultur & Technik 3 (1998), S. 51–57.

2 R. Diesel, Autoreise 1905. Stuttgart 1941, S. 11.

und Freiheits"-Maschine[3]. Unabhängigkeit von Fahrplänen und fixen Reiserouten, die Gefahr durch Geschwindigkeit, das Abenteuer der Landstraße, das Risiko sind systemopponierende und damit attraktive Merkmale des frühen Benzinautos, die am Trend zur Individualisierung um 1900 partizipieren und zugleich in die wilhelminische „Gefahrkultur" passen[4].

Mich interessiert nun vor allem die Periode kurz nach der erfolgreichen Markteinführung, die mit der praktischen Tauglichkeit und der öffentlichen Aufmerksamkeit einhergeht, also die Zeit von der 2. Hälfte der 1890er Jahre bis zum Ersten Weltkrieg. Dazu ist es nötig, das frühe Auto im kulturellen Kontext zu betrachten – nicht nur im Kontext zu den übrigen Straßenverkehrsmitteln, sondern zu konkurrierenden Objekten der beginnenden technischen „Motorkultur" – und natürlich auch im Kontext kultureller Wertvorstellungen, zeitgenössischer Wünsche und Obsessionen. Das problematische Image des Motorwagenfahrers konstituierte sich durch die gesellschaftliche Wahrnehmung der neuen Technologie und ihrer Anwender. Über ihren realen, historisch zu rekonstruierenden Hintergrund mag dies noch wenig sagen.

Doch diesem unsoliden, aber attraktiv abenteuerlichen, gefährlichen, technisch-sportlichen Image des Benzinmotorwagens erwuchs im ersten Jahrzehnt des 20. Jahrhunderts schon Konkurrenz. Das Benzinauto hatte durch seine Ermöglichung von zeitlicher und räumlicher Unabhängigkeit, durch sein Potenzial individuellen Reisens die Eisenbahn überboten. Es hatte auch – durch das Fahren mit „elementarer Kraft", wie es in der Badischen Verkehrsverordnung hieß –, das Fahrrad hinter sich gelassen, dem es sonst technologisch und kulturell sehr viel verdankte. Nun drohte es selbst überboten zu werden. Neue Fahrzeuge tauchen auf, die dem avantgardistischen Image des Benzinautos gefährlich werden konnten.

Flugzeuge, die auf der Straße und im Wasser zuhause waren, schwimmende Autos, Autos mit Luftschraubenantrieb, Gefährte für das wegelose Gelände, Boote, die tauchen können – um 1900 erscheinen in Romanen und populären Erzählungen, aber auch als experimentelle Prototypen eine Fülle von Phantasiegefährten. Gemeinsam ist ihnen, dass sie die räumliche Befreiung durch das Auto weitertreiben. Literarisch-künsterische Fahrzeugutopien und experimentelle Vehikel erschließen utopisch den Raum komplett: In der Luft, unter dem Land und im Wasser. Diese utopischen Vehikel sind meistens „Super-Individualverkehrsmittel". Das Abenteuer findet nun nicht mehr, wie beim Benzinwagen,

---

3 Siehe G.P.A. Mom, Geschiedenis van de auto van morgen. Cultuur en techniek van de elektrische auto. Deventer 1997. Auch ders., Das „Scheitern" des frühen Elektromobils (1895–1925). Versuch einer Neubewertung. In: Technikgeschichte 64 (1997), S. 269–285.

4 Siehe K. Möser, Zwischen Systemopposition und Systemteilnahme. Sicherheit und Risiko im motorisierten Straßenverkehr. In: Niemann, H. / Hermann, A. (Hg.), Geschichte der Straßenverkehrssicherheit im Wechselspiel zwischen Fahrzeug, Fahrbahn und Mensch. Bielefeld 1999, S. 159–168.

nur auf der Landstraße statt, sondern daneben, darüber, darunter, in einem anderen Element. Die Linearität der Straße wird erweitert.

Viele Utopien erscheinen bemerkenswerterweise zu einem Zeitpunkt, als das Auto schon eingeführt ist und sein Freiheitspotenzial schon gezeigt hat. Es wird sozusagen „fortgeschrieben", oder auch überboten. Dies ist eine signifikante Erweiterung der Freiheitskonzeptionen, die mit dem „Abenteuervehikel" Auto um 1900 verbunden sind: „The Freedom of the Road" wird in andere Dimensionen transponiert und dadurch noch hypostasiert.

Wenn man berücksichtigt, was für eine bedeutende Rolle die Konzeption des Autos als Freiheitsmaschine für die Diffusion gehabt hat, dann bekommt diese Erweiterung der Freiheitsfunktion über die Straßen hinaus eine besondere Signifikanz. Phantastische Gefährte versuchen – dies ist meine These – auf einer höheren Ebene das Versprechen einzulösen, das Autos gaben: nämlich die individuell-abenteuerliche Totalerschließung des Raums mittels Verbrennungsmotor.

Phantastische Konzepte und reale Experimente

Aber zunächst sollen ein paar dieser Fahrzeuge vorgestellt werden. Die Forschung zu diesem Thema leidet leider sehr unter der thematischen Beschränktheit der Transporthistoriker: Autospezialisten kennen sich in der Regel kaum mit anderen Transportmitteln der Zeit aus und wissen oft zu wenig von thematisch benachbarten Gebieten – eine Tatsache, die schon der Transporthistoriker Ransom beklagt hatte[5]. Generell findet um 1900 nämlich ein technischer und nutzerischer „crossover" zwischen den Fahrzeugtechniken statt. Diese „crossover-Kultur" war um 1900 durchaus verbreitet. Nichts lag näher, als verschiedene innovative und sich rasch weiterentwickelnde Verkehrsmittel zu kombinieren.

Viele Beispiele finden sich bei einem der populärsten europäischen Autoren vor der Jahrhundertwende, bei Jules Verne. Sein Mondgeschoss, die Lenkballone, sein geländegängiger „Stahlelefant", die fliegenden und tauchenden Vehikel seines in zwei Romanen auftretenden Helden Robur, seine Unterseeboote und Raketen gehörten zu den bekanntesten technischen Phantasieobjekten der Zeit. Doch auch andere Fahrzeuge wurden populär, wie das Unterlandboot aus Mynonas „Graue Magie"[6], die „Schirmflieger" des gleichen Romans, oder wie Landschiff-Konzepte, fliegende Autos und fliegende Fahrräder.

Hinzuweisen ist hier etwa im Bereich realer Konstruktionen auf die „Mode" der Amphibienflugzeuge um 1910. Diese Flugboote zeigen eine wechselseitige technologische Be-

---

5 Vgl. P.J.G. Ransom, Archaeology of the Transport Revolution. Kingswood (Surrey) 1984, S. 11.

6 Mynona (= Samuel Friedländer), Graue Magie. Ein Berliner Nachschlüsselroman. Berlin 1989 (Orig. 1922).

fruchtung mit dem Bootsbau. Die Verwendung von Sperrholz teilten sie mit zeitgenössischen schnellen Booten. Auch Gleitrümpfe, um vor dem Abheben zum Aufbau von ausreichender Geschwindigkeit aus dem Verdrängerzustand „auf Stufe“ gehen zu können, waren zeitgenössische Sportbootstechnologie.

Hinzuweisen ist hier auch auf die verbreiteten Ideen zur Konstruktion von Flugautos, oder auch von Flugzeugen, die als Anhänger mit eingeklappten Tragflächen straßentauglich sein konnten. Zwar waren sie dann nicht selbstbeweglich, doch dieses Verfahren, Flugzeuge auf der Straße durch Benzinautos zu transportieren, war im Ersten Weltkrieg nicht nur bei der deutschen Fliegertruppe schon gängige Praxis.

Hierher gehören auch die zahlreichen Versuche, den Luftschraubenantrieb für Straßenfahrzeuge zu nutzen. Solche „Windwagen“ wurden vor dem Ersten Weltkrieg intensiv diskutiert[7]. Dabei erschienen sie als durchaus praktikable Möglichkeit, allerdings für begrenzte Einsatzzwecke, wie etwa lange, gerade Strecken. Auch Luftschraubenboote waren populär; so experimentierte Wilhelm Maybach mit einem solchen Boot mit vier Propellern im Jahr 1891 auf dem Bodensee[8]. Flugzeuge hingegen übernahmen nicht selten Merkmale des Personenautos, wie z.B. der Apparat von Alfred v. Pischof von 1910, der mit Autokarosserie ausgestattet und speziell für den Straßentransport ausgelegt war[9].

Weniger nahe am aktuellen Stand der Technik sind die Gefährte in dem merkwürdigen utopischen Roman „Graue Magie“ des expressionistischen Autors Mynona (Anagramm für „anonym“; Samuel Friedländer). Dort finden sich neben anderen Erfindungen, wie unsichtbaren Brillen, auch Unterlandboote[10]. Diese sicherlich wenig praktikablen Fortbewegungsmittel werden in Mynonas Roman zwar nicht genau beschrieben, dienen jedoch als gebräuchliches Verkehrsmittel für das Romanpersonal. Die Bedienung eines „Schirmfliegers“ wird so geschildert:

> „[...] er kletterte in der Luft auf eigentümliche Weise empor, indem er den Schirm am Griff immer, wenn er wieder nach unten fiel, nach oben ruckte. Durch den Ruck öffneten sich am Schirmdach Klappen, die sich, um den Widerstand der von oben drückenden Luft aufzuheben, vertikal einstellten und, sobald der Schirm fallen wollte, sich wieder anlegten und schlossen, so daß man mit Hilfe dieses ingenieusen Apparates bequem in jeder Richtung steuern und fliegen konnte.“[11]

Mynonas Schirmflieger sind individuelle, simple utopische Verkehrsmittel, die in der Mitte zwischen künstlerischer Utopie, individualistischer „bricolage“ und antizipiertem

---

7 Siehe dazu Das Problem des Windwagens. In: Der Kraftfahrer 9 (5) (1914).

8 Vgl. H. Niemann, Wilhelm Maybach – König der Konstrukteure. Zum 150. Geburtstag. Stuttgart 1995, S. 108.

9 Vgl. G. Schmitt, Fliegende Kisten. Berlin 1985, S. 110–112.

10 Vgl. ebd.

11 Mynona, Graue Magie, S. 16.

Nutzen angesiedelt sind. Diese Mischung scheint typisch für die Zeit um den Ersten Weltkrieg, als nach der Einführung von vielen Mobilitätserfindungen alles möglich schien. Die utopische Kreativität – nicht zuletzt mit ästhetischem Anspruch, durch Künstler der Avantgarde und der „Kunstrevolution“ nach 1910 – wurde freigesetzt und manifestierte sich nicht nur in der Begeisterung vieler Künstler für die neuen „Mobilitätsmaschinen“[12], sondern auch in den utopischen ästhetischen Entwürfen eines Francis Picabia, Tatlin oder Marcel Duchamp.

Das Fahrrad ist am anderen Ende der Praktikabilitätsskala utopischer Vehikel. Dieses vom Modernisierungsschub durch die Motorisierung scheinbar längst überholte Straßenverkehrsmittel schien um die Jahrhundertwende seine Pionierrolle längst verloren zu haben. Es geriet durch den Schub der Motorisierung natürlich in die Defensive, versuchte aber auch mitzuhalten und vorn zu bleiben. Und dies nicht nur durch die Partizipation an der Motorisierung, durch den Einbau von Motoren, sondern auch mit dem „crossover“ zu anderen Fahrzeugen, wie etwa zum Flugzeug. Durch den Leichtbau und durch die relativ mühelos durch Menschenkraft erzielbare Geschwindigkeit schien das „Abheben“ im Bereich der unmittelbar praktischen Möglichkeit. Konzepte von „Flugfahrrädern“ oder schwimmenden Velozipeds[13] kehren um die Jahrhundertwende immer wieder.

Ein späteres Fahrzeug, das mit großem theoretischen Anspruch den „crossover“ Land- zu Luftfahrzeug zu leisten unternimmt, ist Buckminster Fullers „Dymaxion Car“, der 1927 konzipiert und ab 1933 in wenigen Prototypen gebaut wurde[14]. Geplant war das Fahrzeug als partiell flugfähiger „omni-directional transport“. Es war dreirädrig, wie die Flugzeuge der Zeit mit einem Hauptfahrgestell und einem kleinen Spornrad hinten versehen, das bei höheren Geschwindigkeiten abheben sollte; gesteuert wurde dann mit einem Seitenruder. In seiner anfänglichen Auslegung ähnelte das Fahrzeug einem der Schulflugzeuge ohne oder mit beschnittenen Tragflügeln, mit denen während des Ersten Weltkrieges die Schüler das Rollen auf dem Boden üben konnten. Nach einer Probefahrt mit Fullers Dymaxion konzipierte H.G. Wells recht ähnliche Vehikel in seinem Zukunftsroman „The Shape of Things to Come“.

Dies war keinesfalls das einzige Beispiel, bei dem die utopische Literatur von tatsächlich – mindestens als Prototyp – gebauten experimentellen Vehikeln angeregt wurde. Ein Beispiel dafür ist auch Jules Vernes „Stahlelefant“ aus seinem Roman „Maîson a vapeur“

12 Vgl. K. Möser, „Knall auf Motor“ – Die Liebesaffäre von Künstlern und Dichtern mit Motorfahrzeugen 1900–1930. In: Landesmuseum für Technik und Arbeit in Mannheim (Hg.), Mannheims Motorradmeister. Franz Islinger gewinnt die Deutsche Motorradmeisterschaft 1926. Ausstellungskatalog. Mannheim 1996, S. 18–29.

13 Siehe etwa das „Vélocipède nautique“. Artikel und Abbildung in Le Magasin pittoresque. Paris 1894, S. 223f.

14 Siehe dazu G. Silk, Automobile and Culture. Ausstellungskatalog The Museum of Contemporary Art. New York 1984, S. 248–251.

(„Das Dampfhaus“) von 1880[15], ein zoomorphes Überlandvehikel mit Wohnmöglichkeit, das im indischen Dschungel mit seiner britischen Besatzung Abenteuer erlebt. Verne verarbeitete regelmäßig die aktuellsten technischen Entwicklungen seiner Zeit[16]. Der Roman „Maîson a vapeur“ ist deswegen sicherlich beeinflusst von dem experimentellen „Government Steam Train“ des britischen Ingenieurs G.E. Crompton, der ab 1869 in Indien – dem Romanschauplatz Vernes – mit dampfgetriebenen Straßenlokomotiven experimentierte. Die beiden gebauten Modelle „Chenab“ und „Ravee“ waren ebenfalls mit Wohn-Trailern ausgestattet[17]. Bei Verne heißt es:

> „Man müßte also einen Elefanten konstruieren, der nicht ermüdet. Der als Lokomotive und als Schiff gleichermaßen zu gebrauchen ist [...] einen Stahlelefanten, der keine Schienen braucht [...] einen Dampfkoloß, bei dem eine Peitsche überflüssig ist – ein technisches Wunder, das unser gemütliches Schlößchen fortbewegt!“[18]

Die militärische Funktion der anglo-indischen Straßenlokomotivzüge als experimentelle Nachschubfahrzeuge wird von Verne ins Zivile gewendet, ihr Potenzial utopisch weitergedacht.

Auf andere Vehikel, die die Erschließung von bislang unbetretbaren Räumen mit neuen technischen Lösungen anstreben, soll hier nur kurz eingegangen werden. Um 1900 gibt es eine Reihe neuer technischer Lösungsansätze zum Bau eines praxisbrauchbaren Unterseebootes. In der Ausgabe des Jahres 1902 der „Encylopaedia Britannica“ werden die verschiedensten U-Boot-Konstruktionen vorgestellt, von denen eine – die des amerikanischen Konstrukteurs John Philip Holland – schließlich von den meisten Marinen eingeführt wird. Ein jahrhundertealter Menschheitstraum fand hier in ebensolcher Weise eine Lösung wie das Fliegen „schwerer als Luft“. Der vertikale Flug durch Trag- und Hubschrauber allerdings, ein weiteres Feld für zahlreiche, teilweise recht phantastische Konstruktionsideen um die Jahrhundertwende, gelang noch nicht erfolgreich.

Interessant ist die zoomorphe Antriebsart des mechanischen Elefanten: Er bewegt sich schreitend, wie sein tierisches Vorbild. Bei den Versuchen der Herstellung von Geländegängigkeit ist dies um 1900 nichts Ungewöhnliches: Auch Landwirtschaftsfahrzeuge und andere geländegängige Konzept-Vehikel werden nicht selten so konstruiert. Dazu später mehr.

---

15 Bei der Neuübersetzung und Kürzung durch den Bärmeier & Nikel Verlag bekam der Roman den Titel „Der Stahlelefant“.

16 Vgl. T. Ostwald, Jules Verne. Leben und Werk. Berlin / Herrsching 1984.

17 Siehe C. Ellis / D. Bishop, Military Transport of World War I. London 1970, S. 104–106; Abb. 3.

18 J. Verne, Der Stahlelefant / Katastrophe im Atlantik. Frankfurt/M. 1967, S. 14.

Neue Kraftquellen

Der Dampfantrieb von Vernes Stahlelefant war noch konventionell. Um 1900 entstanden aber einige Utopien von mühelosen, eleganten, kleinen und hocheffizienten Kraftquellen. Sie blieben nicht mehr verborgen in den Fabriken, sondern sollten als Antriebe von ausgesprochen sichtbaren, öffentlichkeitswirksamen Fahrzeugen dienen. Die utopischen Fahrzeuge sind dabei oft recht nahe am damals aktuellen Stand der Technik.

Dazu gehört auch die neue Kraftquelle Elektrizität. Der Gebrauch des Elektromotors spiegelt die Erwartungen an die Optimierungsrichtung der Fahrzeugtechnik um 1900 wider. Sie scheint alle Kriterien moderner Antriebstechnologie zu erfüllen, hat ein ausgesprochen modernes, sauberes und nahezu „abstraktes“ Image, das sie sowohl von der Kraftquelle des 19. Jahrhunderts, der Dampfmaschine, als auch von den zeitgenössischen Motoren, die fossile Kraftstoffe verbrennen, positiv abhebt. Die Geräuschlosigkeit, der „unsichtbare“ Charakter der Kraftentfaltung und die vibrierende, rotierende Bewegung zeichnen den elektromotorischen Antrieb aus. Von vielen literarisch-utopischen Vehikeln der Zeit wird er ganz selbstverständlich als Antrieb benutzt.

Dass Elektrizität als Fahrzeugantrieb aber die Erwartungen trotz des dezidiert innovativen Images als „cutting edge technology“ nicht erfüllte, hatte aber technische Gründe. Nicht zuletzt war der Speicher elektrischer Energie problematisch. Die resultierende geringe Reichweite war innerstädtisch kein Problem, verminderte aber den Abenteuercharakter auf den langen Strecken der „open road“. Doch die Tragweite dieser technischen Beschränkung wurde erst später virulent. Vor 1900 schienen die elektrischen Fahrzeuge nicht allein ihren Platz im „realen“ Verkehr gefunden zu haben[19], sondern auch unter den avantgardistischen „Über-Vehikeln“. Immerhin hatte ein Elektrofahrzeug, „La Jamais contente“, 1899 bei einer Geschwindigkeitsrekordfahrt erstmals die magische 100-km/h-Marke mit fliegendem Start überschritten.

Ein anderes Antriebskonzept, dass hohe Leistungsdichte mit elegantem „Drehen statt Stampfen“ verband, wie das der Erfinder des Wankelmotors ein halbes Jahrhundert später formulierte, war die Turbine. Auch Verne konzipierte Fahrzeuge mit diesem Antrieb. Auslöser einer gewissen Turbineneuphorie der Jahrhundertwende war der durchaus als symbolisch intendierte „Turbinia-Vorfall“ bei einer britischen Flottenparade im Spithead: Der Erfinder C.A. Parsons„ dessen Produkt von der britischen Marine nur zögerlich geprüft worden war, rüstete privat ein Hochgeschwindigkeitsboot, natürlich „Turbinia“ genannt, mit seiner neuen Dampfturbine mit 2.300 PS aus und raste 1898 vor den Augen von Königin Victoria mit mehr als 34 Knoten – eine damals sensationelle Geschwindigkeit – durch die viel langsamer evolutionierende britische Kriegsflotte. Die Message war klar: Die neue rotierende Antriebstechnik ließ die bisherigen Antriebe buchstäblich alt

19 Siehe G.P.S. Mom, Geschiedenis, passim.

aussehen. Dass der neue Turbinenantrieb, gekennzeichnet durch seine rotierende, pfeifende Kraftentwicklung ohne sichtbare Teile, auch für Landfahrzeuge attraktiv sein könne, lag nun auf der Hand. Vorschläge für die Applikation für Luftfahrzeuge gab es ebenfalls schon früh, etwa durch den rumänischen Flugpionier Henri Coanda. Er stellte ein experimentelles Turbinenflugzeug – das allerdings nicht geflogen sein soll – auf dem Pariser Luftfahrtsalon 1910 aus.

Ein interessanter Fall einer utopischen Verarbeitung des „Turbinia"-Vorfalls ist Jules Vernes Roman „Maître de monde", „Der Herr der Welt" von 1904 – es ist eine Fortsetzung seines Romans „Robur der Sieger" („Robur le Conquerant", 1886) mit der gleichen Person als (negativer?) Held und verarbeitet schon die Erfahrungen der frühen Automobilkultur. Die Renn-Ausschreibung ist ein direktes Zitat, die gefahrene Geschwindigkeit von 200 km/h war damals zwar noch utopisch, aber „sowohl bei hochgezüchteten Kraftwagen als auch bei Expresszügen durchaus an der Tagesordnung und abschätzbar"[20]. Bezeichnenderweise ist das tauchende, schwimmende und fliegende Straßenvehikel des späteren Romans nicht mehr elektrisch angetrieben, wie das des früheren „Robur"-Romans, sondern ist mit einer Turbine ausgerüstet. Offensichtlich ist Elektrizität knapp 20 Jahre später schon nicht mehr als Antrieb für extreme, zukunftsorientierte Fahrzeuge tauglich.

> „Endlich fanden die Gegner des Automobilgedankens einen passenden Anlaß, um den Gegenstand ihrer Verachtung gründlich zu verteufeln. Wenn es nicht Beelzebub selber war, der diesen infernalischen Karren steuerte, dann zumindest ein apokalyptisches Ungeheuer, das der amerikanischen Menschheit die Hinfälligkeit aller Technik einschließlich der Verkehrsregeln demonstrieren wollte."[21]

Dieses Parsonsturbinen-getriebene „Über-Auto" ist weitergedacht und gefiltert durch die Erfahrungen zeitgenössischer, oft chaotisch verlaufener Straßenrennen, doch die Leistungsparameter des Fahrzeugs übersteigen weit die der zeitgenössischen Autos. Natürlich gab es schon vorher utopische Fahrzeuge, vor allem dampfbetriebene Maschinen. Was die neuen Superfahrzeuge der Jahrhundertwende auszeichnet, ist gerade die hohe Geschwindigkeit, nachdem das diesbezügliche Potenzial der Benzinfahrzeuge schon zum Tragen gekommen war, und zudem die Entgrenzung oder Befreiung von Restriktionen im Straßenverkehr.

Solche Fahrzeuge müssen stets im Kontext der Durchsetzung des Benzinautos, dem sich etablierenden technischen Standard, gesehen werden. G. Mom hat auf dessen „abenteuerliche" Qualitäten abgehoben und sie als Faktor der Durchsetzung erkannt. Wenn, wie Mom meint, ein Faktor beim „Scheitern" des frühen Elektrofahrzeuges trotz Leistungsfähigkeit sein zu wenig „abenteuerlicher" Charakter war, den die Gesellschaft erwartete, dann boten die meisten der utopischen Vehikel ein Remedium: sie waren nicht zahmer,

---

20 J. Verne, Der Herr der Welt. Lizenzausgabe. Augsburg 1994, S. 26.
21 Ebd., S. 28.

sondern noch viel abenteuerlicher, gefährlicher, mit aggressiverem Potenzial als die realen Explosionsmotorwagen mit diesen Eigenschaften. Den utopischen Fahrzeugen gegenüber konnte die Abenteuerlichkeit des Benzinautomobils bereits als defizitär und unzulänglich empfunden werden.

Motorisierte Dandies, Benzinautos und Gewaltphantasien der Moderne

Sportsmänner, die diese Entgrenzung und Befreiung anstrebten, hatten nach 1900 schon die freie Wahl der Verkehrsmittel – und sie wählten: Es lässt sich eine aufsteigende Linie Fahrrad – Auto – Flugzeug (oder Luftschiff) ziehen. Viele technisch interessierte reiche Personen stiegen in die jeweils abenteuerlichsten Gefährte um. Emil Jellinek, der als Käufer und enthusiastischer Nutzer die „Mercedes"-Wagen der Daimler Motoren Gesellschaft technisch neu definierte und nach seiner Tochter benannte, war zuvor begeisterer Radsportler gewesen.

Ein anderes Beispiel ist der brasilianische Kaffeplantagen-Erbe und Millionär Alberto Santos-Dumont. Er kam aus dem Kontext der Pariser Dandy- und Innovationskultur und „spielte", nach zahlreichen Rad- und Motorradabenteuern und einer kurzen Karriere als Rennfahrer auf Bollee-Dreirädern, mit diesen neuen Verkehrsmitteln. Er war es, der 1906 als erster den Eiffelturm mit einem selbstkonstruierten Luftschiff umkreiste und damit den Deutsch-Preis gewann[22]. Später wurde er auch als Flieger und Konstrukteur eigener Maschinen bekannt. In solchen Personen, die einen neuen sportlich-kultivierten Nutzertyp repräsentieren, wird die „crossover"-Kultur der innovativen Gefährte um 1910 evident.

Interessant ist die technische Auslegung der Luftschiffe von Santos-Dumont: Sie sind zumeist klein und nur für den leichten („42 kg mit Handschuhen!") Konstrukteur und Piloten intendiert. Er verwendete dafür Fahrradtechnologie, baute einen Dreiradmotor eines De-Dion-Bouton für den Luftschraubenantrieb ein und saß auf einem Fahrradsattel. Damit war sein Luftgefährt das direkte Gegenstück eines (motorisierten) Rades, ein strikt individuelles Luftverkehrsmittel. Santos-Dumonts Luftschiffe sind nicht als Transportmittel intendiert, sondern sind lufttüchtige Abenteuermaschinen eines technikbegeisterten Dandys.

Schon zwei Jahre vor dem „Aeronautikjahr" 1909[23] wurde von der zeitgenössischen Zeitschrift „Motor-Kritik" die drohende Überbietung des Automobils oder Motorrads durch die Flugmaschine erkannt und reflektiert: „Das Motorbootswesen und die Aeronautik lenken die Sportsleute bereits vom Automobilismus ab, so dass es scheint, als habe der Automobilsport seinen Kulminationspunkt erreicht"[24]. Und später bemerkt der gleiche Autor: „Soviel ist gewiß, daß die Aeronautik heute zu jenen Sportsarten gehört, die dem Automobilsport vielfach den Wind aus den Segeln nimmt"[25].

Berühmt gewordene Automobilrennsportler stiegen nicht selten in den Aeroplan, das neue Super-Individualfahrzeug, um, so beispielsweise der Münchner Sportsmann Otto Lindpaintner, der 1907 die 3. Herkomer-Konkurrenz (für Autos) gewonnen hatte, sich dann aber zum Flieger ausbilden ließ[26]. Louis Blériot, der „Bezwinger" des Ärmelkanals, war Autozubehörhersteller und begeisterter Automobilist, bevor er sich der Fliegerei zuwandte[27]. Auch Henri Farman, ein mehrfach verunglückter Autorennfahrer, wechselte 1907 zu dem in seinen Augen „sichereren" Flugsport und leistete dort entscheidende Pionierarbeit[28]. 1912 heißt es in der Kundenzeitschrift der Neckarsulmer Motorradfabrik NSU: „Ein Blick auf die Fliegerei zeigt, dass aus der Schule des Motorradsports viele

---

22 Zu Santos-Dumonts Luftschiffen vgl. M. Blümelhuber, Ergebnisse der flugtechnischen Studien und Versuche im letzten Jahrzehnt. In: Stein der Weisen. Wien / Pest / Leipzig, 25. Bd., S. 135–145.

23 Siehe dazu F.Ph. Ingold, Literatur und Aviatik. Frankfurt/M. 1980, Kap. 1.

24 Agricola, Neue Ziele in der Automobilindustrie. In: Der Motorwagen (28) (1907). Zit. nach Kirchberg, P. (Hg.), Automobilkonstruktionen. Das Beste aus „Der Motorwagen", Teil 1, 1902–1922. Solingen 1988, S. 78.

25 Ebd., S. 97.

26 Vgl. Braunbeck's Sport-Lexikon 1910, S. 570.

27 Vgl. C. Prendergast, Pioniere der Luftfahrt. Eltville / Rhein 1993, S. 22.

28 Vgl. ebd., S. 29.

weltberühmte Flieger hervorgegangen sind" und dass das Motorradfahren als „beste Vorschule für den gefahrvollen Beruf eines Fliegers" zu gelten hat[29]. Demnach waren die motorisierten Straßenfahrzeuge schon nicht mehr die „cutting edge" der Modernisierung des Verkehrs. Das Auto war in dem Rennen um die „härteste" Moderne, um das Image als äußerster Vorposten der technischen Modernisierung, schon unterlegen. Spätestens um 1909 hatte das Auto als ultimatives technisches Sportgerät und als schnelle „Abenteuermaschine" ernsthafte Konkurrenz bekommen. Das Flugzeug übertraf es nicht nur durch das Erschließen der dritten Dimension. Als noch gefährlichere, noch schnellere „Freiheitsmaschine" mit noch höherem Aufmerksamkeitswert und Gefahrprestige ließ es das Auto bereits als veraltet erscheinen im beschleunigten Rennen um die individuelle Verfügung über Fläche und Raum und die technogene Erweiterung des Körperpotenzials. 1909 steht, nach einer Umfrage unter französischen Gymnasiasten, bezeichnenderweise schon der Pilot an der Spitze der Gunst[30].

Die Geschwindigkeit spielte beim Wandel dieser Images und bei der Transformation der Maschinenästhetik vom Motorfahrzeug zum Flugzeug natürlich eine große Rolle, doch war sie nicht der einzige Faktor. Bis zum Ersten Weltkrieg unterschieden sich die höchsten erzielten Geschwindigkeiten von Straßen-, Schienen- und Luftfahrzeugen nicht beträchtlich. Die Eisenbahn war sogar immer noch schneller. Es mussten andere Faktoren dazukommen, wie Gefahr, „Abenteuerlichkeit" oder individuelle Raumeroberung. Der „kentaurische" Charakter (Ernst Jünger) der technischen Objekte, das enge Mensch-Maschine-Zusammenspiel, war relevant. Auch darin schienen die neuen Flugmaschinen schon die Motorfahrzeuge zu überbieten. Auch wenn das Flugzeug als „ideale Ausdrucksform einer neuen Harmonie zwischen Mensch und technischem Gerät, zwischen Organismus und Apparatur"[31] erkannt wurde, gab es doch Bestrebungen, dem Auto seine führende Rolle als individuell genießbares Befreiungs- und Abenteuervehikel zu bewahren.

Die gewalttätigen Rennszenen in Vernes „Maître du monde" sind eine nur leichte Überhöhung von Erfahrungen mit aktuellen Rennen der Zeit. Nicht nur in diesem Text von Jules Verne fällt die Gewalthaltigkeit und das beträchtliche Aggressionspotenzial dieser Vehikel auf. Die Fahrer der utopischen Fahrzeuge sind sehr oft gekennzeichnet durch Rücksichtslosigkeit oder Angriffslust. Der „Übermensch am Volant" war aber keinesfalls nur ein Phänomen der Literatur. Aggressives Verhalten der Fahrer, Auseinandersetzungen um die „Definitionsmacht" der Straße als automobiler Verkehrsweg, auf Motorfahrzeuge fokussierte soziale Auseinandersetzungen waren zentrale Komponenten der frühen Autokultur, auf deren komplexe Geschichte und Ursachen hier nicht eingegangen werden kann[32]. Die Gewalthaltigkeit auch der Auto-Utopien, die Verbindung von Erobern und Angreifen mit der Motorisierung, kann eine ganze Reihe von Charakteristika bekommen.

29 NSU-Mitteilungen (16) (1912), S. 268.
30 Zit. nach Absolut modern, S. 36.
31 F.Ph. Ingold, Literatur und Aviatik, über die Flugästhetik um 1909, S. 81.
32 Siehe K. Möser, Benz, Daimler, Maybach und das System Straßenverkehr. Utopien und Realitäten der automobilen Gesellschaft. Mannheim 1999 (LTA-Forschung Heft 27).

Eugen Diesel beispielsweise berichtet von einem „Gasangriff" durch den Motorwagen: Als er mit seinen Eltern 1905 nach Italien fuhr, war „das ganze Tal der Piave [...] dick eingenebelt, bis hoch zur Bergflanke lag eine weiße Wolke über dem großen Tale. Wir entsetzten die Fußgänger wie mit einem Gasangriff, ihre Gesichter verzerrten sich, und wir ließen sie zurück in einer formlos gewordenen Welt [...]"[33]. Marie Holzer nennt 1910 das Auto ein „anarchistisches Vehikel"[34]. Sicher trug auch die aggressiv scheinende Vermummung, die in den offenen Wagen zwingend nötig war, dazu bei. Brillen, Kappen, Pelzmäntel und Schutzkleidung machten die frühen Automobilisten – auch die weiblichen – zu schon physiognomisch bedrohlichen Figuren. In diesen Kontexten erscheinen die Automobilisten als motorisierte Nietzsches, wie Robur der Sieger Lust gewinnend aus „der gröblichen Verletzung aller Verkehrsregeln"[35] und seinem „rücksichtslos dahinrasenden Fahrzeug". Motorwagen fungieren als Gewaltvehikel, die Motorisierung als Bedingung für die Möglichkeit aggressiven Auslebens der modernen Persönlichkeit. Zeittypische Technisierungen (trivial)nietzscheanischer Vorstellungen finden sich nicht selten.

Ein Paradebeispiel dafür ist Gabriele d'Annunzio. Er setzt seine literarischen Kombinationen von Übermenschphantasien und technischen Geräten zudem selbst praktisch um. Hinzuweisen ist auf seine Rolle als Flieger, vor und im Ersten Weltkrieg und danach bei der Besetzung Fiumes[36]. Symbolische Aggression ist bei d'Annunzio immer motorisiert; der Flugblattabwurf über Wien 1918 ist hierfür signifikant. Konkret wirksam wird nämlich das „Übermenschen"-Image in der Kombination mit hochtechnischen Vehikeln so recht erst im Ersten Weltkrieg. Manfred Freiherr v. Richthofen, bekannt durch sein Buch „Der rote Kampfflieger" von 1917, ist das wohl bekannteste Beispiel. Als bedenkenloser junger Offizier, in „kentaurischem" Verhältnis mit seinem Fokker-Kampfeinsitzer, prägte er das Image einer ganzen Generation. Aber schon manche von Jules Vernes Helden zeigen eine ähnlich wie bei den späteren Kampfpiloten gelagerte Kombination von Aggression und individuellem Freiheitsstreben mit modernster Technik. Dies ist das Kennzeichen vieler Utopien von „omnipotenten" Fahrzeugen. Sie sind damit das rabiate und aggressive, Feindschaft und Kritik hervorrufende Gegenstück zu den sanfteren Konzepten vom „freien Schweifen" mittels Auto, zum Autowandern und gemächlichen spätbürgerlichen Reisen a la Bierbaum[37]. Auch Robur macht sich mittels Motorisierung frei von den Restriktionen der Gesellschaft und lebt seine Individualität aus – aber nicht post-romantisch autoreisend wie Bierbaum, sondern allenfalls im Kontext der „schwarzen Romantik", aggressiv, omnipotent und antisozial. Sein Fahrzeug ist dabei das optimale Vehikel oder Mittel seiner Haltung; es spiegelt sie wider und drückt sie aus. Aggressive Persönlichkeit und aggressives, omnipotentes Vehikel bilden eine „technoromantische" (Karl

33 R. Diesel, Autoreise 1905, S. 190f.
34 M. Holzer, Das Automobil. In: Die Aktion 2 (34) (1912), Sp. 1072f.
35 J. Verne, Der Herr der Welt, S. 26.
36 Vgl. F. Kittler, Il fiore delle truppe scelte. In: Gumbrecht, H.U. / Kittler, F. / Siegert, B. (Hg.), Der Dichter als Kommandant. D'Annunzio erobert Fiume. München 1996, S. 205–226.
37 Vgl. L. Diehl, Tyrannen der Landstraße, S. 51–57.

Kraus) Aktionseinheit. Ähnlich wird dies von den französischen „écrivains sportifs“[38] um 1910 offensiv und mit avantgardistischem Gestus vertreten.

Auf den Zusammenhang der modernen motorischen Mobilitätsmaschinen (der Begriff „Verkehrsmittel“ ist eigentlich falsch) mit der literarisch-künstlerischen Moderne ist öfters hingewiesen worden[39]. Bekannt dürften die Thesen in Filippo Tommaso Marinettis futuristischen Manifesten sein. Weniger häufig zitiert wird die „Rahmenerzählung“ der Thesen: Die Manifeste werden im Rahmen eines Automobilunfalls und im Aeroplan präsentiert – beides um 1910 die ultimativen Abenteuerformen. Rekorde, technische Überbietungen, der Kult des „Gefährlich leben“ mit Motorfahrzeugen hatte offensichtlich auch eine starke Attraktion für die literarische Modernebewegung. „Des Menschen Hirn ist eine Piste“, heißt es 1908 bei dem Dichter Octave Mirbeau. „100 km/h ist des Menschen Standard: er rast vorbei, er denkt rasend, fühlt, liebt und lebt mit 100 km in der Stunde. Von überall her stürzt das Leben auf ihn ein, überschlägt sich, angetrieben von einer verrückten Bewegung, wie Kavalleriesturmangriff“[40]. Der technisierte und motorisierte Dandy tritt als neuer Typus auf: Er bedient sich provokativ und bürgerschockierend der technischen Sportgeräte. „Nie war ein letzter Spurt gewürzter“, heißt es in dem dandyistischen Autorenngedicht „Rapidität“ von Ferdinand Hardekopf (1912). Moderne Individualverkehrsmittel und ihre utopischen Übersteigerungen sind im Kontext dieser aggressiven, oft dandyistisch geprägten Moderne zu betrachten. Ein anderer Strang können utopische Verkehrsmittel im Kontext der Großstadtmoderne und ihrer Verkehrsutopien auf allen Ebenen sein. Doch diesen Utopien fehlt der aggressive Zug, der die individuellen Fahrzeuge häufig kennzeichnet.

Um nochmals diese Komponenten zusammenzubringen: Utopische Fahrzeuge antizipieren zuerst die Funktion des Autos und überhöhen sie später. Dabei helfen sie seiner Rezeption als ein Artefakt mit besonders aggressivem Image (das andere, zahmere, traditioneller orientierte mit geringerer Reichweite, wie etwa Elektroautomobile, ausschließt) und unterstützen seine Durchsetzung. Das Auto als systemfern scheinendes oder sich als systemfeindlich darstellendes und „verkaufendes“ Vehikel wird weitergedacht. Die Systemopposition, die Durchsetzungsfaktor war, wird noch weitergetrieben.

Hier sind nun zwei verschiedene Möglichkeiten zu unterscheiden: Indem utopische Fahrzeuge die Abenteuereigenschaften überhöhen, helfen sie zum einen bei der weiteren Durchsetzung des Benzinwagens und bei der Stärkung seiner Akzeptanz. Zum anderen werden die abenteuerlichen Potenziale der Rivalen der beginnenden Automobilkultur evident. Andere Arten von Mobilitätsmaschinen demonstrieren ihr Potenzial, gegen die das Auto in seiner spezifischen Abenteuerlichkeit schon abfällt. Die utopisch-experimentellen Fahrzeuge sind dabei eine Fortschreibung des Trends.

---

38 Siehe F.Ph. Ingold, Literatur und Aviatik, S. 82.
39 Siehe K. Möser, „Knall auf Motor“, S. 18ff.
40 Zit. nach Absolut modern sein, S. 36.

Experimentalfahrzeuge und das Interesse des Militärs

Nun könnte man es hier bei der Untersuchung dieser utopischen und nicht oder nur experimentell realisierten Fahrzeuge und ihren Rollen und Images bewenden lassen. Doch es gab vor dem Ersten Weltkrieg ein reales Anwendungsfeld und definierte Bedürfnisse – durch die Militärs. Sie hatten fast zwangsläufig ein lebhaftes Interesse an einer totalen Erschließung des Raumes, abseits der Straßen. Schon vor dem „totalen Krieg" der Materialschlachten des Ersten Weltkriegs konzipierten viele Militärs die Transformation dieses Gesamtraumes zum Schlachtfeld. Dieses Konzept definierte, kombiniert mit der Motorisierung, die Anforderungen an ein Militärfahrzeug der Zukunft. Die Utopie eines straßenunabhängigen Verkehrsmittels als unverzichtbare Praxisanforderung und seine Transformation zur Waffe lag nahe und hatte selbst schon eine lange Geschichte.

Ich halte es allerdings für problematisch, die Linie der Realisierungsvorschläge allzu weit zurück in die Vergangenheit zu ziehen, etwa zu Leonardo da Vinci. Mit dem Aufkommen von einigermaßen praxistauglichen Motorfahrzeugen gibt es nämlich einen Neuansatz der praktischen Realisierungsmöglichkeiten, der eine neue Qualität der Konzepte darstellt. Die Militärs vieler europäischer Staaten wurden schon in der Frühphase der Motorisierung auf die neuen Vehikel aufmerksam und testeten schon bald die Militärtauglichkeit von Kraftfahrzeugen.

Als Konsequenz wurden Modelle zur Beschaffung von Kraftwagen für militärische Verwendung entwickelt, die auch bei den begrenzten Beschaffungsbugets funktionierten. Vor 1914 war ein Subventionsmodell weit verbreitet: In Großbritannien und Frankreich wurden, ähnlich wie in Deutschland, Konzepte zur Bezuschussung von Kauf und Unterhalt militärtauglicher Lastwagenzüge durch Fuhrunternehmer initiiert. Im Manöver- oder im Krisenfall mussten diese Fahrzeuge dann dem Militär zur Verfügung gestellt werden. Dieses Konzept schloss auch Personenwagen und Motorräder ein: Mit der Gründung des Kaiserlichen Automobilkorps wird eine „Einsatzreserve" für eine zukünftige militärische Verwendung auch der „Herrenfahrer" geschaffen. Die Rolle der Militärs für die Definition des technischen Anforderungsprofils früher Nutzfahrzeuge war dabei recht hoch. Militärische Erfordernisse schufen z.B. in Deutschland einen eigenen Typ, den von zahlreichen Firmen hergestellten „Subventionslastwagen".

Doch vor allem jüngere Offiziere dachten über diese Funktionen, die sich vor allem auf Nachschubfahrzeuge konzentrierten, hinaus. Ein frühes Beispiel für die militärische Reflexion des Kraftwagen-Potenzials ist S. Daules Denkschrift „Der Kriegswagen der Zukunft" von 1906[41]. Die Frage ist für ihn, was das Auto zur praxistauglichen Waffe macht. Die üblicherweise vorgebrachten Faktoren, nämlich Feuer, Panzerschutz und Bewegung allein reichen ihm nicht. Die Bewegung muss für ihn straßenunabhängig möglich sein. Das eigentliche Problem war also die Öffnung der Fläche für das Auto, die Herstellung

41 S. Daule, Der Kriegswagen der Zukunft. Leipzig (Thüringische Verlagsanstalt) 1906.

der Unabhängigkeit von der nur linearen Straße, also die Geländegängigkeit. Seine These ist, dass nur die Franzosen, nicht die Deutschen, nach echter Geländegängigkeit suchen, welche für sein Anforderungsprofil unabdingbar ist: „Unabhängigkeit von den Geländeverhältnissen ist aber die erste Forderung, die wir an ein Automobil stellen müssen, das seine Verwendung im Dienste der Artillerie finden soll“[42].

Geländegängigkeit war für die Militärs das technische Problem. Eisenbahn und sogar das Auto schränkten die schon jahrhundertealte, früh erreichte „Überlandfähigkeit“ der militärischen Beweglichkeit – durch Pferdetransport und Kavallerie – nun wieder ein. Die Abhängigkeit von Straßen wurde von Strategen stets als Problem wahrgenommen. Schon die pferdebespannte schwere Artillerie hinderte die erforderliche Mobilität entscheidend. Doch die frühen Motorfahrzeuge waren in dieser Hinsicht noch sensitiver: Ohne akzeptable Straßen, die stets limitierende Faktoren bei schnellen Vormärschen waren, wie sie deutschen und französischen Planern vor 1914 nötig erschienen, kamen sie nicht voran. Die Schienen- und später auch die Straßengebundenheit der Landverkehrsmittel der Industrialisierung wurde militärisch als starkes Defizit empfunden. Wollte man den „Kriegsmotor“ nicht auf Stabsautomobile, Meldemotorräder und Straßen-LKWs beschränken, waren neue Lösungen gefragt. Die Mobilität sollte wieder zurückgewonnen werden.

Die konkreten Probleme eines frühen, nicht oder kaum geländefahrfähigen Serienfahrzeugs in einem Land mit nicht motorwagentauglichen Straßen sind in Paul Grätz’ Buch „Im Auto quer durch Afrika“[43] beschrieben. Die bitteren Lektionen, die die Erfahrungen dieses deutschen Schutztruppenoffiziers Grätz bei der Durchquerung Afrikas den Militärs lieferten, wurden vom Militär zur Kenntnis genommen. Grätz hatte nämlich die Straßen den sehr beschränkten „Überlandfähigkeiten“ seines Motorwagens, den Unzulänglichkeiten der Geländefähigkeit, anpassen müssen. Seine haarsträubenden Erlebnisse demonstrierten die Notwendigkeit eines Vehikels, das Geländegängigkeit im Wegelosen besaß. Weil sein Auto nur sehr beschränkt geländetauglich war, mussten Wege dafür hergestellt werden. Dies tat die Autoexpedition von Grätz; sie benötigte durch den Bau von Knüppeldämmen, dem mühseligen Planieren von Karawanenwegen und sogar Brückenbau zwei Jahre für die Durchquerung des Kontinents. Spätestens danach war klar: Das Auto selber musste technisch an das Gelände angepasst werden, nicht umgekehrt.

Der Kampf um die technisch beste Lösung war ein langer Weg. Bis schließlich 1916 das Problem einer Straßenunabhängigkeit und Geländegängigkeit ansatzweise gelöst war, wurden verschiedene, zum Teil heute absurd anmutende Wege erprobt. Man imitierte etwa – ebenso bionisch und zoomorph wie Jules Vernes schon erwähnter Stahlele-

42 Ebd., S. 16.
43 P. Grätz, Im Auto quer durch Afrika. Berlin (Vereinigte Verlagsanstalten) 1910.

fant – das Schreiten. Experimentiert wurde auch mit bodendruckreduzierenden Radzusätzen, dem „Pedrail"-System. Bramah Diplock ließ sich 1899 ein solches Rad mit beweglichen Füßen patentieren[44].

Andere Lösungsversuche setzten auf eine Vergrößerung oder Verbreiterung der Räder oder auch auf den Einsatz von Zusatzgreifern in schwerem Gelände abseits befestigter Straßen, bevor schließlich die Gleiskette, „caterpillar track" oder „Raupe" genannt, trotz ihrer Nachteile bei Steuerbarkeit, Verschleiß und Reparaturanfälligkeit das Problem löste und das Motorfahrzeug von der limitierenden Linearität der Straße löste. Keine dieser Fortbewegungsarten war wirklich neu; sie wurden nicht selten schon zuvor bei Dampf- oder Petroltraktoren angewendet. Auch die erwähnte „Windwagen"-Idee wurde 1914 bei der Konstruktion eines propellergetriebenen Straßenfahrzeugs von Sizaire-Berwick militärisch genutzt[45].

Die Lösung, die sich schließlich durchsetzte, die Gleiskette, war in ihrer militärischen Applikation letztlich ein Technologietransfer von landwirtschaftlichen Fahrzeugen für militärische Zwecke. Sowohl die britischen Konstrukteure des Tanks als auch das deutsche Baukonsortium, das den A7V-Panzer entwickelte, bediente sich dabei des amerikanischen 75-PS-Holt-Gleiskettenschleppers bzw. seiner Technologie[46]. Die Raupenkette selbst war ursprünglich als „selbstlegendes Gleis" intendiert; das Fahrzeug sollte seinen eigenen Schienenweg legen und hinter sich wieder aufnehmen.

Eine andere landwirtschaftliche Konstruktion, die das Militär ausbeutete, war der Kettentraktor von Killen-Strait. Auch der deutsche Geländeschlepper mit dem bezeichnenden Namen „Überlandwagen" von 1918 war eine Collage aus vorhandenen technischen Komponenten.

Seinen Ursprung nahm die „Tank"-Entwicklung allerdings in Großbritannien. Aus dem Prototyp von 1915, bezeichnenderweise „Mother" genannt, entstand die Reihe von „His Majesty's Landships", die ab 1916 in die Materialschlacht eingriffen. Anfangs von sehr problematischer Funktionstüchtigkeit – so waren für die Baureihe Mark I drei Personen für die Steuerung nötig –, hatten gepanzerte, bewaffnete „trench-crossing-machines" spätestens 1917 ihre Funktion unter Beweis gestellt[47].

Neben der Geländegängigkeit geriet auch die Amphibienfähigkeit ins Blickfeld der europäischen Militärs. Eines dieser experimentellen Vehikel mit amphibischen Möglichkeiten

---

44 Vgl. K. Macksey / J.H. Batchelor, Tank Warfare. A History of the Armoured Fighting Vehicle. London 1970, S. 15.

45 Vgl. ebd., S. 28f.

46 Vgl. C. Ellis / D. Bishop, Military Transport of World War I. London 1970, S. 135f. „[...] this vehicle was one of the primary sources of inspiration for tank inventors in at least four countries"; vgl. auch D. Fletcher, Landships. British Tanks in the First World War. London 1984, S. 5.

47 Vgl. D. Fletcher, Landships. British Tanks in the First World War. London 1984.

war das „canot-voiture-automobile“ des Franzosen Jules Ravaillier. Es wurde 1910 vom Pionierkorps der französischen Armee getestet, fand jedoch noch keine direkte militärische Applikation: „[...] it was regarded by the military authorities more as an interesting and diverting toy than as a practical proposition“[48]. Übrigens vermag auch das geländegängige landwirtschaftliche Fahrzeug sich in die Ästhetisierung der Mobilität einzuklinken, wie das Plakat „Le tracteur Austin“ zeigt. Eine letzte Anmerkung: In den dreißiger Jahren war die Erhebung des Panzers in die dritte Dimension ein weiteres Projekt: In der sowjetischen Armee wurde ein leichter segelflugfähiger Tank erprobt.

Ohne noch im weiteren darauf einzugehen, möchte ich noch darauf hinweisen, dass das immense militärische Interesse an der dritten Dimension, an der Aufklärung aus der Luft, vor 1914 ebenfalls mit dem zeittypischen Ansatz zur totalen Erschließung von Fläche und Raum, also auch mit dem Ansatz zur räumlichen Totalisierung des Krieges zusammenhängt. Längst existierten Konzepte, die über die Rolle von Aeroplanen und Luftschiffen als „fliegende Augen“ des Heeres hinausgingen und ihre Transformierung zur offensiven Waffe intendierten. H.G. Wells’ Bestseller „The War in the Air“ von 1902 traf eine signifikante Zeitstimmung. Dass sowohl die Geländeerschließung als auch die „Eroberung der Luft“ eine bestimmte Funktion in den Kriegführungskonzepten der Zeit hat, zeigt sich auch am militärischen Personaleinsatz: Anfangs waren es vor allem Kavallerieoffiziere, die Spezialisten für die Beherrschung des wegelosen Geländes, die die neuen „cross country“-Vehikel und die neuen Flugmaschinen bedienten.

Dass diese Totalisierung auf schreckliche Weise erfolgreich war, wurde nach 1914 deutlich: Die Dimensionen abseits der linearen Wegeführungen wurden nicht nur zu motorisch erschlossenen „Kriegsräumen“, sondern auch zu Orten ultimativer Waffenwirkung. Aus dem vom Motorfahrer „eroberten“ Raum wurden die letalen Zonen der technisierten Schlacht. Die aggressiven, avantgardistischen Nutzer der Mobilitätsvehikel erwiesen sich als Prototypen der neuen technischen Soldaten-Elite, die aus dem passiven Leiden des technisierten Krieges ausbrechen möchte und um 1916 die „Schwerkraft des Feuers“ mittels „Maschinen zur Herstellung von Bewegung“ überwinden will[49].

Es stellt sich allerdings die Frage: Sind die Militärs die aktiven Agenten oder die Nutznießer der Fahrzeugentwicklung vor 1914? Sicherlich ist die These einer angeblich prinzipiellen Technologiefeindschaft der europäischen Militärs vor Kriegsbeginn 1914 revidiert worden. Sie wurden zwar von der tatsächlichen Gestalt der industrialisierten Schlacht überrascht, doch zahlreiche Erfindungen und Entwicklungen wurden schon vor Kriegsbeginn getestet, in der Truppe erprobt oder sogar eingeführt. Die Chancen einer Akzeptanz neuer Technologien wurden in vielen Stäben gesehen, aber deren Konsequenzen

48 Vgl. C. Ellis / D. Bishop, Military Transport of World War I, S. 128.

49 E. Jünger, Feuer und Bewegung. In: Ernst Jünger, Werke. Bd. 5, Essays 1, Stuttgart o.J. (ursprünglich „Kriegerische Mathematik“, 1930).

oft nicht antizipiert. 1906 hieß es in der erwähnten deutschen Denkschrift, dass neben den Qualitäten der Menschen die „Höhe der Kriegstechnik“ eine wichtige Rolle spielen müsse[50].

Die Rolle der Militärs für die Durchsetzung der Motorisierung, und zwar speziell der Technologiewahl, sollte nicht unterschätzt werden. Dass sich das Benzin-Antriebskonzept gegen seine Rivalen schließlich durchsetzte, hat sicherlich auch seine Ursache im Anforderungsprofil der Militärs mit hohen Anforderungen an Reichweite und Unabhängigkeit von Ressourcen und Netzwerken. Dies ist schon aus dem Konzept und der technischen Definition der Subventions-LKW ersichtlich.

Utopische Fahrzeuge, „crossover“-Vehikel, avantgardistische Bauideen hatten somit zwar eine enge Verbindung mit der kulturellen Rolle als Freiheits- und Abenteuermedium und mit der Diffusion des Motorwagens, aber sie hatten auch eine klar miltärische Dimension. Die Reste und Schwundstufen solcher Images – und mit diesem Ausblick schließe ich – sind natürlich heute noch Faktoren, die mit der Faszination des Privatautos zu tun haben. Nach mehr als einem Jahrhundert hat sich das Automobil als doch recht resistent gegen die Herausforderungen und Attraktionen durch andere „Abenteuervehikel“ erwiesen. Trotz Segel- und Gleitschirmfliegen, „personal watercraft“ und Sporttauchgeräten haben sich Privatwagen ihre Abenteuerfaszination in weiten Teilen bewahrt – und dies nicht nur für eine dandyistische Elite, sondern millionenfach, als konstituierende Objekte der „motorisierten Gesellschaften“. Obwohl das Auto vielleicht sogar noch „systemischer“, geworden ist als die Eisenbahn – also noch stärker eingebettet in und abhängig von einem großen technisch-kulturellen System –, ist die Illusion des individuellen Fahrens weiterhin ein starker Anziehungspunkt. Das Straßen-Geländefahrzeug, das die Illusion der Möglichkeit, rechts raus fahren zu können, verkörpert, und das Potenzial zu bieten scheint, die schienenähnlich gewordene Landstraße, die Linearität der Wege und die lästigen Anderen im Stau endlich hinter sich zu lassen, ist heute sehr populär. Dieses allradgetriebene Personenfahrzeug – zwar seines militärischen Charakters scheinbar entkleidet, aber zynisch auch „Bürgerkriegstransporter“ genannt – ist die Maschine gewordene Fortsetzung dieser Illusion, und damit legitimer Nachfahre der flächen- und raumerobernden utopischen Fahrzeuge der Jahrhundertwende. Es wird gebaut in Hunderttausenden, für freiheits- und abenteuersuchende Nutzer, ist aber für die Praxis des alltäglichen, zivilen, zivilisierten Fahrens eigentlich genauso hypertrophiert wie die utopischen Fahrzeuge um 1900.

50 Vgl. S. Daule, Der Kriegswagen, S. 4.

Technik ohne Grenzen

Fahrzeugutopien um 1900

Mobilitätsrevolution

Einige Daten von Erfindungen um Mobilität sind allgemein bekannt: 1886 der Patentmotorwagen von Carl Benz, 1903 der erste gesteuerte Motorflug der Gebrüder Wright. Doch diese Daten sind wenig aussagekräftig: Schon vor Benz und Daimler gab es motorgetriebene leichte Personenfahrzeuge mit Elektromotor und Dampfantrieb, und schon vor Orville und Wilbur Wright gab es Flugmaschinen mit und ohne Antrieb. Gerade individuelle Mobilität erlebte auf vielen Gebieten einen enormen Aufschwung.[1] Hoch- und Niederräder waren Leichtbau-Hochtechnologie aus leichten Stahlrohren, Drahtspeichen, Kettenantrieb und Gummireifen, und lieferten die technische Basis vieler Entwicklungen, auch des frühen Automobils. Doch solche Interferenzen und Amalgamierungen stimulierten ein Weiter-Denken und Weiter-Imaginieren, ein phantastisches Überbieten und imaginatives Fortschreiben. Technische Phantastik wurde ein wichtiges Feld innerhalb der Mobilitätsrevolution.[2]

Vor den Utopien ist allerdings über die tatsächliche Mobilitätsrevolution zu reden, über die – systemisch werdende – Fülle von Erfindungen und Entwicklungen, die in den beiden Jahrzehnten vor und nach 1900 gemacht, umgesetzt, gesellschaftlich debattiert und

---

1 Siehe Möser, Kurt, Grenzerfahrungen. Mobilitätsbegeisterung für Auto, Flugzeug und Boot im frühen 20. Jahrhundert. In: Möser, Kurt / Popplow, Marcus / Uhl, Elke (Hg.), Auto. Kultur. Geschichte. Stuttgart 2013, S. 19–32 (= IZKT Materialien 11).

2 Siehe Möser, Kurt, Amphibien, Landschiffe, Flugautos – utopische Fahrzeuge der Jahrhundertwende und die Durchsetzung des Benzinautomobils. In: Hertner, Peter / Schott, Dieter (Hg.), Jahrbuch für Wirtschaftsgeschichte. Zukunftstechnologien der letzten Jahrhundertwende: Intentionen – Visionen – Wirklichkeit. Berlin 1999, S. 63–84. Verfügbar unter https://doi.org/10.1524/jbwg.1999.40.2.63.

schnell breitenwirksam wurden. Es kulminierten gerade in diesen wenigen Jahren viele Entwicklungen der Mobilität: Nachdem schon in den 1880er Jahren Lenkluftschiffe mit Antrieb ausprobiert wurden, fuhr das Starrluftschiff des Grafen Zeppelin erstmals im Jahr 1900. Lilienthal führte in den 1890er Jahren Gleitflüge durch, und die Brüder Wright erzielten mit ihrem „Flyer“ einen dreiachsgesteuerten Motorflug. 100 km/h wurden mit Individualfahrzeugen erreicht – dazu später mehr –, und man baute die ersten praktisch verwendbaren Unterseeboote. Fahrräder und Automobile breiteten sich rasch aus, wurden technisch verbessert und kamen stärker und öffentlichkeitswirksamer in Gebrauch. Diese soziotechnische Entwicklung kann nicht als Separatgeschichte einzelner Stränge geschrieben werden, sondern muss als Innovationscluster betrachtet werden. Ich habe vorgeschlagen, von Kulturen individueller Mobilitätsmaschinen zu reden. Dies deckt nicht nur Räder, kleine Flugzeuge und Automobile ab, sondern auch Typen kleiner, persönlicher Geräte, die ebenfalls Mobilitätserlebnisse wie Geschwindigkeit, Beschleunigung, Freiheits- und Körpererfahrungen ermöglichten und schon vor 1900 in einer neugierigen und rezeptiven Öffentlichkeit einen Boom erlebten: etwa Schlittschuhe und Rollschuhe, Kajaks und leichte Segeljollen, Sportschlitten und Bobs.[3]

Nicht alle dieser Geräte waren neu. Oft wurden sie, wie etwa Schlitten oder Jollen, aus Gebrauchs- und Arbeitsgeräten zu Sport- und Spaßgeräten weiter entwickelt und in neue Kontexte des Gebrauchs, wie Clubs, Nutzervereinigungen und entsprechende Medien eingebunden. So entstanden neue Kulturen des Gebrauchs von re-konstruierten oder neu eingeführten Mobilitätsmaschinen, von neuen Nutzergruppen und neuen sozialen Kontexten.

Populäre Mobilitätsfaszination

Man griffe zu kurz, würde man nur die Erfindungs- und Anwendungsgeschichte solcher neuen Mobilitätsmaschinen betrachten. Die Popularisierung von Rädern und Automobilen, von Rennrodeln oder Rollschuhen hat viele Aspekte neben dem Selbst-Ausprobieren und Erfahren: das Zuschauen bei Wettkämpfen oder im Alltag, das Lesen von Erfahrungsberichten oder Lehrbüchern, das Interesse an technischen Details und Höchstleistungen. Eine in vielen Medien verbreitete Kultur der Nutzungsformen individueller Mobilitätsmaschinen entstand schon vor 1900, repräsentiert etwa von neuen Sportzeitungen, Illustrierten, die bebilderte Artikel über Flugversuche brachten, auch schon Filme über Boots- oder Autorennen. Man informierte sich über Erfinder und prominente Ingenieure, über mutige Helden und ihre Höchstleistungen, wie den Pilot-Konstrukteur Louis Blériot, den „Kanalbezwinger“, oder über aufregende Unfälle, und begeisterte sich für exzentrische „Technikdandies“ wie Alberto Santos-Dumont, deren Taten und Moden man folgte.

3 Siehe Möser, Kurt, Fahren und Fliegen in Frieden und Krieg. Kulturen individueller Mobilitätsmaschinen 1880–1930. Heidelberg u.a. 2009 (= Technik und Arbeit 13). Ich nehme im gesamten weiteren Text auf diese Arbeit Bezug.

Generell begründeten diese historischen Zukünfte des Verkehrs eine Kultur des Abenteuerlichen und Ungewöhnlichen,[4] die potenziell allen wenigstens medial zugänglich schien. Das neue kulturelle Feld des Sports, worunter sehr viel verstanden wurde, Fußball und Skifahren ebenso wie Radeln, Rudern oder Fliegen, geriet ins Zentrum der Aufmerksamkeit. Neue Formen des Freizeitverhaltens, der Lektüre oder des Prominentenkults entwickelten sich. Man fuhr selber Rad, besuchte Sport- oder Flugveranstaltungen, las Augenzeugenberichte. Der Kulturhistoriker Norbert Elias hat sogar von einer „Sportisierung" gesprochen,[5] analog zur Industrialisierung, wobei ein sehr weiter Sport-Begriff gebräuchlich war.

So zählten zum „Bootssport" nicht nur Regatten und Wettkämpfe, sondern auch gemütliche Touren auf dem Wasser, und viele Freizeitaktivitäten außerhalb von Städten und jenseits des Arbeitens. Jerome K. Jeromes Bestseller „Three Men in a Boat (to Say Nothing of the Dog)" von 1889 beschreibt eine typische Bootscamping-Tour auf der Themse und die damit verbundenen Mikro-Ereignisse mobilen Outdoorlebens. Sogar ein ziviler Fluss wie die Themse bot Herausforderungen, stimulierte neue Fähigkeiten, die nicht mehr unmittelbar mit den Arbeitswelten zusammenhingen, und schuf neue kalkulierte Risiken.

Das Gegenstück war die Konstruktion künftiger Technisierung des Alltags mit dem Fokus außerordentlicher Erleichterung des Haushalts. Weitere Paradiesversprechen zielten auf eine Beschäftigung voller neuer Abenteuer und Freizeitaktivitäten. Neue Sportarten, wie Unterwasserjagd, Lufttennis, Ballonspringen, oder neue städtische Fortbewegungsarten wie Rollsteige, Hoch-Kabinenbahnen oder Kleinhelikopter standen im Mittelpunkt solcher alltagsverändernden Phantasien, ebenso wie Haushaltsroboter, automatische Essenszubereitungen, oder selbstreinigende Küchen. Die sozialistische Utopie August Bebels einer Befreiung der Frau von Haushaltspflichten von 1879 wird hier depolitisiert und in einer kapitalistischen Zukunft verortet.

Phantastische technische Wirklichkeit

Die Jahrzehnte um 1900 waren eine Zeit der Wunder, der ständigen technisch-wissenschaftlichen Überraschungen und Überbietungen. Dabei fiel den Zeitgenossen nicht leicht, festzustellen, was tatsächlich revolutionierende Erkenntnisse waren, was realer Fortschritt oder nur Spekulation oder bloß phantastischer Entwurf. Zwischen wirklichen Leistungen und literarisch-künstlerischen Zukünften zu unterscheiden, war durchaus nicht einfach. X-Strahlen, die den menschlichen Körper durchsichtig machten, schienen

4 Siehe Möser, Kurt, Historische Zukünfte des Verkehrs. In: Roth, Ralf / Schlögel, Karl (Hg.), Neue Wege in ein neues Europa. Geschichte und Verkehr im 20. Jahrhundert. Frankfurt/M. / New York 2009, S. 391–414.

5 Siehe Elias, Norbert / Dunning, Eric, Quest for Excitement. Sport and Leisure in the Civilizing Process. Oxford 1986.

manchen ebenso plausibel wie Fotografien der Geister Verstorbener. Die Propaganda für die Heilkraft blauen Lichts wirkte überzeugender als die Theorie eines Berner Patentamtsangestellten über das Verhältnis von Materie und Lichtgeschwindigkeit. Eine sensationalistische, unkritische oder auch skeptische Presse trug dazu bei, die Grenzen zwischen neuen technischen Wirklichkeiten und Technikfiktionen verschwimmen zu lassen. Die Wrights etwa galten als „lying brothers", nicht als „flying brothers", als lügende, nicht fliegende Brüder. Reale Fortschritte wurden mitunter nicht geglaubt und bekamen phantastische Züge, während abwegige Imaginationen plausibel schienen.

Auch die großen Leistungen sportlicher Mobilität erschienen oft irreal. Dies geschah etwa bei dem berühmten Radrennen zwischen Berlin und Wien 1893, als ein Radfahrer mit 31 Stunden den Rekord des entsprechenden Pferderennens um die Hälfte unterbot. Ähnlich sensationell schien die erste Weltumsegelung eines Einhandseglers, des Ex-Kapitäns Joshua Slocum, 1895 bis 1898. In diesem Fall schien der journalistische Topos, die Erde sei kleiner geworden, durchaus berechtigt. Ein Held der Mobilität wie Slocum zeigte nicht nur, dass die meisten Punkte auf dem Erdball inzwischen von Expeditionen erreicht worden waren, sondern auch, dass dies von einem einzelnen Menschen zu leisten war. Und er schrieb über seine Erfahrungen einen Bestseller.

Im Zentrum stand die Faszination des Fluges, das Erstaunen, dass nun das Wunder des Menschenfluges, die Erfüllung alter Sehnsüchte, endlich gelungen sei. Flugträume wurden wahr, und zwar schon vor den öffentlichen Flugvorführungen der Zeppeline und der Aeroplane. Die kleinen Luftschiffe Santos-Dumonts, oder die Fallschirmabsprünge von Käthe Paulus aus einem Ballon erstaunten und erzeugten eine Stimmung der Erwartung unaufhaltsamer Fortschritte der Mobilität. Gerade die Literatur nahm diese Anregungen auf und verstärkte sie.[6]

Ein wichtiger Bestandteil der Mobilitätsrevolution waren Rekorde, Leistungssteigerungen und Überbietungen. Radfahrer kämpften gegeneinander und gegen die Stoppuhr, Piloten brachen Rekorde im Höhen- und Distanzflug und flogen schneller und länger; Boote entwickelten immer höhere Geschwindigkeiten. Um 1900 fielen magische Barrieren. Ein Radrennfahrer mit dem Spitznamen „Mile-a-Minute-Murphy" fuhr 1899 im Windschatten einer Lokomotive erstmals mehr als 100 km/h. Im gleichen Jahr schaffte dies ein Elektroautomobil. „Stunts" wie „looping-the-loop" führten Radfahrer auf Spezialbahnen schon eher vor als waghalsige Piloten, denen das erst 1913 gelang.

6 Siehe Riha, Karl, Science Fiction und Phantastik. Zur unterschiedlichen literarischen Reaktion auf den technischen Prozeß um die Jahrhundertwende. In: Grossklaus, Götz / Lämmert, Eberhard (Hg.), Literatur in einer industriellen Kultur. Stuttgart 1989, S. 239–257; Möser, Kurt, Zwischen Begeisterung und Verweigerung. Zur Verarbeitung von Technik und Industrie in der deutschen Literatur. Mannheim 1994 (= LTA-Forschung 14).

Phantastische Mobilitätsmaschinen

Um 1900, als Fahrräder längst verbreitet waren und Automobile einen Markt gefunden und ihren Gebrauchs- und Abenteuerwert bewiesen hatten, entwickelte sich in diesem Mobilitätscluster eine Fülle von imaginierten, konzipierten oder sogar gebauten Fahrzeugen, die Ideen und Möglichkeiten der Mobilität erweiterten, indem etwa verschiedene Mobilitätsformen kombiniert wurden. Zu diesen Crossover-Fahrzeugen gehörten etwa geländefähige Fahrzeuge, Luftschraubenantriebe für Auto oder für schnelle Boote. Der Flugpionier Alberto Santos-Dumont versuchte mit einem solchen Gerät vergeblich, die 100-km/h-Marke auf dem Wasser zu erreichen. Aber auch neuartige Antriebe für Mobilitätsmaschinen wurden imaginiert und ausprobiert, so etwa ein Turbinenantrieb für Flugzeuge, erdacht von dem Rumänen Henri Coanda, oder atom-inspirierte Antriebe für Luftschiffe, wie in Rudyard Kiplings „With the Night Mail". Ein wichtiger Anreger war hier, wie so oft in der Geschichte der phantastischen Zukünfte, Jules Verne. Sein Multipropeller-Hubschrauber, sein Tauchboot Nautilus, oder das fliegende und tauchende Automobil „Epouvante" formierten die Muster, dem andere technische Phantasten etwa mit „Unterlandbooten" folgten. Hybridformen, wie sie phantastisch entworfen wurden, stimulierten dann wieder die technische Kreativität. So etwa im Fall von Amphibienfahrzeugen, die sich im Wasser und auf dem Land gleichermaßen bewegen konnten. Ein Imaginationsfeld war die Ultramobilität im Gelände, erreicht durch Gleisketten-Fahrzeuge oder großrädrige Geräte, die abseits der Wege fahren konnten.

Ultramobilität für bisher unerreichbare Räume, Multimobilität, gepackt in einen Fahrzeugentwurf, Hybridmobilität in Grenzfeldern und jenseits davon: dies waren typische Formen mobiler Zukunftsentwürfe, die nicht nur linear fortgedacht wurden, sondern Ultramobilität anstrebten. „Frontiers" der Mobilität wurden angegangen und phantastisch überschritten, so, wie die realen Frontiers des Globus nacheinander fielen. Bezeichnenderweise gab es vor dem Ersten Weltkrieg nur noch wenige weiße Flecken auf der Erde. Unerreichbare Gebiete wurden weiter phantastisch ausgebeutet. Abgelegene Inseln funktionierten als Nicht-Orte aber nur noch begrenzt; Jules Verne probierte es in „Die geheimnisvolle Insel" noch einmal aus. Arthur Conan Doyle wählte ein unzugängliches Hochplateau in Afrika als Ort phantastischer Lebewesen. Vielversprechender war die Meerestiefe: Herbert G. Wells bezog sich auf den alten Topos einer untermeeerischen Zivilisation mit der Erzählung „Into the Abyss". Das „Transportmittel" dorthin war eine State-of-the-art-Taucherkugel.

Um 1900 bildet sich vor allem in Großbritannien ein Muster der Kombination von Phantastik und technischer Mobilität aus. Die Praxis des Fluges etwa stimulierte dies. Erzählungen um Monstren in den Lüften, wie Doyles „The Horror of the Heights", oder um in den Wolken verschwindende Aeroplanen entstanden. Neben dieser Einkreuzung von Horror entstanden aber auch diametral entgegengesetzte Entwürfe, die das soziotechnische Potenzial der neuen Mobilität durchspielten. Dazu gehören etwa systemische Phantasien: Was wäre, wenn ein neues technisches System auch zur sozialen und politischen

Kontrolle diente? Prominent ist hier Kiplings Erzählung „As Easy as A.B.C.", in dem ein „Aerial Board of Control" sich aus der bloßen Regulierung des Luftschiffsverkehr zu einer technokratischen Weltregierung entwickelt.

Ein nochmals anderer Ansatz war alltagsbezogener: Phantasien der Bequemlichkeit, der Effizienz und der Mühelosigkeit kennzeichnen auch die Phantastik um 1900, so etwa in Albert Robidas „La Vie Électrique". Dort ergänzen kleine individuelle Luftfahrzeuge die Annehmlichkeiten einer durch Telefonie und Kommunikationsmedien gekennzeichneten hedonistischen Zivilisation. Seine Städte waren geprägt durch eine vollzogene Mobilitätsrevolution in der Luft.

Neue Helden der Mobilität

Interessanterweise bedarf es sowohl in Kiplings Mobilitätsphantasie einer Experten-Luftherrschaft wie auch in Robidas durchtechnisiertem Alltagsleben keiner Helden. Anonyme Funktionäre und hedonistische Bürger sind die Protagonisten dieser Zukunftsentwürfe. Generell ist jedoch eine solche De-Heroisierung selten. In vielen Szenarien gibt es neue Helden der Zukünfte: solche, die den technischen Fortschritt voran bringen und, als „neue Menschen" optimal angepasst an die Erfordernisse einer neuen technischen Welt scheinen, Projekte initiieren und gegen Widerstände durchsetzen. So etwa der Ingenieursheld, Erbauer des Transatlantiktunnels in Bernhard Kellermanns „Der Tunnel" von 1913. Oder es sind Heroen, die Widerstand leisten gegen die Zumutungen der Modernisierung – oder sich gerade auf neue Anforderungen einlassen. Prototypen hierfür sind Jules Vernes ambivalente Helden: Kapitän Nemo natürlich und Robur le Conquerant als Erbauer und Verwender neuartiger Flugmaschinen. Reale Helden, wie Louis Blériot werden häufig im Rahmen solcher narrativen Muster interpretiert.

Ebenfalls typisch ist der „Übermann" in Alfred Jarrys „Le Surmale", der mit hoher Ausdauer, Stärke und Geistesgegenwart die Herausforderungen der technischen Zukunft meistert. Jarry entwarf ein Rennen eines Fünfer-Radtandems von Paris nach Wladiwostok gegen den Transsibirienexpress, ausgeschrieben durch den Hersteller des leistungssteigernden Mittels „Perpetual Motion Food", aus Strychnin und Kokain. Jarry kombinierte in seinem Roman typische Phänomene des Sport- und Mobilitätsenthusiasmus seiner Zeit, wie Sechstage- und Steherrennen von unmenschlicher Dauer, Wettbewerbe Mensch gegen Mobilitätsmaschine, Leistungssteigerungen durch Doping mit Chemie und Pharmazie, Konzernwerbung oder Renn-Sensationslust, und übersteigerte diese Exzesse in seinem Roman dann nur moderat.

Physiognomien und Körper der Mobilitätsrevolution

Für die Zeitgenossen war die Veränderung des Gesichts und des Körpers durch die Erfahrung der neuen Mobilitätsmaschinen besonders bemerkenswert.[7] Aus den realen, alltäglich werdenden Beobachtungen entwickelten sich Antizipationen und Zukünfte der menschlichen Körperveränderungen. Neue Phänomene wie Vermummungen durch wetterfeste Kleidung, durch Schutzbrillen und Maskierungen irritierten. Kleidungsregeln schienen disponibel geworden: Radfahrkleidung wurde straßentauglich, Trikots und Schutzanzüge erschienen im Alltag. Durch die Mobilitätsrevolution änderte sich vor allem die Frauenkleidung. Sie wurde sowohl loser als auch körperbetonter, generell aber androgyner. Utopien zielten auf eine weitere Anpassung des menschlichen Leibes an künftige Mobilität. Der Futurist Filippo T. Marinetti prognostizierte etwa stromlinienförmige künftige Körper, angepasst an Geschwindigkeit und Beschleunigung. Es gab Ideen, diese kommende Mobilitätselite erst einmal zu identifizieren und dann zu züchten. Und die Medien folgten oder führten: Chronofotografie bildete rasche Bewegungen von Tieren und Menschen ab, zeigte Projektile im Flug und machte mit „speedlines“ von Mobilitätsmaschinen vertraut.

Symbionten, Hybride und Cyborgs

Die Mobilitätsrevolution erzeugte ihre ganz eigenen kulturellen Wahrnehmungs- und Darstellungsformen. Oft wurden ältere Bilder und Muster aufgenommen, etwa die Vorstellung, moderne Technik helfe und unterstütze den Menschen, mit der Idee, Maschinen seien die neuen Sklaven und ermöglichten ihren Herren ein unerhört bequemes Leben. Maschinen als Sklaven der Menschen, Menschen als Maschinensklaven: Beides wird schon in Emanuel Geibels Gedicht „Mythus vom Dampf“ von 1856 durchgespielt. Die Umkehrung der technohumanen Verhältnisse, eine Rebellion der Maschinen gegen die Menschen und vice versa, lag stets nahe. Technische Geräte selbst wurden oft als tier- oder menschenähnlich, als „zoomorph“ oder „anthropomorph“ dargestellt. Mobilitätsmaschinen im Speziellen bekommen Persönlichkeitscharakter und werden von den Nutzern als freundliche, willige Partner oder als Haustiere respektiert und geschätzt. In einem Fliegergedicht von Franz Richard Behrens von 1916 heißt es etwa: „Meine Maschine frißt mir aus der Hand“. Andererseits konnten Mobilitätsmaschinen Unbehagen oder Angst erzeugen, weil sie autonom schienen oder bösartige Energie freisetzten. Dieses Bildfeld deckt die Idee ab, dass Maschinen einen ganz eigenen Willen entwickelten, etwa starrköpfig und tückisch werden konnten. Typisch ist auch das symbolische Feld einer Verschmelzung. Danach konnte es zu einer engen, symbiontischen oder auch, wie Ernst Jünger formulierte, „kentaurischen“ Verbindung zwischen Maschinen und Menschen kommen, zu Hybriden oder Cyborgs. Schon das Fahren von Zweirädern provozierte solche

---

7 Siehe Möser, Kurt, Automobil und Körper. In: Schmidt, Gert / Bungsche, Holger / Heyder, Thilo / Klemm, Matthias (Hg.), Und es fährt und fährt... Automobilindustrie und Automobilkultur am Beginn des 21. Jahrhunderts. Berlin 2005, S. 285–296.

Bildfelder. Fahrer wurden zur „oberen Hälfte des Motorrades“; oder neue Wesen wurden imaginiert, bei denen durch häufiges Radfahren die Moleküle ineinander übergingen, um Fahrradmenschen und menschliche Räder zu erzeugen – so in Flann O'Brians „The Dalkey Archives“.

Konditionierungsmaschinen, Emotionsproduktionsmaschinen

Dass die neuen Mobilitätsmaschinen anfangs nur von einer kleinen Elite der Nutzerinnen und Nutzer tatsächlich erfahren werden konnten, ist kein Einwand gegen die Breitenwirkung der Mobilitätsrevolution. Denn zum einen gab es eine Fülle von medialen Vermittlungen, wie etwa Schilderungen von Angehörigen dieser Mobilitätselite mit teilweise hohen Auflagen, etwa „20.000 Kilometer im Luftmeer“ von Hellmuth Hirth, bildliche Repräsentationen, eine extensive journalistische Berichterstattung und sogar schon Filme. In vielen Fällen ging es sowohl um die Vermittlung des emotionalen Erlebnisses der neuen Mobilität als auch um Informationen über die Technik. Insgesamt ist die enorme Breitenwirkung der Mobilitätsrevolution um 1900 zu konstatieren, eine Kollektivfaszination, die medial gestützt und befeuert wurde. Diese Begeisterung für Luftschiffe, Flugmaschinen oder Räder war kein Elitenphänomen, sondern erfasste viele in den Industriestaaten. Weite Teile der Bevölkerung partizipierten: Kinder spielten mit Mobilitätsspielzeug, Jugendliche bastelten Kopien von Motorbooten oder fliegende Blériot-Flugmodelle; man las in Jugendromanen und Artikeln populärer Zeitschriften darüber.[8] Ältere wagten sich sogar an den Selbstbau solcher Geräte. Frauen nutzten zunehmend Räder und ließen sich auf Aeroplanen ausbilden. Dadurch verbreitete sich auch Expertenwissen über Technik und Leistungen der Geräte. Typisch dafür waren die vielen Versuche, mit einfachen Mitteln selbst zu fliegen. Hier bot sich Fahrradtechnik an. Über Basteleien, Baupläne und Wettbewerbe um Flugfahrräder wurde in den Medien häufig berichtet, was eine Konjunktur weiterer Versuche hervorbrachte, Bastelkultur und Mobilitätsrevolution kombinierte und phantastische Kinderwelten der Mobilität erzeugte.

Ein typischer Prozess war die medial und ästhetisch generierte Familiarisierung des Neuen. Künftige Großtechnik blieb nicht im Abstrakten oder gar Technisch-Mathematischen, sondern wurde konkret in den Auswirkungen auf den Alltag imaginiert und narrativ oder bildlich dargestellt. Mediale Verfahren, die fiktive Technik in einer künftigen Alltagswirklichkeit verorten konnten, waren um 1900 längst üblich. Reproduktionsgraphische Darstellungen von Gebrauchskünstlern zielten auf eine Vertrautmachung fremd erscheinender oder technisch-abstrakter Zukünfte durch eine „realistische“ künstlerische Repräsentation von Welten. Gleiches leisteten auch populäre Erzählungen des Alltags möglicher künftiger Mobilitätstechnologien.

---

8 Siehe Pech, Klaus-Ulrich, Technik im Jugendbuch. Sozialgeschichte populärwissenschaftlicher Jugendliteratur im 19. Jahrhundert. Weinheim / München 1998.

Erlebnisgeneratoren

Zweitens entstand eine neue Gattung von Mobilitätsmaschinen, die einem neugierigen Publikum direkt körperliche „sensations“ vermittelten. Dies waren „Fahrgeschäfte“ auf Rummelplätzen. Um 1900 wurden sie mechanischer und technischer,[9] und näherten sich in Gestalt und Erlebnismöglichkeiten „ernsthaften“ Mobilitätsmaschinen an. In einem berühmten Fall konstruierte der Flugpionier Hiram Maxim, bekannt durch sein Maschinengewehr, eine „captive flying machine“ für Vergnügungsparkbesucher, die bis heute in Blackpool funktioniert. Zuvor hatte er auf seinem Landsitz ein riesiges bodengefesseltes Fluggerät gebaut, das große Aufmerksamkeit hervorrief, und auf dem sogar der Thronfolger Edward einen „ride“ unternahm. Das von dieser Flugmaschine abgeleitete Rummelplatzgerät ermöglichte den Mitfahrern authentische Körpererfahrungen von g-Kräften, Fahrtwind, Abheben vom Boden und Beschleunigungen. Solche Freizeitmaschinen waren Erfahrungsgeneratoren und Erlebnisproduktionsgeräte, die längst vor der tatsächlichen Flugerfahrung schon vorkonditionierten für eine breiter werdende Mobilitätsrevolution und die künftigen Nutzer auf Kommendes vorbereiteten. Dass die Mobilitätsrevolution auch Potenziale veränderten, freieren, auch anarchischeren Verhaltens frei setzte, wurde etwa an dem Skandalroman „Voici des Ailes“ (1898) von Maurice Leblanc, dem Erfinder von Arsène Lupin, deutlich. Er kombiniert den „Wahnsinn der Bewegung“ schnellen Radfahrens, freie Liebe und Partnertausch zweier junger Paare.

Wie öfters in der Geschichte der Technik kann hier die innovative Leistungsfähigkeit von Freizeittechnik und ihren Kulturen beobachtet werden. Nicht nur funktionale, produktions- und arbeitsorientierte technische Entwicklungen stimulierten Innovationen, sondern immer wieder faszinationsgetriebene, nicht-rationale Nutzerkulturen.

Körper, Mobilitätsphantasien und Risiko

Mobilitätsmaschinen, phantastische und reale, drangen in den Alltag ein, bestimmten Empfindungen und änderten Körperlichkeit. Ein französischer Arzt entdeckte ein bei Fahrern ausgeprägtes „Automobilgesicht“, das Anspannung, Gefahrwahrnehmung und Konzentration widerspiegle. Der futuristische Dichter Marinetti ging so weit, einen künftigen Mobilitätskörper zu entwerfen, dessen Knochenbau leichter und dessen Silhouette stromförmiger sein solle, um das Fliegen zu erleichtern. Generell prognostizierten manche Avantgardisten eine Beschleunigung der menschlichen Evolution und eine Ausweitung von Fähigkeiten durch Geschwindigkeit.

9 Siehe Poser, Stefan, „Heiraten Sie auf der Achterbahn!“ Jahrmarktsvergnügungen aus sozial- und technikhistorischer Perspektive. In: Poser, Stefan / Zachmann, Karin (Hg.), Homo faber ludens. Frankfurt/M. 2003, S. 113–133.

Typischerweise stimulierte die neue Mobilitätskultur ein anderes Verhältnis zu Gefahren, konditionierte den Menschen neu, schärfte Wahrnehmungen, Sinne und Reaktionen. Damit bereitete dies auf die veränderte Welt der Nervosität,[10] des raschen Wandels und der gesellschaftlichen Herausforderungen vor. Automobilrennfahrer oder Flieger waren nicht nur massentaugliche Helden, sondern wurden zu Pionieren eines künftigen, technisch affinen, modernitätskompatiblen, mit dem kalkulierten Risiko lebenden Menschentyps. Der Untergang der „Titanic" 1912 mag eine Welle der Technik- und Fortschrittsskepsis hervorgerufen haben, doch die vielen alltäglichen Risiken und Unfälle, die Pannen, Fahrradstürze, Kenterungen hatten eher den gegenteiligen Effekt. Abenteuer und „kalkuliertes Risiko",[11] das Umgehen mit störrischen und anfälligen Geräten gehörten paradoxerweise zu den Attraktionen der neuen Mobilität. Die Nähe der Mobilitätsrevolution zu Gewalt und Kampf war evident.[12]

Phantastische Kriegsmaschinen und Kriegstypen

Das bevorzugte imaginierte Anwendungsgebiet für Geländefahrzeuge war der Krieg. Tatsächlich entstand schon vor 1900 eine überbordende Fülle von Kriegsphantasien.[13] Gerade der gelingende Flug, ob „leichter" oder „schwerer als Luft", regte die Imagination in unterschiedliche Richtungen an. Aeroplane und Luftschiffe konnte man diametral entgegengesetzt betrachten: Sie waren codiert mit den höchsten Hoffnungen und den schwärzesten Ängsten, mit allen Schattierungen dazwischen, als Maschinen der Internationalisierung, der Völkerversöhnung, der Rache von Rebellen und der Machtgelüste von Diktatoren oder Misfits, als ultimative Vernichtungsmaschinen wie als Kriegsverhinderer durch Abschreckung.

Generell hatten Gewalt- und Kriegsphantasien in den beiden Jahrzehnten vor dem Ersten Weltkrieg kräftig Konjunktur. In Invasionsszenarien, wie sie vor allem in Großbritannien durchgespielt wurden, oder in Phantasien eines universalen Welt-Vernichtungskrieges

---

10 Siehe Radkau, Joachim, Technik im Temporausch der Jahrhundertwende. In: Salewski, Michael / Stölken-Fitschen, Ilona (Hg.), Moderne Zeiten. Technik und Zeitgeist im 19. und 20. Jahrhundert. Stuttgart 1994, S. 61–76.

11 Siehe Gebauer, Gunter et al. (Hg.), Kalkuliertes Risiko. Technik, Spiel und Sport an der Grenze. Frankfurt/M. / New York 2006.

12 Siehe Möser, Kurt, The First World War and the Creation of Desire for Cars in Germany. In: Strasser, Susan / McGovern, Charles / Judt, Matthias (Hg.), Getting and Spending. European and American Consumer Societies in the Twentieth Century. Washington D.C. 1998, S. 195–222. Verfügbar unter https://doi.org/10.1017/CBO9781139052634.010.

13 Siehe Möser, Kurt, Technische Zukunftskriege vor dem Großen Krieg. In: Finkele, Simone / Krause, Burkhardt (Hg.), Technikfiktionen und Technikdiskurse. Ringvorlesung des Instituts für Literaturwissenschaft im Sommersemester 2009. Karlsruhe 2012, S. 209–244 (= Karlsruher Studien Technik und Kultur 4); Franke, Henning, Der politisch-militärische Zukunftsroman in Deutschland 1904–1914. Ein populäres Genre in seinem literarischen Umfeld. Frankfurt/M. 1985.

ging es meist um eine Steigerung der Wirkung „konventioneller“ Waffen durch industrielle Produktion, während andere Kriegsutopien sich auf die Auswirkungen neuer, militärisch unerprobter Waffensysteme konzentrierten. Typisch dafür sind die viel gelesenen und debattierten Texte von Herbert G. Wells, „The Land Ironclads“ und „The War in the Air“. Im Mittelpunkt stand dabei weniger die Technik der Land- und Luftfahrzeuge, obwohl manche Autoren hier hohe Kompetenz bewiesen, sondern meistens die zivilgesellschaftlichen Auswirkungen von hochdestruktiven Kriegsgeräten, denen die Bevölkerung schutzlos ausgeliefert schien.

Die Autoren solcher Szenarien waren eher selten professionelle Militärs, sondern oft Journalisten oder Literaten, so etwa der Dichter Paul Scheerbart mit seinem Text „Der Luftmilitarismus“. Die meisten Luftkriegsphantasien kombinieren beide möglichen Perspektiven: Luftkämpfe – „war in the air“ – mit Angriffen auf den Boden, also „war from the air“. Letztere, eine Beherrschung von oben, findet sich schon bei Jonathan Swift, in Form seiner schwebenden Insel Laputa, ausgeprägter aber in Rudyard Kiplings Erzählung „As Easy as A.B.C.“. Dies war eine Utopie einer technokratischen Weltregierung, deren Experten die Demokratie abschaffen und rebellische Abweichler durch Sonikwaffen von Luftschiffen aus disziplinieren.

Paradiese und Höllen

Kriegsmaschinen oder neue Freizeitgeräte, Abenteuermaschinen oder Bequemlichkeitsmaschinen, Konditionierungsgeräte oder mechanische Sklaven, Partner oder Herrscher: Mobilitätsmaschinen konnten in der Sattelzeit der Mobilitätsrevolution all diese Funktionen übernehmen, und einige weitere dazu. Sie ermöglichten unerhörte phantastische Reisen, überschritten „frontiers“, schienen alte Menschheitsträume zu erfüllen und wurden zu Exponenten alter Menschheitsängste. Sie regten Kollektivphantasien an und formatierten unsere Erwartungen, Wünsche, Körper, Sinne, Risikoperzeptionen und manche Fähigkeiten und Potenziale. Sie standen im Zentrum populärer Utopien und Dystopien. Mit diesen Kulturen individueller Mobilitätsmaschinen begann ein langer Vektor. Die komplexe Mobilitätsrevolution um 1900 war ein eminenter Modernisierungsagent mit durchaus ambivalenten Ergebnissen.

Frühe Elektromobilität auf der Straße

Kultur und Technik

Zwei Stränge: Mobilitätsrevolution und Elektrorevolution

Um die Anfänge des Elektroautomobils zu verstehen und kulturell wie technisch einzuordnen, ist es nötig, beide Komponenten des Begriffs zu untersuchen. Das Elektroauto ist zunächst einmal ein motorisch angetriebenes Automobil, und es ist daher in der Frühgeschichte des Automobils zu platzieren. Zweitens ist es ein Elektromobil, und wir müssen die Geschichte der Elektrizität und ihrer Metaphern, Bilder und Erwartungen ebenso betrachten wie die technische Realisierung von elektrischen Antrieben. Auf beiden Feldern, der Mobilität und der elektrischen Kraft, kam es in den beiden Jahrzehnten vor 1900 zu technischen und auch kulturellen Umbrüchen, die, ohne zu übertreiben, als technokulturelle Revolutionen gesehen werden müssen. Das frühe Elektroauto war das Ergebnis dieser beiden Revolutionen.[1]

Die erste, die Mobilitätsrevolution, ist mit einer Neuerfindung der individuellen Mobilität verbunden. Kleine individuelle Mobilitätsmaschinen wurden entwickelt und vermarktet, die sofort Gruppen der Öffentlichkeit faszinierten und neue Nutzungsformen hervorbrachten. An erster Stelle standen Fahrräder, aber auch kleine Boote wie Kajaks, Kanadier oder Segeljollen, Roll- und Schlittschuhe, Bobschlitten und bald auch schon erste Fluggeräte. Technisch waren sie an den Körper der Nutzer angepasst, durch Leichtbau gekennzeichnet und sie ermöglichten ihren Adepten neue Erfahrungen von Geschwindigkeit, Balance und Fühlen. Aber die Mobilitätsmaschinen ermöglichten auch neue gemeinsame Erfahrungen und schufen neue Vermittlungen: „Besatzungen“ und „Teams“ fuhren Boote und Tandems, und man fuhr gemeinsam im Rahmen neu entstandener Klubs und Vereine, die bald eigene Zeitschriften und Kommunikationswege entwickelten. Sportliche Wettbewerbe spielten eine große Rolle. Ein weiterer Schritt war die Ergänzung von Muskelkraftantrieben durch „elementare Kraft“, also die Motorisierung. Zwischen den Sparten der individuellen Mobilitätsrevolution, die nach 1900 auch die Luft „eroberte“, gab es regen Austausch: Technisch lernte man voneinander, übertrug Lösungen wie leichte Rohre oder zugbelastete Elemente und, nicht zuletzt, Nutzer probierten verschiedene Geräte aus: Radler segelten, Automobilisten flogen Luftrennen.

Diese Kombination von technischer, kultureller und gesellschaftlicher Revolution kennzeichnete auch die zweite, die elektrische Revolution.[2] Mit der Entwicklung von Generatoren und Elektromotoren, den Transformationsmaschinen von Kraft und Arbeit, wurden rasch auch gesellschaftliche und kulturelle Folgen wahrgenommen oder antizipiert. Elektrizität schien als saubere, jederzeit verfügbare, unsichtbare, unkörperliche und unermesslich kraftvolle Energie spezifisch modern und versprach, im kommenden 20. Jahrhundert das „rußige Jahrhundert“ des Dampfes abzulösen. Eine Kraft, die unsichtbar, emissionsfrei und hochelegant schien, erzeugte mechanische Energie durch „Drehen statt Stampfen“. Das Rotieren, statt Oszillieren, des Elektromotors war emphatisch modern, symbolisch aufgeladen im Sinne eines Vorboten einer neuen Zeit, in der die Energieversorgung der Gesellschaft entkörperlicht, elegant, fast virtuell sein könnte.

---

1 Siehe Kurt Möser: Historischer Abriss der Elektromobilität, in: Reiner Korthauer (Hrsg.): Handbuch Elektromobilität. 2. Aufl. Frankfurt am Main [u.a.]: EW Medien und Kongresse, 2011. S. 15–36. Kurt Möser: Fahren und Fliegen in Frieden und Krieg. Kulturen individueller Mobilitätsmaschinen 1880–1930. Heidelberg: Verlag Regionalkultur, zugl. Karlsruhe, Univ., Habil-Schr., 2009.

2 Siehe Dieter Schott: Das Zeitalter der Elektrizität. Visionen – Potentiale – Realitäten, in: Jahrbuch für Wirtschaftsgeschichte 40 (1999), Bd. 2, S. 31–50. Verfügbar unter https://doi.org/10.1524/jbwg.1999.40.2.31.

In vielerlei Hinsicht antizipierten Elektrizitätsutopien der 1880er-/1890er-Jahre die Atomkraftutopien der 1950er-/1960er-Jahre. Beide Male wurden die neuen Energiequellen als revolutionär und zukunftsgerecht, als unerschöpflich, billig, elegant und ubiquitär dargestellt. Kein Wunder, dass Elektrizität nicht nur eine Technik-, sondern auch eine Gesellschaftsutopie wurde. Das elektrische Netz spiegelte die Durchplanung einer Gesellschaft wider. Lenins Satz, Kommunismus sei Sowjetmacht plus Elektrifizierung des ganzen Landes, ist ein Symptom der Politik der Elektrizitätsrevolution.

Um 1890 konkretisierte sich die Elektrizitätseuphorie in Aktionen und Ausstellungen, die die Zukunft ahnen ließen: Die Energieübertragung vom Lauffener Neckarkraftwerk zur Elektrizitätsausstellung in Frankfurt am Main mit ihren illuminierten Springbrunnen oder die große Generatorenhalle mit ihrer summenden Kraft auf der Pariser Weltausstellung 1900 machten die Elektrizitätsrevolution sinnfällig und erlebbar. Allegorien der Elektrizität entstanden, die Attribute der Götter verwendeten, wie Strahlen, Blitze und Funken. Die neue Kraft wurde auch zur Veränderung des menschlichen Körpers nutzbar gemacht. Mit Elektrizität konnte der kranke Körper geheilt, der gesunde fitter gemacht werden; die gesamte Lebenskraft schien steigerbar.

Den neuen Helden der Mobilität standen die Helden der Elektrizität zur Seite. Die Sieger von Langstrecken-Radrennen, Paddler, die die Britischen Inseln umrundeten, später „kühne Aeronauten" wie der Kanalbezwinger Louis Blériot, bekamen ebenso viel Publicity wie die Protagonisten der „elektrischen Wunder": Thomas A. Edison oder Nikola Tesla schienen auf diesem neuen Feld Leistungen zu erbringen und Unerhörtes zu erfinden, und so die Menschheit voranzubringen. Sie waren Protagonisten eines neuen technisch-wissenschaftlichen Heldentums, die den Fortschritt und das „can do" verkörperten. Um 1900 gab es dann auch die ersten Helden der kombinierten Elektrizitäts- und Mobilitätsrevolution. Dazu gehörte Camille Jenatzy, der mit seinem Elektrofahrzeug die 100-km/h-Marke überschritt. Utopien der Geschwindigkeit und der grenzenlosen Energieverfügbarkeit, der individuellen Herrschaft über Geschwindigkeit und Fantasien großer Netzwerke der „Ströme und Strahlen"[3] konvergierten.

Elektrizitätsfantasien und elektrische Mobilität

Gerade auch die Literatur nahm diese Ideen auf und beförderte sie. Der einflussreichste Autor technischer Fiktionen, Jules Verne, betrieb seine fantastischen Untersee-, Land- und Flugmaschinen, die „Nautilus", „Epouvante", „Albatros", selbstverständlich mit Elektrizität. Nemo, Kapitän der „Nautilus", formulierte: „Die Seele dieses Schiffes ist eine Kraft, die gleichermaßen stark wie anpassungsfähig, schnell, willig, allen Zwecken

3 Siehe Christoph Asendorf: Ströme und Strahlen. Das langsame Verschwinden der Materie um 1900. Gießen: Anabas-Verlag, 1989.

dienlich und doch alles beherrschend ist. [...] Sie verschafft mir Licht und Wärme, sie treibt die Maschine. Und diese Kraft ist – die Elektrizität!"[4]

Die Moderne war also elektrisch, und das nicht allein als Utopie. Elektrizität wurde zunehmend für mobile Technologien ausprobiert. 1883 fuhr ein elektrisches Luftschiff, erfunden von Gaston Tissandier; ein Jahr später das französische Armeeluftschiff „La France", das von Charles Renard und Arthur Krebs gebaut worden war. Es erregte auf der Pariser Weltausstellung 1889 große Aufmerksamkeit. Ebenso emphatisch modern wie Luftschiffe waren die neuen Unterseefahrzeuge, und auch sie wurden elektrisch betrieben. An der französischen „Gymnote" von 1888 hatte der Luftschiffpionier Arthur Krebs mitgearbeitet. Eine weitere Kombination von technisch-wissenschaftlicher Revolutionierung mit Elektrizität waren selbstbewegliche Torpedos. Elektroantrieb bekam nun auch eine militärische Nutzungsfunktion, durch die Kombination der modernsten Waffe mit der modernsten Kraftmaschine. Als die ersten Elektrofahrzeuge zögernd auf die Straßen kamen, schien alles für ihre Akzeptanz vorbereitet. Man erwartete viele von ihnen, und ein „neophiles", innovationsbegeistertes Publikum von potenziellen Nutzern stand bereit.

Elektrofahrzeuge in einer technologieoffenen Situation

Beim Schub der Motorisierung der individuellen Mobilität in den 1880er-Jahren war das Fahrrad die Basistechnologie. Nahezu alle Erfinder, die an Motorfahrzeugen arbeiteten, nutzten vor allem die dreirädrigen „Trikes" oder „Tricycles" als Referenztechnologie, auf der man aufbauen konnte. Sie waren der technische Ausgangspunkt für motorgetriebene Landfahrzeuge im Rahmen der dritten Mobilitätsrevolution.[5] Wenn auf Kutschentechnologie zurückgegriffen wurde, dann war dies meistens ein technisch rekonstruierter, leichter Kutschentyp, der selbst vom Fahrrad profitiert hatte. Auch Carl Benz' 1886 patentiertes „Motor-Velociped" war letztlich ein Derivat des leichten Muskelkraftdreirades. Aber schon vor diesem Jahr, das bis heute als „Urknall" der Mobilität gilt, hat es eine ganze Reihe von Versuchen mit elektrischen Antrieben von Tricycles gegeben.[6] Als erstes E-Fahrzeug gilt das motorisierte Coventry-Dreirad von Gustave Trouvé, vorgeführt im November 1881 auf der Pariser Elektrizitätsausstellung. Außerdem gilt das elektrische Dreiradfahrzeug mit einer Planté-Batterie von William Ayrton und John Perry,[7] gebaut

4 Jules Verne: 20.000 Meilen unter den Meeren. Übers. von Gisela Geisler. Stuttgart, München: Deutscher Bücherbund, 1986, S. 102.

5 Siehe Kurt Möser: Prinzipielles zur Transportgeschichte, in: Rolf Peter Sieferle; Helga Breuninger (Hrsg.): Transportgeschichte im internationalen Vergleich. Europa – China – Naher Osten. Stuttgart: Breuninger-Stiftung, 2004, S. 45–86.

6 Siehe Michael Robbins: The Early Years of Electric Traction: Invention, Development, Exploitation, in: The Journal of Transport History 21 (2000), S. 92–101. Verfügbar unter https://doi.org/10.7227/TJTH.21.1.6.

7 Vgl. Kurt Möser: Geschichte des Autos. Frankfurt am Main, New York/USA: Campus-Verlag, 2002, S. 55.

1882, als technische Pionierleistung, auch deswegen, weil es schon eine elektrische Beleuchtung besaß. Auch Philip W. Pratt „elektrifizierte" ein Dreirad, das 1888 von Fred Kimball in Boston gebaut wurde.

Solche frühen Elektrofahrzeuge waren Vorreiter eines Booms der Motorisierung,[8] bei der der technische Pfad der Antriebstechnik noch keineswegs festgelegt war.[9] Elektromotoren konkurrierten natürlich mit Verbrennungsmotoren,[10] wobei auch hier Zwei- und Viertakt-„Systeme" probiert wurden. Die technischen Möglichkeiten des Dampfantriebs, der gegenüber Elektrizität obsolet wirken mochte, blieben auch weiterhin attraktiv. Es war aber eine Dampftechnologie, die vom neuen Stil des Leichtbaus und kreativen technischen Lösungen profitierte. Außerordentlich leichte Wasserrohrkessel, die mit Klaviersaiten zusammengehalten wurden, schnell laufende Leicht-Dampfmaschinen und effiziente Kondensatoren ermöglichten rasch startende, kraftvolle und elastische Antriebe.[11] Aber auch radikalere Antriebsalternativen wurden ausprobiert, so etwa Naphta-Kreislauf-Antriebe, Stirling-Heißluftmotoren oder sogar Druckluftmotoren.

Die Mobilitätsforschung hat inzwischen das frühe E-Mobil ausführlich untersucht.[12] Elektrische Antriebe hatten in dieser Konkurrenz technischer Pfade anfangs eine ganze Reihe von Vorzügen, und zwar in ihrem kulturellen Image wie auch in der Technik: Sie waren gegenüber Dampf- und Gasmotorenantrieben viel sauberer und zuverlässiger, dazu leichter und schneller in Gang zu setzen, ohne lästiges und gefährliches Ankurbeln, mit nur geringen mechanischen Einstell- und Überwachungsarbeiten, ohne schwierig und kräftezehrend zu schaltende Getriebe, mit leiser und gleichmäßiger Kraftentfaltung. Und sie profitierten vom positiven kulturellen Image der Elektrizitätsrevolution, also vom Image einer technischen Eleganz und einer offenkundigen Modernität.[13] Hans Dominik, der Autor technisch-fantastischer Romane, sah 1904 im Elektroautomobil das erstrebenswerte de-mechanisierte, moderne Fahrzeug, bei dem man sich gar nicht mehr um die Mechanik kümmern musste, sondern nur um das Fahren selbst: „Nur noch eine kurze Spanne

---

8 Siehe Thomas Köppen: Elektromobilzeit. Die Jahrhundertwende und ihre ganz besonderen Automobile, in: Kultur und Technik (1990), H. 1, S. 50–55; Michael Brian Schiffer; Tamara C. Butts; Kimberly K. Grimm: Taking Charge. The Electric Automobile in America. Washington D.C./USA, London/UK: Smithsonian Institution Press, 1994.

9 Siehe Gijs P.A. Mom; David A. Kirsch: Technologies in Tension. Horses, Electric Trucks, and the Motorization of American Cities, 1900–1925, in: Technology and Culture 42 (2001), S. 489–518. Verfügbar unter https://doi.org/10.1353/tech.2001.0128; Michael Robbins: The Early Years of Electric Traction: Invention, Development, Exploitation, in: The Journal of Transport History 21 (2000), S. 92–101. Verfügbar unter https://doi.org/10.7227/TJTH.21.1.6.

10 Siehe Möser: Geschichte des Autos, wie Fußnote 7.

11 Siehe ebd.

12 Siehe etwa Gijs Mom: The Electric Vehicle. Technology and Expectations in the Automobile Age. Baltimore, Maryland/USA: Johns Hopkins University Press, 2004; David A. Kirsch: The Electric Vehicle and the Burden of History. New Brunswick, New Jersey/USA: Rutgers University Press, 2000; Schiffer [u.a.]: Taking Charge, wie Fußnote 8; Curtis D. Anderson; Judy Anderson: Electric and Hybrid Cars. A History. 2. Aufl. Jefferson, North Carolina/USA: McFarland, 2010.

13 Siehe Köppen: Elektromobilzeit, wie Fußnote 8.

Zeit wird es bedürfen, bis der intelligente Mechaniker wieder vom Bock seiner Benzinkutsche heruntersteigt und dem einfachen Kutscher Platz macht, der ganz unbekümmert um den Wagenmechanismus sein Elektromobil durch das Straßengedränge steuert."[14]

Ein weiterer Vorzug war die Unterstützung durch eine schon relativ große Industrie. Im Gegensatz zu den meist kleineren und kaum industriell vernetzten Herstellern von Verbrennungsmotorautos wurden E-Fahrzeuge von größeren, „systembauenden" Firmen, die die Elektromobilität in ihre Netze einbinden wollten, gefördert und vermarktet. Für die Vertreter eines Modells der Technikgeschichte, das die Durchsetzung kapitalistischer Interessen bei der Etablierung technischer Systeme als zentralen Faktor ansetzt, müsste das Elektroauto als Fallbeispiel für ein großkapitalgetriebenes „Durchdrücken" einer Technologie dienen können. Doch es ist dazu wenig geeignet. In der Systemkonkurrenz hat eine „Top-down"-Unterstützung durch große Firmen offenkundig keine nachhaltige Wirkung erzielt.

Images

Die praxisgerechte Weiterentwicklung des Elektroautomobils um die Jahrhundertwende baute genau auf diesen Tugenden der Technologie auf. Die Hersteller boten zivilisierte Fahrzeuge an, die die inhärenten Vorzüge der Technologie nutzten. Sie waren oft geschlossen, im Gegensatz zu Benzinmotorwagen, und zielten auf ein distinguierteres Publikum, und besonders auch auf Frauen. Entsprechend wurde für Elektroautos geworben: Die Fahrzeuge tauchten vor Landhäusern oder Schlössern auf, zeigten glamouröse Frauen und spielten mit einem Image des Edlen, nicht des Technischen. Baker Electrics wurden als „aristocrats of motordom" beworben. Schon die Modellnamen waren Programm: Baker bot beispielsweise den Typ „Queen Victoria" an. Typischerweise sollte man mit dem Elektroautomobil vor allem im städtischen Raum fahren; es waren Flanier- oder Besuchsfahrzeuge. In der zeitgenössischen Beurteilung war es „das Stadtfahrzeug par excellence, mit dem man rasch und bequem Besuche und Einkäufe machen oder berufliche Pflichten erfüllen kann".[15] Immer wieder wurde auch darauf hingewiesen, wie mühelos Elektrofahrzeuge in Gang gesetzt werden konnten, verglichen mit dem komplexen, Kraft erfordernden und nicht ungefährlichen Startzeremoniell der Benzinwagen.

Diese Vermarktung reagierte auf eine Entwicklung außerhalb der Elektromobilität, nämlich auf neue Nutzungsformen. Auch die Erfinder der Benzinmotorfahrzeuge setzten anfangs auf zivile, nicht allzu schnelle Fahrzeuge und konzentrierten sich darauf, ihre Motorwagen auf dringend erforderliche Zuverlässigkeit hin zu optimieren. Ein typisches Beispiel dafür war Carl Benz selbst. Er hielt 50 km/h für völlig ausreichend und wandte sich

14 Zit. nach Joachim Wachtel: Vorwort, in: Joachim Wachtel (Hrsg.): Facsimile-Querschnitt durch frühe Automobilzeitschriften. München, Bern, Wien: Scherz, 1970, S. 11.

15 Die Dame am Steuer (1901), zit. nach Ami Guichard (Hrsg.): Die Pionierzeit der Automobilisten. Bern, München: Scherz, 1966, S. 74.

gegen Geschwindigkeitssteigerungen. Käufer und Nutzer hatten aber andere Ideen; sie setzten ihre Wagen für Rennen und lange Strecken ein und strebten nach Abenteuern auf der Landstraße, nach Bewährung, „sportlichem Fahren" und dem Reiz der Geschwindigkeit. Bedieneinfachheit oder Eleganz war für sie kein Wert, und nicht einmal die vielen Pannen der Benzinfahrzeuge schreckten sie. Carl Benz stand dieser veränderten, abenteuerlicheren und auch gefährlicheren Umnutzung seiner Erfindung sehr skeptisch gegenüber und sprach in seiner Autobiografie von einer „knochenriskierenden Waghalsigkeit des Wettfahrers" und von „Landstraßenwahnsinn";[16] doch die Lust seiner Kunden am Abenteuer des Fahrens auf weiten Strecken, über Land, fern der Infrastrukturen, die Faszination durch Geschwindigkeit und Wettbewerb konnte er nicht bremsen und nicht wandeln.

Demgegenüber wurde das Elektroautomobil als ideales Frauenfahrzeug interpretiert. In einem Artikel für die „Dame am Steuer" hieß es,

> „daß sich aber in einigen Jahren das Elektromobil, wenn erst durch Ladestationen, Garagen usw. die Wagenbesitzer von der Umständlichkeit der Batterieladung und der Wageninstandhaltung befreit sind, doch noch die Gunst der Damen erobern wird, scheint fast gewiß, denn mit dem Benzinautomobil verglichen ist es viel sauberer, sanfter und ungefährlicher. Auch keine unangenehmen Geräusche und Gerüche sind an ihm zu spüren".[17]

Tatsächlich schien das Elektroauto durch seinen Charakter als Stadtfahrzeug, durch seine Geschlossenheit und seine Sauberkeit für diesen Einsatzzweck bestens geeignet, wobei seine geringere Reichweite nicht störte, aber das leichte Starten ein eindeutiger Vorzug war. Wieweit allerdings dieses Image und diese technische Auslegung als Frauenfahrzeug die generelle Marktdurchsetzung in einem zunehmend abenteuergeprägten Nutzungskontext behindert hat, ist in der Mobilitätsgeschichte diskutiert worden.[18] „Gendering" konnte aber auch umgekehrt erfolgen, indem Frauen die maskuline Domäne des Verbrennungsmotors besetzten und Männer sich von der Vulgarität des Benzinwagens abgestoßen fühlten und sich zum zivileren Elektroauto begaben. Die geschlechterspezifische Aufladung erzeugte nicht unbedingt eine eindeutige Hemmung oder Beförderung der Diffusion des E-Fahrzeugs.

---

16 Carl Benz: Lebensfahrt eines deutschen Erfinders. Die Erfindung des Automobils. Erinnerungen eines Achtzigjährigen. Leipzig: Koehler Et Amelang, 1936 (Erstaufl. 1925), S. 118f.

17 Die Dame am Steuer (1901), zit. nach Guichard: Die Pionierzeit, S. 74, wie Fußnote 15.

18 Siehe Virginia Scharff: Gender, Electricity, and Automobility, in: Martin Wachs; Margaret Crawford (Hrsg.): The Car and the City. The Automobile, the Built Environment, and Daily Urban Life. Ann Arbor, Michigan/USA: University of Michigan Press, 1992, S. 75–85.

Systemkonkurrenz

Das Elektroautomobil reagierte auf die Herausforderung durch das Abenteuerparadigma einerseits, wie gesagt, mit der Betonung seiner Stärke als zivileres Automobil. Andererseits ließ man sich ansatzweise durchaus auf einen Wettbewerb auf der Domäne des Benzinwagens ein. Die Systemüberlegenheit des Stroms schien „neben dem billigen Betrieb die große Zuverlässigkeit [...] und die Möglichkeit, sehr große Geschwindigkeiten entwickeln zu können“[19] zu bieten. Damit prägten sich um die Jahrhundertwende zwei Optimierungsrichtungen aus, die zwei kulturellen Positionierungen entsprachen: Geschwindigkeit und Hochtechnologie versus zahmes, edleres Stadtautomobil.

Die symbolisch am meisten aufgeladene Aktion zur Konstruktion des Geschwindigkeitsimages war der Kampf um den Geschwindigkeitsweltrekord. Große Aufmerksamkeit bekam der Elektrorennwagen „La Jamais Contente“, mit dem 1899 der Belgier Camille Jenatzy erstmals die Marke von 100 km/h mit einem Motorfahrzeug überschritt.[20] Das Fahrzeug hatte neben dem Elektroantrieb durch Radnabenmotoren noch weitere hochmoderne Merkmale; es hatte etwa eine aerodynamisch durchgebildete Aluminiumkarosserie. Dass der Landgeschwindigkeitsrekord durch ein Elektrofahrzeug gehalten wurde, passte in den gesellschaftlichen Erwartungshorizont der Jahrhundertwende und wurde als weiterer Beweis für die beeindruckende Leistungsfähigkeit der elektrischen Kraft bewertet. Auch Dampffahrzeuge erbrachten diesen ultimativen Leistungsbeweis, indem sie bis 1906 durchwegs gegen ihre verbrennungsmotorgetriebenen Gegner den Geschwindigkeitsrekord hielten.

Dieser dritte Konkurrent, das Dampfautomobil, hatte eine etwas merkwürdige Zwischenstellung. Kulturell hatte es mit dem Nachteil zu kämpfen, dass es dem „rußigen Jahrhundert“, also der Vergangenheit zugeordnet wurde. Im Übrigen hatte es Merkmale sowohl des Benzinmotors als auch des Elektroantriebs. Mit Letzterem teilte es die weiche Kraftentfaltung und das hohe Drehmoment, das ein Getriebe überflüssig machte. Das war für die Nutzer komfortabel. Dem Verbrennungsmotor ähnlich war – neben der Verwendung der gleichen Kohlenwasserstoffe für die Energieerzeugung – die mechanische Komplexität. Das System von Kondensator, Vakuum- und Kesselspeisepumpe, Wasserstands- und Brennerkontrolle musste verstanden, beherrscht und gewartet werden. Der britische Dichter Rudyard Kipling beschrieb in seiner Erzählung „Steam Tactics“ (1906) den schwierigen Umgang mit einem solchen System aus abhängigen Teilsystemen, das sogar seinen Mechaniker überforderte. Im Übrigen war der Dampfwagen auch ein Produkt des technologischen Neuansatzes der 1880er-Jahre. Sein Leichtbau hatte gar nichts mit Dampfwalzen oder Lokomotiven zu tun, mit denen die Gegner in der Systemkonkurrenz ihn gerne diffamierend verglichen. Dampf- wie Elektroautomobil teilten das Image einer aristokratischen, leisen und potenziell weniger aggressiven Mobilität, wobei in beiden

19 Meyers Konversations-Lexikon, 6. Aufl., 1902–1909, Bd. 14, 1908, Stichwort Motorwagen, S. 192.

20 Vgl. Hans Joachim Klersy: Vor 100 Jahren: Rekordfahrt im Elektroauto, in: FAZ Frankfurter Allgemeine Zeitung, Ausgabe vom 27. April 1999, S. T6.

Fällen auch eine Optimierung auf pure Geschwindigkeit möglich war – allerdings zu einem Preis: Im Fall des Elektrofahrzeugs reduzierte jede höhere Geschwindigkeit drastisch die Reichweite.

Basisproblem Speichertechnik

Aber in einer abenteuergeprägten Mobilitätskultur mussten die Zivilität des Elektroautos wie auch die begrenzte Reichweite, die das „freie Schweifen" beschränkte, die Marktfähigkeit nachhaltig beeinträchtigen. Reichweite wurde daher, auf Nutzerbedürfnisse und Kritik reagierend, zum Werbefokus und zum Vermarktungsinstrument. Die Anzeige für den „Fritchle" etwa stellte konsequenterweise die Reichweite von 100 Meilen heraus. Aber auch diese Leistungsfähigkeit war mit Problemen verbunden. Diese betrafen hauptsächlich die sehr langen Aufladezeiten der Akkumulatoren. Beträchtliche technische Kreativität wurde schon um 1900 in die Lösung dieses Problems investiert, ohne dass es zu einer praktikablen und handhabbaren Universallösung kam. Der Optimismus der Ingenieure und der mobilitätsinteressierten Öffentlichkeit blieb aber ungebrochen; man erwartete schon damals, dass ein Durchbruch unmittelbar bevorstünde – eine Hoffnung, die 120 Jahre der Akkumulatorenentwicklung für Mobilitätszwecke begleitet. Erwartungen, wie sie der Ingenieur Gardner D. Hiscox 1900 formulierte, finden sich regelmäßig wieder: „A large number of people interested in stored power are looking forward to a revolution in the generating power of storage batteries, and it is the opinion of many that the long-looked-for, light weight, high capacity battery will soon be discovered."[21]

„Schnellladefähige" Akkumulatoren wurden zwar entwickelt, aber offenbarten neue Probleme, etwa eine kurze Ladezyklen-Lebensdauer durch instabile Platten. Das Tauschen entladener gegen frisch geladene Batterien in eigenen Wechselstationen schien eine elegante Lösung, die sich aber kaum bei privaten Nutzern bewährte, sondern hauptsächlich bei Flotten, die professionell betreut wurden. Erste Versuche mit kabellosem, induktivem Laden, das sogar beim Fahren erfolgen konnte, wurden schon früh angestellt; um 1960 schien diese Technik in der Sowjetunion unmittelbar vor der Einführung. Aber die Praxistauglichkeit dieser infrastrukturintensiven und auch gefährlichen Technik blieb bis heute aus.

Noch etwas kam dazu: Akkumulatoren erwiesen sich in der Hand der Nutzer – das heißt privater, nichtprofessioneller Autobesitzer – als problematisch. Die erforderliche genaue Überwachung des Ladevorgangs, der Zeiten und der Stromstärken konnten sie oft nicht leisten. Sie war aber essenziell, um die Lebensdauer der teuren Speicher im vernünftigen

---

21 Gardner D. Hiscox: Horseless Vehicles, Automobiles, Motor Cycles, Operated by Steam, Hydro-Carbon, Electric and Pneumatic Motors. New York/USA: Henley Et Co., 1901, S. 343.

Rahmen zu halten. Es stellte sich heraus, dass eigentlich nur professionelle Flottenbetreiber mit ausgebildeten Mechanikern und kompletten Ladeinfrastrukturen die Akkumulatoren technisch „beherrschen“ konnten.

Sicher, auch verbrennungsmotorbetriebene Fahrzeuge waren extrem aufwendig und bedurften eines großen Pflege- und Wartungsaufwandes, der eigentlich nur von ausgebildeten Chauffeuren oder von mechanisch interessierten Besitzern zu leisten war. Aber im Fall des Benzinmotorwagens waren die Nutzer offenbar eher bereit, sich auf die intrikate Mechanik einzulassen als beim E-Fahrzeug, das ja als „de-technisiert“ vermarktet wurde. Wahrscheinlich spielte auch der prinzipielle Unterschied zwischen mechanischer und elektrischer Technik eine Rolle. Elektrizität hatte das Image des Geheimnisvollen, Unsichtbaren, ja Ätherischen; sich hierauf einzulassen erzeugte mehr Widerstände als der Umgang mit der robusteren, aber viel sinnlicheren Mechanik. An einem Verbrennungsmotor herumzuschrauben entsprach eher den üblichen Kategorien des Selbermachens und der mechanischen Selbsthilfe als das Umgehen mit Volt- und Amperemetern, mit Ladekabeln und Säurehebern. Wahrscheinlich haben die empfundenen Widerstände der Nutzer gegen das Warten und Reparieren elektrischer Fahrzeuge zu deren Niedergang mit beigetragen.[22]

Im praktischen Betrieb erwiesen sich also die prinzipiellen technischen Vorzüge der Elektroautos als weniger überzeugend, und die Nutzer waren weniger bereit, die Defizite durch Eigenleistung zu kompensieren. Vor allem das Argument einer geringeren „Technizität“, also eines geringeren mechanischen Bedien- und Wartungsaufwands und geringerer Störanfälligkeit, wurde im Normalbetrieb privater Nutzer nicht bestätigt. Geringe Akkumulatoren-Lebensdauer, Korrosionsprobleme durch die Batteriesäure und durch elektrolytische Angriffe auf Metalle, sowie der hohe Reifenverbrauch der schwereren Fahrzeuge kamen zum Basisproblem der Reichweite hinzu.

Austausch und Beeinflussung

Das Elektroauto versuchte also, auf der technischen Ebene mit dem Benzinmotorwagen zu konkurrieren und einige Vorzüge zu inkorporieren. In dem Maß, wie das Elektroauto gegen seinen Konkurrenten an Boden verlor, nahm es nicht nur technisch, sondern auch in der Gestaltung vieles auf. Wenn schon elektrische Wagen nicht so „sportlich“ sein konnten, so sollten sie wenigstens so aussehen. Sie wurden, ihren Vorbildern entsprechend, länger und niedriger, und sie bekamen ironischerweise „Motorhauben“, die technisch zwar unnötig waren, durch die sie aber ihren Vorbildern äußerlich angeglichen wurden.

---

22 Siehe Mom: The Electric Vehicle, wie Fußnote 12.

Auf der anderen Seite nahm der Benzinmotorwagen bestimmte Vorzüge der elektrischen Konkurrenz in sich auf und vermochte damit, offenkundige Defizite der Bedienung abzubauen. Das mühevolle und gefährliche Ankurbeln wurde durch elektrische Startvorrichtungen automatisiert, und das grobe und kraftzehrende Schalten durch Synchronisationen und Automatikgetriebe erleichtert. Generell wurde dem Benzinwagen die gewisse Mühelosigkeit der Bedienung und die Zivilität des Elektrofahrzeugs „eingekreuzt".

Diese Entwicklung begann in den USA, also da, wo das Elektroautomobil anfangs eine starke Stellung besessen hatte, und wo daher der Anreiz, seine technischen Vorzüge nicht untergehen zu lassen, am größten war. Diesen Prozess, wonach die ältere oder auch weniger konkurrenzfähig erscheinende Technik durch den Einfluss der neueren noch einmal einen Aufschwung nimmt und konkurrenzfähig wird, nennt man „sailing ship effect". Nehmen wir einmal an, dass der Benzinwagen die „ältere" Technik war, gegenüber der Zukunftshoffnung Elektroantrieb, so wird verständlich, dass es zu einer gewissen „Elektrifizierung" des Verbrennungsmotors kam. Kurz: Durch den technischen Einfluss der Elektromobilität wurde der Benzinwagen „besser". Das machte nun aber die prinzipbedingten Defizite des Elektroantriebs noch evidenter.[23]

Infrastrukturen, Unabhängigkeit, Militär

Und das Hauptdefizit blieb die als zu gering empfundene Reichweite aufgrund der geringen Batteriekapazität, oder, anders ausgedrückt, der zu geringen Energiedichte, des zu hohen Gewichts pro Leistungseinheit und der zu langen Ladezeiten. Zu den erwähnten Lösungsansätzen der Batterieladung und des Austauschs kam noch der Versuch einer Verbindung von Wagen und Stromversorgung über Kabel und Schienen. Elektroautomobile konnten ihre Energie über eine Oberleitung bekommen, eine nach 1900 genannte „Autobahn", dies erwies sich aber für Privatfahrzeuge als nicht praktikabel. Generell erforderten viele der Lösungen zur Reichweitenerhöhung einen Aufbau von Infrastrukturen: Batterietauschstationen, Stromtrassen zur Versorgung von Oberleitungsfahrzeugen, generell eine Abhängigkeit von einem Stromnetz zum Aufladen. Sicher, verteilte Inseln mit Stromgeneratoren hätten das auch leisten können. Aber auch diese Inseln erforderten, verglichen mit simplen Depots von Kohlenwasserstoffen in Tanks und Fässern, die Benzinwagen versorgen konnten, hohe Investitionen und einen hohen Aufwand von Stromerzeugungsgeräten. Da bei jeder Energieumwandlung der potenziell hohe energetische Wirkungsgrad des Elektromotors sank, ging die Effizienz einer E-mobilitätsgerechten systemischen Infrastruktur zurück.

Die Infrastrukturbedürftigkeit der Elektromobilität war natürlich auch ein Grund für die Ablehnung durch die Militärbehörden. In nahezu allen europäischen Armeen wurde im

---

23 Siehe Gijs P.A. Mom: Das „Scheitern" des frühen Elektromobils (1895–1925). Versuch einer Neubewertung, in: Technikgeschichte 64 (1997), S. 269–285.

ersten Jahrzehnt des 20. Jahrhunderts ein Subventionssystem für Nutzfahrzeuge eingeführt, das mit Zuschüssen zum Kauf und zum Betrieb die Anschaffung von Nutzfahrzeugen förderte, wobei im Gegenzug die Firmen diese Fahrzeuge im Mobilisierungsfall der Armee zur Verfügung stellen mussten. Damit Fahrzeuge „subventionsfähig" wurden, mussten sie bestimmte Kriterien der Reichweite, der Tragfähigkeit, der Maße und der Leistungsparameter erfüllen. Durchwegs schrieben die Militärbehörden neben vielen Details den Antrieb durch Verbrennungsmotoren vor. Typisch ist die Einführung des sogenannten „Subventionszuges", bestehend aus 3-t-Motorwagen mit Anhänger, im Jahr 1906.

Diese offizielle und ökonomisch eingerahmte Profilanforderung von staatlicher Seite hatte also weitreichende Folgen. Nicht allein die Anordnung von Gas-, Brems- und Kupplungspedalen setzte Trends, auch die Bevorzugung des Verbrennungsmotors in der Phase einer ansonsten noch nicht völlig entschiedenen Systemkonkurrenz war kaum mehr reversibel. Für professionelle Nutzer, wie Brauereien oder Fuhrunternehmer, wurde der große Schritt vom Pferdefuhrwerk zum Transport durch „elementare Kraft" durch diese ökonomischen Anreize erleichtert; und zugleich wurde ihre Technologiewahl entscheidend kanalisiert. Verlierer war das elektrische Nutzfahrzeug. Gerade leichte und mittlere Transportfahrzeuge im städtischen Verkehr, die dem Elektromotor ein breites Verwendungsfeld abseits privater Nutzung zu öffnen schienen, wurden auf diese Weise durch eine politisch-militärische Entscheidung technologisch determiniert. Der Elektroantrieb wurde durch staatliche Regelsetzung ausgebremst.

Ein Lösungsweg: „Mixte"

Für die Militärs hatte aber der Elektroantrieb für Straßenfahrzeuge doch eine Nische – allerdings nicht als reines Akkumulatorenfahrzeug, sondern als „Mixte". Das österreichisch-ungarische Heer führte während der Balkankriege vor 1914 einen nach einem Logistikgeneral benannten „Landwehr-Train" ein, konstruiert von dem Ingenieur Ferdinand Porsche. Es war ein geländegängiger und außerdem, nach einigen Umbauten, schienenfahrfähiger „Zug" aus einem Maschinenwagen mit benzinmotorgetriebenem Generator, der die Nabenmotoren einer Reihe von abkuppelbaren Anhängern mit Strom versorgte. Porsches im mehrfachen Sinn hybrides allradgetriebenes Transportmittel hatte den Vorzug einer guten Geländefähigkeit und der Wendigkeit auf Gebirgsstraßen, kombiniert mit dem guten Drehmoment der Elektromotoren. Obwohl die k. u. k. Militärs hier, wie auf anderen Gebieten, etwa des Gleitbootbaus oder der elektromotorisch mobilen beweglichen schweren Artillerie, technische Kreativität unterstützten, blieb der „Landwehr-Train" singulär. 350 Garnituren wurden bis Kriegsende 1918 produziert.[24]

24 Vgl. Martin Pfundner: Austro-Daimler und Steyr. Rivalen bis zur Fusion. Die frühen Jahre des Ferdinand Porsche. Wien [u.a.]: Böhlau, 2007, S. 212.

Ferdinand Porsche war der technische Pionier des Hybridantriebs, des heute sogenannten „range extender", bei dem ein Benzinmotor einen Generator trieb, der den Strom für den Elektroantrieb lieferte. Der „Lohner-Porsche", entwickelt für die Wiener Wagenfabrik, war ein Hybridfahrzeug mit Radnabenmotoren.[25] Nicht immer jedoch ist eine solche „Mixte"-Auslegung vom Wunsch nach Reichweitenerhöhung und Verbrauchsreduzierung motiviert, wie dies nach 2000 der Fall war.[26] Eine Kombination von Verbrennungs- und Elektromotor konnte gerade auch aus dem Wunsch entstehen, die Zumutungen für die Nutzer bei der Bedienung zu reduzieren. Elektrische Antriebe vermeiden, wie gesagt, Schalten und Kuppeln. Bei indirekter Kraftübertragung ist der E-Motor dann eigentlich eine Komfortinnovation, um die Bedien-Unfreundlichkeit des Verbrennungsmotors zu beheben. Dazu gehörten auch die mangelnde Elastizität und träge Regelbarkeit. Hier konnte der zwischengeschaltete Elektromotor mit seinem guten Drehmoment und seiner schnellen, weichen, ruckfreien Kraftentfaltung Abhilfe schaffen. Tatsächlich spielte eine der Anforderungen, die heute an Hybride gestellt werden, nämlich der effizientere Einsatz von Primärenergie, um 1900 überhaupt keine Rolle. Deshalb beachte man: Die Problemstellungen bei der Entwicklung technischer Lösungen können sich in verschiedenen technosozialen Kontexten ändern; die Implementierung einer Technologie kann sehr unterschiedlich problemmotiviert sein.

Nischen: Flottenfahrzeuge und Spezialanwendungen

Als objektiver Verlierer der Systemkonkurrenz haben Elektromobile trotzdem spezifische Anwendungsfelder gefunden. In der Frühzeit waren es vor allem Taxiflotten. In Berlin hatten vor dem Ende des Ersten Weltkriegs etwa ein Fünftel aller motorisierten „Mietdroschken" Elektroantrieb. Auch die Feuerwehr großer Städte setzte überproportional auf diese Technik. In beiden Fällen war durch den Flottenbetrieb eine adäquate Ladung der Akkumulatoren gewährleistet. Im Fall der Feuerwehr waren die Systemvorzüge die schnelle Betriebsbereitschaft ohne „tinkering" beim Starten, nicht zuletzt aber auch die als geringer eingeschätzte Feuergefahr. Einen gefüllten Benzintank in die Nähe eines Brandes zu bringen, widerstrebte den Feuerwehrkommandanten.

Zu den Nischen gehörten auch leichte Nutzfahrzeuge, entweder für den innerbetrieblichen Transport oder für den Nahbereich. „Elektrokarren" wurden von der Post oder der Straßenreinigung betrieben, oder von Lieferfirmen im Stadtbereich. Insbesondere da, wo

---

25 Siehe Thomas Köppen: Die Rolle der Firma Jakob Lohner Et Co. bei der Entwicklung von Hybridantrieben im Automobilbau, in: Technikgeschichte 55 (1988), S. 95–110; ders.: Die K. K. Hof-Wagenfabrik Jacob Lohner Et Co. Ein Beispiel für den Wiener Kutschenbau des ausgehenden 19. Jahrhunderts, in: Achse, Rad und Wagen. Beiträge zur Geschichte der Landfahrzeuge 3 (1995), S. 18–31.

26 Siehe Gert Hack: Gemischtes Doppel. Die Kombination von Verbrennungs- und Elektromotor gewinnt an Bedeutung. In Japan und in den USA profiliert sich die Hybridtechnik als saubere Alternative zum sparsamen Diesel, in: Auto, Motor und Sport (2004), H. 3, S. 43–47.

man häufig anhalten musste und wenn es um leisen Transport ging, spielte der kleine Elektrolieferwagen seine Vorzüge aus. So wurde in Großbritannien bis in die 1970er-Jahre hinein mit elektrischen „milk floats" die Milch vor die Türe geliefert.

Zu den elektromobilen Nischen gehörten auch wiederholt Krisen. Immer dann, wenn die Bereitstellung von Kraftstoffen für Verbrennungsmotoren schwierig war oder durch Verteilungsprioritäten – etwa zugunsten von Behörden und Truppen – Privatleuten vorenthalten blieb, hat man sich an elektrische Antriebe für Straßenfahrzeuge erinnert. Im Zuge der deutschen Autarkiepolitik für die Kriegsvorbereitung von 1939 und auch in beiden Weltkriegen wurden Elektrofahrzeuge, besonders als leichte Nutzfahrzeuge, immer wieder ins Spiel gebracht, wenn auch nie in großem Maßstab eingeführt. Elektrische Energie war ein „heimischer Kraftstoff", der auch wieder bei den beiden Energiekrisen 1973 und 1979 zum Tragen kam. Diese späteren Neuansätze waren Teil der immer wieder einsetzenden Versuche, Elektrofahrzeuge in den Mainstream der individuellen Mobilität zurückzubringen.

Auch hier erwartete man wieder einmal, wie 1901: „the light weight, high capacity battery will soon be discovered"[27]. Die Zeitschrift „Machine Design" schrieb 1974, während der erneuten Euphoriewelle der Elektromobilität nach der ersten Ölpreiskrise: „The consensus among EV proponents and major battery manufacturers is that a high-energy, high power-density battery – a true breakthrough in electrochemistry – could be accomplished in just 5 years."[28] Die „Geschichte des Autos von morgen", so Gijs Mom in seinem bekannten Buch, verweist darauf, dass das Elektrofahrzeug durch wiederholte Neuansätze und durch vergangene Zukünfte, durch kulturell und ingenieurtechnisch unterfütterte Erwartungen gekennzeichnet wurde. Wiederholt änderten sich die technosozialen beziehungsweise wirtschaftlichen Rahmenbedingungen so, dass dem Elektroautomobil eine große Zukunft bevorzustehen schien. Mit der Wahrnehmung von Energiekrisen und der Erwartung von „peak oil" schien seine Stunde ebenso gekommen wie mit der Wahrnehmung der Umweltfolgen des Individualverkehrs. In diesem Fall schien es mit seiner (lokalen) Emissionsfreiheit zu punkten. Die Versprechungen der Elektromobilität waren stets groß, wobei es wiederholt zu einem „Aufstieg und Fall"[29] kam – nicht nur der konkreten Elektromobilität, sondern auch der Erwartungen und Planungen.

Als Technikhistoriker, der die Mobilitätsgeschichte als Geschichte von Euphoriewellen für neue Auslegungen und Antriebe, problematischen Prognosen für und gegen Individualmobilität, Entwürfen innovativer Mobilitätssysteme, als Geschichte vielschichtiger De-

27 Mom: Electric Vehicle, S. 144f., wie Fußnote 12.

28 Nach www.lowtechmagazine.com/2010/05/tbe-status-quo-of-eltctric-cars-better-batteries-same-range.html; Zugriff am 04.04.2012.

29 Siehe Albert Kloss: Von der Electricität zur Elektrizität. Basel, Boston, Stuttgart: Birkhäuser, 1987, Kapitel: Der Aufstieg und Fall des Elektromobils, S. 213–233. Verfügbar unter https://doi.org/10.1007/978-3-0348-6037-6_19.

batten, subversivem Handeln von Nutzern und häufigen Änderungen politischer Rahmenbedingungen kennengelernt hat, bin ich auf die Zukunft des permanenten Zukunftsautos gespannt.

Mögliche Lehren aus der Frühgeschichte der Elektromobilität?

Ohne die Frühgeschichte der Elektromobilität allzu sehr für ein „historia magistra vitae" strapazieren zu müssen und die „Bürde der Geschichte" zu spüren,[30] können wir doch einiges für die Einordnung der derzeitigen Begeisterung für Elektromobilität und für die Resultate der gezielten Förderung und Steuerung der E-Mobilität aus der Technikgeschichte lernen. Im Folgenden liste ich einige der offensichtlichsten – und oft durchaus unbequemen – Konsequenzen aus der Betrachtung der Technikgeschichte der Elektromobilität auf:

- Technische Kreativität konnte nicht alle technisch induzierten Schwierigkeiten der Elektromobilität lösen. Die Speichertechnik blieb, trotz immensen Entwicklungsaufwandes, über 120 Jahre ohne Durchbruch.
- Prognosen zu technischen Durchbrüchen erwiesen sich durchwegs und wiederholt als falsch. Die Elektromobilität wird von Anfang an begleitet von optimistischen Szenarien über unmittelbar bevorstehende Lösungen von technischen Bottlenecks. Die Speicherproblematik wird immer wieder als praktisch schon gelöst propagiert.
- Auch beim frühen Elektromobil trat der „sailing ship effect" auf. Die problematischere, anfälligere und unkomfortablere Technologie holte auf. Der Benzinmotorwagen inkorporierte Vorzüge der E-Mobilität und machte damit einige von dessen systemischen Vorteilen zunichte. Das Benzinautomobil wurde gerade durch die Konkurrenz mit dem Elektroauto besser und erfolgreicher.
- Die Erwartungen und Anforderungen der Nutzer an Elektrofahrzeuge waren mitentscheidend für Erfolg und Misserfolg. Mit dem Wandel der Nutzeranforderungen „bottom-up", hin zu einem abenteuerlichen Langstreckenfahrzeug, konnte das E-Automobil nicht mithalten. Top-down-„Umkonstruktionen" von Images, etwa in Richtung auf Vornehmheit und Eleganz, wurden nicht immer von den Nutzern akzeptiert.
- Das kulturelle Image der Elektrizität half beim Akzeptanzaufbau, war aber nicht akzeptanzgarantierend. Die Elektrorevolution brachte der E-Mobilität einen beträchtlichen Bonus als moderne Technologie, aber das war letztlich nicht entscheidend.
- Heutige Debatten erzeugen Déjà-vus. Immer wieder gab es hohe Erwartungen an eine Lösung des Speicherproblems, an den Infrastrukturaufbau, an staatliche Förderungsmaßnahmen durch planende Politik. Diese Forderungen sind ebenso wenig neu wie die technischen Probleme und die Hoffnungen vieler Protagonisten, jene zu lösen. Bekannt sind auch die beiden komplementären, einander ausschließenden Auslegungen von E-Automobilen, der sportlichen und der mobilitätsrationalen. Tesla wie auch

---

30 Siehe Kirsch: Electric Vehicle, wie Fußnote 12.

DeZir oder der Elektro-Smart haben Ahnen im Rekordwagen von 1899 und in den bequemen Elektrowagen um 1900.

- Kenntnisse der Geschichte der E-Mobilität würden einige Erwartungen in Perspektive setzen. Wenn Planer, Politiker und Ingenieure mehr über dieses Feld der Technikgeschichte wüssten, könnten sie Blamagen verhindern, die Struktur von gesellschaftlichen Debatten um E-Mobilität besser verstehen und die Rolle der oft eigensinnigen und längst nicht immer rationalen Nutzersubjekte mit einkalkulieren.

Zusammenfassung

Elektroautomobile müssen im Zusammenhang der Elektro- und Mobilitätsrevolutionen vor 1900 gesehen werden. Positives Image, erste erfolgreiche Versuche und kulturelle Flankierungen trugen zu ihrem Erfolg bei. In der Systemkonkurrenz zum Verbrennungsmotor setzten sie auf Leistung, aber auch Oberklassenimage. In der sich entwickelnden abenteuerorientierten Mobilitätskultur waren sie zunehmend gehandicapt, auch wenn kreative Ingenieurlösungen das Energiespeicherproblem bearbeiteten und Hybridlösungen Erfolge hatten. Limitiert wurde Elektromobilität zudem durch ihre Infrastrukturabhängigkeit, durch militärische Vorgaben und durch Wartungs- und Unterhaltsprobleme. Seit den 1920er-Jahren blieben ihr nur Nischen, auch wenn Anforderungen an Sauberkeit und Umweltverträglichkeit sie begünstigten. Das Elektroautomobil erwies sich als permanente Zukunftshoffnung, mit sehr ähnlichen Erwartungs- und Prognosestrukturen. Die technikhistorische Betrachtung der frühen Geschichte der Elektromobilität vermag gegenwärtige Debatten und Planungen in Perspektive zu setzen.

Lili, Flutsch und Teufelskäfer

Die unbekannteren Entwicklungsarbeiten Felix Wankels in Heidelberg 1915–31

Felix Wankel und Heidelberg

Felix Wankel wird stets mit seinem vieldiskutierten Motor identifiziert, der in den 60er Jahren eine Antriebsrevolution versprach. Der wankelmotorgetriebene Ro80 und die zahlreichen anderen Anwendungen seines Kreiskolbenmotors erregten in den 60er Jahren großes öffentliches Interesse. Vielen ist noch bekannt, dass Wankel seine Forschungen in Lindau am Bodensee betrieb. Über seine Verbindungen zu Heidelberg hingegen wissen nur wenige. Obgleich Wankel im badischen Lahr 1902 geboren wurde, verbrachte er die für ihn prägenden Jahre in Heidelberg. Er zog mit seiner Mutter mitten im Ersten Weltkrieg, 1915, von seiner Geburtsstadt Lahr nach Heidelberg. Die Familienwohnung befand sich in der Bergstraße 29. Nach Abbruch des Weinheimer Gymnasiums in der Unterprima (1921) begann er eine Buchhändlerausbildung im Verlag Carl Winter in der Lutherstraße.

Es war eine ungeliebte Tätigkeit, die der junge Wankel immer als Ablenkung von seinen eigentlichen Interessen verstand. Während dieser Zeit kam Wankels Abscheu gegenüber der Mathematik schon zum Tragen – vor dem Hintergrund seiner späteren Leistung durchaus verwunderlich. Denn seine eigentliche Neugier richtete sich auf anderes: Er entwickelte eine große Faszination durch Technik und begann auch mit Aktivitäten in dieser Richtung. Und dies kollidierte nur zu oft mit seinem eigentlichen Beruf: „Tagsüber im Geschäft blau gemacht, aber die Magnetblende am Blinkapparat in verbesserter Art fertiggestellt und auch mit dem Walzensender zusammen probiert",[1] schrieb er in sein Tagebuch.

Der junge Felix Wankel war, im Sinne Ernst Jüngers, ein „abenteuerliches Herz": „[...] es graust mir ein braver Ingenieur zu werden [...], da werde ich lieber Sportflieger", trug er im Frühling 1920 in sein Tagebuch ein.[2] Kein Wunder, dass Wankel mit der Idee des „technoromantischen Abenteuers" (Karl Kraus) der Fliegerei spielte, für das sich damals sehr viele Jugendliche begeisterten. Der Jagdflieger – Prototypen wie von Richthofen waren Heroen der Jugend, von der deutschen Kriegspropaganda gezielt eingesetzt – wurde zum Paradigma: Fliegen hatte auch nach dem Ende des Ersten Weltkriegs die Attraktion einer Verbindung von „soldatischen Tugenden", Abenteuer und motorischer Mobilität. Wankel reagierte wie viele der Jugendlichen der Zeit und interessierte sich für den (im Versailler Vertrag gestatteten) motorlosen Flug. Tatsächlich besuchte Wankel im Sommer 1923 die Rhön und nahm Kontakt mit den Segelfliegern auf.

Wankels Faszinationen und Aktivitäten der Heidelberger Zeit können nur adäquat verstanden werden, wenn man als Zeitkontext den verlorenen Ersten Weltkrieg berücksichtigt. Felix Wankel gehörte zum Jahrgang 1902, dem letzten, der zwar keinen Militärdienst mehr leisten musste und dem das desillusionierende „Fronterlebnis" erspart blieb, der aber doch in einer Gesellschaft aufwuchs, die intensiver nationalistischer Erziehung ausgesetzt war. Deutschland führte einen „totalen Krieg"; ab 1916 war das Land faktisch eine Militärdiktatur. Die gesamte Gesellschaft war gründlich durchmilitarisiert; es gab „kein Atom, das nicht in Arbeit für die Schlacht" war, wie Ernst Jünger formulierte.[3] Dazu gehörte auch die Mobilisierung der Jugend.

Für Wankels Generation brach nach der Niederlage im November 1918 eine Welt zusammen. Bei der Suche nach den unmittelbaren militärischen Ursachen wurde in nationalistischen Kreisen intensiv die Rolle der Technik diskutiert. Die Niederlage wurde auch von

1 Korp, Dieter: Der Wankelmotor – Protokoll einer Erfindung. Stuttgart 1975, S. 15.
2 Nachlass Felix Wankel (nachfolgend abgekürzt FW), 102, Box 540. Der Felix-Wankel-Nachlass befindet sich im Landesmuseum für Technik und Arbeit in Mannheim. Zitiert wird nach den Faszikel- und Boxnummern; wo vorhanden, folgt die Seitenzahl.
3 Jünger, Ernst: Der Arbeiter. Herrschaft und Gestalt. Stuttgart 1981, S. 146.

Autoren wie Jünger auf die unzureichende Akzeptanz technischer Mittel durch die deutschen Militärs und die Soldaten selbst zurückgeführt. „Material oder Moral" waren die Schlagworte, unter denen diese Debatte geführt wurde.

Die Konsequenz für eine Generation von Jugendlichen, die unter dem litt, was damals als „Deutschlands Erniedrigung" empfunden werden musste, war die Beschäftigung mit Technik – unter militärischen Gesichtspunkten. Wankel gehörte dazu. „Ein Mann, der mit Maschinen-Ideen auf die Barrikaden gehen kann, wächst heran", charakterisiert ihn sein Biograph Dieter Korp.[4] Tatsächlich kommunizieren die Tagebücher Wankels aus dieser Zeit eine Stimmung, bei der Motoren, Technik, Abenteuer und Krieg eine zeittypische Verschränkung finden.

Einige Jugendorganisationen in dieser turbulenten, durch politische Polarisierung, bürgerkriegsähnliche Auseinandersetzungen und radikale Aktivitäten geprägten Nachkriegszeit waren auch in Heidelberg aktiv. Diese Gruppen, von der bündischen Jugend herkommend, aber auch die paramilitärische Jugendausbildung der Kriegszeit fortsetzend, entdeckten nun die Technik – eine Wende, da sie in der Mehrzahl vor dem Krieg als technikfeindliche „Naturschwärmer" auftraten.

Wankel war 1924 Mitgründer, später sogar Führer einer Gruppe mit dem Namen „Großdeutsche Jugendwehr" (GIW). Doch schon vorher, kurz nach Kriegsende, war Wankel fest in den Kreisen der Heidelberger Wehrjugend etabliert. Kontakte zu der nationalistischen „Freischar Schill" gab es ebenfalls. Er engagierte sich bei der frühen Nationalsozialistischen Partei, der er schon 1922, also mit 20 Jahren, beitrat. Zu einem Termin bei Hitler kam es im August 1928; Wankels zentrales Thema „Mann-Maschine-Kampfverbundenheit" kam dabei zur Sprache.

Wankel berichtet in seinem Tagebuch von Zusammenkünften, von zahlreichen „Feldübungen" am Königsstuhl, am Heiligenberg und in den Wäldern oberhalb von Heidelberg. Dabei wurden einmal er und alle Teilnehmer wegen „Kriegsspielerei" verhaftet. Dies waren mehr als nur „Geländespiele", wie sie in der vormilitärischen Jugendausbildung üblich waren, denn

4 Korp (1975), S. 14.

Technik spielte nun – wohl aufgrund der Initiative Wankels – eine große Rolle bei diesen Jugendaktivitäten.

Lili

Konkret beschäftigte sich Wankel in dieser frühen Heidelberger Periode hauptsächlich mit der „Scheinwerferei", der Konstruktion und dem Bau starker Signal-Blinkapparate. Auf den ersten Blick ist dies ein wenig plausibler Interessenbereich des späteren Motorenerfinders. Doch die Zeitkontexte liefern Erklärungsmöglichkeiten. Signalmittel waren nämlich „limitierende Faktoren" in den Schlachten des Ersten Weltkriegs. Der britische Militärhistoriker John Keegan beschreibt die Kommunikation an der unmittelbaren Kampffront der Materialschlacht als eine zentrale taktische Problemstellung 1914–18: „Then the system [of telephone cables; Anm. d. Verf.] broke down, almost as a matter of routine, at the point that mattered most, the front [...] and expedients – signal lamps, carrier pigeons – were haphazard."[5] Dadurch, dass man sich auf Telefonleitungen verlassen musste und kein zuverlässiges drahtloses Funkgerät zur Verfügung stand, ergab sich eine taktische Kommunikationslücke: Waren die Telefonleitungen zerschossen, waren die Angriffswellen praktisch ohne Verbindung mit den eigenen Stäben. Das Problem war das Überbrücken der Lücke zwischen den Truppen in der vordersten Kampfzone der industrialisierten Grabenschlacht und den rückwärtigen Verbänden.

Das deutsche Standardwerk zur „Technik im Weltkriege" vermerkt dazu:

> „Die große Wichtigkeit der Signalgeräte wurde offenbar, als die Verbindung mit Fernsprecher auf die Dauer sich als ungenügend erwies, da das immer mehr gesteigerte Artilleriefeuer die Leitungen zwischen den Befehlsstellen immer wieder zerriß. Diese Verhältnisse erheischten ein leichtes feldbrauchbares Gerät, welches die Fernsprechverbindungen voll ersetzen konnte."[6]

Das Standard-Signalgerät „M-Blink16" der Kaiserlichen Armee war anfangs nur zur Kommunikation zwischen Flugzeugen und Bodentruppen konzipiert; ein eigentliches Signalgerät für Bodenverbindungen fehlte. Es gab aber Beleuchtungsgeräte, die zur Signalkommunikation eingesetzt wurden.[7]

Bei dieser Konstruktionsaufgabe nun setzte der junge Wankel in Heidelberg an. Er experimentierte mit alten Heeresgeräten, wie dem „M-Blink16".[8] Mit dem Bau seiner Blinkgeräte demonstrierte er sein Interesse an einer eminent modernen, damals vieldiskutierten konkreten Problemstellung. 1918 baute er den Scheinwerfer „Fulmina", zwei Jahre später

5 Keegan, John: The First World War. London 1998, S. 339.
6 Schwarte, Max (Hg.): Die Technik im Weltkriege. Berlin 1920, S. 117.
7 Vgl. ebd., S. 133.
8 Vgl. FW 102, Box 540, S. 130 (27. Juni 1925).

die Modelle „Komet“, „Rekord“ und „Stallhas“, die später mit einem „ASA“, einem automatischen Schaltapparat zum Signalisieren, eingesetzt werden sollten.

„Lili“ war Wankels Bezeichnung für einen neu konstruierten Linsenscheinwerfer – zugleich aber auch für eine umschwärmte Heidelbergerin. In zeittypischer, militärisch geprägter Abkürzungssprache nannte er seine Projekte „AuLiTe“ = Automatische Lichttelegrafie.

Im Tagebucheintrag vom 1. August 1921 heißt es:

> „Nachts war Schloßbeleuchtung [...]. Ich ließ ‚Rekord‘ spielen. Wirkung auf das versammelte Heidelberg sehr gut [...]. Das Haus rechts hinter uns oben am Philosophenweg, ließ auch eine Bogenlampe brennen, worauf ich das betreffende Fenster mit dem ‚Rekord‘ eindeckte.“ [9]

Später berichtet Wankel von einer der vielen „Blinknächte“: „Nach kurzer Wartezeit erhielten wir auf dem Heiligbergturm Königstuhlblinkzeichen u. ein ruhiger Blinkverkehr setzte ein.“[10] Doch, wie gesagt, diese Spiele hatten einen politischen Hintergrund. Projektionen eines großen Hakenkreuzes, deutlich sichtbar für die Heidelberger Theaterbesucher,[11] zeigten das Propagandapotenzial der „Scheinwerferei“. Die Gruppe der „Scheinwerfersozis“ war in Wankels Zimmer tätig, das er „Werk“ titulierte. Große Pläne für ein umfassendes Blinkstationsnetz entstanden: „Dilsberg und Königstuhlturm geben voraussichtlich die Stationen [...]. Außerdem ist vielleicht noch eine Station unten in der Stadt nötig, und unbedingt müssen auch geschulte, zuverlässige Ersatzleute vorhanden sein. Arbeitete bis nach 11 Uhr nachts an dem Vorschlag zur Erstellung einer ‚Blinkerabteilung‘.“ – Sie wurde später, wiederum in der zeittypischen Abkürzungsmanier, „BLIAB“ genannt.[12] In Zusammenarbeit mit anderen nationalen Jugendgruppen wollte man ganz Deutschland mit einem Netz von Blinkstationen überziehen.

Nicht nur der Scheinwerferbau, auch das Signalisieren selbst interessierte den jungen Wankel. In der Entwicklung war ein eigenes, vom Morsealphabet abweichendes Codesystem mit nicht nur zwei, sondern drei Elementen; „Punkt-Zahlen-Zeichen statt Morsezeichen“.[13]

Wankel erprobte noch ein weiteres Potenzial seiner „Lichtgeräte“: Im Sommer 1923, einem in den Tagebüchern besonders gut abgedeckten Zeitraum, konstruierte Wankel eine Armbrust; 1925 dann ein Lichtblitze schießendes Maschinengewehr, „LichtMG“ oder „LiGe“ (Lichtgeber) genannt, für seine nationalistische Jugendtruppe, sowie ein „Feld-

9 FW 102, Box 540, S. 133 (14. Nov. 1925).
10 Ebd.
11 Vgl. ebd., S. 68.
12 Vgl. ebd., S. 72.
13 Ebd., S. 135.

meßgerät". Die Blinkgeräte wurden – insbesondere im Frühjahr 1924 – zur möglichst realistischen Simulation von Maschinengewehrfeuer konzipiert. Die „Geländespiele", bei denen die neuen Lichtmaschinengewehre eingesetzt wurden, führten im März 1924 zur (kurzfristigen) Verhaftung Wankels und seiner Kameraden und zur Beschlagnahme der Blinkapparate.

Aber auch andere Jugendgruppen setzen Wankels Geräte ein; es kam zum Bau einer kleinen Serie: Aus dem Spiel mit Licht wird Ernst, aus dem „Klein-Scheinwerferbau" wird die Herstellung von Heeresblinkapparaten:[14] „Blinkapparate und ihre Dreibeingestelle sind das Erste, was in (normalisierter) artgleicher Ausführung hergestellt wird. Wetzel und ich nennen diese Bestrebungen ‚fordeln' nach dem amerikanischen, serienweisbauenden und vereinfachenden Autokönig Ford."[15] Wankel nimmt also das Image von Fords Produktionsmethoden, die in Deutschland Anfang der 20er Jahre viel diskutiert wurden, ironisch auf. Das „Fordeln" ist die Abkehr von bloßer Bastelei zu einer – zugegeben kleinmaßstäblichen – Fertigung. Diese Aktivitäten erzeugten verständlicherweise Bedenken: So „erscheint im ‚Werk' ein Schutzmann, der erklärt die Leut täten sich aufhalten über unsere Scheinwerfer, denn die könnten in Ludwigshafen bei den Franzosen Verdacht erregen!"[16]

Für Wankel war die „Scheinwerferei" in Heidelberg mehr als ein Spiel. Er notierte seine Befriedigung, „[...] wenn auch die Aufregung bei jeder Scheinwerferübung gehörig schlauchte, denn der ‚volle Betrieb' mit seinen Beigaben, wie Zimmerbrandgefahr, einem Riesenkurzschluß oder sonstigen Beruhigungsmitteln, machte die Nerven hin."[17] Durchaus stolz war er auch auf seine Resultate: „Ohne viel Werkzeuge, ohne Lieferant, ohne Fabrikmaterial, ohne jede Anleitung als meine Physikbücher, nach eigenen Plänen aus dem abenteuerlichsten Material habe ich meine Maschinen und Apparate konstruiert."[18]

Wankels Versuche zielten auf die Funktion von Scheinwerfern in den verschiedensten Anwendungen: Als Signalmittel, als Beleuchtungs- und Projektionsmittel, zur Simulation von „Feuer". Zusammen mit der Entwicklung seines eigenen Codesystems zeigt sich in Wankels Scheinwerferexperimenten ein nicht nur technisch-systematischer Entwicklungsansatz, sondern tatsächlich eine Entwicklung eines kompletten Systems. Sogar der Verwendung dieses technischen Geräts gilt seine Aufmerksamkeit, wenn er Bedienungsvorschriften der Signalscheinwerfer erstellt und seine Freunde daran ausbildet. Dieser „systemisch" orientierte Ansatz charakterisiert auch die späteren Entwicklungen Wankels, wie etwa seine Boote. Nie ist das Interesse des Erfinders auf das technische Gerät beschränkt, stets wird die Verwendung mitreflektiert und -antizipiert – so etwa ein künftiger Wasserverkehr.

14 Vgl. FW 102, Box 540, S. 69.
15 FW 102, Box 540, S. 115.
16 FW 102, Box 540, S. 72.
17 FW 102, Box 540, S. 38.
18 FW 1.171, Box 540, S. 8.

Noch etwas kommt dazu: Wankels Arbeiten und seine Selbstreflexion haben durchaus eine ästhetische Komponente. So schriebt er im Tagebuch über den Scheinwerfer „Perlux“: „Der Kerl hat einen kräftigen Strahl und es sah wunderschön aus, als der weiße Riesenarm sich aus den dunklen Häusermassen herausreckte und über dem Neckar in die Wolken griff.“[19] Im Rückblick von 1974 schreibt Wankel über eine Scheinwerfervorführung in Heidelberg: „Sie bewegte das Gefühl und beeindruckte den Verstand, denn sie war männlich-sportlich, tänzerisch-taktend und kämpferisch-maschinenhaft zugleich.“[20] In diesen Charakterisierungen spiegelt sich eine wichtige Komponente der Zielrichtung des jungen Wankel: Eine zeittypische Versöhnung von Technik, Krieg und individueller Abenteuerfaszination durchzieht seine Aufzeichnungen.

Solche Ästhetisierungsvorgänge von Technik, die Verschränkung von Ästhetik, Technik und militärischer Gewalt, artikuliert sich nicht selten in expressionistischer Diktion. So beschreibt er das Innere seiner Werkstatt:

> „Wir lehnen rechts u. links am Körper des Teufelskäfers, seine Augen durchschweifen den Raum, der unsere ‚Front‘ ist. Wo aus u. inmitten von Wust u. Trümmern Neues geschaffen wird [...] Werkzeuge, Eisenteile, Kisten, eine Sauerstoffstahlflasche, dreckige Arbeitskleider am alten He.Sa. Preßluft MG hängend.“[21]

In vielen Punkten berührten sich Wankels Ideen über die Rolle der Technik in den 20er Jahren mit denen Ernst Jüngers. Ein Gedanke Jüngers, der hinter Wankels frühen Heidelberger Aktivitäten stehen könnte: „Die Schlacht bedient sich nicht nur in steigendem Maße der Maschine, sondern sie wird auch als Ganzes vom Geist durchsetzt, der die Maschinen schafft.“[22] Dass er Jünger kannte, hoch schätzte und mit ihm in Verbindung treten wollte, ist in den Tagebüchern festgehalten: „Ferner sei Leutnant Jünger damit beschäftigt, die Grundlagen eines neuen deutschen Jugendkampfspieles auszuarbeiten. Othmar schlägt deshalb vor [sich; Anm. d. Verf.] mit Jünger selbst in Verbindung zu setzen. Ich diktiere also dem Paul einen Brief, den der Othmar an Jünger starten lassen muß.“[23] Jünger antwortete; Wankel war stolz, dass er „unsere Ausbildung eine ‚geschickte und moderne‘ nennt u. uns zu weiterer Vorarbeit aufmuntert. Mehr hätten wir doch über die He.Sa.-GIW Ausbildungsarbeit von Deutschlands berühmtesten u. geistigstem Stoßtruppführer nicht erwarten können.“ Später äußerte Jünger – nach Wankels Aufzeichnungen – seine Absicht, ein Vorwort zu Wankels Vorschriften für die „Heidelberger Wehrjugendausbildung“ zu schreiben.[24] Ob es dazu kam, ist nicht bekannt. Wankel sah die Funktion seiner Tätigkeit jedenfalls im (para)militärischen Bereich: „Überhaupt soll meine Konstruktionsmurksbegabung im Freikorpskrieg allem Anschein nach ein reiches

19 FW 1.171, Box 540, S. 7.
20 FW 1.171, Box 540, S. 3.
21 FW 102, Box 540, S. 136 (24. Febr. 1926).
22 Jünger, Ernst: Feuer und Bewegung. In: Werke Ernst Jünger. Bd. 5: Essays 1: Betrachtungen zur Zeit. Stuttgart o.J. [ca. 1963], S. 120 (Erstdruck „Kriegerische Mathematik“ bereits 1930).
23 FW 1.171, Box 540, S. 136 (30. Mai 1926).
24 Vgl. FW 1.171, Box 540, S. 142.

Tätigkeitsfeld finden, da die Herren Fachingenieure meistenteils hilflos sind, wenn nicht eine Fabrik zur Ausführung hinten dran steht.“[25]

Flutsch

Ein anderes zentrales Beschäftigungsfeld Wankels in seiner Heidelberger Zeit war der Bootsbau. Wankels lebenslange Liebe zum Wasser manifestierte sich nicht nur darin, Boote zu benutzen, sondern auch im Selbstbau – zuerst von kleinen Modellschiffen, später auch von „realen“ Paddelbooten. Wankels Liebe zum Wasser und zu Booten ist aus vielen Tagebuchaufzeichnungen evident. Typisch am 26. Juni 1921: „Glück und Liebe, Wasser und Sonne, Körper und Seele, Kraft und Freude, alles spielt herein, um meinen Metallfisch.“ Obwohl – oder weil – Wankel nicht schwimmen konnte, genoß er intensiv das Risiko „gefahrvoller Fahrten durch Hackteufel und Hochwasserwellen“.

Der „Traum vom schimmernden Fisch“, wie Wankel im Rückblick von 1975 die Bootsbauzeit seiner Jugend beschrieb, begann im Mai 1921 gleich mit einem innovativen Konzept: „Vorsicht! Mich packte eine Idee [...]. Wir bauen einen Metallskiff. Grundprinzip: Was die eisernen Spanten schwerer sind, ist die dünne Blechaußenhaut leichter.“[26] Dieses erste Projekt, an dem die Heidelberger Anton Kleehaupt und Paul Kind mitarbeiteten, scheiterte an technischen Schwierigkeiten, am Anlöten der Außenhaut.

Doch im nächsten Jahr beteiligte sich Wankel an einem „Motorfisch“-Projekt, bei dem ein DKW-Motorradmotor in einen selbstgebauten Holzrumpf integriert werden sollte. Nach Versuchsfahrten sank es im August im Neckar. In den nächsten Jahren folgten eine ganze Reihe von Bootsprojekten: Der „Pfeil“ entstand 1923 mit nur geringer Beteiligung Wankels, die beiden „Flitsch“ – ein Paddelboot – und das Motorboot „Flutsch“ im gleichen Jahr. Natürlich wurden auch mit Besegelungen Experimente angestellt. Zwei „Segelfische“ entstanden 1924, im gleichen Jahr wie der „Goldfisch“, ein Rennpaddelboot von 8m Länge, benannt nach der goldfarbenen Messing-Rumpfabdeckung. Bloßes Konzept blieb ein kleines, von einem Motorradmotor getriebenes Vorspanngerät zum Ziehen der Paddelboote. Ironischerweise war das erste Objekt, das es mit Wankelmotor zu kaufen gab, ebenfalls ein motorisches Vorspanngerät, das Wasserski-Zuggerät „Ski-Craft“ von 1962.

Auch bei den Segelbootskonstruktionen nahmen Wankel und seine Freunde neueste Entwicklungen auf: Mit schmalen Rumpfwasserlinien und Auslegern zum Gewichtseinsatz der Besatzung experimentierten nach dem Ersten Weltkrieg einige professionelle Bootskonstrukteure vor allem von Segelkanus. Mit durchgelatteten und sogar starren Segeln

25 FW 1.171, Box 540, S. 100.
26 Alle Aufzeichnungen zu frühen Booten: FW 1.222, Box 436.

wurde häufig experimentiert. Wankel nahm diese damals technisch sehr avantgardistischen Versuche, die auf den Fortschritten der Aerodynamik basierten, zur Kenntnis: Am 26. August 1925 notiert er, wie er die Besegelung des „Segelflügelfischs" mit der von 5qm, 10 und 13qm Segelkanus in Kanusportheften verglich. Zunehmend kam die Bootsbaugruppe auch zu einer zeichnerisch-rechnerischen Bestimmung günstiger Bootsformen und Wasserwiderstände.

Als einziges von Wankels frühen Bootsbauprojekten ist der „Goldfisch" erhalten geblieben: Das Boot ist – zwar in umgebautem Zustand, doch in der Grundauslegung erhalten – Bestandteil des Nachlasses, den die Felix-Wankel-Stiftung dem Landesmuseum für Technik und Arbeit in Mannheim als Dauerleihgabe überließ. Wankel unternahm mit diesem Boot ausgedehnte Neckartouren und sogar Regatten. Es war nach Wankels Berichten das erste Paddelboot, das die (vor der Neckar-Aufstauung sehr gefährliche) Hackteufelströmung problemlos überwinden konnte.

Wankel beschrieb seine Sympathie für Metall: „Zu den Metallen [...] mit ihrer Zuverlässigkeit, und ihrer kaum zu Splittern und Reissen neigenden Zähigkeit, ihrem Biegbarsein und ihrer Unempfindlichkeit gegen Wasser und Feuer, hatte ich ein inniges Verhältnis."[27] Kein Wunder, dass spätere Boote Wankels aus Aluminium konzipiert wurden, dem zähen, leichten Material des Flugzeug- und Zeppelinbaus. Nach dem Ersten Weltkrieg, als die Importblockaden fielen und das Metall wieder verfügbar wurde, diente es vielen Konstrukteuren für unterschiedliche Anwendungszwecke. Die Wendung zum Leichtbau, vom Bootsbau bis hin zur Landmaschinenfertigung, resultierte aus einem Boom der Aluminiumverwendung.

Wankel und seine Freunde bauten einige der Boote auch unter Verwendung von Sperrholz – einem Material, das in den 20er Jahren als „Hochtechnologie" zu gelten hat. Während des Ersten Weltkriegs wurde hochfestes formverleimtes Sperrholz zur Herstellung leichter „Monocoque"-Flugzeugrümpfe eingesetzt; bekannte Maschinen mit formverleimten Sperrholzrümpfen waren die „Albatros"-Jagdeinsitzer. Mit hochentwickelter Sperrholztechnologie baute Schütte-Lanz „nebenan", in Mannheim-Rheinau, bis 1918 Luftschiffe. Der Zwang zur Konversion nach Kriegsende führte zur Anwendung der Sperrholz-Bautechniken auf Autokarosserien – der berühmte Kleinwagen Hanomag 2/10 („Kommissbrot") hatte eine Sperrholzaußenhaut – und eben auf Boote. Ein Vorteil des Sperrholzes war, dass es auch von Amateuren verarbeitet werden konnte. Wankel und sein Bootsbauteam gehörten sicherlich zu den Pionieren des Freizeit-Sperrholzbootsbaus in Deutschland.

Die Namen der Wankel-Paddelboote verweisen auf ihre – möchte man es mit einem aktuellen Schlagwort ausdrücken – „bionische" Herkunft: Technische Artefakte entstehen im Rekurs auf die Natur und unter Inspiration durch pflanzliche oder tierische Lösungen.

27 FW 1.222, Box 436 (Rückblick von 1976).

Dieser Ansatz zieht sich durch die gesamten Bootsbauarbeiten Wankels. Von den patentierten, beim Unterschneiden des Bootes sich schließenden „Nüstern“ bis zu den „Spaltgleitflächen“ der Bootsentwicklungen um die Mitte der 70er Jahre[28] unternahm Wankel eine Beobachtung und Umsetzung von Lösungen der Tierwelt ins Technische. Sein späterer Traum vom „folgsamen technischen Delphin“ hatte in den 20er Jahren in Heidelberg seinen Ursprung. Von den gleitenden und halbtauchenden Bootsprojekten der 30er und 40er Jahre bis zu den „Zischs“ der 70er ziehen sich innovative Bootskonstruktionen lebenslang durch Wankels Arbeit.

Teufelskäfer

Spezifisch modern war Felix Wankels Interesse in der Heidelberger Zeit auch an der individuellen Motorisierung. Diese war eines der großen Themen der 20er Jahre nicht nur in Deutschland. Die Sehnsucht nach dem Motor war zwar noch klassenabhängig, aber schon nach dem Ersten Weltkrieg kamen Ansätze zur Volksmotorisierung zum Tragen. Anders als im Land Fords waren in Deutschland innovative „minimalistische“ technische Lösungen gefragt, insbesondere die Erzielung hoher Geschwindigkeiten mit geringen Antriebsleistungen. Die technische Auslegung eines Motorfahrzeugs „für das Existenzminimum“ wurde viel diskutiert. In der Tat fand schon eine Breitenmotorisierung statt, doch auf zwei statt vier Rädern: Deutschland war das Motorradland Europas. Im Bereich des Motorradbaus waren die 20er Jahre zudem ausgesprochen innovativ. Auch in seinem Interesse hierin findet sich Wankel an der vordersten Front der Forschung seiner Zeit. Er selbst kaufte 1923 ein Leichtmotorrad zum Inflationspreis von 12.000 Mark.

In diesem Kontext sind Wankels Fahrzeugexperimente situiert. Sein „Teufelskäfer“ von 1925/26 war ein innovatives, schnelles Fahrzeug, basierend auf Motorradtechnologie. Es entstand in einer Hinterhofwerkstatt in der Heidelberger Kleinschmidtstraße 8. Diese – recht rudimentäre – Werkstatt gehörte einem Freund, Paul Kind, mit dem zusammen Wankel seine mechanischen Experimente durchführte. Die Beschreibung ihres recht improvisierten Inneren wurde schon zitiert.

Wankels Mutter war 1924 zurück nach Lahr gegangen, worauf Wankel in ein möbliertes Zimmer in der Brückenstraße zog. 1926, im Jahr des „Teufelskäfer“-Baus, wurde Wankel von seinem Arbeitgeber entlassen. Er hatte also Zeit für intensivere mechanische Arbeiten; sie fanden allerdings anfangs häufig, recht improvisiert, in den Privaträumen statt. Sie wurden ironisch als „Werke“ tituliert: „Im Dampfheizungskeller wird das E.S.Werk Nr.3 eingerichtet.“ Dies behielt Wankel auch später, in seinem Lindauer Wohnhaus, bei.

28 Vgl. Möser, Kurt: Der Wankelmotor – Faszination einer Erfindung. Ausstellungskatalog Landesmuseum für Technik und Arbeit. Mannheim 1995, S. 34–37.

Der dreirädrige „Teufelskäfer" – er wurde auf der Straße zwischen Mannheim und Heidelberg mit bis zu 80 km/h erprobt – hatte eine torpedoförmige Blech-Außenhautverkleidung. Wankel sprach stets von seinem „Stromlinienkraftwagen". Bezeichnenderweise war die Außenhaut des „Teufelskäfers", wie die der späteren Boote, aus Aluminium, dem bevorzugten Leichtbaumaterial auch von anderen zeitgenössischen Versuchsvehikeln.

Stromlinien-Experimente waren typisch für die 20er Jahre. Als Technologietransfer von der Fliegerei war dies eine weitere „cutting edge technology" der Zeit, an der eine Reihe von Ingenieuren, die aus dem Luftfahrzeugbau kamen, arbeitete. Unter ihnen war auch der Ingenieur Franz Kruckenberg, der in Mannheim-Rheinau an der stromförmigen Gestaltung der Außenhaut der Schütte-Lanz-Luftschiffe gearbeitet hatte und durch den „Schienenzeppelin" Berühmtheit erlangte. Namen wie Paul Jaray oder Edmund Rumpler waren als Konstrukteure von windschlüpfrigen Fahrzeugen berühmt und lieferten sicherlich Inspiration für die Arbeiten von Wankel und seinen Freunden, deren Arbeiten zunehmend ihren Amateurcharakter verloren und deren Produkte mehr und mehr „konstruktiv durchgearbeitet" wurden, wie ein Terminus der Zeit lautete.

Aus den Arbeiten am „Teufelskäfer" und den damit verbundenen Erkenntnissen und Problemstellungen entstanden erste Forschungen für eine Alternative zu den konventionellen Hubkolbenmotoren. Die „Scheinwerferei" trat, mit Wankels Reduktion politisch-paramilitärischer Aktivitäten, in den Hintergrund: „Seit dem Winter 1924 zuckte manchmal in mir der Gedanke eines Benzinmotors ohne hin- und hergehende Kolben, aber auch nicht rein turbinenmäßig mit Strahl und Schaufeln, sondern mit einer Art drehendem Kolben und ausweichendem Zylinderboden."[29] Die konkrete Arbeit Wankels an Rotationskolbenmaschinen begann im Juni 1926 mit einer „Fett-Turbine". „Kreisen statt stampfen" war damals (und später) ebenfalls eine „cutting edge technology". Wankel nahm zur Kenntnis, was in der Turbinenforschung der Zeit passierte, wie etwa in Mannheim: Dort arbeiteten die Ingenieure bei Brown Boveri ab 1928 erfolgreich daran, die Holzwarth-Gasturbine praxistauglich zu machen.[30] Sein Grübeln über einer Maschine, die er „K.S.T.", abgekürzt für „Kolbenschaufelturbine", nannte, führte zu weiteren, folgenreichen Problemstellungen: Während ihn anfangs hauptsächlich die spezifische Geometrie solcher rotierender Maschinen interessierte, ging er bald zur Lösung der Abdichtungsprobleme der komplizierten – und für die Funktion essentiellen – Dichtgrenzen der beweglichen Teile über. Dies erwies sich als letztlich folgenreich für seine weitere Arbeit.

29 Korp (1975), S. 16.

30 Vgl. Kruschik, Julius: Die Gasturbine. Ihre Theorie, Konstruktion und Anwendung für stationäre Anlagen, Schiffs-, Lokomotiv-, Kraftfahrzeug- und Flugzeugantrieb. Wien 1952, S. 7.

Hier soll aber nicht ausführlich auf die frühen Entwicklungen zu Rotationsmotoren eingegangen werden; dies ist an anderer Stelle geschehen[31] und wird in der nächsten Zeit, wenn der Wankel-Nachlass im Landesmuseum ausgewertet sein wird, noch ausführlicher geschehen.

Schon bei Wankels frühen Aktivitäten kam seine „merkwürdige Mischung von stürmischen, umstürzlerischem Angriffsgeist einerseits und geduldig sich bescheidendem, vorsichtig sorgfältigem Vorgehen andererseits“, wie Wankel seine Bootsbauaktivitäten im Rückblick von 1976 charakterisiert, zum Tragen. In den späteren 20er Jahren ist eine Tendenz zur Ablösung jugendlicher Basteleien durch zunehmend systematische und fundiertere Experimente zu beobachten. Seine Heidelberger Arbeiten zeigen eine Mischung aus zeitgebundenen und vorwärtsweisenden Aktivitäten, aus aktiver Teilnahme an politischen Kämpfen und vorausschauenden Technikkonzeptionen, aus spontan begeisterten Konstruktionsideen und hartnäckigem Arbeiten an den Umsetzungen. Die Richtung konkretisierte sich: Rotationsmaschinen, Abdichtungsversuche und Boote. Als Felix Wankel im Frühjahr 1932, mitten in der Wirtschaftskrise, Heidelberg verließ, um zu seiner Mutter nach Lahr zu ziehen und mit ernsthafter Technikentwicklung zu beginnen, waren alle seine späteren Interessensgebiete schon ausformuliert.

31 Siehe Korp (1975), passim; Knie, Andreas: Wankel-Mut in der Autoindustrie. Aufstieg und Fall einer Antriebsalternative. Berlin 1995.

World War One and the Creation of Desire for Cars in Germany

> "War is the greatest of all agents of change. It speeds up all processes, wipes out minor distinctions, brings realities to the surface"
>
> George Orwell, The Lion and the Unicorn

The 1920s in Germany: Desire for Cars in Adverse Conditions

There were several adverse factors against wide popularization of car ownership in Germany immediately after the First World War. Quite unlike in the United States, cars simply were out of reach for most people. In the mid-1920s, nominally around 250 Germans had to share a car. In France and Britain, the figure was only half as high[1].

The reason for this was first of all economic: buying and running cars were far too expensive. The portion of the population being able to afford motor transport was comparatively small and did increase significantly only slowly in the second half of the decade. The inflation crisis of 1922–23, reparations, and the precarious situation of the German economy contributed to the adverse factors. Most families did not have a disposable income high enough to run even a moderate motor vehicle. There were not many good economic reasons for private persons for keeping a car.

---

1 Cf. Hans-Christoph von Seherr-Thoss, Die deutsche Automobilindustrie. Eine Dokumentation von 1886 bis 1979 (Stuttgart, 2nd ed. 1979), p. 634.

In addition, Government politics simply did not favour individual road transport at all. Taxation of privately-owned cars and, to a lesser extent, motor bikes was quite heavy. They were declared as “luxury goods”. Therefore, they were seen as unnecessary. Comparatively high maintenance costs, too, added to the burden for motorists. Without looking too closely at the means of Government regulations, one can summarize that neither the economic nor the legislative climate was favourable to cars.

Apart from restricting privately-owned cars, commercial motor transport vehicles, too, suffered from lack of protection by the state. The political and economic framework in the post-war decade in Germany did not favour utility vehicles at all. The bureaucrats in the state-owned railway, the Reichsbahn, were aware that there was an emerging conflict of traffic systems. They tried to curb the road transport competition by a bundle of measures, e.g. restricted licensing of private trucks or regulating road transport tariffs by linking them closely to rail freight tariffs. All this should have discouraged shop owners or small transport companies, haulage contractors or removal firms to buy trucks and to switch over to motorized road transport.

In the early post-war years there were particularly heavy problems. Interdictions to operate vehicles or to drive, limitations in fuel supply, lack of spare parts or rubber tires hampered motor vehicles. Bureaucratic licensing regulations were obstacles for private and company cars for years to come[2]. Last but not least political turbulences leading to restricted mobility, requisitions, and roadblocks caused serious problems.

The motor industry, too, was not in a very good situation. Lack of demand due to the availability of former military vehicles, and to the dire economic situation discouraged the introduction of new constructions and models. Moreover, new, more efficient production methods had not been implemented by the manufacturers during the war because the military authorities bought the vehicles regardless of costs.

The sorry state of road traffic after the War and its main causes were summed up by W.F. Bradley, the German correspondent of the American journal “Automotive Industries” in 1920:

> “In the big provincial cities, such as Munich or Leipzig, it can be declared that the use of private automobiles is practically unknown [...]. The high initial cost of automobiles, the 15 per cent luxury tax on their purchase price, the heavy State taxes, the scarcity and the cost of gasoline and tires are in themselves sufficient to restrict the automobile movement without any Government decree”[3].

2 An example: “Die Regierungs- resp. Polizei-Präsidenten erteilen den Zulassungsschein erst nach Anhörung des Reichsverwertungsamtes, das seinerseits die Gesuche vom Standpunkte des rechtmäßigen Erwerbes aus prüft”, Allgemeine Automobil Zeitung 1919, p. 18.

3 Quoted by Heidrun Edelmann, Vom Luxusgegenstand zum Gebrauchsgut. Die Geschichte der Verbreitung von Personenkraftwagen in Deutschland (Frankfurt/Main 1989), p. 32.

Despite these odds there was a surprisingly high desire for cars after the war. Cars had a "high profile" in the post-war society. Judged by the number of articles and illustrations, of appearance in literature, films and the art, the public attention they attracted was very high. Cars were now seen much more positive than in the previous decades. The "Allgemeine Automobil Zeitung" stated in 1928: "[...] that the extraordinarily strong hate for cars which was common in Germany has vanished even in the smallest village [...]. The conviction it is necessary to drive has been taken for granted by the German people" ("[...] daß aus dem Volksbewußtsein der ehemals in Deutschland so außerordentlich starke Autohaß bis ins kleinste Dorf hinein verschwunden ist [...]. Die Überzeugung, daß man Auto fahren muß, ist auch fast ebenso selbstverständliches Gemeingut des gesamten deutschen Volkes geworden")[4].

There was not only a desire for cars but also a 'boom' of sorts after the war, though. Of course, the desire outstripped the volume of the actual market by far. An answer to the question why this "surplus demand" ("Nachfragereserve") was difficult to activate has to take into account the influence of factors as public discouragement, too. But the nominal number of people sharing a car dropped from 510 in 1921 to 100 in 1932[5]. This appears to be quite unlikely when the conditions are considered. There was an embryonic "motorization of the masses" – not based on motor cars, as in the United States, but on two-wheelers. This was a rather specific situation in Germany. Indeed, Germany was the country with the largest number of motorbikes in Europe, both absolutely, in sheer numbers, and relatively, related to the population figures. The typical mass vehicle was a light motor cycle, not because it was desired but because it was comparatively affordable – a 'deficit car' lacking protection and the capacity to transport a larger family but a typical "first time buyer's vehicle" fuelling the desire for a proper motor car.

The question is why this obvious desire for motor vehicles was able to overcome the odds I have briefly listed. The market was succeeding against obvious economic sensibility, too. The attraction factors would have to be rather strong to overcome all these adverse tendencies. It is to be explained why the mass desire for cars and the buying of motor transport, which seemed to be against all relevant economic and political factors, actually did happen at all.

Reasons why a technology or, in this case, a transport system is able to succeed against or to grow faster than its competitors are inevitably put forward by different academic fields. The most common view claims technological causes: A technology succeeds because it is simply better. This is hardly the case with motor vehicles in the Twenties; they were still uncomfortable, unreliable and not quite easy to drive for the less technologically minded. If economic or legislative causes are put forward – a technology is financially more efficient either for owners or for the national economy, or it is favored or even

4 Allgemeine Automobil Zeitung 1928, p. 8.
5 Cf. H.-C. v. Seherr-Thoss 1979, p. 634.

sponsored by the government –, in our case this obviously is not true, as we have seen. In fact, there was a certain pressure 'from below' towards the official decision makers changing their sceptical position. Official statements tried to play down the relevance of privately-owned vehicles (but recognizing the national importance of trucks), thus sharply contrasting with the public desire for them[6].

The theory a technology gets accepted because its advantages and attractions are better publicized or advertised may partly explain the desire for road vehicles but it is not entirely satisfactory. Nor is the idea of a conspiration in favour of road transport, e.g. by oil trusts[7] which were anyhow in Germany less strong than the "coal barons" ("Kohlebarone") supporting railroads. Politicians and technocrats in the position to decide in the Twenties were in their majority not in favour of individual motor vehicles.

Therefore, the explanations most commonly employed to give reasons for a success of a technology are quite unsatisfactory in this case. Historians working in one of these fields tend to stress causes related to their own special interests. But instead of isolating single causes, my main interest is to assess the influence of factors which are difficult if not impossible to quantify but which may contribute to answer the question why there was a preparedness to devote a large part of one's income to privately-owned mobility. This concerns mainly aspects of values, images, positive or negative ratings of objects. H. Edelmann attempts to list some of the conditions necessary to explain the transformation of cars into consumer products after the First World War[8]. Some of these conditions are rooted in decisions which are political (e.g. taxation politics) or economical (e.g. the introductions of the hire purchase system). But some of them concern questions of economic optimism or pessimism, or of individual purchase decisions. These questions can only be answered if the peculiar structure of the German society of the Weimar Republic is taken into account, a society characterized by trying to come to terms with the experience of the First World War. The desire for cars in Germany in the Twenties was a social phenomenon deeply rooted in the specifics of the post-war society. Car culture – this is my thesis – was closely linked with the war experience, the changes effected by the war, with the establishment or change of social values which increasingly favored motor cars. The structure of wishes was altered: Convenience and fascination brought a large part of society to recognize cars as a highly desirable means of transport and as a valuable investment and potential possession.

The question remains whether this change which is clearly observable has a subject. Were they established by social groups or individuals, was there an action program; were they

---

6 See H. Edelmann 1989, p. 29.

7 See the controversy about the theories of David Beasley, quoted by Clay McShane, Down the Asphalt Path. The Automobile and the American City (New York 1994), p. 98.

8 See H. Edelmann 1989, p. 15–16.

favored by a social "agent"? To avoid these complex discussions I would suggest to enquire into some aspects of the actual situation and its consequences, some of them intended, some not.

The Relevance of Cars

What seems to be most significant and not obvious at all: Cars were of particular importance to nearly every class and group in Germany after the War. Right from their introduction cars were not simply machines which could be regarded neutrally. They always had been instruments of distinction – the favored vehicles of flaneurs and dandies in turn-of-the-century Paris, the prestigious, powerful moving grandstands the Kaiser and his family used to exhibit themselves to the public, the dangerous epitome of Modernity and Velocity in races, the symbols of an emphatically new age to avantgarde artists and poets. But they were by no means mass products; they were definitely upper-class and elitist.

This was changed after the War. There were several parallel, even antagonistic car cultures evolving in Germany, reflecting the divided and increasingly antagonistic social structure of the Weimar Republic. The War and its violent aftermath convinced nearly every group of the particular relevance of road motorization. Cars were thought to be relevant to nearly everybody, though for different reasons. And of course, different types of vehicles were given different images and meanings. To list a few:

- surplus war trucks were employed to carry revolutionaries to remote areas in order to "agitate" rural folk, thus becoming transport vehicles of the impending Revolution, symbolizing revolutionary speed;
- "middle class" sedan cars were the desired sedential vehicles of the self-assured bourgeoisie;
- sports cars or open tourers linked images with the new media people. This was the pre-war image of the 'adventure car';
- high-powered luxury cars became the transport of the dashing upward-mobile class and of society women;
- heavy gentleman's motorcycles were vehicles to show off masculine, motor-related values;
- trucks and light goods vehicles were used in growing numbers even by smaller companies;
- the petit bourgeois utility car became the mainstay of the large class of craftsmen and small business owners;
- light motorcycles became the practical vehicles of extended range (both physically and socially) of the working class, enabling them to travel greater distances to work and leisure;

- last not least motor vehicles of all kind were the symbolic transport of the spirit of mechanization with which Conservative Revolutionaries intended to overthrow the bourgeois society.

I suggest to call this system of highly varied types and makes of motor vehicles conveying different images and status signs for different groups "class-related car cultures". Longing for these vehicles, owning them, driving them was therefore located in a complex political and social structure. Gender and politics were reflected in cars. Discussing cars, despising or favoring them, fitting them into the new types of cultural activities – like popular beauty contests ("Schönheitskonkurrenzen") for cars and women alike – loaded them with very different types of meaning. Car culture in the 1920s became a "symbolic field" where wider issues could be discussed. This cultural focus on cars, their symbolic significance in the Weimar Republic has not been explained properly yet.

I want to put forward some other reason for the preparedness of people, or even their longing, to accept this new device, to indulge in it, to use it, to own it, to spend a considerable part of their income on it even if it may be expensive or beyond the means of the family income. What fostered the transformation of technological objects into consumer goods? This transformation had, in my opinion, strong links with the First World War. The first question is: did the image of the car change during the War, and, if so, did this influence the later desire for car ownership? To answer the first question, we have to have a closer look at this event.

The First World War: The "Basic Catastrophe of the Twentieth Century" and Road Transport

The First World War was, in the words of D. Lloyd George, an "engineer's war"[9]: The first war in history where motorized road transport played a major role. In order to link car culture of the Twenties with the developments of the war, I suggest a brief look at the "syndrome" of the First World War, which had been called the "basic catastrophe of the Twentieth century" ("Urkatastrophe des 20. Jahrhunderts")[10].

In order to answer the question, we should look at two "archetypical" illustrations one can find in many pictorial histories of the war. The first shows a road with marching ranks of soldiers; a speeding staff car in the foreground. This picture is typical for the early period of the war, whereas later a different type of photograph is widely found: a supply road with a column of crowded trucks travelling up to the front, or several motor ambulances, perhaps even with "female drivers", often artillery pieces drawn by motor tractors.

---

9 Cf. Karl-Heinz Ludwig, Technik und Ingenieure im Dritten Reich (Königstein/Ts. 1979), p. 32.

10 Wolfgang Michalka (ed.), Der Erste Weltkrieg. Wirkung – Wahrnehmung – Analyse (München / Zürich 1994), p. 3.

These pictures illustrate the development of cars from singular staff vehicles to mass transport during the War: The speeding staff car became the symbol for arrogance and superiority of high officers, substituting the image of superiority of the horse-mounted officer over the marching privates[11]. The truck, however, transporting troops in cramped conditions acquired the image of "equality" war transport, probably symbolizing German "war socialism" ("Kriegssozialismus").

This early dualism between officer's cars and other rank's transport was evident in the German organization of transport, too. In the beginning of the war there were no staff vehicles incorporated in the army organization at all. From August 1914 members of the Kaiserliche Freiwillige Automobilkorps who volunteered – together with their vehicles and more often than not together with their paid drivers – were given a temporary officer's commission. Only from May 1915 they became formally enrolled in the officer's list and therefore officially part of the army[12].

Whereas the – mostly upper-class – staff car driver-owners retained partly their gentleman driver's image during the War, the army trucks were organized much more workmanlike. Even before the outbreak of hostilities each army was equipped with a "Kraftwagen-Kolonne", abbreviated "AKK" ("army lorry unit")[13]. At the beginning of the war there were 9.739 trucks enrolled in the army, together with 4.000 staff cars, ambulances, and motorcycles[14]. With the numbers of trucks increasing there were reorganization efforts leading on one hand to a more centralized structure headed by a "Feldkraftfahrchef" ("head of field motorized transport"). On the other hand, there were efforts to designating lorry units to ever smaller military structures as corps or divisions[15]. Finally, there were 236 "Divisions-Kraftfahr-Kolonnen". In November 1917 the German High Command assembled a number of units for their disposal in order to use them more effectively for troop transport and munitions supply for the coming attacks in the West[16]. At the end of the war there were 25.000 trucks, 12.000 staff cars, 3.200 motor ambulances and 5.400 despatch motorcycles registered in the German army[17].

Some time before the War a military programme to support cost and upkeep of private trucks in order to use them in wartime came into being. This program, supporting a special type of "Subventionslastkraftwagen" ("subsidized truck"), had been introduced in 1908, giving 4.000 Marks to persons or companies who bought trucks which fulfilled certain

11 See Paul Fussell, The Great War and Modern Memory (London 2000), chapter: The Enemy to the Rear, p. 82.
12 Cf. Militärgeschichtliches Forschungsamt (ed.), Deutsche Militärgeschichte in sechs Bänden 1648–1939 (Herrsching 1983), part 5, p. 262.
13 For its organizational structure see ibid.
14 Cf. H.-C. v. Seherr-Thoss 1979, p. 71.
15 For organizational history see Militärgeschichtliches Forschungsamt 1983, part 5, p. 263.
16 Cf. ibid.
17 Cf. H.-C. v. Seherr-Thoss 1979, p. 72.

requirements[18], and contributing 1.000 Marks annually for five years to their running costs. In 1908 there were 800.000 Marks allocated to this programme, one year later one Million Marks[19].

Quite often the first acquaintance of a soldier with the commodities of motorized transport may have taken place when he was wounded. It was quite likely that the first time a soldier was able to travel in a motor road vehicle was taking place when he had become a casualty. Motor ambulances were by 1916 on the Western Front the regular means of transport from the First Aid posts to the casualty clearing stations, ambulance trains taking over the transport of the wounded soldiers further to the rear. Other opportunities for the common German private soldier to get in contact with internal combustion vehicles included chapel trucks, mobile dental surgeries, de-lousing trucks or even motorized pigeon carriers. Apart from the ubiquitous four-ton "Subventionslastwagen", many specialized vehicles were built, among them mounted anti-aircraft guns, winch and gas trucks for observation balloons or water carriers. In 1914, "Armee-Fleisch-Kraftwagen-Kolonnen" (army meat motor car units) were put into service. Very important was the motorization of field artillery, the employment of prime movers (called "Kraftzug"). This field of motorization became increasingly important when, in 1918, the battles demanded more mobile guns able to follow speedily the advancing troops.

Thus, during the duration of the war motor transport became much more prominent. The soldiers of the mass armies became increasingly exposed to motor vehicles of any kind. Thus, the image was changing from a sports and upper class leisure vehicle to a true utility one. The contemporary German textbook on technology in the War praises motorized transport: "Unceasingly up to the end of the war motorized transport units were increased in numbers. For every bigger operation they were made available. In all operations, in the big attacks and during the defense battles they have done extraordinarily well everywhere" ("Unausgesetzt bis Kriegsschluß wurden die Kraftfahrverbände vermehrt; zu allen großen Operationen wurden sie planmäßig bereitgestellt. Bei allen Operationen und bei den Großangriffen und den Abwehrschlachten haben sie überall vorzügliches geleistet")[20].

In hindsight this optimistic semi-official view has to be put into perspective. What Germany certainly lacked was the early efforts British and French engineers made to improve the cross-country ability of vehicles and to put them into mass production. German manufacturers never built more than a handful of tracked supply vehicles. As it is widely

18 E.g. the capacity to carry 4000 kgs, a minimum speed of 16 kph (or 12 kph when fitted with iron tyres, minimum power output 30 hp, climbing ability 1:8. See Hans-Otto Neubauer / Michael Wessel, Die Automobile der Benzstadt Gaggenau (Hamburg 1987), p. 76. See also (for dimensions) H.-C. v. Seherr-Thoss 1979, p. 38.

19 Cf. ibid., p. 69.

20 Max Schwarte (ed.), Die Technik im Weltkriege (Berlin 1920), p. 223.

known, by 1918 the German army had a tank designed by a consortium – the A7V vehicle –, but only 23 of it were actually built. German armored units of the last few months of the war used primarily captured British tanks. Armored cars had been developed by Germany but they, too, were built in small numbers only.

This points to a possibly weighty objection against the theory of the importance of motor transport in the First World War: the comparatively small numbers actually used by the German army. But soldiers – and the rest of the population, too – were exposed, actively and passively, to modern motor transport. A great number learned to drive trucks, staff cars, and dispatch motorcycles. In sheer numbers, in the stress German military authorities put on road transport, this was a very important factor. Interesting, too, is the 'public' image motor vehicles acquired: They were run by the military authorities and thus became linked with the centralized efforts of the government.

I do not entirely support the theory that Germany relied in a much greater extent than their enemies on narrow gauge railway networks to supply their trenches. This is only partially true. Despite being still mainly a war of soldier's boots, horse's hooves and rails, motor cars were present in particular at the focal points of fighting and action, thus possibly creating a greater impact on the people in contact with them during the "Großkämpfe" than their numbers would suggest. It is true that generally the soldiers marched into battle and were supplied by railways and horse-drawn wagons. But the internal combustion engine had on the battlefield and behind a very high profile: It was present where the action was, either as transport or as fighting vehicle. Many of the specifically new features of First World War warfare were connected with mechanized transport. Thus, a link was formed between the image of the "Materialschlacht" and the motor.

Even at the "home front" motor transport acquired a higher profile. Since civilians were exposed to motor vehicles to a much higher degree than before the war, many were looking at motor vehicles in a new way. This affected women, too. Seen superficially, there is no obvious reason why women's attitude towards cars would have been altered by the war. But there was: Women, too, were taking an active part in the "road transport revolution" of the First World War as the "total mobilization" progressed. They participated at both images, the "utilitarian" and the "prestigious". The last was represented by the female drivers of staff cars or ambulances of prestigious volunteer services, whose "adoption of a uniform became the sign of sought-after professional status"[21]. On the other end of the scale were women bus drivers or drivers of agricultural machinery, doing less glamourous, but very useful jobs. There were many women substituting called-up men in factories or public transport. In fact, in some cases they were preferred by factory management in order to keep them. Only too often men which were taught to drive with high cost were called up as soon as they had completed their driver's course. Women on the other

21 Diana Condell / Jean Liddiard, Working for Victory? Images of Women in the First World War 1914–1918 (London 1987), p. 26. See also illustration p. 48f.

hand could be kept by the companies or organizations without danger of being drafted immediately after learning to drive. The first woman with a lorry driver's license in the South German state of Baden was Maria Oberle, a country girl employed by the "Rheinische Gummiwaaren-Fabrik" in Mannheim to raise pigs for their workers' meat supply, but pressed or persuaded into driving school in 1916 in order to replace drafted drivers.

The symbolic value of the internal combustion engine must not be underrated, despite that German soldiers and civilians never linked national feelings directly with road transport during the war. The French were able to do so in two cases – the Paris taxis helping to win the Battle of the Marne in 1914 and the supply line during the defense of Verdun two years later, called "Voie Sacrée". The British, too, had their sentimental links with motor transport by travelling in drafted London double-decker busses, some of them retaining their original destination boards[22]. Similar symbolic elevations of cars and trucks were not present in the German mind in the post-war situation. But there was a brief 'car craze' at the very beginning of the war: the Germans expected French cars crossing their country transporting gold to Russia. They were eager to set up 'patriotic' road blocks: "Soon every single house, every small village felt they had to erect traffic obstacles" ("Schon fühlte sich jedes einsam stehende Haus, jedes Dörfchen [...] veranlaßt, auf ihren Straßen Verkehrshindernisse zu errichten")[23].

But not only the society's attitude towards motor transport did change. During the war the organization of road transport was transformed. In fact, the system of road transport evolved. The growing number of road vehicles demanded urgently an efficient organization, traffic regulation and an infrastructure of repair and relais facilities. In order to cope with the dense traffic on most of the supply roads, new ways to organize it had to be found. Indeed, behind the German Western Front from about 1916 the components of an elaborate road traffic system were established: for instance, traffic signs, organized road police, repair facilities and gasoline refill points were introduced in a big way, though not as radically as the French Army did. This organization became a model for the post-war road traffic. Of course, the first elements of these system components existed before the war, e.g. road signs, but these had been organized only locally. During the war the system was 'streamlined' and centralized. Together with production and engineering developments (which will be dealt with later) a big step was done towards transforming motor vehicles into potentially very efficient mass transport.

The lasting impact of the war, thus, can be summed up as follows: It could be described as a process of familiarization of a whole society with motor road transport on a large scale; as an enterprise of improving and popularizing an elitist product; widespread fa-

22 See Chris Ellis, Military Transport of World War I including Vintage Vehicles and Post War Models (London 1970), illustration no. 26.
23 Allgemeine Deutsche Automobilzeitung, no. 8, February 1916, p. 9.

miliarization of the population with cars; linking motor vehicles and the internal combustion engine with the epitome of a technological war; of transforming cars from niche vehicles to a standard road transport system; giving cars its share within the effort of a whole society to win the war. These were the technical, social and ideological prerequisites for the image of motor vehicles in the post-war society, thus creating the condition for a potentially limitless vehicle market.

The Consequences of the War: Technology and System

Military transport was conspicuously present in the post war years in Germany: Many military cars and trucks were pressed into civilian use. As a result, there was a devaluation of cars and especially trucks in the immediate post-war period. Army surplus vehicles were abundant, being sold by a state-owned company. Some were de-mobbed not quite legally, finding their way into not too likely places, for instance into remote rural areas. The reason was, they were left or sold cheaply on the "black market" when the German Army retreated and lost discipline. Erwin Blumenfeld, a drafted "Krafter" in the war, recalls such an episode after crossing the garlanded Rhine bridge at Cologne: "My crate was limping miserably on two cylinders through the icy German regions until the fuel was spent and I was able to flog her near Kassel to a farmer for one hundred and fifty marks" ("Meine Karre hinkte kläglich auf zwei Zylindern durch die vereisten deutschen Gaue, bis das Benzol aufgebraucht war und ich sie kurz vor Kassel für hundertfünfzig Mark an einen Bauern verpatzte")[24].

The German industry, its engineers and its products, were influenced by the war. Many engineers who worked for military establishments were looking for civilian applications which were often found in the motor industry. Likewise, manufacturers often desperately tried to stay in business in order to survive after the war. It is conspicuous that companies which played a major role in the German war effort – e.g. Mauser or Krupp – and engineers in the field of defense – e.g. Grade – launched itself in constructing and building people's vehicles. The tiny Krupp scooter and the Mauser Einspurauto (basically a large motorcycle with an enclosed body) tried to establish themselves on the market of "affordable" two-wheeled road vehicles. The airship construction and manufacturing company of Schütte-Lanz in Mannheim launched a line of light wooden car bodies fitting different manufacturer's chassis of small cars. The civilian car market was seen as the obvious replacement for the previously unlimited military demand.

Some of these attempts immediately after the end of the war had a refreshingly innovative approach to the technical problems of an affordable vehicle. It seems a lot of military technology know-how was put into this, and a military engineer's attitude to "get things done" prevailed. Moreover, the war speeded up the process of norming and simplifying

24 Erwin Blumenfeld, Durch tausendjährige Zeit. Erinnerungen (München 1976), p. 209.

parts as well as cutting down the number of vehicle types. Thus new, war-influenced products were emerging to serve the new equally war-influenced markets.

But this did not last. A number of reasons combined to stall the attempt at marketing popular post-war road vehicles. As mentioned earlier, there were a number of adverse factors. Probably the most significant one was the purchase price. This has been linked to the War, too: The manufacturers, pampered by the military authorities who had paid nearly any price failed to introduce more efficient production methods. Only in the late Twenties new products and new ways to build them were introduced. The assembly line, symbol of the new way of mass-production, was introduced in Germany in the second half of 1920s not only for the production of passenger cars but for agricultural tractors, notably by the company of Lanz in 1926.

The authorities, too, were not consistent in digesting the War experience. Immediately after the Armistice, official German statements made clear that the motor vehicle had to gain importance. Considering that "[...] the sign of the times demanded peremptorily the use of motive powers" ("[...] die Zeitumstände gebieterisch auf die Verwendung motorischer Kräfte [wiesen]")[25], suggestions for an efficient traffic organization of the future were submitted immediately after the war by the Prussian War Ministry. In a memorandum it was suggested to establish an "imperial office" ("Reichsamt") in order to centralize and improve the organization of road traffic[26]. Thus, an attempt was made to apply the war experiences of organizing car and truck traffic behind the front and in the Fatherland to the future post-war traffic. The system of motorized traffic which had developed during the War was seen as a role model for an efficient centralized civilian system. Despite the fact that most of the suggestions the War Ministry made were turned down or implemented only much later, the need to streamline the new war-born transport system was seen clearly by central authorities in Germany.

The structure of the market was influenced by the War experience, too. The numerous specialized types and uses of road vehicles paved the way for widespread civilian applications. During the war road vehicles had demonstrated their multitude of service uses. This versatility was exploited and built upon after the war.

For instance, the "Kleinauto", the small car, was developed and used during the war in growing numbers due to being practical and easy on Germany's precariously dwindling resources[27]. Experiences with the small car prepared the engineers (and the potential users) for the construction and manufacture of a small popular car of the Twenties. There was little doubt that a "people's car" had to be simple and cheap. Its shape and the technological or constructive solutions employed were worked out during the War. But it was

25 VDI-Zeitschrift 1919, quoted by H. Edelmann 1989, p. 29.
26 Cf. ibid., p. 28–29.
27 M. Schwarte 1920 pointed this out: see p. 237.

by no means clear which solution would be the best – sizing down an ordinary car, introducing cheaper production methods or materials, or new technological solutions like the Mauser Einspurauto.

An important factor for increased popularity was the improved reliability of cars and bikes. They achieved a much higher degree of practicability in wartime, being easier to use and much less prone to breakdowns. Self-starters, automatic ignition timing advances and other devices enabled even less mechanically minded drivers to use them. This was – at least in Germany – to some degree counterbalanced by the decreasing quality of components, e.g. of tires, by the increased use of "substitute material" and by low-grade petrol. To cope with these limitations German engineers had to fall back on solutions which gave them – up to a point – a technological advantage. But in general, the war transformed motor cars from "adventure vehicles" to practical and increasingly reliable means of transport, providing them with "user-friendliness" indispensable for use by ordinary people.

The Consequences of the War: Mentalities and Markets

The two antagonistic images of road transport we have identified for the early war – the "elitist" and the "utility" vehicle – were still prevailing in the first half of the decade. But these images were fractioned to a high degree, thus forming the "class-related car cultures" of the Weimar period which I have described before. There were, of course, many social factors contributing to the rise of car culture in the Twenties. Wolfgang Sachs has pointed out that, for instance, the acceptance of cars by women had played a major role[28]. But many of the social developments favoring motor vehicles can be traced back directly to the modernization drive caused by the First World War, for instance the appearance of the drivers.

A glimpse at the figure of the "Herrenfahrer" or even at the first-time motorcycle owner of the Twenties reveals another type of link with the war: Usually they look like fighter pilots. (This is a qualitative argument: a question of style, images, even physiognomy.) When looking at photographs of the Twenties, even worthy family men on low-powered light motorbikes look (and maybe feel) like fighter aces of public fame. They are clad in jackets, helmets and boots which look quite similar to the garb of pilots known from photographs which were widely publicized during the war in order to supply the public with popular heroes[29]. Of course, there are pragmatic reasons: the availability of clothing, boots, helmets and goggles from wartime stock. These surplus items were sold cheaply

28 See Wolfgang Sachs, Die Liebe zum Automobil. Ein Rückblick in die Geschichte unserer Wünsche (Reinbek b. Hamburg 1984), p. 51–55.

29 This is especially true in Germany where cheap editions of biographies or autobiographies of fighter pilots sold extraordinarily well. For instance, of Manfred von Richthofens Der rote Kampfflieger (1917) 526.000 copies were sold before 1920.

in huge quantities after the war. But one cannot doubt that quite a number of the motorcycle owners clearly did style themselves after the powerful leading image of war pilots. There often is a marked contrast to the look of their wives and children riding pillion which usually use their ordinary garb.

This points to an important incentive for men's desire for motor transport: By buying and driving even a down-market motor vehicle it may have been possible to participate at a strong and powerful social image which gained importance during the War. A pattern which is only too familiar today evolves: By shopping for a prestigious if sometimes not entirely practical product the buyer participates at its desirable image – in this case at an image which was standing out very much in the German society, as the numerous editions of books on or by fighter aces can easily prove. The companies offering their products reacted to this by styling their cars like fuselages of airplanes, and designing petrol tanks even of small utility bikes like the between-wing tanks of fighter biplanes.

Another powerful image of motor transport in the 1920s is linked with agitation and collective aggression, an image projected for instance by the Futurists before the War, notably by Filippo Tommaso Marinetti. After the War in Germany to the aggressive image of speed was added a component of collectivity. A typical sight in the troubled post war years on the brink of civil war was a troupe of soldiers, revolutionaries or militiamen, crowded on a speeding truck, flags waving above[30]. This image of a type of "public" transport was not limited to the Left, being used by Reichswehr troops and by the revolutionary Right alike. Obviously, it was influential, linking revolution, aggression, collectivity and the internal combustion engine, thus forming a typical Twenties image of "modernity". This type of agitation where road vehicles supported new forms of political mobilization of the masses foreshadowed their later use in the 1930s.

This linking of people's cars with social conflict, aggression and the conflict between the world of technology and the pastoral is reflected in art and literature, too. A striking example is the hunt for automobiles in Hermann Hesse's "Steppenwolf" (1927). In this episode car culture and war are brought closely together. Cars become an allegory for the conflict between man and technology in general: "The battle between people and machines, long prepared, long expected, long feared, was starting now" ("[...] es war der Kampf zwischen Menschen und Maschinen, lang vorbereitet, lang erwartet, lang gefürchtet, nun endlich zum Ausbruch gekommen")[31]. The conversation between one of the car hunters and a victim thus links a forced speed limit with the destruction of cars representing aggressive machinery: "'Why did you shoot at us?' 'Because you went too fast'. 'We drove with normal speed'. 'What was normal yesterday is not normal today, Mr. Attorney. We think today any kind of speed a car has is too fast. We destroy all cars now, and all other machines, too'." ("'Warum haben Sie denn auf uns geschossen?' 'Wegen zu

30 A typical event of a "revolutionary lorry corps" agitating villages in 1919 is told by Erich Knauf, Ca ira. Reportagen-Roman (Berlin 1930).

31 Hermann Hesse, Der Steppenwolf (Frankfurt/Main 57–76 thousand 1971), p. 196.

schnellen Fahrens'. 'Wir sind mit normaler Geschwindigkeit gefahren'. 'Was gestern normal war, ist es heute nicht mehr, Herr Oberstaatsanwalt. Wir sind heute der Meinung, es sei jegliche Geschwindigkeit, mit welcher ein Auto fahren möge, zu groß. Wir machen die Autos jetzt kaputt, alle, und die anderen Maschinen auch'")[32].

The literary treatment in the "Steppenwolf" of the old and significant cultural debate in Germany, the debate on the value of technology and machinery, acquires a distinctive bend towards (civil) war and towards cars. This combination is rather typical for the Twenties. Motorized traffic is the new symbolic field where this old debate is now acted out. And the First World War obviously has broken down the limits of violence they are acted out with.

In acquiring and driving a motor vehicle the owner made an affirmative statement about his position in the social debate on the role of technology. The growing desire and the growing market for cars thus reflected a change of the society which increasingly attempted to reconcile technology and culture, resulting in a vague modernism.

These war- and aggression-dominated images of two-wheelers and trucks contrasted sharply with other, similar powerful images which were much more peaceful: the car as a democratic vehicle, the very epitome of equality, of the broad participation of all people at the modern mechanically dominated culture. Of course, this image was acquired from the mass car culture in America, the utopia of mass car ownership.

This alleged classlessness of cars in the United States, notably of the Ford T model, was discussed widely in Germany around 1925 in the context of the "Fordismus"- and "Amerikanismus"-debate. I think this image may have appealed especially to technocrats who hoped also to get, as the situation in the United States was perceived, into a circle of production-consumer economy: high productivity leading to high wages, thus enlarging spending power and buying of products, therefore increasing demand which would trigger investment in better production methods. The crucial role of cars in this "spiral of wealth" was easily identified and lend itself to imitation. The Left, too, was quite attracted by this idea of the car as an agent for social change[33].

The German public, though, was not entirely enthusiastic about American mass consumerism fueled by cars. In particular the idea of a basic, 'classless' car was not too appealing. The German society after the war was definitely a class society, and it was rather willing to mirror and to project its divisions and rifts in its transport, creating a very segmented market. In fact, German car manufacturers emphasized proudly the elitist and "tooled" character of their cars, denouncing American mass fabrication and system of spare part

32 Ibid., p. 201.

33 "[...] das revolutionäre Automobil wird der Sache der revolutionären Arbeiterklasse dienen" ("[...] the revolutionary car will serve the revolutionary worker's class") Metallarbeiter-Zeitung 1930, quoted by W. Sachs 1984, p. 58.

distribution[34]. The adoption of "Fordist" division of labor methods and the tentative adoption of assembly lines by German manufacturers in the Twenties did not immediately lead to cheaper motor cars. "Fordism" took some time to catch on in Germany, despite intense discussions. Even the "mass produced cars" never had a classless image comparable to the Ford T model. To make cars or motorbikes available to 'the masses' did in Germany not mean to provide a standardized car or motorbike with an "subsistence level" image and common styling or color scheme.

What was altered during the war: the process of raising the motor vehicle into an accepted, culturally highly acclaimed object, which had begun even before the War, went even further. The pre-war years had seen cars elevated from parvenu vehicles, from the means of transportation of the chic counter-culture flaneur to the heights of Superior/Highest acclaim. The Kaiser, and notably his son, Prince Heinrich, promoted cars to be accepted and even patriotic. In the Twenties, cars became the means of distinction for the upper classes, perhaps the most prestigious object to own and to show off with. But it was supplemented by the more 'democratic' image of mass ownership.

There was an emergence of new values after the war: a more hedonistic approach to life; a wider mobility range of wider strata of the population; an inclination to holidays in more distant places. This, too, has been linked to the influence of the war[35]. The new type of tourism had a strong link with motor vehicles which not only provided a convenient means of transport but sometimes already a mobile "home away from home"[36]. There was an increasingly strong incentive to use motor vehicles to increase mobility in order to satisfy the new desire for leisure, travel and trips. It can be said that during the war a large part of the German population developed a taste for this mobility and for the mechanical means to satisfy it. Of course, there were antecedents: individual mobility was possible much earlier by riding a bicycle. It has been observed that many qualities attributed to the motor vehicle – e.g. individual mobility, a surplus of fun apart from crude transport function, and increased range for trips and holidays – had been attributed to bicycles at least some decades earlier.

This points to an important development after the war: There was increased readiness to spend money on individual mobility which became a value in itself. To buy a motor vehicle was a decision often without regard to or independent from rational arguments or financially rewarding advantages. Longing for a car is one thing, another the decision to buy one if it is expensive and can hardly be afforded. It may well have been that, let us say, for a judge's family the railway would have been the more obvious, and certainly the cheaper way to satisfy their mobility needs. The primary function of cars and motorbikes may not have been competitive yet to other means of transport. But motor vehicles had

34 Carl Benz, Lebensfahrt eines deutschen Erfinders (Leipzig, 22.–26. thousand 1936), p. 113–114.
35 Cf. Paul Fussell, Abroad. British Literary Traveling Between the Wars (New York 1980), passim.
36 See for example the article "Wochenende des Kraftfahrers", Motor, May 1927.

some big advantages: Besides being more convenient, their qualification as status symbols was much higher. Cars provided their owners not only with a more individualized if more expensive means of transport but with an object to demonstrate and showing their real or claimed social position.

This 'surplus' is not to be underestimated in a social climate where status could be taken less for granted than in previous decades. The class-related vehicle cultures of the Weimar Republic were fast becoming means of distinction. And this was not an upper-class phenomenon any more. Along with the intense discussions of the demand for a popular vehicle in which practical points were stressed – its suitability as an affordable transport vehicle was the main point – the increased significance of the secondary functions of motor vehicles became visible. Thus, by transforming cars into consumer objects the modern pattern of consumerism was evolving.

Since the desire for cars filtered down, car ownership in the German middle classes became something to demonstrate one's upward mobility, to take part in an accepted game of distinction, of assessing one's role in society, to find an accepted means of demonstrating one's status. This happened in a society where these values became increasingly important and where its dynamics were reflected in its means of transport. Motor vehicle ownership became a suitable symbolic field for the society, task cars had not been able to fulfill in the pre-war area because ownership and (realistic) desire for cars were much more limited.

Often advertisements or PR is regarded as the main contributing factor for the selling of cars. But the reason for the spreading of car ownership is only partly due to advertisements which themselves play with the images and cultural values. At its core this aims at the question how social values – which in the twentieth century increasingly tend to become economic values, which again translate as spending power – are implemented and how the balance between them is altered. To spend a smaller proportion of the family income for housing and a greater for individual motorized mobility tells a lot about changing values.

To sum up, these were the factors in the Twenties: Motor vehicles were further transformed from sports into multi-purpose transport and utility vehicles; their sheer quantity increased manifold; forms of organization developed during the war were introduced; a "people's car" was demanded publicly to which the industry reacted with new war-related constructions and production methods. The diversified markets reflected a diversified society.

The Consequences of the War: The Next War

Road motorization and the vehicle market played a role, too, in the vigorous post-war debate of the causes for the German defeat. There were discussions on the question how traditional soldierly values and technology-related to each other. In this debate about the role of technology in the lost war, a minority claimed that in depending too much on "material" – i.e. artillery, weapons technology and mechanical transport – the qualities of the soldier necessarily had to decline. But in contrast to this another group maintained that one of the reasons of Germany's defeat in the Great War was the lack of technology brought into action, or an insufficient "war labor mobilization" of the society. The degree of total mobilization – a famous term coined by Ernst Jünger – of Germany was estimated to have been too low. Influential books like M. Schwarte's "Die Technik im Weltkriege" (1920) pointed out that the German authorities severely underestimated the role of technology in war, simultaneously praising the achievements of German engineers. No wonder that road transport played an important role in these debates: The overwhelming force not only of the Entente's industrialized weapons but also of her superior development and production of road vehicles was blamed for Germany's defeat.

There was a theory which was widely discussed in the early 1920s: that the lack of trucks hampered the German advance in the Spring offensives of 1918. Some military authorities blamed the failure of what was expected to be a pre-Blitzkrieg concept to the missing motorization. To put things right, a group of younger German officers tried to exploit the potentialities of the motor car. Especially the concepts of Heinz Guderian – later the leader of the Panzer armies of the actual Blitzkrieg period of 1939–1941 – aimed at a mobile army, developing motorized transport from supply duties to a fully mechanized army. He agreed with British military writers who emphasized motorized warfare, praising them for putting the tank "in the midst of the developing motorization of our epoch, therefore becoming the pathfinders of a new type of warfare in a big way" ("mitten in die entstehende Motorisierung unserer Epoche hinein und wurden so die Bahnbrecher einer neuartigen Kriegführung großen Stils"[37]). In his article "Bewegliche Truppenkörper" ("Mobile troop units") written in 1927 Guderian linked directly the necessity of a motorized army with the general trend of mechanization and motorization of his society: "Never in living memory the prospects of mobility were so good as today in the age of the motor and the radio; the achievements of technology force themselves on the soldier" ("Noch nie seit Menschengedenken hat aber die Beweglichkeit solche Aussichten gehabt, wie jetzt im Zeitalter des Motors und des Radio; die Errungenschaften der Technik zwingen sich gradezu dem Soldaten auf"). Guderian demands a "[...] full use of the rich technological supplies of our time" ("[...] voll[e] Ausnutzung der reichen technischen Hilfsquellen unserer Zeit")[38]. By this statement the military relevance of mass motor vehicle

37 Militärgeschichtliches Forschungsamt 1983, part 9, p. 575.
38 Ibid., p. 578.

ownership is made plain. The discussion about a potential mass market for mechanized vehicles in the early 1920s therefore begins to acquire a military edge.

The importance of specialized supply roads was recognized by these progressive German officers, too. In an article of 1925 describing "The artery of Verdun" ("Die Lebensader Verduns"), Heinz Guderian observed that the Voie Sacrée mentioned above had two separated roadways already in 1916 in order to improve its carrying capacity. He drew his conclusion from studying this archetypical First World War supply road[39]. The lesson for the German road building program was learned: The "Autobahn" had two separated roadways, too.

In a broader sense, an influential post-war concept was the attempt to reconciliate the traditional German soldierly values with technology. This concept was, for instance, brought forward by Ernst Jünger who stated that the tentative use of technology in the War was a mistake and that in a next war technology would have to play an important part. Thus, the new concept of the soldier slowly began to include a vigorous adaption of technology. Jünger decreed that the modern type of mechanical warrior – in his case a fighter pilot – would have to have a "cool head on top of a hot heart", and that within the turmoil of fight a concerned glimpse at the dial gauges and control instruments would be equally essential for the new elitist mechanized soldier[40]. This thinking attempted to combine mechanization and the "motor" with the desirable qualities of the modern warrior, reflecting the general tendency of the society of the Twenties to reconcile technology and culture.

In a way this type of digesting the war experience fitted into a tendency which, too, started before the war: To see mechanization – and especially motor vehicles – not as a thread to traditional values of "Germanness" but as a means to enhance them and to project them even more successfully in times of crisis. But the specific German type of aggressive right-wing motorization concept which proved to be fatal later evolved, as we have seen, quite early. It was by no means an original NS concept but it fitted well into the German rearmament program which was in full swing by 1935. The National Socialist government reversed the policy of public discouragement of road transport which prevailed to a higher or lesser degree throughout the Weimar Republic, reacting to and exploiting a broad social trend.

The ongoing debate on mechanization and war made clear to a number of younger officers of the Reichswehr that the German people would have to be "conditioned" for the use of technological weapons and for driving and maintaining motor vehicles, too. The famil-

---

39 Cf. Friedrich Kittler, Auto Bahnen, in Wolfgang Emmerich / Carl Wege (eds.), Der Technikdiskurs in der Hitler-Stalin-Ära (Stuttgart / Weimar 1995), p. 114–122, p. 119. Available at https://doi.org/10.1007/978-3-476-03599-8_7.

40 Ernst Jünger, Werke. vol. 1, Tagebücher 1 (Stuttgart n.d.), p. 369.

iarization with communication technology, planes, and especially with cars and motorbikes would thus fit into Germany's attempts to be better prepared for the next war which was expected to be inevitable in order to revise the "disgrace of Versailles". Military thinking was increasingly convinced that these systemic factors combined would be contributing to a more successful future war effort. Militarization and motorization of a society thus could become synonymous.

In this frame of thinking it is clear that not only a "motor-minded" population but also a strong and self-reliant car industry would be necessary. Strong export power and the ability to fulfil the mechanized transport requirements of the army in a future war were therefore regarded as essential. This contrasted with the realities of the German car market in the Twenties in which imported cars had a strong market share, not only due to lower customs duties from 1926 but also due to their better value and often more practical layout. The "buy German" campaign and the numerous articles in motor journals on this topic had the desired autarky in mind which was a main target of German economical politics. Not only a mass motor market but a dominance of German manufacturers was therefore considered to be desirable.

But we have to be cautious: It is difficult to assess the influencing power of these ideas on the actual attitude towards cars and to the car market. The military reason for supporting car consumerism can be gauged only indirectly. It is, for instance, a matter of debate whether the later Nazi motorization program was fueled primarily by the needs of the military authorities. Without settling the matter, it seems to fit well into the opinion voiced earlier by "progressive" German officers that a 'military mass motorization' would be the prerequisite for the preparation of the next war. Back in the Twenties, the leader of the National Socialist motor units, Adolf Hühnlein, claimed that the motorization of the German people was a major factor in the modernization of the German army[41]. The crucial role of a technological solution was stressed in "Die Reichsautobahn": "Motorization in a large scale as attempted by the Government is only feasible if the industry is able to produce cars with price tags and running costs can match the wages of lower income classes" ("Motorisierung in großem Umfange, wie sie von der Regierung angestrebt wird, ist nur möglich, wenn es der Industrie gelingt, Fahrzeuge herzustellen, deren Anschaffungspreis und Unterhaltskosten den Einkommensverhältnissen auch der breiteren Volksschichten entsprechen")[42]. Thus, support of consumerism in the field of vehicles had for National Socialist leaders, too, a very real military background, learned from the lessons of the last war.

But it is not without problems to see the German motorization concept of the 1930s exclusively as an initiative to create identity between the masses and the NS regime with the help of an attractive and desired mass consumer object. Hitler, in the Thirties, was

41 Cf. K.-H. Ludwig 1979, p. 315.
42 Die Reichsautobahnen fördern das deutsche Volksautomobil, in Die Reichsautobahn 1934, p. 21.

able to play on the motor-mindedness developed after the First War. An exploitation of this existing desire for car ownership for political aims may have been of importance, a process which could be described as 'formatting of consumer desire'. Symbolic modernization, genuine fascination of leading Nazi politicians by cars, an economic and production technology boost for Germany's industry also has to be taken into account.

Hitler himself set the pace by his personal example – he was very often seen in a car – and by butting in his appearance and a weighty speech at the 1933 International Car Exhibition. Here he outlined his program of furthering car ownership. Tax exemption policies, abandoning general speed limits, later an extensive road building program generated a systemic approach to an all-out promotion of road transport. Among these components of the systemic approach of the NS motorization program the building of the "Autobahn" web has had the widest coverage by scholars. The debate about its widely differing aims – aesthetic, military, political, or economic – is still going on[43]. The "NSKK", a motor subgroup of the NS party complemented from 1934 intended Volkswagen by combining mass road education with military training.

In this systemic context the decision to go ahead with the Volkswagen program has to be placed. Apart from the Autobahn building program, the idea of a true affordable people's car was introduced soon after the National Socialist party came to power. The purchase of the Volkswagen was organized by a savings program. "Fünf Mark die Woche mußt du sparen, willst du den eignen Wagen fahren" ("You have to save five marks a week to drive your own car") – this was the slogan to attract people to the new car which was designed by Ferdinand Porsche. The type of saving where gummed trading stamps had to be purchased and glued into a savings booklet resembled closely the discount system of the consumer cooperatives, a system Germans were familiar with. A huge plant near Fallersleben (today Wolfsburg) was built for the sole purpose of manufacturing the car. The Volkswagen – a name quite often used in the Twenties[44] and only in the form of "Deutscher Volkswagen" legally copyrighted for the actual vehicle – had the typical ambivalence and numerous additional functions cars always seem to have.

The direct military aim of the Volkswagen program, however, perhaps the largest single state-planned program of consumerism in Germany, should be judged carefully. It cannot be described as solely military as, for instance, E. Niekisch does: "The Volkswagen had to form a reserve of motorized vehicles the army could fall back on" ("Der Volkswagen sollte eine Reserve motorischer Fahrzeuge schaffen, auf welche das Heer zurückgreifen konnte")[45]. In my opinion the symbolic factor is quite important: A mass produced car for the "Volksgemeinschaft" fits well into the NS modernization drive, even if it may be

---

43 See Rainer Stommer (ed.), Reichsautobahn. Pyramiden des Dritten Reiches. Analysen zur Ästhetik eines unbewältigten Mythos (Marburg 1982).

44 See for example "Die Bestrebungen, einen billigen, preiswerten Wagen, einen sogenannten 'Volkswagen'...zu schaffen...", Der Motorwagen 1921, p. 591.

45 Ernst Niekisch, Das Reich der niederen Dämonen (Hamburg 1953), p. 143.

rationally problematic for a national economy severely constricted by lack of funds. The new popular car was not so much a base for a military vehicle as the vehicle for a "nation of drivers", of technically minded soldiers which, in the coming war, would avoid the mistakes of the last.

Despite being intended as a privately-owned vehicle, the Volkswagen, built and distributed by the State, was still linked with the War image of cars as public vehicles which I mentioned before. Thus, the designer of the Volkswagen, Ferdinand Porsche, constructed a people's tractor ("Volksschlepper") to motorize the German agriculture. Like the Volkswagen, the Volksschlepper was built in large numbers only after the Second World War. It proved a mainstay for West German farmers until the mid-1960s. An attempt to build a wooden jet-powered people's fighter ("Volksjäger") flown by glider-plane trained members of the "Flieger Hitler Jugend" proved highly unsuccessful. But the "Volks" concepts show clearly how heavily Germany relied on centralized introduction of motorization and not on the market.

By the Volkswagen project the German class-related car cultures came under thread from the totalitarian state, i.e. its attempt to close and to centralize the market. But it was in the Thirties only a program – throughout the decade many types persisted, and none of the tens of thousands of savers received a car. But the project fits into the tendency of the German state to take matters in hand, to organize the market. The Volkswagen was an attempt to close and to centralize the future mass market which itself had to be created and organized.

Opposition against this state project for a people's car was voiced by a couple of manufacturers. At the forefront of this opposition was significantly Opel, the General Motors owned manufacturer. These attempts to resist state intervention were partly motivated by the fear their own "people's car", the Kadett, would come under thread of unfair competition. They opposed the program also because they thought a car with the required features could not be produced for under 1000 Reichsmarks.

Of course, the direct pragmatic interest of the military authorities in the Volkswagen program was high. Their interest in calling up private cars for service must not be neglected. The concept of "Subventionslastwagen" which I have mentioned was still hovering in the minds of military authorities. The special situation of the German army, the severe restrictions placed upon them by the Versailles treaty, played a certain role: Under these restrictions a strong force of privately-owned transport to fall upon in a war thought to be inevitable was even more important. The Reichswehr planned from 1930 onwards to seize 100.000 cars in case of mobilization in order to transport 300.000 troops and their gear in two days from the eastern to the western border of the Reich[46].

---

46 Cf. K.-H. Ludwig 1979, p. 307.

Military transport vehicles of the Blitzkrieg era could be cynically described as "people's cars of the Forties" and, as it is known widely, indeed the Volkswagen itself had strong links with the war. The savers did not receive their desired product. Instead Ferdinand Porsche based on it a new construction called Kübelwagen, a utility and scout car using Volkswagen technology and the same motor. This military Volkswagen saw excessive service at all fronts from 1940. Thus, the military edge of the National Socialist motorization program became evident.

The new motor roads, too, were put into military use. As Bertolt Brecht says in his well-known poem from 1940, "On a Milepost of the Motor Roads: 'We who built this road/ Will drive on them only/ In tanks and trucks'" ("Auf einem Meilenstein der Autostraßen:/ Wir, die diese Straße gebaut haben/ Werden auf ihr fahren nur/ In Tanks und Lastwagen"[47].

To sum up: "Road-mindedness" and state-organized car ownership, the fascination by cars, the ability to drive of a large part of the population, a large market, well-built exclusive motor roads, and a good stock of motor vehicles which were potentially military usable were regarded as contributing to the prerequisites for Germany's next war. Luckily, this concept was not successful.

Postscript: The Post-War situation

It appears that many components of the unsuccessful National Socialist motorization programme became, in a completely different political situation, the base for the post-war West German motorization. Many of the motorization promises which were made emphatically in the 1930s were fulfilled two decades later. Around 1960 West Germans drove tens of thousands of Volkswagen on motorways which were built or planned by the National Socialists. The Federal Republic had become a "nation of drivers". At first sight the differences to the 1930s are obvious: The building roads and the car market were much less aesthetically and politically charged. The democratic Germany developed successfully and pragmatically her motorization.

But recently the theory of a de-politicized German post war car culture has been challenged. Dietmar Klenke interprets the "German national cult object and the specific aggressive and individualistic style of driving in the 1950s and 60s as a form of digesting the 'national catastrophe' of 1945". He claims that the potential of militarism linked up with the new liberalism to form a new style of motorization[48]. This, too, explains how cars could become so significant for the West German identity. The high importance of

47 Bertold Brecht, Gesammelte Werke in 20 Bänden. Band 9: Gedichte 2 (Zürich 1976), p. 736.

48 See Dietmar Klenke, "Freier Stau für freie Bürger". Die Geschichte der bundesdeutschen Verkehrspolitik 1949–1994 (Darmstadt 1995).

cars after the Second World War seems to be quite different from their importance during the Third Reich but clearly linked with it.

The Driver in the Machine

Changing Interiors of the Car

This article is based on a curious observation, namely that automobile historians have paid much more attention to the exterior of the car than to the interior. The technology of the car as a whole and the design of the body shell have been extensively researched,[1] whereas the passenger compartment has received little attention.[2] This seems inappropriate, since the interior is as highly designed as the exterior, but has some more significant features and functions. Explaining the development of the interior helps us to understand the attraction of motor vehicles as part of the road transport system. Moreover, a history of the interior helps to explain the history of the antisystemic image of cars which was important for the diffusion of individual road vehicles.

1 Recent texts have included: Gartmann, D, Auto Opium: A Social History of American Automobile Design (London, New York: 1994); Kieselbach, R, Vom Torpedo-Phaeton zur Ganzstahl-Limousine: Zur Geschichte des Auto-Designs, in Zeller, R (ed.), Das Automobil in der Kunst 1886–1986, exhibition catalogue (Munich: 1986), pp. 287–297; Möser, K, 'Autodesigner und Autonutzer im Konflikt: der Fall des Spoiler', in Schmid, G (ed.), Technik und Gesellschaft. Jahrbuch 10: Automobil und Automobilismus (Frankfurt am Main, New York: 1999), pp. 219–236.

2 See, for example, Ludvigsen, K E, 'A century of automobile comfort and convenience', Automotive Engineering, 103 (1995), pp. 27–34.

The automobile can be understood on the one hand as a part of the complex system of road transport, and on the other hand as an 'individual machine', which is comprised of several subsystems. The functions of the transport system and the images of their functions differ considerably, though. Driving a car in the traffic of today is to participate in a highly organised and regularised and therefore restricting system, whereas the ideas and desires of drivers mostly preserve an older image, derived from the European romantic movement, of 'lonely and free' driving. The interior of the car reflects clearly this discrepancy.

My approach tries to aim at functional development, not so much at the style and design of the interior. The dashboard and the 'cockpit', being part of the passenger's compartment, can be interpreted as a 'user surface' of a complex mobility machine. It is perhaps the most significant interface between man and a machine – certainly with a machine which is in the most widespread use and excites sentiments in a most extraordinary way. Unfortunately, the complete history of the interior and the 'sub-histories' of components and functional devices such as the gear sticks or the driver's seat have not been written yet. But I will attempt to outline briefly some significant changes in the interior of the car and in the relationship between driver, passenger and the 'speed machine'. I will concentrate my remarks on the German car culture, which in several respects is different from other European car cultures or from that in the United States. The German motoring culture caught on later and favoured different, generally smaller, types of cars.[3] Motorcycles were more common until the 1930s. Many developments pioneered by American manufacturers (e.g. powered windows) were adopted later, while some significant interior features were introduced in German models first.

It is obviously rather risky to span more than a century of development in a short text. This article should therefore be regarded as a summary of the issues to be explored in a future programme of scholarship. It could also be read as a sketch outlining the contents of an exhibition on the subject. Such a potential exhibition could offer a different view on automobiles. In most museums or exhibitions, these vehicles, representing the intersection in the relationship between the system of road transport and the user, are presented as integral objects like sculptures. Therefore, the focus is on their exterior (and often on their technology). By concentrating on the interior of cars, a rather neglected but nevertheless significant element of car culture would come into view.

3 See Möser, K, 'The First World War and the creation of desire for cars in Germany', in Strasser, S, McGovern, C and Judt, M (eds.), Getting and Spending: European and American Consumer Societies in the Twentieth Century (Washington DC: 1998), pp. 195–222. Available at https://doi.org/10.1017/CBO9781139052634.010.

Two separate functions of the driver: working a machine and driving on the road

In the early car – up to about 1910 – the tasks of controlling a machine and of driving a vehicle were clearly separated. Touring and racing cars especially were strictly 'two-person affairs'. The mechanic had to watch the gauges in order to scan the state of the engine. He had to work the lubrication system, to control or even maintain the pressure in the petrol tank, and he had to have an eye on the temperature of the water-cooling system. An early Austrian article refers to the driver being "scared about the oilers which must be actuated, small holes having to be greased, carburettor levers having to be handled".[4] The necessary variation of the ignition timing, which had to be done by hand, was a task often shared between driver and co-driver. The co-driver's main task was maintenance and repairs. Even 'Herrenfahrer', gentlemen drivers, usually had a mechanic with them. When touring, his presence was often felt. Eugen Diesel, the son of the inventor, reported in his book[5] "Autoreise" (1905) the complete dependence of the touring party on the mechanical ability, as well as on the mood, of the paid mechanic with whom they had to share their journey.

The driver himself was considered to be overtaxed by performing both the functions of driving and of controlling the machine. Often, he was neither qualified nor willing to act as his own mechanic. The early petrol car owners had to be wealthy persons who did not feel inclined to tinker with a complex, greasy and often dangerous mechanical device. The division of labour in the early motorcar is evident in the dashboard layout: the gauges were in the middle so they could be read by both persons.

In contrast, the rear part of the car interior was kept free of visible mechanics. This was space for the passengers who were supposed not to interfere with the mechanics or the driving at all. Here the 'creature comforts' (such passengers would expect) were fitted: upholstery was more opulent, fabrics prevailed instead of the more workmanlike leather, rugs were present and armrests were common. Since the bodywork of early cars was commissioned by coach makers, all the comfortable features which had been developed in the course of the nineteenth century were incorporated in the passenger compartments of motorcars too. To underestimate the standard of engineering in horse-drawn vehicles at the beginning of the twentieth century would be a mistake. State-of-the-art interiors of quality coaches were highly developed and gave their passengers a comfortable ride.

The passengers in the rear of the car had a view similar to the passengers in coaches. It was a panoramic view, looking at the landscape as it unfolds.[6] This view, which does not look directly onto the oncoming road, was sometimes aided by longitudinal seating for

4 Dr St, 'Kauf und Behandlung eines Automobils', Der Stein der Weisen, 28 (1902), p. 43.
5 Diesel, E, Autoreise 1905 (Stuttgart: 1941).
6 See Schivelbusch, W, Geschichte der Eisenbahnreise: Zur Industrialisierung von Raum und Zeit (Frankfurt am Main: 1977).

the passengers. The interior arrangement of early cars thus allowed two types of views to be established: whereas the driver and co-driver looked straight onto the road and into the landscape, the passengers in the rear seats viewed the landscape in a sideways fashion, preserving the older type of view associated with journeys by rail or by horse-drawn coach. Moreover, the early car had clearly separated interior spaces: there was a front-rear separation between driver(s) and passengers, and the front driving position was also split longitudinally into a driver's and a mechanic's 'workplace'.

One of the attractions of early electric cars, apart from their easy starting and driving, was the relative lack of the controls and mechanical devices which were so obtrusive in early petrol cars.[7] A driver of an electric car was able to concentrate his attention on driving, instead of on minding a machine. A contemporary German science-fiction writer, intent on identifying the most advanced road vehicle, saw this as a main attraction of electric cars, securing their future: "It will only require a short span of time until the intelligent mechanic will come down from the box of his petrol coach and give space to the simpler coachman, who will be able to steer his electric vehicle through the dense street traffic careless of the car mechanism."[8]

When taking a leap forward to the late-twentieth-century car, it is evident that Hans Dominik's early vision of 'de-mechanised', simple driving has come true – but in the form of the petrol car. One of the functions of early driving has more or less disappeared. Most of the engine's systems are now fully automatically actuated and require hardly any attention by the driver. She or he does not have to deal with ignition timing, lubrication or fuel-supply pressure any more. The driver has been relieved from the machinist's tasks and the driving function has properly been 'liberated'. A motorcar is no longer 'served', it is driven.

This development is typified by changes in the types of gauges fitted to cars. In general, two groups of gauges, serving different purposes, are evident: gauges for monitoring the 'driving machine', and gauges supporting proper driving. The car of the 1920s had many of the former – voltmeters and ammeters, oil pressure gauges and water thermometers. Experience and technical knowledge were required to interpret the gauges in order to judge the state of the engine and its auxiliary systems. Instruments to aid driving were almost non-existent until the 1920s: even speedometers were non-standard.

The grouping of these instruments was not standardised at first, indeed even today designers have a certain amount of freedom. Whereas the speedometer is commonly placed in a central position, some sports-car manufacturers, such as Porsche, place the revolution

7 See Mom, G, Geschiedenis van de Auto van Morgen: Cultuur en Techniek van de Elektrische Auto (Deventer: 1997).

8 Dominik, H in 1904, quoted by J Wachtel in the preface to Querschnitt durch frühe Automobilzeitschriften (Bern, Munich: n.d.), p. 11.

counter in this most prominent position, thus highlighting the dominant engine function of their cars.

But the common positioning of gauges on or in the dashboard is a later feature. In very early cars there were often only switches or oil-drip sight glasses directly connected with the innards of the engine, and pumps for maintaining pressure on the fuel tank. Speedometers found their place on the running boards, whereas temperature gauges were placed directly on top of the radiator, far in front of the driver but close to the mechanical components they were monitoring. This evidently is 'MS-DOS' compared with the 'Windows' of later dashboards, where there is an additional level of 'user-friendly' but indirect instrumentation.

Today there is a significant trend towards abolishing gauges altogether, or substituting them with warning lights. The trend towards digital monitoring which began in the late fifties – for example in the Citroën DS – can be interpreted only as an interlude. It has been put forward by various designers that digital gauges cannot compete with analogue instruments where ergonomics are concerned. The latter seem to be much more readable at a glance, whereas the driver has to 'convert' digital information. Today, the typical analogue meters, which had to be interpreted by experience and knowledge, have been supplanted by warning lights. These operate with a zero/one logic, i.e. they indicate 'normal status' or 'crisis'. Knowledge of how to interpret changes is no longer essential. If a crisis is shown – for example if the oil warning light shows – the driver is supposed to stop and bring in support systems. In several types of car built in the 1990s this was even taken one step further. The warning lights themselves were hidden in a darkened dashboard, showing only very briefly when the key was turned and the ignition switched on. Such hidden information on the status of the machine is brought to light only in an emergency, in the 'crisis' mode. Often the driver will only become aware of the existence of a warning system in such a situation. Because of the potential invisibility of malfunctions in modern cars, several new types of control and warning lights have been introduced in recent years, such as warning lights for the function of air bags or the lambda function for catalytic converters.

In contrast to the trend towards fewer gauges, new types of information-giving devices that support driving itself have become more common. Examples include trip computers informing the driver about fuel consumption, average speed or the external temperature. This trend began with the clock on the dashboard. Widespread use of electronic devices took on a new significance with the introduction of satellite-based global positioning systems (GPS) providing cars with navigation systems. So far the 'battle of the systems' has not led to a standard for car-based navigation systems; nearly every large manufacturer uses its own version. In general, though, a small screen in the middle of the dashboard has become a common feature in more expensive cars, and communication technology is now firmly established as a driver's support system. Such technology will certainly acquire more importance in the future, helping to combat some of the serious problems of contemporary driving: systemic difficulties which dominate the driving experience, such as congestion, can be detected, warnings issued and traffic rerouted.

In addition to these new guidance networks, private communication devices or cellular phones compete with specific in-car accessories as car mountings and open microphones are becoming more and more common. These communication sets tend to complement the transport function. Increasingly they are used to compensate for problems encountered while driving, for example to communicate that the user is stuck in a traffic jam and will be late. Communication devices have therefore established themselves as an indispensable part and as a necessary element of today's road transport. The consequence for the interior of the car is that it tends to acquire an 'office' character, becoming a new type of mobile workplace. New forms of crossovers between the 'work' of driving and other types of work have been established: truck drivers watch TV on tiny LCD screens, company car drivers receive fax messages, and the use of cellular phones has become ubiquitous.

All this began, of course, with car radios, which were introduced in the United States in 1926.[9] In Europe they have been in use since the 1930s, although here they met resistance because it was claimed that the necessary concentration of the driver would be at risk. This seems to be a general observation: the introduction of nearly every new feature which enhances the 'living-room' character of the car interior is opposed by persons trying to defend 'pure' driving. But the defenders could soon point at the new feature of 'traffic news', introduced in the United States in the 1950s, which broadcast information about traffic jams and other hazards to drivers, thus making the radio an element of improving road safety. This 'utilitarian' aspect of car radios has gradually been supplanted by their entertainment value, allowing drivers to create and enjoy their own artificial and private sound environment. Sound quality was greatly improved by the introduction of the FM band, and today's stereo in-car entertainment systems, integrating cassette and CD players with complex speaker set-ups, have become very elaborate. Yet another car-based subculture has been established.

Back to the aspect of working a machine: there are significant relics of this task left in modern cars. Obviously, there are more traces of it in sports cars than in family cars, and more in European cars than in American cars. Gear shifting is probably the most significant relic of the activity of machine operation, requiring considerable skill when shifting with a non-synchronised gearbox. To avoid the driver being distracted, this had to be done 'automatically', without thinking. From very early times, driving education attempted to teach this by making learners avoid looking at the gear-shift lever and instead shift by hearing. But since the 1930s, technical means to facilitate this task (e.g. synchronisation) have been introduced, even in Europe.

---

9 Cf. Bussien, R (ed.), Automobiltechnisches Handbuch, 14th edition (Berlin: 1941), p. 1231.

The trend towards automatic activation of all components – not only those of the engine – received a boost in the last decade.[10] Electrically operated windows, mirrors, door locks and seats have become a feature of even lower-priced cars. This stresses the tendency towards concentration on driving. The shift from working a driving machine to driving proper has often been explained by the fact that cars and their engines and subsystems have become more reliable. But this is only part of the picture.

Slow development of the interior: from open to enclosed car

Early cars were completely open – more or less. Even 'enclosed' bodies were open to the elements, and there were no side glass panels. The windscreen was not commonplace until 1905. From then on it was usually fitted as a standard feature, but it was either foldable or made in such a way that the top part could be tilted so the driver could peep through a slit. These ways of folding or tilting the windscreen were not only a necessary measure against the all-pervading road dust with which the windscreen quickly became coated. They were also a safety feature – there was no safety glass and in case of an accident the windscreen (or any glass) had better be safely out of the way of a passenger impact. Windscreen wipers to keep the glass clean when in place were introduced before the First World War; a patent (DRP 204343) on them had been taken by the Prussian Crown Prince Heinrich in 1908.[11]

Brake levers and gear sticks were outside and had to be operated by moving one's arm out of the interior. This was rather cumbersome when fixed body sides were present. In consequence, the gear-shift lever and brake moved in from the outside and into the middle of the driver's compartment. This seemed at first to be a reversal of the general trend towards keeping 'machine gear' out of the interior, but on the other hand it was consistent with the tendency to integrate all components in the driver's compartment.

Open touring automobiles gradually became less common after the First World War, and there were several types of design before a proper 'interior' was developed. The last stage was the sedan, named 'Innenlenker' (inner steerer) in Germany in the 1920s. Sometimes the driver would sit in the open, whereas his passengers enjoyed an enclosed body, as in the 'city cars' of the period. This idea had its counterpart in contemporary aeroplanes, e.g. the Junkers F13 of 1919. Thus, the separation between 'operator' and 'passenger' compartments was actually strengthened. Theories were put forward to justify this arrangement: it was said that in order to fly a plane one has to feel the slipstream, and the pilots had to be in contact with the air. As late as the Second World War some pilots preferred to fly their enclosed planes with hoods pushed back for reasons of 'feeling'. In

---

10 See Ludvigsen, K E, 'A century of automobile comfort and convenience', Automotive Engineereing, 103 (1995), pp. 27–34.

11 Cf. von Seherr-Thoss, H-C, Die deutsche Automobilindustrie: Eine Dokumentation von 1886 bis 1979, 2nd edition (Stuttgart: 1979), p. 37.

the case of road driving, similar claims have been made, but passengers, freed from all driving tasks requiring 'road contact', could enjoy an increasingly comfortable enclosed interior.

This process in which the car body became completely closed, which T.L.C. Rolt termed "probably the most striking phenomenon in the history of the motor trade",[12] initiated a redefinition of the car. The comfort of these types of vehicles (which became a "delightful living room on wheels", in the words of one 1920s commentator)[13] defied the idea that cars were rugged adventurous playthings. By acquiring the comforts of a mobile home, cars progressed towards being a truly practical means of transport, keeping their passengers warm and dry. The advent of the market for closed cars, an important step on the route from "adventure machine"[14] to transport vehicle, thus brought to an end the earliest motorcar era.

This leads to the question of the agents of change for the trends described. The reasons for the introduction of enclosed bodies – the "most significant design invention", as Virginia Scharff termed it[15] – are complex. There are certainly technical reasons, caused by the tendency to use pressed steel and monocoque bodies in order to facilitate mass production. Abolishing the use of wood, which was one of the factors limiting production on fast-moving assembly lines, played a part as well.

But more significant were the changing car culture and the changing demands of buyers and drivers. First regarded by contemporary engineers as typically being for women, closed bodies were soon bought by men too. There is a controversy about the gender issue of closed cars.[16] It has been argued that men declared closed cars to be 'women's cars', but nevertheless enjoyed the comfort they provided, while still upholding the older 'sporty' and 'virile' image of open tourers. The result was clear: coupés, saloons and other closed body styles soon took over the main share of the automobile market. But it has to be pointed out that open cars were and are coded in different ways in different car cultures. The US car culture was pioneering the trend, as it did in other features of car culture, but drivers in countries like Britain did favour open cars for a longer period.

With the introduction of fully enclosed bodywork, a discussion arose about the dangers and merits of this feature. Similar theories as in the case of aeroplanes were debated: open bodies were obviously regarded as more 'sportsman-like'. In addition, it was assumed that they prevented the driver from becoming tired, gave a better view of the road and

---

12 Rolt, L T C, Horseless Carriage: The Motor-car in England (London: 1950), p. 113.

13 Scharff, V, Taking the Wheel: Women and the Coming of the Motor Age (New York: 1991), p. 125.

14 Mom, G, 'Das "Scheitern" des frühen Elektromobils (1895–1925): Versuch einer Neubewertung', Technikgeschichte, 64 (1997), p. 271.

15 Scharff, V, note 13, p. 122.

16 Cf. Scharff, V, note 14; Scharff, V, 'Gender, electricity, and automobility', in Wachs, M and Crawford, M (eds.), The Car and the City: The Automobile, the Built Environment, and Daily Urban Life (Ann Arbor, MI: 1992), pp. 75–85.

were much safer. This last feature was important, since closed bodies not only cut drivers off from the surrounding traffic but also presented a danger in the case of an accident of splintering. Moreover, they induced 'limousine illness', defined as slow poisoning by carbon monoxide owing to exhaust gases being drawn in. A German textbook for gentleman drivers of 1922 sums up:

> "It would be sad if our weatherproof open air drivers gradually degenerated into limousine people as one only has the true sporty enjoyment of car driving in an open automobile. But the car is not only a sports vehicle, it also serves serious practical needs [...]. An argument that can be brought forward against [the inner steerer] is that the driver is separated from the outside world in such a vehicle. But this has little meaning. If one drives a little slower with an inner steerer than in an open air car [...] then, as I can conclude from my own experience, accidents will be as rare as with an open car."[17]

The 1920s was the most significant period not only for the development of the closed-body car but also in terms of creating its social acceptance. There was no longer any need for specialised travel clothing, hoods or goggles for eye protection, which confirmed the transformation of the car from an item of sports equipment to a practical transport machine. By abolishing the need for specialised travel clothing and headgear, which was regarded by many as cumbersome and even disfiguring (goggled drivers were a staple feature for caricaturists), cars could be integrated in everyday life. The rule was: the more domesticated and bourgeois the user, the more closed the car.

But even the open car had its attractions as a self-contained travel capsule. Eugen Diesel describes the cluttered but comfortable interior of an open NAG (Neue Automobil Gesellschaft) during a journey to Italy in 1905: baskets, umbrellas, travel coats and food baskets filled the available space completely, making their car an untidy 'home from home'.

Finally, the tendency of enclosing and creating a 'mobile living room' extended even to two- and three-wheelers. This might seem rather unlikely, but the popularity of sidecars, which could even be enclosed with folding hoods in the interwar period in Germany, is symptomatic. The success of the scooter after the Second World War was partially a result of its 'civilised', partially enclosed character.

A significant trend: towards an artificial environment

The introduction and increasing dominance of the fully enclosed body had several consequences. One was that elements of the car exterior ceased to form any part of the interior. On the majority of models, the inner fairings of passenger doors are now completely con-

---

17 Filius, Die Kunst des Fahrens (1922), pp. 176–177 (my translation).

cealed. Visual traces of the enamelled exterior panels of the car body, which were common until the late 1980s, are substituted today by plush interior fairings. Carpets are common even in the cheapest models.

In addition, the bonnet and other exterior parts of the car are increasingly no longer visible from the interior. Sloping bonnets dictated by (symbolic) wind-tunnel design are often completely outside the driver's field of view. Drivers of contemporary cars are seldom able to see the corners of their vehicles, a fact often criticised by car sceptics. As a result, all drivers usually see from their own cars is the interior. In some cases, they are unable to see a single square centimetre of the body shell, so cannot even see what the exterior colour of the vehicle is. Consequently, the 'surrounding machine' is played down for drivers and the interior becomes their visual world.

The complete enclosure of the passenger compartment was only the first step in the process of separation from the surrounding environment. Gradually, the closed car body came to be complemented by safe and well-controlled heating devices. Until the 1930s such devices were mostly simple 'add-ons': basic charcoal heaters or hot water bottles. Ways of using the waste warmth generated by the engine were later fitted as standard. These had to be incorporated into the design of the car, since the heat exchangers and the air ducts into the interior could hardly be added as an afterthought. Later still, air conditioning and cooling systems became available. But the terminology remained uncertain at first: Klimaanlage (air conditioning) in a 1950s German car advertisement meant an 'automatic' heating system where additional fresh air could be led in to be mixed with warm air, and air ducts were integrated.

True compressor-operated cooling systems, which had been standard for decades in American cars, caught on rather late in Europe. Today, more than a third of new cars sold in Germany come factory equipped with an air-conditioning system. To take isolation from the surroundings a step further, many expensive cars are now equipped with a very fine mesh or even activated charcoal filter to effectively remove pollen and dust. The tendency towards seemingly total independence from the environment is obvious.

Glare is also blocked out: tinted glass, originally intended as a means of reflecting sunlight to keep the interior cool, has acquired the additional function of making the compartment invisible to onlookers from the outside. Cheap add-on tinting foils were popular for a time, but suffered from blistering and splitting. Since the 1980s, many manufacturers have supplied factory-fitted tinted glass. Complete tinting of glass panels, as popular in American car culture as it is in India, is illegal in Germany and other EU countries. But the add-on detail of light tinting of side and rear glass proved to be very popular in Europe in the 1990s.

Another step in the long trend of isolating the interior is soundproofing of the car. Insulating carpets, quality cloth covers, padded mats, padded bonnets and better sound-isolating glass panels all contributed to this. Double glazing, though, was a short-lived feature, introduced in the heavy S-class Mercedes of 1992 but omitted again in more recent models. Better sound isolation, and the introduction of more and more elaborate sound systems, has led to the aural environment also becoming increasingly private. Better wiping, cleaning and demisting systems for the windscreen have contributed to the feeling of drivers and passengers that they are not connected to the road, inhabiting an artificial environment with many of the domestic features drivers are used to in their homes. (In fact, his home might be equipped in a much less elaborate way.)

This becomes evident when inclement conditions prevail outside the vehicle. Modern motorists hardly seem to be affected by sleet, snow or fog. They inhabit private 'technoid cells', connected to the outside temperature only by an electronic thermometer. But this is evidently a false proposition: under these conditions the speeding private interior can fail spectacularly. To be cut off from 'natural' phenomena like ice on the road may prove fatal if the technology means they are noticed too late.

Not only is this interior now dominated by artificial temperature and sounds, but even the driver's sensitivity is affected. Better seats, suspension systems and roadholding contribute to a completely different feel: the driver is less influenced by centrifugal and other dynamic forces and by the feel of road surfaces. Every driver of today's cars experiencing a 'classic' car is immediately aware of this: earlier cars seldom have this 'engineered' stability. Physical forces are much more evident, as there are closer connections with the road conditions.

However, one can find relics of the 'old paradigm' in some older car types still in use, such as the Citroën 2CV. In this car, with its anachronistic features, direct contact with the air outside is possible by opening a flap to allow in air directly under the windscreen. But, usually, modern cars also have fresh-air ducts in the dashboard. Folding and sliding roofs, often in addition to air conditioning, have become popular options. Ergonomics, a key word in interior design, is partly responsible for the introduction of electrical and automated elements. The ergonomic aim is to make drivers and passengers more comfortable in their speeding cells and to structure the machine according to driver's needs.

The consequence is a trend towards a total 'uncoupling' of drivers and passengers from the elements, the surrounding landscape, the driving environment, and from other drivers in their cars. Therefore, drivers are isolated in their machines and separated from the systemic transport environment. The development and the special structure of the interior heighten the image of 'lonely and free' driving. I would not go as far as to label the interior of the car as a skull, as Finch did ("In a sense, the shell of the automobile is a steel cranium, a protective enclosure."),[18] but the isolation of drivers in their speeding cells had consequences for their feelings of protection and autistic isolation, and their attitude towards the task of driving.

Two conflicting functions of the interior: driver's workplace and living room

Tension between the two functions of the interior, which had been latent even in the open car, broke out when enclosed cars became standard. Two different ideas of the role of the interior are reflected in its design and functional elements, which illustrate this conflict clearly up to present times. Passengers enjoy the living-room quality to its full extent. But even the driver himself performs his tasks in an environment that has acquired a living-room quality.

In the 1920s and 1930s there were two firmly established car paradigms: the adventurous sports car, which was basically an open car that could be closed, and the functional sedan (or family car), which was closed but could be opened (Cabriolimousine in Germany). These two paradigms tended to merge in the 1960s and 1970s. Even in 'sporty' types of cars, the amenities of closed cars – such as heating or sound systems – were included, whereas the family sedan acquired a sportier character, not only from increased power output but also from redesigned interiors. Some crossover types set trends, for example the Ford Mustang. Consequently, when cars as driving machines and cars as intimate transport vehicles took on similar shapes and configurations, the functions of the driver's workplace as a machine and as a piece of domestic interior converged. It was now possible to control the speeding machine and to enjoy the interior simultaneously, making the driving experience a highlight of everyday life.

A trend to include more and more features previously not found in the standard specifications confirms this. Most significant is the point where optional interior elements become standard, appearing in even the most basic models. Generally, the introduction of features in cars comes in a sequence: first, new features are sold by specialist shops, then they are made available by the manufacturers as optional extras, then these are incorporated in the 'upmarket' models, and finally they become standard equipment in basic models. This sequence can be exemplified with car heating. Until the 1930s there were several manufacturers of mobile heaters, employing different principles of generating heat. From the 1930s onwards, heat exchangers were available as expensive extras for more expensive cars. Only from the early 1960s did cheaper cars have heating systems that blew in heated or fresh air (this was called Klimaanlagen, air conditioning, in German car advertising, although it did not supply chilled air) as a standard feature.

---

18 Finch, C, Highways to Heaven: The AUTObiography of America (New York: 1991), p. 327.

One can trace influences from contemporary interior design on car interiors. Fitted carpets became a common feature at roughly the same time in homes and cars. Colour schemes, too, have been developed in close relation to each other. Wood panel inlays were a fashion in British homes and cars of the 1960s, but were not very popular in Germany. The 1970s saw an upsurge of bold colours invading the car interior. Today designers aim for a unity of appearance of all car elements. This striving for a unified appearance and these attempts to integrate every element that characterises car design have probably not yet come to an end.

Is this true in the opposite direction? Does interior decoration influence contemporary interior car design? It seems so. Car interiors are more avant-garde and could set trends. Drivers and passengers generally enjoy a 'better' – in the sense of better engineered, designed and coloured – environment in their cars than at home. Better materials and more convenient electrically operated features are present in their cars. If ergonomics or 'adaptability' of furniture is characteristic of modernism, as Sigfried Giedion argues,[19] these features will probably move from cars into homes in the future.

The split between the two functions presents a problem for interior designers aiming at a unity of appearance. Today the 'machine' elements necessary for driving are functionally separated but stylistically integrated. Since the 1950s, instruments have been concealed deep inside the dashboard. If they are boldly displayed, they are in harmony with the 'living-room' interior. A typical element that could cause functional or stylistic problems is the gear lever. To integrate it, this clearly technical component is given 'living-room design' by using the same material for the knob as for the fairing or dashboard padding. A sack-like device conceals the lower end, which is the mechanical 'core' of this element, allowing it to move. In cars of the 1950s the gear lever often ended in a slotted frame, allowing a view of the gear-shifting mechanism.

But this stylistic concealment of technical elements seems not to be the end of the development process. The car industry is preparing for the realities of an overloaded road transport system where the act of driving may be played down even further. Development is moving beyond the navigation aids that are now options for buyers of more expensive cars. Automatically guided systems which substitute the act of driving with various means of electronic control are now beyond the experimental stage.[20]

Vehicles themselves are being adapted to the realities of car travel today: designers are increasingly regarding child passengers as important. They restructure the interior to meet

---

19 See Giedion, S, Die Herrschaft der Mechanisierung: Ein Beitrag zur anonymen Geschichte (Frankfurt am Main: 1982), pp. 528–551.

20 Cf. Schuh, H, 'Freie Fahrt in der Kolonne: Intelligente Elektronik koppelt Fahrzeuge aneinander', Die Zeit (17 June 1999), pp. 27–28. This trend was criticised by Wolfgang Zängl in Der Telematik-Trick: Elektronische Autobahngebühren, Verkehrsleitsysteme und andere Milliardengeschäfte (Munich: 1995).

the specific needs of children, integrating special seats, window shades, pouches, tables and lockers. The 'jam car' concept produced by Volkswagen specialises as a mobile family living room, complete with refrigerator and front seats that can be turned around to reunite the family circle. This vehicle significantly plays down its role as driving machine. Here the balance is shifted yet again towards the 'living-room' character.

Safety and the interior[21]

Emphasis on the 'living-room' function will probably continue to increase. The history of the introduction of seat belts makes an interesting case study of the conflicting roles of car interiors. Since the 1960s, seat belts have been broadly recognised as a major contribution to car safety. Their technology was transferred from civil aviation. Hugh de Haven, an academic safety researcher at Cornell University, introduced two-point seat belts in the United States in 1955. The patent for the three-point belt common today was granted to Swedish engineer Nils Bohlin of Volvo.

But this safety feature was fiercely rejected by users at first. Early safety belts had a feature that made them uncomfortable to wear: they were fixed, which meant that a person using them was unable to move more than a few centimetres. Obviously, this conflicted with the demands of 'sitting-room' comfort and explains the strict opposition to wearing safety belts at the outset. The long struggle to make them compulsory was helped by the introduction of 'automatic' seat belts, activated by inertial blocking of the mechanism, which allowed the wearer much more movement. But still the very fact of being restricted produced – and to a certain extent still produces – opposition. The state's interference had to overcome the insistence of drivers on their 'living-room' comfort, even if their lives were at risk.

The core of the safety discussion thus was the question of the function of the interior of the car. Persons opposing safety devices did not want to have the attractions of their mobile living room spoiled. They insisted on preserving the image of the car interior as a comfortable, seemingly indestructible and invulnerable shell. The very real risk involved in driving should not manifest itself as an object like the seat belt. The industry reacted to this attitude of their customers by attempting to develop other safety devices that did not restrict the enjoyment of the interior. Preferably, they would even be hidden out of sight until the point of crisis, i.e. the crash.

---

21 See new literature on safety technology: Gnadler, R, 'Sicherheitstechnik heute und morgen', in Mobilität und Gesellschaft: 150 Jahre Carl Benz (Stuttgart: Daimler-Benz AG, n.d. [1996]), pp. 53–66; Niemann, H and Hermann, A (eds.), Geschichte der Straßenverkehrssicherheit im Wechselspiel zwischen Fahrzeug, Fahrbahn und Mensch (Bielefeld: 1999); Weishaupt, H, Die Entwicklung der passiven Sicherheit im Automobilbau von den Anfängen bis 1980 unter besonderer Berücksichtigung der Daimler-Benz AG (Bielefeld: 1999).

This was one important incentive for the development of the air bag.[22] This device was intended to be used on its own, without having to rely on seat belts, therefore providing 'invisible' protection which did not get in the way of a comfortable interior. It did not fulfil the hopes of its designers, since it works properly only in combination with safety belts and head rests. These continue to be the reminder that the moving living room is driven in a very dangerous and potentially lethal environment.

Safety belts have now been accepted after being made compulsory for drivers and passengers. Since the automatic roll mechanism has made them more comfortable, there has been a tendency to adapt their appearance to their surroundings. Coloured seat belts, matching the colour scheme of the interior, are now quite common. More significant is the complete concealment of their mechanism. In today's passenger cars the roll mounted near the floor is completely invisible: the seat belt disappears into the interior fairings. This serves the purpose of integrating 'technical' elements and keeping the 'living-room' interior visually intact.

Another solution for making the car interior safer actually enhanced its 'living-room' quality: the trend of padding the dashboard and recessing switches and levers in order to 'defuse' hard edges and to soften their 'secondary impact' in case of a collision. Crash tests in the late 1950s had proved this measure to be very efficient. It was slowly introduced by Mercedes Benz and by US manufacturers as an optional extra. A decade later nearly all cars had padded upper and lower dashboard edges and soft knobs, thus transforming the somewhat harsh-looking metal dashboards into integrated parts of an interior dominated by fabrics, plastics, fairings and coverings. 'Naked' enamelled sheet metal later disappeared from the instrument panel, and finally from doors as well.

At the other end of the spectrum, apparently moving away from the integrated 'living-room' image, sports cars seem to display more of their 'technical' interior elements – from a prouder design of their gauges to 'racing' or 'rallye' gear-lever knobs and pedal surfaces. Even four-point or 'garter' belts, as used in racing, are found in sports cars. But even these cars, intended or sold as 'pure driving machines', such as the Porsche 911SC with its reduced interior padding and fairing, kept a minimum of 'living-room' comforts. Moreover, 'rallye' details in contemporary cars are seldom only functional elements. Mostly they are symbolic add-ons, transforming still comfortable interiors only visually into 'sporty' cockpits.

Even the tendency towards reintroduction of open roadsters and 'rag-top' cars, which occupied a growing share of late-twentieth-century car markets, is only superficially contrary to the growing intimacy of the car interior. Motivated by the opposition to and dissatisfaction with the described tendencies towards speeding living rooms, roadsters seem

22 Cf. Möser, K, 'Lebensretter für Insassen: der Airbag', Schweizerische Technische Zeitschrift, 7–8 (1998), p. 128.

to offer the desired distinction quality by recreating the older image from the 1920s of pure driving machines. But even these open cars today share the amenities of enclosed bodies – for example two-layer tops, efficient heating and sound isolation – and they are driven more and more in enclosed mode. Therefore, they could be labelled post-modern roadsters. The trend towards a closed, intimate and isolated interior is unbroken. The driving-machine image is not a substitution of the living-room image, but an addition with only a slight twist.

This has consequences for the attitudes of drivers. They feel detached from the environment and from the surrounding traffic in their private interior. In consequence they feel less part of a system and more a 'lonely-and-free' individual in an isolated vehicle. This goes far beyond the observation that "the driving experience became easier, and at the same time somewhat passive".[23] Recent developments in electronic devices aim at interfering with the autonomy of drivers from different directions: there is automatically activated braking when the distance to the vehicle in front decreases, or power-assisted emergency braking. These devices 'help' drivers to avoid a crash, but in fact take over central driving functions and make drivers more passive. Experiments with fully automated driving without active driver participation are much discussed now, but even below this level 'the system' will be able to interfere, for example by limiting the top speed when entering towns. The required technologies already exist – introducing them is the question. The trend towards telematics – 'dialogised' guiding or automated driving devices – fits into the history of automation of automobility: first the burden of 'serving' the machine was taken from the driver, and now driving in the traffic system and navigating is on the verge of being replaced by electronics.

It is remarkable that these modern electronic devices which alter the act of driving are quite unobtrusive in the interior. They hardly make their presence felt, but they influence the 'user surface' of the car indirectly. Even so, passivated drivers can be made to enjoy their isolation. A case in point is the traffic jam. This increasingly common event – which could be described as the maximum intrusion of the systemic into the illusion of the private, the denying of the 'freedom of the road' by the dreaded system – does nothing to destroy the myth of 'lonely and free' driving. On the contrary: in the traffic jam drivers, relieved from their driving tasks, are able to enjoy the 'living-room' features of the vehicle's interior to its fullest extent. Comfortable interiors therefore tend to make the demands and systemic restrictions of modern traffic tolerable and even offer ample compensation.

To conclude, this article has pointed out that the negation of the systemic aspect of road transport and the stress on isolated, individualistic driving have been strong factors in the success of the car.[24] Of course the image of isolated driving and the consequent playing

---

23 Finch, C, note 18, pp. 327, 283.

24 See Möser, K, Die Herrschaft der Motorisierung: Automobilgeschichte in Deutschland 1886–2000 (Frankfurt am Main, New York: 2002), chapter: 18.

down of the system have complex causes. But the situation of modern drivers confined to their speeding living rooms has played its part in keeping alive this objectively obsolete image of antisystemic individual motor vehicles, even in the highly systemic mass transport systems of the late twentieth century.

Summary

The development of the interior of passenger cars has reflected changing attitudes towards the act of driving and shows different concepts of the interaction between driver and vehicle. Therefore, the history of the motor-vehicle interior, its ergonomics and decoration, is significant for the most important man-machine relation that has been established so far. Interpreting the passenger compartment as a crossover between 'cockpit' and fast yet intimate living room helps us to understand the attraction of motor vehicles.

The Dark Side of Early Automobilism

Violence, Aggression, War, and the Motor Car 1900–1930

A plea for new contexts

For most historians it has become commonplace that it is not satisfactory to put automobiles mainly in the context of machines, companies or inventors as it has been done for decades. No serious historian of transport and mobility will be satisfied any more by dealing with the development of systems of technology with an engineering perspective exclusively. Much broader contexts have been researched and discussed by car historians in the past thirty years: political, institutional, organisational, economic, or cultural dimensions. It may appear that the early blind spots of a purely technologically orientated history of road mobility are a thing of the past. But I argue that there are still some neglected fields which merit closer inspection in order to understand the early diffusion period of the "mobility machine" in Europe better and more thoroughly. Blind spots in the period before the First World War in Germany would be – to name but a few – a sociology of the pioneer buyers and their backgrounds, the contexts of transformation of cars into consumer goods, the cultural fields in which the aesthetic representation of cars took place, or research into the connection with other advanced technological sports like flying or boat racing. Regarding this last point, research into automobile history still concentrates on just one segment of "mobility machines" – a fact John Ransom[1] has deplored. Research into other machines of this type seems to be more advanced: Robert Wohl has demonstrated in an excellent study on early aviation[2] the potential of a "historie totale", looking deep into the cultural attraction of flying and the social dimension of the diffusion history of aeroplanes. There is no comparable history yet written by automobile historians. Wohl's study could be inspiring for automobile history to investigate into a scope of much broader contexts.

Contextualizing the diffusion of the motor car, as any technological artefact, involves choices. What is regarded as important for understanding the attractions fostering the diffusion of mobility machines is by no means clear. There is no consensus among scholars what automobile history is supposed to be and what questions should be investigated. Is it a sub-history of the history of technology, as it is conventionally seen? Even if up-to-date history of mobility attempted to integrate social, economic or political aspects and opened itself towards the arts[3] it still seems to have difficulties in looking beyond artefacts and coming to terms with the complexities of the largest techno-social system on earth. If automobile history is regarded as part of economic, institutional or social history is able to focus on and the "large system" of the organisation and infrastructure framework but tends to disregard the "small system" of the automobile and its components[4]. Older research approaches focussing on the interaction of human beings with technology[5] regard drivers as "behaviouristic units" without emotions or desires. Getting these factors into focus by social psychology[6] or psychology[7], again the "hard core" of the artefact tends to be neglected, together with the historical conditions in which mobility machines are used. To understand cars within the frame of transport history leaves much to be desired because many features of this "means of transport" have nothing to do with transport at all

1 See Ransom, P.J.G., The Archaeology of the Transport Revolution 1750–1850. Kingswood / Tadworth / Surrey 1984.
2 See Wohl, R., A Passion for Wings. Aviation and the Western Imagination 1908–1918. New Haven / London 1994.
3 See Buddensieg, T./ Rogge, H., Die Nützlichen Künste. Gestaltende Technik und Bildende Kunst seit der Industriellen Revolution. Ausstellungskatalog. Berlin 1981.
4 This distinction has been made by Schmidt, G., in his editorial to "Die Zeit fährt Auto". In: Schmidt, G. (ed.), Jahrbuch Technik und Gesellschaft. Frankfurt/M. / New York 1999, p. 7–14.
5 See Popitz, H./ Bahrdt, H.P./ Jüres, E.A./ Kesting, H., Technik und Industriearbeit. Soziologische Untersuchungen in der Hüttenindustrie. Tübingen (2) 1964.
6 See Sachs, W., Die Liebe zum Automobil. Ein Rückblick in die Geschichte unserer Wünsche. Reinbek 1984.
7 See Hilgers, M., Total abgefahren. Psychoanalyse des Autofahrens. Freiburg/Br. (2) 1992.

but much with social and psychological choices, with attractions far beyond any rational transport function, and even with mobility. As long as there is no international or comparative "histoire totale" of the automobile, the selection of contexts and of questions and aspects regarded to be significant by scholars researching into automobilism is a matter of informed choice and individual selection. In my opinion, there is enough scope for different approaches. Important complexes of contexts are still unexplored. In this essay I would like to point to another field which in my opinion has been crucial for the social integration of the motor car during its early diffusion period: the European "aggression culture" before World War I. A word of caution: This essay is just an overview and a research proposal, presenting some of my ideas. By no means it is a complete treatment of this vast field. Anybody feeling that not enough evidence is supplied yet will have to note this reservation.

I argue that in the formative decades of automobilism the use of automobiles and aeroplanes, namely in the context of races and other technology-oriented mass spectator sports, did play a significant role within the generation of a specific collective mood that anticipated and prepared for a European war. Automobilism and aeronautics provided, together with many other pre-war fields, a cultural reference system which could later be used to understand, shape, and express wartime experience. My approach relies heavily on the works of British and American historians dealing with the World War I culture of aggression and its representation, especially on Fussell's impressive book "The Great War and Modern Memory"[8] showing how war artists draw on pre-war cultural patterns in order to give form to their experiences. Other historians, e.g. Eric Leed, Modris Eksteins or Samuel Hynes[9] adopted similar models without talking explicitly about automobiles. But a remark in the preface of Eksteins' book about the close relation between automobile graveyards and World War I military cemeteries sparked off my interest in this field. I became convinced that individual motorization played a role in mobilizing mentally and culturally as well as practically for the "große Kladderadatsch" ("Big Bang") most European elites were expecting to come. Together with other components of an evolving "speed culture" – cycle races, aviation gatherings, motorboat regattas – automobiles played an important part for the formation or creation of the collective mentality fitting to fight the coming war successfully. This future contest between nations was perceived in terms of a darwinistic struggle every major European power felt it had to be prepared for. My approach does stress the significance of the car culture for what has been termed the "European civil war" and its cultural, political and social history. Further research has to identify and specify the "violence levels" of European societies – a task I will certainly not attempt in this essay. It will, obviously, be necessary to research into any connections between the political and cultural pre-histories of World

8 Fussell, P., The Great War and Modern Memory. London 1979.

9 See Leed, E.C., No Man's Land. Combat and Identity in the First World War. Cambridge 1979; Eksteins, M., Rites of Spring. The Great War and the Birth of the Modern Age. London 1989; Hynes, S., A War Imagined. The First World War and English Culture. London 1990.

War I with early automobilism and to enquire into the consequences of this war for motorisation in a much more thorough way than I did earlier when I attempted to explore some of the consequences of the violent car culture of World War I for the motorisation in the Weimar Republic and for the "Motorisierungspolitik" of German National Socialism[10].

Elsewhere, remarks on the links between aggression and early automobilism have been made but not explored much further[11]. The German historian Klenke draw parallels between the aggressive habit of the front-line fighter with the "unsocial" behaviour of the driver, referring to the aggressive car culture of the early decades of the German Federal Republic Thus he is offering an explanation of the extremely "darwinistic" behaviour of German motorists in the period after World War II[12]. Violent "road battles" and conflicts between automobilists and other road users in the early diffusion period have received some attention, too[13]. But generally speaking, the situation of German-speaking automobile historians is somewhat comparable to the historians of World War I: They have lerned from British or American scholars without acquiring their wide perspectives as demonstrated in the books by Clay McShane or Sean O'Connell[14]. There are no volumes of essays in German on popular car culture comparable to that presented by Davis Thoms, Len Holden, and Tim Clayton[15]. Besides the courage to offer a broader picture much more research will be necessary into any national differences between aggressive car cultures.

---

10 See Möser, K., The First World War and the Creation of Desire for Cars in Germany. In: Strasser, S./ McGovern, C./ Judt, M. (eds.), Getting and Spending. European and American Consumer Societies in the Twentieth Century. Washington D.C. (Cambridge University Press) 1998, p. 195–222. Available at https://doi.org/10.1017/CBO9781139052634.010.

11 See Niemann, H., Gleich nach dem Fall kommt der Unfall. Propädeutische Überlegungen zu einer Geschichte der Straßenverkehrssicherheit. In: Niemann, H./ Herrmann, A. (eds.), Geschichte der Straßenverkehrssicherheit im Wechselspiel zwischen Fahrzeug, Fahrbahn und Mensch. Bielefeld 1999, p. 9–18; Mom, G.P.A., Das "Scheitern" des frühen Elektromobils (1895–1925). Versuch einer Neubewertung. In: Technikgeschichte 64 (1997), p. 269–285; Donelly, T., Cars, Culture and War. In: Thoms, D./ Holden, L./ Claydon, T. (eds.), The Motor Car and Popular Culture in the Twentieth Century. Aldershot 1998, p. 210–226.

12 See Klenke, D., Die deutsche Katastrophe und das Automobil. Zur "Heils"geschichte eines nationalen Kultobjekts in den Jahren des Wiederaufstiegs. In: Salewski, M./ Stölken-Fitschen, I. (eds.), Moderne Zeiten. Technik und Zeitgeist im 19. und 20. Jahrhundert. Stuttgart 1994, p. 158–173.

13 See Diehl, L., Tyrannen der Landstraße. Die Automobilkritik um 1900. In: Kultur & Technik 3 (1998), p. 51–57; Merki, C.M., Die "Auto-Wildlinge" und das Recht. In: Niemann, H./ Herrmann, A. (eds.), Geschichte der Straßenverkehrssicherheit im Wechselspiel zwischen Fahrzeug, Fahrbahn und Mensch. Bielefeld 1999, p. 51–74; Möser, K., Zwischen Systemopposition und Systemteilnahme: Sicherheit und Risiko im motorisierten Straßenverkehr. In: Niemann, H./ Herrmann A. (eds.), Geschichte der Straßenverkehrssicherheit im Wechselspiel zwischen Fahrzeug, Fahrbahn und Mensch. Bielefeld 1999, p. 159–168.

14 See McShane, C., Down the Asphalt Path. The Automobile and the American City. New York 1994; O'Connell, S., The Car in British Society. Class, Gender, and Motoring, 1896–1939. Manchester 1998.

15 See Thoms, D./ Holden, L./ Claydon, T. (eds.), The Motor Car and Popular Culture in the Twentieth Century. Aldershot 1998.

Was the aggressive strain of early automobility a phenomenon of the larger European powers or did early automobilism in the Netherlands or Switzerland have similar features? Were there significant differences between participants of the Great War and those who stayed out of it? An appropriate approach to research on violence and automobiles could therefore be a comparison between the situation of motorisation in the major enemy powers of the First World War, i.e. Germany, Britain, and France, with smaller non-belligerent powers like the Netherlands or Denmark.

In order to fit automobile diffusion into a broader political picture, it will be mandatory to recur to the scholarly discussion of some of the social, political and cultural paths leading to the Great War. British and American historians have done extensive research into the pre-history of this "great seminal catastrophe of the century" (George Kennan) whereas in Germany the first war has largely been overshadowed by the atrocities of National Socialism and the impact of the next ward. Until the last decade the main feature in German research of World War I was the question, whether Germany was responsible for the outbreak of the war. This "Kriegsschuldfrage", discussed after Fritz Fischer's influential study "Griff nach der Weltmacht", was primarily interpreted within the context of German imperialism and the pre-history of the aggressive National Socialist war politics. Cultural and social aspects of World War I were rarely researched by German historians before 1990 whereas in English-speaking countries the volumes mentioned above were discussed by a much wider public. German scholars began to look into the collective "Kriegsstimmung" and the cultural motives and reactions rather later and without a comparable public impact[16].

On the other hand, the link between aggression and driving has received attention by traffic psychologists for a long time[17]. They tried to identify the main causes for aggressive behaviour and violence on the roads but their main interest was in the present motoring culture. Most do not claim to be historians and they did obviously not attempt to contextualize the dark side of automobilism within the European societies between 1900 and 1945. But there is one period in the history of motorization where the link between the sub-history of automobilism and the aggressive political and social history has been researched thoroughly: the German National Socialist "Motorisierungspolitik". For this specific field the question of the connex between mobility and the preparation of war has been raised. Research has been done on the role of private cars, the promotion of car

16 See Michalka, W. (ed.), Der Erste Weltkrieg. Wirkung – Wahrnehmung – Analyse. München / Zürich 1994; Vondung, K. (ed.): Das wilhelminische Bildungsbürgertum. Zur Sozialgeschichte seiner Ideen. Göttingen 1976.

17 See Berger, H.-J./ Bliersbach, G./ Dellen, R.G., Macht und Ohnmacht auf der Autobahn. Dimensionen des Erlebens beim Autofahren. Frankfurt/M. 1973; Hilgers, M., Total abgefahren. Psychoanalyse des Autofahrens. Freiburg/Br. (2) 1992; Holte, H., Rasende Liebe. Warum wir aufs Auto so abfahren (und was wir dabei bedenken sollten). Stuttgart / Leipzig 2000; Novaco, R.W., Automobile Driving and Aggressive Behavior. In: Wachs, M./ Crawford, M. (eds.), The Car and the City. The Automobile, the Built Environment, and Daily Urban Life. Ann Arbor 1992, p. 234–250.

ownership and of "Autobahn" building for the economic and the military preparation of a mechanized war. Less attention has been paid to the mental and educational dimensions of war preparation by automobilism. The significance of the Nazi program to render Germany into a "nation of drivers" and to make Germans "car-minded" in order to be successful in a future mechanical war has been widely and controversially discussed[18] while the military role of the motorway building program has been debated extensively, too[19]. Current research tends to play down the role of "Motorisierungspolitik" for war preparation[20]. The German National Socialist attitude towards automobilism will be out of the scope of this essay, though, since I limit my remarks on the period up to 1930. But I have the impression that their full impact is still somewhat underplayed. What should interest us is the pre-history of this period, the much earlier connex of individual motorisation, collective aggression and war in the decades before.

Much has already been said about the ambivalent attitude of the military authorities towards modern technology before 1914, ranging from the thesis of strict opposition to the proposition that they had a rather open mind about innovation. Both views can be supported by evidence – the first for instance by the tentative introduction of the machine gun in the British army, or the role the French army applied to battlefield cavalry; the second thesis by the encouragement of tests of motor vehicles. Research has shown that the picture is somewhat mottled, differing from branch to branch. As a rule, the navies seem to have been the most open-minded whereas the cavalry, at the opposite end, nourished ideas of a warfare dating from a bygone era. In most European armies there was a "battle of the ancient and the modern", mixing up such varied issues as financing, military training, combat doctrine, or the social composition of the officer's corps. In order to gain insights into the history of the adoption of the automobile by the military authorities in the European countries, much basic research is necessary.

---

18 See Overy, R.J., Cars, Roads, and Economic Recovery in Germany 1932–38. In: Economic History Review 28 (1975), p. 466–483. Available at https://doi.org/10.1111/j.1468-0289.1975.tb01983.x; Kopper, C., Modernität oder Scheinmodernität nationalsozialistischer Herrschaft. Das Beispiel der Verkehrspolitik. In: Jansen, C./ Niethammer, L./ Weisbrod, B. (eds.), Von der Aufgabe der Freiheit. Festschrift für Hans Mommsen. Berlin 1995, p. 399–411. Available at https://doi.org/10.1515/9783050071732-028; Kube, A., Von der "Volksmotorisierung" zur Mobilmachung: Automobil und Gesellschaft im "Dritten Reich". In: Landesmuseum für Technik und Arbeit in Mannheim (ed.), Räder, Autos und Traktoren. Erfindungen aus Mannheim – Wegbereiter der mobilen Gesellschaft. Mannheim 1986, p. 138–157.

19 See Kittler, F., Auto Bahnen. In: Emmerich, W./ Wege, C. (eds.), Der Technikdiskurs in der Hitler – Stalin – Ära. Stuttgart / Weimar 1995, p. 114–122. Available at https://doi.org/10.1007/978-3-476-03599-8_7; Schütz, E., Faszination der blaßgrauen Bänder. Zur "organischen" Technik der Reichsautobahn. In: Emmerich W./ Wege C. (eds.), Der Technikdiskurs in der Hitler – Stalin – Ära. Stuttgart / Weimar 1995, p. 123–145. Available at https://doi.org/10.1007/978-3-476-03599-8_8; Stommer, R. (ed.), Reichsautobahn. Pyramiden des Dritten Reiches. Analysen zur Ästhetik eines unbewältigten Mythos. Marburg (2) 1984.

20 See Kopper, C., Handel und Verkehr im 20. Jahrhundert. München 2002, p. 91–101 (= Enzyklopädie Deutscher Geschichte, vol. 63). Available at https://doi.org/10.1524/9783486701814.

But a crucial question that will have to be discussed concerns the way how the military and the collective aggression culture are linked with automobile diffusion. At the core there is the question how the motor car fitted into the aggressive and militaristic mainstream before 1914. Did it profit for its diffusion from this, or did it acquire a more active role, being an agent, or part of it? If so, in what ways did the car culture profit from or foster this? I have the suspicion that there is no straightforward "causing" but, as often the case, an interplay in rather complicated ways, feeding inputs into positive feedback loops.

An important gain of such an approach might well be a revision of the diffusion history of the automobile. G. Mom and Ch. Merki have done much to question the still common notion that the early diffusion of internal combustion motor cars was a straightforward success story. Mom has raised the issue of the complicated ways of choosing between competing technologies and has repeatedly pointed out that the internal combustion engined automobile was an "adventure machine" giving it a distinct advantage and increased attraction against its more civilized steam and electric rivals. Merki has focused on resistance against cars and political "Leitplanken"[21]. I am convinced that we can gain even more insights into the "acceptance history" of the early motor cars in Europe if we put these new mobility machines into wider contexts of politics and culture of the "Short Twentieth Century"[22] and its pre-history than it has been done yet.

The favourite objects of violent societies

J. Keegan has asked why the European ruling classes in the past centuries who were given both choice and leisure did prefer dangerous pastimes which generally were linked with war or its preparation. In the light of this question the adoption of automobiles by the European upper classes becomes significant. There was a strong trend that heroic neglect of danger belonged to the education and had to be part of the socialisation of the ruling elites in several European societies, especially within the nobility. This long tradition of high esteem for courage, violence, and war was re-activated again and again during the 19th century[23]. Quite unlike today, violent attitudes and behaviour had been a common experience for Europeans for centuries which received social support and high valuation. Dangerous activities, like tournaments, duels, horse races, later motorized sports, were consequentially the most prestigious. This holds true especially for the militaristic period in Europe leading up to the "Urkatastrophe" of the 20th century, the First World War. Historians do not doubt that whole societies – especially the proclaimed "arch-enemies" France and Germany – prepared for war by many means. There are controversies only

21 See Merki, Ch.M., Der holprige Siegeszug des Automobils. Zur Motorisierung des Straßenverkehrs in Frankreich, Deutschland und der Schweiz. Wien / Köln / Weimar 2002.

22 See Hobsbawm, E.C., Age of Extremes 1914–1989. The Short Twentieth Century. London 1995.

23 For this pre-history see Adams, M.C.C., The Great Adventure. Male Desire and the Coming of World War I. Indianapolis 1990.

about the kind of war they were preparing for: an all-out war including economic warfare or a more limited war with the utopian aim of a short, decisive campaign. It is also agreed that this preparation was not limited to military and (to a lesser degree) economic measures but also included "moral mobilisation" of various kinds. Keegan asks for the specific aggression level in certain societies and in certain ages[24]. Education certainly played its role leading to a militarisation of societies, a major factor being the compulsory military service in France and Germany which was notorious for its senseless drill and harsh application of authority. All over Europe the young males were taught to shape up for battle.

That military training was aimed at reducing the cultural restraint to apply violence and to kill effectively, as it has been stated clearly later[25]. Other, much more indirect cultural forms of preparation included encouragement for youth to take part in violent group games and sports, learn to live with danger, or to drill from an early age. The early automobile, which was exclusively sports orientated, was fast, exciting, threatening for non-users, and dangerous for users, too, fitted into this framework. It can be linked with the violent strains in youth culture of all ages. But the link between socially valued violence, aggression and individual mobility was not limited to youth culture. Nor was it limited to motor cars. This was even more evident for early aviation or motor boat racing. These activities were even more risky and therefore more highly regarded and prestigious[26]. I argue that danger, violence, and aggression were no arbitrary features of early motor vehicles but were at the core of this new technology, forming an important part of its attraction. These qualities were central for their marketing, for their adoption by the early users and an important element of their social image. But again, the core question seems to me: Did the aggressive mobility machines (I deliberately include here speedboats and aeroplanes) merely fit into this drive towards war? Did they assume – or were they given? – more active roles?

Violence, mainstream culture and counter-culture

Many older cultural features of the 19th century were modernised and "motorized" before 1914. Romantic ideas of "free roaming", of travel, enjoyment of landscapes and closeness to the forces of nature were revived and relived by early motorists. This was reflected by the Bavarian poet Otto Julius Bierbaum, travelling on a "sentimental journey" by automobile to Italy. He claimed that the enjoyment of travel by motor car brings people "closer to Goethe". For him this new type of journey is in true romantic spirit. To preserve and strengthen the notions of the "One and Only" (Max Stirner), to keep active the desire

24 See Keegan, J., The Face of Battle. New York 1978.

25 See Grossman D., On Killing. The psychological cost of learning to kill in war and society. Boston 1996; Marshall, S.L.A., Soldaten im Feuer. Frauenfeld (11.–12. edition) 1966 (first as published Men Against Fire, 1946).

26 See Wohl, R., A Passion for Wings 1994.

to "free roaming", motor cars are regarded as essential, updating the romantic ideal of traveling by the application of technology.

Less harmless is the "motorisation" of other features of thinking. The vitalistic longing after the most intense and therefore most dangerous way of life, for instance, gets another push by mechanisation. A new type of motorized vitalism evolved, stressing the heightening of spirits, the "fuller life" induced by danger and speed of motor cars. This is true for the prevalent culture of decadence around the turn of the century, too. This decadent mood got updated by the new mobility machines, airplanes and cars. What happened was a motorization even of decadence ideas. "Embracing death"; "to die in beauty" (Ibsen, Nora) were common figures of thinking, celebrating risk and even death as a dignified form of decay. Vitalism as well as decadence included the idea of a "desired" death.

On the other hand, violence was highly regarded in the mainstream culture as well as in certain parts of the counter culture ("hearing the word 'culture', I cock my Browning"; Hanns Johst). Recently, the aggressive and militaristic strain in the German youth movement has been researched[27].

Elsewhere, the Italian Futurists praised "violence, the only hygiene of the world". Typically, the narrative in the Futurist Manifesto centres around a reckless and dangerous drive in a motor car ending in an accident after avoiding a swerving cyclist. Despite being injured, the futurist motorists laugh about their fate. They "dictated our intentions with bandaged arms to all men on earth", laughing about their injuries and welcoming their fate. In this contexts death could appear as a female lover ("la morte"), as in Marinetti's Futurist Manifesto, where the driver proclaimed: "The beloved Death overtook me at every corner and gave me civilly his paw". A truly "poetic" death would be no longer caused by consumption or a "broken heart" but by road or air accident. This rendered dying into something much more "serious": Whereas the earlier decadents played with the idea and the symbols of a passive, beautiful death, with Futurism it became more violent, harder, colder. The poetic desire for "dangerous living", for maximised risk coupled with enjoyment and for danger as the highest possible form of human existence was widespread among poets and artists of the "Art Revolution" after 1910. Expressionists, Dadaists, Futurists[28] and others formed specific cultural patterns of a violent aesthetic[29].

---

27 See Ille, G., Von andrer Art gibt's jetzt 'ne Fahrt. Die bürgerliche Jugendbewegung an der Schwelle des Ersten Weltkrieges. In: Berliner Geschichtswerkstatt (ed.), August 1914: Ein Volk zieht in den Krieg. Berlin 1989, p. 49–59; Wolschke-Bulmahn, J., Kriegsspiel und Naturgenuß. Zur Funktionalisierung der bürgerlichen Jugendbewegung für militärische Ziele. In: Jahrbuch des Archivs der deutschen Jugendbewegung 16 (1986/87), p. 251–270.

28 See Möser, K., "Knall auf Motor" – Die Liebesaffäre von Künstlern und Dichtern mit Motorfahrzeugen 1900–1930. In: Landesmuseum für Technik und Arbeit in Mannheim (ed.), Mannheims Motorradmeister. Franz Islinger gewinnt die Deutsche Motorradmeisterschaft 1926. Ausstellungskatalog. Mannheim 1996, p. 18–29.

29 See Gendolla, P./ Zelle, C. (eds.), Schönheit und Schrecken. Entsetzen, Gewalt und Tod in alten und neuen Medien. Heidelberg 1990.

There was another common view: Parts of the avantgarde as well as the cultural mainstream shared the notion that aggression was by no means deplorable or detestable but noble, valid and necessary. They shared a pose of "heroic acceptance" of, and even enthusiasm for, violence, struggle, triumphant victory, and lethal defeat. These updated and "technicised" vitalistic ideas formed a strong vein within the "Ideas of 1914", the enthusiasm for the start of the war during the "heady" August days of this year. This "bellicist" vein of vitalism linked up with the technologically patterned world.

Of course, this is linked with yet another of the vulgar ideologies or "hooded religions", as a bestselling book of the Twenties termed it[30]: social darwinism. The idea of an ongoing struggle for survival and the "survival of the fittest" lent itself to an application on the rival situation on the roads. Driving, therefore, could appear as a biologically determinated activity whereas automobilists were able to perceive themselves as an evolutionary higher species, better adapted to the new demands of the modern world, having faster reactions, higher evolved senses, and better intellect. Some contemporary psychologists backed these ideas. Alfred Adler for instance stressed aggression as being a driving force of man. He saw it as a means to gain satisfaction in a harsh environment: "From the moment of birth, a child tries to gain pleasure. But the child is small, the world seems determined to thwart it. So a drive develops that makes the child fight for satisfaction. That is the aggression drive." His "Individualpsychologie" interprets aggression as a way to overcome and compensate one's inferior complexes. To be weak can be compensated by brutality and aggression: "By acting out of these feelings inferiority becomes superiority, powerlessness becomes power"[31]. Of course, around 1900 any decadence ideas were offset by a mainstream of optimism and progress which was also linked with technology. But the social esteem for any neglect of danger was a common feature in the German bourgeoisie as well[32]. Among the right-wing politics in the Weimar republic the esteem for danger and sacrifice became even more widespread. Seen in retrospect, Ernst Jünger's ideas in the period before 1933 were most significant since he linked disdain for "quiet living" and pacifist tendencies with an attitude of the "heroic acceptance" of modernity even in its most unpleasant forms[33]. A new cult celebrating the "dangerous moment" evolved[34] for which cars and aeroplanes became favourite paradigms. In this complex of ideas, the link of danger and speed was crucial.

---

30 See Bry, C.C., Verkappte Religionen. Gotha / Stuttgart 1924.

31 "Durch das legitimierte Ausleben dieser Gefühle wird Minderwertigkeit zu Höherwertigkeit, Ohnmacht zur Macht." Quoted by Ansbacher, H./ Ansbacher, R., Alfred Adlers Individualpsychologie. München (4) 1995, p. 95.

32 See Vondung, K., Kriegserlebnis. Der Erste Weltkrieg in der literarischen Gestaltung und symbolischen Deutung der Nationen. Göttingen 1980.

33 See Sieferle, R.P., Die Konservative Revolution. Fünf biografische Skizzen. Frankfurt/M. 1995.

34 Jünger, E., Der gefährliche Augenblick. Eine Sammlung von Bildern und Berichten. Ferdinand Bucholtz (ed.). Berlin 1931.

The metaphors of aggressive motoring

In order to perceive, understand and to culturally integrate the new mobility machines, around 1900 specific metaphors and new forms of talking about automobiles and automobilism were developed[35]. Cars were described as "steeds"; linking them with the old horse culture, or as other organic or living creatures, even as semi-humans. The complex images employed to integrate automobility in the older cultural patterns included the comparison of the relation of driver and vehicle with the Centaurs, in this case new beings made from human tissues and machine parts. The close and "symbiontic" relationship between the drivers and their machines involved deep understanding and united acting – a not implausible likening to the horse-man-beings of the Greek mythology[36].

Typical for yet another cultural representation of the conflicts between automobilists and other road users was the construction of a conflict between the sane and the cranks. These could be the "mad" motorists, driving reckless and without civil regard for others, or the "mad" or retarded backward-looking enemies of automobilism, fighting a lost cause against the force of Progress, represented by speeding mobility machines. The mad, consequently, had to be disciplined, contained, or cured. The necessity of a cure was mandatory in yet another conflict framework: that of the sober and the drunks. Automobilists were described as victims of a new type of intoxication or drunkenness: the "speed euphoria" ("Geschwindigkeitsrausch"). As in any drug-induced state this was seen as mixing increased enjoyment with danger. The drunkenness metaphor points at the narrow ledge between maximised ecstasy and mental (or literal) crashing when speeding with an automobile. But there was a diametral opposition between perception from outside and from the perspective of the driver in the matter of control.

A further significant field of metaphors linked them with war, battle, or duels. Again, we have a close similarity to aviation: The "duel in the air", an expression which was familiar in Germany to describe the races during air meetings, long before the beginning of air fighting over the trenches of the Western Front, or the "duel on the racing track", the "battle of the motors", were becoming fixed topoi and common figures of speech. V. Saldern has explored these for the 1920s and the National Socialist period,[37] but many of her observations could be backed by much earlier quotations. Before 1914, many of these "knights of the air" started their dangerous activities on the hardly less dangerous field of cars and motorcycles or road racing. But also, everyday motoring was perceived in these patterns: To interpret the interaction of drivers with other drivers and with other

35 See Link, J.,/ Reinecke, S., "Autofahren ist wie das Leben". Metamorphosen des Autosymbols in der deutschen Literatur. In: Segeberg, H. (ed.), Technik in der Literatur. Frankfurt/M. 1987, p. 436–482.

36 See Möser, K., Knall auf Motor 1996, p. 24–29.

37 See Saldern, A. von, Cultural Conflicts, Popular Mass Culture and the Question of Nazi Success: The Eilenriede Motorcycle Races, 1924–39. In: German Studies Review 15 (1992), p. 317–338. Available at https://doi.org/10.2307/1431169.

road users in terms of a battle had become common. This was not a privilege of racing drivers. Even a common drive could develop into battle-like informal racing when a family car was overtaken and "forced into the dust". There are numerous instances reported[38]. Again, research into the images which were employed in other European countries would be necessary for a comprehensive analysis.

The battle comparison itself was transformed historically and romantically. It was not alluding to modern warfare but referred to archaic, pre-modern battles. Automobilists and aviators were re-interpreted as medieval "knights". Formal or informal races could therefore be seen as tournaments or medieval clashes of horsemen. This allowed a dignifying contextualisation, a euphemistic downplaying of any violence and an increased status of the participants – very much like the cultural anticipation before 1914 of the "real" battles in a future war. Death and wounding, too, did develop a set of interpretative metaphors: Death on the battlefield and death on the road were seen as similar and were described similarly. The ultimate aim was "sacrifice": soldiers dying on the altar of the Fatherland and racing drivers, participating in grand national races like the Gordon Bennet Coup were seen as dying for a larger cause. Around the turn of the century all international sports events became highly charged with nationalistic tones. Especially death and wounding on the road became related to the "honourable" death of heroes. To give a much later example, Hitlers funeral speech for the killed record driver Bernd Rosemeyer in 1938 employed the by then familiar pattern linking those killed in races with those fallen in a battle "for Germany". The iconography of remembrance for death on the "field of honour" and on the road, therefore, resembled each other closely. Consequently, the memorial for "fallen" automobilists linked with the common types of war memorials. C. Lefèvre's monumental memorial opened in 1907 in Paris for Émile Levassor, who died in a car crash, employed the full repertoire of classical sepulchral art.

Another noble cause to die for was less nationalistic: Progress, or the propagation of the modern world which was deemed a next step in the evolution of Man. This implied the diffusion of the new, dangerous, but evolutionary necessary technologies. Especially in aviation sacrifices for progress were deemed as unavoidable. Karl Vollmoeller's poem "Volare necesse est" (1912), which transfers the necessity to sacrifice lives for a higher good from shipping to aviation is a case in point. The last word of one of the earliest documented victims of flight, Otto Lilienthal, was reported to be "Sacrifices have to be made" ("Opfer müssen gebracht werden"). Racing drivers, too, living at the cutting edge of automobility and exploring the limits of performance of their "steeds", were regarded as giving their lives for the development of better technologies. Even today the official history of DaimlerChrysler links the development of the faster but apparently safer Mercedes in 1900 with a lethal accident of a company driver. His "sacrifice", it is suggested, led to a decisive modernisation of car technology.

38 See e.g. Diesel, E., Autoreise 1905. Stuttgart 1941.

This raises the question of the "modernity" of automobile culture as a special field of technology culture around 1900 – a question that could prove to be quite as controversial as the question how "modern" the technological culture of National Socialism had been[39]. Automobilism displays a similar ambivalence. The "Art Revolution" around 1910, too, had emphatically progressive features as well as archaistic or backward-looking elements[40]. Likewise, automobilism seems to combine archaic heroic ideals of knighthood and courage with specifically modern qualities, especially the personal relationship with technology. Of course, there were common qualities required by the old and the new elite, like "quickness" of reaction, disdain for danger, the "mastering" of speed and situations laced with danger. This has a distinctly aristocratic and elitist approach: Only selected few were seen as able to cope successfully with the new mobile danger culture. Consequently, when it was necessary to go beyond the upper class in recruiting drivers, pilots or tank crew scientific selection mechanisms and aptitude tests had to be employed[41].

Automobilism as conditioning for the demands of the modern world

There was another important social role the automobile was given by many supporters after 1900: the idea that the use of this machine was a valuable training ground for the demands of society. Cars were seen as objects perfectly suited to teach "social survival" and to cope with modernity which was pictured as increasingly violence-dominated, harsh, without compassion and mercy:

> "The fights with his mechanism a motorist has to do leads often to bitter anger and sorrows. But the good side is that this creates precious qualities like patience, skills, inventiveness, and courage. Our motorist will therefore accept all adversities of the road without despair but with laughing: for the automobile bestowes strength of will"[42]

Linked with this idea was the suggestion to use technology or its projected image as a tool for aggressively modernizing a backward society. Contact with cars, like each activity involving mobility machines, was seen as having an impact of rendering societies and

39 See Emmerich, W./ Wege, C. (eds.), Der Technikdiskurs in der Hitler-Stalin-Ära. Stuttgart / Weimar 1995. Available at https://doi.org/10.1007/978-3-476-03599-8.

40 See Pörtner, P., Literaturrevolution 1910–1925, Akademie der Wissenschaften und der Literatur (ed.), 2 Vols., Darmstadt 1960.

41 See Fack, D., Automobil, Verkehr und Erziehung. Motorisierung und Sozialisation zwischen Beschleunigung und Anpassung 1885–1945. Opladen 2000. Available at https://doi.org/10.1007/978-3-663-09328-2; id., Das deutsche Kraftfahrschulwesen und die technisch-rechtliche Konstitution der Fahrausbildung 1899–1943. In: Technikgeschichte 67 (2000), p. 111–138.

42 "Der Kampf, den der Automobilist manchmal mit seiner Maschine zu bestehen hat, ist gewiß häufig ein bitterer Aerger, eine wahre Sorge, die aber das Gute hat, kostbare Eigenschaften wie: Geduld, Geschicklichkeit, Erfindungsgabe und Muth zu fördern. Er wird deshalb auch alle Widerwärtigkeiten der Straße unverzagt und lachend hinnehmen, denn: das Automobil verleiht Willenskraft". Allgemeines über den Automobilismus (H-n). In: Stein der Weisen 27 (1901), p. 329–334, p. 233.

persons modern. The Futurist movement was acting in Italy with exactly this purpose. This country's culture and industry were seen as lagging behind other European nations, in sore need of a push towards modernity via automobiles and aeroplanes. The collective adaption of motorized mobility with its powerful connected images of speed, danger, power, heroism and romanticism was seen as more useful for this aim than other segments of technology.

To live on the small ledge between life and death, to provoke death, was seen as a central feature of the New Man. Ernst Jünger's specific new "type" of man, the "Arbeiter", was characterized by his specific unconcern with danger. Jünger illustrates this feature of his new man with the image of motor racing. In this activity "the closeness to death appears in connection with high speeds. Speed generates a form of sober drunkenness, and a flock of racing drivers, sitting like puppets at the wheel, gives an impression of the curious mixture of precision and danger"[43]. The same author decreed that the modern type of elitist mechanical warrior – in his case a fighter pilot – must have a "cool head on top of a hot heart", and that within the turmoil of fight a brief glimpse at the dial gauges and control instruments would be essential for success[44]. This thinking attempted to combine mechanization and sensitivity for "the motor" with the desirable qualities of the modern warrior, reflecting an important tendency of the society of the Twenties to reconcile technology and culture.

The quotation above referred to one specific ability of the "new man": to cope with high speeds. Speed was a deeply disturbing feature of early motorized mobility[45] which threatened to break up the old road traffic system. Therefore, speed was regarded as the truly distinctive feature of the new mobility machines[46], despite being predated by the bicycle and its "system-blasting" speed[47]. The new qualities of the user, concentrating on fast driving, developing a sense for other forms of traffic in front, behind and beside him, were seen by contemporary interpreters as unique. Often their expressions were interpreted in the contemporary context of physiognomy – a turn of the century fad – as a new form of "Geschwindigkeitsgesicht" ("speed face").

43 "[...] die Nähe des Todes im Zusammenhang mit hohen Geschwindigkeiten erscheint. Die Geschwindigkeit erzeugt eine Art von nüchternem Rausch, und ein Rudel von Rennfahrern, von denen jeder Einzelne wie eine Puppe am Steuer sitzt, gibt einen Eindruck der seltsamen Mischung von Präzision und Gefahr". Jünger, E., Der Arbeiter. Herrschaft und Gestalt. Stuttgart 1982, p. 148 (first pub. 1932).

44 Jünger, E., Werke. vol. 1, Tagebücher 1, Das Wäldchen 125. Stuttgart n.d.

45 See Radkau, J., Auto-Lust: Zur Geschichte der Geschwindigkeit. In: Königs, T./ Schäffer, R. (eds.), Fortschritt vom Auto? München 1991, p. 113–130.

46 See Kirchberg, P., Die Motorisierung des Straßenverkehrs in Deutschland von den Anfängen bis zum Zweiten Weltkrieg. In: Niemann, H./ Hermann, A. (eds.), Die Entwicklung der Motorisierung im Deutschen Reich und den Nachfolgestaaten. Stuttgart 1995, p. 9–22.

47 See Verfuß, K., Vom anstößigen zum umweltfreundlichen Verkehrsmittel. Anmerkungen zum Fahrrad. In: Sowi 25 (1996), no. 4, p. 274–281.

But this influence of speed on man was no exclusive feature of the users of the new mobility machines: The dangers and attractions of high speeds began to be appreciated by the spectators watching motor and aeroplane racing long before World War I. In the Twenties this became a mass phenomenon. Gravity defying motorcycles in "death rinks" of fun fairs fascinated unprecedented masses of the public as well as poets and high society persons which developed a great liking for these "vulgar" forms of motorized popular culture. After World War I the link between automobility and "manly" qualities had become firmly established. Artur Fürst stated in 1924: "The enemies of the automobile are identical with pacifist and invalid men [...]. At the wheel one will find therefore the cold-blooded, the energetic, in short: the sane men."[48]. This connection had become so common that it was frequently employed by caricaturists. E. Schilling, for instance, depicted the German general elections of 1925 as a violent car race, more as a duel than a democratic exercise.

Widely discussed was the obvious necessity to develop new individual qualifications in order to cope with road traffic and the high speeds of the new mobility machine: Independence, resourcefulness, adequately calm behaviour under stress conditions, "cold blood", the ability to concentrate, to see and think ahead, fast reactions, competence, anticipating other road user's actions. This last point meant that automobilists had to have superior qualifications and behaviour which enabled them to think and react instead and indeed for other, less qualified and less able road users[49]. Last not least it was deemed necessary to learn to cope with the "multi-tasking" of the three distinct segments connected with driving: the serving of a machine, the driving proper, and participating in road traffic[50]. In short: Good automobilists had to develop human "nerves" to their fullest potential. Thus, the enthusiastic supporters of automobilism modernised the typical trivial Nietzscheanism of the turn of the century by creating a "Übermensch" at the steering wheel. The older image of the man-machine Centaur developed a more violent edge, as in Marinetti's "Marfarka the Futurist" from 1912: His new creature made of body tissues and steel combined the "ruler" of the machine with his mechanical aids to form an aggressive hermaphrodite, invulnerable, fast and without sentimentality, able to emerge from an accident even stronger than before. The old, vulnerable and slow man was depicted as a beast from the past.

A special feature where the widespread idea of social darwinism on the road was focused on was overtaking. To leave the "dust shadow" of the vehicle in front and to show one's

48 "[...] die Automobilkritiker identisch sind mit Kriegsgegnern und kriegsunfähigen Männern [...]. Am Steuer sitzen also die willensstarken, die energischen, kaltblütigen, kurz: die gesunden Männer" Artur Fürst, 1924, quoted by Scharfe, M., Die Nervosität des Automobilisten. In: Dülmen, R. van (ed.), Körpergeschichte. Frankfurt 1996, p. 200–222, p. 206.

49 Cf. Filius (= Schmal, A.), Ohne Chauffeur. Ein Handbuch für Besitzer von Automobilen und Motorradfahrer. Berlin (11) 1924, p. 34.

50 See Möser, K., Geschichte des Autos. Frankfurt/M. / New York 2002.

"opponent" that one's machine and therefore oneself was faster, better and more courageous led often to spontaneous races, developing into a bitterly fought contest where both cars were speeding dangerously side by side. The vehicle that completed this manoeuvre successfully was able to have the opponent literally "bite the dust". Contemporary driving textbooks explained this at length, warning sternly that one's "racing instinct" and "natural" aggression must not get out of hand and had to be disciplined. They made clear that drivers had to learn to control their "given" emotions but the authors often voiced their doubts about the success of a control.

Thus accidents, too, had to be re-interpreted and culturally integrated. The new aesthetics of the crash which did emerge after 1900 will have to be explored by future research. Accidents could, under certain conditions, be elevated to aesthetic as well as "manly" or heroic experiences. In the context of "battle" and "sacrifice" a new way of coming to terms with road accidents developed. The ultimate "techno-romantic adventure" ("technoromantisches Abenteuer", Karl Kraus) of fast driving could find a fulfilment in this fatal climax. Typically, the Futurists in the Manifesto of 1912 proclaim their emphatic propagandistic statement after an accident which is narrated after their car had swerved into a ditch in order to avoid an incompetent, "old-fashioned" cyclist. Images of romanticism, the sacred, and the military are employed to lift killed drivers to the height of sacrifices on the altar of technology, progress or the national state, or to make them into heroic "fallen" in the battle-like races, or even elevate them to a spiritual state. The victims are depicted as martyred saints: crashed pilots could appear with a halo, as in Gabriele d'Annunzio's aviator's novel "Forse che sì forse che no" (1910) or in Richard Euringer's novel "Fliegerschule 4" (1929). The idea of "sacred death" of airmen and automobilists, paralleling the "sacrifice" of soldiers or saints certainly is not a national but a European phenomenon. To survive a serious crash could be rendered into a prestigious adventure narrative and thus given meaning. This cultural pattern for re-interpreting accidents could be one facet helping to explain the tolerance most "motorized societies" have against the vast numbers of killed and wounded on the road. That accident victims are still named "sacrifices" ("Opfer") in Germany is typical; this label continues to use the old interpretation.

Another rather typical representation of the inherent mortal dangers of the new mobility machines is eroticism: death appears as a lover, desired and eagerly anticipated. Consequently, the attraction of "embracing death", of literally "loving" danger and submitting to its alluring power was exploited again and again. This, of course, stands in the line of an older tradition: the "danse macabre", an artistic form portraying the personified Death. The common form was a skeleton entering an everyday situation "in the midst of life". The danse macabre was revived after 1900: Hoffmannsthal's "Jedermann" or certain of James Ensor's paintings put themselves into a tradition of representing death in the midst of life. Whereas these artists modernised gently the traditional images, playing with these motifs of a trivialised romanticism, there were on the other hand some much more direct modernisations by combining the "danse macabre" with the new mobility machines. In the collections of the Landesmuseum in Mannheim there is a drawing of 1916 of a pilot and a skeleton boarding a plane from different sides.

The Futurist way to perceive accidents – to play down nonchalantly death and injury, to prepare all motorists for their occurrence – can be often found in a more pragmatic way. Preparation for accidents is a common feature in most motorist's textbooks, especially when dealing with motorcycling. A crash ("fall") is described as a totally normal experience; the authors made novice riders to expect "falls" as a matter of routine. A textbook by Filius dedicated in 1922 a whole chapter to this. He deals with the common causes ("Steine, Hunde und Staub"), preparing riders for injuries, and gives ample advice on coping with the inevitable "woundings"[51]. First aid kits as permanent "memento mori" gained importance.

Consequently, even "bourgeois" authors could employ road accidents as powerful symbols. In an early chapter of Musil's novel "Mann ohne Eigenschaften" an accident involving a lorry and a pedestrian is narrated. Any speculations of the protagonists about the reasons of road accidents end abruptly when the victim is dealt with speedily and efficiently by an ambulance. The quick restoration of order is depicted, and the reassuring mechanisms of official dealing with violence on the road, are shown smoothly at work. Musil depicts this accident between exception and normality, as an intrusion into everyday life, yet at the same time as an occurrence which could be dealt with as a matter of routine.

Class struggles on the road

The 'classical' confrontation of the road, described in detail by contemporary motorists, and interpreted by essayists, journalists, and caricaturists, was becoming class-related. The fights between the speeding, arrogant upper-class driver on his or her motorized warhorse wielding a whip, a helper / squire (the co-driver or mechanic) at his side, and the stone-throwing peasants defending their village road acquired a distinct political edge. The conflicts around early automobilism were recast in the terms of class struggle. "Nothing has spread socialist feeling in this country more than the automobile. To the countrymen they are the picture of the arrogance of wealth", the later President Woodrow Wilson stated[52]. Among contemporary observers there was no doubt that cars represented and spurned class divisions like hardly any other modern object.

Cars adapted themselves as perfect means of expression for conspicuous consumption and conspicuous, arrogant, and openly demonstrated class superiority. Many "nouveau

51 Filius (= Schmal, A.), Die Kunst des Fahrens. Praktische Winke, ein Automobil oder Motorrad richtig zu lenken. Wien (3) 1922.

52 Quoted by Bruce-Briggs, B., The War Against the Automobile. New York 1977.

riche" upper class had become increasingly dissatisfied after 1900 with an only symbolical demonstration of superiority. In owning and driving an automobile, a form of conflict could be re-established which appeared attractive for those which were dissatisfied with any "taming" or de-escalation of class conflicts. The "new" social class was more hedonistic, more inclined to showing off and less reluctant to show wealth and to practise demonstrative class superiority. No wonder they took to the motor car after initial scepticism. In motor vehicles they were able to show unrestrained their dominance, uniting the power of the engine with their egos, arrogantly speeding through the realms of the lower orders, looking down from their cars as they did from their horses. The view from below did match this: There was widespread hatred against the capitalists who were more and more portrayed by Socialist journalists as using an automobile aggressively. When travelling in Italy in 1905, Eugen Diesel encountered a Socialist demonstration and nearly got attacked by party workers[53]. This confrontation condensed into a symbolic representation of the class struggle. Typical is the painting "Zeitungsträger" by Georg Scholz (1921), depicting a cigar-wielding capitalist in the fond of a chauffeur-driven car, looking down on the emaciated proletarian newspaper vendors[54]. But such a clear-cut picture does not tell the whole truth. Even within the group of motorists there was a strong vein of class distinction, mirrored in the "class" of vehicle one owns. "Angenehm, Graf Dohna, 40 PS" a capitalist introduced himself in a caricature dated 1906[55]. Thus, the "classes" of cars and of persons were linked, as W. Plowden noted for Britain earlier[56]. An automobilist could easily establish superiority by driving a more powerful car or buying a more prestigious brand. The German automobile clubs mirrored the social stratification of the car culture[57], the "Kaiserliche" reserved for gentlemen with private means and good social standing, whereas the drivers of lesser vehicles like motorcycles or those not qualified as "gentlemen" joined the "Mitteleuropäische Motorwagenverein" or the later "Allgemeine Deutsche Automobilclub"[58]. The social divisions were also maintained in order to be able to distinguish between "true" motorists and "upstarts", the latter being rude, uncivilized, and boasting. A "true" German motorist could claim that there are pleasures of automobilism the "motoring upstarts" could not enjoy: Independence, air frottage, and the romantic notion of the open road "provide a joy of living which is more refined and much tastier than the usurping bossiness and showing off of a minority, the motoring riff-raff"[59]. The Kaiser, regarded by many as the "upstart on the throne", did fit into this picture: His enthusiasm for motor cars was after initial scepticism great. After 1906 he would use with

53 See Diesel, E., Autoreise 1905. Stuttgart 1941.

54 See Zeller, R. (ed.), Das Automobil in der Kunst 1886–1986. Catalogue. München 1986, p. 71.

55 See Zeller, R., Automobil – das magische Objekt in der Kunst. Frankfurt/M. 1985, p. 239.

56 See Plowden, W., The Motor Car and Politics 1896–1970. London 1971.

57 See Haubner, B., Nervenkitzel und Freizeitvergnügen. Automobilismus in Deutschland 1886–1914. Göttingen 1998.

58 See ibid.

59 "[...] gibt ein Gefühl von Köstlichkeit zu Leben, das doch etwas Feineres und Höheres ist als der anmaßliche Herrenprotz eines Bruchteils, des Kraftwagenpöbels". Heyck, E., Die Kultur des Reisens. In: Moderne Kultur. Ein Handbuch der Lebensbildung und des guten Geschmacks. vol. 2, Stuttgart / Leipzig n.d. (1900), p. 361–388.

relish the cars of his extensive pool[60], a blaring horn signalling with a special sound code the approach of the "Allerhöchste" ("most august") automobile. Speed and road aggression were a matter of distinction not only for men but for women, too. There are many accounts of women overtaking dangerously, entering into competition with other drivers[61], and feeling at par with men when being at the wheel[62]. Without going deeper into these gender issues of early motoring[63], it has to be noted that the automobile-based aggression culture was not limited to men, and that participating in it, women could help their emancipation process, as Virginia Scharff has pointed out.

The class character of automobiles after 1900 cannot be discussed properly, though, without researching into the European horse culture[64] around 1900. Mechanisation obviously fitted well into a much older constellation typical for the symbolic representation of the relation between the European upper classes and the "other ranks": the horse rider above, the pedestrian below. Height, means of transport and rank were linked. In this case, too, there seems to have been a modernisation by mechanisation of the old horse culture and its social representation by private automobiles. In order to understand the transition from old to new mobility it would be mandatory to reconstruct the social implication of horse riding and coach driving before the turn of the century, as it would be necessary to investigate the transition of symbolic representation of mobility in different European societies.

Road conflicts

Automobiles entering the pre-motorised road traffic were disturbing in many ways: by speed, dust, noise, fumes, recklessness, or the anonymity and fast disappearance of their seemingly faceless drivers[65]. A quote from 1907 sums it up: "A horseless carriage passed by with considerable noise. On it were sitting disguised shapes with big goggles, and a dragon's tail of dust and nasty smoke trailed behind"[66]. This intrusion sparked off an often

---

60 See Vrijaldenhoven, F.B., Des Kaisers Landmarine. In: Markt für klassische Automobile 1 (2000), p. 182–184.

61 "Women are created to compete, and the compete on every field – why not in Automobilism, too?" ("Die Frauen sind nun einmal geschaffen, zu rivalisieren, und sie thun es auf jedem Gebiete – warum nicht auch auf dem des Automobilismus?") Forsten, H., Automobilismus. Die Pariser Weltausstellung in Wort und Bild. Berlin 1900, p. 109–111, p. 110.

62 Utermöhlen, B., Margarethe Winter – eine Automobilistin aus Buxtehude. In: Schmidt, G. (ed.), Technik und Gesellschaft. Jahrbuch 10: Automobil und Automobilismus. Frankfurt/M. / New York 1999, p 271–280, p. 276.

63 See Scharff, V., Taking the Wheel. Women and the Coming of the Motor Age. New York 1991.

64 See Thompson, F.M.L., Nineteenth-Century Horse Sense. In: Economic History 29 (1976), p. 60–81. Available at https://doi.org/10.1111/j.1468-0289.1976.tb00240.x; id., Victorian England: The Horse-Drawn Society. London 1970; id. (ed.), Horses in European Economic History: A Preliminary Canter. Reading 1983.

65 See Möser, K., Geschichte des Autos, p. 77–80.

66 "[...] mit erheblichem Lärm ein pferdeloser Kutschwagen vorbeikam. Obenauf saßen vermummte Gestalten mit großen Brillen, hinterher wirbelte ein Drachenschwanz von Staub

violent "Autofeindschaft" by other road users, and counter-violence and dominance fantasies from automobilists. These road conflicts can be interpreted as fights for the definition about the purpose of the road: whether it could be regarded as a multi-purpose public space or a more or less exclusive transport highway. But these conflicts about the different interests of automobilists and other road users and their "right of way" were in most European countries acted out violently. Stone throwing was familiar; contemporary textbooks taught how to cope with this common concomitant of open road traveling. Not infrequent lynchings of speeding drivers who had injured or killed other persons did happen. In some instances, barricades had to be put up to stop culprits. By non-motorists "car traps" ("Autofallen") were set up. This rather ambivalent term could mean a deliberate attack on automobilists but became in Germany also a term for concealed local policemen trying to control and punish speeding drivers. A notorious attack on motorists in Hennersdorf in 1913 by a steel rope attached between trees killed a couple by decapitation and injuring their daughters seated in the back. After this incident many motorists equipped their cars with wire guides ("Drahtabweiser"). French paramilitary "franctireurs" were expected to use similar wires for attacking German staff or despatch vehicles behind the lines. These began using similar "Drahtabweiser" in 1914, too – an interesting connex between road battles in peace and war.

But this was by no means the only weaponry used on both sides. Most German automobilists carried whips to be used against children trying to hitch a ride, "dog bombs" against aggressive animals, and even pistols which were freely available in Germany before 1914. Apart from weapons, the conflicts between automobilists and other road users were fought from both sides with articles, legal action, political pressure, verbal and bodily attacks. A striking example for the literary rendering of those road wars was the episode "Hunt for Automobiles" in Hermann Hesse's "Steppenwolf" (1927). The clash of technology with the pastoral is allegorically represented in the outbreak of war between machines and men:

"The battle between people and machines, long prepared, long expected, long feared, was starting now. The conversation between one of the hunters and a victim driver links speed and aggression: 'Why did you shoot at us?' 'Because you went too fast'. 'We drove with normal speed'. 'What was normal yesterday is not normal today, Mr. Attorney. We think today any kind of speed a car has is too fast. We destroy all cars now, and all other machines, too'"[67].

und üblem Dunst", quoted by Gläser, H.H., Via Strata. Roman der Straße. Wiesbaden / Berlin 1987, p. 71.

67 "[...] es war der Kampf zwischen Menschen und Maschinen, lang vorbereitet, lang erwartet, lang gefürchtet, nun endlich zum Ausbruch gekommen [...]. 'Warum haben Sie denn auf uns geschossen?' 'Wegen zu schnellen Fahrens'. 'Wir sind mit normaler Geschwindigkeit gefahren'. 'Was gestern normal war, ist es heute nicht mehr, Herr Oberstaatsanwalt. Wir sind heute der Meinung, es sei jegliche Geschwindigkeit, mit welcher ein Auto fahren möge, zu groß. Wir machen die Autos jetzt kaputt, alle, und die anderen Maschinen auch'". Hesse, H., Der Steppenwolf. Frankfurt/M. 1971, p. 196 and p. 201.

Hesse is alluding to an ongoing debate about the cultural value of technology and machinery in Germany, and on the forms of resistance the representatives of the "old" culture can put up against them. But his allegory has a distinctive bend towards civil war on the road. In his narrative the limits of violence the cultural conflicts are acted out with have broken down.

Car historians have been tempted to interpret any resistance against automobilism as antimodernist, backward struggles by marginalized lunatics, fighting for a lost cause, and likening them to the Luddite "Maschinenstürmer" (also a play by the expressionist Ernst Toller, 1919). But one has to avoid the trap of adopting the winner's, i.e. the motorist's, viewpoint and simply joining the arguments of the motorists in this historic conflict. Unfortunately, most popular writers looking into conflicts around the emerging automobilism failed to recognize the wider significance of these civil-war like events. Some researchers have drawn conclusions within the automobile culture but failed to put them in wider political and social contexts.

Dangerous races, nationalism, and public fascination

A possible critical point against my concept could be the notion that automobilists and pilots living in close contact with danger and violence formed only a minority. But this minority had a cultural impact as well as a practical: Watching aeroplanes and automobiles draw huge crowds and brought them in contact with the high drama of car and bike racing and consequently with the dangers of the new mobility machines. Earlier, cycle racing had set the new trend towards mass watching of technology orientated sports and towards mass spectator sports. That the Olympic games were revived just before the turn of the century was symptomatic. Dramatic moments and the results of the stop-watch were more and more published in the then new mass media. In fact, the organizers of dangerous races or attempts to break records on the road and in the air formed a powerful coalition with the emerging "yellow press" and its entrepreneurs. Typically, the most prestigious automobile race before the War was initiated by the US press tycoon Gordon Bennett. A co-evolution between sensation-seeking crowds and daring, death-defying motorists occurred. Speed in itself and its inherent dangers[68] became a "drug" for participants and watchers alike. Attracted by sensational journalism, crowds gathered along the streets and later, when racing on public roads war phased out due to the high rate of accidents, in the most dangerous curves. They watched, anticipating – in fact even to waiting for – accidents which did happen often enough. Often not only the participants but the spectators, too, became victims. The notorious Paris-Madrid race in 1903 claimed several dead and injured bystanders and was abandoned. This foreshadowed the notorious Le Mans crash of 1955 which provoked Mercedes-Benz to retire from racing. But people

68 See Radkau, J., Auto-Lust: Zur Geschichte der Geschwindigkeit. In: Königs, T./ Schäffer, R. (eds.), Fortschritt vom Auto? München 1991, p. 113–130.

killed never proved to be a problem. For spectators a new collective attitude towards danger, speed, accidents and death evolved. Racing, crashes being expected and curiously watched, injuries and death becoming common sights, was a conditioning of the masses for things to come, for the ultimate industrialized violence in the next war.

Yet another element of pre-adaptation for war was the combination of crowds and dangerous races with nationalism. The most prestigious international races ruled that drivers or pilots and their machines and engines had to be strictly from one nation. Thus, a link of nationalism with automobiles or aeroplanes became mandatory. The rivalry of individuals and engines developed into a rivalry of nations. National dominance could now be proved by the collective virtues of engineering "ingenuity" and production quality as well as by courageous, daring individuals. For the European crowds the great European pre-war races with their new industrialized heroes were a school for the new complex formed of aggressive nationalism, technology and competition and its popular diffusion. Together with the iconography of peace-time manoeuvres, racing did much to prepare and precondition for mechanized warfare. A rather significant anecdote: The French automobile racing "pilots" shouted "A Berlin!" in the last great pre-war race. This shout was repeated in a totally different context in August of the same year[69].

The "offensive spirit" and dangerous mechanized sports

The French and German military doctrine after the 1870–1 war favoured the attack as the only adequate, noble, and accepted means of battle. Despite taught by military authorities as the only way to cope with the effects of modern rapid-firing weapons, defence was somewhat in disgrace and was seldom properly practiced. There was stressing of the offensive spirit throughout Europe: "the French doctrine of the 'offensive a l'outrage' matched the ancient Prussian doctrine"[70] of the "Preußische Offensivgeist". The mainly "moral" advantages of the offensive were numerous: one could "dictate" the activities of the battle and "force one's will upon the foe". The resulting mass attacks were seen as "the only way of wrestling down the enemy".

The duty of the younger subaltern officers, the platoon or company commanders in the infantry and cavalry, was to lead their men into battle. On them the success of these all-out mass attacks was largely based. Their social prestige was partly based on aggression and the successful preparation for future battles[71]. Consequently, they were encouraged

---

69 See Strobel, A., Automobilismus in Deutschland. Industrieller Aufbruch, Rennsport, Clubs und Industrie. In: Landesmuseum für Technik und Arbeit in Mannheim (ed.), Räder, Autos und Traktoren. Erfindungen aus Mannheim – Wegbereiter der mobilen Gesellschaft. Mannheim 1986, p. 48–67.

70 Militärgeschichtliches Forschungsamt (ed.), Deutsche Militärgeschichte 1648–1939. vol. 9, Herrsching 1983.

71 See Adams, M.C.C., The Great Adventure. Male Desire and the Coming of World War I. Indianapolis 1990.

to exercise extensively for their wartime duty during peace periods. This led to an eager adoption of the most dangerous sports, preferable those which were useful in the "real test" of battle. Steeplechase and long-distance horse races, especially the "Military" riding sport, became popular among younger officers. These events became eagerly contested and their participants ran a high risk of becoming injured or even killed. These activities were often sponsored by their units in case the "private means" of the officers were not ample. In the case of motoring this did not go so far as in the case of aviation where younger German officers flocked to the flying schools, their schooling often being paid by the army. Flying became an even more dangerous and thus more prestigious activity[72] than motoring, a kind of cutting-edge "super-automobilism" which influenced strongly the motoring culture[73]. Motoring, too, was done under the benevolent eyes of their commanders who encouraged officers to learn to drive in order to use this "art" in their military employment. After the turn of the century risk-orientated automobility, aviation, and military motorization combined forces. Numerous personal links were established: The former racing driver and "gentleman mechanic" Capitaine Genty was made automobile advisor of the French army, commanding from 1903 the new "corps d'automobiliste militaire" and constructing in 1908 a machine gun carrying "automitrailleuse" which fought insurgents in Northern Africa[74], making it the first military car actually in combat.

Many such ideas and efforts originated from "below" and were made by younger officers whereas staffs in general were more sceptical. The result of the civilian use of risk-orientated mobility machines was preparation and "pre-adaptation" for the mechanized war of the future. No wonder that many utopian novels and ideas after the turn of the century combined road vehicles and battle[75]. Most utopias of war before 1914 assumed that the next European conflict would be a mechanized one, fought by aerial fleets or "landships". Typical for this is H.G. Wells' novel "The War in the Air" of 1904. On the surface these utopias seemed to clash with the idea of a bucolic, romantic war which was revived in 1914. But the common denominator was a desire for "sacrifice" and a longing for death which could take the form of a pre-modern or a mechanized battle. Combinations were possible, as in an illustration of a future "battle of Petrolewna" fought by automobile- and motorcycle-mounted cavallerists. This seemingly "humoristic" plate illustrated the official catalogue of the Gordon Bennett race in 1905.

---

72 See Asendorf, Ch., Die Luftfahrt und der Wandel ästhetischer Leitvorstellungen um 1910. In: Jahrbuch für Wirtschaftsgeschichte 2 (1999), p. 51–62. Available at https://doi.org/10.1524/jbwg.1999.40.2.51.

73 See Möser, K., Amphibien, Landschiffe, Flugautos – utopische Fahrzeuge der Jahrhundertwende und die Durchsetzung des Benzinautomobils. In: Hertner, P./ Schott, D. (eds.), Jahrbuch für Wirtschaftsgeschichte. Zukunftstechnologien der letzten Jahrhundertwende: Intentionen – Visionen – Wirklichkeit. Berlin 1999, p. 63–84. Available at https://doi.org/10.1524/jbwg.1999.40.2.63.

74 See Ellis, C./ Bishop, D., Military Transport of World War I. London 1970.

75 See Möser, K., Landschiffe, p. 63–84.

Car culture and the preparation for war: The Kaiserliche Automobilkorps and subsidized lorries

Important for the militarisation of the image of early motoring in Germany became the Kaiserliche Automobilkorps, a paramilitary organization of "Herrenfahrern" ("gentlemen drivers") who had to join the army together with their automobiles and their mechanics. In the beginning of the war there were no staff vehicles incorporated in the army organization at all. The Kaiserliches Automobilkorps which later was joined by the Kaiserliche Motorbootkorps was founded in 1905, encouraged by the Kaiser's automobile promoting brother, Prinz Heinrich. Many upper-class motorists joined voluntarily this prestigious formation. One reason was the fact that its members were given a temporary reserve officer's commission – much sought after among upper middle-class persons. Their mechanics were awarded the rank of NCOs. This paramilitary corps therefore was combining the fascination for the army, the prestigious role of officers and motorisation, a combination which was typical not only for Wilhelmine Germany but for the "Europe of the soldiers" before 1914 at that. Finally, this obviously attractive organisation filtered down: Later even volunteering motorcyclists could become military despatch riders in the new "Kaiserliche Motorfahrer-Korps". Neither for these nor for the Automobilkorps military training was regarded as necessary requisite. The ability to drive was enough. In wartime it would become evident that "to practice automobile sports in peacetime was highly advantageous for steeling one's body and to refresh one's mind". Races and important rallyes before the war were seen as "exercises for a duty which later had to be done"[76]. Consequently, in the early enthusiastic phase of the war and especially during the "spirit of August" 1914 the Kaiserliche Automobilkorps along with the newly founded "Freiwillige Automobilpark der OHL" proved to be active and "kaisertreu", loyal to the Supreme Commander. The "gentlemen drivers" gave up their initial opposition spirit which was evident in the early phase of motoring. Instead they became part of the German war organisation, supplying the staff vehicles the German armies were completely lacking. But in the course of the war, with the transition towards a society fighting increasingly desperate, the gentlemen drivers of the Automobilkorps lost their exclusive status: From May 1915 they became formally enrolled in the officer's list and therefore officially part of the army which meant part of the organisation of total warfare. The paramilitary automobile corps became simply a military unit.

Part of the preparation for a mechanized transport system was the subsidizing program for lorries which several European powers introduced successfully before the War. Germany, France, and the United Kingdom supported cost and upkeep of private trucks in order to use them in wartime. It had been introduced in Germany in 1908, donating 4.000 Marks to persons or companies who bought trucks which fulfilled certain requirements,

76 "[...] vorteilhaft die Ausübung des Kraftfahrsportes im Frieden, zur Stählung des Körpers und zur Erfrischung und Weckung des Geistes war [...]. Vorübungen für eine später zu erfüllende Pflicht". Both quotations from the archives of the Wehrgeschichtliches Museum, Rastatt.

and contributing 1.000 Marks annually for five years to their running costs. In 1908 there were 800.000 Marks allocated to this programme, one year later one Million Marks. Eligible for this program was only a special type of "Subventionslastkraftwagen" ("subsidized truck"). This subsidizing program influenced not only German road transport but helped to shape the direction of lorry technology for years to come: weights, power train, speeds, or tractive efforts were developed according to the demands of the military. But even more important, the army subsidizing program was at least partly responsible for the technological choice of propulsion: Since only utility vehicles with petrol engines were able to be elected, the rival technologies of steam and electricity were suppressed.

For the workers in this military transport system the experience of wartime driving often was familiar. They used and cared for the same vehicles, perhaps driving longer hours on rougher roads with more shoddy "material" and bad petrol. But in several written reminiscences war often appeared as only slight increase of intensity over civilian motoring, adding some more dangers and the risk of being wounded or killed to the common hazards of motoring. The "Kraftfahrerlied" of a motorcycle despatch rider unit in 1915 depicts driving under wartime conditions as peacetime driving plus some intervention by "the foe". Battle experience and common experience are in every epoch closely related – this J. Keegan regards as a general feature. As proclaimed before the war, the qualities of drivers and the qualities of the mechanized soldiers were closely related. "Road battles" and transport in the real battles did have analogies. It is largely agreed that motorisation after 1914 formed a new kind of war[77]. Despite limited numbers, motor vehicles, both as fighting and as transport vehicles, had a profound impact[78] on the fighting itself, and even on creating an embryonic form of "Blitzkrieg" by rapid movement of troops behind the lines. I will not go deeper into the role of motor vehicles in the Great War, nor explore the importance of this war for the specific German path of motorisation in the 1920s and 1930s, having this done elsewhere, stressing the role of this conflict for the cultural "conditioning" of combatants and non-combatants, for the creation of desire for cars which was exploited by National Socialism, for the mass creation of desire for cars in the decades after[79], and finally for the emerging car-centred consumer society. Motorized war was significant for the structure of German motoring between the World Wars: Its experience shaped to a large extent the perception of motor vehicles and the formation of the road transport system. But the complete history of German motoring in World War I and its social consequences has not been written yet. There are primarily contemporary accounts to rely on[80].

77 See Adam, A., Raumrevolution. Ein Beitrag zur Theorie des totalen Krieges. In: Stingelin, M./ Scherer, W. (eds.), HardWar / SoftWar. Krieg und Medien 1914–1945. München 1991, p. 1145–158.

78 See Möser, K., Geschichte des Autos 2002, p. 123–139.

79 See Möser, K., The First World War and the Creation of Desire for Cars in Germany. In: Strasser, S./ McGovern, Ch./ Judt, M. (eds.), Getting and Spending. European and American Consumer Societies in the Twentieth Century. Washington D.C. 1998, p. 195–222. Available at https://doi.org/10.1017/CBO9781139052634.010.

80 See Schwarte, M., Die Technik im Weltkriege. Berlin 1920.

In general, the increased contact of a whole generation of male Europeans (and not a few females) with motor vehicles from 1914 to 1918 did not only familiarize them with these previously exclusive machines but established a firm link between aggression, war and automobiles or aeroplanes. Especially the connection between elite units ("Stoßtrupps") and motorized mobility has been noted. Kittler has explored this for the Italian army and for the genesis of Fascist iconography where automobiles played an important role[81]. His results could inspire similar research into the early history of German National Socialist "Aufmärsche" since a powerful image of motor transport in the 1920s was linked with agitation and collective aggression. To the aggressive image of speed were added components of collectivity. A typical sight in the troubled German civil war years 1918 to 1923 was a troop of soldiers, revolutionaries or militiamen, crowded on a speeding truck, flags waving above. It is remarkable that this image of a type of "public" transport was not limited to the political left. It was employed by Reichswehr troops and the Freikorps of the revolutionary Right alike. Revolution and counter-revolution, extremist aggression, collectivity, and the internal combustion engine linked forces, forming a significantly new image of "modernity". This type of agitation where road vehicles supported new forms of political mobilization of the masses foreshadowed their later use in the 1930s[82].

Aggressive car culture and the contrasting image of peaceful and functional transport

The public images of the early car culture were sharply divided: Whereas automobilists aimed at presenting their driving habits as mainly peaceful and tranquil, and automobilism as a way to revive the bucolic aspects of the country road, the majority of non-car owners portrayed cars as demonic machines and their drivers as dangerous maniacs. Two distinctly different sets of images fell apart: that of "travel" and that of "speeding". The violent image seems at odds with the increased use of motor vehicles as functional means of transport. A new practical, peaceful car culture supplanted an earlier which was mainly danger and adventure dominated. Current research, too, argues that automobiles were transformed after approx. 1910 into less and less risky and more and more practical objects[83]. "Doctor's cars" were seen as typical for this development. This is put into a model that could be described as "From hedonistic vehicle to transport and travel vehicle". Consequently, the history of automobiles is described as a process of domestication, leading to the notion of private motor vehicles being fundamentally pacified, ordinary, or family

81 See Kittler, F., Il fiore delle truppe scelte. In: Gumbrecht, H.U./ Kittler, F./ Siegert, B. (eds.), Der Dichter als Kommandant. D'Annunzio erobert Fiume. München 1996, p. 205–226.

82 See Möser, K., "Knall auf Motor" – Die Liebesaffäre von Künstlern und Dichtern mit Motorfahrzeugen 1900–1930. In: Landesmuseum für Technik und Arbeit in Mannheim (ed.), Mannheims Motorradmeister. Franz Islinger gewinnt die Deutsche Motorradmeisterschaft 1926. Ausstellungskatalog. Mannheim 1996, p. 18–29.

83 See Kirchberg, P., Die Motorisierung des Straßenverkehrs 1995.

objects. For the early diffusion period, a contemporary distinction between a more civilized town car culture and more adventurous cross-country travel is often made. Automobilism around 1900 was seen as being divided into a "flaneur" culture, often linked with women's use of cars in big cities like Paris, and a male-dominated speeding and dangerous racing culture on the "open road". Consequently, "useful" motor cars like family cars were interpreted as "civilized" cars compared to "insensitive brutes" driven by "reckless" drivers.

But I doubt that such contrasting contemporary images of the early car culture were in reality that sharply dividable. Firstly, women didn't drive as "tame" as it was often claimed, as may be seen in the quote above on women drivers in Paris. Secondly, there were forms of interference between an aggressive, competitive and a gentle, pastoral car culture by a phenomenon which was typical: the spontaneous and informal development of races. Often, the tranquillity of a drive ended abruptly when another car attempted to overtake. Many stories of dangerous races against fellow motorists dot the accounts of early automobile journeys. Even drivers alone on the road felt often tempted to try the speed potential of their machines – "to drive what the engine performs" ("fahren, was der Motor hergibt") was a common phrase in Germany.

Thirdly, the "automobile risk culture" did not peter out but retreated more and more into special fields, most notably into racing and motorbiking, but into specialized forms of youth culture, too. "Hot rodding", informal drag racing, power tuning and individual modifications became popular. Other forms of protest and aggression using car cultures and fast driving styles as means of expression are developed again and again and form a strong anti-bourgeois vein in all "motown societies" (J. McNeill's phrase). This "street culture" centred mostly around aggressively styled and "piloted" cars and interacts in various ways with the mainstream car culture, influencing it significantly[84]. Today, many aggressive car subcultures exist side by side with the culturally dominant domesticated car.

But the long trend of the dark side of motorisation is by no means limited to automobile subcultures. It was and is always possible to drive dangerously, to "chase" slower cars, to force others to swerve into a slower lane, in short: to outact socially inacceptable behaviour in road traffic. These aggressive components of today's car culture – "road rage", reckless driving styles, or dangerous youth races – are generally acknowledged. But they are commonly seen as aberrations from a peaceful norm, as exceptional behaviour of a few misled or young automobilists. This view seems to appeal to both critics and supporters of automobilism alike: The supporters can play down any dangerous or aggressive potential of motor cars whereas the critics can claim that aggressively used cars are in the wrong hands and its drivers have to be disciplined. I am arguing, though, that forms of

84 See Möser, K., Autodesigner und Autonutzer im Konflikt: Der Fall des Spoiler. In: Schmidt, G. (ed.), Technik und Gesellschaft. Jahrbuch 10: Automobil und Automobilismus. Frankfurt/M. / New York 1999, p. 219–236.

collective automobile-based aggression are not aberrations of a hypothetical standard but an essential part of the car culture, part of its inherent attraction and therefore at least partly responsible for its extraordinarily successful long-term diffusion.

Putting this into a broader perspective, the central question concerning the success of the road traffic system and individual motorisation in 20th century Europe could be tackled again. I am convinced that by going into the dark sides of automobilism, into the dangerous attractions connected with driving, from the early period of automobile diffusion until today, much could be gained. It has been not fully understood why there is an ongoing success story of such a dangerous technology. In fact, the automobile system is the most lethal technology system man has developed: It has been estimated that in the Federal Republic alone between 1950 and 1985 half a million people died on the roads. Worldwide, this number amounted even 15 years ago to 25 million[85] whereas today there are one million killed on the road worldwide[86]. It is typical that road deaths peaked in Western Germany in 1970 when cars had become faster and more powerful, when advertising stressed the "fun" and satisfaction of driving, and an optimistic, sports-oriented image of automobilism prevailed. In this "naïve" period when the disillusioning experience of the oil crisis and the ecology debate were still in the future, reckless driving had become a habit in Germany. Here the connection between aggressiveness and people-supported successful growth of the automobile system is evident. I am convinced that more phenomena far removed from the foreground picture of a pacified, rational and "naturally" successful transport system would come to light if the long path of dark attractions linked with automobiles would be researched more thoroughly. We should not hesitate to gain insights into these darker attractions of technology, nationalism, and danger.

Submitted for AMES conference, Torino, November 2001. I am indebted to Gijs Mom (Eindhoven) and to Rolf Peter Sieferle (St. Gallen) for many hints.

85 See Wolf, W., Eisenbahn und Autowahn. Personen- und Gütertransport auf Schiene und Straße. Geschichte, Bilanz, Perspektiven. Hamburg / Zürich 1986.

86 Cf. Gietinger, K., Der Tod hat einen Motor. Im Straßenverkehr werden jedes Jahr eine Million Menschen getötet – die meisten davon in den Entwicklungsländern. In: Zeit 16.01.2003, p. 27.

Grenzerfahrungen
Mobilitätsbegeisterung für Auto, Flugzeug und Boot im frühen 20. Jahrhundert

Individuelle Mobilitätsmaschinen und die Mobilitätsrevolution vor 1900

Zwischen 1880 und dem Ersten Weltkrieg kam es zu einer Revolution der Mobilität: Kleine individuelle Geräte wie Fahrräder, Segeljollen oder Paddelboote, aber auch Rollschuhe, und später Automobile und Fluggeräte wurden erfunden und fanden begeisterte Nutzer. Mit den neuen Mobilitätsmaschinen entstand auch ein neuer technischer Stil, eine neue Art des Konstruierens und Fertigens. Während Technik bis dahin schwer und solide erschien und eher schwerfällig wirkte, kam es nun zu einem grazileren und leichteren Technikstil. Typisch dafür war das Fahrrad: Aus leichten Rohren, gepressten Blechteilen, Drahtspeichen und Kugellagern entstand eine Maschine, die das Zehnfache ihres eigenen Gewichts trug und dabei das Geschwindigkeitspotenzial des Radfahrers vervielfachen konnte. Auch die frühen Flugmaschinen entsprachen dem, gebaut aus ungewöhnlichen Materialien wie Bambus, Aluminiumblechen oder Klavierdrähten, transparent und trotzdem kraftvoll, Maschinen, die den alten Menschentraum des Fluges mit neuer Technik verwirklichten.

Kulturgeschichte der Mobilität – nicht nur Erfindungsgeschichte

Aber das technisch Revolutionäre der neuen Mobilitätsmaschinen war nicht das einzige Neue. Denn sie standen im Zentrum von einer neuen Kultur und von gesellschaftlichen Umbrüchen. Räder, kleine Boote, später Autos und Fluggeräte ermöglichten abenteuerliche Fahrten, erweiterten die persönliche Freiheit, veränderten Körpergefühl und das Verhältnis zur Technik. Man erlebte die neue Mobilität oft gemeinsam, in Clubs und Vereinen, und las oder berichtete über Fahrten, Empfindungen, Schwierigkeiten oder Misserfolge. Neue Medien, wie Clubzeitschriften, entstanden. Deshalb hat die Technikgeschichte, um die Mobilitätsrevolution zu verstehen und adäquat zu beschreiben, mehr zu bieten als nur eine Geschichte von Erfindern und Erfindungen: Sie muss die Nutzer ins

Blickfeld bekommen. Mehr noch: Sogar viele, die (noch) nicht Auto fuhren oder flogen, gerieten um 1900 in den Sog dieser Mobilitätsrevolution. Auch die Faszination von Künstlern oder breiten Bevölkerungsschichten ist ein Teil des neuen Blicks auf Autos, Boote und Aeroplane.

Aufreizende Mobilität

Die neuen Mobilitätsmaschinen traten rasch in die Öffentlichkeit und beschäftigten die Imagination von vielen. Medien spielten bei diesem Prozess eine entscheidende Rolle. So wurden beispielsweise kleine Boote durch die Reiseberichte von John MacGregor populär gemacht, der über seine Abenteuer mit dem Kanu „Rob Roy" berichtete, damit diese neue Mobilitätsform bekannt machte und eine Welle der Konstruktion kleiner Boote und der Touren damit in Gang setzte. Berichte von Langstreckentouren mit Fahrrädern, von Rennen und Zuverlässigkeitsfahrten mit Automobilen oder Berichte von „Aeroplanaufstiegen" und den damit verbundenen merkwürdigen Empfindungen von Gleichgewicht, Beschleunigung und Landschaftswahrnehmung weckten großes Interesse und riefen Debatten um den Sinn solcher Unternehmungen, um menschliche Leistungsfähigkeit und um die Konsequenzen für die Empfindungen hervor. Das Eindringen der neuen Mobilitätsmaschinen in kaum erschlossene, exotische Gegenden kombinierte die Faszination durch Expeditionen mit der Faszination durch die neuen Mobilitätsmaschinen. Als der deutsche Offizier Grätz 1908/09 Afrika mit einem in Gaggenau gebauten Automobil durchquerte, kam noch die Möglichkeit der kolonialen Beherrschung dazu.

Publikum und Teilnehmer

Neu war auch, dass nicht nur die unmittelbaren Teilnehmer und Agierenden der Mobilitätsrevolution betroffen waren, sondern ein sehr breites Publikum konnte nun an Grenzerfahrungen mittelbar Anteil haben. Auch wenn nur eine Minderheit mit einem Fluggerät „aufsteigen" konnte, auch wenn schnelles Fahren mir Zweirädern und Automobilen nur wenige praktizierten: Medien und moderne Kommunikationsmittel ermöglichten vielen Menschen, über die neuen Erfahrungstypen mehr zu erfahren. Sie waren Zuschauer bei Steherrennen, blickten über den Zaun, um wagemutige Piloten beim Start zu sehen, standen am Straßenrand oder saßen in den Kinos, um bei Rennen „dabei zu sein". Und sie lasen begeistert über Rekorde und Höchstleistungen. Schilderungen wie „20.000 Kilometer im Luftmeer" des Flugpioniers Hellmuth Hirth wurden verschlungen, und es gab Surrogate: In Achterbahnen oder auch bald schon auf Ausflugs-Omnibussen, zur Not auch auf der Ladefläche von Lastwagen, konnte man den Geschmack der neuen Mobilität kosten. Die Mobilitätsrevolution wurde populär. Neugier wurde zum Massenphänomen. Nicht nur Dichter wie Franz Kafka, der zum Flugmeeting nach Brescia pilgerte, interessierten sich für die neuen Mobilitätsmaschinen. Rennen aller Art zogen neugierige Massen an, die mitunter morbide Interessen entwickelten: Man wollte nicht nur den neuen

Maschinen und ihren Helden nahe sein, sondern auch ihr Risiko und ihre heroischen Kämpfe miterleben. Hellmuth Hirths Luftfahrtbuch spielte typischerweise auf Jules Vernes phantastischen Roman „20.000 Meilen unter den Meeren" an. Technische Fiktion und Realität verschränkten sich.

Rekorde und Helden

Leistungssteigerungen wurden durch die neue soziale Gruppe der Mobilitätsenthusiasten mitverfolgt. Den „Kampf Mann gegen Mann" oder den „Kampf gegen die Stoppuhr" konnte man nicht nur miterleben, sondern auch nachlesen und debattieren. Sekundenzahlen der Rekorde, Ergebnisse der Rennen, Portraits der Sieger, publiziert in speziellen Zeitschriften und bald auch in der allgemeinen Boulevardpresse, wurden begeistert rezipiert. Neue Orte der Mobilitätsdiskurse entstanden: Bis heute haben viele französische Orte ihr „Café du Sport". Sport- und Mobilitätswissen verbreiteten sich; die Gruppe der Mobilitätsinteressierten, die sich für die technischen Daten von Automobilen oder Flugmaschinen und für Mobilitätsereignisse interessierten, nahm rasch zu. Ein neuer Heldentyp der Mobilität entstand und wurde gefeiert. Der Kanalflieger Louis Blériot war einer dieser neuen öffentlichen Heroen, ebenso wie Alberto Santos-Dumont, der Dandy und „fliegende Brasilianer" in Paris, und wie viele der heute namenlosen Helden der Radbahnen und der Flugfelder. Zugleich siegten diese Mobilitätsheroen aber auch für ihre Firmen und, bei internationalen Wettbewerben, auch für ihre Nation. Technisches Heldentum, Nationalismus und Massenbegeisterung gingen eine neue Verbindung ein.

Risiken

Ein Stimulans der Heldenverehrung war das Umgehen mit Risiken: Wer die unfallträchtigen, gefährlichen Mobilitätsmaschinen unter den Blicken der neugierigen Zuschauer „meisterte", wer Krisensituationen überwand, gewann Bewunderung. Respektiert wurden etwa Radrennfahrer, die trotz schwerer Stürze das Rennen beendete, oder Konstrukteurs-Piloten, die trotz Misserfolgen und Abstürzen hartnäckig ihr Ziel weiterverfolgten, wie der anfangs „glücklose" Blériot. Unfälle, Unzulänglichkeiten und Gefährdungen behinderten keinesfalls die Diffusion der individuellen Mobilität, sondern konnten sogar zu Attraktionen werden und die öffentliche Unterstützung verstärken.

Die vielen „Opfer" der neuen Mobilität wurden analog zu den gefallenen Helden der Schlachten behandelt und posthum verehrt. Technisches Heldentum bedeutete Prestige durch „Opfer" und durch kalkuliertes Risiko. Damit passte sich die neue Mobilitätstechnik in das Prestigesystem der europäischen Oberklasse ein: Wie der Offizier durch seine Bereitschaft zum Selbstopfer für die Nation, so stand der Mobilitätsheld durch seine heroische Konfrontation mit dem Risiko weit oben in der Pyramide des Respekts. Um die Toten, Opfer für den technischen Fortschritts, und um die Umstände ihres Unfalltodes entstand ein Faszinosum, und die Instrumente des Totenkults, öffentliche Trauerfeiern und die Errichtung von Monumenten, wurden ihnen zugestanden. Typisch dafür war die Verehrung des abgestürzten Alpenfliegers Jorge „Geo“ Chavez 1910 der Opfer der Langstrecken-Automobilrennen, wie den 1903 ums Leben gekommenen Konstrukteur Marcel Renault. Die Toten der neuen Mobilitätskultur wurden oft zu national-sakralen Figuren.

Raumerschließung

Ein zentraler Reiz der neuen Mobilitätsmaschinen war ihr Potenzial für die Erschließung und „Eroberung“ von Räumen. Kleine Boote, Autos und Räder ermöglichten persönliche Autonomie beim Fahren und Fliegen, ein „freies Schweifen“ jenseits der beengenden Systeme der Gesellschaft, auch ein neues Entdecken der eigentlich bekannten Kulturräume. Dass man auf Straßen und auf dem Wasser auf sich selbst gestellt war, fern von Infrastrukturen, dass man auch zivilisierte Orte etwa durch „Autowandern“, wiederentdecken konnte, übte beträchtliche Faszination aus. Die wahren Abenteuer versprach aber die Eroberung von scheinbar vor-zivilisatorischen Räumen: Kanus „eroberten“ die Wildnis des amerikanischen Westens, Radtouren fanden in der Wegelosigkeit der Wüsten statt, schließlich erreichte man die unerreichbaren Räume der Himmelsferne und der Wolkenlandschaften. Eine Verschränkung von Untechnischem und Technik fand statt: Mit den neuen Mobilitätsmaschinen erschloss man scheinbar unberührte Naturräume und Orte, die eigentlich zum Rückzug vor der technischen Totalerschließung der Welt schienen. Das „freie Schweifen“ durch die Landschaften erfüllte nun ein viel älteres, auf die Romantik und ihren Kult des Wanderns zurückgehendes Ideal. Dass man „mit dem Auto zu Goethe“ zurückfände, und seine sinnliche Art zu reisen optimieren könne, formulierte Otto Julius Bierbaum, der eine „sentimentale Reise im Automobil“ nach Italien unternahm. Die neuen Mobilitätsmaschinen verwirklichten aber auch revolutionär-bürgerliche Sehnsüchte, worüber sich Adorno lustig machte: Die „Fahrt“ der alternativen Wandervogelbewegung fände nun mittels Fordwagen statt. Paradoxerweise konnte die neue Mobilität mittels Technik industrie- und gesellschaftskritisch wirken.

Neue Natur- und Landschaftswahrnehmungen

Damit verbunden waren neue Wahrnehmungen. Zwar irritierte schon die Eisenbahn mit der „Panoramatisierung“ das Sehempfinden der Reisenden (Schivelbusch), aber erst die individuell beherrschte und erfahrene Geschwindigkeit der Räder und Automobile erzeugte einen Sog direkt in die Landschaft hinein. An diesem „dromologischen Blick“ (Virilio) nahmen auch die Mitreisenden teil. Der Fahrtwind im Gesicht, die Beschleunigungsempfindungen, die dynamischen Kräfte in den Kurven oder beim Überfahren von Kuppen machten aus den Automobilreisenden eine Erfahrungsgemeinschaft. Bei Einspurfahrzeugen kam noch die Fähigkeit des Balancierens und des „In die Kurve-Legens“

dazu. Dies alles bedurfte der Gewöhnung; vieles musste von den Erstbenutzern von Rädern und Motorrädern oft mühsam eingeübt werden.

Die Luftfahrt insbesondere konstruierte und formatierte einen ganz eigenartigen Blick. Die Welt von oben erschien merkwürdig zweidimensional; bekannte Landmarken verschwanden, Geschwindigkeit wurde anders empfunden, und die Empfindung des Körpers im Raum änderte sich. Der Blick aus der Höhe und in die Himmelsfernen, zu den Wolkenlandschaften und auf die „angel side of clouds“ (Rudyard Kipling) irritierte die Piloten anfangs heftig. Ein Effekt des Fliegerblicks war die Distanzierung von der normalen Welt unten, eine Abgehobenheit von der nicht-dynamischen Normalität, die in abgeschwächter Form auch die Fahrer von Landfahrzeugen empfanden. Sie empfanden die Landschaft, die sie schnell durchfuhren, als neu und fremdartig, als streifig, verwischt und ohne Details. Das war nicht nur ein neuartiger ästhetischer Genuss, den Künstler wie die italienischen Futuristen adäquat umzusetzen versuchten, sondern bewirkte auch eine Veränderung des Sehens. Radler und Automobilisten mussten ihren Blick nach vorn verlagern und, ähnlich wie Piloten, auch das wahrnehmen, was rings herum passierte. Die Empfindungen und Wahrnehmungsweisen der Menschen gerieten in den Sog der Mobilitätsrevolution.

Mobilitätssozialisation

Die neue Mobilitätskultur gehörte für die nach 1880 geborene Generation zum Aufwachsen. Kinder und Jugendliche wurden schon früh mit den neuen Mobilitätsmaschinen konfrontiert. Waren etwa Fahrräder anfangs teure Freizeitgefährte für sportliche Erwachsene, so wurden sie schon vor dem Ersten Weltkrieg massenproduziert, billiger und verfügbarer. In Automobilen fuhren allerdings nur Großbürgerkinder. Aber auch ohne direkten Zugang zu Rädern und Autos war individuelle Mobilität ein Faszinosum für die neue Generation. Sie waren begeisterte Besucher von Flugschauen und Rennen, bastelten Funktions- oder Anschauungsmodelle aus Holz oder Papier, bauten Kinderfahrzeuge, lasen über die Helden der Mobilität, sammelten Postkarten oder Zigarettenbilder. Individuelle Mobilität wurde zu einem Sehnsuchts- und zugleich zu einem neuen Praxisfeld. Kinder und Jugendliche stiegen immer früher in die neue Kultur der Bewegung ein.

„Sportisierung“ und Mobilität

Die Mobilitätsrevolution bewirkte auch ein verändertes Zusammenspiel von Körpern und Geräten. Dies war ein Merkmal einer weiteren entscheidenden Veränderung vor 1900, der „Sportisierung“ der Gesellschaft, wie dies Norbert Elias nennt. Sport lieferte Aufregung und Erregung in pazifizierten Gesellschaften, wurde für die zunehmenden Zuschauermassen zum Unterhaltungsfaktor, für viele Teilnehmer zur beherrschenden Freizeitbeschäftigung, für die Wirtschaft zu einem neuen Zweig. Mit Sportwissen – Informationen über Sportausübung, Bestleistungen und quantifizierbare Rekorde – beschäftigten sich Jugendliche und Erwachsene. Die neuen Mobilitätsmaschinen standen im Zentrum dieser Sportrevolution. Für Rennsportler und Piloten ergaben sich neue Chancen für sozialen Aufstieg, nationale Fokussierung, Ruhm und Wohlstand. Symptomatisch dafür war die Wiederbelebung der antiken Olympischen Spiele 1896 und der Fülle neuer Rennen auf den verschiedensten Gebieten der Mobilität. Die Teilnehmer kämpften für ihre Firmen, mehr aber noch für die Ehre ihres Landes, und unterstützten die nationale Identität. Typisch dafür ist die Tour de France, die 1903 erstmals ausgerichtet wurde. Das ganze Land, zuvor durch den Dreyfus-Skandal politisch polarisiert, wurde durch die Strecke zusammengebunden, und Sportbegeisterte konnten sich mit ihren Helden unabhängig von politischen Gegensätzen identifizieren.

Neue Gemeinsamkeiten der Erfahrung

Auch wenn die Lust an den neuen Mobilitätsmaschinen zunächst individuell war und ganz eigene körperliche und sensorische Erlebnisse ermöglichte, war es oft eine geteilte, gemeinsame Erfahrung – und dies in mancherlei Hinsicht: Rennautomobile, Bobschlitten, Segeljollen und später Panzerautomobile erforderten durchwegs mehr als nur eine Person. „Mannschaften" oder „Besatzungen" waren oft erforderlich; sie erlebten gemeinsam Geschwindigkeit und körperliche Attraktionen. Sogar angestellte Chauffeure und Eigner von Automobilen teilten klassenübergreifend das Fahrerlebnis. Gemeinsames Erleben erfuhren aber auch die Mitglieder der zahlreichen Clubs und Vereine, seien es Arbeiter-Radsportvereine, bürgerliche Rudervereinigungen oder feudale Automobilclubs. Im persönlichen Austausch, aber auch durch Erzählungen in den Vereinsblättern und durch Erlebnisberichte festigte man Mobilitätserfahrungen und erzeugte Identität in den neuen Mobilitätskulturen.

Auch das Geschlechterverhältnis blieb nicht unberührt. Räder etwa ermöglichten jungen Frauen eine neue Freizügigkeit und Beziehungen zu Männern unter reduzierter Kontrolle. Mobilität affirmierte kaum die bestehenden Gender-Verhältnisse, sondern bot Potenzial für Revisionen; neue Erlebnisfelder für Frauen erschlossen sich ebenso wie neue Formen „kameradschaftlich" bestimmter, sportlicher Sexualität. Damit entstand eine Nähe zur Lebensreformbewegung, die mit anderen Zielformulierungen oft ganz ähnliche Wirkungen auf Geschlechter, auf Kleidung und Körperempfindungen erzielten. Die neuen Abenteuermaschinen waren nicht mehr nur eine Domäne der Männer. Pilotinnen oder Fahrerinnen brachen durch Praxis des Umgehens, durch Kleidung und Habitus in Männerdomänen ein und dynamisierten ansatzweise die traditionellen Geschlechterverhältnisse.

Neues Fühlen, neues Wissen

Die neue individuelle Mobilität beeinflusste das Wissen und die Empfindungen der Teilnehmer und auch der interessierten Nicht-Teilnehmer. Der Betrieb von Automobilen etwa erforderte Kenntnisse der Technik, die entsprechend großen Raum in der Fahrausbildung einnahmen. Auch die Bedienung selbst war ohne technische Kenntnisse, etwa über die Funktion des Getriebes oder über die Wirkung der Zündzeitpunktverstellung kaum erfolgreich möglich. Dazu mussten Bedienfähigkeiten erworben werden. Schon das Anwerfen eines Motors etwa bedurfte einer Kombination aus technischem Wissen, körperlicher Koordination und Maschinensensibilität.

Diese Qualität beschreibt die Fähigkeiten, die Anforderungen der Mechanik mit adäquatem Handeln und Fühlen zu synchronisieren. Typisch dafür war etwa das Wechseln der Gänge: Zunächst musste mit einer Kombination aus Vorausdenken – etwa vor Steigungen – und Fühlen – wann „zog" der Motor nicht mehr? – der Gangwechsel geplant werden. Dann musste koordiniert und sensibel der Gangwechsel, mit der komplexen Orchestrierung von Bewegungen – Kupplungstreten unter Berücksichtigung der Eingreifpunkte und gezieltem Zwischengas – der Gangwechsel durchgeführt werden. Auch hier war eine Kombination aus Sinnesdaten, Kraft und gelernter Abläufe und Routinen erforderlich, ein körpertechnischer Prozess, der so weit automatisiert werden musste, dass Freiraum für das eigentliche Fahren und die Verkehrsteilnahme blieb.

Multitasking

War schon ein simpel scheinender Gangwechsel tatsächlich ein verwickelter, Körperkoordination erfordernder Prozess, so verlangte das Umgehen mit Mobilitätsmaschinen außerordentliche, sich überlagernde und um Aufmerksamkeit konkurrierende Fähigkeiten. Allgemein kann man von vier Aufgabenfeldern ausgehen: Erstens: die Maschinenbedienung. Beim Automobil ist dies etwa der Gangwechsel, die Einstellung der Zündung, oder bei kleinen Segelbooten der Trimm der Segel. Bei Muskelkraftmaschinen gehört auch der Antrieb dazu, durch Pedale, Paddel oder Riemen. Zweitens: das Fahren. Das betrifft bei Landfahrzeugen etwa das Spurhalten, beim Flugzeug die Dreiachsensteuerung ohne Überziehen oder „Abrutschen" in Kurven. Drittens: die Teilnahme am Verkehr. Beim Fahrrad ist das etwa das Achten auf Hunde und Fußgänger, beim Flugzeug das Beobachten des Luftraums. Viertens: die Navigation, die Planung und Durchführung der Route und des Ankommens. Dieses außerordentlich komplex scheinende, in allen vier Feldern noch Teilaktionen umfassende Multitasking überforderte viele frühe Nutzer. Radfahrer vergaßen das Treten, Automobilisten hatten Angst vor dem Schalten, und Piloten waren oft so sehr mit dem komplizierten Einregeln ihrer Motoren beschäftigt, dass Starts und Landungen misslangen. Als Hilfe gegen diese Überforderung durch die Fülle der Aufgaben galten das Üben von Abläufen, um unbewusste Routinen zu erzeugen, oder auch die Aufteilung der verschiedenen Aufgaben auf mehrere Personen – bei Rennwagen etwa

Mechaniker und Fahrer. Ein weiterer Ausweg war die technische Automatisierung, also eine Verlagerung von Betätigungs- und Bedienvorgängen in die Maschine. Bedienvorgänge, also Interaktionsprozesse zwischen Mensch und Technik, wandelten sich rasch und erforderten ein ständiges Umgewöhnen und Neuverhandeln von Körper und Maschine.

Körperhaltungen, Köpererfahrungen

Mit der Mobilitätsrevolution am Ende des 19. Jahrhunderts fallen weitere Teilrevolutionen zusammen, die den Körper der Menschen betreffen: Die „Sportrevolution", wie Norbert Elias sie bezeichnet, die „Solarrevolution", die die Begeisterung für Wärme, Strand und Süden einleitet; und eine Kleidungsrevolution, die bequemere, weniger verhüllende und stärker körpergemäße Mode hervorbrachte. Mit den neuen Mobilitätsmaschinen änderten sich zusätzlich noch Körperhaltungen und Empfindungen. Das Ertragen, Beherrschen und Genießen von Beschleunigungen und Geschwindigkeit musste erfolgen, ebenso wie das oft mühsame Erlernen des Balancierens. Rad- und Motorradfahrer hatten sich „in die Kurve zu legen" und Brems- und Beschleunigungstechniken zu automatisieren, während Paddler und Segler kleiner Boote den sportlichen Einsatz ihrer Körper zum Antrieb, und auch die Koordination mit Balanceprozessen lernten.

Manches davon war nicht wirklich neu, denn auch Reiter und Fahrer leichter Kutschen mussten ihren Körpereinsatz einüben und eine Koordinierung von eigenem Handeln und Reagieren auf die Erfordernisse eines anderen Organismus anstreben. Ältere Körperdisziplinierungen wirkten dann nach, wenn Radfahrern und Automobilisten, die eher auf als in ihren Fahrzeugen saßen, eine aufrechte Haltung vorgeschrieben wurde, wie sie Reitern geziemte. Das war nicht immer funktional, um Kraft auf die Pedale zu bringen. Aber die gesellschaftlich abgelehnte geduckte Haltung von Rennradlern oder schnell fahrenden Automobilisten akzeptierte man nur langsam. Zeitgenossen spekulierten aber schon über körperliche, ja sogar physiognomische Änderungen durch individuelle Mobilität: Man beschrieb ein geschwindigkeitsgewohntes, angespanntes, konzentriertes „Automobilgesicht". Die italienischen Futuristen sagten eine neue Rasse von Fliegern und Hochgeschwindigkeitsmenschen vorher, deren Erfahrungen der menschlichen Evolution eine andere Richtung geben würden.

Benutzeroberflächen, Schnittstellen, Instrumente

Für die Nutzer der neuen Mobilitätsmaschinen entstanden neue Schnittstellen zwischen Mensch und Maschine, die auf die Bedürfnisse der „Bediener" reagierten. So entstand um 1900 etwa die geneigte Lenksäule beim Automobil oder der tiefer gezogene, bewegungsgemäßere und damit funktionalere Lenker bei Rädern. Ergonomie, „Bedienfreundlichkeit", wurde zur neuen Anforderung, die dazu führte, dass sich Benutzeroberflächen ausbildeten. Das bedeutete zunächst, dass Bedienelemente nicht mehr da angeordnet wurden, wo sie mechanisch sinnvoll waren, sondern wo sie der Reichweite der „Bediener" entgegenkamen. Die Konstrukteure strebten auch schon danach, die Bedienkräfte und Bedienwege so zu gestalten, dass sie die erforderliche Maschinensensibilität unterstützten, etwa durch breite Regelungsbereiche und reduzierten Kraftaufwand.

Tendenziell änderte sich auch die Balance zwischen den „skills", die man zum Fahren und Fliegen brauchte, und der Gestaltung der Technik: Zunehmend übernahmen automatische Betätigungen manche Aufgaben der Fahrer oder Piloten, so etwa die selbsttätige Verstellung der Zündung. Technik unterstützte auch zunehmend bei der Beurteilung der „Bedürfnisse" der Motoren und Fahrzeuge. Das waren vor allem Instrumente, die auf der Benutzeroberfläche angeordnet wurden. Mit ihnen konnte man die eigene Maschinensensibilität durch quantifizierte Anzeigen ergänzen, musste aber auch diese Anzeigen interpretieren lernen. Beispielsweise kam zum eigenen Hören und Fühlen bei der Motorüberwachung – ob die Maschine vibrierte, „nicht zog" oder ungewöhnliche Geräusche erzeugte – eine Anzeige der Drehzahl und des Öldrucks auf Instrumenten hinzu. Das erforderte wiederum einen Wandel in der Ausbildung von Maschinensensibilität, eine „Umkonstruktion" der eigenen Empfindungen und des eigenen Handelns, um auf Technik besser eingehen zu können.

Erhöhung der körperlichen Potenziale

Die neuen Mobilitätsmaschinen waren zunächst einmal technische Geräte, die das körperliche Potenzial der Nutzer beträchtlich erweitern konnten. Die magischen 100 km/h wurden kurz vor 1900 nicht nur von einem elektrischen Automobil („La Jamais Contente") überschritten, sondern auch von einem Radrennfahrer, der als „Steher" im Windschatten eines Eisenbahnwaggons fuhr. Jeder Fahrradfahrer erlebte mindestens eine Verfünffachung seiner Fortbewegungsgeschwindigkeit als Läufer. Anders als die „große", die „systemische" und menschenferne Technik wurden die neuen Mobilitätsmaschinen als nahe beim Menschen empfunden, ja sogar als Körpererweiterung, als „Prothese". Sigmund Freud hatte schon 1930 das Auto-Subjekt als „Prothesengott" benannt. Individuelle Mobilitätsmaschinen schienen nicht nur die menschlichen Fähigkeiten zu erhöhen, sondern auch seine Sinne zu beeinflussen, zu verändern und zu schärfen und schließlich die Wahrnehmungs- und Reaktionsgeschwindigkeit zu erhöhen. Zu den wichtigen neuen körperlichen Fähigkeiten, die für den Umgang mit den neuen Geräten erworben werden mussten, gehörte das Balancieren. Räder, kleine Boote, auch Flugzeuge erforderten diese Körpertechnik, die den Nutzungspionieren anfangs schwerfiel.

Mensch-Maschine-Hybride

Die extremste Form der Körperveränderung schien eine enge Kombination von Körper und Technik. Es entstand das Bild einer Zusammenkoppelung zu Hybriden oder mobilitätstechnischen „Cyborgs" – ein Begriff, der heute in der Mobilitätsgeschichte immer wieder gebraucht wird. Der Topos einer Menschmaschine, eines Zusammenwachsens von Gerät und Körper, findet sich in vielfacher Form: als Empfindung des Motorradfahrers oder Fliegers, der mit seiner Maschine zusammenwächst, der das Gerät nicht als Prothese, sondern als Körperexpansion empfindet. T.E. Lawrence bezeichnete sein Brough-Motorrad beispielsweise als „logical extension of our faculties", als logische Erweiterung von Fähigkeiten. Das von Jarry erfundene Fahrrad-Rennteam seines Romans „Der Übermann" (Le Surmale) von 1902 bildete aus dem Rad und den fünf Teammitgliedern eine hochleistungsfähige integrierte Körpermaschine von ungeahnter Leistungsfähigkeit, die auf dem Rennen quer durch Russland sogar schneller ist als eine Dampflokomotive.

Die Idee hybrider techno-organischer Konstruktionen hatte oft konkrete Korrelate, etwa in Form von Steuerjochen, die Piloten auf die Schultern geschnallt wurden, um beim Neigen des Körpers die Verwindung (die Querruder) zu betätigen. Abbildungen, die die enge Verschränktheit von Maschine und Bediener repräsentierten, begleiten die frühe Mobilitätsgeschichte. Typisch sind etwa Plakate von Jagdfliegern, die als Teil ihrer Maschine dargestellt werden. Auch das bekannte Bild des britischen Weltkriegshelden T.E. Lawrence auf seinem Brough Superior-Motorrad suggeriert diese Mensch-Maschine-Einheit. Eine besondere Ausprägung bekam diese Einheit in den Gewaltkulturen des „europäischen Bürgerkrieges". Der Erfinder und „Maschinenträumer" Felix Wankel sprach von einer „Mensch-Maschine-Kampfverbundenheit", von einer intimen wechselseitigen Durchdringung von Technik und Mensch, mit dem Ziel der Optimierung technischen Aggressionspotenzials. Die Funktionen der Mensch-Maschine-Hybride konnten also sehr unterschiedlich sein.

Leistungsgrenzen und Technisierung

Zu den Faktoren der gesellschaftlichen Aufmerksamkeit für die neue Mobilität gehörte auch die Faszination durch Extreme. Die Fahrer der Muskelkraftmaschine Fahrrad setzten sich außerordentlichen Belastungen aus. „Sechstagerennen", gnadenlose Distanzfahrten oder international besetzte Rennen, wie die Tour de France, forderten physisch und psychisch Höchst- und Dauerleistungen. Aber auch Flieger schienen sich in Grenzbereichen zu bewegen, in denen Höhenkrankheit, Schwindel, „red-out" und Dekompressionsverletzungen drohten. Man war begierig, über solche Extremerfahrungen mehr zu lesen oder auch den mobilen „Übermenschen", die anscheinend spezielle Fähigkeiten besaßen, bei ihren Höchstleistungen zuzusehen. Zugleich begannen Forscher mit der Untersuchung der „menschlichen Motoren": Stoffwechsel, Bewegungsmechanik, Leistungspotenziale wurden wissenschaftlich vermessen; mit den Ergebnissen versuchte man die Körper, die

Technik und das Zusammenspiel beider zu verbessern und zu rationalisieren. Dies geschah zugleich mit der Analyse von Arbeitsvorgängen in der Industrie. Menschliche Muskelkraft für Sport, Freizeit und Arbeit wurde maschinengleich behandelt.

Kompetenz

Mobilität hatte massive Auswirkungen auf das Selbstbewusstsein ihrer Protagonisten und auf das Verhältnis breiter Schichten zur Technik. Gerade weil die neuen Mobilitätsmaschinen viele Unzulänglichkeiten hatten, konnte man mit ihrer „Beherrschung" Prestige gewinnen. Kleine Boote waren instabil und kenterten; wenn man aber in Grenzsituationen davonkam, war man stolz darauf. Flugapparate waren anfangs außerordentlich schwierig zu steuern; wer dies konnte, erregte Bewunderung. Generell wurde an den Nutzern der neuen Mobilitätsmaschinen ihre „Kaltblütigkeit", ihre Fähigkeit zur Krisenbewältigung, ihr Umgehen mit hohen Geschwindigkeiten und mit körperlichen wie sensorischen Anforderungen geschätzt. Benzinautomobile waren höchst pannenträchtig; wer mechanische Kompetenz bewies und ohne Hilfe seinen Wagen flottbekam, berichtete davon und wurde respektiert. Paradoxerweise waren die Schwierigkeiten der Bedienung, die ständigen Pannen und die Gefährlichkeit der neuen Mobilitätsmaschinen nicht etwa ein Hindernis bei ihrer Durchsetzung und ihrer Beliebtheit, sondern eher ein zusätzlicher Anreiz.

Status, Klasse, Stellung

Für die meistens bürgerlichen Nutzer, die vorher kaum mit technischen Geräten umzugehen wussten, war dies ein großer Schritt. Sich auf Mechanik einzulassen, das Umgehen mit schmutziger Technik zu lernen und kompetent mit Maschinen zu arbeiten, war sozial riskant, weil körperliche Arbeit nur die Arbeiterklasse leistete. Bürger und Adelige wollten nichts mit körperlicher Arbeit zu tun haben. Aber das änderte sich langsam, wobei die neuen Mobilitätsmaschinen einen wichtigen Anreiz boten. Dabei wurde das kompetente „Beherrschen" von Mobilitätstechnik ein Mittel zur Ausbildung eines modernen, die Herausforderungen der technisch-industriellen Welt annehmenden neuen Typus des Bürgers. Das Auto, so Rudyard Kipling, sei „the mentor of banana-fingered men", also ein Werkzeug zur Ausbildung handwerklicher Fähigkeiten für ungeschickte Bürger. Reparatur- und Bedienkompetenz bezüglich der neuen Technik war also ein Werkzeug der Sozialisation für die Herausforderungen der veränderten Welt.

Ästhetische Lüste

In der zeitgenössischen Diskussion wurde durchwegs der Genuss durch die neue Mobilität hervorgehoben: neue Körpererfahrungen, neue Landschaftserfahrungen, die Schönheit der Geschwindigkeit. Dazu kam die Schönheit des technischen Artefakts: das transparente Flugzeug, das wohldesignte Auto, die Linien einer schnellen Jolle oder eines Kajaks. Typischerweise wird eine ästhetische Identitätserfahrung formuliert, die aus mobilem Ich, Landschaft und Mobilitätsmaschine zusammengesetzt ist. Die Mobilitätsrevolution und ihre Komponenten wurde zu einem Faktor der europäischen Kunstrevolution um 1910.

Immer wieder sind Mobilitätsmaschinen als neues und revolutionär anderes ästhetisches Paradigma benannt worden. Bekannt ist der Satz des italienischen Futuristen Marinetti von 1909, dass ein aufheulendes Auto, das auf Kartätschen zu laufen scheint, schöner sei als die Nike von Samothrake. Als Marcel Duchamp vor dem 1. Weltkrieg eine Flugzeugausstellung besuchte, sagte er zu Brancusi: „Die Malerei ist am Ende. Wer kann etwas Besseres machen als diesen Propeller!“ Dieser Topos der höchsten ästhetischen Qualität der Mobilitätsmaschinen durchzieht die Avantgardekunst des 20. Jahrhunderts, bis hin zu Andy Warhols Satz: „Das Auto ist besser als das Kunstwerk.“ Octave Mirbeau beispielsweise spielte das Auto gegen die traditionelle Literatur und Kunst aus und betonte dessen Überlegenheit für Anschauung und Genuss. Das Motorfahrzeug sei ihm

> „lieber, aufschlußreicher, nützlicher als meine Bibliothek, auf deren Regalen die geschlossenen Bücher schlummern, als meine Bilder, die neuerdings überall um mich herum den Tod an die Wand malen [...]. In meinem Auto habe ich all das und besser, weil beweglich, quirlig, vergänglich, veränderlich, schwindelerregend, unbegrenzt, unendlich [...]“.

Die kulturelle Repräsentation von Automobilen, Rädern und Aeroplanen war auch Teil der Kunstrevolution nach 1900. Mobilität konnte sich in die Dekadenzliteratur ebenso einpassen wie in futuristischen Geschwindigkeitskult oder in expressionistisch grundierte Begeisterung für irrationale „Vitalität“. Generell war aber Mobilität als emphatische Zukunftstechnik kodiert.

Mit der Substitution der „passatistischen“, vergangenheitsnahen Haltung durch die neue, zukunftsgewandte und „neophile“ Ästhetik der Technik und der Mobilität war eine weitere Idee verbunden: Modernisierung des Ich und der Gesellschaft durch Mobilität. Mit der Teilnahme an den neuen Kulturen der Räder, Automobile und Fluggeräte bereitete man sich auf die Zumutungen des modernen Lebens vor. Die Beschleunigung, Nervosität und Vielgestaltigkeit des Lebens konnte durch Fahren und Fliegen besser bewältigt und Umgehensstrategien eingeübt werden. Insofern waren Mobilitätsmaschinen Konditionierungsinstrumente und Lehrmittel für die veränderte Welt.

Zu den ästhetischen Reizen der Mobilität gehörten synästhetische Empfindungen, also die Kombination mehrerer Sinne. Das war ein großes Thema der Jahrhundertwende, das bei Mobilitätsmaschinen eine Kombination von Natur- und Technikschönheit einschloss. Der Kriegsflieger Otto Fuchs beschrieb seine Wahrnehmungen:

> „Ich liebe den Atem und die Geräusche des warmwerdenden Motors; den Geruch des reinen Metalls, die Schwüle der Öldämpfe, die Flüchtigkeit der Auspuffgase, das Mahlen der Zahnräder, das Sausen des Vergasers. Das alles bildet eine Atmosphäre des Lebendigen, es übersetzt in die Sinne die transzendentale Kraft der Konstruktion."

Die Maschine wirkte als Steigerung der Intensität des Lebens und damit als Werkzeug der „vitalistischen", die Lebenskräfte hochschätzenden und steigernden Grundstimmung der Jahrhundertwende.

Körperkult und Lebensreform

Die körperlichen und sensorischen Wirkungen der neuen Mobilität fügten sich nicht nur in den Trend zur „Sportisierung" des Lebens ein, sondern waren auch mit den Ideen der Lebensreformbewegung kompatibel. Sich Wind, Wetter, Sonne auszusetzen, aus den Städten in die Natur zu fliehen, die Restriktionen der bürgerlichen Kultur hinter sich zu lassen, waren auch die Ideale der Jugendbewegung und lebensreformerischer „Naturapostel". Wie diese waren die Vertreter der neuen Mobilität anders, unbürgerlicher gekleidet als üblich. Neu war allerdings, dass die technikskeptische oder sogar technikfeindliche Grundstimmung der Reformer aber mit der neuen Mobilitätstechnik vereinbar war. Sogar Anhänger der Lebensreformbewegung priesen und propagierten Fahrräder oder Paddelboote. Diese Geräte wurden kaum als technische Artefakte wahrgenommen. Mit diesen lebensreform-kompatiblen Maschinen kam es in den 1920er Jahren zu einer teilweisen Technisierung des Wandervogels, und zu einer Einkreuzung der Technikfaszination in alternative kulturelle Strömungen, die zuvor eher technikfeindlich gestimmt waren.

Liebesaffairen

In den Schilderungen von Piloten oder Motorradfahrern wurden oft hoch emotionale, nicht selten erotisch grundierte Mensch-Technik-Beziehungen zum Thema. Motorfahrzeuge oder Flugzeuge erschienen als mechanische Partner, die geliebt, gezähmt und beherrscht werden konnten, die Liebe zurückgaben, die sich widerständig oder anschmiegsam gaben, und deren Ende Trauer erforderte. Ein Jagdflieger beschrieb seinen „Walfisch"-Zweisitzer von 1916: „Noch heute bin ich entzückt von dir. Ich muß es arg mit dir getrieben haben. In meiner Ekstase merkte ich es gar nicht. Aber wir haben miteinander wohl ein allzu tolles Liebesspiel am Himmel gespielt, denn als ich mit dir wieder zur Erde und zur Vernunft kam – da wurde ich für immer von dir getrennt." (Fuchs 1933, 78) Eine ähnlich emotionale, quasierotische Beziehung verband T.E. Lawrence mit seinem Brough-Superior-Motorrad. Für ihn war es besser als alle Reittiere, denn die Maschine namens Boa war „die logische Erweiterung all unserer Fähigkeiten, und wegen der sanften Provokation zum Exzeß, weil es so honigsanft unermüdlich weich fährt. Weil Boa mich liebt, bekomme ich von ihm fünf Meilen mehr Geschwindigkeit, als ein Fremder bekommen könnte“. In dieser Passage versammelt sind die typischen Merkmale der Liebesaffairen von Fahrern mit ihren Maschinen beisammen: Vergleiche mit einem Tier, der zugunsten der Maschine ausgeht; das Potenzial für die Produktion von Emotionen; das Bestehen einer Liebesbeziehung zwischen Gerät und Mensch, bei der die Maschine den Menschen mit einem höheren Geschwindigkeitspotenzial „belohnt“; die Personifizierung des Motorrades und seine Namensgebung, und schließlich eine Anspielung auf die britannische Kriegerkönigin.

Grenzüberschreitungen: Straßenkriege

Räder, später vor allem aber Automobile galten aber nicht nur als faszinierende Geräte, sondern riefen auch Kritik und Widerstand hervor. Während bisher der Verkehr auf Landstraßen eher friedlich verlief und durch die Geschwindigkeit von Fußgängern und Zugtieren geprägt war, trat die neue Mobilität mit störender, gefährlicher Geschwindigkeit auf. Anwohner und spielende Kinder wurden bedroht, Kutscher beleidigt, Tiere überfahren. Es blieb nicht bei Kritik oder Aufrufen gegen dieses Verhalten der schnelleren und dominanteren Verkehrsteilnehmer: Gegen die als Eindringlinge empfundenen Radler oder gegen die arroganten „Protze“ am Volant rüsteten manche Dorfbewohner auf. Für die Phase vor dem Ersten Weltkrieg sprach man von „Straßenkriegen“, die mit eskalierender Gewalt ausgefochten wurden. Automobilisten griffen dabei zu „Hundepeitschen“ oder gar Revolvern, die Bevölkerung oft zu Knüppeln und Steinen. Wenn Bewohner überfahren wurden, kam es zu Vorfällen von Lynchjustiz oder auch zu gezielten Überfällen. Registrierung der Fahrzeuge und Haftpflichtversicherung wurden 1906 vorgeschrieben, um die verbreitete Fahrerflucht zu bekämpfen. In den Auseinandersetzungen um die Nutzung der Straßen äußerten sich mitunter auch soziale Konflikte: Städtische Radler gegen Dorfbewohner, reiche Autobesitzer gegen Proletarier, Freizeitfahrer gegen arbeitende Kutscher. Eine hedonistische Kultur von Geschwindigkeitslust, mobiler Moderne und demonstrativer Muße kollidierte mit traditionellen, langsameren und Lebensformen.

Grenzüberschreitungen: Unfälle

Die neuen Mobilitätsmaschinen wurden von Anfang an für Wettbewerbe und Rennen benutzt. Die öffentlichen Veranstaltungen wurden zum Spektakel. Und von Anfang an wurde dies als gefährlich erkannt. Rad-, Automobil- und Luftrennen forderten gerade in der Frühphase viele Opfer. Verletzt und getötet wurden aber nicht nur die Teilnehmer, sondern auch Zuschauer und Unbeteiligte. Autorennen mit immer stärkeren Wagen auf öffentlichen Straßen waren besonders gefährlich. So musste das internationale Rennen Paris-Madrid im Jahr 1903 nach mehr als zehn bei Unfällen Getöteten abgebrochen werden. Auch das Luftrennen Paris-Madrid endete 1911 im Desaster. Der Pilot Emile Train verlor beim Start die Kontrolle über seine Maschine, die in eine Gruppe hochrangiger

Politiker raste. Der französische Kriegsminister Henri Berteaux wurde getötet, der Premierminister Antoine Monte und sein Sohn wurden schwer verletzt. All diese Gefährdungen durch die neuen Mobilitätsmaschinen, die zahlreichen Unfälle und Abstürze waren keineswegs Hinderungsgründe für die Durchsetzung und den Erfolg dieses neuen technischen Feldes. Paradoxerweise war gerade die Gefährlichkeit von Automobilen oder Fluggeräten ein Attraktionsfaktor. Besucher kamen oft gerade deswegen in Massen, weil sie Unfälle unmittelbar miterleben wollten. Es kam immer wieder zu unerfreulichen Szenen, wenn das Publikum Absperrungen durchbrach, um Wracks zu fleddern und Souvenirs selbst von Toten oder Verletzten zu nehmen. Mit diesem Unterhaltungswert von Unfällen und technischen Katastrophen vermochte die zeitgenössische Presse schwer umzugehen. Die Attraktion der frühen individuellen Mobilität hatte offensichtlich dunkle Seiten.

Dunkle Seiten der Mobilität

Zu diesen dunkleren Seiten gehörte auch die latente und offene Aggression im Umgang der Fahrer untereinander und gegen die übrigen Straßennutzer. Üblich wurden informelle Rennen, bei denen der Überholende die hinten Fahrenden buchstäblich „in den Staub zwang", aber auch rücksichtsloses Von-der-Straße-Drängen von Radfahrern, gezieltes Scheumachen von Pferden, oder die Ängstigung der Dorfbevölkerung. Die Situation vor dem Ersten Weltkrieg wurde immer wieder als „Straßenkrieg" beschrieben, hervorgebracht durch das Eindringen schneller Fahrzeuge mit aggressiven Fahrern in das bestehende Verkehrssystem.

Warum die neuen Mobilitätsmaschinen Aggressionen förderten und ausagieren halfen, hatte verschiedene Ursachen: der verbreitete Sozialdarwinismus bekam ein neues Betätigungsfeld; Mobilität konnte auch zum Ausagieren sexueller Dominanzphantasien dienen, wie etwa in Gabriele d'Annunzios Roman „Vielleicht, vielleicht auch nicht". Die Auseinandersetzungen auf den Straßen hatten mitunter den Charakter von Klassenkämpfen, bei denen die oft neureichen, arroganten Automobilisten sich bei der Bevölkerung unbeliebt machten. Beide Seiten rüsteten auf: Automobilisten und sogar Radler mit „Hundepeitschen" und Knallkörpern gegen Jugendliche, Dörfler mit „Autofallen" und Lynchversuchen bei Unfallverursachern. Die Einführung von Versicherungen, die die Haftpflicht absicherten, von Kennzeichnung von zuvor kaum identifizierbaren Fahrzeugen, aber auch der Disziplinierung rücksichtsloser Fahrer entschärfte die Konflikte etwas. Aber alle diese Maßnahmen gegen rücksichtslose, aggressive Fahrer erzeugten Widerstände. Frühe adelige oder großbürgerliche Automobilisten beschuldigten den Staat, sich auf die Seite des „Plebs" zu schlagen.

Die frühe Mobilität hatte aber auch eine militärische Komponente. Die neuen Mobilitätsmaschinen wurden den Armeen angeboten oder von ihnen beauftragt und benutzt. Fahrradkompanien entstanden, Automobilisten stellten sich mit ihren Wagen dem 1905 gegründeten „Kaiserlichen Automobilkorps" zur Verfügung, wo sie uniformiert wurden und ihre „kaisertreue“ Gesinnung zeigen konnten. In der dunklen Seite der neuen Mobilität verschränkten sich Klassen- und Statusdünkel, Politisierung und persönliches Handeln.

Dies ist durchwegs ein Muster der Mobilitätsrevolution um 1900: Bündel widerstreitender, halb erkannter Motive, neue Wahrnehmungen, neue Fähigkeiten und neue Herausforderungen wurden zu einem Konflikt- wie auch Faszinationsmuster neu kombiniert, dessen Nachwirkungen bis heute sichtbar und fühlbar sind.

Literaturauswahl

Bayerl, Günter, Die Erfindung des Autofahrens. Technik als Repräsentation, Abenteuer und Sport. Bayerl, Günter / Weber, Wolfhard (Hg.), Sozialgeschichte der Technik. Ulrich Troitzsch zum 60. Geburtstag. Münster u.a. 1998 (Cottbuser Studien zur Geschichte von Technik, Arbeit und Umwelt 7), S. 317–329.

Flink, James J., The Automobile Age. Cambridge (Mass.) / London 1988.

Gundler, Bettina, La Mercédès: Zur Entstehung des automobilen Leitbilds am Beginn des 20. Jahrhunderts. Hashagen, Ulf / Blumtritt, Oskar / Trischler, Helmut (Hg.), Circa 1903. Artefakte in der Gründungszeit des Deutschen Museums. München 2003, S. 546–547.

Haubner, Barbara, Nervenkitzel und Freizeitvergnügen. Automobilismus in Deutschland 1886–1914. Göttingen 1998.

Merki, Christoph Maria, Der holprige Siegeszug des Automobils. Zur Motorisierung des Straßenverkehrs in Frankreich, Deutschland und der Schweiz. Wien / Köln / Weimar 2002.

Mom, Gijs, Civilized Adventure as a Remedy for Nervous Times: Early Automobilism and Fin-de-siècle-Culture. In: Technology and Culture 23 (2001), S. 157–190.

Möser, Kurt, Fahren und Fliegen in Frieden und Krieg. Kulturen individueller Mobilitätsmaschinen 1880–1930. Heidelberg u.a. 2009 (= Technik und Arbeit 13).

Möser, Kurt, Geschichte des Autos. Frankfurt/M. / New York 2002.

Möser, Kurt, The Dark Side of Early ‚Automobilism‘, 1900–1930: Violence, War and the Motor Car. In: Journal of Transport History 24/2 (2003), S. 238–258. Verfügbar unter https://doi.org/10.7227/TJTH.24.2.7.

Otto Fuchs, Wir Flieger. Kriegeserinnerungen eines Unbekannten. Leipzig (3) 1933.

Automobilität seit der Massenmotorisierung

Fünf Naivitäten der Autokritik

Autos sind umweltschädlich, töten Menschen, stehen im Stau. Trotzdem sind sie scheinbar resistent gegen jede Kritik. Seit Jahrzehnten – spätestens seit der Ölkrise 1973 – verstehen und kritisieren wir das Auto. Kluge Leute analysieren den Straßenverkehr in klugen Reden, kritischen Beiträgen, aufrüttelnden Aufrufen. Die Probleme sind längst bekannt. Details zu nennen ist unnötig: Jeder Grundschüler weiß, dass 10.000 Deutsche jährlich auf den Straßen sterben – und das Auto boomt weiter, ungebrochen. Wachstumsprognosen werden regelmäßig übertroffen, während die Autokritik floriert.

Diese Kritik ist ein bemerkenswert erfolgloses Unternehmen – das Auto hat gesiegt. Das muss erklärt werden. Warum nützt die wohlbegründete Kritik so wenig; warum sind auch marginale Eingriffe in den Straßenverkehr so unpopulär? Mein Verdacht ist, dass die akademisch argumentierende Autokritik bis heute die wahren Attraktionen des Autos nicht verstehen will, beiseite wischt, abwertet oder unterschätzt. Die Autokritik blendet aus, was das Auto eigentlich ist und bedeutet. Deshalb ist sie naiv.

Naivität 1: Das Auto ist ein Verkehrsmittel. Wer Autos vor allem als Mittel des Transports von Menschen und Gütern von A nach B begreift, unterschätzt ihre Rolle als Spaßmaschinen, als Besitz-, Sucht-, Technik- und Designobjekte – kurz, als irrationale, faszinierende Gefährte. Die Verkehrswissenschaftler tun diese Rollen gerne als „sekundäre Funktionen“ ab, die zur „eigentlichen“, der „primären“, hinzukommen. Das ist Unsinn. Längst dominieren in den vollmotorisierten Gesellschaften die sekundären Funktionen. Die Mehrzahl aller Autofahrten in Deutschland erfolgt zum Vergnügen. „Irrationale“ Fahrzeuge wie „Spaßautos“, Cabrios, Offroader, Oldtimer, Motorräder boomen. Wären Autos Transportmittel, sähen sie anders aus: viel schwächer motorisiert, Lada-ähnlicher, glamourloser. Doch die „Rennreiselimousine“ (Andreas Knie) ist das faszinierendste und teuerste Familienbesitztum. Und es wird zunehmend mit einer „Ich will Spaß“-Haltung, mit fröhlicher Aggression gefahren. Autos transportieren nicht nur Menschen, sondern auch Obsessionen.

Sicher – in unserem Bekanntenkreis ist das anders: Man fährt vernünftige Autos auf vernünftige Weise – mindestens bekundet man es, vor allem als Frau. Spaß am Fahren und am Autobesitz ist zweifelsfrei proll und macho. Mag sein. Doch 40 Millionen Kraftfahrzeuge – bei besserer Konjunktur wären es mehr – wollen als Massenbewegung ernst genommen werden. Man kann sich natürlich bequem darauf zurückziehen, dass die Autofahrer von der allmächtigen Industrie verführt werden. Doch das scheint wenig produktiv. Zudem bedürfte diese so überaus erfolgreiche Verführung einer guten Erklärung.

Naivität 2: Verkehrsmittelwahl erfolgt durch rationale Entscheidungen. Falsch. Weil Autos eben keine Transportmittel sind, ist Autofahren auch kein bloßer Transportvorgang. Es kann lust-, auch gefahrlustbetont sein; „Autoflanieren“, Privatrennen, „Bewegungsfahrten“, Ausflüge sind keine „nötigen“ Transporte, die nach Kosten-Nutzen-Abwägungen erfolgen, abhängig von Verfügbarkeit und Preis. Es sind vielmehr Freizeitaktivitäten, Lust, nicht Transport. Und dafür wählt man möglichst einen Privat- und Intimraum: Das Auto ist ein beweglicher, behaglicher Innenraum, eine Projektion der eigenen Körpermacht, eine selbstbestimmte Bewegung, die durch den kraftvollen Verbrennungsmotor ins Allmächtige übersetzt wird – und das soll rational gekippt werden?

Naivität 3: Kleinere, sparsamere, Autos lösen Verkehrsprobleme. Ein Irrtum, der auf der Unkenntnis über das Kauf- und Betreiberverhalten in einer voll- und übermotorisierten Gesellschaft fußt: Bietet die Industrie solche Fahrzeuge an, so ersetzen sie die bestehenden spritfressenden Modelle nicht, sondern ergänzen sie: „Sparautos“ besetzen die letzten Nischen des Marktes, vermehren die Autoflut und parken die Städte noch weiter zu, weil sie als Zweit- oder Drittwagen gefahren werden. So verschärfen sie das Problem.

Naivität 4: Eine neue Verkehrspolitik bringt die Verkehrswende. Eine Illusion. Mal abgesehen davon, dass eine autofreundliche Politik – trotz aller autokritischer Rhetorik – auf einen klammheimlichen, aber äußerst breiten Konsens der autofreundlichen Wähler bauen kann, ist die reale Einflussmöglichkeit von Verkehrspolitik recht gering.

Eine reichsbahnfreundliche, gegen das Auto gerichtete Politik hat in den zwanziger Jahren nicht unbedingt hemmend gewirkt; auf der anderen Seite hat das beispiellose Motorisierungs- und Straßenbauprogramm der Nazis den Motorisierungsgrad der Nation nicht unbedingt stärker erhöht. Wenn nur der ökonomische Rahmen stimmte, kaufte man begeistert die Wunschmaschine Auto. Die Sehnsucht der Käufer überlagerte immer die Verkehrspolitik. In unserem Jahrhundert war der individuelle Mobilitätsdrang (mit den Komponenten Motor, Privatheit) immer ein sozialer Selbstläufer. Das System Straßenverkehr federt Eingriffsversuche locker ab. Zudem: Autokritiker werden nicht gewählt.

Naivität 5: Der Massenstau führt zum Umsteigen. Der Problemdruck von kilometerlangen Massenstaus mag hoch sein – aber er ist nicht hoch genug. Im technoiden Privatraum ist durchaus gut stehen, telefonieren, nasebohren. Längst denkt auch die Industrie über das Stauauto nach, das Kühlschrank und Medien integriert hat und drehbare Sitze, um die stauende Kleinfamilie im trauten Kreise zu vereinen. Eine Trivialität: Die massenhafte Erfüllung des Mobilitätstraums ist im Stau versackt – doch ohne größere Folgen. Schon die bloße Möglichkeit, den Mobilitätsdrang erfüllen zu können, scheint zu reichen. Auch im Stau meint man, eigentlich, normalerweise, seine 110 KaWe ausfahren zu können. Doch der Normalfall Stau scheint immer noch die Ausnahme: Hinterm Horizont geht's weiter. Die Verkehrsteilnehmer haben sich an ein hohes Niveau der Ineffizienz gewöhnt.

Hinter allen Naivitäten der Autokritik steckt die Fundamental-Doppelillusion der prinzipiell rationalen Verfasstheit des Autos und der prinzipiellen rationalen Lösbarkeit aller Verkehrsprobleme. Dass sich das Auto gegen Aufklärung sperrt, wie Peter Sloterdijk bemerkt hat, hat sich bei den Autokritikern noch nicht herumgesprochen. Bei den Autoliebhabern durchaus. Autofaszination ist ein Teil unserer eigenen Gefühlsgeschichte. Wir dürfen sie nicht wegschieben. Wir müssen sie begreifen.

Transport und Bewegungslust

Die Funktionen der Straßenmobilität heute

In meinem Beitrag werde ich mich auf die motorisierte „Selbstbeweglichkeit" auf der Straße beschränken. Ich denke, das lässt sich auch legitimieren, denn wenn wir über das System der Straßenmobilität reden, müssen wir über Superlative reden. Das System Straßenverkehr ist das größte großtechnische System, das auf der Erde implementiert ist – allein von der Produktionsseite her: jährlich über 60 Millionen produzierte Privat-PKWs weltweit, ein derzeitiger Bestand von etwa 700 Millionen. Die in Privat-PKWs installierte Leistung, über 2.000 Gigawatt, liegt etwa beim 20-fachen der installierten Leistung aller unserer öffentlichen Kraftwerke. Superlativ ist der motorisierte Straßenverkehr auch in anderer Hinsicht. Es ist das tödlichste großtechnische System, das auf der Erde implementiert worden ist. Die neusten Zahlen gehen von einer Million Toten pro Jahr weltweit aus[1]. Konservativ geschätzt forderte das Auto etwa 30 Millionen Tote seit Beginn des motorisierten Straßenverkehrs vor 120 Jahren.

Das System der Straßenmobilität hat einen unwahrscheinlichen Erfolg erlebt, für den die Historiker bis heute kein konsistentes und schlüssiges Erklärungsmuster angeboten haben. Es wäre natürlich vermessen, es in diesem Rahmen anzubieten. Ich möchte allerdings aus meiner Sicht einige Faktoren nennen, die für die Erklärung dieses Erfolges mitverantwortlich sind, und die bei einer fahrzeug- oder industriezentrierten Interpretation oder bei verkehrswissenschaftlichen Analysen kaum herangezogen werden. Üblicherweise firmiert das Fach, unter dem das Auto von Historikern interpretiert und verstanden wird, als Transportgeschichte. Ich zweifle jedoch daran, ob die Transportgeschichte, wie sie üblicherweise verstanden wird, Entscheidendes zum Verstehen und Interpretieren des außerordentlichen Diffusionserfolges des Autos beitragen kann.

Zunächst möchte ich auf eine Grundunterscheidung aufmerksam machen. Wenn wir über das Auto reden, dann trennen wir primäre und sekundäre Funktionen. Üblicherweise wird unter der ersteren die eigentliche Transportfunktion verstanden, also die Leistung, Menschen und Güter von A nach B zu transportieren. Üblicherweise subsumieren die Verkehrshistoriker alle anderen Funktionen des Autos unter sekundären Funktionen, seien es die Rollen des Autos als Statuszeichen, als Maschine zum Vorzeigen und Schmücken, als faszinierende Bewegungsmaschine, als rollender Innenraum und mobiler Privat- und Kinderraum. Heute verstärkt erkannt und interpretiert werden aber auch Faktoren wie persönliche Maschine, Privatmaschine, Maschine zur Verlängerung des Körpers, als Maschine, die uns ermöglicht, mit dem Dreissigfachen unseres körperlichen Potenzials der Geschwindigkeit zu bewegen, das wir erzielen können, wenn wir uns nicht technischer (oder tierischer) „Hilfsmittel" bedienen. Nicht unterschlagen werden sollten auch dunklere Lüste um das Auto, etwa Aggressionslust, die Faszination etwa Autos im Straßenraum spielerisch zu bewegen, aus dem Straßenverkehr ein Spiel zu machen.

Meine These vorweg: Die sekundären Funktionen müssen längst als die eigentlichen Funktionen des Autos verstanden werden; die Transportfunktion, der Verkehrsmittelcharakter, steht im Hintergrund. Dies mag auf den ersten Blick ein Gemeinplatz sein. Doch die Konsequenzen aus dieser These sind selten gezogen worden. Weder die Verkehrspolitik noch die allermeisten Debatten um „nachhaltige Mobilität" berücksichtigen sie angemessen. In der Folge begegnet uns, wenn wir über das Auto lesen, ein charakteristisches Argumentationsmuster, das etwa so lautet: Das Auto biete im Grund genommen vernünftige Mobilität; es sei in seinem Wesen nach eigentlich ein Transportmittel, aber dieses Transportmittel ist „entartet", unvernünftig geworden. Je nach politischer Position und Haltung zum Auto kann dies entweder fallweise oder generell passiert sein. Ein solches Abgleiten eines eigentlich vernünftigen Transportmittels ins Unvernünftige, der

---

1 Vgl. Gietinger, Klaus, Der Tod hat einen Motor. Im Straßenverkehr werden jedes Jahr eine Million Menschen getötet – die meisten davon in den Entwicklungsländern. In: Zeit 16.01.2003, S. 27.

Weg zum problematischen, gesellschaftlich wie umweltmäßig gefährlichen Gegenstand könne aber wieder aufgehoben werden. Durch einen Katalog von Maßnahmen, der je nach Haltung zum Auto „sanfter" oder radikaler ausfällt, könne man rückkehren zu einer „eigentlichen", vernünftigen Individualmotorisierung.

Diese Position – zwischen primären und sekundären Funktionen wird ein klares Dominanzverhältnis konstatiert – teilen Verteidiger und Apologeten des Autos ebenso wie Autokritiker in erstaunlich harmonischer Weise. Ich möchte dieses schöne Bild eines Konsenses aus historischer wie aus aktueller Perspektive relativieren. Denn es ist nicht so, dass das Auto einmal vernünftig war und nur ins Unvernünftige entartet ist. Heute gibt es natürlich viele Indikatoren, die die Rolle des Autos als funktionelles Transportmittel relativieren. Ich möchte hier nur die Relevanz der Freizeitmobilität nennen. Der Prozentanteil an Fahrten für Beruf, Ausbildung, Geschäft liegt bei 39,9 %, für Einkauf, Freizeit, Urlaub, Vergnügen bei 60,1 %. Entsprechend „gewinnen die Einsatzmöglichkeiten des Automobils für Sport und Freizeit immer mehr an Bedeutung"[2], wie der Verband der Automobilindustrie bemerkt. „Das Auto wird als funktionales Verkehrsmittel gekauft, das nicht nur der Mobilität zu dienen hat, sondern auch eine ganze Reihe von Zusatzeffekten wie etwa als ‚Vehikel für Freizeitbetätigungen' zu erfüllen hat"[3]. Dass Autos „Überschüsse" verschiedenster Art schaffen, wird inzwischen anerkannt. Bereiche solcher Überschüsse sind sicherlich auch die geringe und weiter abnehmende Nutzungsdauer des einzelnen Fahrzeugs pro Tag und pro Jahr. Seit den 50er Jahren benutzen wir unsere Autos pro Tag zunehmend weniger. Die Nutzungsdauer eines normalen Privat-PKWs in der Bundesrepublik liegt zur Zeit bei unter 50 Minuten pro Tag. Anders ausgedrückt: 96 Prozent der Zeit steht das Auto, egal wo – im Stau, auf dem Parkplatz oder in der Garage.

Auch die weiterhin steigende Motorleistung oder der steigende Produktionsaufwand könnten als Überschussfaktoren noch ausgeführt werden. Wesentlich auffälliger ist jedoch der luxuriöse Überschuss. Von den drei Strukturelementen, aus denen ein Auto besteht, nämlich Technik, Außengestalt und Innenraum, hat letzterer in den letzten Jahrzehnten die wohl signifikanteste „Aufrüstung" erfahren. Das betrifft nicht nur das Design, sondern vor allem auch die Bedienung aller Funktionen – der zum Fahren erforderlichen wie auch der „Behaglichkeitsfunktionen". Servounterstützungen nahezu aller Verstellfunktionen, von den Spiegeln bis zu den Sitzachsen, haben in der Autobedienung einen Grad der Mühelosigkeit erzeugt, der noch vor Jahren undenkbar war und als amerikanische „Verweichlichung" oder „Feminisierung" diffamiert worden war. Ein Auto der Oberklasse hat heute Dutzende Elektromotoren für Hilfsfunktionen, deren Existenz zu der Formulierung führte, Autos seien heute schon Elektromobile mit Benzinhauptantrieb. Zusammen mit der wählbaren Klimatisierung und Beheizung, der selbstgewählten Musikbeschallung, der Abschottung von Außenschall und der Bereitstellung von Informationsmedien ist das Auto zu einem rollenden Privatraum mit perfekter Anpassung an den

2 Auto 1998, VDA, S. 33.
3 Haberl, Fritz / Kroemer, Walter (Hg.), Auto 2000. Grüne Welle ins 3. Jahrtausend. Stuttgart 1986, S. 10.

Nutzer mutiert. Kurz: Wäre das Auto ein Transportmittel, sähe es anders aus, hätte andere Parameter bezüglich Technik, Leistung und Komfort, und würde anders gefahren. Es hätte wohl auch andere Kosten.

Dass es verfehlt ist, die Autogeschichte mit einem Modell „vom Transportmittel zur Mobilitätsmaschine“ zu interpretieren, kann man mit einem großen Sprung in die Frühzeit demonstrieren. Denn die 120-jährige Erfindungs- und Diffusionsgeschichte des Autos weist eigentlich auf ein ganz andersgeartetes Modell. In der Frühzeit des Automobils, in den ersten Jahren von der Erfindung des Benzinautos durch Daimler-Benz und Maybach 1885/86 bis etwa 1890, waren Automobile in einer prekären Situation. Nur geringe Stückzahlen konnten verkauft werden; ein Misserfolg drohte. Der Benzinmotorwagen schrammte knapp an der Erfolglosigkeit vorbei. Nur ex post betrachtet erscheint die Erfindungsgeschichte als große Erfolgsgeschichte. Ursache war, dass die deutschen Autoerfinder das Auto missverstanden haben. Ihre Idee war es, eine mobile Maschine anzubieten und zu vermarkten. Entsprechend „maschinenartig“ wurden Motorwagen in der Öffentlichkeit präsentiert, etwa auf der Industrieausstellung in München 1888[4]. Der Erfolg der frühen Diffusion des Automobils kam später, nach 1890, und nicht im „Mutterland“ der Erfindung, sondern in Frankreich, und nicht unter entscheidender Beteiligung der deutschen Erfinder bei der Vermarktung. Denn in Frankreich wurde das Auto anders interpretiert, anders verstanden und anders gesellschaftlich positioniert, nämlich als kulturell signifikantes Objekt, als Lifestylefahrzeug für die Reichen und Schönen, als Fahrzeug, mit dem man seine Lebensqualität erhöhen konnte, mit dem man sich zeigen konnte, mit dem man soziale Distinktion ausüben oder auch Fortschrittlichkeit demonstrieren konnte. In Frankreich, besonders in Paris wurde es als „Lifestyle-Fahrzeug“, gerade auch als Lieblingsobjekt für Frauen und für die reiche Jugend positioniert, in die florierende Dandykultur integriert. „Automobilisme“ und Autokultur entstanden in diesem Umfeld. Erst diese gesellschaftliche Umpositionierung des frühen Autos war der Garant des Diffusionserfolgs.

Darin konnte das Auto auch auf eine andere wichtige technisch-kulturelle Innovation zurückgreifen: das Fahrrad. Auch dieses wurde am Anfang nicht als Maschine, als Transportmittel, vermarktet, sondern kulturell positioniert als Fahrzeug für die Freizeit und den Landschaftsgenuss, für genussreiche Mobilität und die Lust am Fahren. Oft organisiert in Clubs, bildeten die Radfahrer die Pioniergruppe der neuen mechanischen Mobilität. Nicht umsonst wurden sowohl Fahrräder als auch Automobile in der Frühzeit von der amerikanischen Frauenbewegung als Emanzipationsmaschine eingesetzt. Dabei war das Fahrenlernen, das Umgehen mit der störrischen Technik, für die frühen Automobilistinnen ein Mittel, ihre Emanzipation nicht nur auszuüben, sondern auch gesellschaftlich sichtbar zu machen. Mobilitätslust hat aber ältere Ahnen: „Das Vehikel für die schnelle Bewegung,

4 Siehe Möser, Kurt, Benz, Daimler, Maybach und das System Straßenverkehr. Utopien und Realität der automobilen Gesellschaft. Mannheim 1999 (= LTA-Forschung, H. 27).

das heißt, die Bewegung nach nirgendwo, besitzt zahlreiche Vorgänger auf den Jahrmärkten, in den Freizeitparks und in den Schulungszentren der aeronautischen und astronautischen Levitation“[5]. Solche transportmittelüberbietenden „Bewegungsmaschinen“ gehören in die Ahnenreihe des Automobils ebenso wie Reitpferde, Sport-Kutschen, Schlittschuhe oder schnelle Segeljollen. Diese und andere Mobilitätsmaschinen (manche mit Muskelkraftbetrieb) erzeugten ein gesellschaftliches „Surplus“, an das die frühen Automobile anknüpfen konnten.

Dazu kam: Diese Faszination, die mit dem Auto in der Frühgeschichte verbunden war, förderte auch die spätere Breitenmotorisierung. Denn sie färbte auch auf Fahrzeuge ab, die entschieden unglamouröser waren, weil sie als Transportmittel und Fahrzeuge „für das Existenzminimum“ konzipiert waren. So liehen sich die leichten „Volks-“ oder „Arbeitermotorräder“ der 20er und 30er Jahre Prestige und Attraktion von den schweren Maschinen der Herrenfahrer, und die „bürgerlichen“ Kleinwagen wie der „Dixi“ profitierten vom Image der Automobile der Reichen. Auch die in vielerlei Hinsicht unzulänglichen billigeren Mobilitätsmaschinen waren ein Teil der neuen technischen Kultur und ihres gesellschaftlichen Symbolwertes. Auch auf diese färbte die Lust am Auto ab, unterstützte flankierend ihre Diffusion, indem sie sie aufwertete.

Nun hat man ein weiteres Modell entworfen, das etwa so aussieht: Nach der frühen Diffusionsphase, die durch den Charakter des Autos als Sportgerät und Distinktionsmaschine geprägt war, kam es zu einer „vernünftigeren“, meistens gleichgesetzt mit einer transportmittelspezifischeren, Nutzung[6]. Dabei wird immer wieder auf die „Doktorwagen“ hingewiesen, eine Fahrzeuggruppe, die es Ärzten ermöglichte, ihre Patienten zu besuchen, denn vor dem Ersten Weltkrieg kamen Patienten nicht zum Arzt, sondern Ärzte besuchten in der Regel ihre Patienten zuhause. Das Automobil bot dafür, nachdem es einen gewissen Standard der Zuverlässigkeit erreicht hatte, gegenüber Pferdekutschen eine Reihe von Nutzungs-, möglicherweise auch Kostenvorteilen.

Bei der Beurteilung der Transportmittelfunktion vor 1914 ist nicht zuletzt das Militär zu berücksichtigen. Gerade die Militärs vieler europäischer Staaten spielten für die Ausbreitung des Benzinfahrzeugs eine große Rolle[7]. Die Armeeverwaltungen in Großbritannien, Frankreich und Deutschland subventionierten Anschaffung und Betrieb von Firmen-LKWs, die im Kriegsfall den Armeen zur Verfügung gestellt werden mussten. Da hierfür eine ganze Reihe technischer Parameter vorgegeben waren – Nutzlast, Motorleistung,

5 Virilio, Paul, Rasender Stillstand. München / Wien 1992, S. 58.

6 Z.B. Kirchberg, Peter, Die Motorisierung des Straßenverkehrs in Deutschland von den Anfängen bis zum Zweiten Weltkrieg. In: Niemann, Harry / Hermann, Armin (Hg.), Die Entwicklung der Motorisierung im Deutschen Reich und den Nachfolgestaaten. Stuttgart 1995, S. 9–22.

7 Siehe dazu Möser, Kurt, The First World War and the Creation of Desire for Cars in Germany. In: Strasser, Susan / McGovern, Charles / Judt, Matthias (Hg.), Getting and Spending. European and American Consumer Societies in the Twentieth Century. Washington D.C. (Cambridge University Press) 1998, S. 195–222. Verfügbar unter https://doi.org/10.1017/CBO9781139052634.010.

Abmessungen –, hatten die Militärs einen bedeutenden Anteil an der Definition der Standards für Nutzfahrzeuge in der Frühphase ihrer Diffusion.

Doch die Opposition von „funktionalem“ Transport einerseits und andererseits den „nichtfunktionalen“ Lüsten, die um das Auto angesiedelt sind, scheint mir wenig hilfreich. Denn der luxuriöse, technische, gestalterische wie kulturelle Überschuss steht immer im Austausch mit der Transportfunktion. Ich möchte bezweifeln, ob es überhaupt puren „funktionalen“ Transport geben kann. Denn auch auf dem Weg zur Arbeit und in den Supermarkt kann „lustzentriert“ gefahren werden, kann der Privatraum genossen werden, kann man sein eigenes Klima, seine eigene Musik, sich selbst oder seine selbstgewählte Gesellschaft im Auto genießen. Dann werden immer auch Elemente der potenziellen sekundären Funktionen aktiviert oder aktualisiert – und dies übrigens auch von Frauen, die gerne für sich beanspruchen, rationalere Autos („Familientransporter“) rationaler zu fahren. Doch das ist trügerisch: einerseits kaufen Frauen gern auf dem Marktsektor typische „Lustfahrzeuge“, wie etwa kleine Roadster oder Cabrios. Andererseits gibt es eine Zunahme früher männerspezifischer Verkehrsdelikte wie Geschwindigkeitsüberschreitungen. Es ist gezeigt worden, dass Frauen zunehmend weniger anders fahren als Männer[8]. Die Tendenz weist klar auf einen Abbau der Geschlechtsspezifik. Heute entscheidet über die Nutzung des Autos mehr die soziale Komponente wie auch die wirtschaftliche: Über die Nutzung von Autos entscheidet das verfügbare Einkommen, der Familienstand und die soziale Gruppe eher als das Geschlecht.

Wenn Frauen für sich beanspruchen, vernünftigere Autos nutzwertorientierter zu fahren, dann stellt sich die Frage nach der Ermittlung der Nutztypen – und zwar der tatsächlichen, nicht der behaupteten Nutzung. Die Gestalt der Fahrzeuge kann trügerisch sein, denn auch Transporter können lustbetont, unvernünftig, aggressiv gefahren werden. Es wäre daher zu kurz gegriffen, sich nur die Zusammensetzung der Fahrzeugflotte der Bundesrepublik anzuschauen. Wir müssen den Gebrauch der Fahrzeuge im Alltag rekonstruieren. Hierbei hat die historische Forschung noch nicht einmal den ersten Schritt getan. Vor allem die nötige quellenkritische Reflexion hat bisher kaum stattgefunden. Denn es besteht sehr konkret die Gefahr, dass durch Befragungen von Autofahrerinnen und Autofahrern ein schiefes Bild entsteht. Viele Nutzer werden auf die Frage, ob für sie Autos Nutz- oder Spaßfahrzeuge sind, mit einer „rationaleren“ Tendenz antworten, als sie ihre Fahrzeuge tatsächlich gebrauchen. Die Funktionszuweisung als Nutzfahrzeug ist insbesondere bei akademisch Gebildeten überproportional hoch – ob es auch die Nutzung ist, scheint fraglich. Das Argumentationsmuster „ich (alleine) kaufe und fahre mein Fahrzeug rational“ ist sehr verbreitet. Sie ist auch ein probates Distinktionsmerkmal, weil sie impliziert, der Rest der Nutzer tue dies nicht. Für Historiker ist es deshalb schwierig, die tatsächlichen Nutzerkulturen zu rekonstruieren. Dass sich die Lust am Auto vernünftig gibt, ist 120 Jahre alt. Die gesamte Automobilgeschichte durchzieht dieses Argumentationsmuster:

8 Siehe Hodenius, Birgit, Frauen fahren anders! – Zum Wandel der Relevanz und Aktualität eines Themas. In: Schmidt, Gert (Hg.), Technik und Gesellschaft. Jahrbuch 10: Automobil und Automobilismus. Frankfurt/M. / New York 1999, S. 167–182.

von den Rechnungen, die die Autopioniere aufgemacht haben, um die Ersparnisse gegenüber dem Pferdebetrieb aufzulisten, über die Propaganda für den motorisierten Gütertransport in den 20er Jahren bis zu den stets von den Nutzern unterschätzten Betriebskosten heute. Zu günstige Kostenrechnungen begleiten durchgängig die Motorisierungsgeschichte, ebenso wie der transportmitteltransgredierende Gebrauch von Autos – dass sich die Lust am Auto vernünftig gibt. Historiker müssen mit dieser Camouflage rechnen.

Doch auch die Analyse der Gestalt der Fahrzeuge kann trügerisch sein – auch „Transporter" können lustbetont, eher „unvernünftig", transportmitteltransgressiv gefahren werden. Es wäre daher zu kurz gegriffen, sich bloß die Zusammensetzung der Fahrzeugflotte vorzunehmen, also etwa „Familienautos" gleichzusetzen mit vernünftiger Nutzung. Es ist der Gebrauch zu rekonstruieren – mit allen Vorbehalten bei der Beurteilung der Selbstbekundungen der Nutzerzwecke. Auch Berufsfahrten können Lustkomponenten haben.

Wenn Sie mir bis hierhin gefolgt sind und akzeptieren, dass die sekundären Funktionen der Automobilität die dominanten sind, und zwar nicht erst heute, sondern über den gesamten Nutzungszeitraum des Autos, dann hat das eine Reihe von Konsequenzen. Die wichtigste vielleicht ist die Konsequenz für die Diskussionen um die Substitution des motorisierten Individualverkehrs, um „nachhaltige Mobilität", um Konzepte des Umsteigens auf öffentliche Verkehrsmittel, um „vernünftigere" Autos oder um die Idee des „benutzen statt besitzen"[9]. Bisher wird diese Debatte beherrscht von Vorschlägen, die Transportfunktion zu substituieren. Wenn nun Transport gar nicht die im Zentrum stehende Funktion ist, dann geht es offenbar um ganz andere Ersatzformen – nicht mehr primär nur darum, jemandem zu helfen, umweltschonender, sicherer und nachhaltig mobiler von A nach B zu kommen. Dann müssen wir über Substitution von sekundären Funktionen nachdenken; Fahr- und Besitzlust, Privatheit und Zeitsouveränität sind dann Faktoren, die in Betracht für eine kompensatorische Anstrengung kommen. Doch dieser Prozess hat bisher noch nicht einmal richtig angefangen.

Weiterhin hätte die These, dass Transport gar nicht im Mittelpunkt der individuellen Straßenmobilität steht, Konsequenzen für die Zukunft des Automobils. Bei solchen Prognosen kann es nicht um die Zukunft gehen, wie wir sie uns wünschen oder fürchten mögen, sondern wie lange Trends mit einiger Plausibilität aufgrund der 120-jährigen Entwicklung des Autos nach vorne verlängert werden können.

Es ist hierbei erforderlich, zu verstehen, wie sich letztlich das Auto in die Geschichte der europäischen Gesellschaften einfügt. Die Ideenkonglomerate, die sich um individuelle Mobilität angesiedelt haben – Individualität, Selbstbeweglichkeit, Besitz, Naturgenuss, „freies Schweifen", Privatheit, um nur einige zu nennen –, sind im 18. Jahrhundert formuliert und als gesellschaftliche Werte und Sehnsüchte etabliert worden. Das Auto nun

---

9 Siehe Knie, Andreas, Plan zur Abschaffung des Privat-Automobils. Ein verkehrspolitischer und wissenschaftssoziologischer Feldversuch. In: Schmidt, Gert (Hg.), Technik und Gesellschaft. Jahrbuch 10: Automobil und Automobilismus. Frankfurt/M. / New York 1999, S. 129–148.

wurde vom Beginn des „automobilisme“ an interpretiert als ideale Realisierungsmaschine genau dieser Ideen der bürgerlich-revolutionären Zeit des 18. Jahrhunderts. Dass uns das Auto „näher zu Goethe“ bringen könne, wie das berühmte Diktum des Jahrhundertwende-Autors und Automobilreisenden Otto Julius Bierbaum lautet, ist keine Paradoxie, sondern aus den Verheißungen der neuen Mobilitätsmaschine heraus zu verstehen, deren Erfüllungspotenzial für die alten bürgerlichen Sehnsüchte sich nach 1900 abzeichnete. Die langen Linien der Ideen von Individualität und Mobilität und ihre Bilder und Erwartungen versprachen im Automobil zu kumulieren.

Die Geschichte des Automobilismus ist auch zu betrachten als Feld von Wünschen, Images und Sehnsüchten, nicht nur als konkrete Entwicklung. Erwartungen der Nutzer waren es, die wesentlich die Gestalt und die technische Auslegung des Autos mit formten und beeinflussten. Doch es ist nur allzu bekannt: Wie oft in der Geschichte der Konsumgesellschaft brachte die ansatzweise kollektive Realisierung vieler der Ideen, Ansprüche oder Sehnsüchte, die die bürgerliche Gesellschaft vor mehr als 200 Jahren formulierte, Probleme, die genau mit dieser Massenhaftigkeit zusammenhängen: Die Verwirklichung individueller Mobilität rauscht direkt in den Stau. Die Realität heute widerspricht längst den ursprünglichen Ideen. Heute erleben Autofahrerinnen und Autofahrer „Verkehrsteilnahme“, statt individuell bestimmtes Fahren, Massenverkehr, Mobilitätsblockaden. Sie leiden unter der evidenten Spannung zwischen den nach wie vor wirkmächtigen Images der Mobilität in „Einsamkeit und Freiheit“ und der konkreten Situation auf den Straßen, mit der wir täglich zu tun haben.

Wie wird in Zukunft die Mobilitätslust damit umgehen? Die konventionelle Meinung oder Antwort lautet: Wenn erst alle im Massenstau stehen, werden schon alle „umsteigen“. Bei steigendem Leidensdruck wird die Fahrlust unter Druck geraten, werden die Zeitbudgets unkalkulierbar, und folglich wird es andere Mobilitätsformen geben müssen. Doch zunächst muss der Historiker Skepsis anmelden: Das Gefühl, es „ginge nichts mehr“, ist sehr alt. Die Meinung, bei weiteren Zuwächsen steckten alle fest, gehörte in der autofahrenden bundesdeutschen Öffentlichkeit genauso wie bei den Verkehrsexperten ab etwa 1960 zum Standardrepertoire.

Parallel dazu gingen ausnahmslos alle Prognosen, auch solche, die die verschiedenen Motorisierungsszenarien durchspielten[10], vom jeweils bald bevorstehenden Erreichen eines Plateaus des Bestandes und stagnierenden oder auch abnehmenden Gesamtfahrleistungen aus. Diese Prognosen waren durchwegs falsch[11]. Sie unterschätzten, teilweise in hohem Maß, das tatsächliche Bestandswachstum. Ausnahmslos alle Experten blamierten sich

10 Siehe die Shell-Studien.

11 Siehe hierzu den äußerst signifikanten Aufsatz von Kill, Heinrich H., Verkehrswachstum als Folge und Voraussetzung wirtschaftlicher Entwicklung – Möglichkeiten und Grenzen einer „Verkehrswende“. In: Giese, Eckhard (Hg.), Verkehr ohne (W)Ende? Psychologische und sozialwissenschaftliche Beiträge. Tübingen 1997, S. 79–93; besonders Schaubild S. 82.

durch eine Fehleinschätzung der automobilen Wachstumsdynamik. In gleichem Maß erwiesen sich alle Prognosen als falsch, die von einer bevorstehenden Krise der Automobilität ausgingen und ein „Ende des Automobils“[12] in Aussicht stellten. Dies, und der Fehlschlag einer Verkehrspolitik, die jahrzehntelang den „Vorrang der Schiene“ proklamierte, aber zugleich einen stets sinkenden Anteil des schienengebundenen Verkehrs am Transportaufkommen zu konstatieren hatte, muss eigentlich zur Skepsis mahnen. Die bei Laien wie Experten offenbar populäre Vorstellung, wenn es so weiter ginge mit dem Straßenverkehr oder gar alles noch schlimmer werde – etwa, weil man nicht genügend Straßen baue, den Verkehr zu sehr reguliere oder „fessle“ –, ginge bald gar nichts mehr, scheint eine Chimäre. Dass in unmittelbarer Zukunft in Deutschland eine große Mobilitätsblockade bevorsteht, wird seit den späten 50er Jahren prognostiziert – bei einem Kfz-Bestand von 4,5 Millionen im Jahr 1960. Nach der Jahrtausendwende hat sich der deutsche Bestand verzehnfacht, und die angekündigte Blockade fand nicht statt, auch wenn es Indizien gibt, dass die Effizienz des Straßentransports abnimmt.

Die Frage ist, ob es einigermaßen realistisch ist, anzunehmen, dass das kollektive Leiden am Stau Entscheidendes bewirkt. Wie wird in Zukunft die Mobilitätslust mit dem Spannungsfeld zwischen der als drohend empfundenen Selbstblockade individueller Mobilität und der fortbestehenden Lust daran umgehen? Kommt es tatsächlich zu einer „Re-Rationalisierung“ im Sinn von kleineren, vernünftiger gefahrenen Wagen mit anderen Hauptantrieben? Provoziert es andere Nutzungsformen, führt es bei den Autonutzern tatsächlich zu Haltungs- und Verhaltensänderungen? Ich bin skeptisch, denn die Lust an der transportmitteltransgredierenden Mobilität ist wohl resistenter als angenommen – aus folgenden Gründen, die meiner Meinung nach zu bedenken sind.

(1) Ich halte die Macht der Mobilitätsbilder und Mobilitätsillusionen für so groß, dass sie die alltäglichen, im Massenverkehr erlittenen Kränkungen kompensieren kann. Denn es geht bei der Mobilität immer auch um das Potenzielle neben dem Realen, um die individuellen wie kollektiven Wunschbilder. Dass man im Grunde individuell oder selbstbestimmt fahren könnte, bleibt auch im Massenverkehr das unbestrittene Leitbild. Dass man eigentlich „rechts raus“ fahren könnte mit dem Geländewagen oder SUV, ist selbst angesichts von hart begrenzten Verkehrsschneisen, zu denen die Straßen geworden sind, eine liebgewonnene Vorstellung. Dass man in 3,9 Sekunden von 0 auf 100 km/h beschleunigen könnte, wenn man nicht in der Stadt stünde, ist eine Befriedigung, die durch die Verkehrserfahrung letztlich nicht berührt wird. Wir beobachten eine hohe Resilienz der Mobilitätsillusionen gegen die kränkende und belastende Praxis des Massenverkehrs.

(2) Die Unterscheidung zwischen Produktwert oder Gebrauchswert und Gebrauchswertversprechen ist gerade beim Auto sehr nützlich. Letzteres, die verstärkte Pflege

12 Stellvertretend: Canzler, Weerth / Knie, Andreas, Das Ende des Automobils. Fakten und Trends zum Umbau der Autogesellschaft. Heidelberg 1994.

der Images und Illusionen, hat durchaus Schritt gehalten mit den alltäglichen Angriffen darauf. Je mehr Fahrer die Fallhöhe zwischen Versprechen und ihrem Straßenalltag empfinden und erleiden, desto mehr schätzen sie eine kulturelle Aufrüstung des Potenziellen, die um Autos angesiedelt wird. Werbung, Autoliteratur, Tests, kulturelle Verarbeitungen sorgen für eine Positionierung und Stabilisierung der Images lustvoller und tief befriedigender, letztlich aber fiktionaler Mobilität. Dies ist eine gezielte Stabilisierung der Mobilitätsillusionen gegen reduzierten Transportmittelcharakter. Gern ist dies seit etwa 1970 als gezielte „Verführung" interpretiert worden[13], angezettelt von einer mächtigen Industrie, die ihre Märkte ausbauen will. Doch dies scheint mir kurz gegriffen. Mobilitätsimages der beschriebenen Art sind nicht nur ein Produkt des Marketings eines einflussreichen automobilen Industriekomplexes, sondern beruhen auf einem breiten gesellschaftlichen Konsens. Schon beim Ansehen von Reise- oder Autosendungen im Fernsehen, bei der Lektüre des auflagenstärksten europäischen Magazins[14] oder beim Hineinhören in automobilbezogene Gespräche wird evident, dass das Fahren in Einsamkeit und Freiheit, fern von den Zwängen des Massenverkehrs, nicht nur ein nach wie vor kulturell dominierendes Image ist, sondern dass es auch medial wie individuell affirmiert wird.

(3) Und Kompensationen gibt es auch auf der Objektebene, bei den Fahrzeugen: Autos sind „kränkungsresistenter" geworden. Sie vermögen die Insassen zunehmend von der Umwelt, den mobilen aufdringlichen Anderen abzuschotten. Die Industrie offeriert außerdem kompensatorisch wirkende Autogattungen: „Spaßautos", Offroader, Cabrios, SUVs, Freizeitmobile, Hyper-Luxuswagen mit der Motorleistung kleinerer Passagierflugzeuge, nicht zuletzt Motorräder, deren Fahrer sich als „obere Hälfte" einer Maschine zur Erzeugung von Fahrlust empfinden können[15]. Wir sehen eine Konzentration der Anbieter auf Mobilitätsmaschinen mit runtergespieltem Transportmittelcharakter. Solche „Freizeit-Mobilitätsmaschinen", die mit Transport im verkehrswissenschaftlichen Sinn wenig mehr zu tun haben, sind zum wesentlichen (jedenfalls kulturell signifikantesten) Teil der automobilen Kultur geworden. Die Mehrzahl der Anbieter von Autos konzentriert inzwischen ihre Anstrengungen nicht mehr auf die Offerte von Mainstream- oder Basisfahrzeugen wie etwa Familienlimousinen, sondern auf funktional anders positionierte „Mobilitätsmaschinen" – solche, die man früher als „Nischenfahrzeuge" beschrieben hat. Doch diese sind längst aus den Nischen in den automobilen Mainstream hineingewandert. Sie diffundierten von der Oberklasse und dem oberen Marktsegment bis hinunter zu den billigeren

---

13 Vgl. dazu das bahnbrechende auto- und industriekritische Buch: Krämer-Badoni, Thomas / Grymer, Herbert / Rodenstein, Marianne, Zur sozio-ökonomischen Bedeutung des Automobils. Frankfurt/M. 1971 (= edition suhrkamp 540).

14 Die monatlich erscheinenden Clubzeitschrift ADAC Motorwelt.

15 Siehe dazu Spiegel, Bernt, Die obere Hälfte des Motorrads. Vom Gebrauch der Werkzeuge als künstliche Organe. München (2) 1999.

sogenannten „Einsteigerfahrzeugen“. Das Resultat habe ich an anderer Stelle „Supersloanismus“ genannt, eine Erweiterung der Idee des General-Motors-Chefs Alfred P. Sloan aus der Mitte der 1920er Jahre[16]. Er ersetzte höchst erfolgreich das Konzept eines Einheitsautos, wie es Henry Ford einführte, durch das eines Wagens „für jeden Zweck und Geldbeutel“. Die so entstandene Automobilkultur lebte zunehmend von der Transgression der Transportfunktion. Und zu erinnern ist nochmals daran, dass auch „vernunftbetonte“ Autos unvernünftig, spaßbetont gefahren werden können.

Und deswegen ist mein Gegenstandsbereich Mobilitäts-, nicht Transportgeschichte. Die langen Linien der Lust am Auto, der Lust am Fahren, der Übersteigerung funktionalen Transports, zu verfolgen, zu erklären, zu interpretieren, ist eine wichtige Aufgabe der Historiker. Ich bin überzeugt, dass nur eine solche Art von Geschichte, die Ideen, Images, im weitesten Sinn Fiktionales mit einbezieht, den „unwahrscheinlichen“ Erfolg des größten technischen Systems auf Erden befriedigend erklären kann.

16 Siehe Möser, Kurt, Geschichte des Autos. Frankfurt/M. / New York 2002, S. 227–230.

Three Social Constructions of Historic Mobility

There is no such object as a "classic vehicle", a "historic car" or an "oldtimer" in itself. It is defined by many inclusions and limitations, certainly not only by age. To bestow a vehicle, the dignifying label "historic" depends on many assumptions. And it is a process done in specific contexts. What is considered a "wreck", an "original", a "reproduction" or a "good restoration", depends on the purpose, on the occasion, on the place displayed, to name just a few. And all of this defined by the user or, more specifically, on relevant user groups. In short, historic or classic vehicles are "social constructions" in the sense of the SCOT approach.[1]

1 See Bijker, Wibe E., The Social Construction of Technology. Eijsden 1990; for user participation see e.g. Oudshoorn, Nelly / Pinch, Trevor, How Users Matter. The Co-Construction of Users and Technologies. Cambridge (Mass.) / London 2003. Available at https://doi.org/10.7551/mitpress/3592.001.0001 (Introduction: How Users and Non-Users Matter, p. 1–25).

In my paper I will attempt to look into these. I will try to assess how these three social constructions influence or determine the handling of and dealing with the actual artefacts, and I will ask how all this influences the work of museum curators. I have selected historic vehicles not just because it is my special field of interest, but because artefacts of past mobility cultures are more than other technical or industrial artefacts in the public focus, and they are more than others the centre of emotions and affections of a broader public. Objects of mobility cultures have a special cultural power which many other technical artefacts lack.

I argue that there are mainly three social constructions what a historic vehicle actually is, what its desired features are, and what is to be done with it. This involves decisions of selection, restoration and presentation. These three forms of usage are:

(1) mobility objects in collections and presentations of historic museums, owned mainly by public bodies / authorities, and cared for by public curators;
(2) mobility objects in collections and presentations of company museums or company affiliated museums, owned by them, and exhibited by persons connected in any way with the company;
(3) mobility objects collected, used, cared for and owned by private persons.

All three groups claim, of course, interest in historic mobility, but in general this interest can be split up into different spheres. Historic vehicles can be

(1) historic sources as well as tools for exhibitions for museum-based history of technology;
(2) tools for brand identity of companies and thus, in the end, for selling cars;
(3) means of private display and thus of social distinction for private collectors.

The three uses employ historic vehicles as objects of professional, i.e. curatorial, interest; as tools of corporate identity and marketing; and as objects of affection, curiosity, social display and much more. I argue that these fields form "relevant user groups" in the sense of SCOT.

Certainly, the largest group are private users.[2] There is a world-wide (and growing) "scene" of collectors, circles and clubs, organized rallies and drives, restoration firms, a host of publications ranging from specialized home-made circulations to glossy collectors' magazines, and much more. For these individuals, historic cars which are used in everyday contexts have several values, for instance they can become a materialized opposition against certain features of modern cars and a reaction against unwelcome demands of mass traffic. By using an older car (and demonstrating doing so) a re-living of better days of car culture seems possible. In this artefact a harking back to a less regulated, less boring, less crowded road mobility is condensed. But at the same time a strong social

2 See Brandl, Erwin, Faszination Oldtimer. Eine Geschichte über Legenden und Leute – Die museale Darstellung. Magisterarbeit. Erlangen-Nürnberg n.d. (1999).

statement is made. Using a classic vehicle means using and handling of a seemingly more dignified object with more character than any modern car has – even if it is an expensive luxury make.[3] The social capital potential of classic cars is considerable, and even more so when the users become a part of the network of car clubs, meetings, rallies and social functions closely linked with their use. This is forming not only a relevant user group, but creates highly stratified social networks and webs of distinction.

Another "relevant user group" are company museums or those close to companies or those supported by them by different means. Here historic vehicles have yet another social construction. Cars in general do transcend a claimed "primary function" of utility transport by different cultural strategies.[4] Historic vehicles have a still more reduced primary function. Their evident secondary functions are attractive not only for users, i.e. "bottom up", but also "top down", for car manufacturers, by serving as means of company identity. Thus, they are tools for giving dignity by history to car companies. They help to construct the cultural aura and aesthetic corona which are essential and ever more important elements of modern car culture and car marketing. Therefore, they are auxiliary but nonetheless relevant instruments for selling products by culture. By this they fit into the aesthetic and cultural construction of cars which is the main feature of car marketing by culture today.

The appeal of historic vehicles for private owners – which constitutes and leads their interest and their curiosity when visiting museums, too – is manifold: There is the passion of collecting; the joy of owning old vehicles, and of displaying vehicles publicly, and to establish a personal relationship.[5] This is in sharp contrast to the attitude of curators of historic museums which are generally professional historians.[6] They are expected of dispassionate dealing with public property and to regard automobiles as historic sources, and they are supposed to use these objects as teaching tools and for the purpose to "communicate via objects" when displaying them in exhibitions. Any personal attraction which may be felt by curators would be regarded as obscene by professional co-historians.

Similarities and differences

But I am aware that in reality these distinctions are much more blurred. Apart from the fact that attraction to their objects certainly is an issue for curators, too, there are several

3 See Möser, Kurt, Massenverkehr und Oldtimerkultur. In: Pohl, Hans (ed.), Traditionspflege in der Automobilindustrie. Stuttgart 1991, p. 110–117 (= Stuttgarter Tage zur Automobil- und Unternehmensgeschichte).

4 See Möser, Kurt, Transport und Bewegungslust. Die Funktionen der Straßenmobilität heute. In: Robertson-v. Trotha, Caroline (ed.), Mobilität in der globalisierten Welt. Karlsruhe 2005, p. 29–44.

5 See Blom, Philip, Sammelwunder, Sammelwahn. Szenen aus der Geschichte einer Leidenschaft. Frankfurt/M. 2004.

6 See Cutcliffe, Stephen H. / Lubar, Steven, The Challenge of Industrial History Museums. In: The Public Historian 22, p. 11–24. Available at https://doi.org/10.2307/3379575.

points. Firstly: Since the institution "museum" and the accompanying term are not protected by law, "museum" can include different things. Mainly, there are mobility objects in 'serious' museums which perceive themselves as social "remembrance machines",[7] and those in private collections used by enthusiastic amateurs, and those in company museums.[8] The latter two quantitatively clearly dominate the musealization of historic mobility. For non-expert visitors it is not clear at all which museum approach they are savouring after having paid their entrance fee.

Then, secondly, there are contacts and interferences between the three social constructions of classic vehicles. For instance, historic or company museums get vehicles on loan from private owners, or cars owned by companies are loaned to public museums. Further, vehicles with good original substance can be taken out of a museum collection, handed over to individuals and "restored" by them.

The picture is still more muddled, thirdly, since public historic museums often do not adhere strictly to the clear ethics respecting artefacts as sources. The dealing with mobility objects in 'serious' museums (as opposed to private collections by enthusiastic amateurs and as well as of company museums) presents no clear-cut picture.

Further, all three user groups establish limits of interest. By this I refer to concepts which artefacts are deemed of worth to include into their collection, thus expanding or limiting the "historicity" or "classicity" of vehicles and their dignity or worth. Some professional curators tend to exclude groups of artefacts as too young or too technologically progressed. They may doubt that there is "classic" GRP dinghy worth to be collected. But in general historians do not put strict limits. Their selection criteria generally aim at significance, as opposed to "beauty" or "rareness".

For historians there are (or should be) no banal objects – to paraphrase Siegfried Giedeons famous verdict[9] –, but for private or company collectors there often are. In some cases, private collectors exclude rigidly vehicles they regard as boring, or not rare enough, or too young. For instance, for a historian of mobility the Renault 16 of 1967 should be most significant, introducing the concept of a 5-door hatchback with flexible interior into the conceptual design mainstream. But apart from specialists, private collectors are reluctant to bestow their affection to this type or to similar apparently staid "middle of the road" vehicles. Those responsible for company museums are apt to exclude or devalue vehicles which do not fit into the image the brand tries to project, or which may hint at earlier

---

7 See Pircher, Wolfgang, Gedächtnismaschine Museum. In: Ästhetik und Kommunikation 75 (1990), p. 57–62.

8 See Fitzgerald, Lawrence, Hard Men, Hard Facts and Heavy Metal. In: Kavanagh, Gaynor (ed.), Making History in Museums. London 1996.

9 See Giedion, Sigfried, Die Herrschaft der Mechanisierung. Ein Beitrag zur anonymen Geschichte. Frankfurt/M. 6.–8. Tsd. 1982, p. 31.

company operations which are to be played down – for instance those artefacts connected with unpleasant involvements into war.

On a higher level of abstraction, there are still common features of historic vehicles in all three social constructions: These artefacts become social tools. They become vehicles in a metaphoric sense, transporting meanings which are transcending their "objectness". They can be manifestations for social and economic history, for company traditions and values, for personality enhancement or aesthetic attraction, for improving social standing. Thus, in all three social constructions they are situated in a complex web of meanings and symbolic projections. Historic vehicles are encoded in very different ways and contexts, and different auras are attributed to them. This makes it sometimes difficult to distinguish – and obviously there is no clear-cut single significance. Of course, this holds true for many artefacts of the past which are part of everyday life. The "social life of things"[10] of the past in today's usage and user contexts always has different and overlapping levels of social signals. To deal with the main differences, I would like to look into two main fields: the different approaches towards restoration within the three social constructions, and the structure and function of mobility artefacts.

Approaches towards restoration

Back to private classics: To achieve the social function of car-related distinction, these objects have to conform to certain criteria. For instance, they must not show "shabbiness". They have to be more or less corrosion-free and 'groomed' in order to conform to norms of presentability similar to more modern vehicles, adding maybe a touch of historic luxury not achievable in modern cars.

Moreover, they have to be as trouble-free as possible. Many owners of classic vehicles expect a similar level of reliability, comfort and ease of usage. Many modifications are motivated by the attempt to assimilate historic vehicles to everyday driving without overtly sacrificing the aura of history which provides the coveted added distinction qualities. What owners strive at is on one hand a participation at the inherent dignity of history, and on the other hand the retaining of straightforward practical usage. All this points to the need of heavy rebuilding. There seems to be no reconciliation without sacrifice.

Obviously, to fulfil the task of reliable usability, privately-owned as well as company-owned vehicles have to conform to what is termed "restauration standards", meaning that they do not show undignified signs of their age, and that their technological features are as faultless as possible. Obvious mechanical troubles are dangerous for the reputation of the makers and thus counterproductive for their function as tools for corporate identity.

10 See Appadurai, Arjun, Introduction. In: Appadurai, Arjun, (ed.), The Social Life of Things. Cambridge 1986, p. 3–63. Available at https://doi.org/10.1017/CBO9780511819582.003.

Therefore, they have to look and to perform 'as new'. Both user groups, private and company owners, thus share a common restoration goal: as far as possible sleekness, smooth aesthetics without technical bother. To achieve this, private persons and company museums allow themselves a host of technical operations to the vehicles they own.

Historic museums would not subscribe to many of these aims and operations. From the 1980s, a set of accepted practices of dealing with technological artefacts has been formulated by museum conservators. This "Restaurierungsethik" (ethics of restoration) evokes and adapts principles of restoration in general which have evolved for historic artefacts and works of art, transferring them to technological and industrial objects. This ethics aims at preserving original substance, traces of manufacture and use. It includes reversibility of measures, documentation, making explicit any changes. Thus, "industrial cultural artefacts" ("industrielles Kulturgut") join a pre-established code of practice. There have been attempts to specify practices for specific mobility objects, for instance the Barcelona charter for watercraft. In general, museum-based historians of technology reason that there would be no principal ethic difference of handling a renaissance painting and a 1920s motorcycle.

On the other hand, "originality" is an issue in the popular, non-historic classic vehicle culture, too. But mostly it is not the above code of practice which is referred to, but a wider one. This allows, for instance, the usage of material which closely resembles original material – seat fabrics have to have the correct texture and patterning. By striving for "originality" often an activity is aimed at which tries to achieve a close resemblance to an earlier situation.[11] This sanctions practices which amount to reproduction. Thus, for instance, the colour of a metal coating has to be as close as possible to a – mostly quite fictious – "factory new" state. But the actual coating itself is, of course, a "renewal" – a historic fake, a museum curator would say. But this derising description is not shared widely.

An aside: Of course, a car restored recently according to those popular criteria, having been reconstructed / rebuilt to a "better than new" state, is a source for historians as well – but a source for quite other things than for historic car culture. It can be significant for aspects of the significance of "oldtimers" in the present social makeup, for the participation of social groups of users at the dignity of historic artefacts, and for a new way of acquiring distinction within a highly stratified and extraordinarily differentiated car culture where these vehicles can become part of the quite elaborate matrix of social "fine distinction" by cars which I have mentioned. Seen in this perspective, modifications and "improper" restorations eschewed by historians become quite significant – but for today's care culture.

---

11 See Broelmann, Jobst, Zeitzeuge oder Zeitmaschine? Objekte als 'gegenständliche Quellen' und ihre Verwendung und Behandlung in technischen Museen. In: Dresdner Beiträge zur Geschichte der Technikwissenschaften 26 (1999), p. 35–42.

After the pattern of the three social constructions of historic car became established, and after old cars were collected by social history museums, some museum curators felt the need to state their unique point. To establish a differing position somewhat provocatively, the museum specific means (or medium) would have to be employed. There is an interesting case: The Mannheim museum staged an exhibition called "Restaurieren heißt nicht wieder neu machen" ("To restore does not mean to renew") which had a certain provocative effect. The reason was that there was a car from 1927 displayed (a Mercedes 12/55) which the restorers worked on in the exhibition itself, in front of the visitors, not unlike a Gothic sculpture: repairing surface dents according to criteria of reversibility by wax technique, retouching gently, doing research on the thickness and material of coatings, assessing the properties of metal alloys. The procedures and the results after demonstrating these methods provoked heated discussions: Many visitors did not regard the results as a "proper" restoration of a historic car. These discussions soon moved to the specifics of vehicles, and why one tends to expect their restoration as something quite apart from the restoration of, say, sacral objects of pre-industrial periods.

The other side, equally provoking to "the other side", is represented by cars in a state "better than new", for instance a German luxury car from the 1920s redone with stainless steel screws, chromed radiator instead of nickel-plated, synthetic fibre interior of bold colours, and everything replaced and redone what is technically possible, preserving only a fraction of original substance. What may be regarded as a desirable quality restoration among collectors, and which is probably highly regarded and applauded by spectators, is renounced by museum restorers. Their criticism includes losing any original substance, muddling original features and materiel with replaced anachronistic elements, creating an object which can be regarded as a fake in historic dressing. One has not to turn to the various Concours d'élégance of classic cars, or the thriving historic racing scene to see that there is a thoroughly different attitude towards "restoration" at work than practised in historic museums.

Structure and function of technical artefacts

It has been asked whether there is no difference between a Renaissance painting and a 1920s motorcycle. But of course, there is – a painting does not move, cannot 'be run', does not 'function' in a mechanical sense. Vehicles, like many other industrial objects, or even more so, are characterized by more than just structure. They perform mechanical functions. To differentiate between structure and function seems to me a crucial issue since this is at the bottom of the specifics of historic industrial artefacts.

It could easily be argued that it is rather desirable to concentrate on the mechanical function of vehicles and other industrial artefacts which, after all, is their raison d'être, their specific surely more than being a static display in an exhibition context. To keep them going, to drive them, thus can become quite valuable in historic terms. There are good reasons for keeping cars in working order, despite pressure of restorers for keeping them out of use for fear of loss of historic substance. Generally, a serious museum approach tends to act more tenderly when dealing with the mechanical function of historic objects. Likewise, it tends to accuse other types of using of heedless or even mindless usage, unaware of potential substance sacrifices, for example after breakdowns.

But driving old vehicles, even dabbling mechanically with them, or running their engines can give historians valuable and otherwise hardly obtainable insights into realms of historic mobility culture and in historic skills of operation which would not be accessible by other means. In my opinion, in order to research man-machine relationships, one has to go deeply into actual usage of vehicles. This is, or at least should be, a core of mobility history as opposed to transport history. In the case of historic watercraft, in the Barcelona Charter an attempt was made to balance between the convenience and safety modifications which obviously are necessary to maintain these objects functional in a dangerous environment, and the respect for historic substance and its conservation. This Charter aims at privately-owned as well as public owned ships and boats.

But generally, even within "serious" historical museums there is a principal rift regarding the extent of putting mobility artefacts to use (or to function). Simplified, one could say that this rift often separates restoration staff from exhibition staff and the self-styled "attorneys of the object", as restorers in museums often termed themselves, from probing and curious mobility historians, interested in mechanical functions and interactions of artefacts with users and in the phenomena of a history of "machine sensibilities".[12]

Historic vehicles as media in museums

Thus, it seems to me that even for "serious" historic museums the issue of the employment of artefacts is not clear-cut. Firstly, if seen not only as historical sources but as tools of transporting meaning and as media, the makers of exhibitions require different things from objects like cars in exhibitions than restorers. If restored according to strict restoration ethics, certain things cannot be conveyed by cars when they have been restored that way. For instance, the cultural attraction of a shining, well-groomed car from 1910, necessitating a presentation in nearly new state is close to impossible to show when adhering to a restoration program which respects such an automobile as a historical source for the attraction of automobilism of 1910.

In many cases, there would be obvious shortcomings of a vehicle which has been restored according to a tight standard as a communication tool in an exhibition. Again, there is a choice which is in its extreme form mutually exclusive: a vehicle as a historic source in a

12 See Möser, Kurt, Fahren und Fliegen in Frieden und Krieg. Kulturen individueller Mobilitätsmaschinen 1880–1930. Ubstadt-Weiher u.a. 2009.

collection and as a material medium in an exhibition. This dilemma is even more evident in a museum which wants more than only showing beautiful, or powerful, or even technologically significant vehicles: The more an exhibition attempts to communicate past mobility cultures and the social history of automobility, the more a car has to be a "sign", and the less it is allowed to "be itself". If it is a medium for teaching visitors, then a pure restoration may be not medially functional.

We all know that there are many ways museum curators attempt to solve this conundrum. If cars in "proper" restored states are not able to convey the meaning according to a curator's wishes, then, it is said, other museum media may either supplement the artefact or take its functional place, or other artefacts may serve the purpose of transporting the intended information. For instance, if we cannot show the attraction of cars for European upper classes before 1914, one can use illustrations or written sources. Thus, manifest shortcomings of historic vehicles which are kept and restored according to "museum standards", when used as media of conveying meaning, do elicit responses which have become conventional: Artefacts have to be contextualized with other museum media. This which is often taken for granted I would like to term "rhetoric of contextualisation". But the technological museum's medial specifity – indeed, perhaps, its only peculiar feature – is the using of original objects,[13] other media having to be in a mainly auxiliary role. The accepted rhetoric of contextualization appears to me an evasion of the problem of object information, a way out which often seems too simple.[14]

Another, second problem: The rigorous museums ethics approach is a relatively recent development, probably dating to the social reconstructionist revival of technology museums in the 1980s.[15] Before, even serious technology museums had a much less scrupulous approach. For example, the Deutsches Museum in Munich did extensive reconstruction work on their Wright Flyer.[16] Another example is the first submarine of the German Imperial navy. According to the curator Jobst Broelmann, the museum artefact, after its early acquisition by the museum, was "collaged" from dismantled parts, involving extensive reconstruction, rebuilding and reproduction of missing elements. A similar case can be stated at the experimental submarine "Brandtaucher" which was rebuilt after its near-destruction in an air raid in the 1960s, to be exhibited in the Dresden Militärgeschichtliche Museum. Examples of cars restored and displayed in "serious" historical museums could

13 See Scholze, Jana, Medium Ausstellung. Lektüren musealer Gestaltung in Oxford, Leipzig, Amsterdam und Berlin. Bielefeld 2004. Available at https://doi.org/10.14361/9783839401927.

14 See Serries, Dorothee, Visionen in Vitrinen. Konzepte bundesdeutscher Technikmuseen der 1950er bis 1980er Jahre. Berlin 2007.

15 See e.g. the articles in Kavanagh, Gaynor (ed.), Making History in Museums. London 1996; Hudson, Kenneth, Museums of Influence. Cambridge 1987.

16 See Füßl, Wilhelm, Konstruktion technischer Kultur: Sammlungspolitik des Deutschen Museums in den Aufbaujahren 1903–1909. In: Hashagen, Ulf / Blumtritt, Oskar / Trischler, Helmut (eds.), Circa 1903. Artefakte in der Gründungszeit des Deutschen Museums. München 2003, p. 32–53.

be given freely. As a consequence, all museums must work with artefacts which – in various degrees – simply do not comply with their own recently developed standards.

Would it be possible, then, to state that not even historical museums adhere to their own ethics and to their seemingly clear-cut rules? Is the social construction of mobility artefacts as historic sources a chimera – or is this an abstract programme only, never properly fulfilled in museum practice? Have both other social constructions of historic vehicles more power to define and "format" public expectations and exhibition practice?

Another, third problem: There is a certain pressure on historical museums regarding the display of mobility machines. Cars, motorbikes and planes belong to the potentially most attractive artefacts in museums and enjoy a high degree of public interest and affection. Visitors therefore expect certain aesthetics and thus a certain state of "restoration". They sometimes are disappointed or even angry if this is not done according to their expectations, if for instance a luxury car shows signs of heavy use, of "tinkering" or old rebuilds. A question I will not go into could be: have visitors "learned" or acquired these expectations by museum visits, or is there a deeper longing for near-perfect historic cars?

This visitor's or public pressure is sometimes anticipated by museums – more precisely: those in museums concerned with the marketing and the public effect of their "product". In consequence, heads of museums which in some cases may be less concerned with historical sources and restoration ethics than with numbers of visitors and the public appearance are often reluctant to display cars whose appearance is not perfect according to public expectations.

The power to define

There is the question not only of ethics but of controlling and regulating the possible range of handling historic artefacts. It is an issue who will dominate or monopolize the definition what a historic car is and what is allowed to do with it. Is there a common view, a shared perspective, an authority or an accepted power? Obviously, there is not. Museums, as we have seen, are not able to impose their "museum ethics" on non-museum usages, and they have by no means a homogeneous practical standard themselves.

The FIVA rules for historic automobiles, on the other hand, which have evolved from the group of private users, are quite strict, but they do not have to be enforced. These rules indicate "authentic" vehicles ("originally produced, unaltered, and with little deterioration") and "original" vehicles ("as used but never restored to original specification with a continuous history"). The rest is divided into restored, rebuilt, and replicated vehicles with different stages of "un-authenticity" accordingly.

If these criteria would be applied generally, there would be, for instance no "authentic" or "original" Benz Motorwagen before, say, 1890, not even a restored one. The artefacts thus labelled are in fact rebuilt or replicated without exception. This sounds a harsh verdict but is in accordance with the Fiva rules. But then, such an "authentic" vehicle would hardly confirm to the demands of private owners, and its state would not be welcome in a company museum. The reason is that it would look there too "grubby" or "decayed" to convey the desired effect. "Authenticity" therefore, is not something aimed at in two of the three social constructions. Museums have by no means a dominance of definition what state historic cars should have. Historians are most certainly a "relevant user group" but not the only one, and not the dominant one.

Some Consequences

Is there a way out, a way to reconcile the different material and social constructions of historic mobility objects? My own experiences are with a large group of private collectors gathering monthly at the Landesmuseum Mannheim for 15 years, called the "Oldtimer-Stammtisch" (oldtimer circle). We all aimed at a "peaceful co-existence". I tried to bridge the gap somehow, and wanted to ease the mutual criticism between the different social constructions and historic vehicle cultures. I tried to educate participants of the "Oldtimer-Stammtisch", to initiate debates. As a result, I see some symptoms of change, for instance the trend that among private collectors "unrestored" objects are becoming more valued and coveted, and there seems to be the beginning of some distrust towards heavily and unhesitatingly "rebuilt" or reproduced cars or motorbikes.

On the other hand, there is a common aim: to strengthen the social acceptance of the value of a technical and industrial culture, and a strong conviction of the intrinsic value of technical artefacts, of their compatibility with other, culturally probably more highly valued artefacts. A common interest lays in trying to establish and defend the historicity of technological culture in a mainstream culture where – despite many claims to the contrary – historic technology is still not taken seriously in terms of "culture" proper. Within a wider culture of technology car culture is often considered to be vulgar by intellectuals. Common lobbying would thus be appropriate.

But in general, I tend to be not too optimistic. When answering the question, which social construction has won, I would reply: not the "serious" historic museums. I would like to emphasize that the integration of historic vehicles into the attraction culture of today's owning and driving has to be taken into account seriously. In an extremely high developed and ever more stratified car culture the social role of owning and driving classic cars is important and probably will become more so. The range of social constructions and functions is too wide to be reconciled between the three positions. And a stagnating and underfunded approach to historic mobility culture in public museums is opposed to a thriving private collector's scene and a most remarkable boom in company museums where dozens of millions of Euros have been invested in Germany alone in the past decade.[17]

Another cause for pessimism is the attitude of curators themselves. There seems to be some reluctance to react to recent developments – for instance, the "Youngtimer"-phenomenon. In the last years a quite extensive "scene" of younger enthusiasts has developed around cars from the 1970s and 1980s, integrating these vehicles into a pattern of music, meetings, fan publications and websites. This "car generation" is still not in the focus of serious historians; the avant-garde of historic reconstruction in this case is in the hands of young enthusiasts. If mobility historians are as slow to widen their thematic scope as they used to be, they never will catch up with the broadening and changing public interest in historic mobility culture – an interest they have nearly no means to influence decisively.

17 See e.g. Gutzmann, Ulrike, AutoMuseum – Unternehmensarchiv – ZeitHaus: Volkswagen-Geschichte in Wolfsburg von A bis Z. In: Archiv und Wirtschaft 34 (2001), p. 123–129.

Der Stau

Zur Geschichte der Überfüllung des Verkehrssystems

Überfüllte Transportsysteme

Staus im Straßenverkehr, Verzögerungen und Überfüllung sind weit älter als der motorisierte Individualverkehr. Man muss dieses Phänomen nicht unbedingt zurückverfolgen bis ins antike Rom, das Staus auf den Straßen kannte und Abhilfemaßnahmen einführte. Nahezu alle Verkehrssysteme kannten schon vor der Durchsetzung des Verbrennungsmotors Überfüllung, Staus und Unfälle. Besonders virulent war dies im Verkehr der städtischen Ballungsräume; typisch hierfür sind etwa die Situationen in den Innenstädten von New York oder London vor 1900. Für die Militärs spielten Staus und Überfüllungen vor allem der Nachschub- und Versorgungsstraßen eine große Rolle, und auch dies schon in der Periode vor der Motorisierung. Es gibt Indizien, dass etwa der deutsche Schlieffen-Plan 1914 nicht zuletzt wegen der Überfüllung der französisch-belgischen Vormarschstraßen scheiterte.[1]

Staus und Selbstblockaden als Symptom der Krise der individuellen motorisierten Straßenmobilität sind allerdings erst in den letzten Jahrzehnten in den „Automobilgesellschaften" wahrgenommen und diskutiert worden. Eine umfassende Geschichte der Staus und der Stauwahrnehmung gibt es noch nicht. Ich werde mich im Folgenden auf die Bundesrepublik Deutschland als typische „vollmotorisierte" Gesellschaft beschränken. Natürlich sind Staus auch in den industriellen Schwellenländern virulent, doch unter anderen Bedingungen, die einen Vergleich erst nach vergleichenden Forschungen erlauben. In den Industriegesellschaften stellen Staus eines der drei großen Problemfelder in den gesellschaftlichen Debatten um das Auto dar: Neben der Stau- und Überfüllungsproblematik sind dies die Umwelt- und Ressourcenproblematik und die Unfallproblematik. Während

1 Siehe van Creveld, Martin, Supplying War. Logistics from Wallenstein to Patton. Cambridge 1977, S. 113–127.

zumindest in der Wahrnehmung der deutschen Öffentlichkeit die Schärfe aus den letzten beiden Bereichen herausgenommen werden konnte – die Zahl der Verkehrstoten ging seit 1970 auf etwa ein Viertel des damaligen Standes zurück, Katalysator und „spritsparende" Modelle nahmen das Auto als „Umweltsünder Nr. 1" aus der Schusslinie –, bleibt die Überfüllungsproblematik virulent. Unfälle sind im Bewusstsein kaum präsent, zumal Sicherheitssysteme wie Airbags einen nahezu magischen Unfallschutz versprechen, und auch die Umweltproblematik kann im Autofahrer-Alltag ausgeblendet werden. Doch Zehntausende leiden täglich an Staus. Anders als bei der Unfall- und Umweltproblematik hat der technische Fortschritt keine Linderung gebracht. Alle Versprechen einer Milderung der Stauproblematik durch elektronische Verfahren sind bisher nicht eingelöst worden. Im Gegenteil, wir befinden uns offenbar immer noch in der Anstiegsphase der Staukurve. Das Leiden am Stau war jedoch schon in der Vergangenheit des Verkehrs hoch, zu Zeiten, die uns im Rückblick als idyllisch anmuten mögen.

Die Entwicklung des Staus

Die Anfangszeit des Automobilverkehrs, die ersten Jahrzehnte der individuellen Straßenmobilität, waren durch „einsames und freies" Fahren, zumindest auf den Überlandstrecken, gekennzeichnet. Der frühe Überland-Autoverkehr bot ein Gegenbild zu passivem „Transportiertwerden", zu Überfüllung und Verkehrsverdichtung in den durch die Industrialisierung stark angewachsenen Städten. Er war dadurch geprägt, dass die Fahrer aktiv ihre „Geschwindigkeitsmaschinen" inmitten durchweg langsamerer, durch Muskelkraft angetriebener Fahrzeuge bewegen konnten. Es gibt zahlreiche Zeugnisse, wie die frühen Automobilisten ihren Anspruch, „durch den Verkehr zu schneiden", brachial durchsetzten. Noch in den 1950er Jahren hieß es in einem bekannten Ratgeberwerk: „Wer auf die Hupe drückt, meint Vorsicht; wer es hören muß, hört: Weg da!"[2] Verzögerungen gab es zwar genug, durch geschlossene Eisenbahnschranken, Tiere und Menschen auf der Straße oder auch durch Pannen, aber selten durch andere Automobile. Trafen zwei Motorwagen aufeinander, entstand nicht selten ein spontanes Rennen.

Mit dem dichter werdenden Straßenverkehr war dieses „einsame und freie" Fahren der Pionierzeit immer seltener möglich. Wie die meisten Erscheinungen der Massenmotorisierung wurde das Phänomen der Verkehrverdichtung, der Verkehrszusammenbrüche und der zeitweisen Immobilisierung zuerst in den USA bemerkt und diskutiert. Es trat in Regionen mit hoher Fahrzeugdichte auf, wie etwa im Raum Los Angeles. Dort gab es Staus im Berufs- und Ausflugsverkehr schon in den Jahren unmittelbar nach dem Ersten Weltkrieg, in denen der „Fordismus"[3] auf der Straße wirksam wurde. Erst mit einer Zeitversetzung um 30 bis 40 Jahre wurde auch Deutschland davon betroffen. Das Paradox der Überfüllung durch individuelle Transportsysteme wurde von Kurt Tucholsky zwar

2 Spoerl, Alexander, Mit dem Auto auf Du. München 63.–75. Tsd. 1955, S. 103.
3 Siehe dazu etwa Flik, Reiner, Von Ford lernen? Autobau und Motorisierung in Deutschland bis 1933. Köln 2001.

schon 1930 formuliert: „Das Gesetz heißt etwa so: Was alle tun, hebt sich auf. Es ist wie mit den Autos; in der City New Yorks kommt man ja wohl schneller vom Platz, wenn man zu Fuß geht. Alle haben ein Auto – und nun hat keiner mehr ein Auto!“[4]. Doch eine wichtige Periode war in der Bundesrepublik die Zeit nach 1960, die Phase des stärksten Anstieges der Motorisierung der Bevölkerung. Bezeichnenderweise erschien 1963 die erste gründlich recherchierte, im Fazit alarmistische Titelgeschichte im „Spiegel“: „Stau auf Deutschlands Autobahnen“.[5]

Vierzig Jahre später gehören Staus zu den stark erforschten Bereichen innerhalb der ingenieursmäßig orientierten Verkehrswissenschaft, der Verkehrspsychologie[6] und -soziologie[7]. Die „weichen“ Folgen – etwa Ungeduld, kollektive Missstimmung, Aggression – sind ebenso extensiv untersucht worden wie die „harten“ Konsequenzen, etwa Treibstoffmehrverbrauch und andere kollektive Kosten. 1995 etwa wurden die externen Kosten des Gesamtverkehrs in 17 europäischen Ländern mit 530 Milliarden Euro berechnet. Mit Staukosten waren es 658 Milliarden Euro (das sind 10 % des Bruttoinlandproduktes); 92 % davon betrafen den Straßenverkehr.[8] Nach einer ADAC-Berechnung wurden in Deutschland jährlich 334 Milliarden Liter Treibstoff in Staus sinnlos verbrannt.[9] Und im August 1999 gab es 112 Staus zwischen 20 und 50 km Länge und sogar 6 von über 50 km. Den längsten Stau des Sommers 1999 gab es am 15. August; es waren 100 km auf der Autobahn A 8.[10] Solche Staurekorde werden zu den jährlichen Hauptreisezeiten übertroffen. Statistisch steht der durchschnittliche bundesdeutsche Autofahrer jährlich 65 Stunden im Stau.[11]

Als Ursachen galten in der frühen Stauursachenforschung vor allem Engstellen durch Baustellen, aber auch Fahrzeuge mit zu schwachen Motoren, die sich auf die „Wildbahn“ Autobahn wagten, und Fahrer, die das Rechtsfahrgebot missachteten und die linke Autobahnspur blockierten. Die Infrastruktur der Landstraßen, die angesichts der hohen Kosten durch den Bau der Fernstraßen bis in die 1970er Jahre relativ vernachlässigt worden waren, schien dem zunehmenden Verkehr immer weniger gewachsen. Wurden zunächst Staus vor allem zu den Ferienreisezeiten und an Baustellen registriert, traten sie zuneh-

---

4 Tucholsky, Kurt, Wer liest das –? In: Gerold-Tucholsky, Mary / Raddatz, Fritz J. (Hg.), Gesammelte Werke, Bd. 8, 1930. Reinbek 1975, S. 282.

5 Spiegel 34 (1963).

6 Vgl. dazu Echterhoff, Wilfried, Geschichte der Verkehrspsychologie. In: Zeitschrift für Verkehrssicherheit 36 (1990), S. 50–70 und 98–112.

7 Zu den wichtigen frühen Texten gehören die Arbeiten von Claessens, Dieter, Zur Soziologie des Straßenverkehrs. In: ders., Angst, Furcht und gesellschaftlicher Druck. Dortmund 1966, S. 23–31, und Soziologische und sozialpsychologische Aspekte des Fahrens im Verkehrsfluß. In: Claessens, Dieter, Angst, Furcht und gesellschaftlicher Druck. Dortmund 1966, S. 38–42.

8 Vgl. fairkehr 4 (2000), S. 5.

9 Vgl. ebd.

10 Vgl. ADAC, BamS 10/10/99, S. 30.

11 Vgl. ebd.

mend auch zu anderen verkehrsstarken Zeiten auf. Aufmerksamkeit erregte der so genannte „Stau aus dem Nichts“,[12] ein Phänomen, das die Verkehrsforscher entdeckten und das eine hohe Publizität in der Öffentlichkeit bekam. Dies auch, so lässt sich spekulieren, weil hier die Stauentstehung nicht mehr auf das Fehlverhalten einzelner Fahrer oder auf „bottlenecks“ durch Baustellen reduziert werden konnte, sondern weil erstmals die Mechanismen eines Verkehrssystems an seiner Durchsatzgrenze beschrieben (und nicht zuletzt griffig kommuniziert) wurden.

Bezüglich der Staus ist ein in der Geschichte der Automobilität wiederkehrendes Wahrnehmungs- und Argumentationsmuster festzustellen: Dem einzelnen Verkehrsteilnehmer wird ein hohes Maß an Verantwortung und Beeinflussungsmöglichkeit zugebilligt, während die systemischen Bedingungen eher zurückhaltend wahrgenommen und in ihrer Bedeutung heruntergespielt werden. Das ist im Fall von Unfällen kaum anders als im Fall von Staus, zumal beide zusammenhängen: Unfälle erzeugen Staus, und Staus wirken unfallerzeugend. Beide müssen und können – so der verbreitete Lösungsansatz – durch lernbares, adäquates Verhalten der Verkehrsteilnehmer vermieden oder abgemildert werden.

Schon seit den 1970er Jahren tendierte die öffentliche Diskussion in der Bundesrepublik dazu, Staus nicht mehr als vorübergehendes Phänomen zu betrachten, dem durch geeignete Maßnahmen und ausreichend Straßenbauinvestitionen in Zukunft abzuhelfen sei. Allmählich wurde klar, dass Staus eine normale Begleiterscheinung des Massenverkehrs bleiben würden. Der Umgang mit diesem Problem ging nun in zwei Richtungen: Einmal wurden weiterhin verkehrspolitische und infrastrukturelle Maßnahmen zur „Staubeseitigung“ gesucht. Zum anderen begann nun eine Politik der Bewältigung der Staufolgen. Parallel dazu entwickelte sich ein Set von Standardargumenten, die auf den „volkswirtschaftlichen Schaden“ rekurrierten, der durch Staus entstand, nämlich die Verschwendung von Arbeitszeit und wertvollem Kraftstoff. Damit bekam die Vermeidung von Staus für unterschiedliche gesellschaftliche Gruppen Priorität: Einmal für diejenigen, die auf die volkswirtschaftliche Effizienz des Transportsystems zielten und die 13 Millionen Stunden beklagten, die die Deutschen im Jahr 2003 im Stau verbringen mussten.[13] Aber auch die Gegner der Verschwendung von Ressourcen durch erhöhten Treibstoffverbrauch und der Umweltverschmutzung durch zusätzliche Schadstoffemissionen wollten Staus reduzieren.

12 Siehe http://de.wikipedia.org/wiki/Stau_aus_dem_Nichts: Er entsteht, „wenn nachfolgende Fahrzeuge in einer Kolonne wegen zu geringem Sicherheitsabstand stärker abbremsen müssen als der Vordermann. Das schaukelt sich auf, bis das erste Fahrzeug zum Stillstand kommt“.

13 Vgl. ADAC Motorwelt 5 (2004), S. 44.

Wahrgenommene und tatsächliche Systemgrenzen

Mit dem Spiegel-Artikel von 1963 entstand ein Muster, das sich zunehmend stabilisierte: Die Situation der Überlastung der Straßen wurde als kritisch, aber gerade eben noch tolerierbar beschrieben. Bei weiterem Zuwachs des Fahrzeugbestandes hingegen wurde ein völliger Verkehrszusammenbruch prognostiziert, falls nicht drastische Maßnahmen ergriffen würden; gemeint waren regelmäßig infrastrukturelle Maßnahmen, also Bau und Ausbau von Straßen. Der Ausgangspunkt für die öffentliche Debatte im Jahr 1963 war ein Bestand in der Bundesrepublik von etwa 9 Millionen PKWs. Im Jahr 2005 ist der Bestand fünf Mal so hoch, doch das Argumentationsmuster eines unmittelbar drohenden Zusammenbruchs bei weiterer Zunahme hat sich nicht verändert. Die Standardformel dafür ist metaphorisch der Medizin entliehen: der „Verkehrskollaps".

Neben diesen düsteren Zustandsbeschreibungen und Prognosen gibt es eine Veralltäglichung des Staus. Verkehrszusammenbrüche tauchen als quasi-natürliche periodische Phänomene auf,[14] als saisonal, wöchentlich oder täglich auftretende Ereignisse, deren Vorhersage sich inzwischen an der Vorhersage des Wetters orientiert.[15] Die Naturanalogie kann weitergetrieben werden: Man kann dem Ereignis letztlich nicht entkommen. Der Grad des „Ausgesetztseins" in einer Situation, also der Schwierigkeit, sie verlassen zu können – nach John Keegan ein Kennzeichen extremer Erfahrung –,[16] ist im Stau recht hoch.

Wie ist die Erwartung des Kollapses als erwartetes Großereignis zu interpretieren? Handelt es sich um tatsächliche, zu einem jeweiligen historischen Moment bestimmbare Systembelastungsgrenzen? Oder sind Überlastungsphänomene der Straße eine Frage der Wahrnehmung und der kollektiven gesellschaftlichen Interpretation? Wie sehen die Kapazitätsgrenzen des Straßenverkehrssystems tatsächlich aus – wenn es sie gibt?

Zunächst ist festzuhalten: Die Belastungsgrenzen der (außerörtlichen) Straßen liegen offenbar jenseits aller Annahmen. Belastungen von bis zu 6.500 Fahrzeugen pro Stunde wurden auf einer dreistreifigen Fahrbahn gezählt, und von 2.500 Fahrzeugen pro Fahrbahn, ohne dass es zum Stau gekommen war.[17] Dies liegt über dem theoretisch größten

14 Vgl. etwa Mumme, G., Freie Fahrt ins Chaos. Mit den Osterferien hat die Stau-Saison begonnen: Die Verkehrsnetze sind dem Ansturm der Reisenden nicht gewachsen – der jährliche Infarkt ist programmiert. In: Die Woche, 28.03.1997, S. 16f.

15 Vgl. Wegner, Jochen / Efler, Marcus, Den Stau vorhersagen wie das Wetter. Jahrzehnte brüteten Forscher über den Geheimnissen des Verkehrs. Jetzt bringen sie ihre Lösungsideen vom Kopf auf die Straße. In: Focus 30 (2002), S. 76–80.

16 Vgl. Keegan, John, The Face of Battle. Harmondsworth 1988, S. 34.

17 Vgl. Steierwald, G. / Wacker, M., Vermeidung von Straßenbauinvestitionen durch intelligente Verkehrstechnik. In: Die intelligente Straße. Möglichkeiten und Grenzen. Schriftenreihe der Deutschen Verkehrswissenschaftlichen Gesellschaft Bergisch Gladbach 1992, S. 108–117, S. 111.

Belastungswert. Die Leistungsfähigkeit der Straßen hat zugenommen, was auch für Verkehrswissenschaftler nicht vorhersehbar war. Eine Ursache ist das Verhalten der Fahrer, die mit wesentlich geringeren Sicherheitsabständen und dichteren Fahrzeugfolgen umgehen können, als manche Berechnungsmodelle annehmen.

Unbezweifelbar ist, dass Anzahl und Länge der Staus weiterhin zunehmen, mithin auch die Zeit wächst, die die Verkehrsteilnehmer im Durchschnitt im Stau verbringen müssen. Doch nach wie vor zeigen die meisten signifikanten Parameter des Individualverkehrs, wie etwa Autobestand oder Gesamtfahrleistungen, noch Wachstumstendenzen, oft konträr zu den Prognosen aller Experten.[18] Dass eine Verhaltensänderung der Autofahrer durch Überfüllung, Staus und längere Reisezeiten erfolgt, lässt sich nicht belegen. Tendenziell findet dadurch eher selten ein „Umsteigen" auf andere Verkehrsmittel statt.

Anzunehmen ist hier wohl eine Ko-Evolution von Stau und Gewöhnung, von Verdichtungen, Unbeweglichkeit und Leidenstoleranz der Fahrer. Die Toleranz gegenüber Überfüllung und Verzögerungen auf der Straße scheint sich tatsächlich geändert zu haben. Der immer wieder zitierte und seit 40 Jahren erwartete „Kollaps" als Großereignis hat nicht stattgefunden. Bedenkt man dies, so fällt es tatsächlich schwer, objektive Systemgrenzen zu definieren. Zu fragen wäre dann aber, wie hoch der Grad der Ineffizienz des Individualverkehrs (aus Nutzersicht) sein müsste, damit dieser tatsächlich als krisenhaft empfunden wird. Alles deutet darauf hin, dass es keine einfach bestimmbaren Kapazitätsgrenzen des Straßenverkehrssystems gibt. Überfüllung ist somit eher eine Frage der Wahrnehmung vor der Folie aktueller Erfahrung als der Realität.

Staus im sozialen, politischen und kulturellen Kontext

Die Folgen der zunehmenden Staus, die wahrgenommen, dargestellt und medial behandelt wurden, waren vielfältig. Verkehrsverdichtungen und Staus bestimmen den täglichen und jährlichen Rhythmus von Arbeit und Freizeit: Sie waren mit ursächlich für die Einführung von Gleitzeitregelungen in Großbetrieben, um die Pendlerströme zeitlich zu kanalisieren, und auch für die Staffelung der sommerlichen Ferientermine der einzelnen Bundesländer. Weil der Stau so ubiquitär war und ist, ist seine Wahrnehmung und gesellschaftliche bzw. kulturelle und künstlerische Verarbeitung inzwischen ziemlich stabil. Bestimmte Muster haben sich herausgebildet. Das betrifft einmal die Bewertung des Staus. Er erscheint einmal als Ort schlechter „Straßenstimmung",[19] als Aggressionsort

---

18 Siehe Kill, Heinrich H., Verkehrswachstum als Folge und Voraussetzung wirtschaftlicher Entwicklung – Möglichkeiten und Grenzen einer „Verkehrswende". In: Giese, Eckhard (Hg.), Verkehr ohne (W)Ende? Psychologische und sozialwissenschaftliche Beiträge. Tübingen 1997, S. 79–93.

19 Vgl. Möser, Kurt, Geschichte des Autos. Frankfurt/M. / New York 2002, S. 308–311.

und als Fokus, an dem der latent gewalthaltige Straßenverkehr in offene Auseinandersetzungen auszubrechen droht.[20] Doch Staus scheinen nicht nur gefürchtete Mobilitätszusammenbrüche und Orte für Ungeduld oder Langeweile darzustellen, sondern auch Ereignisse, die man durchaus positiv erwartet, vielleicht sogar genießt,[21] nicht zuletzt weil soziale Kontakte unter den gemeinsam im Stau Leidenden möglich werden. Medienberichte über spontane Entstehung von Bekanntschaften und die „Lust am Stau" haben, so kann man vermuten, in einer Rückkoppelungsschleife das tatsächliche Verhalten im Stau beeinflusst oder mitgeprägt. Somit ergeben sich zwei Images: Als journalistischer Topos erscheint der Stau als kommunikationsförderndes Ereignis, oder aber als „schwarzes" Gegenbild, als Ort, an dem gesellschaftliche Probleme sich fokussieren und in Gewalt und Aggression aufbrechen.

Dieses doppelte Bild des Staus prägt auch die kulturelle Verarbeitung: Die berühmte, die spätere Stauwahrnehmung mit prägende Filmsequenz aus Jean-Luc Godards Film „Weekend" von 1963 zeigt beide Facetten: Der Stau erscheint zum einen als entspannend und erholsam – es wird Federball und Schach gespielt, ein Segelboot wird aufgeriggt –, zum anderen als aggressionsgeladen und gefährlich, begleitet von einem nervenden Hupkonzert und verursacht durch einen Unfall mit einigen Toten. Dieses doppelte Image findet sich etwa auch in dem später verfilmten Buch „Super Stau" oder in anderen belletristischen Verarbeitungen,[22] oft auch in Country-Songs, etwa von Dave Dudley oder Gunter Gabriel. Die jährliche Tradition der Stau-Rekordmeldungen in den Medien und die Verkehrsnachrichten in den Radiosendern haben dazu geführt, dass Staus ins kollektive Bewusstsein eingegangen sind und zu einem Teil des Alltags geworden sind. Besonders das Ritual der halbstündlich strukturierten Zustandsberichte der „Verkehrsfront", die gerade die populären Radiosender verbreiten,[23] macht auch den Nicht-Verkehrsteilnehmern klar, was „da draußen" auf den Straßen passiert, und erzeugt Häme oder Mitleid, inzwischen aber auch zunehmend Gleichgültigkeit.

Den direkt durch den Stau Betroffenen steht inzwischen ein ganzes Arsenal von Abmilderungen zur Verfügung. Das beginnt mit einer Abfederung der psychischen Belastung bei Baustellen etwa durch Schilder „Wir bauen für Sie". Ursache der Staus und Zweck der Stau-Ursachen werden begründet und als Maßnahmen kommuniziert, die im Interesse

---

20 Vgl. Rheinz, H., Im Seelenstau am Servolenker. Frust statt Lust: Der Autoverkehr als die „größte offene Psychatrie"? In: Süddeutsche Zeitung 09.06.1997, Beilage S. X.

21 Vgl. etwa Die Lust auf Stau. Umfrage: 19 Prozent genießen Zeit im „Stehzeug". In: Mannheimer Morgen 05.06.1992.

22 Siehe Wulf, Werner, Super Stau. Wien 1991; Cortazar, Julio, Das Feuer aller Feuer, Frankfurt/M. 1976.

23 Regelmäßige Informationen über Staus und Gefahren und einen eigenen Verkehrsfunk gab es in der Bundesrepublik erst seit den späten 1960er Jahren. Seit 1972 strahlten die ARD-Verkehrsfunksender einen speziellen Kennungston aus, der zwei Jahre später durch das „ARI" (= Autofahrer-Radio-Informationssystem) zum automatischen Empfang von Verkehrsfunkdurchsagen ergänzt wurde.

der leidenden Autofahrer getroffen werden. Weiterhin gibt es Schulungen und Informationskampagnen zum richtigen, verkehrsgerechten Verhalten im Stau, natürlich auch Ratgeberbücher[24] oder auch Tipps zur richtigen Ausrüstung, etwa wenn im Winter Staus drohen. „Stauberater" auf Motorrädern wurden 1984 eingeführt, um speziell Sommerurlaubern die Stresssituation zu erleichtern. Träger war der Automobilclub ADAC. Vermarktet werden CDs für das Autoradio mit „Stau-Gymnastik" und spezielle Kinder-Beschäftigungsspiele, um staugeplagte Familien etwas zu entlasten. Dass inzwischen im Kinderzimmer „Stau" ein beliebtes Spiel mit Modellautos geworden ist, kann der Verfasser selbst bezeugen. Und die Spielzeug- wie die Kinderbuchindustrie nehmen sich des Themas an: „Rush Hour – das verrückte Stau-Puzzle" wird ebenso angeboten wie ein Stau-Bilderbuch aus dem Annette Betz Verlag: „Wer steht im Stau? Hier kommt der größte Autostau, den Du je gesehen hast! Mehr als 30 Fahrzeuge warten darauf, dass es weitergeht – ein Sportwagen, ein Motorrad, ein Traktor, ein Wohnwagen und ein LKW. Wer kennt sie alle? Und wer weiß, warum der Verkehr aufgehalten wird?", so die Verlagswerbung.

Wie stark inzwischen Staus im gesellschaftlichen Bewusstsein verankert sind, zeigt sich auch daran, dass Stau als Metapher eingesetzt werden kann, etwa zur Beschreibung von „Gefühlsstau"[25]. Die sprachliche Verarbeitung des (Straßen-)Verkehrs[26] ist generell ein Feld, aus dem Begriffe und Sprachbilder entliehen werden. Auch im politischen Bereich ist der Verkehrsbereich ein gern gebrauchtes Metaphernreservoir – „Reformstau" etwa. Staus standen, wie das gesamte Verkehrssystem, in der Bundesrepublik im Zentrum öffentlicher Debatten. Vor allem der Straßenbau, hier vor allem die Frage der dafür eingesetzten Mittel und ihrer steuerlichen Herkunft, wurde kontrovers diskutiert. Staus waren und sind ein eminent politischer Streitpunkt, der über die engere Verkehrspolitik hinaus

---

24 Z.B. das Buch der österreichischen Verkehrsrundfunkredakteurin Andrea Radakovits, Stau, (Wien 2003). Die Verlagswerbung: „Jeden Tag dasselbe Leid: Die mobile Gesellschaft steht still. Unausweichliches Schicksal, Zug der Zeit oder vermeidbares Problem? Informativ und mit einer ordentlichen Portion Humor geht Andrea Radakovits nicht nur den Hintergründen der Stau-Entstehung nach. Sie zeigt auf, wie durch richtiges Fahrverhalten etliche Blechschlangen verhindert werden können, gibt Tipps, wie man auf dem laufenden bleibt und Staus ausweicht, wie man die Nerven behält, wenn man doch in die Staufalle getappt ist, und was bei einem Unfall zu tun ist."

25 Maaz, Hans-Joachim, Der Gefühlsstau. Ein Psychogramm der DDR. Berlin 1990.

26 Siehe dazu etwa Bayerl, Günter, Die Darstellung des Autos in der Literatur – ein Spiegel der Motorisierung. In: Pohl, Hans (Hg.), Traditionspflege in der Automobilindustrie. Stuttgart 1991, S. 201–237 (= Stuttgarter Tage zur Automobil- und Unternehmensgeschichte.); Link, Jürgen / Reinecke, Siegfried, „Autofahren ist wie das Leben". Metamorphosen des Autosymbols in der deutschen Literatur. In: Segeberg, Harro (Hg.), Technik in der Literatur. Frankfurt/M. 1987, S. 436–482; Möser, Kurt, „Knall auf Motor" – Die Liebesaffäre von Künstlern und Dichtern mit Motorfahrzeugen 1900–1930. In: Landesmuseum für Technik und Arbeit in Mannheim (Hg.), Mannheims Motorradmeister. Franz Islinger gewinnt die Deutsche Motorradmeisterschaft 1926. Ausstellungskatalog. Mannheim 1996, S. 18–29.

das Verhältnis von Bürger und Staat betrifft.[27] Forderungen der steuerzahlenden Bürger an die investierenden oder „steuerverschwendenden“ Autoritäten, und Mahnungen, ihre Pflicht bei der Verhinderung von Staus zu erfüllen, waren schon in der bundesdeutschen Demokratie der 1960er Jahre ein wichtiges Thema öffentlicher Debatten. Die Interessen der Beteiligten – von Straßenbau- und Automobilproduzenten über die „pressure group“ der organisierten Motorisierten bis hin zum Motorjournalismus – artikulierten sich und prägten die öffentliche Meinung zur Verkehrspolitik. Eine Grundtendenz bestand darin, die verkehrspolitische Regelungslust des Staates zu bekämpfen und ihn zur Erfüllung seiner „Pflicht“ zum Straßenbau zu bewegen. Nicht zuletzt wurden am Beispiel des Staus stellvertretend andere politische Debatten geführt – Debatten um Systemgrenzen, um die Pflichten des Staates bei der Steuerung eines technischen Großsystems, um Verteilung von Ressourcen für den Verkehrswegebau, um verkehrspolitische Grundentscheidungen über die Subvention von Verkehrsträgern, um das Verhalten Einzelner und das Recht des Staates auf kollektive Disziplinierung der Verkehrsteilnehmer. Die Politik des Staus reicht über den Stau hinaus: Ist die Verkehrspolitik schon ein symbolisches Feld zur Austragung politischer Konflikte, so fokussiert sich dies in den Debatten um Systemüberfüllung nochmals. Auch deshalb ist eine Betrachtung der Stau-Debatten signifikant. Ob Stauwahrnehmung und Bewältigungsansätze in allen „Automobilgesellschaften“ ähnlich sind und eine kulturelle Konstante bilden, kann aber erst eine vergleichende Untersuchung feststellen.

Das fahrende Individuum: Frustration und Disziplinierung

Staus werden von mindestens einem Teil der Betroffenen als narzisstische Kränkungen empfunden. Denn der Erfolg des Automobils, die Tatsache, dass der motorisierte Straßenverkehr zum größten technischen System weltweit werden konnte, hängt eng mit der Lust der Nutzer an Freiheit, Individualität, selbstbestimmter Mobilität und Wahlfreiheit zusammen. So geartete Nutzeranforderungen und -wünsche haben den Diffusionserfolg des Automobils entscheidend mitbestimmt.[28] Das Image, das die meisten Autofahrer im Kopf haben, und auf das natürlich bei der Vermarktung von Automobilen unweigerlich rekurriert wird, ist das einsame Fahrzeug, das zumeist losgelöst präsentiert wird von der eigentlichen Verkehrssituation, als „Freiheitsmaschine“, die dem Nutzer alle Mobilitätswünsche unmittelbar zu erfüllen vermag. Im Stau nun kollidieren solche Images (an denen kollektiv gearbeitet und partizipiert wird) mit der erfahrenen Realität der individuellen Mobilität: Als Image, das eine hohe Resistenz gegen die Alltagsrealitäten bewiesen hat, bleibt das selbst bestimmte einsame und freie Fahren weiter bestimmend. Die Realität

27 Vgl. Möser, Kurt, Der Staat und seine Regelungslust. In: Landesmuseum für Technik und Arbeit (Hg.), Lust am Auto. Ausstellungskatalog. Mannheim 2004, S. 141–145; vgl. auch Klenke, Dietmar, „Freier Stau für freie Bürger“. Die Geschichte der bundesdeutschen Verkehrspolitik 1949–1994. Darmstadt 1995.

28 Siehe Möser, Geschichte des Autos; Merki, Christoph Maria, Der holprige Siegeszug des Automobils. Zur Motorisierung des Straßenverkehrs in Frankreich, Deutschland und der Schweiz. Wien / Köln / Weimar 2002.

dagegen ist die massenhafte Selbstblockade, die Beschränkung der individuellen Mobilität, die Verweigerung des Freiheitsversprechens, die das im Autoinnenraum isolierte Individuum aushalten muss. Es entsteht eine Opposition von einsamem Fahren und systemischer Restriktion, vom Wunsch nach hedonistischem Selbstgenuss des freien Fahrens einerseits und andererseits der Beschränkung durch die Massen der Anderen, die dasselbe wollen. Dies, ein Grundwiderspruch der Massen-Konsumgesellschaft, führt zum „Sitzstreik Aller gegen Alle" und erzeugt Belastungen – nicht zuletzt in der inneren Kommunikation im Fahrzeug: Das „Leiden am Beifahren"[29] wird im Stau eher verschärft.

Doch die Automobilgesellschaften haben in den letzten Jahren Mechanismen entwickelt, um mit diesem Zusammenstoß von Mobilitätsillusion und tatsächlicher Mobilität umzugehen. Zu den technischen und infrastrukturellen Maßnahmen wird später mehr zu sagen sein. Zunächst zu der Frage, wie die Diskrepanz zwischen Systemopposition und Systemteilnahme im Straßenverkehr[30] auf der individuellen Ebene erträglich gemacht werden konnte. Denn Staus und Verkehrsverdichtungen führen, dies ist durch zahlreiche Studien bestätigt worden, zu gefährlichem Verhalten vieler Betroffener. Speziell findet ein Ausweichen in die Aggression (in den angelsächsischen Ländern als „road rage" kodifiziert) statt, für die die zunehmenden Verkehrsströme verantwortlich gemacht werden. Rechtsüberholen, Vorbeifahren auf dem Standstreifen oder zu dichtes Auffahren sind ebenso stautypisch wie die Weigerung, bei Fahrbahnverengungen andere Fahrzeuge einfädeln zu lassen. In der Straßenverkehrsordnung (StVO §7) ist festgelegt, dass das so genannte „Reißverschluss-Verfahren" anzuwenden sei, bei dem die Fahrzeuge sich „unmittelbar vor Beginn der Verengung" abwechselnd hintereinander einordnen sollen. Ziel ist eine bessere Ausnutzung der Straßenkapazität. Vielen, die auf der oft langsameren rechten Spur fahren, fällt dies aber offenbar schwer. Verkehrsteilnehmer, die sich regelgerecht verhalten, werden oft als „Reindrängler" wahrgenommen. Hier kollidiert offenbar regelkonformes mit implizit als „gerecht" verstandenem Verkehrsverhalten. Andere Maßnahmen stießen eher auf das breite Verständnis der Autofahrer. So sollten langsamere oder auch nur langsam fahrende Fahrzeuge nicht die Autobahn benutzen, um den Verkehrsfluss stetiger zu halten.[31]

Eine staugemäße Re-Education der Verkehrsteilnehmer hatte etwa ab 1970, dem Jahr der höchsten Verkehrstoten-Zahlen in der Bundesrepublik, Priorität. Sie setzte an einer der wesentlichen Ursachen schwerer Verkehrsunfälle an, dem Überholen. Überholen ist zu interpretieren als Phänomen der Durchsetzung des Einzelnen gegen das System und seine Restriktionen. Statt diszipliniert Kolonne zu fahren, damit die Unausweichlichkeit der

---

29 Schönhammer, Rainer, Das Leiden am Beifahren. Frauen und Männer auf dem Sitz rechts. Göttingen 1995.

30 Siehe Möser, Kurt, Zwischen Systemopposition und Systemteilnahme: Sicherheit und Risiko im motorisierten Straßenverkehr. In: Niemann, Harry / Herrmann Armin (Hg.), Geschichte der Straßenverkehrssicherheit im Wechselspiel zwischen Fahrzeug, Fahrbahn und Mensch. Bielefeld 1999, S. 159–168.

31 Vgl. Weyer, Willy: „Wer schleicht, soll nicht mehr auf die Autobahn". In: Spiegel 34 (1963), S. 36–38.

Verkehrsdichte zu akzeptieren und resignativ auf die Übermacht des systemischen Verkehrs zu reagieren, reagierten sehr viele Autofahrer mit Überholen auch im dichten Kolonnenverkehr und sogar im Stau. Solche gefährlichen Versuche, die Interessen des „Fortkommens Einzelner" gegen die Interessen des Gesamtverkehrs durchzusetzen, gerieten zunehmend in die Kritik. Nachdem es beim Überholen von Fahrzeugschlangen, bei dem der überholende Wagen bei Gegenverkehr in knappe Lücken oder gar in die Sicherheitsabstände einscheren musste, immer wieder zu schweren Frontalkollisionen gekommen war, nahm sich die Verkehrsdidaktik dieser „asozialen Autofahrer" an: Gegen diese so genannten „Kolonnenspringer" wurde in Zeitschriftenartikeln und in verkehrsdidaktischen Fernsehsendungen wie „Der 7. Sinn" mobil gemacht. Die Zeitschrift „hobby" mahnte 1963 in einem Artikel, der Tipps für das Kolonnenfahren gab: „Aufregung hilft in gar keinem Fall über das Warten hinweg".[32] Diese gefährlichen Folgen der Staus führten auch zu einem Wandel im Fahrschulunterricht: Wurde in den 50er bis 70er Jahren noch Wert darauf gelegt, das korrekte Überholen zu lehren, so trat dies in den 80ern zurück: Unterrichtet wurde nun Geduld, die Einschätzung der richtigen Abstände in der Kolonne, die Disziplin des Fahrens im systemischen Verkehr. Dieser Disziplinierungsvorgang, der die „Rüpelei der frühen Jahre" (D. Klenke) domestizieren wollte, hatte die neue Normalität des dichten Kolonnenverkehrs und der Staus als Ursache.

Die Haltung von Fahrern, die beim Kolonnenfahren und im Stau Rücksicht nehmen und das Interesse am „Vorwärtskommen Aller" und am „gesamten Verkehr" haben[33], kollidiert allerdings mit dem sogenannten „commons – Problem": Am Beispiel von gemeinsam genutzten landwirtschaftlichen Flächen in Großbritannien wurde darauf hingewiesen, dass offenbar Eigennutz über gemeinsame Interessen dominiert, auch dann, wenn ein gesellschaftlicher Druck der Unterstützung der Gemeinschaft existiert. Auf Verkehr angewendet, heißt dies, dass in Situationen der Verdichtung und von Staus für die meisten Fahrer ihr individuelles Fortkommen Priorität hat, nicht hingegen ein Verhalten, dass die Systemeffizienz fördert. Kooperatives, rücksichtsvolles Verhalten wird nur dann stattfinden, wenn dadurch eine hohe Prämie erzielt werden kann.

Auswege aus dem Stau: Debatten und Maßnahmen

Die Debatten um mögliche Auswege aus dem Stau werden in der Bundesrepublik seit 40 Jahren mit ähnlichen Argumenten und Zielrichtungen geführt. Hier gibt es eine überraschende Kontinuität. Dem Standard- Alarmismus entsprechen Standard-Abhilfevorschläge. Als eines der Grundübel wurden Baustellen identifiziert, insbesondere solche, die während der Ferienzeiten den Verkehr behinderten. Abhilfevorschläge reichten von einer Beschleunigung des Bauens – wobei die Idee, rund um die Uhr, also auch nachts zu

32 Hobby 22 (1963), S. 90.

33 So Bertolt Brecht in der Geschichte „Zwei Fahrer" von 1930 (Geschichten vom Herrn Keuner). Geschichten, Frankfurt/M. 1962 (Bibliothek Suhrkamp 81).

bauen, schon damals auf das Beharrungsvermögen der Arbeitnehmer stieß – bis zur Errichtung von temporären Hochstraßen, die den Verkehr über die Baustelle hinweg fließen lassen sollten. Auch die Idee einer Trennung von PKW- und LKW-Verkehr auf separierten Straßen wurde propagiert. Heute wird für die gleichen Ursachen vergleichbare Abhilfe gefordert. So beschäftigt sich ein Artikel in AutoBild jüngst mit dem Problem der Beschleunigung des Straßenbaus, etwa durch Nachtarbeit – ein Vorschlag, der schon 40 Jahre früher erschöpfend diskutiert wurde.[34] Es kam, wie immer bei gesellschaftlichem Problemdruck, auch zu kuriosen Ansätzen wie der „Stauuhr“:

> „Pünktlich trotz Stau. Eine schlaue Uhr hat der Brite David Hunt, Student an der Brunel University, entwickelt. Der Wecker ermittelt per Internet, wie lange sein Besitzer voraussichtlich durch Staus oder Bahn- und Busverspätungen für den Arbeitsweg benötigt – und holt ihn dann entsprechend eher oder später aus dem Schlaf.“[35]

Straßenbau und -ausbau ist bis heute die Standardantwort auf die Stauproblematik.[36] Diese Maßnahme wird in der Öffentlichkeit wie unter den automobilen „pressure groups“ als nahezu einziges Mittel gegen den „Verkehrsinfarkt“ angesehen, erfuhr aber in den 1960er Jahren schon eine differenzierte Beurteilung. Als eine Ursache der Staus galt die Bevorzugung weniger Autobahn- und Fernstraßenmagistralen, die zu einer Vernachlässigung der untergeordneten Straßen geführt hatte. Der Ausbau der Bundes- und Kreisstraßen, die Verbesserung von Ortsdurchfahrten und das „Schließen von Lücken“ wurde zumeist propagiert, weniger ein undifferenzierter Ausbau des Fernstraßennetzes. Straßenbau ist, recht unabhängig von den politischen Ausrichtungen der jeweiligen Regierungen, seit den 50er Jahren, das universelle Heilmittel der Verkehrsüberlastung, limitiert allerdings durch die ebenfalls universelle Geldknappheit. Auch eine sozialdemokratisch geführte Koalition unter grüner Beteiligung hat im Jahr 2000 unter dem groß herausgestellten „Anti-Stau-Programm“ schlicht weiteren Straßenbau versteckt. Komplementär zu den Klagen über zu geringe Straßenbauinvestitionen werden seit 40 Jahren bürokratische Fehlplanungen beklagt und damit die Unfähigkeit der Verkehrspolitiker und -bürokraten für Staus verantwortlich gemacht.[37]

Die zweite Hoffnung war die Verlagerung des Verkehrs auf andere Verkehrsträger, um die Straßen zu entlasten. Seit den 60er Jahren forderte man vor allem die Unterstützung der Bundesbahn. „Güter auf die Bahn“ war der griffige Slogan, den Bundesverkehrsminister Georg Leber um 1972 prägte. So sollte die Straße entlastet werden und Privatwagen

34 Vgl. Warum dauert das immer so lange. In: AutoBild 32, 12.08.2005, S. 16f.

35 Focus 40 (2002), S. 128.

36 Vgl. etwa: Stau-Lösungen stecken fest. Die Blechverstopfung wächst dramatisch. Was fehlt, sind neue Straßen. Das Geld dafür ist da, wird aber von Politikern „umgeleitet“. In: Stern 25 (2000), S. 109–112.

37 Vgl. etwa Schmid, Klaus-Peter / Vorholz, Fritz, Ausweitung der Stauzone. Deutsche Verkehrspolitiker bauen immer neue Autobahnen, Ortsdurchfahrten und Umgehungsstraßen. Trotzdem fehlt es den Fahrzeugen überall an Platz. Die Bilanz einer Fehlplanung. In: Zeit, 18.06.2003, S. 17f.

mehr Platz bekommen.[38] Mehr als 30 Jahre verbale Bekenntnisse, aber auch verkehrspolitische Maßnahmenbündel und nicht unbeträchtliche Investitionen haben jedoch nicht dazu geführt, dass der prozentuale Anteil des Schienenverkehrs am Gesamtverkehrsaufkommen gestiegen wäre. Ganz im Gegenteil: Er fiel kontinuierlich auf 12,7 % im Güter- und 7,9 % im Personenverkehr (2002). Die Dominanz von Automobil und LKW ist ungebrochen.

Als Hoffnungsträger gegen den Stau sind in den letzten Jahrzehnten Elektronik und Kommunikationstechnologien hinzugekommen. Information – das Wissen, wo welche Staus auftreten oder vielleicht sogar auftreten werden – ist ein Angelpunkt, an dem die Staubekämpfung angesetzt wird. Dies reicht vom erwähnten Verkehrsfunk bis zu Navigationssystemen, die in der Lage sind, über Staus zu informieren und Umfahrungen anzubieten. „Lieber entspannt und stressfrei zum Ziel“ – so wird für die elektronischen Falk-Pläne geworben.

Das Ziel einer Effizienzerhöhung des Verkehrssystems mittels Information über Staus war auch die Grundlage für die Versuche mit Verkehrstelematik. Verkehrstelematik umschreibt „alles, was mit Fahrzeugen, ihren Insassen, dem versenden, empfangen, bearbeiten und darstellen von Daten in einem Kraftfahrzeug zu tun hat.“[39] Letztlich ist dies eine schon historisch gewordene Utopie. Sie entstand in der Phase der technischen und komfortorientierten Aufrüstung des Autos in den 1980er Jahren[40] und der parallelen Zunahme des Problemdrucks durch Überfüllung. Dieses Konzept geht von der Möglichkeit einer universalen Steuerung des Straßenverkehrs aus. Der Beginn lag beim inzwischen ausgelaufenen „Prometheus“-Programm, in dem seit 1986 von Automobil- und Zuliefererfirmen im europäischen Verbund telematische Systeme entwickelt und im Verkehr erprobt wurden. Wie schon oft in der Geschichte des Autos gibt es hier zwei verschiedene Pfade: man kann das Problem vom einzelnen Fahrzeug her angehen, oder von der Infrastruktur. Der erste Lösungsansatz zielt auf das mit Sensorik und künstlicher Intelligenz zur Informationsverarbeitung ausgerüstete einzelne Auto, das sogar mit anderen entsprechend ausgerüsteten Fahrzeugen kommunizieren kann. Diese Problemlösung mit Hilfe technischer Aufrüstung des Fahrzeugs bedarf im Grunde keiner Infrastrukturinvestitionen der Straße. Allenfalls eine bestehende Infrastruktur wird mitgenutzt, wie etwa das satellitengestützte, ursprünglich zu militärischen Zwecken gedachte US-amerikanische Global Positioning System (GPS). Mit dessen Hilfe und durch miteinander kommunizierende Fahrzeuge können Autos sich gegenseitig vor Verkehrsverdichtungen und Staus warnen und mit Hilfe der inzwischen schon stark verbreiteten Navigationssysteme Ausweichrouten fahren. Die ursprüngliche Idee der telematischen Information und Steuerung auf der Straße im Rahmen von „Prometheus“ ging allerdings von einem System aus, das auf einer Aufrüstung der Straßen-Infrastruktur basierte. Am Straßenrand integrierte, dialogfähige Sen-

38 Siehe dazu Möser, Geschichte des Autos, S. 197f.
39 Wikipedia, Stichwort Telematik.
40 Vgl. Möser, Geschichte des Autos, S. 237–242.

soren sollten Verkehrsströme messen und Informationen sammeln und weitergeben. Einfluss sollte dann etwa mittels Wechselverkehrszeichen auf den Verkehrsfluss genommen werden. Seit 1992 wird kollektive Verkehrsleittechnik in Form von elektronisch gesteuerten Wechselverkehrszeichen, Warnzeichen und Hinweiszeichen systematisch auf Fernstraßen und dabei besonders an Engpässen in den Ballungsgebieten aufgebaut.

Einmal abgesehen vom dahinter liegenden Technikoptimismus und einer hohen Erwartungshaltung, die elektronischen Problemlösungen viel zutraut – so soll „Verkehrstelematik die Gesellschaft revolutionieren, der Wirtschaft überdurchschnittliches Wirtschaftswachstum verleihen und allerorts Nutzen stiften"[41] – sind eine ganze Reihe von Problemen beim gerätegeleiteten Fahren involviert. Einmal abgesehen von den Kosten: Viele rechnen mit einer Überforderung des Fahrers und damit eher mit einer Sicherheitsreduktion. Befürchtet wird beim flächendeckenden Einsatz von Verkehrsleittechnik, die nach ihren Kritikern besser als Verkehrsverteilungstechnik bezeichnet werden sollte, auch ein weiterer Anreiz zur Schaffung von Verkehr durch scheinbar leerere Straßen, die flächenhafte Verteilung der Staus, und letztlich die Weckung von unrealistischen Mobilitätshoffnungen. Der „Telematik-Trick", so ein Buchtitel von W. Zängl,[42] hätte zudem seinen Preis: Der VDA schätzte schon 1990 das Marktvolumen auf 200 Milliarden DM bis zum Jahr 2010. Intelligentes Verkehrsmanagement führte also, folgt man dieser Kritik, nur zur teuren und aufwendigen Verwaltung und Verteilung der Überfüllung und wäre damit paradoxerweise problemverschärfend.

Weil die Überfüllungs- und Stauproblematik in den letzten Jahren mindestens genauso stark, wenn nicht stärker, diskutiert wird wie die Ressourcen-, Umwelt und Sicherheitsproblematik, finden Hightech-Forschungsansätze der Verkehrswissenschaften eine breite öffentliche Resonanz. „Den Stau vorhersagen wie das Wetter", verspricht etwa ein Artikel, der über das System „City Traffic" des Fraunhofer-Instituts berichtet.[43] Dort werden „autonome Agenten", künstliche Personen mit plausiblem Verkehrsverhalten, im Computer simuliert. „Wissenschaftler suchen neue Wege für das Gewimmel der Wagen – und zerlegen dabei das verzwickte Räderwerk des Straßenverkehrs in seine Einzelteile"[44]. Dies sind Ansätze, deren Nutzen unten noch diskutiert werden soll.

Letztlich gehören zur Abfederung der Staufolgen auch konstruktive Maßnahmen im und am Fahrzeug selbst, die seinen Nutzwert betreffen. Dabei geht es nicht mehr um Verhinderung des Staus, sondern darum, ihn für den Fahrer erträglich zu machen. Dazu gehören Technologien, die das Fahren in Verdichtungs- und Stausituationen erleichtern, indem sie warnen, aber auch selbst eingreifen. Wenn z.B. eine Abstandswarn-Elektronik eingebaut ist, dann ist ein so ausgerüstetes Fahrzeug im Stau mit minimierter Aufmerksamkeit und

---

41 Wikipedia, Stichwort Telematik.

42 Zängl, Wolfgang, Der Telematik-Trick. Elektronische Autobahngebühren, Verkehrsleitsysteme und andere Milliardengeschäfte. München 1995.

43 Wegner / Efler, Den Stau vorhersagen wie das Wetter, S. 76f.

44 Ebd., S. 77.

stark reduziertem Bedienaufwand zu fahren. „Wir möchten den Fahrer bei Bedarf von ermüdenden, wiederkehrenden Routinen befreien, damit er sich umso aufmerksamer dem eigentlichen Verkehrsgeschehen widmen kann. Ein Beispiel wäre eine Stop-and-go-Automatik für das Anfahren, Aufrücken und Bremsen im Stau", so Eckard Minx, Forschungschef bei DaimlerChrysler.[45] Umstritten ist es in der Verkehrspsychologie, ob solche Helfersysteme tatsächlich den Fahrer entlasten oder ihn nicht sogar, was wiederum paradoxerweise kontraproduktiv wäre, eigentlich erst recht ermüden, weil sie Aufgaben von ihm abziehen und damit die Langeweile fördern. Dies bewirkt somit das Gegenteil des von den Industriesoziologen so geschätzten „job enrichment".

Wahrscheinlich noch bedeutender werden Entwicklungen im „Komfortbereich" des Automobils. Um das Fahrzeug als „Stehzeug", als zunehmend statisches Objekt, attraktiv zu machen, betrifft dies vor allem die Aufrüstung des Fahrzeuginnenraums: Klimaanlage, gekühlte Getränkefächer, Abschottung durch Doppelverglasung, elektronische Informationssysteme, Entkoppelung von der Umgebung durch Filter – dies alles trägt dazu bei, dass der „fahrende Intimraum" auch in kritischen Situationen, in solchen der Immobilität, scheinbar frei gehalten wird von den lästigen Intrusionen der Anderen, gleichzeitig das Frustrationsniveau reduziert wird. Dies passt in einen langen Trend der Entwicklung des Autoinnenraums, der mit der Einführung des geschlossenen Automobils in den 1920er Jahren begann.[46] Die ubiquitäre Langeweile kann durch Unterhaltungsmedien gemildert werden. Der Charakter als Intimraum auf Rädern, eine der historisch signifikanten Attraktionen des Individualverkehrsmittels, bewahrt auch in der Systemüberlastung und im immobilisierten Straßenverkehr seine Wirkung. Diese unbezweifelbare Tendenz zum automobilen „cocooning"[47], zum Abschotten von den Außeneinflüssen und zur Erhöhung des Wohnraumcharakters, ist sicherlich nicht nur durch die zunehmende Statik der Mobilitätsmaschine Auto erzeugt worden, hängt aber mit der Verkehrsüberlastung und dem Massenverkehr zusammen.

Die Zumutungen des stehenden Verkehrs werden auch durch die leistungstechnische Aufrüstung der Fahrzeuge kompensiert. Immer aufwendigere Trieb- und Fahrwerke werden in PKWs eingebaut, die immer geringere Jahresfahrleistungen, immer längere Standzeiten und immer weniger Gelegenheit zum „Ausfahren" ihres Leistungspotenzials bekommen. Die immer höheren Geschwindigkeitspotenziale einer immer größeren Anzahl von Modellen auf dem Automobilmarkt[48] sind komplementär zum Leiden am Stau. Dass sich in den letzten Jahren zunehmend eine Schere öffnet zwischen den möglichen Geschwin-

45 Zit. nach GQ 4 (2001), S. 175.

46 Siehe dazu Möser, Kurt, The Driver in the Machine: Changing Interiors of the Car. In: Trischler, Helmuth / Zeilinger, Stefan (Hg.), Tackling Transport. London 2003, S. 61–80.

47 Siehe Stegers, Wolfgang, Schöner wohnen im Stau. Car-Cocooning: Das Auto wird immer mehr zum Wohnzimmer. In: P.M. 2 (1998), S. 20–26.

48 Vgl. Strassmann, Burkhard, Die Vollgasdroge. Staus? Spritpreise? Umwelt? Egal! Die Industrie setzt auf die Lust an der Raserei. In: Zeit 33, 08.09.2005, S. 40.

digkeiten, die durch Serienfahrzeuge erreicht werden, und den tatsächlich gefahrenen Geschwindigkeiten auf den deutschen Autobahnen, ist nur auf den ersten Blick paradox. Zum einen ist inzwischen weniger als die Hälfte des Autobahnnetzes ohne Tempolimit befahrbar. Doch zum anderen endete faktisch die Selbstverpflichtung der deutschen Autoindustrie, schnelle Wagen bei 250 km/h „abzuregeln". Die Diskrepanz zwischen den beiden konträren Entwicklungen ist durch die Lust an der Potenzialität erklärbar. Prestigeträchtige „Premium"-Fahrzeuge, die zum großen Teil von ihrem immer schwieriger und seltener ausschöpfbaren Leistungspotenzial zehren, büßen auch in immobilisierten Situationen nur wenig von ihren Attraktionen ein. Die Frustration durch Staus und Geschwindigkeitsbegrenzungen wird durch sehr schnelle Oberklassenfahrzeuge nicht verschärft, sondern eher vermindert – so zumindest die Interpretation des Journalisten B. Strassmann: „Denn Bugatti und Stau passen wunderbar zusammen. Selbst im erzwungenen Stillstand funktioniert das Symbol noch uneingeschränkt".[49]

Staus befördern somit den längst beobachteten Abbau der primären Funktionen des Autos, also der Transportfunktion, und eine Relevanzerhöhung der sekundären Funktionen:

> „Um den PKW-Verkehr trotz Staus, Unfällen, Parkplatzsuche und des Lastwagenverkehrs, Lärms und Streß weiterhin attraktiv zu erhalten, ist die Automobilindustrie mit der immer schlechteren Erfüllung der Primärfunktion, also eines zügigen Transports, zu einer allmählichen Überbetonung der sekundären Funktionen übergegangen."[50]

Die Permanenz des Staus

Spätestens als 1992 ein neues Verkehrszeichen (Nummer 124 der STVO) eingeführt wurde, das vor Staus warnte, wurde das Phänomen als unausweichlich im öffentlichen Bewusstsein verankert. Bis dahin dominierte die Konzeption der Möglichkeit der Abschaffung von Staus – die sich immer mehr als Illusion erweist. Die Utopie der Staufreiheit, wirkmächtiger als viele andere utopische Ideen im Umfeld des motorisierten Straßenverkehrs und bis heute immer wieder bestsellerträchtig[51] und journalistisch ausgebeutet[52] – „Nie wieder im Stau?" titelte vor kurzem ein Artikel, der das „umfassendste und modernste Verkehrsmanagement-System Europas" in Berlin ankündigte[53] –, wurde von der kontrafaktischen Realität zerstört. Sogar die meisten Experten widersprechen aber inzwischen allzu optimistischen Erwartungen.

---

49 Strassmann, Burkhard, Die Vollgasdroge. Staus? Spritpreise? Umwelt? Egal! Die Industrie setzt auf die Lust an der Raserei. In: Zeit 33, 08.09.2005, S. 40.

50 Vester, Frederic, Crashtest Mobilität. Die Zukunft des Verkehrs. Fakten, Strategien, Lösungen. München 1999, S. 216.

51 Vgl. etwa Maurer, Jakob, Mobilität ohne Grenzen? Vision: Abschied vom globalen Stau. Frankfurt/M. / New York 2000.

52 Stellvertretend für viele Artikel: Hennings, Kristina / Kietzmann, Matthias / Siedenburg, Birte, Raus aus dem Stau! Eine Studie offenbart den drohenden Verkehrsinfarkt. Wie Staat und Industrie unsere Mobilität retten wollen. In: Focus 50 (2001), S. 244–250.

53 Focus 14 (2000), S. 125.

„Das Herumdoktern am kranken Verkehr, da sind sich alle Forscher einig, kann das Symptom Stau lediglich mildern. Zehn Prozent Kapazitätszuwachs, glauben sie, lassen sich aus den Straßen herausholen, vielleicht 20. ‚Aber das ist Beiwerk', seufzt IVF-Chef Reinhart Kühne, selbst Inhaber eines Anti-Stau-Patents."[54]

Bislang erwies sich Telematik noch als enttäuschte Hoffnung; das aufgeschobene Wunder der Entzerrung des Verkehrs lässt auf sich warten.

Bleibt eine weitere Utopie, die des Ersatzes der zunehmend staugefährdeten physischen Mobilität durch virtuelle; der Ersatz von Transport durch Kommunikation. Ebenfalls in den 1980er Jahren wurde prognostiziert, dass es in nicht allzu ferner Zukunft zu einem Rückgang der Mobilitätsvorgänge und damit zu einer Systementlastung kommen müsse. Kommunikation fand in anderer Weise Eingang ins Auto: Das Das Handy entwickelte sich zum unverzichtbaren komplementären Objekt zum Automobil, vor allem, um Verzögerungen durch Staus zu kommunizieren und mitzuteilen, wo man sich gerade befindet und ob man sich verspäten wird. Die meisten Prognosen gehen davon aus, dass das Auto zukünftig mit Handy, GPS und auch dem Internet vernetzt sein wird. Die entstehende mobilkommunikative Einheit[55] wird zwar auch im Stau stehen, ihn aber für seine Insassen erträglicher machen und ihre Isolierung aufheben. E-Books, E-Mails und mobile Bürodienste werden ebenso verfügbar sein wie Filme und Spiele. Ideen der Integration einer elektronischen Benutzeroberfläche ins Cockpit werden bereits in Fahrzeugstudien umgesetzt.

Der Stau wird aber bleiben. Am Straßenverkehr werden, wie schon erwähnt, symbolisch die Debatten um das gesamte industrielle System geführt. Und das Umgehen mit dem Stau kann als exemplarisch für das Umgehen mit den Grenzen des industriellen Systems insgesamt gesehen werden. Doch alle Hoffnungen, Zusammenbrüche des Verkehrsflusses zu verhindern, zu umfahren, zu vermeiden oder zu verlagern, haben sich seit Jahrzehnten als Illusion erwiesen. Ihre Wahrnehmung wird zwischen Alarmismus, Zweckoptimismus und Resignation schwanken. Aber Staus werden das immobilisierende Begleitphänomen der Industriegesellschaften sein, so lange es noch automobile Gesellschaften gibt.

---

54 Wegner, Jochen / Efler, Marcus, Den Stau vorhersagen wie das Wetter. Jahrzehnte brüteten Forscher über den Geheimnissen des Verkehrs. Jetzt bringen sie ihre Lösungsideen vom Kopf auf die Straße. In: Focus 30 (2002), S. 76–80.

55 Siehe dazu Möser, Geschichte des Autos, S. 340–343.

Automobile Zukünfte nach 1950

Utopien sind essentiell für die Rekonstruktion des Erwartungshorizonts der Nutzer und der Produzenten, vor dem der technische Wandel des Automobils stattfand. Ich möchte im Folgenden kurz einige Linien der Zukunftsentwürfe skizzieren, die die Diffusion des Automobils begleiteten und die mit der konkreten technischen Entwicklung in verschiedener Weise in Verbindung standen. Dabei lassen sich sowohl Determinanten der Zukunftsentwürfe identifizieren, die separat zu einem Periodisierungsvorschlag kondensiert werden, als auch einige Merkmale feststellen, die eine grobe Systematisierung erlauben (vgl. Möser 2004).

Gleich zu Beginn der Autokultur und des Automobilismus wurde eine Utopie literarisch formuliert, die viele Merkmale späterer Phantasien im Umfeld der individuellen Mobilität vereinigte. In Jules Vernes Roman „Der Herr der Welt" („Maître de monde") von 1904 taucht ein Fahrzeug auf den Rennstrecken auf, das durch seine hohe Geschwindigkeit Angst und Schrecken verbreitet. Seine Antriebskraft ist nicht klar:

> „Auf die Natur des Motors fehlte es an jedem Hinweis. Gewiss war nur, und es wurde von allen Leuten bestätigt, dass dieser keinen Rauch, keinen Dampf, ebenso aber auch keinen Geruch nach Petroleum oder einem anderen Mineralöl hinterließ. Man schloss daher, dass es sich um einen durch Elektrizität angetriebenen Apparat handelte, dessen in unbekannter Bauart hergestellte Batterien einen fast unerschöpflichen Strom abzugeben schienen“ (Verne 1991, S. 84).

Doch das Vehikel war nicht elektrisch, sondern turbinengetrieben, und im Verlauf des Textes stellte sich heraus, dass das Fahrzeug auch schwimmen, tauchen und sogar fliegen konnte. Der Roman ist eine Fortsetzung von „Robur der Sieger“ („Robur le Conquerant“) von 1886 mit dem gleichen Protagonisten.

Knapp 20 Jahre eher war das Phantasievehikel ein sehr viel altmodischerer schiffsähnlicher Hubschrauber. Bezeichnenderweise ist nun die utopische multimodale Mobilitätsmaschine nicht mehr elektrisch angetrieben, wie die des früheren „Robur“-Romans. Offensichtlich war Elektrizität knapp 20 Jahre später schon nicht mehr als Antrieb für extreme, zukunftsorientierte Fahrzeuge tauglich, weil diese Kraftquelle, trotz kurz zuvor erzielter Geschwindigkeitsrekorde, als zu zahm und nicht mehr abenteuerorientiert galt. Ansonsten zeigt es schon früh Merkmale vieler späterer Phantasievehikel: die Multimodalität durch seine Fähigkeit des Fliegens und Schwimmens, die hohe Geschwindigkeit, die kulturelle Positionierung durch Aggression, ein neuartiges Design und schließlich ein innovativer Antrieb.

Einerseits fand hier schon ein Transfer neuer Mobilitätssehnsüchte statt und eine Entgrenzung, die Folgen haben sollte. Andererseits zeigte sich eine Verarbeitung der beginnenden automobilen Kultur im Rekurs auf die beliebten Straßenrennen und die damit verbundenen Publikumserwartungen. Die gefahrene Geschwindigkeit von 200 km/h war damals zwar noch utopisch, aber sowohl bei hoch gezüchteten Kraftwagen als auch bei Expresszügen durchaus an der Tagesordnung und abschätzbar. Das phantastisch entworfene Objekt war noch viel abenteuerlicher, gefährlicher und mit aggressiverem Potenzial als die realen Explosionsmotorwagen. Den utopischen Fahrzeugen gegenüber, die die dritte Dimension eroberten, konnte die Abenteuerlichkeit des Benzinautomobils bereits als defizitär und unzulänglich empfunden werden. Eine solche Situierung in der jeweiligen Mobilitätskultur und deren Überbietung und Aggressivierung wurde danach zur Konstante der automobilen Utopien (vgl. Möser 1999a).

Die 120-jährige Geschichte des Privat-Personenautos wurde stets begleitet von expliziten Zukunftsvorstellungen (vgl. Päch 1983), die die Technikentwicklung mitprägten (vgl. hierzu auch Konrad 2004). Die Gestalt der kommenden Automobile stand dabei im Vordergrund, aber auch Funktionsphantasien des zukünftigen Verkehrs wurden immer wieder präsentiert. Ich beschränke mich auf diesen Zeitraum nach 1950 bis heute. So weit es sich heute rekonstruieren lässt, gab es darin drei Phasen, in denen jeweils andere Ideen zukünftiger Verkehrsmittel im Zentrum gesellschaftlicher Debatten und auch utopischer Texte standen (vgl. Neuhold 2005; vgl. hierzu auch Roemer 1976). Die 1950er und

1960er Jahre pflegten die Idee eines immer komfortableren, emphatisch modernen Automobils mit neuartigem Antrieb (Wankelmotoren, Gasturbinen) und automatisiertem Fahrbetrieb, während in den 1970er Jahren Vorstellungen von sichereren, Umwelt und Ressourcen schonenden Autos in den Vordergrund traten. In den letzten 20 Jahren wurden die Autoutopien, wenn auch nicht die Fahrzeuge selber, defensiver. Der Schwerpunkt verlagerte sich nunmehr auf eine beispiellose technische Aufrüstung auch etwa zum staufreien Fahren, zur Erhaltung und Übersteigerung der Mobilitätsoptionen und zu Alternativen zu fossilen Brennstoffen. Bequemlichkeit und Automatisierung spielten ebenso eine große Rolle.

Zunächst aber, in den ersten Jahren nach Kriegsende, hatte Automobilität als solche in den europäischen Staaten utopische Züge. Vor 1955 bestimmte individueller motorisierter Transport mit einem Dach über dem Kopf die Wünsche. Bezahlbare, simpel zu bauende und billig zu unterhaltende Fahrzeuge waren danach gefragt. Für einen Mopedfahrer, der um 1950 unter einer Brücke einen Gewitterschauer abwarten musste, war ein Mobil, das sich und seine Familie trocken transportieren konnte, sicher utopisch. Erst mit dem Beginn des wirtschaftlichen Aufschwungs in den meisten westeuropäischen Staaten und den Ansätzen der Breitenmotorisierung begann (unter massivem Einfluss des Vorbildes USA) wiederum eine Reflexion der automobilen Möglichkeiten. Dies war die Zeit der technischen Aufbruchsutopien. Neue Lösungen wurden enthusiastisch begrüßt und, dies war wichtig, als massenproduktionsfähig und massenmarktkompatibel gesehen. Ständiges Vorbild und Projektionsfolie war dabei die Fliegerei, ergänzt seit dem Beginn der Weltraumfahrt Ende der 1950er Jahre. Utopien begleiteten schon das Anlaufen des automobilgetriebenen Wirtschaftswunders in der Bundesrepublik.

Zwei Richtungen waren es, die die Phantasie anregten: Komfort und Kraft. Die Idee müheloser Fortbewegung, erschütterungslosen Gleitens, ultimativer Eleganz und der Automatisierung aller Funktionen inspirierte viele Entwürfe der Autoingenieure. Technisch war schon vieles machbar, von der Luftfederung bis zur elektrischen Bedienung von Verdecken oder Fensterhebern. Man schaute in den Fünfzigern vor allem in die USA. Dort gestalteten die großen Drei von Detroit, General Motors, Ford und Chrysler, jährlich neue Traumautos für die Autoshows und schließlich für den Automobilmarkt, die mit ihren Automatikgetrieben, elektrischen Betätigungen und Servounterstützungen einen Grad an Komfort vermittelten, der in Europa undenkbar schien. Deutsche Ausgaben amerikanischer Magazine, allen voran die „Populäre Mechanik", waren dabei häufig die Vermittlungsmedien. 1955 schließlich kam mit der Citroën DS (ein Wortspiel mit „Deesse", also Göttin) die Antwort aus Frankreich. Dieses Auto schien die amerikanischen Showcars noch zu überbieten und Utopien marktfähig zu machen. Die Technik, nämlich hydropneumatische Federung und ein komplettes System für viele Servobetätigungen, war dabei ebenso wichtig wie das Design, denn die DS wirkte wie ein prototypisches Zukunftsauto: fischartig, mit fließenden, konvexen, organischen Linien.

Zukunftsautos der 1950er und 1960er Jahre mussten insbesondere dann utopisch aussehen, wenn sie neue Antriebe besaßen. Die anhaltende Suche nach mehr und komfortabler dargebotener Leistung wurde durch den traditionellen Verbrennungsmotor nicht mehr befriedigt, auch wenn er ständig hubraumvergrößert und leistungsgesteigert wurde. Transferiert von dem großen Vorbild und Imagekonkurrenten Flugzeug war die Gasturbine ein großes Thema. So wie nach 1950 die Ära des Jets in der Luft anbrach, erwarteten auch Fachleute den Einbruch des Turbinentriebwerks in die Domäne der Straßenfahrzeuge. Viele utopische Entwürfe, aber auch durchaus realitätsnahe Modelle, sahen Gasturbinen vor. Gasturbinen-Versuchsfahrzeuge entstanden in Großbritannien, Frankreich und den USA. Natürlich kombinierten sie den neuartigen Antrieb mit Stylinganklängen an Jets und Raketen. Eine Antriebsrevolution versprach auch der Wankelmotor mit rotierendem Kolben. Als 1967 der NSU Ro 80 auf den Markt kam, schien wieder einmal ein Stück automobile Zukunft verwirklicht. Der kochtopfkleine Wundermotor, so die Presse, bot zudem die Möglichkeit, neue Autokonzepte zu realisieren, bei denen der Antrieb, ähnlich einem Elektromotor, unter dem Fahrzeugboden oder einer kurzen Haube versteckt werden konnte (vgl. Popplow 2003).

Ebenso zeittypisch war, dass das Technisch-Mechanische des Antriebs heruntergespielt wurde. Fahrzeuge sollten sich ebenso lautlos wie mühelos fortbewegen können. Angestrengt wirkende „Schüttelhuber", so Felix Wankel über die Hubkolben-Konkurrenz, schienen einer älteren Epoche anzugehören. Die im Wankelmotor aktualisierte Utopie hatte eine ästhetische Komponente: Nicht die Effizienz oder die Leistungsfähigkeit der alternativen Antriebstechnologie stand für die Rezipienten im Vordergrund. Bei Turbinen wie Wankelmotoren spielten der seidenweiche Lauf, die potenzielle Unhörbarkeit und die Vibrationsarmut eine Rolle, also alles Qualitäten, die Eleganz und Modernität transportierten. Die minimalistische Baugröße und das elegante Funktionsprinzip entsprachen den ästhetisch-technischen Ansprüchen der Zeit um 1960 in idealer Weise. Nicht um harte, ingenieurmäßig quantifizierbare Eigenschaften ging es dem autointeressierten Publikum, das auf die Einführung von Turbinen und Wankelmotoren neugierig war, sondern um zivilisierte, „de-technisierte" Automobiltechnik.

Der Mode der Zeit entsprachen auch Autos, die eigentlich keine mehr waren, die den Erdboden verlassen oder sich über ihn erheben konnten. Phantasien der Allbeweglichkeit abseits und jenseits der Straße begleiteten aber eigentlich die Geschichte des Autos von Anfang an. Eine Fortbewegungsart schien besonders Zukunft zu haben: Luftkissenfahrzeuge. Die vom britischen Ingenieur Christopher Cockerell Ende der 1950er Jahre gefundene Lösung des Schwebens schien auch auf optimale Weise eine reibungsfreie Fortbewegung auf der Straße zu garantieren. Immer aktuell blieb die Langzeit-Utopie des fliegenden Autos. Dass die Zukunft im kleinen, leicht zu fliegenden, vielleicht senkrecht startenden und zugleich straßentauglichem Autoflugzeug liegen würde, schien vor 1960 ausgemacht. Sogar der deutsche Autohersteller Borgward kaufte die Expertise eines Hubschrauberkonstrukteurs ein, um für die Zukunft des Individualverkehrs, die notwendigerweise in der Luft zu liegen schien, gerüstet zu sein. Der Konstrukteur Anton Flettner, während des Krieges Erbauer kleiner Hubschrauber, die von U-Booten mitgeführt werden konnten, konzipierte einen fliegenden Volkswagen. Schon um 1930 war diese Idee eines „Luft-Ford“ formuliert und gleich ironisch gebrochen worden:

> „Das Flugzeug ist's des kleinen Mannes!
> Tags stellt er es aufs Fensterbrett,
> Fliegt ins Büro zurück – und kann es
> Zur Nacht bewahren unterm Bett!“ (Tillmann 1953, S. 209)

Wenn schon die Autos der nahen Zukunft nicht abhoben, so sahen sie oft zumindest aus, als ob sie dies könnten. Gegenüber solchen Utopien, deren Scheitern aus einem ganzen Komplex von Gründen bald evident wurde, waren Amphibienautokonzepte durchaus realisierbar. Der „Amphicar“ des deutschen Ingenieurs Hanns Trippel, der schon im 2. Weltkrieg Schwimmwagen gebaut hatte, erwies sich sogar als moderater Exporterfolg in die USA. Dort wurde der Schwimmwagen, der wie der Volkswagen eine militärische Ahnenreihe besaß, als Teil der boomenden Freizeitbewegung vermarktet. Das war besonders signifikant für eine ganze Reihe von automobilen Utopien der 1960er Jahre. Nicht der Alltagsnutzen oder die Transportfunktionalität spielte die Hauptrolle, sondern die Integration in Freizeit, Camping und Tourismus. Autoanhänger, deren Deckel als Boot verwendbar sein sollte, schwimmfähige Caravans oder Campingautomobile, als Vorstufe der Wohnmobile, schafften es auch in Europa vom Konzept zur Marktfähigkeit.

Mediale Push-Faktoren aller Autoutopien waren nicht nur Autoschauen, sondern auch populäre Technikzeitschriften, wie „hobby“ oder „Populäre Mechanik“, und Jahrbücher wie das „Neue Universum“. Auffällig viele Laien machten sich ab etwa 1955 Gedanken über die Zukunft des Autos und entwarfen ihre Traumfahrzeuge im Zusammenhang mit Wettbewerben um Design, Antriebe und Auslegung des Autos der Zukunft. Auch hier zeigte sich, dass die Autokultur nicht mehr nur Teil einer Ingenieurs- und Expertenkultur, sondern auch ein wahres Massenphänomen geworden war. Firmen, Journalisten und Laien brachten eine Fülle von Ideen vor, wie der Straßenverkehr und das Auto in Zukunft aussehen müssten, sollten oder würden. Ingenieure und Designer konkurrierten und kooperierten mit einer breiten autointeressierten und medial präsenten Öffentlichkeit um die Richtung der Weiterentwicklung des Autos, um innovative Nutzungskonzepte und um Wunscherfüllungen. Das Automobilsystem erweist sich auch in dieser Hinsicht als stark nutzergetriebenes technisches Großsystem (vgl. Möser 1999b) und die Mechanismen der Kommunikation von Automobilutopien sind durch Push- und Pull-Elemente, durch Einflüsse von Expertenkulturen von oben wie auch durch die Vorstellungen und Wünsche der potenziellen Käufer von unten gekennzeichnet. Nur wenige, die ein Auto verändern oder gar selber bauen, hängen allerdings an der Utopie einer „Unabhängigkeit von multinationalen Konzernen durch Erschaffung des eigenen Autos mit Komponenten von kleinen Produzenten“ (Stüben 1999, S. 164).

Die Utopien von Eleganz, Komfort und Simplizität, die sich um das Auto ansiedelten, waren, wie erwähnt, weiche Kategorien, die nicht unbedingt Ingenieurskriterien entsprachen. Sie hatten immer auch etwas Spielerisches und nicht Zweckrationales, also einen ästhetischen Überschuss. In der Forschung ist diese Kategorie des Spielerischen bei Visionen und utopischen Entwürfen selten adäquat beachtet worden. Eine Abgrenzung zu literarischen oder alltagskulturellen Feldern, wie etwa der Science-Fiction, der populären Kunst oder den Comics, ist hier kaum zu treffen. Denn Designentwürfe ließen sich von Bereichen inspirieren, die (vor 1970) Moderne signalisierten. Das waren vor allem Weltraumfahrt und Fliegerei, die boomende literarische Gattung der Science-Fiction, dazu auch Phantasie-Thriller wie die James-Bond-Filme und Comic Strips. Das „Batmobile", Jet-Lufteinlässe, Raketensteuerflossen und Flugzeugleitwerke, Strahltriebwerkskomponenten, Elemente der Fahrzeuge für Exkursionen auf fernen Planeten und für die Auseinandersetzungen zwischen Comic-Helden und Filmschurken waren Vorbilder und lagen in engem Austausch mit der realen Straßenkultur (vgl. Möser 2002). Die Interpretation utopischer Vehikel im Kontext des Kalten Krieges, der Luftrüstung und der Weltraumfahrt ist von der Forschung noch zu leisten.

In diesem Zusammenhang ist zu fragen, wer zunächst die Utopien nicht nur anschob, sondern dominierte: die Produzenten oder die Nutzer? Es ist unbestritten, dass die Automobilindustrie zumindest versuchte, den Prozess zu steuern. Showcars, Experimentalfahrzeuge und Studien, die oft im Zusammenhang mit Automobilausstellungen der Öffentlichkeit präsentiert wurden, sollten die Reaktionen der Öffentlichkeit testen und die Innovationsfähigkeit der Industrie demonstrieren, aber auch die Imagination der Konsumenten stimulieren und schließlich in bestimmte Richtungen kanalisieren. Dazu gehörten nicht etwa nur neu designte Fahrzeuge, sondern auch solche, die, wie das „Experimentelle Sicherheitsfahrzeug" (ESF) von Mercedes Benz, die Möglichkeiten eines neuen technischen Pfades wie etwa der Sicherheitstechnik gebündelt zeigten. Über solche utopischen Fahrzeuge, die in der Presse breit diskutiert wurden, wurde eine neue Entwicklungsrichtung kommunikationsfähig aufbereitet.

Welche Rolle phantastische Fahrzeuge tatsächlich für die Steuerung der Akzeptanz möglicher Änderungen der Optimierungsrichtung spielten, ist nicht ausreichend erforscht. Denn eine der Grundfragen der Automobilgeschichte, die nach der Herrschaft über den Wandel und über die Bestimmung der agierenden Kräfte, die die allmähliche technische Weiterentwicklung steuern, hervorrufen oder für die Pfadrichtungen verantwortlich sind, ist bisher unzulänglich beantwortet worden. Zu diesem Fragenkomplex gehört auch die Frage: wie rasch und in welchem Umfang flossen Elemente der Utopien und phantastischen Entwürfe in die Entwürfe von Automobilen ein? Es gibt jedoch Indizien, dass sie für die Weiterentwicklung der Automobiltechnik und des Automobilmarktes recht wenig bedeutsam waren. Ein Wandel ohne Rekurs auf utopische Entwürfe war eher die Regel. So dienten Conceptcars oder Showcars eher der behutsamen Vorbereitung der Automobilnutzer auf kommende geplante Entwicklungstendenzen und waren keine zukunftsoffenen Konzepte. Es fehlt aber noch weitgehend ein Kriterienkatalog, um die Ursachen für die Realisierung und Nichtrealisierung von Konzepten oder für die Nähe oder Distanz zur bestehenden Fahrzeugkultur zu beurteilen, auch wenn etwa zu utopischen Verkehrssystemen im Grenzbereich von Individual- und öffentlichem Verkehr, wie Kabinentaxis, wichtige Arbeiten vorliegen.

Kaum beleuchtet wurde bisher auch die Rolle der Militärs. In vielen Fällen bestimmten militärische Anforderungen die Entwicklungsrichtung, wie im Fall von Schwimmwagen, geländegängigen Fahrzeugen oder modalen Crossover-Vehikeln. Denn ab etwa 1980 spielte der Austausch zwischen zivilem Markt und militär- oder auch arbeitsspezifischen Fahrzeugen eine große Rolle. Dass Jeep und Landrover ebenso salonfähig wurden wie Pickup-Trucks, ist signifikant für neue Interferenzformen zwischen Freizeit- und Arbeitswelten, auch etwa zwischen den symbolischen automobilen Repräsentationen der Bürgerkriege in der Dritten Welt und der europäischen Straßenkultur. Wenn davon auszugehen ist, dass symbolische Nutzungs- und Formanleihen immer auch an den jeweiligen Bedeutungsfeldern partizipieren und dort ihre Dignität leihen, dann ist die symbolische Militarisierung des Designs von SUVs und Stadtgeländewagen durchaus signifikant und bedarf noch der Interpretation. Auffällig ist jedenfalls die Gewalthaltigkeit solcher symbolischen Formen.

Eine konträre Tendenz der utopischen Formen brachte aber zunächst die Phase ab 1970. Von da an geriet die bisherige Autokultur in verschiedener Hinsicht in die Krise. Steigende Unfallzahlen (1970 waren es über 20.000 Tote in der Bundesrepublik) weckten die gesellschaftliche Skepsis am Auto ebenso wie die Ölpreiskrisen von 1973 und 1979 und die Identifikation des Individualverkehrs als „Umweltschädling Nummer 1“ im Rahmen der neu fokussierten Umweltdiskussion. Entsprechend defensiv waren viele Zukunftsentwürfe. Nach dem Angriff von Ralph Nader auf die Autoindustrie in seinem Buch „Unsafe at Any Speed“ (1965) geriet Unfallsicherheit in den gesellschaftlichen Fokus (vgl. Nader 1966). Experimentelle Sicherheitsvehikel wurden entworfen, mit innovativen Rückhaltesystemen, Rückfahrkameras oder Joystick-Lenkung. Kleinere, Ressourcen schonende Autos, mit reduziertem Treibstoffverbrauch, hatten Konjunktur. Der kleine Dieselmotor wurde zum Synonym der Realutopie des Sparens.

Mit dem wachsenden Interesse an der auch mobilitätsbezogenen Dekolonialisierung der Dritten Welt wurde deren Motorisierung durch einfache, im Land selbst herstellbare Autos reflektiert. Auch die permanente Zukunftshoffnung Elektroantrieb wurde wiederbelebt, angespornt durch den elektrisch betriebenen „Lunar Rover“ der Apollo-Mondmissionen. Zudem brachten die Nutzer neue Ideen ein. Stadtgerechte, kleinere Autos, Einkaufsfahrzeuge und variable Innenräume wurden vorgeschlagen. Nun zeigten utopische Fahrzeuge eine Tendenz zu höherer Funktionsgerechtigkeit und größerer Nutzerfreundlichkeit. Die Vorherrschaft des „stärker, schneller, größer“ war offenbar gebrochen. Das Credo des Chefstylisten von General Motors, Harley Earl – „make them longer and lower“ – schien einer vergangenen Epoche anzugehören. Nach dem Überauto hatte in den krisenbewussten 1970ern das Unterauto Konjunktur. Neben Entgrenzung wurde Begrenzung zum Thema und Beschränkungs-Utopien salonfähig (vgl. Fester 1990; vgl. auch hierzu ders. 1999). Neue Nutzungsformen wie Car-Sharing gerieten in den Blick, und neue, dafür geeignete technische Auslegungen ebenso wie Verkehrskonzepte als Alternativen zur Individualmobilität (vgl. Dienel et al. 1997). Im Extremfall wurde der gesellschaftliche Stellenwert motorisierter Individualmobilität in Frage gestellt. Ein Symptom war z.B. die Ausstellung „Automobility" im Vitra Design Museum, die 1999 eine kulturelle Neupositionierung minimalistischer Entwürfe vornahm und über innovative Kleinautos die bedrohte Straßenmobilität verteidigen wollte. Unterstützt wurde diese Ausstellung von Smart, selbst eine zu diesem Zeitpunkt schon historisch gewordene Utopie. Dieses Fahrzeug war währenddessen von der Komponente in einem innovativen Verbundverkehrssystem zum kleinen Lifestyleautomobil mutiert.

Im automobilen Krisenjahrzehnt der 1970er kamen auch ältere Motorkonzepte wieder in die Diskussion als Zukunftsantriebe. Aber nicht Elektromotoren, Stirlings oder Dampfmaschinen markierten schließlich den Pfad in die Zukunft, sondern eher unspektakuläre, kaum utopiegetriebene Detailverbesserungen modernisierten den traditionellen Hubkolben-Verbrennungsmotor. Statt Rotationsmotoren und Gasturbinen kam der Zukunftsantrieb in Form von elektronischer Zündung, Aufladung und Einspritzung bei ansonsten konventionellen Motoren. Dies kam vor allem dem Dieselmotor zugute. Dem Wasserstoffantrieb, der Ende der 1990er Jahre ähnlich begeistert kommentiert wurde wie zuvor die Gasturbine, scheint ein ähnliches Schicksal bevorzustehen. Da Wasserstoff keine Primärenergieform ist, muss er solar, angesichts des immensen Energiebedarfs aber wohl eher atomar erzeugt werden, wofür momentan keine gesellschaftliche Toleranz besteht. Das zweite große Problem ist die erforderliche neue Infrastruktur für die Distribution. Auch dies ist für die Reifephase der Automobilität bezeichnend. Über die Umsetzungsfähigkeit einer noch nicht eingeführten Technologie rund ums Auto entschied weniger die technische Machbarkeit, sondern mehr das wirtschaftliche Kalkül und die Akzeptanz der Nutzer und der Gesamtgesellschaft (vgl. Berger et al. 1994). Am Infrastrukturbedarf etwa scheiterten schon die meisten alternativen Utopien, die den Individualverkehr ersetzen sollten, wie Kabinentaxis oder Rollsteige.

120 Jahre nach seiner Erfindung hat das Benzinauto anscheinend viele der früheren utopischen Entwürfe eingeholt. Es wird als nahezu wartungsfrei vermarktet, seine Navigation wird elektronisch unterstützt, es kann sich auf einen Unfall vorbereiten, Abstand und Spur halten und intelligente Dialoge führen. Vor allem ist es außerordentlich bequem, und nahezu alle automatisierbaren Funktionen sind automatisiert. Von den analytisch separierbaren vier Teilfunktionen, die ein Fahrer ausübt[1], sind in unterschiedlichen Phasen inzwischen alle entweder automatisiert oder technisch schon automatisierbar. Fahrer sind längst keine Maschinenbediener mehr, die Navigation ist durch elektronische Systeme

1 Maschinenbedienung, das Fahren des Fahrzeuges selbst, die Teilnahme am gesamten Verkehr und schließlich die Navigation.

automatisiert, Abstandshaltung und Spurführung sind schon machbar (vgl. Weller 2005). Von den minimalistischen Automobilkonzepten, den Ideen zu Krisenreaktionsfahrzeugen, ist ebenso wenig übrig geblieben wie von Ideen eines Gesellschaftswandels, der dem gesamten Feld individueller Mobilität einen anderen Stellenwert zuweisen sollte. Nicht „Benutzen statt Besitzen" hat sich durchgesetzt, sondern umgekehrt „Besitzen statt Benutzen". Durch Technik, Komfort, Design und Ausstattung aufgerüstete Fahrzeuge, die allerdings immer kürzer von den Erstbesitzern genutzt werden, sind bezeichnend für die Automobilität der letzten zehn Jahre. Dass diese Fahrzeuge als Gebrauchtwagen in eine zweite oder auch sechste Hand übergehen und immer länger im Verkehr mobil bleiben, ist symptomatisch für die Aufspaltung in eine symbolisch innovationsorientierte und eine eher kostenbewusste und nutzungsbestimmte Nutzungsform.

Kommentare von Autojournalisten, die jüngere Oberklassenfahrzeuge bewegen, legen aber nahe, dass manche dieser Zukunftsfahrzeuge von heute wunderbare Lösungen für nichtexistente Probleme bieten. Es bleibt jedoch offen, ob die Lust am Auto und am Fahren letztlich durch die neue automatisierte Mühelosigkeit und durch technisch aufwendige Selbsttätigkeit simpler Bedienfunktionen, wie das Einschalten der Scheibenwischer, weiter gesteigert oder auch nur aufrechterhalten werden kann. Symptome, die für das Gegenteil sprechen, gibt es durchaus. Das trotz Massenverkehr existierende Vergnügen, ein Auto zu bewegen, scheint durch diese technischen Lösungen nicht verbessert zu werden. Die kontinuierliche Aufrüstung des Autos, getrieben durch utopische Konzepte, führt heute weder zu höherem Nutzwert noch zu mehr Fahrlust. Zu fragen ist, welche Utopie überhaupt noch übrig geblieben ist. Eigentlich ist es nur eine, nämlich die defensive Utopie einer Aufrechterhaltung der automobilen Attraktivität angesichts von Massenverkehr, Mobilitätslimitationen und Staus (vgl. Möser 2005).

Für dieses Problem gibt es zwei Lösungen. Einmal durch die Wohnwertsteigerung des Autos, indem man den Innenraum durch Kommunikationselektronik, Unterhaltungsgeräte und variable Raumnutzungsformen familiengerecht und stautauglich macht, und zugleich das Auto als Skulptur und als Ikone kulturell positioniert. Der zweite Weg wäre eine Automatisierung aller Bedienungs- und Fahrfunktionen. Zielrichtungen der Utopie wären dann die immobile Mobilitätsmaschine, im zweiten Fall der selbst fahrende Automat. Aus Autofahrern würden einmal Bewohner kulturell aufgewerteter und perfektionierter Steh-Zeuge und zum anderen passive Passagiere. Es bleibt abzuwarten, ob es zu diesen beiden Entwürfen Alternativen einer gesellschaftlichen Positionierung des Autos gibt.

Vorschlag einer Periodisierung von Automobilutopien (mit dem Schwerpunkt auf der Motorisierung in Deutschland)

1880–1910: Vom Motor-Velociped zum Superautomobil
- Crossovers zu anderen Mobilitätsmaschinen
- fliegende und schwimmende Autos
- selbsttätige und zuverlässigere Mobilitätsmaschinen
- Entgrenzungs- und Hochgeschwindigkeitsutopien
- Automobile als Kampfmaschinen

1910–1940: Eleganter, schneller, windschlüpfriger und billiger
- symbolische Stromlinie, gestalterische Integration, formale Modernisierung
- Bequemlichkeit, höhere Leistungen, höherer Luxus
- das Auto für alle durch Minimalismus oder Produktionsverbilligung

1950–1970: Neue Antriebe, neue Entgrenzung
- Alternativantriebe wie Turbinen-, Wankel-, Atomantriebe
- selbsttätiges Fahren
- neue Verkehrssysteme (Vernetzung von Individual- und öffentlichem Verkehr)
- neue Crossover-Boom (Volksflugzeug, Autoboot, Schwimmwagen, Luftkissenfahrzeuge)

1970–1990: Defensive Utopien
- sicherere Autos
- ressourcen- und umweltschonendere Fahrzeuge
- Downsizing
- weltumspannende Massenmotorisierung
- vom Fahrzeug zum (alternativen) Verkehrssystem

Ab 1990: Annäherungen an das perfekte Automobil
- Fahrerassistenz- und Fahrersubstitutionssysteme
- Komforterhöhung (Kommunikation, Entertainment, Automatisierung aller Bedienelemente)
- Fahrzeuge für nachhaltige Mobilität (umwelt- und ressourcenschonende Fahrzeuge)
- dem Fahrer sozial und kulturell angepasste Automobile (Leistungssteigerung, Lifestyle, symbolische Welten)

Vorschlag einer Systematik von Automobilutopien

Nach den Bereichen der Entgrenzung von der Straße
- Schwimmen
- Tauchen
- Fliegen
- Schweben
- Geländegängigkeit

Nach der Genese
- Produzentenseite (Auto- bzw. Zubehöringenieure, Fachleute außerhalb des Automobilbereichs, Politiker)
- Nutzerseite (Laien, professionelle Nutzergruppen)

Nach der Funktion (1)
- offensiv (zur Potenzialerweiterung von Auto oder Straßenverkehr)
- defensiv (als Reaktion auf technische Defizite oder gesellschaftliche Kritik)

Nach der Funktion (2)
- Stärkung der primären Funktion als Transportmittel (auch neue Nutzungsutopien, z.B. Integration von Einkaufswagen)
- Stärkung der sekundären Funktionen als sozial und kulturell positioniertes Artefakt

Nach der Funktion (3)
- zivile Nutzung
- militärische Nutzung

Nach der Rolle im automobilen System
- utopische Veränderungen, die auf das „kleine System" Automobil zielen (Antriebsutopien, Designutopien innen oder außen)
- utopische Veränderungen die auf das „große System" individueller Straßenverkehr zielen (Infrastrukturaufrüstungen)
- utopische Veränderungen die auf das „Supersystem" Verkehr (alternative Verkehrssysteme)

Nach der Nähe zum Status quo
- kleinere Veränderungen mit Funktionsänderungen
- kleine Veränderungen ohne Funktionsänderungen
- Neuansätze mit radikalem Veränderungspotenzial

Nach der Intention
- ernst gemeinter Vorschlag, realisierbares Projekt
- „way off – Ansatz" ohne Realisierungsintention;

Nach dem Feld der Anleihen und Vorbilder

- Fliegerei
- Raumfahrt
- Science-Fiction

Nach der medialen Präsentation

- Science-Fiction in Literatur, Radio oder Film
- Artikel in populären Zeitschriften (Scientific American, hobby)
- in der Fachliteratur

Das letzte Abenteuer im Straßenverkehr?

Einparken zwischen Kompetenzlust und Automatisierungsdruck

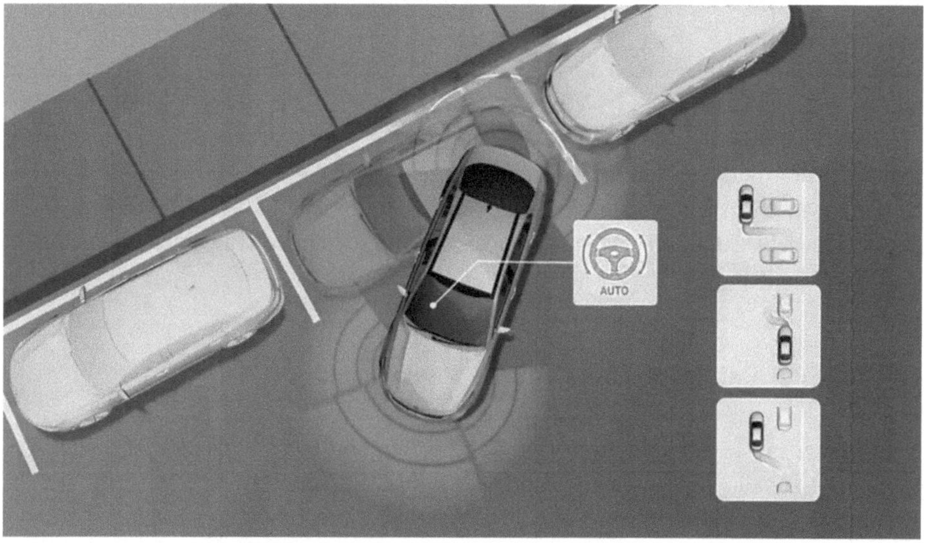

Einparken ist in der Regel Gegenstand des Spotts, der Ironisierung, des Witzelns, besonders in Bezug auf einparkende Frauen. Aber jenseits der Gender-Konstruktionen und -Demonstrationen und der urbanen Mythen, die mit diesem Teil-Akt des Autofahrens verbunden sind, ist das Einparken durchaus interessant. In der Automobilgeschichte sind sowohl die Lust an kompetentem Bedienen als auch Automatisierungsvorgänge maßgeblich. Sie haben auch das Einparken beeinflusst.

In der Frühzeit erwies sich das Benzinautomobil als durchaus störrisches, pannenanfälliges, pflegebedürftiges Fahrzeug, dessen Bedienung und dessen In-Betrieb-Halten beträchtlicher technischer Fähigkeiten bedurften. Fahren, Gangwahl, Schaltvorgänge waren kraftaufwendig und erforderten erhebliche sensorische und motorische Koordination. Die manifesten Nutzungsprobleme des Benzinautos minderten nun die Nutzung und die Attraktivität des Besitzens und Fahrens kaum. Im Gegenteil: Liegenbleiben, Reparieren oder „Flottmachen“ gehörten zum abenteuerorientierten Gebrauch des frühen Automobils. Paradoxerweise konnten Unzulänglichkeiten und Bedienschwierigkeiten positiv gewendet werden: Das kompetente Fahren dieser schwierigen Maschine war ein Feld des Ausübens und Zeigens von Fähigkeiten.

Weit mehr als bei professionellen Chauffeuren war bei „Herrenfahrern“ die Lust an der Kompetenzdemonstration ausgeprägt. Und dies in dreifacher Hinsicht: Man konnte sich selbst beweisen, wie gut man sein Fahrzeug beherrschte; man konnte Respekt und Bewunderung von den Insassen und Mitfahrern erheischen, weil man mit dem so komplexen technischen Artefakt umzugehen vermochte; und schließlich konnte man anderen Verkehrsteilnehmern oder passiv Betrachtenden den eigenen „skill“ zeigen.

Doch das Automobil wie auch der Verkehr wandelten sich. Zu den langen Trends gehört erstens eine De-Technisierung. Viele der Bedienvorgänge, die beträchtlichen „skill“ erforderten, wurden vereinfacht, Überwachungs- und Kontrollfunktionen automatisiert, und zuvor erforderliche Bedienfähigkeiten tendenziell in die Technik verlagert. Schalten ist dafür typisch: Auch Wagen ohne automatisches Getriebe ließen sich mit synchronisierten Getrieben und servounterstützten Kupplungsbetätigungen leichter und unaufwendiger schalten.

Rückzug der Fahrkompetenz auf den Parkvorgang

Wenn man den Akt des Fahrens in vier Teilvorgänge zergliedert – das Bedienen der Maschine Automobil, das Fahren des Fahrzeugs selbst, die Teilnahme am Verkehr, und die Navigation –, dann ist in jedem dieser Teilfelder eine klare Tendenz zur Automatisierung erkennbar, der Verlagerung des Schwerpunkts der Mensch-Maschine-Interaktion zur Technik hin. Viele Tätigkeiten, wie etwa das Einregeln des Zündzeitpunktes, erfolgte nun selbsttätig. „Skill“ wurde in geringerem Maß erforderlich, um erfolgreich mit der „Fahrmaschine“ zurechtzukommen.

Das heißt nun nicht, dass Bedienfähigkeiten und ihre Demonstration generell einen geringeren Stellenwert bekamen. Denn die Anforderungen des Verkehrs reduzierten sich keineswegs. Stand am Anfang das Fahren in einem Straßenraum im Zentrum, der noch nicht auf die Anforderungen des motorisierten Verkehrs zugeschnitten war, so wurden mit dem beginnenden Massenverkehr die Anforderungen eher auf das Umfeld der motorisierten Anderen gelenkt. Zwar sind auch hier spezifische und durchwegs hohe „skills“ erforderlich, doch die Interaktionen mit der übrigen, nichtmotorisierten Welt sind eher eingeschränkt. Die Gelegenheiten, die eigenen Fähigkeiten zu demonstrieren, geschickt zu fahren und mit Befriedigung sich in den Verkehr zu integrieren, sind flüchtiger und wenig zahlreich geworden. Kompetenzdemonstration wurde also eher limitiert: Sowohl durch die De-Technisierung des Automobils als auch durch die Zumutungen des Massenverkehrs haben sich die Spiel-Räume der demonstrativen Freude am Fahren und am Bedienen verengt. Und nun kommt das Einparken des Privatwagens ins Spiel.

Denn das Einrangieren in Parklücken, als Übergang vom fließenden in den ruhenden Verkehr, eröffnete ein neues Kompetenzfeld für die Nutzer. Mit dem „Parknotstand" – den man mit der Herausbildung des Massenverkehrs in den USA seit den 1920er-Jahren, in Westeuropa erst nach 1960 diskutierte – wurde die Nutzung des knappen Parkraums schwieriger. Um in Parklücken zwischen längs parkenden Wagen „hineinzustoßen", war die Ausbildung beträchtlicher Fähigkeiten erforderlich. Insbesondere das Rückwärtseinparken, parallel zum Bordstein, bot eine Gelegenheit zur Kompetenzdemonstration, mit den erforderlichen Prozessen des Abschätzens der Lückengröße, des parallelen Aufstellens, der koordinierten gegensinnigen Lenkbewegungen und des langsamen Rückwärtsfahrens mit schleifender Kupplung. Alexander Spoerl, „Mit dem Auto auf Du" (1955): „Man lenkt nicht dahinein, sondern schert um eine gute Wagenlänge daran vorbei, dreht sich auf dem Sitz, peilt rückwärts und schiebt sich mit dem Heck hinein."[1] Maschinensensibilität[2] ist erforderlich: das Gewinnen von Übersicht, das Schätzen und Ausnützen von Distanzen, das Koordinieren von komplexen Bedienvorgängen. In den zeitgenössischen Automobilratgebern wurde denn auch bemerkt, dass das „elegante Einrangieren in solch eine enge Lücke" eine „kleine Kunst" sei und der fahrerischen „Kunstfertigkeit" bedürfe.[3]

Dies alles kann nun lästig wie auch befriedigend gewertet werden, als Zumutung oder Quelle des Vergnügens. Oder beides: Das lästige „Einfädeln" kann zugleich Lust an der auch körperlichen „Beherrschung" bringen oder an einer „Verschmelzung" mit dem technischen Artefakt.[4] Wie in der Frühzeit des Automobilismus kann dies in dreifacher Hinsicht gezeigt werden – man demonstriert dies für sich, für die Mit-Fahrer, oder für Außenstehende.

Abenteuer und Fahrlust

Beschrieben wird diese Lust an komplexem Bedienhandeln beim Einparken in dem Roman „Babbitt" des US-amerikanischen Autors Sinclair Lewis von 1922. Er ist eine Quelle für die „covert culture". Darunter versteht der amerikanische Kulturwissenschaftler Leo Marx verschwiegene und verborgene Motive und Antriebe von Handelnden, die kaum bewusst, implizit und selten zugegeben werden, aber gleichwohl signifikanter sind als die

---

1 Alexander Spoerl: Mit dem Auto auf Du. München 63.–75. Tsd. 1955, 170.

2 Siehe Kurt Möser: „Der Kampf des Automobilisten mit seiner Maschine" – eine Skizze der Vermittlung der Autotechnik und des Fahrenlernens im 20. Jahrhundert. In: Lars Bluma, Karl Pichol, Wolfhard Weber (Hg.): Technikvermittlung und Technikpopularisierung – Historische und didaktische Perspektiven. Münster u.a. 2004, 98–102.

3 Helmut Dillenburger: Das praktische Autobuch. Gütersloh 1957, 89.

4 Siehe Kurt Möser: Automobil und Körper. In: Gert Schmidt, Holger Bungsche, Thilo Heyder, Matthias Klemm (Hg.): Und es fährt und fährt... Automobilindustrie und Automobilkultur am Beginn des 21. Jahrhunderts. Berlin 2005, 285–296.

offen zu Tage liegenden, eingestandenen Haltungen.[5] Literatur nun öffnet, so Marx, die verdeckten Motive, mit denen Historiker rechnen müssen, um adäquat zu verstehen, wie sich Handelnde wie Nutzer ihren Artefakten annäherten. Der Protagonist Babbitt, Besitzer eines Ford T, nutzt das Auto auf den ersten Blick funktional, für den Weg zur Arbeit. Und trotzdem ist seine Nutzung alles andere als nur Transport: „Für George F. Babbitt bedeutete sein Auto [...] Poesie und Drama, Liebe und Heldentum. Das Kontor war ein Piratenschiff, aber das Auto war die gefahrvolle Expedition nach unerforschten Küsten."[6] Diese Verschränkung von verkehrsmittelorientiertem Gebrauch mit Abenteuerorientierung und Fahrlust, die hier auftritt, ist ein wesentlicher Teil der „covert culture" des Automobils. So wird eine banale Fahrt ins Büro zu einem abenteuerlichen Rennen:

> „Babbitt [...] widmete sich dem interessanten Sport, mit den Trambahnen um die Wette bis zur Ecke zu rasen: erst großer Anlauf, dann Verfolgung, erregtes Jagen im schmalen Raum zwischen der mächtigen gelben Trambahn und der unregelmäßigen Reihe abgestellter Autos, Überholen der Trambahn in dem Augenblick, wo sie anhielt – ein schönes, kühnes Spiel."[7]

Und so kann das Einparken abenteuerlich umdefiniert werden:

> „[Babbitt] winkte aufgeregt einer alten Frau, sich aus dem Wege zu scheren, wich einem Lastwagen aus [...]. Seine Vorderräder rieben sich an dem stählernen Schutzblech des vor ihm haltenden Wagens, als er stehen blieb, in fieberhafter Erregung das Lenkrad herumriss, hineinglitt in den freien Raum und mit achtzehn Zoll Spielraum manövrierte, bis sein Wagen parallel zum Kantstein stand. Es war ein meisterhaft ausgeführtes kühnes Abenteuer."[8]

Das spontane Entstehen von Rennsituationen, „Überholduelle" oder Ampelstarts gehören zu den Situationen, die im Verlauf der Geschichte der Automobilnutzung gezielt oder halb-bewusst erzeugt werden, um in das alltägliche Fahren Abenteuerlichkeit und „thrill" zu importieren. Ein solches Muster war schon bei Reitern oder Ruderern vor der Automobilisierung stabilisiert und ist bis heute gegenwärtig. Spontane Rennen sind vor allem ein Teil der gefahrorientierten Jugend-Automobilkultur. Interpretiert werden kann die abenteuerliche Umdeutung von Alltagshandeln mit dem Ansatz von Norbert Elias und Eric Dunning unter dem Begriff der „sportization", „Versportung". Die Autoren verweisen auf die Einführung von Erregung und Faszination insbesondere in pazifizierten Gesellschaften. Sie bestimmen die Funktion des Sports in der Formationsphase um 1880 – dies war auch die „Sattelzeit" des Automobils und seiner Mobilitätsvorläufer – als Mittel gegen in Industriegesellschaften verbreitete Langeweile und Unterforderung. Versportung hatte eine klare Funktion: sie „ensure[s] for human beings in an increasingly

---

5 Vgl. Leo Marx: Literature, Technology, and Covert Culture. In: Ders. (Hg.): The Pilot and the Passenger. Essays on Technology, Literature and Culture in the United States. New York / Oxford 1988, 127–138, 127.

6 Sinclair Lewis: Babbitt. Reinbek bei Hamburg 149.–165. Tausend 1976, 22.

7 Ebd., 27f.

8 Ebd., 29.

regularized society a sufficiency of pleasurable excitement as a shared experience [...]".[9] Das neue Sportethos lenkte die Aufmerksamkeit sowohl auf das Gewinnen als auch auf den Prozess der Sportausübung selber; „it was not the victory but the game itself which mattered".[10] So wird selbstkonstruiertes „pleasurable excitement" als typisches Verhalten von Handelnden in pazifizierten Industriegesellschaften identifiziert.

Optimierung und Automatisierung

Das Einparken kann in diesem Rahmen interpretiert werden. Es hat einen besonderen Ort, weil es nicht im anonymisierten, technogenen, Geschwindigkeitsraum der Fahrstraße stattfindet, sondern in einem Grenzbereich. Wenn ein Automobil „an den Straßenrand gesetzt" wird, dann erfolgt dies langsam, und in voller Sicht von nicht-motorisierten Beobachtern, die die Fahrerkompetenz kommentierend beurteilen. Zu dieser Außenperspektive kommt oft noch eine aus Beifahrersicht. Denn Einparken ist oft Teamarbeit, weil Mitfahrer „einwinken", knappe Distanzen vorn und hinten signalisieren, auch Ratschläge erteilen. Der Kommunikationsvorgang, der sich daraus ergibt, kann erwünscht sein oder abgewiesen werden – häufig eine Quelle für Konflikte innerhalb der „Besatzung" des Automobils, bei denen die „Frauen und Männer auf dem Sitz rechts"[11] bei-fahrend an einigen Fahrvorgängen teilnehmen können. Wenn all dies glückt – wenn der Parkvorgang kompetent, vielleicht sogar elegant, vollzogen wird, dann kann das eine Quelle für Befriedigung und somit ein Faktor für die Attraktionserhöhung des Automobils werden und damit eine Komponente der Faszinationsgeschichte der Mobilität.

Doch nun haben wir es mit dem erwähnten Trend der Automatisierung von Bedien- und Fahrvorgängen zu tun, der quer dazu liegt. Weil tendenziell Technik werden muss, wo zuvor Bedienung war, erleben wir derzeit einen erneuten Automatisierungsschub. Nachdem die Bedienung der Maschine Automobil weitgehend in die Mechanik verlagert worden ist, und Navigationsgeräte zunehmend die Arbeit des Zurechtfindens auf der Straße an ein elektronisches System delegiert haben, geht es nun an die Automatisierung der verbleibenden Fahrfunktionen. Typisch dafür sind die Versuche einer systemischen Einengung und De-Individualisierung der Verkehrsteilnahme, etwa durch Zwangsführungen, Leitsysteme oder Geschwindigkeitskoordinierungen.

Als einzige der Funktionen bleibt schließlich das Fahren selber übrig, das nicht dem Automatisierungsdruck unterworfen worden ist. Noch nicht: Denn ein Pionierfeld dieses erneuten Automatisierungsschubs ist das Einparken, eine Aktivität, für die heute noch ein

9 Ebd., 174.

10 Norbert Elias, Eric Dunning: Quest for Excitement. Sport and Leisure in the Civilizing Process. Oxford 1986, 174.

11 Rainer Schönhammer: Das Leiden am Beifahren. Frauen und Männer auf dem Sitz rechts. Göttingen 1995.

hohes Maß an Bedienfähigkeiten erforderlich ist. Als potenziell schwierigstes Element des gegenwärtigen Fahrens heute hat es die Konstruktionsphantasie stark stimuliert.

Vor einer Betrachtung der Automatisierung des Einparkens steht aber ein älterer Trend: die Optimierung des Fahrzeugs für das Einparken. Parallel zur Entstehung (oder Wahrnehmung) der „Parkplatznot" in den Städten passten die Hersteller ihr Produkt an die neuen kritischen Systembedingungen des Massenverkehrs an. Das „einpark-freundliche" Automobil wurde erfunden, dessen Merkmale geringe Ausmaße, geringer Wendekreis und Übersichtlichkeit sein sollten. Typisch hierfür ist ein Werbetext für den NSU Prinz von 1959:

> „Vor allen Dingen aber schätzen wir ihn, weil er so enorm wendig in der Stadt ist und weil er mit kleiner Parkfläche auskommt, die man immer noch hier und dort findet. Mit kurzen Steuerausschlägen – einmal hin, einmal her – ist der Prinz in einer kleinen Parklücke untergebracht, ohne persönliche Echauffierung und ohne Blechkratzer (weil man die Ecken so gut übersieht)."[12]

In der Anzeige für den NSU Prinz ist von kaum etwas anderem die Rede; das Auto scheint optimiert auf diesen einen Zweck. Einparkfreundlichkeit ist hier eine Sekundärtugend des Kleinwagens und zugleich Kennzeichen seiner „Modernität". Die technische Verfasstheit der Einparkfreundlichkeit wird hier zu einer konstruktiven Reaktion auf die Zumutungen des Stadtverkehrs. Heute dagegen geht es eher um „add-on"-Einparksysteme, um den Einbau technischer Features zur Erleichterung des Parkvorgangs. Am Beginn steht hier die Servolenkung. Speziell für Frauen sollte der kraftzehrende Lenkvorgang durch Technisierung erleichtert werden. Durch Servounterstützung wird nicht „skill" vom Bediener in das technische System verlagert. Es wird vielmehr durch Reduzierung des Kraftaufwandes die Voraussetzung für ein feinfühligeres Lenken geschaffen. Die Entkoppelung von Sensibilität und Kraft durch Servos wird zur Bedingung für Maschinensensibilität.

Der eigentliche Parkvorgang ist erst vor kurzem unter Automatisierungsdruck geraten. Tendenziell wird in technischen Spätphasen sich entwickelnde Unzulänglichkeit durch mehr Technik-Input aufgefangen. So beim Rückwärtsfahren: Die zunehmende Unübersichtlichkeit der Karosserie wird durch Gadgets wie etwa die Rückfahrkamera kompensiert. Doch erst mit der Entwicklung der Mikroelektronik und der Sensorik, mit der „Elektronisierung" des Automobils, konnte es zu einer tatsächlichen Automatisierung des Einparkvorgangs kommen. Heute gibt es zwei grundlegende Ansätze:[13] Der erste automatisiert die Vermessung der Parklücke und die sensorische Unterstützung des immer noch manuell bleibenden Einparkvorgangs. Der zweite geht weiter: Bei richtiger Positionierung des Fahrzeugs vollzieht ein Assistenzsystem das Einparken. Ein teilautomatisiertes System besitzt etwa der BMW X5. Es stellt die Umgebung hinter dem eigenen

12 Der Spiegel 26 (1959), 42.
13 Siehe dazu: JW, Parkassistenten: Nicht immer hilfreich. In: ADAC Motorwelt 11 (2008), 46f.

Auto auf einem Monitor dar und blendet einen Vorschlag für Fahrweg und Lenkeinschläge ein. Der zweite, vollständig automatisierte Ansatz, das „Einparken auf Knopfdruck", erfordert entweder eine manuelle Zieldefinition auf einem interaktiven Bildschirm, wie beim Toyota Lexus, oder es arbeitet schon völlig ohne Nutzereingriffe, wie beim VW Touran.

Diese Abstufungen lassen erkennen, dass derzeit, im Jahr 2009, eine Übergangsphase in der Automatisierung von Fahrvorgängen besteht. Art und Umfang der Verlagerung von Kompetenz in die Technik sind noch nicht abgeschlossen, die technischen Lösungen noch nicht stabilisiert. Wir befinden uns außerdem erst am Beginn des Prozesses des Durchreichens von technischen Elementen nach unten, in preisgünstigere Fahrzeugklassen, und am Anfang des Weges vom aufpreispflichtigen Sonderzubehör in die Serienausstattung. Dass dieser Prozess – einer der langen Trends der Automobilgeschichte – sich fortsetzen wird, lässt sich prognostizieren. Doch was sind die Konsequenzen?

Wohin mit der Kompetenzlust?

Automatisierungsschübe beim Automobil waren oft zweischneidig: Mit dem Wegfall von Bedienung fielen oft auch Bereiche der Kompetenzausübung und -demonstration weg. Doch dann wurden oft neue Kompetenzfelder erschlossen, in denen „skills" gezeigt werden konnten. Automatisierung des Fahrens, gar Selbsttätigkeit scheint gegen ein zentrales Element der Attraktionsgeschichte des Automobils gerichtet zu sein. Das provoziert die Suche nach Auswegen und Kompensationen. Die Frage lautet also: Wenn der Parkvorgang automatisiert sein wird, wenn also der übliche Pfad der Diffusion technischer Systeme innerhalb der automobilen „Klassengesellschaft" zu Ende gegangen sein wird – welche neuen Felder der Kompetenzlust, der „Freude am Fahren", werden dann eröffnet?

Resümee: Einparken zwischen Kompetenzlust und Automatisierungsdruck

Das Betreiben und Steuern eines Automobils war in dessen Anfängen eine anspruchsvolle Tätigkeit, bei der ein Automobilist sich und der Umgebung seine besonderen technischen und fahrerischen Kompetenzen unter Beweis stellen konnte. Mit der wachsenden Zuverlässigkeit der Fahrzeuge und der zunehmenden technischen Unterstützung des Fahrprozesses verlor das Autofahren allerdings seine Bedeutung für die Demonstration dieser „skills". Nur das Einparken – besonders das Rückwärtsparken – verlangte nach wie vor ein hohes Maß an Beherrschung des Autos. In jüngerer Zeit erobern aber elektronische Einparkhilfen auch dieses letzte Rückzugsgebiet besonderer fahrerischer Kompetenz. So stellt sich die Frage: Wo wird der Automobilist in Zukunft seine Kompetenzlust, seine „Freude am Fahren" ausleben können?

Motorization of German Societies in East and West

The heritage of extremely car-friendly politics of the National Socialism

From 1933, there was a state programme of fostering car ownership, road building, easier traffic licensing, abolishment of road taxation on new cars, and introducing organizations to create a "nation of motorists". The People's car, Volkswagen, and the motorways building were an approach which aimed at the system as a whole; it left no component of individual road transport untouched without achieving its aims. Quite paradoxically, this systemic and indeed totalitarian grip on motoring had a distinct liberal, some say anarchistic touch. Undisciplined drivers, no speed limits and Adolf Hitler's own ranting against control proved to be a complex heritage for post-war driving.

In some ways the period before 1945 cast a long shadow. A British automobile historian remarked, that the West Germans drove in the 1950 in the People's car on the "roads of the Führer" into countries they had travelled in uniform before. But both German states did profit from the roadbuilding programme of the national Socialists. They equally relied heavily on the continuation of car types, which were in production before. The BMW of Eisenach proved to be a favourite vehicle of Soviet high-ranking officers after being re-introduced into production, and the Volkswagen was put in production by the British military government. Until re-tooling and redesign started in the early 1950s, German cars were pre-war models, modified to a higher or lesser degree.

Several German manufacturers had secret plans how to proceed with car production after the war, having worked previously on the development of new models. Some could activate these projects, helped by an in some cases surprisingly low degree of destruction of the manufacturing plants. By 1950, most of the important pre-war manufacturers were in business again, sometimes split between the East and the West (as it was in the case of

BMW/EMW, producing in Eisenach and Munich). Often this began by repairing or rebuilding Allied vehicles or assembling automobiles from leftover stocks.

The four powers had before the foundation of the two states different political aims regarding the automobile industry. The British occupation officers were on one hand quite happy to receive cars for their own use, on the other they tried to keep competitors out of the market. In the Soviet zone "Demontagen" played a major role, transferring whole automobile plants eastward. Cars coming from the factories which were still working were intended for the occupiers and for export to the USSR. The French were also limiting production re-entry of German firms, which resulted for instance in production difficulties for Mercedes Benz, which had to rely on suppliers located in the French occupation zone. Only after the formation of the "trizone" the differing industrial politics of the Western Allies were homogenized.

Agents and forces of automobilization I: The West

Both states had in the beginning a distinct bias towards favouring railways. While this continued in the GDR, in the West it was gradually recognized, that private cars were not only here to stay, but in order to benefit from their economic and social importance the state had to play a part. The West German administrations increasingly yielded to a number of factors in favour of automobility: the combination of growing desire for private cars, increasing spending power to enable this, the success of the car, and supply industry. Political measures implemented to bolster the car market were for instance tax-saving for commuters using private cars. This financial incentive had also been used by the National Socialists; it is doubtful whether it was really a decisive factor. Even the issue of better roads did not play a main role. During the boom years of the 1960s demand was higher than supply, leading often to waiting lists for new cars. Thus, as opposed to the top-down implemented politics of growth, there was a strong tendency towards self-sustained growth led by a strong desire for cars on the domestic market. These bottom-up factors are less easily interpreted and weighted than economic and political measures and therefore tend to be downplayed by historians.

Thus, elements of "car lust" were less economic than social: the wish of independent mobility, to enjoy motorized holidays, to enjoy mobile independence, the desire "to keep up with the Joneses". Most cultural actors, like magazines, other publications, films, and television during the boom years put cars in the centre. Whether politicians or filmstars were shown in their vehicles, or fashion shots featured designer cars, there were many indirect ways to glamourize cars which filtered down to ordinary consumers. What is called the secondary factors of cars – display, driving pleasure, conspicuous consumption, lust for design – played a most significant role in establishing the automobile society in West Germany. Foreign observers noticed and still notice a specific Germanness in the fondness for automobiles: they seemed more attached to them than other Europeans, willing to lavish more affections on them, seeing cars more as a personal expression or as extensions of their personalities. For some consumer strata in the 1960s cars may not have been economically rational. In spite of the fact that their cars taxed their family budgets heavily, they were proud of their vehicles and devoted a considerable share of their household income for their individual mobility. This repeated a pattern which emerged in the early 1930s in the USA, where farmers mortgaged their farms in order to keep their cars. Thus, a social, economic and cultural pattern evolved which characterized the West German "automobile society". Although politics played its part in the making of this, it was not the leading actor, politicians were often more reacting than acting.

A case in point was road building: From early automobilization the authorities were accused of purposely or accidentally delaying the necessary infrastructural measures, i.e. roadbuilding and improving, either by irrational favouring public transport or by simply not recognizing the needs of a modern transport system. The "lagging behind" of road building was seen as the main cause for the system being pushed to its limits, causing traffic jams and slowing down an inherently modern and fast means of transport. In short, what German motorists or their organisations demanded was more roads and otherwise no interfering with the automobile system.

Another factor which was sometimes overestimated in its interpretation potential for the development of the automobile society was the active role of the industry. Interpreting consumerism and its core, automobile consumerism, it was alleged that the industry actively influenced buyers and found ways to make them obtain cars against their own interests or even their will. Advertising and the "hidden persuaders" have played a role, but not so much as to foster desire and to tempt consumers into car ownership. Their role was more the forming of strata of car ownership and the creating the pattern of an automobile class society.

Important facilitators were easier consumer credits of "financing programmes" or hire-purchase schemes. An important feature was the possibility for customers to trade in their old cars when buying new ones. This influenced the growth of automobilism in two ways, first by encouraging customers to move at ease to the newest models without bothering what to do with their old cars, and secondly by the availability of relatively young used cars. The first effect guaranteed production growth in market which was perceived as becoming "saturated", the second broadened the consumer base by providing "pre-owned" cars for reasonable prices. Buyers of new cars willing to live with steep devaluations thus supported a second-hand market.

For a periodization, referring to the "1950s syndrome"[1] is quite helpful. In several regards, 1957 became a special year on the path to West German "Automobilgesellschaft"

1 Pfister, Ch., Das 1950er Syndrom. Der Weg in die Konsumgesellschaft. Bern (2) 1996.

(automobile society). In this year the number of automobiles (2,23 million) was for the first time higher than that of motorized two-wheelers. These "vehicles of the economic underprivileged" were substituted by real cars. Moreover, in the second half of the 1950s a planned process of mechanization of car manufacture began, characterized by high investment.[2] This led to an increased replacing of small-scale car manufacturers and market dominance of 'real cars', rendering "entrance level mobiles" obsolete. From this year on, which brought the "Sputnik shock" to the West, modern technologies were increasingly regarded as means of sustaining West Germany's economic well-being.[3] West German industrial politics switched over to actively helping of automobilism on its way. It proved to be a turning point for the political attitude towards road-building, too. Whereas this stagnated until around 1960, it "exploded" afterwards,[4] spurred by the slogan "Wohlstand kommt auf guten Straßen" ("Good roads are ways to economic well-being"). Private automobiles started to become engines of German industrial output and main pillars of economic growth.

Around this year 1957, the trade unions switched from confrontation to participation. They supported the automobile-based growth and achieved for their members their share, growing more powerful in this process. Moreover, a specific style of industrial social politics developed around and within the automobile industry. The specific 'German Fordism with a time lag' had a distinctly different face. All in all, the West German type of corporate politics, the "Konsensdemokratie", as well as different forms of worker participation and of "humanization of the labour world", which began after 1960 – in short: the evolving German model of social market economy – had the automobile industry at its centre.

Among the West German parties there were within the established consensus of acceptance of an "automobile society" no very marked differences. The Social Democrats tended to favour public transport slightly more, whereas the Christian Democrats were regarded as the automobile industry's public arm. In the 1960s the Liberals (FDP) became close to an "automobile party". In the famous "Spiegel" article on "Traffic jam on German roads" from 1963 the combination of claims for new roads and fulfilling the infrastructural requirements combined with demanding a less meddling attitude of the state was put forward most clearly.[5]

---

2 Kuhm, K., Das eilige Jahrhundert. Einblicke in die automobile Gesellschaft. Hamburg 1995, p. 50.

3 See ibid., p. 47–49.

4 See Kuhm 61; Klenke, D., "Freier Stau für freie Bürger". Die Geschichte der bundesdeutschen Verkehrspolitik 1949–1994. Darmstadt 1995, p. 320.

5 See Möser, K., Der Stau – Zur Geschichte der Überfüllung des Verkehrssystems. Meyer, T. / Popplow, M. (eds.), Technik, Arbeit und Umwelt in der Geschichte. Günter Bayerl zum 60. Geburtstag. Münster / New York / München / Berlin 2006, p. 281–296.

Agents and forces of automobilization II: The East

Until the middle of the 1950s, transport politics did not differ that much in both German states. Both stressed the importance of rail transport and gave individual car ownership a low priority. While this changed in the West, the East kept the politics of preferring public transport. There were ideological reasons for this, but also industrial, the GDR having a too small industrial base for widespread vehicle ownership. Transport as a whole was regarded as a "non-producing sector" and thus given low priority. Public transport, in this view, had advantages: There were economies of scale and a much better use of industrial resources. The Politbüro aimed at state-dominated mobility patterns, e.g. the "steering" (Lenkung) of availability through industrial planning, guiding by prices, specific city planning, exemplified by the availability of garages. The planning economy's goal was clear: never to exceed 350 cars per 1000 people.

But this was not quite successful. Planned mass transportation had a mirror image in a counter-conceptional private motorization. On one hand the results of planning were not so good as it seemed.[6] On the other hand there was the development of car-orientated consumerism 'from below', quite contrary to the proclaimed economic goals. Between 1970 and 1980 the number of cars grew from 1,16 to 2,68 million.[7] As can be seen from the fact that in 1972 the number of cars exceeded motorcycles, the motorization of the GDR followed the pattern of West Germany, but with a delay of 15 years. Car production rose in the 1960s, after the erection of the Wall, consistent with an increasing importance of consumer goods. The Politbüro made grudging concessions towards "Bevölkerungsinteresse", a populace which felt the fascination of individual car ownership. But the party leaders were seeing that turning the car into a mass consumer article put heavy strains on an already strained economy. The specific path was to rely on smaller cars with features to limit technological "extravagance", e.g. two-stroke engines, and to save on limited resources, as can be seen in the introduction of the plastics body of the Trabant. Another measure was the limiting of production numbers and a pricing which guaranteed limited demand. Even though there were ever longer waiting lists.

It would be short-sighted to reduce the desire for cars as "Ersatzbefriedigung" for restricted political and geographical mobility. The Party leaders saw the connex between social content, political stability and "consumerism grouped around automobiles"[8]. This led to copying the Western pattern of production race and consumerism, as a critic put it,[9] creating a society increasingly at odds with Socialist ideals. For instance, new class structures with car-based "conspicuous consumption" and car-centred social prestige developed. The Western mobility model began invading the other Germany.

---

6 Cf. Kuhm 129.

7 Cf. Kuhm 126.

8 Kuhm 121.

9 Cf. Wolf, W., Eisenbahn und Autowahn. Personen- und Gütertransport auf Schiene und Straße. Geschichte, Bilanz, Perspektiven. Hamburg / Zürich (2) 1992, p. 200.

Two states, two modes of regulation

In the West there was a reluctant regulation policy towards private cars. This was understood as a reaction towards the totalitarian heritage as well as the totalitarian competitors of the Eastern Bloc. In trying to tackle the systemic problems which became more and more evident, the West German government relied heavily on assumed self-governing forces within the industry. This concerned the implementation of safety measures and of curbing the environmental impact and wasting of fossil resources. It happened in the cases of compulsory safety belt wearing, the introduction of catalytic converters or speed limits. Here, the Bonn government was markedly slower and showed more restraint than the United States. The reason was a consideration for the car industry which became ever more economically important.

From the 1980s international legislation in respect of new cars became more significant. The European Union increasingly supplemented national regulation regarding pollution and safety. At the beginning of this process the EU's proposals were less strict than German national rules, but from the late 1990s "Europe" put more pressure on national legislation, striving for cleaner and safer cars. Up to now, Germany resisted attempts to harmonize traffic regulation which would end her "Sonderweg", having no general speed limit. Growing discontent with EU politics which was increasing seen as meddling and not democratically legitimate was focussed on the automobile. The most significant reason for restricted regulation was the mood of a car-friendly populace. Opposition against speed limits on the motorways proved to be so strong that even after a brief period after the oil crisis they had to be abandoned. Even measures which the majority of motorists came to regard as rational, e.g. the wearing of seat belts, were opposed because they were ordered and controlled by the authorities.

The mirror image was a lack of respect against police and, not to underestimate, against each other. The "automobile elbow society" where every atomized traffic molecule – every isolated driver – tried to outdo each other, to overtake without regard for safety, to display impolite behaviour, used to characterize West German traffic morale. The heritage of the Nazi period opened a path of argumentation to declare one's own individualistic behaviour on the road as a reaction against totalitarian regulation. In the Federal Republic insistence on "free driving for free citizens" became an identity creating but notorious slogan, signifying liberal self-confidence, opposition against an all-regulating state, and symbolic power of the people. Ideologically, cars were re-interpreted as freedom symbols with anti-totalitarian image. The movement against "speed restriction" was typical for the extraordinarily important role which cars and traffic politics had become for the West German democracy and its self-confident citizens who reacted against the "lust of the state for regulation".[10]

---

10 See Möser, K., Der Staat und seine Regelungslust. Landesmuseum für Technik und Arbeit in Mannheim (ed.), Lust am Auto. Ausstellungskatalog. Mannheim 2004.

The "policing" of individual mobility in the GDR was in nearly every aspect the contrary. Strict speed limits and tight control were common, coupled with respect towards "state organs". Heavy-handed state regulation had its opposite in forced tolerance of motorists against control. When driving on transit route on their way to Berlin, West German drivers did not only experience the pre-1939 "Autobahn" aesthetics but also a degree of control which most Westerners regarded as rather scary and increasingly at odds with a modern society.

Three common factors of system growth

Despite many differences of both car cultures, there were three strong common denominators: Leisure, attractivity, and socialization for mobility. The usage pattern of cars was in favour of touring and family use. This was even stronger in the GDR where cars were significantly less driven every day than in the West. There was much lower annual mileage and longer service use. Since private cars were more 'precious' and more difficult to keep in repairs, they were dominantly used for weekend and holiday trips. Commuting was done by public transport, which was favoured und subsidized by the state. In the West commuting by car was on the increase and relegated public transport more and more behind. But here, too, cars were the favourite means for shorter and longer leisure trips. The private lifestyle which established itself was rather similar: The pattern in the Federal Republic of a combination of private home and motor car[11] did have its counterpart in the GDR combination of car and Datscha.

Attraction of automobiles, indeed any "love of automobiles", proved to be another strong factor of individual motorization and an 'agent' of system diffusion. This second common denominator could manifest itself in forms of affective relationships which are by and large found in every automobile society. Personalizing cars, doing servicing and maintenance, ritualised washing on Saturdays united both user cultures. But there were two modes of "tinkering": In the West it was done as a form of bonding, whereas in the East it was done out of necessity. Spare parts were rare, service facilities scarce, and in order to keep one's car running one had to do it oneself. But modifications which were proclaimed useful but were largely aesthetic proved to be rather similar. Adding fog lights to Trabants or Volkswagens and spoilers to Fords or Wartburgs aimed at creating a "sporting" and individualistic image. The only difference of these forms of bonding between user and machine was that they were done either in a car-affluent or in a car-restrictive society, either with easy availability or by difficult procurement of parts.

A third common factor was the socialization of children and youth into an automobile-minded society. By model cars, popular magazines, go-cart races, kitbuilding, children's

11 See Polster, W. / Voy, K., Eigenheim und Automobil – Materielle Fundamente der Lebensweise. Voy, K. / Polster, W. / Thomasberger, C. (eds.), Gesellschaftliche Transformationsprozesse und materielle Lebensweise. Marburg 1991.

vehicles, playing cards and a vast variety of other 'agents' they became car-conscious long before actively participating at motorization. Increasingly, socialization for automobility began at a very early age. Thus, children were literally growing up with and in cars. "Verkehrserziehung" was another element important in the West and the East for familiarizing young people with the car culture.[12] Even before passing the driver's test – in both societies a rite of passage into the world of grown-ups – children increasingly participated at the driving experience. They were well on their path to automobility when compulsory military service exposed male youths to fully motorized armies. The Bundeswehr, advertising itself as the "school of the nation", became for hundreds of thousands the "driver's school of the nation", in no other way than the NVA. Thus, easy and early familiarity with cars shaped expectations and attitudes in both societies. Socialization for automobility was a main factor of systems acceptance and sustained systems growth.

Paths to the "people's car"

In both states a repetition of the pattern of the beginning of motorization between the wars occurred: Consumer entrance into the market was on two or three wheels, by motorcycles or combinations, by scooters as the more civilized vehicles, and not least by light tax- and licence-free motorbikes. The ubiquitous NSU Quickly and the Zündapps, or Adlers had its Eastern counterparts in the Schwalbe and the MZ. In order to graduate to cars, in both societies a second-hand marked evolved, but for different reasons. In the GDR, buying used cars could shorten the waiting list while not saving much. In the West, pre-owned cars which underwent much faster depreciation provided a less costly way to fulfil one's four-wheeled dream. But even in the crucial year 1957, the production of two-wheelers in the federal Republic was still higher, 2.413.000 two-wheelers leaving the assembly lines, as opposed to 2.208.000 cars.[13]

Another path to the people's car, which was specific to the West, were so-called "mobiles". These hybrids could range from upscaled motorcycles with some weather protection to smallish cars with small engines. Their layout, too, could range from the highly unconventional – three-wheelers with airplane-like canopies or front doors – to the imitation and downscaling of 'proper' cars. But all these entrance level cars did not do well against the Volkswagen which radiated solidity and engineering competence besides being a full car which was for its time quite powerful. It was the epitome of 1930s rational engineering, saving with its rear mounted, air-cooled engine on a complex powertrain and a water cooling system. Another important reason was its highly competitive price, held down by mass production methods. The Volkswagen was not only a proper people's car

12 See Böcher, W., Aspekte einer Problemgeschichte der Verkehrserziehung. Niemann, H. / Hermann, A. (eds.), Die Entwicklung der Motorisierung im Deutschen Reich und den Nachfolgestaaten. Stuttgart 1995, p. 146–168.

13 Cf. VDA (ed.), Presse-Vorschau der 38. IAA, Frankfurt/M. 1957, n.p.

but adapted the Fordist model of mass production, growing wages, and growing consumerism to West German specifics. Further specifics were strong trade unions and corporative labour politics. Not at least aided by the high productivity of the Wolfsburg factory, the VW became also an export asset. By 1955, one million VWs had been manufactured and a considerable part thereof exported.

The GDR motorization followed the pattern set in the West but with a significant time lag. The downscaling of car production in the 1950s was marked by the transition from Eisenach's EMW to the Wartburg with its more austere two-stroke engine. This was followed by the introduction of its own brand of people's car but with much less availability. At the time of the introduction of the Trabant it was a quite successful compromise between usability (four-door layout), resources saving (phenol-resin body, simple two-cylinder two-stroke), repairability (separate body and chassis) and styling compatible with a perceived export market (tailfins). Like the Volkswagen, its long product cycle led into obsolescence, but when the Golf became the new Volkswagen, there was no similar substitution in the East.

Automobile class systems

There is a fundamental dichotomy within mass motorization: on one hand automobile ownership became democratic, potentially opening it to everybody. That car ownership became a right in its own can be seen by the "Manifest der Kraftfahrt", which was formulated by the most influential German Automobile Club (ADAC) in 1965, and which was stylistically not far from that other famous German "Manifest" from 1848. It stated that the "automobile is a consumer item for everybody, intended for fulfilling everyday needs which belong in a free world to a progressive forming of our life."[14] This was a statement signalling the transformation of automobiles from a luxury to a durable consumer item for everybody and everyday use. The mass motorized society – or motorized mass society – was thus prepared and escorted by a cultural and social debate.

Besides this drive of democratisation of cars there was another important factor of automobile expansion: their function of social symbols, as highly visible artefacts to show or project one's status and to express one's personality. This influenced the hierarchical and cultural class system within the car manufacturing industry and its customers. Until well into the 1980s, there was a clear 'division of labour' and of clear-cut images. For example, a ranking existed between solidity up – Mercedes – and down – Volkswagen –, or upward mobility up – BMW – and in the middle – the "American" makers Opel and Ford. Import cars signalled either eccentricity or frugality. Many companies within this layered automobile class system intentionally did not cover the whole market and concentrated

14 Sachs, W., Die Liebe zum Automobil. Ein Rückblick in die Geschichte unserer Wünsche. Reinbek 1984, p. 94.

on their class segments. This rather stable hierarchical matrix of car classes and images broke down. For instance, Mercedes went down right into the microcar class, whereas Volkswagen branched into the whole spectrum, up into the luxury segment. The industry politics to achieve this could be either by expanding the range on offer or by diversifying into specific brands. A "sloanistic" differentiation of classes within firms, of firms with differing images evolved. The redefinition of car images and car classes were not exclusively a top-down process; it could be done or pushed by relevant user groups. A case in point is the social restructuring of the Volkswagen. Since the end of its production run it became transformed from a "subsistence level car" to a lifestyle object within a youth culture.

Between the 1960s and the 1990s the German society underwent a profound transformation. The more fluid automobile class system mirrored a society, where social groups and strata were becoming less traditionally orientated, less defined by stable class borders, and more "atomized". Thus, a wide range of car signifiers could be employed to express this wide spectrum. Since there is virtually no element of cars that cannot be used as sign, quite complex patterns evolved: new family vans with top-of the range engines as signifiers of well-to-do families; French coupes for childless couples; dirty old Passats for the working poor.

Parallel with the stratification of automobile classes and the system of objectified "fine distinctions" new forms of user competence and self-confidence evolved. To read these distinctions, to decode car-based signifiers became a broad social competence within the automobile society.[15] Additionally a car-based aesthetic competence became visible. To judge about forms, to spy stylistic differences between model years, to discuss incremental changes became components of an aesthetic ability which filtered through the West German culture. The hero of a novel from 1974 noted the people's competence to judge changes of the Volkswagen's design and mechanics:

> „Die Veränderungen, die an den ausgestellten Waren in den letzten zwei, drei Jahren stattgefunden hatten, schienen ihm lächerlich gering [...]. Er hörte Sätze, die die Neuigkeiten an den Autos beschrieben. Auf unsichtbare Einzelheiten hinweisend, erörterten die Betrachter die Veränderungen an dem selbst nicht sichtbaren Motor des Modells. Sie verglichen den Hubraum des neuen Motors mit den Hubräumen älterer Motoren, sie sprachen von Änderungen und Verstärkungen im Aufbau, in der Bodengruppe und im Fahrwerk, von einer Revolution in der Innenraumbelüftung, und sie behaupteten, der Wagen läuft und läuft und läuft."[16]

15 See Möser, K., Autodesigner und Autonutzer im Konflikt: Der Fall des Spoiler. Schmidt, G. (ed.), Technik und Gesellschaft. Jahrbuch 10: Automobil und Automobilismus. Frankfurt/M. / New York 1999, p. 219–236.

16 Schneider, P., Lenz. Eine Erzählung. Berlin 41.–55. thous. 1974, p. 32.

In this passage the less car-conscious hero marvels at the people's ability to judge these incremental changes and their competence to judge the design aesthetics. Thus, the 'verbalization' of cars was an important feature which took place in an increasing number of magazines, car revives, periodicals and automobile-related articles in the general press, helping to culturally and aesthetically integrating automobiles.

Automotive design and layout trends

From the beginning, car markets and car cultures were internationally integrated. Public discussions and reactions against influences from abroad abounded. For instance, American market trends were shown in "Letters from Detroit" in the German edition of "Popular Mechanics". There was an ambivalent attitude towards US cars, partly admiration for their power and comfort, partly criticism against their perceived opulence. West German cars showed in this context a tame adaption of American design trends, sharing partially the ubiquity of the tailfin and adapting dashboard elements. But far more important was the American influence in creating an ever more comfortable interior with softer, lighter and seemingly more modern design elements and with comfort features.

Secondly, an „Italianization" influenced design appeared, exemplified by the commissioning of an Italian designer office in the early 1970s for the new two-box people's cars from Volkswagen. The clear-cut, angular, hard-edged and simplified Italian design had a counterpart in German post-Bauhaus design of "Ulmer Hochschule für Gestaltung" provenience. From the early 1950s, Italian design, coupled with the practice of providing modern, comparative high-powered and sporty, if smallish, power plants, saw a notable reception in Germany.

A "Frenchization" of German car culture was observable, too, as a trend towards a more practical and user-friendly approach to layouts. Cars as the Citroën 2CV, or the Renault R4/5, paved the way from the three-box towards the variable three- or five-door two-box layout. The VW Golf appeared in 1974, becoming a paragon, even naming this automobile class, despite not having been the first. This was the Renault 16, transferring a practical and flexible five-door layout into the automobile middle class.

The last influence was and is Japanese: Far Eastern cars offered complete packages without charging consumers higher prices. Under this competition even German basic models got a more comprehensive specification, including "extras" which had to be paid separately before. Thus "Japanization" fostered a trend for filtering down luxury items the car classes which were associated before with luxury cars, e.g. electric door locks, roll-down windows or air conditioners. The most revolutionary Japanese influence is their model of manufacture: The "Japanese Challenge" of leaner production, strict quality control, worker commitment, and involvement of external suppliers was nearly as eagerly studied and copied as Fordism in the 1920s. It is debatable, though, how much German car companies have reacted properly to the Far Eastern challenge and to the "second revolution in the car industry".[17] Despite adopting many features, there is still a gap in some respects, for instance in hours per car manufactured, product quality, reliability, and, most important, consumer satisfaction.

A genuine German approach towards automobile layout and design since the 1960s is not that easy to identify. I propose two trends: One is a quality approach towards automobile engineering, exemplified by a top range and an entry level range car. Mercedes and Volkswagens were seen (and were projected) as the ultimate 'engineer's vehicles', characterized by high quality of production, aiming more at reliability and consumer value than their British, French or Italian competitors. This was a set of values which, though lacking certain 'flashiness', was a factor of German export success. The stress on engineering was in some cases combined with trading in user comfort or usability, without serious marketing effects.

A second German specific, developing in the late 1960, was a trend of the modification of the family sedan towards a compact, sporty, powerful "driving machine". Whereas fast-looking coupes and sports-lookalikes were a common feature – examples were the Opel Ascona or Ford Capri –, the sports family sedan follows a German pattern. 1960s cars like the BMW 1800 sedans, or the later 02 series set a trend towards "joy for driving", with better cornering, stiff suspension, "sporty" gearbox and a nippy engine. Today, the German model of sportiness has become a trend in global car layout. Again, this technology-driven approach was bought by sacrificing comfort, a soft ride or space but met by high market acceptance. But global design features were followed, rather than fostered, by German manufacturers, but executed in a specific way.

Technological trends: Main paths, secondary paths

Diesel cars occupied small niches for taxis and as "farmer's cars", ridiculed as "street tractors". But in 1976, a small Diesel engine was successfully introduced for the Golf, following the drive towards more fuel economy. By gradually refining compression ignition engines, introducing turbocharging and later electronic injection, they became increasingly successful alternatives to Otto engines, powering even sportscars. The price to pay was an increasing complexity, transforming an inherently simple layout into a high-tech powerplant. This was the path of the Otto engine as well, leading to an electronic internal combustion engine. Fuel injection replacing carburettors was the first and most significant step. Only by this the increasing demands on fuel efficiency, cleaner burning and adaption to catalytic converters could be met.

---

17 See Womack, J.P. / Jones, D.T., Roos, Daniel, Die zweite Revolution in der Autoindustrie. Frankfurt/M. / New York 1991.

Whereas the Diesel came to stay and succeed, another engine type did not so well. At the beginning of the 1961 there loomed an attractive alternative to conventional power plants. The rotary engine, developed by the German inventor Felix Wankel, promised to provide compact, smooth and turbine-like, emphatically modern power. Despite the appearance of the innovative NSU Ro 80 rotary-driven car in 1967, the Wankel failed to catch on, less due to technical problems (which were soon ironed out) but mostly by the fact that in respect to fuel economy which was the leading criterion after the oil crisis the rotary had no advantage at all. German leading industrialists played their part, too, in marginalizing the Wankel. The GDR took licences for Wankel's innovative engine with the intention to replace existing power plants for all motorbikes and cars, according to Walter Ulbricht's slogan "überholen ohne einzuholen" ("overtaking without catching up"). But the failure of the indigenous Wankel engine programme meant even harsher stagnation for the GDR car industry.

Since there was no substitution, the four-stroke engine kept its dominance but became more refined and technologically advanced. Incremental changes were employed to improve fuel economy and to increase power output (the last being prioritised by engineers and buyers alike). Service intervals became longer and reliability increased. This last feature was partly countered by electronization.

The two-stroke engine which was competitive well into the 1960s became completely obsolescent. Despite obvious advantages – lightness, compact power concentration, simplicity – it was criticized first for its smell and later around 1970 by its failure to compel with growing environmental and resource concerns. It emitted high carbon hydrogen levels due to its burning oil, and the specific petrol consumption was high. Despite these features two-strokes were the main power plant for private cars right up to the last years of the GDR. In the West, two-stroke powered cars had lost any market chances by then and became symbols for Eastern obsolescence and for the lagging behind of the model of planned economy as a whole.

Defensive automobilism in the West 1970–1985

Around 1970 several types of crisis – or crisis-perception – occurred: the number of accident victims increased, and the social reactions to ecological and fuel crises changed the political landscape and affected the perception of cars. The public became more conscious of the systemic and structural problems of the "automobile cluster"[18], within a framework of general criticism of the Western economic system exploiting people and

18 See McNeill, J., Something New under the Sun. An Evironmental History of the Twentieth Century. London 2000.

nature. General political discussions were focused on cars. Leftists with a critical approach explored its "socioeconomic meaning"[19]. The automobile became a symbol and epitome of Western capitalism as well as a symbol of ecological waste and pollution. The material reactions of the car manufacturers towards an increasingly more critical consumer climate led to "defensive cars".

To counter the growing "death toll" which amounted to 20.000 in 1970 in the West alone, a set of measures was taken. First, there had to be safer cars. Features of experimental safety cars found their way into serial cars, e.g. stable passenger cells, crumple zones, or softer interior surfaces. The Western drive towards passive safety, the restructuring of car bodies to increase crash survivability, was not reproduced in GDR vehicles, creating a similar lag as in motorization in general. Cars with separate bodies and chassis did not adapt to the new safety construction. Traffic education which relied heavily on moral appeals substituted systemic improvements and safer cars. Whether these appeals were centralized, or, as in the West, staged by a multitude of organizations, firms, and clubs, their success was limited. More successful were measures to improve the rescue and medical care of traffic victims. But the main feature saving lives was the introduction of safety belts. Compulsory wearing of these was not met with much enthusiasm. Drivers in the West saw it as restricting and limiting their "freedom" which generated a strong tendency of resistance.

Since structural safety measures generally made cars heavier, this aim clashed with the aims of fuel economy and the saving of resources. Here, the four-stroke internal combustion engine had the capability for improvement while the two-stroke engine was inherently more polluting. Attempts to introduce radical technical solutions, e.g. electric or hydrogen fuel cell powered cars, proved to be – contrary to overoptimistic expectations – less successful than incremental improvements of existing types. The big issue was electronization which began as electronic ignition and spreading to electronic engine management. But since weight and power output of cars increased, fuel saving technologies had a smaller impact on the over-all fuel consumption than expected. But after 1975 there were attempts to re-rationalize cars in more than one way. Smaller cars, "city cars", cars intended for developing countries – in general: more practical and less wasteful cars – came into the cultural and social focus. This defensive automobilism had at the root the feeling that automobiles had reached and transgressed its peak. This motivated the decisions of main industrial players in the Federal Republic. Daimler-Benz branched into aerospace technology, attempting to create an "integrated technology concern" by preparing for the time after the car. This was short-lived, as were all projects of providing cars with alternative energy sources or alternatives to private automobility. Car sharing or public-private transport combinations had not much success.

---

19 An early example: Krämer-Badoni, T. / Grymer, H. / Rodenstein, M., Zur sozio-ökonomischen Bedeutung des Automobils. Frankfurt/M. 1971 (= edition suhrkamp 540).

For the slow and quite resistance-prone acceptance of "cleaner" technologies the history of the catalytic converter is significant. Long after this technology was accepted in the US, it had a slow start in Germany. Reasons for this were the lack of acceptance by customers due to fears of decreasing power output and higher cost. A main factor was the resistance of the industry, putting forwards arguments of cost, technological problems and lack of consumer acceptance. Therefore, a sequence unfolded which was typical for the Federal Republic and which can be regarded as a lesson for the working of the interplay of politics, customers, industry and corporate units. In accordance with the West German tradition of scepticism against state regulation, most measures to implement safety measures and to make "cleaner" technologies compulsory met with the combined resistance of users, user groups and the industry. Firstly, "cleaner" cars got lower taxation, creating financial incentives; then emission limits were fixed which were easily to fulfil even with existing technology, while stricter limits were opposed by the industry. Only after a rather long time standards comparative to the USA were imposed. As a rule, safety belts or catalytic converters were introduced after longish periods of delays and long-winding political debates. After voluntary implementation by the industry the desired adaption was slow. Quite contrary to the German image of authoritarian politics, German traffic politics had become corporate-minded and indeed close to the monitoring of the people's opinion.

Accelerated automobility: The 1980s

The period of defensive automobilism was short-lived. Fuelled by a growing economy, the path of "bigger and faster" cars became significant. The social, cultural and aesthetic restructuring of automobiliy which took place before 1990 had several components. First, there was a redefinition of luxury, comfort, and power. Filtering down from 'big' cars, luxury features and living room comfort elements became widespread, as well as more powerful engines. The 1980 saw a wholesale "electrification" from wind-down windows, rear mirrors to seat adjusting, turning cars into "electric cars with internal combustion main power". This trend was complemented by a tendency towards privacy, increasingly isolating the passenger cell from climate and road environment. Styling and design became an even more significant marketing factor. The aesthetics of the car, its perception and cultural positioning, went ever more beyond functionality. Cars were increasingly bought and marketed as personal items, reflecting and symbolizing projected lifestyles of individuals or families. This was mirrored by the increasingly complex, expensive and culturally lavish attempts to position brands. Collecting one's new car became a cultural happening. Wolfsburgs "Autostadt" is a typical ensemble of brand cathedral while company museums stage-manage myths aiding car sales by history.

Despite rising energy costs, fuel economy was no focal point of consumers any more. The growing trend to smaller cars was less motivated by fuel consumption but by the "outgrowing" of middle-class cars from the financial reach of consumers. Symptomatic was the development of the "Smart" microcar: Intended by its inventor, Nicholas Hayek, as an element of an alternative transport system, it was introduced into the market as a "life-style car" and is now sold as an ordinary if smaller second car. Another symptom for the shift in consumer priorities is the demise of the Volkswagen "Dreiliterpolo" with extremely low fuel consumption which was taken from the market due to the lack of consumer interest. Instead, a West German pattern of automobility evolved, characterized by luxury, "sportiness" and comfort, increased differentiation and fragmentation of car layouts, having the "speed travel limousine"[20] at its center.

The industrial path of the GDR was to adapt their obsolete car designs to imported or licenced West German engines in a makeshift way, under economic and political restrictions, and adapting to raw material shortages and lacking of investment capital. Thus, a politically motivated stoppage of innovations and even research occurred. Before 1989, waiting lists increased to almost absurd lengths, and the spare part situation became precarious. Immediately after the politically motivated total opening of the market and the monetary alignment there was no chance for the Wartburgs and Trabants to keep their old markets. After a brief period where it was hoped to supply markets in the Eastern European countries the GDR car industry folded quickly down. On a distinctly smaller scale it was possible to preserve some cores of automobile production in the "New Counties". In Eisenach a new Opel automotive factory was built which has now one of the highest productivity rates within General Motors' plants.

After re-unification: one car culture?

It is argued that the desire for cars, or for a wider car market which was more attractive, more accessible and more open to choice, spurred the "revolution" of 1989. This was situated in a wider context of the deficits of the consumer society of the East German model. After reunification there was a "Aufholjagd" of automobilism: Within a few years a similarity of user patterns evolved. But even so, differences persisted: cars in the new states are cheaper, smaller, more often foreign, but newer than in the West. In both parts of the unified country, automobilism reigns, and a breakdown of organized political criticism and of alternatives to automobilism appeared. The establishment of an economic and cultural pattern of automobility which found its first peak in the old Federal republic in the years immediately to reunification has become a common feature now. The high-wage German automobile industry restructured itself and managed to stay a key industry, but at a price: Reacting to globalization, production or parts production tends to be transferred to low-wage countries, cutting employment figures, creating competition of work-

20 See Knie, A., Die Interpretation des Autos als Rennreiselimousine. Genese, Bedeutungsprägung, Fixierungen und verkehrspolitische Konsequenzen. Dienel, H.-L. / Trischler, H. (eds.), Geschichte der Zukunft des Verkehrs. Verkehrskonzepte von der Frühen Neuzeit bis zum 21. Jahrhundert. Frankfurt/M. / New York 1997, p. 243–259.

ers and factories. Export is still a firm pillar, but whether the concentration on technologically high-end, high-gadget-loaded, high-price segments will carry is not clear yet. There is already a crisis of the pattern of corporative profiting from the car industry, symptomized by the decreasing scope of the powerful trade unions. There are other crisis signs, like the growing market of smaller cars, cheaper foreign cars, and in slower replacement of an aging car fleet.

The period after 1995 saw a complete breakdown of organized criticism of automobility. Even the Green Party adopted a pragmatic arrangement with the automobile industry, urging them to innovate into less environmental damaging and more resource-saving products. But even this party had to arrange with a mood of the voters which does not easily tolerate any restricting political interference with automobility. An important feature of the last decade was yet another growth of 'Supersloanism'[21]: a further vertically and horizontally differentiated car culture, characterized by stratified car classes and niches. This reflects an increasingly atomized and fanned-out user culture no longer geared to cars for every "purse and purpose", as Alfred P. Sloan had put it. Supersloanism now means cars for every lifestyle niche, and adequacy not for functionality but for projected difference. A case in point is the SUV, which is no longer an off-road vehicle but an urban sham freedom symbol, putting more stress on symbolism and power aesthetics than on functionality. The exploitation or construction of symbolic values and the creation of structural equivalents for them was (and is) mirrored by 'industrialized individualization' of the vehicles. Thus, German car culture of today cannot be understood and interpreted without a keen eye on the production and consumption of images and symbolic values.

21 See Möser, K., Geschichte des Autos. Frankfurt /M. / New York 2002.

Was macht eigentlich das Geschwindigkeitslimit?

Die Debatte um Begrenzung und Entgrenzung der Geschwindigkeit von Motorfahrzeugen ist mindestens so alt wie diese Fahrzeuge selbst. Sie bildet eine Parallelgeschichte zur Geschichte der Motorfahrzeuge und ist ein integraler Teil der Geschichte der Mobilität.

Geschwindigkeitslimits für Fahrzeuge sind aber älter als das Automobil, älter auch als die Reaktionen auf die Sattelzeit der Individualmobilität um 1880. Nach der „Kalmierung" der Reiter und einer Entschleunigung der Kutschen (siehe Köppen 2005) war es dann insbesondere das „Herunterbremsen" der mechanischen Mobilitätsmaschine Fahrrad auf das Geschwindigkeitsregime des restlichen Verkehrs, das den argumentativen Trend und die Konfrontationsstrukturen der späteren Geschwindigkeitsdebatten bestimmte. Denn das Fahrrad, als biogen betriebene Mobilitätsmaschine, hatte ein beträchtlich höheres Geschwindigkeitspotenzial als die ebenfalls biogenen Kraftmaschinen des Straßenverkehrssystems. Konsequenterweise war man bestrebt, diese zum Maßstab zu machen und die systemstörende Geschwindigkeit einzuhegen.

Die Erfahrungen im Umgang mit der früher eingeführten Mobilitätsmaschine und deren Disziplinierung wurden nun für das Automobil aktiviert. So durften die neuen Mobilitätsmaschinen, betrieben mit „elementarer Kraft", wie es in den badischen Verkehrsvorschriften hieß, nicht die Geschwindigkeit eines „mäßig trabenden Pferdes" überschreiten (Möser 2002). Der erste Maßstab der Begrenzung war kein abstraktes Geschwindigkeitsmaß, sondern ein an den biogenen „Motoren" orientiertes. Abstrakte, quantifizierende Messungen folgten in einem weiteren Schritt.

Davor allerdings entstand die Notwendigkeit eines „Verstehens" oder „Empfindens" der gefahrenen Geschwindigkeiten. Im kollektiven Umgang mit den Geschwindigkeiten der Motorisierung ging es einmal um Anerziehung und Übung des „Geschwindigkeitssinns";

und schließlich um objektive Messung. Das waren zwei zunächst getrennte Zielrichtungen: einmal sollte die neue „Geschwindigkeitselite" ein Geschwindigkeitsgefühl entwickeln. Genau das mussten aber auch die nichtmotorisierten Beobachter von außen: Die Disziplinierer und Überwacher, also konkret, die „Organe" der Polizeibehörden, mussten Geschwindigkeit zuverlässig schätzen lernen, obwohl sie keine unmittelbaren teilnehmenden Erfahrungen besaßen (Dorfpolizisten fuhren bis in die 1950er Jahre in Deutschland allenfalls Rad). Frühe Geschwindigkeitsübertretungen wurden in der Regel durch Zeugenaussagen von Polizeibeamten bestätigt, die Fälle von nicht weiter quantifiziertem „Rasen" anzeigten. Geahndet wurden sie von meistens ebenso unmotorisierten Justizbeamten.

Dabei gab es in der Regel einen konfliktbelasteten Widerspruch der zwei Geschwindigkeitsperzeptionen, derjenigen des Fahrers und der Instanzen des Überwachens und Strafens. Die Notwendigkeit, Geschwindigkeit objektiv messbar zu machen, war evident. Zunehmend wurden Geschwindigkeitsmesser eingebaut, und Fahrer lernten sie zu benutzen. Tachometer wurden dann mit „reiferer" Motorisierung zu Pflichtinstrumenten in Motorfahrzeugen. Diese Geräte sind die materiellen Substrate der Objektivierung des „Geschwindigkeitssinns", der sich mit den Messdaten abzugleichen und damit zu präzisieren hatte. Ihr Gegenstück bekam diese Formierung des „Geschwindigkeitssinnes" auf der Seite der Kontrolle: Die subjektiven Geschwindigkeitseindrücke der Polizisten wurden ersetzt durch Objektivierung und Messung. Das konnte zunächst recht einfach erfolgen, durch die gestoppte oder nur geschätzte Zeit für das Durchfahren einer fixen Strecke. Die Technisierung der Geschwindigkeitsüberwachung wurde im Verlauf der Mobilitätsgeschichte immer weiter verfeinert: durch impulsgebende Messkabel, Lichtschranken, Radiomessung (Radar), Dopplerradar, Infrarotgeräte und Laser.

Mit der Messbarmachung und Objektivierung von Straßengeschwindigkeit einher ging eine zunehmende Transparenz der lokalen Geschwindigkeitsregeln. Während es anfangs nur erforderlich war, dass eine Veröffentlichung der Limits in dem jeweiligen Gesetzesblatt erfolgte, oder durch Aushänge, gab es teilweise auch Tafeln an den Verwaltungsgrenzen. Einheitliche Regelungen waren durch die Reste der Kleinstaaterei im Deutschen Reich behindert. Eine konkrete Beschilderung von Geschwindigkeitslimits auf der Straße – und zwar nicht eine solche zur Temporeduktion von Gefahrenstellen, sondern von generellen Limits – setzte sich erst in der Zwischenkriegszeit durch. Davor waren regionale Unterschiede üblich. Fahrer, die bei Fernfahrten den Geltungsbereich ganz unterschiedlicher „Fahrordnungen" durchmaßen, warfen den Kontrollbehörden vor, „Autofallen" aufzustellen und „Willkür" auszuüben – ein Vorwurf, der sich durch die Geschichte der staatlichen Geschwindigkeitsüberwachung des Straßenverkehrs zieht (siehe Merki 2002). Die Antwort der klaren Limits und der Objektivierbarkeit der Messung wurde nicht wirklich als Problemlösung empfunden. Ebenso wenig begrüßt wurde eine Vereinheitlichung der vielen unterschiedlichen Geschwindigkeitsregelungen: 1910 wird die höchstzulässige Geschwindigkeit innerorts erstmals reichseinheitlich geregelt. In geschlossenen Ortsteilen beträgt sie 15 km/h für PKW (vgl. Seherr-Thoss 1986, 76).

Die Spannung zwischen dem älteren Muster der Orientierung am biogenen Verkehr, der staatlichen Regulierung und dem „freiheits"-suchenden Geschwindigkeitspotenzial der Motorisierung eskalierte schon früh. Carl Benz erzählt in seiner Autobiographie, wie sein „Fahrmeister" T(h)um zwei hohe badische Regierungsbeamte vom Bahnhof abholte. Er hielt sich, von Benz strikt angewiesen, an die in Mannheim geltenden Geschwindigkeitsregeln von 6 km/h inner- und 12 km/h außerorts. Die Beamten fragten Tum, ob er nicht schneller fahren könne. „„Können tu ich's schon', sagte der Mann am Steuer, ‚aber ich darf nicht, es ist polizeilich verboten.' ‚Ei was, fahren Sie einmal zu, sonst fährt uns ja jede Milchkutsch' vor.'" (Benz 1925, 88) Carl Benz' Geschichte beschreibt eine Standardsituation des Spiels zwischen Geschwindigkeitspotenzial und regulierender Limitierung dieses Potenzials, zwischen individuellen Mobilitätsmöglichkeiten und staatlich-autoritären Regulativen, zwischen Freiheitsanspruch des mobilen Individuums und behördlicher Fürsorge für das Allgemeine, in diesem Fall für das Gesamt-Verkehrssystem. Die Ironie besteht darin, dass die Behördenvertreter in dem Moment, indem sie selber zu motorisierten Verkehrsteilnehmern werden, ihre Rollen wechseln und das Interesse an der Aufhebung von Limits vertreten. Benz kommentiert, dass damit die „Freizügigkeit des Motorwagens" nicht mehr an die „engherzigen Geschwindigkeitsvorschriften einer veralteten Kutscherepoche" gebunden sei (Benz 1925, 88), wobei er auch den modernisierenden Effekt der neuen technogenen Geschwindigkeit ins Spiel brachte. Das Argument für die Limitierung von Geschwindigkeit war aber von Anfang an ein Sicherheitsargument: Es sollten die übrigen Nutzer der Straßen und Verkehrsflächen vor den Geschwindigkeits-Eindringlingen geschützt werden, zum anderen aber auch die „Geschwindigkeitspioniere" untereinander. Schon „rasende" Kutschen, oder Radfahrer, die sich untereinander Rennen lieferten, gefährdeten nicht nur die übrigen Verkehrsteilnehmer, sondern auch sich selber. Immer ging es darum, dass sich alle Systemteilnehmer aus Sicherheitsgründen in das Mobilitätssystem einfügen mussten. Die Spannung zwischen dem Potenzial individueller, sich als un- oder antisystemisch verstehender Mobilität und den inhärenten, funktional motivierten Zwängen des real existierenden Mobilitätssystems war damit gegeben. Die Besitzer von Automobilen empfanden die Versuche der forcierten Systemeinpassung nicht nur als Beschränkung der freien Nutzung ihrer Mobilitätsmaschinen, sondern auch als Parteinahme des Staates für die Nicht-Automobilisten. Und da Motorfahrzeuge zunächst Fahrzeuge der oberen Klassen waren, trug der Streit um die Geschwindigkeit und die staatlichen Anstrengungen zur Disziplinierung von Anfang an auch einen Klassenauseinandersetzungscharakter: Die Automobilisten, die sich selber als Angehörige der staatstragenden Schicht sahen, empfanden die Parteinahme der Autoritäten für die unmotorisierten „have-nots" des Verkehrs als parteiisch, unfair, und als durchaus äquivalent zu den Sozialistengesetzen (siehe Möser 2004). Insbesondere der Streit um die Haftpflichtversicherung und andere staatliche Regelungsmaßnahmen, die um das Jahr 1906 zu einer umfassenden Verregelung und Verrechtlichung der motorisierten Komponente des Straßenverkehrs führten, wurden von den Automobilisten so interpretiert. Vom großen Rest der Verkehrsteilnehmer aus gesehen schienen jedoch gerade die gefährlichen, rücksichtslosen, unfallverursachenden und arroganten „Autler" einen Klassenkampf von oben auf der Straße zu führen (siehe Möser 2002). Im zeitgenössischen

Kontext wurde die Auseinandersetzung um den auf die Geschwindigkeit fokussierten Automobilismus empfunden und dargestellt als Kampf zwischen modernen und alten Mobilitätsformen. Im Kern ging es um einen durchaus auch politisch verorteten Hierarchieanspruch der technosozial fortschrittlicheren Mobilitätsmaschine, um einen Machtkampf zwischen Mobilitätshierarchien. So lange es Geschwindigkeitsbegrenzungen und deren Durchsetzung gab, wurden sie offenbar symbolisch aufgeladen und zum Aktionsfeld sozialer und politischer Gegensätze. Sie konnten sowohl die gegensätzlichen Haltungen gesellschaftlich Agierender zur Motorisierung betreffen wie auch zur technisch-industriellen Moderne insgesamt. Und sie konnten zum Indikator werden nicht nur für den Kontrast des erstrebenswerten Neuen zum vormodernen Alten, wie dies Benz formulierte, sondern gerade auch für die Stellung zum Verhältnis von Staat und Individuum. Disziplinierungsanstrengungen mit dem Anspruch des Gemeinwohls und des Schutzes der Individuen vor dem Missbrauch ihrer Freiheiten standen damit einem Anspruch auf Selbstverantwortung und Freiheit des Individuums entgegen (siehe Möser 2004). Verkürzt kann man sagen, dass sich der alte Gegensatz zwischen autoritärem und liberalem Staat auf dem symbolisch-kulturellen Spielfeld der Freiheit auf den Straßen austrug, wobei sich die älteren politischen Grenzen zwischen „progressiv“ und „konservativ“ durchaus verschoben.

Während sich dieses Konfrontationsmuster in den ersten Jahrzehnten der Motorisierung in Deutschland wenig wandelte, erfolgte eine Zäsur in der staatlichen Haltung zur Motorisierung und also auch im automobilen Geschwindigkeitsregime im Jahr 1933. Die bis dahin starke Regulierungsbetonung wurde umgekehrt, und die Geschwindigkeitslimits wurden abgeschafft. Die Freigabe der Geschwindigkeit nach 1933 gehört in den großen Komplex eines umfassenden systemischen Zugriffs der Nationalsozialisten auf den Straßenverkehr, der kaum eine Systemkomponente unberührt ließ. Abbau von Geschwindigkeitsbeschränkungen war eine der Ebenen der Motorisierungsförderung der Nationalsozialisten, neben der Einführung des „Wagens für das Volk“, dem Nur-Autostraßen-Bau, der Steuerbefreiung für Neufahrzeuge, der Erleichterung des Führerscheinerwerbs, dem Primat von Motorfahrzeugen in einer neuen Straßenverkehrsordnung, oder dem breiten Ausbildungsprogramm durch NS-Organisationen (siehe Kopper 1995). Die konkrete wie auch symbolisch-politische Bevorzugung und Förderung des Automobils sollte paradoxerweise die Regulation des Individualverkehrsmittels durch den Staat reduzieren: Der NS-Staat reorganisierte das Verkehrssystem zugunsten der motorisierten Individualität. Eine der Konsequenzen bestand darin, dass die Abschaffung der Geschwindigkeitsbeschränkungen auf die individuelle Verantwortung des motorisierten Verkehrsteilnehmers setzen musste. Auch wenn flankierend zur Geschwindigkeitsfreigabe Appelle an das Verantwortungsgefühl für die „Volksgemeinschaft“ erfolgten, ist es doch bemerkenswert, und interpretationsbedürftig, dass die NSDAP beim Auto auf zwanglose Maßnahmen baute, auf individuelles Handeln. Das scheint kontraintuitiv: Ausgerechnet auf dem Feld der Motorisierung verzichtete sie auf staatliche Reglementierung und Autoritätsausübung. Hierarchie, Autorität und Kontrolle wurden, im Gegensatz zum gesamten gesellschaftspolitischen Trend des Nationalsozialismus, im Straßenverkehr gerade abgelehnt.

Gerade auch Adolf Hitler war der Exponent einer Ablehnung der Geschwindigkeitskontrollen im Straßenverkehr. Er schloss sich damit dem schon vorher sozial wirksamen Trend einer kleinbürgerlichen, vielleicht auch rechts-anarchischen, jedenfalls aber motorisierungsenthusiastischen Opposition gegen staatliche Eingriffe im Straßenverkehr an.

Die schließliche Wiedereinführung von Limits 1938 erfolgte nicht aus politischen Gründen, etwa durch einen Wandel der Haltung zum Straßenverkehr. Ursache war vielmehr die NS-Kriegsvorbereitungspolitik. Schon zuvor war eine treibstofffressende Individualmotorisierung in (gar nicht so latentem) Widerspruch zum Streben nach energetischer Autarkie und zur Präferenz der militärischen Technik über zivilem Konsum gestanden. Mit der forcierten Aufrüstung und entsprechender Ressourcenknappheit, und auch mit dem sich klar abzeichnenden Fehlschlag einer Energiepolitik, die auf heimische Rohstoffe und neue technische Verfahren zur Treibstoffherstellung gesetzt hatte, waren Restriktionen des Privatverkehrs offenbar unumgänglich geworden. Zudem stiegen – und dies war die zweite Ursache für die Wiedereinführung von Limits – die Unfallzahlen außerordentlich an. Programme und Appelle an Fahrer, Jugendverkehrserziehungsmaßnahmen und striktere Disziplinierung waren ebenso erfolglos wie disziplinarische Initiativen insbesondere des NSKK. Mit der (mindestens für Hitler selber) contre cœur-Wiedereinführung von Tempolimits hatte sich 1938 die autoritätsferne Politik gegenüber dem Automobilisten umgekehrt. Nach Kriegsbeginn setzte sich eine somit schon vorbereitete restriktivere Individualmotorisierungspolitik fort und führte zu weiteren strikten Limitierungen des Autoverkehrs.

Während der scheinbaren Normalisierung des Straßenverkehrs nach der Gründung der Bundesrepublik setzte man zunächst wiederum auf eine Freigabe der Geschwindigkeit. Die verkehrspolitische Haltung zur Höchstgeschwindigkeit kann durchaus als Aperçu zur generellen Debatte um Kontinuitäten vor und nach 1945 dienen. In der frühen Bundesrepublik wurde nämlich mit dem Argument der individuellen Verantwortung des einzelnen Fahrers, die den Grundsätzen eines freiheitlichen und demokratischen Staates genau entsprechen sollte, auf ein Limit verzichtet. Von der früheren, von vielen Fahrern noch erlebten Geschichte der Freigabe von 1933 war allerdings überhaupt nicht die Rede. Im Gegenteil: In der frühen Bundesrepublik war die Geschwindigkeitsdebatte in die Abgrenzung von beiden totalitären Regimen eingebunden: Man distanzierte sich vom Nationalsozialismus und von den sozialistischen Staaten. Beide wurden portraitiert als Regime, die ihre undemokratische, autoritäre Kontroll-Lust gerade im Straßenverkehr ausagierten. Das Image eines befreiten Straßenverkehrs wurde so schon früh mit der neuen demokratischen Identität der Bundesrepublik verknüpft. Der ADAC verlieh konsequenterweise dem späteren Tempolimitgesetz das „Odium eines ‚Nazigesetzes'" (Klenke 1993, 97). Dass dies ein sehr schiefes und ahistorisches Bild war, spielte für die Genese der Images keine Rolle. Die Opposition gegen Geschwindigkeitsbegrenzungen in der Frühphase der Bundesrepublik richtete sich zudem noch – wenn auch weniger explizit – gegen eine harsche Regelungsinstanz, nämlich gegen die alliierten Besatzer. Insbesondere die Amerikaner führten massiv Kontrollen in ihrer Besatzungszone durch, und dies neben und mitunter gegen die westdeutschen Behörden (vgl. Klenke 1993, 97). Die Besatzer waren nun aber kaum des Totalitarismus zu verdächtigen. Aber auch hier hatte eine Betonung der „freien Fahrt“ identitätsschaffende Funktionen: Eine Abkehr vom strikten US-Geschwindigkeitsregime auf deutschem Boden schien in symbolischem Konnex mit dem Ende der Besatzungszeit. Ungeregelter Straßenverkehr – allerdings nur für „freie Bürger“ im PKW, nicht für abhängig Beschäftigte, etwa für LKW- und Busfahrer – wurde schließlich repräsentativ für den Widerstand gegen politische Entmündigung und als Feld für die politisch angestrebte Erziehung des Bundesbürgers zum eigenverantworteten Handeln (siehe Klenke 1993, 102; Südbeck 1994). Spätestens nach den Geschwindigkeitsdebatten der 1970er Jahre, wohl aber schon in den Debatten der frühen 1950er etablierte sich eine enge Verbindung von „staatsbürgerlichen Persönlichkeitsideale[n] der Selbstverantwortung und Freiheit“ (Klenke 1993, 94) mit der individuellen Mobilität und mit dem Artefakt Automobil als Bedeutungsträger gerade auch für die junge westdeutsche Demokratie. Auch die Korrelation von individuell verfügbarer Geschwindigkeit und Moderne, die schon Benz betont hatte, wurde immer wieder aufgerufen. Der wirtschaftlichen und sozialen Rolle, die dem Automobil zuwuchs oder zugeschrieben wurde, entsprach also die politisch edukative. Geschwindigkeitsbegrenzungen hatten hier nichts zu suchen. Mit der Aufladung der fahrerischen Freiheit bildete sich auch ein sozial wirksames symbolisches Feld aus, das besonders im Tagesjournalismus und in der Rhetorik der Parteienauseinandersetzung heftig ausgebeutet wurde. Das latent Anarchische solcher Positionen war nicht auf Deutschland beschränkt; Joe Moran spricht von einem „resilient Tory anarchism of the road“ (Moran 2008), der bis heute die politische Auseinandersetzung um die Verkehrspolitik in Großbritannien bestimme.

Ein schiefes Bild ergäbe sich aber, wenn man für die Bundesrepublik einen generellen Gegensatz von Regelungslust von oben und deren Ablehnung von unten konstruieren würde. Denn auch ganz oben war Laissez-faire in Mode. Bezeichnenderweise erklärte in einer frühen Debatte zum Fall des Tempolimits der Bundesverkehrsminister Hans-Christoph Seebohm eine regelnde Gesetzesinitiative für völlig überflüssig (vgl. Klenke 1993, 92). In dieser Debatte gab auch der BDI-Ausschuss seine Meinung ab, mit einer Begründungsstruktur, die, nach Klenke, als „argumentative Waffe“ Geschichte machte, weil sie einen Begründungstrend setzte, der die Debatten bis dahin bestimme. Danach lag die Ursache der außerordentlichen Gefährdung im Straßenverkehr nicht im Fehlverhalten der Fahrer, sondern in wenig „geschwindigkeitstauglichen“ Straßen und in gravierenden Defiziten der Verkehrinfrastruktur und der staatlich bestimmten Verkehrsorganisation. Zudem sollten nach dieser Argumentation Pauschalvorschriften, wozu besonders die undifferenzierten Tempolimits gehörten, die Eigenverantwortlichkeit hindern und das Streben nach situationsgerechter und „angepasster“ Fahrweise substituieren, wodurch die Sicherheit eher reduziert würde. Ein biologistisches Argument flankierte dieses nicht undialektische Argument: dass nämlich ein gleichmäßig fließender, eher langsamer Straßenverkehr zu gefährlicher Ermüdung und Unaufmerksamkeit führen sollte, oder aber auch zu gefährlichen, aber dann doch durchaus verständnisvoll bewerteten Ausbruchsversuchen gegen dergleichen unverständliche Geschwindigkeitsgleichmacherei. Dass Aufregung als aufmerksamkeitsgenerierend gilt, und Adrenalinausstoß als sicherheitsfördernd, ist auch heute durchwegs noch zu hören. Die symbolische Rolle der Geschwindigkeitsbegrenzung als demokratischer Freiheits-Prüfstein spielte auch in der bundesrepublikanischen Parteien-Auseinandersetzung eine Rolle. Sich als liberal verstehende Parteien favorisierten eine Geschwindigkeitsfreigabe, mit dem Argument der Selbstverantwortung und Bürgerfreiheit, während Regelungsanstrengungen als Ausfluss sozialistisch-autoritärer-staatsdominierender Haltungen dargestellt werden konnten. Konkret erwies sich die Verkehrspolitik der liberalen Partei, der FDP, als durchwegs kontroll- und damit limitskeptisch und traf damit die generelle Stimmung des fahrenden Wahlvolks weit eher als die Sozialdemokratie, deren Staatsorientierung gerade auch an ihrer Neigung zu Geschwindigkeitslimits festgemacht und damit politisch kritisiert werden konnte.

Die schließliche Einführung von Geschwindigkeitslimits in der Bundesrepublik war zunächst motiviert durch die steigenden Unfallzahlen mit ihren „Opfern“ von Toten und Verletzten, die sogar in einer Gesellschaft, die eine bemerkenswerte und bislang von Mobilitätshistorikern nicht befriedigend erklärte Toleranz gegen den Straßentod besaß, nicht hinnehmbare Dimensionen annahmen. Die Kulmination der „Verluste“ war im Jahr 1970, in dem es 21.000 Tote auf westdeutschen Straßen gab. Die Entwicklung stagnierte in den Jahren danach auf diesem hohen Niveau, und traf schließlich mit einer Ressourcenkrise zusammen. Beide Argumente für strikte Begrenzungen, Sicherheits- wie Spritsparaspekte, kamen nach 1970 zusammen und führten zu einer erneuten Restriktionsphase. Denn mit der ersten Öl(preis)krise trat ein weiteres Argument, das des Ressourcenverbrauchs, in den Vordergrund (siehe Hohensee 1994). Es hatte aber schon 1938 im NS eine Rolle gespielt. Langsameres Fahren wurde nun als effizientes Mittel zum Spritsparen gesehen, das ohne technische Eingriffe und ohne staatliche Investitionen (einmal abgesehen von Kontrollmaßnahmen) kurzfristig wirksam werden konnte. Zu dem Bündel recht radikaler treibstoffsparender Maßnahmen, mit denen der Ölkrise begegnet wurde, gehörten neben den Fahrverbotssonntagen zwischen 25. November und 16. Dezember 1973 strikte Geschwindigkeitslimits von 80 km/h auf Landstraßen und 100 km/h auf Autobahnen.

Die Aufhebung dieser Geschwindigkeitsbegrenzung zum 14. März 1974, nach dem scheinbaren und vorläufigen Ende der Ressourcenkrise, war das Ergebnis einer der signifikantesten Debatten um Tempolimits. Von den Kritikern der Maßnahmen wurde nicht nur die systemische Wirksamkeit bezweifelt, also der Spareffekt relativiert, sondern auch politische Argumente wurden wiederum mobilisiert. Der notorische Slogan „Freie Fahrt für freie Bürger“ entstand in dieser Phase der Debatte. Geprägt wurde er vom ADAC, dessen Kampagne, in Verbindung mit Vertretern der Autoindustrie und mit zahlreichen limitskeptischen Artikulationen „von unten“, schließlich zur Aufhebung bzw. Modifikation der harsch scheinenden Limits führte. Eine Geschwindigkeitsgrenze von 120 km/h wurde schließlich geblockt. Dies geschah in einem komplexen, für die Verkehrspolitik der Bundesrepublik sehr typischen Prozess der Hearings, der Abstimmungen, der Aktionen und Äußerungen von Interessengruppen im Interesse einer vorgeblichen „Kompromissfindung". Typisch dafür war ein „Hearing" am 26. Februar 1974: Gegen 120 km/h sind die CDU/CSU-Fraktion, VDA, ADAC, DTC, ZAV, DVR. Die eingebrachte Gesetzesvorlage für 120 km/h wird schließlich am 16.3.1974 vom Bundesrat zu Fall gebracht (vgl. Seherr-Thoss 1986, 628). Am Ende stand ein Verzicht auf ein generelles Limit – und dies bezeichnenderweise gegen den politischen Ressortleiter, Bundesverkehrsminister Lauritz Lauritzen, der für eine Beibehaltung der krisengenerierten Regulierung war. Ein weiteres als Kompromiss verstandenes Ergebnis war, neben der Deklaration der noch bestehenden Limitierung als befristeter „Großversuch", die Einführung einer „Richtgeschwindigkeit" von 130 km/h. Die „Richtgeschwindigkeit" war ein bis heute geltendes, jetzt kaum mehr als irritierend wahrgenommenes Konstrukt zwischen funktionalen Einsichten und politischer Durchsetzbarkeit, zwischen Akzeptanz einer Grenze problematischer Geschwindigkeitseffekte und der Balance zwischen Regulierung und Freiwilligkeit der Nutzer. Bei dessen Entwurf dominierten klar regulierungsskeptische Positionen. In dieser wichtigen Phase der Debatten stabilisierten sich auch die Positionen und Argumente der Limitgegner, die bis heute topisch vorgebracht werden: einmal ein industriepolitisches Argument, nämlich der positive Effekt unlimitiert hoher Geschwindigkeiten auf die deutsche Automobilindustrie, und hier besonders auf die Verkäufe im oberen „Klassen"-Segment. Die Möglichkeit schnellen Fahrens für alle erscheint so als indirekte symbolische Subventionierung deutscher Autobauer. Zweitens taucht das Argument immer wieder auf, dass die nicht-regulierten Strecken sowieso unbedeutend seien, drittens dass die absolute Geschwindigkeit sowieso nichts über die Gefährdung aussage, und die Autobahnen mit ihrem Geschwindigkeitsregime die inhärent sicherste Straßengattung seien. Viertens sei neben dem Sicherheits- auch der Ressourcenspareffekt von Limits marginal. Fünftens solle der technische Fortschritt pauschale Limits überflüssig machen; den Sicherheits- und Ressourcenschonungs-Effekten von Maßnahmen wie sparsamen Motortechnologien oder fahrzeugbezogener Sicherheitstechnik wird eine viel größere Wirksamkeit zugeschrieben als allen Geschwindigkeitsreduzierungen. Das, was Limits leisten können, wird automobiltechnischen Innovationen aufgegeben – kurz: wo Regulierung ist, soll Technik werden.

Die deutsche Politik im vereinigten Europa ist in einem „double bind": Einerseits müsste, gemäß der Forderungen nach einem vereinigten Europa, auch Deutschland seinen Sonderweg im Straßenverkehr beenden. Andererseits will man unpopuläre Geschwindigkeitslimits, deren Diffamierung sich über Jahrzehnte stabilisierte, auch um den Preis von anti-europäischer Verkehrspolitik vermeiden. In der Alleinstellung Deutschlands im durchwegs geschwindigkeitsgeregelten Verkehr des vereinigten Europa muss nun aber – ein sechstes Argument – nicht zwingend Homogenisierungsbedarf gesehen werden. Vielmehr kann die deutsche Geschwindigkeitsfreigabe als anti-bürokratisches Pionierfeld innerhalb eines übermäßig geregelten Europa gesehen werden. Im Hinblick auf Tempolimits bekommt so Deutschland die Funktion eines Praeceptor Europae. Diese von Industrie und Lobbyverbänden vorgegebenen und in öffentlichen Debatten stabilisierten

Argumente erfahren nach wie vor eine breite, wenngleich leicht schwindende Unterstützung „von unten“, von den fahrenden und beifahrenden Bürgern. Argumente von Fachleuten der Verkehrs-, vor allem aber der Umweltbehörden der Länder und des Bundes werden kaum ernsthaft diskutiert. Ein relativ neues Argument, das eng mit den Zumutungen des modernen Massenverkehrs gekoppelt ist, bezieht sich auf eine „weiche“ Wirkung eines Limits: dass nämlich die Geschwindigkeitsdifferenzen und damit vor allem die Ursachen für Aggressivität und kompetitives Verhalten der Verkehrsteilnehmer reduziert werden könnten, und dass damit eine indirekte Erhöhung von Sicherheit erzielt würde.

Nachdem alle Argumente längst ausgetauscht wurden, und das in Repetition, scheint es inzwischen kaum mehr um die vernünftige Begründung und den Austausch von Positionen zu gehen. Die Haltung zum Limit in der Auseinandersetzung um die Funktion des Privatautomobils ist zur Gretchenfrage geworden, zum handlichen Prüfstein für die Positionierung als Autogegner oder Autobefürworter – und dies wiederum stellvertretend für die Haltung zur Industriegesellschaft generell. Bezeichnenderweise wurden um 1970 Kapitalismus- mit Automobilkritik verbunden und damit Debatten um industrielle Verschwörungen und Indoktrinierung automobiler Konsumenten in Gang gebracht (siehe Krämer-Badoni et al. 1971). Die Akzeptanz oder Ablehnung der Forderung nach einem generellen Geschwindigkeitslimit ist damit ein Indikator für die jeweiligen ideologischen Zuordnungen und Identifikationen „für“ und „gegen“ das Automobil, und weiterhin „für“ oder „gegen“ die real existierende westliche Wirtschaftsordnung. Die Stellung zum Geschwindigkeitslimit ist ein Mittel zur Identifikation von Freund und Feind geworden, im Sinn von Carl Schmitt.

Literatur

Benz, Carl, Lebensfahrt eines deutschen Erfinders. Leipzig, 22.–26. Tsd. 1936 (Erstaufl. 1925).

Hohensee, Jens, Und sonntags wieder laufen... Die erste Ölkrise 1973/74 und ihre Perzeption in der Bundesrepublik Deutschland. In: Salewski, Michael / Stölken-Fitschen, Ilona (Hg.), Moderne Zeiten. Technik und Zeitgeist im 19. und 20. Jahrhundert. Stuttgart 1994, S. 175–196.

Klenke, Dietmar, Bundesdeutsche Verkehrspolitik und Motorisierung Konfliktträchtige Weichenstellungen in den Jahren des Wiederaufstieges. Stuttgart 1993.

Klenke, Dietmar, „Freier Stau für freie Bürger“. Die Geschichte der bundesdeutschen Verkehrspolitik 1949–1994. Darmstadt 1995.

Köppen, Thomas, Tempolimit und Fahrverbot. In: Achse, Rad und Wagen 13(2005), S. 82–93.

Kopper, Christopher, Modernität oder Scheinmodernität nationalsozialistischer Herrschaft. Das Beispiel der Verkehrspolitik. In: Jansen, Christian / Niethammer, Lutz / Weisbrod, Bernd (Hg.), Von der Aufgabe der Freiheit. Festschrift für Hans Mommsen. Berlin 1995, S. 399–411. Verfügbar unter https://doi.org/10.1515/9783050071732-028.

Krämer-Badoni, Thomas / Grymer, Herbert / Rodenstein, Marianne, Zur sozioökonomischen Bedeutung des Automobils. Frankfurt/M. 1971 (= edition suhrkamp 540)

Merki, Christoph Maria, Der holprige Siegeszug des Automobils. Zur Motorisierung des Straßenverkehrs in Frankreich, Deutschland und der Schweiz. Wien / Köln / Weimar 2002.

Moran, Joe, The Myth of Top Gear. In: The Guardian, 10.6.2008, S. 24.

Möser, Kurt, Geschichte des Automobils. Frankfurt/M. / New York 2002.

Möser, Kurt, Der Staat und seine Regelungslust. Landesmuseum für Technik und Arbeit in Mannheim (Hg.), Lust am Auto. Ausstellungskatalog. Mannheim 2004.

Seherr-Thoss, Hans Christoph von, Die deutsche Automobilindustrie. Eine Dokumentation von 1886 bis 1979. Stuttgart, 2., korr. u. erw. Aufl. 1979.

Südbeck, Thomas, Motorisierung, Verkehrsentwicklung und Verkehrspolitik in der Bundesrepublik Deutschland der 1950er Jahre. Stuttgart 1994.

120 Jahre Verkehrsüberwachung und Geschwindigkeitslimits

Die Überwachung des Straßenverkehrs und der Erlass von Vorschriften zur Begrenzung der Geschwindigkeit sind viel älter als das Auto. Schon im „biogenen" Verkehr, mit Menschen und Pferden auf der Straße, musste an manchen Orten das Geschwindigkeitspotenzial von Kutschen und Reitpferden eingeschränkt werden. Denn Pferde waren nicht nur gefährliche Verkehrsteilnehmer – das „Durchgehen" dieses Fluchttiers kam häufig vor, wobei die Folgeschäden oft beträchtlich waren –, sondern sie waren auch schnell: Um 1900 lag der Weltrekord für Traber bei 50 km/h. Galoppierende Pferde waren noch schneller, Einspänner fuhren immerhin 25–30 km/h. Fast alle Städte in Europa schrieben zeitweise oder örtliche Verbote aus, etwa gegen das Galoppieren. Durch die drei Schrittarten des Pferdes war dies recht leicht zu überwachen. Das „Veloziped" schließlich brachte ein beträchtliches systemstörendes Geschwindigkeitspotenzial in das System ein, als sich Fahrräder nach 1890 ausbreiteten. Zuerst Hochräder, dann auch die „Sicherheits"-Niederräder waren oft schneller als Pferde, gefährdeten den oft noch recht gemächlichen Verkehr und standen schon im Zentrum von Konflikten um Geschwindigkeit und Überwachung, die sich später, nach der Ausbreitung der Automobile, verschärften.

Die Erfahrungen im Umgang mit der früher eingeführten Mobilitätsmaschine und deren Disziplinierung wurden nun für das Automobil aktiviert. So durften die neuen Mobilitätsmaschinen, betrieben mit „elementarer Kraft", wie es in den badischen Verkehrsvorschriften hieß, nicht die Geschwindigkeit eines „mäßig trabenden Pferdes" überschreiten.

Der erste Maßstab der Begrenzung war also kein abstraktes, zahlenbestimmtes Geschwindigkeitsmaß, sondern ein an den biologischen „Motoren" orientiertes. Dies war eine gemeinsame, wenn auch unpräzise Kategorie von Nutzern und Überwachern.

Doch sobald die Limits quantifiziert wurden, gab es Probleme. Die Vielzahl regionaler Geschwindigkeits- und Fahrregeln machte es den Automobilisten schwer, sich anzupassen. Die 25 Einzelstaaten und drei Hansestädte im Deutschen Reich formulierten jeweils eigene „Fahrreglemente", die allenfalls in den Amtsblättern veröffentlicht, sonst aber kaum bekannt gemacht wurden. Schilder wurden zwar 1910 eingeführt, aber ein reichseinheitliches Beschilderungssystem, das von den Behörden aufgestellt und exklusiv betreut wurde, gab es erst in der Weimarer Republik ab 1923. Automobilclubs und -zeitschriften halfen hier, indem eigene Schilder aufgestellt wurden und für die Reise- und Routenbeschreibungen auch die Gebietsregeln genannt wurden. Aber prinzipiell bestand Unsicherheit bezüglich der kleinstaatlichen Bestimmungen, und auch Unklarheit über Grad und Art der Überwachung. Eine konsistente Beschilderung löste die Konflikte nicht, ebenso wenig wie eine Vereinheitlichung der vielen unterschiedlichen Geschwindigkeitsregelungen: 1910 wurde die höchstzulässige Geschwindigkeit innerorts erstmals reichseinheitlich geregelt. In geschlossenen Ortsteilen betrug sie 15 km/h für Pkw.

Überwachen und ahnden

In der Frühzeit war vor allem umstritten, wer den Verkehr kontrollieren sollte und wie kontrolliert werden konnte. Nun gab es noch lange keine Verkehrspolizei; vor der auch organisatorischen Trennung der Polizeiaufgaben kontrollierte die Schutzpolizei oder der Dorfpolizist den Straßenverkehr. Dass ausgerechnet diese Personen kontrollierten und protokollierten, war konfliktträchtig. Geschwindigkeitsübertretungen wurden in der Regel durch Zeugenaussagen von Polizeibeamten bestätigt, die Fälle von nicht weiter quantifiziertem „Rasen" anzeigten. Geahndet wurden sie von meistens ebenso unmotorisierten Justizbeamten. Die Disziplinierer und Überwacher, die „Organe" der Justiz- und Polizeibehörden, mussten Geschwindigkeit zuverlässig schätzen lernen, obwohl sie keine unmittelbaren teilnehmenden Erfahrungen besaßen – Dorfpolizisten fuhren bis in die 1950er Jahre in Deutschland Rad, städtische Richter mit öffentlichen Verkehrsmitteln. Die frühen Automobilisten sprachen solchen Nichtnutzern von Autos Fähigkeiten und Erfahrungen zur Beurteilung der Geschwindigkeit von Motorfahrzeugen ab. Die angebliche Inkompetenz oder gar Ignoranz der nicht-autofahrenden Gendarmen und Richter war ein stets wiederkehrender Vorwurf automobiler Delinquenten.

Dagegen meinten sehr viele Fahrer, bei ihnen sei ein „Geschwindigkeitssinn" besonders ausgeprägt, der sich durch das Umgehen mit hohen Geschwindigkeiten und das kompetente, geistesgegenwärtige Handhaben der Mobilitätsmaschine entwickelt habe und der bei den unteren Klassen schlicht fehle. Dieser Geschwindigkeitssinn wurde beschrieben als Qualität moderner, technikaffiner und techniknutzender Personen – Eliten, die schon vor dem Fahren von Autos durch Radfahren, Reiten oder Segeln geschwindigkeitssozialisiert worden waren. Dazu beanspruchten die Automobilisten-Eliten für sich, selbstverantwortlich und verantwortungsvoll mit Geschwindigkeit umzugehen; sie wehrten sich dagegen, „von oben“ diszipliniert zu werden – und das sogar durch „Kleinbürger“! Hier kollidierten die Ansprüche selbstbewusster, reicher Automobilisten mit der Autorität nicht sehr wohlhabender staatlicher „Organe“.

Dies scheint paradox, denn die Eliten im Kaiserreich schätzten sich selbst als die typische obrigkeitsloyale Klasse ein. Im Fall der Verkehrsüberwachung jedoch standen sie in Opposition zum Staat, den sie zu unterstützen vorgaben. Ausgerechnet die „staatstragenden“ Klassen, die frühen Automobilbesitzer, gerieten in einen Konflikt mit staatlichen Autoritäten, nicht die vorgeblich „vaterlandslosen“ Sozialisten.

Schätzen und „Geschwindigkeitssinn“ wurden auch durch Widersprüche widerständiger Fahrer zunehmend diskreditiert. Zunehmend wurden Schätzungen durch Messungen ergänzt und ersetzt, so etwa durch – oft improvisierte – Messstrecken mit Zeitstoppverfahren und auch schon durch Fotografien. Fahrzeugtachometer waren bis in die 1920er Jahre nicht vorgeschrieben und nicht verbreitet und konnten nur als optionales Zubehör gekauft werden. Mit der Entwicklung weg von einer Geschwindigkeitssubjektivität hin zur Objektivierung von Übertretungen wurden nun allerdings die Konflikte nicht weniger; sie änderten aber ihren Charakter.

Straßenkonflikte, soziale Konflikte

Die aus der Überwachung von Geschwindigkeitseinschränkungen sich ergebenden Konflikte und Auseinandersetzungen – von körperlicher Gewalt bis zu Rechtsstreitigkeiten – waren ein Grundproblem der frühen Automobilkultur. Individualismus und „Anarchismus“ auf den Straßen wurden um 1900 weithin beklagt. Beide Seiten hatten ihre Lieblingsthemen: Die Automobilisten machten sich über die „fortschrittsfeindlichen“, altmodischen, rückständigen und gewalttätigen Dörfler und Kleinstädter lustig und fuhren Protesten einfach davon. Für Anwohner waren Automobilisten rücksichtslose, arrogante reiche Fremde, nicht bereit, aufzupassen und ihre Geschwindigkeit zu mäßigen. Diese Konfrontation eskalierte dann, wenn es zu Unfällen oder Beschädigungen kam, wenn Menschen oder Tiere zu Opfern wurden.

Fahrer nahmen das oft leicht – Reiseberichte in Automobilzeitschriften erwähnten oft sarkastisch oder gar triumphierend die Zahl überfahrener Hunde oder Hühner oder zum Durchgehen gebrachter Pferdegespanne –, die Dorfbewohner nicht. Autoritäten waren bei konkreten Vorfällen selten präsent. Aber auch wenn der Dorfpolizist oder Feldjäger vor Ort war, konnte er die meist vermummten Reisenden auf ihren anonymen, nicht gekennzeichneten Geschwindigkeitsmaschinen weder identifizieren noch aussichtsreich verfolgen. Somit kam es zu zahlreichen Fällen von Selbstjustiz auf der einen und Davonfahren – Unfallflucht – auf der anderen Seite. Und beide Seiten rüsteten auf. Automobilisten berichteten in Clubzeitschriften, dass sie nie ohne Schusswaffen fuhren – die ein Bürger im Kaiserreich noch weitgehend frei kaufen konnte. Manche führten Hundepeitschen oder Hundebomben mit. Dörfler improvisierten dagegen Straßensperren, etwa durch quergestellte Erntewagen; oder sie wurden bei Zwangshalten, wie Pannen, tätlich.

Ein weiteres, heute durchaus virulentes Problem waren informelle Rennen. Immer wieder berichten Autopioniere, wie bei den noch gar nicht häufigen Begegnungen mit anderen Autos ein spontanes Beschleunigen erfolgte und eine Wettfahrt entstand. Man zeigte, „was die Maschine hergibt" und „fährt vor". Riskantes Überholen hing damals auch mit dem Zustand der Straßen zusammen: Hinten fahrende Automobilisten mussten bei trockenen Straßen „Staub schlucken" und fuhren halb blind in der Wirbelschleppe des Vorausfahrenden. Wenig verwunderlich, dass ein Anreiz zum gefährlichen „Vorfahren" bestand.

Regelungen

Mit der Zunahme des Verkehrs mit „elementarer Kraft" und mit den skizzierten Konflikten wurden offenbar staatliche Regulierungsanstrengungen notwendig. Nach langen, durchaus erbittert geführten Debatten wurden 1906 die Instrumente zur Pazifizierung und Disziplinierung reichseinheitlich Gesetz, die heute noch den Rahmen für den Betrieb von Kraftfahrzeugen vorgeben: Die Registrierungs- und offene Kennzeichnungspflicht, die es erschwerte, unerkannt nach einem Unfall zu entkommen; und die obligatorische Versicherung der Haftung, die eine Unfallflucht, um finanziellen Forderungen zu entgehen, weniger wahrscheinlich machen sollte. Dazu kamen eine einheitliche, kraftfahrzeugspezifische Besteuerung nach Hubraumgrößen, die die unspezifische Luxussteuer ablöste, und ein amtlicher Befähigungsnachweis für „Kraftwagenführer". Auch wenn die mächtigen Automobilklubs, voran der KAC (Kaiserlicher Automobil-Club), Widerstand leisteten, wurde 1906 dieses Bündel von staatlichen Maßnahmen umgesetzt, das einen Paradigmenwechsel in der Regulation des Individualverkehrs darstellte.

Carl Benz und das badische Geschwindigkeitslimit

Die Spannung zwischen der staatlichen Regulierung und dem Geschwindigkeitspotenzial der jungen Motorfahrzeuge eskalierte schon früh, etwa um 1888. Carl Benz erzählt in seiner Autobiografie, wie sein „Fahrmeister" Tum damals zwei hohe badische Regierungsbeamte vom Bahnhof abholte. Er hielt sich, von Benz strikt angewiesen, an die in Mannheim geltenden Geschwindigkeitsregeln von 6 km/h inner- und 12 km/h außerorts. Die Beamten fragten Tum, ob er nicht schneller fahren könne. „Können tu ich's schon," sagte der Mann am Steuer, „aber ich darf nicht, es ist polizeilich verboten." „Ei was, fahren Sie einmal zu, sonst fährt uns ja jede Milchkutsch' vor." Diese Anekdote beschreibt eine Standardsituation des Spiels zwischen Geschwindigkeitspotenzial und regulierender Limitierung dieses Potenzials, zwischen individuellen Mobilitätsmöglichkeiten und staatlich-autoritären Regulativen, zwischen Freiheitsanspruch des mobilen Individuums und behördlicher Fürsorge für das Allgemeine, in diesem Fall für das Gesamt-Verkehrssystem. Die Ironie besteht darin, dass die Behördenvertreter in dem Moment, indem sie selber zu motorisierten Verkehrsteilnehmern werden, ihre Rollen wechseln und das Interesse an der Aufhebung von Limits vertreten.

Konflikttypen

Die frühen Konflikte zwischen „rasenden" Fahrern und Ortsansässigen hatten mehrere Dimensionen. Es ging eben auch um die Definitionsmacht über die Wege: Waren Straßen primär Durchgangswege für den neuen Typus des motorisierten Verkehrs oder doch eher Multinutzungs-Räume für das Leben der Bewohner, als Spielorte der Kinder und als Platz für Tiere? Zudem kamen, zweitens, Klassenkonflikte zum Tragen: Animositäten zwischen den als „neureich" geschmähten, oft städtischen Automobilisten, den „Protzern" und „Rasern", die sich häufig aus sowieso arrogant geltenden Gruppen rekrutierten – Offiziere, niederer Adel, Industriellensöhne, reiche Boheme –, und den bodenständigen Bauern oder Arbeitern, die zu Fuß gehen mussten. Zu diesem Sozialneid kam ein Drittes: regionale Konflikte. Das Kaiserreich war stärker durch Gegensätze zwischen Nord- und Süddeutschland geprägt, als es in der Rückschau scheint. Durchreisende Automobiltouristen aus „Preußen" hatten beispielsweise in abgelegeneren bayerischen Regionen keinen guten Stand und waren steinewerfenden Jugendlichen oder übergriffigen Kutschern ausgesetzt.

Dass gerade am Automobil latente Konflikte der sich transformierenden Industriegesellschaft ausagiert wurden – Stadt versus Land, höhere versus niedere Klassen, schneller versus bodenständiger Verkehr, Neues gegen Traditionelles –, ist sehr bezeichnend: Durch die gesamte Geschichte des Autos zieht sich ein Strang, das Auto symbolisch aufzuladen und die Konflikte um seine Nutzung als prinzipiellen politisch-gesellschaftlichen Konflikt sowohl innerhalb der Gesellschaft als auch zwischen Bürger und Staat zu konstruieren.

Von den 1920er Jahren bis zur Wiedervereinigung

In den 1920er Jahren milderten sich manche Konflikte ab, zumal Motorfahrzeuge normaler wurden – vor allem durch den Modernisierungsschub, den der Erste Weltkrieg darstellte – und Motorräder als erste „Volksfahrzeuge" einen Boom erlebten. Die Probleme der Überwachung milderten sich jedoch kaum. Eine Tendenz zur stärkeren Motorfahrzeug-Nutzung der Straßen zeichnete sich aber ab, und damit eine Reduktion der konflikt-

und gefahrträchtigen Multifunktionalität des Verkehrsraumes. Das Neue gewann langsam an Boden. Das erforderte von den Verlierern besondere Anpassungsleistungen: Verkehrserziehung für erwachsene Fußgänger und Radler und für Kinder fand nun statt, und man gewöhnte sich an dichteren Verkehr.

Die vielleicht bedeutsamste Zäsur im Regeln, Überwachen und Bestrafen des motorisierten Verkehrs kam mit der Regierungsübernahme der Nationalsozialisten. Adolf Hitler proklamierte in seiner Rede bei der Internationalen Automobilausstellung 1934 ein radikales Programm zur Förderung des Automobils. Dazu gehörte die Abschaffung der Automobilsteuer und der Fahrschulpflicht, ein eigenes NS-Kraftfahrkorps, der forcierte Bau von „Nur-Autostraßen" und die Verkündung des Baus eines „Wagens für die Volksgenossen". Als weitere, durchaus zentrale Maßnahme im Bündel zur Förderung der Individualmotorisierung erfolgte der weitgehende Abbau der Verkehrsüberwachung, zusammen mit einer Abschaffung der allgemeinen Höchstgeschwindigkeit für Motorfahrzeuge.

Für Autobahnen, geplant nach dem Vorbild der mehrspurigen Motorstraßen im faschistischen Italien und nach Vorarbeiten durch deutsche Unternehmungen wie die „HAFRABA" oder „Gezuvor", sollte prinzipbedingt sowieso keine Geschwindigkeitsbegrenzung bestehen. Paradoxerweise überforderte dies die damaligen, für andere Fahrweisen auf kurvigeren, heterogeneren Straßen technisch optimierten Wagen. Sie hielten hohe Dauergeschwindigkeiten nicht aus, überhitzten, verschlissen schnell, brachen mechanisch zusammen – sie waren nicht „autobahnfest". Erst gegen Ende der 1930er Jahre lieferte die deutsche Industrie Autos, die sehr lange schnell fahren konnten. Typisch dafür waren stromlinienförmige Wagen wie der „Autobahnadler" von 1937. Die neuen Hochgeschwindigkeitsstraßen, neue Autoauslegungen und die staatliche Erlaubnis zum Schnellfahren ko-evolutionierten. Überwachung hatte in diesem System der radikalen NS-Autobevorzugung keinen Platz.

Doch das war eine recht kurze Phase. Sehr stark steigende Unfallraten einerseits und knappe Kraftstoffressourcen durch die Erfordernisse der Aufrüstung, Autarkiebestrebungen und Kriegsvorbereitungen andererseits erforderten, dass 1938 wieder Geschwindigkeitslimits eingeführt und überwacht wurden.

Nach dem Kriegsende gab es in den Westzonen wiederum eine anarchische Phase, in der die Besatzungstruppen schnell fahren durften – und dies auch taten –, und die Besiegten zu Fußgängern wurden. Auch hier waren hohe Unfallzahlen der Preis. So starb etwa der amerikanische General George S. Patton bei einem Autounfall in Mannheim. Die Überwachung durch die Militärpolizei erwies sich als wenig effizient.

Im Nachkriegsdeutschland war die Ausgestaltung und staatlich-gesellschaftliche Entwicklung von Verkehrsregulativen und deren Überwachung durch die Gegensätze der Systeme im Kalten Krieg mitgeprägt. In der frühen Bundesrepublik wurde mit dem Argument der individuellen Verantwortung des einzelnen Fahrers, die den Grundsätzen eines freiheitlichen und demokratischen Staates entsprechen sollte, auf ein Limit verzichtet und der Verkehrsüberwachung kein Gewicht zugemessen. Von der früheren, von vielen Fahrern noch erlebten Freigabe von 1933 war allerdings nicht die Rede. Im Gegenteil: In der frühen Bundesrepublik war die Geschwindigkeitsdebatte in die Abgrenzung von den beiden totalitären Regimen, vom Nationalsozialismus und vom „Ostzonen"-Sozialismus eingebunden. Beide wurden portraitiert als Regimes, die ihre undemokratische, autoritäre Kontroll-Lust gerade im Straßenverkehr ausagierten.

Das Image eines endlich befreiten Individualstraßenverkehrs wurde so schon früh mit der neuen demokratischen Identität der Bundesrepublik verknüpft. Der ADAC verlieh, sehr geschichtsvergessen, dem späteren Tempolimitgesetz das „Odium eines ‚Nazigesetzes'", wie Dietmar Klenke schrieb. Freiheit und freie Fahrt im Westen versus Überwachungsstaat und strikte Verkehrskontrolle im totalitären Osten – bei dieser Konfrontation kam der Verkehrspolitik wieder einmal ein symbolisch-politischer Wert zu.

Der Kontrast bestand aber durchaus praktisch; er wurde für westdeutsche Reisende auf den Transitautobahnen nach Westberlin besonders evident. Dort wurde das DDR-Limit von 100 km/h strikt überwacht. Die Volkspolizisten, auch schon bald mit Radartechnik ausgerüstet, kontrollierten engmaschiger und traten autoritärer auf als die bundesrepublikanische Verkehrspolizei. Strafen wurden sofort und in Westmark kassiert – neben der Disziplinierung der kapitalistischen Fahrer auch ein willkommener Zugewinn an Devisen für die DDR-Regierung.

Widerstände

Dieser letzte Vorwurf – es ginge den überwachenden Organen gar nicht wirklich um die Disziplinierung und die sicherheitsfördernde Kontrolle des Verkehrs, sondern um ein bloßes „Abkassieren" – begleitet alle strafenden Verkehrsüberwachungsmaßnahmen in der Geschichte des Verkehrs. Von den frühen „Wegelagereien" durch Gendarmen über den autoritären, geldgierigen Squire in Rudyard Kiplings Geschichte „The Village that Voted the Earth was Flat" von 1913, die „Radarfallen"-Bezeichnungen der 1960er Jahre bis zu den Debatten um aktuelle, effizientere Überwachungsmethoden zieht sich dieser Vorwurf durch mindestens 120 Jahre. Diffamierende Begriffe sind damit ebenso verbunden wie Aggressionen gegen das verhasste Objekt im Zentrum, das Radar – auch wenn die Technik seitdem sehr stark weiterentwickelt wurde, mit impulsgebenden Messkabeln, Lichtschranken, Dopplerradar, Infrarotgeräten, Laser oder Lidar.

Gegen Verkehrsüberwachungsgeräte werden nicht nur verbale Attacken ausgeführt, sondern auch konkrete Angriffe. Das Feindobjekt wird beschossen, besprüht, zerstört. Und es wird ins Zentrum populärer Geschichten gestellt: Es wird zum Gegenstand von Alltagsmythen und moderner Folklore. Dazu gehören auch Geschichten von Hase- und Igel-

Aktionen, von Tarnen und Verstecken, von Warnen und Austricksen als Spiel beider Seiten, der Überwacher wie der subversiven automobilen Aktivisten. Dabei wird die eingesetzte Technik der Polizei durch Technikeinsatz wie Radarwarner oder Reflexfolien gekontert – jenseits der Disziplinierungs- oder Sicherheitsmotive oder möglicher ökonomischer Faktoren. Und Überwachungsanlagen werden zum Ziel politisch motivierter Proteste: Ende 2018 zerstörten die französischen „Gelbwesten“ etwa 70 % aller stationären Geräte des Landes.

Anfangs, um 1960, als die ersten stationären und beweglichen Radaranlagen eingeführt wurden, war das öffentliche Image aber noch durchaus ein anderes. Radar galt, in diesen Jahren der Begeisterung für Hochtechnologie und für Zukunftstechnik, als Ausprägung von Modernität, von respektierter Wundertechnik. Die ersten populären Bücher über die Radarentwicklung und ihre kriegsrelevante Rolle erschienen und wurden Bestseller, wie etwa Cajus Bekkers „Augen durch Nacht und Nebel“. Verkehrsüberwachungsradars waren „ziviler Mißbrauch von Heeresgerät“, so der Freiburger Kulturforscher Friedrich Kittler.

Geschwindigkeitskulturen

Technische Geräte und Gegenstände sind nie nur technisch. Die aktuelle Technikgeschichte reflektiert stets auch ihre gesellschaftliche und kulturelle Einbettung mit, und ebenso den Nutzer – oder diejenigen, die der Technik ausgesetzt sind. Die Mobilitätskulturen sind hier ein Paradebeispiel. Denn Geschwindigkeit und Moderne, die Ausprägung neuer menschlicher Fähigkeiten und die Anforderungen des Straßenverkehrs mit der Notwendigkeit rascher Entscheidungen, Geistesgegenwart und präsenter Gefahr wurden seit der Frühzeit des Automobils häufig miteinander in Verbindung gebracht. Solche Vorstellungen haben in der Automobilgeschichte deutliche Spuren hinterlassen. Sie finden sich bis heute mitunter bei denen, die sich nach Geschwindigkeitsübertretungen ihrer herausragenden Kompetenz rühmen, ihrer einzigartigen Fähigkeiten, im Straßenverkehr gerade auch bei (zu) hohen Geschwindigkeiten verantwortlich – heißt: verantwortlicher als andere Verkehrsteilnehmer – zu handeln, also elitäre Qualitäten zu besitzen.

Umgehen mit hohen Geschwindigkeiten erscheint etwa auch für Ernst Jünger in seinem Werk „Der Arbeiter“ als Merkmal des modernen techniksozialisierten „Typus“. Er verortet ihn da,

> „wo die Nähe des Todes im Zusammenhange mit hohen Geschwindigkeiten erscheint. Die Geschwindigkeit erzeugt eine Art von nüchternem Rausch, und ein Rudel von Rennfahrern, von denen jeder Einzelne wie eine Puppe am Steuer sitzt, gibt einen Eindruck der seltsamen Mischung von Präzision und Gefahr, die für die gesteigerten Bewegungen des Typus eigentümlich ist.“ (Jünger 2007, S. 148)

Und der Philosoph Paul Virilio sieht Beschleunigung und Geschwindigkeit als konstitutives Merkmal modernen Bewusstseins. Er propagiert eine neue Wissenschaft der Geschwindigkeitskultur, eine „Dromologie". Geschwindigkeits- und Modernisierungsdebatten sind eng verzahnt.

Fazit

Zusammengefasst ergeben sich für die Kulturgeschichte der Mobilität einige lange Trends und einige fortdauernde Probleme und Konflikte. Verkehrsüberwachung und Geschwindigkeitskontrolle ko-evolutionierten mit der allgemeinen Verkehrsentwicklung. Sie standen und stehen im Schnittpunkt von Technikentwicklung, Technikpolitik, Verkehrspolitik, gesellschaftlichen Anforderungen, gesellschaftlichem Handeln und Aushandeln, und mit den jeweils damit verbundenen Konflikten. Wir haben es mit mindestens 120 Jahren des verblüffenden Gleichklangs der Argumente zu tun. Dazu gehört etwa ein fortdauernder Argwohn gegenüber dem potenziell bevormundenden Staat, der seinen Bürgern die Fähigkeit zur Selbstverantwortung – das heißt: der Selbstverantwortlichkeit am Steuer – abspricht. Die ist eine Position gegen angeblich „pauschale" Geschwindigkeitsbeschränkungen, wie sie auch heute in Leserbriefen und Bürgerkommentaren durchwegs noch vertreten wird.

Der Anspruch der Fahrerinnen und Fahrer, selber eine „angepasste" Geschwindigkeit einschätzen zu können und sich frei zu machen von übergeordneten Regeln, zieht sich also durch die Mobilitätsgeschichte, ebenso wie eine mangelnde Akzeptanz von Überwachungsprozessen speziell auf diesem Gebiet. Diese (verkehrs)politische Korrelation zwischen freiheitlicher Selbstverantwortung und Entscheidungsfreiheit beim individuellen Fahren kulminiert schließlich im bekannten Slogan „Freie Fahrt für freie Bürger", der in der Debatte um die Beibehaltung oder die Aufhebung der Geschwindigkeitsbegrenzungen nach den beiden Ölkrisen von 1973 und 1979 formuliert worden war. Kombiniert wird dies häufig mit dem Vorwurf, das Hauptmotiv der Überwachung sei doch nur „Geldschneiderei" der Kommunen. Die Debatte, ob Sicherheit durch Disziplinierung erhöht werden könne, scheint – trotz recht eindeutiger empirischer Resultate – in der Öffentlichkeit immer noch nicht entschieden. Der Grundkonflikt von individuellen Ansprüchen und kollektiven Interessen bei der Teilnahme am Massenverkehr, die Balance zwischen Disziplinieren, Regulieren, Überwachen und Strafen einerseits und Eigenverantwortungsansprüchen und „Freiheits"-Ideen andererseits, zieht sich durch 120 Jahre des Gebrauchs unseres Kultobjekts.

Thesen zum Pflegen und Reparieren in den Automobilkulturen am Beispiel der DDR

Gebrauch und Nutzung technischer Artefakte sind zwar in den letzten beiden Jahrzehnten in den Fokus der Technikgeschichte genommen worden, aber das Umfeld des Gebrauchs im engeren Sinn hat weniger Aufmerksamkeit bekommen. Historiker haben sich nach der Wendung zur Betrachtung von Nutzern und Nutzungsformen um die tatsächlichen Eingriffe und praktischen Handlungen, die erforderlich sind, um Technik in Betrieb zu halten, zu warten und zu pflegen, überraschend wenig gekümmert. David Edgerton argumentiert in seinem revisionistischen Buch „The Shock of the Old", dass zwar der Erhalt des Bestehenden quantitativ viel bedeutender war und ist als die Implementierung des Neuen, aber wesentlich weniger glamourös.[1] Auch Neu- und Umnutzungen von Technik werden eher selten zum Thema, ganz abgesehen davon, dass es kaum technikgeschichtliche Ansätze gibt, um etwa die Spannung zwischen der Illusion der Perfektion und des

1 Grobe Schätzungen gehen davon aus, dass zwischen 1961 und 1993 in Kanada 6 % des BSP für „maintenance and repair" ausgegeben wurden, also beträchtlich mehr als für Invention und Innovation. Vgl. David Edgerton, The Shock of the Old. Technology and Global History since 1900. London 2008; Kap. Maintenance, S. 75–102; S. 79.

alltäglichen Umgehens mit imperfekter Technik zu verstehen oder das Leiden und die Lust am Herrichten, Basteln und Reparieren zu konzeptualisieren. Schließlich fehlt ein Modell, das das Ende des Gebrauchs, die Trennung von Nutzern und Artefakten, beschreibt, wofür beispielsweise eine überzeugende Theorie des Kaputtgehens technischer Gegenstände erforderlich ist.[2] Für einzelne Felder der Technikgeschichte und für einzelne Phasen sind natürlich Vorarbeiten geleistet worden. Die Alltagsgeschichte der Automobilnutzung hat wissenschaftliches Interesse gefunden, wobei die Umfelder des Gebrauchs, wie Reparieren und Pflegen, gerade auch in den sozialistischen Gesellschaften, mit berücksichtigt wurden.[3] Ein generellerer Bezugsrahmen für das Umgehen mit alltagsrelevanten Technologien während des Kalten Krieges in den sozialistischen und westlichen Industriegesellschaften fehlt leider weitgehend. Auch deswegen haben meine Bemerkungen zum Autoreparieren in der DDR nur thesenhaften Charakter.[4] Ich beziehe mich dabei auf den Basistext zum Reparieren von Reinhold Reith, und auf die dort erstmals formulierten Problemstellungen.[5] Die Frage nach Warten und Reparieren durch die Nutzer wirft darüber hinaus Quellen- und Methodenprobleme auf. Legenden, Erzählungen und Stereotype herrschen oft vor, und die Suche nach quellenmäßig belegbaren Fakten ist schwierig. Durchwegs ist Selbermachen und Reparieren schlechter nachweisbar als „offizielles" Reparieren in Werkstätten. Dort gibt es schriftliche Quellen, Akten und Rechnungssysteme, die Historiker als relevant zu schätzen gelernt haben, während inoffizielles Basteln und Reparieren schwieriger belegbar ist, weil es im nicht verschriftlichten Alltagsleben verankert ist. Auch die Frage nach der Spezifik des Gegenstandsbereichs „Autobasteln in der DDR" kann nur vorläufig beantwortet werden. Wie weit die Autonutzung in der DDR ein Teil und ein Symptom der ostdeutschen Konsumgesellschaft[6] war, und wie weit es national- und systemübergreifende Gemeinsamkeiten gibt, bleibt eine spannende Frage.

Vorab eine Bemerkung zur Begriffsabgrenzung. Pflegen, Warten, Reparieren und Modifizieren von Individualfahrzeugen durch die Nutzer mögen begrifflich auseinander zu

---

2 Mein Versuch: Kurt Möser, Kaputtgehen. Grauzonen der Technikgeschichte. Karlsruhe 2011, S. 95–104.

3 Siehe Rudy Koshar, On the History of the Automobile in Everyday Life. In: Contemporary History 10 (2001), S. 143–154; Lewis Siegelbaum, Cars for Comrades. The Life of the Soviet Automobile. Ithaca, NY 2008. Verfügbar unter https://doi.org/10.1017/S0960777301001072.

4 Davor: Kurt Möser, Autobasteln – Modifying, Maintaining and Repairing Private Cars in the GDR, 1970–1990. In: Siegelbaum, Lewis H. (Hg.), The Socialist Car. Automobility in the Eastern Bloc. Ithaca / London 2011, S. 157–169. Verfügbar unter https://doi.org/10.7591/cornell/9780801449918.003.0010.

5 Reinhold Reith, Reparieren – ein Thema der Technikgeschichte? In: Reith, Reinhold / Schmidt, Dorothea (Hg.), Kleine Betriebe – angepasste Technologie? Münster / New York 2002, S. 139–161.

6 Siehe Ina Merkel / Felix Mühlberg (Hg.), Wunderwirtschaft. DDR-Konsumkultur in den 60er Jahren. Wien / Weimar / Köln (2) 1996; dies., Im Widerspruch zum Ideal: Konsumpolitik in der DDR. In: Haupt, Heinz-Gerhard / Torp, Claudius (Hg.), Die Konsumgesellschaft in Deutschland 1890–1990. Ein Handbuch. Frankfurt/M. / New York 2009, S. 289–304.

halten sein; in der Praxis jedoch gehen solche Tätigkeiten oft genug ineinander über. Ein und dieselbe Tätigkeit kann situativ unterschiedlich kontextualisiert sein, je nachdem, ob sie etwa planmäßig oder ungeplant erfolgt. Konkret heißt das etwa: Das Tauschen von verschmorten Unterbrecherkontakten kann im Zug einer regelmäßigen Wartung erfolgen, aber auch im Rahmen einer Reparatur, wenn etwa dadurch die Zündung ausfällt und das Auto dadurch liegen bleibt. Ist „Liegenbleiben“ bei Autos ein Kriterium für die Bedingung der Möglichkeit des Kaputtgehens und nachfolgenden Reparierens? In unterschiedlichen Kulturen können sehr unterschiedliche Defekte und Defekt-Indikatoren dies auslösen. Während regelgemäß ein europäischer Fahrer beim Aufleuchten einer Öldruck- oder Ladekontrollleuchte anhalten wird, ist dies etwa in Indien nicht selbstverständlich. Die Defekttoleranz nicht-westlicher Automobilnutzer ist grundsätzlich anders.

An diesem Beispiel wird erkennbar, dass nicht nur eine Theorie der Reparatur erforderlich ist, sondern dass wir als Voraussetzung verstehen müssen, was als „kaputt“ verstanden wird. Ist dies gleichbedeutend mit „nicht funktionierend“? Ist beispielsweise ein nicht funktionierendes Antiblockiersystem ein entscheidender Defekt, auch wenn der Wagen weiterhin auf konventionelle Weise bremst? Ist der Wagen damit kaputt? Hier ist natürlich – wie immer – der Nutzer, seine Erwartungen an eine sachgerechte Nutzung und die soziale Konstruktion des technischen Gegenstandes einzubeziehen. Während für manche Nutzer ein Fahrzeug mit ausgefallenem ABS weiterhin, wenn auch eingeschränkt, nutzungsgerecht ist, wird für andere – wahrscheinlich die Mehrzahl – dies das Auto zu einem „non working artefact“ im Sinn der SCOT-Theorie transformieren, das zwingend der Reparatur bedarf.

Reparieren bildet auch einen fließenden Übergang zum Modifizieren. Um zur Nutzung sozialistischer Autos – oder zu sozialistischer Nutzung von Autos – zu kommen: Wenn beispielsweise Neubesitzern von Ladas im deutschen Handbuch geraten wird, alle Hohlräume der Karosserie und den Unterboden sofort gegen Korrosion zu schützen (wobei die Karosserie teilweise demontiert werden sollte), ist dies eine Art von Prä-Nutzungs-Reparatur – eine, die, nebenbei, gegen den ironischen Grundsatz britischer Mechaniker „don’t fix it before it’s broken“ verstößt. Eine solche Maßnahme kann aber auch als nutzungsangepasste Modifikation interpretiert werden. Ebenso ist die nachträgliche Entstörung von Zündanlagen durch Autobesitzer entweder interpretierbar als Reparatur eines inhärenten, sogar einkonstruierten Defekts, oder aber zu sehen als Anpassung an Nutzungserfordernisse, in diesem Fall einen störungsärmeren Radioempfang.

Reparieren als Techniknutzung

Gerade beim Auto scheint es zwingend erforderlich, einen weiter gefassten Nutzungsbegriff zugrunde zu legen. Er muss sicherlich über den Akt des Fahrens hinaus gehen. Zur Nutzung gehören im engsten Sinn auch Vorgänge wie Tanken, das Bezahlen einer Versicherungsrechnung, das An- oder Ummelden. Aber das reicht kaum aus: Man wartet in der Werkstatt beim Reifen- oder Ölwechsel, nimmt diese Vorgänge vielleicht auch selber vor, saugt sein Fahrzeug innen und putzt die Scheiben, kauft Zubehörteile, wobei man sich beraten lässt, und baut sie ein. Wenn all dies einbezogen wird – und vielleicht auch die geistige Beschäftigung mit seinem Wagen, das Nachdenken über eine Neuanschaffung, das Lesen von Prospekten und Tests davor, um seine Kaufentscheidung vorzubereiten, und nach dem Kauf, um sie als rational und argumentierend innerhalb seiner sozialen Gruppen abzusichern, – dann bedeutet Techniknutzung sehr viel mehr. Dann ist Reparieren ein Teilkomplex von dem, was man „nicht-fahrende“ oder auch „nicht unmittelbar transportbezogene“ Nutzung nennen kann.

Autoreparieren als Nutzeraktivierung

Wenn dieser weitere Nutzungsbegriff zugrunde gelegt wird, dann sind Reparieren und Pflegen Formen von Fahrzeugnutzung. Ihre Spezifik besteht darin, dass hier unmittelbar mit der „Technizität“ des technischen Artefakts umgegangen wird. Im Verlauf der Nutzungsgeschichte des Automobils haben wir es mit einem langen Trend der De-Technisierung der Nutzung zu tun. Während die frühen Automobilnutzer eine ganze Reihe von Maschinenbedienungs-Funktionen auszuführen hatten – von der Zündverstellung über die Überwachung der Batterieladung bis zur Schmierungsaktivierung –, so wurde die Technik des Autos immer weniger bedienungsbedürftig und damit „unsichtbarer“. Das materielle Substrat für die Endphase dieses technischen Vektors ist eine heute üblicherweise verbaute Motorabdeckung, die nur noch mit Spezialwerkzeug entfernt werden kann – buchstäblich der Deckel der technischen Black Box. Wenn Fahrer nun ihr Fahrzeug selber warten und reparieren, dann öffnen sie die Black Box der Technik. Sie gehen aktiv mit ihrem Artefakt um, sie erwerben Kompetenzen der Beurteilung von dessen Zustand und Problemen. Und sie bauen ein subjektives Verhältnis zu ihrer genutzten Technik auf. Autoreparieren kann auch als Bonding-Arbeit zwischen Nutzern und Artefakten beschrieben werden.

Die Konzeption der „sozialen Konstruktion von Technik“ durch Nutzer oder relevante Nutzergruppen – eine Konzeption, der ich mich durchaus methodisch verpflichtet fühle – enthält ein gutes Stück Metaphorik, wenn man die soziokulturelle Umdeutung des Artefakts durch Nutzer als (Re-)Konstruktion bezeichnet.[7] Im Folgenden nun geht es um direkte Eingriffe der Nutzer, um Veränderungen am Artefakt. Das wäre dann nicht mehr nur eine metaphorisch beschriebene soziale, sondern eine direkte technische Konstruktion durch Nutzer.[8] Das betrifft natürlich vor allem das Feld der Nutzerveränderungen, Anpassungen etc., aber eben auch der Veränderungen durch Warten und Reparieren. Das

---

7 Siehe Ronald Kline / Trevor Pinch, Users as Agents of Technological Change: The Social Construction of the Automobile in the Rural United States. In: Technology and Culture 37 (1996), S. 763–795. Verfügbar unter https://doi.org/10.2307/3107097.

8 Siehe den Ansatz von Kathleen Franz, Tinkering. Consumers Reinvent the Early Automobile. Philadelphia 2005. Verfügbar unter https://doi.org/10.9783/9780812201932.

reparierte Artefakt, speziell das reparierte Automobil, ist ein nachhaltig verändertes Artefakt, das nutzer- und nutzungsangepasster geworden ist. Das betrifft gerade auch Improvisationen und „nicht sachgerechte“, „gepfuschte“ Reparaturen, mit scheinbar falschen Materialien, mit Dingen, die gerade zur Hand waren, mit Ersatzteilen für andere Autotypen, die adaptiert werden. Diese Prozesse mussten professionelle DDR-Automechaniker ebenso „beherrschen“[9] wie Laiennutzer. Natürlich ist diese Art des Reparierens gerade in Gesellschaften und Phasen der Knappheit relevant, etwa während Kriegszeiten, oder da, wo die Warenwelt nicht durch Überfluss gekennzeichnet ist, wofür die Autokultur der DDR signifikant ist.

Spezifiken und Gemeinsamkeiten der beiden deutschen Automobilkulturen

Nach diesen Vorbemerkungen komme ich zum eigentlichen Thema, dem Reparieren in der DDR-Automobilkultur. Im Folgenden soll im Rahmen solcher methodischen Fragestellungen nach der Spezifik der Nutzereingriffe in der Automobilgesellschaft der DDR und auch den Gemeinsamkeiten mit westlichen Industriegesellschaften gefragt werden. Zu vergleichen versucht habe ich sie an anderer Stelle,[10] während ich bei der Interpretation der sozialistischen Automobilkultur der Sowjetunion Lewis Siegelbaum außerordentlich verpflichtet fühle.[11] Zum DDR-Automobilismus und zur Autoproduktion verweise ich auf die Publikationen von Reinhard Bauer,[12] Peter Kirchberg[13] und Sönke Friedreich,[14] die für das Verstehen der Rahmenbedingungen und der Praxis unverzichtbar sind, sowie auf die frühe Arbeit von Thomas Weymar,[15] während die Rolle der Mobilität in der DDR-Wirtschaft von Uwe Müller untersucht worden ist.[16] Die Bemerkungen zum Trabant als symbolisches und signifikantes Artefakt der DDR ragen hier heraus.[17] Ich

9 Siehe dazu das Interview mit dem Kfz-Meister Rolf Müller www.mdr.de/damals/lexikon/1536427-hintergrund-1536333.html; Zugriff am 20.08.2010.

10 Siehe Kurt Möser, Motorization of German Societies in East and West. In: Grieger, Manfred (Hg.), Towards Mobility. Varieties of Automobilism in East and West. Wolfsburg 2009, S. 55–72.

11 Lewis H. Siegelbaum, Cars for Comrades. The Life of the Soviet Automobile. Ithaca, NY 2008.

12 Reinhard Bauer, PKW-Bau in der DDR. Zur Innovationsschwäche von Zentralverwaltungswirtschaften. Diss. Frankfurt/M. u.a. 1999.

13 Peter Kirchberg, Der automobile Mangel – Anmerkungen zu den Grundlagen der Autokultur in der DDR. In: Schmidt, Gert (Hg.), Technik und Gesellschaft. Jahrbuch 10: Automobil und Automobilismus. Frankfurt/M. / New York 1999, S. 237–250; Peter Kirchberg, Plaste, Blech und Planwirtschaft. Die Geschichte des Automobilbaus in der DDR. Berlin 2000.

14 Sönke Friedreich, Autos bauen im Sozialismus. Arbeit und Organisationskultur in der Zwickauer Automobilindustrie nach 1945. Leipzig 2008 (= Schriften zur sächsischen Geschichte und Volkskunde 25).

15 Thomas Weymar, Im Trabi zur Sonne, zur Freiheit. Entwicklungen, Folgen, Ursachen des Automobilverkehrs im realen Sozialismus am Beispiel der DDR. Köln 1985.

16 Uwe Müller, Mobilität in der Planwirtschaft. Das Verkehrswesen. In: Schulz, Helga / Wagener, Hans Jürgen (Hg.), Die DDR im Rückblick. Politik, Wirtschaft, Gesellschaft, Kultur. Berlin 2007, S. 176–198.

17 Ina Merkel, Der Trabant. In: Sabrow, Martin (Hg.): Erinnerungsorte der DDR, München 2009, S. 363–373.

möchte zunächst auf die Rolle des Wartens und Reparierens in den mono- oder polygamen Zweierbeziehungen zwischen Nutzern und Automobilen in der DDR eingehen,[18] bevor ich über wirtschaftliche und politische Kontexte rede.

Autoreparieren als Freizeitaktivität und Kompetenzdemonstration

Autoreparieren und -warten hatte, angesichts der in der DDR infrastrukturell bedingten bitteren Notwendigkeiten, natürlich immer auch einen gezwungenen Charakter. Doch „Hand anlegen" ans Auto konnte und kann nicht nur eine gezwungen oder semi-freiwillig übernommene Tätigkeit sein, sondern zu einer positive Erholungs- und Freizeittätigkeit werden. Wo lag hier die Spezifik?

In der DDR war, dies ist zunächst festzuhalten, das Automobil in weit stärkerem Maß als im Westen ein Freizeitfahrzeug, das nicht im Alltagsbetrieb verschlissen werden sollte und durfte, sondern bei Urlaubsfahrten und als Transporter in die „Datsche" eingesetzt wurde. Korrespondierend dazu waren Warten, Pflegen und Reparieren in stärkerem Maß als in der Bundesrepublik Freizeitaktivitäten, die auf dem Feriengrundstück oder im Rahmen des DDR-typischen Campingurlaubs ausgeübt wurden. Das Herumschrauben am Auto bekam damit den Status von Aktivitäten wie Rasenmähen oder kleineren Renovierungsarbeiten am Haus. Hatte hier die DDR-Autokultur einen besonderen Status? Und: Welche historischen Erfahrungen bestanden schon und konnten aktiviert werden?

Dass Automobile nicht störungsfrei funktionieren, jedenfalls nicht längere Zeit, ohne gewartet und gepflegt zu werden, gehört auch zu den Grundlagen der frühen und mittleren Phasen der Massenmotorisierung. Schon in der Zwischenkriegszeit lernten die Autobesitzer, die ihre laufenden Betriebskosten im Rahmen halten mussten, gezwungenermaßen das Umgehen mit ihrem Fahrzeug. Dies war auch in der DDR selbstverständlich. Während sich dies in den westeuropäischen Konsumgesellschaften seit den 1980er Jahren veränderte und zunehmend Infrastrukturen dafür genutzt wurden, blieb die DDR-Automobilgesellschaft bis zum Ende durch Reparatur-, Wartungs- und Pflegeerfordernisse geprägt. Man kann argumentieren, dass dies ein Indikator für ein „unreifes" Stadium der Automobilität ist, und die Spezifik der sozialistischen Spielart der Automobilkultur darstellt.

18 Hierzu gibt es eine Reihe von Publikationen, deren anekdotischer Aufbau auf ein Laienpublikum zielt, aber die als historische Quellen mitunter gut nutzbar sind. Typisch: Egon Hölder (Hg.), Im Trabi durch die Zeit. 40 Jahre Leben in der DDR. Stuttgart 1992; Matthias Röcke, Auto-Alltag in der DDR. Königswinter 2009.

Andererseits werden Gemeinsamkeiten zwischen den jeweiligen Mobilitätskulturen sichtbar, wenn man sich – diachron wie synchron – die Bindung der Nutzer an ihr Fahrzeug ansieht.[19] Möglicherweise hat der erhöhte Pflegeaufwand, von dem noch die Rede sein wird, zu einem verstärkten „Verstehen" des Wagens geführt, und in Kombination mit der geringen Verfügbarkeit der Autos kann das freizeitorientierte Reparieren mehr als anderswo zu einem Bonding zwischen Nutzer und „Mobilitätsmaschine" führen.[20] Dazu kam, dass das Umgehen mit dem eigenen Wagen sehr häufig nicht isoliert erfolgte, sondern eine Gruppentätigkeit war. Eine prototypische Situation war der Wagen neben dem Zelt auf einem Campingplatz. Hier war Warten und Reparieren eine öffentliche Tätigkeit, in der eine sich sammelnde Gruppe aktiv mitarbeitete, technisches Wissen vermittelte, dringend nötigen ebenso wie nicht unbedingt erwünschen Rat erteilte oder, über Kommentare zur Fahrzeugtechnik, sich zur politischen und wirtschaftlichen Situation des Arbeiter- und Bauern-Staates äußerte. Solche „Reparaturgemeinschaften" am Straßenrand, in den Garagen oder im Urlaub bildeten also eine technisch und durchaus auch politisch-ökonomisch raisonnierende Öffentlichkeit.[21] Die politischen Folgen des Autobesitzes, der Autopflege und – reparatur, und dabei besonders die Rolle der fahrzeugtechnikzentrierten Debatten für das Einbringen demokratischer Elemente in die DDR zu erforschen wäre lohnend.

Ein weiterer Aspekt solcher Gruppenbildung ums Autoreparieren war nicht nur ein unmittelbarer physisch-psychischer Beziehungsaufbau zum eigenen Wagen, sondern auch eine Instanz des Vorzeigens und Vermittelns von Fähigkeiten. Wissen wurde weitergegeben, technische Tipps verbreitet, es wurde aktiv geholfen, wodurch neben der Wissensvermittlung aber auch zugleich Statusgewinn und -verlust verbunden sein konnten. Wer hier seine technische Kompetenz demonstrierte, gewann in der informellen Hierarchie der Gruppe. Erwerb, Vermittlung und Vorzeigen von „skills" konnten statusrelevant werden, wobei der Statusgewinn spezifisch durch kompetentes und souveränes Umgehen mit Technik erzielt wurde.

Ebenfalls damit verbunden war „gendering"; solche freizeitbezogenen Gruppenbildungen um Fahrzeuge waren in den meisten Fällen männliche „peer groups". Damit bekam das Hand anlegen in der DDR eine Funktion für die Stabilisierung von Geschlechterverhältnissen, von denen die DDR-Führung allerdings meinte, sie sei durch die verstärkte Integration von Frauen in technische Berufe überwunden. Eine weitere und vergleichende Untersuchung dieser Zusammenhänge von „gendering" durch Reparaturkompetenz böte sich an.

---

19 Siehe dazu Sean O'Connell, The Car in British Society. Class, Gender, and Motoring, 1896–1939. Manchester 1998.

20 Siehe dazu Kurt Möser, Fahren und Fliegen in Frieden und Krieg. Kulturen individueller Mobilitätsmaschinen 1880–1930. Heidelberg u.a. 2009.

21 Für das sowjetische Beispiel: Lewis Siegelbaum, Cars for Comrades.

Werkzeuge und Wissen

Die konkrete Ausrüstung der Fahrzeugnutzer waren zunächst Reparaturwissen und die nötigen Werkzeuge. Für das erstere gab es in der DDR eine Reihe von Publikationen, die Amateurnutzer als Zielgruppe hatten. Solche Publikationen waren kein Spezifikum der sozialistischen Gesellschaften; Dieter Korps Reihe „Jetzt helfe ich mir selbst" im Stuttgarter Motorbuch-Verlag oder die Handbücher des britischen Haynes-Verlages wurden im Westen zu Bestsellern. Die entsprechenden DDR-Publikationen, die neben den offiziellen Reparaturhandbüchern für Automechaniker erschienen, unterschieden sich insofern leicht von den westlichen, als sie weniger aufwendig illustriert waren, und oft die mechanischen Hintergründe der Arbeiten ausführlicher erklärten. Damit bekamen sie einen eher semiprofessionellen Status. Dazu passte, dass oft genug technische Zeichnungen erforderlicher Spezialwerkzeuge abgedruckt wurden, die selbst anzufertigen waren, um bestimmte Arbeiten ausführen zu können. Typisch dafür war das ausführliche technische Handbuch, das jedem Lada Nova – auch den im Westen verkauften – in den 1980er Jahren beilag und offenkundig auch für professionelle Mechaniker gedacht war.

Ein bislang wenig untersuchtes Feld ist das Verhältnis von Profis und Amateuren, konkret: von Kraftfahrzeughandwerkern und Laiennutzern. Im Fall von Autoreparaturen kann dies gespannt sein – der Verfasser erinnert sich an die Verachtung eines Automechanikers, als er den laienhaften Ersatz eines Kühlwasserschlauchs durch einen Gartenschlauch entdeckte –, aber auch durch den gemeinsamen Problemdruck zu Solidarisierungen führen. Können und Kreativität wurde von beiden, Profis und Laien, in unterschiedlichem Grad gefordert. Aber hier fehlt offenkundig Material für belastbare Aussagen.

Unterhalb des Niveaus von semiprofessionellen Anleitungsbüchern gab es Mischformen von Reparatur- und Pflegeanweisungen mit Tipps zum Fahren und Handhaben, die auf einen eher mechanisch weniger versierten Nutzertyp zielten. Dazu gehört etwa „Ich fahre einen Trabant 601" aus dem Transpress Verlag, oder der Bestseller von Franz Meissner, „Wie helfe ich mir selbst", der 1974 in dritter Auflage erschien. Gerhard Klausings „Trabant: Pflegen, warten, reparieren" kam erst nach der Wende auf den Markt, aber reagierte auch auf die Spezifik des sozialistischen Automobils. Gesamtökonomisch machten diese Publikationen in den automobilen Mangelwirtschaften sicherlich Sinn. Es war billiger und gesamtwirtschaftlich effizienter, Anleitungen zu erarbeiten und zu drucken und den Nutzern Wissen zu vermitteln, das sie in ihrer Freizeit anwendeten, als Infrastrukturen aufzubauen. Die Werkzeugbauanleitungen in den semiprofessionellen Handbüchern sparten auch die Herstellung von Spezialwerkzeugen, indem sie die Pyramide der Nutzeraktivierung noch weiter nach unten verbreiterten.

Bildung und Prestige

Wie weit beeinflussten die Spezifik der technischen Bildung in der DDR und die entsprechenden Qualifikationen der Absolventen des Bildungssystems die Möglichkeiten des Autoreparierens? Konkret: Zeigte der Schwerpunkt der Vermittlung handwerklicher Fähigkeiten und polytechnischen Verständnisses, der die sekundäre Bildung in der DDR charakterisierte, hier Wirkungen? Apologeten des DDR-Bildungssystems beanspruchten, dass dort weit mehr technische Qualifikationen vermittelt und technisch-wissenschaftliche Inhalte geschätzt worden seien als im Westen, in dessen höherem Bildungssystem bis in die 1980er Jahre hinein (manche behaupten: bis heute) Residuen von Technikskepsis und Industriefeindschaft hoch geschätzt worden seien, und dessen humanistische Bildungsreste einer Valorisierung des aktiven Umgehens mit Technik entgegengestanden seien.

Danach hätten die beiden Bildungskulturen unterschiedliche Automobilkulturen kontextualisieren und prägen müssen. Indizien dafür gibt es: Der westdeutsche Soziologe Dieter Claessens schob 1966 die Schuld an hohen Unfallzahlen auf die Technikskepsis der meist aus der Mittelklasse stammenden Fahrer.[22] Eine eher technikferne Grundstimmung gerade im Bürgertum der frühen Bundesrepublik wurde auch in der westdeutschen Ratgeberliteratur konstatiert und bekämpft. Alexander Spoerl warb in seinem Standardwerk „Mit dem Auto auf Du“ bei den wenig technikaffinen Erstbesitzern von Autos intensiv für das „Verstehen“ ihrer neuen Wagen;[23] man solle sich auch für die eigentliche technische Seite ihres Automobils interessieren und dazu Affinität entwickeln.

Wenn Interesse und Wissen dazu im Westen eher fehlten und eher negativ besetzt waren, dann müsste demzufolge eine breitere polytechnische Bildung vom DDR-Typus mit ihrer Hochschätzung der „Produktivkräfte“ bessere Automobilisten schaffen, und nicht allein bessere Reparaturfähigkeiten generieren. Hier kann diese Frage nicht beantwortet werden, ebensowenig wie die Geschlechterfrage. Denn die – verglichen mit der westlichen Sekundärschulerziehung der 1960er und 70er Jahre – weniger offen genderbezogene polytechnische Bildung müsste weibliche Autofahrerinnen nicht nur „besser“ als ihre männlichen Partner gemacht haben, sondern ihnen auch das Rüstzeug und die Fähigkeiten für mehr Interesse am Warten und Reparieren ihrer Fahrzeuge vermittelt haben.

Eine weitere Kompetenzgruppe, die für Wartungs- und Reparaturarbeiten gut präpariert gewesen sein müsste, waren in Staaten mit allgemeiner Wehrpflicht entlassene Soldaten. Vollmechanisierte Streitkräfte bilden einen hohen Prozentsatz ihrer Angehörigen für solche Arbeiten aus. Im Fall der Nationalen Volksarmee mit ihrem hohen Mobilisierungsgrad der männlichen Jugendlichen ist hier ebenfalls von einem beträchtlichen Potenzial

22 Siehe Dieter Claessens, Zur Soziologie des Straßenverkehrs. In: ders. (Hg.), Angst, Furcht und gesellschaftlicher Druck. Dortmund 1966, S. 23–31.

23 Alexander Spoerl, Mit dem Auto auf Du. München, 63.–75. Tsd. 1955.

mechanisch interessierter und kompetenter Personen auszugehen, die im späteren Zivilleben ihre Kenntnisse im Beruf und außerhalb anzuwenden vermochten. Eine Wehrpflichtigenarmee im Kalten Krieg war eben nicht nur die „Fahrschule der Nation“, wie der Bundeswehrslogan ironisch umgedeutet wurde, sondern auch eine Schule für das Umgehen mit der Mechanik von Fahrzeugen, und für ihre Wertschätzung. Ob dies so stimmt, bleibt zu untersuchen; ich kann weder einen methodischen Ansatz noch Daten dafür bieten.

Diskutiert werden muss die Frage des Zusammenhangs von technischer Bildung und Fahrerqualitäten allerdings auch im Kontext des Wandels des Fahrens selber in den entwickelten Automobilgesellschaften, der durch De-Technisierung und durch stärkere Betonung des Fahrvorgangs und der nicht technisch determinierten Teilnahme am Verkehr gekennzeichnet ist. Technische Bildung hätte dann einen Relevanzverlust für das Fahren selber erlitten, die Bedeutung für Reparieren und Warten allerdings behalten. Der hohe Stellenwert des Reparierens bei der Nutzung in der DDR verweist dann aber jedenfalls auf ältere Nutzungsformen zurück, die in den vollmotorisierten westlichen Automobilgesellschaften sich längst gewandelt hatten. Die veränderten Qualitäten im Artefakt und in den Infrastrukturen haben diese Kompetenzerfordernisse dort redundant gemacht. Bisher ging es vor allem um das Verhältnis der einzelnen Nutzer zu ihren Fahrzeugen. Nun möchte ich auf die größeren wirtschaftlichen und auch politischen Zusammenhänge eingehen.

Infrastrukturdefizite und Nutzeraktivierung

Die bedeutende Rolle des Wartens, Pflegens und Reparierens im „car life“ eines DDR-Autobesitzers hatte natürlich primär eine infrastrukturelle Ursache: ein geplantes Defizit der sozialistischen Volkswirtschaften, nämlich defizitäre Infrastrukturen und eine Produktionsplanung, die dem Bedarf nicht angepasst war. Dazu kam der Druck der Plananforderungen, die stets mehr Wert auf die Planzahlen abgelieferter Fahrzeuge legten als auf Reparaturgüter. Der „automobile Mangel“ erforderte zudem, dass die Privatwagen viel länger als zunächst geplant und deutlich länger als wirtschaftlich sinnvoll in Gebrauch gehalten wurden. Die Nutzungszeit lag beim Dreifachen der projektierten Haltbarkeit von 8 bis 10 Jahren.[24] Eine DDR-Besonderheit lag nun darin, dass der Produktionsanteil von Ersatzteilen zwar im internationalen Vergleich sehr hoch war, nämlich 30 % statt international üblich 10 %.[25] Doch auch dies reichte nicht aus. Für den überalterten Bestand und die hohen Reparatur- und „Rekonstruktions“-Erfordernisse wäre zudem ein dichtes Werkstättennetz erforderlich gewesen, aber genau das gab es nicht.

24 Vgl. Peter Kirchberg, Plaste, S. 570f.
25 Vgl. ebd., S. 571.

Im Westen dagegen fand eine graduelle Verlagerung der Wartungs- und Pflegeaktivitäten vom Automobilnutzer zu spezialisierten Infrastrukturen statt. Konkret: Während man am Beginn der Automobilisierung das Auto selber wusch und wartete, nutzte man seit den 1980er Jahren im Westen verstärkt Waschanlagen, und der Service in der Werkstatt war inzwischen üblich geworden. Ölwechsel fanden nicht mehr in der Garage statt, sondern in „Vertragswerkstätten" oder Ölwechselstationen. In der Tendenz hieß dies: Wo Selbermachen war, musste Infrastruktur werden. Die Nutzerkompetenzen wurden de-technisiert und auf dem Feld des Umgehens mit Technik de-aktiviert. Die DDR holte zwar mit etwa 15 Jahren Verspätung die westdeutsche Motorisierungsquote nach; dies war aber ein eher quantitativ zu bestimmender Vorgang. Im Fall der Nutzungsformen ging die DDR wie die übrigen RGW-Staaten einen Sonderweg, der die De-Technisierung und De-Aktivierung westlicher Nutzer nicht direkt nachvollzog.

Zugrunde lag diesem spezifischen DDR-Sonderweg eine generelle Unterbewertung des Transportsektors in sozialistischen Planwirtschaften, die einem wirtschaftspolitischen Konzept entsprach. Planwirtschaften betrachteten Transport als einen wenig selbst „produktiven" Sektor mit eher auxiliaren und daher zweitrangigen Funktionen. Die harte Produktion hatte Vorrang. In den klassischen Kategorien des Ökonomen Albert O. Hischman: Transport war dort ein Teil der eher zu reduzierenden „social overhead costs" (SOC), und nicht der eigentlich erwünschten „direct productive activities" (DPA).[26] Diese geplante geringe Schätzung des Transportsektors,[27] die Unterschätzung der Rolle des Transports als wirtschaftliches Wachstumsstimulans und die Unterbewertung der Infrastrukturerfordernisse des Straßenverkehrs führten zu einem relativen Zurückhängen der Infrastrukturinvestitionen. Die Konsequenz aus den entstehenden, ideologisch-ökonomisch motivierten, Infrastrukturdefiziten: Um Autos am Laufen zu halten, war Eigenarbeit erforderlich, weil die geplante Primärwirtschaft hier gezielt defizitär war. Der Zwang zum Selbermachen und sogar zur Durchführung von Generalreparaturen, genannt „Reko"-Arbeiten, und „Zweitaufbauten"[28] war also eine Folge der sozialistischen Wirtschaftstheorien, der ökonomischen Zwänge der Planwirtschaft und der infrastrukturdefizienten und endproduktorientierten politökonomischen Praxis.

Autoreparieren als sozialistische Arbeit

Die Verlagerung der Reparaturen zum Nutzer passte in ein Muster, bei dem Aktivitäten der „Verbraucher" eine hohe Relevanz innerhalb der sozialistischen Gesellschaft zugewiesen wurde. So, wie von Mietern erwartet wurde, Außenanlagen selbst zu pflegen und kleinere Hausreparaturen vorzunehmen, so wurde auch von Autobesitzern erwartet, dass

---

26 Albert O. Hirschman, Strategy of Economic Development. Yale 1958.

27 Siehe Kurt Möser, Prinzipielles zur Transportgeschichte. In: Sieferle, Rolf Peter (Hg.), Transportgeschichte. Berlin 2008, S. 39–78 (= Der Europäische Sonderweg 1).

28 Für Historiker, die sich für die spezifische, hoch euphemistische DDR-Terminologie interessieren, ist Peter Kirchbergs Buch nicht nur Sekundärliteratur, sondern Quelle.

sie Wartung und Reparaturen übernähmen. Gewertet wurde das (meistens samstägliche) Arbeiten der Hausgemeinschaft als gesellschaftspolitisch wichtige Tätigkeit, die propagiert, gefördert, angeordnet wurde, und der eine pädagogische Funktion beim Aufbau des Sozialismus zugewiesen wurde. Ein populäres Reparatur- und Bastelbuch von 1967 formulierte diesen politischen und erzieherischen Anspruch im Vorwort:

> „Möge dieses Buch in seinen bescheidenen Grenzen dazu beitragen, praktische Erfahrung zu vermitteln, handwerkliche und polytechnische Kenntnisse zu erweitern und damit dem technischen Fortschritt, der Steigerung der Arbeitsproduktivität, dem sozialistischen Aufbau dienen."[29]

Dies entsprach der geltenden Politik der Aktivierung der Genossen, der Propagierung einer aktiven Teilnahme an der gesellschaftlichen Aufbauarbeit, wobei öffentliche und industrielle Aufgaben nach dem sowjetischen Vorbild der „Subotniks" an mehr oder weniger freiwillige Nutzerinitiativen delegiert wurden.

Allerdings gab es dabei einen Unterschied: Während Mietshäuser als „kollektives Eigentum" galten, waren Autos Privatbesitz. Konnten im ersten Fall die gemeinsamen Arbeitsanstrengungen als Arbeit für das gemeinsame Wohl definiert werden, dann fiel dies bei privaten Fahrzeugen schon schwerer. Auch wenn das Reparieren privaten Besitzes nicht unter die DDR-Variante des „Subotnik"-Systems subsummiert werden kann, weil es sich hier nicht um Arbeiten für die Öffentlichkeit handelt, sondern für den eigenen Bedarf, so passt diese sozial-politische Aufwertung der Eigenarbeit doch in dieses Muster. Die charakteristische Idee einer Nutzeraktivierung zum allgemeinen Nutzen ist auch beim Autoreparieren im Sozialismus erkennbar, weil hier mindestens Infrastrukturen eingespart werden konnten, was die sozialistische Ökonomie entlasten sollte.

Ersatzteile in Mangelökonomien

Das kollektiv-individuelle Umgehen mit diesen Defiziten hatte als Konsequenz eine ständige Suche nach Ersatzteilen. Zunächst war Vorratshaltung angesagt. Garagen und Keller wurden mit Teilen gefüllt, sobald sie verfügbar wurden, weil sie nicht zum Bedarfszeitpunkt gekauft werden konnten. „Ersatzteile wurden erworben, wann immer man sie bekam, und nicht erst, wenn man sie brauchte."[30] Es wurde mehr und mehr zur Selbstverständlichkeit, dass ein Vorschalldämpfer, Schwenklager, Zylinderkopfdichtungen, ja sogar Einschweißteile der Karosserie zum Garagenbestand jedes Trabant- oder Wartburg-Besitzers gehörten.[31] Man kannte die spezifisch artefaktbezogenen Probleme, besser Schwachstellen, der Automobile aus RGW-Produktion und musste Teile bereithalten, die früher oder später getauscht werden mussten, weil man sich nicht mit Nacharbeiten,

---

29 Werner Hirte, 1000 Dinge selbst gebaut. Das Buch des Bastlers. Leipzig / Jena / Berlin (4) 1967, unpag. Vorwort.

30 Peter Kirchberg, Plaste, S. 573.

31 Vgl. ebd., S. 522.

„Reko" oder Isolierband behelfen konnte. Vorratshaltung, Hamstern, auch Spekulationskäufe „unter der Hand", mit verdeckten Bestechungen, führen in Mangelwirtschaften zu einer Problemspirale der Verschärfung sowieso knapper Güter. Und dies hatte mehrere Konsequenzen: Einerseits stauten und kumulierten sich damit Reparaturanfälle, doch auf der individuellen Ebene wurde eine gewisse Subversivität in Gang gesetzt und eine zweite Ökonomie implementiert.

Zunächst kam es zu Reparaturkaskaden. Fertigungstechnische Probleme oder Auslassungen – Kirchbergs Beispiel ist die Hohlraumversiegelung[32] – führte zu einer Nachrüstungs- und Nacharbeitsverlagerung ins Kfz-Gewerbe, mit entsprechenden Überlastungen eines sowieso schon überlasteten Gewerbes, das dann mit geringerer Arbeitseffizienz und höherem Personalaufwand das leisten sollte, was die Produktion nicht tat. Und weil sich dadurch der infrastrukturelle Engpass verschärfte, wurde wiederum mehr zur Eigenarbeit hin verlagert und der Endkonsument zwangsaktiviert.

Reparaturkreativität

In Gesellschaften des automobilen Mangels und vor allem der infrastrukturellen Restriktionen herrscht durchwegs eine Reparaturkultur, die durch nicht durchwegs bestimmungsgemäße Verwendung von Teilen charakterisiert werden kann, als Nutzung vorhandener Ressourcen, die vor allem aus der laufenden Produktion oder aus „Sekundärnutzung" abgewrackter Fahrzeuge stammen. Die DDR entsprach diesem Muster: Wenn ältere oder ungebräuchlichere Fahrzeuge repariert werden mussten, griff man also auf Teile der DDR-Standardfahrzeuge zurück. Ein simpler Tausch oder Einbau war dann nicht möglich; es mussten Anpassungsarbeiten durchgeführt werden und vorhandene, nicht spezifische Ersatzteile „passend gemacht" werden, auch wenn dies behelfsmäßig wirkte.

Ich möchte generell zwischen vier Typen des Reparierens unterscheiden:

- Reparaturen mit handwerklichen, handwerksgerechten Mitteln, „from scratch"
- Reparaturen durch Austausch von Komponenten: Austauschreparaturen
- Reparaturen, bei denen nicht passende Komponenten, die evtl. für andere Fahrzeuge vorgesehen sind, an die Reparaturbedürfnisse angepasst werden: Anpassungsreparaturen
- Reparaturen meist durch nichtprofessionelle Nutzer, abseits von Hilfsinfrastrukturen und externer Kompetenz: Behelfsreparaturen

Im DDR-Fall haben wir es oft mit Anpassungs- und Behelfsreparaturen zu tun, weniger mit Austauschreparaturen. Diese letzteren begannen in großem Maßstab beim Automobil

32 Vgl. ebd., S. 574.

mit dem Ford T; Nutzer konnten sich „Originalersatzteile“ per Post bestellen und mit relativ geringem handwerklichem Aufwand, angeleitet durch ein verständliches, katechismusanalog mit Fragen und Antworten aufgebautes Handbuch, tauschen. Der Nachteil war der hohe produktionsseitige Aufwand, weil ein komplettes Bauteil hergestellt werden musste, um ein unter Umständen nur kleines mechanisches Problem der Teilkomponente zu beheben. Gesamtwirtschaftlich macht Austauschbau nur dann Sinn, wenn der Produktionsaufwand sich in Grenzen hält, wenn Produktionskapazität und Produktivität hoch sind, und wenn Löhne im Reparaturbereich hoch sind. Austauschbau ist aber auch da sinnvoll, wo Reparaturen nichtprofessionell ausgeführt werden, da das Niveau von „skills“ geringer ist als bei Reparaturen älteren Typs. Für extensiven Austauschbau mit anschließender „Reko“ der defekten Teile war die DDR einigermaßen gerüstet; problematisch war der Umfang, denn an „rekonstruierten“ Teilen herrschte durchwegs Mangel, so dass Behelfsreparaturen zur Regel wurden.

Behelfsreparaturen waren kein Spezifikum der DDR-Automobilkultur, aber dort führten die genannten Rahmenbedingungen zu einer Ausbreitung von Anpassungserfordernissen von Standardteilen im professionellen und im Amateurbereich. Das erforderte beträchtliche Reparaturkreativität – ein Begriff, der nach meiner Meinung die Eigenschaft und Qualität charakterisiert, die hier eingesetzt werden müssen. Mangel stimulierte hier Erfindungsreichtum und technische Problemlösungskompetenz, stärkte die Aneignung von Wissen und Können im Umgang mit selbst genutzter Technik. Ein professioneller Automechaniker beschrieb dies: „Aus Teilen, die man heute nicht angucken würde, wurde wieder etwas gemacht. Und dann musste man natürlich pfiffig sein [...]. Wir haben dabei auch besonders gutes fachliches und handwerkliches Können entwickelt.“[33]

Zu fragen ist allerdings, ob dies nicht als ein Teil der „Ostalgie“, der verklärenden Betrachtung der DDR-Lebenswirklichkeit, gesehen werden muss. Ein Aspekt des Stolzes, der sich in solchen Darstellungen äußert, ist sicher die „Verklärung des Bildes der DDR“; das Leben dort wurde in der ex-post-Wahrnehmung mancher Bürger nicht nur als „warmherzig“ empfunden, sondern auch als kreativer.[34] Generell sind natürlich Zeitzeugen wie Quellen, die für das private Umgehen von DDR-Bürgern mit Alltagstechnik herangezogen werden können, quellenkritisch zu befragen, wobei durchwegs ex-post-Umdeutungen und Semantisierungsvorgänge berücksichtigt werden müssen.

Dass dies aber eine qualifizierte Aufwertung solcher Arbeitsvorgänge bei komplexen Reparaturen darstellt, ist klar; Reparaturkreativität ist mehr als bloße technische Improvisation und streift mitunter die Grenze zur Mikro-Innovation. Innovationen „von unten“ auf dem Feld der individuellen Mobilität, mitunter aus der Gruppe technischer Laien heraus,

33 Kfz-Meister Rolf Müller, MDR.

34 Stephan Merl, Von Chruschtschows Konsumkonzeption zur Politik des „Little Deal“ unter Breschnew. In: Greiner, Bernd et al. (Hg.), Ökonomie im Kalten Krieg. Bonn 2010, S. 279–310, hier S. 281.

aber auch von herausgeforderten Fachhandwerkern, abseits etablierter und professioneller Forschung und Entwicklung, scheinen mir bisher noch nicht ausreichend in den Blick der Technikgeschichte geraten. Solche „Reparaturkapriolen“[35], kreative Problemlösungen im Reparaturbereich sind in diesem Kontext zu verorten.

Eine weitere nicht leicht zu beantwortende Frage bezieht sich auf das Verhältnis von professionellen und Laien-Automechanikern. Ob das Verhältnis tatsächlich so spannungsfrei und durch Solidarität angesichts gemeinsamer Probleme geprägt war, bleibt dahingestellt. Die Konfrontation von „Profis“ mit „Pfuschern“, die Bewertung von Reparaturen durch Laien generell begleitet, dürfte systemübergreifend eine Rolle gespielt haben, wird aber in der Erinnerung eher überdeckt.

Nachholende Modernisierung: „Reparaturfreundlichkeit“ und „Weltstandard“

Die technische Konstruktion und Produktion von Artefakten kann das Reparieren und Warten von Artefakten entweder erleichtern oder erschweren. „Reparaturunfreundlichkeit“ kann akzidentiell passieren, wenn etwa bei der Fertigung mehr Wert auf kostengünstigen Bau oder leichtere Montierbarkeit gelegt wird und späteren Wartungs- oder Reparaturarbeiten eine geringere Priorität eingeräumt wird. Erschwertes Reparieren kann aber auch intentional einkonstruiert werden, etwa um die „Bastelwut des Halblaien“ zu bremsen, wie es in einem Lehrbuch der 1930er Jahre hieß, oder um die Nutzer in professionelle Werkstätten zu zwingen. Im Fall von Automobilen bedeutet dies etwa, dass Spezialschrauben verwendet werden, oder anderes Werkzeug erforderlich ist, das Amateure üblicherweise nicht besitzen. Man kann die Einkonstruktion der Verhinderung von Reparierbarkeit als langen Trend beschreiben: Während bis in die 1950er Jahre die leichte Möglichkeit des Reparierens ein Marketingargument gerade für preiswerte Fahrzeugmarktsegmente und für Anfangsnutzer war, das auch in Tests prämiert wurde, ist seitdem Unzugänglichkeit und Nichtreparierbarkeit durch Laien die Regel geworden – bis hin zur Notwendigkeit, auch für zuvor simple Arbeiten wie dem Wechsel einer Scheinwerferbirne eine Fachwerkstatt aufsuchen zu müssen. Die Klage, Fahrzeuge seien heute so komplex geworden, dass Laien mit durchschnittlichen Fähigkeiten kaum mehr mechanische Eingriffe durchführen könnten, ist topisch. Dieser Entwicklungsvektor hat aber natürlich Akteure mit Interessen, die die Prioritäten von Konstrukteuren in eine bestimmte Richtung verschoben haben. Der lange Trend der Motorisierungsgeschichte zeigt also auf eine Entfernung der Nutzer von technischen Eingriffen, Reparaturerfordernissen und Pflegearbeit. Die Fahrzeuge bekamen längere Wartungsintervalle und erforderten weniger manuellen Pflegeaufwand – etwa durch einen Wegfall von Schmierstellen –, wurden aber auch „gehärtet“ gegen Nutzereingriffe.

35 Kfz-Meister Rolf Müller, MDR.

DDR-Motorfahrzeuge machten diesen langen Trend, der typisch ist für technische Spätentwicklungen, nicht oder nur eingeschränkt mit. MZ-Motorräder oder Trabants waren insofern „archaischer“, als Reparierbarkeit durch Nichtfachleute ein Konstruktionskriterium war. Merkmale wie relativ gute Zugänglichkeit, beziehungsweise leichte Demontierbarkeit, wenige Größen für Schrauben und Muttern, geringer Bedarf an Spezialwerkzeug waren bei den Standard-Fahrzeugen der DDR durchwegs gegeben. Auf der einen Seite bestand ein recht hoher, für eine bestimmte, frühere Phase der Technikentwicklung aber typischer Wartungsbedarf der DDR-Produkte und wohl auch eine erhöhte Reparaturanfälligkeit. Auf der anderen Seite wurden diese Arbeiten durch einkonstruierte Merkmale erleichtert. Das Beibehalten des Zweitaktmotors mit seiner technischen Einfachheit ist wohl auch in diesem Zusammenhang zu sehen, obwohl die tatsächlichen Entscheidungsprozesse auf „Innovationsschwäche“ hinausliefen und auch eine beträchtliche politisch-ökonomische Komplexität hatten.

Die unzulänglichen oder ausbleibenden Produktmodernisierungen der DDR-Autoproduktion führten zu einem wachsenden Abstand zum technischen und Ausstattungsstandard westlicher Automobile. Evident wurde dies, als die westlichen Automobilhersteller zunehmend auf die Umwelt-, Sicherheits- und Ressourcendebatte zwischen 1970 und 1980 reagierten. Parallel dazu erwarteten Nutzer mehr Komfort. Die Modifikation der Automobile, um die neu entstehenden Technik- und Komfortstandards zu erfüllen, die von manchen Automobilhistorikern als „Neuerfindung“ verstanden wurde,[36] fand in der innovationsverzögernden Automobilindustrie der DDR kaum eine Parallele. Nun konnten aber durch Eigenarbeit einige der Defizite ansatzweise behoben werden. Es war natürlich nicht möglich, Konstruktionsmerkmale der passiven Sicherheit zu inkorporieren; Knautschzonen lassen sich gar nicht, „Entschärfungen“ des Innenraums nur bedingt nachrüsten. Aber manche Sicherheitselemente konnten doch durch Eigenarbeit eingebaut werden. Dazu gehören beispielsweise Sicherheitsgurte und Kopfstützen vorn und hinten, oder etwa Kindersitze. Diese produzierte die DDR-Industrie erst verspätet, aber Eigenbau konnte hier abhelfen. So gab es etwa Bauanleitungen für Kindersitze in der populären Selbermacher-Zeitschrift practic[37] zu einem Zeitpunkt, als die RGW-Wirtschaften noch keine Kindersitze produzierten. Solche Prozesse könnten, cum grano salis, ebenfalls als „Reparatur“ verstanden werden, als Behebung fehlender Produktmerkmale.

Ein Merkmal des aktiven Umgehens der DDR-Nutzer mit ihren Fahrzeugen hängt also mit der Entwicklungs- und Innovationsdynamik der Automobilindustrie zusammen – oder eher mit deren Ausbleiben. Während Automobile im Westen seit den 1960er Jahren immer mehr technisch „aufgerüstet“ wurden, änderte sich der technische Stand der DDR-Standardfahrzeuge vergleichsweise langsam. Was nun die Industrie nicht lieferte, leisteten ansatzweise die Nutzer durch Eigenarbeit. Nicht nur die erwähnten sicher-

36 Siehe Gert Schmidt, „Die Zeit fährt Auto“. In: ders. (Hg.), Technik und Gesellschaft. Jahrbuch 10: Automobil und Automobilismus. Frankfurt/M. / New York 1999, S. 7–14.

37 „Autositz für Kleinkinder“. In: practic 4 (1979).

heitsrelevanten Kindersitze, sondern verstärkt Bequemlichkeitseinbauten – Abstellmöglichkeiten für Getränke, 12 Volt-Autosteckdosen, sogar elektrische Scheibenheber – wurden nachgerüstet, ein Prozess, der als Aufholen der westlichen Automobilkultur durch Nutzeraktivität beschrieben werden kann: Man musste durch Eigenarbeit zum „Weltstandard" aufschließen. Das hatte in vielen Fällen eine spezifische funktionale Zielrichtung: Viele dieser Modifikationen, wie der Umbau des „Trabant als Schlafkabine",[38] dienten der Optimierung der sozialen und technischen Konstruktion des Privatwagens als Freizeitmaschine und als Instrument für den sozialtypischen Campingurlaub.

DDR-Sloanismus?

Das automobile Angebot der DDR war bis zum Ende essentiell fordistisch. Es wurden wenig differenzierte Autos über lange Zeiträume angeboten, in wenigen Bauvarianten, mit geringen Modifikationen und in begrenzter Farbpalette. Den Wandel entwickelter Automobilgesellschaften vom Einheitsauto zum nutzerspezifischen und häufig modifizierten „Jahrgangsauto", machte die DDR nicht mit. Die „sloanistische" Wende zu einer hoch ausdifferenzierten industriegetriebenen Autokultur und dem Muster der „cars for every purse and purpose"[39] blieb dort aus.

Kann man vor dem Ende des RGW-Sozialismus manichäisch einen westlichen Sloanismus oder Supersloanismus von einem östlichen Fordismus trennen? Das scheint mir nur dann ansatzweise zu klappen, wenn man sich auf die Produktionsseite konzentriert. Denn das einem sozialistischen ökonomischen Ansatz adäquate Modell, standardisierte und auch wenig sozial ausdifferenzierte Produkte mit langer Produktionsdauer anzubieten, wurde durch die Nutzer unterlaufen. Sie führten durch Eigenarbeit und Eigenmodifikationen sloanistische Elemente ein, die nicht industrie-, sondern nutzergetrieben waren. Man konnte zwar keine ausdifferenzierten Fahrzeuge „for every purse and purpose" kaufen, sondern war froh, überhaupt irgendein Fahrzeug nach extremen Wartezeiten zu bekommen. Doch man konnte durch Do-it-yourself-Aktivität die nicht verfügbaren individualisierenden und modernisierenden Modifikationen selbst leisten – mit den entsprechenden Distinktionswirkungen, die im Kern des Sloanismus liegen. Selbst nachgerüstete Nebelscheinwerfer, Spoiler oder Außenspiegel individualisierten als „Nutzersloanismus" die undifferenzierten Serienwagen und differenzierten eine produktionstechnische Standardisierung.

---

38 practic 3 (1973).

39 Zum Begriff des Sloanismus und Supersloanismus siehe Kurt Möser, Geschichte des Autos, Frankfurt/M. / New York 2002.

Schrauben am Auto in funktionalen und transfunktionalen Automobilkulturen

Generell bestand in der DDR ein Druck von oben, aus politökonomischer Sicht, zu einem rationalen Umgehen mit individuellen Motorfahrzeugen. Trabant, Schwalbe oder MZ waren geplant als essentiell vernünftige, auch restriktionsangepasste Lösungen für „Transportprobleme" innerhalb der sozialistischen Gesellschaften. Für die DDR-Planwirtschaft und die planende Politik waren Autos Transportmittel. Doch für die Nutzer waren sie auch und gerade etwas mehr. Wie auch im Westen waren die „sekundären", transport-transgredierenden Funktionen individueller Verkehrsmittel entscheidende Komponenten der Attraktion. Fahrlust, auch Prestige, Besitzstolz, Repräsentation, sicherlich auch Luxus[40] gehörten zur sozialen Konstruktion des Autos auch in der DDR unverzichtbar dazu und bestimmten nachhaltiger als die vorgeblich „primäre", die Transportfunktion, das Umgehen mit Automobilen und auch die soziale Positionierung von Automobilnutzern. An diesen nicht nur politökonomisch ungeplanten, sondern höchstwahrscheinlich auch subversiven Nutzungskomponenten hatten Reparieren, Pflegen und Modifizieren einen wesentlichen Anteil. Demonstrativer Besitzerstolz auf ein gepflegtes Auto war gegenüber Nichtbesitzern distinktionserzeugend.

Es gibt nun allerdings unterschiedliche positive soziale Kodierungen vom Arbeiten der Nutzer an massenproduzierten Industriegütern. Nicht verwechselt werden sollte das aktive und gestaltende Umgehen der DDR-Bürger mit Autos mit der sozialen Distinktion durch individuelle Abkehr von der Massenproduktion,[41] wie sie im Kontext der Lifestyle-„Bobos", der „bourgeoisen Bohemiens" betrieben wird.[42] Vielleicht ist es doch zu einfach, eine strikte Trennungslinie zwischen Selbermachen in Mangel- und Knappheitsökonomien und Selbermachen in hoch statusmobilen, ständig neue symbolische Distinktionsformen generierenden spätindustriellen Überflussgesellschaften zu ziehen. Denn der Erwerb von Distinktion und Prestigegewinn ist natürlich auch in industriellen Mangelökonomien möglich. Kompetentes Beheben von Pannen, den „Wagen rasch wieder flott zu kriegen", bringt denen, die dies in Mangelökonomien aus Notwendigkeit fertigbringen, ebensolchen Respekt wie Selbermachern in so genannten postindustriellen Ökonomien.

---

40 Siehe Ina Merkel, Luxus im Sozialismus. Eine widersinnige Fragestellung? In: Reith, Reinhold / Meyer, Torsten (Hg.), Luxus und Konsum. Eine historische Annäherung, Münster / New York / München / Berlin 2003, S. 221–236.

41 Zu Distinktionsformen siehe Kurt Möser, Automobiler Luxus im Kontext: „Phaetons" von 1900 bis heute. In: Hölkeskamp, Karl-Joachim / Rebenich, Stefan (Hg.), Phaeton. Ein Mythos in Antike und Moderne. Stuttgart 2009, S. 179–191.

42 Holm Friebe / Thomas Ramge, Marke Eigenbau. Der Aufstand der Massen gegen die Massenproduktion. Bonn 2009 (= bpb Bd. 788), S. 103; schon früher: Elisabeth Redler, Eigenarbeits- und Reparaturzentren – ökologische Qualität der Eigenarbeit. Berlin 1999 (= WZB papers).

Ich habe hier nun einige Rahmenbedingungen kurz angesprochen, in denen das Reparieren und Pflegen von Autos in der DDR situiert sind. Wenn diese Kontexte Nutzerqualifikationen und – interessen ebenso einschließen wie die Politökonomie von Infrastrukturaufbau, Artefakteigenschaften ebenso wie die Rolle von Eigenarbeit im Sozialismus, Innovationskulturen „von unten“ ebenso wie Nutzerstatus einschließen, dann ergibt sich für diesen Teilbereich der Technikgeschichte, das Autoreparieren, eine Interpretationsmatrix, die Elemente der Gesellschaft berücksichtigen muss, in der die Nutzer handeln. Damit kann das Verstehen von Autoreparieren in der DDR exemplarisch sein für das Verstehen von Technik auch in politischen, ökonomischen, sozialen und „privaten“ Kontexten. Dazu kann man, last not least, eine interessante Spielart des universell zu beobachtenden kreativen Umgangs mit Technik durch die Nutzer kennenlernen.

Zusammenfassung

Die erhebliche Bedeutung des Pflegens und Reparierens in der Automobilkultur der DDR hatte Rahmenbedingungen wie etwa Versorgungs- und geplante Infrastrukturmängel, Eigenarbeit im Sozialismus und spezifische Fahrzeugeigenschaften. Selbermachen wird aber auch als möglicherweise universellere, nicht systemspezifische Form der Automobilnutzung und der Mensch-Technik-Beziehung interpretiert, wobei die Kontexte von Nutzerqualifikationen, Freizeitverhalten, Bildung, „skills“ und deren Prestige eine Rolle spielen. Im Rahmen der automobilgeschichtlichen Periodisierung wird Eigenarbeit als Möglichkeit sloanistischer Modifikation fordistischer Einheitsfahrzeuge durch Nutzer gesehen, wobei technische Kreativität „von unten“ zum Tragen kam.

Innovationskulturen um das Automobil?

Am Beginn des zweiten Jahrzehnts des 21. Jahrhunderts ist die bundesdeutsche Automobilindustrie und der Automarkt so erfolgreich wie nie zuvor. Die Binnennachfrage ist stabil, der Export, gerade auch in die „emerging markets“, boomt, Volkswagen hat soeben Toyota den Stückzahlrekord abgejagt. Automobile erleben eine beschleunigte elektronische Aufrüstung; sicherheits- und komforterhöhende Teilsysteme werden in rascher Folge einkonstruiert und immer schneller vom Luxussegment nach unten, zu den „normaleren“ und kleineren Autos durchgereicht. Doch zugleich wird, in einer Antizipation künftiger Krisen fossilbasierter Individualmobilität, so intensiv wie kaum jemals auf eine beschleunigte Transformation des Mobilitätssystems gedrängt. Innovationserwartungen und Innovationsdruck gerade auch bei der Entwicklung und Implementation alternativer Antriebssysteme sind außerordentlich hoch. Mehr als je zuvor wird eine Neuerfindung von Automobil und Automobilismus gefordert, erwartet und geplant. Dass Innovationen zwingend erforderlich und rational planbar sind, dass der Staat die erforderlichen Rahmenbedingungen für Forschung, Entwicklung, Implementierung und künftige Märkte bereitzustellen habe, dass Industrie, Verbände und Staat kooperieren, müsse, etwa durch Forschungs- und Informationsverbünde wie die „Nationale Plattform Elektromobilität“,[1] die im Mai 2010 etabliert wurde,[2] um den für notwendig gehaltenen Wandel zu stimulieren, zu generieren und Innovationen „anzuschieben“, wird selten bezweifelt. Im Zentrum

1 http://www.bmu.de/verkehr/elektromobilitaet/nationale_plattform_elektromobilitaet/doc/45970.php; Zugriff am 13.01.2012.

2 Siehe die „Gemeinsame Erklärung von Bundesregierung und deutscher Industrie“: http://www.bundesregierung.de/Content/DE/Artikel/2010/05/2010-05-03-elektromobilitaet-erklaerung.html; Zugriff am 13.01.2012.

der technologischen Planungen steht „mit der Elektromobilität eine technologische Zeitenwende im Verkehrsbereich".[3]

Der Innovationsbegriff ist tagespolitisch heute ein Kampf- und Schlüsselbegriff, und ein Passepartout. Dieser soziotechnische Trend der gegenwärtigen Debatten war mitverantwortlich für die Findung des Themas der „Stuttgarter Tage zur Automobil- und Unternehmensgeschichte" 2011, im 125sten Jubiläumsjahr der Patentierung des benzinmotorgetriebenen Automobils. Im Rückblick, für die Technikgeschichte, erscheint die Transformations- und Innovationsrhetorik hingegen nicht so singulär wie für manche Vertreter des heutigen technopolitischen Mainstreams. So können wir historische Phasen der Euphorie für Elektrofahrzeuge um 1900 und in den 1970er Jahren identifizieren, in denen teilweise wortgleich formuliert wurde, und in denen unmittelbar bevorstehende Technikzukünfte – etwa baldige Durchbrüche in der Akkumulatorentechnik – prognostiziert wurden.[4] Technikhistoriker wissen um schwierige oder abgebrochene Diffusionsgeschichten, um Akzeptanzprobleme von Innovationen, um Fehlschläge bei der Durchsetzung, um Widerstände der Nutzer oder der Industrie. Sie wissen, dass Nutzer Technologien oft eigenständiger und widersinniger gebrauchen als erwartet und geplant, und dass ältere Technologien oft bemerkenswerte Resilienz und Beharrungskraft besitzen.

Zwei Erzählungen der Geschichte des Automobils

Trotzdem wird die Geschichte des Automobils mehrheitlich doch als Abfolge von Inventionen, als Erfindungsgeschichte geschrieben, kaum anders als die populäre Geschichte der Technik generell. Erzählungen des Fortschritts und der kontinuierlichen Verbesserungen, verbunden mit und getrieben durch Innovationen; große Erfinderpersönlichkeiten und datengenaue Erfindungsjubiläen: das sind die Bausteine der Meistererzählung der 125 Jahre des Benzinautomobils. Beide Trends – der lange und komplexe Transformationsprozess, den dieses Artefakt hinter sich hat, seit es um 1900 „seine Form gefunden hatte", also faktisch die zweite Erfindung stattfand, und zweitens die Entwicklung zum größten großtechnischen Systems im Globalmaßstab, werden üblicherweise als Geschichte der Abfolge von identifizierbaren Schlüsselerfindungen geschrieben, die die Fortschritte in der Auslegung der Motor-, Fahrwerks- oder Karosserietechnik markierten, aber auch Komfortsteigerung, erhöhte Sicherheit oder Nutzungsvereinfachung brachten. Solche identifizierbaren Schlüsselerfindungen sind etwa E-Starter, selbsttragende Karosserie, Getriebesynchronisierung, Sicherheitskarosserie oder Startvergaser. Darunter fällt der Innovationstrend veränderter Zünd- und Brennstoffversorgung, etwa elektronische Zündungs- und Einspritzverfahren.

3 Nationaler Entwicklungsplan Elektromobilität der Bundesregierung: http://www.bmu.de/verkehr/elektromobilitaet/doc/44798.php; Zugriff am 13.01.2012.

4 Siehe Kurt Möser, Historischer Abriss der Elektromobilität. In: Reiner Korthauer (Hg.), Handbuch Elektromobilität. Frankfurt/M. / Essen, 2. Ausgabe 2011, S. 15–36.

Trägt diese erfindungsbasierte Erzählung? Kaum strittig dürfte sein, dass die Evolution des Autos in vielen kleinen und mitunter manchen großen Schritten erfolgte. Ist deren Rekonstruktion aber schon eine Geschichte der Entwicklung des Automobils? Ist der Wandel des Automobils in den letzten 125 Jahren sinnvoll, richtig und vollständig beschreibbar als Kette einzelner Inventionen? Und wenn man es tut – was lässt man aus – oder wo erfolgt ein Overkill, eine Überdeterminierung? Ich möchte bei meinen Antworten keine Theorie oder Konzeption von oben, abgeleitet aus allgemeineren Prinzipien, anbieten. Konkrete Beispiele – ich möchte sie nur aus dem engeren Bereich der Fahrzeugtechnik nehmen – scheinen mir zentral, um diese Fragen zu beantworten. Sie ergeben eine zweite Erzählung, die man gegen die erfindungszentrierte Erzählung setzen kann: die (Re-)Konstruktion langer Trends der Automobilgeschichte. Dabei geht es um Innovationen, die in „Innovationskulturen" entwickelt werden[5] und diffundieren; Innovationen, die in Genese und Implementierung technisch wie soziokulturell verankert sind. Wenn man Komplexe wie Fertigungsfragen oder Infrastrukturentwicklungen weglässt – was ich hier aus Platzgründen und aus Gründen der weiteren Komplizierung einer sowieso schon komplizierten Fragestellung tun möchte – und sich auf das Fahrzeug selber beschränkt, dann kann man lange automobilgeschichtliche Trends und Vektoren des Wandels auf vier exemplarischen Feldern, nämlich innen, außen, nutzerbezogen und technisch feststellen.

- Erstens: Beim automobilen Innenraum zielte der Vektor, der zwischen den Weltkriegen Dynamik bekommt, auf zunehmende Abschließung, auf Entkopplung von Außenbezügen, auf Innenraumvariabilität und Komfortsteigerungen: Der mobile Intimraum entsteht.[6]
- Zweitens: Außen läuft der Trend auf eine Entdifferenzierung des Fahrzeugkörpers, auf Einbeziehung separierter Gestaltungselemente, beginnend mit Kotflügeln oder Scheinwerfern; auf Integration heterogener Gestaltungskomponenten der Karosserie, zur finalen Einbeziehung und zur konvexdominierten Gestaltung: Die integrale Form entsteht.[7]
- Drittens: Beim Nutzerbezug sind Zuwächse an Bedienkomfort, abnehmende Bedienkräfte, Reichweitenanpassung, Ergonomiezuwächse zu erkennen: Die körperangepasste Fahrmaschine entsteht.
- Viertens: Der Technikvektor ist durch Leistungssteigerung, Verbesserungstrends bei Fahrwerk und Karosseriestruktur gekennzeichnet: Das leistungsstarke Reisefahrzeug entsteht.

---

5 Siehe Reinhold Reith et al. (Hg.), Innovationskultur in historischer und ökonomischer Perspektive. Modelle, Indikatoren und regionale Entwicklungslinien. Innsbruck 2006; Wolfgang König, Das Kulturelle in der Technik. Kulturbegriffe und ihre Operationalisierung für die Technik. In: Gerhard Banse (Hg.), Technik und Kultur: Bedingungs- und Beeinflussungsverhältnisse. Karlsruhe 2010, S. 73–88; Ulrich Wengenroth, Innovationsforschung: Ansätze, Methoden, Grenzen und Perspektiven. Münster 2007.

6 Siehe Kurt Möser, The Driver in the Machine: Changing Interiors of the Car. In: Helmuth Trischler / Stefan Zeilinger (Hg.), Tackling Transport. London 2003, S. 61–80.

7 Siehe Kurt Möser, Geschichte des Autos. Frankfurt/M. / New York 2002, S. 296–299.

Man kann, cum grano salis, durchaus nationale Spezifiken der Nachkriegs-Innovationsvektoren erkennen, die allerdings seit den 1980er Jahren konvergieren: Das Automobil ist in Fahrdynamik deutsch / italienisch, in der Zuverlässigkeit japanisch, in der Innenraumvariabilität französisch und im Innenraumkomfort US-amerikanisch geworden, während die Produktionsorganisation japanisch wurde.

Es ist evident, dass diese zweite Erzählung, die eine „longue durée" der Automobilgeschichte zeichnet und Innovationskulturen statt Inventionen betrachtet, andere Blicke auf den Wandel richtet und andere Schwerpunkte setzt. So ergeben sich etwa Cluster. In den 1950er/60er Jahren wandelten sich Fahrzeuge in allen vier Vektoren signifikant. Selbsttragende Karosserien, integrative Außengestaltung, neues Verhandeln des Innenraums, Leitungs- und Komfortsprünge gehören dazu. Wie so oft in der Geschichtswissenschaft erkennt man aber auch in der Technikgeschichte nur das, wonach man fragt, oder worauf man sein Augenmerk richtet. Nun stellt sich aber die Frage nach der Kompatibilität: Kann man die langen Trends auf die Innovationscluster abbilden? Gibt es Kongruenzen der zwei Erzählstränge, der Innovationserzählungen und der Erzählungen des Wandels? Sind die unterschiedlichen Zäsuren und Periodisierungen miteinander vereinbar? Dies berührt eine Grundfrage der Technikgeschichte: Wie kann technischer, technosozialer oder technokultureller Wandel beschrieben, kategorisiert und verstanden werden? Ist dafür der Innovationsbegriff tauglich – und alleine tauglich? Im Folgenden werde ich zunächst einige Bemerkungen zum Zusammenhang von Wandel und Innovation machen und Beispiele für eine Entkoppelung kurz diskutieren, wobei es um Trendvektoren ohne „große" und als spektakulär wahrgenommene und kommunizierte Innovationen gehen wird.

Trendvektoren ohne spektakuläre Innovationen

Meine Ausgangsthese: Es gibt sicherlich in der Automobilgeschichte Innovationscluster, zentrale Innovationen, aber daneben gibt es lange Trends, die sich nicht in Basisinnovationen kristallisieren müssen. Solche Trends wurden durch viele kleine und – separiert betrachtet – wenig bedeutende und wenig spektakuläre, oft nur inkrementelle Verbesserungen charakterisiert. Bei der Beschreibung und Einordnung der Vielzahl von Mikroinnovationen ist der Erfindungsbegriff von zweifelhaftem Nutzen. Oft können Leitideen und Trendvektoren identifiziert werden, aber nicht große Sprünge. Wie weit diese Prozesse als anonyme Geschichte geschrieben werden können, wäre zu diskutieren. Auf der einen Seite werden oft „große Männer der Technik" herausgestellt, etwa die Pioniererfinder oder die Entwickler trendsetzender Wagen wie Porsche oder Issigonis, während auf der anderen Seite Teams von Ingenieuren, die für die Öffentlichkeit namen- und gesichtslos bleiben, an den Mühen der Ebenen der Fahrzeugentwicklung arbeiten.

Die Arbeiter am Inkrementellen waren eben auch für die Veränderungen jenseits des Spektakulären tätig. Die automobilhistorische, fahrzeugbezogene Forschung hat sich bisher vor allem auf Motor- und Fahrwerkstechnik konzentriert, weniger auf Komforttechnologien, auf die Evolvierung des Haptischen im Innenraum, oder auf die Entwicklung der Bedienoberflächen, wie beispielsweise das Heranrücken von Anzeige- und Bedienelementen an den Fahrer. Der Autoinnenraum hat entsprechend weniger Aufmerksamkeit bekommen als die „harte“ Antriebstechnik.[8] Zum Wandel der Fahrzeuge und der Fahrzeugnutzung trugen nicht nur auffällige und gut sichtbare oder in der Öffentlichkeit gut kommunizierbare Innovationen bei, sondern vergleichsweise simplere, „detechnisiert“ scheinende Dinge, wie etwa komfortgenerierende Elemente. Ein Beispiel wäre die Einführung von Verstellmechanismen für Sitze: die Montage auf Schienen, Rasten oder Drehknöpfe für die Sitzneigungsverstellung, Höhenverstellfunktionen. Dies sind Mikroinnovationen, die oft genug gar nicht als solche erkannt und beschrieben wurden, sondern die allenfalls, eine Emphasestufe tiefer, als Modifikationen galten.

Zur Verdeutlichung ein Beispiel für einen Veränderungskomplex, der kaum mit dem Inventionsbegriff beschrieben werden kann, der aber signifikant ist. Der Kombi-Crossover, also die Einkreuzung von Heckklappe und variablem Innenraum durch Umklapp- oder Ausbaumöglichkeit, war ein innovatives Konzept, das aber nicht verbunden war mit Teil-Innovationen. Die Einkreuzung dieses älteren, aber zuvor nur in Nutz- und Kleinfahrzeugen realisierten Konzepts in die Mittelklasse-Limousine leistete 1965 der Renault R16. Das Konzept war schon vorher bekannt, aber dieser Wagen verhalf ihm zum Ausbruch aus den Nischen der Kleinwagen und der Nutz-PKWs. Hier fällt es schwer, „große“ technische Innovationen und ihre Agenten zu benennen, aber leicht ist es, den Nutzwert-Impact zu beschreiben. Die Variabilität des Innenraums, das oft so genannte „two-box-Design“, war eine Innovation, deren technische Erfordernisse nicht sehr groß waren, die aber folgenreich für die Geschichte des familientauglichen, funktional flexiblen Autos geworden ist. Als Folge fand schon vor 1970 und lange vor dem Auftauchen des heute als klassendefinierend betrachteten VW Golf ein neues Verhandeln der Struktur und der Einteilung des Innenraums und seiner Nutzung statt. Die Grenze zwischen Passagier- und Kofferraum verwischte; die strikte Separierung löste sich auf; die Beladbarkeit wurde leichter; eine Anpassung an geänderte Transportbedürfnisse der Nutzer – man denke an Cash-and-carry-Märkte und Möbelhäuser außerhalb der Zentren für den Konsumlifestyle der 1960er Jahre – wurde möglich.[9] Problematisch war aber zunächst der Prestigewert der neuen Auslegung in einer höheren, der automobilen Mittelklasse, weil das Schrägheck noch mit Kleinwagen identifiziert wurde und die Kunden einen „richtigen“ Kofferraum wollten. Die Diffusion des neuen Entwicklungsvektors in den Mainstream des Au-

8 Siehe Kurt Möser, The Driver in the Machine. Changing Interiors of the Car. In: Helmuth Trischler / Stefan Zeilinger (Hg.), Tackling Transport. London 2003, S. 61–80.

9 Siehe Werner Polster / Klaus Voy, Eigenheim und Automobil – Materielle Fundamente der Lebensweise. In: Klaus Voy et al. (Hg.), Gesellschaftliche Transformationsprozesse und materielle Lebensweise. Marburg 1993 (= Beiträge zur Wirtschafts- und Gesellschaftsgeschichte der Bundesrepublik Deutschland, Bd. 2), S. 263–314.

tobaus war, nach der Abschwächung des Prestigeproblems und der pragmatischen Akzeptanz des neuen Konzepts durch die Käufer, auch deswegen leicht möglich, weil damit kaum Innovationen nötig waren, die eine Produktionsumstellung erforderten.

Ein Wandel ohne signifikante Inventionen, allenfalls begleitet von multiplen Kleininnovationen und Kaskaden von Mikro-Veränderungen ist auch am Beispiel des langen Trends zum geschlossenen Auto zu erkennen. Das offene Auto, das auch geschlossen werden konnte, wurde zum geschlossenen Auto, das auch geöffnet werden konnte. Zwei signifikante und zäsursetzende Trends in der Konstruktionsweise, nämlich erstens der Übergang von der Gemischt- zur Ganzstahlbauweise und zweitens der Übergang von der Fahrwerks-Aufbau-Trennung zur selbsttragenden Zelle, flankierten den Geschlossenheitstrend, waren aber weder Ursache noch Folge. Die um 1920 in den USA und zehn Jahre später in Europa erfolgende Abschließung des Innenraums begann innerhalb des alten Karosseriebau-Paradigmas und hatte weitreichende Folgen: Man konnte nun in „bürgerlicher" Kleidung fahren ohne Vermummungen, konnte die Wagen leichter saisonunabhängig nutzen, und koppelte sich vom Außen, vom Wetter, vom Verkehrsumraum, weit stärker ab.

Bei der langfristigen Entwicklung zum mobilen Intimraum mit Klimakontrolle, Beschallung und elektrifiziertem Komfort lässt sich kaum die eine zentrale Innovation isolieren und interpretieren, sondern hier haben wir es mit Formen von ausgesprochen inkrementellem Wandel zu tun, etwa durch zunehmende elektrische Betätigungen und durch typische Transferinnovationen, wie etwa der Klimaanlage und der Infrarot- oder Funkfernbedienung der Verriegelung. Wenn man diese Interpretation akzeptiert, wäre zu fragen, ob der Blick auf Mikroinnovationen und ihren Zusammenhang mit „longue durée"-Trends vielleicht fruchtbarer ist als die Suche nach der Wirksamkeit großer Innovationen.

Innovationen und „skills" der Nutzer

Innovationsgeschichte muss auch als Geschichte der Ko-Evolution von Nutzern und Technik geschrieben werden. Im Fall der Mobilitätsgeschichte ist der Zusammenhang evident: Technische Entwicklungen wie etwa leistungsfähigere, elastischere Motoren und „kurvensicherere" Fahrwerke ermöglichten höhere Geschwindigkeiten und schoben Grenzbereiche hinaus, während die Fahrfähigkeiten sich mit und an Technik entwickelten. Die Beurteilungen zulässiger g-Belastungen in Kurven, die Vorausverlegung des Sehens, die Entwicklung des Rundumblicks, das Multitasking im Umgang mit einer Fülle von Sinnesdaten oder die Einschätzung von Bremswegen sind koevolutionär entwickelte „skills" und technikkulturelle Körpertechniken geworden.[10] Sie wandelten sich von den

10 Siehe Kurt Möser, Grauzonen der Technikgeschichte. Karlsruhe 2011, S. 119–127; ders., Automobil und Körper. In: Gert Schmidt et al. (Hg.), Und es fährt und fährt... Automobilindustrie und Automobilkultur am Beginn des 21. Jahrhunderts. Berlin 2005, S. 285–296.

Fähigkeiten einer Mobilitätselite zum Allgemeingut in „reifen" Automobilkulturen. Dabei ist der technikkonditionierte mobile Körper nicht nur Produkt formalisierter „Maschinenbeherrschung", die in der Fahrschule gelehrt und erworben wird, sondern steht im Zusammenhang mit komplexen Sinnes- und Körperkonditionierungen im technogenen Straßenraum.[11]

Welcher Zusammenhang zwischen Fahr-, Bedien- oder Reaktionsfähigkeiten und technischen Innovationen besteht, ist nicht pauschal zu beschreiben. Auf der einen Seite reduzierten technische Innovationen immer wieder den Umfang und die notwendige Qualität von „skills". So hat die Einführung der Getriebesynchronisation die Bedienkomplexität des Gangwechselprozesses reduziert. Gemäß einem langen Trend wurden menschliche Bedienfähigkeiten an die Technik delegiert. Dabei kann eine direkte artefaktbasierte Korrelation zwischen bestimmten Bedienerfordernissen und bestimmten technischen Merkmalen hergestellt werden. Im Fall der Getriebesynchronisation lässt sich der Teilbedienvorgang „Doppelkuppeln – Zwischengas" auf die Synchronisierungsmechanik des Schaltgetriebes abbilden.[12]

Auf der anderen Seite erhöhten Innovationen die Anforderungen, oder sie steigerten den Komplexitätsgrad oder die Art des Multitasking, wenn auch nicht immer den Umfang. Beispiele wären hier etwa nachgerüstete Navigationssysteme oder multifunktionale Bedienelemente, mit denen man sich in den Anzeige- und Betätigungsebenen elektronischer Bediensysteme bewegen kann. Die Beurteilung der tatsächlichen Zusammenhänge von Innovationen und Bedienfähigkeiten erfordert Differenzierung und Einzelanalysen. So hängt der Belastungsgrad, den die Bedienung von Systemen wie „i-drive" induziert, vom Alter, vom Geschlecht und von der Sozialisation der Fahrer ab, also etwa von ihrem übertragbaren Bedienwissen, das sie beispielsweise beim Umgang mit Windows und seinen spezifischen Bedienlogiken erworben haben.

Immer wieder ist auch zu beobachten, dass Innovationen auf der Fahrzeugebene keinen merkbaren Einfluss auf die Nutzer haben. Im Sinn der oben geschilderten Ko-Evolution von Technik und Menschen ist nach dem Verhältnis von technischem Korrelat und der Nutzersensibilität zu fragen, nach der Erkennbarkeit, der „Fühlbarkeit" technischer Eigenschaften. Was kommt beim Nutzer von den neuen Inhalten der technischen Black Box an; was wird tatsächlich spür- und empfindbar? Nicht nur, wenn sie aus Motiven der Ökonomisierung bei Konstruktionen oder als Verbilligung der Großserienfertigung entstanden, sondern auch wenn sie vorgeblich zur Verbesserung der Bedienbarkeit oder zur Vereinfachung für die Nutzer intendiert waren, erfüllten sie mitunter diese Ziele nicht.

---

11 Siehe Kurt Möser, „Der Kampf des Automobilisten mit seiner Maschine" – eine Skizze der Vermittlung der Autotechnik und des Fahrenlernens im 20. Jahrhundert. In: Lars Bluma et al. (Hg.), Technikvermittlung und Technikpopularisierung – Historische und didaktische Perspektiven. Münster u.a. 2004, S. 98–102.

12 Siehe dazu Kurt Möser, Fahren und Fliegen in Frieden und Krieg. Kulturen individueller Mobilitätsmaschinen 1880–1930. Heidelberg u.a. 2009.

Technische Innovationen, die der Nutzer gar nicht spürte, also unsichtbare oder unfühlbare technische Features begleiten die Automobilgeschichte, ebenso wie solche, die mit den langfristigen und historisch wirksamen Entwicklungsvektoren nicht verkoppelt sind. Ein Beispiel sind etwa aufwendige Hinterachskonstruktionen, wie die Vierlenkerachse des Golf V, die nicht nur teuer zu fertigen war und Alterungsprobleme erzeugte, sondern deren Wirkung bei der Verbesserung des Handlings nicht einmal von spezialisierten Autotestern erfühlt werden konnte. Konsequenterweise wurde diese Innovation beim nachfolgenden Golfmodell wieder zurückgenommen und durch die billigere, einfachere des vorletzten Modells ersetzt.

Formen des Innovationstransfers

Zur Beschreibung und Bewertung von Innovationen ist es sinnvoll, einen Blick auf typische Formen der Innovationsgenerierung und des Innovationstransfers zu werfen. Zu unterscheiden ist zwischen automobilendogenen und automobilexogenen Innovationen. Denn der Wandel des Automobilismus, der Automobiltechnik und der Automobilauslegung kam vielfach nicht aus diesem Technikfeld selbst. Zwei Innovationsfelder stimulierten und trieben Automobiltechnik voran: Erstens externe Innovationen, die wenig mit Mobilität zu tun haben, aber die ins Auto diffundieren, und zweitens externe Innovationen aus anderen Mobilitätsfeldern, die das Auto prägten.

Beim Innovationstransfer innerhalb von Mobilitätstechnik war vor allem die Luftfahrt als Paradigma wirksam. Ein langer Trend des Innovationstransfers, der bis in die Frühzeit der Fliegerei zurückreicht,[13] betraf etwa die Motorentechnik. Der Flugzeugzellen- und Motorenbau des Ersten Weltkrieges wirkte nach: Aufladung, neue Werkstoffe wie Leichtmetallkolben, Mehrventiltechnik, auch neue Materialien zum Zellenaufbau beeinflussten den Autobau der 1920er Jahre entscheidend. Wenn man einen großen Sprung macht, so lieferte die Luftfahrt im späten 20. Jahrhundert Anregungen und neue Technologien, die den Bedienern einen besseren Überblick verschaffen sollten, komplexe Informationen leichter verarbeitbar machten und die Bedienergonomie steigern sollten. Head-up-Displays und Nachtsichtsysteme fanden nach der Jahrausendwende Eingang in Oberklassenausstattungen von Autos, nachdem sie schon Jahrzehnte früher in Flugzeugen Verwendung fanden.

In den 1980er Jahren sahen sich Autohersteller nach systematischeren Möglichkeiten eines solchen Technologietransfers aus der Luftfahrt um. Typisch dafür war Edzard Reuters Vision vom „integrierten Technologiekonzern". Daraus folgte eine neue Konzernstrategie von Daimler-Benz, die schließlich vom Erwerb von Dornier und Fokker führte. Es ging dem damaligen Vorstandsvorsitzenden nicht nur um eine Unabhängigkeit des Kon-

13 Siehe Kurt Möser, Geschichte des Autos, S. 141–152.

zerns vom Automobil, das nach Ölkrisen und zunehmender Kritik damals eine zweifelhafte Zukunft zu haben schien, sondern auch um die Vorbereitung und Nutzung von technischen Synergien. Der Erwerb der Mehrheit an der damals sehr innovativen Dornier-Gruppe im Jahr 1985 versprach den Zugang zu neuen Technologien. Doch nachdem solche Synergien und Transferprozesse offenbar nicht erfolgreich „top-down“ plan- und implementierbar waren und sich Diskrepanzen der beiden Unternehmenskulturen offenbart hatten, wurde ab 1995 wieder alles zurückgenommen und der Konzern abermals restrukturiert.

Innovationstransfer von außen, von anderen Technikbereichen, spielte von Anfang an beim Automobil eine große Rolle. Die ersten Benzinmotorwagen können als Technikcollage beschrieben werden,[14] bei denen unter anderem Elemente des Stationärmotorenbaus und der Transmissions-Kraftübertragungsverfahren eine Rolle spielten. Doch bestimmend waren durchwegs auch lange Trends, die außerhalb des Automobils entstanden, und die sich im Auto abbildeten und verändert konkretisierten. Ein Beispiel dafür ist die Modernisierung des Sitzens, die zunehmende Variabilität und Verstellbarkeit bis hin zum Liegen, die ein langer Trend der Industrialisierung[15] ist und vor allem auch im funktionalistisch-technisch geprägten Umfeld eine – auch durch die Luftfahrt geprägte – „Revolution des Sitzens“ hervorbrachte.[16] Dort wurden die Konzepte und die Praxis der Verstellbarkeit entwickelt und neue Materialien und technische Lösungen erprobt, die dann ins Automobil diffundierten. Verstellbarkeit, die technischen Substrate der Körperunterstützungen, aber auch die Werkstoffe, wie moderne Stahlrohrgestelle, fanden sich dann bei den Sitzen von Frankreichs Volksmobil Citroën 2CV ebenso wieder wie beim Renault R4.

Innovationserwartungen und Antizipationen

Um die Rahmenbedingungen für die jeweilige Bewertung des Neuen durch Nutzer und Nutzergruppen in der Automobilgeschichte beschreiben zu können, muss man untersuchen, auf welches technosoziale Vor-Verstehen und auf welche Erwartungen dieses Neue traf. Analog zur Literaturwissenschaft, die nach 1970 einen „rezeptionsästhetischen“ Turn vollzog, ist also der Erwartungshorizont[17] für die Rezeption des Wandels zu berücksichtigen. Man muss, den Hauptvertreter der Rezeptionsgeschichte, Hans Robert Jauss zitierend,

14 Siehe dazu Kurt Möser, Carl Benz und die Erfindung des Automobils – Kontexte und Mythen. In: Archiv und Wirtschaft 45 (2012), H. 1, S. 11–22.

15 Siehe Sigfried Giedion, Die Herrschaft der Mechanisierung. Ein Beitrag zur anonymen Geschichte. Frankfurt/M. 1982.

16 Siehe Susanne Weiß, Kunst+Technik=Design? Materialien und Motive der Luftfahrt in der Moderne. Köln / Weimar / Wien 2010.

17 Der Begriff des Erwartungshorizonts ist im Rahmen der rezeptionsgeschichtlichen Theoriebildung von Hans Robert Jauss in die Literaturwissenschaft eingeführt worden, eignet sich aber zur Konzeptualisierung der Aufnahmebereitschaft für Innovationen ebenso wie zur

> „Aufnahme und Wirkung eines Werkes [eines neuen Automobiltyps; Anm. d. Verf.] in dem objektivierbaren Bezugssystem der Erwartungen beschreiben, das sich für jedes Werk [jedes Automobil; Anm. d. Verf.] aus dem Vorverständnis der Gattung und den bekannten Texten [Automobilen; Anm. d. Verf.] ergibt“[18].

Nur so kann die Bewertung neuer Entwicklungen beim Zeitpunkt des jeweiligen Auftretens adäquat verstanden werden. Aber nicht allein entscheidend sind die Kenntnisse des Nutzers / Käufers von anderen Fahrzeugen und vom Vorverständnis der „Gattung“, in der seine Nutzung oder Kaufentscheidung situiert ist. Weiter gefasste Kontexte sind erforderlich. Automobilgeschichte muss auch im Zusammenhang mit der allgemeinen Geschichte gesehen werden. Die gesellschaftliche Relevanz des Automobils wird deutlich, wenn das Umgehen des Nutzers mit seinem Fahrzeug in den Erwartungshorizont seiner Lebenspraxis eintritt und diese verändert.[19] Dies führt zum Postulat einer erwartungsrekonstruierenden und zudem kontextrekonstruierenden Methode einer Automobilgeschichte der langen Trends.

Zur Analyse dieser langen Entwicklungsvektoren gehört sicherlich auch der Komplex der erwarteten, oft breit diskutierten, aber schließlich ausgebliebenen Innovationen. Atomautos, Luftkissenfahrzeuge, Turbinenwagen und schließlich der Wankelmotor wurden breit diskutiert, und als Zukunftstechnologien vermittelt. Insbesondere der Wankelmotor wurde als Medienereignis inszeniert.[20] Schon vor seinem Erscheinen als Automobilantrieb wurde ein breiter Diskurs über seinen Einfluss auf die Auslegung des künftigen Automobils und auf die gesamte Antriebstechnologie geführt. Die Kulturen der Antizipation[21] hatten in den technikenthusiastischen 1950er und 1960er Jahren ihre eigenen medialen Zentren, wie das „Neue Universum“, die „hobby“- oder „Populäre Mechanik“-Hefte. Aber auch in der weniger technikaffinen und – zentrierten Presse wurden Transformationen von Antrieben oder ganzen Verkehrssystemen diskutiert und ihre Konsequenzen reflektiert.

Diese Kultur der antizipierten Innovationen hatte mehrere Konsequenzen: Zum einen bereitete sie ein Klima der Neugier, der Innovationserwartungen eines großen Publikums

---

Aufnahme von Neuem in der Literatur und Kunst. Hans Robert Jauss, Literaturgeschichte als Provokation. Frankfurt/M. 1970.

18 Ebd., S. 32.

19 Jauss' originale Passage liest sich so: „Literaturgeschichte muss im Zusammenhang mit der allgemeinen Geschichte gesehen werden: die gesellschaftliche Relevanz der Literatur wird deutlich, wenn die literarische Erfahrung des Lesers in den Erwartungshorizont seiner Lebenspraxis eintritt und diese verändert.“

20 Siehe Marcus Popplow, Motor ohne Lobby? Medienereignis Wankelmotor 1959–1989, Heidelberg u.a. 2003 (= Technik + Arbeit 11).

21 Siehe Kurt Möser, Historische Zukünfte des Verkehrs. In: Ralf Roth / Karl Schlögell (Hg.), Neue Wege in ein neues Europa. Geschichte und Verkehr im 20. Jahrhundert. Frankfurt/M. / New York 2009, S. 391–414; ders., Automobile Zukünfte nach 1950. In: Weert Canzler / Gert Schmidt (Hg.), Zukünfte des Automobils. Aussichten und Grenzen der autotechnischen Globalisierung. Berlin 2008, S. 59–72.

und der Transformationsbereitschaft, in das tatsächliche Innovationen hineinwuchsen. Zum anderen wurden die tatsächlich eingeführten neuen Technologien nun aber an den vorformulierten Erwartungen gemessen und dann kritisch kommentiert. Der eigentlich diffusionsfördernde positive Erwartungshorizont konnte dann schnell kippen. Enttäuschungen über die Tragweite des Umbruchs konnte es auch geben, wenn sich herausstellte, dass es mit der Radikalität des Neuen doch nicht so weit her war, dass etwa die neugierig erwarteten Kreiskolbenautos nur in einigen Parametern „besser" waren als konventionell angetriebene Wagen. Dies spricht dafür, dass ein stark aufnahmebereites gesellschaftliches Klima Innovationen fördern kann, aber nicht immer die konkreten Diffusionsvorgänge begünstigen muss.

Akzeptanzgenerierung, Interpretation und Vermittlung von Innovationen

Eine, wie es mir scheint, außerordentlich wichtige und in der Forschung bisher nicht ausreichend behandelte Frage betrifft die Vermittlung und Interpretation sowohl von Innovationen als auch von Entwicklungstrends. Zu fragen ist, wer – welche Personen, Personengruppen, Institutionen und Medien – Erklärungs- und Vermittlungsarbeit übernehmen soll, und zu welchen Zwecken und mit welchen Funktionen dies geschieht. Wenn man nicht von Selbstevidenz oder autonomer „Durchsetzung" von Wandel ausgehen möchte, ist die Thematisierung der Entstehung und der medial verorteten Herstellung von Akzeptanz eine Aufgabe der Technikgeschichte.

Medien stehen deswegen im Fokus, weil Debatten um das Erkennen, die Einordnung und Bewertung des Wandels der Auslegung von Automobilen immer medial stattfinden. Ob es Anzeigen und Prospekte von Herstellern sind, die Neues ihrer Modelle erklären, ob Designer, Ingenieure oder Experten schreiben oder in den Medien interviewt werden, ob Leserbriefe oder Internetforen neue Typen bewerten – solche Debatten und Meinungsbildungen finden in bestimmten medialen Gattungen statt, die eigene Kommunikationsstrukturen haben und eigene implizite Regeln besitzen – nicht zuletzt die, dass Teilnehmerinnen eher die Ausnahme sind. Experten, die technische Innovationen kommunizieren und bewerten, Designer, die ihre Designideen erklären und begründen, Ingenieure, die neue Motordetails oder neue Hinterachskonstruktionen beschreiben oder vermitteln, Werbetexter, die die Spezifik des Neuen präsentieren – sie alle präsentieren ihre Positionen zur Erklärung von Entwicklungen durchwegs in bestimmten Konventionen, mit recht fixen „Rhetoriken" und unter Beachtung bestimmter Normen der Kommunikation.

Zur Erklärungs- und Interpretations-„Industrie" rund um das Automobil gehören aber auch Organisationen und ihr Kommunikationsumfeld. Produzenten und Nutzer interagieren nicht nur via Medien, sondern auch über „mediatisierende" Gruppen und Organisationen. Dazu gehören etwa Automobilclubs, wie die großen und offiziellen Autofahrerorganisationen mit langen Traditionen, ADAC und AvD. Neben diesen existiert eine Fülle von kleineren, lokaleren, oft marken- oder szenenbezogenen formellen und informellen

Vereinigungen oder losen Zusammenschlüssen: Markenclubs, „Freunde“ spezifischer Typen, Vereine für klassische oder aktuelle Fahrzeuge, Stammtische und „Interessengemeinschaften“. Solche Diskursgruppen bestimmen oder beeinflussen auf vielfältige Weise die Einschätzungen, Urteile und Bewertungen der automobilen Trends. Durch Debatten an Stammtischen und Treffen, durch gegenseitige Ratschläge bei Problemen von Automobilen und durch viele andere kommunikative Vorgänge bilden sich automobilkulturelle Kollektivurteile, so etwa über die Qualität neuer Modelle, über den Sinn und die Funktionalität von neuen technischen Elementen, oder über Vorzüge und Probleme neuer Modelle. Solche Vereinigungen bilden eine automobilbezogene raisonnierende (Teil-)Öffentlichkeit mit basisdemokratischen Strukturen, die mitunter auch zur Gegenöffentlichkeit zu den offiziellen Vermarktungen und Technikvermittlungen werden kann. Das passiert dann, wenn beispielsweise Funktions-, ja Heilsversprechungen von Innovationen relativiert und nutzerfunktionale Positionen dagegen gestellt werden, oder wenn technische Defekte des Neuen, die beim Gebrauch auftreten, kommuniziert werden. Bei der Durchsetzung von Innovationen wie Sicherheitsgurten haben solche semi-formellen mediatisierenden Gruppen aber auch immer wieder eine klar innovationsskeptische und dann auch diffusionsverzögernde Rolle gespielt.

Zu den Methoden und Mechanismen des Innovations-„Verkaufs“ an Laien gehören neben der Werbung und den Statements der Automobilhersteller auch Stellungnahmen von Ingenieuren, Managern oder Designern. Immer dann, wenn es zu Veränderungen kam, die nicht unbedingt enthusiastisch von den Nutzern und Kunden begrüßt oder gar abgelehnt wurden, war die Erklärung und Begründung des Neuen erforderlich. Dazu drei Beispiele:

Erstens: Das „new edge“-Design von Ford wurde mit einer Geschichte kommuniziert, die eine ästhetisch sinnvolle Separation der Teile beinhaltete; überall da, wo Karosserieelemente funktional getrennt sind, sollte sich das in der Gestaltung zeigen. Dieses für Kunden gewöhnungsbedürftige Konzept musste vermittelt und begründet werden, auch, um ästhetisch basierte Widerstände abzuschleifen. Zweitens: Erfolgreicher und eher akzeptiert wurde die Begründung der Cw-Wert-Optimierung durch Audi ab 1982, als die Modelle 100/200 (Typ 44) eingeführt wurden. Auch in diesem Fall musste der Wandel der Karosseriegestaltung und die Leistung eines nicht selbsterklärenden und nicht sichtbaren Verbesserungsprozesses erklärt werden. Die Geschichte des Strebens nach aerodynamischer Effizienz, auch die Einführung der technischen Konstante des Luftwiderstandsbeiwerts Cw musste erst einmal vermittelt und begründet werden. Solche Informationen enthielten Werbeanzeigen und Broschüren von Audi, aber auch Vorstellungen der neuen Modelle und Tests, bei denen die Autoren vorher firmenseitig „gebrieft“ worden waren. Seitdem wurden Kenntnisse über strömungsoptimierte Karosseriegestaltung zum Standardwissen der Autokäufer, mindestens der bedeutenden technisch affinen Teilgruppe. Drittes Beispiel für die Bedeutung der Kommunikation von Wandel im Karosseriedesign: Notorisch wurde der Chefdesigner von BMW, der sich fast schon verzweifelt anstrengen musste, die Ideen hinter seinem Design für das neue Oberklassenmodell der 7er-Reihe (hier von Innovation zu reden, verbietet sich von selber) zu erklären und zu verteidigen.

Was Chris Bangle vor hatte, lässt sich durchaus im Rahmen langer Trends erklären, nämlich eine Abkehr vom gestalterischen Einbeziehen separierter Elemente. Er wollte weg von der Idee des maximal Integralen, und strebte zur neuen Ausdifferenzierung der großen Volumina des Automobilkörpers, etwa des Kofferraums. Doch dieser Designwandel wurde offenbar von den Käufern kaum verstanden und bedurfte der Begründung in Interviews, Artikeln und Broschüren, wobei die Begrifflichkeit dieses Designers seinem Vermittlungswunsch manchmal im Weg stand.

Autokritiken als Schlüsselquellen

Zu den wirksamen, bei der Erforschung des Wandels technischer Automobilkulturen aber unterschätzten Vermittlungs- und Interpretationsinstanzen zählen Autokritiken und Autotests. In ihnen bewerten Laien (seltener Amateure, die sich als solche zu erkennen geben) bestimmte Modelle nach offenen und versteckten Kriterien. Dort wird definiert, was erstrebenswert ist; dort werden explizite Maßstäbe formuliert, Fahrzeugeigenschaften werden prämiert und Abstufungen bei Vergleichstests hergestellt. In der Reaktion darauf werden Entwicklungsvektoren in Gang gesetzt oder modifiziert. Ob beispielsweise eher Komfortorientierung oder Sportorientierung gefordert wird, ob Zuverlässigkeit ein Kriterium ist; ob Quantifizierungen des Nutzwertes wie das Messen des Kofferraum in Litern oder der Kniefreiheit in cm stattfinden; ob subjektive Eindrücke dominieren oder objektivierbare Kriterien – all dies gehört zu den spezifischen Stilformen der Annäherungen an das technische Artefakt Auto. Hier lassen sich auch nationale Unterschiede erkennen. Autokritiken sind in Deutschland durchwegs ernsthafte, fast ausschließlich sachbezogene Texte. Diagramme und Kurven von Leistung und Verbrauch, Schaubilder zu Bremsverhalten und bemaßte Innenraumskizzen sind seit den standardsetzenden Tests der 1930er Jahre verbreitet. Auch die Autotests im Fernsehen, so etwa die ZDF-Tests durch den Sportjournalisten Rainer Günzler[22] ab 1964, nannten oder zeigten durchwegs empirisch ermittelte Daten und Fakten. Dem deutschen Stil einer kühlen, ingenieursaffinen, manchmal scheinrationalen, auf jeden Fall aber Objektivität und Nachvollziehbarkeit signalisierenden Haltung steht woanders, etwa in Großbritannien, ein Stil der ironischen Subjektivität oder auch der Respektlosigkeiten und des Abtuns von symbolisch rationalen Ansätzen gegenüber, wie sie der Kritiker Jeremy Clarkson verbreitet.[23]

Natürlich ist hier auch die Abhängigkeit der Tester und Autoren von den Vorgaben der Autoindustrie und von ihren eigenen Erwartungen und Pfadabhängigkeiten zu beachten. Einmal ganz abgesehen von sanfteren oder offensichtlicheren Korruptionsvorgängen, denen die Kritiker ausgesetzt sind, etwa Hotelaufenthalte bei der Vorstellung neuer Modelle, oder dem Druck durch das Anzeigengeschäft oder drohendem Entzug des Wohl-

---

22 http://www.rainer-guenzler.de; Zugriff am 24.01.2012.
23 Typisch: Jeremy Clarkson, On Cars. Harmondsworth 1996.

wollens der Autohersteller: Tester haben spezifische Erwartungen, die durch ihre Fahrerfahrungen ebenso geprägt sind wie durch ihre Teilnahme an ihrer jeweiligen Automobilkultur oder von ihrem Marken-Erwartungshorizont. Die Autoren von Tests sind eben keine objektiven Urteilsermittler, sondern haben eine automobilkulturelle Rezeptionsgeschichte hinter sich. Sie handeln, urteilen und vermitteln in Wahrnehmungs- und Darstellungstraditionen, bevor sie dann mit ihren Präsentationen bei einem Publikum, das ebenfalls von Vorerwartungen geprägt ist, Wirkungen erzielen.

Für eine Analyse des tatsächlichen Einflusspotenzials von Autotests sind aber nicht allein konkrete Wirkungen zu betrachten, wie etwa die Radiopositionierung.[24] Bedeutend werden auch gattungstypische Rhetoriken und Darstellungskonventionen, neben Standardkriterien wie etwa mögliche Kurvengeschwindigkeiten, Handling, Bedienfreundlichkeit. Wenn Noten im Zehntelbereich vergeben werden, die objektivierte Beurteilung – und überhaupt Objektivierbarkeit von Testkriterien – suggerieren, dann werden die Ergebnisse als Resultate feiner, vernünftig vermittelter Unterschiede präsentiert.

Entsprechend ernst genommen werden anscheinend solche vorgeblich vollkommen rational gewonnenen Urteile von Konsumenten, auch wenn es wohl selten Untersuchungen über das Vertrauen potenzieller Kunden in oder den Glauben an die Urteile der Autotests gibt.[25] Für unser Thema, die Vermittlung von Wandel und Neuem, ist die Funktion der literarischen Gattung Autotest zu ermitteln und zu fragen, wie Veränderungen und Innovationen in diesen Medien befragt, vermittelt oder auch kritisch kommuniziert werden, und welchen tatsächlichen Einfluss sie haben – nicht allein auf die komplexen Wertsysteme der Marken- und Typenkultur, sondern auch auf Kaufentscheidungen, und sogar auf Gebrauchsformen und Nutzungsmuster.

Doch Tests und Kritiken haben vielfältigere Funktionen. Für die Leser (oder Zuschauer, bei Fernsehtests) dieser literarisch-medialen Gattung geht es nicht nur um Informationsvermittlung und Entscheidungshilfen beim Autokauf. Welche Geschichten werden erzählt, um das Andere, das Neue, das Sehnsuchtserzeugende, Begehrenswerte neuer Modelle zu kommunizieren? Die Leser erwarten offenbar auch eine Bestätigung ihrer Entscheidung für oder gegen bestimmte Modelle, Marken oder Hersteller; eine Affirmation

---

24 Einflussreiche Autotests der 1970er und 80er Jahre (etwa in der ADAC Motorwelt) haben als „running gag" immer wieder die zu niedrige Position des eingebauten Radios moniert, bis sich offenbar die Innenraumgestalter diesem Druck gebeugt haben und das Radio seitdem durchwegs höher positionieren.

25 Und auch solchen Untersuchungen ist selten uneingeschränkt Glauben zu schenken: Die Antworten der Befragten liefern oft ein anderes Bild als die tatsächlichen Entscheidungen, weil sie bei der Befragung oft rationalere, kultur- und automobilkonformere Ansichten äußern. Gerade in der Automobilkultur weichen implizite und explizite Wertmatritzen voneinander ab. Siehe dazu Roland Marchand, Customer Research as Public Relations: General Motors in the 1930s. In: Charles McGovern et al. (Hg.), Getting and Spending. European and American Consumer Societies in the 20th Century. Cambridge 1998. Verfügbar unter https://doi.org/10.1017/CBO9781139052634.005.

ihrer eigenen Haltung; eine Bestätigung von Markenidentitäten; Unterstützungen oder Korrekturen von Stereotypen und Erwartungen. Sicherlich nicht zuletzt erwarten sie Unterhaltung. Analog zur Gattung des „armchair sailing“ sollte man auch von „armchair driving“ sprechen, von einem imaginierten Erleben und Erfahren von Mobilität, bei denen nicht Fahrzeuge bewegt, sondern Fahrzeugimages medial reflektiert und konstruiert werden.

Durchdringung und Durchdringungsgeschwindigkeiten

Ein Topos bei der Thematisierung von fahrzeugbezogenen Innovationen ist die Beschreibung von Durchdringungsprozessen: Neue Elemente der Ausstattung oder der Konstruktion erleben ein „filtering down“. Sie finden den Weg von den teureren „Klassen“ und Varianten nach unten in die kleineren und billigeren Fahrzeuge, und damit in die automobile Massenkultur. Tatsächlich kann immer wieder beobachtet werden, wie aufpreispflichtiges Sonderzubehör zunächst in den so genannten Oberklassen angeboten wird, dann in die Serienausstattung diffundiert, und schließlich wiederholt sich dieser Prozess bei tiefer angesiedelten Modellen und Baureihen. Typisch dafür sind etwa Komfortelemente wie elektrische Fensterheber, die in Europa zunächst Sonderzubehör bei wenigen Luxuswagentypen waren, aber nach einem etwa 30 Jahre währenden Durchdringungsprozess nach der Jahrtausendwende auch bei Basisausstattungen von Kleinwagen angekommen sind.

Damit ist technischer Wandel zum einen mit der automobilen Klassenstruktur korreliert, zum anderen mit dem längerfristigen Prozess der Ausstattungskomplettierung. Häufig ist dieses Durchreichen von Innovationen von „economies of scale“ abhängig, nachdem bestimmte Innovationen massengefertigt werden und daher im Preis fallen. Dies betrifft nicht nur Komfortelemente, sondern auch sicherheitsrelevante technische Verbesserungen wie Scheibenbremsen, Zweikreisbremsen, Gürtelreifen oder Antiblockiersysteme. Hier fördert der lange Trend zu „Sportlichkeit“ und zum höheren Leistungs- und Geschwindigkeitspotenzial die Diffusion von technischen Auslegungen, die davor schon bekannt und in Nischen verbreitet waren – wie etwa im Sportsegment –, aber nun Alltagsautos durchdringen. Neben dem Pfad einer signifikanten Komplexitätserhöhung des Artefakts Auto hat die Komplettierung der Ausstattung und die Erhöhung des technischen Aufwandes noch einen weiteren Aspekt: Viele Teile, die zuvor separat bestellt oder bei Ausrüstern erworben und eingebaut werden mussten, sind seitdem von der Industrie in die Serie übernommen worden. Nicht nur Konkurrenzdruck – vor allem durch die in den 1970er Jahren in den europäischen Markt drängenden japanischen Hersteller – hat dies bewirkt, sondern auch der Trend einer industrieseitigen Adaption nutzerbasierter Nachrüstungen. Auf diesem Feld haben Herstellerkonkurrenz und Nutzerdruck die vertikale Durchdringung von Innovationen stimuliert.

Dysfunktionalität und Nutzwertdeduktion

Ein heikles Thema ist eine mögliche Dysfunktionalität von Innovationen. Das heißt: Innovationen konnten und können mitunter entweder eine Nutzwertkonstanz oder sogar eine Nutzwertreduktion bei technischer Inputerhöhung und fertigungstechnischer Aufwandssteigerung bewirken. Es finden sich im Verlauf der Automobilgeschichte immer wieder Fälle von „trade-offs“ zwischen einer technischen Komplexitätssteigerung und dem Nutzwert. Wie weit der Einbau technisch komplexer Gadgets, etwa fahrerunterstützender Systeme wie Spurhaltungsassistenten oder teilautomatisierte Bremssysteme, tatsächlich das Fahren erleichtert oder sicherer macht, ist Gegenstand einer breiten Debatte, von Stammtischen bis zu Fachjournalisten. Die prinzipielle Frage nach der Nutzwertsteigerung ist in unserer Gegenwart schwierig; eine kühle Untersuchung muss Faktoren wie die Ko-Evolution von Technikentwicklung und Nutzer mit einbeziehen, etwa Fragen der Gewöhnung an Teilautomatisierungen und des Transfers von Bedienerfahrungen aus anderen Technikbereichen auf das Autofahren. Historiker können aber Fälle von Innovationen aus der Automobilgeschichte heranziehen, bei denen der Nutzwert problematisch war beziehungsweise ist.

Auch hier einige Beispiele aus der Fahrwerks- und der Motortechnik zur Verdeutlichung; Seit den 1980er Jahren wurden Innovationen implementiert, die Langlebigkeit und Wartungsaufwand negativ beeinflussten. Der lange Trend, nicht zuletzt ausgelöst oder verstärkt durch den Prämierungsdruck von Autotestern, ging in Richtung auf „sportlichere“ Fahrwerke, die höhere Kurvengeschwindigkeiten erlaubten. Um angesichts der zunehmend härter ausgelegten und abgestimmten Fahrwerke trotzdem etwas Komfort zu gewährleisten, wurden Fahrwerke mit weicheren Buchsen eingeführt, die nun allerdings problematisch alterten und einen frühzeitigen Austausch solcher Elemente erforderten. Die Kunden hatten bei solchen technischen Lösungen, die Kompromisse zwischen nutzerprämiertem Federungskomfort und testerprämierter Fahrwerkssportlichkeit offenbar erforderten, die Kosten zu tragen. Die Einführung des Zahnriemens zur Motorsteuerung statt der bis dahin üblichen Steuerkette brachte zwar einen Komfortgewinn durch geringere Motorgeräusche und eine Reibungsreduktion und damit potenziell geringeren Verbrauch. Dies hatte aber einen entscheidenden „trade-off“, nämlich erhöhten Wartungsaufwand und teuren periodischen Tausch des Zahnriemens. Auch die Frühphase der selbsttragenden Karosserie im Großserienbau kann hier angeführt werden. Selbsttragende Karosserien hatten zunächst eine kürzere Lebensdauer durch schnelles Verrosten, weil anfangs Korrosionsschutz in den Profilierungen fehlte. Erst über lange Jahre in die Serie eingeführte kleine „Nachrüstinnovationen“, wie besserer Korrosionsschutz oder Entwässerung, erhöhten die Lebensdauer und damit den Nutzwert.

Auftauchen und Verschwinden von Innovationen

Innovationsrücknahmen und -inkonsistenzen sind eine durchgängige Erscheinung der Technikgeschichte. Der Verlauf der Automobilgeschichte ist, wie der Technikgeschichte generell, keinesfalls als Kette aufeinander aufbauender und linear „fortschrittsgenerierender" Phänomene, also „Verbesserungen" zu beschreiben. Wir haben es in einigen Fällen mit inkonstanten Innovationen zu tun, die erscheinen, verschwinden, und unter veränderten technosozialen Bedingungen und veränderten Nutzererwartungen dann wieder auftauchen können. Ein Beispiel dafür ist das Kurvenlicht, die dem Radeinschlag folgende Ablenkung der Fahrbahnbeleuchtung. Schon spätere Modelle des generell ausgesprochen innovativen Citroën DS / ID hatten diese Funktion, bevor sie – wie andere fortschrittliche Elemente dieses Wagentyps, wie die hydropneumatische Federung, die vom Rohrrücklaufgeschütz abgeleitet wurde – wieder verschwand. Heute ist adaptives Kurvenlicht, nach dem Hineindiffundieren von Computersteuerungen und satellitenbasierten Positionsbestimmungen, wieder verfügbar, ohne dass allerdings bis jetzt eine Durchdringung in die Breite der Modelle und „Klassen" stattgefunden hätte.

Ein weiteres Beispielfeld für inkonsistente Innovationen ist die Instrumentation. Die Positionierung von Geschwindigkeitsmesser und anderen Anzeigeinstrumenten hatte eine gegenläufige Bewegung: Nach 1930 rückten sie von der Mitte der Armaturentafel hinter das Lenkrad und damit in die gerade Blickrichtung des Fahrers. In den letzten 15 Jahren rückten sie in einigen Typen wieder in die Mitte, und zwar bei so unterschiedlichen Typen wie dem Familienvan Renault Espace II. Dort geschah das im Rahmen eines gezielt nicht-technoiden Innenraumdesigns, während beim Lifestylefahrzeug New Mini das Vorbild zitiert wurde, mit seiner sparsamen, für rechts- wie linksgelenkte Varianten passenden Mittelinstrumentation. Ergonomie, die vorgebliche Motivation für die Bewegung ins Fahrerblickfeld, spielte beim Rückwandern keine Rolle.

Über ergonomische, bedienerzentrierte Gesichtspunkte gab es auch bei einer anderen Inkonsistenz Debatten, nämlich beim Verhältnis von analogen und digitalen Anzeigen. In den 1950er Jahren gab es Ansätze zur Modifikation der traditionellen zeigerbasierten Anzeigen. Citroën führte einen „Lupentacho" ein, und Mercedes-Benz entwickelte in der Baureihe W 111, die von 1959 bis1968 gebaut wurde, einen „Fieberthermometer"-Tachometer mit geschwindigkeitsindizierenden, verschiedenfarbigen Säulen. Die Abwendung von traditionellen Zeigeristrumenten und die Einführung von „moderner" wirkenden Digitalisierungen und Schematisierungen ist im Kontext der Modernebegeisterung zu interpretieren, der symbolischen Modernisierung der Benutzeroberfläche. Doch das war kurzlebig, zumindest bei Mercedes-Modellen: Rundtachos gab es schon wieder beim Nachfolgemodell im Jahr 1965. Die Digitalisierung von Anzeigeinstrumenten war nie ein eindeutiger Trend. Allenfalls gab es nationale Vorlieben. So scheint es in Frankreich eine gewisse Präferenz für mittig angeordnete und digitale Instrumente zu geben. Sie sind ein Modernesignal, das in dieser nationalen Automobilkultur noch nicht entwertet zu sein scheint.

Innovationen, auch bereits solche, die ihren Diffusionsprozess erfolgreich begonnen haben, die erfolgreich diskursiv vermittelt wurden und auch die Akzeptanz der Kunden erreicht hatten, können wieder zurückgenommen werden. Ein Beispiel dafür ist das mechanische „Procon-ten"-System von Audi, die Abkürzung für „programmed contraction and tension", das in den 1980er Jahren entwickelt wurde und in die Modelle von 1986 bis Mitte der 1990er Jahre eingebaut wurde. Es bestand aus einem verankerten Stahlseil, das im Fall einer Kollision beim Zurückschieben des Motors die Lenksäule von der Fahrerbrust wegzog. Die Gründe für die Rücknahme der breit beworbenen und als innovativ vermittelten Technik waren vielfältig: Procon-ten konnte nicht bei den später üblichen quer eingebauten Motoren verwendet werden; der Nutzwert bei anderen als Frontalkollisionen war zweifelhaft; ein Fahrzeug konnte schon bei kleineren Kollisionen irreparabel beschädigt werden. Diese „trade-offs" der Innovation, in Kombination mit Ablösungsofferten durch sinnvollere oder funktionsgerechtere passive Sicherheitstechnologien und prohibitive Kosten in einem kostenbewussten Fertigungsumfeld führten zu einer Ablösung.

Widerstände gegen Innovationen und Entwicklungspfade

Innovationen werden im Idealfall entwicklungs- und produktionsseitig generiert und nutzerseitig akzeptiert. Doch es gab im Verlauf der Automobilgeschichte immer wieder Phasen, in denen diese Harmonie gestört oder durchbrochen wurde. Möglicherweise laufen solche Erscheinungen mit Krisenphasen der jeweils dominierenden „Automobilismen" parallel. Konsens- und Dissensbildungen über Beurteilungen der Veränderungen sind daher immer auch im Rahmen größerer technischer, technikpolitischer und technosozialer Zusammenhänge zu stellen.

Typisch für Einführungs- wie Akzeptanzprobleme von Innovationen sind zwei Beispiele, die heute als zentral für die Lösung von zwei Fundamentalproblemen des Automobils in den 1970er und 1980er Jahren eingeschätzt werden, der Sicherheitsproblematik und der Umweltschädlichkeit. Gemeint sind Sicherheitsgurt und Katalysator, die beiden wichtigsten Innovations-Meilensteine auf dem Weg zu sichereren und weniger umweltbelastenden Automobilen. Beide Innovationen haben eine verblüffend ähnliche Diffusionsgeschichte. In beiden Fällen waren die Innovationen schon länger bekannt; ihre Wirkung war empirisch nachgewiesen, Informationskampagnen von staatlichen oder semistaatlichen Stellen unterstützten sie – und beide wurden trotzdem sowohl von der Automobilindustrie als auch von den Nutzern skeptisch betrachtet oder abgelehnt. In beiden Fällen war die endgültige Diffusion durch äußeren, – konkret: behördlichen – Druck erfolgt. Dieser Druck konnte die Form von Belohnungen wie Bestrafungen annehmen: Aufrufe zur freiwilligen Teilnahme („Klick – sicherer als Glück"), steuerliche Vorteilsgewährungen, der Erlass von Vorschriften, die zuerst nicht konsequent durchgesetzt wurden, und schließlich, nach zweifelhaften Erfolgen, die verschärfte Überwachung und die Verhängung von Sanktionen und Strafen. Diese Eskalation von Maßnahmen, von sanftem Druck bis zu Bestrafungsdruck, ist besonders deutlich bei der Gurtpflicht. Dreipunkt-Sicherheitsgurte wurden, nach Vorarbeiten der Cornell Universität, vom Volvo-Ingenieur Nils Bohlin entwickelt, waren seit den späten 1960er Jahren in der BRD auf dem Markt und mussten ab 1974 in Neuwagen eingebaut werden. Dass sie „Lebensretter Nr. 1“ waren, wie es in der Werbung hieß, wurde zwar kommuniziert, traf aber auf ein breites Spektrum von Skepsis. 1968 war „ [...] noch immer [...] das Kaufen, Montieren, Anlegen und Tragen von Gurten ein Problem“.[26] Verschiedene Aktanten hatten aus unterschiedlichen Gründen Zweifel.[27] Die Einschränkung der Beweglichkeit durch die anfangs starren Gurte; Geschichten der Verschlimmerung von Unfallfolgen, etwa des Verbrennens im Auto; die „Furcht vor der Fessel“,[28] aber auch das unausgesprochene memento mori an den Unfalltod durch Gurte – das waren nur einige der komplexen Ursachen, die bei den Autonutzern Widerstände erzeugten. Weder die Autoindustrie noch Nutzer und Nutzervereinigungen wie Automobilclubs schoben diese lebensrettende Erfindung an; sie erlebte keine selbstevidente und eigendynamische Durchsetzung und hatte Akzeptanzprobleme, obwohl angesichts von 20.000 Verkehrstoten in der Bundesrepublik (1970) ein evidenter Problemdruck bestand.[29] Widerstände gab es von nicht unbedingt zu erwartenden Seiten, und die informelle Widerstandskoalition von Nutzern, Nutzerverbänden und Industrie gegen diese Sicherheitsinnovation konnte nur langsam durch staatliche Informationspolitik und vor allem durch Druckausübung aufgebrochen werden. Die Überwindung der Akzeptanz- und Nutzungswiderstände gegen Sicherheitsgurte hat die Reduktion der Verkehrsunfall-Letalität entscheidend beeinflusst.

Zeitweise erfolgreiche Trends, die sich langfristig nicht durchsetzten

Immer wieder erscheinen in der Automobilgeschichte Trends, die zum Zeitpunkt der Einführung als konsequente, ja zwingende Weiterentwicklungen erscheinen. Und doch erwiesen sich manche davon als – zugegeben: mitunter sehr breite – Nebenpfade. Dass Entwicklungsvektoren, die in bestimmten Phasen rational begründet und in erfolgreiche Konstruktionen umgesetzt wurden, dann doch wieder abbrachen, lässt sich ausgerechnet an zwei der erfolgreichsten Fahrzeuge der Automobilgeschichte exemplifizieren, dem Ford T und dem Volkswagen. Bei ersterem betrifft dies die Bedienelemente: Das Planetengetriebe mit Rückwärtsfahrpedal und Handgas war eine einfache und fast selbsterklärende Auslegung für die Fahrer der beginnenden Massenmotorisierung. Diese Auslegung

---

26 Auto, Motor und Sport (1968), H. 26, S. 44.

27 Siehe Heike Bergmann, Angeschnallt und los – Die Gurtdebatte der 1970er und 1980er Jahre in der BRD. In: Technikgeschichte 76 (2009), S. 105–130. Verfügbar unter https://doi.org/10.5771/0040-117X-2009-2-105.

28 Sicherheitsgurte: Furcht vor der Fessel. In: Spiegel 50 (1975), S. 40.

29 Siehe Heinrich Praxenthaler, Die Geschichte der Verkehrssicherheit nach 1945. In: Harry Niemann / Armin Herrmann (Hg.), Die Geschichte der Straßenverkehrssicherheit im Wechselspiel zwischen Fahrzeug, Fahrbahn und Mensch. Bielefeld 1999, S. 185–208; Kurt Möser, Geschichte des Autos, S. 265–267.

wurde mit der Einführung durch den Ford A nach 1927 durch die konventionelle Anordnung der Bedienelemente abgelöst. Im Fall des Volkswagens wurde bei der Einführung und auch während der langen Vermarktungsgeschichte auf die „rationale“ Konstruktion abgehoben, perfekt geeignet für kostengünstige, materialsparende Massenfertigung eines Volksautos: Luftkühlung, Motor-Antriebs-Verblockung im Heck, Boxermotor. Diese als vernünftig dargestellte, ja, als zwingend erforderliche, ingenieursgemäße, auch fertigungsoptimierte Konstruktion[30] war zeittypisch valorisiert. Die Auslegung wurde in einem zeittypischen Argumentationsmuster und innerhalb eines technikbezogenen Wertesystems kommuniziert, wobei Nutzungseinschränkungen in Kauf genommen wurden. Aufgegeben wurde die Heckmotorauslegung, weil sie mit neuen Anforderungen an eine großzügigere und variablere Innenraumnutzung kaum vereinbar war, und weil prinzipbedingt die fahrdynamischen Probleme – Übersteuern – schwierig zu lösen waren.

Innovationsstimulantien – Stimulantien des Wandels

Wer oder was stimulierte Innovationen? Üblich ist eher eine Betrachtung firmenzentrierter Innovationsstimulation. Doch Innovationen wurden oft durch andere Aktanten initiiert Eine grobe Unterscheidung kann von staatsgetriebenen, industriegetriebenen, extern forschungsgetriebenen, und schließlich nutzergetriebenen Veränderungen ausgehen, wobei aber auch „mediatisierende“ Instanzen wie Organisationen und Medien stets eine Rolle gespielt haben. Stets müssen auch automobilsystem-externe gesellschaftliche und politische Faktoren, wie beispielsweise die Umweltschutzbewegung, mit herangezogen werden.

Natürlich stellt sich die Frage nach der Dominanz: welcher Typ herrschte vor, und bei welchen Gruppen oder Institutionen lag die Diskursbestimmungsmacht, die Definitionsdominanz und die Durchsetzungskompetenz? Ob etwa staatliche Vorgaben und die Ausübung von Druck durch Gesetze und Behörden stimulierend oder restringierend waren, kann nicht pauschal beantwortet werden und muss an Einzelbeispielen diskutiert werden. Staatliche Vorgaben und Regulative haben in vielen Fällen Innovationsdruck erzeugt und Diffusionen stimuliert; ein Fall ist heute etwa der Fußgängerschutz bei Karosserieauslegungen, dem weder Industrie noch Nutzer wirkliche Priorität einräumen, für den von staatlichen und überstaatlichen Stellen wie der EU Druck ausgeübt wird. Innovationen kamen immer wieder aus Universitäten und Forschungsinstituten, wie etwa durch die Sicherheitsforschung der Cornell University nach 1950, die auch die Pioniere der Sicherheitstechnik unter den deutschen Autoherstellern beeinflussten. Industrieexterne Einflüsse übten auch staatliche Institutionen aus, wie etwa auf dem Feld der Motorreinigungstechniken in den USA, durch Normsetzungen und die Präskription technischer Pfade.

30 Siehe Kurt Möser, Geschichte des Autos, S. 213–216.

Ein unterschätztes Feld ist sicherlich der „bottom up"-Einfluss von Nutzern.[31] Wie er sich konkret manifestiert, ist oft nicht einfach zu ermitteln, da Nutzerwünsche oft nicht explizit gemacht wurden, sondern implizit blieben. Der Entwicklungsvektor Leistungssteigerung gehört sicher dazu, aber auch zum Beispiel der Einfluss durch das „customizing", das Verändern, Modifizieren oder „Tunen" von Serienfahrzeugen. Eine ganze Reihe von Veränderungstrends, die von einzelnen Nutzern und aus Nutzerszenen kamen, sind von der Industrie später aufgegriffen und als „mass customization" oder „industrial individualization" in die großen Serien eingespeist worden. Spoiler, Sportdesign durch breitere und tiefere Fahrwerke, ausgestellte Kotflügel, verdunkelte Scheiben sind vom zunächst eher subversiven Nutzerdesign ins offizielle „Designerdesign" übergegangen. Das ist im breiteren sozialen Kontext der Vulgarisierung, von dem, was Paul Fussell „prole drift" nennt, zu sehen,[32] aber auch im Zusammenhang mit einer Re-Evaluierung und Ausnutzung der kreativen Impulse von „Straßenkulturen" durch die Industrie.

Automobiler Wandel und Quellen

Die Bewertung von Automobilen in den jeweiligen Phasen der Automobilgeschichte hängt auch von der Konstruktion von Image-Typen ab, von Kriterienkomplexen, die kollektiv entwickelt und stabilisiert wurden. Es ist zu rekonstruieren, welche Eigenschaften als erstrebenswert galten, und welche honoriert wurden. Das ist nicht unbedingt kongruent: Die mediale Wertschätzung von Eigenschaften, die Deklaration, musste nicht immer durch die Kaufentscheidungen der Nutzer bestätigt werden. Am Verhandeln um „vernünftige", sinnvolle Autos, am Diskurs um die jeweils „richtige" Automobilkultur nahmen viele Aktanten teil, von denen die Automobilgeschichte längst nicht alle identifiziert und untersucht hat. Dazu gehört auch ein Bestseller der 1950er und 1960er Jahre.

Alexander Spoerls „Mit dem Auto auf Du" ist ein Schlüsseltext für die Formierung der Automobilkultur in der jungen Bundesrepublik. Spoerls Buch leistete mehreres: die Vermittlung technischen Wissens, automobiler „Etikette" und automobilspezifischer „Moral" ebenso wie die Formulierung erstrebenswerter oder unverzichtbarer Fähigkeiten. Für unser Thema wichtig ist Spoerls Buch auch als Entscheidungshilfe: welches Automobil sinnvoll ist, welche Auslegung zu präferieren sei, welches Zubehör zu empfehlen sei oder als sinnlos abzulehnen sei. Letztlich leistet "Mit dem Auto auf Du" die Integration des technischen Artefakts Auto in eine bürgerliche, alltagsorientierte Nutzerkultur. Spoerls Bestseller ist ein Text, der Technikakzeptanz in einer immer noch recht technikfernen sozialen Gruppe erzeugen wollte und miterzeugte, aber auch signifikant ist für zeitgenössische Bewertungen von automobilen Trendvektoren.

---

31 Siehe dazu Kurt Möser, Autodesigner und Autonutzer im Konflikt: Der Fall des Spoiler. In: Gert Schmidt (Hg.), Jahrbuch Technik und Gesellschaft. Frankfurt/M. / New York 1999, S. 219–236.

32 Paul Fussell, Class. A Guide Through the American Status System. New York 1983, S. 170.

Medien mit Technik- und Autoaffinität spielten auch eine bedeutende Rolle bei der Bewertung von neuen Automobilkonzepten und -auslegungen. Ein Beispiel ist die Zeitschrift „hobby“ in den 1960er Jahren: Dort sind zwei automobilistische Veränderungsschübe intensiv diskutiert worden. Einmal war das die anscheinend bevorstehende „Antriebsrevolution“ durch Felix Wankels „kochtopfkleinen Wundermotor“. Es ging dabei nicht nur um das neue technische Konzept eines Rotationskolbenmotors des Systems NSU-Wankel, das den Lesern vermittelt wurde, sondern auch um die Auslegungskonsequenzen, die sich aus der geringen Größe und Leistungsdichte ergeben könnten. Ein Motor, der offenbar an beliebiger Stelle im Auto eingebaut werden konnte, der gar keinen „Technikraum“ innerhalb der Karosserie zu beanspruchen schien, erlaubte neue Auslegungen des Autos. Ein Innenraum, der vollständig Passagieren und Gepäck zu Verfügung stand, öffnete neue Möglichkeiten von Variabilität und Raumdistribution, wie etwa „cab forward“-Konzepte, neue Ideen für Stadtwagen oder „one-box“-Designs.[33] Solche nahutopischen Konzepte vermittelte „hobby“ prominent und half damit, den in den 1960er Jahren noch weitgehend unveränderten Entwicklungsvektor des Dreischachtelautos aufzubrechen.

Die „hobby“-Hefte übernahmen auch bei der medialen Deutung konkreter neuer Automobilauslegungen eine führende Rolle bei den technikaffinen Teilen der bundesrepublikanischen Gesellschaft. Als 1965 der Renault 16 eingeführt wurde, stellte die Stuttgarter Zeitschrift die Variabilität und die Potenziale der neuen Innenraumauslegung mit Heckklappe und umlegbaren Sitzbänken ausführlich vor. Der Bruch mit der traditionellen Drei-Schachtel-Auslegung wurde von den Lesern der Zeitschrift intensiv diskutiert. Diese innovative Auslegung und der neue Entwicklungsvektor wurden medial begleitet, diskursiv vermittelt und damit sozial konstruiert. Für die Akzeptanz des variablen Schrägheckautos auch in der automobilen Mittelklasse spielten solche Kommunikationsprozesse eine zentrale Rolle.

Das hat Konsequenzen für die Ermittlung der Quellen für die historische Untersuchung der Automobilkultur. Die Orte und Medien, wo die kulturellen und sozialen Kontroversen stattfanden, wo Bewertungen oder Sinngebungen vorgenommen wurden, sind zu ermitteln und als Quellenbasis für die Mobilitätsgeschichte fruchtbar zu machen, wobei ein wesentliches Instrument des Historikers, die Quellenkritik, natürlich eine große Rolle spielen muss. Auswahl und Bewertung von Quellen wie etwa Leserbriefe, in denen die Urteile redaktioneller Beiträge bestätigt, modifiziert oder kritisiert werden, bedürfen der üblichen kritischen Betrachtung. Wie weit sie repräsentativ waren, wie weit sie eine Vorauswahl durchlaufen haben, wie Kürzungen durch die Redaktion Positionen gemildert oder verschärft haben, wie weit Gattungskonventionen die Botschaft verändert haben: All das ist bei der Analyse jenseits einer platten Inhaltsparaphrase zu berücksichtigen. Für neue Quellengattungen, wie etwa das Medium der Foren im Web, sind solche quellenkritischen Verfahren überhaupt erst zu umreißen.

---

33 Siehe Marcus Popplow, Motor ohne Lobby?

Deutungsverfahren und Deutungsmedien der automobilen Trendvektoren

Zu fragen ist, wo die Priorisierung der Nutzer jeweils lag, und wo die Priorisierungen durch „Interpretationsinstanzen“? Wie weit lagen sie jeweils auseinander? Wo gab es Abweichungen und Konflikte um die Bewertung des Wandels? Und welche historischen – konkret: technikhistorischen – Methoden gibt es, um Differenzen und Konflikte zu verstehen und zu interpretieren? Ein Beispielfeld ist das Nutzungsmuster des Innenraums; dazu ist wiederum das Erscheinen des Renault 16 heranzuziehen: Das Resultat der Neuverhandlung des Innenraums in der Mittelklasse bei diesem Wagen wurde bei seinem Erscheinen als innovativ erkannt, und in einigen westdeutschen Publikationen auch zustimmend, ja enthusiastisch diskutiert, aber dann doch wieder eher als Kuriosität gesehen. Der unbestreitbaren Praktikabilität schienen Nachteile entgegenzustehen: dass es keinen richtigen, abgeschlossenen, uneinsehbaren Kofferraum zu geben schien etwa. Argumente gab es wenige, eher ein diffuses Unbehagen, dass ein richtiges, solides, bürgerliches Auto so nicht aussähe.

Die Ursache mochte in der nationalen Spezifik liegen. Interpretiert wurde der Wagen als typisch französisch, mit den Komponenten „praktisch“ – „leicht exzentrisch“; eine sozial- und kulturkonstruktivistische Konstruktion, die sich in den Urteilen über Traction Avant, Citroën DS, Renault R4, 2CV entwickelt und stabilisiert hatte, und in die der R 16 gut hineinzupassen schien. Aus dieser Nische der Exzentrizität ausbrechen konnte in Deutschland das Konzept der Schräghecklimousine mit variablem Innenraum erst später durch ein deutsches Fahrzeug. Erst durch die Diskurse um den VW Golf – der besonders signifikant war, weil er die Ikone Käfer ablösen musste und an dem deshalb ein Stück automobile Identität der Bundesrepublik verhandelt wurde – wurde der Wandel des automobilen Innenraums zum breit diskutierten Thema. Erst dann wurde das Konzept als Umbruch, als Auslegungszäsur, erkannt und verstanden.

Zur Identifikation und zur Deutung von Trendvektoren gehörten also durchwegs auch nationale Spezifiken von automobilen Auslegungen. Was als „typisch französisches“ Auto galt, wurde medial konstruiert und stabilisiert. Das hatte Konsequenzen. So wurden US-Fahrzeuge aus europäischer Sicht gerne abgewertet, nicht nur, weil sie zu groß schienen für das europäische Straßennetz, sondern weil sie lange als technisch konservativ galten und im Vergleich zu europäischen Fahrzeugen keine Innovationsdynamik zeigten. Motor- und fahrwerkstechnisch mochte das stimmen. Aber sie zeigten Innovationen auf einem anderen Feld, nämlich dem Feld des Komforts, und führten sie in der Breite ein. In den noch „austerity“-geprägten, noch vor der Breitenmotorisierung stehenden europäischen Automobilkulturen der 1950er Jahre wirkten Bedienluxus, Klimatisierung oder elektrische Bedienungselemente frivol und galten als überflüssig. Um 1960 gab es auch einen Stereotyp des britischen Autos, eine soziale Konstruktion der Auslegung und Nutzung: es sei optimiert auf kurvige „secondary roads“, aber nicht vollgasfest und konstruktiv exzentrisch, aber auf andere Weise als die französischen Wagen.

Schluss

Immer wieder wurde deutlich, dass die Debatte um den Wandel im Automobilismus viele Kontextkomponenten hat, die im Rahmen von Innovationserzählungen nicht oder nur unterkomplex behandelt werden können. Die Konstruktion „nationaler“ Automobilauslegungen, die Vorstellung dessen, was Mainstream ist oder als bloße Nische gilt, die Priorisierung von Auslegungskomponenten erfolgt auf komplexe Weise und auf einer Reihe paralleler und sich kreuzender Pfade. Erwartungshorizonte, gesellschaftliche Priorisierungen, nicht zuletzt die Medien, als Aktanten der Debatte um das Verstehen und Erklären neuer Konzepte haben hier eine Schlüsselrolle. Damit wird klar, dass es bei der Erzählung von Geschichten des Wandels im Automobilismus unbedingt um die Debatten und die Orte, an denen Diskurse geführt und Positionen formuliert werden, gehen muss, ebenso wie um die Betrachtung einer Ko-Evolution von Technik und Nutzern und ihrer Erfahrungen und Erwartungen. Eine rezeptionsorientierte, medienorientierte, vektorenbetrachtende, auf „longue durée“ und nationale wie internationale Nutzerkulturen ausgerichtete Automobilgeschichte hat nur partielle Überschneidungen mit erfindungsbasierten Erzählungen. Sie ist weit eher eine „anonyme Geschichte“,[34] die von signifikantem Wandel handelt, und wird damit eine Gegengeschichte zu überpersonalisierten Erfinder- und Erfindungserzählungen, die die populäre Automobilgeschichte noch dominieren – auch nach einem Vierteljahrhundert einer neuen State-of-the-Art-Mobilitätsgeschichte. Aber dieser neue Typ, für den ich mich einsetze, erzählt eine Geschichte, in der sich gerade auch die Nutzer, die neugierigen, begeisterten, kritischen, kompetenten, verführten, informierten und engagierten Träger der Automobilkultur und des Automobilismus, wieder finden können.

Ich danke Prof. Dr. Ulrich Kunze (Karlsruhe) und Prof. Dr. Marcus Popplow (Heidelberg) herzlich für ihre Kritik und Anregungen.

34 Siehe Sigfried Giedion, Die Herrschaft der Mechanisierung.

Lange Betriebsdauer von Automobilen
Kontroverse Kulturen der Ressourcenschonung

Methodische Vorbemerkung: Ebenen der Interpretation von technischen Artefakten

Jeder Technikhistoriker, der mit Artefakten arbeitet und Artefakte interpretiert, muss berücksichtigen, dass es einen fundamentalen Unterschied gibt zwischen dem instrumentellen Charakter von Artefakten und Artefaktgruppen, und dem Zeichencharakter von Artefakten und Artefaktgruppen, wobei der instrumentelle Charakter nicht den Dingen inhärent ist und aus ihnen abgeleitet werden kann, sondern ihnen historisch und kulturell variabel zugeschrieben wird.[1] Kompliziert wird das alles weiterhin durch die Tatsache, dass komplexe technische Artefakte verschieden (und möglicherweise miteinander im Konflikt liegende) instrumentelle Funktionen haben können, und dass unterschiedliche

1 Siehe Steven Lubar / W. David Kingery (Hg.), History from Things. Washington / London 1993. Darin: Jacques Maquet, Objects as Instruments, Objects as Signs, S. 30–40; Robert B. Gordon, The Interpretation of Artifacts in the History of Technology, S. 74–93; Steven Lubar, Machine Politics: The Political Construction of Technological Artifacts, S. 197–214.

Gruppen – Produzenten, Interpretierende, Nutzer – ihnen zu unterschiedlichen Zeiten unterschiedliche instrumentelle Funktionen zuschreiben können. Und auch der Zeichencharakter – worauf verweisen Artefakte, wofür stehen sie, wofür werden sie gesetzt? – ist auf nicht triviale Weise variabel. Um dies analytisch zu trennen, werde ich in meinem Beitrag die folgenden drei Ebenen behandeln:

- Die Ebene der technischen, ökonomischen und wirtschaftlichen Funktionalität und deren Beurteilung.
- Die Ebene der kulturellen und ästhetischen, aber auch der sozusagen moralischen Valorisierung.
- Die Ebene der Diskurse, Debatten oder der Meta-Diskurse, also von Fragen der Funktion, der politischen Bewertung, aber auch der „hidden agenda".

Ich setze mich zunächst mit technischen, ökologischen und wirtschaftlichen Dimensionen von langer Nutzungsdauer auseinander, möchte aber nicht meine Argumentation darauf aufbauen, denn das Auto ist, wie wir wissen, nicht rational verfasst. Deswegen werden die Automobilkultur, das Nutzerbonding und ästhetische Aspekte im Zentrum meines Vortrags stehen. Konkret werde ich über das Teilthema, nämlich lange Betriebsdauer, nicht primär unter funktionalen Aspekten reden und die Validitäten als Lösungsansatz diskutieren, sondern ich werde die kulturellen und wertebezogenen Kontexte dieses Lösungsansatzes zum Thema machen und deren Politik mit berücksichtigen.

Gesamtbilanzen und Nutzungsdauer

Wenn wir über Ebenen automobiler Nachhaltigkeit reden, dann sind die folgenden Aspekte mit zu berücksichtigen. Zunächst ist von einer Betrachtung der „total cost of ownership" auszugehen, und zwar nicht nur in wirtschaftlicher Hinsicht, sondern auch in Hinsicht auf den Umwelteindruck während des gesamten Artefaktzyklus, von der Produktion über die Nutzung bis zur Außerbetriebnahme, bis zum Recycling oder zum Verschrotten, also ökonomisch und ökologisch; und das im Hinblick auf die Stoffströme und die Energieströme.

Daraus wird ersichtlich, dass weder eine isolierende Betrachtung der Produktionsweisen von Fahrzeugen, seien es materialsparende oder effizienzerhöhende, noch eine isolierende Betrachtung der Recycelmöglichkeiten und des tatsächlichen Recycling, ein zutreffendes Gesamtbild ergibt.

Bei der Nachhaltigkeitsdebatte mit zu berücksichtigen ist stets auch der tatsächliche Ersatzbedarf. Gemeint ist damit die konkrete technisch mögliche Nutzungsdauer, nicht jene, die sich die Nutzer selbst zugestehen oder zumuten; nicht, wann ein Fahrzeug als „alt" abgestoßen und weiterverkauft wird, sondern wann ein wirtschaftlich vertretbarer Erhaltungsaufwand endet. Viele der in Europa gefahrenen Fahrzeuge werden in Drittweltländer durchgereicht, weil dort Reparaturaufwand und Fahrzeugwert in anderen Relationen stehen und daher eine Nutzungsdauer nahezu beliebig verlängert werden kann. Für die Beurteilung der Nutzgrenze unter den Bedingungen der Automobilität in „affluent societies" ist eine Analyse der produktbezogenen Pflege- und Reparaturmöglichkeiten erforderlich. Positiv fallen dann lebensdaueroptimiertes „engineering" ins Gewicht und das langfristige Vorhalten von preiswerten Verschleiß- und Ersatzteilen. Doch dies ist nicht allein eine produktionsseitige Frage. Sie hängt nicht nur mit den eingebauten Qualitäten der Fahrzeuge zusammen. Zum langfristigen Reparieren und Pflegen spielen auch die (kulturell bestimmte) Nutzerbereitschaft und, bei Eigenarbeit, auch die Nutzerqualifikationen eine wichtige Rolle.

Und nicht zuletzt ist bei der Frage der energetischen Effizienz die Frage zu stellen, ob neu produzierte Fahrzeuge die älteren, genutzten substituieren oder ergänzen. Nicht selten werden effizientere Fahrzeuge oder solche mit alternativen Antriebssystemen zusätzlich, als Zweit- oder Drittwagen, angeschafft. Sie erhöhen damit den Bestand und verschärfen das Problem des Ressourcenverbrauchs.

Die Ersatzfrage: Effizienz von Neuwagen

Die funktionalen Aspekte der Substitution vorgeblich effizienterer neuer Automobile, die ältere Fahrzeuge ersetzen, die mehr Treibstoff brauchen, sind vom Verkehrsclub Österreich untersucht worden. Demnach werden für die Produktion eines Autos, das 1,5 Tonnen wiegt, im Durchschnitt 70 Tonnen Materialien und Ressourcen verbraucht. Ein Auto hat bereits einen großen CO_2-Rucksack, bevor es den ersten Kilometer zurückgelegt hat. Bei einem mittelgroßen Benzin-Pkw fallen bei der Produktion rund fünf Tonnen CO_2 an, bei einem Diesel-Pkw 5,5 Tonnen. Bei der Produktion eines Elektro-Autos werden im Schnitt 6,5 Tonnen CO_2 verursacht. Das Fazit des VCOe:

> „Wer also ein neues Auto kauft, das einen Liter weniger pro 100 Kilometer verbraucht als das alte, muss bei einer jährlichen Kilometerleistung von 10.000 Kilometern 20 Jahre mit dem neuen Auto unterwegs sein, um jene Menge Treibhausgase, die bei der Produktion des Fahrzeugs verursacht wurden, zu kompensieren."[2]

Eine weitere Rechnung macht der Automobilclub von Deutschland auf: Die Herstellung eines neuen VW Golf erzeugt ca. 10.800 kg CO_2. Das entspricht einer Menge von ca. 4.650 Litern Benzin. Nehmen wir nun an, das neue Fahrzeug braucht 6 Liter, das ältere 8 Liter (tatsächlich ist die Differenz zwischen älterem und neuerem Fahrzeug geringer, was bei Tests durch AutoBILD und ADAC Motorwelt wiederholt gezeigt worden ist).

---

2 http://www.vcoe.at/de/publikationen/vcoe-factsheets/details/items/Factsheet2011-02; Zugriff am 06.12.2012. Eine weitere Berechnung findet sich unter http://www.ressourcenproduktivitaet.de/1/index.php?main=8&call=Projektergebnisse; Zugriff am 06.12.2012.

Bei einer jährlichen Durchschnittsfahrleistung von 12.000 km braucht das sparsamere Fahrzeug etwa 720 Liter Kraftstoff jährlich. Das ältere Auto, das 8 l verbraucht, braucht 960 l; die Differenz beträgt also 240 l. Demnach beträgt die energetische Abschreibung, bis sich die Neuproduktion amortisiert, 19,3 Jahre. Sie liegt also jenseits der üblichen Nutzungsdauer.

Diese Rechnung ist aber nun viel zu optimistisch. Denn die tatsächliche Verbrauchsreduktion neuer Fahrzeuggenerationen ist aus verschiedenen Gründen geringer. Zum einen weichen Norm- und Realverbräuche zunehmend voneinander ab, auch weil Fahrzeuge immer stärker auf Testzyklen hin optimiert werden.[3] Zum anderen werden Verbrauchsreduktionen kompensiert, weil Autos immer schwerer werden, größere Stirnflächen (die mit den eventuell besser werdenden Cw-Werten multipliziert werden müssen) und stärkere Motoren bekommen. Eine weitere Optimierungsfalle besteht im Einsatz gewichtssparender Materialen, wie Aluminium oder Kohlefaser. Recycling ist bei diesen schwieriger, energieaufwendiger oder nahezu nicht praktikabel. Auch hier ist es sehr zweifelhaft, ob die relativ geringe Energieersparnis den höheren Produktions- und Recycelaufwand energetisch überhaupt kompensieren kann. Es entsteht eine – im günstigsten Fall – Stasis der Effizienz.

Ein spezielles Problemfeld ist der Einsatz von neuen Materialien, wie etwa Leichtbaumaterialien wie Aluminium und Kevlar, die in den letzten Jahren verstärkt verwendet werden, um den Negativzirkel von immer höheren Fahrzeugmassen zu durchbrechen, die regelmäßig bei jeweils folgenden Fahrzeuggenerationen zunehmen). Beide erwähnte Materialien brauchen viel Energie bei der Herstellung und erfordern oft schwierigere Verarbeitungsprozesse mit höherem Energieaufwand. Zudem ist die Möglichkeit des Recycelns schwieriger oder manchmal sogar nicht möglich. In der Folge entstehen hohe energetische Abschreibungskosten oder, anders gewendet, eine Verlängerung der energetischen Abschreibungsdauer. Damit ist ein hoher Preis für recht geringe energetische Effizienzgewinne während des Betriebes zu bezahlen. Auch hier sind Effizienzgewinne allenfalls unter Ausblenden weit reichender Gesamtbilanzen herauszurechnen.

Ebenfalls zu berücksichtigen sind die fossilen Anteile in scheinbar „nachhaltigen", erneuerbare Energien nutzenden Technologien. Beispielsweise müssen die meisten Typen von Speicherakkus (fossil)energetisch aufwendig hergestellt werden, um nach 3, 4 oder 5 Jahren ausgetauscht und (fossil)energetisch aufwendig recycelt zu werden. Wenn energetische Lifecycle-Gesamtbilanzen erstellt werden, stellt sich dann heraus, dass die Akkus während ihrer Nutzungszeit energetisch gar nicht „abgeschrieben" werden können.

3 Verbrauch 20–30 % mehr: http://www.autobild.de/artikel/spritverbrauch-herstellerangabe-gegentestverbrauch-1129421.html; Zugriff am 06.12.2012; siehe auch Studie: http://www.theicct.org/fuel-consumptiondiscrepancies; Zugriff am 06.12.2012.

Obsoleszenz und lange Nutzungsdauer

„Obsoleszenz“, vom lateinischen obsolescere, bedeutet wörtlich Abnutzung, Veraltung, außer Gebrauch kommen. Für unsere Betrachtung moderner Marketingpraktiken müssen wir den Begriff aufgliedern und drei verschiedene Arten der Obsoleszenz unterscheiden, nämlich

- Funktionelle Obsoleszenz: Ein vorhandenes Erzeugnis veraltet durch Einführung eines neuen, das seine Funktionen besser erfüllt.
- Qualitative Obsoleszenz: Ein Erzeugnis versagt oder verschleißt zu einem bestimmten geplanten, gewöhnlich nicht allzu fernen Zeitpunkt.
- Psychologische Obsoleszenz: „Ein Erzeugnis, das qualitativ und in seiner Leistung noch gut ist, wird als überholt und verschlissen betrachtet, weil es aus Modegründen oder wegen anderer Veränderungen weniger begehrenswert erscheint.“[4]

Vance Packard hat diese fundamentale Unterscheidung vor mehr als einem halben Jahrhundert in die Diskussion der Öffentlichkeit eingeführt. Seitdem sind kaum wesentliche Aspekte in die Debatten eingebracht worden, insbesondere in der Breite der Darstellung um geplante Obsoleszenz. Deshalb sehe ich Vance Packards Ansatz immer noch als zentrales Werkzeug zur Beschreibung und Analyse dieser Fragen an.

Nun kann man das Geschehen bei der Vermarktung von vorgeblich effizienteren Automobilen mit Packards Kategorien interpretieren. Beim Fall von als ressourcenschonend dargestellten Neuwagen wird der Eindruck der funktionellen Obsoleszenz älterer Wagen im Hinblick auf „Umweltschonung“ projiziert. Tatsächlich aber ist es sehr häufig ein Fall psychologischer Obsoleszenz, weil die Konsumenten meinen, oder auch kommuniziert bekommen, oder es ihnen nahegelegt wird, dass substituierende Neuwagen per se und überhaupt ressourcenschonender sind. Das sind sie nicht – schon einmal angefangen beim Normverbrauch und beim Realverbrauch. Die evidente Wahrheit wird eher selten angesprochen – nämlich die, dass das gesamte „kleine“, also fahrzeugbezogene, und „große“ infrastrukturelle System des motorisierten Individualverkehrs[5] nicht nachhaltig ist und (wenigstens zurzeit) nicht in Nachhaltigkeit transformierbar ist.

---

4 Vance Packard, The Waste Makers, 1960. Die große Verschwendung. Frankfurt/M. / Hamburg, 23.–34. Tsd. 1965, S. 60f.

5 Ich verwende hier die Begriffe von Gert Schmidt („Die Zeit fährt Auto“. In: Gert Schmidt (Hg.), Technik und Gesellschaft. Jahrbuch 10: Automobil und Automobilismus. Frankfurt/M. / New York 1999, S. 7–14).

Technische Obsoleszenz und das Langzeitauto

Das Argument der technischen Obsoleszenz ist immer wieder angeführt worden, um lange Nutzungsdauer von Automobilen zu diskreditieren. Neue, vorgeblich leistungsfähigere Technologien und Innovationen, die zur Verfügung stünden, müssten einen Ersatz zwangsläufig erforderlich machen. Nutzungsdauern in der Größenordnung von 10 Jahren seien daher durchaus sinnvoll. Dass auch ein anderes Konzept machbar und tragfähig sein kann, zeigte Porsche mit dem „Forschungsprojekt Langzeit-Auto“ (FLA). Es wurde auf der IAA 1973 vorgestellt, in einer Phase, in der durch korrosionsanfällige Karosserien die Lebensdauer von Autos drastisch zurückgegangen war. Das FLA war auf eine Nutzungsdauer von 30 Jahren und mindestens 300.000 km hin konzipiert und sowohl mechanisch – mit einem niedrig belasteten 2,5-l/75-PS-Motor, effizienten Filtern und langen Wartungsintervallen – wie auch vom Korrosionsschutz auf Lebensdauer und Wartungsfreundlichkeit hin optimiert. Dazu trugen ein Langzeitauspuff, verzinkte Karosseriebleche, eine kontaktlose Zündung und viele andere, damals ungewöhnliche Merkmale bei. Das FLA war eine vorbildliche und konsequente Anwendung innovativer Ideen zur Nutzungsverlängerung und nicht zur Leistungssteigerung. Dem oben genannten Innovationsdilemma sollte das FLA durch die Möglichkeiten modularen Austauschs entkommen. Wenn sinnvolle neue Komponenten verfügbar wurden, sollte ein „upgrading“ einfach möglich sein. Dazu war der Kabelstrang etwa leicht trennbar, und die Zugänglichkeit aller Teile wurde gewährleistet.[6] Auch wenn Elemente des FLA heute Standard geworden sind, wie etwa guter Korrosionsschutz der Karosserie, hat seit Porsches innovativem Konzeptfahrzeug kein Autohersteller wieder ein Forschungsfahrzeug aufgelegt, das konsequent auf Lebensdauerverlängerung optimiert wurde.

Effizienz und Nachhaltigkeit als soziales und kulturelles Konstrukt

Steven Lubar wies darauf hin, dass Effizienz und Nachhaltigkeit soziale Konstruktionen sind; und dass Wahlmöglichkeiten zwischen technischen und Konsumalternativen nie nur technisch, sondern stets kulturell und eben auch politisch bestimmbar sein müssen:

> „Efficiency is a socially constructed and relative concept that straddles the borderline of technology and economics [...]. Econometricians would like to think that technology and economics provide sufficient explanation of technological choice. But I think we need to go further, to pass through the economic and enter into the domain of the social and cultural and, ultimately, the political. Hidden under the veneer of economics we find social and cultural reasons for technical design.“[7]

---

6 Siehe http://wikicars.org/en/Porsche_FLA; http://auto.freenet.de/iaa-1973--mit-dem-auto-in-diezukunft_268218_556500.html; Zugriff am 06.12.2012.

7 Steven Lubar / William David Kingery, History from Things: Essays on Material Culture. Washington 1993, S. 199.

In dieser Matrix des Bewertens von neuen und lange genutzten Konsumgütern werden die jeweiligen Qualitäten in unterschiedlichen Weisen kommuniziert: sie können hervorgehoben, herausgestellt, stillschweigend gesetzt, oder eben auch zähneknirschend akzeptiert werden. Dabei muss selbst bei innovationszentrierten und -freundlichen Positionen der Anreiz, der kulturelle und nutzerbezogene „Kaufpreis", des Neuen argumentativ und legitimatorisch benannt und bewertet werden – beim Auto heute beispielsweise schlechte Rundumsicht, problematische Raumverhältnisse durch sehr schräg gestellte A-Säulen und überbreite Mitteltunnel, und natürlich, als ein zentraler Punkt, die komplizierte Bedienbarkeit durch und von Menüsteuerungen. Dieses Unbehagen an den technischen Vektoren gegenwärtiger Automobiltechnik wird nicht allein von Nutzern subjektiv artikuliert, sondern wird durchwegs von Tests wie beispielsweise der Verstellzeiten von Heizungen oder Sitzen oder der Blickverdeckungen, die die Zeitschrift „AutoBild" öfters durchgeführt hat, bestätigt.

Unmittelbar anschließend an solche Bewertungsprozesse muss nach den Subjekten dieser Prozesse gefragt werden. Wer, also, nimmt an den Diskursen teil, wer leitet, wer dominiert, wie entstehen – natürlich stets relative, dynamische – Konsense? Zu fragen ist nach Bewertungsgruppen, Bewertungsmedien, auch nach Bewertungskartellen – kurz, nach den Instanzen von Konsensbildung. Konkret können dies etwa Tests und Fahrberichte, Vorstellungen neuer Automobile in den Medien, Werbung oder „product placement" sein. Heute sind es vornehmlich auch Internetgruppen, die debattieren und Kommentare abgeben. Dies sind oft gesteuerte, auch zensierte Foren, in denen neben „normalen" Nutzern auch Vertreter der Industrie oder von Lobbygruppen teilnehmen. Das macht für sozialwissenschaftlich und kulturhistorisch arbeitende Technik-Historiker diese neuen Quellentypen faszinierend, aber auch nicht unproblematisch.

Abweichende kulturelle Bewertungen von langer Nutzungsdauer

Konflikte in der Bewertung älterer Fahrzeuge, wie sie sich auch in solchen Foren artikulieren, können konsumentenseitig erfolgen, etwa indem solche Fahrzeuge als unzulänglich beschrieben werden mit den Konnotationen „unsauber"; „unsicher" oder „arm". Dagegen können ältere Autos auch dann vom Sozialprestige von „Klassikern" profitieren, wenn sie noch nicht die Dignität des Alten besitzen. Prestigeträchtig kann etwa auch eine verlängerte Liebe zum eigenen Wagen sein, wenn sie das eigene „Bonding" und die lange Zeit der Gemeinsamkeit mit einem alten Familienauto darstellt, das fast zum Familienmitglied geworden ist. Eine solche lange Nutzungsdauer kann zur Geschmacksdemonstration werden. Und eine Weigerung, ein Neufahrzeug zu erwerben, kann als zusätzliche Komponente eine Kritik an Auslegung und Design aktueller Produkte beinhalten.

Produzentenseitig können alte Fahrzeuge durch Herausstellen von Firmentradition als Instrumente zum „history marketing" eingesetzt werden und den Automarken Retro-Prestige verschaffen. Dass alte Fahrzeuge „noch laufen", dass sie als materielle Zeugnisse von

Wertigkeit und Langlebigkeit auf den Straßen sichtbar sind, erzeugt Markenbindung und Dignität. Dass alte Fahrzeuge einer Marke, die noch gar nicht zu „Klassikern" aufgerückt sind, weiter in Betrieb gehalten werden, sollte auch kaum einen möglichen negativen Einfluss auf das Neuwagengeschäft haben.

Kulturelle „Rationalitäten" langer Nutzungsdauer

Die Valorisierung des Alten und/oder Bewährten, die in distinktionserfordernden gesellschaftlichen Gruppen betrieben wird, fördert sicherlich eine lange Nutzungsdauer der Fahrzeuge. Hier steigt der Prestigewert, wenn sie lange in der Familie oder beim Erstbesitzer gehalten werden. Auch ästhetische Ansprüche können durch ältere Wagen argumentativ herausgestellt werden, wenn man etwa ein Auto mit als „klassisch" wahrgenommenem Design nutzt und die aktuelle Designkultur kritisiert. Schließlich können ältere Wagen prestigeträchtige Exzentrizität vermitteln und hohes Sozialkapital bei reduziertem ökonomischem Kapital bereitstellen.

Nicht zu unterschätzen ist auch die Ausbreitung einer Skepsis gegen automobile Innovationsprojektionen und Innovationsrhetorik. In Leserbriefen und Internetforen wird zunehmend der Anspruch, neue Fahrzeuge seien in den für die Nutzer wichtigsten Parametern gebrauchsfreundlicher als alte, kritisch diskutiert. Das betrifft harte technische Kriterien ebenso wie weichere des Komforts und der Nutzerfreundlichkeit. Typische Kritikpunkte der ersten Kategorie zeigen sich in einer zunehmend artikulierten Skepsis gegen die Proklamationen der Autoindustrie, die die Nutzer von einer zunehmenden Verbrauchsreduktion überzeugen möchte; und in einer zunehmenden Ablehnung des Einbaus komplizierter, teurer, störanfälliger und als wenig nützlich erachteter technischer Gadgets. Die zweite Kategorie betrifft beispielsweise eine Kritik an immer schlechterer Übersichtlichkeit, an engeren Innenräumen oder an unübersichtlichen und verwirrenden Bedienelementen. Insgesamt gesehen ist eine breiter und unnachsichtiger werdende Nutzerkritik am technischen und bedienorientierten Entwicklungsvektor der gegenwärtigen Automobilkonstruktionen festzustellen, die sicherlich die Akzeptanz von Neufahrzeugen negativ beeinflusst.

Konfligierende Bewertungen von langer Nutzungsdauer

Im Fall des Autos ist lange Nutzungsdauer mehrfach kulturell kodiert bzw. symbolisch besetzt: Sie kann als Defizitsymptom verstanden werden – man kann sich neue, möglicherweise „modernere" Autos nicht leisten; oder, völlig anders, als konsumpolitische Entscheidung. Danach fährt man keine aktuellen Autos aus verschiedenen Gründen, etwa weil sie keine oder nur marginale Nutzungsvorteile zugeschrieben bekommen, oder auch, weil man der Logik des ressourcenaufwendigen Ersatzes nicht traut. Ein wesentlicher Grund besteht aber darin, dass man ältere Autos als kulturell und symbolisch wertvoller betrachtet. Lange Nutzung ist dann eine kulturelle Aufwertungsstrategie, als Werkzeug der sozialen Positionierung. Der regelmäßige Kauf neuer Fahrzeuge nach kurzer Nutzung ist dagegen ein Symptom von „Neophilie", ein Begriff, der von Christopher Booker zunächst zur Beschreibung des Kulturwandels der 1960er Jahre geprägt worden ist.[8] Dies nun, als kulturelles und natürlich auch ökonomisches Muster, trägt in den Kulturen des Älteren nicht mehr sonderlich als Verfahren sozialer Distinktion. In Paul Fussells Standardwerk „Class" wird Neukauf als spezifisches Mittelklassehandeln identifiziert, mit der ständigen Gefahr einer Vulgarität und damit Entwertung des Neuen.[9] Fussells Begriff der „prole drift", der Entwertung von Mittel- und Oberklasse-Distinktionsmustern, weist auf die Gefahr eines Absinkens des Neuen zur Klassendifferenzierung hin.

Symbolisches Kapital älterer Fahrzeuge

In der komplexen Statusmatrix, wie sie uns Pierre Bourdieu vorgeführt hat,[10] kann das ältere Fahrzeug ein weitaus höheres symbolisches Kapital aufweisen als ein neues. Was hat einen höheren Distinktionswert oder ein höheres soziales Kapital: das Fahren eines stilvollen alten Wagens oder eines hochinnovativen Neuen? Wertekollision, Entscheidung, in welche Objektwelt man sich einklinkt, ist eine Positionierung in einer Wertematrix – denn Autos werden natürlich nicht funktional bewertet, sonst sähen sie völlig anders aus und hätten andere funktionale Parameter.

Weil, je nach Schicht und „Milieu", neue Autos als „vulgär" oder „neureich" konnotiert sein können, alte Fahrzeuge hingegen als „Klassiker" für Designliebhaber, als Symbole von Sparsamkeit oder gutem Geschmack, können solche Kodierungen sehr unterschiedlichen Kapitalbedarf haben. Wenn man ein Gedankenexperiment macht, dann können zwei Fahrzeuge von vergleichbarem Prestigewert – der zwar schwierig objektivierbar ist, doch etwa über die Vorzeigereichweite, den Aufmerksamkeitswert, den Grad der Bewunderung, den Erfolg als „conversation piece" bestimmbar ist – miteinander verglichen werden: ein älteres mit dem Restwert von 5.000 Euro, und ein brandneues für 50.000 Euro. Die Differenz des Tauschwerts zum symbolischen Prestigewert lässt sich dann kapitalisieren, nämlich mit 45.000 Euro. Ein Altauto mit geringem Restwert kann dann also, wenn man kulturelle Werte und „symbolisches Kapital" in Anschaffungskosten umrechnet, statusmäßig höchst „effizient" sein, also mit wenig Aufwand hohen sozialen Ertrag bringen. Damit können solche Altwagen viel effizienter Status transportieren und vorzeigen als Neuwagen mit Vulgär-Anmutung, die aber das Vielfache wert sind. Das Sozialprestige von Gegenständen, die aus Modischem und aus Valorisierungsmustern von In-

---

8 Christopher Booker, The Neophiliacs: A Study of the Revolution in English Life in the Fifties and Sixties. London 1969.

9 Paul Fussell, Class. A Guide Through the American Status System. New York 1983.

10 Pierre Bourdieu, Die feinen Unterschiede. Kritik der gesellschaftlichen Urteilskraft. Frankfurt/M. 1983.

novationen herausgenommen sind, ist in den hoch entwickelten Industriestaaten verbreitet. Beschreiben kann man solche „Vintage-Kulturen“ als Manufactum-Phänomen. Tradition, Solidität in Material und Herstellung, Langlebigkeit und Reparierbarkeit spielen hier die Hauptrolle und erzeugen Prestige gegen den Druck zu ständigen Neu- und Ersatzkäufen.

Obwohl Manufactum mit dieser Vermarktungsstrategie, die mit dem Slogan „es gibt sie noch, die guten Dinge“ wirbt, außerordentlich erfolgreich war und der Manufactum-Katalog zur Referenz von „upmarket“-Konsummustern geworden ist, werden Autos bisher so nicht vermarktet. Der symbolische Wert des Soliden ist in der Autokultur bisher kein Verkaufsargument und beschränkt sich auf Nischen. Denn die sich selbst als „Premiumhersteller“ verstehenden Autokonzerne begründen und vermarkten ihren Anspruch, der sich in verkürzten Produktzyklen manifestiert, eher mit „wertigen“ Oberflächen, mit immer neuen technischen Gadgets und mit Leistung und Komfort. Mit Langlebigkeit, Reparierbarkeit, Nutzungsorientierung, technischer Unanfälligkeit und edler Schlichtheit werben heute die teureren Segmente eher nicht. Hier scheint die Automobilität ein Sonderfall im Konsumkosmos zu sein. Gebrauchsspuren und ältere Stücke, denen man ihre Herkunft ansieht, werden beispielsweise bei Kleidungsstücken nicht nur toleriert, sondern oft kulturell valorisiert und neu produziert, etwa durch „Vintage“- oder „used“-Look. Ob dies sich künftig auch auf Autos erstrecken wird, bleibt abzuwarten.

Kollektivnutzungsdruck und Besitzlust

Ein mobilkultureller Vektor, der derzeit große Publizität erlangt hat, geht vom „Benutzen statt besitzen“ von Automobilen aus. Der Begriff und das Konzept wurden von Andreas Knie schon vor fast 20 Jahren in die Debatte gebracht.[11] Das schließt nicht nur Carsharing, sondern auch andere flexible, kollektive Nutzungsformen von Automobilen ein. Klassiker und andere kulturell aufgeladene Automobile verweisen nun aber eher auf das Gegenmodell, nämlich Besitzen statt Benutzen: Man hat den oder die Klassiker oder Youngtimer in der Garage, um mit ihnen Fahrlust zu erleben, aber auch für Statusgewinn und Distinktion. Das kann aber eine (mobilitäts)funktionsorientierte, „rationalere“ Nutzung von Verbund-Mobilität, wie sie die Propagandisten einer neuen Mobilitätskultur nahelegen wollen, einschließen. In dieser potenziellen neuen Nutzungsmatrix kommt dem älteren, „klassischen“ Fahrzeug eine wichtige Funktion zu: nämlich die Kanalisierung von Lust am Auto, angesichts des Re-Rationalisierungsdrucks, der sozial und kulturell aufgebaut wird. Bei einer Reihe von Autoherstellern ist bereits diese Doppel-(oder Dreifach-)Strategie erkennbar, nämlich das Sich einstellen und Vorbereiten auf eine vernetzte und transportfunktionale Kollektivnutzungs-Kultur des Carsharing, der intelligent organisierten Verbundverkehre einerseits. Andererseits bleibt man weiter im Paradigma der Faszination des eigenen, zunehmend individualisierten und persönlichkeitsadäquat

11 Andreas Knie, Mietwagen – Geld oder Liebe. In: Der Spiegel 23 (1997), S. 99.

konfigurierten Privatwagens. Man unternimmt weiterhin enorme Anstrengungen, um Autos verstärkt kulturell zu positionieren, etwa durch Kundenzentren, Markenbindungsanstrengungen, Merchandizing, Stärkung des Images durch Debattierforen, und natürlich auch Museen und „industrial heritage centres". Denn dies ist die dritte Komponente der Matrix: Die firmenseitige Pflege des kulturellen Erbes und ihrer materiellen Substrate, das Pflegen – und vielleicht auch „Machen" – von Klassikern.

„Machine Politics" der langen Nutzung

Technologien sind stets auch ein Feld der „Machine Politics", wie Steven Lubar dies nannte: „Machines are the material culture of politics in the broadest sense: politics as the interactions between groups of people. I shall call this ‚machine politics': the ways in which machines modulate, influence, and intermediate the interactions of groups."[12] Artefakte und technische Systeme sind demnach Gebiete auf denen gesellschaftliche, kulturelle und politische Debatten – stellvertretend, symbolisch – geführt werden, aber auch Konflikte konkret ausgetragen werden. Debatten um Technik haben stets politische Funktionen. Ganz evident wird dies auf Konfliktfeldern der Regulierung, wie etwa bei der politisch aufgeladenen Debatte um allgemeine Geschwindigkeitsbegrenzungen.[13] Die konkreten Steuerungsmaßnahmen gegen lange Nutzungsdauer fallen natürlich auch unter „machine politics": Gesteuerte Nutzungsdauerbegrenzungen und Gebrauchseinschränkungen mittels „Feinstaubplaketten", eine Strafbesteuerung für ältere Fahrzeuge, die die neuen – und nicht selten arbiträren – „Sauberkeits"-Kriterien nicht mehr erfüllen, dazu verschärfte technische Überprüfungen der zweijährlichen Hauptuntersuchungen.

Typisch für politisch geförderte steuernde Neophilie war die – nicht an den Treibstoffverbrauch gebundene, rein neukauffördernde – „Umweltprämie", die, 2009 eingeführt, nach dem Verschrotten eines älteren Fahrzeugs ein neues mit 2.500 Euro subventionierte. Schon der begriffliche Euphemismus stellt einen funktional nicht bestehenden Konnex der Verbindung von Neuwagen mit Umweltfreundlichkeit her. Bei den meisten dieser Maßnahmen muss zwischen der vorgeblichen und der stillschweigenden nutzungs- und konsumpolitischen Funktion unterschieden werden. Es ging durchwegs um Anreize des Privatkonsums und um das Blockieren langer Nutzungsdauer, also um politische Erzeugung von Substitutionsdruck. Hier machten nicht die Hersteller Obsoleszenz, sondern die Politiker; statt „built-in obsolescence" wäre eine „politically demanded obsolescence" anzusetzen, womit die drei „klassischen" Kategorien Vance Packards um eine vierte ergänzt werden müssten.

---

12 Steven Lubar / William David Kingery, History from Things, S. 198.

13 Siehe Kurt Möser, Was macht eigentlich das Geschwindigkeitslimit? In: Patrick Masius et al. (Hg.), Umweltgeschichte und Umweltzukunft. Zur gesellschaftlichen Relevanz einer jungen Disziplin. Göttingen 2009, S. 229–239.

Ende des Neophilie-Paradigmas?

In Aldous Huxleys dystopischem Roman „Brave New World" („Schöne neue Welt") von 1932, der 632 Jahre in die Zukunft „nach Ford" verlagert ist, wird jeder Bürger gezwungen, viel zu verbrauchen. Das ist komplementär zu den Drogen, die zusammen mit Massenkonsum für die Sedierung der Bevölkerung sorgen. Neuheit ist besonders geschätzt und wird von den „Schlaflehrern" besonders vermittelt. Der Diktator dieser schönen neuen Welt, Mustapha Mond, fordert: „Wir wollen nicht, daß die Menschen sich zu alten Dingen hingezogen fühlen, sie sollen das Neue lieben."[14] Huxley korreliert hier gesellschaftliche Modernisierung mit einem staatlich geförderten und aufgebauten Druck zum stetigen Erwerb neuer Produkte. Dieser kulturell-industrielle Motor der Prosperität liegt natürlich, wenn man das größtmögliche ökonomische Glück der größtmöglichen Zahl postuliert, unserem Wirtschaftssystem zugrunde und ist ein kräftiger Hindernisgrund für lange Nutzungsdauer, die damit eben „wirtschaftsmoralisch" als schädlich und prosperitätsblockierend verdammt werden kann.

Allerdings gibt es wachsende Gruppierungen in den westlichen Industrienationen, die das Substitutions- und Neukaufparadigma skeptischer sehen oder gar angreifen. Ob dies als Lifestyle zelebriert wird oder ob es als ökonomisch motivierte Sparsamkeit auftritt, ist dabei eher gleichgültig. Skepsis gegen das Neophilie-Paradigma setzt aber gerade beim Automobil als Artefakt mit hoher Vorzeige- und Aufmerksamkeitsreichweite an. Doch das sind aktuelle und weitgehend noch kontingente Prozesse, über deren Auswirkungen noch nicht viel gesagt werden kann.

Automobile Zukünfte: Dialektik von Wandlungsprozessen

In welchen Szenarien ist nun eine lange Nutzungsdauer situiert? Ich sehe hier einige Vektoren, die mitunter komplementär oder sogar kontrastiv zu aktuellen Trends der Automobiltechnik und der imaginierten künftigen Nutzungsformen sind. So können ältere, klassische Fahrzeuge angesichts der prognostizierten und praktizierten Durchautomatisierung und Selbsttätigkeit ein Kontrastprogramm bieten, indem sie in den Fokus von Fahrlust, Kompetenzerhalt der Nutzer – kurz: Kompetenzlust – gestellt werden. Statt der proklamierten De-Privatisierungstendenzen des „Benutzen statt besitzen" stärken sie die individuelle Art des Fahrens durch „Besitzen statt benutzen". Solche künftigen Pfade hängen natürlich sehr stark davon ab, wer hier mit welcher Intention und welchen Wirkungsmöglichkeiten steuert – „die" Politik, die Hersteller, oder die Konsumenten mit ihren Investitionsentscheidungen, Vorlieben, Vorurteilen und Absichten – oder welche Gruppen Blockademöglichkeiten haben. Dies scheinen mir zum großen Teil kontingente Faktoren zu sein; die Hierarchie der automobilkulturellen Werte wird immer wieder aufs Neue ausgehandelt.

---

14 Zit. nach Vance Packard, Die große Verschwendung, S. 48.

Letztlich wird es darum gehen, wie der Wandel der Automobilgesellschaft sich vollziehen wird, ob er demokratisch legitimiert wird, in Form von haltungsgesteuerten Entscheidungen der Nutzer, also „bottom-up"; oder durch (trans)nationale, politisch bestimmte „topdown"-Steuerungen der Mobilität, des Mobiltätsverhaltens und der Kaufentscheidungen. Ob diese „machine politics" tatsächlich funktioniert, bleibt abzuwarten. Aus der Geschichte des Automobils lassen sich allerdings skeptische Positionen zu den Wirkungen staatlicher Steuerung herauspräparieren.

Letztlich steht hinter der nachhaltigkeitszentrierten Rhetorik der Investitionen in vorgeblich ressourcenschonendere Neuwagen die Grundfrage, ob diese Spielart des kulturell flankierten Innovationsparadigmas weiterhin fortbesteht, akzeptiert, weiterentwickelt oder umgebogen wird. Und dies berührt die Debatte um „old innovation", wie David Edgerton den „shock of the old" beschrieb,[15] und „green innovation". Ob mittelfristig eine generelle Krise des Innovationsmusters auftritt, liegt natürlich im Dunklen. Dies ist aber der kulturelle und politische Rahmen, der über das Überleben der individuellen – und individuell besessenen – Mobilitätsmaschine in der heutigen Form entscheiden wird. Und hier erweist sich das Auto zum wiederholten Mal als hoch aggregiertes Symbolfeld für Wertedebatten, als Symbolfeld, an dem zentrale Aspekte unserer wirtschaftlich-technisch-industriellen Welt stellvertretend und konfliktbereit abgearbeitet werden.

15 David Edgerton, The Shock of the Old. Technology and Global History since 1900. London 2006.

Autoleidenschaft

Dass der Mensch seiner „Leidenschaften zugleich fähig und mächtig" sein solle[1], wie Jean Paul bemerkte, ist eine Maxime, die durchaus auch für Autoleidenschaft gelten kann. Beides, die Leidenschaft fürs Auto und deren Einhegung, durchzieht die Automobilgeschichte von Anfang an. Dass Versuche zur Disziplinierung und Kanalisierung der Begeisterung für Automobile aber immer wieder auf Schwierigkeiten stoßen, zeigt, wie wirkmächtig die unwahrscheinlich vielfältigen, mitunter unplausiblen Attraktoren sind, die einen langen Trend der Automobilität ausmachen. Fahren und Stehen, Innen und Außen, Vorzeigen und Sammeln, Spielen mit und Besitzen von Autos sind oft leidenschaftlich besetzt. Autos sind Fahr- und Stehzeug, wie Gert Schmidt formulierte, funktionieren als Skulpturen, als selbstbestimmte Erfahrungs- und Erlebnisräume, als demonstrative Objekte für Status und als Selbstbildprojektion, in enger Korrelation von Fahrzeug und Persönlichkeit; und nicht zuletzt als mobiler Privatraum.

Denn Autos bieten einen angenehmen, genießbaren Innenraum, der im Verlauf der Automobilgeschichte immer isolierter und komfortabler wurde. Von den frühen Fahrzeugen,

---

1 Jean Paul, Hesperus oder 45 Hundposttage. Eine Lebensbeschreibung. Berlin 1795.

auf denen man eher saß, den Blicken der anderen preisgegeben, über die Verbreitung geschlossener Autos seit den 1930er Jahren, bis zur gegenwärtigen kokonartigen Absperrung vom Außen und von den anderen Verkehrsteilnehmern, war es ein langer Weg. Die Attraktion dieser mobilen Privatsphäre mit angenehmer Klimatisierung, Beschallung und Gestaltung ist ein Faktor für die Bevorzugung des Autos vor öffentlichen Verkehrsmitteln, auch wenn vernünftige Gründe dagegensprechen mögen.

Wenn bei der Beurteilung von Autos nicht nur Parameter wie Beschleunigung und Höchstgeschwindigkeit herausgehoben werden, sondern auch „Anpassung" an den Fahrer, und wenn vom Wohlfühlen im „Cockpit" die Rede ist, dann wird klar: Autofahren ist auch Stolz auf die eigenen Kompetenzen beim Umgang mit einer starken und fordernden Maschine. Und ein Auto ist auch ein Mensch-Maschine-Interface, das Maschinensensibilität fordert, engen Körperkontakt bietet, Sinne stimuliert, Sensationen durch g-Kräfte erzeugt, Fähigkeiten wie Rundumblick verlangt, und Körper wie Sinne verändert. Das Resultat ist maschinengenerierte Fahrlust.

Aber Autoleidenschaft ist mehr als dies. Zum Kosmos der Attraktionen gehört auch das Skulpturale, die Faszination durch das Außen- wie Innendesign der mobilen Kunstwerke. In der Beurteilung der Gestaltung, in der Wahl des Modells nach Kriterien von visueller Schönheit und taktiler Lust der Materialien zeigt sich ein ästhetisches Interesse einer großen Zahl von Nutzern. Das scheint den immensen Gestaltungsaufwand der Fahrzeugdesigner und Autobauer durchaus zu legitimieren. Diese Leidenschaft ist eben auch populärer Schönheitssinn: Autos befördern eine populäre ästhetische Kompetenz. Gestalt und Design von Automobilen werden heißer diskutiert, unter breiterer Teilnahme des Publikums, als etwa jene von Gebäuden. Autos sind eben sinnlich und mit allen Sinnen erfahrbar.

Diese Vielfalt, und die vielfältigen Angebote, die Automobile für eine Emotionalisierung machen, erschweren jede Analyse. Es klingt banal, ist aber doch bemerkenswert: Autos boten für Viele die verschiedensten und manchmal widersprüchlichsten Attraktionen. Transrationales Plus bestimmte die Autokulturen von Beginn an und war ein wirkmächtiger Faktor der Massendiffusion dieser Technologie. Ohne kollektives und immer wieder erneuertes Begehren wäre das Auto nicht zum größten technischen System weltweit aufgestiegen, und das Automobil sähe heute sicher anders aus und hätte andere Parameter. Re-Rationalisierungsvorgänge waren durchwegs wenig erfolgreich. Ständige und ständig scheiternde Versuche der Umdeutung des Autos als Transportmittel durchziehen die Automobilgeschichte. Autos sind eben, wie Peter Sloterdijk meinte, nicht rational verfasste Artefakte.

Autofeindschaft in den Jahren vor dem Ersten Weltkrieg war wenigstens zum Teil neidgetrieben und basierte auf politischen Abneigungen. Klassenbewusste Arbeiter verachteten „Protzkarren", und Kleinbürger reagierten mitunter ähnlich, wenigstens so lange, wie sie sich nicht selbst ein motorisiertes Gefährt leisten konnten. Die Sehnsucht nach der eigenen Motorisierung, erfüllbar in Fahrzeug-„Klassen“ von Klein- bis Luxuswagen, grundierte später alle gesellschaftlichen Schichten.

Aber selbst die vernunftbetonten, vereinfachten, massengefertigten Fahrzeuge der Volksmotorisierung, die europäische Märkte und Straßen von den 1920er Jahren bis in die 1970er dominierten, wurden affektiv besetzt. Schon früh haben insbesondere Literaten verstanden, dass selbst vorgebliche „Autos für das Existenzminimum“ aufgewertet und als Quelle von Besitz- und Fahrlust, von Stolz auf die eigenen Fahrfähigkeiten und emotionaler Zuwendung sein können. In Sinclair Lewis’ Roman „Babbitt“ von 1922 beispielsweise ist der schlichte Ford T des Helden ein Gegenstand von „poetry and tragedy, love and heroism“. Für die Verwandlung von ursprünglich rational gedachten, minimalistischen Autos wie dem Modell T, dem Citroën 2CV, dem Fiat 500 oder dem ursprünglichen Volkswagen in emotional aufgeladene „Klassiker“ war nur ein geringer historischer Abstand erforderlich.

Klassische Wagen ziehen sehr unterschiedliche Gruppen an: von Investoren über Liebhaber herausfordernder, starker, undomestizierter Kraftpakete, von Designliebhabern bis zu Technikbegeisterten und mobilitätshistorisch Interessierten. Gesammelt werden teure Klassiker, Nischenmodelle, technische „Leckerbissen“, rollende Aktien, Massenfahrzeuge oder Traumwagen der eigenen Jugend. Ein nicht unbeträchtlicher Teil der Fahrer und Sammler historischer Fahrzeuge interessiert sich für Wagen, die verbunden sind mit dem eigenen automobilen Aufwachsen. Spuren einer alten Autoliebe ziehen sich oft ins spätere Leben und begründen Sammlungen. Der Rennfahrer Stirling Moss meinte einmal, Männer vergäßen ihr erstes Auto so wenig wie die erste Frau. Wir müssen also über Beziehungen reden.

Es besteht ein breites Spektrum der Verhältnisse zwischen Nutzern und Fahrzeugen, ob historisch oder aktuell. Ein Auto kann – eher selten – neutral, wie ein Werkzeug, angesehen werden, wie eine perfektionierte Körperverlängerung, als Superprothese; oder es kann Haustiercharakter bekommen, fungiert als Partner des Ich und als dessen Verlängerung: „ich stehe da drüben“ ist in diesem Fall eine typisch dekuvrierende Formulierung. Und mehr: Am anderen Spektrumsende steht das Auto als Beziehungspartner und Liebesobjekt, das Begehren weckt, mit dem man ein kürzeres oder längeres Verhältnis pflegt, und von dem man sich schließlich trennen muss – „bis dass der TÜV uns scheidet“ – oder auch will, weil man ein begehrenswerteres Objekt entdeckt hat, meistens ein jüngeres, neueres Modell, mit dem man eine neue Beziehung beginnen kann. Bei der Wahl und der Inbesitznahme eines neuen Fahrzeugs, bei Trennungen und Scheidungen vom alten kommt es zu Vorgängen des Ver- und Entliebens. Dies ist eine verdinglichte Liebe, die man leicht kritisieren kann, doch Autos sind ein wesentlicher Teil des sozialen Lebens der Dinge, ein bedeutender Teil nicht nur des Alltags, sondern sie haben eine emotionale, leidenschaftliche Aura.

Und Autobegeisterung ist keinesfalls ein Männerphänomen. Schon kurz nach 1900 kommentierten Journalisten die Leidenschaften Pariser Chauffeusen, ihre Geschwindigkeits- und Überholbegeisterung. Heute gleichen sich die Haltungen von Fahrern und Fahrerinnen zunehmend an. Geschwindigkeitsüberschreitungen von Frauen nehmen zu, vorgeblich typische Frauenunfälle werden von Männern begangen. Und Freude am Fahren eint beide, so wie Freude an Klassikern.

Automobilbezogene Sammelleidenschaft ist ein außerordentlich weites Feld: von Modellautos über „Automobilia" bis zu Literatur und Fahrzeugen selbst. Insbesondere für klassische Fahrzeuge, Young- und Oldtimer, gibt es eine wachsende und breit gefächerte Sammlerkultur, mit eingekreuzten Sub-Leidenschaften der Clubbildung, der gemeinsamen Ausfahrten, des Fachsimpelns und Renommierens, des Vorzeigens der mobilen Schätze. Für Nicht-Initiierte ist es erstaunlich, was alles im Kosmos historischer Automobilität bewahrt und gesammelt werden kann – etwa James Deans Porsche Spyder, oder das Mercedeswrack, in dem Prinzessin Diana starb. Prominentenautos, prototypisch für die intime Verbindung von Personen und ihren Gefährten, sind sogar als Unfallwagen faszinationserzeugend.

Wenn die Sehnsucht nach richtig faszinierenden Autos nicht befriedigt werden konnte, dann behalf man sich mit Substituten. Im automodellbeschränkten Indien der 1990er Jahre hatten Autozeitschriften ausklappbare Pin-Ups westlicher Sportwagen. Bildbände mit hochästhetischen Autofotos liefern pornotechnische Vorlagen für Besitzer und sehnsüchtige Nichtbesitzer, und Kinder, die noch weit von der echten Erfüllung ihrer Sehnsüchte entfernt sind, sammeln Modellautos oder spielen mit Fernsteuermodellen. Waren es lange Zeit Autoquartette, die für die automobilen Faszinationshierarchien von Leistung und Beschleunigung sozialisierten, so werden heute Jugendliche mit Computerspielen wie „Grand Theft Auto" virtuell auf den künftigen Besitz getunter Einsteigerfahrzeuge und realen Autobahnverhaltens vorbereitet.

Leidenschaft für die neue Mobilitätsmaschine hat auch bei der Durchsetzung des Autos mit Verbrennungsmotor gegen das Elektrofahrzeug, das um die Jahrhundertwende schon weit verbreitet war, eine Rolle gespielt. Der Benzinwagen war abenteuerorientierter, maskuliner, aufregender. Elektrofahrzeuge waren schon damals zahmer und schienen weniger mechanisch, und sie wurden als „bloße" Frauenfahrzeuge vermarktet. Man musste sie nicht beherrschen; sie waren auch mit weniger mechanischem Geschick fahrbar, aber hatten ein eindeutig geringeres Potenzial von Fahrlust. Das behinderte ihre Verbreitung wirksam. Heute scheinen Hersteller von maskulin konnotierten Elektrosportwagen daraus gelernt zu haben.

Trotzdem: Die automobile Modellwelt war von Anfang an so weit aufgefächert, dass stets auch Teilkulturen und gesellschaftliche Nischen bedient werden konnten, nicht nur die schamlos bekennenden Autoaffinen. Das Fahren von Döschewohs, Renault 4s oder von betagten Mercedesdieseln ermöglichte das Ausleben von Autoliebe sogar in tendenziell autoskeptischen Milieus der 1970er Jahre – und bot dazu noch den Vorteil billigen und ideologisch aufgewerteten Distinktionsgewinns. Und radikale Gesellschafts- und Kapitalismusablehnung konnte sich durchaus mit der Faszination für schnelle Fahrzeuge paaren. RAF-Terroristen bevorzugten schnelle BMWs nicht nur aus praktischen Gründen, als effiziente Fluchtwagen, sondern wohl auch aus Autoleidenschaft.

Heute sind nicht alle Besitzer von Hybrid- oder Elektrofahrzeugen prototypische rationale oder umweltbewusste Nutzer. Ein wichtiger Teilmarkt von Fahrzeugen gibt vor, das Dilemma zwischen Autofaszination und schlechtem Gewissen zu lösen. Viele Wege und Angebote für die Aufrechterhaltung von Autofaszination in schwierigen Bewusstseinslagen sind verfügbar. Trotzdem: In einigen Milieus sollte man besser seine Autoleidenschaft nicht offen bekennen. Obwohl man sieht, dass Autoleidenschaft heute bedenken- und schamlos in Ländern wie China oder Russland ausgelebt wird, ruft ein ähnliches Bekenntnis hierzulande Befremden hervor und bekommt nahezu obszönen Charakter. Solche Bekenntnisse sind sozial gefährlich, da ein emotionales Interesse an Autos als vulgär gilt, analysierender Intellektueller unwürdig. Distinktionsgewinn erfolgt also durch Ablehnung, Nichtteilnahme, oft aber durch Umlenkung der Mobilitätspräferenzen – etwa wenn man keinen „vulgären“ Pseudogeländewagen fährt, sondern einen Plug-In-Hybriden.

Doch dies ist nicht selten getarnte und schwach transformierte Autofaszination. Autofaszination ist ein Spitzen- und Breitenproblem: Für meinungsbildende Eliten hat offen zugegebene Autoliebe oft etwas Vulgäres; und wie immer, wenn Diffamierungen einsetzten, ohne das wirkmächtige Phänomen zu verstehen, erscheint es in veränderter, verdeckter oder subversiver Gestalt.

Autofaszination ist eng verzahnt mit Populärkulturen. Evident ist das in der Popmusik, aber vor allem auch in der Alltagskultur von Jugendgruppen, die ihre Wagen mit Tieferlegen, Tuning und Design verändern, individualisieren und ihren typen- und stilspezifischen „Stamm“ konstituieren. Von amerikanischen Studenten, die alte Fords zu „Hot Rods“ umbauten, über die „Cruising“-Kultur der 1960er bis zu Migrantenjugendlichen, die mit Hochleistungswagen durch die Mannheimer Quadrate röhren: Autos waren wegen ihres gegenkulturellen und provokanten Potenzials immer ein Faszinosum von subversiv auftretenden Teilkulturen. Doch manchmal scheinen sich die Gegensätze zu berühren. Autoaffine Manager der einschlägigen Industrie oder Designer und Entwickler reden manchmal gar nicht so anders über ihre Produkte wie dieser Kundenkreis. Und Journalisten, die sich zu ihrer Autoleidenschaft bekennen, nutzen sie zur Provokation, wie etwa der britische Autotester Jeremy Clarkson.

Autofaszination ist nicht nur ein individuelles Phänomen, sondern kann auch in Gruppen erlebt werden. Seien es Markenclubs, gemeinsame Ausfahrten mit klassischen Fahrzeugen, oder auch gemeinsames Reparieren und „Schrauben“, wie das in der DDR üblich war: Oft ist die Faszination kollektiv. Gruppen Gleichgesinnter diskutieren und fachsimpeln über ihre Fahrzeuge, zeigen und erklären sie einander. Technisch-ästhetisch-gesellschaftlich Diskurse entwickeln sich.

Autoleidenschaft lebt nicht zuletzt von Imaginationen und Versprechungen. Einsames und freies Fahren, Paris mit dem Wind im Haar, ein britisches Cabrio in Cornwall, ein Traumsportwagen an der Côte d'Azur, ein Geländewagen irgendwo in der wegelosen Wildnis: das sind starke Wunschbilder, angesiedelt um Freiheitsphantasien, die durch keine Leidensgeschichten, nicht durch Staus, Kostenärger, technische Probleme oder staatliche Regulierungs- und Disziplinierungsanstrengungen ganz zerstört werden können. Illusionen gehören zur Autoleidenschaft. Man hat für das Motorrad Faktoren der Faszination zusammengestellt; für Autos gilt aber ein ähnliches Motivbündel, das von Omnipotenzerlebnissen bis zur Kompensation eigener Organminderwertigkeit reicht[2].

Doch das ist konfliktträchtig. Die Debatte um Freiheit durch Automobilität wurde und wird sehr emotional geführt. Typisch ist eine hochemotional besetzte Bewertung des Geschwindigkeitslimits. Freunde und Feinde „lackierter Kampfhunde“ tragen ihre Konflikte sehr persönlichkeitsbezogen aus – wiederum ein Hinweis auf die emotionale Nähe von Fahrzeug und Nutzer. Zugleich wird sichtbar, dass Debatten ums Auto mehr sind als nur dies. An Autobegeisterung und -feindschaft kristallisieren sich allgemeinere Fragen, solche der Haltung zu unserer Gesellschaft. Autokritik wird nicht selten korreliert mit Technikfeindschaft. So ist die Straßenmobilität ein kulturell wirksames symbolisches Feld zur Austragung von Konflikten und zur Identifikation von Freund und Feind in der technisch-industriellen Zivilisation.

Die Kritik an Autobegeisterung begleitet die gesamte Geschichte der Individualmotorisierung. Dabei hat sie sich als bemerkenswert erfolgloses Vorhaben erwiesen. Wie auch immer in den letzten 120 Jahren argumentiert wurde – private Autos seien umweltschädlich, hochgefährlich, vulgär, ressourcenverschwendend, neureich –, und wie auch immer Autobegeisterte und speziell Sportwagenfahrer diffamiert und abqualifiziert wurden – als lächerliche Nutzer von Persönlichkeitsprothesen, unreife Unerwachsene, kapitalistische Protze, impotente Zwerge –: die Liebe zum Automobil erwies sich stets als stärker und resilienter als alle Kritik.

Ein weiterer Trend, der die Automobilgeschichte begleitet, sind die vielfältigen Versuche zur Konstruktion vernünftiger Automobilität, womit Autobegeisterung ersetzt werden sollte. Dies konnte verschiedene Formen annehmen, von der Vermarktung ingenieursrationaler Fahrzeuge, der Ablehnung automobiler Exzesse, bis zur Kritik an allem, was die Transportfunktion überstieg. Doch die Re-Rationalisierung von Autos, oft verbunden mit Versuchen zum Heraus-Eskamotieren seiner unvernünftigen Merkmale, ist durchaus

---

2 Vgl. Bernt Spiegel, Die obere Hälfte des Motorrads. Vom Gebrauch der Werkzeuge als künstliche Organe. München (2) 1999, S. 237–239.

zweischneidig. Das zeigt etwa der zunächst unwahrscheinlich wirkende Erfolg des „Käfers“ in den USA. Automobile Bescheidenheit wirkte als Distinktionsmittel für liberale, europaaffine, eher akademische Kunden. Doch das vorgeblich rationale, auf seine Transportmittelfunktion zurückgeführte, bloß vernünftig scheinende Auto wurde aber dann doch wieder mit Leidenschaft gepaart. Es faszinierte in den 1960er und 1970er Jahren eben auch seine Käufer – und zunehmend deren Kinder, die am Käfer unerwachsene und mit Alternativkulturen kompatible Wesenszüge liebten. Das Auto kann offenkundig nicht einfach in ein vernunftbestimmtes Artefakt umkonstruiert werden.

Die dunkleren, oft aggressionsorientierten Seiten der Automobilleidenschaft werden nicht selten unterschlagen oder heruntergespielt. Doch sie waren immer wieder kraftvolle Attraktoren, gerade für jüngere Fahrer, die mit Überholrisiken spielen, Limits ihrer Wagen austesten, sich informelle Rennen liefern oder sich aggressiv gegen andere verhalten. Doch die Durchsetzung im Landstraßenverkehr und die soziale Durchsetzung scheinen altersneutral. Gerade in der jungen Wirtschaftswunder-Bundesrepublik sahen zeitgenössische Kommentatoren einen Zusammenhang von technischer Mobilität und sozialer Rücksichtslosigkeit bei den Fahrern „schwerer Wagen“. Und schon viel früher verortete man Autoleidenschaft bei sozial prekären Gruppen: Zum Auto hingezogen fühlten sich „Sprösslinge der Finanz“ und die „besseren Diebskreise“, so der österreichische Literat Karl Kraus 1902[3]. Automobilaffinität passte gut zur industriebürgerlichen wilhelminischen Aufsteigergesellschaft, die den „Kampf ums Dasein“ pries, aber auch zu den erfolgreichen und selbstbewussten industriellen Kulturprovokateuren und Großbürgern der Weimarer Republik und des Wirtschaftswunderdeutschlands. Ein besonderer Fall war der systemische Zugriff auf den Automobilismus im Nationalsozialismus. Neben dem Autobahnbau, den „Pyramiden des Dritten Reichs“, war es vor allem die Sehnsucht nach dem Besitz eines eigenen Wagens, die zur Bindung an das eigene Regime politisch eingesetzt wurde. Auch hier wurde Autobegeisterung direkt politisch wirksam.

Automobilleidenschaft ist also keineswegs nur individuell, kulturell oder kollektivpsychisch relevant, sondern war und ist in hohem Maß ein wirtschaftlicher und politischer Faktor. Dies wirkt einerseits als Treiber einer prosperitätsgenerierenden Schlüsselindustrie, die ohne Massenleidenschaft und der Bereitschaft, einen großen Teil des verfügbaren (oder nicht verfügbaren) Einkommens für Autos mit ästhetischem und faszinierendem Mehrwert auszugeben, kaum so bedeutend geworden wäre. Zum anderen erschwerte oder blockierte gar die außerordentlich hohe emotionale Bildung der Besitzer an ihre Fahrzeuge, und ihre Rolle als imaginierte Freiheitsmaschinen, manche rationale Maßnahmen der politischen Steuerung. Gerade in Deutschland musste die Politik stets mit einer autoaffinen und regulierungssensiblen Wählerschaft rechnen. In diesem Sinn waren manche verkehrspolitischen Entscheidungen, wie etwa die Wiedereinführung der unlimitierten „freien Fahrt für freie Bürger“ nach den Ölkrisen der 1970er Jahre, populistische politische Reaktionen auf Autoleidenschaft.

3 Die Fackel 113 (1902), S. 1.

Wie steht es eigentlich mit der Genese dieser Leidenschaft? Entwickelte sie sich als eigenständige Kultur, oder entstand sie in einem größeren Komplex der Besitzerotik von Konsumgegenständen, von Luxus und Moden, und ist damit eng verbunden mit genereller Technikbegeisterung und der globalen Erfolgsgeschichte unserer Konsumgesellschaft? Entstand sie, oder wurde sie gemacht, gezielt und interessengeleitet konstruiert, als Marketinginstrument im real existierenden Kapitalismus, oder zur politischen Bindung, wie im Nationalsozialismus? Die Beantwortung ist nicht einfach; wo die Grauzonen zwischen der gezielten Konstruktion oder dem geschickten Ausnützen von Automobilleidenschaft verlaufen, muss immer wieder an Einzelfällen diskutiert werden.

Das große und komplexe Feld der Automobilwerbung wäre hier zu nennen. Wurden und werden dort Wunschbilder konstruiert, oder nur aufgenommen und verstärkt? Auch das „history marketing“ von Automobilherstellern, der Einsatz der eigenen Geschichte und ihrer faszinierenden Automobile zu Werbezwecken, ist untersuchenswert. Man spielt mit der Würde der Historizität und zugleich mit aktueller wie auch nostalgisch besetzter Faszination. So entsteht ein wirkmächtiges Instrument der kulturell wirksamen Panzerung der Automobilität gegen Rationalisierungsanstrengungen und Kritik. Die hermeneutische Aufgabe, zu „begreifen, was uns ergreift“, ist schwierig. Klar ist jedenfalls: Da, wo der Autofaszination politisch-ökonomische Grenzen gesetzt werden, lauert gefährliche Unzufriedenheit – auch, wenn die unerfüllte Sehnsucht nach „richtigen“ Autos in der DDR nur einer der Stöße zum Fall der Mauer gewesen sein mag.

Solche Fragen sind nicht komplex. Die vielen Expertenfelder und Fächer, die die „weichen“ Faktoren der Automobilität in den Griff zu bekommen trachten – Technik- und Kulturhistoriker, Psychologen, Politologen, Soziologen, Kunsthistoriker, Wirtschaftswissenschaftler und manche neu erfundenen akademischen Fächer – müssen Phantasie beim Auffinden von Quellen und Anwenden von Methoden entwickeln, wobei nicht immer genügend Verständnis für die Macht der automobilbezogenen Gefühle zu erwarten ist. Das Verstehen von Autofaszination ist eine dauernde wissenschaftliche Herausforderung.

Dem komplexen Phänomen bloß durch Befragen auf die Spur kommen zu wollen, führt oft in eine Falle. Das musste schon General Motors in den 1920er Jahren zur Kenntnis nehmen: Bei Kundenbefragungen legten die Käufer Wert auf Sicherheit und Wirtschaftlichkeit, aber das tatsächliche Kaufverhalten war geprägt durch Leistung, Prestige und Komfort, wie Achtzylinder, Weißwandreifen oder Liegesitze. Auch die Kundenbefragungen Fords vor der Einführung des „Edsel“ 1957 halfen nicht bei der Akzeptanz dieses wirtschaftlich verheerend erfolglosen Wagens. Große Unterschiede zwischen der Bekundung rationalen Kauf- und Beurteilungsverhaltens und dem eher irrationalen Kaufverhalten begleiten die gesamte Automobilgeschichte. Dies bereitet Kulturhistorikern mitunter Probleme und verwirrt Ökonomen und Umweltpolitiker. Vielen fällt es schwer, diese verborgenen, unklaren, dunklen Elemente in Geschichte und Gegenwart des Automobilismus anzuerkennen und dann kühl zu betrachten.

Wie wird es wohl weiter gehen? Umfragen bestätigen immer wieder die abnehmende Attraktivität von Privatwagen für eine neue Generation, aber wie bei allen solchen Befragungen, die Irrationales berühren, sollte man vorsichtig sein und sich das konkrete Nutzerverhalten genauer ansehen – nicht nur den Habitus großstädtischer Hipster, sondern den Wunschkosmos der Masse der Jugendlichen gerade auch auf dem Land. Eine künftige Transformation der Automobilität, die Durchsetzung von selbstfahrenden Autos oder von Brennstoffzellen- oder Elektrofahrzeugen, wird, so lässt sich prognostizieren, nur gelingen, wenn diese Fahrzeuge auch Leidenschaften bedienen können.

Design und Museum

Autodesigner und Autonutzer im Konflikt
Der Fall des Spoilers

Ich möchte einige Bemerkungen zur Geschichte des Autodesigns machen. Sicher gibt es eine ganze Reihe von Fachpublikationen zu diesem Thema, doch mich interessiert vor allem eines: dass über die Gestalt von Autos, über Entwürfe neuer Modelle, über kleinere Änderungen an älteren Typen seit Jahrzehnten ein breiter populärer Diskurs geführt wird. Meine These lautet: Die Beurteilungen des Autodesigns durch die Laien-Nutzer – und, darüber hinausgehend, die individuellen Veränderungen an den Fahrzeugen (im Folgenden „customizing“ genannt) – erscheinen mir als Demonstration breiter ästhetischer Kompetenz und damit Teil der populären Kultur. Autodesign und „customizing“ sind meiner Meinung nach wichtige Gebiete für Sozialhistoriker, nicht unbedingt nur für Kunstgeschichtler oder Autoren von „coffee-table-books“.

Es sind keinesfalls Gebiete, die man mit der Überheblichkeit von Gestaltungsexperten betrachten sollte. Denn es ist nur zu leicht, sich über Autobesitzer lustig zu machen, die ihre Fahrzeuge mit Verdunkelungsfolien bekleben, tieferlegen oder Fahrwerksveränderungen vornehmen. Insbesondere nachträglich angebrachte Front- und Heck-Spoiler haben sich die Häme professioneller Kritiker zugezogen und sind zu Symbolobjekten des vulgären Geschmacks von Autobesitzern avanciert. Dies ist unangemessen arrogant; Automobilhistoriker müssen versuchen, ihren Gegenstandsbereich nicht nur als technische Objekte, sondern auch als Teil gesellschaftlicher Entwicklungen zu verstehen. Das Auto als hoch emotional besetzte, vielfach codierte und in seinen Funktionen ausgesprochen wandelbare Systemkomponente, und Teilobjekte wie eben der Spoiler bedürfen eines kühlen Blicks und einer weitwinkligen Perspektive. „Begreifen, was uns ergreift“ gilt gerade auch für den typischen Gegenstand des 20. Jahrhunderts, das Auto, und für seine ästhetischen Implikationen.

Aerodynamische Optimierung als funktionales und als symbolisch aufgeladenes Verfahren

Ich habe als symbolischen Gegenstand für meine Betrachtung den Spoiler gewählt, weil dieses Objekt ein griffiges Beispiel für die unterschiedlichen Funktionszusammenhänge von Teilkomponenten des Autos und damit für die verschiedenen möglichen Codierungen in verschiedenen „Autokulturen“ ist. Der Anfang des Spoilers als „add-on“-Komponente ist funktional: Die Spoiler-Geschichte beginnt mit den Untersuchungen und Experimenten zur aerodynamischen Optimierung von Straßenfahrzeugen in den zwanziger Jahren. Als Technologietransfer von der Fliegerei gab es nach dem Ersten Weltkrieg eine Fülle von experimentellen Fahrzeugen, die, oft von arbeitslosen Luftfahrzeugkonstrukteuren konzipiert, den Luftwiderstand zu reduzieren trachteten. Die „Stromform“ wurde daher zuerst an die Gestalt der Luftfahrzeuge angepasst. Ingenieure wie Jaray oder Rumpler bauten spindel- oder tropfenförmige Körper mit spitz auslaufenden Hecks.

Typisch für diesen Bautrend ist der Rumpler-Tropfenwagen von 1924, einer der wenigen Stromlinienwagen der unmittelbaren Nachkriegszeit, der in Serie ging. Das Konstruktionsziel dieses Wagens war übrigens nicht die Erhöhung der Endgeschwindigkeit bei gegebener Antriebsleistung (wie bei anderen experimentellen Wagen, etwa Felix Wankels experimentellem „Teufelskäfer“, den er 1925/26 in Heidelberg baute und erprobte), oder auch die Reduktion der notwendigen Motorleistung, sondern vielmehr die Reduktion der Staubplage: Durch Stromliniendesign sollte die saugende Wirkung der damaligen Fahrzeuge auf die – zumeist ja noch unbefestigte – Straßenoberfläche bei höheren Geschwindigkeiten reduziert werden[1].

Mit der Applikation der luftfahrtbasierten Tropfengestaltung auf Straßenfahrzeuge gab es nun einige Probleme: Zum einen war die Raumausnutzung eines spindelförmigen Kör-

1 Siehe Köppen, Thomas, Elektromobilzeit. Die Jahrhundertwende und ihre ganz besonderen Automobile. In: Kultur und Technik 1/1990, S. 50–55.

pers mit spitz auslaufendem Heck sehr schlecht, zum andern bewegte sich ein Straßenfahrzeug ja nicht durch ungestörte Luft, sondern dicht an einer Grenzfläche, der Straßenoberfläche. Durch Windkanalversuche gelangte man zu dem Ergebnis, dass eine horizontale Halbierung der Tropfenform besser funktioniert[2].

Eine wichtige konzeptionelle Änderung erfolgte in den dreißiger Jahren: Der Luftwiderstand änderte sich kaum zum Negativen, wenn man das spitz zulaufende Heck einfach vertikal kürzte. Die entstehende „Wirbelschleppe" erhöhte den Luftwiderstand kaum. Dieses „abgeschnittene" Heck wurde nach seinem Erfinder, Wunibald Kamm, „Kamm-Heck" oder „K"-Heck genannt; die Gestalt aerodynamisch optimierter Fahrzeuge änderte sich damit dramatisch. Mit Beginn des Zweiten Weltkrieges gab es somit zwei Stromlinienästhetiken: die Tropfenästhetik und die Abrissästhetik Kamm'schen Ursprungs.

Nur bei der letzteren kommt der Spoiler ins Bild. Erst mit dem vertikal endenden Heck wird die Notwendigkeit einer Abrisskante klar. Denn Kamms Konzept funktioniert nur dann gut, wenn das Abschneiden des Hecks möglichst abrupt erfolgt und eine Abrisskante zur Erzeugung eines Strömungsabrisses entsteht, die möglichst scharf gehalten wird. Sie als „Spoiler" (to spoil = stören, verwirbeln) auszubilden lag vor allem auch deswegen nahe, um eines der größten Probleme aerodynamisch optimierter Straßenfahrzeuge zu beheben: den Auftrieb. Spindelförmige Körper wirken wie Flugzeugtragflächen und heben zu leicht von der Straße ab – ein sehr gefährliches Resultat, das oft auch durch ungleichmäßigen Auftrieb an der Vorder- und der Hinterachse verschärft wird. „Leicht" werdende Steuerung, Seitenwindempfindlichkeit und verändertes, kritischer werdendes Kurvenverhalten waren die Folge. Abrisskanten wie Spoiler mussten also noch eine zweite Funktion neben der aerodynamischen Optimierung des Abrisshecks erfüllen: Die Erzeugung von Abtrieb zur Verbesserung des Abtriebs, also des Anpressdrucks des Fahrzeugs auf die Straße, und damit die Verbesserung der Fahreigenschaften.

All diese Zusammenhänge waren den Forschern durch zahlreiche Untersuchungen im Windkanal längst klar geworden, als die Diskussion um die Aerodynamik von Straßenfahrzeugen in den siebziger Jahren einen neuen Auftrieb erfuhr. Jahrzehntelang hatten die Karosseriedesigner mit nur geringer Rücksicht auf Aerodynamik arbeiten können. Die Resultate ihres Designs konnten ohne Überprüfung im Windkanal in die Produktion gehen. Es reichte, visuell dynamische Formen zu entwickeln. Diese Praxis – und auch die Designerdominanz bei den Autoformen – wurde nach der Öl(preis)krise von 1973 in Frage gestellt. Nun waren Autos gefragt, die, auch durch aerodynamische Überarbeitung, mit reduziertem Treibstoffbedarf auskamen.

Die öffentliche Debatte um die cw-Wert-Optimierung – benannt nach dem Luftwiderstandsbeiwert, einem benennungslosen Rechenwert, der experimentell durch Messungen

2 Zum „Idealkörper" in Bodennähe siehe König-Fachsenfeld, Reinhard, Aerodynamik des Kraftfahrzeugs. Frankfurt/M. 1951, S. 25.

im Windkanal ermittelt wird und zusammen mit anderen Parametern, wie etwa der Stirnfläche, in die Bestimmung des tatsächlichen Luftwiderstands eingeht[3] – war also zunächst einmal der Versuch, eine Verbesserung des Produkts Auto zu kommunizieren. Sie beginnt erst einmal im Zuge der Versuche nach der Ölkrise, Fahrzeuge energieeffizienter zu machen. So wirbt erstmals die Firma Audi mit dem cw-Wert ihres neuen Modells. Andere Autofirmen folgen, eine Debatte in der interessierten Öffentlichkeit beginnt, ältere Fahrzeuge werden im Windkanal nachgemessen. Ein wichtiges Ergebnis ist, dass „windschlüpfrig" aussehende Fahrzeuge dies nicht unbedingt tatsächlich sind; ein berühmtes Beispiel ist eine Autoikone der sechziger Jahre, der Jaguar E-Type, dessen cw-Wert sich als ausgesprochen schlecht erweist[4].

Doch diese Reduktionsversuche des Luftwiderstandsbeiwerts, das Ziel der „Windschlüpfrigkeit" und das Resultat einer aerodynamisch durchgefeilten Gestaltung kann, wie gesagt, doppelt codiert sein: Eine solche Optimierung kann als energiesparender Faktor zur Reduktion benötigte Leistung bei bestimmten Geschwindigkeiten eingesetzt werden, oder aber als geschwindigkeitserhöhender Faktor bei gleicher Antriebsleistung (und damit gleichem Spritverbrauch). Damit passt die Aerodynamikdebatte in zwei verschiedene und diametral entgegengesetzte Optimierungsrichtungen des Autos.

Eine der ersten europäischen Werbekampagnen, die mit cw-Werten operiert, ist die für den damals neuen Audi 100. Schon diese Kampagne ist doppelt codiert: Die Windkanal-Form dieses Autos – zu der auch ein serienmäßiger Heckspoiler gehört – wird einmal als Bedingung für die Möglichkeit der Reduktion des Spritverbrauchs, andererseits als Zeichen für Sportlichkeit dargestellt. Reale Verbesserungen des Luftwiderstandsbeiwerts überlappen dabei mit den Versuchen, die „Sportlichkeit" herauszustellen und gestalterisch dafür signifikante oder symbolische Formen zu finden.

Denn – siehe Jaguar E-Type – „schnelles" Aussehen und reale cw-Werte einer Fahrzeugkarosserie sind nicht immer kongruent. Windkanaldesignte Autos können dagegen relativ „normal" aussehen. Zur optischen Vermittlung eines hohen Geschwindigkeitspotenzials an die Käufer müssen wirksame und intersubjektiv vermittelbare Zeichen gefunden und verwendet werden. Die cw-Wert-Optimierung findet heute eher auf der Unterseite von Fahrzeugen statt; dort ist sie aber natürlich wenig sichtbar und ohne symbolische visuelle Präsenz und ohne vermarktbare Chiffren.

Um nun diese Chiffren materiell zu konstituieren, haben Spoiler ihre Funktion: Sie sind gut geeignet als Zeichen für einmal „sportliches", zum anderen windkanaloptimiertes Design. Immer aber geht es um symbolische Geschwindigkeit. Dies muss betont werden,

---

3 Zum Luftwiderstandsbeiwert vgl. König-Fachsenfeld, a.a.O. S. 25–31.
4 Vgl. Aicher, Otl, Kritik am Auto. Schwierige Verteidigung des Autos gegen seine Anbeter. München 1984, S. 34.

denn Designhistoriker sprechen nach wie vor von einem „Diktat des Windkanals"[5]. Doch eine notwendige, völlig windkanalbestimmte Form gibt es nicht; das angeblich nur funktionale Windkanaldesign ist immer auch symbolisch.

Der Spoiler als Chiffre dafür hat eben auch neben funktionalen auch starke symbolische Valeurs: Von dezenten „Bürzeln", wie Autokritiker formulieren, eingefärbt in der Fahrzeugfarbe, bis hin zu hervorstechenden Doppelspoilern, sind diese Elemente die wohl auffälligsten „add-ons" von Straßenfahrzeugen. Ihre Popularität jedoch liegt quer zu einem „langen" Entwicklungstrend. Dies bedarf der Erklärung.

Bemerkungen zu einem wesentlichen Trend des Autodesigns

Am Kraftfahrzeug kann eine Designtendenz nachgewiesen werden, die als „Integration disparater Komponenten" beschrieben werden kann. Dieser „lange", d.h. über Jahrzehnte sich entwickelnde Designtrend hat zu einer Zunahme integraler Formen und schließlich zu dem heute herrschenden Karosserie-Designtyp geführt: Motorhaube, Kotflügel, Lampen, Trittbretter wurden schon in den Dreißigerjahren in eine Gesamtform – im Angelsächsischen bezeichnenderweise „body" genannt – integriert, während Kofferräume, und seit den Siebzigerjahren auch Stoßstangen in die Gesamtharmonie des Fahrzeugbodys einbezogen wurden. Stufen auf diesem Weg waren die ansatzweisen Integrationen von Kotflügeln und Lampen (Opel Kadett von 1938), die Stromlinienwagen der Dreißiger (Adler Autobahn, Tatra), und schließlich die „Ponton"-Karosserien der vierziger und fünfziger Jahre (Kaiser, Mercedes 180, Borgward Isabella). Der Integrationsvorgang betrifft auch die Farbe: Stoßfänger, ursprünglich angesetzt, werden nicht nur konturiert und schalenförmig (Renault 5), sondern auch in der Karosseriefarbe lackiert. Außenspiegel rücken nicht nur an die Gesamtmasse der Karosserie heran, sondern werden verkleidet und zeigen die Karosseriefarbe. Auch Familienautos, nicht nur Sportwagen zeigen mitunter verschwindende Scheinwerfer.

Dazu kommt eine „lange" Tendenz zur Eliminierung konkaver Formen; Autos seit den Achtzigern zeigen zunehmend konvexe Linien und führen Farbharmonie zu Extremen. Blinker oder Heckleuchten bekommen neutrale Farben oder die der Wagenaußenhaut; das gesetzlich vorgeschriebene Rot oder Gelb erscheint nur bei der Betätigung. Die Autodesigner sind bei der Realisierung der Utopie von der völlig geschlossenen Form weit gediehen. Straffe Außenkonturen, integrale Elemente ohne die gefürchteten Ornamente sind heute Standard.

---

5 Siehe Reifenrath, Christoph, Automobil Design. Geschichte und Zukunft. Form follows Vision. Düsseldorf u.a. 1993.

Als ein Beispiel von vielen für die argumentative Legitimation dieses „langen“ Trends zitiere ich Otl Aichers Statement: „der uno hat eine glatte, gespannte haut ohne pölsterchen. Er ist kürzer, kommt ohne kotflügelwülste aus und ohne vertiefte fenster. Er wirkt gespannter, richtiger, zwingender. Es gibt keinen schnörkel, nicht die geringste ästhetische spielerei“[6]. Konsequenterweise werden „ornamentale“ Formen beschrieben als „disastrous defeat of functional streamlining“[7]. Vor dieser Folie der Expertenkriterien erscheint natürlich „Funktionalität“ des Designs als Leitideologie. Der Konsens der Profidesigner und ihrer Apologeten geht von einer zwangsläufigen, unaufhaltsamen und unopponierbaren Designtendenz dieses Typs aus, gegen den Opposition illegitim ist und als schlechter Geschmack pejorativ beschrieben werden kann.

Doch das Dilemma ist, dass diese an der Ästhetik der Massenproduktion und an den gestalterischen Ideologemen der „Kunstrevolution“[8] orientierte Konzeption nicht unbedingt von den Nutzern akzeptiert wird. Wie schon in den 30ern von Designern wie Walter Dorwin Teague oder Raymond Loewy erkannt wurde – dazu später mehr –, wollen die Nutzer in ihrer Freizeit und in der Privatsphäre gar nicht an die (als restriktiv konnotierte) Massenproduktion erinnert werden. Wie der Designhistoriker David Gartman zeigt, ist der Ford T nicht zuletzt deswegen um die Mitte der zwanziger Jahre in eine Akzeptanzkrise geraten, weil er zu „funktionalistisch“ wirkte. Henry Fords Weigerung, dem Ford T ein „integraleres“ Design zu verpassen und unfunktionale, die Rationalität der Produktion behindernde oder störende Designanstrengungen zu unternehmen, bewirkte eine Absatzkrise. Unter dem Druck der Käufer, und der eher auf Käufergeschmack reagierenden Konkurrenz von General Motors, musste er ab 1925 aber doch zu gefälligeren Gestaltungen übergehen. Amerikanische Autos der späten zwanziger bis weit in die sechziger Jahre zeigen mit ihren Designtrends Reaktionen auf diesen „populären“ Geschmack.

Doch die sich schließlich daraus entwickelnde Vorliebe für Heckflossen, fließende Formen und „barocke“ Gestaltungselemente erregte immer wieder den Unmut professioneller Designer. Sie lag quer zu der Zeittendenz, wie sie sich etwa in der Architektur des „neuen bauen“ äußerte. Die funktionalistischen, produktionsorientierten Bauhauskonzepte und ihre – gerade auch in den USA folgenreichen – Derivate beherrschten die professionelle Diskussion. Doch die ästhetische Umsetzung von „harter“ Produktionsfaszination ist eher ein Phänomen der Profidesigner. Ihre Resultate zeigen eine oft geringe Akzeptanz der Nutzer, die eher „Vulgäreres“ zu wollen scheinen.

---

6 Aicher, a.a.O. S. 72.

7 Gartmann, David, Auto Opium. A Social History of American Automobile Design. London / New York 1994, S. 121.

8 Siehe Pörtner, Paul, Literaturrevolution 1910–1925. Dokumente Manifeste Programme. Darmstadt 1960.

Nutzerdesign gegen Designerdesign

Denn der Mehrzahl der laienhaften Käufer und Fahrer wissen eine „glatte, gespannte haut" nicht zu schätzen. Gegen funktionalistisches, klares Design der Gestaltungsprofis setzen sie die Kultur der Aufkleber, Dekorelemente, Spoiler, Verbreiterungen, Tiefer- und Höherlegungen, des Zubehörs und der Modifikationen. Zu Hunderttausenden Fahrzeugeinheiten gefertigtes designerdominiertes Design wird von den Besitzern nur allzu häufig verändert, individualisiert, umgebaut. Wie Gartman bemerkte, sind die Massenproduktion und die Massenrevolte gegen diese eng miteinander verbunden. Der Beobachter der „realen Autokultur" – die oft im Gegensatz zur „produzierten Autokultur" steht, die von der Illusion der unveränderten Fahrzeuge, wie sie die Fertigung verlassen, ausgeht – stellt also eine Aufhebung oder Umkehrung des professionellen Designtrends durch die Nutzer fest. Dem nachträglich angebauten Spoiler, als Designchiffre für Sportlichkeit, kommt dabei hohe Bedeutung zu, weil er „ornamental" eingesetzt wird und die Integrationstendenz und Glätte des produzierten Designs aufbricht.

Designer und Nutzer liegen also im Konflikt. Er kann offen oder versteckt ausgetragen werden. Generell gibt es eine jahrzehntealte Opposition „von unten" gegen Fabrikgestaltung und gegen professionell gestaltete und massenproduzierte Automobile. Dies ist ebenfalls ein „langer" Trend, der natürlich auch nicht auf die Autokultur beschränkt ist: Spätestens seit den zwanziger Jahren gibt es eine diffuse, mitunter aber auch ausgesprochen artikulierte Opposition gegen didaktische Designer, die den Nutzern beibringen, was gut für sie ist. Das Unbehagen daran hat sich oft genug in satirischer Weise artikuliert: Bertold Brechts Erzählung „Bauhauswohnung" von 1926 ist signifikant für den Bereich der Architektur: Zwei Männer machen eine durchgestylte, unbehagliche „neues bauen"-Wohnung eines Freundes bewohnbar und menschlich. „Müller konnte diese vorsätzliche Harmonie und diese reformatorische Zweckdienlichkeit nicht mehr aushalten"[9]. Der Protagonist begründet den Umbau, bei dem die „großartige Vielfältigkeit und die bewundерungswürdige Disharmonie der ganzen Schöpfung" gegen die geglätteten Designanstrengungen wieder hergestellt wird, mit der „abgrundtiefe(n) Begierde nach möglichst viel Unzusammenpassendem, Unlogischem und Natürlichem"[10].

Der brachiale Umbau eines verfehlten, weil perfektionistischen Designkonzepts, den Brecht mit Lust beschreibt, ist eine Rebellion „von unten" gegen Geschmacksdiktate. Es ist ein Beispiel für die Entwicklung einer wahren Ästhetik „von unten", einer Basisästhetik, die allerdings nicht den etablierten und professionell verbreiteten Geschmackskriterien gehorchen mag. Sie will letztlich das Ende der didaktischen Anstrengungen, der besserwisserischen und „seherischen" Haltung der Designer. Populäre Opulenz wird gegen professionellen Minimalismus gesetzt, gegen die verbreitete Arroganz der Designer und die Auftritte der „weißen Götter", wie Tom Wolfe die didaktischen Architekten nennt.

9 Brecht, Bertolt, Nordseekrabben oder Die moderne Bauhauswohnung (1926). In: ders., Gesammelte Werke 11, Prosa 1. Zürich 1976, S. 153–162, hier S. 159.

10 Ebd., S. 162.

Wolfes Buch „From Bauhaus to Our House"[11] ist ein weiteres und einflussreiches Symptom für eine Opposition gegen gestalterische Askese, Elitärgehabe und Exklusivspielchen der Moderne. Wolfes Argumente sind schlagend: Für ihn partizipieren die Architekten und Designer heute an der Bauhausideologie mit ihrem didaktischen Anspruch. Das individualisierte Privat-Design kann dagegen als demokratischer Aufstand gegen Experten-Besserwisserei und gegen „leninistische", elitäre Geschmacksdiktatur interpretiert werden. Zu ergänzen ist: Dass das Resultat „Proll"kultur sein kann, ist der Preis des Massengeschmacks, des wirklich demokratischen Designs, der Gegengeschmacksbildung von unten. Die Rückzugsgefechte führenden professionellen Verteidiger des „guten Geschmacks" werden sicherlich nicht akzeptieren, dass dies auch durchaus als Emanzipationsvorgang beschrieben werden kann.

Um zu dem Gegenstand Auto zurückzukehren: Bei der „Opposition von unten" zeigt sich durchaus eine – massenhaft vertretene – ästhetische Kompetenz. Das Sehen und Erkennen kleiner Designveränderungen an den Fahrzeugen, das fundierte Urteilen über Gestaltung, die Diskussion gestalterischer Entwürfe in der Presse, in Gesprächen und im Alltag spricht dafür, dass der Diskurs über Autodesign als erfolgreichste Breitenbewegung ästhetischer Neugier und Urteilsfähigkeit gelten kann. Ein aufschlussreiches literarisches Beispiel, das den Sinn für kleine Veränderungen an dem populärsten Fahrzeug der Massenkultur beschreibt, lieferte Peter Schneider:

> „Die Veränderungen, die an den ausgestellten Waren in den letzten zwei, drei Jahren stattgefunden hatten, schienen ihm lächerlich gering, mit dem bloßen Auge kaum wahrzunehmen. Vor einem VW-Salon blieb er stehen. Er sah, daß sich an den wesentlichen Bestandteilen des VW nichts geändert hatte: er hatte immer noch die gleiche Form, vier Räder, zwei Türen, er war nicht größer und nicht kleiner geworden. Gleichzeitig hatte sich etwas verändert. Er verstand die Bedeutung der Linien nicht, die er in der Ausformung der Kotflügel und der Windschutzscheibe bemerkte. Er betrachtete nun die Passanten, die wie er vor dem Schaufenster standen und die ausgestellten VWs betrachteten. Er hörte Sätze, die die Neuigkeiten an den Autos beschrieben. Auf unsichtbare Einzelheiten hinweisend, erörterten die Betrachter die Veränderungen an dem selbst nicht sichtbaren Motor des Modells. Sie verglichen den Hubraum des neuen Motors mit den Hubräumen älterer Motoren, sie sprachen von Änderungen und Verstärkungen im Aufbau, in der Bodengruppe und im Fahrwerk, von einer Revolution in der Innenraumbelüftung, und sie behaupteten, der Wagen läuft und läuft und läuft. Lenz entnahm der Beschreibung, daß große Veränderungen stattgefunden haben mußten. Er stellte fest, daß die gleichen Veränderungen, die ihm vergleichsweise unwichtig erschienen, von den meisten Betrachtern als groß und einschneidend wahrgenommen wurden. Er fragte sich, was ihn die ganze Zeit daran gehindert hatte, sich für diese Veränderungen zu interessieren, und ob umgekehrt die gesellschaftlichen Veränderungen, die von ihm und seinen Freunden als groß und einschneidend wahrgenommen wurden, von den Betrachtern als unwichtig angesehen würden."[12]

Dies scheint mir eine Schlüsselstelle zu sein, Ästhetische (und natürlich auch technische) Kompetenz als Breitenphänomen, wie sie sich hier in der Wahrnehmung selbst kleiner

---

11 Wolfe, Tom, From Bauhaus to Our House. London 1993.

12 Schneider, Peter, Lenz. Eine Erzählung. Berlin, 41.–55. Tsd. 1974, S. 32.

Differenzen äußert, ist für Schneider nicht selbstverständlich. Er registriert dies und wundert sich, dass sie bei den Intellektuellen der siebziger Jahre eher unterentwickelt ist. Doch angewendet auf Gegenstände der technischen Kultur hat dieser Typ des Urteilsvermögens eine lange Entwicklungszeit hinter sich. Zudem hat die Erziehung zur und die Entwicklung von ästhetischer Breitenkompetenz generell eine noch längere Vorgeschichte und hängt eng mit den Konzeptionen bürgerlicher Emanzipation zusammen: Friedrich Schiller weist in seinem Essay „Ästhetische Erziehung des Menschengeschlechts" dem künstlerischen Urteilsvermögen eine zentrale, auch politische Funktion zu. Um eine lange Linie zu ziehen: Ideen, dass potenziell jeder Künstler oder wenigstens ästhetisch Urteilender sein könne und solle, ist in unserem Jahrhundert erst so recht wirksam geworden. Dass eine Applikation auf das Auto, das Wunscherfüllungsobjekt der Industrialisierung, sehr wichtig wurde, lag auf der Hand. Falls Gestalter und Designer nicht liefern, was den ästhetischen Anforderungen entspricht, werden die Nutzer selber aktiv und nehmen die Gestaltung der Fahrzeuge buchstäblich „in die eigene Hand".

Nun kann dieser Vorgang durchaus als Emanzipationsprozess der Laien von den Experten beschrieben werden. Die Veränderung der Gestalt des Autos durch die Nutzer gehört in den „langen" Trend der individuellen und emotionalen Bewältigung der Industrialisierung und der Maschinen, der subjektiven Aneignung von Technik. Die Maschinen sind nicht mehr von Spezialisten gemacht, oder in Fabriken weggesperrt, oder allenfalls für die passive Benutzung freigegeben, sondern werden aktiv angeeignet. Dabei eignet sich das Automobil für diesen Aneignungsprozess natürlich ganz besonders gut. „Die Privatheitsmaschine", der „rasende Intimraum" Auto lädt zum Aufbau einer privaten, emotionalisierten Beziehung zwischen Nutzer und Objekt ein. Der aneignende, verändernde, „kentaurisch" im Sinne Ernst Jüngers werdende Umgang mit dem Objekt und seiner Gestalt weitet diese Beziehung noch aus. Jeder Bastelvorgang, jede Reparatur, jede selbst vorgenommene Wartung, jeder Umbau bewirkt „Bonding" zwischen Fahrer und Fahrzeug und vertieft die durch das Fahren schon aufgebaute Mensch-Gerät-Beziehung.

Individuelle Umbau-Phänomene müssen daher den Autohistoriker interessieren. Konkret kann eine Typologie der Veränderungen festgestellt werden. Die Gestalt der Autos, wie sie „ab Werk" geliefert werden, wird von den Nutzern auf drei Arten verändert: durch einfache Farbmutationen, Zierstreifen, Aufkleber etc; durch die Beibehaltung einer intakten Form, wobei aber Fahrwerks- und Motoränderungen vorgenommen werden, die sich in der Fahrzeuggestalt niederschlagen, wie Tieferlegungen; drittens schließlich in der Veränderung der äußeren Form selbst, durch Anbauten wie Lufthutzen, Radverbreiterungen oder eben Spoiler.

Auch die diachrone Abfolge hat ein identifizierbares Muster: Umbauten werden zuerst von Einzelpersonen oder Gruppen vorgenommen. Diesem individuellen, stets natürlich distinktionserzeugenden „customizing" folgen Kleinanbieter, bald auch die Zubehörindustrie, während im letzten Schritt die Autohersteller selbst auf den Veränderungstrend aufspringen können und bestimmte Elemente als Sonderzubehör anbieten oder sogar in einige oder alle ihrer Modelle integrieren. Als Beispiel könnte man etwa die Karriere der verchromten doppelten Auspuff-Zierblende betrachten: Sie wurde zuerst von amerikanischen Autoenthusiasten als Designelement des „visual tuning“ entdeckt, auch wenn sie auf gar keine Doppelauspuffanlage verwies, dann wurde sie in Zubehörläden angeboten, während schon amerikanische Fahrzeuge der sechziger Jahre ab Werk mit solchen Dekorblenden ausgestattet waren.

Die Verfahren der „Vulgarisierung“ kann – ohne Anspruch auf Vollständigkeit – auf einige Typen reduziert werden. Zu nennen sind hier etwa:

- die radikale Schließung der Gestalt, etwa durch schwarze Fensterfolien;
- die Integration nicht „objektgemäßer“ Elemente, die die Diktatur der „Materialgerechtigkeit“ und der Ideologie der Funktionalität aufbrechen, etwa der Innenraum mit Wohnzimmercharakter; Ketten als Lenkräder;
- die Übersteigerung von Designmerkmalen durch Übererfüllung, etwa extreme Höher- oder Tieferlegung oder Doppelspoiler;
- die Substitution von Elementen durch andere, etwa ein Achtzylinder in einem historischen Fahrzeug.

Alle diese Änderungen haben Signifikanz; sie sind bedeutungstragend und nicht beliebig. Der möglicherweise daraus resultierende schlechte Geschmack, erzeugt vor allem durch inkompatible Teile des Ganzen, macht demnach nicht einsam, wie Nike Breyer meint; im Gegenteil, er kann integrativ werden. Eine Subkultur des spezifischen schlechten Geschmacks, der selbst eigene Codes hat, kann entstehen. Der Internationale der verspoilerten Mitsubishi-Coupé-Fahrer entspräche dann einer Internationalen der Pin-up-auf-Krawatte-Träger. Ich möchte noch kurz auf eine wichtige Entwicklung und eine zentrale Person in der Geschichte des vulgären Geschmacks eingehen.

Harvey Earl, Hollywood und der schlechte Geschmack

Denn auch schlechter Geschmack ist massenproduktionsfähig. Wenn man sich die Geschichte des amerikanischen Designs der späten zwanziger Jahre ansieht, scheint dies schon einmal dagewesen. Insbesondere das symbolische Stromliniendesign war in Mode. „Airflow“; „streamlining“ erscheint für diese Zeit manchen Designkritikern als intentionale Verdunkelung der technischen Funktion und als symbolische, Gestalt gewordene Fortschrittsideologie und Progressionsfaszination. Dies hat Gartman – nicht unplausibel – mit den Problemen der Depressionszeit in Verbindung gebracht.

Harvey Earl und das von ihm begründete und zu beträchtlicher Macht gebrachte „Arts and Colors“-Department bei General Motors erarbeitete schon Ende der zwanziger Jahre Karosseriegestaltungen, die auf intuitivem Eingehen auf „irrationale“ Käuferwünsche basierten, wie Earl sie erspüren wollte – und dies sogar gegen Käuferbefragungen. Er baute auf Einflüsse der Kinokultur und der Fortschrittsträume der Zeit. Typischerweise begann er als seine Karriere als „automobile customizer“[13]. Earl setzte die Gestalt seiner „dream cars“ (gestaltet nach dem Prinzip „make 'em longer and lower“) auch gegen die pragmatischen Notwendigkeiten der Produktion durch, und gegen die Ingenieure und die Marketingspezialisten. Er beanspruchte für sich, den wahren, unausgesprochenen, ja unterbewussten, Publikumsgeschmack intuitiv zu erkennen, umzusetzen und zu befriedigen[14].

Dass das Resultat von vielen als vulgär und geschmacklos gesehen wurde, störte ihn nicht, sondern kam eher seiner Persönlichkeit entgegen. Dazu sprachen auch die Verkaufszahlen für sein Konzept. Designtrends dieser Art, die von ihm, wenn nicht initiiert, so doch nachhaltig beeinflusst wurden, setzten Maßstäbe für die globale Autokultur: Die Heckflossen- und Chrom-Ära ist in weiten Teilen sein Werk, das Einflüsse auf alle Straßenfahrzeuge, bis hin zu indischen (Premier Padmini) oder sowjetischen Fahrzeugen (Moskwitsch) aufwies.

Nun war dies aber nicht unbedingt vulgäres Design „von unten“. Die „dream cars“ waren durchaus intendiert als subtile Objekte zur Popularisierung und Durchsetzung geplanter Produktentwicklungen. Ihnen folgten massenproduzierte Alltagsderivate mit nur kurzer zeitlicher Verzögerung. Sie gehörten damit zur Wunscherzeugung und -steuerung der Käufer, zur Konsumenten-Geschmacksvereinheitlichungskonzeption eines mächtigen Konzerns und war damit ein „Geschmacksbildungsprogramm“ „von oben“.

Was dagegen an der populären Fahrzeugkultur der letzten Jahrzehnte neu ist, scheint mir die ursprünglich industrieunabhängige Kultur der Umbauten und Veränderungen durch die Autoeigner selbst zu sein. Nicht mehr Konzerne setzen „vulgäre“ Trends, sondern die Nutzer selber. Wir erleben die Ablösung der klassenspezifischen Fahrzeugkulturen, die durch die Industrie erst konstituiert und dann beliefert werden, durch „home-made“ gruppen- und subkulturspezifische Fahrzeugkulturen.

Der Beginn dieser Entwicklung liegt, denke ich, wie bei nahezu allen automobilen Phänomenen, in den USA, in den „customizing“-Trends der zwanziger und dreißiger Jahre. Hier veränderten erstmals Individuen und Gruppen von Fahrzeugbesitzern die Gestalt der Autos. Insbesondere schon obsolete Wagen wie Ford Ts und As wurden „gestrippt“ von allen nichtessentiellen Teilen, tiefergelegt, ihres Zierrats entkleidet, und zumeist unter der Prämisse umgebaut, die jeweils aktuellen Trends, die die Autoindustrie setzte, zu unterlaufen. Beispielsweise wurden gerade in der „Chromära“ Autos „customized“, indem jeglicher Chromschmuck verschwand oder matt überstrichen wurde. Das resultierende „hard edging“, der Verzicht auf Chrom, wurde von einigen Autonutzern schon in der Zeit erster Chromorgien der Autoindustrie pionierhaft eingesetzt. „Customizing“ entwickelte somit individuelle und bald auch schon professionelle Oppositionsformen gegen den Mainstream

13 Vgl. Finch, Christopher, Highways to Heaven. The AUTObiography of America. New York 1991, S. 200.

14 Vgl. ebd., S. 201f.

der Autokultur. Träger waren Einzelpersonen und Gruppen, aber auch schon kleine Firmen – die manchmal zu großen Firmen wurden.

Die Kontexte von Design-Trends

Wo suchten und wo suchen sich die Veränderer ihre Vorbilder und Anregungen? Die Vielfalt der Kontexte wird noch dadurch kompliziert, dass teilweise recht komplexe Auf- und Abstiegsprozesse stattfinden: Der Spoiler etwa kommt vom Renn- und Wettbewerbsfahrzeug, wird dann auf der Straße imitiert, durch „bricolage“, zuerst mit einfachen Mitteln, dann zunehmend professioneller, und gerät dann in die Zubehörkataloge spezialisierter Firmen. Prototypisch für die heutige Umbaukultur sind Firmen wie D&M, die die „Individualisierer“ beliefern, andererseits aber auch einiges beitragen zum Vereinheitlichen (oder auch Kommerzialisieren) des Straßengeschmacks. Und schließlich geraten sie in die Zubehörlisten der Hersteller und schließlich in die Standardausstattungen von Serienfahrzeugen. Mit dem Aufstieg können aber auch wieder Oppositionen dagegen auftreten.

Um diese Vorgänge zu verstehen, muss Designgeschichte als Kontextgeschichte verstanden werden: Die jeweiligen „Wertigkeiten“ des Designs stehen nie für sich; sie müssen in gesellschaftlichen – und, da sie diachron dynamisch sind – auch in historischen Kontexten gesehen werden. Eine Geschichte der Anreger des „customizing“ wäre zu schreiben, beginnend bei den Stilanleihen etwa beim „Bootsstil“ vor 1914, mit dem Schwerpunkt bei den vulgären und populären Designtendenzen der 50er Jahre vor allem in den USA, deren Fahrzeugkultur bei all diesen Prozessen eine wesentliche Rolle gespielt hat. Die gegenwärtigen Designtrends sind keineswegs einheitlich; ihre Fraktionierung spiegelt die fraktionierte Gesellschaft wider. „Class-related car cultures“ bestehen seit der Frühzeit[15].

Die Bereiche und Felder, bei denen Designanleihen gemacht werden, sind nicht beliebig. Sie sind bedeutungstragend und üblicherweise positiv bewertet. Mit der Anlehnung an bestimmte Vorbilder und Anreger werden die positiven Valorisierungen mit übernommen und das Autodesign damit aufgewertet. Ich möchte nun versuchen, eine kleine Typologie zu erstellen. Ohne Anspruch auf Vollständigkeit scheinen mir diese die wichtigsten Kontexte:

- der Rennwagen;
- das Film-Requisit;

15 Siehe dazu Möser, Kurt, World War One and the Creation of Desire for Cars in Germany. In: Strasser, Susan / McGovern, Charles / Judt, Matthias (Hg.), Getting and Spending. European and American Consumer Societies in the Twentieth Century. Washington D.C. (Cambridge University Press) 1998, S. 195–222, hier S. 196f. Verfügbar unter https://doi.org/10.1017/CBO9781139052634.010.

- der Jet (oder allgemeiner: das Flugobjekt);
- Typen des Wohnzimmers;
- der Oldtimer oder Klassiker;
- der Militärtransporter.

Rennwagen oder sportliche Fahrzeuge haben seit der Frühzeit eine wichtige Rolle als Anreger gespielt. Ihre sichtbaren Konstruktionselemente und ihre Erscheinungsbilder haben stets Faszination ausgeübt. In den zwanziger Jahren wurden biedere Leichtmotorräder mit torpedoförmigen Renntanks versehen, in den Sechzigern nahmen auch Serienautos die mattschwarzen Motorhauben und die Schachbrettstreifen von Rallyefahrzeugen auf (Rallye Kadett), in den Siebzigern machten verlängerte, tiefergelegte „muscle cars" mit walzenartigen Hinterreifen Anleihen bei der Dragsterkultur. Heute üben Formel-1-Fahrzeuge, auch wenn sie in ihren Auslegungen weit von den Massenfahrzeugen entfernt sind, Faszination aus und dienen als Valorisierungsfolie, mit der gearbeitet wird. Die Spoilerkultur macht hier ihre Anleihen. Eine der typischen Anleihen ist der doppelte Heckspoiler, der von Bastlern den Le Mans-Fahrzeugen entlehnt wurde und sogar von einem Autohersteller ab Werk angeboten wurde (Ford Cosworth). Zitate bei der „hohen" Rennwagenkultur mit ihrer symbolischen Funktionalität sind heute gang und gäbe: Kevlar, blankes Metall, Hervorheben von Bremssätteln.

Schon bei den General Motors-Modellen der dreißiger Jahre flossen Elemente des Filmdesign ein. Hervey Earl brachte seine reichen Erfahrungen mit der Konzeption von Requisiten für Hollywoodfilme in die Massen-Autokultur ein. Dieser Strang riss nie ab: Die Filmkulturen als Wahrnehmungsfolie „modernen" Designs, mit der Funktion der Aufwertung und Bedeutungssteigerung trivialer Fahrzeuge, blieben immer bedeutend. James Bonds Filmfahrzeuge mit modern-aggressiven Gadgets (Aston Martin) oder die Vehikel erfolgreicher Film- und Fernsehcomics übten stets Einfluss aus. Die populäre Sci-Fi-Kultur insbesondere hatte Folgen. Ein Beispiel ist das „Batmobile" der amerikanischen Fernsehserie um 1970, dessen Merkmale – aggressiv-lange Motorhaube, geschwungene Frontkotflügel, spitz auslaufender Fahrerraum – in die spätere Corvette eingeflossen sind. Ein Sonderfall ist ein anderes Filmfahrzeug: Der gelbe Citroën 2 CV aus einem James Bond-Film konnte kurz darauf als Sondermodell – mit gefakten Einschusslöchern – bei den Händlern geordert werden.

Die Integration der Ikonographie populärer Mythen in das Auto wird bei den Anleihen beim Flugzeugdesign besonders deutlich. Der Einfluss schon von Propellerjagdmaschinen während des Zweiten Weltkriegs auf Designer war beträchtlich[16]. Doch erst die neuen Jets nach 1950 bewirkten einen echten Designtrend: Lufteinlässe der F 86 Sabre, bei denen die Triebwerke in die Rumpfstruktur glatt integriert wurden, die gepfeilten Leitwerke und Flossen, die verglasten Cockpithauben wurden von Autodesignern imitiert. Zitate

16 Vgl. Gartman, a.a.O. passim; Finch, a.a.O. S. 173f.

von visuell konstitutiven Details der Strahltriebwerksmaschinen finden sich in den Fünfzigern ständig. Doch schon in den zwanziger Jahren lernten nicht nur die Autokonstrukteure von der Fliegerei, mit der Übernahme von Kompressoren und Leichtbau, sondern die Designer. Glatte Alu-Paneele, lange Hauben vor den Cockpits, kleine Windschutzscheiben beeinflussten vor allem die Gestaltung sportlicher Roadster.

Die Hypostasierung des Wohnzimmercharakters ist ein anderer Trend, der ein Gegenkonzept zur Sportlichkeit bildet. Kleine Perserteppiche, Sitzfelle, häusliche Details wie Mülleimer und vom Spiegel herabbaumelnde private Souvenirs betonen den Intimcharakter des Autos und spielen seinen Fahrmaschinen-Charakter symbolisch herunter. Allerdings findet in einigen Fahrzeug-Subkulturen durchaus beides seinen Platz: Der idealtypische Opel Manta ist verbreitert und mit äußerlichen Attributen der Sportlichkeit versehen, zeigt im Inneren jedoch Wohnzimmerdetails wie Zusatzaschenbecher. Ultimatives rollendes Wohnzimmer ist natürlich das Campingmobil, eine echte Eigenheimdependance, die von vielen Familien als alltägliches Transportmittel eingesetzt wird. Das vulgäre Wohnzimmer und der vulgäre Sportwagen sind also diametral entgegengesetzte Trendextreme.

Ein interessanter Fall ist die Orientierung am Design klassischer Fahrzeuge. Der Mythus „Oldtimer" kann ebenfalls integriert werden (typisch: Roadster BMW Z3). Ein Teil der Autokultur thematisiert damit seine eigene Geschichte. Gegen die Zumutungen des modernen Verkehrs und der modernen, zu perfekt und „glatt" gewordenen Fahrzeuge wird die bessere automobile Vergangenheit gesetzt[17]. Das resultierende Retro-Design wird, so prognostiziere ich, in der nächsten Zukunft an Bedeutung eher noch gewinnen. Sogar Autofirmen, die bisher kaum durch intensive Traditionspflege aufgefallen sind, werben nun mit ihren „Autolegenden". So rekurriert die US-Werbung für den (retro-designten) Ford Cougar auf die Legende des Ford Mustang. Das Futuredesign findet im vulgären Designtrend des Retrodesign sein Gegenstück.

Ebenfalls konträr zu den oben erwähnten Trends liegt die Offroad-Fahrzeugkultur, die sich nicht nur an den Safari-, Gelände- und Expeditionsfahrzeugen und ihrer spezifischen Ästhetik orientiert, sondern auf den militärischen Ursprüngen aufbaut. Jeep und Landrover, die beiden Prototypen dieses Segments, gehen auf militärische Spezifikationen zurück. Die Optik dieser, zynisch als „Bürgerkriegstransporter" apostrophierten Fahrzeuge wird häufig durch Elemente militärischer Mannschaftswagen, wie externe Reservekanister und -räder, Rammschutz und Grabewerkzeuge individuell modifiziert. Eine Untergruppe, die jedoch an Bedeutung eingebüßt hat, ist das amerikanische Dune-Buggy-Design, bei dem der militärische Ursprung stark durch die Reduktionsästhetik von Freizeitfahrzeugen überlagert wurde.

17 Siehe dazu Möser, Kurt, Massenverkehr und Oldtimerkultur. In: Pohl, Hans (Hg.), Traditionspflege in der Automobilindustrie. Stuttgarter Tage zur Automobil- und Unternehmensgeschichte vom 9.–11. April 1991. Stuttgart 1991, S. 110–117.

Wichtig scheint mir die Tatsache, dass diese einander widersprechenden und oft konträren Fahrzeugkulturen nebeneinander Bestand haben. Das Interessante ist, dass parallele Trends koexistieren: Höher- oder Tieferlegung, Rennfahrzeug versus Geländewagen-Ästhetik, extensiver Chromeinsatz gegen völligen Verzicht auf blanke Teile: Alle Elemente von Autos können als Signifikanten auftreten. Es gibt kein Element, das nicht in bestimmten Fahrzeugkulturen bedeutungstragend und positiv konnotiert sein kann. Semantische Aufladung findet in jedem Fall statt. Die Betrachtung absteigender Attribute wäre ebenfalls lohnend. Plüsch im Innenraum, wackelnde Dackel, eine Zeitlang auch Chrom wurde negativ besetzt und als definitiv langweiliger Geschmack pejorisiert. Es gibt also nicht die eine Kultur von unten, sondern verschiedene und einander widersprechende, und sie befinden sich in oft regem Austausch mit der Mainstream-Designkultur der Industrie.

Schluss

So, wie die „Familien-Rennreiselimousine" (Andreas Knie) ihre Dominanz und zunehmend auch Marktanteile an Nischenfahrzeuge abgegeben hat, so hat sich auch die Autokultur zunehmend fraktioniert. Die Autoindustrie selbst hat darauf reagiert und sich angepasst. Serienmäßige Ausstattungsvarianten eines Typs (Mercedes: Classic, Ambiente, Sport) befriedigen die Bedürfnisse unterschiedlicher Zielgruppen; unterschiedliche Typen, oft auf Standard-Konzernplattformen aufgebaut und technisch identisch, bedienen verschiedene Autokulturen. Viele Elemente des „customizing" sind dabei in die serienmäßigen Fahrzeugvarianten eingegangen. Designer und Nutzer, Profi-Design und Straßendesign lagen und liegen dabei zwar oft im Konflikt, doch wechselseitiger Austausch und häufige Annäherungen sind zu beobachten. Im Dialog von „Straße" und Industrie hat, ähnlich wie in der Mode, gerade im letzten Jahrzehnt eine wechselseitige Befruchtung stattgefunden. Interaktionen in den Details und der Gestaltung zwischen automobilen Subkulturen und den „realen", produzierten und ab Werk gelieferten Fahrzeugen sind heute die Regel.

Die Anstrengungen zur Breitenentwicklung ästhetischer Kompetenz und die Umsetzungen durch die Nutzer der „individuellen Maschine" Auto haben Wirkung gezeigt – vielleicht auf andere Weise als intendiert, weil nicht automatisch guter Geschmack dabei herausgekommen ist. Doch die inzwischen übliche Aufnahme der Designtrends durch die Industrie ist ein Zeichen für das Ende der Herrschaft puristischer und didaktischer Designer und damit ein Zeichen für den Sieg der populären Kultur. Auch hierfür ist der Spoiler ein signifikantes Objekt: In dem Moment, in dem Spoiler serienmäßig als Zubehör für Familienautos angeboten wurden, war die Kapitulation der Profidesigner vor der „street fashion" vollzogen. In der Autokultur zeigt sich die ganze Auffächerung der Produktwelten, parallel zur Auffächerung der populären Kulturen, und zwar nicht als einseitiger, industrieinitiierter Prozess, sondern als gesamtgesellschaftliches Projekt. Immer geht es dabei um Distinktionen, und um Sinnlichkeit. Die Autohistoriker fangen erst an, diese Zusammenhänge zu verstehen.

Automobiler Luxus im Kontext

„Phaetons" von 1900 bis heute

Der Wandel der Auslegung um 1900

Um das Phänomen „Phaeton" im Kontext der Frühgeschichte des Automobils zu verstehen, ist ein Blick auf die Auslegung von Automobilen um 1900 erforderlich. In dieser Zeit kam es zu einem fundamentalen Strukturwandel von Benzinautomobilen. Das wird etwa am Beispiel der Produkte der Fahrzeugfabrik Eisenach deutlich. Vor 1900 fertigte die Firma, die einem Rüstungskonzern angehörte, den „Wartburg-Motorwagen". Dies war eine so genannte „Voiturette", ein kleiner zweisitziger Wagen mit Einzylindermotor und etwa 280 kg Leergewicht. Ab 1906 verkaufte die Eisenacher Firma ihren „Dixi"-Wagen vom Typ T 25, der einen achtfach stärkeren Vierzylindermotor besaß, sechs Sitze hatte, aber auch das Drei- bis Vierfache wog. Seine Fahrgeschwindigkeit hatte sich etwa um den gleichen Faktor vervielfacht.

Dieser Wandel kann nun in verschiedener Weise interpretiert und bewertet werden – etwa als nationale Differenzierung. Eugen Diesel bemerkte auf seiner Autoreise nach Italien im Jahr 1905, dass die Franzosen generell kleinere, leichtere und schwächere Motorfahrzeuge besaßen. Doch diese Auslegung befand sich nach der Jahrhundertwende generell auf dem Rückzug. „Voiturettes“ hatten zuvor nach dem Vorbild des ersten seriengefertigten Automobils, dem „Velo“ der Mannheimer Firma von Carl Benz, das dominierende Muster der Automobilauslegung dargestellt. Nach 1900 drifteten „Velo“-Typen oder leichte Voituretten eher in Marktnischen. „Aus Gründen des Renommees vergaß man das Leitbild Fahrrad, das zu einem Auto von nur 263 kg geführt hatte, und befuhr den Weg der ‚schweren Wagen‘“, so Theo Stillger, der ehemalige Generaldirektor des Deutschen Museums, in Anspielung auf die Ablösung der Auslegung des Benz' „Velo“.[1] Das Fahrrad, das die technische Basis für Voituretten zur Verfügung gestellt hatte und die sozialen Formen der Nutzung entscheidend mitbestimmt hatte, schien als Vorbild für die Automobilkultur ausgedient zu haben.

Um das neue dominante Muster zu verstehen, möchte ich ein Modell offerieren, das die Automobilentwicklung und – die Struktur des Automobilbestandes um 1900 idealtypisch beschreibt und mit Funktionen korreliert. Danach gab es drei Auslegungen und alternative Pfade:

- Leichtfahrzeuge vom „Velo“-Typ, die vergleichsweise preiswert waren;
- Sportfahrzeuge, die auf Geschwindigkeit hin optimiert waren;
- Reise- und Repräsentationsfahrzeuge mit dem Primat von Luxus und Komfort.

Die beiden letzteren Muster waren nun nach 1900 entscheidend auf dem Vormarsch. Zugleich stieg der Prestigewert und der Preis der Fahrzeuge. Es gab nicht nur einen Grundtyp der Mittel- und Oberklassenfahrzeuge, sondern verschiedene. Ich schlage vor, die Trennungslinie zwischen sportlich / nicht sportlich zu ziehen, eine Unterscheidung, die sich gut operationalisieren lässt – auch wenn der „Sport“-Begriff der Jahrhundertwende nicht mit dem unsrigen kongruent sein mag. Die zeitgenössischen Funktionszuschreibungen sind nicht so eindeutig; als „Sport“ wird oft das beschrieben, was wir heute unter Ausflugsfahrten subsummieren würden. Die Nutzer von Motorfahrzeugen (oder zuvor Radfahrern) verstanden sich auch dann als „Sportler“, wenn sie Touren, Automobilreisen oder einfache Ausfahrten unternahmen. „Sportsmen“ waren sie in ihrem Verständnis dann, wenn sie Räder oder Automobile nicht kommerziell nutzten. Die „Sport“-Funktion hatte auch zunächst nicht unbedingt hohe Geschwindigkeiten zur Voraussetzung; bei sportlichen „Zuverlässigkeitsfahrten“ ging es eher um Gleichmäßigkeit und pannenfreies Ankommen.

---

1 Zit. nach Krausse, Joachim, Versuch, auf's Fahrrad zu kommen. Zur Technik und Ästhetik der Fahrrad-Evolution. In: Absolut modern sein. Zwischen Fahrrad und Fließband. Culture technique in Frankreich 1889–1937. Ausstellungskatalog. Berlin 1986, S. 59–74, S. 74.

Das neue Auslegungsmuster rekurrierte nun im Wesentlichen auf den zweiten Herkunftsstrang des Automobilismus, nämlich auf die Kutsche. Begrifflich wie strukturell orientierten sich Benzinautomobile an der ausdifferenzierten Typenvielfalt der Kutschen, und nicht mehr an der Velozipedkultur. „Coupés", „Shooting Brakes", „Limousinen" oder „Cabriolets" waren zunächst Kutschentypen, bevor sie Automobiltypen repräsentierten – und später dann in die Benennung von Flugzeugen diffundierte, etwa in Form von „Luftlimousinen" oder „aerial coupés". Im Verlauf der Automobilgeschichte gab es immer wieder Schübe der Aktivierung von alten Kutschen-Termini. Sie hatten gerade im Zug der „supersloanistischen" Ausdifferenzierung der Autokultur in den letzten 20 Jahren Konjunktur. Ein Beispiel dafür ist „shooting brake": „Brake", oder eher „Break" war ein leichtes Fahrzeug zum „Brechen" junger Pferde, die sich an die Arbeit vor der Kutsche gewöhnen sollten; und eingekreuzt der Jagdwagen, mit dem man zum „shooting" fuhr und später die Beute nach Hause transportierte.

Und auch der „Phaeton" bezeichnete zunächst eine Kutsche. Immer wieder ist allerdings darauf hingewiesen worden, dass der Begriff „Phaeton" als Automobils offenbar nicht eindeutig einen Fahrzeugtyp beschreibt – wie schon eine „Phaeton"-Kutsche nicht eindeutig bestimmt war und eine einzige Zuordnung besaß. Wenn also der Name Phaeton kein klares Strukturäquivalent hatte, dann aber doch ein Funktionsäquivalent: Er bezeichnete nämlich ein Fahrzeug von hoher technisch-gestalterischer Qualität und hohem Nutzungsprestige. In der Äußerung Stillgers wird schon als Ursache dieser Transformation die verstärkte Festlegung von Automobilen auf Prestige, Luxus und Komfort angesprochen. In der Kutschen-Hierarchie kommt dem Phaeton-Typ eine besondere Rolle zu, nämlich eine weit oben angesiedelte. Bezeichnend sind dafür Katalogbeschreibungen von Phaeton-Kutschen aus der Zeit unmittelbar vor der Adaption der Auslegung für Automobile. So hieß es zum „King Phaeton": „This is a large, roomy, comfortable, strong, and very rich-looking Carriage in the street."[2] In gleicher Weise wurde der „American Six-Seat Phaeton" beschrieben: „Made throughout in the very best manner; and, for beauty of style, equal to anything of the kind."[3] Die Rolle der Technik war in dieser Auslegung wichtig, aber nicht dominant. Die Motortechnik musste perfekt sein, aber nicht aufdringlich und nicht, wie etwa bei Bugattis, die Auslegung des Wagens dominieren. Der Innenraum hingegen spielte eine große Rolle. Luxus, Geräumigkeit, Bedienautomatisierungen, aber auch die Ästhetik aufwendiger Materialien und hochwertiger Verarbeitungen zeichneten solche Fahrzeuge aus. Der Begriff Phaeton „löste sich [...] von einer bestimmten Karosserieform und wurde generell zum Etikett für höchsten automobilen Adel schlechthin."[4]

2 Lawrence, Bradley and Pardee (Hg.), Carriages and Sleighs. 200 illustrations from the 1862 Lawrence, Bradley and Pardee catalog. Reprint Mineola, New York 1998, S. 12.

3 Ebd.

4 Klinkenberg, Peter, Der automobile Hochadel hieß Phaeton. In: Hölkeskamp, Karl-Joachim / Rebenich, Stefan (Hg.), Phaëthon. Ein Mythos in Antike und Moderne. Eine Dresdner Tagung. Stuttgart 2009, S. 193–197.

Otto Julius Bierbaum unternahm 1902 mit einem 8-PS-Adlerwagen eine „empfindsame Reise von Berlin nach Sorrent und zurück an den Rhein“ und beschrieb seinen Reisewagen wie folgt:

> „Die Form aber ist die des Phaetons. Sie wissen: Phaeton, Sohn des Helios, Patron der antiken Kutscher. Eigentlich sind es zweirädrige Wagen, die den Namen von ihm haben, und da der unsrige vier Räder hat, neige ich mich der Meinung zu, es sei ein Doppelphaeton. Aber das ist einerlei. Gewiß ist, dass die Urform dieses Wagens die Muschelform war. Von der Muschel zum Motor! Per aspera ad astra!“[5]

Der Phaeton gehörte damit zum Typ des großen, komfortablen Wagens – mit oder ohne Motor – ohne explizit sportliche Symbolwerte, auch wenn die tatsächlichen Leistungsdaten durchaus „sportlich“ sein konnten. Aber die Projektionswirkung war im Wesentlichen ausgerichtet auf Komfort und Repräsentation. Somit sind die kleineren und langsameren „Voiturettes“ oder die nach dem Vorbild von Benz „Velo“ ausgelegten Wagen vor 1900 als Motorisierung des Rades zu verstehen, die schwereren, komfortableren „Phaeton“ als Motorisierung der Kutsche.

Der Rekurs auf den Typ des „Phaeton“ war nun nicht allein eine begriffliche Orientierung an der Kutschenauslegung, sondern auch an dem sozialen Differenzierungssystem, den „Klassen“ der pferdegezogenen Fahrzeuge. Diese bildeten ein für alle, auch Außenstehende, ein klar erkennbares, nach Prestige, Funktion, Repräsentationswert und Kosten hierarchisch geordnetes, mit sozialen Distinktionen klar korreliertes System, während bei dem Vorläuferstrang der Fahrräder diese Ausdifferenzierung viel weniger klar war. Sicherlich gab es auch große Preisunterschiede bei Fahrrädern, aber sich manifestierten sich weit weniger nach außen als bei Kutschen, und wenn es Hierarchien bei Rädern gab, dann waren sie eher für Experten und Teilhaber an der Radkultur erkennbar. Deshalb eigneten sich Kutschen weit eher als Objekte der Distinktion, die durch Metonymie mit ihren Besitzern verbunden werden konnten (und immer noch werden). Die Statusäquivalenz von Automobilen und ihren Nutzern funktionierte damit kutschenanalog.

Dazu kam, dass die Transformation des Automobilismus von der Anlehnung an die Velokultur zur Anlehnung an die Kutschenkultur und ihre lange Tradition die Möglichkeit eröffnete, an einer Dignität des Historischen, Bürgerlichen, Hergebrachten, also des sozial Valorisierten, teilzunehmen – ganz im Gegensatz zum „nouveau riche“-Image der Velozipedkultur, die gerade nicht auf eine längere Tradition rekurrieren konnte oder wollte, und die zur Prestigeehöhung sozial wie ästhetisch auf das Image der Innovation mit gewissen gegenbürgerlichen Komponenten setzen musste.

5 Bierbaum, Otto Julius, Eine empfindsame Reise im Automobil. Von Berlin nach Sorrent und zurück an den Rhein, in Briefen an Freunde geschildert. Berlin 1903, S. 4.

Ein weiterer Aspekt der Adaption des Phaeton-Begriffs ist die Mytheninflation um 1900. Gerade die technische Kultur bediente sich mythologischer, antikisierender und historisierender Anspielungen und Anleihen. Die Mythologisierung und Historisierung auch der technischen Kultur hatten nicht zuletzt auch die Aufgabe der Dignitätserhöhung und der Stärkung der Akzeptanz in einer historisch und bildungsbürgerlich bestimmten Kultur, aus der sich die Kunden und Nutzer rekrutierten. Ein Beispiel für viele ist die Namensgebung der Benzwagen nach dem Ausscheiden des Firmengründers Carl Benz: Die von einer französischen Ingenieursgruppe um Marius Barbarou konstruierten Wagen hießen „Parsifal". Das war nicht nur ein Rekurs auf die Welt der mittelalterlichen Rittersagen, sondern eine indirektere Anspielung, nämlich auf deren Verarbeitung etwa durch Richard Wagner. Die auf zeittypische Weise kulturell vermittelte Antike oder das historistisch gefilterte und transformierte Mittelalter boten gerade für Luxus- und Oberklassenfahrzeuge eine zielgruppenspezifische Vermittlungsfolie.

Luxuswagen im Kontext der technosozialen Konstruktion vor 1914

Wie sah die Auslegung des automobilen Luxus- und Repräsentationspfades auf der konkreten Ebene des Artefakts aus? Hier sind vor allem drei Elemente zu nennen, nämlich erstens die Entwicklung des Innenraums, zweitens die Konfiguration der Bedienanforderungen, und drittens die Entwicklung der Fahrempfindungen.

Schon vor der Abschließung des Automobils, die dann in den 1920er Jahren zu einem auch von den Zeitgenossen so empfundenen tatsächlichen Paradigmenwechsel führte, änderte sich das Raumgefühl wie auch der Raumbezug für die Insassen. Der Fahrer- und Fahrgastraum verliert nach etwa 1905 seinen exponierten Charakter und wird tendenziell zum Innenraum. Während beim „Velo"-Typus die Insassen eigentlich noch keine waren, sondern eher auf als in dem Fahrzeug saßen, werden zunächst die Karosseriewände höher gezogen. Überhaupt kann hier erst von einer integralen Karosserie die Rede sein, während zuvor nur Verkleidungskomponenten auftraten. Die „Gürtellinie" des Fahrzeugs steigt, wodurch einerseits die Insassen für die Außenstehenden weniger exponiert und sichtbar erscheinen, andererseits für die Fahrtteilnehmer ein verstärktes Innenraum- und Privatheitsgefühl geschaffen wird. Die folgende Abschließung des Innenraumes bedeutet einen Sprung in diesem schon länger anhaltenden Trend, mit dem Ergebnis der Bildung eines mobilen Privat- und Komfortraumes.

Das zweite Merkmal des Luxus- und Repräsentationspfades ist eine tendenzielle Erleichterung des Fahrvorganges selber. Das betrifft einerseits die Reduktion der Maschinenbedienungsanforderungen für den Fahrer durch die Verlagerung in die Technik, also eine Automatisierungstendenz – etwa durch „Selbststarter" oder Zündverstellungen. Andererseits wird auch der Fahrvorgang vereinfacht und weniger kraftaufwendig – etwa durch Servounterstützungen oder Teilautomatisierungen des Schaltvorgangs. Auch wenn Luxusfahrzeuge noch länger Chauffeurwagen waren, erleichterte diese Transformation zur

Mühelosigkeit den „Selbstfahrern" oder „Herrenfahrern" die Fahrzeugbedienung und beförderte den Trend zum Fahren „ohne Chauffeur"[6].

Wenn oben gesagt wurde, dass es keine eindeutige Struktur der Phaeton-Auslegung gab, dann ist dies zu differenzieren. Ein Kennzeichen von Phaeton-Kutschen, die auf Automobile übertragen wurden, war es, dass alle Fahrtteilnehmer in Fahrtrichtung saßen. Zwei oder mehr (beim „Doppelphaeton" oder „Dreifachphaeton") hintereinander liegende, nach vorne ausgerichtete Sitzreihen wurden zum neuen Standard. Diese Konfiguration löste die kutschenartige „vis-à-vis"-Auslegung ab, die auf der Konfiguration der Gesellschaftskutschen beruhte, oder die Anordnung von Längsbänken, die oft bei ländlichen „Gesellschaftswagen" zu finden war. Bei der am weitesten verbreiteten „vis-à-vis"-Anordnung saßen die Reisenden einander gegenüber, was der Kommunikation untereinander förderlich, dem eigentlichen Fahren jedoch abträglich war. Denn beim Chauffieren vom hinteren Sitz gab es schlechte Sichtverhältnisse und damit eine Störung der Fahrfunktion. Erst die Phaeton-Anordnung führte zu einer Wahrnehmung des Fahrerlebnisses, das den neuen höheren Geschwindigkeiten angemessen war. Ein Aspekt der „Phaetonisierung" bestand darin, dass eine Geschwindigkeitsgemeinschaft entstand.

Als Strukturwandel des Artefakts Automobil nach 1900 werden die folgenden Merkmale angesehen: neben der Sitzanordnung beider Sitzreihen für den „Geschwindigkeitsblick" sind dies eine schräggestellte Lenksäule, ein stärkerer Motor, gleichgroße, kleinere Räder, ein tieferer Schwerpunkt, die Abkehr vom der Technologie des Fahrrades hin zu stabileren, schwereren Fahrgestellen, und auch die Adaption eines kutschenanalogen Körpers für das Passagierabteil. Dieser Wandel war nicht unbedingt industriegetrieben, sondern die Nutzer spielten eine beträchtliche Rolle. Üblicherweise wird er als konstruktive Adaption an die erhöhten Geschwindigkeiten interpretiert, doch mindestens ebenso war dies eine Reaktion auf gesteigerte Komfort- und Repräsentationsanforderungen der Nutzer, wobei ein starker, drehmomentkräftiger Motor zur Erhöhung des Fahrkomforts eher eine Rolle spielte als tatsächlich erzielbare hohe Geschwindigkeiten. Auch die Außengestalt wurde von diesen Merkmalen bestimmt; auch hier trat Sportlichkeit zurück gegen gestalterische Luxussignale.

Oft wird diese Transformation des Automobils mit dem ersten „Mercedes" zusammengebracht, den die Stuttgarter Firma 1900 auf Wunsch und mit Abnahmegarantie des österreichisch-ungarischen Konsuls Emil Jellinek herausgebracht hatte, und den er nach seiner Tochter benannte. Doch der „Mythos Mercedes" ist zu kontextualisieren. Eher stand der Phaeton – als Gattung, die, wie wir sahen, eher eine Funktion, nämlich Repräsentation und Luxus, beschreibt, und nicht bestimmte Strukturmerkmale – im Zentrum der Transformation, nicht aber der spezialisierte Renn-Mercedes.[7] Und dieser Wagen war

6 So der Titel des Buches von „Filius" von 1922.
7 Siehe dazu Möser, Kurt, Geschichte des Autos. Frankfurt/M. / New York 2002.

natürlich auch ein „Doppelphaeton". Ich schlage deswegen eine Korrelation des „Phaeton"-Musters mit dem Wandel der automobilen Auslegung um 1900 vor. Die „Aera Mercedes", die ab 1901 ausgerufen wurde,[8] wäre damit eigentlich eine Ära des Phaetons.

Prestige und Produktion

Ich möchte nun einen großen zeitlichen Sprung machen, in die Zeit um 1930, und danach fragen, wie sich Luxusfahrzeuge sowohl in die am Anfang stehenden Massenmärkte – wie in Europa – oder in die bereits entwickelten – wie in den USA – einfügten. Pointiert lautet die Frage: Werden Luxusfahrzeuge zu einem Teil des Massenmarktes, oder stehen sie in Opposition dazu?

Prinzipiell gibt es zwei Möglichkeiten der Distinktion und der Produktion von automobiler Qualität, nämlich das Prestige des Seriellen und das Prestige des Handwerklichen. Im ersten Fall erscheinen qualitätvolle Automobile als Exponenten der Moderne, einer rationalen Produktionsweise, die nicht nur schneller, sondern auch präziser ist und die Vagheiten und Ungenauigkeiten handwerklicher Fertigung überwindet. Massengefertigte Automobile können so als eigentliche Exponenten von Fertigungsqualität gelten; ihre Produktion ist hoch ausentwickelt und weit entfernt von den Vagheiten und Unzulänglichkeiten handwerklichen Autobaus. Die Gegenposition betont dagegen die hohe Produktqualität und den exklusiven Einzelstückcharakter der handwerklich gebauten Fahrzeuge und setzt ihre individualisierten Eigenschaften gegen die „Seelenlosigkeit" und De-Individualisiertheit industrieller Massenproduktion.

In den 1920er Jahren finden sich nicht nur diese beiden alternativen Positionen, sondern auch spezifische produktionstechnische Lösungen dafür. Die handwerkliche Position wird typischerweise von Carl Benz vertreten, der die geringen Stückzahlen und hohe Produktqualität deutscher Wagen gegen die amerikanische Massenproduktion setzt. In den USA dagegen vertritt Henry Ford das Gegenmodell, indem er auf die durch perfektionierte Fertigungsmethoden erzielte hohe Qualität seines Produkts verweist und so einen außerordentlich langen, durch ständige inkrementale Verbesserungen gekennzeichneten Produktzyklus legitimiert. Komfort, Luxus und Prestige sind aber Kriterien, die bei dem preiswerten Massenmodell T keine Rolle spielten – weder angebotsseitig noch konsumentenseitig. Der Wagen wurde von Henry Ford als utilitäres Produkt vermarktet und von den Käufern als solches akzeptiert. Die Krise des Fordismus nach 1925 hing nun aber auch mit Henry Fords Weigerung zusammen, veränderte Konsumentenbedürfnisse, die über utilitäre Produktqualitäten hinausgingen, zu befriedigen. Den Markt für individualisierte Fahrzeuge, für luxuriösere und prestigeträchtigere Wagen wurde dagegen zunächst

8 Siehe Gundler, Bettina, La Mercédès. Zur Entstehung eines automobilen Leitbilds am Beginn des 20. Jahrhunderts. In: Hashagen, Ulf et al. (Hg.), Ca. 1903. Artefakte in der Gründungszeit des Deutschen Museums. München 2003, S. 527–547.

von den Brands von General Motors abgedeckt. Henry Ford und Alfred P. Sloan repräsentierten die Ästhetiken und soziotechnischen Konstruktionen der automobilen Askese und Rationalität gegen diejenigen des automobilen Überflusses.

Dabei gab es nun ein prinzipielles Problem: die Kosten der Produktion solcher höherklassiger Automobile. Zwar überlebte auch der handgebaute große Wagen in den USA und konnte durch das Prestige des Handwerklichen dort zum „ultimate status symbol“ werden, wie dies James Flink beschrieb.[9] Doch die eigentliche Herausforderung war die Herstellung höherklassiger Fahrzeuge im Rahmen der herausgebildeten kostengünstigeren Verfahren der Massenproduktion, mit den entsprechenden „economies of scale“, die wiederum die Möglichkeiten höherer Profitraten eröffneten. Erzielt wurde dies seit der zweiten Hälfte der 1920er Jahre innerhalb des „Sloanismus“[10], und zwar durch eine Kombination von Massenproduktionsmethoden für weitgehend „unsichtbare“ Komponenten wie Motoren, Getriebe oder Fahrgestellelementen mit der „industrialisierten Individualisierung“ durch Karosseriekomponenten, Ausstattungen und „add-ons“ verschiedener Wertigkeit – etwa durch unterschiedliche Kühlergrills, mehr Chromschmuck, andere Stoßstangen, stärkere Motoren, vor allem aber durch höhere Wertigkeiten im Innenraum, dem eigentlichen mobilen Wohnumfeld der Nutzer. In anderen Fällen konnten komplette „custom-built“-Karosserien auf Fahrgestelle mit Großserienkomponenten aufgesetzt werden.

Der Sloanismus entwickelte durch das Verfahren der Vermarktung von höherklassigen Automobilen, die weitgehend Serienkomponenten verwendeten, eine Versöhnung von hohen Stückzahlen mit dem Aufbau eines prestigeträchtigen Fahrzeugsegments – gegen das europäische Image und die konkreten europäischen Produktionsweisen des handwerklichen Baus. General-Motors – Fahrzeuge mit im Wesentlichen ähnlicher technischer Basis konnten so in verschiedenen automobilen „Klassen“ und Marktsegmenten platziert werden. Dieses Verfahren der Vereinigung von Großserienbau und individualisierenden Elementen erlaubte neben der hierarchischen auch eine zeitliche Differenzierung: Möglich wurde dadurch eine rasche Modifikation der Fahrzeuge und damit der sich etablierende jährliche Modellwechsel von US-Fahrzeugen. Ein Resultat für die Konsumenten war, dass automobiler Luxus nun zunehmend massenfertigungskompatibel, bezahlbar und damit „demokratisierbar“ wurde.

Dies findet eine Parallele zum Boots- und Yachtbau: Auch hier waren Massenfertigung einerseits und Prestige und Luxus andererseits kein Widerspruch. Serienbau, Bauen mit „jigs“, mit hohem Vorfertigungsgrad, mit der Massenfertigung von Einzelkomponenten – analog zu Henry Fords Diktum, seine Fabrik sei eine solche für Autoteile – waren nicht exklusiv auf die Automobilindustrie beschränkt. Solche Baumethoden – die vom

9 Flink, James J., The Ultimate Status Symbol: The Custom Coachbuilt Car in the Interwar Period. In: Wachs, Martin / Crawford, Margaret (Hg.), The Car and the City. The Automobile, the Built Environment and Daily Urban Life. Ann Arbor 1987, S. 154–166.

10 Siehe Möser, Kurt, Geschichte des Autos.

industriellen Bootsbau von Fischfang-Dories übernommen wurden – zeichneten etwa den Bau von eleganten Catbooten an der US-Ostküste oder von Zedernholz-Kanus aus. Die Arbeiter dieser Werften für luxuriöse kleine Boote waren zwar im Gegensatz zu Fords Arbeitern Facharbeiter oder hochspezialisierte Handwerker, wendeten aber industrialisierte Baumethoden an und waren einem industriellen Arbeitsrhythmus unterworfen. Die Anforderung an sie, formuliert von dem berühmten Yachtkonstrukteur Nathanael Hereshoff, war: „do it over and over, do it well, do it fast"[11].

Der deutsche Sonderweg des sportlichen Luxus

Dieser Trend transformierte die amerikanischen Autos zwischen 1930 und 1960 so entscheidend, dass sie sich von den Auslegungen der europäischen Wagen entfernten – oder eher, dass die Europäer dem amerikanischen Trend nicht folgten. Denn im Licht der Entwicklung der Automobilauslegungen der letzten 30 Jahre muss dies anders dargestellt werden: nicht als amerikanische, sondern als europäische und speziell deutsche Sonderentwicklung. Die Europäer folgten nämlich dem bis heute dominanten Trend zur Automatisierung der Betätigungsfunktionen und der Luxurisierung des Innenraums und der Bedienung über Jahrzehnte nicht.

Die Differenz des amerikanischen und des europäischen Luxuspfades wurde besonders evident seit den 1930er Jahren. Verglichen mit amerikanischen „großen" Wagen der Zeit zeigten die deutschen viele Merkmale von „austerity" und Kargheit. Obwohl natürlich auch sie ein Teil der Kultur der „conspicuous consumption" waren, spielten sie dies in mancherlei Hinsicht herunter: durch Verzicht auf Farbigkeit etwa, indem Grau und Schwarz dominierten, durch Verzicht auf Bequemlichkeitselemente der Bedienung, durch Verzicht auf gefälligeres, weicheres Design. Auch wenn die durch harte horizontale und vertikale Linien gekennzeichnete „deutsche Schule" des Designs[12] sich um 1930 wandelte, blieb eine gewisse Härte – in mehrfacher Hinsicht, etwa der der Außengestalt oder des Fahrkomforts – für deutsche Wagen kennzeichnend. Aufwand betrieben wurde eher technisch, etwa durch modernere Motorkonstruktionen und komplexere Fahrwerkskonstruktionen, als in Ausstattung und Komfort. Hierdurch schon trat eine beträchtliche Differenz zwischen der Binnenmarktstruktur und der Weltmarktstruktur auf; dies war ein Symptom für differierende Repräsentationsformen in differierenden soziokulturellen Kontexten. Ein Element der Differenz war auch die Nähe von Luxusfahrzeugen zum Militärischen. Die winkligen Linien der „deutschen Schule", die hohe Gürtellinie oder die graue Farbe brachten deutsche Luxuswagen visuell in die stilistische Nähe von Panzerautomobilen – die oft genug auf den Fahrgestellen von Luxusautomobilen aufgebaut wurden.

11 Bolger, Philip C., Boats with an Open Mind. Cambridge (Maine) 1994, S 193.

12 Siehe dazu Eckermann, Erik (Hg.), Auto und Karosserie. Geschichte – Fertigung – Design. Von der Kutsche bis zum Personenwagen. Wiesbaden 2013.

Auch als in den 1930er Jahren weichere Linien beiderseits des Atlantiks das Automobildesign bestimmten, war dies jeweils unterschiedlich codiert: Während die Designer amerikanischen Wagen zunehmend spielerischer, freier mit weicheren, geschwungenen Linien umgingen – typisch dafür war der einflussreiche GM-Gestalter Harley Earl, der dafür innovative Entwurfsverfahren einsetzte –, begründeten dies deutsche Gestalter rational und ernsthaft, nämlich durch Aerodynamik. Stromliniendesign wurde hier als Effizienz signalisierend legitimiert, und nicht als beliebig, als pure Lust an, wie Earl forderte, „longer and lower" Autos mit eleganten Linien. Die deutsche Rationalisierungsanstrengung bezüglich des Automobils blieb wirksam. Wie weit sie heute noch residual ist, wird noch diskutiert.

Die deutsche Kritik an amerikanischen Luxuswagen nach 1930 beschuldigte sie neben unnötiger und un-rationaler Opulenz einer durchwegs „femininen" Ausstrahlung und eines verweichlichenden Luxus. Wie weit tatsächlich der Einfluss weiblicher Nutzer eine Rolle spielte, ist umstritten. Das deutsche Beharren auf Effizienzausstrahlung und auf dem Primat von Technik war aber auch ein Symptom eines schlechten Gewissens gegenüber Luxus. Das ging so weit, dass die Schließung des Autos, dieser für die weitere soziale Konstruktion des Automobils außerordentlich bedeutsame Trend zum Limousinen-Innenraum, gerade in Deutschland misstrauisch gesehen wurde. In den USA dagegen vollzog sich der Wandel früher, während der 1920er Jahre: Dort waren 1919 erst knapp über 10 % der Privatwagen geschlossen, 1927 waren es schon über 82 %.[13] Deutschen Produzenten, auch deutschen Nutzern war dies eher suspekt. Der Ratgeberautor Filius proklamierte:

> „Es wäre schade, wenn unsere wetterharten Freiluftfahrer allmählich zu Limousinenmenschen degenerieren würden, denn den wahren sportlichen Genuß des Automobilfahrens hat man immer nur im offenen Automobil." Und weiter: „Ein Einwand, den man gegen ihn [den Innenlenker; Anm. d. Verf.] erheben kann, ist der, daß der Lenker in so einem Wagen von der Außenwelt abgeschlossen ist."[14]

Umstritten ist, ob der Druck zum geschlossenen Auto in den USA tatsächlich von Frauen initiiert worden ist, oder ob die höhere Bequemlichkeit und geringere „Sportlichkeit" auch von Männern geschätzt wurde, die das aber nicht zugaben, sondern den Kauf von geschlossenen Automobilen durch das Interesse ihrer Frauen motivierten.[15]

Gegen diese unerwünschte vorgebliche weibliche Sanftheit und Bequemlichkeit, gegen Verweichlichungs- und Feminisierungsfurcht setzte man also in Deutschland Austerity, Härte und Sport, vor allem letzteres. Damit konnte der misstrauisch betrachtete Luxus abgemildert und legitimiert werden. Luxus für Privatleute oder Bürger schien lange Zeit

---

13 Vgl. Flink, James J., The automobile age. Cambridge, Mass. 1988, S. 213.

14 Filius, Die Kunst des Fahrens. Berlin 1922, S. 176f.

15 Siehe Scharff, Virginia, Taking the Wheel. Women and the Coming of the Motor Age. New York 1991.

nur dann erlaubt, wenn er mit Sportlichkeit verbunden war, während Repräsentation – diese ist aber gerade nicht kongruent mit Komfort! – nur für Fürsten, Regierende, Militärs und Wirtschaftsbosse legitim schien. Ein Beharren auf der Einkreuzung des Sports in die Automobilkultur hingegen war ein Prestigefaktor, der in den Rahmen der „sportization" der Industriegesellschaften, wie dies Norbert Elias und Eric Dunning beschreiben, gesehen werden muss.[16] Sport, zunächst als Reaktion auf „pacified societies" sozial implementiert, hatte um 1900 bereits einen so hohen Prestigewert gewonnen, dass er als Faktor der Aufwertung anderer gesellschaftlicher Felder eingesetzt werden konnte. Sportliche Aktivitäten bildeten ein Gegenmodell zu professionell-kommerziellen und konnten prestigefördernd wirken, wenn sie in nichtfunktional-lustvolle Aktivitäten „eingekreuzt" wurden.

Das deutsche Modell einer residualen Sportlichkeit in der Automobilkultur war und ist durchaus erfolgreich. Das globalisierte Automobil nach 1990 besitzt fast universell Merkmale von Sportlichkeit, wie sie von deutschen Herstellern entwickelt und von Automobiltestern und anderen Multiplikatoren der Nutzerkulturen valorisiert wurden. Dies hat die soziale Konstruktion des gesamten Automobilspektrums, und gerade auch die Mittelklasselimousine, beeinflusst, und wurde schließlich ein Exportelement wurde. Dass die Fahrzeuge, die auf die Auslegung der „deutschen Schule" zurückgehen – die keinesfalls nur von deutschen Herstellern stammen muss, sondern inzwischen weltweit verbreitet ist – heute durchwegs straffer gefedert sind, härtere Sitze haben und eine sportlichere Motorcharakteristik aufweisen, hat eine lange Tradition. Gegenmodelle, wie die Betonung des Komforts gegen Sportlichkeit, wie dies französische Hersteller durchzusetzen versuchten, konnten nur Nischen besetzen.

Die zweite Komponente des deutschen Sonderweges seit den 1920er Jahren war eine Ingenieursrationalität, die die Vernunft der Konstruktion (in geringerem Maß auch die Erfordernisse der Produktion) über die Nutzeranforderungen setzte, und den Komfort des Fahrzeugs sowieso weit hintan setzte. Spuren dieser Ingenieursrationalität findet man, wenn man möchte, heute noch – etwa in der Bevorzugung harter Federungsabstimmung durch deutsche Hersteller, die verbesserte Kurvendynamik verbessertem Komfort vorziehen. Eine Skepsis gegen ostentativen Luxus ohne Sportkonnotation und ohne rationale Legitimation ist nach wie vor bemerkbar. Der Fachjournalismus hat dabei eine Rolle gespielt: Eine Priorisierung des Komforts statt einer Betonung der Sportlichkeit hingegen wurde und wird selbst bei Fahrzeugen der Oberklasse von den deutschen Fachjournalisten eher skeptisch betrachtet oder gar abgewertet.

Außerhalb des engeren Automobiljournalismus zeigt die Bewertung von Komfort aber nun ebenfalls eine gewisse Ambiguität: Die soziale Bewertung großer Fahrzeuge in

16 Siehe dazu Elias, Norbert / Dunning, Eric, Quest for Excitement. Sport and Leisure in the Civilizing Process. Oxford 1986.

Deutschland erscheint oft genug als Residuumsbereich autoskeptischer Haltungen. Skepsis gegen automobilen Luxus könnte aber auch im Kontext einer spezifischen nationalen „Neidkultur" interpretiert werden. Erklärungsmöglichkeiten für die Skepsis gegen Luxusfahrzeuge wären etwa: der lange Schatten der Konsumskepsis, der bürgerlichen Askese, und der nicht ganz so lange Schatten der Diffamierung von „conspicuous consumption" nach 1968. In vielen anderen Ländern hingegen sind Luxusfahrzeuge Komponenten einer gesellschaftlich akzeptierten und valorisierten Überflusskultur, und nicht Objekte, die tendenziell dem Druck zu einer Re-Rationalisierung und zum Herunterspielen ihres Repräsentationswertes unterworfen sind. In den USA etwa dürfen großdimensionierte Luxusautomobile vom Design und dem Auftritt her ungetarnt Wohlstand und Reichtum signalisieren. Dort hatte längst ein Übergang zur „conspicuous consumption" stattgefunden. Die Gesellschaft in den Vereinigten Staaten hatte sich von allen Resten einer asketischen Absetzung vom Adel, die das deutsche Bürgertum noch bewahrte, weitgehend frei gemacht. Die bürgerliche Luxusskepsis als politisches Distinktionsverfahren gegen den Adel und dessen ostentative Zurschaustellung hatte in den USA keine Bedeutung. Dies hatte Auswirkungen auf die gesamte Mobilitätskultur. Nötig wäre es, die Stellung von Luxuswagen in Großbritannien, vor allem auch in den industriellen Schwellenländern gesondert zu untersuchen; dies muss hier aus Platzgründen unterbleiben.

Der für die weitere Automobilgeschichte wichtige Trend war aber die interne Luxurisierung von Luxuswagen – vom Selbststarter über halb- und vollautomatische Getriebe, zunächst auch von Heizungen, und bald auch schon durch elektrische Betätigungen. Die erwähnten Demokratisierungsvorgänge führten dazu, dass sich der zunächst auf die Oberklasse beschränkende Ausstattungs- und Bedienluxus, ausgehend von US-Wagen, sowohl geografisch als auch in den Fahrzeug„klassen" ausbreitete, also auch in die Fahrzeuge außeramerikanischer Hersteller diffundierte und auch von oben nach unten verlief. Komfort- oder Luxuselemente wurden zeitverzögert in kleinere und billigere Wagen inkorporiert.

Der Volkswagen Phaeton im Kontext

Die kurze Rekonstruktion solcher Kontexte war nötig, um die Markenpolitik von Volkswagen und die Ausweitung hin zum Angebot von Oberklassenfahrzeugen interpretieren zu können. Um wieder auf den Phaeton zurück zu kommen: Mit Fahrzeugen dieser Gattung, also bequemen, luxuriösen Fahrzeugen, fanden gerade die europäischen Massenhersteller schließlich wieder den Anschluss an eine globale Fahrzeugentwicklung (die selbst wiederum auf eine globale Nachfragestruktur reagiert) in der „großen Klasse", die bis dahin in Europa nur von Nischenherstellern wie Rolls Royce, die keine Massenfertigungsverfahren anwandten, abgedeckt wurde. Exklusive Luxusfahrzeuge im Sortiment eines durch Massenfertigung gekennzeichneten Herstellers – das ist zunächst zwar ein Widerspruch, der sich aber auflöst. Dass gerade auch Massenhersteller den Luxusmarkt „bedienen", hat eine lange Vorgeschichte und nicht unkomplexe technosoziale Ursachen.

Der Wandel zum Vollsortiment-Anbieter, also der Weg in die Oberklasse, hat bei Volkswagen einige Jahrzehnte gedauert. Einen Anfang kann man auf die Markteinführung größerer luftgekühlter Heckmotorwagen datieren. Fahrzeuge wie der Typ 1600 TL oder später der 411 waren gedacht für Kunden, denen auch stärkere und ausstattungsverbesserte Varianten der Grundtypen nicht mehr ausreichten. In der 2. Hälfte der 1970er Jahre, nach der Ablösung aller luftgekühlten Heckmotorwagen, bot Volkswagen eine nach untern – durch den Polo – und nach oben – durch den Passat – erweiterte Modellpalette bis in die Mittelklasse hinein. Die Ausdifferenzierung nach noch weiter oben nach 1990 war kein für VW exklusiver Prozess: die meisten Hersteller, die zuvor nur auf Segmente des Automarktes gezielt hatten, taten dies auch – so etwa der Mercedes-Benz-Konzern, der sein Sortiment in die kleine und kleinste Klasse ausweitete. Ob diese Sortimentsausweitung innerhalb der Markenpalette stattfindet – wie im Fall des Phaeton –, oder ob dafür neue Marken kreiert oder reaktiviert werden – wie etwa beim Smart oder Bugatti –, hängt von der jeweiligen firmenpolitischen Strategie ab. Eines der Argumente für die Platzierung innerhalb der Marke ist auch die Erwartung einer Ausstrahlung von Prestigewagen auf die übrigen Produkte.

Cum grano salis vollzog der VW-Konzern mit diesem Prozess eine allmähliche Wende vom Fordismus zum „Sloanismus"[17]: vom Angebot eines primär funktionalen, gezielt langzeit-wertigen „engineer's vehicle" zum Aufbau eines Vollsortiments mit Klassenhierarchien, feinen Differenzierungen und, nicht zuletzt, immer weiter abgekürzten Produktzyklen. Dies war ein Gegenkonzept zu langen Bauzeiten mit kaum sichtbaren Verbesserungen der Produktqualität, für das die massengefertigten Wagen Ford Model T und Volkswagen Typ 1 stehen. Der Phaeton dagegen ist ein typisches „postsloanistisches" Produkt, adaptiert an die Marktstruktur einer Spät-Automobilgesellschaft, das die sloanistische Lösung des Dilemmas von Massenfertigung und Luxus, von der oben die Rede war, übernimmt.

Ein wichtiges Vermarktungsinstrument und eine zentrale Komponente für die Bindung der Nutzer an „ihr" technisches Artefakt beruht auf Faszination. Dies ist in hohem Maß für Oberklassen- und Luxuswagen der Fall. Über eine sozusagen akzidentielle Faszination hinaus, die die automobilspezifische Mensch-Maschine-Bindung stärkt, und wohl auch konstituiert, werden solche Prozesse inzwischen ebenso konstruiert wie die Fahrzeuge selber. Intentionale symbolische Emotionalisierung kann mit Namen statt Zahlen beginnen, aber sehr viel weiter gehen. Eine aktive statt nur akzidenzielle Emotionalisierung war ein wichtiger Faktor in der Abkehr von einem bloß utilitär und funktional ausgerichteten Image, zu dem im VW-Konzern nicht nur der luftgekühlte Volkswagen, sondern auch seine Nachfolger Golf und Polo zählten. Emotionalere, sinnlichere (oder als sinnlich positionierte) Fahrzeuge statt funktionale Fahrzeuge, die den Konsumenten Preis-Wertigkeit boten, war das neue Vermarktungsmuster.

17 Siehe Möser, Kurt, Geschichte des Autos.

Die gezielte Ästhetisierung der Attraktionsfaktoren des Automobils hat nun im Fall des VW Phaeton eine neue Dimension bekommen. Und zwar ist durch die Einführung einer demonstrativ handwerklichen Produktion eine zusätzliche Dimension der Prestigeerhöhung eingeführt worden. Diese Ästhetisierung der Produktion, die sich in der „Gläsernen Manufaktur" manifestiert, ist ein weiterer, möglicherweise letzter, Schritt der ästhetischen Positionierung von Automobilen. Ästhetisierungsverfahren wie die Aufwertung von Design innen und außen, die Verortung in sozialen Welten, die Transformation der Fahrzeuge von Mobilitätsmaschinen zu Elementen von Lebensstil und sozialen Projektionen waren davor primär auf der Ebene des fertigen Produkts vor und nach dem Kauf lokalisiert, unterstützt durch Verfahren der Stärkung des Markenimages, beispielsweise durch Formen der Verarbeitung der Geschichte der Marke. Eine Ästhetisierung der Produktion flankiert nun solche objektbezogenen und objektexternen Ästhetisierungsvorgänge, und wie diese ist es erforderlich, dass sie medial kommuniziert werden.

Diese „conspicuous production", die das Element der Handwerkskunst im Autobau demonstrativ (wieder)einführt, zeichnet den Phaeton vor den meisten anderen Luxusfahrzeugen aus.

Stabile und instabile Maschinen

Fliegen, Fahren und Gleichgewicht 1900–1918

Bei der Geschichte der frühen Aviatik geht es nicht allein um neue technische Lösungen wie etwa neue Antriebssysteme, sondern auch um soziale und kulturelle Positionierungen einer neuen Technologie. In diesem Sinn hat die Geschichte der Fliegerei in den letzten zwei Jahrzehnten einen beträchtlichen Wandel von einer engeren objektzentrierten Wissenschaft hin zu einer Gesellschaftsgeschichte vollzogen (siehe Hansen, 1989; Pisano, 2003). Zugleich wurde im Rahmen einer körperzentrierten Geschichte von Mobilitätsmaschinen das konkrete steuernde Umgehen mit Flugzeugen genauer in den Blick gefasst (siehe Winter, 1982; Kehrt, 2006). Für Technikhistoriker ist die Entwicklung des Flugwesens in der Zeit vor dem 1. Weltkrieg dabei ein Feld außerordentlicher „Alterität“: Viele der für uns selbstverständlichen Vorstellungen, was die „Bedienung“ einer Mobilitätsmaschine eigentlich sei, wie sie mechanisch und körperlich bewerkstelligt werden müsse, waren in dieser Phase noch unklar.

Das Problem der Balance, wie es sich in der frühen Fliegerei stellte, gehört zu den spannendsten Themen in der Geschichte des „Maschinenhandelns“ und der „Maschinensensibilität“ (siehe dazu Möser, 2004). Unter den Flugpionieren, die seit den 1880er Jahren konstruierten und experimentierten, gab es keine einheitliche Meinung darüber, wie das Steuern der drei Achsen eines Flugapparates zu erfolgen habe, ja ob überhaupt eine Dreiachsensteuerung erforderlich sei. Die Auffassung, dass eine Steuerungsmöglichkeit unentbehrlich sei, setzte sich dann doch langsam durch. Die Ideen mancher erfolgloser Flugpioniere, die eher Luftsprünge als ein kontrolliertes Fliegen zuwege brachten, wurden zunehmend obsolet. Trotzdem herrschte vor 1900 noch die Vorstellung, dass ein Fluggerät so zu konstruieren sei, dass es nach Störungen wie Böen von selbst wieder in einen „stabilen“ Flugzustand zurückkehren solle und ohne Piloteneingriffe auskommen müsse. Diese Meinung ergab sich aus der Ausrichtung an frei fliegenden Modellen, mit denen nahezu alle Flugpioniere zuvor experimentiert hatten und die ja auch ohne Eingriffe fliegen können mussten. Das setzte eine „automatische“, in das Artefakt einkonstruierte Stabilität voraus (siehe Draper, 1955).

Es gab also anfangs zwei Arten des balancierenden Eingriffs: erstens Schwerpunktverlagerungen durch den Piloten und zweitens Einwirkung auf bewegliche Flächen. Deshalb waren weder die Lilienthal'schen „Segelapparate" noch die Wright'schen Flyer starre Maschinen; sie waren keine bemannten vergrößerten Flugmodelle, sondern zu pilotierende, aktiv zu steuernde Fluggeräte (siehe Gibbs-Smith, 2000; Draper, 1955). Bezeichnenderweise hatten die Wrights nie mit einem frei fliegenden Flugmodell experimentiert, sondern ihre Versuche gleich mit einem Kastendrachen begonnen, der über Leinen gesteuert werden konnte (siehe Culick & Dunmore, 2001). Doch gerade diejenigen Flugpioniere, die einen zentralen Platz in der Geschichte der Fliegerei einnehmen, verfolgten einen anderen Ansatz: Statt den Flieger als eine Art von Passagier zu begreifen, der sich – nicht notwendigerweise steuernd – in einer stabil fliegenden Maschine befindet, gingen sie davon aus, dass eine Flugmaschine aktiv pilotiert werden müsse. Unterschiedlich waren nur ihre Vorstellungen darüber, wie diese Steuerung erfolgen sollte. Otto Lilienthal bewirkte dies in seinem Hängegleiter mit Gewichtsverlagerungen, durch die der Schwerpunkt verschoben wurde. Der Name dieses Apparates erklärt sich daraus, dass der Pilot in ihm „hängt", wobei Unterkörper und Beine frei beweglich bleiben. Für Lilienthal war der Pilot daher ein Artist, der das Gleichgewicht durch Verlagerung seines Körperschwerpunktes in Relation zum Auftriebsschwerpunkt des Apparates zu ändern hatte. Indem er „turnend" seine Beine nach vorn, nach hinten oder zur Seite schwang, richtete er das Gerät auf, brachte es zum Sinken oder vollführte Kurven.

Die zweite Lösung war eine aerodynamische Steuerung. Während die „Segelapparate" Lilienthals fixe Leitwerksflächen besaßen, wurden die Flyer der Gebrüder Wright, nachdem auch sie zunächst mit fixen Flächen experimentiert hatten, für die Höhen- und Seitensteuerung mit Klappen oder beweglichen Steuerrudern versehen. Für die Quersteuerung entwickelten sie eine „Verwindung", die es erlaubte, den Einstellwinkel der elastischen Tragflächen zu verändern. Betätigt wurde diese Steuerung durch einen Piloten, der nicht mit seinem Körper balancierte, sondern das technische Artefakt mittels dazu geschaffener Vorrichtungen modifizierte.

Es gab also anfangs zwei Arten des balancierenden Eingriffs: erstens Schwerpunktverlagerungen durch den Piloten und zweitens Einwirkung auf bewegliche Flächen. Deshalb waren weder die Lilienthal'schen „Segelapparate" noch die Wright'schen Flyer starre Maschinen; sie waren keine bemannten vergrößerten Flugmodelle, sondern zu pilotierende, aktiv zu steuernde Fluggeräte (siehe Gibbs-Smith, 2000; Draper, 1955). Bezeichnenderweise hatten die Wrights nie mit einem frei fliegenden Flugmodell experimentiert, sondern ihre Versuche gleich mit einem Kastendrachen begonnen, der über Leinen gesteuert werden konnte (siehe Culick & Dunmore, 2001).

Die Entwicklung des bemannten, gesteuerten Fluges hing demgemäß eng mit der Haltung zum Balancieren zusammen, was wiederum mit bestimmten Vorstellungen bezüglich der Voraussetzungen und Aufgaben einer Dreiachsensteuerung verknüpft war. Denn auch wenn das Pilotieren aktiv erfolgte, gab es noch zwei Alternativen: Reagiert der Pilot – etwa auf Störungen durch Böen oder Wirbel –, um einen tendenziell gradlinigen Flug zu stabilisieren, oder hat er eine noch aktivere Rolle, etwa durch die Möglichkeit, Kurven zu fliegen und frei zu manövrieren? Wir haben es um 1900 entsprechend mit zwei zunächst divergierenden Vorstellungen bezüglich der Aufgaben des Piloten zu tun: Zum einen war er darauf beschränkt, Störgrößen zu korrigieren, zum anderen war er aktiver Flieger.

Es sind mithin zwei soziotechnische „Konstruktionen" der frühen Flugmaschine zu unterscheiden, bei denen entweder das Moment des Ausgleichs von Störungen oder das der Lenkung den Vorrang hatte. Dass in jedem Fall die Gewährleistung eines stabilen Fluges im Zentrum stand, wurde in den zeitgenössischen Debatten immer wieder betont. Stabilitätsverlust – der im ersten Fall als mangelnde Stabilität im Artefakt und im zweiten als missglückter Balanceprozess oder Steuervorgang verstanden wurde – führte in der Regel zu schweren Unfällen, sodass die Lösung des Stabilitätsproblems als eigentliche Lösung des Flugproblems betrachtet wurde.

Es gab drei Alternativen, um die Stabilität einer Maschine zu erzeugen. Die erste bestand in der Herstellung einer konstruktiven Stabilität. Technische Methoden dafür waren etwa eine V-Stellung der Tragflächen oder bestimmte Einstellwinkel zwischen der Längsachse des Rumpfes und der Achse des Tragflächenprofils. Die V-Stellung der Tragflächen bewirkte, dass sich der Apparat in Böen aufrichtete und keiner Eingriffe über Querruder bedurfte. Die zweite Möglichkeit lag in der Schaffung einer „artifiziellen" Stabilität. Bei ihr wurde die Wahrung des Gleichgewichts an einen „Stabilitätsautomaten" delegiert, also an eine Hilfsvorrichtung, die das bedrohte Gleichgewicht ohne Zutun des Piloten mechanisch regulieren sollte. „Artifizielle" Stabilisierung von Flugapparaten war ein Thema, das in zeitgenössischen Publikationen intensiv debattiert wurde. Eine Fülle von technischen Lösungen wurde vorgeschlagen, zum Patent angemeldet oder konkret ausprobiert. „Stabilitätsautomaten" sollten – analog zur Entwicklung des Kreiselkompasses, die nach 1900 zahlreiche Erfinder beschäftigte (siehe Broelmann, 2002) – mit Kreiseln als Bezugselementen arbeiten; daneben wurde auch mit Pendeln oder aerodynamischen Bauteilen experimentiert, die als Sensoren oder als Servos wirken sollten, indem sie auf Kraft-, Beschleunigungs- oder Druckunterschiede bei instabilen Flugphasen reagierten (siehe Bryan, 1914 [Orig. 1911]). Die dritte Alternative schließlich war, die Kontrolle der Stabilität dem Piloten zu überlassen.

Die beiden soziotechnischen „Konstruktionen" der Stabilitätsregulierung, wie sie durch die Lösungen Lilienthals und der Brüder Wright exemplifiziert werden, erforderten spezifische Pilotenfähigkeiten. Sowohl Lilienthal wie die Wrights verstanden „Fliegekunst" als Sport. Der Unterschied bestand darin, dass die Amerikaner die Betätigung von technischen Elementen vorsahen, während Lilienthal „Akrobatik" – vergleichbar dem Geräteturnen, etwa am Barren – in den Mittelpunkt stellte. Zentral war für ihn auch die andere wichtige Balancetechnik der Zeit: das Radfahren. „Das Entscheidende ist, den Schwerpunkt in die richtige Lage zu bringen; wer fliegen will, muss das so meisterlich beherrschen, wie ein Radfahrer das Gleichgewicht hält.“ (Lilienthal, zit. nach Hart-Davis, 2001, S. 53) Die Gebrüder Wright – Radproduzenten und begeisterte Radsportler – zogen ihrerseits die Kombination von Balancieren und Steuern auf zwei Rädern zum Vergleich heran. Radfahren galt um 1900 als Basistechnik für Mobilität. Die dabei erlernte Körper-Maschinen-Interaktion schien essentiell für alle übrigen Balancevorgänge. James Howard Means, der Herausgeber des amerikanischen „Aeronautical Annual“, formulierte 1896 bündig: „To learn to wheel one must learn to balance; to learn to fly one must learn to balance.“ Und Lilienthal lobte Means für diese Erkenntnis: „I think that your consideration on the development between the flying machine & the bicycle [...] is excellent.“ (Zit. nach Crouch, 2003, S. 60).

Dass turnerische und andere sportliche Vorkenntnisse als für die „Fliegekunst“ unabdingbar angesehen wurden, trifft ähnlich für den Umgang mit den meisten Mobilitätsmaschinen um 1900 zu. Motorradfahren setzte allen Lehrbüchern zufolge gutes Radfahren voraus. Wie dieses wurde auch Segeln als Schule des Fliegens betrachtet; und der Fliegerheld Tarsis in Gabriele d’Annunzios Roman „Vielleicht – vielleicht auch nicht“ (1989 [Orig. 1910]) erwarb seine Erfahrungen mit balancierenden Bewegungen zunächst anhand von U-Booten (vgl. S. 68). Sicherlich spielte auch das Reiten beim Umgang mit Mobilitätsmaschinen und ihren prekären Gleichgewichtsverhältnissen eine Rolle. Doch stand immer das Radfahren im Zentrum.

Wie bereits angedeutet, konnte die Kontrolle eines instabilen Flugapparates in unterschiedlichem Maße technisch vermittelt sein: Während Lilienthal direkt körperlich balancierte, tat der Pilot der Wright’schen Flyer dies indirekt, über Steuerbewegungen und eine zwischengeschaltete, mit Händen und Füßen zu „bedienende“ Mechanik. Der „Technizitätsgrad“ der Wright’schen Flugapparate – der Grad an Distanz von Körper und Gerät – war auf eine höhere Ebene gehoben worden; und entsprechend war die Schnittstelle von Pilotenkörper und Mobilitätsmaschine beim aerodynamischen Balancieren eine andere. Übrigens war das die technische Lösung der prinzipiell instabilen Flyer die negative V-Stellung der als „hängend“ erscheinenden Tragflächen, wenn man sie von vorn betrachtete. Hieran wird sichtbar, dass die beiden Erfinder auf eine instabile Maschine zielten, die eines aktiven Piloten zwingend bedurfte (siehe Gibbs-Smith, 2000).

Noch eine Bemerkung zur Integration des Balancierens in das Erlernen des Umgangs mit Mobilitätsmaschinen: Die uns heute „normal“ erscheinende gleichzeitige Einübung des Balancierens und der übrigen Bedienungsvorgänge war zunächst nicht üblich. Beispielsweise wurde in den 1890er Jahren das Balancieren in den Radfahrschulen oft statisch und separat – also unabhängig vom Treten und Lenken und von einer Teilnahme am Verkehr – trainiert. Das war eine Reaktion auf eine scheinbare Überforderung von Radfahrern, die sich oft erst in höherem Alter die Kultur- und Körpertechnik des Balancierens erarbeiteten. Durch eine Funktionsentkoppelung schien eine Vereinfachung möglich.

Eine Zerlegung in Funktionen, die beim konkreten Bedienungsvorgang immer kombiniert sind, wird heute kaum mehr als sinnvoll erachtet.

Nach der prinzipiellen Lösung des Flugproblems entstand eine Debatte um Alternativen bei der Bedienung der sogenannten „Steuerorgane“ und um die dafür zweckmäßigsten Körperbewegungen. Hier gab es grundsätzlich zwei Positionen, die den beiden fundamental unterschiedlichen Haltungen gegenüber dem Steuerungsvorgang entsprachen. Die Frage war: Wollte man ein körperliches Aufrichten aus einem unbalancierten Zustand, wie er etwa durch eine Bö verursacht wurde? Oder wollte man sich mit einer Drehung des Körpers um die Längsachse des Fluggerätes – zusätzlich zur Betätigung des Seitenruders – in eine Kurve legen? Gerade hier ging es um Vorerfahrungen; die Vorkenntnisse der Nutzer bestimmten auch ihren Umgang mit der Balance und mit der Steuerung. So konnten zum Beispiel die Bewegungen des Körpers beim Balancieren eines kleinen Bootes zum Vergleich herangezogen werden. Die Segler kleiner Jollen hatten sich schon daran gewöhnt, gegenläufig zu steuern, also die Ruderpinne entgegengesetzt zu der jeweils gewünschten Drehrichtung zu drücken. Auch an die Körperbewegungen in einem um die Längsachse „rollenden“ kleinen Boot – etwa einem Kanu –, die gegenläufig zur Rollperiode erfolgen müssen, damit der Oberkörper senkrecht bleibt, wurde erinnert. Beim Fahren von Straßenfahrzeugen hingegen war man daran gewöhnt, das Steuer in Drehrichtung einzuschlagen, und bei Einspurfahrzeugen neigte man sich selbst in die Kurvenrichtung. In der frühen Fliegerei war die Präferenz der Piloten für die eine oder die andere Balancier- bzw. Steuerungsbewegung keineswegs eindeutig. Es gibt Berichte, dass Piloten die Steuerkabel über Kreuz verlegen ließen, um ihre eigene Vorliebe durchzusetzen.

Die Steuerungsvorgänge beim frühen Fliegen stellten nach Meinung aller Akteure hohe körperlich-sensorische Anforderungen. Der Pilot musste unter Betätigung verschiedener Vorrichtungen balancieren und gegebenenfalls steuernd eingreifen; von ihm wurden rasche Reaktionen und eine adäquate körperliche Umsetzung verlangt. Das schien zunächst zu bedeuten, dass nur eine „Bewegungselite“ mit entsprechenden Vorerfahrungen Chancen auf erfolgreiches Fliegen hatte. Ob die erforderlichen Fähigkeiten erlernbar waren oder ob Piloten angeborene Begabungen besitzen mussten, war strittig. Die Debatte darum, ob es notwendig sei, durch eine Selektion die wenigen fürs Fliegen geeigneten Menschen zu ermitteln, oder ob potenziell alle für eine fliegerische Ausbildung in Frage kämen, ist spannend, kann aber hier nicht verfolgt werden (siehe dazu Möser, 2004).

Eine weitere Unklarheit, die sich erst im Verlauf von längeren Diskussionen, vor allem aber auch von praktischen Versuchen und von Lernprozessen mit oft tödlichem Ausgang auflöste, war die Frage der mechanischen Betätigung der Ruder. Mittels welcher Bauteile und Bewegungsweisen sollte eine Dreiachsensteuerung bewerkstelligt werden? Die Probleme waren hier vielgestaltig. Sie betrafen zunächst eine Auswahl: War überhaupt eine Dreiachsensteuerung nötig? Konnte und durfte man das Querruder oder das Seitenruder weglassen? Immerhin konnte man flache Kurven auch ohne Querruderwirkung fliegen.

Nachdem dieser Punkt dann zugunsten einer Dreiachsensteuerung entschieden worden war, ging es vor allem um eine Koppelung von Rudern.

Ziel war es dabei, im Hinblick auf die befürchtete Überlastung der Piloten bei der Dreiachsensteuerung eine Vereinfachung zu bewirken. Dann blieb zu erwägen: Sollten die Ruder mechanisch gekoppelt werden? Unklar war auch die Art der Betätigung: War Rad- oder Knüppelsteuerung vorzuziehen? Wenn Betätigungsräder vorgesehen wurden, war wiederum die Drehrichtung der Räder oder die Bewegungsrichtung der Knüppel nicht festgelegt. An frühen Maschinen ist die ganze Spannbreite solcher Möglichkeiten nachzuvollziehen (siehe Alison & Bell, 2001). Zu den technischen und pragmatischen Fragen, die zunächst nicht eindeutig beantwortet wurden, gehörte ebenfalls die Alternative von Längsachsensteuerung mittels Verwindung oder mit Hilfe von Ruderklappen. Immer stand hinter solchen Alternativen einerseits die Schwierigkeit, eine technisch-funktionale Betätigung zu gewährleisten, und andererseits das Bestreben, eine körpergemäße Verbindung mit dem Fluggerät zu erreichen.

Ein weiteres gravierendes Problem war anfangs auch die Empfindlichkeit der Steuerung in ihren drei Achsen. Nach Schilderungen von Piloten hatte eine ganze Reihe von Maschinen bis in die 1920er Jahre hinein sehr unausgewogene Betätigungswege, Ruderwirkungen und Betätigungskräfte. So war es etwa bei instabileren Maschinen üblich, dass die Seiten- und die Querruder viel schwergängiger und unempfindlicher waren als das Höhenruder, bei dem schon kleine Steuerausschläge sehr große Wirkungen zeitigten. So hat Cecil Lewis (1937) festgehalten, wie eine französische Morane auf seine Steuerbewegungen reagierte. Sie hatte „keine Schwanzfläche, sondern nur eine bewegliche Klappe, das Höhensteuer“:

> „Und dieses Höhensteuer war ein sogenanntes entlastetes, das heißt, ein Teil seiner Oberfläche lag vor seinem Drehpunkt [...] im Ergebnis jedenfalls war dieses Höhensteuer so empfindlich wie eine Goldwaage; die geringste Bewegung genügte, um die Maschine auf Kopf oder Schwanz zu stellen [...]. Die anderen Kontrollen waren, um die Sache noch schwieriger zu machen, praktisch so gut wie nicht vorhanden.“ (S. 54)

Von allen drei Achsen war die Längsachse die weitaus problematischste. Sie zu beherrschen, war am nächsten dem Balancieren mit einer Balancierstange verwandt. In der Frühphase der Flugschulung spielte daher der Umgang mit den Querrudern und die Koordination mit dem Seitenruder beim Kurvenflug eine große Rolle. Insbesondere in der späteren Segelflugschulung mussten die Schüler lernen, mittels Querruderbewegungen die Tragflächen horizontal zu halten und das Flugzeug auf der Mittelkufe zu balancieren. Bei den ersten Flügen hatten sie den Horizont gerade zu halten, wobei die Tragflächen als indirekt durch die Querruderbewegungen des Steuerknüppels bewegte Balancierstange verstanden wurden. Die deutsche Pilotin Hanna Reitsch (1979 [Orig. 1951]) beschrieb ihre ersten – nicht sonderlich erfolgreichen – Balanciererfahrungen mit ihrem Schulgleiter in den 1920er Jahren, die sie dadurch verbesserte, dass sie abends im Bett mit einem Besenstiel imaginäres Balancieren übte (vgl. S. 32). Eine andere Trainingsmethode für Flugschüler bestand darin, dass sie auf ein Übungsgerät namens „Wackeltopf" gesetzt wurden, um die balancierende Betätigung des Querruders zu lernen.

Schließlich war noch unklar, wie – also mit welchen Steuerelementen – die Querruder betätigt werden sollten. Wie nahe sie mit der Balancierfunktion zusammenhingen, zeigt sich daran, dass verschiedene Flugpioniere sie direkt mit dem Körper verbinden wollten. In einem Flyer der Wrights sollte der liegende Pilot die Verwindung mit den Hüften betätigen; Santos Dumont trug beim Fliegen seiner Demoiselle eine spezielle Jacke, die mit dem Querruderstab zu verkoppeln war, sodass er sich balancierend in die jeweilige Richtung neigen konnte. Glenn Curtiss kontrollierte bei seinen frühen Maschinen die Längsachsensteuerung „by a yoke fitted to the pilot's shoulders; it provides aileron control, the pilot leaning in the direction he wanted to bank the aeroplane" (Kilduff, 1979, S. 21). Für viele Flugpioniere war das Steuern um die Längsachse ein elementarerer körperlich-balancierender Vorgang als die Steuerung der beiden übrigen Achsen. Weniger körperbezogene Körper-Technik-Koppelungen bestanden in seitlich angebrachten Handrädern, bevor dann bei der deutschen „Militärsteuerung" ein auf dem Knüppel befindliches Handrad eingeführt wurde. Der heute übliche Knüppel mit seiner Verknüpfung von Höhen- und Querruderfunktion kam kurz vor 1914 auf, vor allem bei Maschinen, die für „Kunstflüge" konstruiert worden waren.

Die Meinung, dass drei Steuerachsen einen nicht „artistisch" begabten oder über spezielle Sensorik verfügenden Piloten einfach überfordern, war weit verbreitet. Immer wieder gab es Ansätze zu technischen Lösungen, um ein Flugzeug mit nur zwei Achsen fliegbar zu machen, welche Versuche wiederum mit der Idee einer eigenstabilen Maschine verbunden war. Typisch dafür war Fokkers Spinne von 1912, die tatsächlich durch die oben erwähnten Maßnahmen der V-Stellung und der Pfeilungen in zwei Achsen – nach oben und hinten – so stabil wurde, dass auf die Querruderfunktion verzichtet werden konnte. Ein anderes Beispiel war Henri Mignets (1935) Selbstbauflugzeug Pou-du-Ciel, eine Maschine, bei der der Konstrukteur ebenfalls auf Querruder verzichtete, dafür eine starke V-Stellung vornahm und dazu eine spezielle Einstellwinkeldifferenz zwischen den beiden Tragflächenpaaren vorsah (vgl. S. 35f.).

Das spezifisch technische Hilfsmittel gegen eine Überforderung des Bedieners bestand in einer gezielten „Einkonstruktion" von Bedienkompetenz ins Artefakt (siehe Möser, 2003). So versuchte man immer wieder, die Steuerachsen so miteinander zu verkoppeln, dass eine Aktion sich auf zwei Ruderfunktionen zugleich auswirkte. Solche Verfahren spielten besonders bei Maschinen eine Rolle, die für Amateure oder schlecht ausgebildete Flieger gedacht waren. Entsprechend hatten sie eine große Relevanz bei dem verbreiteten Selbstbau von Fluggeräten; die Mehrzahl der Konstrukteure von „Volksflugzeugen", zu denen auch Henri Mignet gehörte, probierten Ruderkoppelungen aus. Vorbild war hier immer das Automobil. Ein solcher „Luft-Ford" sollte so einfach wie ein Straßenfahrzeug zu steuern sein, und die Bedienelemente wurden entsprechend automobilähnlich angelegt.

Am anderen Ende des Vorstellungsspektrums stand die Idee, das Flugzeug müsse gleichsam eine Verlängerung des Körpers bilden. Es dürfe gar nicht „eigenstabil" sein, sondern müsse den Intentionen und Reaktionen des Fliegers höchst fügsam in allen drei Bewegungsrichtungen folgen. Komplexe Steuerbewegungen in drei Achsen wären dann unproblematisch, weil sie als „körpergerecht" empfunden würden Balancehalten erforderte so gesehen gar keine Anstrengung, sondern entsprach „natürlichem" Verhalten – doch war dies eine im Umgang mit technischen Artefakten zuvor erworbene „Natürlichkeit". Die Idee einer instinktiv zu steuernden, „folgsamen" Maschine setzte sich vor allem nach 1913 durch, als „Kunstflüge" für Zuschauer zunehmend attraktiv wurden.

Zu der Diskussion über die befürchtete Überforderung der Piloten gehörte auch die Frage, wie viele Funktionen in ein Steuerelement hineingepackt werden durften. Technische und physische Möglichkeiten gab es zuhauf: Man konnte mit den Händen, mit den Füßen oder mit anderen Körperteilen Hebel, Räder oder Griffe drehen, schieben, schwenken usw.; zudem konnte man mehrere solcher Funktionen miteinander verkoppeln. Typisch dafür war Hans Grades Eindecker von 1910, bei dem der Steuerknüppel in einem Universalgelenk oben angelenkt war; er ließ sich für Höhen- und Seitenruder nach vorn und seitlich schwenken, während eine Verdrehung dieses Steuerelements die sogenannte „Balance" der Quersteuerung betätigte (vgl. Supf, 1935, S. 231). Für die meisten zeitgenössischen Konstrukteure und Flieger war dies aber eine klare Überfrachtung.

Im Gegensatz zu „körperzentrierten" Bedienkonzeptionen herrschten allerdings noch lange Steuerungsverfahren vor, die nicht lage- oder bewegungsgemäß waren, sondern eher durch die Anforderungen und Besonderheiten des technischen Artefakts diktiert wurden. Die Mehrzahl der Konstrukteure hatte eher die Mechanik der Betätigung im Blick und strebte nach einer einfachen Anpassung an die Maschine. Eine – modern formuliert – ergonomische Betätigung war sekundär. Die Entwicklung verlief wie beim Automobil von einer zunächst prinzipiell technikadäquaten zu einer später eher nutzergemäßen Konstruktion und Anordnung der Bedienelemente.

Ein Beispiel dafür ist die Betätigung des Ruders bei besegelten Kanus um 1900, bei denen statt des „natürlichen" Rechts-Links-Schwenks eine mit dem Steuerjoch verbundene Verlängerung nach vorn oder hinten bewegt werden musste. Auch die Längsachsensteuerung der Antoinette von Léon Levavasseur, die als eines der ersten Flugzeuge in Serie gebaut wurde, war nicht „körpergemäß" und bewegungsadäquat. Sie besaß für das Querruder ein längs angeordnetes Handrad. Spätere Modelle hatten dann durchwegs quer angeordnete oder zu betätigende Räder oder Knüppel, die der Weise, wie Menschen zu balancieren gewohnt sind, besser entsprachen.

Mit der militärischen Nutzung der Mobilitätsmaschine Flugzeug wandelten sich die Anforderungen. Die Militärs hatten ein Interesse daran, dass nicht nur eine „Bewegungselite", die besonders gut balancieren konnte und über außerordentliche Reaktionsfähigkeiten verfügte, fliegen lernte, sondern potenziell die Mehrzahl der Offiziere. Und dazu waren Maschinen erforderlich, bei denen man sich nicht ständig auf das Fliegen konzentrieren musste, sondern für die Erfüllung der eigentlichen militärischen Aufgaben frei blieb. Für diese Aufgabenstellung – zunächst die Luftaufklärung – war hohe Stabilität ohne unablässige Eingriffe seitens der Piloten gefragt. Das Militär wollte also „stabile Maschinen". Aber nicht nur im Hinblick auf eine Optimierung für die militärische Nutzung war diese Auslegung gefragt, sondern auch deswegen, weil solche Geräte erhöhte Resilienz gegenüber fliegerischen Problemen versprachen und weil sie gegenüber Bedienfehlern, die sich aus einer verkürzten Ausbildung oder dem Einsatz weniger geeigneter Piloten ergaben, toleranter waren.

Typische Vertreter waren die deutschen LVG-Doppeldecker, die diversen Varianten der Taube, die Maschinen der Short Brothers oder die B.E.2c der Royal Aircraft Factory. Sie waren Gegenentwürfe zu unstabilen Flugzeugen; diese „bedürfen zu jeder Angleichung von Gleichgewichtsstörungen der Steuerung, so dass der Flugzeugführer unausgesetzt die Steuerungsorgane zu bedienen hat und darin nicht einen Augenblick nachlassen darf". Unstabile Maschinen wurden national verortet; sie würden insbesondere „in Frankreich stark bevorzugt, ja dort fast ausschließlich benutzt" (Anonymus, 1914, S. 6).

Exemplarisch für eine „stabile Maschine" war die De Havilland B.E.2c: Sie „erwies sich als erstes wirklich eigenstabiles Flugzeug der Luftfahrtgeschichte". Der Testpilot Busk führte ihre „Qualitäten bei wiederholten Flügen vor, bei denen er Hände und Füße bis zu zehn Minuten von der Steuersäule und den Ruderpedalen nahm". Die „freihändig" bedienten B.E.2c-Maschinen

> „flogen in gleich bleibender Höhe geradeaus, nahmen in Kurven die erforderliche Schräglage ein und richteten sich selbsttätig auf, wenn sie durch Böen aus ihrer Gleichgewichtslage gebracht wurden – und das alles, ohne dass der Pilot ständig die Fluglage korrigieren musste, wie es bis dahin üblich war" (Hallion, 1985, S. 28).

Doch gerieten diese britischen Maschinen im Sommer 1915 in eine Krise, nachdem Anthony Fokker, angeregt durch eine französische Morane – genau jene, deren Steuereigenschaften Cecil Lewis so irritiert hatten – und in Abkehr von seinen früheren Konstruktionsprinzipien, einen nicht eigenstabilen Eindecker konstruiert hatte. Dieser besaß ein starr eingebautes, mittels Synchronisation durch den Propellerkreis schießendes Maschinengewehr. Die Fokker E. III wurde dann zum prototypischen frühen Jagdflugzeug. Sie war sowohl ein „fliegendes Maschinengewehr" wie auch ein instabiles, auf Wendigkeit hin optimiertes Fluggerät. Ihre stabil konstruierten Gegner – ausgerüstet höchstens mit einem defensiven Maschinengewehr – waren nicht nur waffentechnisch unterlegen, sondern vor allem fliegerisch. Ihre Stabilität hinderte sie daran, den gleichsam luftakrobatisch agierenden Fokker-Maschinen auszuweichen. Der deshalb meist einseitig verlaufenden Luftkämpfe wegen wurde die B.E.2c von ihren eigenen Piloten zynisch als „Fokker-Futter" bezeichnet.

Im weiteren Verlauf wurde die Mehrzahl der einsitzigen Maschinen zwangsläufig auf eine immer größere „akrobatische" oder „aerobatische" Beweglichkeit hin zugeschnitten. Stabile Maschinen wurden eher als „Arbeitsflugzeuge" für Aufklärung, Artilleriebeobachtung oder zur Infanterieunterstützung eingesetzt. Sie wurden zu Opfern der instabilen Aggressionsmaschinen, die in doppelter Hinsicht gefährlich waren, nämlich zum einen für die stabilen Maschinen und zum anderen für die eigenen Piloten, denn instabile Maschinen verziehen keine Bedienungsfehler.

Ein typisches Beispiel war die berühmte Sopwith Camel von 1917. Ein hochdekorierter Kriegspilot formulierte die Dialektik von überaus gefährlicher Instabilität, aber gleichzeitig starker und befriedigender Steuerbarkeit:

> „The camel, being totally unstable in all directions and very sensitive fore and aft, and much influenced by engine torque, was a death-trap for an inexperienced pilot. A skilled pilot could not wish for a better mount. To him it was like having a pair of wings strapped onto his shoulder blades." (Zit. nach Jerram, 1979, S. 55)

Dieser Bericht lässt die Mischung aus Lust und Angst erahnen, die die Nutzer solch extrem instabiler Maschinen empfanden. Und Technikhistoriker sollten nie vergessen, was die eigentliche Funktion dieser Fluggeräte war: Sie waren sehr effiziente Tötungsmaschinen.

Literatur

Alison, T. & Bell, D. (Hrsg.) (2001). At the Controls. The Smithsonian National Air and Space Museum Book of Cockpits. Niagara Falls (N.Y.): Smithsonian National Air and Space Museum.

Anonymus (1914). Neue Flugzeuge und Flugmotoren. Vollständig neue Bearbeitung. Leipzig: Paul.

Broelmann, J. (2002). Intuition und Wissenschaft in der Kreiseltechnik. 1750–1930. München: Deutsches Museum.

Bryan, G.H. (1914). Die Stabilität der Flugzeuge. Einführung in die dynamische Stabilität der Flugzeuge. Berlin: Springer. (Orig. 1911). Verfügbar unter https://doi.org/10.1007/978-3-662-26072-2.

Crouch, T.D. (2003). Wings. A History of Aviation from Kites to Space Age. New York: Norton.

Culick, F.E.C. & Dunmore, S. (2001). Den Himmel stürmen. Die Gebrüder Wright und der Wettlauf um den ersten Motorflug. München: Heyne. (Orig. 2001).

D'Annunzio, G. (1989). Vielleicht – vielleicht auch nicht. München: Matthes & Seitz. (Orig. 1910).

Draper, Ch.S. (1955). Flight Control. Journal of the Royal Aeronautical Society, 59, S. 451–477. Verfügbar unter https://doi.org/10.1017/S0368393100119480.

Gibbs-Smith, Ch.H. (2000). Aviation. An Historical Survey from Its Origins to the End of the Second World War. London: Science Museum.

Hallion, R.P. (1985). Konstrukteure und Testpiloten. Amsterdam: Time Life. (Orig. 1983).

Hansen, J.R. (1989). Aviation History in the Wider View. Technology and Culture, 30, S. 643–656. Verfügbar unter https://doi.org/10.2307/3105965.

Hart-Davis, A. (2001). Das fliegende Schiff und andere Erfindungen, die fast funktionierten. München: dtv. (Orig. 1999).

Huppert, S. (1913). Leitfaden der Flugtechnik. Für Ingenieure, Techniker und Studierende. Berlin: Springer.

Italiaander, R. (1931). So lernte ich Segelfliegen. Zürich: Orell Füssli.

Jerram, M. (1979). Sopwith Camel. In A. Robinson (Hrsg.), In the Cockpit. Flying the World's Great Aircraft (S. 48–55). London: Orbis.

Kehrt, Ch. (2006). „Das Fliegen ist immer noch ein gefährliches Spiel" – Risiko und Kontrolle der Flugzeugtechnik von 1908 bis 1914. In G. Gebauer, S. Poser, R. Schmidt & M. Stern (Hrsg.), Kalkuliertes Risiko. Technik, Spiel und Sport an der Grenze (S. 199–224). Frankfurt am Main: Campus.

Kilduff, P. (1979). Curtiss Jenny. In A. Robinson (Hrsg.), In the Cockpit. Flying the World's Great Aircraft (S. 21–25). London: Orbis.

Lewis, C. (1937). Schütze im Aufstieg. Eine autobiographische Erzählung. Berlin: Rowohlt. (Orig. 1936).

Mignet, H. (1935). Aviation for the Amateur. The Flying Flea („Le Pou-du-Ciel") – How to Build and Fly It. London: Sampson, Low, Marston and Company. (Orig. 1934).

Möser, K. (2003). The Driver in the Machine: Changing Interiors of the Car. In H. Trischler & S. Zeilinger (Hrsg.), Tackling Transport (S. 61–80). London: Science Museum.

Möser, K. (2004). „Der Kampf des Automobilisten mit seiner Maschine" – Eine Skizze der Vermittlung der Autotechnik und des Fahrenlernens im 20. Jahrhundert. In L. Bluma, K. Pichol & W. Weber (Hrsg.), Technikvermittlung und Technikpopularisierung. Historische und didaktische Perspektiven (S. 89–102). Münster: Waxmann.

Pisano, D.A. (2003). New Directions in the History of Aviation. In D.A. Pisano (Hrsg.), The Airplane in American Culture (S. 1–15). Ann Arbor: University of Michigan. Verfügbar unter https://doi.org/10.3998/mpub.23494.

Reitsch, H. (1979). Fliegen – mein Leben. München: Herbig. (Orig. 1951).

Schwipps, W. (1984). Schwerer als Luft. Die Frühzeit der Flugtechnik in Deutschland. Koblenz: Bernard & Graefe.

Schwipps, W. (1985). Lilienthal und die Amerikaner. Beiträge zur Entwicklung der Flugtechnik. München: Deutsches Museum.

Supf, P. (1935). Das Buch der deutschen Fluggeschichte (Bd. 1: Vorzeit, Wendezeit, Werdezeit). Berlin: Klemm.

Vorreiter, A. (1909). Motor-Flugapparate (Drachen-, Schrauben- und Schwingenflieger). Berlin: Schmidt.

Winter, D. (1982). The First of the Few. Fighter Pilots of the First World War. London: Allen Lane.

"A man a-riding upon nawthin'"

Light Structures and New Mobility Cultures Around 1900

There were two trends that moved into the foreground around 1900 – trends that were technological and cultural as well as artistic. I will try to bring together these two simultaneous revolutions which, at first glance, do not appear connected, viz., a technological revolution, characterized by lightness of construction, speed and mobility; and a cultural revolution, characterized by transparency and de-materialization. These two techno-cultural revolutions encompass such different phenomena as steel tubing, kites and gliders, transparent clothing, futuristic speed cult, rays and emanations of newly researched elements, doubts about the stability of elements and atoms, blurred perception of speeding machines, rubber tyres, speedlines in art, just to name a few. These trends have to be anchored in objects and hardware rather than in concepts and programmatic prose. The "material turn" in revisionist cultural history[1] is an approach which research-orientated museums have been doing for a long time; thus, it can be put in perspective and may appear less innovative.

The Technical Basis: Light Structures around 1900

Around 1900, there was a significant and culturally stimulating transition from heavy engineering to light engineering. Before that period, heavy engineering was on the forefront not only of engineering but also on the prestige of structures. This changed: new light engineering came to the centre of interest. It manifested itself, for instance, in the gradual superseding of heavy steam engines with internal combustion engines (which

1 Cf. D. Hicks, M.C. Beaudry, The Oxford Handbook of Material Culture Studies, Oxford University Press, Oxford 2010; S. Lubar, W.D. Kingery, History from Things: Essays on Material Culture, Smithsonian Institution Press, Washington DC 2007; J. Skibo, M.B. Schiffer, People and Things: A Behavioral Approach to Material Culture, Springer, Heidelberg 2008. Available at https://doi.org/10.1007/978-0-387-76527-3.

tended to be much lighter for their power output), and, finally, in the development of electrical power technologies. Even more significant was the usage of new light materials: light seamless tubes, pressed sheet metal, roller bearings, or chains. Aluminium was a decidedly modern material for light construction, together with rather unusual or innovative materials which were previously not regarded as worthy of engineering at all: bamboo, light spruce spars, tin clasps, canvas fairings, or transparent cellon. On the construction side, a general principle was the emphasis on tension instead of compression. Typically, wires were used for certain applications, bringing down the weight to as much as one tenth of old compression-based constructions. The usage of piano wires was typical. Their near-invisibility contributed to the visual lightness of the new engineering style, as will be discussed later. Even in old technologies, there was a jump towards less weight and more "rational" and material-saving construction. Steam engines for special uses, for instance for planes or light vehicles, were transformed and lightened considerably, as seen in the Clement Ader engine in the Conservatoire des Arts et des Métiers in Paris, or Hiram Maxim's light engine for his experimental aircraft.[2]

Paradigmatic Light Structures: Mobility Machines

The new mobility machines appearing before 1900 were a paradigmatic species of light structures.[3] Among these was the bicycle with its significant technological as well as cultural impact. But there were also light boats, canoes, flying structures like kites, and of course the early flying machines. Most of them showed astonishing and nearly unbelievable capabilities for contemporary commentators. For instance, a penny-farthing bicycle of 1890 with tensioned wire wheels, weighing around 12 kilograms, was capable of carrying a five- to eightfold, or in some cases nearly tenfold load. Canoes or light racing dinghies had a similar crew-to-structure weight. These machines, made frequently from unusual materials, were seen at the cutting edge of technology and on the forefront of spectacular achievements. Without any efforts to "design" it in an intentional way, the bicycle created a new aesthetics of a light "personal machine", made of stable triangles of tubing and tensioned elements.[4]

On top came, of course, flying. The new aeroplanes were paradigmatic light structures, frequently making use of the light and innovative construction materials developed originally for bicycles, e.g. steel tubes, chains, ball bearings or wirespoked wheels. Aero-

---

2 Cf. R.P. Hallion, Taking Flight: Inventing the Aerial Age from Antiquity through the First World War, Oxford University Press, Oxford-New York 2003, pp. 138–145.

3 See K. Möser, Fahren und Fliegen in Frieden und Krieg. Kulturen individueller Mobilitätsmaschinen 1880–1930, Verlag Regionalkultur, Heidelberg 2009.

4 Cf. J. Krausse, Versuch, auf's Fahrrad zu kommen. Zur Technik und Ästhetik der Fahrrad-Evolution. Zwischen Fahrrad und Fließband, absolut modern sein, in Culture technique in Frankreich 1889–1937, exhibition catalogue Neue Gesellschaft für bildende Kunst (Staatliche Kunsthalle Berlin, 20.03.–08.05.1986), Elefanten Press, Berlin 1986, pp. 59–74.

planes were not the only decidedly modern artefacts. Kites and gliders, light canoes, dinghies and racing boats attracted public attention for their light materials and construction. Landmarks in this respect were for instance the first sailing boat whose hull was made from aluminium, the Vendenesse, built in 1893,[5] or the first racing yacht without ballast, the Alpha, launched one year previously.[6] Very light yacht construction became a fad after the turn of the century, but, as the Independence from 1901 – whose nickname was Rubber Boat – showed, there were problems with the static stability of the construction.[7] For instance, all loadspreading tubes broke soon after serious testing. Typically, fast boats were not elongated any more in order to increase waterline length, which was (and is) the prerequisite for speed in a displacement hull. Instead, speed was attained by "planing" boats skimming the surface. Count Lambert is credited with building the first such vessel in 1897. A typical example is the Ricochet-Antoinette from 1907, of the type called Ricocheteur.[8] These boats had to be built extremely light in order to be lifted out of the water on the plane.

Especially in the early aeroplanes weight ranked first. Thus, not only the materials used, but also their construction had to be light. Calculated structural strength was often sacrificed, or even not calculated at all, but simply guessed. A typical construction and a typical engineer in this line of thinking was Anthony Fokker with his first successful model Spin, meaning "spider". Fokker's method was strictly empirical. He claimed that construction drawings were done at the end of the engineering process, not at the beginning.[9] The Spin had an extremely reduced structure without a fuselage in the common sense. This principle of shedding unnecessary elements is seen in many early planes, for instance in the Farman 7, a "pusher" with a rear engine, having just longerons and no fuselage at all.

In the First World War, similar planes were built and flown by the Germans, e.g. the Vickers Gunbus, called Lattice Tail (Gitterschwanz). Even when completely covered with canvas, the structure appeared to be transparent and the biomorphic "skeleton" of ribs and fuselage bulkheads was visible, especially when seen against the sun.[10] See-through cellon cladding was experimentally used by German planes as a form of camouflage; it was assumed that planes could be rendered invisible in the sky.[11]

---

5 Cf. D. Charles, Die Geschichte des Yachtsports, Delius & Klasing, Bielefeld 2002, p. 136.
6 Cf. ibid., p. 132.
7 Cf. ibid., p. 143.
8 Cf. ibid., pp. 174–175.
9 See M. Dierikx, Fokker: A Transatlantic Biography, Smithsonian Institution Press, Washington DC-London 1997; A. Fokker, B. Gould, Flying Dutchman: The Life of Anthony Fokker, Routledge, London 1932.
10 Cf. Fokker 1932 (see footnote 9), pp. 63, 77.
11 Cf. editorial note, "Flugsport", 8, 1916, pp. 93–94.

Gabriele d'Annunzio described the strange and unprecedented structures of the planes of the first annus mirabilis of flight, 1909, in his novel Forse che sì, forse che no (1910), as follows:

> "Le tettoie nuove, dalle fronti dipinte alla maniera degli antichi pavesi, custodivano i più diversi mostri artificiati con le materie più diverse, coi più diversi ingegni. Per mezzo alle ampie tende di tela agitate dal turbine delle eliche in prova, apparivano a quando a quando le strane forme delle chimere senza bellezza e senza virtù partorite dalla manìa pertinace o dalla presunzione ignara, condannate irremissibilmente a sollevare la polvere e ad arare il suolo: ali ricurve e aguzze costrette al remeggio con uno stridore di usci in càrdini rugginosi; adunazioni di celle quadrangolari, simili a mucchi di scatole senza fondo; lievi scafi oppressi da impalcature sovrapposte, simili a fragili canghe; alberi giranti forniti d'una sorta di cilindri cavi come i burattelli di stamigna nei frulloni dei fornai; lunghi fusi ferrei con un gran cerchio a ogni estremità, fatto di cotonina imbullettata su stecche, a simiglianza della ruota a pale nel mulino natante; congegnature di aste e di vèntole in guisa di quegli arnesi mobili che servono a ventilare le stanze nelle colonie torride; difficilissimi intrichi di sartie, di traverse, di longherine, di tubi, di stanghe, di spranghe; tutte le composizioni del legno, del metallo, del tessuto intese all'impossibile volo."[12]

Two Types of Transparency: Static and Dynamic

There were also new ways of perceiving light technology. Its main feature appeared to be transparency: one could look right through bicycles or early planes; there was no hard surface to hinder the eyes. Thus, mobility machines can have light skeleton structures or structures in tension which radiate lightness even when static, or they can acquire transparency when in motion. There are two ways of perceiving lightness and transparency. Most attractive to contemporary observers was the spectacle of speed and the specific distortion it was linked with. The spoked wheels which appear to be completely immaterial when in motion are a case in point. Visually, a sort of "de-materializing" by blurring happened. This is true for fast-moving objects like bicycles, which seemed to lose their "objectness", so to speak. A caricature in the satirical paper Punch stated in the caption that a rider on a penny-farthing bicycle looked like "'a man a-riding upon nawthin'".[13] Here, transparency was in the eye of the ironic beholder. The giant reflecting, flaring, moving, spoked wheels intrigued, but were a source of irritation and insecurity, too. The spokes reflecting the light became an opaque disk, and the rider seemed to roll on light through space: "[...] it was thrilling to see a man hurtling through space on one high wheel with another tiny wheel wobbling helplessly behind."[14]

The necessity of balancing, of maintaining a precarious and dangerous equilibrium, was recognized as a specific feature of light mobility machines. Thus, a fascination with near-

---

12 Quoted from http://www.gutenberg.org/ files/42673/42673-h/42673-h.htm, p. 80 (accessed 8 May 2014).

13 J. Woodforde, The Story of the Bicycle, Henley, London-Boston 1980, p. 50.

14 Ibid., p. 39.

artistic balance was a feature of the culture around 1900. Franz Kafka evidently was fascinated by the flyers in their open fuselages when describing the Blériot's flight at Brescia: "Blériot is in the air, one sees his straight upper body over the wings, his legs are buried deep as part of the machine. The sun has gone down and from under the canopy of the stands it shines on the soaring wings."[15]

Balancing and transparency were not the only source of irritation. Around 1900 there was a universal complaint that it was difficult to judge the speed of small fast-moving objects in everyday contexts – or even to see them properly. This had to be learnt slowly. The art of perceiving speed was part of the mobility revolution which affected not only the sense of velocity but also the sensory perception of 360-degree sight[16] and the shifting forward of focus, connected with high or different speeds. For the new class of mobility machines these difficulties and the necessary adaptation are comparable to the difficulty first-time users of railways had to adjust to the new "dromological" vision.[17] Coupled to this dematerializing perception revolution is the artistic problem of developing a depiction of lightness and speed. Blurring and dematerialization are features that were specifically employed by the Italian Futurism, but there is an older tradition of employing these specific artistic means. William Turner's Rain, Steam, and Speed is a case in point, but after 1900 new and revolutionary solutions were brought forward quite frequently. Robert Delaunay, for instance, chose the propeller as a paradigmatic object. It had attraction when static and dynamic: on the one hand, it was seen as a perfect sculpture, and on the other, when revolving, it became a perfect transparent circle in Delaunay's paintings of the 1910 period. Yet other elements of the iconography of lightness were speed lines and the employment of opaqueness, drawing lines instead of filling up colours, or intentional blurring. These can be found frequently in paintings by the Italian Futurists as well as specific artistic means of conveying transparency.

Thus, a specific rhetoric and iconography of transparent, fast and light technologies developed. In addition to mobility being a prestigious principle and an epitome of modernity, the new means of conveying these qualities artistically spread into popular culture. Blurring, "speedlines" trailed by fast cars or planes, or distortions became common in advertising and popular graphics. The producers named their machines appropriately: Dragonfly, Spider, or Ariel hinted at lightness.

---

15 "Bleriot ist in der Luft, man sieht seinen geraden Oberkörper über den Flügeln, seine Beine stecken tief als Teil der Maschinerie. Die Sonne hat sich geneigt und unter dem Baldachin der Tribünen durch beleuchtet sie die schwebenden Flügel." Quoted from P. Demetz, Die Flugschau von Brescia. Kafka, D'Annunzio und die Männer, die vom Himmel fielen, Zsolnay, Vienna 2002, p. 25.

16 See Möser 2009 (see footnote 3).

17 See W. Schivelbusch, Geschichte der Eisenbahnreise. Zur Industrialisierung von Raum und Zeit im 19. Jahrhundert, Hanser, Munich-Vienna 1977.

Two Types of Modern Lightness: Skeleton and Clad Body

Around 1900 an aesthetics of openness and unclad, visually cleared structures did develop. The "deconstructing" of cars and planes by removing cladding and paneling was typical. Especially when racing, everything deemed unnecessary was unscrewed and removed, leaving an open body which revealed its structure. This resulted in open constructions in which the distribution of forces was visible, for instance in the compression and tension elements of a biplane. Behind that physical lightness was the guiding idea. Probably there was the idea of a sort of technological Ockham's Razor, removing everything not required for the task in hand – speed. This is the heroic exposure of naked technology; the presentation and demonstration of mechanical innards, resulting in an aesthetics of angularity and openness. In addition, a structurally minimalistic approach held a specific attraction. Typical for this is the picture of a racing car competing with an early Curtiss plane. The plane has shed all traces of a covering, whereas the car retains a body but lacks wheel guards.

On the other hand, a contrary trend is recognizable: the idea of perfect covering in order to increase speed by streamlining. The use of scientific research to reduce drag by creating a perfect body for fast-moving vehicles was tested out at the same time. Despite adding weight to the pure skeleton, the gain in speed efficiency was noticeable. But still, lightness was in the focus: The panels for the electric racing car, which reached a record speed of 100 km per hour, were made of the paradigmatically light aluminium sheeting. In other cases, light fabric coverings were the standard, as seen in airships. A special feature to combine lightness and strength is the use of pre-stressed skins. This was used in airplane construction from the end of the First World War but had been employed before in the building of fishing dories, which relied on the strength of the body with only minimal internal framing.

Thus, there were two ideals, which were not necessarily in conflict, and which complemented each other and coexisted: the ideal skeleton cleared of all weight and cladding, versus the ideal convex body. The tertium comparationis, still, was lightness. Sometimes, both trends were united in one artefact, as seen in the famous Channel-crossing Blériot XI machine. Here, the rear part of the fuselage was left unclad; the front showed canvas sheeting. Around 1910, there was no clear-cut preference. Both paradigms coexisted in this period, even in racing cars. Thus, the record-breaking electrical vehicle La Jamais Contente, which exceeded 100 kph in 1899, subscribed to the aesthetics of streamlining, whereas the famous Ford 999, setting in 1902 a speed record at the Grosse Pointe Racetrack, was of the skeleton type.

Contextualizing Light Structures

Around 1900 the de-materialized view of the world was in the making. Primarily, the stability of beliefs in the nature of the material world was shattered by new revelations of science. A new culture centred on "streams and rays" emerged.[18] Beginning roughly with the discovery of x-rays by Wilhelm Conrad Röntgen in November 1895 and its immediate popular reception, there was growing scepticism regarding the former security of the solid material world. This changing view was reinforced by Maxwell's field theory, by instabilities of space and time, even by a seemingly fluidity of natural laws. More specifically, Heinrich Hertz's waves and, much more in the public eye, the application of radio waves by Marconi and others created new immaterial forms of communication. Especially in the two decades before the First World War, this trend towards dematerializing known, secure matter accelerated. Theories of radiation by atoms, which proved not to be stable building blocks as was earlier thought, and new types of rays not only shattered the Newtonian world-view but convinced (at least parts of) the intellectual elite in the Western world that they were living in a much less stable universe than they had previously thought.

Thus, secure and stable world-views were shattered in several areas. The high water-mark of certainty in the culture of knowledge was the Encyclopedia Britannica, the 9th and 10th editions of which were still able to codify the complete knowledge of their time before the next edition had to admit in several articles (e.g. on atoms) that there was a new and disturbing insecurity that had to be digested scientifically. For intellectuals and artists, there was the necessity to cope with this new challenge of a seemingly unstable, insecure and de-materialized world. Instability became a new cultural feature.

Speed and acceleration moved into the centre of irritation. The "dromologic" revolution, as Paul Virilio postulated,[19] regarded the social obsession with speed as a cultural provocation. Painters, who had to live with a paradigmatically static medium, were especially challenged to find new ways of representing change, speed and the results on subjectivity. Grappling with speed representations was one of the big issues of the time. Futurism was at the forefront of this revolution, but French Expressionists also tried to incorporate dynamics in their paintings, inevitably somewhat neglecting the solid material world pre-modernism revelled in.

Attraction and Danger of Light Mobility Machines

The extra-light, even spidery or flimsy machines of the "new style" were often very demanding in use and even dangerous. Thus, they were regarded as "non-working artefacts"

18 See C. Asendorf, Ströme und Strahlen. Das langsame Verschwinden der Materie um 1900 (= Werkbund-Archiv 18), Anabas Verlag, Giessen 1989.

19 P. Virilio, Geschwindigkeit und Politik. Ein Essay zur Dromologie, Merve, Berlin 1980.

by more conservative users, characterized by insecurity and danger. Typically for this, a very light dinghy of the period was sometimes derided and feared since it was in some cases much lighter than the crew and would capsize easily. In contrast to the more cumbersome – and certainly heavier – boats, which were more forgiving, they demanded more alertness and more bodily activity from their crew, rewarding them with much better and more exciting performance. Likewise, some extreme yacht constructions were admired and feared at the same time. They were admired for their extraordinary performance, and ridiculed for their fragile and non-durable construction. Thus, critics revelled in negative comments when such yachts disintegrated, as they frequently did, while achieving spectacular victories in races when conditions were right.

The positions in this debate on the attractions and the danger of light mobility machines are not quite contradictory. The inherent dangers of cuttingedge light mobility machines, suspicion or doubts of their performance, and the problems of potentially dangerous collapses of structures built to the limits did not necessarily hinder their use. Quite to the contrary: these cutting-edge features added attraction by accepting risk and revelling in it. Early mobility machines were "adventure machines", ever unreliable and dangerous, but this made them highly attractive in a risk-dominated user culture that prized daring and dash.[20] Their very lightness, verging on collapse under stress, added to their fascination.

The concept of a social construction of technology – scot[21] – is concerned with the phenomenon of a "non-working artefact" that has many technological problems but nevertheless enjoys social acceptance. The dangerous and difficult-to-handle penny-farthing bicycles are cases in point, as well as canoes or daggerboard dinghies, which capsized easily, sometimes even when not in motion. It can be assumed, that the danger and the complex, hard-to-acquire handling skills necessary to "dominate" these light mobility machines were part of their attraction, not arguments against their use.[22]

Lightness and Body

In parallel with the emerging paradigm of lightness, a culture of symbolic representation emerged. Typical for symbolizing lightness was the gesture of lifting: in order to demonstrate the manageable weight, frequently even heavy objects were depicted being lifted. This gesture was a common motif in bicycle advertisements. It was likewise used by Hiram Maxim, lifting seemingly effortlessly the machine gun he invented.

---

20 Cf. K. Möser, The Dark Side of Early 'Automobilism', 1900–1930: Violence, War and the Motor Car, "Journal of Transport History", 24, 2003, no. 2, pp. 238–258. Available at https://doi.org/10.7227/TJTH.24.2.7.

21 See W. Bijker, On Bicycles, Bakelite, and Bulbs: Towards a Theory of Sociotechnical Change, MIT Press, Cambridge MA-London 1995.

22 See K. Möser, Geschichte des Autos, Campus Verlag, Frankfurt am Main-New York 2002.

The connection of the lightness of technological artefacts with the human body is exemplified in the admiration for the French-Brazilian aviation pioneer Alberto Santos-Dumont. His mobility machines have a quality that makes them stand out: they are perfectly fitted to the body of the user. His small personal airships are geared to transport just him, and his light aeroplane, the Demoiselle of 1909, is regarded as the world's first light aircraft. These artefacts were seen in their time as examples of a type of highly personal and body-related mobility machine, adapted perfectly to the physique of the user. The Brazilian flight pioneer dreamt of and built the smallest possible "lighter than air" device, an airship capable of lifting and propelling his slight body. Santos-Dumont himself, the "flying dandy", was only 1.45 meters tall and weighed 45 kilograms (with his shoes), as he claimed.[23]

This emphasis on lightness was also politically charged. Santos-Dumont played off his light, smallish "personal airship" against the brute aerial monsters of Count Zeppelin. He ridiculed the clumsy and inelegant German approach to airships, while stressing his simpler and body-adapted solutions. Thus, he set the elegant Brazilian-French technology stereotypically against the heavy and clumsy German one. Creating an opposition between monumentality and elegance turned the aesthetics of lightness into politics. Moreover, to be slim and light was socially constructed as being specifically modern; and to "rule" sensitive, light and fast mobility machines was seen as an emphatically modern quality, too. Lightness appeared as a supreme aim, perfected for light bodies and linking aesthetics, body politics, user qualities and modernism.

Added to this was another component: Santos-Dumont's small airships also had to be light on the controls and rudders. And this presented a new dilemma, since in the question of controlling the new mobility machines there was no mainstream at first. There were contradictory and conflicting perceptions and ideals: on the one hand, there are nimble and light bodies as a new ideal. On the other, there is the need for a hard rein on these objects: "the steely fist at the controls" was a phrase employed to describe the dominance of man over machines – even if they were light and seemingly nimble.

This ambivalence can be found in sources describing the forces that a pilot of the new aeroplanes required. It could be either the powerful (and aggressive) control mentioned above over a stubborn and "obstinate" machine. While in contrast, new planes were often praised as requiring only feathery touches, which were soft on the controls, which radiated lightness to their pilot – who himself had to have a "light touch". The controls, the man-machine interfaces, thus had to correspond, be it the "feather-like" control of an aeroplane's ailerons, or the light helm of a fast sailing dinghy. Bicycles were praised as "leicht und leicht zu fahren" (light and easy to ride).[24] Bertolt Brecht wrote these lines in his famous poem Singende Steyrwägen (Singing Steyr Automobiles): "und so leicht

23 See P. Hoffmann, Wings of Madness: Alberto Santos-Dumont and the Invention of Flight, Hyperion, New York 2003.

24 Krausse 1986 (see footnote 4), p. 72.

fahren wir dich, dass du meinst, du fährst deines Wagens Schatten" (and we drive you so lightly that you think you are driving the shadow of your car).[25] Here, the desired quality of lightness of touch in driving is poetically linked to the immaterial quality of a shadow. Shadow itself was a name of the probably most prestigious luxury car of the time, the Rolls-Royce Silver Shadow. There was also the necessity to coordinate the body and the light machine by balancing. This was a necessary body technology not only in cycling but also in using light dinghies, canoes or even planes. Otto Lilienthal claimed that his glider was simply not flyable without prior experience in balancing a bicycle.[26]

And this ideal of a sensitive, body-orientated collaboration between man and machine seems to be the more modern type of man-machine interaction.[27] It ties in with the new ideal of a perfect cooperation of mobility machine and person, forming a new techno-human recombination of mutual "understanding". A recurring dream of the technologically-minded avant-garde who relish mobility thus combines light structures, adapted to human bodies, with an ideal of effortless use. In short: the light man-machine combination became a paradigm around 1900. The task of the engineer was to create exactly this ideal. This probably foreshadowed and pre-empted the new type of light building, which is perfectly adapted to man, being a new task of the architect.

Gendering: Women and Lightness

In the new culture of light technologies and the "light touch" in dealing with them, the feminine approach became enhanced. The hard grip on mobility machines mentioned before was heavily gendered, of course. Pointing to the need of physical force, this argument was often employed to keep women out of the new mobility machines – together with the accusation that women were not able to keep a cool head in crises. As soon as light structures required or were supposed to require a sensitive touch, this argument was no longer viable. On the contrary: Women were now seen as better suited to the delicate, light new machines, while men apparently lacked the qualities of "feeling the needs" of, for instance, light aeroplanes.

Frequently the mobility machines themselves were symbolically linked with feminine qualities and with prototypical female figures, mostly taken from the vast reservoir of cultural and mythological characters. Names like Ariel, Sylph, or Fairy were typical for bicycles, aimed not only – but increasingly – at a female market. The culture of lightness

25 B. Brecht, Werke in 20 Bänden. vol. 9, Suhrkamp, Frankfurt am Main 1967, p. 127.

26 See K. Möser, Stabile und instabile Maschinen – Fliegen, Fahren und Gleichgewicht 1910–1918, in R. Schönhammer (ed.), Körper, Dinge und Bewegung. Der Gleichgewichtssinn in materieller Kultur und Ästhetik, Facultas, Vienna 2009, pp. 109–122.

27 See K. Möser, Automobil und Körper, in G. Schmidt et. al. (eds.), Und es fährt und fährt... Automobilindustrie und Automobilkultur am Beginn des 21. Jahrhunderts, edition sigma, Berlin 2005, pp. 285–296.

is also contextualized by the iconography of transparency and diaphanous colours or clothing that characterized German Jugendstil and French Art Nouveau after 1900.

The Attraction of Lightness and Mobility: Fearing a Crisis of Traditional Art

The aesthetic attraction of the new mobility machines was a provocation to traditional art and literature and traditionally-minded artists, too. Around 1900 many members of the avant-garde movement in Europe were particularly attracted to and fascinated by the new dynamic devices. A case in point is the work of the Italian Futurists. Their leader, Filippo Tommaso Marinetti, famously proclaimed in his Technical Manifesto of Futurist Literature, published in 1912, that an automobile which appears to run on explosives is more beautiful than the Nike of Samothrace.[28] Another typical protagonist of this fascination is the Italian poet Gabriele d'Annunzio. During an aviation meeting in Brescia – the first one in Italy – he took his first flight with Curtis, regarding the American pilot as far superior to the poet's profession and to himself, as observed by Franz Kafka, who reported the event.[29]

This feeling of inferiority of art and the role of the artist was also common among painters and sculptors. In their case it was the appeal of the new light mobility machines that induced the feeling of inferiority. For instance, when visiting an aeroplane exhibition with Brancusi, Marcel Duchamp exclaimed to him: "Painting has come to an end. Who can do something better than this propeller? Can you?"[30] Duchamp followed this up: his ready-made entitled Bicycle Wheel on a Chair follows this trajectory.[31]

Likewise, flying was given the status of an art, and an emphatically modern one at that. An American journalist described the art of the pilot Lincoln Beachey in 1913:

> "There is music and most inspiring grace and prettiest poesy in flight by man in the heavens. And posterity will write the name of Lincoln Beachey as the greatest artist of the aeroplane.

---

28 Cf. http://greeninteger.com/pdfs/marinettitechnical-manifesto-of-futurist-literature.pdf (accessed 4 May 2014).

29 F. Kafka, Die Aeroplane von Brescia, in W. Kittler, H. Koch, G. Neumann (eds.), F. Kafka, Drucke zu Lebzeiten, Fischer, Frankfurt am Main 1996, pp. 401–412.

30 "Die Malerei ist am Ende. Wer kann etwas Besseres machen als diesen Propeller!", quoted from J. Simmen, Die Aufhebung der Erdgebundenheit in Kunst und Architektur, in Deutsche Lufthansa AG (ed.), Aviatik und Avantgarde. Fliegen und Schweben, Lufthansa, Cologne 1988, pp. 55–65, p. 26 (my translation); cf. also Y. Rabinovich, http://www.invisiblebooks.com/Duchamp.htm (accessed 4 May 2014).

31 For the "finding" of the bicycle wheel as a machine gun mount cf. http://www.invisiblebooks.com/Duchamp.htm (accessed 4 May 2014).

> In his flying is the same delicacy of touch, the same inspirational finesse of movement, the same developed genius of Paderewski and Milton."[32]

Thus, the act of using avant-garde technology was often seen as a more revolutionary act than producing art. This was a typical feature of twentieth-century art and literature, and within this new and provoking hierarchy, light mobility machines became the focal point. There are many statements playing off technology against art, from the notion of the Expressionist author Franz Richard Behrens in 1915 that Igor Sikorsky (the Russian engineer of huge planes) was more important to him than Kandinsky,[33] to Andy Warhol's statement that the car is better than art.[34]

In these (and many more statements that could be quoted), several trends are recognizable: a deep respect for the new mobility culture; an appreciation of its new aesthetic qualities, especially their lightness and transparency; and a sense of the inadequacy or insufficiency of traditional art. All three trends, surfacing between the 1890s and the First World War, had consequences in other cultural and technological fields. The new mobility machines became paragons for designers and architects, who came to see them as products to be admired and imitated. The aesthetics of lightness and the materials achieving this lightness influenced designers in several fields of work. Light wood, bent laminations, shells formed from thin plies became favourite construction elements – for example, for chair designers. And, of course, architects such as Le Corbusier propagated aeroplanes and aeroplane materials as supplying innovative ideas for architects and stimulating them to think about building along new lines, learning from the construction of mobility machines.

And, last but not least, the provocation of the aesthetics of light mobility machines disturbed notions of traditional art, and this had a lasting effect on transgressing the borders of art – including "found" objects, or only slightly transformed objects, or bringing "real" objects into the realm of art. Thus, the cultures of lightness and mobility, of speed, movement and transparency proved to be a significant area of provocation to which designers, architects and artists had to react during the rest of the twentieth century. Otherwise, they would prove themselves hopelessly "passéiste".

32 H.S. Villard, Contact: The Story of the Early Birds, Bonanza Books, New York 1967, p. 196.
33 Cf. Feldtagebuch, 14.05.1915, 126/1, p. 7, Deutsches Literaturarchiv Marbach.
34 Cf. E. Mai, Das Auto in Kunst und Kunstgeschichte, in T. Buddensieg, H. Rogge (eds.), Die Nützlichen Künste. Gestaltende Technik und Bildende Kunst seit der Industriellen Revolution, exhibition catalogue (Messegelände am Funkturm, Berlin, 15.05.–21.06.1981), Quadriga, Berlin 1981, pp. 332–346, p. 344.

Junkers und Fokker

Zwei Technologie- und Innovationsstile der Luftfahrtmoderne

Während des Ersten Weltkrieges, im Oktober 1917, wurde die Flugzeugsparte der Junkers & Co. in Dessau mit den Schweriner „Fokker Flugzeugwerken m.b.H.“ zu den „Junkers-Fokker-Flugzeugwerke A.G.“, abgekürzt JFA, vereinigt. Dies geschah auf Anregung und unter Druck der deutschen Militärbehörden. Ziel der neuen Gesellschaft war der Bau von Ganzmetall-Kriegsflugzeugen.[1]

Im Folgenden sollen verschiedene Kontexte dieser Kooperation zwischen zwei sehr unterschiedlichen Persönlichkeiten gezeigt werden, zwischen ihren unterschiedlichen Haltungen zu Entwurf und Bau von Flugzeugen während des Ersten Weltkrieges und danach. Dies führt dazu, dass eine ganze Reihe von Aspekten berücksichtigt werden muss: Militärgeschichte, Ingenieurs- und Technikgeschichte, Industriegeschichte, Gestaltungsästhetik und, natürlich, Kulturgeschichte. Schon um dieses begrenzte Teilfeld der Technikkul-

1 Siehe Flugsport 8 (1916), S. 226; Marc Dierikx, Fokker, A Transatlantic Biography. Washington / London 1997, S. 41.

tur verstehen zu können, ist ein vernetzender, interdisziplinärer Zugang nötig. Die Betrachtung des Falles der Kooperation zwischen Fokker und Junkers erlaubt aber auch, diesen Prozess zu bewerten und Lehren zu ziehen – nicht etwa, um Handlungsanweisungen für die Gegenwart zu erzeugen, sondern eher als Exemplum für gar nicht gradlinige Pfade von Technikkulturen des Fliegens. Zunächst aber werden die Akteure vorgestellt.

Fokker: Der improvisierende Flugpionier

Als der Erste Weltkrieg ausbrach, waren Anthony Fokker und seine Flugzeuge bereits sehr bekannt. Er bemühte sich, so wie viele andere aus der recht bunten Schar von Flugzeugherstellern, um Aufträge der Militärs. Nur so schien sich die oft noch sehr improvisierende Herstellung von Fluggeräten, von denen oft nur wenige gebaut wurden, überhaupt einigermaßen rentieren zu können. Ausschließlich die Militärs schienen genügend Stückzahlen zu garantieren.

Fokkers Erfolg begann mit der Entwicklung eines neuen Waffensystems: Er entwickelte eine Steuerung, um mit einem fest montierten Maschinengewehr durch den Propellerkreis zu schießen, und konstruierte ein dafür geeignetes Flugzeug, einen einsitzigen Eindecker. Fokkers „Innovation" des Jagdflugzeugs mit Umlaufmotor im Jahr 1915, das die zweisitzigen, eher schwerfälligen Beobachtungsmaschinen mit Reihenmotoren der deutschen Fliegertruppe ergänzte, war gleichwohl dem Stand der Technik verpflichtet. Die EIII war ein Nachbau eines französischen Morane-Typs, die Maschinengewehrsynchronisation war der Idee eines französischen Piloten, Roland Garros, geschuldet und die Ausführung wahrscheinlich einem älteren Patent.[2] Die Konstruktion seiner Flugzeuge war eher konventionell und folgte mit bespannten Tragflächen in Holzrippen- und Holmbauweise den zeittypischen Prinzipien, wobei allerdings die stoffbespannten Rümpfe nicht mehr aus Holz waren, sondern ein geschweißtes Skelett aus dünnwandigen Stahlrohren, das innen mit Draht ausgekreuzt wurde. All dies zeigt die pragmatische oder, weniger wohlwollend, eklektische Haltung des niederländischen Konstrukteurs, die er bereits beim Entwurf seiner ersten Maschine, der „Spin" (Spinne) zeigte.

Fokker hatte eine nur sehr rudimentäre technische Ausbildung und behauptete, niemals ein Lehrbuch gelesen zu haben. Aber er war andererseits ein ausgezeichneter, maschinensensibler Probepilot, der Flugzeuge rasch beurteilen konnte und pragmatisch Verbesserungen implementierte. Beim Beginn der Zusammenarbeit mit Junkers war Fokker kaum ein bevorzugter Lieferant der deutschen Fliegertruppe. Denn nach dem Veralten seines ursprünglich erfolgreichen Eindeckers gelang ihm kein großer Entwurf mehr. Obwohl seine Typen seltener von der Fliegertruppe bestellt wurden, baute er rasch zahlreiche Prototypen und machte sich einen Namen als kreativer, untheoretischer Konstrukteur mit

2 Zum langwierigen Streit um das Synchronisationspatent und dessen Auslegungen siehe Marc Dierikx, Fokker, S. 29–35.

einer, modern ausgedrückt, „rough and ready" – Herangehensweise. In seinem Handeln als Unternehmer in den wirren wirtschaftlichen Boomzeiten der Kriegsproduktion erwies er sich durchwegs als recht skrupellos.[3] Doch die Kombination aus offenkundigen Konstrukteursqualitäten, Bauerfahrung und brachliegenden Potenzialen mangels eines konkurrenzfähigen Baumusters machte Fokker attraktiv für die Bauauftragsplaner der deutschen Fliegertruppe.

Junkers: Der Ingenieur im Flugzeugbau

Die Beschäftigung von Hugo Junkers, Ingenieur und Professor an der Technischen Hochschule Aachen, mit dem Fliegen begann völlig anders als die Fokkers, nämlich aus einer ingenieurswissenschaftlichen Perspektive. Schon vor dem kulturell bedeutsamen „Aeronautikjahr" 1909 interessierte er sich für das neue Feld der Luftfahrt, kooperierte mit seinem Aachener Professorenkollegen Hans Reissner beim Bau eines ersten Metallflugzeugs und regte den Bau von Windkanälen an. Seine Ideen für Innovationen, weiterentwickelt in der „Forschungsanstalt Prof. Junkers", betrafen mehrere Gebiete. Einmal war das der Aufbau der Flugzeugzelle ausschließlich aus Metall, wobei er seine Erfahrungen in der technisch-industriellen Verarbeitung dünner Bleche aus dem Gasboilerbau einbrachte.[4]

Ein neues Konzept, hervorgegangen aus einem wissenschaftsbasierten, von „first principles" ausgehenden Ansatz, war auch das Junkers-Patent eines dicken Tragflügels. In diesem konnten nicht nur dicke Holme als Bedingung für die Möglichkeit widerstandsarmer Cantilever-Tragflächen untergebracht werden, sondern auch Motoren, Fracht und Passagiere. Junkers' Idee, möglichst viele Zellenteile eines Ganzmetallflugzeugs für die Erzeugung des Auftriebs heranzuziehen, und damit das Nurflügel-Flugzeug vorauszudenken, öffnete Potenziale innovativen Flugzeugbaus.

Doch 1915, als er als schon erfolgreicher Industrieller dieses Feld betrat, gab es dort noch viele, zu viele Faktoren, die man nicht ingenieursmäßig bearbeiten konnte. Man konnte Festigkeiten rechnen und die Zellenkonstruktion verwissenschaftlichen, nicht aber die intrikaten und komplexen Probleme der Dreiachsensteuerung und ihrer möglichst harmonischen Ruderwirkungskoordination, die daraus abgeleiteten Verhältnisse der Größe von Dämpfungsflossen, Rudern und deren Entlastung durch Verlegung der Drehachsen. Nicht wirklich rechnerisch bestimmen konnte man beispielsweise die Einflüsse des Propellerstroms auf die Ruder in verschiedenen Fluglagen, ebenso wenig wie man das Wandern des aerodynamischen Druckpunktes bei Anstellwinkelveränderungen genau bestimmen

3 Siehe Kurt Möser, Neue Grauzonen der Technikgeschichte. Karlsruhe 2008, Kap. Anthony Fokkers Improvisationen, S. 81–90.

4 Siehe Richard Blunck, Hugo Junkers – Ein Leben für Technik und Luftfahrt. Düsseldorf, 56.–58. Tsd. 1951, S. 33–50.

konnte. Überhaupt war die Aerodynamik zwar schon mitten in ihrer Verwissenschaftlichung – man übertrug mit Korrekturen durch Windkanalversuche manche Ergebnisse und Rechenansätze der Hydrodynamik –, aber das konkrete Verhalten des bewegten, gesteuerten Flugzeuges in der Luft entzog sich durch seine Komplexität einer unbezweifelbaren, anwendbaren Berechnung. Bezüglich des späteren Segelflugs betonte der Flieger Werner von Langsdorff die Rolle des Probierens und der widersprüchlichen Konzeptionen: „Jeder hatte noch seine eigenen Gedanken über den Segelflug, die er in mehr oder weniger verworrenen Theorien zum besten gab. Später brach dann eine wahre Theorie-Epidemie aus. Jeder Konstrukteur hatte sein ‚Geheimprofil'."[5] Auch Junkers musste einsehen, dass die Auslegung und die Statik der Zelle, von Rumpf und Tragflächen, beherrschbar und ingenieursmäßigen Durchkalkulationen zugänglich waren. Das Verhalten in der Luft unter dynamischen Bedingungen allerdings entzog sich Algorithmen. Das hatte schon der Inhaber des ersten Lehrstuhls für Flugzeugkonstruktion in Stuttgart, Prof. Alexander Baumann, feststellen müssen.[6] Die „konstruktive Durchbildung" von leichten Tragstrukturen reichte nicht aus, um erfolgreiche Typen zu konstruieren. In der Luft wurden solche Flugzeuge häufig gefährlich und hatten den schlechten Ruf sogenannter „Professorenflugzeuge"[7].

Junkers und sein im Umgehen mit den hoch kontingenten, offenbar algorithmus-resistenten praktischen Problemen des Fliegens kaum erfahrenes Team musste typischerweise diese Erfahrungen machen. Die ersten, aus Stahlrohren gebauten und mit Eisenblech beplankten Maschinen, beginnend mit der J1 von 1915, waren zu schwer, und hatten problematische Manövriereigenschaften. Fokker stellte nach dem ersten Flug mit einer Junkersmaschine fest: „His single seater, tricky and unmanageable, was a highly dangerous flying machine until certain alterations were made under my direction."[8] Um gefährliche Eigenschaften zu vermeiden, mussten die Konstrukteure genau wissen, was sie entworfen hatten und wie sich diese Maschinen tatsächlich in der Luft oder beim Landen verhielten. Tony Fokker konnte das; letztlich war er sein eigener Testpilot.

Die Kontexte der „Zwangsehe" Fokker-Junkers

Die Zwangsehe der beiden Firmen und damit der beiden Protagonisten war eine kriegswirtschaftliche und kriegstechnologische Reaktion auf einen hohen Problemdruck, nämlich die im dritten Kriegsjahr zunehmende Materialüberlegenheit der Alliierten und die eigene Knappheit des „Menschenmaterials". Die deutschen Militärplaner – ab August 1916 die 3. Oberste Heeresleitung (OHL), geleitet von Paul von Hindenburg und Erich

5 Zit. nach Peter Supf, Das Buch der deutschen Fluggeschichte II. Berlin-Grunewald 1935, S. 596.
6 Siehe Heinz J. Nowarra, Die Flugzeuge des Alexander Baumann. Ein Stück vergessene deutsche Luftfahrtgeschichte. Friedberg 1983.
7 Peter Supf, Fluggeschichte, S. 177.
8 Anthony Fokker / Bruce Gould, Flying Dutchman. The Life of Anthony Fokker. New York 1931, S. 155.

Ludendorff – antworteten mit einer Initiative zur Steigerung der Rüstungsproduktion, dem „Hindenburgprogramm“. Nicht nur der Ausstoß der Waffen und Militärgüter sollte gesteigert werden, sondern auch das innovative Potenzial und die Qualität, mit dem konkreten Ziel einer erhöhten militärische Effizienz. Angesichts der schwindenden Reserven des „Menschenmaterials“ im dritten Kriegsjahr sollte der Technik, den Waffensystemen, die höchste Priorität eingeräumt werden. Die infanteristischen Massenangriffe sollten durch kooperierende, gut mit Waffen ausgestattete Gruppenangriffe durch „Sturm-“ oder „Stoßtrupps“ abgelöst werden. Dabei sollten Infanterie- oder Schlachtflugzeuge die dritte Dimension solcher neuartigen Angriffsformen bilden und mit Maschinengewehren und Handgranaten aus niedriger Höhe direkt mitkämpfen.[9] Das erforderte resiliente, beschussfeste Maschinen, die aber keine besonders hohe Geschwindigkeit oder Steigleistungen haben mussten. Einen solchen Typ versprach Junkers zu liefern. Die Inspektion der Flieger (Idflieg) vergab an Junkers’ Forschungsanstalt einen Entwicklungsauftrag für ein zweisitziges Tiefangriffsflugzeug, und bestellte drei Prototypen. Daraus entstand die schon erwähnte J4, die „Panzertante“. Es war ein schwerer Eineinhalbdecker aus Blech mit Nickelstahlwanne, aber immer noch stoffbespanntem hinteren Stahlrohrrumpf, ein robustes Flugzeug mit hohem Wirkungspotenzial als Schlachtflieger.

In diesem neuen waffentechnisch dominierten Konzept der OHL bekam somit der Flugzeugbau eine hohe Priorität. Tatsächlich hatten sie im „Amerikaprogramm“, das 1917, vor dem Kriegseintritt der USA, das „Hindenburgprogramm“ ergänzte, in der Dringlichkeitsliste der OHL nach U-Booten den zweiten Platz.[10] Der Neuansatz der Luftrüstung sollte von Major Felix Wagenführ, bei der Idflieg für die Produktionsplanung zuständig, durchgesetzt werden. Die Idflieg legte Wert auf eine innovative Weiterentwicklung der Flugzeugzellen selbst. Denn der Motorenbau befand sich 1916/17 schon in einem beträchtlichen, schwer aufholbaren Rückstand gegenüber dem der Ententefabriken, und zwar in den Leistungsparametern wie auch in den Stückzahlen. Die Organisatoren der Fliegertruppe strebten nach einem „in jeder Richtung überlegenen Flugzeuggerät“.[11] Eine Suche nach qualitativem Vorsprung im Zellenbau und einem hohen Bautempo war daher von größter Bedeutung. Das war für die Kriegsanstrengungen des Reiches im Luftkrieg essentiell. Bessere, überlegene Flugzeuge zur Kompensation weniger, unterlegener Motoren: So könnte man die Rüstungspolitik ab Ende 1916 charakterisieren. Dazu sollten neue Organisationsformen, wie etwa Firmenkooperationen oder Entwicklungs- und Produktionsringe, entwickelt werden, Patente getauscht und Lizenzbauten erfolgreicher Maschinen ohne Rücksicht auf Firmenegoismen vergeben werden.

9 Siehe Kurt Möser, Schlachtflieger 1918 – ein technisches Waffensystem im Kontext. In: Technikgeschichte 77 (2010), H. 3, S. 185–230.

10 Vgl. Erich Ludendorff, Urkunden der Obersten Heeresleitung über ihre Tätigkeit 1916/18. Berlin (3) 1922, S. 168.

11 Ernst v. Hoeppner, Deutschlands Krieg in der Luft. Ein Rückblick auf die Entwicklung und die Leistungen unserer Heeres-Luftstreitkräfte im Weltkriege. Leipzig 1921, S. 143.

Erwartungen und Ergebnisse

Das war also der Rahmen: Junkers hatte eine innovative, für die neuen taktischen Angriffsverfahren optimierte Tiefangriffsmaschine anzubieten, hatte aber kaum Erfahrung in der Serienfertigung. Die Kooperation zwischen Fokker und Junkers versprach eine Kombination aus zwei Stärken. Fokker: das war der erfolgreiche Erfinder des Jagdflugzeugs, der Architekt von Deutschlands Luftüberlegenheit, der genialische, intuitive, junge Pilot-Konstrukteur, dessen Maschinen das Produkt von außerakademischer Erfahrung und Improvisation waren, und die dazu noch schnell und vermeintlich unaufwendig mit dem Einsatz angelernter Arbeitskräfte – oft Frauen, Kriegsbeschädigte oder ältere Arbeiter anderer Branchen – hergestellt werden sollten. Doch ihm schien Methodik, Wissenschaftlichkeit, Konstruktionsrationalität zu fehlen. Hingegen Junkers: Das war der ältere, universitätsnahe, methodisch vorgehende Quereinsteiger in die Fliegerei, der durch die Anwendung von Forschungsergebnissen zur Aerodynamik und ingenieurmäßigem Herangehen an Konstruktions- und Material die Flugzeugkonstruktion revolutionieren wollte. Doch Junkers und seinen Ingenieuren schienen Baupraxis und Erfahrung mit der Optimierung von Flugeigenschaften zu fehlen, gerade auch bei den innovativen Metallflugzeugen wie der J4. Der Dessauer Industrielle hatte zwar Erfahrung mit der industriellen Verwendung von dünnen Blechen, aber der Transfer in den Flugzeugbau erwies sich als nicht einfach.

Das Zusammenspannen von Fokker und Junkers machte aus der Perspektive der Idflieg kriegsökonomisch, waffentechnisch und flugzeugindustriell Sinn: Der Flieger und der flugferne Grundlagenforscher sollten eine Verbindung von Pragmatik und Flugwissenschaft eingehen. Das wissenschaftlichste Konstruktionsbüro sollte mit dem intuitivsten Konstrukteur kombiniert werden. Eine Kombination der jeweiligen Stärken und eine Kompensation der jeweiligen Schwächen schien möglich, um das Ziel, eine neue Generation überlegener und rasch produzierbarer Flugzeugmuster, zu erreichen.[12] Von Fokker wurde erwartet, die Produktion von Junkers in Dessau in Gang zu bringen und die Fabrik nach neuen Prinzipen rationeller Betriebsführung zu reorganisieren[13] und das knapper werdende „Menschenmaterial“ optimal einzusetzen. Er sollte seine Erfahrung bei der Fertigung von hohen Stückzahlen einbringen. Dazu gehörte eben auch eine „Entfeinerung“ seiner komplexen und zeitaufwendig zu bauenden Typen. Wagenführs Vorstellung war es, die vereinfachte Produktion von Junkers' Metallflugzeugen von Dessau in die nicht ausgelastete Fokker-Fabrik nach Schwerin zu verlagern.[14]

Das entsprach aber weder den Intentionen von Junkers noch denen von Fokker. Wenn man den Quellen zum Verlauf der Verhandlungen vom ersten Treffen im Dezember 1916

---

12 Vgl. Richard Blunck, Hugo Junkers. Ein Leben für Technik und Luftfahrt. Düsseldorf, 56.–58. Tsd. 1951, S. 104f.

13 Siehe Fritz Ellyson, Die Organisation von Flugzeugfabriken im Lichte moderner Arbeitsprinzipien. In: Flugsport 8 (1916), S. 310–317.

14 Vgl. Marc Dierikx, Fokker, S. 39ff.

an folgt, wie dies Marc Dierikx tat, schienen beide Seiten von dieser Intention der Idflieg wenig zu halten. Sie hatten offenbar sehr unterschiedliche Vorstellungen: Junkers wollte offenbar allein von Fokkers persönlichen Fähigkeiten als Testpilot profitieren, der seinen Metallflugzeugen bessere Flugeigenschaften beibringen sollte; wohingegen Fokker an der revolutionären Cantilever-Tragflächenkonstruktion interessiert war, die er für seine eigenen Konstruktionen ausnützen wollte.[15] Mindestens für Fokker, wahrscheinlich auch für Junkers gab es anfangs als zusätzlichen Anreiz hohe Gewinnerwartungen. Immerhin investierte Fokker in die gemeinsame Firma, trotz seiner sonst notorischen Skepsis des Vermeidens fixer Anlagen für die Produktion, 1,5 Millionen Mark in das neue gemeinsame Unternehmen.[16] Dass diese Planung ebenso wenig aufging wie die Gewinnerwartungen, konträr zu dem, was die deutschen Rüstungsmilitärs wollten, hatte eine Reihe von Ursachen, die verschiedene Felder umfassten, darunter nicht zuletzt die Haltung zur Fertigung.

Zwei Baustile von Flugzeugen

Fokker hielt bis in die 1930er Jahre an seiner Gemischtbauweise fest: Er baute stoffbespannte Rümpfe aus geschweißten dünnwandigen Stahlrohren, dazu Tragflächenrippen und Holme aus Holz, die mit dünnen Furnierschichten beplankt wurden. Die naheliegende Opposition von Junkers' hochtechnologisch scheinendem Ganzmetallbau und Fokkers dagegen „altmodisch" wirkender Gemischtbauweise mit Stoffbespannung ist jedoch nicht korrekt. Denn Fokker führte einige Innovationen im Alten ein, die nicht trivial waren: Geschweißte Stahlrohr-Rumpfgitter waren sehr leicht, stabil, reparaturfreundlich – so sehr, dass sie bis in die 1960er Jahre die Technik der Wahl für Rennwagenkarosserien blieben. Auch seine Holztragflächen waren durchaus innovativ, nicht nur durch seinen Technologietransfer des dicken Profils von der Metall- in die Holzbauweise und die verspannungslose, selbsttragende Auslegung, sondern auch durch den Gebrauch von verleimten Furnierschichten für Holme und Tragflächenbeplankungen. Solche Sperrholzverfahren waren im Weltkrieg innovativ und kamen ohne knappe Rohstoffe aus, wie etwa Aluminiumbleche, die Junkers zunehmend benutzte, um Gewicht zu sparen.

Fokker wie Junkers entwarfen und konzipierten ihre Flugzeuge selbstverständlich nicht allein, sondern hatten ein Team von Mitarbeitern bei sich, wobei – ein quellenbestimmtes typisches Problem in der Technikgeschichte – die Rollen und die Anteile der Gruppenmitglieder durchwegs nicht einfach bestimmbar sind. Die Zusammensetzung der beiden Teams war bezeichnend: Der Chefkonstrukteur von Junkers war Otto Mader, ein habilitierter Kollege an der TH Aachen, der zusammen mit Hans Reißner, ebenfalls habilitierter Privatdozent, die Metallflugzeuge durchkonstruierte.

---

15 Vgl. Marc Dierikx, Fokker, S. 40.

16 „I had found it necessary to withdraw from a partnership which cost me 1,500,000 marks and many periods of fruitless argument", Anthony Fokker / Bruce Gould, Flying Dutchman, S. 156.

Kontrastiv zu diesem Professorenteam waren es im Fall von Fokker Pragmatiker und unakademische Handwerker. Nach dem Tod von Martin Kreutzer im Juni 1916 nach einem Unfall mit einer Fokker DII entwarfen der Schweißer und Schlosser Reinhold Platz mit dem ebenfalls aus dem Handwerk kommenden Ingenieur Franz Möser die Fokker-Maschinen. Am Anfang standen oft vage Skizzen; Konstruktionszeichnungen entstanden nach der Vermessung der Prototypen und wurden oft erst dann angefertigt, wenn die Baumuster bei lizenznehmenden Fabriken gefertigt wurden. Man kann sich kaum einen größeren Kontrast denken als dem zwischen der Aachener Wissenschaftlergruppe um Junkers, die fliegerisch problematische Flugzeuge hervorbrachte, und den volksschulgebildeten Praktikern um Fokker, die erfolgreiche Maschinen entwarfen.

Eine Bewertung der Bauverfahren und der Entwurfsmethoden der beiden Protagonisten ist also nicht leicht, zumal in eine kühle technische Beurteilung von Bauauslegungen und „Stilen“ im Flugzeugbau vielfältige, teilweise einander widersprechende Kriterien eingehen, die Produktion und Nutzung betreffen. Das waren etwa die Personal- und Materialkosten für Herstellung und Reparatur, die Lebensdauer, die Tauglichkeit für belastende Flugmanöver, die Reparierbarkeit unter Kriegsbedingungen, die erforderlichen Werkzeuge und Vorrichtungen, die Verfügbarkeit knapper Baumaterialien – wie Nickelstahl, Aluminium, Holzleim und viele mehr –, die notwendigen Fähigkeiten der Arbeiter, die Infrastrukturerfordernisse wie Schutzbauten im Feld, die Wetterfestigkeit oder Resistenz gegen Absturzschäden, der Resilienz bei Beschuss. Bei einer Abschätzung der komplexen Bau- und Nutzungsmatrix und der „total cost of ownership“ während eines Flugzeuglebens schnitt die altmodisch scheinende Gemischtbauweise gar nicht schlechter ab als der Ganzmetallbau.[17]

Doch solche Beurteilungskataloge sind selten nur technisch-rational bestimmt. Baumaterialien und Bauverfahren von Flugzeugen wurden, typisch für eine technische Umbruchsituation und in Konflikten konkurrierender Technologien, immer auch kulturell bewertet, gezielt valorisiert und verortet. Hier punktete Junkers’ Unternehmen durch seine aufwendige und geschickte Selbstvermarktung. Es projizierte eine emphatische Modernität auf verschiedene Weise: Man stellte Kriterien heraus, die für Luftfahrzeuge der Kriegszeit wie auch der 1920er Jahre nicht im Mittelpunkt standen; man assoziierte sich mit der Modernebewegung des Bauhauses; man setzte gezielt Medien ein, von Firmenzeitschriften im Stil der Kunstrevolution und der Neuen Sachlichkeit, und vor allem durch Berichte in den damals neuen Medium der illustrierten Zeitschriften.[18] Flugzeugfirmen nutzten generell die Presse, um der Öffentlichkeit Pionierflüge, neue Baumuster und neue Fabriken zu präsentieren. Obwohl Junkers dabei eine Ausnahmestellung einnahm, kam dies der

17 Siehe Philipp Hassinger, Zwischen Evolution und Revolution. Der Werkstoffwandel im Flugzeugbau. Karlsruhe 2013.

18 Siehe Detlev Siegfried, Der Fliegerblick. Intellektuelle, Radikalismus und Flugzeugproduktion bei Junkers 1914–1934. Berlin 2001 (= Politik- u. Gesellschaftsgeschichte 58); Helmut Erfurth, Im Rhythmus der Zeit. Hugo Junkers und die Zwanziger Jahre. Dessau 1994.

Luftfahrt, die nach dem Krieg in allen Staaten noch um ihre Anerkennung als sicheres Transportmittel kämpfen musste, generell zugute.

Zwei Produktionskonzepte

Fokker war in den meisten Kriterien ein Gegenpol zu Junkers: in der Entwurfsweise, der Nutzung von Forschung, der Baumaterialien, der Konstruktionsphilosophie, der Produktionsweise, und nicht zuletzt im Unternehmerstil und dem Temperament. Junkers' methodisches Herangehen limitierte die Zahl seiner abgelieferten Maschinen. Tatsächlich mussten für die neue Metallbauweise erst einmal Verfahren, Werkzeuge, Vorrichtungen und Praktiken entwickelt werden, die wohl erst bei höheren Stückzahlen Rationalisierungsgewinne erzielt hätten, die aber die Produktionsweise dann eben auch unflexibel machten. All diese Investitionen mussten sinnvollerweise über eine große Serie abgeschrieben werden. Dieses Dilemma war nicht einfach zu umgehen. Erst als bewährte Muster in erheblichen Stückzahlen hergestellt werden konnten, rechnete sich Junkers' Herangehensweise. Das war vor 1918 noch nicht der Fall. Die Baumuster waren nicht ausgereift, und damit konnten auch keine größeren Serien aufgelegt werden. Vom meistgebauten Junkers-Typ, der J4, waren es gerade einmal 227 Stück in den Jahren 1917/18, von denen wahrscheinlich nur die Hälfte an die Front kam.

Fokker dagegen ging bei der Fertigung sehr viel pragmatischer und improvisierter vor. Fokker war sicher kein Pionier der Rationalisierung, wenn man darunter Arbeitsteilung, Taktung, Mechanisierung versteht. Aber er baute sehr schnell und billig, was seine Gewinne stark erhöhte. Sein Output an Maschinen war so hoch, dass er die Idflieg stark beeindruckte. Die Flugzeuge hatten so schnell wie möglich die Werkshallen zu verlassen. Statt in Gebäude und Anlagen zu investieren, statt Bauvorrichtungen vorzusehen, effizientere arbeitssparende Methoden einzuführen oder seine Fabriken zu mechanisieren und mit Maschinen auszustatten, stellte er einfach mehr Kräfte ein.[19] Unter Kriegsbedingungen waren das, wie schon gesagt, meistens Frauen und ungelernte Arbeiter, die mit der relativ einfachen Konstruktionsweise insbesondere der Holztragflächen zurechtkamen, generell aber wenig Erfahrung besaßen. Konkret sah dies so aus, dass Rippen auf Werkbänken vorgefertigt und Tragflächen auf Böcken montiert wurden.

Es scheint, als habe Fokker dem kriegsbedingten Boom, der exorbitanten Nachfrage der deutschen Fliegertruppe nach Flugzeugen, nicht so recht getraut. Tatsächlich hatte er, als das Kriegsende kam, offenbar vorgesorgt. Der halblegale, raffinierte Transfer seiner Unternehmung und vieler schon fertiger Flugzeuge in sein Heimatland ging verblüffend reibungslos vonstatten. Durch seine einfachen Bauprozesse konnte er rasch in den Niederlanden weiter machen.

---

19 Siehe Marc Dierikx, Fokker; Henri Hegener, Fokker – the Man and the Aircraft. Letchworth 1961.

Nach diesem von Fokker praktizierten Muster einer nicht wirklich „rationalisierten", gleichwohl beschleunigten seriellen Produktionsweise sollten die Dessauer Junkerswerke endlich ihre Ablieferungszahlen erhöhen lernen. Der hohe, durch eine Art „atmende Fabrik" auch flexible Ausstoß, bei dem rasch neue Baumuster in die Serie überführt werden konnten, verschaffte Fokker, wie erwähnt, eine große Sympathie der Idflieg, aber diese Produktionsweise hatte gerade im Krieg einen Preis: Eine wenig qualifizierte Arbeiterschaft ohne Solidarität für das Unternehmen und der geringe Maschinisierungsgrad sowie mangelnde Qualitätskontrollen führten zu einer oft schlampigen Bauausführung. Schlechte Materialien, wie zu frisches Holz, Rohre aus untauglichen Stahllegierungen oder wasserempfindlicher Leim, kamen hinzu, um Fokkers Flugzeuge absturzträchtig und gefährlich zu machen. Bei seinem vor Kriegsende letzten Jagdflugzeugtyp, dem Eindecker EVIII – auch als DV designiert – kam zu den Defiziten in der Bauausführung auch ein Mangel in der Konstruktion dazu, bei dem offenbar die Auftriebskräfte und die Lage des Hauptholms nicht harmonierten. Tragflächenbrüche kamen aus aggregierten Ursachen zustande, aus zu schwacher Dimensionierung der Bauteile, zusammengebaut aus nicht abgelagertem Holz, aus fehlendem Holzschutz der Holme, wodurch die Bauteile im feuchten Klima der Westfront rotteten oder der schlechte Kriegsleim sich auflöste. Für den methodisch arbeitenden, forschenden Junkers musste all dies abschreckend wirken.

Kooperationsprofite

Fokker war offenbar mehr daran interessiert, Junkers' Forschungsarbeiten kennenzulernen und dann selbst pragmatisch umzusetzen. Es waren vor allem zwei Konzepte, die Fokker interessierten: das dicke Tragflügelprofil, und das Patent 313692 für ein „Eindecker-Flugzeug mit selbsttragenden Flügeln" von 1918.[20] Beide Innovationen hingen zusammen: Das dicke Profil, das einen Paradigmenwechsel gegenüber den bisher verwendeten, nur scheinbar widerstandärmeren dünnen Profilen darstellte, machte Platz für einen tragfähigen Holm von großem Querschnitt. Dieser wiederum war die Bedingung für die Möglichkeit von unverspannten „Cantilever"-Flächen. Seit dem berühmten Dreidecker von Ende 1916 hatten dann seine Maschinen hölzerne, selbsttragende Tragflächen, die rasch baubar waren und überraschend stabil, ohne alle Verstrebungen.

Fokker und sein Konstrukteur Franz Möser imitierten aber diese Forschungsergebnisse nicht einfach, sondern passten sie an die spezifische Konstruktionsweise an, den Holzbau.[21] Die Rückübersetzung des innovativen Junkers'schen selbsttragenden Metallflügels mit dickem Profil in die längst etablierte Holzbauweise, mit Holzkastenholm und -rippen

---

20 Helmut Erfurth, Rhythmus, S. 12. Wie weit Fokker tatsächlich auf Junkers' Patent zurückgriff, ist nicht unumstritten. Fokkers Konstrukteur Platz hat dies ein Märchen genannt, obwohl Fokker in seiner Autobiographie selbst auf die Nutzung hinweist. Hegener hat auf den konstruktiven Einfluss eines Flugzeugs von Leon Levavasseur von 1911 hingewiesen. Zur Kontroverse siehe Henri Hegener, Fokker, S. 33.

21 Vgl. Marc Dierikx, Fokker, S. 42.

und Sperrholzbeplankung, war eine durchaus kreative und ebenfalls innovative Rückübertragung vom Neuen ins Alte. Dies war eine Form des reversen Technologietransfers, wie er in der Geschichte der Technik oft genug passierte, aber eher selten gewürdigt und analysiert wird.[22]

Junkers hingegen war – außer an den pragmatischen Urteilen nach dem Einfliegen seiner Konstruktionen durch Fokker – kaum an einer konkreten Kooperation interessiert. Die Vorschläge des Niederländers, durch eine konventionelle Bespannung der Steuerflächen und anderer Zellenteile die Produktion der innovativen Junkers J9 in Tiefdeckerauslegung, dem Nachfolgemuster der J4, zu vereinfachen und die Maschinen leichter zu machen, erschienen ihm als kompromisslerisch; sie wurden nicht umgesetzt.[23] Junkers vermied jede Aufweichung seiner puristischen Bauprinzipien durch den Niederländer. Der wiederum urteilte hart über den mangelnden Pragmatismus seines Partners:

> „Professor Junkers is one of the pioneers in airplane construction. His theories have frequently been in advance of his time, but he has not always been able to adapt his laboratory experiments to the practical ends of the moment. [...] Junkers was too theoretical, in my opinion, at a time when practice was so much more important than theory."[24]

Unzufrieden waren letztlich beide Akteure auch mit dem finanziellen Ergebnis der forcierten Kooperation. Fokker gab an, 1,5 Millionen Mark verloren zu haben, als er sich schließlich zurückzog. Auch Junkers – so zumindest sein Biograph Blunck – verlor offenbar durch die gemeinsame Firma viel Geld. Außer einem rudimentären Respekt der beiden Akteure füreinander blieb offenbar nur Enttäuschung. Die Gewinnerwartungen der beiden Rüstungsproduzenten blieben ebenso aus wie die von der Kriegsplanungswirtschaft erhofften wechselseitigen Befruchtungen. Die beiden Akteure passten überhaupt nicht zusammen und waren offenbar auch unter kriegswirtschaftlichen Bedingungen nicht zusammen zu zwingen.

Flugzeugästhetik

Die Ganzmetallmaschinen – despektierlich auch „Blechflugzeuge" genannt – erregten weltweit große Aufmerksamkeit als innovative Konstruktionen, aber auch als Ikonen einer neuen Flugzeugästhetik. Zusammen mit den beiden anderen Protagonisten des Metallflugzeugbaus, Adolf Rohrbach und Claude Dornier, war Junkers der Exponent einer

---

22 Siehe David Edgerton, The Shock of the Old. Technology and Global History since 1900. London 2006; Kurt Möser, Fortdauer und Wiederkehr des Alten in der Technik. In: Böhn, Andreas / Möser, Kurt (Hg.), Techniknostalgie und Retrotechnologie. Karlsruhe 2010 (= Karlsruher Studien Technik und Kultur 2), S. 17–39.

23 Fokker versuchte, Junkers dazu zu bringen, Teile aus Stahlrohren herzustellen. „[he] urged him to permit the rudder, elevator, and ailerons to be fabric-covered to facilitate manufacture. He refused to give up his all-metal construction for the sake of wartime expediency", Anthony Fokker, Flying Dutchman, S. 155.

24 Anthony Fokker, Flying Dutchman, S. 155.

im Krieg sich entwickelnden „deutschen Schule“ des Flugzeugbaus, die durch das Material Metall, durch Bauprinzipien wie freitragende Flächen, durch eine oft mittragende Außenhaut, und durch eine spezifische Auslegung – Eindecker ohne Verspannungen – gekennzeichnet war. Verspannte Doppeldecker wurden natürlich weiter gebaut, bekamen aber den Anschein ästhetisch-technischer Obsoleszenz.

Das war aber nur ein Pfad in die Gestaltungsmoderne des Flugzeugs. Die beginnende Stromlinienästhetik war natürlich prototypisch für die zwanziger Jahre, lag aber in gewisser Weise quer zur geometriebetonten Kultur und Ästhetik im Bauhausumfeld. Als emphatisch „modern“ konnten nämlich zwei unterschiedliche Auslegungen betrachtet und kommuniziert werden: Erstens die erwähnte winklige, auf geraden Linien und geometrischen Grundformen beruhende Gestaltung von technischen Artefakten, wie sie Junkers' Wellblechflugzeuge mit ihren selbsttragenden trapezförmigen Tragflächen oder Adolf Rohrbachs Maschinen mit ihren geradlinigen, rechtwinkligen, rechteckigen Grund- und Seitenrissen zeigen. Diese spezifische Ästhetik der neuen Metallflugzeuge entsprach der Faszination durch einfache Formen und klare Umrisse. Das war Bauhaus pur: Geometrie, neue industrielle Materialien und Fügeverfahren, Materialgerechtigkeit, Rekurs auf einfache Prinzipien und elementare Geometrie, „reduce to the max“.

Der zweite lange Trend einer emphatischen Moderne im Flugzeugbau äußerte sich aber etwas anders, nämlich in glatteren, weicheren, stromlinienförmigen Formen. Hier sind keineswegs geometrische Grundformen im Fokus, keine Angularität. Vor 1930 sind es zwar oft noch drahtverspannte Doppeldecker mit festem, nicht einziehbarem Fahrwerk. Aber die Rumpfrisse sind oft schon stromförmig, die Fahrwerke verkleidet, die Spanndrähte haben tropfenförmigen Querschnitt, der Pilotenkopf wird als Teil eines aufgesetzten Stromlinienkörpers verstanden. Der Vektor dieser gestalterisch immer noch hybriden Maschinen ist unverkennbar: hin zu geglätteten, simplen, konvexen Formen, ohne äußerlich angesetzte Teile, ohne Verspannungen. Dies führte dann schon vor 1930 zum Muster eines „slick chic“, einer glatten, windschlüpfrig wirkenden Ästhetik des Flugzeugs. Ausgeprägt wurde sie in manchen ikonischen Maschinen der späten 1930er Jahre: der Supermarine Spitfire oder der Heinkel 70.

Welche der beiden Flugzeugästhetiken der Zwischenkriegszeit war typischer, oder trendbestimmender: die winkligen, klar geometrischen Formen des fliegenden Bauhausdesigns, oder die glatten Formen der Stromlinie? Wenn wir nicht nur die Form betrachten, sondern auch die Materialien, dann wird die Frage verkompliziert. Metall, das sich zur winkligen Bauweise anbot, standen durchaus innovative Verfahren des Holzbaus gegenüber. Formverleimte Furnierschichten konnten, wie schon bei dem Deperdussin-Rennflugzeug von 1913 oder später bei der auch von Richthofen geflogenen Albatros DIII oder dem Roland „Walfisch“ demonstriert, wunderbar glatte Stromlinienkörper bilden. Mit Holzbauteilen konnten auch weiche Tragflächenrandbogen und Leitwerksformen erzielt werden. So wenig, wie die Modernität geometrischer Winkligkeit gegen die Modernität der Stromlinie ausgespielt werden kann, so wenig kann der Metallbau gegen Holz im

Flugzeugbau mit technischer Avantgarde punkten.[25] Es gibt gestalterisch und im Baumaterial verschiedene, jeweils als avantgardistisch vermittelbare Ästhetiken des Flugzeugbaus, in die Holz sich im Weltkrieg und danach gut einpasste.

Die Materialästhetik war also ambivalent. Waren Metallflugzeuge funktionsgerechter? Sicher, Holz und stoffbespannte Stahlrohrzellen waren witterungsabhängiger und weniger resilient bei „Brüchen". Doch auch der Baustoff Metall hatte ungelöste Probleme, wie unerkannte innere Korrosion, galvanische Ströme bei verschiedenen Metallen, oder nicht beherrschte, folgenreiche Bauschwierigkeiten, und nicht zuletzt einen höheren Gestehungspreis. Für beide Bauweisen gab es also Argumente und Gegenargumente. Doch Metallbau war in einer Hinsicht von Vorteil: er symbolisierte in stärkerem Maß Moderne und Fortschritt.

Die weitere Entwicklung der Produkte der beiden Protagonisten und ihre wirtschaftlichen Erfolge ergeben ebenfalls kein klares Bild – jedenfalls bis zum Ende der 1930er Jahre. Erst dann brachen Fokkers Verkäufe von Passagierflugzeugen ein; erst dann setzte sich der Ganzmetallbau von Flugzeugen durch; erst dann führten wissenschaftliche, mathematisch bestimmte Aerodynamik, Festigkeitslehre und algorithmenbasierte Konstruktionsberechnungen zu praxisgerechten Lösungen. Fokkers Gemischtbauweise und seine kaum verwissenschaftlichte Entwurfsweise kamen an ihre Grenzen. Als um 1930 nun tatsächlich die wissenschaftlichen Methoden der Aeronautik erfolgreicher und anwendungsorientierter wurden, konnte und wollte der Niederländer nicht folgen.

Dass die Flugzeuge durch betriebswirtschaftliche Erfordernisse immer größer wurden und mehr Passagiere befördern mussten, überforderte Fokkers Baumethoden ebenfalls.[26] Fokker stieß – zwar spät, dann aber dann umso härter – an die Grenzen seines Konstruktionsstils, seines Materialeinsatzes und seiner Flugzeugproduktion. Mitte der 1930er Jahre hatten sich Fokkers improvisierendes und intuitives Entwerfen und sein Konstruieren aus dem Bauch heraus überlebt. Der große Sprung zum aerodynamisch ausgefeilten, mit mathematischen Methoden durchkonstruierten Metallflugzeug und zu aufwendiger, hohe Investitionen erfordernder Bauweise machte ihm geschäftlich den Garaus. Konsequenterweise begann er in seinen letzten Lebensjahren eine Geschäftsverbindung zu amerikanischen Metallflugzeugproduzenten.[27] Die Bewertung scheint offen: War das ein später Triumph der akademischen, verwissenschaftlichten Aeronautik? Oder die tragische Geschichte eines technoromantischen Abenteurers, dessen intuitiver, improvisierender Konstruktionsstil nicht mehr mit der neuen Dynamik wissenschaftlich-technischen Fortschritts mithalten konnte?[28]

---

25 Siehe dazu Philipp Hassinger, Zwischen Evolution.
26 Siehe dazu auch Alfred R. Weyl, Fokker: The Creative Years. New York 1965.
27 Vgl. Marc Dierikx, Fokker, S. 183ff.
28 Siehe dazu Kurt Möser, Anthony Fokkers Improvisationen.

Soziale und ästhetische Konstruktionen des Fliegens nach 1918

Fliegen war in den 1920er Jahren mehrfach und durchaus inhomogen, ja widersprüchlich codiert[29]: Einmal stand Fliegen im langen Schatten der Kriegsfliegerei, wobei – der Kriegspropaganda folgend – die Jagdfliegerei einen außerordentlich hohen Stellenwert bekam. Der Jahrhundertbestseller „Der Rote Kampfflieger“ von 1917 wurde weiter aufgelegt und gelesen. Die Fliegerhelden wurden weiter gefeiert, und mit einem anderen Bestseller, „In der Luft unbesiegt“, wurde die Dolchstoßlegende auch für den Luftkrieg aktiviert. Die Überführung der Gebeine Richthofens brachte dieser Erinnerung einen nochmaligen Schub. Und dieses erste Image – der wagemutige, ritterliche, auch sportliche Kriegsflieger – wurde auf vielfältige Weise ausgenutzt. Der Vektor des Krieges war in der Luftfahrtkultur der Zwischenkriegszeit stets präsent – und nicht nur in der Weimarer Republik. Denn auch in anderen Nachkriegsgesellschaften entstand eine Kultur der Flugartistik, der Vorführung waghalsiger Flugmanöver, des „Himmelsschreibens“ mit Rauchgeneratoren für Werbezwecke, des Unterfliegens von Brücken, des Tragflächenlaufens.[30] Der ehemalige Jagdflieger Ernst Udet beispielsweise führte, anfangs mit alten Jagdmaschinen, später mit nachgebauten oder den Jagdflugzeugen nachempfundenen Kunstflugmaschinen wagemutige Kunststücke aus. Bei den Luftschauen wurden oft Scheinkämpfe ausgetragen, die die Luftschlachten und Kurvenkämpfe der letzten Kriegsjahre nachstellten. Gerade in der Person Udets ist eine Kontinuität von militärischem „Flieger-As“ und zivilem Kunstflieger – und auch Flugzeugkonstrukteur – erkennbar.

Dieser sozialen Konstruktion des Fliegers als risikofreudigem, wagemutigem Held stand ein zweiter, anders gearteter Typ zur Seite: der Flugpionier. Auch er war wagemutig, aber dies in kontrollierterer, eher berechnender und transindividueller Weise. Er „bezwang“ durch sorgfältig geplante, wohl vorbereitete, gleichwohl riskante Langstreckenflüge Ozeane, Bergketten und Kontinente und erschloss damit künftige Passagier-Flugrouten. Diese Pionierflüge fanden meistens unter großer medialer Anteilnahme statt. Selten waren es Leistungen Einzelner, wie die des Ozeanfliegers Charles Lindbergh; solche Flüge wurden meistens im Team erzielt. Die Besatzungen waren arbeitsteilig organisiert. Dabei erinnerten diese Langstreckenleistungen eher an die „Arbeitsflieger“ des Weltkrieges, die Fernaufklärer, Artilleriebeobachter und Großbomber. Tatsächlich wurden anfangs Pionierflüge mit umgebauten Weltkriegsbombern bestritten.

Die dritte soziale Konstruktion des Fliegens, deutlich von den beiden eher als abenteuerlich codierten Arten abweichend, strebte nach einer neuen Normalität. Der beginnende Luftverkehr wollte gerade nicht als abenteuerlich gesehen werden, sondern als ein Transportsektor neben den bestehenden. Betont wurden die Sicherheit und Bequemlichkeit dieser neuen Art des Reisens, das als zeitgemäß und insbesondere modern gelten sollte. Flugzeuge mit geschlossenen, bequemen Kabinen und mit neuester Instrumententechnik, die

29 Das Folgende basiert auf Kurt Möser, Fahren und Fliegen in Frieden und Krieg. Kulturen individueller Mobilitätsmaschinen 1880–1930. Heidelberg u.a. 2009 (= Technik und Arbeit 13).

30 Siehe dazu Paul O'Neill, Flugakrobaten und Rekordjäger. Amsterdam 1981, S. 2–46.

nach fixen Fahrplänen regelmäßige Routen bedienten, sollten ein Bild kommunizieren, das das Fliegen in den Kontext normalen, unspektakulären Reisens integrierte. Hier störte jede Erinnerung an Kämpfe, Abstürze, Abschüsse, Wagemut und Abenteuer den Anspruch von Sicherheit und Alltäglichkeit.

Das modernisierende Image der Fliegerei nach 1920 hatte also retrospektive und zukunftsorientierte Komponenten. Retrospektiv, gleichwohl technikakzeptanzfördernd war die Erinnerung an die heroische Kriegszeit der Fliegerei; in die Zukunft wies hingegen die Möglichkeit eines regulären, unspektakulären, sicheren Luftverkehrs. Festzuhalten bleibt, dass alle sozialen und kulturellen Vektoren – Abenteuerlichkeit, Entdeckerfreude, Wagemut, Normalität, Zuverlässigkeit – die Akzeptanz der Luftfahrt steigern konnten.

Allerdings war manchen Zeitgenossen schon klar, dass Sicherheitsansprüche und konkrete Erfahrungen auseinanderklaffen konnten. Bertold Brecht thematisierte dies in seiner Erzählung „Müllers natürliche Haltung“ von 1926.[31] Der Erzähler will mit Müller ein Geschäft machen und fliegt mit ihm von Berlin nach Köln in einem „dieser hübschen stählernen Dinger, das heißt, eigentlich sind sie ja aus Blech“. Während der Erzähler den Flug genießt, zeigt sein Bekannter Angst, obgleich er Stoßtruppsoldat im Krieg war, und erzählt dann von den Flugerfahrungen eines Bekannten, wobei die Erfahrung eines typischen Schlechtwetterfluges der Zeit aufgerufen wird. Brechts Geschichte endet damit, dass Müller das geplante Geschäft mit dem Icherzähler platzen lässt. Anlass ist seine bedenkenlose Haltung beim Flug: „Du hast dich doch benommen wie ein Narr [...]. Ein Mensch, der in ihm unbekannten Situationen nicht die natürliche Haltung einnimmt, die in diesem Fall Besorgnis auszudrücken hat, der beweist dadurch nur, dass er keinen Instinkt hat.“ In Brechts Geschichte geht es um einen Fluggast, der die Transformation der Luftfahrt zum Verkehrsmittel, die von der beginnenden Lufttransportindustrie proklamiert wurde, nicht akzeptierte, und der Fliegen weiterhin unter dem Muster der Abenteuer- und Gefahrorientierung wahrnahm. Alle Versuche der Reduktion auf die Funktion und der Uminterpretation des Fliegens zum Verkehrsmittel in den 1920er Jahren wurden dadurch erschwert, dass Fliegen in anderen, eher abenteuerlich codierten Teilkulturen verankert blieb, die widersprüchliche Muster bedienten.

Den drei kulturellen Konstruktionen des Fliegens entsprachen drei typische Auslegungen von Flugzeugen und drei Formen des Habitus der Piloten und Besatzungen. Im ersten Fall war es die Auslegung des Kunstflug-Doppeldeckers. Dies ist ein weiterentwickeltes Jagdflugzeug, dessen einzelner Pilot die Kleidung und die Haltung des schneidigen Kriegsfliegers annahm – und tatsächlich war der Kunstflieger dies auch in der Regel gewesen. Das Pionierflugzeug war, wie gesagt, anfangs oft ein umgebautes mehrmotoriges Bombenflugzeug, oft auch ein Langstreckenflugboot. Die Besatzung demonstrierte dies oft durch ihren Habitus als Team, auch in der Kleidung.

---

31 Bertolt Brecht, Müllers natürliche Haltung. Gesammelte Werke 11, Prosa 1. Zürich 1976, S. 145–152.

Das moderne Verkehrsflugzeug hingegen hatte eine bequeme, geschlossene Passagierkabine, auch wenn, bis zur Vervollständigung und Verbreitung der Instrumentation für den Blindflug, die Piloten immer noch im Freien sitzen und entsprechend gekleidet sein mussten, bis schließlich auch die Piloten in geschlossenen Cockpits arbeiteten. Prototypisch hierfür waren mehrsitzige Passagiermaschinen, deren Piloten kaum mehr das Jagdflieger-Image mit weißen Schals und Lederjacken pflegten, sondern sich an eleganten Marineuniformen orientierten. Am Ende der Dekade demonstrierten mitfliegende Stewardessen die neue Normalität. Spektakuläre Schauflüge und abenteuerliche Pionierflüge gegen deklariertes Selbstverständlich-Werden, Zuverlässigkeit und Transportnormalität: dies waren die konträren, aber komplementären Bilder in der Öffentlichkeit und den Medien.

Zur Illustration mag ein Zeitungsbericht von einem Flugtag in Mannheim 1924 dienen:

> „Von den beiden Junkersmaschinen mit ihren schönen gedeckten Kabinen, die sechs Fahrgästen bequem Platz gewähren, war immer eine unterwegs. Ihr An- und Abschweben vollzog sich ungemein sicher und leicht. Man hat in ihnen das Gefühl, als fahre man in einem großen Auto. Viele Passagiere, die etwas mehr Nervenkitzel suchten, entschieden sich für den kleineren Dietrich-Typ, der ein so ungemein wendiges Ding ist."[32]

Dies zeigt eine Gemeinsamkeit zwischen dem Verkehrsflieger- und dem Abenteuermuster: Alle drei sozialen Konstruktionen zielten aber auf Flugfaszination. So sagte Ernst Udet: „Das Wohl der deutschen Fliegerei hängt davon ab, inwieweit wir die große Masse in den Bann des Fliegens ziehen können."[33]

Junkers und Fokker nach 1918

Wie fügten sich nun Junkers und Fokker in dieses komplexe und heterogene Bild des Fliegens? Die beiden sehr abweichenden Stile, Prinzipien und Bauphilosophien von Junkers und Fokker setzten sich in der Weimarer Republik fort. Im Fall von Junkers' Flugzeugen und deren Image ist diese Frage recht leicht zu beantworten: Als die Firma 1919 ihre ikonische F13, einen Tiefdecker in Ganzmetallbauweise mit geschlossener Passagierkabine, der auf der Kriegsmaschine J10 beruhte, auf den Markt brachte, setzte sie Standards für die Auslegung künftiger Verkehrsflugzeuge.[34] In diesem Flugzeug kulminierten die während des Krieges gewonnenen Bau- und Konstruktionserfahrungen. Junkers konnte aber auch kulturell damit Signale setzen, indem er sein Flugzeug als spezifisch modern, sicher und zeitgemäß positionierte. Dass seine Flugzeuge während des Krieges kaum öffentliche Aufmerksamkeit genossen hatten, war bei der Vermarktung als neues, sicheres, ziviles Verkehrsmittel von Vorteil. Der stilistische, kulturelle, anscheinend sogar technische Bruch mit der Kriegsfliegerei erleichterte die Umcodierung des

32 Richard Dietrich, Im Flug über ein halbes Jahrhundert. Gütersloh 1942, S. 231.

33 Ebd., S. 253.

34 Wolfgang Wagner, Die Junkers F13 und ihre Vorläufer. Vom „Blechesel" zum ersten Ganzmetall-Verkehrsflugzeug. Konstanz 1976.

Fliegens als zeitgemäße, modernste Mobilitätsform. Flankiert und betrieben wurde dies durch die Präsentation seines Unternehmens. Dessen bauhausgeprägte Corporate Identity und sein wirkkräftiger symbolischer Avantgardismus standen für die rationale, avancierte Seite der Flugkultur der 1920er Jahre. Nicht zuletzt durch die Patronage der Firma Junkers wurde Dessau zum Ort einer emphatischen fliegerkorrelierten Moderne, durch eine Symbiose von ästhetischer luftfahrtbezogener Modernisierungsfaszination.

Fokkers unbestreitbare Modernität der Fliegerkultur in dieser Dekade hatte eine andere Ausprägung und andere Komponenten. Nach seinem kühnen, aber halb illegalen Transfer von Flugzeugen und Maschinen nach den Niederlanden in den Wirren des Kriegsendes fertigte er Verkehrsflugzeuge nach den Bauprinzipien seiner Kriegsmaschinen. Fokker profitierte nach 1919 nach wie vor von seinem legendären Ruf der Kriegszeit und nutzte ihn zur Vermarktung seiner Produkte. Fokker baute in den 1920er Jahren etwa vier Mal so viele Militär- wie Zivilmaschinen. Die geheime Kooperation Deutschlands und der UdSSR im Flugerprobungszentrum Lipezk setzte anfangs auf Fokker-Jagdflugzeuge.[35] Allerdings schadeten Fokkers Militäraktivitäten seinen Aufträgen bei den ehemaligen Gegnern, wofür eine unangenehme Konfrontation bei einem Pariser Luftfahrtsalon symptomatisch war. Gestalterisch waren seine Flugzeuge kaum weniger repräsentativ für die Flugkultur der 1920er Jahre als die von Junkers, trotz der Beibehaltung des konventionelleren Bauverfahrens der Gemischtbauweise. Junkers' Unternehmen pflegte dagegen ein ziviles Image, mit dem Anspruch, die Passagierluftfahrt international zu positionieren und für eine friedliche Kooperation zwischen den Staaten einzutreten. Die eigens gegründete Luftverkehrsgesellschaft „Junkers Luftverkehr AG" stand für dieses Konzept. Dass auch Junkers' Fabrik schon in der Weimarer Republik in die geheime Aufrüstung der Reichswehr und in die getarnte Entwicklung einer Luftwaffe stark involviert war, steht auf einem anderen Blatt.

Ein Lehrstück

Was für prinzipiellere Aspekte können wir bei dieser Geschichte erkennen, die einen kleinen Ausschnitt aus den großen Feldern der spannenden und hochdynamischen Historie der Fliegerei und der Geschichte der militärischen Innovationen und der Produktion im „Großen Krieg" und danach darstellt? Es sind einige lehrreiche Aspekte erkennbar, etwa ein Lehrstück für die Nichtlinearität des technischen Fortschritts. Sicherlich baute Junkers stark zukunftsweisende Flugzeuge, aber die Konkurrenz älter scheinender Auslegungen war sehr lange erfolgreich. Fokkers Flugzeuge mögen weniger innovativ ausgelegt gewesen sein, aber sie waren mindestens bis zur Mitte der 1930er Jahre wirtschaftlich erfolgreicher als die zukunftsweisenderen von Junkers. Die lange Koexistenz von bestehenden Technologien mit innovativeren, der „Shock of the Old", ist erst mit David Edgerton in

35 Vgl. Heinz J. Nowarra, Die verbotenen Flugzeuge 1921–1935. Stuttgart 1980, S. 18, S. 100.

den Fokus der Technikgeschichtsschreibung gerückt. Wir haben es in der Luftfahrt zwischen der Endphase des Weltkrieges und dem Ende der 1930er Jahre mit einer langen Umbruchsituation zu tun. Eine frühe Verwissenschaftlichung, für die Junkers stand, brachte noch keinen unbezweifelbaren Fortschritt hervor. Erst am Ende dieser Phase entstand eine wirklich praxisrelevante Dominanz von wissenschaftlichen, materialtechnischen und fertigungstechnischen Ansätzen, die den endgültigen Übergang zum Metallflugzeug anschob. Bis dahin vermochte Fokker mit seinen eher pragmatischen, simpleren Bau- und Entwurfsprinzipien und seiner Gemischtbauweise recht gut mitzuhalten. Stabilität und Wandel von Technologien passieren oft langsam, nichtlinear und überlappen sich.

Diese kleine Fallstudie ist auch Lehrstück für verschiedene, sozusagen windschief zueinander stehende Vektoren in die Moderne. Sogar auf dem recht engen Feld der Flugzeugkonstruktion koexistieren sehr unterschiedliche Ästhetiken und auch Präsentationsstile durch Personen. Selten haben wir es mit nur einem Pfad der technischen Moderne zu tun.

Die drei sozialen Konstruktionen des Fliegens in der Weimarer Republik sind auch ein Lehrstück der Koexistenz von divergierenden sozialen und kulturellen Mustern, in denen eine Technologie sich erfolgreich positionieren kann. Selten oder nie geht es um Technologien allein, vielmehr spielen konstruierte und verschiedenartige Images, unterschiedliche Kulturen, politische Kontexte, Reaktionen und Haltungen der Öffentlichkeit eine Rolle, ebenso wie kollektive Erinnerungen und Erwartungen. In diesem Rahmen ist das Beispiel von Fokker und Junkers auch typisch für unterschiedliche Gestaltungs- und Materialästhetiken, die, gleichermaßen hoch valorisiert, nebeneinander existieren können und mit unterschiedlichen Haltungen gleichermaßen positiv bewertet werden können.

Die „Zwangsehe“ von Junkers und Fokker ist auch ein Lehrstück für die Probleme einer erzwungenen, planungsdominierten Form des Technologietransfers, die unter Kriegsbedingungen erfolgte, und auch für eine typische Kollision von Rüstungsaufträgen und Firmeninteressen. Bürokratische Planung kann hier als Misserfolgsgeschichte geschrieben werden. Lehrreich ist dann auch die Geschichte der Kooperation beider Protagonisten, indem sie Skepsis gegen allzu geplante Innovationspolitik „von oben“ nahelegt. Die Hoffnungen, eine neue Technologie behördlich geplant schnell produktionsreif und einsatzfähig zu machen, endeten in einer Enttäuschung. Auch die Erwartungen von Spin-offs und gegenseitigen Befruchtungen, von Synergieeffekten und geplanten Kooperationsgewinnen wurden in diesem Fall von der Wirklichkeit überrollt. Vielleicht ist dies beachtenswert auch für die Erfolgserwartungen der derzeitigen Euphorie von Innovationsplanungen.

Und schließlich ist dies ein Lehrstück, wie zwei Persönlichkeiten von sehr unterschiedlichem Temperament, sehr unterschiedlicher unternehmerischer „Moral“ und sehr unterschiedlichen Haltungen zum Konstruieren und zu Innovationsgenese doch eine hohe Kreativität mit zwei sehr unterschiedlichen Entwicklungsvektoren entfalteten. Beide konnten ihr Technologiefeld auf sehr unterschiedliche Weise entscheidend beeinflussen. Somit ist dies auch interessant für die Bewertung einer Relevanz von Personen in der Technikgeschichte. Sicher hat die moderne, sich hauptsächlich als Sozial- und Kulturgeschichte verstehende, re-konstruierte Technikgeschichte der letzten drei Jahrzehnte eher „anonyme Geschichte“ betrieben.[36] Aber wenn man Personen wie Junkers und Fokker nicht bloß, wie lange üblich, als verehrenswerte „große Männer“ der Technikgeschichte betrachtet, sondern als signifikante Protagonisten von Technikstilen und Technikpfaden, von jeweils interessanten Aushandlungsprozessen von Altem und Neuen in der Technik, dann kommt man zu einer Re-Evaluierung der Rolle von persönlichen Einflüssen und Richtungen in den jeweiligen Feldern. Technikstile und ihre gestalterischen Ausformungen sind nicht nur national, pfadbestimmt, ingenieurstraditionell und damit kollektiv geprägt, sondern eben auch durchaus individuell und damit von Idiosynkrasien geleitet.

Dies alles hat auch Elemente der Kontingenz. Manche Entwicklungen hätten auch ganz anders verlaufen können, bei ansonsten gleichen Rahmenbedingungen. Aber eine Kulturgeschichte der Technik muss mit Kontingenzen leben, sie verstehen und akzeptieren können. Die Technikgeschichte gerade solcher Umbruchzeiten ist eben nicht linear; und die Geschichten sind es ebenso wenig wie die möglichen Lektionen, die daraus gelernt werden können.

Literatur

Blunck, Richard, Hugo Junkers. Ein Leben für Technik und Luftfahrt. Düsseldorf, 56.-58. Tsd. 1951.

Brecht, Bertolt, Müllers natürliche Haltung. Gesammelte Werke 11, Prosa 1. Zürich 1976, S. 145–152.

Dierikx, Marc, Fokker – A Transatlantic Biography. Washington / London 1997.

Dietrich, Richard, Im Flug über ein halbes Jahrhundert. Gütersloh 1942.

Erfurth, Helmut, Im Rhythmus der Zeit. Hugo Junkers und die zwanziger Jahre. Dessau 1994.

Fokker, Anthony / Gould, Bruce, Flying Dutchman. The Life of Anthony Fokker. New York 1931.

Hassinger, Philipp, Zwischen Evolution und Revolution. Der Werkstoffwandel im Flugzeugbau. Karlsruhe 2013.

Hegener, Henri, Fokker – the Man and the Aircraft. Letchworth 1961.

Ludendorff, Erich, Urkunden der Obersten Heeresleitung über ihre Tätigkeit 1916/18. Berlin (3) 1922.

Martin, Robert E., Tony Fokker and the World War. In: Popular Science Monthly, Juni 1931, S. 24–26, S. 148.

Möser, Kurt, Anthony Fokkers Improvisationen. In: Ders., Neue Grauzonen der Technikgeschichte. Karlsruhe 2018.

Möser, Kurt, Fahren und Fliegen in Frieden und Krieg. Kulturen individueller Mobilitätsmaschinen 1880–1930. Heidelberg u.a. 2009 (= Technik und Arbeit 13).

---

36 Siehe Sigfried Giedion, Die Herrschaft der Mechanisierung. Ein Beitrag zur anonymen Geschichte. Bodenheim 1988.

Möser, Kurt, Fortdauer und Wiederkehr des Alten in der Technik. In: Böhn, Andreas / Möser, Kurt (Hg.), Techniknostalgie und Retrotechnologie. Karlsruhe 2010 (= Karlsruher Studien Technik und Kultur 2), S. 17–39.

Möser, Kurt, Schlachtflieger 1918 – ein technisches Waffensystem im Kontext. In: Technikgeschichte 77 (2010), H. 3, S. 185–230. Verfügbar unter https://doi.org/10.5771/0040-117X-2010-3-185.

Nowarra, Heinz J., Die verbotenen Flugzeuge 1921–1935. Stuttgart 1980.

O'Neill, Paul, Flugakrobaten und Rekordjäger. Amsterdam 1981.

Postma, Thijs, Fokker, Aircraft Builders to the World. London 1979.

Schmitt, Günter, Hugo Junkers und seine Flugzeuge. Berlin 1986.

Siegfried, Detlev, Der Fliegerblick. Intellektuelle, Radikalismus und Flugzeugproduktion bei Junkers 1914–1934. Berlin 2001 (= Politik- u. Gesellschaftsgeschichte 58).

Supf, Peter, Das Buch der deutschen Fluggeschichte II. Berlin-Grunewald 1935.

Wagner, Wolfgang, Die Junkers F13 und ihre Vorläufer. Vom „Blechesel" zum ersten Ganzmetall-Verkehrsflugzeug. Konstanz 1976.

Wagner, Wolfgang, Hugo Junkers Pionier der Luftfahrt – seine Flugzeuge. Bonn 1996.

Weyl, Alfred R., Fokker: The Creative Years. New York 1965.

Faszination durch historische Automobile

Hochtechnologische Motorlösungen und Fahrwerke, elektronische Hilfssysteme für Sicherheit und Komfort, „emotionales“ Design – unsere gegenwärtige Automobilkultur ist Innovationskultur. Oder? Eine kleine (aber größer werdende) radikale Minderheit ist aber nicht mehr durch die hektische Abfolge von Gadget-gespickten Fahrzeuggenerationen zufrieden zu stellen, sondern ist durch klassische und historische Fahrzeuge fasziniert, durch solche, die oft genug langsamer, unbequemer und, ja, auch unsicherer sind als die Angebote heute. Private Sammler, Schrauber und Fahrer lieben ihre Old- und Youngtimer und bauen manchmal spektakuläre Privatsammlungen auf. Historische Fahrzeuge sind materielle Zeugnisse einer besseren automobilen Welt, die frei von Zwängen des Massenverkehrs war, und erzeugen daher Sehnsucht.[1] Das Faszinosum Oldtimer hat auch die Autoindustrie verstanden: In Markenmuseen wurde in den letzten Jahrzehnten in Deutschland immens investiert, und mit historischen Werksfahrzeugen auf „Korsos“ und bei Retro-Rallyes wird das Markenimage gestärkt. Das Zeigen und Bewundern historischer Fahrzeuge hat der amerikanische Technikhistoriker Barton Hacker „Pornotechnik“ genannt.[2] Er meint damit eine lustbetonte, defunktionalisierte, derationalisierte und dehistorisierte Betrachtung von Technik, vor allem natürlich von Autos.

Demgegenüber hat die dritte Gruppe, die mit historischen Automobilen umgeht, eher andere Interessen und auch ein anderes Verhältnis zu historischen Automobilen.[3] Gemeint sind Museen für Technik- und Sozialgeschichte, die – neben vielen anderen Sachzeugen der Vergangenheit – historische Fahrzeuge sammeln und ausstellen Doch während Pri-

---

1 Siehe Kurt Möser, Massenverkehr und Oldtimerkultur. In: Hans Pohl (Hg.), Traditionspflege in der Automobilindustrie. Stuttgarter Tage zur Automobil- und Unternehmensgeschichte vom 9.–11. April 1991. Stuttgart 1991, S. 110–117.

2 Barton C. Hacker, Military Institutions, Weapons, and Social Change. Toward a New History of Military Technology. In: Technology and Culture 35 (1994), S. 768–834, S. 780. Verfügbar unter https://doi.org/10.2307/3106506.

3 Siehe Kurt Möser, Three Social Constructions of Historic Mobility. In: Teorie Vedy / Theory of Science. Journal for theory of Science, Technology and Communication 31 (2009), H. 3/4, S. 199–216.

vatsammler Fahrerlebnisse, Technik und Gestaltung lieben, und Markenmuseen das beträchtliche Sympathiepotenzial historische Fahrzeuge aufrufen, wollen wissenschaftlich orientierte Museen Automobile eher als Sachquellen für die Geschichte verstehen, also als Träger von Informationen über Konstruktion, Bau, Gebrauch und Verbrauch. Wenn sie dann nicht nur gesammelt, sondern auch ausgestellt werden, dann werden alte Automobile auch Werkzeuge zur Vermittlung von Informationen an Besucher.

Diese Informationen können sehr vielfältig sein. Sie können sich auf die Technik der Autos beziehen, auf die Art, wie sie gestaltet und produziert wurden, wer sie kaufte und wie sie verwendet wurden, wie sie sich ins Leben ihrer Besitzer einfügten. So gesehen, sind historische Automobile nicht nur eine Quelle der Faszination und der Techniknostalgie,[4] sondern auch eine Quelle dafür, wie und wodurch vergangene Generationen von Autobegeisterten sich faszinieren ließen. Darüber hinaus können sie einen Überblick geben, wie sich die Geschichte des Automobils von seiner Patentierung im Jahr 1886 entwickelt hat: von den Anfängen als Luxusgut, die konfliktreiche Rolle als „Eindringling“ auf den Straßen, die Schaffung von Sehnsucht nach ihrem Besitz, die Ideen und die Realisierung von Volksfahrzeugen, die erstaunliche Auffächerung in verschiedene Automobilkulturen, bis hin zum größten großtechnischen System weltweit.[5] Historische Wagen können für all dies stehen, und für noch viel mehr.

Dieser Ansatz der wissenschaftlich orientierten Museen – Automobile als Informationsträger zu sehen[6] – hat Konsequenzen. Respekt vor der historischen Substanz ist eine davon. Ein Fahrzeug komplett neu zu lackieren, Teile neu anzufertigen, bis hin zum Neubau einer Karosserie oder gar dem kriminellen Zusammenbasteln von „Fake“-Fahrzeugen verschiedener Herkunft – das alles sind Maßnahmen, die in den privaten Sammlerszenen und den Firmenmuseen durchaus üblich sind, aber eigentlich nicht in Geschichtsmuseen. Dort geht es um die Bewahrung der historischen Originalität. So wenig man eine gotische Madonna mit Epoxidharz ausbessert oder mit Acrylfarben „restauriert“, so wenig wird dort in Fahrzeugen der 1920er mit Edelstahlschrauben, Neulackierungen oder Verchromungen gearbeitet. Allenfalls wird behutsam ergänzt, und zwar idealerweise so, dass alles auch wieder rückgängig gemacht werden kann. Zudem werden alle Maßnahmen sorgfältig dokumentiert, nicht zuletzt, um späteren Historikern die Unterscheidung zwischen originaler Substanz und neuen Ergänzungen zu ermöglichen.

---

4 Siehe Kurt Möser, Fortdauer und Wiederkehr des Alten in der Technik. In: Andreas Böhn / Kurt Möser (Hg.), Techniknostalgie und Retrotechnologie. Karlsruhe 2010 (= Karlsruher Studien Technik und Kultur 2), S. 17–39.

5 Siehe Kurt Möser, Geschichte des Autos. Frankfurt/M. / New York 2002.

6 Siehe Gerhard Zweckbronner, Sachquellen in der Technikgeschichte. In: Dresdner Beiträge zur Geschichte der Technikwissenschaften 26 (1999), S. 2–13; Jobst Broelmann, Zeitzeuge oder Zeitmaschine? Objekte als ‚gegenständliche Quellen‘ und ihre Verwendung und Behandlung in technischen Museen. In: Dresdner Beiträge zur Geschichte der Technikwissenschaften 26 (1999), S. 35–42; Kurt Möser, Fahren und Fliegen in Frieden und Krieg. Kulturen individueller Mobilitätsmaschinen 1880–1930. Heidelberg u.a. 2009.

Doch diese Vorgehensweise ist auch nicht unumstritten. Wenn die Substanz alter Automobile bewahrt werden soll, ist es oft genug schwierig, sie ohne große und schwerwiegende Eingriffe und Neuteile wieder zum Fahren zu bringen. In gewissem Sinn schließen sich Substanz- und Funktionserhalt also aus – Fahren oder Bewahren scheint ein kaum versöhnbarer Gegensatz. Hier eine Balance zu finden, ist umstritten. Privatsammler und Firmenmuseen werden sich meistens anders entscheiden als professionelle historische Museen.

Aber Autos, die als technisches Kulturgut nach dem Prinzip behutsamer und reversibler Restaurierung behandelt werden, stören die Erwartungen. Besucher von Museen oder Oldtimertreffen erwarten Glätte und Perfektion. Spuren des Gebrauchs oder gar des Verfalls dagegen, Rost, Beulen oder abblätternder Chrom irritieren und provozieren. Schöne Autos müssen unbedingt schön aussehen und schön präsentiert werden.

Technikgeschichtspolitik durch Totrestaurieren wertvoller historischer Substanz wird aber natürlich weiterhin betrieben. Firmen, die ihr „History Marketing"[7] mit Enthusiasmus betreiben, möchten keine verfallenen Automobile sehen, auch wenn sie in Würde gealtert sind. Dort lebt die Illusion einer „Besser-als-neu"-Restaurierung ungebrochen weiter. Speziell für Markenhersteller, die mit ihrem Erbe werben, sollen hochrestaurierte Fahrzeuge „wie neu" aussehen, damit sie in eine Reihe mit ihren Neufahrzeugen gestellt werden können. Das ist zurückprojizierte „Neophilie"[8]. Kritiker sehen das als einen neuen Historismus, wie er sich am Neuaufbau des Berliner Stadtschlosses zeigt. So, wie dort ein Geschichte spielender Neubau unter dem falschen Etikett einer Restaurierung erfolgt, wird in der Oldtimerszene oft genug skrupellos neu angefertigt. Das führt zu wechselseitigen Provokationen. Waren für die eine Seite die hochglanz-„restaurierten", neu aufgebauten Autos lackierte Retro-Kampfhunde ohne jeden historischen Wert, weil historische Substanz wegrestauriert wurde, so waren für die andere Seite Originalfahrzeuge nur „verkommen" oder „dreckig". Die beiden Positionen stehen auch für zwei unterschiedliche Blicke auf die Automobilgeschichte: Der eine ist eher heroisch,[9] und stellt die unaufhaltsame Erfolgsgeschichte des individuellen Straßenverkehrs heraus; der andere Blick erlaubt und fordert skeptischere Urteile und bietet auch Kritik an.

Aber diese gängige und pauschale Opposition der Blicke aufs Auto und der Zustände historischer Fahrzeuge – hier dröges und unattraktives technisches Kulturgut, dort glatte Auto-Erotik – bröckelt inzwischen. Denn auch Automobilsammler interessieren sich inzwischen mehr für die Aura des Authentischen. Historische Autos, die in Würde gealtert

---

7 Siehe Christoph Kühberger /Andreas Pudlat, Vergangenheitsbewirtschaftung. Public History zwischen Wirtschaft und Wissenschaft. Innsbruck 2012.

8 Dieser Begriff wurde von Christopher Booker eingeführt, der damit die Kultur der Neuheiten-Begeisterung der 1960er Jahre kritisierte. The Neophiliacs: A Study of the Revolution in English Life In The Fifties and Sixties. London 1969.

9 Siehe die Kritik bei Lawrence Fitzgerald, Hard Men, Hard Facts and Heavy Metal. In: Gaynor Kavanagh (Hg.), Making History in Museums. London 1996, S. 116–130.

sind, die Spuren eines langen Autolebens zeigen, werden nun immer öfter höher geschätzt. Dagegen verlieren die geschminkten, hochrestaurierten Wagen, die oft genug nur noch wenig originale Substanz haben und eher Nachbauten sind. Man hört nun auch schon bei Privatsammlern Kritik an unsensiblen Restaurierungen – man will ja nicht Geld ausgeben für Nach- und Neubauten. Das schlägt sich in den Preisen auf dem Sammlermarkt nieder: Restaurierte, nachbau-nahe Oldtimer werden geschlagen durch originale Wagen, die irgendwo, in Scheunen oder verschlossenen Garagen, schliefen, und an die kaum ein Restaurator Hand angelegt hat – glücklicherweise. Somit gab es ein Auseinanderdriften und Wiederannähern der beiden Bereiche, der professionellen Technikhistoriker und der begeisterten Laien-Autosammler.

Der hauptsächliche Verdienst, diese neue, die Vergangenheit sichtbarer machende Faszination originaler historischer Wagen entdeckt zu haben, gebührt aber einigen Museen und Ausstellungen. Sie vermochten, die Besucher für den Wert von Automobilen als bewahrenswertes und vergängliches technisches Kulturgut zu interessieren, aber auch die komplexe Faszination von Autos im Originalzustand zu zeigen. Seit den 1990er Jahren scheuten Museen wie das Landesmuseum für Technik und Arbeit in Mannheim nicht davor zurück, die Perzeptionsgewohnheiten von Besuchern dadurch zu provozieren, dass historische Fahrzeuge nach genau denselben restauratorisch-wissenschaftlichen Standards behandelt wurden, wie etwa gotische Madonnen.[10] Wenn etwa Karosserieschäden mit Wachs ausgegossen wurden, oder kleine Lackschollen in mühsamer Arbeit gefestigt wurden, dann war das Resultat in den Augen vieler Besucher gar keine „Restaurierung“. Wer an die hochglanzlackierten Produkte von Nachfertigungen und unsensiblen Erneuerungen gewöhnt war, musste sich mindestens irritiert fühlen. Irritierend für Besucher mit traditionellen Wahrnehmungsgewohnheiten war auch die Präsentation unrestaurierter, verstaubter Depotfahrzeuge in der Mannheimer Sonderausstellung „Lust am Auto“ von 2004/5.

Konservatoren und Restauratoren haben sich seitdem mit den Spannungen zwischen Publikumserwartungen, Schaulust an einer pornotechnischen Oldtimerkultur und den eigenen wissenschaftlichen Ansprüchen zurechtfinden müssen. Verschärft wurde das Problem dadurch, dass Museen die größten Teile ihrer Sammlungen geerbt haben, und dieses Erbe spiegelt eine ältere, bedenkenlosere Restaurierungsethik. Auch wenn sie die neuen und restriktiveren Ansätze der Restaurierung von technischem Kulturgut unterschreiben, finden sich in ihren Sammlungen viele ältere Fahrzeuge, die einem Restaurierungsstandard entsprechen, den sie selber gar nicht mehr vertreten. Und trotzdem sind das oft die Fahrzeuge, die von den Besuchern am meisten geschätzt werden, also die Magnete der Ausstellung.

---

10 So etwa in der Ausstellung „Restaurieren heißt nicht wieder neu machen“, die im damaligen Landesmuseum (heute Technoseum) 1994 stattfand.

Das nationale französische Automobilmuseum in Mulhouse ist ein spannendes Bespiel für dieses Dilemma, und zugleich ein Beispiel für eine produktive und auch vorbildliche Lösung. Hervorgegangen aus der legendären Sammlung der Gebrüder Schlumpf, zeigt das Museum 400 einzigartige Ikonen der Automobilgeschichte, insbesondere die weltweit größte und wertvollste Sammlung von Bugattis. Vor allem wegen dieser hoch restaurierten, perfekt inszenierten Luxuswagen kamen und kommen viele Besucher ins elsässische Mulhouse.

Aber dabei umfasst die Sammlung mehr und diversere Fahrzeuge, darunter einen außerordentlichen Bestand früher Automobile und wichtige Meilensteine der französischen Automobilgeschichte und ihrer konstruktiven Kreativität. Unter dem Chefkonservator Richard Keller wurde das ehemalige Schlumpf-Museum zur Cité de l'automobile transformiert. Er verbesserte nicht nur die Präsentation der Fahrzeuge und erweiterte die Sammlung durch alltäglichere, nicht luxuriöse, aber für die Automobilkultur sehr bedeutende Fahrzeuge, sondern er interessierte sich für die in den Depots verborgenen Schätze, für die nicht restaurierten, nicht ins Glamouröse aufgeputzten historischen Autos. Beides also bekam für Richard Keller gleiches Gewicht: die Pflege der hochrestaurierten Fahrzeuge in der Ausstellung und zugleich mit großer Sensibilität die Bewahrung unschätzbarer originaler Autos, die in den Depots stehen.

Dass nun ausgewählte Depotschätze öffentlich gezeigt werden, ist in mehrfacher Hinsicht spektakulär. Zum einen sehen wir manche vergessene, damals eher alltägliche, heute aber exotisch anmutende Automobile. Denn nicht die Ikonen der Autogeschichte sind selten, nicht die schon immer hoch geschätzten Luxusautomobile, sondern manche eher „graue" Alltagsautos. Hier ist oft schon vor Jahrzehnten fast jedes Exemplar in den Hochofen gegangen oder auf Schrottplätzen zu Rost zerfallen. Zum zweiten wird die so bequem scheinende Trennung zwischen Ausstellung und Depot, zwischen Öffentlichem und Verstecktem aufgehoben. Tatsächlich sind für wahre Kenner der Automobilgeschichte die Depots der Museen in vielen Fällen aufregender als die Ausstellungen – und das wird hier nun anders. Und die Fahrzeuge selber zeigen einen wunderbaren Querschnitt der Möglichkeiten: vom Peugeot BB oder „Bébé", kurz vor dem Ersten Weltkrieg von Bugatti konstruiert und mit seinen 10 PS ein früher Versuch eines Volksfahrzeugs; über das Bugatti 46 Cabrio von 1931, mitten in der Wirtschaftskrise ein Epitom von Luxus und demonstrativem Lebensgenuss; bis zum Maserati 4 CM Rennwagen von 1936, von dem nur 12 Exemplare gebaut wurden, und der für die damalige und bis heute andauernde Faszination durch Automobilrennsport steht.

Die Depotschätze aus Mulhouse verschaffen uns, den Beschauern, vielfältige neue Erfahrungen: eine subtilere und, ja, auch weniger vulgäre Art des automobilästhetischen Genusses; Erinnerungen an eine ganz anders geartete Autokultur; einen anderen Typus von Autofaszination, der nichts zu tun hat mit der Glätte, Quasidynamik und der rückwärts projizierten Neuigkeitsbegeisterung, die uns oft nahegelegt wird; und einen Sinn für historische Würde und die Dignität des Alterns technischen Kulturguts.

Transport-, Verkehrs- oder Mobilitätsgeschichte?

Neue Paradigmen der Technik- und Industriekultur

Mobilität ist eines der großen Themen weltweit. Die Debattenbeiträge zur Zukunft der Mobilität, zur nachhaltigen Mobilität, zur Ausgestaltung von Mobilitätssystemen und zu unserem Mobilitätsverhalten sind inzwischen kaum überschaubar. Mobilität wird aber meistens nicht nur als isoliertes Problemfeld betrachtet, sondern an diesem Feld werden prinzipiellere Fragen der Zukunft unserer Gesellschaft, unseres Wirtschaftssystems und unseres Umgehens mit Technik, und unseres Lebens im universalen „Technotop“ stellvertretend abgehandelt. Spätestens seit dem Suhrkamp-Band von Thomas Krämer-Badoni und anderen, erschienen 1971[1], ist in Deutschland das Auto auch zum Fokus und zum symbolischen Feld einer generelleren Kritik am kapitalistischen System geworden. Dem gegenüber steht das ungebrochene qualitative und quantitative Wachstum unserer individuellen Mobilität. Der Erfolg vor allem des Automobils als größtes technisches und

1 Krämer-Badoni, Thomas / Grymer, Herbert / Rodenstein, Marianne, Zur sozio-ökonomischen Bedeutung des Automobils. Frankfurt/M. 1971.

technosoziales System, der Autoproduktion als Schlüsselindustrie und als Wirtschaftsmotor wird flankiert durch die Relevanz auf der Benutzerebene. Nicht nur die Investitionen und Kosten für Autobesitzer und -nutzer sind gestiegen, sondern auch die emotionale und ästhetische Bedeutung des Automobils blieb trotz einer Kultur der Dementis und der Versuche, das Auto vernünftig zu rekonstruieren, ungebrochen. Symptome dafür sind vielfältig: Sie reichen vom immensen Aufwand der neu gebauten Firmenmuseen, über eine boomende Old- und Youngtimerkultur bis zu den emotionalisierten Debatten um Biosprit und dem Dauerthema Geschwindigkeitslimit.

Für die Forschung ist dies eine beträchtliche Herausforderung. Zunächst ist zu fragen, ob sich die immense gesellschaftliche Aufmerksamkeit für Mobilität überhaupt in der Forschung quantitativ widerspiegelt. Weitere Fragen bieten sich an, vordringlich die nach den Wirkmechanismen, fördernden Faktoren und den politischen Stellschrauben des Wachstums der Mobilität, besonders des Individualverkehrs. Dies impliziert etwa, welche Betrachtungsdistanz man sich gestattet, und welche Kontexte als relevant heranzuziehen sind.

Auf welcher Ebene, mit welchen Methoden und auf welcher Quellenbasis das Momentum dieses Wachstums untersucht werden sollte, ist nicht wirklich klar. Die Mobilitätsgeschichte hat in den letzten Jahrzehnten immer wieder Neuansätze hervorgebracht, ohne eine „Meistererzählung" hervorzubringen, auf deren Umrisse sich die historische Forschung einigen konnte. Eine solche Meistererzählung gibt es allenfalls im populären und automobiljournalistischen Bereich, als „whiggish" bestimmte, recht lineare Aufstiegsgeschichte eines human-adäquaten, vernünftigen, effizienten und attraktiven Verkehrssystems, das sich quasi naturwüchsig und vernünftig gegen eher unrealistische Alternativen durchgesetzt hat. Die Forschung hat dazu eher Komplementär- und Gegenentwürfe geliefert, die jedoch nicht wirklich in der Öffentlichkeit zur Kenntnis genommen worden sind. Dass die Mobilitätsgeschichte inzwischen einen höheren Reifegrad und eine breitere Aufstellung erreicht hat, lässt sich an institutionellen Indikatoren sehen: Lehrbücher wie das von Christoph Maria Merki erschienen[2]; mit der T2M-Association[3] wurde eine internationale wissenschaftliche Vereinigung gegründet und wuchs seitdem; eine zweite Zeitschrift, Transfers, wurde nach dem Journal of Transport History gegründet.

Wirtschafts-, Sozial- und Firmengeschichte der Mobilitätstechnik

Ich möchte hier keinen tatsächlichen Forschungsbericht geben; hierzu sind in den letzten Jahren einige relevante Arbeiten erschienen[4]. Trotzdem muss ich auf einige Tendenzen

2 Merki, Christoph Maria, Verkehrsgeschichte und Mobilität. Stuttgart 2008.
3 International Association for the History of Traffic, Transport and Mobility; http://t2m.org.
4 Siehe Möser, Kurt, Fahren und Fliegen in Frieden und Krieg. Kulturen individueller Mobilitätsmaschinen 1880–1930. Heidelberg u.a. 2009, S. 14–20; Mom, Gijs, What Kind of Transport History did we Get? Half a Century of JTH and the Future of the Field. In: Journal

der Forschung hinweisen, um die später zu diskutierenden Trends besser einordnen zu können. Transportgeschichte begann, wie die allgemeine Technikgeschichte, als Geschichte technischer Artefakte – oft vor allem der „Meisterwerke" – und als Lebensgeschichte großer Männer, meistens Erfinder. Zur dritten Komponente, die für die Transportgeschichte eine höhere Relevanz bekam, wurde die Firmengeschichte. Oft genug finanziert, recherchiert und geschrieben wurde sie aus den Firmen heraus. Eine vierte Komponente war die populäre Geschichte. Mehr als bei Technik im Allgemeinen entstanden um Eisenbahn und Auto Geschichten, Erzählungen, die in Medien wie Jugendbüchern oder journalistischen Features ein breites Interesse bedienten und zugleich stabile Geschichtserzählungen hervorbrachten, die Erfindungsprozesse öffentlichkeitskompatibel und unirritierend abbildeten. Nach jahrzehntelang stabilen Artefaktanalysen durch und für Fachleute und populäre Geschichten wurden erst in den 1960er Jahren neue Ansätze wirksam. Dies war tatsächlich „slow progress"[5]. Parallel zur allgemeinen Technikgeschichte entdeckte man die Produktions-, Wirtschafts- und Sozialgeschichte, und die Entdeckung und Fruchtbarmachung erfolgte durch akademische Historiker. Sie lösten Techniker und technisch interessierte Amateure mit Vergangenheitsinteresse ab und machten die Mobilitätsgeschichte zu einem historischen Fach im universitären Sinn.

Typische Fragestellungen und Forschungsfelder der ersten „Verwissenschaftlichungsphase" waren etwa die Geschichte des Autobaus, womit die Geschichte der Mobilität sich in die Industriegeschichte integrierte; aber auch die Betrachtung von Transportökonomien und Verkehrsgeschichten[6]. Dies geschah zunächst in Großbritannien. Das Provokative mancher dort entstehenden transporthistorischen Arbeiten lag darin, wirtschaftliche

of Transport History 24 (2003), S. 121–138. Verfügbar unter https://doi.org/10.7227/TJTH.24.2.1; Volti, Rudi, A Century of Automobility. In: Technology and Culture 37 (1996), S. 663–685; S. 663. Verfügbar unter https://doi.org/10.2307/3107094; Schmucki, Barbara, Automobilisierung. Neuere Forschungen zur Motorisierung. In: Archiv für Sozialgeschichte 35 (1995), S. 582–597; siehe auch die älteren Forschungsüberblicke: Nübel, Otto, Zur Quellenlage und dem Stand der Forschung in der Automobilgeschichte. In: Archiv und Wirtschaft 19 (1986), S. 3–6; Teuteberg, Hans Jürgen, Entwicklung, Methoden und Aufgaben der Verkehrsgeschichte. In: Jahrbuch für Wirtschaftsgeschichte 1 (1994), S. 173–194. Verfügbar unter https://doi.org/10.1524/jbwg.1994.35.1.173; Hascher, Michael / Zeilinger, Stefan, Verkehrsgeschichte Deutschlands im 19. und 20. Jahrhundert. Verkehr auf Straßen, Schienen und Binnenwasserstraßen. Ein Literaturüberblick über die jüngsten Forschungen. In: Jahrbuch für Wirtschaftsgeschichte 1 (2001), S. 165–183. Verfügbar unter https://doi.org/10.1524/jbwg.2001.42.1.165; zur Luftfahrt: Hansen, James R., Aviation History in the Wider View. In: Technology and Culture 30 (1989), S. 643–656. Verfügbar unter https://doi.org/10.2307/3105965; Pisano, Dominick A., New Directions in the History of Aviation. In: Pisano, Dominick A. (Hg.), The Airplane in American Culture. Ann Arbor 2003, S. 1–15. Verfügbar unter https://doi.org/10.3998/mpub.23494.

5 Siehe Barker, Theo C., Slow Progress. Forty Years of Motoring Research. In: Journal of Transport History 14 (1993), S. 142–165. Verfügbar unter https://doi.org/10.1177/002252669301400206.

6 Typisch dafür die Aufsätze im „Journal of Transport History" bis in die 1990er Jahre, die oft von einer ökonomiegeschichtlichen Perspektive ausgingen.

Gesamtsysteme zu betrachten und die Transportmittel darin in ihrem Stellenwert und ihrem Wandel zu beschreiben[7]. Die Rolle des Verkehrs nicht nur in nationalen Ökonomien zu betrachten, sondern erstmals systematisch auch in der Relevanz für die Industrialisierung, war das Verdienst von Szostaks komplexitätsadäquater Analyse[8]. Mit Dyos' und Aldcrofts British Transport[9] erschien eine Gesamtschau, die, typisch für Lehrbücher, das Feld zusammenfasste und in einer preiswerten Buchreihe zugänglich machte. Dieser erfolgreiche industrialisierungs- und wirtschaftsgeschichtliche Ansatz festigte das Fach als Transport- und Verkehrsgeschichte[10].

Schon bei diesen Makroanalysen war ein durchaus großer blinder Fleck bemerkenswert: Die politische Geschichte der individuellen Verkehrssysteme blieb als akademisches Forschungsfeld in Deutschland bis auf die Arbeiten von Klenke[11] recht marginal[12] – eine merkwürdige Erscheinung angesichts der enormen gesellschaftlichen Relevanz des Autos. Ein britischer Historiker[13] hingegen beschäftigte sich schon in der wenig autoskeptischen Phase um 1970 mit nationaler Automobilpolitik; dieses Forschungsthema wurde seitdem verstärkt von amerikanischen und niederländischen Historikern bearbeitet. Die intensiven Debatten um eine neue Verkehrspolitik überschnitten sich teilweise mit Ansätzen von Historikern und argumentierten historisch[14]. Jenseits der Geschichte des motorisierten Straßenverkehrs – konkret: in der Geschichte der Luftfahrt – haben die politischen und kulturellen Umfelder der Mobilität in der US-Geschichtswissenschaft mehr Aufmerksamkeit gewonnen[15], als dies die Automobilgeschichte in dieser Zeit bekam.

---

7 Typisch Ville, Simon P., Transport and the Development of the European Economy, 1750–1918. Basingstoke 1990. Verfügbar unter https://doi.org/10.1007/978-1-349-20935-4.

8 Szostak, Rick, The Role of Transportation in the Industrial Revolution: A Comparison of England and France. Montreal 1991.

9 Dyos, Harold J. / Aldcroft, Derek H., British Transport. An Economic Survey from the Seventeenth Century to the Twentieth. Leicester 1969 (Paperback Harmondsworth 1974).

10 Siehe Armstrong, John, Transport History, 1945–95. The Rise of a Topic to Maturity. In: Journal of Transport History 19 (1998), S. 103–121. Verfügbar unter https://doi.org/10.1177/002252669801900204.

11 Klenke, Dietmar, Bundesdeutsche Verkehrspolitik und Motorisierung Konfliktträchtige Weichenstellungen in den Jahren des Wiederaufstieges. Stuttgart 1993; ders., „Freier Stau für freie Bürger". Die Geschichte der bundesdeutschen Verkehrspolitik 1949–1994. Darmstadt 1995.

12 Hentschel, Volker, Staat und Verkehr. Motive, Ziele und Mittel der Verkehrspolitik westlicher Industriestaaten seit 1880. In: Pohl, Hans (Hg.), Die Einflüsse der Motorisierung auf das Verkehrswesen 1886 bis 1986. Stuttgart 1988, S. 53–76; Kühne, Thomas, Massenmotorisierung und Verkehrspolitik im 20. Jahrhundert: Technikgeschichte als politische Sozial- und Kulturgeschichte. In: Neue Politische Literatur 41 (1996), S. 196–229; Zeller, Thomas, Weichenstellung: Verkehr als Ordnung und Ausdruck von Freiheit. Verkehrspolitik in der Bundesrepublik und der DDR. In: Sowi 25 (1996), H. 4, S. 243–249.

13 Plowden, William, The Motor Car and Politics 1896–1970. London 1971.

14 Ein recht frühes Beispiel: Busse, Michael, Die Auto-Dämmerung. Sachzwänge für eine neue Verkehrspolitik. Frankfurt/M. 1980.

15 Siehe etwa Corn, Joseph J., The Winged Gospel. America's Romance with Aviation, 1900–1950. New York 1983; Fritzsche, Peter, A Nation of Flyers. German Aviation and the Popular Imagination. Cambridge / London 1992; Wohl, Robert, A Passion for Wings. Aviation and the Western Imagination 1908–1918. New Haven / London 1994; ders., The Spectacle

Mobilitätsgeschichte versus Transport- oder Verkehrsgeschichte

Diese amerikanischen Ansätze bezeichneten schon eine Wendung der Forschung, nämlich eine Abkehr von einer auf das technische System und die technischen Artefakte bezogenen Transport- und Verkehrsgeschichte und eine Hinwendung zu einer Geschichte der Mobilität, die auch die Aktanten in den Blick nahm. Die Kulturgeschichte der Fliegerei wurde dabei aus dem Kontext der Populärgeschichte ins Feld akademischer Forschung überführt, wobei für die neuen Fragestellungen „weichere“ Quellen herangezogen werden mussten, gegen die manche der „harten“ Transporthistoriker skeptisch waren. Dies war auch einer der in der Forschung üblichen Generationenwechsel: Erst eine neue Generation von Forschern konnte offenbar diese Paradigmenerweiterung tragen.

Dies gehört in ein wissenschaftsgeschichtliches Muster, nach dem jede Historikergeneration ihre Arbeitsplätze sichert, indem sie die allgemein anerkannten Einsichten über den Haufen werfen[16]. Trotzdem: In der Geschichte der Geschichtswissenschaft ist es immer auch signifikant, wo man gerade nicht hinsieht, wo man bewusst wegschaut oder gar nicht merkt, wo etwas zu sehen ist. Wissenschaftsstile sind nicht nur solche der Darstellung, sondern auch solche der Gegenstandswahl, der Perspektive und der Rekonstruktionsweise. Auf allen diesen Feldern hat sich in der Geschichte von Verkehr, Transport und Mobilität einiges geändert.

Forschungsgeschichtlich betrachtet, hat die bis dahin betriebene Geschichte der Industrialisierung eine Konzentration auf die Systemgeschichte der großen technischen Mobilitätssysteme präformiert und gefördert. Schifffahrt und in besonderem Maß die Eisenbahn eigneten sich für eine makrohistorische Analyse, wie sie die ältere Technikgeschichte bevorzugte, besonders gut, weil die politischen und wirtschaftlichen Faktoren der Systementstehung so griffig schienen und mit schon entwickelter historischer Methodik, mit den Standardwerkzeugen des Historikers, analysierbar waren. Diese Fixierung auf die große systemische Technik der Mobilität ist bis heute bemerkbar.

Mit dem Automobilsystem hingegen tat sich die Geschichtswissenschaft nicht leicht. Und auch die Luftfahrt war und ist weiterhin ein Feld, das eher durch eine technizistische, weniger durch eine kultur- und sozialgeschichtliche Herangehensweise dominiert wird – obwohl es signifikante Ansätze gibt. Auch hier sind die britischen und amerikani-

---

of Flight. Aviation and the Western Imagination 1920–1950. Melbourne 2005; Pisano, Dominick A. (Hg.), The Airplane in American Culture. Ann Arbor 2003. Verfügbar unter https://doi.org/10.3998/mpub.23494.

16 Vgl. Bayly, Christopher, Die Geburt der modernen Welt. Eine Globalgeschichte 1780–1914. Frankfurt/M. 2008, S. 494.

schen Mobilitätshistoriker vorbildlich gewesen. Robert Wohls „Spectacle of Flight. Aviation and the Western Imagination 1020–1950“[17] oder Fritzsches' „A Nation of Flyers“[18] haben hier Trends gesetzt.

Die nutzerbezogenen, kulturell bestimmten Faktoren für die Diffusionserfolge von technologischen Systemen gerieten dadurch in den Blick. Kulturgeschichte technischer Systeme hat sich inzwischen die Aufgabe gestellt, Wandel zu erklären, aber auch die Stabilität und die lange Nutzungsdauer älterer Technologien zu untersuchen.

Dies steht mit der Wendung zur Mobilitätsgeschichte in Zusammenhang[19]. In den Ausprägungen als „automobility“ oder „aero-culture“ setzt dieser Ansatz veränderte Prioritäten. Nach dem aktuellen Verständnis geht die Forschung, im Anschluss an das in den USA entwickelte Konzept von „automobility“, von Mobilität als komplexem techno-sozial-kulturellem System aus, als „hybrid assemblage of specific human activities, machines, roads, buildings, signs and cultures of mobility“. Dieses Forschungsfeld wird beschrieben als „ideological or discursive formation, embodying the ideals of freedom, privacy, movement, progess, and autonomity“[20]. Nach diesem integrierenden Verständnis wären Transport- und Verkehrsgeschichte Teilgeschichten der Mobilitätsgeschichte, die die wirtschaftsgeschichtlichen und organisationsgeschichtlichen Komponenten eines größeren historischen Analysekomplexes in einer Matrix verortet, die Produktion und Nutzung, staatliche Regulation, wirtschaftliche Kontexte, individuelle und gruppenspezifische Gebrauchsmuster, Körpergeschichte und die vielfältigen Diskurstypen und -medien beinhalten und in Relation setzen muss.

Die Frage nach der Integration einer so umrissenen Mobilitätsgeschichte in den historiografischen Teildisziplinen ist aber dann neu zu stellen. Ist tatsächlich die Mobilitätsgeschichte Teil der Technikgeschichte? Angesichts der integrativen Tendenzen, die die Technikgeschichte in den letzten beiden Jahrzehnten gezeigt hat[21], wäre das nicht unplausibel und auch legitimierbar. Ein Weg von einer personen- und artefaktzentrierten Geschichtsschreibung zu einem gesellschaftsgeschichtlichen und nutzerzentrierten Ansatz lässt sich gut mit Neuaufstellungen der Mobilitätsgeschichte verbinden. Auch wenn die „neue“ Mobilitätsgeschichte öfters Pionierfunktion für Fragestellungen der „neuen“ Technikgeschichte hatte, ist es aber wenig fruchtbar, einen Prioritätsstreit zu beginnen.

---

17 Wohl, Robert, Spectacle of Flight. Aviation and the Western Imagination 1020–1950. New Haven / London 2005.

18 Fritzsches, Peter, A Nation of Fliers. German Aviation and the Popular Imagination. Cambridge 1992.

19 Siehe Mom, Gijs, What Kind of Transport History did we get?

20 Steffen Böhm et al., Part One: Conceptualizing Automobility. In: Sociological Review 54 (2006), S. 1. Verfügbar unter https://doi.org/10.1111/j.1467-954X.2006.00634.x; siehe auch ders., Theory, Culture & Society 21 (2004), Sonderheft Automobilities 4/5.

21 Siehe Gleitsmann, Rolf-Jürgen / Kunze, Rolf-Ulrich / Oetzel, Günter, Technikgeschichte. Eine Einführung. Konstanz 2009.

Lineare Aufstiegsgeschichten?

Üblicherweise – und bis vor nicht allzu langer Zeit – wurde also die Geschichte der Mobilitätssysteme als Transportgeschichte geschrieben: als Wirtschaftsgeschichte der volkswirtschaftlichen Relevanzzunahme des motorisierten Straßentransports, als Auf- und, seltener, auch Niedergangsgeschichte der Herstellerfirmen; als quantifizierende Geschichte der Verlagerung und der Zunahme der Transportleistungen. Hier gibt es nun ein methodisches Problem: All diese Ansätze führen zumeist zu einem Nachzeichnen und Nachbeschreiben des Aufstieges.

Das erschien bald als unbefriedigend, auch wenn hier beeindruckende Arbeiten wie die von Rick Szostak über die außerordentliche makroökonomische Relevanz des Transports für die Industrielle Revolution entstanden. Natürlich ging es in dieser Phase der Forschung immer auch um ein Entwickeln der Ursachen und Faktoren von Erfolgsgeschichten. Danach wurden Transportsysteme gern als geplante Produkte, als Resultate der Wirksamkeit politischer Leitlinien und volkswirtschaftlich steuernder oder reagierender Entscheidungen beschrieben und dargestellt. Systemgenerierung und -wachstum folgen nach diesem Muster beschreib- und interpretierbaren „Agenten" von oben. Das Handeln von steuernden Gruppen aus Politik, Gesellschaft und Wirtschaft bestimmt danach den Lebenszyklus und das Verhalten der Mobilitätssysteme.

Dieser planungsdominierte Ansatz funktionierte sehr gut bei der Eisenbahn. Dieses Transportsystem eignete sich in besonderem Maß für die makrohistorische Analyse, weil die politischen und wirtschaftlichen Faktoren der Systementstehung so griffig schienen und mit schon entwickelter historischer Methodik, mit den Standardwerkzeugen – auch den quantifizierenden – des Historikers, analysierbar waren, und weil Quellentypen verwendet werden konnten, mit denen Historiker zu arbeiten gelernt hatten.

Beim Automobil wurde es schwieriger: Die Systementstehung war hier komplexer; zunächst war mit einem (bis heute partiell anhaltenden) anti-systemischen Impetus zu rechnen: Die frühen Automobilisten kultivierten ihr „einsames und freies" Fahren ohne Restriktionen und ohne Regulative durch die Begrenzungen von Regulativen. Doch sie traten tatsächlich in ein bestehendes System, den unmotorisierten Verkehr, ein, wodurch Konflikte auftraten; diese wurden ebenfalls zum Thema von Historikern[22]. Die neuen „relevant user groups" stellten sich gezielt und konfliktbereit in Opposition zu den regelnden und steuernden Gruppen des Staates und versuchten, ihr (implizites) Systemverständnis durchzusetzen. Die Analyse solcher Vorgänge, die den „sanften Determinismus" (Thomas P. Hughes) technischer Entwicklungen aufzubrechen unternahmen, hat sich gerade bei der Frühgeschichte des Automobils als produktiv erwiesen[23].

---

22 Siehe etwa das Forschungsprojekt von Barbara Schmucki (York) zu Fußgängern als „non-users".

23 Siehe Merki, Christoph Maria, Der holperige Siegeszug des Automobils 1895–1930. Zur Motorisierung des Straßenverkehrs in Frankreich, Deutschland und der Schweiz. Wien u.a. 2002.

Die Attraktionen der neuen individuellen Mobilität, die die Konfliktbereitschaft der Nutzer stimulierten, waren vor allem subjektive Attraktionsfaktoren, wie: Autonomie; „Einsamkeit und Freiheit" des Fahrens; Kompetenz beim Bedienen einer komplexen und oft störanfälligen und widerständigen Technik; Wettbewerb; auch dunklere Lüste wie Geschwindigkeit und Ausagieren von Aggressionen; Statusmarkierung und -demonstration; Straßenmobilität als symbolisches Feld für politische und soziale Konflikte. Solche „sekundären", „weichen", scheinbar nichttechnischen und nichtsystemischen Faktoren, deren Untersuchung extensive Kontextrekonstruktion erfordert, bestimmten den Aufstieg der Individualmobilität entscheidend mit. Trotzdem: Die Frage nach den Diffusionsfaktoren, nach den Faktoren des Diffusionserfolges der Mobilität nicht allein auf der Straße, ist natürlich (auch) eine politische Frage. Verkehrsgeschichte als politische Geschichte, als Untersuchung der Hebel und der Ansatzpunkte. Hier sind in den letzten Jahren einige ausgezeichnete Arbeiten erschienen, für die stellvertretend Merkis Buch steht.

So bildeten sich in den letzten Jahrzehnten Oppositionen in den Forschungsansätzen und Grundannahmen heraus, die jedoch eher selten zusammengeführt wurden, so etwa die Spannung zwischen Produktionsgeschichte und Nutzungs- oder Gebrauchsgeschichte; oder auch die Spannung zwischen einer rationalen Konstitution der Mobilität und der Annahme eher nichtrationaler Nutzungsformen. Aber es blieben auch Konstanten, so etwa die Spartenbezogenheit der einzelnen Mobilitätsmaschinen, wie Autos oder Flugzeugen. Selten kamen Verzahnungen von Mobilitätsformen in den Fokus; am ehesten betrachtete man noch vergleichend Verkehrssysteme, während Nutzungshomologien zwischen einzelnen Mobilitätssparten und Parallelnutzungen eher selten untersucht wurden.

Ist nun die Wendung zur techno-sozial-kulturellen Mobilitätsgeschichte, zur Geschichte von „automobility" und „aero-culture", oder auch zur Analyse einer historischen „Mobilitätsmaschinisierung" eher deskriptiv oder präskriptiv? Gibt es sie schon? Kann also ihre Wissenschaftsgeschichte schon geschrieben werden, oder sollte sie erst formiert werden? Im Folgenden werde ich, nach dem kurzen Rückblick auf die Geschichte des Faches, einen Ausblick geben auf mögliche Forschungsvektoren, die vielversprechende Ansätze aktueller Forschung fortführen könnten. Ein Vektor hat Anfang, Richtung und Größe; der Begriff lässt sich deshalb als Metapher gut verwenden – auch dann, wenn man nicht am Anfangspunkt des Vektors beginnt. Mein Ansatz schließt also beides ein: ein kurzes Umreißen des Vergangenen und Geleisteten; aber auch präskriptive Elemente. Ich versuche, einige Trends, wohin künftige Mobilitätsforschung sich bewegen könnte oder auch sollte, zu benennen, wobei ich gerne meine Subjektivität bekenne, pro domo rede, und meine eigenen Forschungsinteressen herausstelle.

Forschungsvektor: unten statt oben, Nutzer statt Produzenten

Mit den Arbeiten zur Sozialkonstruktion von Technik, allgemein unter dem Kürzel SCOT (social construction of technology) rubriziert, vollzog sich nach 1990 ein Paradigmenwechsel, oder eine Offerte zu einem solchen. Technik wurde nicht mehr nur produzentenseitig top-down, sondern bottom-up betrachtet und analysiert. Diese Forschungsrichtung ging davon aus, dass der „user matters", und dass „relevant user groups" über die Nutzung von Technologien ebenso (mit)entscheiden wie über die Fortentwicklung und über künftige Entwicklungspfade.

Diese „Ko-Konstruktion" von Technologien durch die Nutzer berührte auch Fragen der Technikakzeptanz; die Entdeckung und Untersuchung des Eigensinns der Nutzer war nicht nur ein neuer Blick auf Technikkulturen, sondern vermochte auch Werkzeuge für den Status und Statuswandel von Technologien zur Verfügung zu stellen. Die Integration von Mobilitätsmaschinen in den Alltag hatte zudem Berührungspunkte mit der Alltagsgeschichte und Geschichte „von unten", die in den 1970er Jahren nach britischen Vorbildern von der bundesdeutschen Geschichtswissenschaft rezipiert und zunehmend angewandt wurde. Ohne dass methodische Anknüpfungen immer deutlich gemacht wurden, kam durch beide Ansätze, durch SCOT und Alltagsgeschichte, der Nutzer in den Fokus.

Aber die Entdeckung der Nutzer als Subjekte der Technikgeschichte, als Handelnde, bedeutete zumeist die Untersuchung der „co-construction" auf einer relativ hohen Abstraktionsebene. Systemintegration, Modifikation einer Technologie durch „relevant user groups" und ihre Systemmodifikation wurden zunächst im makro-gesellschaftlichen Kontext beschrieben und interpretiert. Dabei behielt die Mehrzahl der Forscher eine mittlere Betrachtungsdistanz bei. Wie nun genau die konkrete Nutzung von Mobilitätsmaschinen aussah, blieb oft verborgen.

Erst ein weiterer Forschungsvektor, nämlich das Erzählen von Wahrnehmungsgeschichten, änderte dies. Das bahnbrechende und trendsetzende Werk von Wolfgang Schivelbusch[24] gehörte zu den ersten im deutschsprachigen Raum, das Raumwahrnehmung und Formatierung des Blicks[25] der Nutzer zum Thema machte. Es ist zum Klassiker einer kultur- und wahrnehmungsorientierten Technikgeschichte geworden.

---

24 Schivelbusch, Wolfgang, Geschichte der Eisenbahnreise. Zur Industrialisierung von Raum und Zeit im 19. Jahrhundert. München / Wien 1977.

25 Exemplarisch: Kaschuba, Wolfgang, Die Überwindung der Distanz. Zeit und Raum in der europäischen Moderne. Frankfurt/M. 2004.

Forschungsvektor: Faszination, Kompetenz, Gefühl – die Körpergeschichte der Mobilität

Schivelbuschs folgenreiches Buch, mit seinen Fragen zu den empfindungsverändernden Wirkungen des neuen Mobilitätssystems Eisenbahn, wirkte offenkundig auch auf Ansätze, „automotive emotions" zu erforschen[26]. Helmut Krauchs Diktum in einer öffentlichen Diskussion mit dem Verfasser um 1985, dass „das Auto uns doch am nächsten" sei, stand am Anfang einer wissenschaftlichen Beschäftigung mit den Erscheinungen der Emotionen, Faszinationen und komplexen Relationen zwischen individueller Mobilität und dem, was weit mehr zu sein scheint als bloß „Mobilitätstechnik". Für das Teilgebiet des Umgehens, „Bedienens" und Handelns mit Mobilitätstechnik habe ich den Begriff „Maschinensensibilität" eingeführt und angewendet. Die Interpretation von Mobilitätsmaschinen als Benutzeroberflächen und Mensch-Maschine-Schnittstellen lassen sich insbesondere an der Entwicklung des Automobil-Innenraums[27], aber auch an der Sozialisation für dieses „Bedienen" beim Fahren- und Fliegenlernen[28] zeigen. Zur Körpergeschichte der Mobilität[29] gehört auch die historische Betrachtung des Umgehens mit Beschleunigungen und Geschwindigkeit, der Entwicklung des Rundumblicks und die Konstruktion neuer Perspektiven, die dadurch entstehen[30]. Die Geschichte des Balancierens für das Umgehen mit den neuen Mobilitätsmaschinen[31] für die Körpergeschichte ist ebenfalls relevant. Immer veränderten solche Handlungsformen auch die Wahrnehmung und die körperlichen Fähigkeiten; neue Kompetenzen bildeten sich, die auch zur sozialen Distinktion eingesetzt werden konnten und Prestige erzeugten.

Wie die so entstehenden „neuen Körper", neuen Mensch-Technik-Verhältnisse oder auch die neuen Mensch-Maschine-„Aggregate" begrifflich oder metaphorisch gefasst werden

26 Siehe Sheller, Mimi, Automotive Emotions: Feeling the Car. In: Theory Culture Society 21 (2004), S. 221–242. Verfügbar unter https://doi.org/10.1177/0263276404046068.

27 Siehe Möser, Kurt, The Driver in the Machine: Changing Interiors of the Car. In: Trischler, Helmuth / Zeilinger, Stefan (Hg.), Tackling Transport. London 2003, S. 61–80.

28 Siehe Möser, Kurt, Der Kampf des Automobilisten mit seiner Maschine – eine Skizze der Vermittlung der Autotechnik und des Fahrenlernens im 20. Jahrhundert. In: Bluma, Lars / Pichol, Karl, Weber, Wolfhard (Hg.), Technikvermittlung und Technikpopularisierung – Historische und didaktische Perspektiven. Münster u.a. 2004, S. 98–102.

29 Siehe Möser, Kurt, Automobil und Körper. In: Schmidt, Gert / Bungsche, Holger / Heyder, Thilo / Klemm, Matthias (Hg.), Und es fährt und fährt... Automobilindustrie und Automobilkultur am Beginn des 21. Jahrhunderts. Berlin 2005, S. 285–296; Orland, Barbara (Hg.): Artifizielle Körper – Lebendige Technik. Technische Modellierungen des Körpers in historischer Perspektive. Zürich 2005; Schroer, Markus (Hg.): Soziologie des Körpers, Frankfurt / Main 2005; Lorenz, Maren, Leibhaftige Vergangenheit. Einführung in die Körpergeschichte. Tübingen 2009.

30 Siehe Möser, Kurt, Fliegerblick 1914. Journal of New Frontiers in Spatial Concepts 1 (2009), S. 99–106.

31 Siehe Möser, Kurt, Stabile und instabile Maschinen – Fliegen, Fahren und Gleichgewicht 1910–1918. In: Schönhammer, Rainer (Hg.), Körper, Dinge und Bewegung. Der Gleichgewichtssinn in materieller Kultur und Ästhetik. Wien 2009, S. 109–122.

können, klang schon an. Begriffe wie „Cyborgs“[32] oder Mensch-Technik-Hybriden wurden vorgeschlagen und inzwischen in der Forschung durchwegs verwendet. Natürlich gehört dies auch zu den komplexen kulturellen Konstruktionen der Mobilität, die selbst zum Gegenstand der Forschung geworden sind.

Forschungsvektor: Ikonographien, Wahrnehmungen und Darstellungen

Bei diesen Teilfeldern ist es nicht nur erforderlich, die Frühgeschichte solcher Kompetenzen zu ermitteln – im Einklang mit der Obsession gerade außerakademischer Mobilitätshistoriker mit „firsts“ –, sondern auch die Ausbreitung und Durchdringung in breitere Nutzerschichten. Wie sich dies von der Spitze in die Breite entwickelt hat, ist mindestens ebenso spannend und signifikant. Hier muss die Mobilitätsgeschichte eine mediale Komponente bekommen. Die populären Schilderungen über Luftfahrten, wie etwa Hellmuth Hirths Bestseller „20.000 km im Luftmeer“ von 1911, Jugendbücher über Fahren und Fliegen befriedigten nicht nur eine breite Neugier auf die körperlichen und sensorischen Folgen der Mobilität, sondern machten Jugendliche auch mit den neuen Kompetenzen und Sinneswahrnehmungen konzeptionell vertraut. Und durch die narrative Nahdistanz, durch die Schilderung von Pionieren und „Helden“, von Rennfahrern, Fliegern und Rekordhaltern, bekamen sie Rollenbilder und Identifikationsmuster.

Für die Forschung sind die Wahrnehmungen und Darstellungen von Mobilität im Kontext der Entdeckung der Technikgeschichte des Gebrauchs, der Nutzer und der Nutzerkörper auch in ihren medialen Ausdrucksformen wichtig geworden. Hier waren es eben nicht nur die rationalen Elemente des Gebrauchs, sondern auch der Attraktionen und Irrationalismen, die dunkleren Lüste und Faszinationen, die inzwischen diskutiert werden[33]. Ein weiteres Feld der Analyse, die hier in die Bereiche der Medien-, Kunst- und Literaturwissenschaften hineinreicht, ist die Untersuchung der Zukunftsvorstellungen, die sich um Mobilität angesiedelt haben[34].

---

32 Vgl. Schmucki, Barbara, Cyborgs unterwegs? Verkehrstechnik und individuelle Mobilität seit dem 19. Jahrhundert. In: Schmidt, Gert (Hg.), Technik und Gesellschaft. Jahrbuch 10: Automobil und Automobilismus. Frankfurt/M. / New York 1999, S. 87–119; S. 108.

33 Siehe Möser, Kurt, The Dark Side of Early ‚Automobilism‘, 1900–1930: Violence, War and the Motor Car. In: Journal of Transport History 24 (2003), H. 2, S. 238–258.

34 Siehe Möser, Kurt, Amphibien, Landschiffe, Flugautos – utopische Fahrzeuge der Jahrhundertwende und die Durchsetzung des Benzinautomobils. In: Hertner, Peter / Schott, Dieter (Hg.), Jahrbuch für Wirtschaftsgeschichte. Zukunftstechnologien der letzten Jahrhundertwende: Intentionen – Visionen – Wirklichkeit. Berlin 1999, S. 63–84; ders., Lust am Auto hatte immer Zukunft. In: Landesmuseum für Technik und Arbeit in Mannheim (Hg.), Lust am Auto. Ausstellungskatalog. Mannheim 2004; ders., Automobile Zukünfte nach 1950. In: Canzler, Weert / Schmidt, Gert (Hg.), Zukünfte des Automobils. Aussichten und Grenzen der autotechnischen Globalisierung. Berlin 2008, S. 59–72; ders., Historische Zukünfte des Verkehrs. In: Roth, Ralf / Schlögel, Karl (Hg.), Neue Wege in ein neues Europa. Geschichte und Verkehr im 20. Jahrhundert. Frankfurt/M. / New York 2009, S. 391–414.

Wie so oft, ist die britisch-amerikanische Mobilitätsgeschichte schon weiter: der Forschungsüberblick von Michael Berger zur Rolle des Autos in der amerikanischen Kulturgeschichte[35] macht hier die ganze Breite einer automobilbezogenen Forschung deutlich. Auch in der deutschen Forschung ist schon recht früh, nämlich 1988, ein Überblick über das Automobil und die amerikanische Kultur erschienen[36]. Die amerikanistische Arbeit von Jens-Peter Becker ist aber – und dies ist recht bezeichnend – in der Technikgeschichte des Automobils kaum zur Kenntnis genommen worden. Eine reservatio mentalis mancher Technikhistoriker gegenüber literarischen Quellen, gegenüber kulturhistorischen Ansätzen und gegenüber neuen diskursorientierten Fragestellungen hat das Fach begrenzt. Andererseits hat dies aber auch die Chancen anderer Fachdisziplinen erhöht, auf dem Feld der mobilitätsbezogenen Technikkultur zu wildern, und dabei oft neue Perspektiven aufzureißen.

So hat etwa Joseph Corn den Impact der Luftfahrt auf die amerikanische Kultur unter der Perspektive eines „Gospel" zu interpretieren unternommen[37], als quasireligiöse Verkündigung und Überhöhung des Fluggedankens. In vergleichbarer Weise unternahm man, die Romantisierung des Fahrens in der Frühzeit zu verstehen und die Entwicklung von kulturellen Patterns zur Aufwertung zu beschreiben. Dazu gehört auch das spannende, nicht allzu häufig explorierte Feld der Rückwirkung der Mobilitätswahrnehmungen und -darstellungen auf die Kultur, und die Einwirkungen von Mobilitätsmetaphern auf gesellschaftliche Diskurse[38].

Konkret können mit solchen Ansätzen etwa „road movies", oder auch Elemente der motorisierten Mobilität, als symbolisches Feld für einige kulturelle Tendenzen nutzbar gemacht werden. So artikulierten sich in der US-Kultur nach dem Zweiten Weltkrieg (und später in modifizierter Form in Europa) individualistische und individualanarchistische Trends in der „road novel" und im „road movie". Exemplarisch für Orientierungsschwierigkeiten der Jugend wurde Jack Kerouacs Roman „On the Road" (1957), und die anarchischen Tendenzen der späten 1960er und 1970er Jahre fanden symbolischen Ausdruck in Motorrad- und LKW-Filmen wie „Easy Rider" oder Sam Peckinpahs „Convoy" (1978). Zuvor schon konnte gezwungene Mobilität als exemplarisches Feld und als technikbezogenes Diskurssystem für das Ende des amerikanischen Traums dienen, etwa in John Steinbecks Roman „Grapes of Wrath" (1939), der das Leben entwurzelter Farmer der großen Wirtschaftskrise mit und in ihren Fords zeigt.

---

35 Berger, Michael L., The Automobile in American History and Culture. A Reference Guide. Westport 2001.

36 Becker, Jens P., Das Automobil und die amerikanische Kultur. Trier 1988.

37 Corn, Joseph, The Winged Gospel. America's Romance with Aviation. Baltimore 2002.

38 Siehe Möser, Kurt, „Knall auf Motor" – Die Liebesaffäre von Künstlern und Dichtern mit Motorfahrzeugen 1900–1930. In: Landesmuseum für Technik und Arbeit in Mannheim (Hg.), Mannheims Motorradmeister. Franz Islinger gewinnt die Deutsche Motorradmeisterschaft 1926. Ausstellungskatalog. Mannheim 1996, S. 18–29; ders., Fahren und Fliegen in Frieden und Krieg.

In solchen Beispielen zeigen sich typische Verzahnungen und Diskursverschränkungen von Mobilitätskultur und allgemeiner Kultur. Zur Analyse von Mobilität ist immer wieder zu analysieren, wie Images und Patterns konstruiert, übernommen, weitergegeben und modifiziert werden, und wie diese Praxisformen auf die engere Mobilitätskultur und auch auf den harten Kern, die technischen Artefakte, zurückwirken. Wenn wir uns die Verzahnungen des Materiellen und des Kulturellen genauer ansehen, dann wird auch der Verdacht ausgeräumt, dass sich diese Art von Mobilitätsgeschichte „nur“ in der Sphäre des Kulturellen bewegt, und das eigentlich Technische zu vermeiden sucht oder ignoriert.

Zwei Beispiele können das verdeutlichen. Bestimmte Entwicklungstendenzen des Automobils, die die gesamte Verfasstheit des Automobils in den letzten 100 Jahren nachhaltig bestimmt haben, und die eben nicht allein ingenieurgeschichtlich zu fassen sind, sind das Wohnlichmachen des Langstreckenautos, und das Sportlich-Halten oder die Wiederversportlichung des mundanen Alltagsfahrzeugs. Beide lange Trends der technischen Verfasstheit bedürfen einer breiten Rekonstruktion der soziokulturellen Kontexte der Nutzung und der Nutzer und der medialen Präsenz. Wie sehr zu einer rekonstruierten Mobilitätsgeschichte zwingend eine Einbeziehung der kulturellen Spiegelungen und Spuren gehört, hat vor kurzem eine Untersuchung zum Zusammenhang von Jugendliteratur, Technikbegeisterung und Luftfahrt in den USA gezeigt[39]. Populäre literarische Texte sind nicht nur „potent vehicles of information transfer“[40] und spiegeln technische Entwicklungen wider, sondern sie beeinflussen und formen gesellschaftliche Haltungen zu Technik und zum Umgehen damit.

Die Geschichte der Technologie wird erst allmählich in der komplexen Matrix von literarischen und populärkulturellen Kontexten interpretiert. Weitgehend defizitär dagegen ist noch eine Verortung von Mobilität in biographischen Kontexten, in Lebenszusammenhängen und konkreten Nutzungsformen von Individuen und kleinen sozialen Einheiten. Einen innovativen Ansatz zum Verstehen des „sozialen Lebens der Dinge“ und zu Technik als Identitätsbestandteil hat Rolf-Ulrich Kunze vorgelegt. Seine Essaysammlung „Symbiosen, Rituale, Routinen“[41] verortet insbesondere auch Mobilitätstechnik in biografischen und sozialen Kontexten.

Diskursgeschichten der Mobilität

Die Fruchtbarkeit einer solchen Medienkontextualisierung hat sich inzwischen erwiesen. Speziell die motorisierte Straßenmobilität ist in ihrer langen Geschichte immer wieder

39 Siehe Erisman, Fred, Boy’s Books, Boy’s Dreams, and the Mystique of Flight. Fort Worth 2006.
40 Ebd., S. XVI.
41 Kunze, Rolf Ulrich, Symbiosen, Rituale, Routinen. Technik als Identitätsbestandteil. Essays zur Technikakzeptanz der 1920er bis 1960er Jahre. Karlsruhe 2010; siehe auch ders., Spurweiten. Technik, Geschichte, Identität in H0, Normalspur und 1000 mm. Karlsruhe 2011. Verfügbar unter https://doi.org/10.26530/OAPEN_422361.

Gegenstand erbittert geführter Auseinandersetzungen gewesen, die bis hin zu physischem Streit gingen. „Straßenkriege" der Frühphase, Auseinandersetzungen um Regulierungen, um staatliche Eingriffe in die Fahrzeugausrüstung, die Qualifikationen, Pflichten, finanzielle Belastungen und Verantwortlichkeiten der Fahrer, um Ausbildung, Geschwindigkeitsbegrenzungen, Abgasreinigung und Besteuerung begleiten den Straßenverkehr. Die Individuen, Gruppen, Vereinigungen, staatlichen und semistaatlichen Autoritäten, die diese Auseinandersetzungen trugen und vorantrieben, standen von Anfang an in einem Diskursgeflecht, das nicht immer den zu erwartenden politischen Linien entsprach.

So leisteten beispielsweise die autobesitzenden wilhelminischen Großbürger und Adeligen, die eigentlich per se staatstragend und hierarchiekonform waren, einen überraschend heftigen Widerstand gegen Eingriffe, „Staatswillkür", und „Regelungswut". Die Diskurse um Mobilität besaßen in einigen historischen Situationen einen hohen politisch-emotionalen Mobilisierungsgrad. Um dies adäquat zu verstehen, ist eine Verzahnung mit der allgemeinen Geschichte erforderlich, etwa durch eine qualifizierende Untersuchung der Rolle des immer wieder neu auftretenden Widerstandes der automobilen „freien Bürger" gegen staatliche Regulative.

Signifikant waren und sind die Begriffe und Medien, in denen die Konflikte ihre Artikulation fanden: so fand Norbert Kostedes ZEIT-Aufsatz „Der lackierte Kampfhund"[42] eine Antwort in einem Buch von Ferdinand Simoneit mit dem Titel „Mein Freund ist ein lackierter Kampfhund"[43]. Die Rolle der Mobilitätsgeschichte kann aber nicht in einer Teilnahme an solchen Debatten bestehen, sondern in ihrer Rekonstruktion und Systematisierung.

Nichtrationale transporttransgredierende Elemente der Mobilität

Debatten wie diese führen wieder einmal vor Augen, dass Mobilitätsmaschinen, mehr noch als andere personenbezogene technische Artefakte, „disturbing interface(s)"[44] sind, und nicht bloße Komponenten vernünftig verfasster und unter Rationalitätsgesichtspunkten zu untersuchender technischer Systeme. Artefakte der Mobilität haben eine Faszinationsgeschichte; ihr „social life of things" ist zu verstehen. Und das heißt, Instrumente für die Untersuchung der Attraktivitäten und Faszinationen zu entwickeln oder zu finden und Akzeptanz- und Diffusionsfaktorenbestimmung auf eine breite Basis zu stellen. Zudem

42 Kostede, Norbert, Der lackierte Kampfhund. Massengesellschaft im Autowahn – eine Minderheit steigt aus. In: Zeit 12.09.1991, S. 1.

43 Simoneit, Ferdinand, Mein Freund ist ein lackierter Kampfhund. München 1996.

44 „Objects are neither people nor nature, yet they contain elements of both. They function as a disturbing interface, an ambivalent love affair". Graves, Jane, When Things go Wrong, 1999. Zit. nach Attfield, Judy, Wild Things, S. 254.

ist eine historische Koalition des Missverstehens, der Scheinrationalität und der Komplexitätsreduktion aufzubrechen, die manchmal Kritiker und naive Enthusiasten der Mobilität stillschweigend eingegangen sind.

Das bedeutet für den Mobilitätshistoriker eine Herausforderung. Wie etwa sollen Äußerungen bewertet werden, die Autokäufer bei einer Befragung durch General Motors Ende der 1920er Jahre machten? Sie forderten sicherere, langlebige Automobile und gaben an, beim Kauf vor allem auf den Nutzwert zu sehen. Tatsächlich gekauft wurden dann aber Weißwandreifen, zusätzliche Chromteile und Sonderpolsterungen. Für die Untersuchung der Diskrepanz zwischen vernunftbetonten Bekundungen und nicht durchwegs vernunftbestimmtem Kaufverhalten müssen mindestens zwei Quellentypen – die veröffentlichten Umfragen und die Daten der Fahrzeugausstattungen – kritisch in Beziehung gesetzt werden. Eigentlich gehört dies zum Handwerkszeug des Historikers. Aber auch heute werden oft noch die Befragungsergebnisse von Kunden als tatsächliche Kundenwünsche missverstanden. So kommt es, dass der rationale Mobilitätsnutzer weiterhin im Kalkül der Technikhistoriker und der Verkehrspolitiker – die größte Rolle spielt.

Für die Faszinationsgeschichte von Mobilität ist die Frage nach den Methoden und Analyseinstrumenten zentral, um sie sinnvoll zu erfassen. Um in der Mobilitätsgeschichte zu „begreifen, was uns ergreift", fehlen außerhalb der traditionellen Hermeneutik und ihrer textbasierten Gegenstandsfelder noch Instrumente – und vor allem Quellen und neues Material. Nur so kann die hochproblematische Grundlage der Geschichtspolitik der Mobilitätsgeschichte: nämlich die Legitimation einer Selbstdurchsetzung eines vernünftigen, den eigentlichen Transportbedürfnissen adäquaten Systems, in Frage gestellt werden.

Forschungsvektor: Mögliche Konvergenzen von populärer und akademischer Geschichtsschreibung

Die Geschichte der Mobilität hat für die Öffentlichkeit einen Grad der Faszination gehabt, der über das Interesse für die Entstehung und Nutzung anderer Technologien weit hinausging. Journalistische Berichte über große Momente der Auto- oder Fluggeschichte, über Erfinder und Katastrophen konnten durchwegs auf das Interesse der Öffentlichkeit zählen. Populäre Bildbände und narrative Verarbeitungen der Automobil- und Fluggeschichte waren und blieben erfolgreich. Kinder und Jugendliche wurden mit solchen Geschichten und Bildern sozialisiert.

Die akademische Geschichtsschreibung dagegen hielt sich davon lange fern. Sie setzte sich gerade auch von populärem Umgang mit Mobilitätsgeschichte ab – und dabei erzeugte sie blinde Flecken. Man kann, mit nur leichter Übertreibung, behaupten, dass die Mobilitäts- und Technikhistoriker einen engeren Horizont und einen knapperen Gegenstandsbereich besaßen als die interessierte Laienöffentlichkeit. Bedenken gegen einen gefürchteten unprofessionellen Umgang mit Mobilität zwang die Mobilitätsgeschichtsschreibung zu einer Pseudoobjektivität und zur Abwehr von Faszinationsgeschichte. Die Befassung mit der Genese von Artefakten und mit Produktionsmethoden half dabei, dass man sich nicht mit den bedrohlich laienhaften Nutzergeschichten beschäftigen musste.

Aber möglicherweise gab es zu starke Absatzbewegungen von der kulturdominierenden, nur auf Faszination ausgelegten Laien-Literatur. Die hohe Problematik der „pornotechnischen" „coffee table books" hat möglicherweise die Kultur- und Sozialhistoriker daran gehindert, das darin abgedruckte Material als Quellenfeld ernst zu nehmen. Die populären Elemente der Mobilitätsgeschichte, die Attraktion des Gegenstandsfeldes außerhalb der wissenschaftlichen Mobilitätsgeschichtsschreibung, schufen offenbar Hindernisse, weil die Solidität und Wissenschaftlichkeit „ernstzunehmender" Mobilitätsgeschichte scheinbar bedroht wurde. Zumindest in Großbritannien ist die oben erwähnte wirtschaftsgeschichtliche Orientierung, die quantifizierende und makropolitisch ausgerichtete Mobilitätsgeschichte auch als Kontrastgeschichte zum gerade dort kulturell hoch wirksamen Amateurenthusiasmus für Mobilität – etwa in Form der „railway enthusiasts" – zu sehen.

Wie die Faszinationsgeschichte wieder in die academia kommt, ist aber nicht allein ein Problem der Historiographie, sondern vor allem auch der Museen. Es gibt einen einfachen und attraktiven Ausweg, einen, den die Mehrzahl der Firmen- und Markenmuseen der Autoindustrie geht: nämlich die Faszinationsgeschichte der Mobilität zu reproduzieren, zu verstärken und schließlich auszunutzen. Das ist ein firmenintern hoch plausibler und letztlich auch sich rechnender Ansatz, der die Automobilgeschichte als „historisches Marketing" markenpolitisch und absatzorientiert funktionalisiert[45]. Dieses Vorgehen erscheint vom Standpunkt des Historikers aus naiv. Nicht Faszinationen verstärken oder ausbeuten, sondern Faszinationen verstehen und vorzeigen: das wäre das Gegenprogramm einer Aufgabe des Umgehens mit dem technikkulturellen Erbe.

Dieses Postulat kollidiert aber mit der mobilitätsmusealen Wirklichkeit. Museen, die die Faszination von Mobilität weiter prolongieren, stellen die Mehrzahl der Museen dar, und sind die publikumswirksamsten – nebenher: auch die bestfinanzierten – Exemplare ihrer Species. Demgegenüber hat die wissenschaftliche Musealisierung von Mobilitätstechnik nicht nur einen schweren Stand, sondern arbeitet auf einem Posten, der nicht ganz verloren ist, aber eingekreist und bedroht. Wissenschaftliche Mobilitätsgeschichte im Museum hat allen Grund zur Resignation[46].

---

45 Siehe Kurt Möser, Three Social Constructions of Historic Mobility. In: Teorie Vedy / Theory of Science. Journal for theory of Science, Technology and Communication 31 (2009), H. 3/4, S. 199–216.

46 Siehe Möser, Kurt, Fahren und Fliegen.

Forschungsvektor: Re-Evaluierung der materiellen Kultur der Mobilität

Dabei haben sozialgeschichtlich orientierte Museen durchaus eine Tradition der Interpretation von Artefakten als Symptome und materielle Substrate von Sozialisationsprozessen. Dass Wohnzimmer in Museen transloziert und in Ausstellungen gezeigt werden, ist nicht mehr ungewöhnlich; bei Kinder- und Jugendzimmern hingegen schon. Artefaktensembles von Jugendlichen, die von einem „bug" – etwa von Autosammeln oder vom Flugzeugmodellbau geprägt sind, werden nur ausnahmsweise als museumswürdig eingestuft. So übernehmen Museen öfter komplette Sammlungen von Modelleisenbahn- oder Autofans, spielen aber deren Lebensumfeld herunter. Allenfalls wird die Wohnung kursorisch fotodokumentiert. Für eine mobilitätshistorisch signifikante und symptomatische Dokumentation des Lebensumfelds, des „social life of things", fehlt bei einer bloßen Übernahme einer Sammlung aber viel Material.

Wie signifikant und besucherwirksam zugleich eine Kontextualisierung sein kann, zeigt die Ausstellungseinheit „Legend, Memory and the War in the Air" des National Air and Space Museums in Washington. Dort betritt man die Ausstellung durch einen Raum eines fliegereibegeisterten Jungen um 1930, voller Romane über „air aces" des Weltkrieges, Filmposter, Modellflugzeuge und Baupläne.

Daraus ergibt sich eine Forderung, auf die auch angesichts des Drucks durch das Tagesgeschäft eines Museumswissenschaftlers nicht verzichtet werden kann, nach intellektueller Beweglichkeit: das Nachverfolgen und Umsetzen von methodischem Wandel und von relevanten Debatten des Fachs, im Idealfall der Impulsgebung durch eigene, museumsspezifische Forschung und durch konzeptionelle Arbeit. Die Forderungen von Konservatoren, die vor 25 Jahren aufgestellt wurden, bleiben weiterhin sinnvoll und wichtig.

Weiteres Forschungspotenzial sehe ich in einem neuen Blick auf die Artefakte der Mobilität, die „disturbing interfaces". Wir haben in den letzten 20 Jahren eine Abkehr von einer reinen Fokussierung auf Artefakte gerade auch in Museen erlebt, eine Kontextualisierung etwa von Automobilen im gesellschaftlichen und kulturellen Umfeld, die oft so weit ging, dass die „Kontexte" den „Text" – also die Artefakte – verdrängt haben. Immer wieder wurde dabei der Vorwurf geäußert, die Vertreter einer sozialen Konstruktion von Technik verlören die eigentliche Technik aus dem Auge; es gehe ihnen gar nicht mehr um eine Geschichte der Technik, sondern eher um eine Geschichte der techniknutzenden und – thematisierenden Gruppen von Nutzern. Durch eine „Erdung" der sozialkonstruktivistischen Ansätze durch Rückbindung an die konkreten Technologien und technischen Gegenstände ergäben sich neue Chancen, und auch neue Perspektiven auf alte Gegenstände. Einige der vielfältigen Fallen der Unterkomplexität, in die man als Mobilitätshistoriker geraten kann, können so umgangen werden.

Forschungsvektor: Experimente in der historischen Mobilitätsforschung

Ein Beispiel wäre die Re-Evaluierung von Fahrzeugen, die sich schon in den Sammlungen der Museen befinden. Wenn sie nicht mehr nur als Industrieprodukte verstanden oder auch statisch-skulptural betrachtet werden, als Außenhülle mit Technikinnereien, und wenn man den Fokus auf den Innenraum legt, dann können andere Elemente der Mobilitätskultur erkannt und vermittelt werden. Saß man aufrecht oder liegend; was sieht man von dem eigenen Fahrzeug aus welchen Blickwinkeln; was für Instrumente in welcher Anordnung und in welcher Reichweite des Bedieners gibt es; wie (un)ergonomisch ist die Bedienung; welche Pedal- und Hebelkräfte, welche Bedienwege der Bedienelemente sind erforderlich; welche Betätigungsarten wie Drehen, Schieben oder Drücken werden verlangt; welche körperlichen Positionen und Haltungen werden durch die Bediensphäre nahegelegt, erfordert oder erzwungen? Mit einem solchen Perspektivenbündel auf bekannte – und schon in den Sammlungen befindliche – Artefakte können die engen und konkreten Körper-Technik-Relationen zum Thema werden, und zwar auch dann, wenn man das Fahrzeug nicht in Betrieb nimmt.

Aber gerade dies, eine Inbetriebnahme, eröffnet neue Perspektiven, die nun allerdings gegen die Intentionen eines großen Teils der wissenschaftlich ausgebildeten Restauratoren durchgesetzt werden müssten, zu deren Berufsethos der Substanzerhalt um jeden Preis – auch den Preis des Funktionsverlusts – nun einmal gehört. Der Umgang mit funktionierender Mobilitätstechnik durch Historiker sollte dann zu kommunizierbaren Selbstversuchen führen, die, zugegebenermaßen, ein wenig Imagination erfordern, weil der Bedienende heute die historische Alterität des früheren Bedieners nach-fühlen muss. Falsch wäre sicherlich ein simpler rückwärtsgewandter Blick, der heutige Erfahrungen in die Vergangenheit zurückspiegelt. Historiker haben gelernt, mit historischer Alterität umzugehen, wenn sie mit ihrem üblichen Quellenmaterial – Texten und Bildern – arbeiten. Ihr Handwerk auf die Funktion technischer Artefakte auszudehnen, ist konzeptionell sicher nicht schwierig – in der Praxis allerdings schon. Die Chance ist aber der Aufbau einer ernstzunehmenden, wissenschaftlich basierten experimentellen Technikgeschichte, nicht nur beim Nachbau mittelalterlicher Wurfgeschütze, sondern auch in der Nutzung von Mobilitätsmaschinen, deren Nutzung heute überhaupt noch möglich ist.

Unbedingte Voraussetzung dafür ist ein anderer Blick, geprägt durch ein anderes, durch die neue Mobilitätsgeschichte „formatiertes“ Wissen der Museumswissenschaftler. Bisher arbeiten relativ wenige Wissenschaftler, die sich dem Paradigmenwechsel der Mobilitätsgeschichte verpflichtet fühlen, verantwortlich an sozialhistorischen Museen. Hier zeigt sich auch, dass die um 1985 durchaus mit Emphase angekündigte und programmatisch vertretene Verlagerung der relevanten technikhistorischen Forschung von den Universitäten in die Museen (damals) neuen Typs nur sehr verhalten umgesetzt wurde. Eine spezifische artefaktbezogene technikhistorische Forschung ist also noch umzusetzen. Die Re-Kreation von Fahrerfahrung, durch Selbstversuche, durch gezieltes körperliches Umgehen mit Mobilitätsmaschinen, und das Erleben und Beschreiben der spezifischen

Mensch-Maschine-Schnittstellen hat bisher nicht genutzte Potenziale[47]. Vergleichbar mit der Fruchtbarmachung von „oral history" ist ein direktes Umgehen mit historischen Artefakten eine Quelle neuer Perspektiven.

Direktes erfahrendes, beschreibendes und interpretierendes Nutzen von Sachquellen ist zwar offenkundig relevant, stößt aber bei Restauratoren auf Widerstände, weil mit Verschleiß, Schäden, sogar Unfällen, generell: mit Substanzverlusten, beim Betrieb historischer Mobilitätsmaschinen immer zu rechnen ist. Trotzdem bleibt der Funktionserhalt und ein gezielt selbst-experimentierender forschender Umgang von Technikhistorikern ein durchaus erstrebenswertes Ziel, auch wenn der derzeitige Mainstream, geprägt durch akademisch ausgebildete Restauratorinnen und Restauratoren an historisch orientierten Museen, dem Substanzerhalt unbedingt und kompromisslos Vorrang vor dem Funktionserhalt einräumen möchte.

Auch wenn seit mindestens einem Vierteljahrhundert die Besonderheit technischen Kulturguts gegenüber den Artefakten debattiert wird, mit denen man üblicherweise umgeht, bleibt eine wesentliche Spezifik, nämlich die technische Funktion für Nutzung und Gebrauch, oft genug unberücksichtigt und wird gegenüber dem Strukturerhalt abgewertet. Damit wird aber eine Erkenntnisquelle, die eine neue Mobilitätsgeschichte für neue Fragestellungen nutzen kann, blockiert. Inbetriebnahme historischer Verbrennungsmotoren, gar das Fahren historischer Fahrzeuge, ist unter Restauratoren an wissenschaftlich orientierten Museen tabu; es wird den scheinbar dilettantisch vorgehenden, vorgeblich unprofessionellen und weniger ernst zu nehmenden Privat- oder Firmenmuseen überlassen, die ihre Artefakte „auf Verschleiß fahren".

Der Ausweg wird immer wieder in Nachbauten historischer Mobilitätsmaschinen gesehen, aber solche Rekonstruktionen sind oft Kompromisse unter Einkonstruktion modernerer, oft eben auch sicherheitsrelevanter Elemente, die sich teilweise weit vom tatsächlichen historischen Artefakt entfernen. Im Fall historischer Fluggeräte, die in ihrem Originalzustand sehr gefährliche Mobilitätsmaschinen darstellen, ist dies verständlich und gut begründbar. Aber ebenso wie die – primär visuelle – Aura des Originals eben nicht durch Nachbauten oder virtuelle Repräsentationen ersetzbar ist, so sollte die funktionale, funktionsbezogene Aura eher noch stärker im Vordergrund stehen. Für eine Faszinationsgeschichte der Mobilität ist das statische Objekt nur ein Teil eines größeren Komplexes. Ohne die Möglichkeit des Ausprobierens durch den Forscher, ohne die Vorführung mit ihren visuellen, olfaktorischen und akustischen Reizen blendet artefaktbezogene Mobilitätsgeschichte ihre sinnlichen und transrationalen Dimensionen aus und verliert Attraktoren.

---

47 Siehe Weber, Heike, Stecken, Drehen, Drücken. Interfaces von Alltagstechniken und ihre Bediengesten. In: Technikgeschichte 76 (2009), H. 3, S. 233–254. Verfügbar unter https://doi.org/10.5771/0040-117X-2009-3-233.

Die Folgen für die Forschung sind gravierend: nämlich eine Reduzierung auf die scheinbar „vernünftigen" Seiten der Mobilität, und damit eine Verstärkung des simplifizierenden und komplexitätsreduzierenden Verständnisses auch und gerade bei Historikern. Das ist eminent politisch. Denn solche stillschweigenden Vorverständnisse können das Verstehen der Kernelemente individueller Mobilität blockieren. Nötig ist also das hermeneutische „begreifen, was uns ergreift" – und dies gerade auch im direkten, handelnden, körperbezogenen Umgehen mit den uns so nahen Mobilitätsmaschinen.

Bildnachweise und Erstveröffentlichungen

Mobilität und Krieg

Fliegerblick 1914. Zuerst erschienen in: Journal of New Frontiers in Spatial Concepts 1 (2009), S. 99–106.
Bild: Sanke-Kriegspostkarte.

Technische Zukunftskriege vor dem Großen Krieg. Zuerst erschienen in: Finkele, Simone / Krause, Burkhardt (Hg.), Technikfiktionen und Technikdiskurse. Ringvorlesung des Instituts für Literaturwissenschaft im Sommersemester 2009. Karlsruhe 2012, S. 209–244 (= Karlsruher Studien Technik und Kultur 4).
Bild: Katalog Gordon-Bennet-Rennen, 1905.

Raumpolitik des britischen Empire in der Zwischenkriegszeit und die Rolle der Luftfahrt. Zuerst erschienen in: WIKA-Report 2 (2014), S. 70–80 (= Wissenschaftlicher Initiativkreis Kultur und Außenpolitik).
Bild: Werbeannonce für Imperial Airways, ca. 1928.

„A Logistican's Dream“? Logistik der Westfront im Ersten Weltkrieg. Zuerst erschienen in: Ferrum 88 (2016), S. 48–59.
Bild: Imperial War Museum, London.

Übergreifendes zum 20. Jahrhundert

Elektroluftschiffe. Zuerst erschienen in: Korthauer, Reiner (Hg.), Handbuch Elektromobilität 2015. Frankfurt/M. u.a. 2015, S. 28–40.
Bild: Vignette Luftschiff Tissandier.

„Der Kampf des Automobilisten mit seiner Maschine“. Eine Skizze der Vermittlung der Autotechnik und des Fahrenlernens im 20. Jahrhundert. Zuerst erschienen in: Bluma, Lars / Pichol, Karl / Weber, Wolfhard (Hg.), Technikvermittlung und Technikpopularisierung – Historische und didaktische Perspektiven. Münster u.a. 2004, S. 98–102.
Bild: König, Kraftfahrlehre, 1927.

Historische Zukünfte des Verkehrs. Zuerst erschienen in: Roth, Ralf / Schlögel, Karl (Hg.), Neue Wege in ein neues Europa. Geschichte und Verkehr im 20. Jahrhundert. Frankfurt/M. / New York 2009, S. 391–414.
Bild: Hobby, Das Magazin der Technik, Marsautos über uns, 1958.

Historischer Abriss der Elektromobilität. Zuerst erschienen in: Korthauer, Reiner (Hg.), Handbuch Elektromobilität. Frankfurt/M. / Essen, 2. Ausgabe 2011, S. 15–36.
Bild: Stein der Weisen, Oberleitungsautomobil, 1902.

Automobilität bis in die 1930er Jahre

Carl Benz und die Erfindung des Automobils. Kontexte und Mythen. Zuerst erschienen in: Archiv und Wirtschaft 45 (2012), S. 11–22.
Bild: Mercedes-Benz-Archiv, Carl Benz, Familienausfahrt mit Victoria-Wagen.

„Knall auf Motor". Die Liebesaffäre von Künstlern und Dichtern mit Motorfahrzeugen 1900–1930. Zuerst erschienen in: Zweckbronner, Gerhard / Möser, Kurt (Hg.), Mannheims Motorradmeister. Franz Islinger gewinnt die Deutsche Motorradmeisterschaft 1926. Ausstellungskatalog. Mannheim 1996, S. 18–29.
Bild: Robert Delaunay, Aeroplan, 1920.

Zwischen Systemopposition und Systemteilnahme. Sicherheit und Risiko im motorisierten Straßenverkehr 1890–1930. Zuerst erschienen in: Niemann, Harry / Herrmann, Armin (Hg.), Geschichte der Straßenverkehrssicherheit im Wechselspiel zwischen Fahrzeug, Fahrbahn und Mensch. Bielefeld 1999, S. 159–168 (= DaimlerChrysler Wissenschaftliche Schriftenreihe Bd. 1).
Bild: Motor und Sport, Annonce für Casco-Puffer, 1929.

Amphibien, Landschiffe, Flugautos. Utopische Fahrzeuge der Jahrhundertwende und die Durchsetzung des Benzinautomobils. Zuerst erschienen in: Hertner, Peter / Schott, Dieter (Hg.), Zukunftstechnologien der letzten Jahrhundertwende: Intentionen – Visionen – Wirklichkeiten. Berlin 1999, S. 63–84 (= Jahrbuch für Wirtschaftsgeschichte Bd. 2).
Bild: Jules Verne, Der Herr der Welt, 1906.

Technik ohne Grenzen. Fahrzeugutopien um 1900. Zuerst erschienen in: Illner, Eberhard / Winzen, Matthias (Hg.), Technische Paradiese. Die Zukunft in der Karikatur des 19. Jahrhunderts. Ausstellungskatalog. Baden-Baden 2016, S. 233–246.
Bild: Popular Mechanics.

Frühe Elektromobilität auf der Straße. Kultur und Technik. Zuerst erschienen in: Horstmann, Theo / Döring, Peter (Hg.), Zeiten der Elektromobilität. Beiträge zur Geschichte des elektrischen Automobils (= Geschichte der Elektrotechnik Bd. 27), Beiträge der Tagung des VDE-Ausschusses „Geschichte der Elektrotechnik“ in Kooperation mit dem VDE Rhein-Ruhr e.V. vom 7. und 8. Oktober 2010 in Dortmund / Berlin / Offenbach 2018, S. 19–38.
Bild: Anzeige Baker Automobile, 1912.

Lili, Flutsch und Teufelskäfer. Die unbekannteren Entwicklungsarbeiten Felix Wankels in Heidelberg 1915–31. Zuerst erschienen in: Blum, Peter (Hg.), Pioniere aus Wirtschaft und Technik in Heidelberg. Aachen 2000, S. 42–53.
Bild: Technoseum Mannheim, Felix-Wankel-Archiv.

World War One and the Creation of Desire for Cars in Germany. Zuerst erschienen in: Strasser, Susan / McGovern, Charles / Judt, Matthias (Hg.), Getting and Spending. European and American Consumer Societies in the Twentieth Century. Washington D.C. (Cambridge University Press) 1998, S. 195–222.
Bild: Freikorps während des Kapp-Putschs, 1920.

The Driver in the Machine. Changing Interiors of the Car. Zuerst erschienen in: Trischler, Helmuth / Zeilinger, Stefan (Hg.), Tackling Transport. London 2003, S. 61–80.
Bild: Life Magazine, Werbung für Chrysler-Automobile, ca. 1955.

The Dark Side of Early Automobilism, Violence, Aggression, War, and the Motor Car 1900–1930. Zuerst erschienen in: Journal of Transport History 24/2 (2003), S. 238–258.
Bild: Freikorps-Panzerwagen, vermutlich Ruhrgebiet, 1920.

Grenzerfahrungen. Mobilitätsbegeisterung für Auto, Flugzeug und Boot im frühen 20. Jahrhundert. Zuerst erschienen in: Kurt Möser / Marcus Popplow / Elke Uhl (Hg.), Auto. Kultur. Geschichte. Stuttgart 2013, S. 19–32 (= IZKT Materialien 11).
Bild: General Motors Turbinenautomobil X21 und Strahljäger F84, 1954.

Automobilität seit der Massenmotorisierung

Fünf Naivitäten der Autokritik. Zuerst erschienen in: Tageszeitung 24./25.5.1997, S. 10.
Bild: Bergrennen, 1925.

Transport und Bewegungslust. Die Funktionen der Straßenmobilität heute. Zuerst erschienen in: Robertson-v. Trotha, Caroline (Hg.), Mobilität in der globalisierten Welt. Karlsruhe 2005, S. 29–44.
Bild: Bildarchiv Preußischer Kulturbesitz, Bundeskanzler Adenauer, ca. 1955.

Three Social Constructions of Historic Mobility. Zuerst erschienen in: Teorie Vedy / Theory of Science. Journal for theory of Science, Technology and Communication 31 (2009), H. 3/4 S. 199–216.
Bild: Klaus Bürgle, Das Neue Universum, 1966.

Der Stau. Zur Geschichte der Überfüllung des Verkehrssystems. Zuerst erschienen in: Meyer, Torsten / Popplow, Marcus (Hg.), Technik, Arbeit und Umwelt in der Geschichte. Günter Bayerl zum 60. Geburtstag. Münster u.a. 2006, S. 281–296.
Bild: Privatbesitz.

Automobile Zukünfte nach 1950. Zuerst erschienen in: Canzler, Weert / Schmidt, Gert (Hg.), Zukünfte des Automobils. Aussichten und Grenzen der autotechnischen Globalisierung. Berlin 2008, S. 59–72.
Bild: General Motors Firebird, 1955.

Das letzte Abenteuer im Straßenverkehr? Einparken zwischen Kompetenzlust und Automatisierungsdruck. Zuerst erschienen in: Wege und Geschichte (2009), 1, S. 32–36.
Bild: Privatbesitz.

Motorization of German Societies in East and West. Zuerst erschienen in: Kuhr-Korolev, Corinna / Schlinkert, Dirk (Hg.), Towards Mobility. Varieties of Automobilism in East and West. Wolfsburg 2009, S. 55–72 (= Schriften zur Unternehmensgeschichte von Volkswagen Bd. 3).
Bild: AWE-Automobilmuseum Eisenach, Wartburg-Messestand, ca. 1960.

Was macht eigentlich das Geschwindigkeitslimit? Zuerst erschienen in: Masius, Patrick et al. (Hg.), Umweltgeschichte und Umweltzukunft. Zur gesellschaftlichen Relevanz einer jungen Disziplin. Göttingen 2009, S. 229–239.
Bild: Privatbesitz.

120 Jahre Verkehrsüberwachung und Geschwindigkeitslimits. Zuerst erschienen in: PTB Mitteilungen 129 (2019), H. 2, S. 11–18.
Bild: Ebd., S. 16.

Thesen zum Pflegen und Reparieren in den Automobilkulturen am Beispiel der DDR. Zuerst erschienen in: Technikgeschichte 79 (2012), S. 207–226.
Bild: AutoBild, Foto Verlag P. Kurze, 20 Jahre Mauerfall – das Auto im Sozialismus.

Innovationskulturen um das Automobil? Zuerst erschienen in: Gleitsmann, Rolf-Jürgen / Wittmann, Jürgen E. (Hg.), Innovationskulturen um das Automobil. Von gestern bis morgen. Stuttgart 2012, S. 25–50 (= Wissenschaftliche Schriftenreihe der Mercedes Benz Classic – Archive 16).
Bild: Hobby, Das Magazin der Technik, Die „Überentwickelten“, 1962.

Lange Betriebsdauer von Automobilen. Kontroverse Kulturen der Ressourcenschonung. Zuerst erschienen in: Gleitsmann-Topp, Rolf-Jürgen / Wittmann, Jürgen E. (Hg.), Automobile Nachhaltigkeit und Ressourceneffizienz. Gestern – heute – morgen. Stuttgart 2014, S. 117–128 (= Wissenschaftliche Schriftenreihe der Mercedes Benz Classic Archive Bd. 17).

Bild: Porsche-Archiv, Porsche FLA Langzeitauto, 1973.

Autoleidenschaft. Zuerst erschienen in: Stiftung Haus der Geschichte der Bundesrepublik Deutschland (Hg.), Geliebt. Gebraucht. Gehasst. Die Deutschen und ihre Autos. Dresden 2017, S. 136–149.

Bild: Weihnachtspostkarte, London, ca 1910.

Design und Museum

Autodesigner und Autonutzer im Konflikt. Der Fall des Spoilers. Zuerst erschienen in: Schmidt, Gert (Hg.), Jahrbuch Technik und Gesellschaft. Frankfurt/M. / New York 1999, S. 219–236.

Bild: AutoBild, Die wildesten Spoiler auf der SEMA, 2016.

Automobiler Luxus im Kontext. „Phaetons" von 1900 bis heute. Zuerst erschienen in: Hölkeskamp, Karl-Joachim / Rebenich, Stefan (Hg.), Phaeton. Ein Mythos in Antike und Moderne. Stuttgart 2009, S. 179–191.

Bild: László Tarr, The History of The Carriage, London / Budapest 1969, Phaeton-Kutsche, ca. 1880.

Stabile und instabile Maschinen. Fliegen, Fahren und Gleichgewicht 1910–1918. Zuerst erschienen in: Schönhammer, Rainer (Hg.), Körper, Dinge und Bewegung. Der Gleichgewichtssinn in materieller Kultur und Ästhetik. Wien 2009, S. 109–122.

Bild: Rolf Italiaander, So lernte ich segelfliegen, Schulgleiter, 1931.

"A man a-riding upon nawthin'". Light Structures and New Mobility Cultures Around 1900. Zuerst erschienen in: Hildebrand, Sonja / Bergmann, Elisabeth (Hg.), Form-Finding, Form-Shaping, Designing Architecture. Mendrisio 2015, S. 17–31.

Bild: Max J.B. Rauck, Gerd Volke, Felix R. Paturi, Mit dem Rad durch zwei Jahrhunderte, Das Fahrrad und sein Geschichte, Aarau 1979.

Junkers und Fokker. Zwei Technologie- und Innovationsstile der Luftfahrtmoderne. Zuerst erschienen in: Perren, Claudia et al., herausgegeben für die Stiftung Bauhaus Dessau, Große Pläne! Moderne Typen, Fantasten und Erfinder. Bielefeld / Berlin 2016, S. 118–141.

Bild: Anthony Fokker, 1913.

Faszination durch historische Automobile. Zuerst erschienen in: Wachgeküsst. Aus der Sammlung der Südwestdeutschen Kunststiftung und der Collection Schlumpf. Ausstellungskatalog. Singen / Hohentwiel 2013, S. 130–135.

Bild: Musée national d'automobile, Mulhouse.

Transport-, Verkehrs- oder Mobilitätsgeschichte? Neue Paradigmen der Technik- und Industriekultur. Zuerst erschienen in: Keazor, Henry / Schmitt, Dominik / Peiler, Nils Daniel (Hg.), Genialer Schrott. Interdisziplinäre Studien zur Industriekultur. Saarbrücken 2014, S. 61–82.

Bild: Chrysler Airflow, 1935.

Mit bestem Dank für die Genehmigung der Wiederveröffentlichung und der Bildverwendung.

FSC
www.fsc.org
MIX
Papier | Fördert gute Waldnutzung
FSC® C083411

Kolibri 360 GmbH
Ferdinand-Jühlke-Straße 7
99095 Erfurt, Deutschland
produktsicherheit@kolibri360.de